国家出版基金项目
NATIONAL PUBLICATION FOUNDATION

现代农业科技专著大系

# 药用植物卷

李先恩　主编

# 中国作物
# 及其野生近缘植物

董玉琛　刘　旭　总主编

中国农业出版社

**图书在版编目（CIP）数据**

中国作物及其野生近缘植物·药用植物卷/董玉琛，刘旭主编；李先恩分册主编.—北京：中国农业出版社，2015.5
ISBN 978-7-109-20130-9

Ⅰ．①中⋯　Ⅱ．①董⋯②刘⋯③李⋯　Ⅲ．①作物–种质资源–介绍–中国②药用植物–种质资源–介绍–中国　Ⅳ．①S329.2②S567.024

中国版本图书馆CIP数据核字（2015）第084349号

中国农业出版社出版
（北京市朝阳区麦子店街18号楼）
（邮政编码　100125）
责任编辑　孟令洋　黄宇　干锦春　郭科

中国农业出版社印刷厂印刷　　新华书店北京发行所发行
2015年10月第1版　　2015年10月北京第1次印刷

开本：787mm×1092mm　1/16　印张：30.5　插页：6
字数：800千字
定价：150.00元
（凡本版图书出现印刷、装订错误，请向出版社发行部调换）

# Vol. Medicinal Plants

Chief editors: Li Xianen

# CROPS AND THEIR WILD RELATIVES IN CHINA

Editors in chief: Dong Yuchen    Liu Xu

■ China Agriculture Press

# 内容提要

　　本书是《中国作物及其野生近缘植物》系列著作之一。本卷分为导论、总论、各论三部分。导论重点概述了中国作物的起源与进化、作物的分类及遗传多样性等；总论主要简介了药用植物的种类、分布及种质资源概况，药用植物种植发展史与现状及品种选育进展；各论分别介绍了99种根及根茎类、种子果实类、全草类、花类及皮类药用植物药用历史与本草考证、植物形态特征与生物学特性、本种的野生近缘植物等。

　　本书主要是从药用植物的利用历史、药用植物种类及遗传多样性的角度介绍了99种药用植物的概况，可供从事药用植物资源学、药用植物栽培与育种及相关专业的科研人员、大专院校师生参考。

# Summary

　　This book is one of series books of *Crops and Their Wild Relatives in China* and consists of introduction, general and individual sections. The introduction mainly describes the origin and evolution, classification and genetic diversity of Chinese crops and so on. The general section mainly focuses on the kinds and geographical distribution of Chinese medicinal plants and general information of their germplasms, the history and current situation of cultivation of Chinese medicinal plants and the recent proceedings in Chinese medicinal variety breeding and selection. The individual section describes ninety-nine Chinese medicinal plants whose medicinal organs are root, root and stem, seed and fruit, grass, flower or tissues outsides of cambium in such aspects as their medicinal history, research on materia medica, morphological and biological characteristics and wild relatives.

　　In summary, this book introduces the medicinal history, classification and genetic diversities of ninety-nine medicinal plants and can provide the reference for scientific researchers and college students who work on germplasm, cultivation and breeding of medicinal plants and in related fields.

芍药种质资源圃

麝香百合　　　　　　　　卷　丹　　　　　　　　　山　丹

牛　蒡　　　　　　　　　　　　　滇重楼

北 柴 胡

板 蓝 根

甘 草

牛 膝

蒙古黄芪

半野生栽培的蒙古黄芪

黄　芩　　　　　　黄芩（粉花）　　　　　　龙胆规范化栽培基地

桔　梗　　　　　　桔梗栽培基地　　　　　　三　七

射　干　　　　　　　　　　山　射　干

罂　粟

中国鸢尾

东方罂粟

虞美人

藿　香

玉　竹

小玉竹

绞 股 蓝

石斛（金钗石斛）

鼓槌石斛

齿瓣石斛（紫皮石斛）

霍山石斛

铁皮石斛

野生石斛生长状况

萱　草　　　　　　　　益母草　　　　　　　　鱼腥草

紫苏种质资源圃　　　　　　　　　紫苏（紫叶品种）

紫苏（绿叶品种）　　　　　　　　红　花

金莲花种子繁育基地

金 莲 花

野生金莲花

短瓣金莲花

长白金莲花

金银花栽培基地

金 银 花

金银花（红花品种）

灰毡毛忍冬

玫　瑰

王不留行

轮叶婆婆纳

狼尾花

月见草

杏叶党参

注：以上图片均由丁万隆提供。

# Crops and Their Wild Relatives in China

# Editorial Commission

**Editors in Chief:** Dong Yuchen　Liu Xu

**Editors of Deputy:** Zhu Dewei　Zheng Diansheng
Fang Jiahe　Gu Wanchun

**Editorial Members:** Wan Jianmin　Wang Shumin　Wang Debin
Fang Jiahe　Ren Qingmian　Zhu Dewei
Liu Xu　Liu Hong　Liu Qinglin　Li Yu
Li Changtian　Li Wenying　Li Xianen
Li Xixiang　Yang Qingwen　Chen Yingge
Wu Baoguo　Zheng Yongqi　Zheng Diansheng
Zhao Yongchang　Fei Yanliang　Jia Dingxian
Jia Jingxian　Gu Wanchun　Chang Ruzhen
Ge Hong　Jiang Youquan　Dong Yuchen　Li Yu

# Vol. Medicinal Plants

**Chief Editor:** Li Xianen

**General Supervisor:** Zheng Diansheng

# 药用植物卷各章编著者

导　论

　　　　黎裕　董玉琛

第一章　药用植物资源概况

　　　　李先恩

第二章　根与根茎类

　　　　丁万隆　杜　弢　董学会　郭　靖　胡尚钦　黄璐琳　蒋舜媛

　　　　李海涛　李先恩　李　勇　马逾英　彭朝忠　青　苗　孙　辉

　　　　魏胜利　张兴国　张忠廉　周　毅

第三章　种子果实类

　　　　丁万隆　管燕红　李　勇　李海涛　彭朝忠　张丽霞

第四章　全草类

　　　　丁万隆　杜　弢　管燕红　李　勇　彭朝忠　岑丽华　唐德英

　　　　徐　晖　徐　良　姚其盛　张丽霞　张忠廉

第五章　花类

　　　　丁万隆　董学会　李卫东　李先恩　岑丽华　徐　晖　徐　良

　　　　姚其盛

第六章　皮类

　　　　李海涛　岑丽华　徐　晖　徐　良　姚其盛

**Introduction**

       Li Yu   Dong Yuchen

**Chapter 1**    **An Outline to Germplasm Resources of Medicinal Plants in China**

Li Xianen

**Chapter 2**    **The Root and Rhizome Medicinal Plants**

Ding Wanlong   Du Tao   Dong Xuehui   Guo Jing

Hu Shangqin   Huang Lulin   Jiang Shunyuan   Li Haitao

Li Xianen   Li Yong   Ma Yuying   Peng Chaozhong   Qing Miao

Sun Hui   Wei Shengli   Zhang Xingguo   Zhang Zhonglian

Zhou Yi

**Chapter 3**    **The Fruit and Seed Medicinal Plants**

Ding Wanlong   Guan Yanhong   Li Yong   Li Haitao

Peng Chaozhong   Zhang Lixia

**Chapter 4**    **The Herbal Medicinal Plants**

Ding Wanlong   Du Tao   Guan Yanhong   Li Yong

Peng Chaozhong   Cen Lihua   Tang Deying   Xu Hui

Xu Liang   Yao Qisheng   Zhang Lixia   Zhang Zhonglian

**Chapter 5**    **The Flower Medicinal Plants**

Ding Wanlong   Dong Xuehui   Li Weidong   Li Xianen

Cen Lihua   Xu Hui   Xu Liang   Yao Qisheng

**Chapter 6**    **The Bark Medicinal Plants**

Li Haitao   Cen Lihua   Xu Hui   Xu Liang   Yao Qisheng

# 前言

作物即栽培植物。众所周知，中国作物种类极多。瓦维洛夫在他的《主要栽培植物的世界起源中心》中指出，中国起源的作物有 136 种（包括一些类型）。卜慕华在《我国栽培作物来源的探讨》一文中列举了我国栽培的 350 种作物，其中史前或土生栽培植物 237 种，张骞在公元前 100 年前后由中亚、印度一带引入的主要作物 15 种，公元以后自亚、非、欧各洲陆续引入的主要作物 71 种，自美洲引入的主要作物 27 种。中国农学会遗传资源学会编著的《中国作物遗传资源》一书中，列出了粮食作物 32 种，经济作物 69 种，蔬菜作物 119 种，果树作物 140 种，花卉（观赏植物）139 种，牧草和绿肥 83 种，药用植物 61 种，共计 643 种（作物间有重复）。中国的作物究竟有多少种？众说纷纭。多年以来我们就想写一部详细介绍中国作物多样性的专著，编著本书的主要目的首先是对中国作物种类进行阐述，并对作物及其野生近缘植物的遗传多样性进行论述。

中国不仅作物种类繁多，而且品种数量大，种质资源丰富。目前，我国在作物长期种质库中保存的种质资源达 34 万余份，国家种质圃中保存的无性繁殖作物种质资源有 4 万余份（不包括林木、观赏植物和药用植物），其中 80% 为国内材料。我们日益深切地感到，对于数目如此庞大的种质资源，在妥善保存的同时，如何科学地研究、评价和利用，是作物种质资源工作者面临的艰巨任务。本书着重阐述了各种作物特征特性的多样性。

在种类繁多的种质资源面前，科学地分类极为重要。掌握作物分类，便可了解所从事作物的植物学地位及其与其他作物的内在关系。掌握作物内品种的分类，可以了解该作物在形态上、生态上、生理上、生化上及其他方面的多样性情况，以便有效地加以研究和利用。作物的起源和进化对于种质资源研究同样重要，因为一切作物都是由野生近缘植物经人类长期栽培驯化而来的。了解所研究的作物是在何时、何地、由何种野生植物驯化而来，又是如何演化的，对于收集种质资源，制定品种改良策略具有重要意义。因此，本书对每种作物的起源、演化和分类都进行了详细阐述。

在过去 60 多年中，我国作物育种取得了巨大成绩。以粮食作物为例，1949 年我国粮食作物单产 1 029kg/hm²，至 2012 年提高到 5 302kg/hm²，63 年间增长了约 4 倍。大宗作物大都经历了 6～8 次品种更换，每次都使产量显著提高。各个时期起重要作用的品种也常常是品种改良的优异种质资源。为了记录这些重要品种的历史功绩，本书对每种作物的品种演变历史都做了简要叙述。

我国农业上举世公认的辉煌成绩是，以不足世界 9% 的耕地养活了世界近 21% 的人口。今后，我国耕地面积难以再增加，但人口还要不断增长。为了选育出更加高产、优质、高抗的品种，有必要拓宽作物的遗传基础，开拓更加广阔的基因资源。为此，本书详细介绍了各个作物的野生近缘植物，以供育种家根据各种作物的不同情况，选育遗传基础更加广阔的品种。

本书分为总论、粮食作物、经济作物、果树、蔬菜、牧草和绿肥、观赏植物、药用植物、林木、食用菌、名录共 11 卷，每卷独立成册，出版时间略有不同。各作物卷首为共同的"导论"，阐述了作物分类、起源和遗传多样性的基本理论和主要观点。

全书设编辑委员会、总主编和副主编，各卷均另设主编。全书是由全国 100 多人执笔，历经多年努力，数易其稿完成的。著者大都是长期工作在作物种质资源学科领域的优秀科学家，具有丰富工作经验，掌握大量科学资料，为本书的撰写尽心竭力。在此我们向所有编著人员致以诚挚的谢意！向所有关心和支持本书出版的专家和领导表示衷心的感谢！

本书集科学性、知识性、实用性于一体，是作物种质资源学专著。希望本书的出版对中国作物种质资源学科的发展起到促进作用。由于我们的学术水平和写作能力有限，书中的错误和缺点在所难免，希望广大读者提出宝贵意见。

编辑委员会

2015 年 6 月于北京

# 目录

# Contents

# 药用植物卷

## 导　论

## 第一节　中国作物的多样性

作物是指对人类有价值并为人类有目的地种植栽培并收获利用的植物。从这个意义上说，作物就是栽培植物。狭义的作物概念指粮食作物、经济作物和园艺作物；广义的作物概念泛指粮食、经济、园艺、牧草、绿肥、林木、药材、花草等一切人类栽培的植物。在农林生产中，作物生产是根本。作物生产为人类生命活动提供能量和其他物质基础，也为以植物为食的动物和微生物的生命活动提供能量。所以说，作物生产是第一性生产，畜牧生产是第二性生产。作物能为人类提供多种生活必需品，例如，蛋白质、淀粉、糖、油、纤维、燃料、调味品、兴奋剂、维生素、药、毒药、木材等，还可以保护和美化环境。从数千年的历史看，粮食安全是保障人类生活、社会安定的头等大事，食物生产是其他任何生产不能取代的；从现代化的生活看，环境净化、美化是人类生活不可缺少的，所有这些需求均有赖于多种多样的栽培植物提供。

### 一、中国历代的作物

我国作为世界四大文明发源地之一，作物生产历史非常悠久，从最先开始驯化野生植物发展到现代作物生产已近万年。在新石器时代，人们根据漫长的植物采集活动中积累的经验，开始把一些可供食用的植物驯化成栽培植物。例如，在至少 8 000 年前，谷子就已经在黄河流域得到广泛种植，黍稷也同时被北方居民所驯化。以关中、晋南和豫西为中心的仰韶文化和以山东为中心的北辛—大汶口文化均以种植粟黍为特征，北部辽燕地区的红山文化也属粟作农业区。在南方，水稻最早被驯化，在浙江余姚河姆渡发现了距今近7 000 年的稻作遗存，而在湖南彭头山也发现了距今 9 000 年的稻作遗存。刀耕火种农业和迁徙式农业是这个时期农业的典型特征。一直到新石器时代晚期，随着犁耕工具的出现，以牛耕和铁耕为标志的古代传统农业才开始逐渐成形。

从典籍中可以比较清晰地看到在新石器时代之后我国古代作物生产发展演变的脉络。例如，在《诗经》（前 11—前 6 世纪）中频繁地出现黍的诗，说明当时黍已经成为我国最主要的粮食作物，其他粮食作物如谷子、水稻、大豆、大麦等也被提及。同时，《诗经》还提到了韭菜、冬葵、菜瓜、蔓菁、萝卜、葫芦、莼菜、竹笋等蔬菜作物，榛、栗、桃、李、梅、杏、枣等果树作物，桑、花椒、大麻等纤维、染料、药材、林木等作物。此外，在《诗经》中还对黍稷和大麦有品种分类的记载。《诗经》和另一本同时期著作《夏小正》

还对植物的生长发育如开花结实等的生理生态特点有比较详细的记录，并且这些知识被广泛用于指导当时的农事活动。

在春秋战国时期（前770—前221），由于人们之间的交流越来越频繁，人们对植物与环境之间的关系认识逐渐加深，对适宜特定地区栽培的作物和适宜特定作物生长的地区有了更多了解。因此，在这个时期，不少作物的种植面积在不断扩大。

在秦汉至魏晋南北朝时期（前221—公元589），古代农业得到进一步发展。尤其是公元前138年西汉张骞出使西域，在打通了东西交流的通道后，很多西方的作物引入了我国。据《博物志》记载，在这个时期，至少胡麻、蚕豆、苜蓿、胡瓜、石榴、胡桃和葡萄等从西域引到了中国。另外，由于秦始皇和汉武帝大举南征，我国南方和越南特产的作物的种植区域迅速向北延伸，这些作物包括甘蔗、龙眼、荔枝、槟榔、橄榄、柑橘、薏苡等。北魏贾思勰所著的《齐民要术》是我国现存最早的一部完整农书，书中提到的栽培植物有70多种，分为四类，即谷物（卷二）、蔬菜（卷三）、果树（卷四）和林木（卷五）。《齐民要术》中对栽培植物的变异即品种资源给予了充分的重视，并且对引种和人工选种做了比较详尽的描述。例如，大蒜从河南引种到山西就变成了百子蒜、芜菁引种到山西后根也变大、谷子选种时需选"穗纯色者"等。

在隋唐宋时期（581—1279），人们对栽培植物（尤其是园林植物和药用植物）的兴趣日益增长，不仅引种驯化的水平在不断提高，生物学认识也日趋深入。约成书于7世纪或8世纪初的《食疗本草》记述了160多种粮、油、蔬、果植物，从这本书中可以发现这个时期的一些作物变化特点，如一些原属粮食的作物已向蔬菜转化，还在不断驯化新的作物（如牛蒡子、苋菜等）。同时，在隋唐宋时期还不断引入新的作物种类，如莴苣、菠菜、小茴香、龙胆香、安息香、波斯枣、巴旦杏、油橄榄、水仙花、木波罗、金钱花等。在这个时期，园林植物包括花卉的驯化与栽培得到了空前的发展，人们对花木的引种、栽培和嫁接进行了大量研究和实践。

在元明清时期（1206—1911），人们对药用植物和救荒食用植物的研究大大提高了农艺学知识水平。19世纪初的植物学名著《植物名实图考》记载了1 714种植物，其中谷类作物有52种、蔬菜176种、果树102种。明末清初，随着中外交流的增多，一些重要的粮食作物和经济作物开始传入中国，其中包括甘薯、玉米、马铃薯、番茄、辣椒、菊芋、甘蓝、花椰菜、烟草、花生、向日葵、大丽花等，这些作物的引进对我国人民的生产和生活影响很大。明清时期是我国人口增长快而灾荒频繁的时代，寻找新的适应性广、抗逆性强、产量高的粮食作物成为摆在当时社会面前的重要问题。16世纪后半叶甘薯和玉米的引进在很大程度上解决了当时的粮食问题。18世纪中叶和19世纪初，玉米已在我国大规模推广，成为仅次于水稻和小麦的重要粮食作物。另外，明末传入我国的烟草也给当时甚至今天的人民生活带来了巨大影响。

## 二、中国当代作物的多样性

近百年来中国栽培的主要作物有600多种（林木未计在内），其中粮食作物30多种，经济作物约70种，果树作物约140种，蔬菜作物110多种，饲用植物（牧草）约50种，观赏植物（花卉）130余种，绿肥作物约20种，药用作物50余种（郑殿升，2000）。林木中主要造林树种约 210 种（刘旭，2003）。

　　总体来看，50 多年来，我国的主要作物种类没有发生重大变化。我国种植的作物长期以粮食作物为主。20 世纪 80 年代以后，实行农业结构调整，经济作物和园艺作物种植面积和产量才有所增加。我国最重要的粮食作物曾是水稻、小麦、玉米、谷子、高粱和甘薯。现在谷子和高粱的生产已明显减少。高粱在 20 世纪 50 年代以前是我国东北地区的主要粮食作物，也是华北地区的重要粮食作物之一，但现今面积已大大缩减。谷子（粟），虽然在其他国家种植很少，但在我国一直是北方的重要粮食作物之一。民间常说，小米加步枪打败了日本帝国主义，可见 20 世纪 50 年代以前粟在我国北方粮食作物中的地位十分重要，现今面积虽有所减少，但仍不失为北方比较重要的粮食作物。玉米兼作饲料作物，近年来发展很快，已成为我国粮饲兼用的重要作物，其总产量在我国已超过小麦而居第二位。我国历来重视豆类作物生产。自古以来，大豆就是我国粮油兼用的重要作物。我国豆类作物之多为任何国家所不及，豌豆、蚕豆、绿豆、红小豆种植历史悠久，分布很广；菜豆、豇豆、红扁豆、饭豆种植历史也在千年以上；木豆、刀豆等引入我国后都有一定种植面积。荞麦在我国分布很广，由于生育期短，多作为备荒、填闲作物。在薯类作物中，甘薯多年来在我国部分农村充当粮食；而马铃薯始终主要作蔬菜；木薯近年来在海南和两广地区发展较快。

　　我国最重要的纤维作物仍然是棉花。各种麻类作物中，苎麻历来是衣着和布匹原料；黄麻、红麻、青麻、大麻是绳索和袋类原料。我国最重要的糖料作物仍然是南方的甘蔗和北方的甜菜，甜菊自 20 世纪 80 年代引入我国后至今仍有少量种植。茶和桑是我国的古老作物，前者是饮料，后者是家蚕饲料。作为饮料的咖啡是海南省的重要作物。

　　我国最重要的蔬菜作物，白菜、萝卜和芥菜种类极多，遍及全国各地。近数十年来番茄、茄子、辣椒、甘蓝、花椰菜等也成为头等重要的蔬菜。我国的蔬菜中瓜类很多，如黄瓜、冬瓜、南瓜、丝瓜、瓠瓜、苦瓜、西葫芦等。葱、姜、蒜、韭是我国人民离不开的菜类。绚丽多彩的水生蔬菜，如莲藕、茭白、荸荠、慈姑、菱、芡实、莼菜等更是独具特色。近 10 余年来引进多种新型蔬菜，城市的餐桌正在发生变化。

　　我国最重要的果树作物，在北方梨、桃、杏的种类极多；山楂、枣、猕猴桃在我国分布很广，野生种多；苹果、草莓、葡萄、柿、李、石榴也是常见水果。在南方柑橘类十分丰富，有柑、橘、橙、柚、金橘、柠檬及其他多种；香蕉种类多，生产量大；荔枝、龙眼、枇杷、梅、杨梅为我国原产；椰子、菠萝、木瓜、芒果等在海南等地和台湾省普遍种植。干果中核桃、板栗、榛、榧、巴旦杏也是受欢迎的果品。

　　在作物中，种类的变化最大的是林木、药用作物和观赏作物。林木方面，我国有乔木、灌木、竹、藤等树种 9 300 多种，用材林、生态林、经济林、固沙林等主要造林树种约 210 种，最多的是杨、松、柏、杉、槐、柳、榆，以及枫、桦、栎、桉、桐、白蜡、皂角、银杏等。中国的药用植物过去种植较少，以采摘野生为主，现主要来自栽培。现药用作物约有 250 种，甚至广西药用植物园已引种栽培药用植物近 3 000 种，分属菊科、豆科等 80 余科，其中既有大量的草本植物，又有众多的木本植物、藤本植物和蕨类植物等，而且种植方式和利用部位各不相同。观赏作物包括人工栽培的花卉、园林植物和绿化植物，其中部分观赏作物也是林木的一部分。据统计，中国原产的观赏作物有 150 多科、554 属、1 595 种（薛达元，2005）。牡丹、月季、杜鹃、百合、梅、兰、菊、桂种类繁多，荷花、茶花、茉莉、水仙品种名贵。

# 第二节　作物的起源与进化

一切作物都是由野生植物经栽培、驯化而来。作物的起源与进化就是研究某种作物是在何时、何地，由什么野生植物驯化而来的，怎样演化成现在这样的作物的。研究作物的起源与进化对收集作物种质资源、改良作物品种具有重要意义。

大约在中石器时代晚期或新石器时代早期，人类开始驯化植物，距今约 10 000 年。被栽培驯化的野生植物物种是何时形成的也很重要。一般说来，最早的有花植物出现在距今 1 亿多年前的中生代白垩纪，并逐渐在陆地上占有了优势。到距今 6 500 万年的新生代第三纪草本植物的种数大量增加。到距今 200 万年的第四纪植物的种继续增加。以至到现在仍有些新的植物种出现，同时有些植物种在消亡。

## 一、作物起源的几种学说

作物的起源地是指这一作物最早由野生变成栽培的地方。一般说来，在作物的起源地，该作物的基因较丰富，并且那里有它的野生祖先。所以了解作物的起源地对收集种质资源有重要意义。因而，100 多年来不少学者研究作物的起源地，形成了不少理论和学说。各个学说的共同点是植物驯化发生于世界上不同地方，这一点是科学界的普遍认识。

### （一）康德尔作物起源学说的要点

瑞士植物学家堪德尔（Alphonse de Candolle，1806—1893）在 19 世纪 50 年代之前还一直是一个物种的神创论者，但后来他逐渐改变了观点。他是最早的作物起源研究奠基人，他研究了很多作物的野生近缘种、历史、名称、语言、考古证据、变异类型等资料，认为判断作物起源的主要标准是看栽培植物分布地区是否有形成这种作物的野生种存在。他的名著《栽培植物的起源》（1882）涉及 247 种栽培植物，给后人研究作物起源树立了典范。尽管从现在看来，书中引用的资料不全，甚至有些资料是错误的，但他在作物起源研究上的贡献是不可磨灭的。康德尔的另一大贡献是 1867 年首次起草了国际植物学命名规则。这个规则一直沿用至今。

### （二）达尔文进化论的要点

英国博物学家达尔文（Charles Darwin，1809—1882）在对世界各地进行考察后，于 1859 年出版了名著《物种起源》。在这本书中，他提出了以下几方面与起源和进化有关的理论：①进化肯定存在；②进化是渐进的，需要几千年到上百万年；③进化的主要机制是自然选择；④现存的物种来自同一个原始的生命体。他还提出在物种内的变异是随机发生的，每种生物的生存与消亡是由它适应环境的能力来决定的，适者生存。

### （三）瓦维洛夫作物起源学说的要点

俄国（苏联）遗传学家瓦维洛夫（N. I. Vavilov，1887—1943）不仅是研究作物起源的著名学者，同时也是植物种质资源学科的奠基人。在 20 世纪 20～30 年代，他组织了若干次遍及四大洲的考察活动，对各地的农作系统、作物的利用情况、民族植物学甚至环境情况进行了仔细的分析研究，收集了多种作物的种质资源 15 万份，包括一部分野生近缘种，对它们进行了表型多样性研究。最后，瓦维洛夫提出了一整套关于作物起源的理论。

　　在瓦维洛夫的作物起源理论中，最重要的学说是作物起源中心理论。在他于 1926 年撰写的《栽培植物的起源中心》一文中，提出研究变异类型就可以确定作物的起源中心，具有最大遗传多样性的地区就是该作物的起源地。进入 20 世纪 30 年代以后，瓦维洛夫对自己的学说不断修正，又提出确定作物起源中心，不仅要根据该作物的遗传多样性的情况，而且还要考虑该作物野生近缘种的遗传多样性，并且还要参考考古学、人文学等资料。瓦维洛夫经过多年增订，于 1935 年分析了 600 多个物种（包括一部分野生近缘种）的表型遗传多样性的地理分布，发表了《主要栽培植物的世界起源中心》[Мировые очаги（центры происхождения）важнейших культурных растений]。在这篇著名的论文中指出，主要作物有 8 个起源中心，外加 3 个亚中心（图 0-1）。这些中心在地理上往往被沙漠或高山所隔离。它们被称为"原生起源中心"（primary centers of origin）。作物野生近缘种和显性基因常常存在于这类中心之内。瓦维洛夫又发现在远离这类原生起源中心的地方，有时也会产生很丰富的遗传多样性，并且那里还可能产生一些变异是在其原生起源中心没有的。瓦维洛夫把这样的地区称为"次生起源中心"（secondary centers of origin）。在次

图 0-1　瓦维洛夫的栽培植物起源中心

1. 中国　2. 印度　2a. 印度—马来亚　3. 中亚　4. 近东

5. 地中海地区　6. 埃塞俄比亚　7. 墨西哥南部和中美

8. 南美（秘鲁、厄瓜多尔、玻利维亚）　8a. 智利　8b. 巴西和巴拉圭

（引自 Harlan，1971）

生起源中心内常有许多隐性基因。瓦维洛夫认为，次生起源中心的遗传多样性是由于作物自其原生起源中心引到这里后，在长期地理隔离的条件下，经自然选择和人工选择而形成的。

瓦维洛夫把非洲北部地中海沿岸和环绕地中海地区划作地中海中心；把非洲的阿比西尼亚（今埃塞俄比亚）作为世界作物起源中心之一；把中亚作为独立于前亚（近东）之外的另一个起源中心；中美和南美各自是一个独立的起源中心；再加上中国和印度（印度—马来亚）两个中心，就是瓦维洛夫主张的世界八大主要作物起源中心。

"变异的同源系列法则"（the Law of Homologous Series in Variation）也是瓦维洛夫的作物起源理论体系中的重要组成部分。该理论认为，在同一个地理区域，在不同的作物中可以发现相似的变异。也就是说，在某一地区，如果在一种作物中发现存在某一特定性状或表型，那么也就可以在该地区的另一种作物中发现同一种性状或表型。Hawkes（1983）认为这种现象应更准确地描述为"类似（analogous）系列法则"，因为可能不同的基因位点与此有关。Kupzov（1959）则把这种现象看作是在不同种中可能在同一位点发生了相似的突变，或是不同的适应性基因体系经过进化产生了相似的表型。基因组学的研究成果也支持了该理论。

此外，瓦维洛夫还提出了"原生作物"和"次生作物"的概念。"原生作物"是指那些很早就进行了栽培的古老作物，如小麦、大麦、水稻、大豆、亚麻和棉花等；"次生作物"指那些开始是田间的杂草，然后较晚才慢慢被拿来栽培的作物，如黑麦、燕麦、番茄等。瓦维洛夫对于地方品种的意义、外国和外地材料的意义、引种的理论等方面都有重要论断。

瓦维洛夫的"作物八大起源中心"提出之后，其他研究人员对该理论又进行了修订。在这些研究人员中，最有影响的是瓦维洛夫的学生茹科夫斯基（Zhukovsky），他在1975年提出了"栽培植物基因大中心（megacenter）理论"，认为有12个大中心，这些大中心几乎覆盖了整个世界，仅仅不包括巴西、阿根廷南部，加拿大、西伯利亚北部和一些地处边缘的国家。茹科夫斯基还提出了与栽培种在遗传上相近的野生种的小中心（microcenter）概念。他指出野生种和栽培种在分布上有差别，野生种的分布很窄，而栽培种分布广泛且变异丰富。他还提出了"原生基因大中心"的概念，认为瓦维洛夫的原生起源中心地区狭窄，而把栽培种传播到的地区称为"次生基因大中心"。

### （四）哈兰作物起源理论的要点

美国遗传学家哈兰（Harlan）指出，瓦维洛夫所说的作物起源中心就是农业发展史很长，并且存在本地文明的地域，其基础是认为作物变异的地理区域与人类历史的地理区域密切相关。但是，后来研究人员在对不同作物逐个进行分析时，却发现很多作物并没有起源于瓦维洛夫所指的起源中心之内，甚至有的作物还没有多样性中心存在。

以近东为例，在那里确实有一个小的区域曾有大量动植物被驯化，可以认为是作物起源中心之一；但在非洲情况却不一样，撒哈拉以南地区和赤道以北地区到处都存在植物驯化活动，这样大的区域难以称为"中心"，因此哈兰把这种地区称为"泛区"（non-center）。他认为在其他地区也有类似情形，如中国北部肯定是一个中心，而东南亚和南太平洋地区可称为"泛区";中美洲肯定是一个中心,而南美洲可称为"泛区"。基于以上考虑,哈兰(1971)提出了他的"作物起源的中心与泛区理论"。然而,后来的一些研究对该理论又提出了挑战。例如,研究发现近东中心的侧翼地区包括高加索地区、巴尔干地区和埃塞俄比亚也存在植物驯化活动;在中国,由于新石器时代的不同文化在全国不同地方形成,哈兰所说的中国北部中心实际上应该大得多;中美洲中心以外的一些地区(包括密西西比流域、亚利桑那和墨西哥东北部)也有植物的独立驯化。因此,哈兰(1992)最后又抛弃了以前他本人提出的理论,并且认为已没有必要谈起源中心问题。

哈兰(1992)根据作物进化的时空因素,把作物的进化类型分为以下几类:

**1. 土著**(endemic)**作物**　指那些在一个地区被驯化栽培,并且以后也很少传播的作物。例如,起源于几内亚的臂形草属植物 *Brachiaria deflexa*、埃塞俄比亚的树头芭蕉(*Ensete ventricosa*)、西非的黑马唐(*Digitaria iburua*)、墨西哥古代的莠狗尾草(*Setaria geniculata*)、墨西哥的美洲稷(*Panicum sonorum*)等。

**2. 半土著**(semiendemic)**作物**　指那些起源于一个地区但有适度传播的作物。例如,起源于埃塞俄比亚的苔夫(*Eragrostic tef*)和 *Guizotia abyssinica*(它们还在印度的某些地区种植)、尼日尔中部的非洲稻(*Oryza glaberrima*)等。

**3. 单中心**(monocentric)**作物**　指那些起源于一个地区但传播广泛且无次生多样性中心的作物。例如,咖啡、橡胶等。这类作物往往是新工业原料作物。

**4. 寡中心**(oligocentric)**作物**　指那些起源于一个地区但传播广泛且有一个或多个次生多样性中心的作物。例如,所有近东起源的作物(包括大麦、小麦、燕麦、亚麻、豌豆、扁豆、鹰嘴豆等)。

**5. 泛区**(noncentric)**作物**　指那些在广阔地域均有驯化的作物,至少其中心不明显或不规则。例如,高粱、普通菜豆、油菜(*Brassica campestris*)等。

1992 年,哈兰在他的名著《作物和人类》(第二版)一书中继续坚持他多年前就提出的"作物扩散起源理论"(diffuse origins)。其意思是说,作物起源在时间和空间上可以是扩散的,即使一种作物在一个有限的区域被驯化,在它从起源中心向外传播的过程中,这种作物会发生变化,而且不同地区的人们可能会给这种作物迥然不同的选择压力,这样到达某一特定地区后形成的作物与其原先的野生祖先在生态上和形态上会完全不同。他举了一个玉米的例子,玉米最先在墨西哥南部被驯化,然后从起源中心向各个方向传播。欧洲人到达美洲时,玉米已经在从加拿大南部至阿根廷南部的广泛地区种植,并且在每个栽培地区都形成了具有各自特点的玉米种族。有意思的是,在一些比较大的地区,如北美,只有少数种族,并且类型相对单一;而在一些小得多的地区,包括墨西哥南部、危地马拉、哥伦比亚部分地区和秘鲁,却有很多种族,有些种族的变异非常丰富,在秘鲁还发现很多与其起源中心截然不同的种族。

### (五)郝克斯作物起源理论的要点

郝克斯(Hawkes,1983)认为作物起源中心应该与农业的起源地区别开来,从而提出了一套新的作物起源中心理论。在该理论中把农业起源的地方称为核心中心,而把作物从核心中心传播出来，又形成类型丰富的地区称为多样性地区（表 0 - 1）。同时，郝克斯用"小中心"（minor centers）来描述那些只有少数几种作物起源的地方。

**表 0 - 1 栽培植物的核心中心和多样性地区**

（Hawkes，1983）

| 核心中心 | 多样性地区 | 外围小中心 |
| --- | --- | --- |
| A. 中国北部（黄河以北的黄土高原地区） | I. 中国 | 1. 日本 |
| | II. 印度 | 2. 新几内亚 |
| | III. 东南亚 | 3. 所罗门群岛、斐济、南太平洋 |
| B. 近东（新月沃地） | IV. 中亚 | 4. 欧洲西北部 |
| | V. 近东 | |
| | VI. 地中海地区 | |
| | VII. 埃塞俄比亚 | |
| | VIII. 西非 | |
| C. 墨西哥南部（Tehuacan 以南） | IX. 中美洲 | 5. 美国、加拿大 |
| | | 6. 加勒比海地区 |
| D. 秘鲁中部至南部（安第斯地区、安第斯坡地东部、海岸带） | X. 安第斯地区北部（委内瑞拉至玻利维亚） | 7. 智利南部 |
| | | 8. 巴西 |

### （六）确定作物起源中心的基本方法

如何确定某一种特定栽培植物的起源地，是作物起源研究的中心课题。康德尔最先提出只要找到这种栽培植物的野生祖先的生长地，就可以认为这里是它最初被驯化的地方。但问题是：①往往难以确定在某一特定地区的植物是否真的野生类型，因为可能是从栽培类型逃逸出去的类型；②有些作物（如蚕豆）在自然界没有发现存在其野生祖先；③野生类型生长地也并非就一定是栽培植物的起源地，如在秘鲁存在多个番茄野生种，但其他证据表明栽培番茄可能起源于墨西哥；④随着科学技术的发展，发现以前认定的野生祖先其实与栽培植物并没有关系。例如，在历史上曾认为生长在智利、乌拉圭和墨西哥的野生马铃薯是栽培马铃薯的野生祖先，但后来发现它们与栽培马铃薯亲缘并不近。因此在研究过程中必须谨慎。

此外，在研究作物起源时，还需要谨慎对待历史记录的证据和语言学证据。由于绝大多数作物的驯化出现在文字出现之前，后来的历史记录往往源于民间传说或神话，并且在很多情况下以讹传讹地流传下来。例如，罗马人认为桃来自波斯，因为他们在波斯发现了桃，故而把桃的拉丁文学名定为 *Prunus persica*，而事实上桃最先在中国驯化，然后在罗马时代传到波斯。谷子的拉丁文定名为 *Setaria italica* 也有类似情况。

因此，在研究作物起源时，应该把植物学、遗传学和考古学证据作为主要的依据，即要特别重视作物本身的多样性，其野生祖先的多样性，以及考古学的证据。历史学和语言学证据只是一个补充和辅助性依据。

## 二、几个重要的世界作物起源中心

### （一）中国作物起源中心

在瓦维洛夫的《主要栽培植物的世界起源中心》中涉及 666 种栽培植物，他认为其中有 136 种起源于中国，占 20.4%，因此中国成了世界栽培植物八大起源中心的第一起源中心。以后作物起源学说不断得到补充和发展，但中国作为世界作物起源中心的地位始终为科学界所公认。卜慕华（1981）列举了我国史前或土生栽培植物 237 种。据估计，我国的栽培植物中，有近 300 种起源于本国，占主要栽培植物的 50% 左右（郑殿升，2000）。由于新石器时代发展起来的文化在全国各地均有发现，作物没有一个比较集中的起源地，因此，把整个中国作为一个作物起源中心。有趣的是，在 19 世纪以前中国本土起源的作物向外传播得非常慢，而引进栽培植物却很早，且传播得快。例如，在 3 000 多年前引进的作物就有大麦、小麦、高粱、冬瓜、茄子等，而蚕豆、豌豆、绿豆、苜蓿、葡萄、石榴、核桃、黄瓜、胡萝卜、葱、蒜、红花和芝麻等引进我国至少也有 2 000 多年了（卜慕华，1981）。

**1. 中国北方起源的作物**　中国出现人类的历史已有 150 万～170 万年。在我国北方尤其是黄河流域，新石器时代早期出现的磁山—裴李岗文化大约在距今 7 000 年到 8 500 年之间，在这段时间里人们驯化了猪、狗和鸡等动物，同时开始种植谷子、黍稷、胡桃、榛、橡树、枣等作物，其驯化中心在河南、河北和山西一带（黄其煦，1983）。总的来看，北方的古代农业以谷子和黍稷为根本。

在中国北方起源的作物主要是谷子、黍稷、大豆、小豆等；果树和蔬菜主要的有萝卜、芜菁、荸荠、韭菜、地方种甜瓜等，驯化的温带果树主要有中国苹果（沙果）、梨、李、栗、樱桃、桃、杏、山楂、柿、枣、黑枣（君迁子）等；还有纤维作物大麻、青麻等；油料作物紫苏；药用作物人参、杜仲、当归、甘草等，还有银杏、山核桃、榛子等。

**2. 中国南方起源的作物**　在我国南方，新石器时代的文化得到独立发展。在长江流域尤其是下游地区，人们很早就驯化植物，其中最重要的就是水稻（*Oryza sativa*），其开始驯化的时间至少在 7 000 年以前（严文明，1982）。竹的种类极为丰富。在中国南方被驯化的木本植物还有茶树、桑树、油桐、漆树（*Rhus vernicifera*）、蜡树（*Rhus succedanea*）、樟树（*Cinnamomum camphora*）、榧等；蔬菜作物主要有芸薹属的一些种、莲藕、百合、茭白（茲）、水菱、慈姑、芋类、甘露子、莴笋、丝瓜、茼蒿等，白菜和芥菜可能也起源于南方；果树中主要有柑橘类的多个物种，如枸橼类、檬类、柚类、柑类、橘类、金橘类、枳类等，还有枇杷、梅、杨梅、海棠等；粮食作物有食用稗、芡实、菜豆、玉米的蜡质种等；纤维作物有苎麻、葛等；绿肥作物有紫云英等。华南及沿海地区最早驯化栽培的作物可能是荔枝、龙眼等果树，以及一些块茎类作物和辛香作物，如花椒、肉桂（*Cinnamomum cassia*）、八角等，还有甘蔗的本地种（*Sacharum sinense*）及一些水生植物和竹类等。

### (二) 近东作物起源中心

近东包括亚洲西南部的阿拉伯半岛、土耳其、伊拉克、叙利亚、约旦、黎巴嫩、巴勒斯坦地区及非洲东北部的埃及和苏丹。这里的现代人大约在 2 万多年前产生，而农业开始于 12 000 年至 11 000 年前。众所周知，在美索不达米亚和埃及等地区，高度发达的古代文明出现很早，这些文明成了农业发达的基石。研究表明，在古代近东地区，人们的主要食物是小麦、大麦、绵羊和山羊。小麦和大麦种植的历史均超过万年。以色列、约旦地区可能是大麦的起源地（Badr et al.，2000）。在美索不达米亚流域大麦一度是古代的主要作物，尤其是在南方。4 300 年前大麦几乎一度完全代替了小麦，其原因主要是因为灌溉水盐化程度越来越高，小麦的耐盐性不如大麦。在埃及，二粒小麦曾经种植较多。

近东是一个非常重要的作物起源中心，瓦维洛夫把这里称为前亚起源中心，指的主要是小亚细亚全部，还包括外高加索和伊朗。瓦维洛夫在他的《主要栽培植物的世界起源中心》中提出 84 个种起源于近东。在该地区，广泛分布着野生大麦、野生一粒小麦、野生二粒小麦、硬粒小麦、圆锥小麦、东方小麦、波斯小麦（亚美尼亚和格鲁吉亚）、提莫菲维小麦，还有普通小麦的本地无芒类群，以及小麦的祖先山羊草属的许多物种。已经公认小麦和大麦这两种重要的粮食作物起源于近东地区。黑麦、燕麦、鹰嘴豆、扁豆、羽扇豆、蚕豆、豌豆、箭筈豌豆、甜菜也起源在这里。果树中有无花果、石榴、葡萄、欧洲甜樱桃、巴旦杏，以及苹果和梨的一些物种。起源于这里的蔬菜有胡萝卜、甘蓝、莴苣等。还有重要的牧草苜蓿和波斯三叶草，重要的油料作物胡麻、芝麻（本地特殊类型），以及甜瓜、南瓜、罂粟、芫荽等也起源在这里。

### (三) 中南美起源中心

美洲早在 1 万年以前就开始了作物的驯化。但无论其早晚，每个地区均是先驯化豆类、瓜类和椒类（*Capsicum* spp.）。从地域上讲，自美国中西部至少到阿根廷北部都有驯化活动；从时间上讲，作物的驯化和进化至少跨了几千年。在瓦维洛夫的《主要栽培植物的世界起源中心》中把中美和南美作为两个独立的起源中心对待，他提出起源于墨西哥南部和中美的作物有 45 种，起源于南美的作物有 62 种。

玉米是起源于美洲的最重要的作物。尽管目前对玉米的来源还存在争论，但已经比较肯定的是玉米驯化于墨西哥西南部，其栽培历史至少超过 7 000 年（Benz，2001）。最重要的块根作物之一甘薯的起源地可能在南美北部，驯化历史已超过 10 000 年。另外，包括 25 种块根块茎作物也起源于美洲，其中包括世界性作物马铃薯和木薯，马铃薯的种类十分丰富。一年生食用豆类的驯化比玉米还早，这些豆类包括普通菜豆、利马豆、红花菜豆和花生等。普通菜豆的祖先分布很广（从墨西哥到阿根廷均有分布），它和利马豆一样可能断断续续驯化了多次。世界上最重要的纤维作物陆地棉（*Gossypium hirsutum*）和海岛棉（*G. barbadense*）均起源于美洲厄瓜多尔和秘鲁、巴西东北部的西海岸地区，驯化历史至少有 5 500 年。烟草有 10 个左右的种被驯化栽培过，这些种都起源于美洲，其中最重要的普通烟草（*Nicotiana tabacum*）起源于南美和中美。美洲还驯化了一些高价值水果，包括菠萝、番木瓜、鳄梨、番石榴、草莓等。许多重要蔬菜起源在这个中心，如番茄、辣椒等。番茄的野生种分布在厄瓜多尔和秘鲁海岸沿线，类型丰富。南瓜类型也很多，如西葫芦（*Cucurbita pepo*）是起源于美洲最早的作物之一，至少有 10 000 年的种植历史（Smith，1997）。重要工业原料作物橡胶（*Hevea brasiliensis*）起源于亚马孙地区南部。可可是巧克力的重要原料，它也起源于美洲中心。另外，美洲还是许多优良牧草的起源地。

在北美洲起源的作物为数不多，向日葵是其中之一，它大约是 3 000 年前在密西西比到俄亥俄流域被驯化的。

### （四）南亚起源中心

南亚起源中心包括印度的阿萨姆和缅甸的主中心和印度—马来亚地区，在瓦维洛夫的《主要栽培植物的世界起源中心》中提出起源于主中心的有 117 种作物，起源于印度—马来亚地区的有 55 种作物。其中的主要作物包括水稻、绿豆、饭豆、豇豆、黄瓜、苦瓜、茄子、木豆、甘蔗、芝麻、中棉、山药、圆果黄麻、红麻、印度麻（*Crotalaria juncea*）等。薯蓣（*Dioscorea* L.）、薏苡起源于马来半岛，芒果起源于马来半岛和印度，柠檬、柑橘类起源于印度东北部至缅甸西部再至中国南部，椰子起源于南太平洋岛屿，香蕉起源于马来半岛和一些太平洋岛屿，甘蔗起源于新几内亚，等等。

### （五）非洲起源中心

地球上最古老的人类出现在约 200 万年前的非洲。当地农业出现至少在 6 000 多年以前（Harlan，1992）。但长期以来，人们对非洲的作物起源情况了解很少。事实上，非洲与其他地方一样也是相当重要的作物起源中心。大量的作物在非洲被首先驯化，其中最重要的世界性作物包括咖啡、高粱、珍珠粟、油棕、西瓜、豇豆和龙爪稷等，另外还有许多主要对非洲人相当重要的作物，包括非洲稻、薯蓣、葫芦等。但与近东地区不同的是，起源于非洲的绝大多数作物的分布范围比较窄（其原因主要来自部落和文化的分布而不是生态适应性），植物驯化没有明显的中心，驯化活动从南到北、从东至西广泛存在。

不过，从古至今，生活在撒哈拉及其周边地区的非洲人一直把采集收获野生植物种子作为一项重要生活内容，甚至把这些种子商业化。在撒哈拉地区北部主要收获三芒草属的一个种（*Aristida pungens* Desf.），在中部主要收获圆锥黍（*Panicum turgidum* Forssk.），在南部主要收获蒺藜草属的 *Cenchrus biflorus* Roxb.。他们收获的野生植物还包括埃塞俄比亚最重要的禾谷类作物苔芙（*Eragrostic tef*）的祖先种画眉草（*E. pilosa*）和一年生巴蒂野生稻（*Oryza glaberrima* spp. *barthii*）等。

## 三、与作物进化相关的基本理论

作物的进化就是一个作物的基因源（gene pool，或译为基因库）在时间上的变化。一个作物的基因源是该作物中的全部基因。随着时间的推移，作物基因源内含有的基因会发生变化，由此带来作物的进化。自然界中作物的进化不是在短时间内形成的，而是在漫长的历史时期进行的。作物进化的机制是突变、自然选择、人工选择、重组、遗传漂移（genetic drift）和基因流动（gene flow）。一般说来，突变、重组和基因流动可以使基因源中的基因增加，遗传漂移、人工选择和自然选择常常使基因源中的基因减少。自然界中，在这些机制的共同作用下，植物群体中遗传变异的总量是保持平衡的。

### （一）突变在作物进化中的作用

突变是生命过程中 DNA 复制时核苷酸序列发生错误造成的。突变产生新基因，为选择创造材料，是生物进化的重要源泉。自然界生物中突变是经常发生的（详见第四节）。自花授粉作物很少发生突变，杂种或杂合植物发生突变的概率相对较高。自然界发生的突变多数是有害的，中性突变和有益突变的比例各占多少不得而知，可能与环境及性状的具体情况有关。绝大多数新基因常常在刚出现时便被自然选择所淘汰，到下一代便丢失。但是，由于突变有重复性，有些基因会多次出现，每个新基因的结局因环境和基因本身的性质而不同。对生物本身有害的基因，通常一出现就被自然选择所淘汰，难以进入下一代。但有时它不是致命的害处，又与某个有益基因紧密连锁，或因突变与选择之间保持着平衡，有害基因也可能低频率地被保留下来。中性基因，大多数在它们出现后很早便丢失。其保留的情况与群体大小和出现频率有关。有利基因，大多数出现以后也会丢失，但它会重复出现，经过若干世代，丢失几次后，在群体中的比例逐渐增加，以至保留下来。基因源中基因的变化带来物种进化。

### （二）自然选择在作物进化中的作用

达尔文是第一个提出自然选择是物种起源主要动力的科学家。他提出，"适者生存"就是自然选择的过程。自然选择在作物进化中的作用是消除突变中产生的不利性状，保留适应性状，从而导致物种的进化。环境的变化是生物进化的外因，遗传和变异是生物进化的内因。定向的自然选择决定了生物进化的方向，即在内因和外因的共同作用下，后代中一些基因型的频率逐代增高，另一些基因型的频率逐代降低，从而导致性状变化。例如，稻种的自然演化，就是稻种在不同环境条件下，受自然界不同的选择压力，而导致了各种类型的水稻产生。

### （三）人工选择在作物进化中的作用

人工选择是指在人为的干预下，按人类的要求对作物加以选择的过程，结果是把合乎人类要求的性状保留下来，使控制这些性状的基因频率逐代增大，从而使作物的基因源（gene pool）朝着一定方向改变。人工选择自古以来就是推动作物生产发展的重要因素。古代，人们对作物（主要指禾谷类作物）的选择主要在以下两方面：第一是与收获有关的性状，结果是种子落粒性减弱、强化了有限生长、穗变大或穗变多、花的育性增加等，总的趋势是提高种子生产能力；第二是与幼苗竞争有关的性状，结果是通过种子变大、种子中蛋白质含量变低且碳水化合物含量变高，使幼苗活力提高，另外通过去除休眠、减少颖片和其他种子附属物使发芽更快。现代，人们还对产品的颜色、风味、质地及储藏品质等进行选择，这样就形成了不同用途的或不同类型的品种。由于在传统农业时期人们偏爱种植混合了多个穗的种子，所以形成的"农家品种"（地方品种）具有较高的遗传多样性。近代育种着重选择纯系，所以近代育成品种的遗传多样性较低。

### （四）人类迁移和栽培方式在作物进化中的作用

农民的定居使他们种植的作物品种产生对其居住地区的适应性。但农民有时也有迁移活动，他们往往把种植的品种或其他材料带到一个新地区。这些品种或材料在新区直接种植，并常与当地品种天然杂交，产生新的变异类型。这样，就使原先有地理隔离和生态分化的两个群体融合在一起了（重组）。例如，美国玉米带的玉米就是北方硬粒类型和南方马齿类型由人们不经意间带到一起演化而来。

栽培方式也对作物的驯化和进化有影响。例如，在西非一些地区，高粱是育苗移栽的，这和亚洲的水稻栽培相似，其结果是形成了高粱的移栽种族；另外，当地人们还在雨季种植成熟期要比移栽品种长近1倍的雨养种族。这两个种族也有相互杂交的情况，这样又产生了新的高粱类型。

### （五）重组在进化中的作用

重组可以把父母本的基因重新组合到一个后代中。它可以把不同时间、不同地点出现的基因聚到一起。重组是遵循一定遗传规律发生的，它基于同源染色体间的交换。基因在染色体上作线性排列，同源染色体间交换便带来基因重组。重组不仅能发生在基因之间，而且还能发生在基因之内。一个基因内的重组可以形成一个新的等位基因。重组在进化中有重要意义。在作物育种工作中，杂交育种就是利用重组和选择的机制促进作物进化，达到人类要求的目的。

### （六）基因流动与杂草型植物在作物进化中的作用

当一个新群体（物种）迁入另一个群体中时，它们之间发生交配，新群体能给原有群体带来新基因，这就是基因流动。当野生种侵入栽培作物的生境后，经过长期的进化，形成了作物的杂草类型。杂草类型的形态学特征和适应性介于栽培类型和野生类型之间，它们适应了那种经常受干扰的环境，但又保留了野生类型的易落粒习性、休眠性和种子往往有附属物存留的特点。已有大量证据表明杂草类型在作物驯化和进化中起着重要作用。尽管杂草类型和栽培类型之间存在相当强的基因流动屏障，这样彼此之间不可能发生大规模的杂交，但研究发现，当杂草类型和栽培类型生活在一起时，确实偶尔也会发生杂交事件，杂交的结果就是使下代群体有了更大的变异。正如 Harlan（1992）所说，该系统在进化上是相当完美的，因为如果杂草类型和栽培类型之间发生了太多的基因流动，就会损害作物，甚至两者可能会融为一个群体，从而导致作物被抛弃；但是，如果基因流动太少，在进化上也就起不到多大作用。这就意味着基因流动屏障要相当强但又不能滴水不漏，这样才能使该系统起到作用。

## 四、与作物进化有关的性状演化

与作物进化有关的性状是指那些在作物和它的野生祖先之间存在显著差异的性状。总的来说，与野生祖先比较，作物有以下特点：①与其他种的竞争力降低；②收获器官及相关部分变大；③收获器官有丰富的形态变异；④往往有广泛的生理和环境适应性；⑤落粒性降低或丧失；⑥自我保护机制削弱或丧失；⑦营养繁殖作物的不育性提高；⑧生长习性改变，如多年生变成一年生；⑨发芽迅速且均匀，休眠期缩短或消失；⑩在很多作物中产生了耐近交机制。

### （一）种子繁殖作物

**1. 落粒性**　落粒性的进化主要是与收获有关的选择有关。研究表明，落粒性一般是由 1 对或 2 对基因控制。在自然界可以发现半落粒性的情况，但这种类型并不常见。不过在有的情况下，半落粒性也有其优势，如半落粒的埃塞俄比亚杂草燕麦和杂草黑麦就一直保留下来。落粒性和穗的易折断程度往往还与收获的方法有关。例如，北美的印第安人在收获草本植物种子时是用木棒把种子打到篮子中，这样易折断的穗反而变成了一种优势。这可能也是为什么在美洲有多种草本植物被收获或种植，但驯化的禾谷类作物却很少的原因之一。

**2. 生长习性**　生长习性的总进化方向是有限生长更加明显。禾谷类作物中生长习性可以分为两大类：一类是以玉米、高粱、珍珠粟和薏苡等为代表，其野生类型有多个侧分枝，驯化和进化的结果是因侧分枝减少而穗更少了、穗更大了、种子更大了、对光照的敏感性更强了、成熟期更整齐了；另一类以小麦、大麦、水稻等为代表，主茎没有分枝，驯化和进化的结果是各个分蘖的成熟期变得更整齐，这样有利于全株收获。对前者来说，从很多小穗到少数大穗的演化常常伴随着种子变大的过程，产量的提高主要来自穗变大和粒变大两个因素。这些演化过程的结果造成了栽培类型的形态学与野生类型的形态学有极大的差异。而对小粒作物来说，它们主茎没有分枝，成熟整齐度的提高主要靠在较短时间内进行分蘖，过了某一阶段则停止分蘖。小粒禾谷类作物的产量提高主要来自分蘖增加，大穗和大粒对产量提高也有贡献，但与玉米、高粱等作物相比就不那么突出了。

**3. 休眠性**　大多数野生草本植物的种子都具有休眠性，这种特性对野生植物的适应性是很有利的。野生燕麦、野生一粒小麦和野生二粒小麦对近东地区的异常降雨有很好的适应性，其原因就是每个穗上都有两种种子，一种没有休眠性，另一种有休眠性，前者的数量约是后者的 2 倍。无论降雨的情况如何，野生植物均能保证后代的繁衍。然而对栽培类型来说，种子的休眠一般来说没有好处。因此，栽培类型的种子往往休眠期很短或没有休眠期。

### （二）无性繁殖作物

营养繁殖作物的驯化过程和种子作物有较大差别。总的来看，营养繁殖作物的驯化比较容易，而且野生群体中蕴藏着较大的遗传多样性。以木薯（*Manihot* spp.）为例，由于可以用插条来繁殖，只需要剪断枝条，在雨季插入地中，然后就会结薯。营养繁殖作物对选择的效应是直接的，并且可以马上体现出来。如果发现有一个克隆的风味更好或有其他期望性状，就可以立即繁殖它，并培育出品种。在诸如薯蓣和木薯等的大量营养繁殖作物中，很多克隆已失去有性繁殖能力（不开花和花不育），它们被完全驯化，其生存完全依赖于人类。有性繁殖能力的丧失对其他无性繁殖作物如香蕉等是一个期望性状，因为二倍体的香蕉种子多，对食用不利，因此不育的二倍体香蕉突变体被营养繁殖，育成的三倍体和四倍体香蕉（无种子）已被广泛推广。

# 第三节　作物的分类

作物的分类系统有很多种。例如，按生长年限划分有一年生、二年生（或称越年生）和多年生作物。按生长条件划分有旱地作物和水田作物。按用途可分为粮食作物、经济作物、果树、蔬菜、饲料与绿肥作物、林木、花卉、药用作物等。但是最根本的和各种作物都离不开的是植物学分类。

## 一、作物的植物学分类及学名

### （一）植物学分类的沿革和要点

植物界下常用的分类单位有：门（division）、纲（class）、目（order）、科（family）、属（genus）、种（species）。在各级分类单位之间，有时因范围过大，不能完全包括其特征或系统关系，而有必要再增设一级时，在各级前加"亚"（sub）字，如亚科（subfamily）、亚属（subgenus）、亚种（subspecies）等。科以下除分亚科外，有时还把相近的属合为一族（tribe）；在属下除亚属外，有时还把相近的种合并为组（section）或系（series）。种以下的分类，在植物学上，常分为变种（variety）、变型（form）或种族（race）。

经典的植物分类可以说从 18 世纪开始。林奈（C. Linnaeus，1735）提出以性器官的差异来分类，他在《自然系统》（*Systerma Naturae*）一书中，根据雄蕊数目、特征及其与雌蕊的关系将植物界分为 24 纲。随后他又在《植物的纲》（*Classes Plantarum*，1738）中列出了 63 个目。到了 19 世纪，堪德尔（de Candolle）父子又根据植物相似性程度将植物分为 135 目（科），后发展到 213 科。自 1859 年达尔文的《物种起源》一书发表后，植物分类逐渐由自然分类走向了系统发育分类。达尔文理论产生的影响有三：①"种"不是特创的，而是在生命长河中由另一个种演化来的，并且是永远演化着的；②真正的自然分类必须是建立在系谱上的，即任何种均出自一个共同祖先；③"种"不是由"模式"显示的，而是由变动着的居群（population）所组成的（吴征镒等，2003）。科学的植物学分类系统是系统发育分类系统，即应客观地反映自然界生物的亲缘关系和演化发展，所以现在广义的分类学又称为系统学。近几十年来，植物分类学应用了各种现代科学技术，衍生出了诸如实验分类学、化学分类学、细胞分类学和数值分类学等研究流域，特别是生物化学和分子生物学的发展大大推动了经典分类学不再停留在描述阶段而向着客观的实验科学发展。

### （二）现代常用的被子植物分类系统

现代被子植物的分类系统常用的有四大体系。

1. 德国学者恩格勒（A. Engler）和普兰特（K. Prantl）合著的 23 卷巨著《自然植物

科志（1887—1895）》在国际植物学界有很大影响。Engler 系统将被子植物门分为单子叶植物纲（Monocotyledoneae）和双子叶植物纲（Dicotyledoneae），认为花单性、无花被或具一层花被、风媒传粉为原始类群，因此按花的结构由简单到复杂的方向来表明各类群间的演化关系，认为单子叶植物和双子叶植物分别起源于未知的已灭绝的裸子植物，并把"柔荑花序类"作为原始的有花植物。但是这些观点已被后来的研究所否定，因为多数植物学家认为单子叶植物作为独立演化支起源于原始的双子叶植物；同时，木材解剖学和孢粉学研究已经否认了"柔荑花序类"作为原始的类群。

2. 英国植物学家哈钦松（J. Hutchinson）在 1926—1934 年发表了《有花植物科志》，创立了 Hutchinson 系统，以后 40 年内经过两次修订。该系统将被子植物分为单子叶植物（Monocotyledones）和双子叶植物（Dicotyledones），共描述了被子植物 111 目 411 科。他提出两性花比单性花原始；花各部分分离、多数比联合和定数原始；木本比草本原始；认为木兰科是现存被子植物中最原始的科；被子植物起源于 Bennettitales 类植物，分别按木本和草本两支不同的方向演化，单子叶植物起源于双子叶植物的草本支（毛茛目），并按照花部的结构不同，分化为三个进化支，即萼花、冠花和颖花。但由于他坚持把木本和草本作为第一级系统发育的区别，导致了亲缘关系很近的类群被分开，因此该分类系统也存在很大的争议。

3. 苏联学者 A. Takhtajan 在 1954 年提出了 Takhtajan 系统，1964 年和 1966 年又进行修订。该系统仍把被子植物分为双子叶植物纲（Magnoliopsida）和单子叶植物纲（Liliopsida），共包括 12 亚纲、53 超目（superorder）、166 目和 533 科。Takhtajan 认为被子植物的祖先应该是种子蕨（Pteridospermae），花各部分分离、螺旋状排列、花蕊向心发育、未分化成花丝和花药，常具三条纵脉，花粉二核，有一萌发孔，外壁未分化，心皮未分化等性状为原始性状。

4. 美国学者 A. Cronquist 在 1958 年创立了 Cronquist 系统，该系统与 Takhtajan 系统相近，但取消了超目这一级分类单元。Cronquist 也认为被子植物可能起源于种子蕨，木兰亚纲是现存的最原始的被子植物。在 1981 年的修订版中，共分 11 亚纲、83 目、383 科。这两个系统目前得到了更多学者的支持，但他们在属、科、目等分类群的范围上仍然有较大差异，而且在各类群间的演化关系上仍有不同看法。

Engler 系统和 Hutchinson 系统目前仍被国内外广泛采用。近年来我国当代著名植物分类学家吴征镒等发表了《中国被子植物科属综论》，提出了被子植物的八纲分类系统。他们提出建立被子植物门之下一级分类的原则是：①要反映类群间的系谱关系；②要反映被子植物早期（指早白垩世）分化的主传代线，每一条主传代线可为一个纲；③各主传代线分化以后，依靠各方面资料并以多系、多期、多域的观点来推断它们的古老性和它们之间的系统关系；④采用 Linnaeus 阶层体系的命名方法（吴征镒等，2003）。该书中描述了全世界的 8 纲（class）、40 个亚纲（subclass）、202 个目（order）、572 个科（family）中在中国分布的 157 目、346 科。

### （三）作物的植物学分类

"种"是生物分类的基本单位。"种"一般是指具有一定的自然分布区和一定的形态特征和生理特性的生物类群。18 世纪植物分类学家林奈提出，同一物种的个体之间性状相似，彼此之间可以进行杂交并产生能生育的后代，而不同物种之间则不能进行杂交，或即使杂交了也不能产生能生育的后代。这是经典植物学分类最重要的原则之一。但是，在后来针对不同的研究对象时，这个原则并没有始终得到遵守，因为有时不是很适宜，例如，栽培大豆（*Glycine max*）和野生大豆（*Glycine soja*）就能够相互杂交并产生可育的后代；亚洲栽培稻（*Oryza sativa*）和普通野生稻（*Oryza rufipogon*）的关系也是这样。但是，它们一个是野生的，一个是栽培的，一定要把它们划为一个种是不很适宜的。因此，尽管作物的植物学分类非常重要，但是具体到属和种的划分又常常出现争论。回顾各种作物及其野生近缘种的分类历史，可以发现多种作物都面临过分类争议和摇摆不定的情形。例如，各种小麦曾被分类成 2 个种、3 个种、5 个种，甚至 24 个种；有些人把山羊草当作单独的一个属（*Aegilops*），另外一些人又把它划到小麦属（*Triticum*），因为普通小麦三个基因组之中两个来自山羊草。正因这种例子不胜枚举，故科学家们往往根据自己的经验进行独立的、非正式的人为分类，结果甚至造成了同一作物也存在不同分类系统的局面。因此，当前的植物学分类应遵循"约定俗成"和"国际通用"两个原则，在研究中可以根据科学的发展进行适当修正，尽量贯彻以上提到的"林奈原则"。

　　作物具有很丰富的物种多样性，因为这些作物来自多个植物科，但大多数作物来自豆科（Leguminoseae）和禾本科（Gramineae）。如果只考虑到食用作物，禾本科有 30 种左右的作物，豆科有 40 余种作物。另外，茄科（Solanaceae）有近 20 种作物，十字花科（Cruciferae）有 15 种左右作物，葫芦科（Cucurbitaceae）有 15 种左右作物，蔷薇科（Rosaceae）有 10 余种作物，百合科（Liliaceae）有 10 余种作物，伞形科（Umbelliferae）有 10 种左右作物，天南星科（Araceae）有近 10 种作物。

### （四）作物的学名及其重要性

　　正因为植物学分类能反映有关物种在植物系统发育中的地位，所以作物的学名按植物分类学系统确定。国际通用的物种学名采用的是林奈的植物"双名法"，即规定每个植物种的学名由两个拉丁词组成，第一个词是"属"名，第二个词是"种"名，最后还附定名人的姓名缩写。学名一般用斜体拉丁字母，属名第一个字母要大写，种名全部字母要小写。对种以下的分类单位，往往采用"三名法"，即在双名后再加亚种（或变种、变型、种族）名。

　　应用作物的学名是非常重要的。因为在不同国家或地区，在不同时代，同一种作物有不同名称。例如，甘薯［*Ipomoea batatas*（L.）Lam.］在我国有多种名称，如红薯、白薯、番薯、红苕、地瓜等。同时，同名异物的现象也大量存在，如地瓜在四川不仅指甘薯，又指豆薯（*Pachyrhizus erosus* Urban），两者其实分别属于旋花科和豆科。这种名称上的混乱不仅对品种改良和开发利用是非常不利的，而且给国际国内的学术交流带来了很大的麻烦。这种情况，如果普遍采用拉丁文学名，就能得到根本解决。也就是说，在文章中，不管出现的是什么植物和材料名称，要求必须附其植物学分类上的拉丁文学名，这样，就可以避免因不同语言（包括方言）所带来的名称混乱问题。

### （五）作物的细胞学分类

从 20 世纪 30 年代初期开始，细胞有丝分裂时的染色体数目和形态就得到了大量研究。到目前为止，约 40% 的显花植物已经做过染色体数目统计，利用这些资料已修正了某些作物在植物分类学上的一些错误。因此，染色体核型（指一个个体或种的全部染色体的形态结构，包括染色体数目、大小、形状、主缢痕、次缢痕等）的差异在细胞分类学发展的 60 多年里，被广泛地用作确定植物间分类差别的依据（徐炳声等，1996）。

此外，根据染色体组（又称基因组）进行的细胞学分类也是十分重要的。例如，在芸薹属中，分别把染色体基数为 10、8 和 9 的染色体组命名为 AA 组、BB 组和 CC 组，它们成为区分物种的重要依据之一。染色体倍性同样是分类学上常用的指标。

## 二、作物的用途分类

按用途分类是农业中最常用的分类。本丛书就是按此系统分类的，计包括粮食作物、经济作物、果树、蔬菜、饲料作物、林木、观赏作物（花卉）、药用作物八篇。

但需要注意到，这里的分类系统也具有不确定性，其原因在于基于用途的分类肯定随着其用途的变化而有所变化。例如，玉米在几十年前几乎是作为粮食作物，而现在却大部分作为饲料，因此在很多情况下已把玉米称为粮饲兼用作物。高粱、大麦、燕麦、黑麦甚至大豆也有与此相似的情形。另外，一些作物同时具有多种用途，例如，用作水果的葡萄又大量用作酿酒原料，在中国用作粮食的高粱也用作酿酒原料，大豆既是食物油的来源又可作为粮食，亚麻和棉花可提供纤维和油，花生和向日葵可提供蛋白质和油，因此很难把它们截然划在那一类作物中。同时，这种分类方法与地理区域也存在很大关系，例如，籽粒苋（*Amaranthus*）在美洲认为是一种拟禾谷类作物（pseudocereal），但在亚洲一些地区却当作一种药用作物。独行菜（*Lepidium apetalum*）在近东地区作为一种蔬菜，但在安第斯地区却是一种粮用的块根作物。

## 三、作物的生理学、生态学分类

按照作物生理及生态特性，对作物有如下几种分类方式：

### （一）按照作物通过光照发育期需要日照长短分为长日照作物、短日照作物和中性作物

小麦、大麦、油菜等适宜昼长夜短方式通过其光照发育阶段的为长日照作物，水稻、玉米、棉花、花生和芝麻等适宜昼短夜长方式通过其光照发育阶段的为短日照作物，豌豆和荞麦等为对光照长短没有严格要求的作物。

### （二）C3 和 C4 作物

以 C3 途径进行光合作用的作物称为 C3 作物，如小麦、水稻、棉花、大豆等；以 C4 途径进行光合作用的作物称为 C4 作物，如高粱、玉米、甘蔗等。后者往往比前者的光合作用能力更强，光呼吸作用更弱。

### （三）喜温作物和耐寒作物

前者在全生育期中所需温度及积温都较高，如棉花、水稻、玉米和烟草等；后者则在全生育期中所需温度及积温都较低，如小麦、大麦、油菜和蚕豆等。果树分为温带果树、热带果树等。

### （四）根据利用的植物部位分类

如蔬菜分为根菜类、叶菜类、果菜类、花菜类、茎菜类、芽菜类等。

## 四、作物品种的分类

在作物种质资源的研究和利用中，各种作物品种的数量都很多。对品种进行科学的分类是十分重要的。作物品种分类的系统很多，需要根据研究和利用的内容和目的而确定。

### （一）依据播种时间对作物品种分类

如玉米可分成春玉米、夏玉米和秋玉米，小麦可分成冬小麦和春小麦，水稻可分成早稻、中稻和晚稻，大豆可分成春大豆、夏大豆、秋大豆和冬大豆等。这种分类还与品种的光照长短反应有关。

### （二）依据品种的来源分类

如分为国内品种和国外品种，国外品种还可按原产国家分类，国内品种还可按原产省份分类。

### （三）依据品种的生态区（生态型）分类

在一个国家或省范围内，根据该作物分布区气候、土壤、栽培条件等地理生态条件的不同，划分为若干栽培区，或称生态区。同一生态区的品种，尽管形态上相差很大，但它们的生态特性基本一致，故为一种生态型。如我国小麦分为十大麦区，即十大生态类型。

### （四）依据产品的用途分类

如小麦品种分强筋型、中筋型、弱筋型，玉米品种分粮用型、饲用型、油用型，高粱品种分食用型、糖用型、帚用型等。

### （五）以穗部形态为主要依据分类

如我国高粱品种分为紧穗型、散穗型、侧散型，我国北方冬麦区小麦品种分为通常型、圆颖多花型、拟密穗型等。

### （六）结合生理、生态、生化和农艺性状综合分类

以水稻为例，我国科学家丁颖提出，程侃声、王象坤等修订的我国水稻 4 级分类系统：第一级分籼、粳；第二级分水、陆；第三级分早、中、晚；第四级分黏、糯。

# 第四节　作物的遗传多样性

遗传多样性是指物种以内基因丰富的状况，故又称基因多样性。作物的基因蕴藏在作物种质资源中。作物种质资源一般分为地方品种、选育品种、引进品种、特殊遗传材料、野生近缘植物（种）等种类。各类种质资源的特点和价值不同。地方品种又称农家品种，它们大都是在初生或次生起源中心经多年种植而形成的古老品种，适应了当地的生态条件和耕作条件，并对当地常发生的病虫害产生了抗性或耐性。一般来说，地方品种常常是包括有多个基因型的群体，蕴含有较高的遗传多样性。因此，地方品种不仅是传统农业的重要组成部分，而且也是现代作物育种中重要的基因来源。选育品种是经过人工改良的品种，一般说来，丰产性、抗病性等综合性状较好，常常被育种家首选作进一步改良品种的亲本。但是，选育品种大都是纯系，遗传多样性低，品种的亲本过于单一会带来遗传脆弱性。那些过时的，已被生产上淘汰的选育品种，也常含有独特基因，同样应予以收集和注意。从国外或外地引进的品种常常具备本地品种缺少的优良基因，几乎是改良品种不可缺少的材料。我国水稻、小麦、玉米等主要作物 50 年育种的成功经验都离不开利用国外优良品种。特殊遗传材料包括细胞学研究用的遗传材料，如单体、三体、缺体、缺四体等一切非整倍体；基因组研究用的遗传材料，如重组近交系、近等基因系、DH 群体、突变体、基因标记材料等；属间和种间杂种及细胞质源；还有鉴定病菌用的鉴定寄主和病毒指示植物。野生近缘植物是与栽培作物遗传关系相近，能向栽培作物转移基因的野生植物。野生近缘植物的范围因作物而异，普通小麦的野生近缘植物包括整个小麦族，亚洲栽培稻的野生近缘植物包括稻属，而大豆的野生近缘植物只是大豆亚属（*Glycine* subgenus *soja*）。一般说来，一个作物的野生近缘植物常常是与该作物同一个属的野生植物。野生近缘植物的遗传多样性最高。

## 一、作物遗传多样性的形成与发展

### （一）作物遗传多样性形成的影响因素

作物遗传多样性类型的形成是下面五个重要因素相互作用的结果：基因突变、迁移、重组、选择和遗传漂移。前三个因素会使群体的变异增加，而后两个因素则往往使变异减少，它们在特定环境下的相对重要性就决定了遗传多样性变化的方向与特点。

**1. 基因突变**　基因突变对群体遗传组成的改变主要有两个方面：一是通过改变基因频率来改变群体遗传结构；二是导致新的等位基因的出现，从而导致群体内遗传变异的增加。因此，基因突变过程会导致新变异的产生，从而可能导致新性状的出现。突变分自然突变和人工突变。自然突变在每个生物体中甚至每个位点上都有发生，其突变频率在 $10^{-6} \sim 10^{-3}$（另一资料在 $10^{-12} \sim 10^{-10}$）。到目前为止还没有证明在野生居群中的突变率与栽培群体中的突变率有什么差异，但当突变和选择的方向一致时，基因频率改变的速度就变得更快。虽然大多数突变是有害的，但也有一些突变对育种是有利的。

**2. 迁移**　尽管还没有实验证据来证明迁移可以提高变异程度，但它确实在作物的进化中起了重要作用，因为当人类把作物带到一个新地方之后，作物必须要适应新的环境，从而增加了地理变异。当这些作物与近缘种杂交并进行染色体多倍化时，会给后代增加变异并提高其适应能力。迁移在驯化上的重要性，可以用小麦来作为一个很好的例子，小麦在近东被驯化后传播到世界各个地方，形成了丰富多彩的生态类型，以至于中国变成了世界小麦的多样性中心之一。

**3. 重组**　重组是增加变异的重要因素（详见第二节）。作物的生殖生物学特点是影响重组的重要因素之一。一般来说，异花授粉作物由于在不同位点均存在杂合性，重组概率高，因而变异程度较高；相反自花授粉作物由于位点的纯合性很高，重组概率相对较少，故变异程度相对较低。还有必要注意到，有一些作物是自花授粉的，而它们的野生祖先却是异花授粉的，其原因可能与选择有关。例如，番茄的野生祖先多样性中心在南美洲，在那里野生番茄通过蜜蜂传粉，是异花授粉的。但它是在墨西哥被驯化的，在墨西哥由于没有蜜蜂，在人工选择时就需要选择自交方式的植株，栽培番茄就成了自花授粉作物。

**4. 选择**　选择分自然选择和人工选择，两者均是改变基因频率的重要因素。选择在作物的驯化中至关重要，尤其是人工选择。但是，选择对野生居群和栽培群体的作用显然有巨大差别的。例如，选择没有种子传播能力和整齐的发芽能力对栽培作物来说非常重要，而对野生植物来说却是不利的。人工选择是作物品种改良的重要手段，但在人工选择自己需要的性状时常常无意中把很多基因丢掉，使遗传多样性更加狭窄。

**5. 遗传漂移**　遗传漂移常常在居群（群体）过小的情况下发生。存在两种情况：一种是在植物居群中遗传平衡的随机变化。这是指由于个体间不能充分地随机交配和基因交流，从而导致群体的基因频率发生改变；另一个称为"奠基者原则（founder principle）"，指由少数个体建立的一种新居群，它不能代表祖先种群的全部遗传特性。后一个概念对作物进化十分重要，如当在禾谷类作物中发现一个穗轴不易折断的突变体时，对驯化很重要，但对野生种来说是失去了种子传播机制。由于在小群体中遗传漂移会使纯合个体增加，从而减少遗传变异，同时还由于群体繁殖逐代近交化而导致杂种优势和群体适应性降低。在自然进化过程中，遗传漂移的作用可能会将一些中性或对栽培不利的性状保留下来，而在大群体中不利于生存和中性性状会被自然选择所淘汰。在栽培条件下，作物引种、选留种、分群建立品系、近交，特别是在种质资源繁殖时，如果群体过小，很有可能造成遗传漂移，致使等位基因频率发生改变。

### （二）遗传多样性的丧失与遗传脆弱性

现代农业的发展带来的一个严重后果是品种的单一化，这在发达国家尤其明显，如美国的硬红冬小麦品种大多数有来自波兰和俄罗斯的两个品系的血缘。我国也有类似情况。例如，目前生产上种植的水稻有 50％是杂交水稻，而这些杂交水稻的不育系绝大部分是"野败型"，而恢复系大部分为从国际水稻所引进的 IR 系统；全国推广的小麦品种大约一半有南大 2419、阿夫、阿勃、欧柔 4 个品种或其派生品种的血统，而其抗病源乃是以携带黑麦血统的洛夫林系统占主导地位；1995 年，全国 53％的玉米面积种植掖单 13、丹玉 13、中单 2 号、掖单 2 号和掖单 12 这五个品种；全国 61％的玉米面积严重依赖 Mo17、掖478、黄早四、丹340和E28这五个自交系。这就使得原来的遗传多样性大大丧失，遗传基础变得很狭窄，其潜在危险就是这些作物极易受到病虫害袭击。一旦一种病原菌的生理种族成灾而作物又没有抗性，整个作物在很短时间内会受到毁灭性打击，从而带来巨大的经济损失。这样的例子不少，最经典的当数19世纪40年代爱尔兰的马铃薯饥荒。19世纪欧洲的马铃薯品种都来自两个最初引进的材料，导致40年代晚疫病的大流行，使数百万人流浪他乡。美国在1954年暴发的小麦秆锈病事件、1970年暴发的雄性不育杂交玉米小斑病事件，以及苏联在1972年小麦产量的巨大损失（当时的著名小麦品种"无芒1号"种植了1 500万 $hm^2$，大部因冻害而死）等，都令人触目惊心。品种单一化是造成遗传脆弱性的主要原因。

## 二、遗传多样性的度量

### （一）度量作物遗传多样性的指标

**1. 形态学标记**　有多态性的、高度遗传的形态学性状是最早用于多样性研究的遗传标记类型。这些性状的多样性也称为表型多样性。形态学性状的鉴定一般不需要复杂的设备和技术，少数基因控制的形态学性状记录简单、快速和经济，因此长期以来表型多样性是研究作物起源和进化的重要度量指标。尤其是在把数量化分析技术如多变量分析和多样性指数等引入之后，表型多样性分析成为作物起源和进化研究的重要手段。例如，Jain等（1975）对3 000多份硬粒小麦材料进行了表型多样性分析，发现来自埃塞俄比亚和葡萄牙的材料多样性最丰富，其次是来自意大利、匈牙利、希腊、波兰、塞浦路斯、印度、突尼斯和埃及的材料，总的来看，硬粒小麦在地中海地区和埃塞俄比亚的多样性最丰富，这与其起源中心相一致。Tolbert等（1979）对17 000多份大麦材料进行了多样性分析，发现埃塞俄比亚并不是多样性中心，大麦也没有明显的多样性中心。但是，表型多样性分析存在一些缺点，如少数基因控制的形态学标记少，而多基因控制的形态学标记常常遗传力低、存在基因型与环境互作，这些缺点限制了形态学标记的广泛利用。

**2. 次生代谢产物标记**　色素和其他次生代谢产物也是最早利用的遗传标记类型之一。色素是花青素和类黄酮化合物，一般是高度遗传的，在种内和种间水平上具有多态性，在20世纪60年代和70年代作为遗传标记被广泛利用。例如，Frost等（1975）研究了大麦材料中的类黄酮类型的多样性，发现类型A和B分布广泛，而类型C只分布于埃塞俄比亚，其多样性分布与同工酶研究的结果非常一致。然而，与很多其他性状一样，色素在不同组织和器官上存在差异，基因型与环境互作也会影响到其数量上的表达，在选择上不是中性的，不能用位点/等位基因模型来解释，这些都限制了它的广泛利用。在20世纪70～80年代，同工酶技术代替了这类标记，被广泛用于研究作物的遗传多样性和起源问题。

**3. 蛋白质和同工酶标记**　蛋白质标记和同工酶标记比前两种标记数目多得多，可以认为它是分子标记的一种。蛋白质标记中主要有两种类型：血清学标记和种子蛋白标记。同工酶标记有的也被认为是一种蛋白质标记。

血清学标记一般来说是高度遗传的，基因型与环境互作小，但迄今还不太清楚其遗传特点，难以确定同源性，或用位点/等位基因模型来解释。由于动物试验难度较大，这些年来利用血清学标记的例子越来越少，不过与此有关的酶联免疫检测技术（ELISA）在系统发育研究（Esen and Hilu，1989）、玉米种族多样性研究（Yakoleff et al.，1982）和玉米自交系多样性研究（Esen et al.，1989）中得到了很好的应用。

　　种子蛋白（如醇溶蛋白、谷蛋白、球蛋白等）标记多态性较高，并且高度遗传，是一种良好的标记类型。所用的检测技术包括高效液相色谱、SDS-PAGE、双向电泳等。种子蛋白的多态性可以用位点/等位基因（共显性）来解释，但与同工酶标记相比，种子蛋白检测速度较慢，并且种子蛋白基因往往是一些紧密连锁的基因，因此难以在进化角度对其进行诠释（Stegemann and Pietsch，1983）。

　　同工酶标记是 DNA 分子标记出现前应用最为广泛的遗传标记类型。其优点包括：多态性高、共显性、单基因遗传特点、基因型与环境互作非常小、检测快速简单、分布广泛等，因此在多样性研究中得到了广泛应用（Soltis and Soltis，1989）。例如，Nevo 等（1979）用等位酶研究了来自以色列不同生态区的 28 个野生大麦居群的 1 179 个个体，发现野生大麦具有丰富的等位酶变异，其变异类型与气候和土壤密切相关，说明自然选择在野生大麦的进化中非常重要。Nakagahra 等（1978）用酯酶同工酶研究了 776 份亚洲稻材料，发现不同国家的材料每种同工酶的发生频率不同，存在地理类型，越往北或越往南类型越简单，而在包括尼泊尔、不丹、印度 Assam、缅甸、越南和中国云南等地区的材料酶谱类型十分丰富，这个区域也被认定为水稻的起源中心。然而，也需要注意到存在一些特点上的例外，如在番茄、小麦和玉米上发现过无效同工酶、在玉米和高粱上发现过显性同工酶、在玉米和番茄上发现过上位性同工酶，在某些情况下也存在基因型与环境互作。

　　然而，蛋白质标记也存在一些缺点，这包括：①蛋白质表型受到基因型、取样组织类型、生育期、环境和翻译后修饰等共同作用；②标记数目少，覆盖的基因组区域很小，因为蛋白质标记只涉及编码区域，同时也并不是所有蛋白质都能检测到；③在很多情况下，蛋白质标记在选择上都不是中性的；④有些蛋白质具有物种特异性；⑤用标准的蛋白质分析技术可能检测不到有些基因突变。这些缺点使蛋白质标记在 20 世纪 80 年代后慢慢让位于 DNA 分子标记。

　　**4. 细胞学标记**　　细胞学标记需要特殊的显微镜设备来检测，但相对来说检测程序简单、经济。在研究多样性时，主要利用的两种细胞遗传学标记是染色体数目和染色体形态特征，除此之外，DNA 含量也有利用价值（Price，1988）。染色体数目是高度遗传的，但在一些特殊组织中会发生变化；染色体形态特征包括染色体大小、着丝粒位置、减数分裂构型、随体、次缢痕和 B 染色体等都是体现多样性的良好标记（Dyer，1979）。在特殊的染色技术（如 C 带和 G 带技术等）和 DNA 探针的原位杂交技术得到广泛应用后，细胞遗传学标记比原先更为稳定和可靠。但由于染色体数目和形态特征的变化有时有随机性，并且这种变异也不能用位点/等位基因模型来解释，在多样性研究中实际应用不多。迄今为止，细胞学标记在变异研究中，最多的例子是在检测离体培养后出现的染色体数目和结构变化。

　　**5. DNA 分子标记**　　20 世纪 80 年代以来，DNA 分子标记技术被广泛用于植物的遗传多样性和遗传关系研究。相对其他标记类型来说，DNA 分子标记是一种较为理想的遗传标记类型，其原因包括：①核苷酸序列变异一般在选择上是中性的，至少对非编码区域是这样；②由于直接检测的是 DNA 序列，标记本身不存在基因型与环境互作；③植物细胞中存在 3 种基因组类型（核基因组、叶绿体基因组和线粒体基因组），用 DNA 分子标记可以分别对它们进行分析。目前，DNA 分子标记主要可以分为以下几大类，即限制性片段长度多态性（RFLP）、随机扩增多态性 DNA（RAPD）、扩增片段长度多态性（AFLP）、微卫星或称为简单序列重复（SSR）、单核苷酸多态性（SNP）。每种 DNA 分子标记均有其内在的优缺点，它们的应用随不同的具体情形而异。在遗传多样性研究方面，应用 DNA 分子标记技术的报道已不胜枚举。

### （二）遗传多样性分析

关于遗传多样性的统计分析可以参见 Mohammadi 等（2003）进行的详细评述。在遗传多样性分析过程中需要注意到以下几个重要问题。

**1. 取样策略** 遗传多样性分析可以在基因型（如自交系、纯系和无性繁殖系）、群体、种质材料和种等不同水平上进行，不同水平的遗传多样性分析取样策略不同。这里着重提到的是群体（杂合的地方品种也可看作群体），因为在一个群体中的基因型可能并不处于 Hardy Weinberg 平衡状态（在一个大群体内，不论起始群体的基因频率和基因型频率是多少，在经过一代随机交配之后，基因频率和基因型频率在世代间保持恒定，群体处于遗传平衡状态，这种群体叫做遗传平衡群体，它所处的状态叫做哈迪—温伯格平衡）。遗传多样性估算的取样方差与每个群体中取样的个体数量、取样的位点数目、群体的等位基因组成、繁育系统和有效群体大小有关。现在没有一个推荐的标准取样方案，但基本原则是在财力允许的情况下，取样的个体越多、取样的位点越多、取样的群体越多越好。

**2. 遗传距离的估算** 遗传距离指个体、群体或种之间用 DNA 序列或等位基因频率来估计的遗传差异大小。衡量遗传距离的指标包括用于数量性状分析的欧式距离（$D_E$），可用于质量性状和数量性状的 Gower 距离（$DG$）和 Roger 距离（$RD$），用于二元数据的改良 Roger 距离（$GD_{MR}$）、Nei & Li 距离（$GD_{NL}$）、Jaccard 距离（$GD_J$）和简单匹配距离（$GD_{SM}$）等：

$D_E = [(x_1-y_1)^2 + (x_2-y_2)^2 + \cdots + (x_p-y_p)^2]^{1/2}$，这里 $x_1$，$x_2$，$\cdots$，$x_p$ 和 $y_1$，$y_2$，$\cdots$，$y_p$ 分别为两个个体（或基因型、群体）$i$ 和 $j$ 形态学性状 $p$ 的值。

两个自交系之间的遗传距离 $D_{smith} = \sum [(x_{i(p)}-y_{j(p)})^2/\mathrm{var}x_{(p)}]^{1/2}$，这里 $x_{i(p)}$ 和 $y_{j(p)}$ 分别为自交系 $i$ 和 $j$ 第 $p$ 个性状的值，$\mathrm{var}x_{(p)}$ 为第 $p$ 个数量性状在所有自交系中的方差。

$DG = 1/p \sum w_k d_{ijk}$，这里 $p$ 为性状数目，$d_{ijk}$ 为第 $k$ 个性状对两个个体 $i$ 和 $j$ 间总距离的贡献，$d_{ijk} = |d_{ik}-x_{jk}|$，$d_{ik}$ 和 $d_{jk}$ 分别为 $i$ 和 $j$ 的第 $k$ 个性状的值，$w_k = 1/R_k$，$R_k$ 为第 $k$ 个性状的范围（range）。

当用分子标记作遗传多样性分析时，可用下式：$d_{(i,j)} = \mathrm{constant}(\sum |X_{ai}-X_{aj}|^r)^{1/r}$，这里 $X_{ai}$ 为等位基因 $a$ 在个体 $i$ 中的频率，$n$ 为每个位点等位基因数目，$r$ 为常数。当 $r=2$ 时，则该公式变为 Roger 距离，即 $RD = 1/2 [\sum (X_{ai}-X_{aj})^2]^{1/2}$。

当分子标记数据用二元数据表示时，可用下列距离来表示：

$$GD_{NL} = 1 - 2N_{11}/(2N_{11} + N_{10} + N_{01})$$
$$GD_{J} = 1 - N_{11}/(N_{11} + N_{10} + N_{01})$$
$$GD_{SM} = 1 - (N_{11} + N_{00})/(N_{11} + N_{10} + N_{01} + N_{00})$$
$$GD_{MR} = [(N_{10} + N_{01})/2N]^{1/2}$$

这里 $N_{11}$ 为两个个体均出现的等位基因的数目；$N_{00}$ 为两个个体均未出现的等位基因数目；$N_{10}$ 为只在个体 $i$ 中出现的等位基因数目；$N_{01}$ 为只在个体 $j$ 中出现的等位基因数目；$N$ 为总的等位基因数目。谱带在分析时可看成等位基因。

在实际操作过程中，选择合适的遗传距离指标相当重要。一般来说，$GD_{NL}$ 和 $GD_{J}$ 在处理显性标记和共显性标记时是不同的，用这两个指标分析自交系时排序结果相同，但分析杂交种中的杂合位点和分析杂合基因型出现频率很高的群体时其遗传距离就会产生差异。根据以前的研究结果，建议在分析共显性标记（如 RFLP 和 SSR）时用 $GD_{NL}$，而在分析显性标记（如 AFLP 和 RAPD）时用 $GD_{SM}$ 或 $GD_{J}$。$GD_{SM}$ 和 $GD_{MR}$，前者可用于巢式聚类分析和分子方差分析（AMOVA），但后者由于有其重要的遗传学和统计学意义更受青睐。

在衡量群体（居群）的遗传分化时，主要有三种统计学方法：一是 $\chi^2$ 测验，适用于等位基因多样性较低时的情形；二是 $F$ 统计（Wright，1951）；三是 $G_{ST}$ 统计（Nei，1973）。在研究中涉及的材料很多时，还可以用到一些多变量分析技术，如聚类分析和主成分分析等。

## 三、作物遗传多样性研究的实际应用

### （一）作物的分类和遗传关系分析

禾本科（Gramineae）包括了所有主要的禾谷类作物如小麦、玉米、水稻、谷子、高粱、大麦和燕麦等，还包括了一些影响较小的谷物如黑麦、黍稷、龙爪稷等。此外，该科还包括一些重要的牧草和经济作物如甘蔗。禾本科是开花植物中的第四大科，包括 765 个属，8 000～10 000个种（Watson and Dallwitz，1992）。19 世纪和 20 世纪科学家们（Watson and Dallwitz，1992；Kellogg，1998）曾把禾本科划分为若干亚科。

由于禾本科在经济上的重要性，其系统发生关系一直是国际上多年来的研究热点之一。构建禾本科系统发生树的基础数据主要来自以下几方面：解剖学特征、形态学特征、叶绿体基因组特征（如限制性酶切图谱或 RFLP）、叶绿体基因（*rbcL*，*ndhF*，*rpoC2* 和 *rps4*）的序列、核基因（rRNA，*waxy* 和控制细胞色素 B 的基因）的序列等。尽管在不同研究中用到了不同的物种，但却得到了一些共同的研究结果，例如，禾本科的系统发生是单一的（monophyletic）而不是多元的。研究表明，在禾本科的演化过程中，最先出现的是 Pooideae、Bambusoideae 和 Oryzoideae 亚科（约在 7 000 万年前分化），稍后出现的是 Panicoideae、Chloridoideae 和 Arundinoideae 亚科及一个小的亚科 Centothecoideae。

图 0 - 2 是种子植物的系统发生简化图，其中重点突出了禾本科植物的系统发生情况。在了解不同作物的系统发生关系和与其他作物的遗传关系时，需要先知道该作物的高级分类情况，再对照该图进行大致的判断。但更准确的方法是应用现代的各种研究技术进行实验室分析。

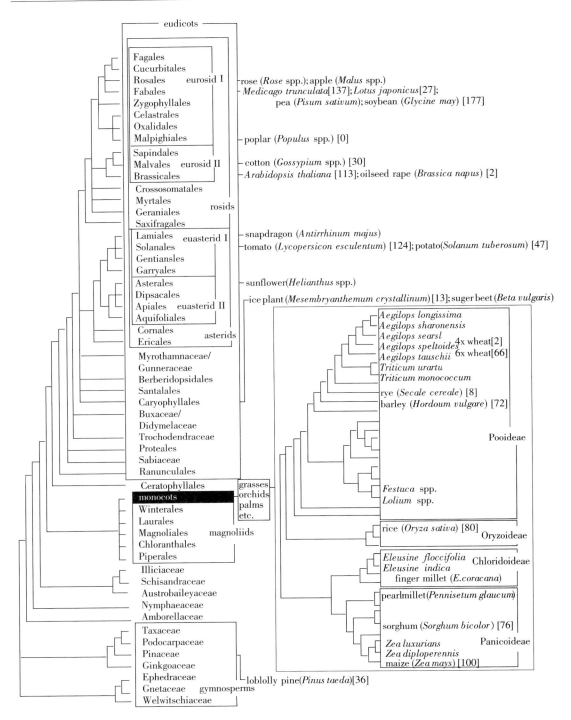

图 0-2　种子植物的系统发生关系简化图

[左边的总体系统发生树依据 Soltis et al.（1999），右边的禾本科系统发生树依据 Kellogg（1998）。在各分支点之间的水平线长度并不代表时间尺度]

（Laurie and Devos，2002）

### （二）比较遗传学研究

在过去的十年中，比较遗传学得到了飞速发展。Bennetzen 和 Freeling（1993）最先提出了可以把禾本科植物当作一个遗传系统来研究。后来，通过利用分子标记技术的比较作图和基于序列分析技术，已发现和证实在不同的禾谷类作物之间基因的含量和顺序具有相当高的保守性（Devos and Gale，1997）。这些研究成果给在各种不同的禾谷类作物中进行基因发掘和育种改良提供了新的思路。RFLP 连锁图还揭示了禾本科基因组的保守性，即已发现水稻、小麦、玉米、高粱、谷子、甘蔗等不同作物染色体间存在部分同源关系。比较遗传作图不仅在起源演化研究上具有重要意义，而且在种质资源评价、分子标记辅助育种及基因克隆等方面也有重要作用。

### （三）核心种质构建

Frankel 等人在 1984 年提出构建核心种质的思想。核心种质是在一种作物的种质资源中，以最小的材料数量代表全部种质的最大遗传多样性。在种质资源数量庞大时，通过遗传多样性分析，构建核心种质是从中发掘新基因的有效途径。在中国已初步构建了水稻、小麦、大豆、玉米等作物的核心种质。

## 四、用野生近缘植物拓展作物的遗传多样性

### （一）作物野生近缘植物常常具有多种优良基因

野生种中蕴藏着许多栽培种不具备的优良基因，如抗病虫性、抗逆性、优良品质、细胞雄性不育及丰产性等。无论是常规育种还是分子育种，目前来说比较好改良的性状仍是那些遗传上比较简单的性状，利用的基因多为单基因或寡基因。而对于产量、品质、抗逆性等复杂性状，育种改良的进展相对较慢。造成这种现象的原因之一是在现代品种中针对目标性状的遗传基础狭窄。70 多年前，瓦维洛夫就预测野生近缘种将会在农业发展中起到重要作用；而事实上也确实如此，因为野生近缘种在数百万年的长期进化过程中，积累了各种不同的遗传变异。作物的野生近缘种在与病原菌的长期共进化过程中，积累了广泛的抗性基因，这是育种家非常感兴趣的。尽管在一般情况下野生近缘种的产量表现较差，但也包含一些对产量有很大贡献的等位基因。例如，当用高代回交—数量性状位点（QTL）作图方法，在普通野生稻（*Oryza rufipogon*）中发现存在两个数量性状位点，每个位点都可以提高产量 17％ 左右，并且这两个基因还没有多大的负向效应，在美国、中国、韩国和哥伦比亚的独立实验均证明了这一点（Tanksley and McCouch，1997）。此外，在番茄的野生近缘种中也发现了大量有益等位基因。

### （二）大力从野生种中发掘新基因

由野生种向栽培种转移抗病虫性的例子很多，如水稻的草丛矮缩病是由褐飞虱传染的，20 世纪 70 年代在东南亚各国发病 11.6 万多 hm²，仅 1974—1977 年这种病便使印度尼西亚的水稻减产 300 万 t 以上，损失 5 亿美元。国际水稻研究所对种质库中的 5 000 多

份材料进行抗病筛选，只发现一份尼瓦拉野生稻（*Oryza nivara*）抗这种病，随即利用这个野生种育成了抗褐飞虱的栽培品种，防止了这种病的危害。小麦中已命名的抗条锈病、叶锈病、秆锈病和白粉病的基因，来自野生种的相应占 28.6％、38.6％、46.7％ 和 56.0％（根据第 9 届国际小麦遗传大会论文集附录统计，1999）；马铃薯已有 20 多个野生种的抗病虫基因（如 X 病毒、Y 病毒、晚疫病、蠕虫等）被转移到栽培品种中来。又如甘蔗的赤霉病抗性、烟草的青霉病和跳甲抗性，番茄的螨虫和温室白粉虱抗性的基因都是从野生种转移过来的。在抗逆性方面，葡萄、草莓、小麦、洋葱等作物野生种的抗寒性都曾成功地转移到栽培品种中，野生番茄的耐盐性也转移到了栽培番茄中。许多作物野生种的品质优于栽培种，如我国的野生大豆蛋白质含量有的达 54％～55％，而栽培种通常为 40％左右，最高不过 45％左右。Rick（1976）把一种小果野番茄（*Lycopersicon pimpinellifolium*）含复合维生素的基因转移到栽培种中。野生种细胞质雄性不育基因利用，最好的例子当属我国杂交稻的育成和推广，它被誉为第二次绿色革命。关于野生种具有高产基因的例子，如第一节中所述。

尤其值得重视的是，野生种的遗传多样性十分丰富，而现代栽培品种的遗传多样性却非常贫乏，这一点可以在 DNA 水平上直观地看到（Tanksley and McCouch，1997）。

21 世纪分子生物技术的飞速发展，必然使种质资源的评价鉴定将不只是根据外在表现，而是根据基因型对种质资源进行分子评价，这将大大促进野生近缘植物的利用。

（黎　裕　董玉琛）

# 主要参考文献

黄其煦 . 1983. 黄河流域新石器时代农耕文化中的作物：关于农业起源问题探索三 [J] . 农业考古 (2).

刘旭 . 2003. 中国生物种质资源科学报告 [R] . 北京：科学出版社 .

卜慕华 . 1981. 我国栽培作物来源的探讨 [J] . 中国农业科学 (4)：86 - 96.

吴征镒，路安民，汤彦承，等 . 2003. 中国被子植物科属综论 [M] . 北京：科学出版社 .

严文明 . 1982. 中国稻作农业的起源 [J] . 农业考古 (1)：10 - 12.

郑殿升 . 2000. 中国作物遗传资源的多样性 [J] . 中国农业科技导报，2 (2)：45 - 49.

Вавилов НИ. 1982. 主要栽培植物的世界起源中心 [M] . 董玉琛，译 . 北京：农业出版社 .

Badr A，K Muller，R Schafer Pregl，et al. 2000. On the origin and domestication history of barley（*Hordeum vulgare*）[J] . Mol. Biol. & Evol.，17：499 - 510.

Bennetzen J L，Freeling M. 1993. Grasses as a single genetic system：genome composition，colinearity and compati-bility [J] . Trends Genet，9：259 - 261.

Benz B F. 2001. Archaeological evidence of teosinte domestication from Guila Naquitz，Oaxaca [J] . Proc. Ntal. Acad. Sci. USA，98 (4)：2104 - 2106.

Devos K M，Gale M D. 1997. Comparative genetics in the grasses [J] . Plant Molecular Biology，35：3 - 15.

Dyer A F. 1979. Investigating Chromosomes [M] . New York: Wiley.

Esen A, Hilu K W. 1989. Immunological affinities among subfamilies of the Poaceae [J] . Am. J. Bot. , 76: 196 –203.

Esen A, Mohammed K, Schurig G G, et al. 1989. Monoclonal antibodies to zein discriminate certain maize inbreds and gentotypes [J] . J. Hered, 80: 17 – 23.

Frankel O H, Brown A H D, 1984. Current plant genetic resources a critical appraisal [M] //Genetics, New Frontiers (Vol Ⅳ) . New Delhi: Oxford and IBH Publishing.

Frost S, Holm G, Asker S. 1975. Flavonoid patterns and the phylogeny of barley [J] . Hereditas, 79 (1): 133 –142.

Harlan J R. 1971. Agricultural origins: centers and noncenters [J] . Science, 174: 468 – 474.

Harlan J R. 1992. Crops &. Man [M] . 2nd ed. ASA, CSS A, Madison, Wisconsin, USA.

Hawkes J W. 1983. The diversity of crop plants [M] . London: Harvard University Press.

Jain S K. 1975. Population structure and the effects of breeding system [M] //Frankel O H, Hawkes J G. Crop Genetic Resources for Today and Tomorrow. London: Cambridge University Press: 15 – 36.

Kellogg E A. 1998. Relationships of cereal crops and other grasses [J] . Proc. Natl. Acad. Sci. , 95: 2005 –2010.

Mohammadi S A, Prasanna B M. 2003. Analysis of genetic diversity in crop plantssalient statistical tools and consideration [J] . Crop Sci. , 43: 1235 – 1248.

Nakagahra M. 1978. The differentiation, classification and center of genetic diversity of cultivated rice (*Orgza sativa* L. ) by isozyme analysis [J] . Tropical Agriculture Research Series, No. 11, Japan.

Nei M. 1973. Analysis of gene diversity in subdivided populations [J] . Proc. Natl. Acad. Sci. USA, 70: 3321 –3323.

Nevo E, Zohary D, Brown A H D, et al. , 1979. Genetic diversity and environmental associations of wild barley, *Hordeum spontaneum*, in Israel [J] . Evolution. , 33: 815 – 833.

Price H J. 1988. DNA content variation among higher plants [J] . Ann. Mo. Bot. Gard. , 75: 1248 –1257.

Rick C M. 1976. Tomato *Lycopersicon esculentum* (Solanaceae) [M] //Simmonds N W. Evolution of crop plants. London: Longman: 268 – 273.

Smith B D. 1997. The initial domestication of *Cucurbita pepo* in the Americas 10 000 years ago [J] . Science, 276: 5314.

Soltis D, Soltis C H. 1989. Isozymes in plant biology [M] //Dudley T. Advances in plant science series, 4. Portland, OR: Dioscorides Press.

Stegemann H, Pietsch G. 1983. Methods for quantitative and qualitative characterization of seed proteins of cereals and legumes [M] //Gottschalk W, Muller H P. Seed Proteins: Biochemistry, Genetics, Nutritive Value. Martius Nijhoff/Dr. W. Junk, The Hague, The Netherlands.

Tanksley S D, McCouch S R. 1997. Seed banks and molecular maps: unlocking genetic potential form the wild [J] . Science, 277: 1 063 – 1 066.

Tolbert D M, Qualset C D, Jain S K, et al. 1979. Diversity analysis of a world collection of barley [J] . Crop Sci. , 19: 784 – 794.

Vavilov N I. 1926. Studies on the origin of cultivated plants [J] . Inst. Appl. Bot. Plant Breed. , Leningrad.

Watson L, Dallwitz M J. 1992. The grass genera of the world [M] . CAB International, Wallingford,

Oxon，UK.

Wright S. 1951. The general structure of populations [J] . Ann. Eugen. ，15：323 – 354.

Yakoleff G，Hernandez V E，Rojkind de Cuadra X C，et al. 1982. Electrophoretic and immunological characterization of pollen protein of *Zea mays* races [J] . Econ. Bot. ，36：113 – 123.

Zeven A C，Zhukovsky P M. 1975. Dictionary of cultivated plants and their centers of diversity [M] . PU-DOC，Wageningen，the Netherelands.

# 药用植物卷

## 第 一 章

# 药用植物资源概况

## 第一节　药用植物种类与分布

药用植物资源包括藻类、菌类、地衣类、苔藓类、蕨类及种子植物等植物类群。据1983 年全国中药资源普查资料，我国有药用植物 383 科、2 309 属，共 11 146 种。其中，常用药材 1 200 多种，民族药 4 000 多种，民间药 7 000 多种。

我国有种子植物 237 科、2 988 属、25 743 种，其中具有药用的植物有 223 科、1 984属、10 153 种（含种以下等级 1 103 个）。药用裸子植物有 10 科、27 属、126 种，包括 13个变种、4 个变型，目前，只有引进的南洋杉科中尚未见有药用的记载。被子植物中具有药用的种类有 213 科、1 957 属、10 027 种（含 1 063 个种以下等级），其中双子叶植物179 科、1 606 属、8 598 种，单子叶植物 34 科、351 属、1 429 种。

裸子植物中具有药用的资源 80% 的种为针叶树种，其中最主要的是松科。松科松属含 20 种药用植物，主要有油松、马尾松、红松、白皮松和云南松等，其他属的主要药用种有冷杉、臭冷杉、油杉、落叶松、白松、铁杉，以及我国特有的金钱松（土荆皮）和水松等。柏科中药用资源以圆柏属居多，共有 10 种、1 变种，主要有圆柏、叉子圆柏和兴安圆柏，以及柏木、朝鲜崖柏、刺柏等。三尖杉科中许多种都含抗癌活性物质，我国有三尖杉科植物 1 属、10 种，均可药用，主要为三尖杉、中国粗榧、海南粗榧和台湾粗榧等。杉科和罗汉松科中的药用种类较少，主要有罗汉松、百日青、杉木、柳杉及我国珍贵的孑遗植物水杉等。裸子植物的 4 个非针叶类型科中，麻黄科的药用种最多，共有 11 种、3 变种、1 变型。其中草麻黄、中麻黄和木贼麻黄为药典收载种，属于地方习用种的有丽江麻黄、山岭麻黄、单子麻黄、双穗麻黄和藏麻黄等。苏铁科药用种主要有苏铁、华南苏铁等。买麻藤科主要有买麻藤和垂子买麻藤 2 种。银杏科仅银杏 1 种。

被子植物中各科的药用资源物种数相差较大，最多达 778 种，最少仅含 1 种。在 33个含药用植物多的大科中，双子叶植物有 27 个科，即菊科、豆科、唇形科、毛茛科、蔷薇科、伞形科、玄参科、茜草科、大戟科、虎耳草科、罂粟科、杜鹃花科、蓼科、报春花科、小檗科、荨麻科、苦苣苔科、樟科、五加科、萝藦科、桔梗科、龙胆科、石竹科、葡萄科、忍冬科、马鞭草科和芸香科；单子叶植物有 6 个科，即百合科、兰科、禾本科、莎草科、天南星科和姜科。此外，卫矛科、夹竹桃科、葫芦科、茄科、木犀科、十字花科、爵床科、紫金牛科、景天科、茶科、防己科、马兜铃科、紫草科、堇菜科等也含有较多种药用植物。药用种类较多的属有乌头属、紫堇属、铁线莲属、蓼属、蒿属、小檗属、马先蒿属、杜鹃花属、悬钩子属、凤毛菊属、卫矛属、珍珠菜属、鼠尾草属、龙胆属、贝母属、大戟属、报春花属、紫金牛属、蔷薇属、唐松草属、忍冬属、翠雀属、黄芩属、荚蒾属、天南星属、猕猴桃属、柴胡属、委陵菜属、橐吾属、石斛属、萱草属、马兜铃属、百合属、沙参属、党参属、紫菀属、香茶菜属、山姜属、紫珠属、鸢尾属、香薷属、冷水花属、鹅绒藤属、银莲花属、花椒属、细辛属、木兰属、五加属、紫云英属、远志属、砂仁属、当归属、蝇子草属、葱属、重楼属、栝楼属、茜草属和千金藤属等。

我国种子植物有 196 个特有属，其中，被子植物有 190 个，裸子植物仅 6 个，含药用植物的有 60 余属，如明党参属、羌活属、川木香属、知母属、地构叶属、通脱木属、杜仲属、枳属、喜树属、珙桐属、香果树属、独叶草属和太行花属等。

# 第二节 药用植物种植业的概况

## 一、药用植物栽培的历史

我国古代人民在与疾病斗争中，积累了丰富药用植物的栽培经验，在许多古籍中有药用植物栽培的记载，如《诗经》（公元前 11—前 6 世纪中叶）中就有蒿、芩、葛、芍药等药用植物栽培的记载。汉代张骞（公元前 123 年前后）出使西域，引种了红花、安石榴、胡桃、胡麻、大蒜等多种药用植物。北魏贾思勰《齐民要术》（533—544）中，记述了地黄、红花、吴茱萸、竹、姜、栀、桑、胡麻、蒜等 20 余种药用植物的栽培法。《千金翼方》（581—682）中详细记述了百合的栽培法。唐、宋时期（7～13 世纪）本草学研究均有长足的进步，如唐代苏敬等编著的《新修本草》（657—659）为我国历史上第一部药典，也是世界上最早的药典，全书载药 850 种。明、清时期（14～19 世纪）有关本草学和农学名著更多，如明代王象晋的《群芳谱》（1621）、徐光启的《农政全书》（1639），清代吴其濬的《植物名实图考》（1848）等都对多种药用植物栽培法作了详细记述。特别是明代李时珍（1518—1593）在《本草纲目》（1590）这部医药巨著中，记述了麦冬、荆芥等 62 种药用植物的人工栽培。

## 二、药用植物栽培的现状及展望

新中国成立后，随着医药卫生事业的发展，药用植物种植得到了迅速的发展。为了计划药材生产的发展，国家颁布了一系列的方针政策，并建立了相应的组织机构，统管药材生产事宜。1958 年国务院《关于发展中药材生产问题的指示》，对中药材生产、供应制定了"就地生产、就地供应"和"积极地有步骤地变野生动、植物药材为家养家种"的重要方针政策，使药材生产的面积、单产、总产、质量都得到了提高。药材种植面积由 1952 年的 40 000hm²，增加到 1957 年的 72 667hm²，单产增长 15.7%，中药材市场得到初步整顿，中药材价格稳中有降。为了发展中药材生产，商业部每年从企业利润留成中拿出一部分资金用于扶持药材生产。1978 年商业部下达了《中药材生产扶持资金管理办法》（试行），1992 年国家中医药管理局、财政部联合印发了《中药材生产扶持专项资金管理办法》。中药材生产扶持专项资金的设立和应用，对发展药材生产做出了积极的贡献，特别是在优质药材生产基地建设和资源抚育更新及保护管理扶持方面发挥了巨大的作用。通过一系列方针政策的贯彻落实，使中药材生产取得了以下几方面的发展。

### （一）变野生药材为家种

有些药材野生资源长时期被采挖后资源逐渐减少，难以满足中药生产的需要，必须开展野生变家种的研究并进行人工栽培，才能满足中药发展的需要。经过多年的研究，人工栽培成功的药材已有 60 多种。如天麻，经过中国医学科学院药用植物研究所徐锦堂教授等科研人员长期试验研究，终于揭开了天麻与萌发菌、蜜环菌等真菌的共生奥秘，打破了"天生之麻"不能人工种植的说法，并在陕西省汉中地区的宁强、勉县等地大量栽培。目前全国已有 15 个省大面积种植天麻，基本上保证了药用需要。桔梗是止咳祛痰的大宗药材，过去全靠野生资源，由于只采挖不养护，资源逐渐减少。从 20 世纪 70 年代开始，湖北、河南、陕西等地人工栽培成功，随后推广到其他地区，目前桔梗药材基本上来源于人工栽培。此外，丹参、防风、龙胆、知母、羌活、川贝母、柴胡、伊贝母、款冬花等通过人工栽培也都先后取得成功，并大面积推广应用。

### （二）道地药材的引种栽培

"道地产区"产的"道地药材"是历代医家公认的优质药材，具有质量优、疗效好的特点，为历代中医所信赖，如甘肃岷县、宕昌当归；四川洪雅、石柱黄连；四川灌县、崇庆川芎；江油附子；吉林抚松、集安人参；河南武陟、温县地黄、山药、牛膝、菊花；浙江鄞县贝母；山西平顺党参；宁夏中宁枸杞；山西雁北黄芪；安徽亳州白芍；广东阳春砂仁等。随着中药产业的发展，许多道地产区受条件限制，其生产的药材不能满足生产的需要。因此，许多药材品种被引种到其他的地区种植，通过长期的发展，其药材质量得到医家及市场的认可，逐渐形成为药材的新产区、新基地。如吉林长白山的人参不仅在省内扩大产区，而且在黑龙江的密山、林口、铁力等地得到了引种发展；山西长治的党参，在甘肃定西地区引种成功，产量超过山西老产区，质量可与老产区媲美；山西临汾地区地黄种植面积和产量均超过河南，成为新的基地。

### （三）"南药"的引种栽培

进口的南药胖大海、乳香、没药、白豆蔻、番红花、丁香、海马、石决明、血竭、肉豆蔻等，有的国内虽有但产量少，不能满足需要，大部分靠进口，每年需要花费大量的外汇。为此，1969 年商业部、卫生部、外贸部、农垦部、林业部、财政部联合发布了《关于发展南药生产问题的意见》，制定了 38 种南药生产长远规划。决定在摸清我国现有南药资源的基础上，发展南药生产；从国外引进南药种子、种苗在国内适宜区进行试种。几十年来，进口南药的引种生产和野生资源的开发利用，在科研部门和大专院校等有关方面的大力支持和配合下取得了可喜成绩。通过调查，在云南西双版纳等地发现龙血树、皮氏马钱、胡黄连、诃子资源；在广西发现龙血树、安息香、千年健、番泻叶资源；在海南发现沉香（白木香树）、藤黄、壳砂仁、芦荟资源；在福建发现砂仁资源等。这些野生资源的发现填补了我国南药国产的空白。从 1975 年开始，吉林、陕西、北京等地先后从美国和加拿大进口西洋参种子在当地试种并取得成功。西洋参已在北京、山东及东北等地大面积种植，产量不仅满足了国内的需求，而且还出口到国外，目前国内西洋参的种植面积已达上千公顷。上海也成为国内最大的番红花生产基地。从国外引种成功并已扩大生产的进口药材主要有西洋参、番红花、白豆蔻、丁香、越南清化桂等。

在我国药材市场上流通的 1 000 余种中药材中，主要依靠人工栽培的已达 200～300 种，如麦角菌、茯苓、灵芝、紫芝、猪苓、银杏、草麻黄、北细辛、马兜铃、蓼蓝、何首乌、掌叶大黄、牛膝、川牛膝、王不留行、太子参、牡丹、芍药、黄连、三角叶黄连、乌头、厚朴、辛夷、北五味子、肉桂、罂粟、延胡索（元胡）、菘蓝（板蓝根）、高山红景天、杜仲、山楂、木瓜、玫瑰、郁李、望江南、决明子、皂荚（皂角）、胡卢巴、补骨脂、膜荚黄芪、蒙古黄芪、甘草、吴茱萸、佛手、续随子（千金子）、凤仙花、诃子、三七、人参、西洋参、防风、茴香、川芎、川白芷、杭白芷、当归、山茱萸、连翘、女贞、马钱、龙胆、萝芙木、长春花、藿香、荆芥、丹参、紫苏、薄荷、广藿香、罗勒、枸杞、颠茄、莨菪、曼陀罗、玄参、地黄、穿心莲、金鸡纳树、栀子、巴戟、忍冬、绞股蓝、栝楼、罗汉果、桔梗、川党参、党参、泽兰、紫菀、土木香、白术、牛蒡、云木香、红花、菊花、水飞蓟、泽泻、薏苡、槟榔、独角莲、半夏、天南星、直立百部、知母、萱草、芦荟、百合、伊贝母、浙贝母、平贝母、川贝母、玉竹、天门冬、石刁柏、麦冬、穿龙薯蓣、薯蓣（山药）、射干、番红花、莪术、姜黄、郁金、砂仁、草果、高良姜、益智、白芨、天麻、石斛等。

2000 年以来，随着国家"中药现代化科技产业行动计划"推进和《中药材生产质量管理规范》（GAP）的颁布实施，在全国范围内已先后建立了 180 多种药用植物的规范化生产基地。"中药材种植规范化技术的研究"被列入国家"十五"攻关计划；"中药材的优良品种选育研究""中药材病虫害的综合防治技术的研究"列入"十一五"国家科技支撑计划；"中药材规范化种植基地优化升级及系列产品综合开发研究"列入"十二五"国家科技支撑计划。

随着我国医药市场与国际接轨，以及国内对药品质量的高度重视，药品质量的安全、有效和稳定受到了国内外制药企业的高度关注。人们已经越来越清晰地认识到，要稳定中药（天然药物）的质量，必须首先保证中药材（草药等）的质量。重金属和农药残留已成为我国药材能否顺利进入国际市场的首要制约因素，韩国、日本及东南亚诸国和欧美国家与地区在这方面都有很严格的限定。因此，中药材种植对种植基地环境的选择更为重要，绝对要避开污染区；种植过程中应严格控制化肥、农药和除草剂的使用；药材加工和储藏过程中避免使用硫黄和有毒农药熏蒸；注意保护天然药材资源生物多样性，保护物种的遗传多样性。

中药材栽培已成为中药产业重要组成部分，也是农业产业结构调整的方向之一。中药材是一种小商品，受市场左右较大，发展中药材生产一定要遵循"以市场为龙头，以企业为主体，政府积极参与"的发展模式，防止中药材生产大起大落。

### 三、药用植物种质资源与育种

我国人工栽培的药用植物有 200 多种，大多数药材品种其种源来源于野生种质资源，是一个自然形成的混杂群体。由于栽培历史悠久，许多品种在栽培过程中出现了种内变异，产生了各种遗传变异类型。因此，采用系统选育方法，往往可以取得较好的效果。1968 年，杭州药物试验场根据单株形态的差异，从浙贝母中选出了新岭 1 号，其产量比原品种增加了 11％。四川从栝楼品种中成功地选育出长萼栝楼，其天花粉的产量比其他栝楼高十几倍。贵州铜仁选育出产量高、挥发油含量也高的吴茱萸优良品种米辣子。1973 年宁夏农林科学院从大麻叶枸杞中通过单株选择育成了果粒大、丰产性好的枸杞新品种宁杞 1 号、宁杞 2 号。1978 年，中国医学科学院药用植物研究所对各个省（自治区、直辖市）引种的金荞麦种内变异进行研究，发现贵州 1 号缩合原色苷元含量比其他品种高近 1 倍。

杂交育种是一种十分有效的药用植物育种方法。江苏海门用薄荷的两个品系"687"和"409"杂交育成新品种海香 1 号，鲜草单产显著提高，精油薄荷脑含量可达 85％以上。中国医学科学院药用植物研究所用地黄农家品种小黑英与金状元杂交育成新品种北京 1 号，目前仍在生产上大面积推广。河南温县农业科学研究所用单县 1 号与 9302 杂交，育出了地黄新品种 85‐5，产量比北京 1 号和金状元提高了 30％以上，是目前地黄生产上的主栽品种。宁夏农林科学院以圆果枸杞为父本，小麻叶枸杞为母本，杂交选育出生长快、果实大、产量高、抗性好的大麻叶枸杞。

利用植物茎尖分生组织的脱毒培养，可以成功地获得脱毒苗，从而有效地去除植物病毒，再通过组织培养克隆繁殖就可以获得大量脱毒优良种苗，供生产上应用。地黄通过茎尖培养，选育得到了抗性强、经济效益较高的茎尖 16 地黄脱毒新品系，并在生产上推广。此外，对当归、牛膝、板蓝根进行了多倍体育种，育成了新品种。中国药科大学遗传育种教研室应用组织培养技术，先后对丹参、黄芩、桔梗、白术、盾叶薯蓣、生姜、青蒿、何首乌等进行了人工诱导多倍体育种技术的研究，其中丹参已经培育出了产量高、药材质量好、化学成分高的优良品系，并于 1996 年通过了国家医药局组织的科技成果鉴定。尽管如此，药用植物育种研究工作基础还较薄弱，许多工作有待深入。

## 主要参考文献

中国药材公司.1995.中国中药资源［M］.北京：科学出版社.
中国药材公司.1995.中国中药区划［M］.北京：科学出版社.
中国药材公司.1995.中国常用中药材［M］.北京：科学出版社.
中国医学科学院药用植物研究所.1991.中国药用植物栽培学［M］.北京：农业出版社.

第二章

# 根与根茎类

## 第一节　巴　戟　天

### 一、概述

巴戟天为茜草科植物巴戟天（*Morinda officinalis* How）的干燥根，是我国著名的"四大南药"之一，具有补肾壮阳、强筋骨、祛风湿的功效。巴戟天主要分布于广东、广西、福建、海南。巴戟天野生资源分布极少，仅在福建南靖、龙岩地区有零星分布。《中国植物红皮书——稀有濒危植物》将巴戟天列为濒危植物。巴戟天药材 99％以上来源于栽培，栽培区域主要集中于广东的德庆、郁南、高要等地。福建、广西亦有少量栽培。

### 二、药用历史与本草考证

巴戟天于 2 000 年前已作为药用。最早记载始见于《神农本草经》："味辛，微温，生山谷，主治大风邪气，阳痿不起，强筋骨，安五脏，补中，增志，益气。"列为"上品"。

古本草上记载的巴戟天与现代应用的巴戟天特征不相吻合。对古代巴戟天的品种来源进行了较多研究，表明从古至今巴戟天的产地和品种发生了变化。历史上巴戟天原植物来源记载颇多，争议甚大，前人考证其植物来源多达 7 科 13 种植物。据陈忠毅、乔智胜、徐国钧等考证，清以前使用的主产于江淮一带的"滁州巴戟天"已失传，原植物应是百合科土麦冬属植物土麦冬（*Liriope platyphylla* Wang et Tang）。失传原因可能因历史上滁州巴戟天功效"不及蜀者佳"遭淘汰所致。乔智胜等考证后认为归州巴戟天原植物为茜草科植物四川虎刺（*Damnacanthus officinarum* Huang），现称鄂西巴戟天或恩施巴戟天。但徐利国、郑仰铁的考证则认为归州巴戟天应为铁箍散［*Schisandra propinqua*（Wall）Hook. f. et Thoms. var. *sinensis* Oliv.］的根，即今四川省习用的香巴戟的根。现今药用之巴戟天已非古代记载之巴戟天，而是清末发展的新品种。1958 年侯宽昭教授对当时市售商品巴戟天原植物进行调查，认为是茜草科中的一个新种及其变种，定名为 *M. officinalis* How 和 *M. officinalis* var. *hirsuta*，并被收录于 1963 年版的《中华人民共和国药典》。古代记载之巴戟天与今用之巴戟天大相径庭的原因，一方面可能是因气候变迁，使植物分布区由北向南缩小，产区改变；另一方面，可能因历代本草缺乏现代分类学和形态学知识，绘图失真，记载不甚准确所致。

巴戟天在广东作为药用已有200多年历史，已成为我国南方"四大道地"药材，也是广东"十大广药"之一。清末曹炳章《增订伪药条辨》记述："巴戟肉广东出者肉厚骨细，色紫心白，黑色者佳。"陈仁山《药物出产辨》云："巴戟天产于广东清远、三坑、罗定为好，下四府、南乡等地次之。西江德庆系种山货，质味颇佳，广西南宁亦有出。"

## 三、植物形态特征与生物学特性

**1. 形态特征**　巴戟天为藤状灌木。根肉质肥厚，圆柱形，不规则地膨大，呈念珠状。茎有细纵棱，小枝幼时被褐色短粗毛。单叶对生，叶片长圆形，长3～13cm，宽2.5～5cm，先端急尖或短渐尖，基部钝或圆形，上面被稀疏糙伏毛，下面仅中脉被粗短毛，脉腋内具短束毛，侧脉5～7对；叶柄长3～8mm，被短粗毛；托叶鞘状，长2～4mm，散生短粗毛。头状花序数个排成伞形状的复花序；总花梗长3～12mm，被淡黄色短粗毛；头状花序有花2～10朵；萼管倒圆锥状，先端有不规则的齿裂，裂片三角形，不等大；花冠白色，肉质，长5～7mm，裂片4，长椭圆形，花冠管的喉部收缩，内面密生短粗毛；雄蕊与花冠裂片同数，生于花冠管的近基部，花丝短；子房下位4室，花柱纤细，2深裂。核果近球形，熟时红色，内有种子4粒，倒卵形，背部隆起、侧面平坦，被白色短茸毛（图2-1）。花期4～6月，果期6～11月。

栽培巴戟天与野生巴戟天有较大差异。野生巴戟天单株生长，数株巴戟天在小面积内零散分布；地上茎分枝少，缠绕矮灌木，茎较长且软；叶片纸质，表面被毛；叶形变异较大，长椭圆形至椭圆形，叶平均长7.5cm，平均宽3.5cm；根部质地坚硬分枝多，主根直径4.0～4.5cm，连珠状明显，木心大，不易折断，断面浅紫色，表面黄灰色。栽培巴戟天地上多分枝，茎较短且直立生长；叶片质地较硬，多被毛且手感粗糙，背面多无毛；根部粗大、分枝多，主根不明显，易折断。同时栽培巴戟天品种之间形态也有一定的差异。詹若挺对栽培巴戟天进行了调查比较，发现6种不同种质类型，其中叶形及叶片大小差异最明显；并发现"细心薯（小叶种）"和"玻璃薯"类型优于其他类型，"细心薯"为最常见栽培品种，其产量较高且抗病性好，但其他种质类型也有种植，药农并未特意选育某类型作为栽培品种。

图2-1　巴戟天
1. 着果的植株　2. 根

**2. 生物学特性**　巴戟天原产南亚热带气候温和湿润，土壤深厚、肥沃、疏松的次生林下，喜温暖湿润，怕寒冷，也较耐旱。在年平均温度21℃以上，年降水量1 200mm以上，月平均温度20～25℃的地区生长最适宜。对光照的适应性较广，荫蔽度30%至全光照生长较好。属于深根性植物，要求土层深厚、肥沃、疏松、排水良好的酸性沙质壤土或壤土。生于海拔 300m 以下山坡灌丛或疏林边。

## 四、野生近缘植物

**1. 羊角藤**（*M. umbellata* L.）　攀缘灌木，枝条干时暗褐色；小枝叶柄及总花梗无毛。叶长圆状披针形或倒卵状披针形，长 5～11cm，宽 1.5～3.5cm，顶端急尖或渐尖，基部楔形或阔楔形，上面无毛，下面脉腋常有束毛，有时脉上被粉末状微毛，侧脉 5～6对；叶柄长 4～8mm；托叶鞘长 2～4mm，无毛或被微毛。头状花序 4～8 个，排成伞形状的复花序，总花梗长 5～12mm；每个头状花序有花 6～12 朵，花白色；萼管半球形，檐部截平或有不明显的裂齿，冠管外面无毛，喉部有茸毛，4 裂达基部，裂片狭长圆形；花药露出花冠管外。核果扁球形，熟时红色，有槽纹；每果有 4 粒种子，种子小，有棱，无毛。花期 6～8 月，果期 8～11 月。

**2. 假巴戟**（*M. shuanghuaensis* C. Y. Chen et M. S. Huang）　藤本。根稍肉质，不收缩呈念珠状，表面粗糙，肉质层薄，木质部粗大且呈星状。茎圆柱形，暗褐色，无毛；小枝、叶柄幼时被短粗毛，成熟时脱落为无毛。叶长椭圆形，长 4.5～9cm，宽 2～4cm，顶端急尖或短渐尖，基部阔楔形至近圆形，两面初时散生短粗毛，中脉较密，后渐脱落，仅下面脉腋具束毛，侧脉 5～6 对。叶柄长 3～5mm。托叶鞘长 2～4mm，初时散生短粗毛，后渐变无毛。头状花序 4～10 个排成伞形状的复花序，总花梗长 5～12mm，初时被短粗毛，后变无毛。头状花序有花 5～8 朵；花白色；萼管倒锥状半球形，顶部通常有 2 个小齿裂；花冠长约 4mm，喉部收缩，内密生茸毛，裂片与花冠管近等长，裂片长椭圆形；花药露出花冠管外；柱头 2 裂，伸出花冠管外。核果半球形，熟时红色；每分核内含 2 粒种子，种子 4 棱，无毛。花期 6～9 月，果期 9～10 月。

**3. 大果巴戟**（*M. cochinchinensis* DC.）　小枝、叶柄、叶下面及总花梗均无毛或被短粗毛、微毛；核果较小，直径 6～12mm。叶较大，长 5～12cm，长圆状披针形、长椭圆形或卵状长圆形，有时倒卵状披针形。小枝及总花梗无毛或被粉末状微毛。叶基部楔形，仅下面脉腋有束毛。

# 第二节　白花前胡（前胡）

## 一、概述

白花前胡（*Peucedanum praeruptorum* Dunn）为伞形科多年生草本，以根入药。性微寒，味苦、辛。具有散风清热、降气化痰之功能。用于风热咳嗽痰多、痰热喘满、咳痰黄稠。前胡主要分布在浙江、湖南、四川、江苏、安徽等地，多为野生，只有少量栽培。

## 二、药用历史与本草考证

《图经本草》言："前胡旧不著所出州上，今陕西、梁汉、江淮、荆襄州郡及相州、孟州皆有之。春生苗，青白色，似斜蒿，初出时有白茅，长三四寸，味甚香美，又似芸蒿，七月内开白花，与葱花相类，八月结实，根细青紫色，二月八月采曝干，今郦延将来者大与柴胡相似，但柴胡赤色而脆，前胡黄而柔软，为不同耳。一说：今诸方所用前胡皆不同，汴京北地者色黄白枯脆，绝无气味。江东乃有三四种：一种类当归，皮斑黑，肌黄而脂润，气味浓烈；一种色理黄白，似人参而细短，香味都微；一种如草乌头，肤赤而坚，有两三歧为一本者，食之亦戟人咽喉，中破以姜汁渍捣服之，甚下隔解痰实，然皆非真前胡也，今最上者出吴中，又寿春生者皆类柴胡而大，气芳烈，味亦浓苦，疗痰下气最胜诸道者。"《日华子诸家本草》释："越、衢、婺、睦等处者皆好，七八月采之，外黑里白。"同时《证类本草》附有绛州前胡等 5 幅前胡图。综上所述，古代药用前胡即有数种，存在同名异物的情况，本草记载也注意到了真伪和地道产地等方面的内容。

就产地而言，《本草经集注》和《图经本草》均言最上者出吴地，《日华子诸家本草》所言越、衢等地均是指现浙江一带。在形态描述上，其特点是其似斜蒿，花白色如葱花类，结合《本草纲目》言："前胡有数种，惟以苗高一二尺，色似斜蒿，叶如野菊而细瘦，嫩时可食。秋月开淡白花，类蛇床子花，其根皮黑肉白，有香气为真"，以及《植物名实图考》前胡图、斜蒿图，《救荒本草》前胡图、斜蒿图来看，前胡具伞形花序，小花白色，顶生或腋生，叶互生羽状全裂。综上资料，应是指白花前胡（*P. pareruptorum*）无疑，而白花前胡是药用前胡的正品，与现代的应用和主产地等一致。

## 三、植物形态特征与生物学特性

**1. 形态特征** 为多年生直立草本，高 60～90cm 或稍过之；根粗大，圆锥状，长 3～15cm，有分枝，棕褐色或黄褐色；茎圆柱状，甚粗壮，浅绿色，有纵线纹，基部有多数棕褐色叶鞘纤维。基生叶和茎下部叶纸质，轮廓为三角状阔卵形，有时近圆形，长 5～9cm，二或三回三出羽状分裂，一回裂片阔卵形至卵圆形，二回裂片卵形至椭圆形，最后裂片菱状倒卵形，长 3～4cm，宽约 3cm，基部楔尖，不规则羽状分裂，边缘有圆锯齿；叶柄长 6～20cm，基部有阔鞘；茎上部叶二回羽状分裂，裂片较小。花秋季开放，白色，甚小，排成顶生和侧生的复伞形花序，无总苞片；伞辐 12～18 条，长 1～4cm；花梗长 1～2mm；花瓣 5，长 1.3～1.5mm，顶端渐尖而内折，有明显的中肋。双悬果卵形或椭圆形，长 4～5mm，背棱和中棱线状，侧棱有狭翅，每棱槽有油管 3～5 条（图 2-2）。

**2. 生物学特性** 白花前胡的生长周期为 2 年，第一年进行营养生长，第二年进行生殖生长。进入生殖生长后，根部开始木质化。因此，作为药材生产的白花前胡只能当年收。

白花前胡的营养生长期可分为 3 个阶段：

（1）幼苗期：3 月初至 5 月上旬，约 40d，此阶段苗子弱小，生长缓慢，应及时除草、间苗，确保植株的正常生长。

（2）植株生长期：5 月上旬至 8 月中下旬，为植株快速生长阶段，此阶段地上部分及地下部分都生长迅速，至 8 月中下旬地上部分基本达到最大值，不再长高长大，而地下部分的生长也明显减慢或停止。此阶段应注意及时施肥，保证植株生长所需。

（3）产量形成期：9 月初至 12 月底，为根重迅速增加的时期，此阶段根的大小增加不明显，但重量迅速增加，12 月底的重量平均是 9 月重量的 6～7 倍。因此，该阶段是白花前胡产量形成的关键时期。

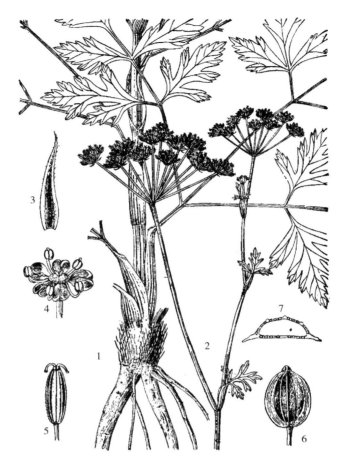

图 2 - 2　白花前胡
1. 植株下部及根部　2. 花果枝　3. 小总苞片
4. 花　5. 果实　6. 分生果　7. 分生果横剖面

## 四、野生近缘植物

**1. 长前胡**（*P. turgeniifolium* Wolff）　多年生草本植物，高 40～70cm。根颈粗壮，径 0.7～1.5cm，存留有多数棕色枯鞘纤维；根细长圆柱形，长 8～15cm，径 0.6～1.5cm，下部通常具 2～4 分枝，表皮褐色或灰褐色。茎通常单一，劲直，圆柱形，髓部充实，径 3～9mm，具纵长细条纹稍突起，自下部开始分枝，分枝呈叉状二歧式，常带淡紫色，下部光滑，上部粗糙，有短毛。抽茎前，叶片 3～4，具长柄，叶柄长 3～12（～20）cm；叶片轮廓卵圆形，二回羽状三出式分裂，末回裂片较宽，卵形或倒卵状楔形，长 2～3cm，宽 1.5～2.5cm，边缘具粗锯齿；抽茎后，基生叶数片，具短柄，有时近无柄，叶柄长 1～7cm，基部具狭窄叶鞘抱茎，略带紫色；叶片轮廓为长卵形，二至三回羽状分裂，长 7～12cm，宽 4～7cm，第一回羽片 3～4 对，下部羽片具长柄，上部者无柄，末回裂片线形、倒披针形或倒卵形，基部呈楔形，顶端裂片基部渐狭呈楔形，长 1～

2.5cm，宽 0.5～1.5cm，边缘具 2～3 粗锯齿或呈浅裂状，上表面主脉稍突起，下表面网状脉显著突起，稍带粉绿色，叶柄及下表面常有短糙毛，边缘具短睫毛；茎上部叶无柄，具叶鞘抱茎，叶片一回羽状分裂，裂片狭长细小。复伞形花序顶生和侧生，花序梗粗壮，顶端多糙毛；总苞片无，伞形花序直径 2～10cm，小总苞片 8～12，线形或线状披针形，先端长渐尖，比花柄长，比果柄短，密生短柔毛；每小伞形花序有花 10～20 余，花柄不等长，有毛；花瓣近圆形，白色，外部有稀疏柔毛；萼齿细小不显著；花柱向下弯曲，花柱基圆锥形。分生果卵状椭圆形，背部扁压，长 3～3.5mm，宽 2～3mm，有稀疏短柔毛，背棱和中棱线形突起，侧棱呈狭翅状；每棱槽内有油管 3～4，合生面油管 6～8（～10）；胚乳腹面微凹入。花期 7～9 月，果期 9～10 月。

本品在四川中部及西部、北部作前胡药用，是四川前胡主流品种，为《四川省中药材标准》（1987）收录，是地方前胡品种之一。

**2. 华中前胡**（*P. medicum* Dunn var. *gracile* Dunn ex Shan et Sheh）　茎圆柱形，多细条纹，光滑无毛。叶具长柄，基部有宽阔叶鞘；叶片轮廓广三角状卵形，长 14～40cm，宽 7～20cm，二至三回三出式分裂或二回羽状分裂，第一回羽片 3～4 对，下面 1 对具长柄，羽片 3 全裂，两侧的裂片斜卵形，长 2～5cm，宽 1.5～5cm，中间裂片卵状菱形，3 浅裂或深裂，较两侧裂片为长，略带革质，上表面绿色有光泽，下表面粉绿色，边缘具粗大锯齿，齿端有小尖头，网状脉明显，尤以背面较突起，主脉上有短毛。根颈长，圆柱形，径 1～1.2cm，有明显环状叶痕，表皮灰棕色略带紫色；根圆柱形，下部常有 3～5 分杈，表皮粗糙，有不规则纵沟纹。伞形花序很大，直径 7～15cm，中央花序有大至 20cm 的；伞辐 15～30 或更多，不等长；总苞大早脱落；小总苞片多数，线状披针形，比花柄短；小伞形花序有花 10～30，伞辐及花柄均有短柔毛；花瓣白色；花柱基圆锥形。果实椭圆形，背部扁压，长 6～7mm，宽 3～4mm，褐色或灰褐色，中棱和背棱线形突起，侧棱呈狭翅状，每棱槽内油管 3，合生面油管 8～10。产于四川、贵州、湖北、湖南、江西、广西、广东等地。生长于海拔 700～2 000m 的山坡草丛中和湿润的岩石上。

**3. 南川前胡**（*P. dissolutum* Wolff）　茎粗壮，圆柱形，下部条棱明显突起呈浅沟状，略带紫色，髓部充实，自下部开始分枝。基生叶多数，具长柄，叶柄长 8～24cm，基部有披针形叶鞘；叶片轮廓为三角形，三回羽状分裂，长 9～20cm，宽 7～14cm，有一回羽片 4～6 对，二回羽片 2～3 对，末回裂片卵形、倒卵形或线形，先端钝或急尖，基部楔形或近圆形，边缘具 1～3 齿或全缘，下表面稍带粉绿色，网状细脉明显，两面无毛，或于上表面叶脉基部有短毛；茎上部叶与基生叶形状相同，但无柄，仅有膜质边缘的叶鞘，叶片较小，二回羽状分裂。复伞形花序多分枝，无总苞片或仅有 1 片，线形或卵形，全缘或分裂；伞辐 10～25，长 3～6cm，不等长或近等长，有短毛；小总苞片 8～14，长卵形或线形，大小不等，比花柄短或近等长；小伞形花序有花 20 余，花柄有短毛；花瓣倒心形，小舌片内曲，白色；萼齿显著，卵形；花柱细长，弯曲，花柱基圆锥形。根颈粗壮，上端存留多数枯鞘纤维，径 1～2.5cm，长 3～6cm，多横向皱纹突起，表皮粗糙，常带暗紫色，比根部颜色深；根长圆锥形，不分杈或有少数分枝，表皮灰棕色或微带紫色。

**4. 泰山前胡**［*P. wawrii*（Wolff）Su］　茎圆柱形，径 0.3～1cm，有细纵条纹，无毛，上部分枝呈叉式展开。基生叶具柄，叶柄长 2～8cm，基部有叶鞘，边缘白色膜质抱茎；叶片轮廓三角状扁圆形，长 4～22cm，宽 5～23cm，二至三回三出分裂，最下部的第一回羽片具长柄，上部者近无柄或无柄，末回裂片楔状倒卵形，基部楔形或近圆形，长 1.2～3.5cm，宽 0.8～2.5cm，3 深裂，浅裂或不裂，边缘具尖锐锯齿，锯齿顶端有小尖头，下表面粉绿色，网状脉清晰，两面光滑无毛，有时叶脉基部有少许短毛；茎上部叶近于无柄，但有叶鞘，分裂次数减少；序托叶无柄，具宽阔的叶鞘，叶片细小，3 裂，有短茸毛。根圆锥形，常有分枝，浅灰棕色。复伞形花序顶生和侧生，分枝很多，花序梗及伞辐均有极短茸毛，伞形花序直径 1～4cm，伞辐 6～8，不等长，长 0.5～2cm；总苞片 1～3，有时无，长 3～4mm，宽 0.5～1mm；小伞形花序有花 10 余，小总苞片 4～6，线形，比花柄长；萼齿钻形显著；花柱细长外曲，花柱基圆锥形；花瓣白色。分生果卵圆形至长圆形，背部扁压，长约 3mm，宽约 1.2mm，有茸毛；每棱槽内有油管 2～3，合生面油管 2～4。花期 8～10 月，果期 9～11 月。

本品在山东、江苏部分地区作前胡药用，为地方习用品，称狗头前胡。

**5. 台湾前胡**（*P. formosanum* Hayata）　茎圆柱形，有纵长细条纹轻微突起，下部无毛，上部分枝处以及顶端枝条有短茸毛，髓部充实。基生叶具长柄，叶柄长 5～15cm，基部具卵形叶鞘，叶鞘边缘膜质；叶片轮廓广三角形，长 6～10cm，宽 9～15cm，三出分裂或三出式二回羽状分裂，末回裂片卵形至长卵形，先端渐尖，基部楔形、渐狭以至截形，边缘 3～5 浅裂或具粗锯齿，或有时下部的二裂片各具一深裂的小裂片，所有的裂片和锯齿顶端均极尖锐，常呈尖刺状，两面无毛，叶脉显著突起；茎生叶具短柄，向上近无柄，具宽阔叶鞘，叶片轮廓为广三角形，三出分裂或三出羽状深裂，末回裂片狭窄，披针形或卵状披针形，边缘粗锯齿或浅裂，锯齿或裂片的先端均极尖锐；茎顶端叶退化，裂片狭小。根颈粗壮，灰褐色，其上存留有多数枯朽纤维，根部圆锥形，常有数个分枝。复伞形花序侧生或顶生，花序梗粗壮，有短茸毛；伞形花序直径 3～8cm；总苞片少数或无，线形至披针形，长 1～1.5cm，宽 1～2mm；伞辐 10～18，长 2～4cm，不等长，密生短茸毛；小总苞片 10～12，长 0.7～1.2cm，宽约 1mm，卵状披针形，上半部呈尾尖状，有时先端 3 裂，比花柄长得多，外部有短茸毛，边缘有白色硬毛；小伞形花序有花 15～25，花瓣卵形，白色，外部光滑无毛，先端狭窄，小舌片内曲；萼齿极细小，不显著；花柱反曲，比花柱基短，花柱基圆锥形。果实长圆状卵形或近圆形，背部扁压，长 3～4mm，宽 2～2.5mm，密生短硬毛，背棱线形突起，侧棱扩展成翅，翅较狭而厚，比背棱宽，但比果体狭得多；棱槽内有油管 3～5，合生面油管 7～8，胚乳腹面平直或轻微凹入。花期 7～8 月，果期 9～10 月。

本品在我国台湾作前胡入药，为台湾主流品种，是前胡地方品种之一。

# 第三节　白　　术

## 一、概述

为菊科多年生草本植物白术（*Atractylodes macrocephala* Koidz.）的干燥根茎。白术性温，味苦、甘。具有补脾益气、燥湿利水、固表止汗的功效，用于脾虚食少、腹胀泄泻、痰饮眩悸、水肿、自汗、胎动不安等症。近代药理学研究表明白术具有免疫调节、利尿、抗肿瘤、抗菌消炎、降糖、抗衰老等作用，对神经系统、消化道、子宫平滑肌也有一定作用，还能调节免疫功能。主要化学成分有挥发油，油中主成分为苍术酮，白术内酯A、白术内酯B等。

白术有野生与栽培之分，但是野生者不容易获得。野生白术种群处于极度濒危状态，生长在高山针叶林下，土壤腐殖质肥厚，并覆有较厚的落叶层。生长地地势开阔，野生白术不喜风，故常生于低矮灌丛中。浙江野生白术产于於潜、昌化、天目山一带，以於潜所产品质最佳，称"於术"。安徽野生白术主要分布在祁门、潜山等地。目前白术的野生资源极少，主要为人工栽培，主产区在浙江、安徽，河北、山东、湖北、江西、福建等地也产。直接晒干称冬术。

## 二、药用历史与本草考证

白术为常用中药，有"北参南术"之誉。《神农本草经》记载："气味甘温，无毒，治风寒湿痹、死肌、痉疸，止汗、除热、消食。"《药性赋》记载："味甘，气温，无毒。可升可降，阳也。"其用有四：利水道，有除湿之功；强脾胃，有进食之效，佐黄芩有安胎之能，君枳实有消痞之妙。中医对白术延寿的作用是肯定的，历代医书也有一些记载。如《神农本草经》说白术"作煎饵久服，轻身延年不饥"。《抱朴子》记载："南阳文氏，汉末逃难壶山中。饥困欲死。有人教食术，遂不饥。数十年乃还乡里，颜色更少，气力转胜。"

白术原名"术"。宋以前本草医书包括《伤寒论》《金匮要略》《千金方》中出现的"术"包括苍术、白术，主要是苍术。而上述现存的经典医书中全部出现"白术"乃是宋代林亿等把"术"全部改为"白术"之故。在宋代由于林亿等的极力推行，医药界对术的认识逐渐从苍术转向白术。

## 三、植物形态特征与生物学特性

**1. 形态特征**　白术为多年生草本，高30～80cm，根茎粗大，略呈拳状。茎直立，上部分枝，基部木质化，具不明显纵槽。单叶互生；茎下部叶有长柄，叶片3深裂，偶为5深裂，中间裂片较大，椭圆形或卵状披针形，两侧裂片较小，通常为卵状披针形，基部不对称；茎

图2-3　白　术
1. 植株　2. 块根　3. 花序　4. 花剖开示雄蕊

上部叶的叶柄较短，叶片不分裂，椭圆形或卵状披针形，长4～10cm，宽1.5～4cm，先端渐尖，基部渐狭下延呈柄状，叶缘均有刺状齿，上面绿色，下面淡绿色，叶脉突起显著。头状花序顶生，直径2～4cm；总苞钟状，总苞片7～8列，膜质，覆瓦状排列。基部

叶状苞片 1 轮，羽状深裂，包围总苞；花多数，着生于平坦的花托上；花冠管状，下部细，淡黄色，上部稍膨大，紫色，先端 5 裂，裂片披针状，外展或反卷；雄蕊 5，花药线形，花丝离生；雌蕊 1，子房下位，密被淡褐色茸毛，花柱细长，柱头头状，顶端中央有一浅裂缝。瘦果长圆状椭圆形，微扁，长约 8mm，径约 2.5mm，被黄白色茸毛，顶端有冠毛残留的圆形痕迹（图 2 - 3）。花期 9～10 月，果期 10～11 月。

**2. 生物学特性** 白术种子在 15℃以上即能萌发，3～4 月植株生长较快。6～7 月生长较慢，当年植株可开花，但果实不饱满，11 月以后进入休眠期。翌年春季再次萌动发芽，3～5 月生长较快，茎叶茂盛，分枝较多。2 年生白术开花多，种子饱满。茎叶枯萎后，即可收获。

白术野生于海拔 500～800m 的山区丘陵地带，形成了喜凉爽气候，怕高温湿热的特性。种子在 15℃以上开始萌发，20℃左右为发芽适温，35℃以上发芽缓慢，并发生霉烂。在 18～21℃，有足够湿度，播种后 10～15d 出苗。出苗后能忍耐短期霜冻。3～10 月，在日平均气温低于 29℃情况下，植株的生长速度，随着气温升高而逐渐加快；日平均气温在 30℃以上时，生长受抑制。气温在 26～28℃时根茎生长较适宜。所以 8 月下旬至 9 月下旬为根茎膨大最快时期。在这段时期内，如昼夜温差大，有利于营养物质的积累，促进根茎迅速增大。

在白术生长期间，对水分的要求比较严格，既怕旱又怕涝。土壤含水量在 25% 左右，空气相对湿度为 75%～80%，对生长有利。如遇连续阴雨，植株生长不良，病害也较严重。如生长后期遇到严重干旱，则影响根茎膨大。白术对土壤要求不严，酸性的黏土或碱性沙质壤土都能生长，但一般要求 pH5.5～6、排水良好、肥沃的沙质壤土栽培，如土壤过黏，则因土壤透气性差，易发生烂根现象。忌连作，连作时白术病害较重，也不能与有白绢病的植物如白菜、玄参、花生、甘薯、烟草等轮作，前作以禾本科植物为好。

白术应用历史悠久，从古代即有很多记载，如《山海经》记载："首山，草多术。"《本草图经》记载："今白术生杭（今浙江余杭）越（今浙江绍兴）舒（今安徽潜山）宣（今安徽宣城）州高岗上，叶对生，上有毛，方茎，茎端生花，淡紫碧红数色。"《本草纲目》中白术附图所描述原植物与 2005 年版《中华人民共和国药典》中是一致的，主产地集中在浙江和安徽。白术原生于山区丘陵地带，野生种在原产地几已绝迹，目前长江以南各地均广为栽培。浙江白术栽培数量最大，主产于浙江天台、磐安、新昌、嵊州、东阳、临安於潜、仙居等地。

## 四、野生近缘植物

除白术外，菊科苍术属还有茅苍术、北苍术、关苍术、朝鲜苍术、鄂西苍术等。

**1. 茅苍术** ［*A. lancea* (Thunb.) DC.］ 多年生草本。根状茎肥大呈结节状。茎高 30～50cm，不分枝或上部稍分枝。叶革质，无柄，倒卵形或长卵形，长 4～7cm，宽 1.5～2.5cm，不裂或 3～5 羽状浅裂，顶端短尖，基部楔形至圆形，边缘有不连续的刺状牙齿，上部叶披针形或狭长椭圆形。头状花序顶生，直径约 1cm，长约 1.5cm，基部的叶状苞片披针形，与头状花序几等长，羽状裂片刺状；总苞杯状；总苞片 7～8 层，有微毛，外层长卵形，中层矩圆形，内层矩圆状披针形；花筒状，白色。瘦果密生银白色柔毛；冠毛长 6～7mm。分布在朝鲜、俄罗斯以及中国的江苏、湖南、吉林、河南、山西、浙江、黑龙江、四川、甘肃、湖北、江西、安徽、陕西、辽宁、内蒙古、河北等地。生长于海拔50～1 900m 的地区，多生在灌丛、林下、野生山坡草地或岩缝隙中，目前有人工引种栽培。具燥湿健脾、祛风散寒、明目等功效。用于脘腹胀满、泄泻水肿、风湿痹痛、风寒感冒、夜盲等症。

**2. 北苍术** ［*A. chinensis*（DC.）Koidz.］　为多年生草本，株高 40～50cm。根状茎肥大，呈结节状。茎单一或上部稍分枝。叶互生，下部叶匙形，基部呈有翼的柄状，基部楔形至圆形，边缘有不连续的刺状齿牙，齿牙平展，叶革质，平滑。头状花序生于茎梢顶端，基部叶状苞披针形，边缘为长栉齿状，比头状花稍短，总苞长杯状，总苞片 7～8 列，生有微毛，管状花，花冠白色。瘦果长形，密生银白色柔毛，冠毛羽状。花期 7～8 月，果期 8～10 月。具有燥湿健脾、祛风散寒、明目之功效。用于脘腹胀满、泄泻水肿、脚气痿软、风湿痹痛、风寒感冒、雀目夜盲等疾病。分布于黑龙江、吉林、辽宁、内蒙古、河北、山西、陕西、甘肃、宁夏、青海等地。

**3. 关苍术** （*A. japonica* Koidz. ex Kitam.）　多年生草本，株高 70cm。叶柄长2.5～3cm；茎下部叶片 3～5 羽裂，侧裂片长圆形、倒卵形或椭圆形，边缘刺齿平伏或内弯，顶裂片较大；茎上部叶 3 裂至不分裂。头状花序顶生，下有羽裂的叶状总苞一轮，总苞片 6～8 层；花多数，两性花与单性花多异株；两性花有羽状长冠毛，花冠白色，细长管状；雄蕊 5；子房下位，密被白色柔毛。瘦果长圆形，被白色柔毛。花期8～9 月，果期 9～10 月。具有健脾燥湿、解郁辟秽之功效。治湿盛困脾、倦怠嗜卧、脘痞腹胀、食欲不振、呕吐、泄泻痢疾、感冒、风寒湿痹、夜盲等症。主产黑龙江、吉林、辽宁，生于山坡、柞林下、灌丛间。长白山地区有大量分布。在日本和韩国，关苍术的汉方制剂很受欢迎。

**4. 朝鲜苍术** ［*A. koreana*（Nakai）Kitam.］　多年生草本，高 40～50cm。根状茎横走，节结状。茎不分枝或上部分枝。叶质较薄，有时较厚，近革质，广卵形、卵形、长圆状卵形，或长圆状披针形，长 4～11cm，宽 3～7cm，基部圆形，抱茎，先端尖或渐尖，边缘密生刺状细尖锯齿，两面无毛，叶脉明显。头状花序生于茎或枝端，径 4～7mm。叶状苞短于头状花序，披针形，有长栉齿状刺。总苞钟形，总苞片 7～8 层，稍有毛，外层卵状椭圆形，中层长圆形，内层线形，先端褐色。花管状白色，长约 1cm。瘦果长圆形，密被灰色柔毛，长 5～6mm；冠毛羽毛状，长 7～8mm。花果期 8～10 月。生于林缘、林下或干山坡。分布于我国东北，朝鲜也有分布。

**5. 鄂西苍术** ［*A. carlinoides*（Hand.-Mazz.）Kitam.］　多年生草本，有根状茎，须根伸长。茎直立，不分枝，高 50cm，常深紫色，上部被蛛丝状绵毛。基生叶披针形，长 15～20cm，宽 3～4cm，顶端渐尖，基部渐狭成柄，半抱茎，边缘有啮蚀状刺齿或羽状浅裂，裂片三角形，有针刺；茎生叶无柄，基部半抱茎，全部叶硬纸质，无毛，干时上面暗绿色，下面苍白色，网脉稍隆起。头状花序顶生，无梗或有短梗。苞片多数，叶状，稍有刺状的羽状浅裂。总苞长达 3cm，宽 2.5cm，总苞片长锥状渐尖。花带褐色。瘦果有柔毛。冠毛羽状，长 10～11mm。具有祛风利湿之功效。产于湖北西部（秭归）。生于海拔1 600m 的山坡，为中国特有种，目前尚未人工栽培。

# 第四节 白 芷

## 一、概述

为伞形科植物白芷 ［*Angelica dahurica* （Fisch. ex Hoffm.） Benth. et Hook. f. ex Franch. et Sav.］ 或其变种杭白芷 ［*A. dahurica* （Fisch. ex Hoffm.） Benth. et Hook. f. var. *formosana* （Boiss.） Shan et Yuan］ 的干燥根，本品味辛、温。具有散风除风、通窍止痛、消肿排脓的功效。临床上广泛用于鼻渊头痛、风湿痹痛等多种疼痛的治疗。近年来，还发现它对功能性头痛、白癜风和银屑病等疑难杂症也有较好的疗效。其主要化学成分有欧前胡素、异欧前胡素、氧化前胡素、佛手苷内酯等香豆素类，尚含有挥发油、植物甾醇、生物碱、白芷多糖等。

关于白芷的基原植物及分类地位历来争议较多，国内学者大多接受上述观点，也有学者认为全国白芷类药材都来源于一种植物。白芷的生态适应性强，从气候温暖、雨量充沛的湿润、半湿润气候带，到北温带大陆性半干旱季风气候带都能生长。白芷古代用野生，人工种植始于明代，目前白芷药材均为栽培品，传统栽培地主要有河南长葛、禹州，河北安国，浙江杭州、余杭，四川遂宁、达县，商品药材分别称禹白芷、祁白芷、杭白芷、川白芷。新中国成立后至 20 世纪 80 年代，在药材收购销售中，川白芷和杭白芷为一类，祁白芷和禹白芷为一类；但在使用中，无论是药房配方还是工厂生产投料，都没有作真正的区分。近年来，随着药材市场的开放，中药白芷的产地有了较大的变化。传统产区中，有的维持现状，有的已名存实亡，如杭白芷的传统产区浙江杭州、余杭等地现已不再栽培白芷，而是迁移至离杭州较远的磐安、东阳一带，且栽培面积很小。目前全国多数省份已发展白芷栽培，但这些地区的白芷种子多引自四川、浙江或河北、河南，其中安徽亳州栽培面积较大，已形成一定规模。

## 二、药用历史与本草考证

白芷为 40 种常用大宗药材品种之一，应用历史悠久。白芷一词最早见于公元前 278 年前成书的屈原诗歌《离骚》："有辟芷、有芳芷、有白芷、白茝、有芳香"等记载，但并未注明是否药用。白芷药用一般认为始载于《神农本草经》，谓："白芷，一名芳香，一名茝，味辛，温，无毒。治妇人漏下赤白、血闭、阴肿、寒热、风头侵目泪出，长肌肤，润泽。可作面脂。生川谷下泽。"但早于《神农本草经》成书的《五十二病方》（前 168 年前）中就明确记有白芷，首次提出白芷治痈，用"白芷、白莶、菌桂、枯畺、薪（新）雉，凡五物等"。芷、茝，即白芷，因此白芷作为药用应是始载于《五十二病方》，至少已有2 170余年药用历史。至于香白芷之名，一般认为始见于宋代洪迈所撰《夷坚志·十九卷》，载有："此药不难得，亦甚易办，吾不惜传诸人，乃香白芷一物也。"

屈原诗歌《离骚》中多次出现栽种辟芷、芳芷、白芷、白茝等诗句，但栽种的是哪一种植物，尚无从查考。荀子谓："蓬生麻中不扶而直，兰槐之根是为芷"，并注曰："兰槐香草也，其根是为芷也。"可见当时的白芷，指的是兰槐之根。兰槐究为何种植物，书中却无详细记述，后来的本草也未提到这种植物，故无法考证原植物是何种。《图经本草》

附有泽州白芷的图，但较粗放。该书记有："白芷……根长尺余，白色，粗细不等……春生叶，相对婆娑，紫色，阔三指许。花白微黄，入伏后结子，立秋后苗枯。"《本草纲目》沿用了这一记载和附图。从"入伏后结子，立秋后苗枯"来看，应与白芷相近或一致，另外花白微黄也与现在的杭白芷一致。《证类本草》也附有泽州白芷图，从产地来考虑，可能是北方目前广泛栽培的白芷，图文均与目前应用的白芷相近。另据《植物名实图考》载："滇南生者，肥茎绿缕，颇似茴香，抱茎生枝，长尺有咫。对叶密挤，锯齿槎枒，龈龉翘起，涩纹深刻，梢开五瓣白花，黄蕊外涌，千百为簇，间以绿苞，根肥白如大拇指，香味尤窜"。附图中叶很大，为三回羽状深裂，裂片无小叶柄；花二型，边花大，中央花小，与独活属的糙叶独活（*Heracleum scabridum* Franch.）一致。从清代起糙叶独活也混作白芷，并沿用至今，称滇白芷。

《名医别录》载："生河东川谷下泽，二月、八月采根，曝干；今出近道，处处有，近下湿地，东间甚多。"《图经本草》附有泽州白芷图，泽州主要是指山西晋城一带，这说明了山西在汉代就出产白芷。《图经本草》："白芷生河东川谷下泽，今所在有之，吴地尤多。""今所在有之"，就是除上述产区外，在河东的所有地区即山西、河北、河南、山东等地也有，与目前华北、华中、华东等地所种白芷的分布区是一致的。吴地，从《中国历史地图集》来看，三国时的吴地包括现在的江苏、浙江、福建、广东、广西、江西、安徽、湖北等地；西晋时的吴地，包括现在的江苏、浙江；晋、宋、齐等仍为吴郡，吴兴郡；隋属南江表，吴郡地；唐属江南东道；五代十国为吴及吴越（包括江苏、浙江、安徽、江西、湖北等地）。早在1 000多年前的宋代，在我国的南北两地就有白芷、杭白芷药用的情况。从宋《图经本草》中"吴地尤多"及《本草衍义》中"出吴地者良"的记载，可以看出宋代江浙的白芷已有取代泽州白芷成为主流商品的趋势。明代《本草乘雅半偈》进一步记载："所在有之，吴地尤多，近钱唐笕桥亦种莳矣。"由此可见杭州自明以前就是白芷的道地产区之一。《本草品汇精要》中也载："道地泽州，吴地尤胜。"这说明杭白芷自古就是道地药材之一。历代本草所载的江南白芷，同现在浙江省这一地区分布的杭白芷基本相符。以后杭白芷广泛引种到南方多个省份，产地逐渐扩大。

## 三、植物形态特征与生物学特性

**1. 形态特征**　多年生草本，高1～2.5m。根长圆锥形，有分枝，黄褐色。茎粗2～5cm，有时达7～8cm，常带紫色，有纵沟纹。茎下部叶羽状分裂，有长柄；茎中部叶二至三回羽状分裂，叶片轮廓为卵形至三角形，长15～30cm，宽10～25cm，叶柄基部呈囊状膨大的膜质鞘，无毛或稀被毛；末回裂片长圆形、卵形或线状披针形，多无柄，长2.5～6cm，宽1～2.5cm，急尖，边缘有不规则的白色软骨质粗锯齿，具短尖头，基部两侧常不等大，沿叶轴下延成翅状；茎上部的叶有显著膨大的囊状鞘。复伞形花序，直径10～30cm；花序梗长5～20cm，伞辐（18～）40～70；总苞片通常缺，或1～2，长卵形，膨大呈鞘状，小总苞片5～10或更多，线状披针形，膜质；花小，无萼齿，花瓣5，白色，先端内凹。双悬果长圆形至卵圆形，黄棕色，有时带紫色，长4～7mm，宽4～6mm，无毛，背棱扁，厚而钝圆，近海绵质远较棱槽宽，侧棱翅状，较果体狭，棱槽中有油管1，合生面有油管2（图2-4）。花期7～9月，果期9～10月。

**2. 生物学特性**　　白芷喜温暖湿润气候，耐寒。宜在阳光充足，土层深厚，疏松肥沃，排水良好的沙质土壤栽培。土质过黏、过沙均不宜栽培，否则主根易分权，影响产量和质量。种子在恒温下发芽率低，在变温下发芽较好，以 10～30℃为佳。白芷用种子繁殖，一般采用直播，不宜移栽。春播 3～4 月进行，但春播产量和质量较差。通常采用秋播，适宜播种期因地而异，华北地区多在 8 月下旬至 9 月初，秋播当年为幼苗期，第二年为营养生长期，至植株枯萎时收获。采种植株则继续进入第三年的生殖生长期，5～6 月抽薹开花，7 月中旬种子陆续成熟，全生育期为 660～668d。因开花结果消耗大量的养分，留种植株的根常木质化，甚至腐烂，不能药用。成熟种子当年秋季发芽率为 70%～80%，隔年种子发芽率很低，甚至不发芽。种植白芷为 2 年收根，3 年收籽，不可兼收。若以生产白芷药材为目的，其

图 2-4　白　芷
1. 叶　2. 花序　3. 根　4. 种子

生长发育仅有营养生长阶段。根据研究，在四川主产区，白芷的营养生长阶段可划分为 4 个时期：从 9 月中旬播种至翌年 3 月为初苗期，生长中心为叶；3 月上旬至 5 月上旬为叶生长盛期，生长中心仍为叶，地上部分生长旺盛；5 月上旬至 6 月中旬为根生长盛期，生长中心为根，根长和根粗加速增长，根干物质积累急剧增加；6 月中旬至 7 月中旬为倒苗期，地上部分逐渐枯萎，根生长缓慢，生产上，白芷地上部分枯萎即为白芷药材的采收期，其营养生长阶段生育期为 270～300d。

白芷的适应性较强，现很多省份多有栽培，目前全国年产白芷 10 000 多 t。据研究报道，不同产地白芷在药材外形、香豆素类成分及挥发油成分方面存在差异：四川各产区白芷及重庆、浙江、河南等地所产白芷的药材性状无明显差异，符合《中华人民共和国药典》白芷项下的描述；河北产白芷根头部常带叶柄残基，纵皱纹明显；而安徽、山东产白芷与前述白芷药材差异较大，呈长圆柱形，向下渐细。不同产地白芷药材的 HPLC 指纹图谱在共有峰的数目上保持一致，它们之间的差异主要表现在香豆素类成分各组分的比例和量上；不同产地白芷药材的 GC 指纹图谱间的相似性较低。但是，收集不同产地白芷的种子栽培于四川遂宁白芷 GAP 基地种植资源圃中，于翌年正常采收期采挖，干燥，对其与相对应的白芷对口药材进行药材外观性状的对比观察及 HPLC、GC 指纹图谱对比分析，结果表明，不同产地白芷栽种于同一环境后，其药材外形与化学表达随产地及栽培方法的一致而趋同，提示白芷药材的外形及香豆素类成分和挥发油成分与产地环境密切相关，产地生境或栽培技术可能是决定其质量的关键因素。

2007 年成都中医药大学与四川银发资源开发股份有限公司选育了川白芷 1 号新品种，该品种与普通大田栽种的川白芷比较，其叶柄基部带紫色，长势旺，分枝多，植株高大，株型紧凑，生长健壮，抽薹率低，适应性强，不易倒伏。增产率为 15%，欧前胡素、总

香豆素及浸出物含量与普通川白芷相当或稍高。目前已在产区推广。

目前全国各白芷产区在进行产地加工时均采用硫黄熏蒸的方法，但大量实验研究结果表明，熏硫对白芷的有效成分和药效有很大影响，如有研究者采用薄层扫描法考查了川白芷、杭白芷药材熏硫前后香豆素类成分含量的变化，发现白芷熏硫后香豆素类成分尤其是欧前胡素、氧化前胡素损失较大；对川白芷的采收加工进行了研究，发现川白芷用硫黄熏后，香豆素类及挥发油的含量均不及加工前的 50%；研究了熏硫加工方法对白芷香豆素类成分含量及镇痛作用的影响，发现熏硫的白芷药材中香豆素类成分含量降低 40% ～60%，且未显示出明显的镇痛效果。故白芷熏硫的产地加工方法对其质量影响很大，亟待改进。

## 四、野生近缘植物

中药白芷均来源于栽培品。据记载，其野生种质来源应当是伞形科当归属植物 *Angelica dahurica* 的近缘种类，包括原变种兴安白芷、变种台湾白芷及雾灵当归。

**1. 杭白芷** ［*A. dahurica*（Fisch. ex Hoffm.）Benth. et Hook. f. var. *formosana*（Boils.）Shan et Yuan］　本种与白芷的植物形态基本一致，但植株较矮。茎及叶鞘多为黄绿色。根上部圆形或类方形，表面灰棕色，皮孔样横向突起明显，略排列成四纵行。花期 7～8 月，果期 8～9 月。四川栽培的花期 5 月中旬至 6 月上旬，果期 6 月下旬至 7 月中旬。

**2. 兴安白芷**（*A. dahurica* Benth. et Hook.）　又名河北独活、大活、香大活、走马芹、走马芹筒子（东北）、狼山芹（黑龙江），一般几株至数十株散生。多年生高大草本，高 1～2.5m。根圆柱形，分枝较多，直径 3～5cm，外表面黄褐色至褐色，气香浓烈。茎基部直径 2～5cm，有的可达 7～8cm，通常带紫色，中空，有纵长沟纹。基生叶一回羽状分裂，有长柄，叶柄下部有管状抱茎边缘膜质的叶鞘；茎上部叶二至三回羽状分裂，叶片轮廓为卵形至三角形，长 15～30cm，宽 10～25cm，叶柄长至 15cm，下部为囊状膨大的膜质叶鞘，无毛或稀有毛，常带紫色；末回裂片长圆形，卵形或线状披针形，多无柄，长 2.5～7cm，宽 1～2.5cm，急尖，边缘有不规则的白色软骨质粗锯齿，具短尖头，基部两侧常不等大，沿叶轴下延成翅状；花序下方的叶简化成无叶的、显著膨大的囊状叶鞘，外面无毛。复伞形花序顶生或侧生，直径 10～30cm，花序梗长 5～20cm，花序梗、伞辐和花柄均有短糙毛；伞辐 18～40，中央主伞有时伞辐多至 70；总苞片通常缺或有 1～2，成长卵形膨大的鞘；小总苞片 5～10 余，线状披针形，膜质，花白色；无萼齿；花瓣倒卵形，顶端内曲成凹头状；子房无毛或有短毛；花柱比短圆锥状的花柱基长 2 倍。果实长圆形至卵圆形，黄棕色，有时带紫色，长 4～7mm，宽 4～6mm，无毛，背棱扁，厚而钝圆，近海绵质，远较棱槽为宽，侧棱翅状，较果体狭；棱槽中有油管 1，合生面油管 2。花期 7～8 月，果期 8～9 月。分布于我国东北地区，海拔 300～370m。多生于湿润草丛、灌木丛、溪边沙质土壤中。在民间主要用于散风除湿、通窍止痛、消肿排脓。

**3. 雾灵当归**（*A. porphyrocaulis* Nakai et Kitagawa）　在《中国植物志》中直接归为兴安白芷。在《中国高等植物图鉴》中，将其单列，并对其描述如下。多年生草本，高 1～2m；主根粗大，有分枝，密生短硬毛。下部叶及中部叶三角形，二至三回三出式羽状深裂，最终裂片卵状披针形或近条形，长 2～5cm，宽 6～12cm，在叶脉上有细毛，边缘有缺刻状尖锯齿；茎上部叶简化成黑色囊状叶鞘。复伞形花序，无总苞，伞辐 20～30，密生柔毛；小总苞片钻形，有缘毛；花梗多数；花紫色，少白色。双悬果宽椭圆形，长 6.5～8mm，宽 5～7mm，无毛，背棱细线形。分布于东北及河北、山西。生于山坡草丛。根供药用，治风湿性关节炎，腰腿疼痛。

# 第五节　半　夏

## 一、概述

为天南星科植物半夏［*Pinellia ternate*（Thunb.）Breit.］的干燥块茎，性温、味辛、有毒。为常用大宗药材，药用历史悠久，据统计，在 558 种中药处方中，半夏使用频率居第 22 位；张仲景在《伤寒杂病论》中用半夏共 42 次，出现率居第 6 位，可见其在中药材中的地位十分重要。半夏的主要化学成分为生物碱、甾醇类、挥发油、辣性物、半夏蛋白、淀粉、脂肪酸类等。临床使用按炮制方法分为清半夏、法半夏和姜半夏 3 种，用于燥湿化痰、降逆止呕、消痞散结，其中清半夏的功效长于燥湿化痰，法半夏的功效长于调脾和胃，姜半夏长于降逆止呕。现代研究发现，半夏还具有抗肿瘤、抗生育、降血脂、护肝和治疗冠心病等多种药理作用。

全国除内蒙古、新疆、青海、西藏未见野生外，其余各省份均有半夏野生资源分布，主产于四川、湖北、河南、山东、重庆、江苏、浙江、湖南、陕西、广西、贵州、云南等地。半夏适生于海拔 2 500m 以下的阴湿环境，不耐干旱，喜弱光、怕强光，喜温，块茎株芽膨大期地温以 18～20℃ 为最适宜，分布于低山、丘陵、坝区的阴湿草丛中或林下。20 世纪 70 年代后，由于生态变化及人为因素影响，半夏野生资源日益减少。为了缓解半夏的供需矛盾，自 70 年代末到 80 年代初，我国开始对半夏进行野生变家种研究，并获得成功。近年来四川、河南、江苏等地有人工栽培，但由于半夏种质复杂，人工栽培后种质退化十分严重，缺乏优良种质成为一个瓶颈，因此目前人工栽培面积较小，不能满足市场需求。

## 二、药用历史与本草考证

半夏之名始见于《礼记·月令》："五月半夏生，盖当夏之半，故为名也。"还见于《急就篇》，颜师古注："半夏，五月苗始生，居夏之半，故为名也。"而半夏以"和姑"之名始载于《本草纲目》，以"守田""示姑"之名载于《名医别录》，指出半夏"生槐里"；以"地文""水玉"之名始载于《神农本草经》，并提到半夏的生境为"生川谷"。《吴普本草》云："生微丘或生野中，二月始生叶，三三相偶，白花圈上。"《唐本草》云："半夏所在皆有，生泽中者名羊眼半夏。"宋代《图经本草》谓："二月生苗一茎，顶端出三叶，浅绿色，颇似竹叶而光，江南者似芍药叶。根下相重，上大下小，皮黄肉白。……以圆郁软者为佳。"吴其濬谓："所在皆有，有长叶、圆叶两种，同生一处，夏亦开花，如南星而小，其梢上翘似蝎尾。"再参考《证类本草》和《本草纲目》附图，可以确证本草半夏原植物与《中华人民共和国药典》收载一致，但由于其叶型变化的渐变性和过渡性，很难划清变种间界限，因此现代分类学家将所有居群均命名为 *Pinellia ternate*（Thunb.）Breit.。今用 *Pinellia ternata* 大约开始于魏晋，在使用过程中尽管与同科其他植物相混淆，但该品种一直是药用主流。

关于半夏的采收和加工，古时也有较多的论述，且历代本草大致一致。陶弘景提出："五月八月采根、曝干。"《蜀图经本草》认为"五月采则虚小，八月采乃实大"。《名医别录》称半夏"生令人吐，熟令人下。用之汤洗，令滑尽"。张仲景在《金匮玉函经》中已说明半夏"令水清滑尽，洗不熟有毒也"。《雷公炮炙论》中云："半夏上有隙涎，若洗不净，令人气逆，肝气怒满。"经炮制后半夏的毒性降低。现代应用白矾、生姜、石灰、甘草等辅料炮制半夏，有清半夏、姜半夏、法半夏之分，炮制后一方面降低了毒性，保证了用药安全；另一方面采用各种辅料改变了半夏的药性，从而扩大了半夏的应用范围，提高了它的疗效。

半夏在唐代以前，以陕西关中一带为主产区，后来逐渐移至山东，宋、明则以山东的"齐州半夏"为道地，明代以后又扩展为河南、山东、江苏所产的为道地。随着药用经验的积累，半夏道地药材的主产地经历了由西至东，又由东至西的历史变迁过程。

## 三、植物形态特征与生物学特性

**1. 形态特征** 为多年生小草本，高 15～30cm。花期 5～7 月，果期 8～9 月。叶出自块茎顶端，叶柄长 6～23cm，在叶柄下部内侧生一白色珠芽；一年生的叶为单叶，卵状心形或柳叶形；2～3 年后，叶为 3 小叶的复叶，小叶椭圆形至披针形，中间小叶较大，长 5～8cm，宽 3～4cm，两侧的较小，先端锐尖，基部楔形，全缘，两面光滑无毛。肉穗花序顶生，花序梗常较叶柄长；佛焰苞绿色，长 6～7cm；花单性，无花被，雌雄同株；雄花着生在花序上部，白色，雄蕊密集成圆筒形，雌花着生于雄花的下部，绿色，两者相距 5～8mm；花序中轴先端附属物延伸呈鼠尾状，通常长 7～10cm，直立，伸出在佛焰苞外。浆果卵状椭圆形，绿色，长 4～5mm（图 2-5）。年生育过程可分为生长前期、中期、后期和休眠期，每年常有 3 次休眠：分别在 4 月出苗，5～6 月枯苗；6 月出苗，7～8 月枯苗；9 月出苗，10～11 月枯苗。半夏种子、珠芽和球茎都具有繁殖能力。

药材干燥块茎呈圆球形、半圆球形或偏斜状，直径 0.8～2cm。表面白色，或浅黄色，未去净的外皮呈黄色斑点。上端多圆平，中心有凹陷的黄棕色的茎痕，周围密布棕色凹点状须根痕，下面钝圆而光滑。质坚实，

图 2-5 半 夏
1. 植株 2. 雌花 3. 肉穗花序纵剖面

致密。纵切面呈肾脏形，洁白，粉性充足；质老或干燥过程不适宜者呈灰白色或显黄色纹。粉末嗅之呛鼻，味辛辣，嚼之发黏，麻舌而刺喉。以个大、皮净、色白、质坚实、粉性足者为佳。以个小、去皮不净、色黄白、粉性小者为次。

**2. 生物学特性**　对半夏的染色体研究发现，半夏是一个多倍体复合种，其遗传背景极为复杂，有染色体数目为 26，52，54，55，64，66，68，72，74，75，76，78，80，84，90，91，92，94，96，98，99，100，103，104，105，108，117，130 等报道。珠芽的发生也与染色体基数和多倍化程度相关，$x=13$ 的类群无珠芽，$x=9$ 的有珠芽，有珠芽的半夏平均每叶珠芽数随倍性的提高而增大。另外，珠芽的位置效应受激素的调控，$GA_3$ 对半夏珠芽的形成有明显的抑制作用，而 IAA、ABA、ZR 及 JA 对半夏珠芽的形成起促进作用。陈成彬等对 16 个省市地区的 27 个不同地理居群的染色体构成和细胞地理分布的调查表明，半夏是由七倍体（$2n=7x=91$）、八倍体（$2n=8x=104$）、九倍体（$2n=9x=117$）和十倍体（$2n=10x=130$）构成的多倍体复合体，同时还发现少数的半夏非整倍体系列（$2n=92$，103，105，115）。表明半夏不论是自然居群或产区人工栽培，都存在严重的遗传分化和倍性混杂现象。

研究者对采自四川、重庆、陕西、江苏各地共 39 个居群的半夏出苗情况进行统计分析表明，四川简阳、射洪、蓬安、遂宁、安岳、广安，江苏徐州居群的出苗率较高、出苗期较短、出苗较整齐，适合用于人工栽培。对四川、重庆、陕西境内收集的 46 个不同的野生半夏种材进行田间栽培比较表明，块茎质量在 0.51～2.00g（直径 0.9～1.5cm）的半夏块茎增重和总增重较大，其增产效益较好。生长速度较大的为采自四川蓬安、射洪、中江、乐至、泸县的居群，繁殖能力较强的为采自四川乐至、广元、蓬安和简阳的居群。栽培 0.30g（直径 0.7cm）以上的块茎，出苗率可达到 90% 左右。珠芽与质量相当的块茎在生长上无显著差异，在块茎质量与居群两种影响产量增加的因素中，块茎质量是影响块茎增重比例及总增重比例的主要因素。收获块茎重、珠芽个数与块茎质量呈极显著正相关，块茎增重、块茎增重比例、总增重比例与块茎质量呈极显著负相关，总增重与块茎质量呈负相关。对四川地区的 15 个半夏居群的光合特性研究发现，来自成都崇州、德阳中江和遂宁射洪的净光合速率较大且无显著差异，就其光合特性来说，适于栽培生产。从净光合速率看，不同居群间差异显著，而大多数居群内的种质纯一，说明长期处于不同的生态条件下，半夏已形成一定生态适应类型。半夏的补偿点较低，光合作用光的利用效率高，能够充分利用弱光并具有较强的耐阴性，因此在栽培时应适当遮阴。另外，在夏季高温季节喷 0.01% 亚硫酸钠溶液，或植物呼吸抑制剂 0.01% 亚硫酸氢钠和 0.2% 尿素及 2% 过磷酸钙混合液，能抑制半夏的呼吸作用，减少光合产物的消耗，延迟或防止倒苗，可达到增产的目的。

半夏在中国大部分地区有分布，另产韩国和日本，欧洲、北美和澳大利亚也有移栽。现代研究表明，种植在南北两地的不同居群半夏在收获指数、总生物碱含量、综合指数间差异均显著。从综合指数看，种植在南北两方的各居群半夏综合指数间差异显著，即山西、河北、河南半夏北种南引不如在北方生长块茎的质量高；四川安岳、南充和湖北半夏南种在北方生长比在南方生长块茎的品质高。因此，北方引种半夏推荐河北、山西，也可引种南方四川南充的半夏；南方引种半夏推荐种植南方居群：四川南充、安岳和湖北潜江的半夏。比较四川、云南、贵州、山东、陕西 5 个不同省份产半夏在止咳祛痰功效上的差异结果表明，贵州产半夏水提取物在抑制小鼠咳嗽潜伏期和降低小鼠咳嗽次数方面与其他 4 个不同产地半夏相比效果更为明显；5 个不同产地半夏水提液在增加小鼠气管排泌量方面都有良好作用。

## 四、野生近缘植物

半夏属植物全世界有 9 种（至 1999 年统计），是天南星科唯一的东亚分布属，其中 *P. tripartite* Schott 产日本和韩国，中国产 8 种，除半夏 [*Pinellia ternate* (Thunb.) Breit.] 外，其余 7 种均为中国特有。

**1. 掌叶半夏**（*P. pedatisecta* Schott）　中国特有，分布于河南、广西、陕西、江苏、湖南、云南、浙江、四川、山西、上海、河北、山东、安徽、湖北、贵州、福建、北京等地。块茎近圆球形，直径可达 4cm，根密集，肉质，长 5～6cm；块茎四旁常生若干小球茎。叶 1～3 或更多，叶柄淡绿色，长 20～70cm，下部具鞘；叶片鸟足状分裂，裂片 6～11，披针形，渐尖，基部渐狭，楔形，中裂片长 15～18cm，宽 3cm，两侧裂片依次渐短小，最外的有时长仅 4～5cm；侧脉 6～7 对，离边缘 3～4mm 处弧曲，连接为集合脉，网脉不明显。花序柄长 20～50cm，直立。佛焰苞淡绿色，管部长圆形，长 2～4cm，直径约 1cm，向下渐收缩；檐部长披针形，锐尖，长 8～15cm，基部展平宽 1.5cm。肉穗花序，雌花序长 1.5～3cm，雄花序长 5～7mm；附属器黄绿色，细线形，长 10cm，直立或略呈 S 形弯曲。浆果卵圆形，绿色至黄白色，小，藏于宿存的佛焰苞管部内。花期 6～7 月，果期 9～11 月。生长于海拔 250～1 000m 的地区，多生在林下、山谷和河谷阴湿处。块茎药用历史悠久，常与天南星混用，少数也与半夏混用。

**2. 盾叶半夏**（*P. peltata* Pei）　中国特有。分布于浙江（文成、庆元、乐清雁荡山）和福建（松溪、政和）等地。该种叶片盾状着生，与本属其他任何种都不同。块茎近球形或扁球形，直径 1～2.5cm。叶 2～3，叶柄长 27～33cm，下部具鞘；叶片盾状着生，深绿色，卵形或长圆形，长 10～17cm，宽 5.5～12cm，先端渐尖至短渐尖，基部心形，全缘。总花梗长 7～15cm，佛焰苞黄绿色，管部卵圆形，长 8mm，檐部展开，长 3～4cm，宽 5～8mm，先端钝；肉穗花序雄花部分长约 6mm，雌花部分长约 5mm，密生花；附属物长约 10mm。浆果卵圆形，顶端尖。种子球形。花期 5 月，果期 6～8 月。生于山坡草丛阴湿之处。盾叶半夏在《濒危植物红皮书》中被列为濒危（E）级，在世界范围内分布数量极少。味辛，性温，具有归脾、胃、肺经的药理作用，其块茎制药后有燥湿化痰、降逆止呕、消痞散结的功效。

**3. 大半夏**（*P. polyphylla* S. L. Hu）　中国特有，产于四川峨边等地。块茎呈不规则扁球形，直径 6cm 左右，有匍匐茎 1～4 条，茎长 4～7cm，上有球形小球茎 5～10mm。叶 1～4 片，叶柄 10～60（～70）cm，绿色或肉红色，叶片三角形、卵形至广卵形，6～33cm×4～22cm，先端渐尖，基部深心形，纸质，初级侧脉。佛焰苞直立，5～8cm，呈绿色或黄绿色，管漏斗状，1～2.5cm×0.5cm，肉穗花序长于佛焰苞，雌花连生，以佛焰苞管包住，长 1.5～2cm，雄花在外，长 1～1.5cm，雌花与雄花之间的不育花区长 1～1.5cm；花朵密集。柱头近无柄，小，直径 0.4mm。花期 5～6 月，果期 7～9 月。主要分布于海拔 800m 以上的次生林。

**4. 石蜘蛛**（*P. integrifolia* N. E. Brown.） 中国特有，分布于湖北（宜昌）、四川（叙永）、重庆等地。块茎小，扁球形，颈部周围生根。鳞叶 1，披针形，长约 1cm。叶 1～3，长于花序柄。叶柄纤细，长 5～15cm，下部略具鞘，叶片全缘，淡绿色，卵形，长 4cm，宽 3cm，或长圆形，长 5～19cm，宽 1.5～6cm，短渐尖、长渐尖或锐尖，侧脉 6～7 对，接近边缘时连接为集合脉。花序柄短于叶柄。佛焰苞小，长约 3cm，管部长圆形，长 6～7mm，粗 3～4mm；檐部披针形，长渐尖，长 2.5cm，宽 5～6mm。肉穗花序，雌花序长约 6mm；雄花序长近 3mm；附属器线形，S 形下弯，长约 4cm，上部极纤细。浆果卵圆形，具长喙。分布于海拔 1 000m 以下的斜坡潮湿地区。始载于《新华本草纲要》。全株入药，有小毒，能解毒散结、止痛通窍，主治跌打损伤、淋浊。

**5. 滴水珠**（*P. cordata* N. E. Brown.） 中国特有，产安徽、浙江、江西、福建、湖北、湖南、广东、广西、贵州。块茎球形、卵球形至长圆形，长 2～4cm，粗 1～1.8cm，表面密生多数须根。叶 1，叶柄长 12～25cm，常紫色或绿色具紫斑，几无鞘，下部及顶部各有珠芽 1 枚。幼株叶片心状长圆形，长 4cm，宽 2cm；多年生植株叶片心形、心状三角形、心状长圆形或心状戟形，表面绿色、暗绿色，背面淡绿色或红紫色，二面沿脉颜色均较淡，先端长渐尖，有时成尾状，基部心形，长 6～25cm，宽 2.5～7.5cm；后裂片圆形或锐尖，稍外展。花序柄短于叶柄，长 3.7～18cm。佛焰苞绿色、淡黄带紫色或青紫色，长 3～7cm，管部长 1.2～2cm，粗 4～7mm，不明显过渡为檐部；檐部椭圆形，长 1.8～4.5cm，钝或锐尖，直立或稍下弯。肉穗花序，雌花序长 1～1.2cm，雄花序长 5～7mm；附属器青绿色，长 6.5～20cm，渐狭为线形，略成之字形上升。花期 3～6 月，果期 8～9 月。生于海拔 800m 以下的林下溪旁、潮湿草地、岩石边、岩隙中或岩壁上。块茎入药，有小毒，能解毒止痛、散结消肿。主治毒蛇咬伤、胃痛、腰痛、漆疮、过敏性皮炎；外用治痈疮肿毒、跌打损伤、颈淋巴结结核、乳腺炎、脓肿。

**6. 鹞落坪半夏**（*P. yaoluopingensis* X. H. Guo et X. L. Liu） 中国特有，产于安徽（岳西）、江西（景德镇）、江苏（南京）。块茎近球形，直径 1.3～3cm，块茎上分布 1～4 个珠芽。叶 3～5，叶柄 12～25cm，深绿色，上有紫色斑点。复叶，有的呈鸟足状，单叶呈椭圆形或倒卵状椭圆形，5～10cm×3～4.5cm，先端渐尖或锐尖，基部楔形，侧叶较小，5.5～7.3cm×4cm，每边 4～5 初级侧静脉，边沿空白。花絮 1～2，花梗常较叶柄长，22～36cm，佛焰苞 7～8cm，收缩，绿色，管 2～3.5mm×6～8mm，边缘长椭圆形，3～4cm×2～3cm，钝尖；肉穗花序长 16～20cm，雌花区 2～2.5mm×3～5mm；雄花区 5～7mm×3～4mm；雌花和雄花间距 5～6mm；附属物长 13～18cm，绿色。雌花排列密集，雌蕊长 1～1.1mm，卵圆形或广卵圆形，直径 0.9mm。雄花膜鞘延长，长 1.4mm，每个花粉囊开放。浆果钝圆锥形，种子 1 枚。花期 5 月，果期 7～9 月。

# 第六节　柴　胡

## 一、概述

柴胡（*Bupleurum chinense* DC.）为伞形科芹亚科柴胡属多年生草本植物，主要含有皂苷、木脂素、黄酮、挥发油、香豆素、多糖等活性成分，具有抗炎、镇静、镇痛、保肝、解热等多种药理作用，主治感冒、上呼吸道感染、寒热、胁痛、肝炎、胆道感染、月经不调等症。柴胡始载于《神农本草经》，列为上品，近年来有关研究发现该属植物在免疫调节、心血管系统方面具有一定的作用。柴胡从古至今应用的品种混杂，药材品名和习用名繁多。古代本草文献就记载有北柴胡、银柴胡、软柴胡等；近现代药学文献则有北柴胡、南柴胡、红柴胡、竹叶柴胡、黑柴胡、硬柴胡、软柴胡等习用商品名称。《中华人民共和国药典》依据药材性状将伞形科柴胡（*Bupleurum chinense* DC.）的干燥根习称为"北柴胡"，狭叶柴胡（*B. scorzonerifolium* Willd.）的干燥根习称为"南柴胡"。

柴胡广泛分布于东北、西北、华北、华东及湖南、湖北等地，生于海拔 300～1 900m 向阳山坡，草丛林缘。狭叶柴胡分布于东北、西北、华北、华东、华中等地，其中黑龙江省的大兴安岭地区、泰康、五里木及内蒙古等地总储量高。

根据气候类型和地理位置可以分为以下几个重点产区：

（1）东北分布区：此地区地处欧亚大陆东岸，地理纬度较高，冬季漫长而严寒，降水较少，夏季短促，气候湿润，雨量集中，地貌构成主要有大兴安岭、小兴安岭、长白山。松嫩平原及辽河平原为我国狭叶柴胡（*B. scorzonerifolium* Willd.）主产区，狭叶柴胡分布广、为本区道地药材；其中通辽、赤峰等地蕴藏量丰富。本区的柴胡根皮色黑红明显，断面粉白，质坚而韧，在中药市场占重要地位。这一地区同时还有柴胡（*B. chinense* DC.）的分布。

（2）华北分布区：柴胡主要集中分布于长城沿线的中温带和暖温带过渡地带，以狭叶柴胡为主要品种，同时分布有柴胡。调查初步认为，长城以北广阔的内蒙古中温带地区为狭叶柴胡的主产区，长城以南为柴胡的主产区。本区地貌复杂，包括大兴安岭山脉、阴山山脉、坝上高原、恒山和小五台山等区域；其中东部丘陵山地是发育在花岗片麻岩或砂质岩上的微碱性棕壤土，生长的柴胡质量好；坝上高原柴胡资源丰富，主要为柴胡和狭叶柴胡。

（3）西北分布区：本区包括太行山以西，黄土高原的广大地区，中心分布区位于晋陕高原和陇东高原，主要品种为柴胡。其中太行山、吕梁山、五台山等地柴胡、狭叶柴胡主要分布在海拔 800～1 800m。陕北黄土高原柴胡主要分布于黄龙山、乔山。陇东高原、六盘山以西，柴胡绝大部分分布在海拔 1 200m 以上的黄土丘陵沟壑地区。宁夏盐池、同心和贺兰山均有柴胡的分布；而青海东部的黄土高原、环湖地区、湟水上游和陇西高原主要分布品种为柴胡。

（4）华中、华东分布区：各省均有柴胡和狭叶柴胡的分布，中心分布区位于熊耳山、崤山、伏牛山，主要品种为柴胡。如湖北京山县地处大洪山南麓，县北部火龙、城畈、小焕岭、厂河、三杨等地主要分布柴胡。县城中南部孙桥、石龙、钱场、永兴一带主要分布狭叶柴胡。

（5）西南分布区：中心分布区位于秦巴、川黔地区，是狭叶柴胡的主要分布区，中心分布区在海拔 2 500～3 500m，土壤以棕土为主。本区雅鲁藏布江中游山原草坡，柴胡分布于海拔 3 000～4 000m 处。川青藏高山峡谷，狭叶柴胡生于海拔 3 500m 的山坡草地、山顶或沙砾草地。

目前柴胡种植面积最大的是甘肃、山西和陕西，内蒙古、河南、吉林、河北、四川等省（自治区）有个别县家种。甘肃省的柴胡主要种植地为陇西、礼县、清水、金昌、天祝等地。山西省的柴胡种植面积仅次于甘肃，万荣县西村乡是我国柴胡野生变家种试验较早的地区之一，已形成了适宜当地生产条件的柴胡栽培技术；陵川县的柴胡种植面积较大，已成为柴胡规范化种植示范基地；其次在长治屯留、吕梁、大同、忻州、晋中左权等地也有相当规模的种植，使山西柴胡在药材市场有较大影响。陕西省主产区分布在渭南、安康、汉中略阳、商洛等地，柴胡种植而积较大，使陕西成为柴胡的主产区之一。黑龙江省的主要种植地为明水县，除柴胡外，也是狭叶柴胡最大的栽培区域。另外，内蒙古乌兰浩特、吉林东丰县、河南嵩县、四川剑阁县、河北安国等地也有一定面积的种植。

## 二、药用历史与本草考证

柴胡为常用中药材，在中国应用已有 2 000 余年历史。文献别名很多，如地熏、茈胡、茹草、柴草等。考察历代本草对柴胡品种的记载，发现柴胡的品种从汉代至今已多达 20 余个。柴胡始载于《神农本草经》，列为上品药，名为"茈胡，味甘平"。《伤寒论》中的大小柴胡汤方中也称茈胡。《名医别录》载："茈胡，一名山菜，一名茹草叶，一名芸蒿，辛香可食，二月八月采根，暴干。"《本草经集注》载："今出近道，状如前胡而强。"《博物志》云："芸蒿叶似斜蒿，春秋有白褊，长四五寸，香美可食，长安及河内并有之。"而《雷公炮炙论》载："凡使茎长，软皮赤黄，髭也髯，出在平州平县，即今银州银县。"《新修本草》则有不同看法，谓："茈是古柴字，《上林赋》云茈姜，《尔雅》云茈草，并作茈字，此草根紫色，今太常用茈胡是也，又以木代系，相承呼为柴胡，且检诸本草无名此者，伤寒大小茈胡汤最为痰气之要，若以芸根为之更作茨者，大谬矣。"可见至汉唐柴胡的品种已有"皮赤黄"或"紫色"，即产于银州的伞形科植物银州柴胡和另一种产于长安及河内的芸蒿。

后至北宋《图经本草》始易其名为柴胡。指出："今关陕江湖间近道皆有之，以艮州为胜，二月生苗，甚香，茎青紫，坚硬，微有细线，叶似竹叶而紧小，亦有似邪蒿者，亦有似麦门冬叶而短者，七月开黄花。"又载："生丹州者结青子，与他处不类，根赤色似前胡而强，芦头有赤毛如鼠尾，独窠长者好。"其中艮州即今陕西米脂县，据考证与银州柴胡形态相同。丹州即今陕西宜川县，据地理分布和药材赤色、芦头有赤毛等特点，与今日市场广泛应用的红柴胡完全相同。宋代《证类本草》还绘有柴胡图五幅：即丹州、淄川（今山东）、襄州（今湖北）、江宁府（今南京一带）和寿州（今安徽）柴胡。从图观之，前 4 幅均为柴胡属植物，其中前 3 幅主要为柴胡和狭叶柴胡，而江宁府柴胡为芽胡，是带根的嫩苗，也称春柴胡；唯寿州柴胡叶对生，花冠连成管状，根部肥嫩，似石竹科植物银柴胡。可见宋代本草记载所指柴胡已达多种。

明代《本草纲目》纠正前人芸蒿根非柴胡之说，并明确指出："艮州即今延安府神木县，五原城是其废迹，所产柴胡长尺余而微白且软，不易得也。北地所产者，亦如前胡而软，今人谓之北柴胡也，入药甚良；南土所产者，不似前胡，正如蒿根，强硬不堪使用，其苗有如韭叶者，竹叶者，以竹叶者为胜，其如邪蒿者最下也……亦柴胡之类，入药不甚良，故苏敬以为非柴胡云。近时有一种，根似桔梗沙参，白色而大，市人以伪充银柴胡，殊无气味，不可不辨。"而清代《本草纲目拾遗》单列银柴胡条目载："经疏云：俗用柴胡有二种，一种白黄而大者，名银柴胡，专用治劳热骨蒸；色微黑而细者，用以解表发散。本经并无二种之说，功用亦无分别，但云银州者为最，则知其优于发散而非治虚热之药明矣"，至此进一步证明当时应用的柴胡有两种，一种为色微黑而细者的柴胡，即伞形科植物柴胡（*B. chinense* DC.）或同属植物，另一种为色微白而软的芸蒿根，称银柴胡，即石竹科植物银柴胡（*Stellaria dichotoma* L. var. *lanceolata* Bge.）。从以上本草记载看出，自古以来柴胡入药种类很多，来源也比较复杂，除多数来源于伞形科柴胡属植物以外，还有少数其他科植物。

柴胡传统商品分为硬柴胡、软柴胡（南柴胡）和竹叶柴胡三大类。过去华东大部分地区及中南部分地区习销幼苗及茎苗全株柴胡，现已减少，北方地区习销柴胡根，西南地区习销带茎叶的竹叶柴胡。

硬柴胡又称北柴胡，其来源为柴胡，分布地域广。商品为柴胡根，过去按集散地分为以下几种：

（1）津柴胡：是指冀北燕山、内蒙古大青山及太行山东西两侧各县所产，在天津集散。根硬质坚，灰褐色，略带须根及残茎。产量大，品质较好。

（2）会柴胡：指河南伏牛山、嵩山山区各县所产，在河南禹州集散。根粗肥壮，黄褐色，无须根，残茎。品质特佳，过去装木箱出口。

（3）汉柴胡：指鄂豫陕交界武当山区各县所产，如湖北均县、郧县、郧西，陕西丹凤，河南西峡、内乡等地。在武汉集散，尤以三省交界紫荆关所产"紫荆关柴胡"为最佳，根条长而粗，深褐色。

狭叶柴胡主产安徽滁州，尤以古城镇所产著名，称古柴胡，用其全草，主销江浙一带，秋季收根称为红柴胡，春天收嫩叶称芽胡或春柴胡。另外，山东即墨、日照也产，品质佳。

竹叶柴胡又称川柴胡，来源于膜缘柴胡，分布四川、陕西及湖北等地，商品以地上茎叶或带根全草入药，为西南地区习销品种。

20 世纪 60 年代前，主要采集野生加工，全国产销量在 100 万 kg 左右，1960 年后，销量上升，1965 年收购量达 280 万 t。至 1978 年销售量达 523 万 kg，进入 80～90 年代，销量稳定在 400 万～600 万 t。至 1992 年全国家种柴胡年产 1 471 万 kg。现在主要产于河南卢氏、灵宝、洛宁、栾川、西峡、嵩县、桐柏，河北涞源、围场、隆化、井陉、灵寿、平山、涉县、易县、赤城、怀来，北京密云、延庆、怀柔。

## 三、植物形态特征与生物学特性

**1. 形态特征**　多年生草本，高 60～150cm。主根较粗，质坚硬，灰褐至棕褐色。茎单一或 2～3 丛生，表面有细纵深纹，实心，上部分枝略呈之字形曲折。基生叶倒披针形和狭椭圆形，长 5～10cm，宽 0.8～1.2cm，顶端渐尖，基部渐窄成长柄；茎生叶倒披针形或广线状披针形，长 5～16cm，宽 0.6～2.5cm，先端渐尖，有短芒尖头。基部收缩，表面鲜绿色，背面粉绿色，7～9 脉；茎顶部叶同形，短小。复伞状花序顶生或腋生，伞辐 3～9，稍不等长，长 1～3cm；总苞片 2～4，常大小不等，狭披针形，长 1～5mm，宽 0.5～1mm，3 脉；小总苞片 5，稀 6，披针形，长 2.5～4mm，宽 0.5～1mm，顶端尖，3 脉；小伞形花序具花 5～12；花柄长 0.8～1.2mm；小花直径 1.2～1.8mm；花瓣鲜黄色，花柱基黄棕色，长 2.5～3.5mm，宽于子房。果椭圆形，棕色至棕黑色，长 2.5～3.5mm，宽 1.5～2mm，果棱明显，棱槽具油管 3，合生面油管 4（图 2 - 6）。花期 7～9 月，果期 9～10 月。

**2. 生物学特性**　野生柴胡多生于向阳的荒山坡、小灌木丛、丘陵、林缘、林中空地等，表现为较强的耐旱、耐寒特性，常喜较冷凉而湿润的气候，怕高温和水涝，以沙壤土和腐殖土丰富的土壤长势健壮。土壤 pH 5.5～6.5。一年生植株除个别情况外，均不抽茎，只有基生叶，10 月中旬逐渐枯萎进入越冬休眠期。第二年全部开花、结实，从开花到种子成熟需要 45～55d，成株年生长期 185～200d。环境温度＜0.6℃时柴胡停止生长，环境温度＞1℃，北柴胡可以缓慢返青。种子出苗后进入喜光阶段，可耐－22℃低温。温度≥18℃，北柴胡发育加速，很快进入开花、结实期，光合作用产物主流去向为花序、籽粒等繁殖器官。新采收的种子具有胚后熟的生理过程，在阴凉通风处存放 1 个月后发芽率为 60％～70％；若采收种子自然存放半个月转入 5℃ 以下低温半个月，发芽率为 70％～80％。储存条件相同的种子，用水浸种 24h，发芽率可提高 10％～15％，以上发芽温度为 15～22℃，10～15d 开始发芽，低于 15℃ 发芽较慢，高于 25℃ 则抑制发芽。随

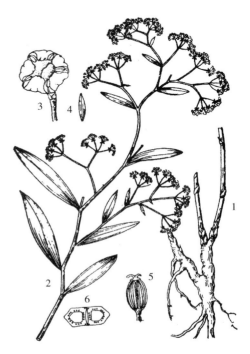

图 2 - 6　柴　胡
1. 根　2. 花枝　3. 花放大　4. 小总苞片
5. 果实　6. 果实横切面

着储存时间的延长，种子发芽率逐渐降低，储存 12 个月后发芽率几乎为零，因此生产上不能使用隔年的种子。

分析产于北京怀柔，河北易县、承德，山西太原、灵丘，河南郑州、信阳、嵩县，陕西渭南、宝鸡，四川成都，湖北武汉、汉川、房县等地的北柴胡药材有效成分表明，柴胡皂苷 a 含量 0.21％～1.27％，柴胡皂苷 c 含量 0.09％～0.98％，柴胡皂苷 d 含量 0.21％～1.05％。采用灰色模式识别方法评价结果表明山西太原、陕西宝鸡、河南信阳出产的北柴胡分列前 3 名，质量最好。以北柴胡药材中主要有效成分 3 种柴胡皂苷的含量为考察指标，进行化学模式识别研究表明，系统聚类分析将北柴胡药材按质量等级划分为优、良、中、差等 4 类，其中太原、宝鸡为优，信阳、渭南、成都、郑州、嵩县、临汾为良，结果显示大多数产地的北柴胡质量尚可，且与其地域性有较大相关度，质量优良品种大都分布于北方诸产地。

### 四、野生近缘植物

柴胡属植物全世界有 120 种，至 2010 年我国已报道有 42 种、18 变种，国产药用柴胡的应用种类已近 30 种。目前常用的中药材柴胡除柴胡、狭叶柴胡外，还有不少柴胡属植物作柴胡药用，较常用的有以下几种：

**1. 小黑柴胡** (*B. smithii* Wolff var. *parvifolium* Shan et Y. Li)　为多年生草本，高 10～30cm。主根黑色，质松，稍有分枝。茎丛生密集，有时细而弯曲成弧形，下部微触地。基生叶长圆披针形和狭长圆形，长 4～11cm，宽 0.3～1cm，顶部渐尖，基部抱茎，7～11 脉。复伞状花序伞辐 4～9；总苞片 1～2 或无，长 1.2～2cm，小总苞片 5～8，稀 6，披针形，长 3.5～8mm，宽 2.5～3.5mm，超过小伞形花序；小伞形花序具花 10～18，花瓣黄色。果长卵形，棕色至棕黑色，长 2.5～3.5mm，宽 1.5～2mm，棱槽具油管 3，合生面油管 4。花期 7～8 月，果期 9～10 月。生于海拔 1 400～3 000m 山坡草地、山谷、山顶。产于甘肃、宁夏、青海、内蒙古等省、自治区及河北、陕西北部等地。柴胡皂苷 a 含量为 0.12%～0.51%，柴胡皂苷 b 含量为 0.07%～0.47%，柴胡皂苷 d 含量为 0.14%～0.36%，甘肃产的小黑柴胡总皂苷含量高。

**2. 狭叶柴胡** (*B. scorzonerifolium* Willd.)　为多年生草本，高 30～80cm。主根发达，长椭圆形，少有分枝，红棕色或红褐色，质软而松脆。茎单一或 2～3 丛生，基部常有多数叶柄残余纤维；茎多回分枝，略呈之字形曲折。基生叶披针形和线状披针形，长 6～16cm，宽 0.3～0.8cm，5～7 脉，顶尖渐尖，基部渐窄成长柄；茎生叶无柄，质厚较硬挺，顶端渐尖，叶缘白色，骨质，长 6～12cm，宽 0.2～0.8cm。顶部叶同形，短小。复伞状花序，伞辐 4～10，伞梗长 1～2.5cm；总苞片 2～4，常大小不等，线状披针形，长 1～5mm，宽 0.5～1mm，1～3 脉，常早落；小总苞片 5，线状披针形，长 3～4mm，宽 0.5～1mm，等于或略超花时小伞花序；小伞形花序具花 7～12；花瓣黄色，花柱基黄棕色，宽于子房。果椭圆形，棕色至棕黑色，长 2～3mm，宽 1.5～2mm，果棱粗钝，棱槽具油管 3～4，合生面油管 4～6。花期 7～9 月，果期 9～10 月。

**3. 黑柴胡** (*B. smithii* Wolff)　本种与小黑柴胡较类似，只是叶较小黑柴胡大，叶长 10～20cm，宽 1～2cm，生于海拔 1 200～3 500m 山坡草地、山顶或山谷。分布于河北、河南、山西、陕西、甘肃、青海、内蒙古等地。在内蒙古和宁夏一些地区把小黑柴胡和黑柴胡的商品称为"黑柴胡"。

**4. 竹叶柴胡** (*B. marginatium* Wall.)　又名紫柴胡，膜缘柴胡。为多年生草本，高 60～120cm。主根略粗，细长圆锥形，扭曲，侧根少，红棕色至棕褐色。根茎发达，有时难与根区分。茎直立，近基部紫红色木质化，有明显节，单一或 2～3 丛生。叶鲜绿色，背面粉绿色，革质，叶缘具白色软骨质边；基生叶与下部叶片长匙形或披针形，长 8～14cm，宽 0.6～1.5cm，顶尖渐尖，基部渐窄成长柄；茎顶部叶同形，短小。复伞状花序顶生或腋生，伞辐 3～6，不等长；总苞片 3～5，常大小不等，披针形，长 1～3.5mm，宽 0.2～1mm，1～5 脉；小总苞片 5，披针形，长 1.5～2.5mm，宽 0.4～0.8mm，1～3脉；小伞形花序具花 6～12，花浅黄色。果长圆形，棕色至棕黑色，长 2.5～4mm，宽 1.5～2mm，果棱狭翼状，棱槽具油管 3，合生面油管 4。花期 7～9 月，果期 9～10 月。

生于海拔 1 200～2 800m 林区草地，向阳坡地。分布于云南、四川、贵州、广西及湖南和湖北等地，为西南地区习用柴胡。云南以带根全草入药。商品称"竹叶柴胡"者除本种外，还有西藏柴胡（*B. marginatum* var. *stenophyllum* Shan et Y. Li）、小柴胡（*B. tenue* Buch-Ham. ex D. Don）和马尾柴胡（*B. microcephalum* Diels）。

**5. 银州柴胡**（*B. yinchowense* Shan et Y. Li）　为多年生草本，高 20～50cm。主根极发达，长圆柱形，淡红棕色至灰白色，表面光滑。常数茎丛生，茎纤细，之字形曲折不明显。叶薄纸质，倒披针形或线形，长 5～8cm，宽 0.2～0.5cm，顶端急尖，3～5 脉。复伞状花序小而多，伞辐 4～8，不等长，长 0.4～1.1cm；总苞片 1～3，披针形，长 2～5mm，宽 0.3～0.5mm，1～3 脉；小总苞片 5，线形，长 1～2mm，宽 0.2mm，1～3 脉，短于果柄；小伞形花序具花 6～12；花小，花瓣黄色。果广卵形，长约 3mm，宽约 2mm，深褐色，果棱槽具油管 3，合生面油管 4。花期 7～8 月，果期 9～10 月。主要生于海拔 500～1 900m 荒野山坡及林缘草丛。分布于陕西北部、甘肃、宁夏、内蒙古，西北称"红柴胡"。

**6. 锥叶柴胡**（*B. bicaule* Helm）　为多年生丛生草本，高 5～20cm。主根发达，外皮深褐色至红棕色，表面有明显的横纹和突起，分枝少。茎多数纤细丛生，基部有叶鞘残留纤维。基生叶线形，长 6～16cm，宽 1～3mm，顶端渐尖，基部渐窄成叶柄，3～5 脉；茎生叶较小，长 1～4cm，宽 0.5～2.5cm，5～7 脉。复伞状花序少，伞辐 4～7，不等长，长 0.5～1.5cm；总苞片 1～3，常大小不等，长 1～4mm，宽 0.5～1mm；小总苞片 5，披针形，长 2.5mm，宽 0.6～0.8mm，短于小伞形花序；小伞形花序具花 7～13；小花黄色。果广圆形，棕色，长 2.5～3mm，宽 1.5～2mm，果棱槽具油管 3，合生面油管 3～4。花期 7～8 月，果期 9～10 月。生于海拔 650～1 550m 向阳山坡及草原。分布于内蒙古、宁夏等地及河北、陕西、山西的北部地区。在内蒙古和宁夏一带把锥叶柴胡和银州柴胡的商品称为"红柴胡"，与商品红柴胡（狭叶柴胡）混淆。

**7. 大叶柴胡**（*B. longiradiatum* Turcz.）　为多年生草本，高 80～160cm。根茎弯曲，无明显主根。茎单一或少 2～3 丛生。叶大型，稍稀疏，表面鲜绿色，背面粉绿色；基生叶及茎下部叶广卵圆形和椭圆形，基部心形或耳状抱茎，长 8～17cm，宽 2.5～6cm，茎顶部叶较小，卵形或广披针形，基部心形抱茎，9～11 脉。复伞状花序，伞辐 3～9，稍不等长，长 0.5～3cm；总苞片 3～5，大小不等，披针形，长 2～8mm，宽 1～1.5mm；小总苞片 5～6，广披针形或倒卵形，长 2～5mm，宽 1～2mm；小伞形花序具花 5～16；花深黄色，柄长 3～8mm。果长椭圆形，暗褐色，长 3～6mm，宽 2～2.5mm，果棱槽具油管 3～4，合生面油管 4～6。花期 8～9 月，果期 9～10 月。根及根茎含柴胡毒素，不宜入药。柴胡毒素在高温下易破坏。分布于辽宁、吉林、黑龙江、内蒙古等地。

**8. 线叶柴胡**〔*B. angustissimum*（Franch.）Kitagawa〕　为多年生草本，高 15～80cm。根细圆锥形，表面红棕色，长 14cm，根颈部有残留的丛生叶鞘，呈毛刷状。单茎或 2 茎至数茎丛生；细圆，有纵槽纹，自下部 1/3 处二歧式分枝，小枝向外开展，光滑。茎下部叶通常无柄，线形，长 6～18cm，宽 8～10cm，基部与顶端均狭窄，尖锐，质地较硬，乳绿色，叶脉 3～5，边缘卷曲；茎上部叶较短。复伞形花序具伞辐 5～7，不等长，长 1.5～3cm；总苞通常缺乏或仅 1 片，锥形，长 2～3mm；小伞形花序直径约 5mm；小总苞片 5，线状披针形，顶端尖锐，3 脉，比果柄长，长 2～2.5mm；花瓣黄色；花柄长约 1mm。果椭圆形，长约 2mm，宽 1～1.5mm，果棱显著，线形，果棱槽具油管 3，合生面油管 4。花期 8～9 月，果期 9～10 月。分布于内蒙古、河北、山西、陕西、甘肃、青海等地。

**9. 西藏柴胡**（*B. marginatum* var. *stenophyllum* Shan et Y. Li）　也称窄竹叶柴胡，多年生草本，60～100cm。主根略粗，细长圆锥形，扭曲，侧根少，红棕色至棕褐色。根茎发达，有时难与根区分。茎直立，近基部紫红色木质化，有明显节，茎单一或 2～3 丛生。叶鲜绿色，背面粉绿色，革质，叶缘具白色软骨质边；基生叶长匙形或披针形，长 6～10cm，宽 3～5mm；茎生叶披针形或狭披针形，长 6～16cm，宽 3～8mm。顶部叶同形，短小。复伞状花序顶生或腋生，伞辐 4～7，不等长；总苞片 3～5，常大小不等，披针形，长 1～2.5mm，宽 0.2～0.6mm，1～3 脉；小总苞片 5，披针形，长 1～2.5mm，宽 0.4～0.6mm，1～3 脉；小伞形花序具花 6～12，花浅黄色。果长圆形，棕褐色，长 2.5～3.5mm，宽 1.5～2mm，果棱狭翼状，棱槽具油管 3，合生面油管 4。花期 7～9 月，果期 9～10 月。生于海拔 1 500～3 700m 林区草地，向阳坡地。分布于云南、四川、贵州、西藏、广西、广东、福建、湖南及湖北等地。西藏生长普遍，资源丰富，皂苷和挥发油含量高于其他种柴胡。

**10. 柴首**（*B. chaishoui* Shan et Sheh）　为多年生草本，高 80～120cm。主根较粗圆锥形，灰褐至棕色。茎多数，基部丛生。基生叶多数倒披针形，长 4～6cm，宽 0.5～1.5cm，顶端钝，基部渐窄，有短柄，7 脉；茎生叶长圆状披针形或椭圆形，大小变化较大，有的近丛生状，少数叶向下倒挂，长 1.5～9cm，宽 0.3～2cm，5 脉。复伞状花序，伞辐 4～6，长 0.2～3cm；总苞片 2～4，线形，长 0.6～5mm，宽 0.5～0.8mm；小总苞片 5，倒卵形，长 1.2～2.8mm，宽 0.5～0.8mm，等于或略超过小伞形花序；小伞形花序具花 6～12；花黄色。果卵状椭圆形，褐色，长 3～3.5mm，宽 2mm，果棱槽具油管 3，合生面油管 4。花期 8～9 月，果期 9～10 月。主要分布于四川阿坝藏族羌族自治州各县，为四川传统习用品，多自产自销。

# 第七节　川　芎

## 一、概述

为伞形科植物川芎（*Ligusticum chuanxiong* Hort.）的干燥根茎。本品味辛，温，具有活血行气，祛风止痛的功效。临床上广泛用于头痛、胸胁痛、经闭或产后瘀滞腹痛、跌打损伤、疮疡肿痛、风湿痹痛等症。近年来用于治疗冠心病、心绞痛及缺血性脑血管病，且效果好。川芎根茎含挥发油、生物碱类、内酯类、酚酸类及微量元素等，其中川芎嗪、阿魏酸、藁本内酯等为重要活性成分。临床上川芎嗪注射液用于闭塞性血管疾病、心绞痛、心肌梗死、脑供血不足及老年性脑功能紊乱等症。

川芎均为栽培品，至今未发现野生种，历史上川芎的道地产区集中在四川都江堰（灌县）金马河上游以西地区，近代逐渐向其周边地区扩大，目前已形成以四川都江堰、彭州、崇州、什邡、郫县、新都、彭山等地为中心的川芎主产区，所产川芎占全国商品川芎的 90％以上，为著名的川产道地药材。此外，江西、福建、江苏、湖南、湖北、甘肃、贵州、云南等地有零星栽种，但产量少，多自销，尚未形成商品。

## 二、药用历史与本草考证

川芎是我国著名的传统常用大宗中药材，具有近 2 000 年的栽培和使用历史。川芎原名芎䓖，始载于《神农本草经》，列为上品，其后历代本草均有收载。《本经》曰："（芎䓖）味辛温，主中风入脑，头脑寒痹，筋挛缓急，金疮，妇人血闭，无子。"《名医别录》谓："除脑中冷动，面上游风去来，目泪出，多涕唾，忽忽如醉，诸寒冷气，心腹坚痛，中恶，卒急肿痛，肋风痛，温中内寒。"

关于芎䓖的原植物自古以来就有数种，产地不同植物各异，常冠以地名，以示区别。据考证，在南北朝时期（梁代）即 1 500 年前四川已有芎䓖栽种。唐及以前芎䓖有历阳（安徽和县）、蜀（四川）、秦州（甘肃天水）3 个产地的记述，但唐代已不用安徽芎䓖，品种有两种，一种似芹叶，一种似蛇床。《唐本草》首次提出优质芎䓖为甘肃天水之栽培品，其质量优于山中采者。唐代《千金翼方》称"秦州、扶州"为道地，即甘肃天水及文县；《新唐书地理志》载芎䓖的进贡州府为"利州益昌郡（四川广元），扶州同昌郡（甘肃文县），秦州天水郡（甘肃天水）、凉州武威郡（甘肃武威）"。五代《蜀本草》云"苗似芹、胡荽、蛇床辈，丛生，花白"，并称"今出秦州者为善"。据此描述，川芎应为伞形科植物。

宋代《图经本草》所述与上相似，指出："……今关陕、蜀川、江东山中多有之，而以蜀川者为胜，其苗四、五月间生，叶似芹、胡荽、蛇床辈。作丛而茎细，其叶倍香……"，并附有永康军芎䓖图，系伞形科植物，虽然图显粗略，但叶轮廓为三出式三回羽状分裂，无花序，根茎成块状。由于川芎系无性繁殖，植株常无花、果，附图正体现这一特征，故认为永康军芎䓖的原植物与今川芎（*Ligusticum chuanxiong* Hort.）相符。永康军为四川省灌县（现都江堰市）。在宋代川芎产区进一步扩大，《益部方物记》亦云"今医家最贵川芎，川大黄"，对宋代本草所载品种分析发现，四川在宋代初步形成川芎的道地产区。随后宋代《本草衍义》谓："今出川中，大块，其里色白，不油色，嚼之微辛，甘者佳，他种不入药"，已推崇四川之芎䓖。在宋代芎䓖的产地除蜀川的川芎外，新增加武功（陕西省武功县）的京芎、江东（山西省）的芎䓖，但以蜀川为胜。不再有秦州（甘肃天水）芎䓖的记载，但《宋史地理志》中记载芎䓖仍由"秦州"进贡。品种则有两种截然不同的植物图，一为伞形科植物，另一种为非伞形科植物。

明代《本草纲目》载"蜀地少寒，人多栽莳，清明后宿根生苗，分其枝横埋之，则节节生根，八月根下始结芎䓖"，李时珍详细记载四川栽种川芎，并指出适宜的环境及栽培方法，与现代川芎地上茎节繁殖（营养繁殖）基本相同。明代《本草品汇精要》中，谓川芎"蜀川者为胜"。在明代芎䓖的品种、产地，除蜀川的川芎、关中的京芎、历阳的马衔芎外，新增抚郡（江西省）的抚芎、台州（浙江省）的台芎、云南的云芎（理芎）。以蜀川产的川芎为胜，但无秦州（甘肃天水）芎䓖记载，第二次出现安徽历阳马衔芎䓖的记载。

清代《本草备要》载："芎䓖……蜀产为川芎，秦产为西芎，江南为抚芎。以川产块大……"《本草求原》载："川产者，形圆，实色黄，不油，辛而甘为上，主补。次则广芎、浙江台芎，散风湿。江西抚芎，小而中虚，开郁宽胸，血虚勿用……"《本草纲目拾遗》专列抚芎："产江西抚州。中心有孔者是。辛温无毒……按芎䓖有数种，蜀产曰川芎，秦产曰西芎，江西产为抚芎。纲目取川芎列名，而西芎、抚芎仅于注中一见，亦不分功用……"，赵学敏详细记载了几种芎䓖功效的差异，特别强调抚芎药性和川芎不同。在清代，芎䓖产地记载有四川（川芎）、甘肃（西芎）、江西（抚芎）、浙江（台芎）、广东（广芎），但仍以四川产的川芎为道地。据上所述，长期以来，在四川省栽培的川芎，古今一致，应是川芎正品。

## 三、植物形态特征与生物学特性

**1. 形态特征** 多年生草本，高 40～70cm。全株有浓烈香气。根茎呈不规则的结节状拳形团块，下端有多数须根。茎直立，圆柱形，中空，表面有纵直沟纹，茎下部的节明显膨大成盘状（俗称苓子）。叶互生；叶片轮廓卵状三角形，长 12～15cm，宽 10～15cm，三至四回三出式羽状全裂，羽裂片 4～5 对，卵状披针形，长 6～7cm，宽 5～6cm，末回裂片线状披针形至长卵形，长 2～5mm，宽 1～2mm，顶端有小尖头，仅脉上有稀疏的短柔毛；茎下部叶具柄，长 3～10cm，基部扩大呈鞘状，茎上部叶几无柄。复伞形花序生于分枝顶端，总苞片 3～6，线形，长 0.5～2.5cm，伞辐 7～20，不等长，长 2～4cm；小伞形花序有花 10～24；小总苞片 2～7，线形，长 3～5mm，略带紫色，被柔毛；萼齿不显著；花瓣 5，白色，倒卵形至椭圆形，先端有短尖状突起，内曲；雄蕊 5，花药淡绿色；子房下位，花柱 2，长 2～3mm，柱头头状。双悬果（幼果）稍侧向扁压，绿色，分果背棱棱槽中有油管 3，侧棱棱槽中有油管 2～5，合生面有油管 4～6（图 2-7）。花期 7～8 月，果期 8～9 月。

**2. 生物学特性** 川芎喜温和湿润气候，要求阳光充足，但幼苗期怕烈日高温。宜生长于土质疏松肥沃、排水良好、腐殖质丰富的矿质壤土，忌涝洼地、干旱土壤和连作，多栽培在海拔 600～700m 的坝区，土壤为水稻土；川芎苓种多栽种于

图 2-7 川 芎

1. 花枝 2. 根状茎 3. 花 4. 果实

海拔 1 100～1 500m 的山区，土壤为山地黄壤，自然植被为长绿阔叶林和竹林。以生产川芎药材为目的，一般生长期 270～280d。生长前期：8 月下旬种植，条件适宜 3d 开始生根，出苗。9 月下旬新根茎生成，原苓种基本烂掉，地上部分生长缓慢。10 月下旬，地上部分生长旺盛，形成叶簇，并抽出少数地上茎，根茎发育缓慢。11 月上旬，地上部分生长逐渐减缓，地下部分生长开始加快。12 月上旬根茎逐渐加大，至翌年 1 月中上旬，部分叶片萎黄，根茎生长缓慢，进入休眠。生长后期：休眠后，2 月中旬川芎长出新叶、发生新茎，3 月，随着气温的逐渐回升，植株的生长加快，4～5 月生长快，根茎干物质积累多，至 5 月中下旬（小满前后）采挖川芎。栽培川芎很少开花结实，偶见几株开花，所见果实不能成熟，生产上用膨大的地上茎节（苓子或苓种）无性繁殖，每年 12 月下旬至翌年 2 月上旬，从坝区挖出部分川芎的根茎，运至山区培育苓子（繁殖材料），7 月下旬至 8 月上旬，当川芎植株顶端开始枯萎，茎上节盘显著突出，并略带紫色时采收，运往坝区栽种。

目前，国内以川芎命名的芎䓖类药材主要有 4 种，即川芎（四川）、抚芎（江西）、金芎（云南）和东芎（吉林）。虽有文献报道 4 种芎䓖的化学成分和药理活性特征比较近似，但以四川产川芎使用历史最久，药理活性最强，且为商品的主流，应是芎䓖的首选品种，故为历版《中华人民共和国药典》所收载。

对不同产地川芎中挥发油、总生物碱、总阿魏酸的含量测定结果表明，各地川芎的主成分含量有差异，但以四川都江堰和彭州产川芎的主成分含量较高，江苏南通产川芎（20世纪 70 年代从四川都江堰引种，原栽培于上海市郊，由于城市扩建，现移至江苏南通栽种）总阿魏酸含量最低，仅为其他产地的 1/4～1/2。值得指出的是，将江苏南通产川芎对口药材的繁殖材料移栽到都江堰川芎种质资源圃后，其总阿魏酸的含量提高到 4 倍，达到了平均水平，这反映了药材道地性对川芎内在品质的影响。气相指纹图谱分析结果表明，四川省内各产区川芎挥发油成分的组分和量上差异较小，省外的云南、甘肃、江西等产区和四川的相比差异较大；而从四川引种的江苏南通产川芎其化学成分与四川产川芎相似，HPLC 指纹图谱分析结果与之一致。结合对川芎的 ISSR 遗传多样性分析，从川芎居群间 Nei's 遗传距离的 UPGMA 聚类图可看出，江苏南通与四川省内各川芎居群聚成一支而与其他居群相区别，这说明川芎质量除受产地影响外，也受到种质因素的影响。

## 四、野生近缘植物

川芎均为栽培，未见野生，分类上属伞形科藁本属植物，该属植物较为复杂，不同学者对其属的概念理解不同，以致属的范围多变，种的出入频繁。藁本为川芎的近缘植物，在藁本属中，川芎、藁本最为相近，有学者将川芎隶属于藁本之下，作为藁本的栽培种。但川芎的根茎发达，呈结节状拳形团块，茎下部节膨大呈盘状，末回羽裂片线状披针形，由于长期无性繁殖，极少抽薹开花而不育，这些特点又与藁本不同。1979 年，汤彦承等对四川灌县（都江堰市）产的川芎原植物进行了考察研究，建立了一个园艺起源的新种，订名为 *Ligusticum chuanxiong* Hort.，1991 年薄发鼎在《植物分类学报》中根据《国际栽培植物命名法规》（1987）将川芎的学名改为 *Ligusticum sinensis* cv. Chuanxiong，隶属于藁本之下，作为藁本的一个栽培变种。2001 年傅立国等在《中国高等植物》第八卷沿用上述命名。

**藁本**（*L. sinensis* Oliv.）　为多年生草本，高达 1m。根茎发达，具膨大的结节。茎直立，圆柱形，中空，表面具纵纹。叶互生；叶柄长 9～20cm，基部扩大成鞘状，抱茎；叶片轮廓宽三角形，长 10～15cm，宽 15～18cm，二至三回三出式羽状全裂，第一回裂片3～4 对，最下 1 对羽片具柄，长 1～3cm；第二回裂片 3～4 对，无柄；末回裂片顶端渐尖，边缘齿状浅裂，有小尖头；两面无毛，或仅叶脉上具短柔毛；茎中部叶较大，上部叶简化。复伞形花序顶生或侧生，总苞片 6～10，线形，长约 6mm；伞辐 14～30，有短糙毛；小伞形花序有小总苞片 10，线形；花小，萼齿不明显，花瓣 5，白色，椭圆形至倒卵形，长约 2mm，先端微凹，具内折小尖头；雄蕊 5，花丝内弯；花柱 2，长而外曲，基部圆锥状隆起。双悬果长圆柱状卵形，背腹扁压，长约 4mm，宽 2～2.5mm，背棱突起，侧棱略扩大成翅状；分生果棱槽中有油管 3，合生面油管 5。花期 7～9 月，果期 9～10月。体细胞染色体数为 $2n=22$，$x=11$，为二倍体。染色体核型公式为：k（$2n$）$=22=$12m+6sm+2sm（SAT）+2st（SAT）。分布于陕西、甘肃、宁夏、四川、重庆、贵州、湖北、湖南、安徽、河南、江西、浙江、广西、云南等地。野生于海拔 700～2 500m 山地林缘草地或林下水边阴湿处，或栽培于海拔 1 000m 左右的山地。湖南、江西等省栽培面积较大，占全国藁本总产量的 25%～30%。本种作中药藁本用，具有祛风、散寒、除湿、止痛的功效。用于风寒感冒，巅顶疼痛，风湿痹痛。

# 第八节　川　续　断

## 一、概述

川续断为川续断科川续断属植物川续断（*Dipsacus asperoides* C. Y. Cheng et T. M. Ai）的根，又名川断。具有补肝肾、强筋骨、续折伤、止崩漏、安胎等功效，用于腰膝酸软、跌打损伤、骨折等症。广泛分布于四川、湖北、湖南、云南、西藏等地，资源极为丰富。药材的主产地是四川的凉山彝族自治州西昌、盐源、会理；湖北的五峰、鹤峰、长阳、巴东。其中，产于湖北鹤峰和宜昌五峰的续断由于其加工后具根条粗、无头尾、质柔软、墨绿色（俗称乌梅色）菊花心、气微、味微苦、微甜而涩的品质特征，而被冠以"五鹤续断"之名，其"乌梅花心"的特征闻名国内外，是湖北省恩施土家族苗族自治州的道地药材之一。

## 二、药用历史与本草考证

续断始载于《神农本草经》，列为上品。此后历代本草多有记述，但品种不一，先后涉 3 科 14 种植物。其中主要的有川续断科植物川续断，唇形科植物糙苏（*Phlomis brosa* Turcz.），菊科植物蓟（*Cirsium japonicum* DC.）（大蓟）等。

据《神农本草经》记载："续断生常山山谷"，《汉书·地理志》："有常山郡"。据考证，当时的常山即恒山。张晏注："恒山在西，避文帝讳。"这是关于续断产地的最早文献资料。如前所述，由晋至唐，续断品种极其混乱，均不是川续断科植物，且不同品种，其产地各异。唐代会昌年间蔺道人著《理伤续断方》中指出，"凡所用药材，有外道者，有当土者（本地为道地品）"，首次在续断等药材名上冠以"川"字，即四川产的续断。从宋代许叔微《普济本事方》中也多次提到川续断。据此分析，至宋晚期，川续断已广泛入药，此后，医家对其功效有了较深的认识，故临床上强调用道地的川续断。明代李时珍已记载，续断以来自四川（包括今重庆）为上品。清代吴其濬在《植物名实图考》中第一次对川续断进行了详细的形态描述，"今滇中生一种续断，极似芥菜，亦多刺，与大蓟微类。梢端夏出一苞，黑刺如述，大如千日红花苞，开白花，宛如葱花，茎劲，经冬不折，土医习用。滇，蜀密布，疑川中贩者即此种，绘之备考，原图居别存"，并绘图备考。根据其描述及附图考证应是川续断。之后的文献中，川续断一直作为中药续断的唯一正品来源。

据考证，恩施土家族苗族自治州的部分地域从唐朝时期起，历代都曾有划归四川管辖的历史，所以将恩施产的续断又冠名以川续断。蔡少青等主编的《常用中药材品种整理和质量研究》记载，通过实地调查发现，现今川续断主产地在湖北的西部地区，如巴东、长阳等地；其次是重庆奉节、巫山等地，以长阳质量最佳，巴东产量大。

## 三、植物形态特征与生物学特性

**1. 形态特征** 多年生草本，最高可达 2m 左右。主根 1 条或数条，黄褐色，圆柱状，稍肉质，一般在 3 年以后开始木质化。茎直立，中空，无分枝，生有细柔毛，具 6～8 纵棱，棱上生有下弯的粗短硬刺。基生叶丛生，叶片琴状羽裂，长 22～32cm，宽 6～11cm，倒卵形。两侧裂片 3～4 对，靠近中央裂片较大，向下渐小，侧片倒卵形或匙形，最大的长 3～8cm，宽 2.5～4.5cm。叶上面被短毛，下面脉上被刺毛；叶柄长达 10～36cm，有柄刺；叶边缘有粗锯齿，叶缘紫色。茎生叶对生，叶柄短或近无柄，叶片羽状深裂，叶两面具白色贴状柔毛。顶端裂片最大，椭圆形至卵状披针形，长 11～13cm，宽 4～6cm；两侧叶片较小，2～4 对，披针形或长圆形。边缘有粗锯齿，叶缘紫色。顶生头状花序，直径 2～3cm，花小，多数，总苞片 5～7 枚，披针形，被硬毛，着生在花序的基部，长 1～5cm，宽 2～5mm；小苞片倒卵楔形，长 6～12mm，最宽处为 4～5mm，被柔毛；花冠漏斗状，浅黄色，4 裂，花冠管基部较细，雄蕊 4，伸出花冠外；子房包于

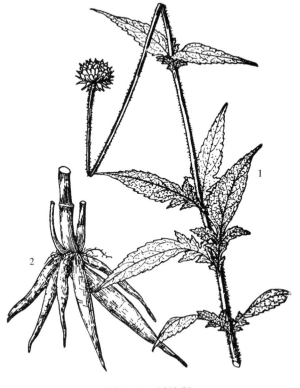

图 2-8 川续断
1. 花枝 2. 根

小总苞内，柱头短棒状。开花时间 8～9 月，花期为 10d 左右。瘦果，深褐色，长倒卵柱状，包藏于小总苞内，顶端外露。果期 9～10 月。种子有明显四棱，每面中间均有一条细纵棱，有的不甚明显。长 6～8mm，宽和厚近等，为 1.8～2.2mm。被纤细、白色、倒伏的短柔毛。基端具有一凹穴，种脐在凹穴内（图 2-8）。

**2. 生物学特性**　川续断植物野生资源分布一般比较分散，也有成片分布的。常生长于山坡草丛、沟边、林缘、荒地、田野路旁，性喜温暖湿润而较凉爽的气候，以山地气候最适宜，一般生长在海拔 900～2 700m 的山地草丛中。宜在海拔 1 200～2 500m 的山区种植，能耐寒，忌高温。对土壤要求不严，但以排水良好、土层深厚、疏松肥沃、含腐殖质丰富的微酸微碱性（pH 5.3～6.5）沙壤土或黏壤土为佳。大泥土、灰泡土、黄筋土均适宜生长。凡气候炎热、干燥，土壤黏重、板结的地方及低洼地均生长不良。在低海拔地区栽培，初期生长较正常，但生长到 2～3 年，地上茎叶等生长十分繁茂，根则停止生长；当夏季气温高达 35℃以上时，茎叶枯萎停止生长，容易遭受旱害，如遇多雨年份或潮湿环境，地下部分还易发病腐烂，造成减产。

续断播种后 10～25d 出苗，当年只生长基生叶而不抽薹，因此不开花结实。秋末地上部分枯萎，地下部分越冬，越冬后 2～3 月开始生长，抽出茎叶，8 月中旬开始开花，9～10 月果实成熟。一般情况下，待花序中的所有苞片全部自然枯萎时采收种子，种子的成熟情况较好，播种后出芽率较高。忌连作，凡栽培过的土壤须隔 2～3 年后再种植。

## 四、野生近缘植物

**1. 大理续断**（*D. daliensis* T. M. Ai）　多年生草本，高达 2m；主根圆柱形，红棕色。茎具 6 棱，棱上具坚硬皮刺和刚毛。基生叶非丛生，叶片长圆状卵圆形，长 22cm，宽 10cm，倒向羽裂；顶端裂片椭圆形，长约 10cm，宽约 6cm，两侧裂片 4 对，上部较大，下部较小，两面被黄白色乳突状刺毛；叶柄长约 17cm；茎生叶羽状深裂，顶端裂片椭圆形，长 4～8cm，宽 1.5～4cm，先端渐尖，边缘具疏齿，两侧裂片 3～4 对，裂片较小，椭圆形或披针形；无柄。头状花序圆球形，直径 2.5～3cm，总梗长 45～56cm；总苞片 8 枚，叶状，长线形，长 10～20mm，宽 2～3mm，被毛；小苞片长圆状倒卵形，长 8～12mm，宽 3～5mm，被毛，先端喙尖细长，长约 3mm，喙尖两侧具稀疏长刚毛；副萼四棱圆柱状，长约 2mm，每个侧面具 1 条肋棱，顶端 4 裂。花萼四棱，杯状，长约 1mm，先端不规则齿裂，外面被长毛；花冠黄色，窄漏斗状，花管长约 10mm，细弱，先端 4 裂，裂片倒卵形，不等大，外面被毛；雄蕊 4，着生花管中上部，伸出花冠之外，花丝扁平，花药长椭圆形；花柱短于雄蕊，柱头短棒状。瘦果长倒卵形，长约 2.5mm，藏于副萼内。分布于云南、贵州和四川西部。生于海拔 1 600～3 500m 的山坡、沟边和灌丛中。

**2. 丽江续断**（*D. lijiangensis* T. M. Ai et H. B. Chen）　多年生草本，植株细弱，高 40～100cm；主根粗壮。长圆柱形，棕色，次生根缺或稀疏。茎短而中空，具 8～10 条纵棱，棱上具坚硬皮刺。基生叶丛生，叶柄特长，叶片椭圆形或倒卵状披针形，长 9～12cm，宽 1.5～3cm，先端渐尖，边缘有锯齿，两面被有黄白色乳突状粗硬毛；茎生叶 2～4 对，无柄或具短柄，叶片长圆状披针形，长 6～20cm，宽 2～7cm，羽状深裂或浅裂，边缘具不规则圆齿，两面被黄白色乳突状硬刺毛。头状花序球形、卵形或倒卵形；总苞片线状披针形，边缘及中肋具刺毛；小苞片长圆状倒卵形，长 8～10mm，宽约 5mm，背部具 1 条肋纹，先端喙尖长 5～9mm，粗壮而坚硬，常下弯，喙尖两侧具刚毛和柔毛。花萼四棱，杯状，长约 1.5mm，顶部具稀疏白色睫毛；花冠白色，长漏斗形，花管长 10～12mm，细弱，先端 4 裂，裂片长倒卵形，不等大，内外均被白色柔毛；雄蕊 4，着生花管中上部，伸出花冠之外；花柱短于雄蕊，柱头偏斜。瘦果四棱形倒卵状，长 4～5mm，藏于副萼内，顶端外露。花期 3～8 月。产于云南丽江。生于海拔 2 600m 的山地。

**3. 深紫续断**（*D. atropurpureus* C. Y. Cheng et T. M. Ai） 多年生草本，高 1～1.5m。主根长圆形，具多数须根，黄褐色，稍肉质。茎有 6～8 棱，棱上疏生粗短下弯的硬刺。基生叶稀疏丛生，叶片羽状深裂或全裂，长 10～18cm，宽 7～12cm，中裂片大，长椭圆形或卵形，长 6～12cm，宽 4～8cm，侧裂片 2～3 对，靠近中裂片的 1 对较大，向下各对渐小，披针形或卵形，叶面疏被短柔毛或近光滑，背面光滑无毛，叶柄最长可达 18cm；茎生叶的中下部叶为羽状全裂，中裂片大，侧裂片 2～3 对，较小，披针形或卵形，靠近茎基部叶的柄长，向上叶柄渐短；上部叶不裂或仅基部 3 裂，叶片和裂片均为披针形，全缘，两面近光滑无毛，有时叶面疏被白色短毛。头状花序球形，径 2～2.5cm，总花梗长 30cm；总苞片 7～8 枚，紧贴花序基部，叶状，披针形，被白色短毛；小苞片长方状倒卵形，长 6～8mm，顶端具长 1～2mm 的喙尖，喙尖两侧无刺毛，仅基部被白色柔毛；小总苞倒卵柱状，顶端 4 裂，裂片较长，先端急尖；花萼四棱状浅皿形，内面和先端被柔毛，外面几无毛；花冠深紫色，花冠管长 6～7mm，向下渐细，基部的细管粗短，长 1～1.5mm，4 裂，1 裂片稍大，外被短柔毛；雄蕊 4；着生在花冠管上，明显地伸出花冠外；子房下位，包藏于囊状小总苞内。瘦果四棱柱状，长 2.5～4mm，淡褐色，瘦果的顶端稍外露。花期 7～9 月，果期 9～11 月。分布于四川南川。生于海拔 1 700m 的荒坡草丛、稀疏灌丛下草地或沟边。现多以栽培为主。

# 第九节 刺 五 加

## 一、概述

刺五加为五加科刺五加 [*Acanthopanax senticosus*（Rupr. et Maxim.） Harms] 的干燥根及根茎，属滋补性中药，别名为五加参、老虎钉子、刺拐棒。具有益气健脾，补肾安神，祛风除湿，强壮筋骨，活血祛瘀，补中益精，强抑制，健胃利尿的功能，主治神经衰弱、失眠多梦、高血压、低血压、冠心病、心绞痛、糖尿病、风湿病等症。

刺五加分布于我国的东北、华北及内蒙古、湖南、陕西、山西、四川以及朝鲜、日本、俄罗斯（阿穆尔州、沿海边疆区及库页岛）等地，主产于我国黑龙江、吉林、辽宁的东部地区。黑龙江省刺五加分布于小兴安岭、张广才岭、老爷岭和完达山脉等地区，包括伊春、铁力、通河、延寿、五常、尚志、林口、宁安、木兰、虎林、绥棱、方正、宝清、阿城、北安、穆棱、依兰等地。吉林省刺五加主要分布于桦甸、舒兰、蛟河、永吉、通化、长白、汪清、安图、抚松、敦化等地。此外，在辽宁的新宾、清原、桓仁、本溪等地，内蒙古的赤峰、宁城，河北的围场、平泉、兴隆、隆化，湖南的桂东、道县，四川的马尔康，重庆的武隆、万州也有分布。

## 二、药用历史与本草考证

根据古代本草记载，刺五加为药材五加皮的来源之一。关于五加皮的记载最早见于《神农本草经》，列为上品。《名医别录》载："五加皮五叶者良，生汉中及冤句，五月七月采茎，十月采根，阴干。"《本草图经》曰："高三、五尺，上有黑刺，叶生五叉，作簇良者。四叶、三叶者多，为次。每一叶下生一刺。三、四月开白花、结细青子，至六月渐黑色。"《本草纲目》载："此药以五叶交加者良，故名五加，又名五花。"

古代本草所载刺五加及同属几种植物皆作五加皮入药，它们是刺五加、红毛五加（*A. giraldii* Harms）、短梗五加〔*A. sessilflorus*（Rupr. et Maxim.）Seem.〕。其中刺五加、短梗五加在东北皆被称为茨拐棒，在朝鲜北部被称为五加皮木，可见刺五加、短梗五加在东北及朝鲜北部是混合入药的。

刺五加为近代开发利用的中药资源，原为东北地区民间用药，20世纪70年代在防治慢性支气管炎的研究中，发现它具有良好的扶正固本作用，经过深入的研究并借鉴俄罗斯等国外的资料，证明刺五加有类似人参的作用，是一种典型的适应原药物，因此加以开发。1977年版《中华人民共和国药典》将刺五加作为独立的药物收载，规定其药用部位为根及根茎。2010年版《中华人民共和国药典》中规定其药用部位为干燥根及根茎或茎。用于脾肾阳虚，体虚乏力，食欲不振，腰膝酸痛，失眠多梦等症。

## 三、植物形态特征与生物学特性

**1. 形态特征**　刺五加是多年生落叶灌木，株高1～3m。根茎发达，呈不规则圆柱形，表面黄褐色或黑褐色。茎及根都具有特异香气。茎枝通常密生细长倒刺，有时少刺或无刺。叶为掌状复叶，互生，叶柄有细刺或疏毛；小叶5枚，椭圆状倒卵形至长圆形，叶背面沿叶脉有淡褐色刺，边缘有锐尖重锯齿，小叶柄被褐色毛。伞形花序单个顶生或2～4个聚生，花多而密；花萼无毛，有不明显5齿或几无齿；花瓣5，黄白色，卵形。核果浆果状，近球形或卵形，紫黑色，干后具明显5棱。种子4～5粒，薄而扁，新月形（图2-9）。花期6～7月，果期7～10月，种子在9～10月成熟。

**2. 生物学特性**　刺五加野生于针阔混交林下或阔叶林下，特别在抚育采伐后的针阔叶林下，生长茂盛密集，在林缘处也有生长。据调查在不同的森林类型中，其

图2-9　刺五加
1. 果枝　2. 花　3. 根及根茎

密度及生物量因生境不同而异，刺五加在阔叶红松林及其次生林均有分布，以段树-红松林和天然次生林中密度最高，生物量也高，资源蕴藏量最丰富。分布在海拔 400～1 600m 处。

野生状态下的刺五加根茎特别发达，在自然状态下可形成较大的无性系群体，萌蘖苗分割后可形成独立个体。刺五加根系发达，分布在 20～30cm 的土层中，成片生长。5 月上旬冬芽展开，6 月下旬出花蕾，7 月上旬始花。8 月下旬果实变黑色，10 月落叶。刺五加 9～10 月果实成熟，但种胚并没有发育成熟。无论是当年秋播或翌年春播都需要在一定温湿度条件下，经过一定的时间完成形态发育和生理后熟才能萌发。刺五加从种子萌发出苗到开花结果生成新的种子，尚需 4～5 年时间。一年生苗平均株高为 6.8cm，茎粗为 0.47cm。二年生苗平均株高为 25.9cm，茎粗为 0.89cm。三年生苗平均株高为 46cm，茎粗为 0.96cm。四年生苗平均株高 80～100cm，茎粗 1～1.1cm，部分植株开始开花，但坐果率很低。五年生为成龄植株，大部分植株开花结果。

刺五加适宜生长在土壤较为湿润、腐殖质层深厚、微酸性的杂木林下及林缘，种植在排水良好、疏松、肥沃的夹沙土壤中最好。对气候要求不严，喜温暖，也能耐寒；喜阳光，又能耐轻微荫蔽，但以夏季温暖湿润多雨，冬季严寒的大陆兼海洋性气候最佳。刺五加生存能力很强，不需太多的管理且病虫害发生也少，容易栽培成活。

刺五加种子具有种胚后熟（即形态后熟和生理后熟）特性。自然成熟种子的胚是具发芽能力胚大小的 1/10 或更小，要使形态未成熟的种子达到成熟，需要适宜的温湿度，经过一定时期才可完成。种子采收筛选后于翌年春季播种，或用湿沙层积处理，在 15～20℃，含水量 30%～40% 条件下，经 180d 左右，完成胚形态后熟，形成具有胚根、胚轴、胚芽和子叶等完整的胚。完成胚形态后熟的种子尚不能出苗，还需在 2～5℃ 低温条件下经过 40～60d，打破上胚轴休眠，完成生理后熟，在适宜的温湿度条件下方能出苗。刺五加种子的储藏期为 1 年。处理好的种子春播当年出苗，小苗不耐强光，需适当遮阴。种子萌发时先伸出胚根，逐渐发育成主根。一年生小苗的根系入土浅，伸展幅度小，生长较慢。二年生小苗生长较快，从根部生长出多个地上茎，形成丛生状，全株密被脆弱小刺。3～4 年后，开始开花结果。刺五加一般 4 月下旬开始萌动，5 月上中旬开始展叶，放叶后现蕾开花，花期 6～7 月，果期 7～9 月，10～11 月叶片枯黄凋落，进入休眠期。

## 四、野生近缘植物

**1. 红毛五加**（*A. giraldii* Harms）　灌木，高 1～3m；枝灰色；小枝灰棕色，无毛或稍有毛，密生直刺，稀无刺；刺下向，细长针状。叶有小叶 5，稀 3；叶柄长 3～7cm，无毛，稀有细刺；小叶片薄纸质，倒卵状长圆形，稀卵形，长 2.5～6cm，宽 1.5～2.5cm，先端尖或短渐尖，基部狭楔形，两面均无毛，边缘有不整齐细重锯齿；无小叶柄或几无小叶柄。伞形花序单个顶生，直径 1.5～2cm，有花多数；总花梗粗短，长 5～7mm，稀长至 2cm，有时几无总花梗，无毛；花梗长 5～7mm，无毛；花白色；萼长约 2mm，边缘近全缘，无毛；花瓣 5，卵形，长约 2mm；雄蕊 5，花丝长约 2mm；子房 5 室；花柱 5，基部合生。果实球形，有 5 棱，黑色，直径 8mm。花期 6～7 月，果期 8～10 月。分布于青海（大通）、甘肃（洮河流域、兴隆山）、宁夏（六盘山）、四川（松潘、茂县、道孚、雅江、二郎山、康定)、陕西（太白山、凤县、陇县、志丹）、湖北（巴东）和河南（卢氏）。生于灌木丛林中，海拔 1 300～3 500m。

**2. 短梗五加**〔*A. sessiliflorus*（Rupr. et Maxim.）Seem.〕 五加科五加属落叶灌木或小乔木植物，高 2～5m。树皮暗灰色。无刺或散生粗壮平直的刺。掌状复叶，小叶倒卵形或长椭圆状倒卵形，稀椭圆形，长 8～18cm，宽 3～7cm。顶生圆锥花序为数个球形头状花序组成，花多数，浓紫色。果倒卵球形，长 1～1.5cm，黑色。生于山间灌木丛中。喜温暖、湿润的环境。耐寒、耐阴。常生于山野阴坡的林缘、林下、灌木丛间及溪流附近。产于黑龙江、吉林、辽宁、湖北、山西。花期 7 月，果期 9～10 月。

根皮入药，为五加皮的来源植物之一，有祛风湿、强筋骨通络之效。叶和果分别入药为五加叶和五加果。其嫩茎俗称"刺拐棒""绿参"，因其风味独特、口爽滑、营养丰富，是传统食用的最佳野生蔬菜之一。每年的 4 月中下旬至 5 月初，是野生短梗五加嫩茎采收时节。

**3. 细柱五加**（*A. gracilistylus* W. W. Smith） 枝灰棕色，无刺或在叶柄基部单生扁平的刺。叶为掌状复叶，在长枝上互生，在短枝上簇生；叶柄长 3～8cm，常有细刺；小叶 5，稀为 3 或 4，中央一片最大，倒卵形至倒披针形，长 3～8cm，宽 1～3.5cm，先端尖或短渐尖，基部楔形，两面无毛，或沿脉上疏生刚毛，下面脉腋间有淡棕色簇毛，边缘有细锯齿。伞形花序腋生或单生于短枝顶端，直径约 2cm；总花梗长 1～2cm；花梗长 6～10mm；萼 5 齿裂；花黄绿色，花瓣 5，长圆状卵形，先端尖，开放时反卷；雄蕊 5，花丝细长；子房 2 室，花柱 2，分离或基部合生。核果浆果状，扁球形，直径 5～6mm，成熟时黑色，宿存花柱反曲。种子 2 粒，细小，淡褐色。花期 4～7 月，果期 7～10 月。生于海拔 200～1 600m 的灌木丛林、林缘、山坡、路旁和村落中。分布于山西、陕西、河南、湖北、安徽、浙江及西南地区等。药材主产湖北、河南、安徽等地。

# 第十节 大 黄

## 一、概述

大黄隶属于蓼科大黄属，为多年生草本。中药大黄是我国特产的重要药材之一，早在 2 000 多年前就有记载，使用历史非常悠久。其中，正品大黄来源于 3 个物种，分别为掌叶大黄（*Rheum palmatum* L.）、唐古特大黄（*R. tanguticum* Maxim. ex Balf.）和药用大黄（*R. officinale* Baill.）。其根茎与根作为中药大黄使用。大黄中含有蒽类衍生物、苷类化合物、鞣质类、有机酸类、挥发油类等多种成分。具有泻热通肠、凉血解毒、逐瘀通经之功效。

大黄属植物分布于亚洲温带及亚热带的高寒山区。其中，国产大黄属植物分布于大兴安岭、太行山脉、秦岭、大巴山脉和云贵高原一线以西，以青藏高原东缘的分布中心，集中了国产大黄的 73.8%。大黄的分布存在明显的纬向过渡性和经向过渡性，其垂直分布从最低海拔 700m 到 5 400m，幅度达 4 700m，显示出该属植物极强的生态适应性，在我国该属植物主要分布于西北、西南及华北地区，东北较少。本属植物性喜高寒怕涝，较多生长于海拔 2 000～4 000m 的山坡石砾地带。《中华人民共和国药典》收载大黄的 3 个种中，药用大黄（*R. officinale* Baill.）和掌叶大黄（*R. palmatum* L.）为栽培或野生，唐古特大黄（*R. tanguticum* Maxim. ex Balf.）又称鸡爪大黄，为栽培或野生或半野生。从野生资源来看，青海省是我国大黄的主产区，野生资源储量占全国总蕴藏量的 1/3，果洛藏族自治州野生资源蕴藏量占全省资源总量的 63%；野生唐古特大黄和少量掌叶大黄生长在海拔 2 300m 以上的山地和灌木丛林缘，主要分布在果洛、玉树、黄南、海北、海西等州，西宁（大通县）也有分布。从栽培资源来看，甘肃、陕西、青海、四川栽培面积较大，掌叶大黄产量最大，其次为唐古特大黄，而药用大黄的产量很少。生产上，大黄可用种子繁殖，也可用子芽（母株根茎上的芽）繁殖。种子繁殖用育苗移栽、直播法两种。分春播和秋播，一般以秋播为好。子芽繁殖在栽种时要在切割伤口涂上草木灰，以防腐烂。大黄根茎肥大，不断向上生长，所以每次中除、追肥时，都应培土，以促进根茎生长，又能防冻。应注意在大黄移栽后第三、第四年的 5～6 月，抽薹开花，除留种外应及时摘除花薹，以免消耗大量养料，以利根茎发育。

## 二、药用历史与本草考证

大黄作为著名药材，自古以来作为"活血破瘀、攻下泻热"的主药，认为有"推陈功新之力，夺关斩将之能"，并与人参、附子、熟地一起被誉为中药的"四大金刚"。全世界60 余种大黄中，中国约占 2/3。至今，国际上公认我国的大黄疗效最好。

我国最早记载大黄的文献是《神农本草经》，列为下品，"味苦寒，主下瘀血，血闭寒热，破癥瘕积聚，留饮宿食，荡涤肠胃，推陈致新，通利水谷，调中化食，安和五脏"。最早记载配伍使用大黄的文献是《武威汉代医简》，有药方 30 首，其中 5 首应用了大黄，用于治疗关节炎、腹部肿块、金创及鼻息肉等。到了东汉，大黄突然作为一种重要的药物频频出现，可能是随着汉代对西域开发、民族交往，青海一带民族用药经验流传内地的原因。

此后历代本草均有记载，陶弘景释其名曰："大黄，其色也。将军之号，当取其骏快也。"在产地方面，《吴普本草》云："生蜀郡北部（今四川北部）或陇西（今甘肃西部）"；《别录》亦谓："生河西山谷及陇西。"可见自古大黄就以甘肃、四川北部为主要产地。在植物形态方面，《本草图经》记载："大黄，正月内生青叶似蓖麻，大者如扇。根如芋，大者如碗，长一二尺，傍生细根如牛蒡，小者亦如芋。四月开黄花（与今药用大黄相符），亦有青红似荞麦花者（与今掌叶大黄及鸡爪大黄相符）。茎青紫色，形如竹。"可见古本草所指大黄，包括了大黄属掌叶组的一些植物，再参照《本草纲目》和《植物名实图考》大黄的附图，其叶片均有接近中裂的掌状分裂，再结合地理分布和几种掌叶组大黄的产量，可以认为历代本草所指的大黄主要是掌叶大黄。此外，唐代《新修本草》曰："幽（今河北）并以北者渐细，气力不及蜀中者。"可见唐代就已发现河北产大黄与正品大黄不同，与现在河北产商品"山大黄"（原植物为波叶组植物华北大黄）相当。

大黄是典型的多道地产区药材，有关大黄的道地性记载《新修本草》曰："今出宕州、凉州（今甘肃宕昌和武威），西羌蜀地（四川北部）者皆佳。"《本草纲目》云："今以庄浪（甘肃东部，六盘山西麓）出者为最。"《药物出产辨》："最上等产四川汶县、灌县，陕西兴安、汉中。"综合历代本草列出的道地大黄，主要包括：甘肃产的凉州大黄（武威等产）、铨水大黄（礼县、武都等产）、河州大黄（玛曲、碌曲等产）、青海产的西宁大黄（同仁、同德、贵德等产）和四川产的雅黄（雅安、九龙、四川北部等产）等5种。

## 三、植物形态特征与生物学特性

**1. 形态特征**　为多年生高大草本，根多粗壮，内部多为黄色，在根状茎顶端常残存有棕褐色的膜质托叶鞘；茎直立，内中空，外具细纵棱、光滑或被糙毛，节明显膨大，稀无茎。基生叶成密集或稀疏莲座状，茎生叶互生，稀无茎生叶；叶片多宽大，主脉掌状或掌羽状。花小，白绿色或紫红色，通常排列成密或稀疏的圆锥花序或稀为穗状及圆头状，花在枝上簇生，花梗细弱丝状，具关节；花被片6，排成两轮，雄蕊多9，花药背着，内向，花盘薄；雌蕊3心皮，1室，1基生的直生胚珠；花柱3，较短，开展，反卷；柱头多膨大，头状、近盾状或如意状，瘦果三棱状，棱缘具翅，翅上各具1条明显纵脉。种子具丰富胚乳，胚直，偏于一侧，子叶平坦。花期6～7月，果期7～8月。

中药大黄的3个品种均为大黄属掌叶组植物。其中，叶浅裂，裂片大齿形或宽三角形，花较大，白色，花蕾椭圆形，果枝开展的为药用大黄（图2-10）；叶浅裂到半裂，裂片成较窄三角形，花较小，红紫色或带红色，花蕾倒金字塔形，果枝聚拢的为掌叶大黄；叶深裂，裂片窄长，三角形披针形或窄条形，花多红紫色，花被片全缘的为唐古特大黄。

**2. 生物学特性**　大黄喜冷凉气候，耐寒，忌高温。这个生物学特性从某种程度上决定了大黄生长的地理环境。野生大黄一般在我国西北及西南海拔2 000～4 000m的山坡石砾地带和高山区；家种多在1 400m以上的地区。夏季气温不超过30℃，无霜期150～180d，年降水量为500～1 000mm。大黄对土壤要求也较严，最好是土层深厚、富含腐殖质、排水良好的壤土或沙质壤土，不宜栽种于黏重酸性土和低洼积水地区。忌连作，需经4～5年后再种。因此，在栽培大黄时应注意实行轮作，保持土壤排水良好。

图2-10　药用大黄
1. 叶　2. 花序　3. 花　4. 果实　5. 根状茎

大黄栽培既可用种子有性繁殖，也可用子芽（母株根茎上的芽）无性繁殖。由于大黄品种易杂交变异，因此在种子繁殖时应注意选取品种较纯的三年生植株作种株，7月中下旬待种子大部分变黑褐色时，连茎割回，阴干，脱粒，备用。种子繁殖可分为育苗移栽、直播法两种。育苗的方法可分为条播和撒播。条播者横向开沟，沟距25～30cm，播幅10cm，每公顷用种量为30～75kg。撒播是将种子均匀撒在畦面，薄覆细土，盖草。每公顷用种量为 75～105kg。发芽后于阴天或晴天下午后将盖草揭去，苗出齐后，及时除草和浇水。如幼苗太密，可结合第一次除草间苗。春播者应于第二年 3～4 月移栽，移栽的盖土宜浅，使苗叶露出地面，以利生长；秋播者应于第二年 9～10 月移栽，盖土宜厚，应高出芽嘴 5～7cm，以免冬季遭受冻害。直播法是按行距 60～80cm，株距 50～70cm 穴播，穴深 3cm 左右，每穴播种 5～6 粒，覆土 2cm 左右。每公顷用种量为 22.5～30kg，苗期管理与育苗移栽的方法类似。间苗 1～2 次，在苗高 10～15cm 时定苗，每穴 1 株。大黄还可以进行子芽繁殖，将母株根茎上萌生的健壮而较大的子芽摘下，并在切割伤口处涂上草木灰，以防腐烂，按行株距 55cm×55cm 挖穴，每穴放 1 子芽，芽眼向上，覆土 6～7cm，踏实。栽培后第二年进行中耕除草 3 次，第三年在春秋季各进行 1 次，第四年在春季进行 1 次。追肥在每次中耕除草后进行。由于大黄根茎肥大，不断生长，所以每次中除、追肥时，都应培土，以促进根茎生长，又能防冻。大黄移栽后的第三、四年 5～6 月，抽薹开花，除留种外，其他株应及时摘除花薹，以防消耗大量养料，不利于根茎的发育。

　　大黄品种复杂、产地很多，不同品种和产地对大黄质量有重要的影响，研究也证实了这点。以番泻苷 A 作为指标发现，西宁的唐古特大黄含量最高；从灰分及蒽醌类成分来看，甘肃大黄蒽醌类成分含量最高，另外为九龙大黄，而九龙大黄也是酸不溶灰分含量最高的；从蒽醌类化合物的总量来看，四川道地药用大黄和甘肃陇西产的道地掌叶大黄含量较高。总体来看，道地产区的大黄质量较优。

　　目前，大黄还没有栽培品种选育成功的报道，栽培所用的大黄种子均采自野生，例如甘肃礼县这样具有多年栽培传统的产区，所用种子均为栽培自留种繁殖。通过调查不同栽培产地，发现目前栽培的大黄不仅存在掌叶大黄、唐古特大黄和药用大黄 3 个种混杂栽培现象，而且，从外部形态看，还存在 3 个种的种间杂交种，药材质量参差不齐，品种选育工作亟待开展。

## 四、野生近缘植物

　　我国的大黄属野生资源，并不丰富，约 1/3 属于稀少品种。目前，除药典记录的 3 种大黄在大量栽培外，其他品种都属野生。除上述 3 种植物作正品大黄供药用外，同属的一些植物在部分地区或民间称为山大黄、土大黄等作药用。有时会与正品大黄混淆。

　　**1. 藏边大黄**（*R. emodi* Wall.）　藏药名"曲扎"。分布于我国四川、云南、西藏，为多年生高大草本，高 0.7～2m，根茎类圆锥形，根类圆柱形，长 4～20cm，直径 1～5cm，表面多红褐色或灰褐色，多纵皱纹，横断面新折者多呈蓝灰色至灰蓝带紫，有明显的形成层环及半径向外放射的棕红色射线。茎粗，具细沟棱，光滑，只在节部具短毛。基生叶大，卵状椭圆形或宽卵形，长 20～50cm，宽 18～40cm，顶端钝或圆钝，基部心形，全缘，常具弱皱波，基出脉 5～7 条，叶上面光滑无毛，下面及叶缘被柔毛；叶柄与叶片近等长或稍长于叶，半圆柱状，被短毛或粗糙；茎生叶较窄，卵形；托叶鞘大，膜质抱茎，具短柔毛，大型圆锥花序，具二至三回分枝，密被乳突毛；花紫红色，花被开展，直径 3～3.5cm，6 片，外轮 3 片明显较小，矩圆状椭圆形，长约 1.5mm，宽约 1mm，内轮 3 片极宽椭圆形或稀略近圆形，长约 2.5mm，宽 2mm；雄蕊 9，花丝锥状，基部扁；子房棱状倒卵形，花柱反曲，柱头扁盘状，表面粗糙；花梗具小突起，关节位于中下部。果实卵状椭圆形或宽椭圆形（幼果期常呈三角状卵形），长 9～10cm，宽 7～8.5cm，顶端微凹，基部近心形，翅红紫色，宽约 2.5mm，纵脉在翅的中部偏外，约位距边缘的 1/3 处。种子卵形。花期 6～7 月，果期 8 月或以后。藏医用以治疗胃肠炎症，外用止血，治疮，消炎，愈伤口。据卫生部药品检验所动物试验表明，本品几无泻下作用。

**2. 河套大黄**（*R. hotaoense* C. Y. Cheng et C. T. Kao）　本品在陕西、甘肃叫波叶大黄。分布于陕西、甘肃及青海，为高大草本，高 28～150cm，根及根茎呈类圆柱形及圆锥形，多纵切成条状或块片状，长 5～13cm，直径 1.5～4cm，表面黄褐色，横断面淡黄红色；基生叶大，叶片卵状心形或短卵形，上半部之两侧常内凹，长 25～40cm，宽 23～28cm，顶端钝急尖，基部心形，边缘具弱皱波，基出脉多为 5 条，两面光滑无毛，暗绿色或略蓝绿色；叶柄半圆柱状，长 17～25cm，无毛或粗糙；茎生叶较小，叶片卵形或卵状三角形；叶柄也较短；托叶鞘抱茎，长 5～8cm，外侧稍粗糙。大型圆锥花序，具 2 次以上分枝，轴及枝均光滑，仅于近节处具乳突状毛；花较大，花梗细长，长 4～5mm，关节位于中部之下；花被片 6，近等大或外轮 3 片略小，椭圆形，长 2～2.5mm，具细弱稀疏网脉，背面中部浅绿色，边缘白色；雄蕊 9，与花被近等长；子房宽椭圆形，花柱 3，短而平伸，柱头头状。果实圆形或近圆形，直径 7.5～8.5mm，顶端略微凹，稀稍近截形，基部圆或略心形，翅宽 2～2.5cm，纵脉在翅的中间，种子宽卵形。花期 5～7 月，果期 7～9 月。经卫生部药品检验所动物试验证明，本品的泻下作用很差，另据临床报告，且有致腹痛的副作用，仅作兽药使用。

**3. 华北大黄**（*R. franzenbachii* Munt.）　本品商品名为山大黄、祁黄、台黄、籽黄、峪黄。分布于河北、山西、内蒙古，为直立草本，高 50～90cm，直根粗壮，内部土黄色，根及根茎呈类圆柱形，一端稍粗，一端稍细，长 5～11cm，直径 1.5～5cm，药材的栓皮多已刮去，表面黄棕色，有皱纹，质坚体轻，横断面有红棕色射线，无星点；茎具细沟纹，常粗糙。基生叶较大，叶片心状卵形到宽卵形，长 12～22cm，宽 10～18cm，顶端钝急尖，基部心形，边缘具皱波，基出脉 5（7）条，叶上面灰绿色或蓝绿色，通常光滑，下面暗紫红色，被稀疏短毛；叶柄半圆柱状，短于叶片，长 4～9cm，无毛或较粗糙，常暗紫红色；基生叶较小，叶片三角状卵形；越向上叶柄越短，到近无柄；托叶鞘抱茎，长 2～4cm，棕褐色，外面被短硬毛。大型圆锥花序，具 2 次以上分枝，轴及分枝被短毛；花黄白色，3～6 朵簇生；花梗细，关节位于中下部，花被片 6，外轮 3 片稍小，宽椭圆形，内轮 3 片稍大，极宽椭圆形到近圆形，长约 1.5mm；雄蕊 9；子房宽椭圆形，果实宽椭圆形到矩圆状椭圆形，长约 8mm，宽 6.5～7mm，两端微凹，有时近心形，翅宽 1.5～2mm，纵脉在翅的中间部分。种子卵状椭圆形，宽约 3mm。花期 6 月，果期 6～7 月。本品产量甚大，主销国外，作工业染料的原料，国内一般作兽医用药，提炼后作健胃药。

**4. 天山大黄**（*R. wittrockii* Lundstr.）　维吾尔族药名称"热万"。分布于新疆，为高大草本，高 50～100mm，具黑棕色细长根状茎，根茎类圆柱形，长 8～21cm，直径 2.5～4cm，表面棕褐色，断面黄色，有放射状棕色射线，形成层环明显，并有同心性环纹，横切面无星点。基生叶 2～4 片，叶片卵形到三角状卵形或卵心形，长 15～26cm，宽 10～20cm，顶端钝急尖，基部心形，边缘具弱皱波，基出脉 5～7 条，两侧最外一条在脉基部的外缘裸露，不被叶肉所包围，叶上面光滑无毛，下面被白短毛，多生于叶脉及边缘上；叶柄细，半圆柱状，与叶片近等长，被稀疏乳突状毛或不明显；茎生叶 2～4 片，上部的 1～2 片叶腋具花序分枝，叶片较小，长明显大于宽，叶柄亦较短；托叶鞘长 4～8cm，抱茎，外面被短毛，大型圆锥花序分枝较疏；花小，径约 2mm；花梗长约 3mm，关节在中部以下；花被白绿色，外轮 3 片稍小而窄长，内径 3 片稍大，倒卵圆形或宽椭圆形，长约 1.5mm；雄蕊 9，与花被近等长；花柱 3，横展，柱头大，表面粗糙。果实宽大于长，圆形或矩圆形，长约 12mm，宽约 14.5mm，两端心形到深心形，翅宽，达 4～5mm，幼时红色，纵脉位于翅的中间。种子卵形，宽约 6mm。花期 6～7 月，果期 8～9 月。经卫生部药品检验所动物试验表明，本品的泻下作用很差。

# 第十一节　当　　归

## 一、概述

当归 [*Angelica sinensis* (Oliv.) Diels] 为伞形科当归属植物，以干燥的根入药，含挥发油（主要成分为藁本内酯，约占 47%）、多种氨基酸、胆碱等多种成分。有补血、活血、调经止痛、润燥滑肠、破瘀生新的功能。

当归野生资源已日趋稀少，目前仅西藏有发现野生资源的报道。当归距今已有 1 000 多年的栽培历史，以甘肃种植面积最大，产于甘肃岷县、宕昌、漳县、渭源等南部山区，其中岷县所产当归个大质优，称岷归、秦归或西归；其次是云南，主产于维西、德钦、香格里拉、兰坪等县，称云归；四川、陕西、湖北等地也有少量栽培。多栽培于海拔 2 500～3 000m 的高寒山区及高原平坦牧场地带，土壤以棕褐色富含腐殖质的沙壤土、pH6.5～7 为适宜。

## 二、药用历史与本草考证

当归最古的名字叫薜、山蕲或白蕲（蕲就是芹的古字）。三国时期《广雅》一书中指出："山蕲，一名当归也。"《神农本草经》指出了当归的补血作用："味甘，温。主治咳逆上气，温疟，寒热，洗在皮肤中。妇人漏下绝子，诸恶疮疡金创，煮饮之。"《名医别录》已谈到当归的止疼作用："当归，味辛，大温，无毒。主温中，止痛，除客血内塞，中风至，汗不出，湿痹，中恶，客气虚冷，补五脏，生肌肉。生陇西川谷。"此后唐代甄权所著的《药性论》中已明确指出当归止腹疼、齿疼及妇女腰疼，在《千金要方》中多用当归治疗各种疼症。现存明代地方本草学著作《滇南本草》对当归的性味功效进行了详细记载："当归，味辛、微苦，性温。其性走而不守，引血归经。入心、肝、脾三经。止腹痛、面寒、背寒正（痛，消）痈疽，排脓定痛。"《本草纲目》则概括地总结了当归止疼的种种功效。

关于当归原植物的记载，历代的本草所述都不一样。《本草经集注》揭示当时品种混乱情况："今陇西叨阳黑水当归，多肉少枝，气香，名马尾当归，稍难得。西川北部当归多根枝而细。历阳所出，色白而气味薄，呼为草当归，阙少时乃用之，方家有云真当归，正谓此，有好恶故也。"此处至少提到了 3 种当归，有黑水所出马尾当归、西川北部当归以及历阳所出的草当归，其中产于安徽的"历阳当归"虽在当时有"草当归""真当归"诸名，但陶弘景对其内在质量持怀疑态度。根据本草记载，陶弘景与苏敬所称的当归可能包括伞形科 *Angelica*、*Liguticum*，乃至含精油的其他属植物，而其所说的历阳当归可能就是现今的紫花前胡〔*Peucedanum decursivum*（Miq.）Maxim.〕（历阳为今安徽省和县），至今江苏、安徽民间普遍称紫花前胡为"土当归"，为地方习用品，不能作为当归入药。

在《本草图经》中记载有两种当归，其中有云："春生苗，绿叶有三瓣，七八月开花似莳萝，浅紫色，根黑黄色。二月八月采根阴干。然苗有二种，都类芎䓖，而叶有大小为异，茎梗比芎䓖甚卑下。根亦二种，大叶名马尾当归，细叶名蚕头当归。"根据《证类本草》中所附文州（今甘肃省文县）当归药物图与现今伞形科植物当归〔*Angelica sinensis*（Oliv.）Diels.〕形态接近，即文州当归应为当今所用正品当归。

李时珍在《本草纲目》中说："当归，今陕、蜀、秦州、汶州诸处，人多栽莳为货，以秦归头圆、尾多、色紫、气香、肥润者名为马尾归，最胜它处。头大尾粗、色白坚枯者名馋头归，止宜入发散药尔。"根据形态描述，李时珍所描述的当归原植物应是陕、甘、蜀栽培的正品当归。

当归自《神农本草经》开始已经有了详细的产地记载，"当归生川谷"。《名医别录》记载，"生陇西"（今甘肃）。《本草经集注》曰："今陇西首阳（今甘肃渭源县北），黑水（甘肃省武山县）当归……马尾当归稍难得。"唐代《新修本草》记载："今当州（四川松潘县叠溪营西北）、宕州（甘肃岷县南）、翼州（四川松潘县叠溪营西南百余里）、松州（四川松潘县），宕州最胜。"北宋寇宗奭《本草衍义》记载："今川蜀皆以平地作畦种"，这说明北宋时已经开始栽培当归。《本草纲目》云："今陕、蜀、秦州（甘肃天水）、汶州（四川茂县）诸处，人多栽莳为货，以秦归头圆、尾多。"《本草从新》则记载，"秦产力柔善补，川产力刚善攻"。由于产地不同，其功效也有了差别区分。从历代本草记载可见，古时当归多产自陇西（陇山之西，今甘肃）川谷等地，而今当归多产甘肃东南部（岷县最多），云

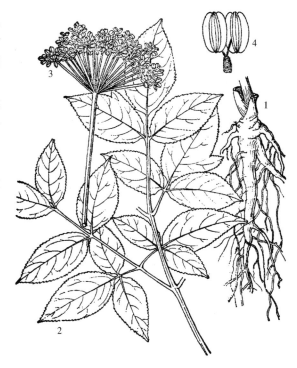

图2-11　当　归
1. 根　2. 叶　3. 果序　4. 分果

南、四川、陕西、湖北等均有栽培，且道地药材当归也产在甘肃，这与目前当归道地药材的产地相同。

## 三、植物形态特征与生物学特性

**1. 形态特征**  多年生草本，高 40～100cm，有香气。主根粗短，圆柱状，肥大肉质，有多数粗长支根，外皮黄棕色。茎直立，带紫色，表面有纵沟。基生叶及茎下部叶三角状楔形，长 8～18cm，二至三回三出式羽状全裂，最终裂片卵形或卵状披针形，长 1～3cm，宽 5～15mm，3 浅裂，有尖齿，叶脉及边缘有白色细毛；叶柄长 3～15cm，基部扩大呈鞘状抱茎；茎上部叶简化成羽状分裂。复伞形花序，无总苞或有 2 片，伞辐 9～14；小总苞片 2～4，条形；每伞梗上有花 12～40 枚，密生细柔毛；花白色，萼片 5；花瓣 5，微 2 裂，向内凹卷；雄蕊 5，花丝内曲；子房下位，2 室。双悬果椭圆形，长 4～6mm，宽 3～4mm，侧棱具翅，翅边缘淡紫色（图 2-11）。花期 6～7 月，果期 8 月。

**2. 生物学特性**  野生当归为二年生植物，第一年春季种子萌发出土，只进行营养生长，形成肉质根后休眠。第二年抽薹开花，完成生殖生长。生产上为了获得较高的产量，把春播育苗改为夏季育苗、翌年移栽的办法来进行当归生产，生产周期为两年。如要获得种子，则再延长一年，在 3 年内完成个体发育。即从播种到收获种子，需要跨三年、越两冬，全生育期约 800d，划分为 3 个生育时期。

（1）苗期：当归育苗一般是从 6 月上旬开始，日平均气温 20～24℃时，播后 4d 就发芽，7～15d 出苗。

当主根伸长至 3～4cm 时，开始形成一级侧根，与此同时，胚轴伸长，两片披针形子叶出土。当子叶长至约 2cm 时，开始出现第一片真叶，此后，相继长出 5～7 枚基生叶，叶片形态逐渐过渡到三出羽状复叶。根出叶生长的同时，根部不断伸长并开始增粗。直到 10 月上中旬，气温降至 0℃左右时，地上部分枯萎，进入休眠期。

（2）成药期：第二年 3 月底 4 月初将储藏的当归苗栽入大田。随着气温升高，返青后的当归生长逐渐加快，平均气温高于 14℃后生长最快。此时叶片数目迅速增多，叶面积迅速扩大。7 月叶丛继续扩大并封行，株幅可达 25～30cm。立秋后，气温逐渐降低，叶片的生长速度开始减慢，根系生长速度加快，并肉质化，气温转冷后生长减慢，但根内物质积累速度加快。至 10 月上中旬地上部分枯萎后，形成一个肥大多分枝的肉质根，此时根长约 25cm，粗约 3cm。对于当归生产来说，此时便可采收，完成一个生产周期。

（3）留种期：留种的植株，第二年不采挖，留在田间越冬，第三年 4 月初返青。返青半月后，生长点开始茎节和花序的分化，分化约 30d 后开始缓慢伸长。随着茎叶的迅速生长，茎生叶由下而上渐次展开，花序由上部茎生叶叶鞘中现出，并迅速伸长，最高达 1.5m。与此同时，在主茎和分枝的顶端形成大型复伞形花序，一般在 5 月下旬抽薹现蕾，6 月上旬开花，花期约 1 个月。花凋谢后 7～10d，子房发育，果实逐渐灌浆膨大，当种子内乳白色粉浆变硬后，复伞形花序开始弯曲，果实成熟，8 月中下旬即可采收。当归的个体发育到此结束。

当归性喜冷凉的气候，耐寒冷，怕酷热、高温。在产区多栽培于海拔 1 500～3 000m 的高寒山区。当归原产于湿润地带，对水分要求比较严格，抗旱性和耐涝性较弱。当归在幼苗期、肉质根膨大前期要求较湿润的土壤环境，相对湿度以 60% 为宜。肉质根膨大后，特别是物质积累时期怕积水，土壤含水量不宜超过 40%。当归幼苗怕烈日直接照射，所以，人工育苗要搭棚控光。小苗长出 3～5 片真叶后，就可耐强光直射，光照充足，生长良好。但在海拔较低的地方，由于气温高光照过强也会引起死亡。当归对土壤的要求不十分严格，适应范围较广，但是以土层深厚肥沃，富含有机质，土壤 pH 微酸性或中性的沙壤土、腐殖土为宜。

对当归质量的研究，因其评价指标的不同而有差异。以甘肃、云南、湖北、四川所产药材作比较，采用主成分分析法对当归多指标成分的质量评价结果进行分析，结果表明，甘肃所产"岷归"质量最优。

## 四、野生近缘植物

**1. 重齿当归**（*A. pubescens* Maxim. f. *biserrata* Shan et Yuan）　多年生高大草本。根类圆柱形，棕褐色，长至 15cm，径 1～2.5cm，有特殊香气。茎高 1～2m，粗至 1.5cm，中空，常带紫色，光滑或稍有浅纵沟纹，上部有短糙毛。叶二回三出式羽状全裂，宽卵形，长 20～30（～40）cm，宽 15～25cm；茎生叶叶柄长 30～50cm，基部膨大成长 5～7cm 的长管状、半抱茎的厚膜质叶鞘，开展，背面无毛或稍被短柔毛，末回裂片膜质，卵圆形至长椭圆形，长 5.5～18cm，宽 3～6.5cm，顶端渐尖，基部楔形，边缘有不整齐的尖锯齿，或重锯齿，齿端有内曲的短尖头，顶生的末回裂片多 3 深裂，基部常沿叶轴下延成翅状，侧生的具短柄或无柄，两面沿叶脉及边缘有短柔毛。花序托叶简化成囊状膨大的叶鞘，无毛，偶被疏短毛，复伞形花序顶生和侧生，花序梗长 5～16（～20）cm，密被短糙毛；总苞片 1，长钻形，有缘毛，早落；伞辐 10～25，长 1.5～5cm，密被短糙毛；伞形花序有花 17～28（～36）；小总苞片 5～10，阔披针形，比花柄短，顶端有长尖，背面及边缘被短毛。花白色，无萼齿，花瓣倒卵形，顶端内凹，花柱基扁圆盘状。果实椭圆形，长 6～8mm，宽 3～5mm，侧翅与果体等宽或略狭，背棱线形，隆起，棱槽间有油管（1～）2～3，合生面有油管 2～4（～6）。花期 8～9 月，果期 9～10 月。

产于重庆（巫山、巫溪）、湖北（恩施、巴东）、江西（庐山）、安徽、浙江（天目山）等地。生长于阴湿山坡，林下草丛中或稀疏灌丛中。四川、湖北及陕西等地的高山地区有栽培。根为常用中药独活的主要品种，主治风寒湿痹、腰膝酸痛、头痛、齿痛、痈疡、漫肿等症。

**2. 东当归**［*A. acutiloba*（Sieb. et Zucc.）Kitag.］　多年生草本。根长 10～25cm，径 1～2.5cm，有多数支根，似马尾状，外表皮黄褐色至棕褐色，气味浓香。茎充实，高 30～100cm，绿色，常带紫色，无毛，有细沟纹。叶一至二回三出羽状分裂，膜质，上表面亮绿色，脉上有疏毛，下表面苍白色，末回裂片披针形至卵状披针形，3 裂，长 2～9cm，宽 1～3cm，无柄或有短柄，先端渐尖至急尖，基部楔形或截形，边缘有尖锐锯齿；叶柄长 10～30cm，基部膨胀成管状的叶鞘，叶鞘边缘膜质；茎顶部的叶简化成长圆形的叶鞘。复伞形花序，花序梗、伞辐、花柄无毛或有疏毛，花序梗长 5～20cm；总苞片 1 个至数个，有时无，线状披针形或线形，长 1～2cm；小总苞片 5～8，线状披针形或线形，无毛，长 5～15mm，常比花长；小伞形花序有花约 30 朵；花白色；萼齿不明显；花瓣倒卵形至长圆形；子房无毛；花柱长为花柱基的 3 倍。果实狭长圆形，略扁压，长 4～5mm，宽 1～1.5mm，背棱线状，尖锐，侧棱狭翅状，较背棱宽，较果体狭，棱槽内有油管 3～4，合生面油管 4～8。花期 7～8 月，果期 8～9 月。

我国吉林省延边朝鲜族自治州的延吉、珲春、和龙等县栽培作"当归"使用已有长久历史。日本和朝鲜以本种称当归，栽培入药。功效与我国产当归类似，主治月经不调、经来腹痛、腰痛、崩漏、大便干燥、痢疾腹痛等症。

**3. 疏叶当归**（*A. laxifoliata* Diels）　多年生草本。根圆柱形，单一或稍有分枝，长 7～18cm，基部粗 1～2cm，灰黄色，微有香气。茎高 30～90cm，有时达 150cm，粗 4～7mm，绿色或带紫色，光滑无毛。基生叶及茎生叶均为二回三出式羽状分裂，叶片长 12～17cm，宽 10～12cm，有排列较疏远的小叶片 3～4 对，叶柄长 5～10cm，下部叶柄长达 30cm，叶鞘长 4～7cm，伸展，半抱茎，边缘膜质；茎顶端叶简化成长管状的膜质鞘，光滑无毛；末回裂片披针形至宽披针形，膜质，长 2.5～4cm，宽 1～2cm，基部钝圆形至楔形，无柄，顶端渐尖，边缘有细密锯齿，齿端有短尖头，背面粉绿色，网状脉细而明显，两面均光滑无毛，或脉上有时有微毛。复伞形花序顶生，直径 5～7（～10）cm，花序梗及伞辐有细棱，棱上有短柔毛；伞辐 30～50，长 2.5～4cm，果期长 9cm，总苞片 3～9，披针形，带紫色，有缘毛；小伞形花序有花 10～35，小总苞片 6～10，长披针形，有缘毛；无萼齿，花瓣白色，倒心形，基部渐狭，顶端内折，花柱基扁平，略凸出。果实卵圆形，长 4～6mm，宽 3～5mm，黄白色，边缘常带紫色或紫红色，无毛，背棱和中棱线形，稍隆起，侧棱翅状，厚膜质，较果体宽，棱槽内有油管 1，合生面油管 2。花期 7～9 月，果期 8～10 月。产于甘肃南部秦岭山区、四川西部和东北部大巴山区。生长于海拔 2 300～3 000m 的山坡草丛中。祛风胜湿，通络止痛，主治风寒痹湿、腰膝酸痛、头痛、跌打伤痛、疮肿。

# 第十二节　党　参

## 一、概述

党参原植物为桔梗科植物党参 [*Codonopsis pilosula*（Franch.）Nannf.]、素花党参 [*C. pilosula* Nannf. var. *modesta*（Nannf.）L. T. Shen] 和川党参（*C. tangshen* Oliv.），以干燥的根供药用。主要化学成分有多糖、单糖、党参炔苷、党参苷Ⅰ、党参苷Ⅱ、党参苷Ⅲ、党参苷Ⅳ、苍术内酯类、烯醇类、烟酸、香草酸、阿魏酸、氨基酸、无机元素等。性甘，平，具有补中益气、健脾益肺等功效。主治脾肺虚弱、气短心悸、食少便溏、内热消渴。

我国是世界党参的主产区和分布中心，全世界党参植物 40 余种，我国就有 39 种之多。党参原产山西省长治市（古称上党郡，后改名潞州），目前我国北方各省份及大多数地区均有栽培，主产于山西、陕西、甘肃、四川等省份及东北各地。党参野生于山地灌木丛中及林缘，分布于东北、西北、华北及河南、四川、云南、西藏等地，商品名称为西党、东党、台党、潞党，甘肃、山西及东北为主产地，仅甘肃省 2007 年的统计，全省种植面积 32 200hm²，甘肃省渭源县还被中国农学会命名为"中国党参之乡"。素花党参野生于海拔 1 500～3 200m 的山地林下、林边及灌丛中，分布于山西中部、陕西南部、四川西北部、甘肃南部及青海等地，商品称"西党"，甘肃文县常年种植面积约 5 600hm²。川党参野生于海拔 900～2 300m 的山地林边灌丛中，主要分布在重庆市东部和南部、湖北省西部、陕西省南部和贵州省北部。重庆奉节、巫山、南川、巫溪、武隆，湖北恩施、竹溪，山西平利，贵州道真等地是主要种植区。由于产地和来源不同，形成多种商品药材，如板党、庙党、大宁党、条党、八仙党和洛党等，其年产量约占全国党参产量的 1/3。

## 二、药用历史与本草考证

党参之名，始见于清吴仪洛所著的《本草从新》，谓："按古本草云：参须上党者佳。今真党参久已难得，肆中所卖党参，种类甚多，皆不堪用。唯防风党参，性味和平足贵，根有狮子盘头者真，硬纹者伪也。"此处所说的"真党参"系指产于山西上党（今山西长治）的五加科植物人参，这也证明党参是当时的新出之药。清末吴其濬于《植物名实图考》中指出："党参，山西多产。长根至二三尺，蔓生，叶不对，节大如手指，野生者根有白汁，秋开花如沙参，花色青白，土人种之为利，气极浊。"并绘有党参植物图。按照其描述的形态与气味，结合附图，原植物与目前山西野生及栽培的党参形态相似，即桔梗科植物党参。

从本草记载看，党参最早的产地当属山西上党，随着用药量的扩大，产地也在逐渐发生变化。潞党原植物为党参 [*C. pilosula* (Franch.) Nannf.]，主要种植区为山西长治、平顺、壶关、黎城、陵川、五台，河南林州等地。20 世纪 50 年代，党参从长治引进至甘肃渭源种植，并逐渐扩大到甘南、临夏、庆阳、天水等地，目前，甘肃已成为全国党参的最大产区。纹党原植物为素花党参 [*C. pilosula* Nannf. var. *modesta* (Nannf.) L. T. Shen]，主产于甘肃文县与四川交界的九寨沟、松潘、平武等地。条党原植物为川党参（*C. tangshen* Oliv.），产于重庆、湖北、陕西交界处，主要产区为重庆东部、南部等地区，湖北西部地区也大量栽培，尤以恩施土家族苗族自治州板桥镇所产最有名，称板桥党参，出口商品名"中国板党"。

## 三、植物形态特征与生物学特性

**1. 形态特征** 为多年生草质藤本。根呈长圆柱形，直径 1～1.7cm，稍弯曲，表面黄白色，根头部有多数疣状突起的茎痕与芽苞。茎缠绕长 1～2m，长而多分枝，下部有短糙毛，上部光滑，断面有白色乳汁。叶对生或互生，叶柄长 0.5～2.5cm，叶片卵形或广卵形，全缘，长 1～7cm，宽 0.8～2.5cm，先端钝或尖，基部截形或浅心形，上面绿色，被粗伏毛，下面粉绿色，被疏柔毛。花单生于叶腋或顶端，花冠广钟形，淡黄绿色，具淡紫色斑点，先端 5 裂，裂片三角形，雄蕊 5 枚，花丝中部以下稍大，子房常为半下位，3 室。蒴果圆锥形，有宿存花萼。种子小，卵形，褐色有光泽（图 2 - 12）。花期 8～10 月，果期 9～10 月。

**2. 生物学特性** 党参一般分布在海拔 700m 以上的山区，在海拔 1 300～2 100m 处最适宜其生长。幼苗喜潮湿，土壤缺水会引起幼苗干死，但高温潮湿易引起烂根，成株对水分要求不甚严格，一般在年降水量 500～1 200mm，平均相对湿度 70% 左右的条件下即可正常生长。党参幼苗耐荫蔽，大苗或成株喜光。幼苗期需光 15%～20%，两年生植株需光 65%～80%，成株期需光 90%～100%。党参喜温和凉爽气候，根部在土壤中能露地越冬。一般在 8～30℃下能正常生长，温度在 30℃以上党参的生长就会受到抑制。党参是深根性植物，主根长而肥大，适宜在深厚、肥沃和排水良好的腐殖土和沙质壤土中栽培，适宜的 pH 6.5～7.5，黏性过大或容易积水的地方不宜栽培。忌盐碱，不宜连作。

　　党参种子在 10℃左右即可萌发，18～20℃为最适温度。幼苗前期生长缓慢，至 6 月中旬苗高 10～15cm，6 月中旬至 10 月中旬，为党参苗的营养快速生长期，苗高可达 60～100cm。第一年根部主要以伸长生长为主，长 15～30cm，根粗仅 2～3mm。高海拔、高纬度地区一年生党参苗不开花，10 月中下旬地上部枯萎，进入休眠期。二年生以上植株，一般 4 月初出苗，前期生长缓慢，8 月上旬进入第一个旺盛生长期，9 月上旬前后地上部分鲜重最大。地下部分根长的生长 7 月以前已达当年生长总长的 68%，7～10 月根长的增长只占总长的 32%。第一个根增重期在 8 月上旬左右，第二个较

图 2 - 12　党　参
1. 全株　2. 叶片

快增重期出现在 9 月中旬，采收前的 10 月中下旬，根部仍有一定的物质积累能力。从第二年起，党参年年开花结实。一般 7～8 月开花，9～10 月为果期，11 月初进入休眠状态。第二年以后，根以加粗生长为主，8～9 年以后进入衰老期，开始木质化，质量变差。

　　党参分布区域广、产地多，质量差异较大，但以甘肃渭源、陇西所产潞党，陕西凤县所产凤党，湖北恩施所产板桥党最著名。

## 四、野生近缘植物

　　除了 3 种药典种外，尚有一些地方习用品，多为野生，自产自销。

　　**1. 管花党参**（*C. tubulosa* Kom.）　蔓生草本，高 50～80cm。根不分枝或中部以下略有分枝，长 10～25cm，直径 0.5～2cm，表面灰黄色。茎近无毛或疏生短柔毛。叶对生或茎顶趋于对生；叶柄极短，长 1～5mm，被柔毛；叶片卵形、卵状披针形或狭卵形，长 2～7cm，宽 0.7～3cm，顶端急尖或钝，叶基楔形或较圆钝，上面绿色，疏生短柔毛，下面灰绿色，通常被或密或疏的短柔毛，边缘具浅波状锯齿或近于全缘。花顶生，花梗长 1～6cm，被柔毛；花萼贴生至子房中部，筒部半球状，密被长柔毛，边缘有波状疏齿；花冠管状长 2～3.5cm，直径 0.5～1.5cm，黄绿色，全部近于无毛，5 浅裂，裂片三角

形，先端尖；花丝被毛，基部微扩大，长约 1cm，花药龙骨状，长 3～5mm。子房半下位，花柱有毛。蒴果顶端 3 瓣裂。种子卵状，细小，棕黄色。花果期 7～10 月。管花党参生于海拔 1 900～3 000m 的山地灌木林下及草丛中。分布于四川西南部、贵州西部（纳雍、盘县）、云南（蒙自、大理、兰坪）。

**2. 球花党参**（*C. subglobosa* W. W. Smith）　根常肥大，呈纺锤状、圆锥状或圆柱状，分枝较少，长 30～50cm，直径 1.5～8cm；表面灰黄色，近上部有细密环纹，下部疏生横长皮孔；直径小于 3cm 以下的为肉质，再增粗则渐趋于木质。茎缠绕生长，长约 2m，直径 3～4mm，分枝多，黄绿或绿色，疏生白色刺毛。主茎及侧枝上的叶互生，小枝上的近于对生，叶柄长 0.5～2.5cm，有白色疏刺毛；叶片阔卵形、卵形至狭卵形，长 0.5～3cm，宽 0.5～2.5cm，先端钝或急尖，基部浅心形，边缘微波状或具浅钝圆锯齿，上面绿色，被短伏毛，下面灰绿色，叶脉明显突出，并沿网脉上疏生短糙毛。花单生于小枝顶端或与叶脉对生，花梗被刺毛，花萼贴生至子房顶端，筒部半球状，裂片卵圆形或菱状卵圆形，有锯齿及刺毛；花冠球状钟形，长约 2cm，直径 2～2.5cm，淡黄绿色，顶端带深红紫色，外侧先端有刺毛浅裂，裂片宽三角形；花丝基部微扩大，花药椭圆状，长约 5mm。蒴果，种子多数，椭圆状或卵状，细小、光滑、黄棕色。花果期 7～10 月。分布于四川西部、云南西北部。生于海拔 2 500～3 500m 的山地草坡多石砾处或沟边灌丛中。

**3. 灰毛党参**（*C. canescens* Nannf.）　根常肥大呈纺锤状而较少分枝，长 20～30cm，直径 1～2.5cm；表面灰黄色，近上部有细密环纹，下部疏生横长皮孔。主茎茎基具多数细小茎痕，较粗长而直立，长 25～85cm，分枝多，近木质，植株密被柔毛。叶在主茎上的互生，侧枝上的近于对生；具短柄；叶片卵形，长 0.6～1.5cm，宽 0.3～1cm，顶部钝或急尖，叶基圆形，稀浅心形，全缘，灰绿色，两面密被白色柔毛。花单生于主茎及上部分枝的顶端；花萼贴生至子房中部，筒部半球状，具 10 条明显辐射脉，灰绿色，密被白色短柔毛，裂片三角状条形，与筒近等长。花冠阔钟形，长 1.5～1.8cm，直径 2～2.5cm，淡蓝色或蓝白色，内面基部具色泽较深的浅纹，浅裂，裂片宽三角形，顶端及外侧被柔毛；花丝极短，基部微扩大，长 2～2.5mm，花药较花丝略长，约 3mm。蒴果下部半球状，上部圆锥状，长 1～1.3cm，直径约 1cm。种子多数，椭圆状，棕黄色，光滑无毛。花果期 7～10 月。产于四川西部、西藏东部（江达、贡觉）、青海南部（囊谦）。生于海拔 3 000～4 200m 的山地草坡、河滩多石或向阳干旱地方。

# 第十三节　地　　黄

## 一、概述

为玄参科植物地黄（*Rehmannia glutinosa* Libosch.）的新鲜或干燥块根。鲜者入药称鲜地黄；干燥者称生地黄，习惯上称生地；蒸制后再干燥者称熟地黄，也称熟地。鲜地黄性寒，味甘、苦，能清热生津、凉血、止血；生地黄性寒，味甘，能清热凉血、养阴、生津；熟地黄性微温，味甘，能滋阴补血、益精填髓。主要化学成分有梓醇、环烯醚萜A、环烯醚萜 B、环烯醚萜 C、环烯醚萜 D、地黄苷、地黄多糖等。

地黄的野生资源分布较广，我国北方大部分地区都有分布，如河南、山东、山西、陕西、河北、辽宁、内蒙古、江苏、浙江、湖南、湖北、四川等地，野生地黄生于海拔500～1 100m的山坡及路旁荒地等处。野生地黄具清热凉血、生津润燥、调经补血、滋阴补肾之功能。栽培地黄以河南的温县、孟州、博爱、沁阳即古怀庆府为道地产区。优质地黄产地几经变迁，但自明朝以来，即确立了怀庆地黄的道地地位。新中国成立以后，由于用药量的增加，许多省份进行了引种，经过试验，目前已经形成了河南省温县、武陟、孟州、博爱、沁阳等县区（原怀庆辖区）为中心的黄河中下游沿岸地黄主产区，包括山西省南部和山东省的部分地区。目前其他地区如河北、浙江、安徽、辽宁、江苏等省也产，但面积较小。

## 二、药用历史与本草考证

地黄是我国著名的传统常用大宗中药材，应用历史悠久。明代永乐三年开始运销国内外，是国内外药材市场上的重要商品。地黄最早收载于《神农本草经》，称为干地黄，列为上品，其后历代本草均有收载。对地黄植物形态描述最早的本草要推宋《本草图经》，

苏颂曰：“地黄生咸阳川泽，黄土地者佳，今处处有之，以同州（今陕西大荔县）为上。二月生叶，布地便出，似车前叶，上有皱纹而不光，高者及尺余，低者三四寸，其花似油麻花而红紫色，亦有黄花者，其实作房如连翘，子甚细而沙褐色。根如人手指，通常黄色，粗细长短不一。”《本草纲目》所载地黄的植物形态与《本草图经》所述相似，无甚出入。明代《本草原始》载“一种山地黄”，系指野生地黄。清代《本草从新》载“地黄以怀庆肥大而短，糯体细皮而菊花心者佳”，此指怀庆所产地黄而言。清代张路载：“产怀庆者，钉头鼠尾，皮粗质坚，每株七、八钱者为优。产亳州者，头尾俱粗，皮细质柔，形虽长而力薄，仅可清热，不入补剂。”怀庆地黄，块根硕大如甘薯，与《植物名实图考》草类下的地黄图形相仿，均系怀庆产品。赵橘黄报道北京习见的野生地黄，因其根较小，仅达一手指，且其味带苦，而不甚甜，故不入药，虽遍地皆是，均鄙弃不取。另外，

图 2-13　地　黄

赤野地黄（*R. glutinosa* Libosh. var. *purpurea* Makino）也称笕桥地黄，早在清代就区别用药，曾作为地黄的一个变种，原产于杭州笕桥镇，我国现已失传。可见历史上所记载及种植地黄多为野生种，其药用部位根的形状有明显的不同。

## 三、植物形态特征与生物学特性

**1. 形态特征**　多年生草本植物，高 10～40cm，全株有白色长柔毛和腺毛。花茎直

立，叶多基生，莲座状，叶片倒卵状披针形至椭圆形，长 3~10cm，宽 1.5~4cm，先端钝，基部渐狭成柄，柄长 1~2cm，边缘有不整齐钝齿，叶面皱缩，下面略带紫色；无茎生叶或有 1~2 枚，远比基生叶小。总状花序单生或 2~3 枝；花多少下垂，花萼钟状，长约 1.5cm，先端 5 裂，裂片三角形，略不整齐，花冠筒稍弯曲，长 3~4cm，外面暗紫色，里面杂以黄色，有明显紫纹，先端 5 裂，略呈二唇状，上唇 2 裂片反折，下唇 3 裂片直伸；雄蕊 4，二强；子房上位，卵形，2 室，花后渐变一室，花柱单一，柱头膨大。蒴果球形或卵形，外面有宿存花萼包裹。种子多数。块根肉质肥厚，圆柱形或纺锤形，有芽眼（图 2-13）。

**2. 生物学特性** 地黄喜生于向阳山坡、路旁、地角及开阔的平地，适应性强，有一定的抗旱、抗寒能力。属喜光植物，整个生育期要求阳光充足，尤其是叶子迅速生长期。适生于年日照约 2 600h，年均温 13~14℃地区。喜温和凉爽气候，在 25℃左右时生长旺盛，低于 8℃停止生长，高于 35℃生长缓慢，高温多湿不利于生长。种子千粒重 0.19g，在 22~30℃，有足够的湿度，播种后 3~5d 出苗，8℃以下不发芽；块根不能萌芽，且易腐烂。土壤含水量 20%~34%，种子萌芽；块根在 0~5cm 土层中，土壤含水量 8%~12%，块根萌芽。土壤过干，影响出苗，生长期遇干旱或湿度过大，则生长不良。苗期叶片生长迅速，水分蒸腾作用较强，以湿润的土壤条件为佳；生长后期土壤含水量要低，当地黄块根接近成熟时，最忌积水，地面积水 2~3h，常会引起块根腐烂，植株死亡。地黄块根萌蘖能力强，但与芽眼分布有关。顶部芽眼多，发芽生根也多，向下芽眼依次减少，发芽和生根也依次减少。地黄为地下块根，无主根，须根也不发达，一般先长芽，后长根。通常 4~7 月为叶片生长期，花期 4~5 月，果期 5~7 月，7~9 月为块根迅速生长期，10 月为块根迅速膨大期，10~11 月地上枯萎，全生育期为 140~160d。地黄喜中性至微碱性的沙质壤土，二合土及肥沃的黏土也可种植；地势低洼积水，土质过于黏重的地块及盐碱地不宜种植。宜高畦栽培，忌连作，轮作须 5 年以上；前作以禾本科作物为好，豆类作物不宜为前作，否则易造成线虫病。

地黄种植应用历史悠久，早在 1 000 多年前地黄就实现了"野生变家种"。《本草乘雅半偈》称"甚有一枝重数两者"，这是"细如手指"的野生地黄所不可能到达的。《植物名实图考》所附两图则首次清晰地反映了地黄膨大的块根，以及叶形和叶缘锯齿的区别，揭示了地黄野生资源存在不同种质变异类型。现代研究表明野生地黄不同的居群其叶形存在差异，特别是药用部位根的形状不同，许多野生居群地下根也膨大成块根，只是大小与现有的栽培品种有一定的区别。如今地黄大面积栽培的品种为人工选育的品种，如农家品种金状元、小黑英、郭里猫、邢疙瘩等，为野生地黄的变异单株经系统选育而成。而目前生产上主要的栽培品种北京 1 号（新状元×武陟 1 号）、85-5（93-2×单县 1 号）为用农家品种杂交选育而成。

地黄变为人工栽培后其生长环境，如土壤、水肥条件得到明显的改善，加上长期的人为选择，其根系明显膨大成块根，大小如甘薯，产量明显提高，与野生地黄有明显的不同。因此，植物分类上把栽培地黄作为野生地黄的变型种，定名为 *R. glutinosa* Libosch. f. *hueichingensis*（Chao et Schih）Hsiao。实际上从植株地上部植物学的形态特征，特别是花的形态特征上来看，栽培地黄与野生地黄没有明显的差异。

地黄是目前少数几种应用育成品种进行栽培的中药材。据文献报道地黄农家品种（或品系）多达 52 个，但目前实际存在约 20 余个的栽培类型，而且名称混乱。1917 年崔大毛培育出四齿毛新品种，1920 年李开寿培育出抗病虫、抗涝、产量高的金状元，其他著名的农家品种还有小黑英、郭里猫、邢疙瘩等，中国医学科学院药用植物研究所在 20 世纪 70 年代初培育出了北京 1 号等系列品种，1985 年河南温县农业科学研究所培育出 85‑5 等新地黄杂交品种。目前只对少数农家品种（如金状元、北京 1 号、北京 2 号、小黑英、邢疙瘩）的形态特征与农艺性状做了比较详细的描述，多数品种（金地黄、白地黄、红薯王、里外青等）仅有简单的描述，有些仅有名称，而未见特征描述，如有性杂交 76‑19、沛育 77‑5、组培 825、叶繁 824、变异 192、抗育 831、北京 4 号等。有些农家品种可能只是名称的不同而已，如金地黄与金状元，白地黄与白状元，四齿毛与四翅锚。不同地黄品种叶片的形状差异较大，类型较多，如叶缘有锯齿状和波状，叶片形状有卵形、长椭圆形和狭长形。一般野生品种叶片较小、狭长，叶缘锯齿明显；从地黄的株型来看，可分为两大类型，即平展型和半直立型。所谓的平展型，即叶片的着生方式基本与地面平行，下部叶片紧贴地面，这样的株型不利于密植。而半直立型因叶片的着生与地面保持一定的角度，全株不同部位的叶片采光效果比较好，是比较理想的株型；块根的形状主要有薯状和纺锤状。从块根的大小来看，不同地黄品种之间有明显的差别，人工选育的品种块根较大，产量较高，而许多变异单株及野生种块根较小，细长，产量低，商品规格低。一般情况下，地黄的萌芽能力较强，但不同品种萌芽能力和苗期生长势有很大的差异，而且与最后的产量有一定的关系，如 85‑5、郭里猫和北京 1 号等品种萌芽能力较强，苗期的生长速度也较快，产量也相对高。而小黑英、H10 等品种生长速度较慢，产量也相对较低。但也有一些品种例外，如平展型品种 93‑2、红薯王等萌芽能力较差，生长速度一般，但产量较高。从地黄的花色来看，大部分地黄的花色为紫红色，只有 X5 和 X2 的花色为淡黄色，但开紫红色花的地黄其花色的深浅也有所不同，有一定的区别。不论是叶片长度、叶片宽度、叶片鲜重，还是株高、单株叶片数等生物学性状变异范围都较大，如单株叶片数的变异系数为 33.44，叶片鲜重的变异系数为 27.73。不同品种之间叶片长度、叶片宽度、叶片鲜重、株高、叶片数等都有极显著差异，表明地黄有丰富的遗传多样性。不同品种之间地上部鲜重有明显的差异，国林新一代的地上部鲜重最大，每株平均鲜重为 992g，85‑2 的地上部鲜重最少，平均重为 406g；不同品种之间块根数有明显的差异，国林新一代的块根数最多，平均单株块根数为 7.87 个，85‑2 的块根数最少，平均块根数为 5.4 个；地黄不同品种间多糖的量差异明显，以北京 1 号中多糖的量最高。对产于河南温县地黄中多糖的含量分析结果表明，不同品种含量差异明显，品种北京 1 号、大红袍、红薯王、北京 2 号、9302、狮子头、金状元、85‑5 中多糖含量分别为 12.73%、10.04%、8.32%、7.10%、4.87%、4.11%、2.48%、1.58%，以北京 1 号中多糖的量最高。

## 四、野生近缘植物

玄参科地黄属植物除地黄外，其余 5 物种高地黄、裂叶地黄、湖北地黄、天目地黄、茄叶地黄均为我国特有。另外，赤野地黄（*R. glutinosa* Libosch. var. *purpurea* Makino），或称笕桥地黄，曾作为地黄的一个变种，原产于杭州笕桥镇，我国现已灭绝，日本仍栽培入药，并与怀地黄杂交，育出了福知山地黄。

**1. 裂叶地黄**（*R. piasezkii* Maxim.）　二年生至多年生草本，块根圆柱形，黄色，植株被多细胞长柔毛和腺毛，高 30～100cm，茎简单或基部分枝。叶片纸质，长椭圆形，基部长 20cm，宽 8cm，羽状开裂，裂片略成三角形，边缘具三角状带短尖的齿，两面均被白色柔毛及腺毛，基部具带翅的柄，向上叶片与叶柄均逐渐缩小，顶部的不开裂，仅具三角状尖齿。花具长 2～4cm 之梗，梗多少弯曲上升，单生上部叶腋；苞片 2 枚，与叶同形，但不具柄，着生于花梗基部，萼长 1.5～3cm，萼齿 5 枚，开展，彼此不等，最后方一枚披针形，狭长而渐尖，长约 2.3cm，宽 0.2～0.3cm，其余 4 枚卵状披针形，先端渐尖，长 0.5～1.5cm；花冠紫红色，长 5～6cm；花冠筒长 3.5～4cm，前端扩大，多少囊状，外面被长柔毛和腺毛，或无毛，内面皱襞上被长腺毛；花冠裂片两面几无毛或被柔毛，边缘有缘毛；上唇裂片横矩圆形，长 1.0～1.1cm，宽 1.1～1.5cm；下唇中裂片稍长而突出于两侧裂片之外，长 1～1.6cm，宽约 1cm，倒卵状矩圆形，侧裂片近圆形，长 0.8～1.2cm，宽 1.1～1.2cm；花丝无毛或近基部略被腺毛；子房无毛，下托有一环状花盘，柱头 2 枚，片状，彼此不相等。蒴果长卵形至宽卵形，长 0.8～1.6cm，宽 0.7～1.1cm，前室通常较大，明显低于后室，室背开裂。种子多数，千粒重 0.05～0.07g，长约 900$\mu$m；外种皮网格侧壁厚约 20$\mu$m。染色体 2n=28。花期 4～7 月，果期 5～7 月。为我国特有种，分布于陕西旬阳、石泉、山阳、甘泉、湖北宜昌、兴山、神农架林区、房县、郧西、竹溪、竹山、南漳、保康、远安、当阳、谷城、赤壁、通山、通城、崇阳等地区。生于海拔 800～1 500m 之山坡。

**2. 湖北地黄**（*R. henryi* N. E. Brown）　二年生至多年生草本，块根圆柱形，黄色，植株被多细胞长柔毛和腺毛，高 15～40cm，基生叶多少成丛，叶片椭圆状矩圆形，或匙形，长 6～17cm，宽 3～8cm，两面均被多细胞长柔毛和腺毛，边缘具不规则圆齿，齿的顶端钝或急尖，有时在较大的叶片中常具带齿的浅裂片；叶片顶部钝圆，基部渐狭成长 2～8cm 带翅的柄；茎生叶与基生叶相似，但向上逐渐变小。花单生叶腋，具长 2.5～5.5cm 之梗；梗稍弯曲向上斜伸，基部的梗较长；小苞片 1～2 枚，钻状，长 0.1～0.3cm，着生于花梗的近基部，与萼同被黄褐色多细胞长柔毛；萼长 1.8～2.5cm；萼齿开展，卵状披针形，先端钝，全缘或略有齿，长 0.8～1.2cm，宽 0.3～0.4cm；花冠淡黄色，长 5～7cm，筒背腹扁，前端稍膨大，外面被白色柔毛；上唇裂片横矩圆形，长约 1.3cm，宽约 1.5cm；下唇裂片矩圆形，中裂长 1.8cm，宽 1.5cm，侧裂片彼此相等，长 1.5cm，宽 1.4cm；花丝基部疏被极短的腺毛；子房无毛，下托有一环状花盘，柱头 2 裂。蒴果卵形，长 1.2～1.6cm，宽 0.7～1.0cm，前室通常较大，明显低于后室，室背开裂。种子多数，千粒重 0.18～0.19g，长约 1 050$\mu$m；外种皮网格侧壁厚约 37$\mu$m，外种皮内侧网纹较密，多分枝。染色体 2n=28。花期 4～5 月，果期 5～6 月。为我国特有种，分布于湖北鹤峰、建始、巴东、宜昌、五峰、神农架林区、兴山，湖南西北部。生于路旁或石缝中。

**3. 天目地黄**（*R. chingii* Li）　二年生至多年生草本，块根圆柱形，黄色，植株被多细胞长柔毛和腺毛，高 30～60cm，茎单出或基部分枝。基生叶多，莲座状排列，叶片椭圆形，长 6～23cm，宽 3～10cm，纸质，两面疏被白色柔毛，边缘具不规则圆齿或粗锯齿，抑或为具圆齿的浅裂片，先端钝或突尖，基部楔形，逐渐收缩成长 2～7cm 具翅的柄；茎生叶外形与基生叶相似，向上逐渐缩小。花单生，连同花梗总长超过苞片；花梗长 1～5cm，多少弯曲而后上升，与萼同被多细胞长柔毛及腺毛；萼长 1～2cm，萼齿 5，披针形或卵状披针形，先端略尖，后方 3 枚稍长，中间的 1 枚长 1～1.2cm，两侧的长 0.5～0.8cm，前方 2 枚长 0.3～0.7cm，彼此近于相等；花冠紫红色或白色，长 5.5～7cm，外面被多细胞长柔毛；上唇裂片长卵形，先端略尖或钝圆，长 1.4～1.8cm，下唇裂片长椭圆形，先端尖或钝圆，中裂片长约 2cm，宽 1.4cm，侧裂片稍小；雄蕊后方 1 对稍短，其花丝基部被短腺毛，前方 1 对稍长，其花丝无毛；药室矩圆形，长约 1.5mm，基部叉开成钝角或成一直线；花柱顶端 2 裂，裂片先端尖或钝圆。蒴果卵形，长 1.2～1.6cm，具宿存的花萼及花柱。种子多数，卵形至长卵形，千粒重 0.14～0.16g，长约 1 050μm，外种皮网格侧壁厚约 35μm，外种皮内侧网纹稀疏至中，少分枝。染色体 $2n=28$。花期 3～5 月，果期 5～6 月。为我国特有种，分布于浙江、安徽、江西。生于海拔 190～500m 之山坡，路旁草丛中。

**4. 茄叶地黄**（*R. solanifolia* Tsoong et Chin） 多年生草本，块根圆柱状或略膨大，黄色，植体被多细胞长柔毛及腺毛，干时暗褐色或稍变黑，茎直立，不分枝或少数分枝，高 20～50cm。叶在基部丛生，在茎上互生；叶片椭圆形，长 6～12cm，宽 3～6cm，向上逐渐缩小，被疏柔毛，下面叶脉隆起，边缘具三角状粗齿或多少带突尖的粗锯齿，稀为波状钝齿，基部楔形，渐狭成长 2～4cm 具翅的柄。花单生叶腋，具粗壮、直立几与茎并行的梗，有时具 1～2 枚钻状或叶状小苞片，茎基部的梗在果期长 7cm，向上逐渐缩短；萼钟状，长 1.5～2cm，上端扩大，与花梗同被多细胞长柔毛，萼齿 5 枚，卵状三角形，先端锐尖，长 5～7mm，宽 3～4mm，彼此近于相等，或有时后方 1 枚稍长，或由于前方的 1～2 枚开裂而使萼齿达 6～7 枚；花冠紫红色，长 4～4.5cm；花冠筒先端多少扩大，外面被白色多细胞长柔毛和腺毛，上唇横矩圆形，长 1cm，宽 2cm，2 裂至中部，下唇裂片矩圆形，彼此近于相等，长约 1.2cm，宽约 1.0cm，或中裂宽达 1.6cm，其顶部又开裂成 2 枚矩圆形的裂片；雄蕊 4～5 枚，4 枚时，前方 1 对稍长，药室均成熟，矩圆形，长约 2mm，无毛，并行或基部叉开，雄蕊 5 枚时，则其中有 1 枚较小，其花丝细弱，药室 2 枚均缩小；子房无毛，长约 4mm，基部有一偏斜的浅杯状花盘，花柱粗壮，长 1.5～1.8cm，先端扩大成近于圆盘状的柱头，花期 4～6 月，常不结实。为我国特有种，产于四川东北部平昌、广元、达川，重庆城口等地区，生于海拔 1 100～1 400m 的林缘空地、草地、石缝中。本种与地黄靠近，不同在于，花全部单生叶腋；花梗粗大，直立，几与茎并行，花冠裂片 5～6 枚，雄蕊 4～5 枚，常不结实。

**5. 高地黄**（*R. elata* N. E. Brown） 叶每侧具 2～6 个锐尖、全缘的裂片，或者具少数带齿的裂片，而不是具多数锯齿；苞叶有长楔形的基部、不比苞片上部宽，花冠较大，唇瓣鲜亮柔和玫瑰红紫色，喉部有略带红色的黄点。原产我国湖北，现栽培于美国及欧洲各地。

# 第十四节　滇重楼（重楼）

## 一、概述

《中华人民共和国药典》收载重楼为滇重楼〔*Paris polyphylla* Smith var. *yunna-nensis* (Franch.) Hand. - Mzt.〕或七叶一枝花（*P. polyphylla* Smith）的干燥根茎。有清热解毒、消肿止痛、凉肝定惊之功效，用于痈肿、咽喉肿痛、毒蛇咬伤、跌打伤痛、惊风抽搐等症。已从滇重楼中分离鉴定了 50 余种化合物，主要有脂肪酸酯、甾醇及其苷、黄酮及多糖等，其中甾体皂苷 44 种，占总化合物的 80％以上。现代药理研究重楼有止血、祛痰和抑菌、镇静镇痛、抗早孕杀灭精子、抗细胞毒等作用。临床用于治疗功能性子宫出血、神经性皮炎、外科炎症以及肿瘤等，具有显著的疗效，是云南白药等著名中成药的主要组成药物。随着中药材市场的不断扩大和重楼本身所具有的良好药效，重楼的需求量必然将大幅度提高，价格还会上扬，人工种植是解决重楼资源匮乏的必然选择。

## 二、药用历史与本草考证

重楼原名蚤休，始载于《神农本草经》，列为下品，"蚤休味苦微寒，主惊痫，摇头弄舌，热气在腹中，癫疾，痈疮，阴蚀，下三虫，去蛇毒，一名蚩休，生山谷"。《唐新修本草》载：蚤休"今谓重楼者也，一名重台"。《嘉祐本草图经》载："蚤休，即紫河车也，俗称重楼金线……苗叶似王孙、鬼臼等，作二三层，六月开黄紫花，蕊赤黄色，上有金丝垂下，秋结红子，根似肥姜，皮赤肉白，四月五月采根，晒干用。"《滇南本草》载："重楼一名紫河车，一名独脚莲。味辛、苦，性微寒。"根据上述记载和《植物名实图考》载："蚤休，《本经》下品……通呼为草河车，亦曰七叶一枝花，为外科要药，滇南谓之重楼一枝箭。"其原植物主要为滇重楼和七叶一枝花。

中药重楼药用历史悠久，在李时珍所著的《本草纲目》中以蚤休之名收载，为下品："蛇虫之毒，得此治之即休，故有蚤休、螫休诸名。重台，三层，因其叶状也。金线重楼，因其花状也。一茎独上，茎当叶心，叶绿色，似芍药，凡二、三层，每一层七叶"，故称重楼。在《唐本草》中录别名为重楼，并以重台根等异名被历代本草古籍记载。2010 年版《中华人民共和国药典》收载有云南重楼和七叶一枝花两个变种的干燥根茎。重楼，其味辛、苦，性微寒，有小毒，归肝经。重楼有清热解毒、消肿止痛、凉肝定惊之功效，用于痈肿、咽喉肿痛、毒蛇咬伤、跌打伤痛、惊风抽搐等症，是著名的中成药云南白药、宫血宁胶囊等的主要组成药物。

道地性沿革：始载于《神农本草经》，列为下品。《名医别录》云："生山阳川谷及冤句。"《新修本草》云："今谓重楼者是也，一名重台，南人名草甘遂，苗似王孙、鬼臼等，有二三层，根如肥大菖蒲，细肌脆白。"《本草图经》云："今河中、河阳、华、凤、文州及江淮间也有之。"《本草品汇精要》云："道地滁州。"《植物名实图考》云："江西、湖南山中多有，人家亦种之。"

### 三、植物形态特征与生物学特性

**1. 形态特征**    滇重楼为多年生草本植物。根状茎粗壮，茎高 20～100cm，无毛，常带紫红色，基部有 1～3 片膜质叶鞘抱茎。叶 5～11 枚，绿色，轮生，长 7～17cm，宽 2.2～6cm，为倒卵状长圆形或倒披针形，先端锐尖或渐尖，基部楔形至圆形，全缘，常具一对明显的基出脉，叶柄长 0～2cm。花顶生于叶轮中央，两性，花梗伸长，花被两轮，外轮被片 4～6，绿色，卵形或披针形，内轮花被片与外轮花被片同数，线形或丝状，黄绿色，上部常扩大为宽 2～5mm 的狭匙形。雄蕊 2～4 轮，8～12 枚，花药长 5～10mm，药隔较明显，长 1～2mm。子房近球形，绿色，具棱或翅，1 室。花柱基紫色，增厚，常角盘状。花柱紫色，花时直立，果期外卷。果近球形，绿色，不规则开裂。种子多数，卵球形，有鲜红的外种皮（图 2 - 14）。花期 4～7 月，果 10～11月开裂。

**2. 生物学特性**    滇重楼生长在海拔 1 400～3 100m 的常绿阔叶林、云南松、竹林、灌丛、草坡背阴处或阴湿山谷中，有"宜阴畏晒，喜湿忌燥"的习性，喜湿润、荫蔽的环境，在地势平坦、灌溉方便、排水良好、含腐殖质多、有机质含量较高的疏松肥沃的沙质壤土中生长良好。滇重楼花梗的生长期一般为 1 个月，为花、叶同放型，种子具有"二次休眠"的生理

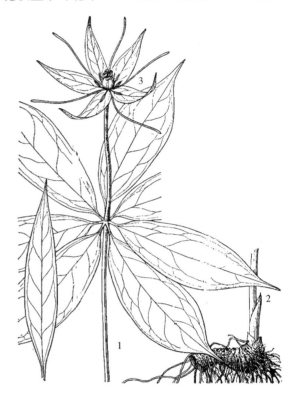

图 2 - 14    滇重楼
1. 植株    2. 根状茎    3. 雄蕊

特性。由于繁殖率低且生长缓慢，其药用部位根茎的自然生长速度远不如人参、三七的生物量大，从种子发芽到生长成药用商品，一般需 10 年以上。而重楼需求巨大，长期以来全部利用野生资源，加之资源再生周期长，目前已出现了较严重的资源危机。种子繁育是现实的必然选择，但在自然条件下种子从成熟到萌发出苗需要约 2 年，且出苗率低。另外在种植滇重楼时，建造的荫棚遮阴度在 60%～70%，能有效促进滇重楼的生长。

### 四、野生近缘植物

重楼属植物主要分布在欧亚大陆的热带及温带地区，全世界有 24 种，我国有 19 种，南北都有分布，以西南分布为多。

**1. 华重楼**［*P. polyphylla* Smith var. *chinensis*（Franch.）Hara］    多年生草本，高

30～100cm。茎直立。叶5～8片轮生于茎顶，叶片长圆状披针形、倒卵状披针形或倒披针形，长7～17cm，宽2.5～5cm。花梗从茎顶抽出，通常比叶长，顶生1花，萼片4～6，叶状，绿色，长3～7cm；花被片细线形，黄色或黄绿色，宽1～1.5mm，长为萼片的1/3至近等长；雄蕊8～10，花药长1.2～2cm。蒴果球形，种子有红色肉质假种皮。花期5～7月，果期8～10月。生于森林、竹林、灌丛、山坡林荫下。分布于云南、安徽、福建、广东、广西、贵州、湖北、湖南、江苏、江西、四川、台湾。具有清热解毒、消肿止痛、凉肝定惊之功效。主治咽喉肿痛、毒蛇咬伤、惊风抽搐等症。

**2. 北重楼**（*P. verticillata* M. - Bieb.） 多年生直立草本，高25～60cm，根状茎细长。茎单一。叶6～8枚，轮生茎顶，披针形、狭矩圆形、倒披针形或倒卵状披针形，长7～15cm，宽1.5～3.5cm，先端渐尖，全缘，基部楔形，主脉3条基出；具短叶柄或几无柄。花梗单一，自叶轮中心抽出，长4.5～12cm，顶生1花，外轮花被片绿色，叶状，通常4片，内轮花被片条形，长1～2cm；雄蕊8枚，花丝长约5.7mm，花药条形，长1cm，药隔延伸6～8mm；子房近球形，紫褐色，无棱，花柱分枝4枚，分枝细长并向外反卷。蒴果浆果状，不开裂，种子多数。产于我国东北及河北、山西、陕西、甘肃、内蒙古、安徽、浙江；朝鲜、日本、前苏联也有。生于海拔1 100～2 300m山坡林下。

**3. 多叶重楼**（*P. polyphylla* Sm.） 根状茎粗壮，长11cm，粗1～3cm；茎高25～86cm，无毛。叶5～11枚，绿色，长圆形，倒披针形至长椭圆形，膜质至纸质，先端锐尖至长渐尖，基部圆形，宽楔形，长7～17cm，宽2.2～6cm，长为宽的2.6～5.7倍，同一植株的叶常等长而不等宽；叶柄长0.1～3.3cm。花梗长1.8～3.5cm，在果期明显伸长；花基数3～7。萼片绿色，披针形，长2.2～8cm，宽0.5～2cm，有时具短爪；花瓣狭线形或丝状，长2.2～10cm，常比萼片长，宽0.1～0.3mm，黄绿色，有时基部黄绿色，上部紫色；雄蕊2轮，偶有多1枚或少1枚的偏差，长9～18mm，花丝长3～7mm，花药长5～10mm，药隔突出部分不明显或长0.5～2mm；子房绿色，光滑或有瘤，具棱或翅，1室，胎座3～7，平坦或向室腔隆起，花柱基紫色，增厚，常角盘状，花柱紫色，长0～2mm，柱头紫色，稀白色，长4～10mm，花时直立，果期外卷。果近球形，绿色，不规则开裂，径可达4cm，种子多数；卵球形，有鲜红色的假种皮。花期4～6月，果期10～11月。分布于我国西南部、南部至东南部；西藏南部、四川、广西、广东、台湾、湖南、湖北西部也有。生于海拔3 400m以下针阔叶混交林、竹林、灌丛或草坡。

**4. 五指莲**（*P. axialis* H. Li） 别名小重楼、铁灯台、大叶重楼。直立草本；根状茎圆柱形，伸长，棕褐色，长7～8cm，粗1～1.3cm，多环节，常分枝，茎高15～13cm，绿色或红紫色，无毛，叶4～6枚，纸质，绿色，卵形，倒卵形或长圆卵形，先端骤狭渐尖，基部心形或圆形，全缘，无毛，长7～19cm，宽4.5～12cm，主脉3条或5条，基出，两侧的1～2对呈弧形伸至叶片先端，支脉在主脉间斜伸，不到叶缘。脉纹于上面微陷，背面微凸；叶柄长2～6cm。花梗或果梗长14～25cm，花基数4～6，与叶数一致，或比叶数多1，雄蕊3轮。萼片绿色，纸质，卵形或卵状披针形，长渐尖，基部圆形，长3～7.5cm，宽1～2.8cm，花瓣黄绿色，丝状，斜伸，长4.4～11cm，远长于萼片。雄蕊全长10～21mm；子房绿色，近球形，具4～6棱。花期4月，果9～10月成熟。

产于云南彝良、巧家、绥江；生于海拔 1 800～1 900m 的常绿阔叶林和针阔叶混交林下。分布海拔可达 2 500m。四川西部和南部、贵州西北部也有。主治疮毒、蛇咬伤、子宫出血等症。

**5. 金线重楼**（*P. delavayi* Franchet）  株高 0.5～1.5m。根状茎长 1.5～5cm，茎高 30～70cm。叶片披针形或长圆形。花序梗长 16～75cm。外轮花被片 4～5，内轮花被片常深紫色，丝状线形，比外轮短。雄蕊常 8 或 10；花丝长 2～4mm；花药长 0.6～1.8cm；药隔离生，部分紫色长 1.5～4mm，尖端锐尖。子房绿色或上部紫色，圆锥状卵球形。花柱长 3～5mm；柱头裂片 4～6。成熟时蒴果绿色，圆锥状卵球形。种子红色，被肉质的假种皮。花期 4～5 月，果期 9～10 月。生于海拔 1 300～2 000m 的森林、竹林、灌丛。分布于贵州、湖北、湖南、江西、四川、云南等地。

**6. 巴山重楼**（*P. bashanensis* Wang et Tang）  多年生直立草本，高 25～45cm；根状茎细长，直径 4～8mm。叶 4 枚轮生，稀为 5 枚，矩圆状披针形或卵状椭圆形，长 4～9cm，宽 2～3.5cm，先端渐尖，基部楔形，具短柄或近无柄。花梗长 2～7cm；外轮花被片 4，狭披针形，长 1.5～3cm，宽 3～4mm，反折；内轮花被片线形，与外轮同数且近等长；雄蕊通常 8 枚，花药长 1～1.2cm，花丝短，长 3～4mm，药隔突出部分长 6～10mm；子房球形，花柱具 4～5 分枝，分枝细长。浆果状蒴果不开裂，紫色，具多数种子。花期 4 月。产于湖北兴山，重庆城口、万县，四川宝兴等地。

# 第十五节    多花黄精（黄精）

## 一、概述

黄精是我国常用的中药材，为百合科黄精属多年生草本植物根茎的总称。《中华人民共和国药典》2010 年版一部收藏了滇黄精（*Polygonatum kingianum* Coll. et Hemsl.）、黄精（*P. sibiricum* Red.）和多花黄精（*P. cyrtonema* Hua）等 3 种原植物，按药用部位形状，习称"大黄精""鸡头黄精""姜形黄精"。以块大、肥润、色黄白断面者为优，味苦者不可入药。具补肾益精、滋阴润燥之功，用于滋补强身和治疗肾虚精亏、肺虚燥咳以及脾胃虚弱之证。全世界黄精属植物分布于北温带，以亚洲东部分布比较集中，欧洲及北美次之。迄今已报道 60 余种，我国约 40 余种，是黄精属植物的主要分布中心。

黄精在我国分布很广泛，在海拔 200～2 000m 的山上适宜其生长的环境下，都可以发现生长有黄精，而且分布较有特色。黄精（鸡头黄精）产于东北地区、西北地区、河北、内蒙古、安徽东部、浙江西北部等地，朝鲜、蒙古和俄罗斯西伯利亚东部地区也有分布。多花黄精产于四川、贵州、湖南、湖北、安徽、江苏南部、浙江、福建、广东中北部、广西北部等地。滇黄精产于云南、四川、贵州，越南、缅甸也有。

黄精最适宜生长于表层水分充足且富含腐殖质的沙质壤土及荫蔽之地，上层透光充足的林缘、灌丛、草丛及林下开阔地带。

## 二、药用历史与本草考证

黄精出自《雷公炮炙论》："凡使黄精，勿用钩吻，真相似，只是叶有毛钩子，若误服，害人。黄精叶似竹叶。"《名医别录》谓："黄精生山谷，二月采根，阴干。"《本草经集注》曰："黄精今处处有。二月始生，一枝多叶，叶状似竹而短。根似萎。萎根如荻根及菖蒲，概节而平直；黄精根如鬼臼、黄连，大节而不平，虽燥，并柔软有脂润。根叶花实皆可饵服，酒散随宜。黄精叶乃与钩吻相似，惟茎不紫，花不黄为异，而人多惑之，其类乃殊，遂致死生之反，亦为奇事。"《唐本草》记载："黄精，肥地生者，即大如拳，薄地生者，犹如拇指。萎蕤肥根颇类其小者，肌理形色都大相似。今以鬼臼、黄连为比，殊无仿佛。又黄精叶似柳及龙胆、徐长卿辈而坚；其钩吻蔓生，殊非此类。"根据以上记载的药性及形态，古代药用黄精显然是现今百合科黄精属植物。

宋代《本草图经》："黄精，旧不载所出外郡，但云生山谷，今南北皆有之，以嵩山、茅山者为佳。三月生苗，高一二尺以来。叶如竹叶而短，两两相对。茎梗柔脆，颇似桃核，本黄未赤。四月开细青白花如小豆花状。子白如黍，亦有无子者。根如嫩生姜，黄色。二月采根，蒸过暴干用。今通八月采，山中人九蒸九暴作果卖，甚甘美，而黄黑色。江南人说黄精苗叶，稍类钩吻，但钩吻叶头极尖而根细。苏恭注云，钩吻蔓生，殊非此类，恐南北所产之异耳。初生苗时，人多采为菜茹，谓之笔菜，味极美，采取尤宜辨之。"《本草图经》附有 10 幅形态不尽相同的黄精图，其中滁州黄精，根状茎结节状膨大，叶 3～4 枚轮生。滁州即今安徽省滁州市，经考证，此当是安徽黄精（*P. anhuiense* D. C. Zhang et J. Z. Shao）。此外宋代《证类本草》记载"葳蕤"。引图经曰："萎蕤生泰山山谷丘陵，今滁州、舒州及汉中皆有之。叶狭而长，表白里青，亦类黄精。茎秆强直，似竹箭秆有节。根黄多须，大如指，长一、二尺，或云可啖。三月开花，结圆实。"显然，萎蕤形态与黄精相似，但"根大如指，长一、二尺"，与玉竹［*P. odoratum*（Mill）Druce］比较符合。经考证这些与百合科植物玉竹的形态很吻合。

## 三、植物形态特征与生物学特性

**1. 形态特征**　根茎肥厚，通常连珠状或结节成块，少有近圆柱形，直径 1～2cm。茎高50～100cm，通常具 10～15 枚叶。叶互生，椭圆形、卵状披针形至矩圆状披针形，少有稍作镰状弯曲，长 10～18cm，宽 2～7cm，先端尖至渐尖。花序具2～14 花，伞形，总花梗长4～

图 2-15　多花黄精
1. 植株　2. 花，已剖开　3. 雄蕊

6cm，花梗长 0.5～3cm；苞片微小，位于花梗中部以下，或不存在；花被黄绿色，全长18～25mm，裂片长约 3mm；花丝长 3～4mm，两侧扁或稍扁，具乳头状突起至具短绵毛，顶端稍膨大乃至具囊状突起，花药长 3.5～4mm；子房长 4～8mm，花柱长 12～15mm。浆果黑色，直径约 1cm，具 3～9 颗种子。花期 5～6 月，果期 7～11 月。其根状

茎呈连珠状或块状，稍带圆柱形，直径 2～3cm。每一结节上茎痕明显，圆盘状，直径约 1cm。圆柱形处环节明显，有众多须根痕，直径约 1mm。表面黄棕色，有细皱纹。质坚实，稍带柔韧，折断面呈颗粒状，有众多黄棕色维管束小点散列（图 2 - 15）。气微，味微甜。

**2. 生物学特性**　药用黄精原植物广泛分布于海拔 200～800m 以下的林下灌丛、阴坡或沟谷、溪边及草甸中。喜阴湿、潮润环境，耐阴、耐寒性强，幼苗能露地越冬，在干燥地区生长不良，在湿润、阴凉环境生长良好。以土层深厚、疏松肥沃、表层水分充足以及富含腐殖质的沙质壤土及荫蔽之地，上层透光充足的林缘、灌丛、草丛及林下开阔地带最宜生长。生长在阳坡的黄精地上茎较高，而地下茎则细小；生长在阴坡林荫处的黄精地上茎虽不高，但地下茎粗壮，且往往成片生长。这说明在阴湿环境下，黄精地下根茎生长力强，营养充足。在强光照条件下植株矮小、叶脆、茎秆细弱、根状茎生长停滞，须根发黑，植株生长不良且易被日头灼伤。

在人工栽培条件下，黄精于 3 月 30 日出芽，到 11 月 20 日，基本完成地上部分的生长。黄精幼芽被苞片包裹，芽出土第二天叶片即展开，10d 左右可达盛叶期。由于前一年秋季形成的顶芽已经分化完全，分化出花芽和叶芽，故展叶 4～5d 即可见到花蕾，4 月 24 日开花，4 月底达到盛花期，5 月 20 日进入落花期。花期黄精的子房持续膨大，末花期时形成种子。10 月下旬内果皮由浅绿色变为墨绿色浆质，标志种子成熟。11 月 5 日进入叶始枯期，11 月 20 日茎叶全枯。野生黄精物候期比人工种植的黄精提早 15d 左右。

## 四、野生近缘植物

**1. 黄精**（P. sibiricum Red.）　多年生草本。根茎圆柱状，由于结节膨大，因此"节间"一头粗、一头细，在粗的一头有短分枝，直径 1～2cm。茎高 50～90cm，或可达 1m 以上，有时呈攀缘状。叶轮生，每轮 4～6 枚，条状披针形，长 8～15cm，宽 4～16mm，先端拳卷或弯曲成钩。值得指出的是，其初生苗仅具 1 枚椭圆形的叶，后来的叶为对生而披针形，长成的植株，其叶为轮生而条状披针形。花序通常具 2～4 朵花，似呈伞形状，总花梗长 1～2cm，花梗长 2.5～10mm，俯垂；苞片位于花梗基部，膜质，钻形或条状披针形，长 3～5mm，具 1 脉；花被乳白色至淡黄色，全长 9～12mm，花被筒中部稍缢缩，裂片长约 4mm；花丝长 0.5～1mm，花药长 2～3mm；子房长约 3mm，花柱长 5～7mm。浆果直径 7～10mm，黑色，具 4～7 颗种子。花期 4～8 月，果期 7～11 月。其根状茎呈结节状，一端粗，类圆盘状，一端渐细，圆柱状，全形略似鸡头，长 2.5～11.0cm，粗端直径 1～2cm，常有短分枝，上面茎痕明显，圆形，微凹，直径 2～3mm，周围隐约可见环节；细端长 2.5～4.0cm，直径 5～10mm，环节明显，节间距离 5～15mm，有较多须根或须根痕，直径约 1mm。表面黄棕色，有的半透明，具皱纹；圆柱形处有纵行纹理。质硬脆或稍柔韧，易折断，断面黄白色，颗粒状，有许多黄棕色维管束小点。气微，味微甜。

**2. 滇黄精**（P. Ringianum Coll et Hemsl.）　根茎近圆柱形或近连珠状，结节有时作不规则菱状，肥厚，直径 1～3cm。茎高 1～3m，顶端作攀缘状。叶轮生，每轮 3～10 枚，条形、条状披针形或披针形，长 6～25cm，宽 3～30mm，先端拳卷。花序具 1～6 花，总花梗下垂，长 1～2cm，花梗长 0.5～1.5cm，苞片膜质，微小，通常位于花梗下部；花被粉红色，长 18～25mm，裂片长 3～5mm；花丝长 3～5mm，丝状或两侧扁，花药长 4～6mm；子房长 4～6mm，花柱长 8～14mm。浆果红色，直径 1～1.5cm，具 7～12 颗种子。花期 3～6 月，果期 6～10 月。其根状茎肥厚，姜块状或连珠状，直径 2～4cm 或以上，每一结节有明显茎痕，圆盘状，稍凹陷，直径 5～8mm；须根痕多，常突出，直径约 2mm。表面黄白色至黄棕色，有明显环节及不规则纵皱。质实，较柔韧，不易折断，断面黄白色，平坦，颗粒状，有众多深色维管束小点。气微，味甜，有黏性。

**3. 距药黄精**（*P. franchetii* Hua）　根状茎连珠状，直径 7～10mm。茎高 40～80cm。叶互生，矩圆状披针形，少有长矩圆形，长 6～12cm，先端渐尖。花序具 2（～3）花，总花梗长 2～6cm、花梗长约 5mm，基部具一与之等长的膜质苞片；苞片在花芽时特别明显，似两颖片包着花芽；花被淡绿色，全长约 20mm，裂片长约 2mm；花丝长约 3mm，略弯曲，两侧扁，具乳头状突起，顶端在药背处有长约 1.5mm 的距，花药长2.5～3mm；子房长约 5mm，花柱长约 15mm。浆果紫色，直径 7～8mm，具 4～6 颗种子。花期 5～6 月，果期 9～10 月。本种以其花丝顶端具距，花梗基部具一与之等长的膜质苞片，在本系中较为特殊，和其他种容易区别，但多花黄精的花丝顶端具囊，有时囊较大时，也接近于距。产于陕西（秦岭以南）、四川（东部）、湖北（西部）、湖南（西北部）。

**4. 轮叶黄精**［*P. verticillatum*（Linn.）All.］　多年生宿根草本。茎高（20～）40～80cm。叶大部分为 3 叶轮生，或间有少数对生或互生者，矩圆状披针形至条状披针形或条形，顶端尖至渐尖。花序腋生，具 1～2 花，俯垂；花被淡黄色或淡紫色，合生成筒状，裂片 6。浆果熟时红色。分布于西藏、云南、四川、青海、甘肃、陕西、山西；欧洲经西南亚至尼泊尔也有。

**5. 长梗黄精**（*P. filipes* Merr. ex C. Jeffrey et McEwan）　根状茎连珠状或有时"节间"稍长，直径 1～1.5cm。茎高 30～70cm。叶互生，矩圆状披针形至椭圆形，先端尖至渐尖，长 6～12cm，下面脉上有短毛。花序具 2～7 花，总花梗细丝状，长 3～8cm，花梗长 0.5～1.5cm；花被淡黄绿色，全长 15～20mm，裂片长约 4mm，筒内花丝贴生部分稍具短绵毛；花丝长约 4mm，具短绵毛，花药长 2.5～3mm；子房长约 4mm，花柱长1.0～1.4mm。浆果直径约 8mm，具 2～5 颗种子。分布于江苏、安徽、浙江、江西、湖南、福建、广东（北部）。

# 第十六节　甘　　草

## 一、概述

　　甘草（*Glycyrrhiza uralensis* Fisch.）隶属于豆科蝶形花亚科甘草属，为多年生草本植物。其根和根茎为我国药用甘草的主要来源。甘草中含有三萜类、黄酮类以及甘草多糖等多种成分。具有益气补中、缓急止痛、润肺止咳、泻火解毒、调和诸药之功效。

　　甘草的自然分布区域比较广泛，从北纬 34°～48°、东经 75°～126°的狭长地带均有分布，南北绵延 14 个纬度，东西横跨 51 个经度，横贯我国 13 个省份，主要分布在齐齐哈尔以南，沈阳、长春、哈尔滨一线以西的三北地区。早在 20 世纪 60 年代我国就开始了甘草野生变家栽尝试，80 年代开始了生产性的试验，90 年代初开始规模化生产。《中华人民共和国药典》收载甘草的 3 个种中，光果甘草（*G. glabra* L.）和胀果甘草（*G. inflata* Batalin.）基本为野生状态，栽培甘草绝大部分为甘草（除个别不法商贩将其他种种子掺入甘草种子中销售）。目前甘草人工种植已经遍布三北地区各省份，种植面积较大的有内蒙古、宁夏、甘肃、吉林、山西和新疆地区。陕西、河北、辽宁、黑龙江和青海也有一定的栽培面积。生产上，甘草栽培方式有移栽和直播两种，其种植技术基本成熟。但人工种植甘草存在甘草酸含量达不到《中华人民共和国药典》规定要求，短期内提高人工甘草质量仍是当前迫切需要解决的问题。

## 二、药用历史与本草考证

甘草为我国常用大宗药材，为应用历史悠久而广泛的最常用中药。甘草始载于《神农本草经》，将其列为上品。我国历代名医对甘草药用评述极多，"诸药中以甘草为君，功能调和诸药，遂有国老之号"。在欧洲和西亚，早在公元前 2100 年的《汉谟拉比法典》中，对甘草已有记载。公元前 400 年的《希波克拉底全集》中，已记叙了甘草的使用。

对于甘草植物形态描述最早的为宋代《本草图经》载："今陕西河东州郡皆有之。春生青苗，高一二尺，叶如槐叶，七月开紫花似奈，冬结实作角，子如荜豆。根长者三四尺，粗细不定，皮赤上有横梁，梁下皆细根也。"宋代《本草衍义》载："枝叶悉如槐，高五六尺，但叶端微尖而糙涩，似有白毛。实作角生，如相思角，作一本生。子如小扁豆，齿啮不破。"明代《本草乘雅半偈》载："春生苗，高五六尺，叶如槐，七月开花，紫赤如奈冬，结实作角如毕豆，根长三四尺，粗细不定，皮亦赤，上有横梁，梁下皆细根也，青苗紫花，白毛槐叶。"由以上植物形态描述来看，传统医用甘草应是甘草（*Glycyrrhiza uralensis* Fisch.）。古代甘草道地产区记载虽因时而异，但是也有一定的变化规律。不同时代都以陕、甘、宁地区为基本中心，随时代变迁，从汉代开始，甘草道地产区有东移之势，至宋代，陕西、山西甘草逐渐繁荣，出现府州甘草、汾州甘草。时间延至明代，山西仍是甘草的主要道地产区，并且区域扩至北京一带。到了清代，受疆域演变的影响，甘草产地已经逐渐向北、东方向延伸至内蒙古、东北一带，直到现代这一地区已经成为甘草的主产区。新疆甘草产区的历史记载甚少，但是因其资源丰富，已逐渐成为商品甘草的主要来源地。

## 三、植物形态特征与生物学特性

**1. 形态特征**　甘草为多年生草本，根及根状茎粗壮，皮红棕色至褐色，茎直立，多分枝，高 30～120cm。有白色短毛和刺状腺体。奇数羽状复叶长 5～20cm；小叶 5～17 枚，卵形或宽卵形，长 2～5cm，宽 1～3cm，先端急尖或钝，基部圆，两面均

图 2 - 16　甘　草
1. 植株　2. 根

被短毛和腺体；托叶阔披针形，被白色纤毛。总状花序腋生，具多数花；花萼钟状，萼齿5，披针形，外面有短毛和刺毛状腺体；花冠紫色、白色或黄色，长 1.0～2.4cm，无毛，旗瓣大，长圆形顶端微凹，基部具短瓣柄，翼瓣短于旗瓣，龙骨瓣直，短于翼瓣；雌雄二体（9+1）。荚果条形，呈镰刀状或环状弯曲，外面密被刺毛状腺体。种子 3～11 枚，暗绿色，圆形或肾形。长约 3mm（图 2-16）。花期 6～8 月，果期 7～10 月。

**2. 生物学特性**　甘草常生于向阳干燥的钙质草原、河岸沙质土等地。具抗旱、喜光习性，是钙质土的指示植物。甘草属于对辐射量和日照时数要求均较高的植物，对气温的适应范围很广，可适应冬季低温、夏季高温和很大日较差及年较差地区的气候条件，属于能适应大气严重干旱的植物。其分布区的年平均温度在 3.5～9.6℃，最低温度可在－30℃以下，最高温度可达 38.4℃。在日照强烈的荒漠地区可分布在胡杨林林隙或林缘。甘草喜欢生长在土层深厚的钙质土上，在碳酸盐黑土型草甸土、栗钙土、棕钙土或灰钙土、淡碳酸盐褐土、黑垆土和荒漠化盐化草甸土上都有甘草生长。而在其他非钙质土上未见其生长。它能忍耐轻度盐化或碱化的土壤，但不能生长在重盐碱化土壤上。所以，栽培甘草宜选土层深厚、排水良好、地下水位较低的沙质壤土栽种，涝洼和地下水位高的地区不宜种植。土壤酸碱度以中性或微碱性为好，在酸性土壤中生长不良。甘草地上部分每年秋末死亡，根及根茎在土中越冬，翌年春 3～4 月从根茎上长出新芽，长枝发叶，5～6 月枝繁叶茂，6～7 月开花结果，9 月荚果成熟。

甘草种子及地下茎生物学特性决定了野生甘草通常采用无性繁殖方式壮大种群。甘草种子属强迫休眠类型，正常成熟的种子硬实率高达 80% 以上。采用高温浸种或用机械方法将部分种皮擦破或采用浓硫酸腐蚀种皮均能提高种子发芽率。甘草种子发芽的最低温度6℃，适宜温度 15～30℃，最适温度 25～30℃，最高温度 45℃。种子在 5% 的土壤含水量条件下能够萌发，适宜萌发的土壤含水量为 7.5% 以上。无论是酸性和碱性条件，甘草种子的萌发均受到抑制。甘草地下部分具有发达的根系和根茎，根茎分垂直和水平两种，垂直根茎或根上生长水平根茎。水平根茎一般分布在地表以下 20～30cm，因土壤条件不同，有些分布到 40～50cm，甚至 70cm 以下。水平根茎一般为一层，也有两层或更多层情况。甘草根系一般在 1.5m 以下，最深可达 8～9m，甚至 10m 以下。根茎通常粗 2cm 左右，粗者直径可达 4～5cm，垂直根茎甚至达到 8～9cm。甘草地下的根和根茎都具有萌芽能力，二年生以上植株，春季由地下茎顶端的更新芽萌生出新苗，一根垂直根茎或根常能萌生出数个地上苗，呈丛状生长。甘草被挖掘后，可在根和根茎上萌生新芽，并能促进根茎休眠芽的萌生，以形成新的垂直根茎和水平根茎，萌生出更多的地上苗。

由于不同产地气候和土壤条件的不同，使甘草药材质量也表现出较大差异。甘草药材的外观性状与地貌条件、土壤质地和土壤酸碱度具有一定的相关性。不同地貌条件下最明显的特征是地下茎（根）皮颜色，黄土坡地下茎的颜色最深，介于红褐色与紫褐色之间，其余地貌条件下茎皮的颜色以黄褐色为主，随着土壤含水量的增加，茎皮颜色有向灰色变化的趋势。在沙地和下湿沙地上生长的根和茎皮较为光滑，在土质较细的黄土坡和碱滩土丘上的则较为粗糙。土壤质地对地下茎和根表面颜色和光滑度具有较大影响。由细沙土到沙壤土到轻壤土，横生茎的颜色随土壤质地变细呈加深的趋势，细沙土上一般介于黄褐色至灰褐色之间，沙壤土介于紫褐色到黄褐色，轻壤土多呈紫褐色。酸碱度主要对地下茎与根表面颜色及光滑程度有明显影响，随 pH 逐渐升高横生茎颜色呈现由深变浅的趋势，pH7.5～8.0 时，横生茎呈红褐色至紫褐色，pH 大于 8.5 以后，呈黄褐色至灰褐色。土壤酸碱度对横生茎表面光滑度的影响，呈现随 pH 增加光滑度提高的趋势。

气候因素对甘草酸含量具有一定影响，光照度和温度条件与甘草酸含量呈正相关关系，降水量和空气相对湿度与甘草酸含量呈负相关关系。说明，具有较强的光照、较高的温度和较小的空气相对湿度的地区，甘草种群的甘草酸含量偏高。不同地形地貌条件下生长的种群之间甘草酸含量的差异达到极显著程度。另外，乌拉尔甘草具有一定的耐盐性，可以在轻度盐碱地上生长，只要土壤盐分含量在其生存极限范围内，甘草酸的形成和积累过程一般不会受到显著影响。

## 四、野生近缘植物

豆科甘草属植物世界范围内约 20 种，主要分布在亚洲和欧洲以及澳大利亚和美国南部和北部，我国有 8 种，主要分布在黄河以北各省份，个别种见于云南西北部。除甘草外，光果甘草、胀果甘草、无腺毛甘草、粗毛甘草根及根状茎中也含有甘草酸，其中，甘草、光果甘草和胀果甘草在我国作为药材甘草使用。甘草为生产上主要栽培种，而光果甘草和胀果甘草基本为野生状态，其种子偶有混入甘草中栽培现象并有逐年增加趋势。

**1. 光果甘草**（*G. glabra* L.）　多年生草本，根与根状茎粗壮，直径 0.5～3cm，根皮褐色，里面黄色，具甜味。茎直立而多分枝，高 50～150cm，基部带木质，密被淡黄色鳞片状腺点和白色柔毛，幼时具条棱，有时具短刺毛状腺体。叶长 5～14cm；托叶线形，长仅 1～2mm，早落；叶柄密被黄褐腺毛及长柔毛；小叶 11～17 枚，卵状长圆形、长圆状披针形、椭圆形，长 1.7～4cm，宽 0.8～2cm，上面近无毛或疏被短柔毛，下面密被淡黄色鳞片状腺点，沿脉疏被短柔毛，顶端圆或微凹，具短尖，基部近圆形。总状花序腋生，具多数密生的花；总花梗短于叶或与叶等长（果后延伸），密生褐色的鳞片状腺点及白色长柔毛和茸毛；苞片披针形，膜质，长约 2mm；花萼钟状，长 5～7mm，疏被淡黄色腺点和短柔毛，萼齿 5 枚，披针形，与萼筒近等长，上部的 2 齿大部分连合；花冠紫色或淡紫色，长 9～12mm，旗瓣卵形或长圆形，长 10～11mm，顶端微凹，瓣柄长为瓣片长的1/2，翼瓣长 8～9mm，龙骨瓣直，长 7～8mm；子房无毛。荚果长圆形，扁，长1.7～3.5cm，宽 4.5～7mm，微作镰形弯，有时在种子间微缢缩，无毛或疏被毛，有时被或疏或密的刺毛状腺体。种子 2～8 枚，暗绿色，光滑，肾形，直径约 2mm。花期 5～6 月，果期 7～9 月。产于东北、华北、西北各省份。生于河岸阶地、沟边、田边、路旁，较干旱的盐渍化土壤上也能生长。欧洲、地中海区域以及哈萨克斯坦、乌兹别克斯坦、土库曼斯坦、吉尔吉斯斯坦、塔吉克斯坦、俄罗斯西伯利亚地区以及蒙古也有。

**2. 胀果甘草**（*G. inflata* Batalin.）　多年生草本，根与根状茎粗壮，外皮褐色，被黄色鳞片状腺体，里面淡黄色，有甜味。茎直立，基部带木质，多分枝，高 50～150cm。叶长 4～20cm；托叶小，三角状披针形，褐色，长约 1mm，早落；叶柄、叶轴均密被褐色鳞片状腺点，幼时密被短柔毛；小叶 3～7（～9）枚，卵形、椭圆形或长圆形，长 2～6cm，宽 0.8～3cm，先端锐尖或钝，基部近圆形，上面暗绿色，下面淡绿色，两面被黄褐色腺点，沿脉疏被短柔毛，边缘或多或少波状。总状花序腋生，具多数疏生的花；总花梗与叶等长或短于叶，花后常延伸，密被鳞片状腺点，幼时密被柔毛；苞片长圆状披针形，长约 3mm，密被腺点及短柔毛；花萼钟状，长 5～7mm，密被橙黄色腺点及柔毛，萼齿 5，披针形，与萼筒等长，上部 2 齿在 1/2 以下连合；花冠紫色或淡紫色，旗瓣长椭圆形，长 6～9（～12）mm，宽 4～7mm，先端圆，基部具短瓣柄，翼瓣与旗瓣近等大，明显具耳及瓣柄，龙骨瓣稍短，均具瓣柄和耳。荚果椭圆形或长圆形，长 8～30mm，宽 5～10mm，直或微弯，两种子间膨胀或与侧面不同程度下隔，被褐色的腺点和刺毛状腺体，疏被长柔毛。种子 1～4 枚，圆形，绿色，直径 2～3mm。花期 5～7 月，果期 6～10 月。产于内蒙古、甘肃和新疆。常生于河岸阶地、水边、农田边或荒地中。哈萨克斯坦、乌兹别克斯坦、土库曼斯坦、吉尔吉斯斯坦和塔吉克斯坦也有分布。

**3. 无腺毛甘草**（*G. eglandulosa* X. Y. Li）　多年生草本，根及根状茎具甜味。茎直立，高 50～90cm，多分枝，被稀疏褐色腺体、皮刺及白色柔毛。叶长 15～22cm，叶柄及叶轴被稀疏腺体、皮刺及白色柔毛；小叶 11～15 枚，卵形或椭圆形，长 2.3～4.45cm，宽 0.6～1.35cm，上面被稀疏微柔毛，下面较密并被褐色腺体，先端钝，基部圆或稍心形，边缘皱波状。总状花序腋生，长 11.7～18.5cm，等于或长于叶，疏被褐色腺体、皮刺及柔毛；苞片披针形，被白色柔毛；花长 1.2～1.6cm，花萼钟状，长 0.9～1cm，上 2 萼齿宽，长约 4mm，合生几至先端处，下 3 萼长 2.7～4.6mm，宽 1.6～1.7mm，密被褐色腺体及疏柔毛；旗瓣瓣片长椭圆形，长 13.3～14.6mm，宽 3～5.3mm，基部渐狭成 1～1.8mm 的瓣柄，翼瓣长圆形，具斜渐尖头，瓣片长 7.8～8.9mm，线形瓣柄长 3.3～4.5mm，具耳，龙骨瓣长圆形，瓣片长 6.5mm，宽 1.9～2.5mm；子房直，密被微柔毛。荚果两侧扁，长圆形，在种子间成之字形曲折，长 1.2～3cm，宽 5～7mm，被疏柔毛。种子 1～9 枚，肾形，长 2.7～3mm，宽 2.2～2.6mm。产于新疆焉耆及石河子。

**4. 粗毛甘草**（*G. aspera* Pall.）　多年生草本，根和根状茎较细瘦，直径 3～6mm，外面淡褐色，内面黄色，具甜味。茎直立或铺散，有时稍弯曲，多分枝，高 10～30cm，疏被短柔毛和刺毛状腺体。叶长 2.5～10cm；托叶卵状三角形，长 4～6cm，宽 2～4mm，叶柄疏被短柔毛与刺毛状腺体；小叶（5～）7～9 枚，卵形、宽卵形、倒卵形或椭圆形，长 10～30mm，宽 3～18mm，上面深灰绿色。无毛，下面灰绿色，沿脉疏生短柔毛和刺毛状腺体，两面均无腺点，顶端圆，具短尖，有时微凹，基部宽楔形，边缘具微小的钩状刺毛。总状花序腋生，具多数花；总花梗长于叶（花后常延伸），疏被短柔毛和刺毛状腺体；苞片线状披针形，膜质，长 3～6mm；花萼筒状，长 7～12mm，疏被短柔毛，无腺点，萼齿 5，线状披针形，与萼筒近等长，上部的 2 齿微连合；花冠淡紫色或紫色，基部带绿色，旗瓣长圆形，长 13～15mm，宽 5～6.5mm，顶端圆，基部渐狭成瓣柄，翼瓣长 12～14mm，龙骨瓣长 10～11mm；子房几无毛。荚果念珠状，长 15～25mm，常弯曲成环状或镰刀状，无毛，成熟时褐色，种子 2～10 枚，近圆形，长 2.5～3mm，黑褐色。花期 5～6 月，果期 7～8 月。产于内蒙古、陕西、甘肃、青海、新疆。常生于田边、沟边和荒地中。俄罗斯欧洲部分及西伯利亚地区、哈萨克斯坦、乌兹别克斯坦、土库曼斯坦、吉尔吉斯斯坦、塔吉克斯坦、伊朗、阿富汗也有。

# 第十七节 何 首 乌

## 一、概述

为蓼科植物何首乌（*Polygonum multiflorum* Thunb.）的块根。干燥块根称何首乌，也称生首乌；何首乌片用黑豆汁拌匀炖或蒸，或清蒸干燥后，称制何首乌，习称制首乌。生首乌味苦、甘、涩、微温，归肝、心、肾经，具解毒、消痈、截疟、润肠通便之攻。制首乌味苦、甘、涩、微温，归肝、心、肾经，能补肝肾，益精血，乌须发，强筋骨，化浊降脂。主要化学成分有二苯乙烯苷类化合物，如 2，3，5，4′-四羟基反式二苯乙烯-2-$O$-$\beta$-D-吡喃葡萄糖苷、2，3，5，4′-四羟基反式二苯乙烯-2，3-二-2-$O$-$\beta$-D-吡喃葡萄糖苷（何首乌丙素）等；蒽醌类化合物，如大黄素、大黄素甲醚、大黄酚、大黄酸、大黄酚蒽酮、芦荟大黄素等；黄酮类化合物，如（+）-儿茶素、（+）-表儿茶素等；芪类化合物，如白藜芦醇、云杉新苷等。

何首乌的野生资源分布较广，我国大部分地区都有分布，主要分布在黄河以南各省份，如河北、河南、山东、江苏、安徽、浙江、江西、福建、台湾、湖北、湖南、广东、广西、四川、贵州、云南、陕西、甘肃等地，野生何首乌生于海拔 200～3 000m 的山谷灌丛、山坡林下、沟边石隙。家种药材主产于广东德庆、清远、高州，湖南永州、会同。广东德庆为道地产区。

## 二、药用历史与本草考证

何首乌是著名的传统大宗中药材，药用历史悠久。本品始见于唐代元和七年李翱所著《何首乌录》，云：何首乌"苗如木藁，光泽，形如桃柳叶，其背偏，独单，皆生不相对。有雌雄者，雌者苗色黄白，雄者黄赤。其生相远，夜则苗蔓交或隐化不见。春末、夏中、秋初三时，候晴明日兼雌雄采之，烈日曝干，散服，酒下良"。宋代《日华子诸家本草》云："味甘久服有子……此药有雌雄，雌者苗色黄白，雄者黄赤……其药本无名，因何首乌见藤夜交便即采食有功，因以采人为名耳，又名桃柳藤。"宋代《开宝本草》曰："蔓紫，花黄白，叶如薯蓣而不光，生必相对，根大如拳。'有赤白二种，赤者雄，白者雌。'"《图经本草》谓："春生苗，叶相对如山芋而不光泽，其茎蔓延竹木墙壁间，夏秋开黄白花，似葛勒花，结子有棱似荞麦而细小，才如粟大。秋冬取根，大者如拳，各有五棱瓣似小甜瓜。有赤白二种：赤者雄，白者雌。"《图经本草》所述"结子有棱似荞麦而细小，才如粟大"的特征与蓼科植物何首乌相符，另清代《植物名实图考》所载何首乌附图也与本品一致。明代《救荒本草》中仍述"何首乌有赤白二种"，其对何首乌植物形态描述以及附图与本品一致，且首次描述了何首乌根的异常构造："根大如拳，各有五棱，似甜瓜，中有花纹……"明代《本草纲目》对何首乌赤白并用提出了："白者入气分，赤者入血分"的理论。从历代本草记载表明，以何首乌入药历来有赤白两种，两种何首乌的植物形态描述和附图均有明显区别。李时珍在《本草纲目》中首次对两种何首乌的药性区别开来，说明两种何首乌在临床上应区别应用。经调查考证，历代本草所记载赤何首乌为现代所用的蓼科植物何首乌（*Polygonum multiflorum* Thunb.），白何首乌与萝藦科鹅绒属某些种植物相吻合，如牛皮消（*Cynanchum auriculatum*）、隔山消（*C. wilfordii*）或白首乌（*C. bungei*）、青羊参（*C. otophyllum*）、峨眉牛皮消（*C. giraldii*）等的块根。2010 年版《中华人民共和国药典》仅收载蓼科植物何首乌（*Polygonum multiflorum* Thunb.）的干燥块根作何首乌药材入药。白首乌仅作地方性药材，江苏、河南、山东使用的白首乌为牛皮消（*Cynanchum auriculatum*）；白首乌（*C. bungei*）主产于山东泰安地区，是泰安四大名药之一，在当地有较悠久的使用历史；吉林、山东、河南、湖北使用的白首乌为隔山消（*C. wilfordii*）；云南丽江民间将青羊参（*C. otophyllum*）作白首乌用。

　　宋代《开宝本草》曰："本出顺州南河县，今岭外江南诸州皆有。"《图经本草》谓："今在处有之，以西洛、嵩山及南京柘城县者为胜。"明代《本草品汇精要》称："道地怀庆府柘城县。"《药物出产辨》载："产广东德庆为正。"经考证本草所记载的何首乌主产区分别位于广西、河南以及广东境内。据现代资源调查，何首乌主要分布于黄河以南各省份，品种单一，即蓼科植物何首乌（*Polygonum multiflorum* Thunb.）的干燥块根。野生品主产于河南嵩县、卢氏，湖北恩施、巴东、长阳、秭归、建始、咸丰，广西南丹、靖西、田林、西林，广东德庆，贵州铜仁、黔西、开阳、纳雍，云南元阳、广南，四川乐山、宜宾、万源，重庆云阳、黔江，江苏江宁、江浦等地。栽培主要集中在广东德庆、清远、高州，湖南永州、会同。尤以广东德庆量大质优，为道地产区，除调往外省还远销东南亚地区。

## 三、植物形态特征与生物学特性

**1. 形态特征**　　多年生草本。块根肥厚，长椭圆形，黑褐色。茎缠绕，长 2～4m，多分枝，具纵棱，无毛，微粗糙，下部木质化。叶卵形或长卵形，长 3～7cm，宽 2～5cm，顶端渐尖，基部心形或近心形，两面粗糙，边缘全缘；叶柄长 1.5～3cm；托叶鞘膜质，偏斜，无毛，长 3～5mm。花序圆锥状，顶生或腋生，长 10～20cm，分枝开展，具细纵棱，沿棱密被小突起，顶端尖，每苞内具 2～4 花；花梗细弱，长 2～3mm，下部具关节，果时延长；花被 5 深裂，白色或淡绿色，花被片椭圆形，大小不相等，外面 3 片较大，背部具翅，果时增大，花被果时外形近圆形，直径 6～7mm；雄蕊 8，花丝下部较宽；花柱 3，极短，柱头头状。瘦果卵形，具 3 棱，长 2.5～3mm，黑褐色，有光泽，包于宿存花被内（图 2-17）。花期 8～9 月，果期 9～10 月。

**2. 生物学特性**　　何首乌野生于山坡石缝、灌木丛、篱边、土坎、林下、山脚阳处，喜生于气候温暖、雨量充沛、土层深厚肥沃的沙质壤土中。何首乌怕严寒，年平均气温在 14.6℃，生长旺盛；低于 12.5℃ 时生长不良。在 0℃ 时和遇到低温霜冻时，常导致何首乌藤蔓梢尖部冻伤或冻死，中下部落叶。要求土壤含水量 25%～30%，水分过多，往往引起根系腐烂甚至全株死亡。有些产区在较干旱的山坡山顶种植，虽能生长，但产量不高。在年平均降水量 1 200mm 左右、相对湿度 75%～85% 的地区，生长发育良好。何首乌是深根性的药用植物，其块根可深达土中 40cm 以上，故要求土层厚度 40～60cm 以上。具有一定肥力，含钾和有机质较多的微酸性至中性土壤，有利于何首乌块根生长，产量高。土层瘦薄，易于板结的土壤，块根生长不正常，呈干瘪细小状态，产量低。过于肥沃的稻田土、含氮量过高的土壤，会引起何首乌徒长，其块根反而长得很小，产量也不高。何首乌属多年生植物，定植第一年地上分生主藤蔓，第二年后主藤蔓继续生长，并从茎基部和主藤的节间抽生新藤蔓。每年均有一个生长周期，藤蔓从早春 3 月气温回升到14～16℃时开始生长，在雨水充沛、夏季高温前藤蔓生长进入高峰期，进入高温干旱季节生长缓慢；秋雨季节又进入第二个生长高峰期，比第一个高峰期略次之，到冬季地上部分老藤开始枯萎落叶。由于产地无霜期长，很少出现 0℃ 以下的低温冻期，整个植株中、下部分仍保持大部分棕褐色藤蔓，上部分为浅绿色藤蔓。未进入完全休眠期时，冻期会出现冻伤。进入 12 月后，将进入完全休眠状态。何首乌藤蔓条数与根条数大致呈正相关，一般藤茂块根也旺。何首乌一年生植株即可开花，9～10 月为盛花期，10～11 月果实成熟，一生中可多次连续开花结果。种子千粒重 2.3g，寿命 1 年，易发芽。春季播种或扦插的何首乌，当年均能开花结实。3 月中旬播种的何首乌，4～6 月其地上茎藤迅速生长时，地下根也逐渐膨大形成块根；而同期扦插的何首乌，当年只在节上长出的根中，有 1～5 条较粗的根，到第二年3～

图 2-17　何首乌
1. 根　2. 花枝　3. 花　4. 花纵剖示雄蕊着生
5. 雌蕊　6. 成熟果实　7. 瘦果

6 月才能逐渐膨大形成块根。种植何首乌应选择在山坡的中下部地段，山顶不宜选作种植地，坡度在 15°～20° 以下，坡向朝南或东南的山坡，腐殖质丰富、有机质含量较高、土层深厚、多为质地疏松的黄泥沙壤土。

不同产地的何首乌药材的主要生物活性物质的含量亦有明显的差异（表2-1、表2-2）。

表 2-1　不同产地何首乌蒽醌类化合物含量

单位：mg/g

| 蒽醌类化合物 | 山东青岛 | 重庆江津 | 湖北建始 | 云南 | 贵州西黔 | 云南临沧 | 四川攀枝花 | 重庆黔江 |
|---|---|---|---|---|---|---|---|---|
| 游离大黄酸 | 0.005 | 0.023 5 | 0.010 5 | 0.005 | 0.025 | 0.006 5 | 0.005 | 0.004 5 |
| 游离大黄素 | 0.007 | 0.110 5 | 0.087 | 0.189 | 0.007 5 | 0.027 | 0.055 5 | 0.011 5 |
| 游离大黄素甲醚 | — | 0.028 | 0.034 5 | 0.044 5 | — | — | 0.028 5 | — |
| 游离蒽醌合计 | 0.012 | 0.162 | 0.132 | 0.239 | 0.033 | 0.034 | 0.039 | 0.016 |
| 总大黄酸 | 0.007 | 0.033 5 | 0.013 | 0.013 5 | 0.035 5 | 0.007 5 | 0.005 5 | 0.016 |
| 总大黄素 | 0.014 5 | 0.290 | 0.187 | 0.676 | 0.043 5 | 0.044 5 | 0.057 5 | 0.045 |
| 总大黄素甲醚 | — | 0.08 | 0.050 5 | 0.080 | — | — | 0.040 | — |
| 总蒽醌合计 | 0.022 | 0.404 | 0.251 | 0.769 | 0.079 | 0.052 | 0.103 | 0.061 |
| 结合蒽醌 | 0.01 | 0.242 | 0.119 | 0.53 | 0.046 | 0.018 | 0.014 | 0.045 |

表 2-2 不同产地何首乌浸出物和总蒽醌含量

单位：%

| 产地 | 浸出物含量 | 总蒽醌含量 | 产地 | 浸出物含量 | 总蒽醌含量 |
|---|---|---|---|---|---|
| 成都 | 10.1 | 0.34 | 南京2 | 17.9 | 0.14 |
| 郑州 | 14.2 | 0.10 | 贵阳 | 2.6 | 0.15 |
| 登封 | 7.5 | 0.01 | 山东 | 10.4 | 0.17 |
| 南京1 | 14.8 | 0.04 | 建始 | 7.7 | 0.10 |
| 南宁 | 9.9 | 0.02 | 德庆 | 8.0 | 0.05 |
| 云阳 | 15.4 | 0.16 | 新兴 | 11.7 | 0.13 |

## 四、野生近缘植物

2010 年版《中华人民共和国药典》收载的何首乌学名为 *Polygonum multiflorum* Thunb.，《中国植物志》收载的何首乌学名为 *Fallopia multiflorum*（Thunb.）Harald。前者沿袭历版《中华人民共和国药典》将何首乌归为蓼属，后者进行了分类修订，单列出何首乌属，并将其归为其中。此处所述何首乌近缘种均依据《中国植物志》。蓼科何首乌属除何首乌外，我国尚有 6 种、3 变种，分别是：卷茎蓼、齿翅蓼、篱蓼、疏花篱蓼、木藤蓼、毛脉蓼、齿叶蓼、牛皮消蓼、光叶牛皮消蓼。这些近缘物种均为野生资源，均未列入药用标准，仅少数种的地下部分作地方习用药材或在部分地区混用作何首乌。

**1. 卷茎蓼**（*F. convolvulus* Löve） 一年生草本。茎缠绕，长 1～1.5m，具纵棱，自基部分枝，具小突起。叶卵形或心形，长 2～6cm，宽 1.5～4cm，顶端渐尖，基部心形，两面无毛，下面沿叶脉具小突起，边缘全缘，具小突起；叶柄长 1.5～5cm，沿棱具小突起；托叶鞘膜质，长 3～4mm，偏斜，无缘毛。花序总状，腋生或顶生，花稀疏，下部间断，有时成花簇，生于叶腋；苞片长卵形，顶端尖，每苞具 2～4 花；花梗细弱，比苞片长，中上部具关节；花被 5 深裂，淡绿色，边缘白色，花被片长椭圆形，外面 3 片，背部具龙骨状突起或狭翅，被小突起；果时稍膨大，雄蕊 8，比花被短；花柱 3，极短，柱头头状。瘦果椭圆形，具 3 棱，长 3～3.5mm，黑色，密被小颗粒，无光泽，包于宿存花被内。花期 5～8 月，果期 6～9 月。分布于东北、华北、西北、山东、江苏北部、安徽、台湾、湖北西部、四川、贵州、云南及西藏。生于海拔 100～3 500m 山坡草地、山谷灌丛、沟边湿地。

**2. 齿翅蓼**（*F. dentatealata* Holub） 一年生草本。茎缠绕，长 1～2m，分枝，无毛，具纵棱，沿棱密生小突起。有时茎下部小突起脱落。叶卵形或心形，长 3～6cm，宽2.5～4cm，顶端渐尖，基部心形，两面无毛，沿叶脉具小突起，边缘全缘，具小突起；叶柄长 2～4cm，具纵棱及小突起；托叶鞘短，偏斜，膜质，无缘毛，长 3～4mm。花序总状，腋生或顶生，长 4～12cm，花排列稀疏，间断，具小叶；苞片漏斗状，膜质，长 2～3mm，偏斜，顶端急尖，无缘毛，每苞内具 4～5 花；花被 5 深裂，红色；花被片外面 3 片背具翅，果时增大，翅通常具齿，基部沿花梗明显下延；花被果时外形呈倒卵形，长 8～9mm，直径 5～6mm；花梗细弱，果后延长，长 6mm，中下部具关节；雄蕊 8，比花被短；花柱 3，极短，柱头头状。瘦果椭圆形，具 3 棱，长 4～4.5mm，黑色，密被小颗粒，微有光泽，包于宿存花被内。花期 7～8 月，果期 9～10 月。分布于东北、华北、陕西、甘肃、青海、江苏、安徽、河南、湖北、四川、贵州、云南。生于海拔150～2 800m 的山坡草地、山谷湿地。

**3. 篱蓼**（*F. dumetorum* Holub） 一年生草本。茎缠绕，长 70～150cm，具纵棱，沿棱具小突起，无毛，多分枝。叶卵状心形，长 3～6cm，宽 1.5～4cm，顶端渐尖，基部心形或箭形，两面无毛，沿叶脉具小突起，边缘全缘；叶柄长 1～3cm，具小突起；托叶鞘短，膜质，偏斜，长 2～3mm，顶端尖，无缘毛。花序总状，通常腋生，稀疏；苞片膜质，长 1.5～2mm，具脉，每苞内具 2～5 花；花梗细弱，丝形，果后延长，长 3～5mm，中下部具关节；花被 5 深裂，淡绿色，花被片椭圆形，外面 3 片背部具翅，果时增大，翅近膜质，全缘，基部微下延；花被果时外形呈圆形，直径 4～5mm；雄蕊 8；花柱 3，柱头头状。瘦果椭圆形，长 3～4mm，具 3 棱，黑色，平滑，有光泽，包于宿存花被内。花期 6～8 月，果期 8～9 月。分布于东北、内蒙古、河北、山东、江苏北部及新疆。生于海拔 80～1 900m 的山坡草地、山谷灌丛。

**4. 疏花篱蓼**（变种）（*F. dumetorum* Holub var. *pauciflora* A. J. Li） 本变种与原变种的主要区别是花梗中部具关节，花排列稀疏。分布于黑龙江，生山沟路旁。

**5. 木藤蓼**（*F. aubertii* Holub） 半灌木。茎缠绕，长 1～4m，灰褐色，无毛。叶簇生稀互生，叶片长卵形或卵形，长 2.5～5cm，宽 1.5～3cm，近革质，顶端急尖，基部近心形，两面均无毛；叶柄长 1.5～2.5cm；托叶鞘膜质，偏斜。褐色，易破裂。花序圆锥状，少分枝，稀疏，腋生或顶生，花序梗具小突起；苞片膜质，顶端急尖，每苞内具 3～6 花；花梗细，长 3～4mm，下部具关节；花被 5 深裂，淡绿色或白色，花被片外面 3 片较大，背部具翅，果时增大，基部下延；花被果时外形呈倒卵形，长 6～7mm，宽 4～5mm；雄蕊 8，比花被短，花丝中下部较宽，基部具柔毛；花柱 3，极短，柱头头状。瘦果卵形，具 3 棱，长 3.5～4mm，黑褐色，密被小颗粒，微有光泽，包于宿存花被内。花期 7～8 月，果期 8～9 月。分布于内蒙古（贺兰山）、山西、河南、陕西、甘肃、宁夏、青海、湖北、四川、贵州、云南及西藏（察隅县）。生于海拔 900～3 200m 的山坡草地、山谷灌丛。甘肃城固地区将本种的块根混作何首乌使用。

**6. 毛脉蓼**（变种）（*F. multiflorum* Harald var. *ciliinerve* A. J. Li） 本变种与原变种的主要区别叶下面沿叶脉有乳头状凸起。分布于吉林南部、辽宁南部、河南、陕西南部、甘肃南部、青海东部、湖北、四川、贵州、云南。生于海拔 200～2 700m 的山谷灌丛、山坡石缝。河北，宁夏六盘山，河南卢氏、延津、驻马店及甘肃天水、西和等地区将本种的块根混作何首乌使用。毛脉蓼的块根具清热解毒，抗菌消炎之功效。

**7. 齿叶蓼**（*F. denticulata* A. J. Li） 多年生草本。根状茎肥厚，近球形，直径 10cm。茎缠绕，具纵棱，疏生小突起，无毛，中空，基部稍木质，长 1～3m，多分枝，小枝具细纵棱及小突起，叶卵状三角形，长 3～11cm，宽 2～5cm，顶端渐尖，基部宽心形，侧生裂片圆钝，边缘具浅波齿状或近全缘，薄纸质，两面无毛，沿叶脉具小突起；叶柄长 2～6cm，疏生小突起。托叶鞘膜质，带紫红色，长 4～6mm，偏斜，顶端急尖；花序圆锥状，稀疏，长 10～15cm，腋生或顶生；苞片漏斗状，偏斜，长约 2mm，背部具 1

条绿色纵脉，边缘近膜质，无毛，淡紫色，每苞片具 1～2 花；花被白色或淡绿色，花被片长椭圆形，长 3～4mm，雄蕊 8；花丝淡紫红色，比花被稍短；花柱 3，中下部合生，柱头头状。瘦果未见。花期 8～9 月。分布于云南耿马。生于海拔 2 450m 山坡灌丛。根状茎供药用，止痢，消炎。

**8. 牛皮消蓼**（*F. cynanchoides* Harald.）　多年生草本。茎缠绕，长 1～1.5m，无纵棱，密被褐色短柔毛及稀疏的倒生长硬毛。叶宽心形或宽戟状心形，长 5～10cm，宽 3～8cm，顶端渐尖，基部深心形，侧生裂片圆钝，或急尖，边缘全缘，具缘毛，上面疏生短糙伏毛，下面密被褐色长柔毛；叶柄长 3～5cm，密被褐色短柔毛及稀疏的长硬毛；托叶鞘膜质，偏斜，顶端尖，密生硬毛。花序圆锥状，腋生或顶生，长 10～15cm，密被短柔毛及稀疏的倒生长硬毛；苞片卵形，长 1～1.5mm，顶端渐尖，被硬毛，每苞内具 2～4 花；花被 5 深裂，淡绿色，花被片宽椭圆形，长 1.5～2mm；花梗粗壮，长 2～2.5mm，上中部具关节，疏被短柔毛；雄蕊 8，比花被短，花丝基部较宽；花柱 3，粗壮，基部合生，柱头头状，密被小突起。瘦果卵形，具 3 棱，长 2～2.5mm，黑色，有光泽，包于宿存花被内。花期 8～9 月，果期 9～10 月。分布于陕西南部、甘肃南部、湖南、湖北、四川、贵州及云南。生于海拔 1 100～2 400m 的山谷灌丛、山坡林下。

**9. 光叶牛皮消蓼**（变种）（*F. cynanchoides* Harald. var. *glabriuscula* A. J. Li）　本变种与原变种的区别在于叶上面疏生短糙伏毛或近无毛，下面仅沿叶脉生短糙伏毛或无毛。分布于四川、西藏（墨脱县）。生于海拔 2 400～3 000m 山坡林下、山谷灌丛。

# 第十八节　黄　　连

## 一、概述

为毛茛科植物黄连（*Coptis chinensis* Franch.）、三角叶黄连（*C. deltoidea* C. Y. Cheng et Hsiao）、云南黄连（*C. teeta* Wall.）的干燥根茎。黄连又名味连、川连，药材成簇状，形似鸡爪，故又名鸡爪连；三角叶黄连又名雅连、峨眉家连；云南黄连又名云连。目前商品药材主要以黄连为主。黄连性寒味苦，归心、脾、胃、肝、胆、大肠经，具清热燥湿、泻火解毒之功效。主要化学成分为生物碱类化合物，如小檗碱、巴马汀、黄连碱、表小檗碱、小檗红碱、掌叶防己碱、非洲防己碱、药根碱、甲基黄连碱、木兰花碱等。

黄连分布于重庆石柱、南川、巫溪、城口、武隆、黔江、彭水、巫山、丰都、奉节，湖北来凤、恩施、建始、利川、咸丰、宣恩、房县、巴东、竹溪、秭归等地，四川峨眉山、洪雅、彭州、夹江、乐山等地，湖南桑植一带、陕西南部、甘肃武都等地及贵州等地。生于海拔 500～2 000m 的山地林中或山谷阴处，均为栽培，极少见野生。在商品习惯上，味连又有南岸连与北岸连之分，主要是按长江南北两岸产区而分，重庆石柱、南川及湖北西部的利川、咸丰等地所产者，称为南岸连，占全国黄连产量的 80% 以上，特别是重庆石柱栽培最多，约占全国的 60%，被誉为"中国的黄连之乡"；重庆巫溪、城口和湖北巴东等长江以北各地所产者，为北岸连。三角叶黄连分布于四川峨眉山、洪雅等县（市），生于海拔 1 600～2 200m 的山地林下，多为栽培，野生品已不多见。目前，由于雅连单产低，并且种植地海拔比味连的高，栽培困难，而造成其种植面积越来越小，原传统产区峨眉、洪雅等地已改为主要种植味连，以求高产。雅连产量不大。云南黄连分布于云南西北部的德钦、维西、腾冲、剑川等县及西藏东南部。生于海拔 1 500～2 300m 的高山寒湿的林荫下，多为野生，部分地区已引种栽培，多数地区的商品云连是经人工将野生云连引栽于适宜的山坡或就地培土加以管理而成，产量较低，主要云南销售。

## 二、药用历史与本草考证

黄连是我国最常用中药之一，药用历史悠久，历代医家应用广泛，始载于《神农本草经》，列为上品。我国历史上最早明确记载的药用黄连为味连。《名医别录》载："黄连生巫阳川谷及蜀郡太山。二月、八月采。"巫阳即重庆巫山，蜀郡今四川雅安境内，据调查，这些地区仅有味连分布。对黄连原植物形态的描述始见《蜀本草》，曰："苗似茶，丛生一茎三叶，高尺许，凌冬不凋，花黄色。"《图经本草》曰："苗高一尺以来，叶似甘菊，四月开花，黄色，六月结实似芹，子色亦黄。二月八月采根用，生江左者根苦连珠，其苗经冬不凋，叶如小雉尾草，正月开花作细穗，淡白微黄色。六七月根紧，始堪采。"从本草对植物形态的描述考证，历代药用黄连均为毛茛科黄连属植物。历代本草对各地药用黄连种类和品质也有详细的记载。《本草集经注》载："今西间者色浅而虚，不及东阳，新安诸县最胜。临海诸县者不佳。"东阳即今浙江金华及衢江流域，新安即浙江淳安以西，安徽新安江流域及江西婺源一带，临海即浙江临海一带。据调查，上述地区的野生黄连仅短萼黄连（土黄连）一种。《新修本草》曰："蜀道者粗大节平，味极浓苦，疗渴为最；江东者节如连珠，疗痢大善。今澧州（今湖南澧县）者更胜。"《植物名实图考》载："黄连，今用川产，其江西山中所产者，谓之土黄连。"进一步说明华东一带所产的"土黄连"与四川道地产区的黄连在形态和疗效方面均有明显差异。《本草纲目》载："今虽吴、蜀皆有，惟以雅州（雅安一带）、眉州（眉山、洪雅一带）者为良。药物之兴废不同如此。大抵有两种：一种根粗无毛有珠，如鸡爪形而坚实，色深黄；一种无珠多毛而中虚，黄色稍淡。各有所宜。"据产地和药材形态分析可知，《本草纲目》所载前一种为味连，即黄连（*C. chinensis* Franch.），第二种为雅连，即三角叶黄连（*C. deltoidea* C. Y. Cheng et Hsiao）。《滇南本草》载："滇连，一名云连，人多不识，生禹山。……丽江、开化（即今文山）者佳。"此种即今所用的云南黄连（*C. teeta* Wall.）。从历代本草记载可知，药用黄连在历史上出现了 4 个种，即黄连（*C. chinensis* Franch.）、三角叶黄连（*C. deltoidea* C. Y. Cheng et Hsiao）、云南黄连（*C. teeta* Wall.）及短萼黄连（*C. chinensis* Franch. var. *brevisepala* W. T. Wang et Hsiao）。与现今药用标准收载的原种基本一致。药用黄连的品种分布和传统主产区及道地产区与现代商品药材生产区完全吻合，只是在主产区的品种结构上发生了较大变化，如雅连的传统产区逐步放弃了雅连的种植，而大量引进产量高、经济效益好的味连种植。这种变化必须高度重视，应尽快加强雅连种质的收集、保存、整理工作，否则，历史悠久而负盛名的雅连将消失在我们这个时代而成为历史。云连多为野生，资源日渐枯竭，应加强人工种植技术研究，制定野生资源保护法规，切实有效地对云连野生资源实施保护。味连在重庆石柱县的栽培历史已达 600 余年，在长期的栽培过程中，出现了不同的栽培类型，如革大叶、革花叶、革细叶、纸大叶、肉纸叶、纸花叶、纸细叶等。其中肉纸叶和纸花叶比其他栽培类型产量高，质量好，是生产中的主要推广栽培类型。

## 三、植物形态特征与生物学特性

**1. 形态特征**　黄连的根状茎黄色，常分枝，密生多数须根。叶有长柄，叶片稍带革质，卵状三角形，宽达 10cm，3 全裂，中央全裂片卵状菱形，长 3～8cm，宽 2～4cm，顶端急尖，具长 0.8～1.8cm 的细柄，3 对或 5 对羽状深裂，在下面分裂最深，深裂片彼此相距 2～6mm，边缘生具细刺尖的锐锯齿，侧全裂片具长 1.5～5mm 的柄，斜卵形，比中央全裂片短，不等 2 深裂，两面的叶脉隆起，除表面沿脉被短柔毛外，其余无毛。叶柄长 5～12cm，无毛。花葶 1～2 条，高 12～25cm；二歧或多歧聚伞花序有 3～8 朵花；苞片披针形，三或五羽状深裂；萼片黄绿色，长椭圆状卵形，长 9～12.5mm，宽 2～3mm；花瓣线性或性状披针形，长 5～6.5mm，顶端渐尖，中央有蜜槽；雄蕊约 20，花药长约 1mm，花丝长 2～5mm；心皮 8～12，花柱微外弯。蓇葖长 6～8mm，柄约与之等长；种子 7～8 粒，长椭圆形，长约 2mm，宽约 0.8mm，褐色（图 2-18）。2～3 月开花，4～6 月结果。

**2. 生物学特性**　黄连适宜生长在土壤肥沃、含腐殖质厚、土层疏松、下层较紧密的沙壤土中，这样的土壤有利于根茎向上生长。黄连产区的土壤主要为黄棕壤、腐殖质黄棕壤、棕红壤、灰化棕壤。黄连喜冷凉忌高温，在 −18℃ 的低温条件下，可正常越冬。但冬季寒冷对新栽幼苗的生长不利，特别是秋末移栽的黄连，因气温较低，新根生长慢，扎根不深，至冬季遇冷冻，植株常常被冻死，大大降低存活率。黄连叶芽的新叶在 10℃ 以上发生，并随温度的升高而加快。黄连在气温 2.4℃ 时开始抽葶，在 2.4～8.5℃ 时，随气温升高而加快，开花气温要求与抽葶相似；散粉要求的气温较高（8～13℃），其中 10～13.4℃ 散粉最多，且花期偏短。在气温较高的低山区栽黄连，幼苗期虽生长快，柄、叶繁茂，但根茎充实度较差，且易感染病害。黄连喜湿润忌干旱，尤其喜欢较高的空气湿度。黄连产区多雾、多雨，夏季阵雨多，降雨频率

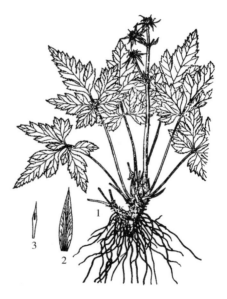

图 2-18　黄　连
1. 植株　2. 萼片　3. 花瓣

高。黄连根系分布很浅，干旱会抑制生长，特别是幼苗的根系细弱，更不耐旱，会大大降低育苗成活率，故适宜在春季或初夏移栽，注意荫蔽才能保证成活。在干旱的土地上播种，黄连种子很容易丧失发芽能力。但水分过多也不利于黄连生长。黄连为阴生植物，具有怕强光、喜弱光的特性，需搭棚遮阴栽培，前期遮阴为 60%～80%。栽培数年的黄连，对强光有较强的抵抗力，适当增加光照，可加速光合作用的进行，积累更多的干物质。黄连根系水平分布 30～35cm，垂直分布 10cm 以下。移栽当年，须根生长旺盛。在每年的 3

月，黄连单株根茎重量最小，5～6月大幅度提高，10月达最高峰，11月开始下降，直到第二年的3月。在移栽的当年，黄连的主根茎几乎无分枝，移栽的第二年黄连的主根茎基部分生出1～3个分枝，移栽后的第三年，在二年生黄连分枝基础上再分枝，这时有分枝4～8个，移栽的第四年在原来的基础上，再继续分枝7～10个，5年生黄连分枝9～13个，这时黄连的根茎愈加粗壮。一般黄连移栽5年采收。4月为新叶盛发期，第三年叶面积达最大值。叶芽呈二叉分枝，混合芽为合轴分枝，使根茎呈连珠状的结节向上生长。开花结实期，根茎小檗碱含量最低，以后逐渐升高，至10月达最大值，然后下降。移栽3年，小檗碱含量最高或基本稳定，是黄连由营养生长转向生殖生长的时期，黄连开花率达75％以上。8～10月花芽分化，其顺序为花萼、雄蕊、花瓣及雌蕊。在石柱县黄水地区，9月中旬为小孢子分化发育阶段，10月中旬为大孢子分化发育阶段，12月上中旬为胚囊成熟分化发育阶段，翌年3月中旬为胚的形成与发育阶段，5月中旬为球形胚发育，7～8月心形胚分化，第三年2月胚完全成熟。胚需在13～17℃下经3～6个月或在0～5℃下经2～3个月才能完成后熟。2月下旬至3月上旬为精卵细胞受精阶段。花梗弯曲出土，然后伸直，当花梗高11.9cm时，开始开花，主花梗先开，分枝花梗后开。成熟柱头10d内仍有生活力。自由授粉率与自交率均95％以上。人工授粉率在46％以上，故黄连常为异花授粉植物。黄连种子产量随苗龄的增长波动上升，每隔1～2年都可有一个种子丰产年。而以移栽后第三年的种子质量最好，饱满度、千粒重和发芽率均高。

黄连商品药材主要是味连，生产基地主要分布在重庆、湖北、四川、陕西等地，各产地5年生药材的指标性成分均能达到《中华人民共和国药典》质量标准，各地药材质量有一定差异（表2-3）。

表 2 - 3　各地 5 年生味连生物碱含量
单位:％

| 产　地 | 盐酸药根碱 | 黄连碱 | 盐酸巴马汀 | 盐酸小檗碱 | 4 种生物碱总量 | 总生物碱 |
|---|---|---|---|---|---|---|
| 四川洪雅 | 1.26 | 2.19 | 1.49 | 6.81 | 11.75 | 13.81 |
| 湖北利川 | 1.87 | 3.01 | 2.33 | 8.46 | 15.67 | 18.63 |
| 陕西镇坪 | 1.65 | 3.59 | 2.12 | 9.84 | 17.20 | 19.60 |
| 重庆巫溪 | 1.71 | 3.10 | 1.98 | 8.53 | 15.32 | 17.89 |
| 重庆石柱 | 1.58 | 2.60 | 1.71 | 7.83 | 13.72 | 16.23 |
| 四川大邑 | 1.51 | 3.33 | 1.79 | 7.25 | 13.88 | 16.07 |

## 四、野生近缘植物

我国毛茛科黄连属植物，除国家药用标准收载的3个种外，还有6个种，2个变种：峨眉黄连、短萼黄连、爪萼黄连、五裂黄连、五叶黄连、线萼黄连、古蔺黄连。

**1. 三角叶黄连**（*C. deltoidea* C. Y. Cheng et Hsiao）　根状茎黄色，不分枝或少分枝，节间明显，密生多数细根，具横走的葡匐茎。叶3～11枚，叶片轮廓卵形，稍带革质，长16cm，宽15cm，3全裂，裂片均具明显的柄，中央全裂片三角状卵形，长3～12cm，宽

3～10cm，顶端急尖或渐尖，4～6对羽状深裂，深裂片彼此多数邻接，边缘具极尖的锯齿，侧全裂片斜卵状三角形，长3～8cm，不等2裂，表面沿脉被短柔毛或无毛，两面的叶脉均隆起；叶柄长6～18cm，无毛。花莛1～2条，比叶稍长；多歧聚伞花序，有花4～8朵；苞片线状披针形，3深裂或栉状羽状深裂；萼片黄绿色，狭卵形，长8～12.5mm，宽2～2.5mm，顶端渐尖；花瓣约10枚，近披针形，长3～6mm，宽0.7～1mm，顶端渐尖，中部微变宽，具蜜槽；雄蕊约20，长仅为花瓣长的1/2左右；花药黄色，花丝狭线形；心皮9～12，花柱微弯。蓇葖长圆状卵形，长6～7mm，心皮柄长7～8mm，被微柔毛。3～4月开花，4～6月结果。

**2. 云南黄连**（*C. teeta* Wall.）　根状茎黄色，节间密，生多数须根。叶有长柄，叶片卵状三角形，长6～12cm，宽5～9cm，3全裂，中央全裂片卵状菱形，宽3～6cm，基部有长1.4cm的细柄，顶端长渐尖，3～6对羽状深裂，深裂片斜长椭圆状卵形，顶端急尖，彼此的距离稀疏，相距最宽1.5cm，边缘具带细刺尖的锐锯齿，侧全裂片无柄或具长1～6mm的细柄，斜卵形，比中央全裂片短，长3.3～7cm，2深裂至距基部约4mm处，两面的叶脉隆起，除表面沿脉被短柔毛外，其余均无毛；叶柄长8～19cm，无毛。花莛1～2条，在果期时高15～25cm；多歧聚伞花序3～4（～5）朵花；苞片椭圆形，3深裂或羽状深裂；萼片黄绿色，椭圆形，长7.5～8mm，宽2.5～3mm；花瓣匙形，长5.4～5.9mm，宽0.8～1mm，顶端圆或钝，中部一下变狭成为细长的爪，中央有蜜槽；花药长约0.8mm，花丝长2～2.5mm；心皮11～14，花柱外弯。蓇葖长7～9mm，宽3～4mm。

**3. 峨眉黄连**（*C. omeiensis* C. Y. Cheng）　根状茎黄色，圆柱形，极少分歧，节间短。叶具长柄，叶片稍革质，轮廓披针形或窄卵形，长6～16cm，宽3.5～6.3cm，3全裂，中央全裂片菱状披针形，长5.5～15cm，宽2.2～5.5cm，顶端渐尖至长渐尖，基部有长0.5～2cm的细柄，7～10对羽状深裂，侧全裂片长仅为中央全裂片的1/4～1/3，斜卵形，不等2深裂或近2全裂，两面的叶脉均隆起，除表面沿脉被微柔毛外，其他部分无毛；叶柄长5～14cm，无毛。花莛通常单一，直立，高15～27cm；花序为多歧聚伞花序，最下面2条花梗常成对着生；苞片披针形，边缘具栉齿状细齿；花梗长达2.2cm；萼片黄绿色，狭披针形，长7.5～10mm，宽0.7～1.2mm，顶端渐尖；花瓣9～12，线状披针形，长约为萼片的1/2，中央有蜜槽；雄蕊16～32，花药黄色，花丝长约4mm；心皮9～14。蓇葖与心皮柄近等长，长5～6mm，宽约3mm；种子3～4粒，黄褐色，长椭圆形，长约1.8mm，宽约0.6mm，光滑。2～3月开花，4～7月结果。分布于四川峨眉山、峨边、洪雅一带。生于海拔1 000～1 700m的山地悬崖或石岩上，或生于潮湿处，均为野生。根茎作黄连用，功效同黄连。

**4. 短萼黄连**（*C. chinensis* var. *brevisepala* W. T. Wang et Hsiao）　与原变种的主要区别：萼片较短，长约6.5mm，仅比花瓣长1/5～1/3。2～3月开花，4～6月结果。分布于广西、广东、福建、浙江、安徽。生于海拔600～1 600m山地沟边林下或山谷阴湿处。用途同黄连。

**5. 爪萼黄连**（变种）（*C. chinensis* Franch. var. *unguiculata* T. Z. Wang et C. K. Hsieh）　与原变种的区别在于：萼片较窄，具爪，长7～9（～10.5）mm，宽1～1.5（～1.8）mm；萼片比花瓣长1倍或更多。分布于四川天全一带，野生。根茎作野连入药。

**6. 五裂黄连**（*C. quinquesecta* W. T. Wang）　根状茎黄色，具多数须根。叶 5～6，叶片近革质，卵形，长 7～15.5cm，宽 5.5～12cm，5 全裂，中央全裂片菱状椭圆形至菱状披针形，长 5.5～12cm，宽 2.8～5cm，顶端渐尖至长渐尖，羽状浅裂或深裂，边缘具极尖的锐锯齿；侧全裂片形状似中央全裂片，但较小，长 4.5～10cm；最外面的全裂片斜卵形至斜卵状椭圆形，长 2.8～7cm，顶端渐尖或急尖，不等的 2 中裂或 2 深裂，两面的叶脉隆起，除表面沿脉被短柔毛外，其余均无毛；叶柄长 13.5～25cm，无毛。花葶在果期时较最长叶稍短，长 23～28cm；多歧聚伞花序，生花约 6 朵；下部苞片轮廓长圆形，中部 3 裂或几栉形，长约 1.4cm，宽 3～5mm，上部苞片披针状线形，具尖锯齿，长 6～7mm，宽约 1.5mm。聚合果稀疏；果柄长 2.3～7cm，无毛；蓇葖 3～6，长圆状卵形，长约 6mm，心皮柄约与蓇葖等长，被微柔毛。5 月结果。分布于云南金平。生于海拔 1 700～2 500m 密林阴处。野生，根茎作云连入药。

**7. 五叶黄连**（*C. quinquefolia* Miq.）　根状茎短，密生多数须根。叶多数，全部基生，叶片稍带革质，轮廓五角形，长 2～5cm，宽 2～6cm，5 全裂；中央全裂片楔状菱形，长 1.8～3.5cm，宽 0.9～2cm，顶端急尖，基部楔形，无柄或近无柄，3 浅裂，边缘具带细尖的锐锯齿；侧全裂片似中央全裂片，但略小，长 1.5～3cm，最外面的全裂片斜卵形，长 1～2.5cm，2 浅裂，除表面叶脉被微柔毛外，其余部分均无毛；叶柄长 2～13cm，无毛。花葶 1～3 条，直立，高 5～28cm；花单生或为单歧或二歧聚伞花序；苞片披针形，边缘具锐锯齿；萼片椭圆形至倒卵状椭圆形，长 4.5～8mm，宽 2.8～5mm，顶端圆或钝；花瓣 5，小，匙形，长 1.6～3mm，下部渐狭成爪，中央有蜜槽；雄蕊约 20；心皮10～12，具柄，花柱微弯。蓇葖长圆状卵形，长 4～5mm，宽 2～2.5mm，柄约与蓇葖等长；种子 5～6 粒，长椭圆球形，长约 1.5mm，褐色。3～4 月开花，4 月开始结果。分布于台湾，生于山地林下阴湿处。野生，用途同黄连。

**8. 线萼黄连**（*C. linearisepala* T. Z. Wang et C. K. Hsieh）　多年生草本，高 35cm。根茎黄色，圆柱状，少分枝，节间短而密，生多数须根。叶基生，具长柄，长 6～20cm，无毛；叶片稍带革质，轮廓卵形，3 全裂；叶脉两面隆起，叶片近于无毛；中央裂片菱状披针形，长达 15cm，长为宽的 2～3 倍，边缘具圆锯齿，齿缘有小锯齿，齿端有刺状芒尖，基部楔形下延，具短柄，柄长 1～2.5cm，叶羽状深裂，深裂片多为 4 对，越向叶基部分裂越深，裂片彼此邻接；两侧裂片斜卵形，较中央裂片短，中央裂片是两侧裂片的1.3～1.6 倍，具短柄，柄长 1～4mm，2 全裂或 2 深裂，外侧裂片斜卵形，2 深裂，内侧裂片斜卵状菱形，羽状分裂，具 3～4 对小裂片，基部倾斜，花葶通常单一，与叶近等长或稍短，聚伞花序生花 3～8 朵；苞片线状披针形，长约 10mm，边缘有 1～3 对细锯齿，基部膨大；萼片 5，淡紫色或黄绿色，长线形，长 10～13mm，宽 0.8～1.3mm；花瓣通常 10，淡紫色或黄绿色，线形，长 5～5.5mm，宽 0.3～0.5mm，先端渐尖，花瓣上部有一长椭圆形蜜槽；雄蕊通常为 10，与花瓣近等长或内轮较短，花药矩圆形，黄色；心皮4～11，长约 4mm，宽约 0.8mm，离生，具短柄，并长约 1mm，蓇葖果 4～11。花期 2～3 月，果期 3～6 月。分布于四川马边一带，野生。根茎带残留叶柄作野连入药。

**9. 古蔺黄连**（*C. gulinensis* T. Z. Wang et C. K. Hsieh）　多年生草本，植株高 10～30cm。根茎黄色，少分枝，生多数须根，长有细长带芽匍匐茎。叶基生，叶柄长 6～

20cm；叶片轮廓卵圆形，3 全裂，裂片具短柄；叶脉两面隆起，叶片近于无毛；中央裂片卵状菱形，长 4～9cm，宽 2～5cm，顶端渐尖，基部宽楔形，边缘具锐锯齿，齿端具芒尖，叶羽状深裂几达中脉，具 5～6 对小裂片，小裂片彼此邻接，小叶柄长 1～2.5cm；侧裂片斜卵形，长 3～7cm，宽 2～5cm，不等 2 深裂，小叶柄长 0.2～0.5cm。花梃通常单一，长 15～30cm；稀疏聚伞花序有花 3～10 朵；苞片披针形或线形，长 10～14cm，宽约 1mm，顶端 3 齿裂；萼片 5，淡紫色或黄绿色，线形，长 8～9.2mm，宽 0.9～1.2mm，具 3 条明显的主脉；花瓣通常 10，淡紫色或黄绿色，倒披针形，长约 4mm，蜜槽线状椭圆形；雄蕊多数，长约 4mm，花药矩圆形，黄色；心皮 5～10，离生，长约 4.5mm，宽约 1mm，柄长约 1mm。菁葖果 5～10。花期 2～3 月，果期 3～6 月。分布于四川古蔺县一带，野生。根茎作野连入药。

# 第十九节　黄　芩

## 一、概述

为唇形科黄芩属植物黄芩（*Scutellaria baicalensis* Georgi）的干燥根。黄芩性寒，味苦，具有清热燥湿、泻火解毒、止血安胎的功能。主要化学成分有黄芩苷、汉黄芩苷、黄芩素、汉黄芩素等黄酮类成分。药材有条芩与枯芩两种。一般认为生长年限较短，体实而坚，内外黄色者为黄芩的新根（子根），即条芩。年限过长则老根中部枯朽，甚或空心，暗棕色或棕黑色，此即枯芩。条芩质重饱满，功善泻大肠湿热；枯芩体轻中空，功善清上焦肺火。

黄芩野生资源分布较广，遍及除华南以外的全国多数省份，黑龙江、内蒙古、河北、甘肃、陕西、山西、山东、四川等地均有分布。野生黄芩是常用的清热解毒药，常生于海拔 1 000～2 000m 的山坡、林缘、路旁等向阳较干燥的地方。多年来黄芩药源一直以野生为主，历史上认为河北、湖北、陕西、甘肃及山东产的黄芩质量较好。其中，河北承德燕山山地和丘陵区的黄芩根粗长，质重坚实，皮色金黄，空心少，品质优良，被世人称为"热河黄芩"。近年来由于国内外市场对黄芩药材和黄芩苷的需求量日益增加，栽培黄芩的量逐年增大。目前黄芩的栽培以东北、华北最丰富，其中以山西产量最大，其他地区如浙江、安徽、江苏等也产，但面积不大。

## 二、药用历史与本草考证

黄芩在我国已有 2 000 多年的药用历史，为常用的传统大宗药材之一，是国家三级保护药材物种，也是藏蒙医常用药材。始载于东汉《神农本草经》，一名腐肠，列为中品。据历代文献对黄芩原植物的记载，均以黄芩（*S. baicalensis* Georgi）为主，习惯上认为其质量最佳，《中华人民共和国药典》2010 年版也仅将该种作正品收载。虽然同属的其他几种植物的根也作黄芩药用，但多为地方习用品。《吴普本草》对黄芩植物形态的描述："二月生赤黄叶，两两四四相值，其茎空中或方圆，高三四尺，四月花紫红赤，五月实黑，根黄。"《本草图经》和《证类本草》也对黄芩植物形态做出了详细的描述，这些描述与黄芩（*S. baicalensis* Georgi）的植物特征基本相符。《滇南本草》云："黄芩多年生草本，高

20～35cm。茎直立，四棱形。叶交互对生，矩圆状椭圆形，几无叶柄，长 9～22cm；夏季开蓝紫色花，生于茎梢叶腋间，集成总状花序。花偏向一方，唇形，花萼筒状成二唇形，雄蕊 4，两两成对；子房上位，花柱细丝状，柱头不显。坚果极小，黑色，有小凸点。"《唐本草》载："今出宜州（今湖北宜昌）、郎州（今贵州遵义）、泾州（今甘肃泾川县）者佳，兖州（今山东境内）大实而好，名豚尾芩也。"结合目前黄芩属植物的分布及药材商品的使用情况，推测产于四川及云南的可能主要是滇黄芩（S. amoena C. H. Wright）和丽江黄芩（S. likangensis Diels），而产于甘肃的可能是甘肃黄芩（S. rehderiana Diels）。《药物出产辨》云："山西、直隶（今河北省中南部，包括北京、天津等地）、热河一带均有出。"从历代文献对黄芩主产地的记载来看，其古今变化不大，传统上认为河北、山西、陕西、甘肃及山东产的黄芩质量较好。

### 三、植物形态特征与生物学特性

**1. 形态特征**　多年生草本植物，高30～120cm，全株无毛或疏被贴生至开展的微柔毛。茎四棱形，伏地或直立，丛生多分枝，绿色或带紫色；单叶交互对生，长1.5～4.5cm，宽0.4～1.2cm，呈卵状披针形至线状披针形，先端钝或急尖，基部圆形，全缘，背面密被下陷的腺点；叶柄短，长约0.2cm，腹凹背凸。花序总状顶生，长7～15cm；花萼钟状，先端5裂；花冠紫红色至蓝色，长2～3cm，冠筒近基部明显膝曲，冠檐二唇形，上唇盔状，先端微缺，下唇中裂片三角状卵圆形，宽0.75cm，两侧裂片向上唇靠合。雄蕊4，二强，雌蕊1，花柱细长，先端锐尖，微裂。花盘环状，前方稍增大，后方延伸成极短子房柄。子房黑褐色，无毛。小坚果卵圆形或扁球形，黑褐色，包被于宿萼中（图 2-19）。

**2. 生物学特性**　黄芩多野生于草甸、草原、丘陵，其分布区多为棕壤、褐土、棕钙土，pH 5～8。适应性很强，喜温凉，耐严寒，成年植株地下部分可忍受−30℃低温。

图 2-19　黄　芩
1. 植株　2. 根　3. 花　4. 果实

主要分布于温带半湿润半干旱地区，最北界达黑龙江爱辉，最南至四川甘孜，东起黑龙江宁安，西到新疆天山山麓。黄芩的光合特性表现为典型的阳性植物，对光照的适应性较强，适宜生长的地区年太阳总辐射量以501.6kJ/cm$^2$为最适宜，最适平均温度为24℃，适宜生长的年降水量为33.2～892.7mm，耐旱怕涝。适宜生长在肥沃的沙质土或壤土上，忌连作。黄芩4～5月茎叶生长迅速，花期7～8月，果期8～9月，7～8月为根增重高峰期，10月地上部枯萎，全年的生育期为

140～170d。1年生植株多在6月下旬开花，并延续至霜枯，2年以上植株4月中下旬返青，开花与果熟略早，从开花至种熟约50d；1年后植株茎数成倍增加，根以增粗、增重为主，第四年根部开始变朽中空。种子寿命长，千粒重1.49～2.25g，发芽率在80％左右，以20℃左右为最适宜。

黄芩既可以由种子进行有性繁殖，又能利用地下根和茎等营养器官进行无性繁殖。种子繁殖采用直播法或育苗移栽法。直播法对播种季节要求不严，春、夏、秋均可，可视当地气候、土壤条件而灵活掌握，播种温度为15～18℃，有足够的湿度，播种后半个月左右出苗。育苗移栽法在灌溉困难的旱地或退耕的山坡地常采用，多在播种1年后移栽。也可采用处于营养生长期的枝条扦插或根茎栽植进行集约化育苗，于雨季移栽，能大大提高移栽成活率，植株生长迅速，产量高。

黄芩野生变家种后，因生长环境和年限不同于野生黄芩，所以在外部形态、组织构造等方面出现了一些差异，但总体上讲两者的内在质量基本相当，栽培黄芩可代野生黄芩药用，而且许多地方都适合栽培。有研究表明，在水溶性和醇溶性浸出物上，栽培黄芩均高于野生黄芩；在有效成分含量方面，一年生栽培黄芩低于野生黄芩，二年生栽培黄芩则高于野生黄芩。有研究比较了栽培黄芩和野生黄芩黄芩苷、黄芩素和汉黄芩素化学成分的差异，结果表明河北和内蒙古产的野生黄芩的液相指纹图谱色谱峰数较栽培品多；在95％置信区间，栽培黄芩和野生黄芩的指纹图谱略有差异，栽培黄芩黄芩苷、黄芩素和汉黄芩素和浸出物的含量高于野生黄芩。黄芩的"野生变家种"历史不长，但因一直以来只种不选，导致有效成分含量高低不稳定，药材产量和质量下降。因此，选育出高产、稳产、优质的黄芩品种是解决黄芩药材质量的最佳方法。但目前还未见优良品种选育成功的报道，相关工作还在不断地探索中。例如有报道黄芩在外观形态上有较大差异：茎有绿、紫两种颜色，花有紫、粉和白三色之分，花期有早花、晚花和正常3种类型，有报道表明以晚花型生育性状好、黄酮类物质含量高。另外，有人对黄芩太空育种进行了探索，表明航天黄芩种子的发育速度较普通种子快，且根长、根粗、株高都明显增加。对黄芩多倍体育种探索表明，通过组培诱导的四倍体黄芩新品系生长势旺，抗逆性强，产量和黄芩苷含量均优于当地的普通黄芩。

## 四、野生近缘植物

黄芩属植物在全世界有300多种。据《中国植物志》记载：我国有黄芩属植物102种，52变种，南北均有分布，多为野生，适应性很强。现在黄芩的地方习用品主要有甘肃黄芩、滇黄芩、丽江黄芩和粘毛黄芩。其中，粘毛黄芩除植株被粘毛和花呈黄色以外，在形态上与黄芩极为相似，且产地也在黄芩分布区以内，因此极易混入药。

**1. 丽江黄芩**（*S. likiangensis* Diels）　多年生草本。根茎横行或斜行，肥厚，茎0.2～1.2cm，切面黄色，常分权。茎高20～36cm，直立，多数自根茎顶端生出，褐紫色，四棱形，被倒向小疏柔毛，不分枝。叶坚纸质，椭圆状卵圆形或椭圆形，下部者较小，先端圆钝，有时微缺，边缘大多在中部或中部以上有很不明显的圆齿状锯齿或至近全缘，上面被稀疏的紧贴的小疏柔毛或几无毛，下面密被凹腺点，沿脉疏被小疏柔毛，侧脉约4对；叶柄极短或近无柄，长0～0.15cm。总状花序顶生，长4～12cm；苞片下部者似茎叶，上部者变小，椭圆形至披针形，全缘，两面均密被具腺微柔毛。花萼开花时长 0.3cm，外密被具腺微柔毛，常带紫色，内面无毛，果时长 0.55cm，盾片花时半圆形，平展，高 0.15cm，果时竖立，反折，高 0.3cm。花冠黄白色、黄色至绿黄色，常染粉紫斑或条纹，长 2.6～3cm，外密被具腺微柔毛，内面无毛；冠筒近基部前方囊状膨大，几成直角膝曲，中部宽约 0.28cm，至喉部宽约 0.6cm；冠檐二唇形，上唇盔状，内凹，先端微缺，下唇中裂片近圆形，宽 0.8cm，两侧裂片卵圆形，宽 0.25cm。雄蕊 4，二强；花丝扁平，下部被小纤毛。花盘肥厚，前方隆起；子房柄短，花柱细长，子房光滑。成熟小坚果卵圆形，长 0.175cm，径 0.125cm，黑褐色，具瘤，腹面中央具一果脐。花期 6～8 月，果期 8～9 月。产于云南西北部。生于海拔 2 500～3 100m 山地干燥灌丛或草坡上。根茎入药，有清热、消炎、解毒之功效。

**2. 粘毛黄芩**（*S. viscidula* Bunge） 多年生草本。根茎直生或斜行，自上部生出数茎。茎直立或渐上升，高 8～25cm，四棱形，被疏或密、倒向或有时近平展、具腺的短柔毛，通常生出多数伸长而斜向开展的分枝。叶具极短的柄或无柄，下部叶通常具柄，柄长 0.2cm；叶片披针形至线形，长 1.5～3.2cm，宽 0.25～0.8cm，顶端微钝或钝，基部楔形或阔楔形，全缘，密被短睫毛，上面疏被紧贴的短柔毛或几无毛，下面被疏或密生的短柔毛，两面均有多数黄色腺点，侧脉 3～4 对，与中脉在上面凹陷下面凸起。总状花序顶生，长 4～7cm；花梗长约 0.3cm，与序轴均密被具腺平展短柔毛；苞片下部者似叶，上部者远较小，椭圆形或椭圆状卵形，长 0.4～0.5cm，密被具腺小疏柔毛。花萼开花时长约 0.3cm，盾片高 0.1～0.15cm，密被具腺小疏柔毛，果时花萼长 0.6cm，盾片高 0.4cm。花冠黄白或白色，长 2.2～2.5cm，外面被疏或密的具腺短柔毛，内面在囊状膨大处疏被柔毛；冠筒近基部明显膝曲，中部径 0.25cm，至喉部甚增大，宽 0.7cm；冠檐二唇形，上唇盔状，先端微缺，下唇中裂片宽大，近圆形，径 1.3cm，两侧裂片卵圆形，宽 0.3cm。雄蕊 4，前对较长，伸出，具半药，退化半药不明显，后对较短，内藏，具全药；花丝扁平，中部以下具疏柔毛。花柱细长，先端锐尖，微裂。花盘肥厚，前方隆起，后方延伸成长 0.05cm 的子房柄。子房褐色，无毛。小坚果黑色，卵球形，具瘤，腹面近基部具果脐。种子整体也呈椭圆形，长径约 0.24cm，横径约 0.145cm，表面深棕色。花期 5～8 月，果期 7～8 月。产于山西北部、内蒙古、河北北部及山东。生于海拔 700～1 400m 的沙砾地、荒地或草地。

**3. 滇黄芩**（*S. amoena* C. H. Wright） 多年生草本。根茎近垂直或斜行，常分枝，上部分枝顶端生出 1～2 茎。茎直立，高 15～30cm，锐四棱形，略具四槽，沿棱角被倒向或有近伸展的微柔毛至疏柔毛，常带紫色，中部节间长 1.2～3.8cm。叶长圆状卵形或长圆形，茎下部者变小，茎中部以上渐大，长 1.4～3.3cm，宽 0.7～1.4cm，常对折，顶端圆形或钝，基部圆形或楔形至浅心形，边缘离基以上有不明显的圆齿至全缘，上面疏被柔毛至几无毛，下面常沿中脉及侧脉疏被微柔毛至几无毛，侧脉 3～4 对，叶柄长 0.1～0.2cm，腹凹背凸，被微柔毛。花对生，排列成顶生长 5～14cm 的总状花序；花梗长 0.3～0.4cm，与序轴被具腺微柔毛；苞片向上渐小，披针状长圆形，长 0.5～1cm，先端急尖至钝，基部楔形，被微柔毛。花萼开花时长约 0.3cm，常带紫色，被具腺微柔毛，果时长 0.5cm，盾片开花时高约 0.1cm，果时增大，高 0.3cm。花冠紫色或蓝紫色，长

2.4～3cm，外被具腺微柔毛，内面无毛；冠筒近基部前方微囊大，向上渐宽，至喉部宽0.7cm；冠檐二唇形，上唇盔状，内凹，先端微缺，下唇中裂片近圆形，近全缘，宽1cm，两侧裂片三角形，宽约0.3cm。雄蕊4，二强，花丝扁平，下部被小纤毛。花盘肥厚，前方隆起；子房柄短。成熟小坚果卵球形，长0.125cm，宽约0.1cm，棕褐色，具瘤和短柔毛。花期5～9月，果期7～10月。滇黄芩仅分布于云南、贵州、四川等少数省的温凉、高海拔地区，生于海拔1 300～3 000m的云南松林下草地中，其茎叶在当地常作茶饮，根茎收购作黄芩的代用品。研究表明，滇黄芩中黄芩苷含量普遍高于正品黄芩，其药用价值有待进一步研究和开发。

**4. 甘肃黄芩**（*S. rehderiana* Diels）　多年生草本，根茎斜行，上部不分枝或具分枝，自根茎或其分枝顶端生出少数茎。茎弧曲，直立，高12～35cm，四棱形，沿棱角被下曲的短柔毛，余部近无毛或被疏或密近平展或稍下曲的白色细柔毛，不分枝，稀具短分枝。叶明显具柄，柄长0.28～1.2cm，腹凹背凸，被下曲或近平展的短柔毛；叶片草质，卵圆状披针形，三角形狭卵圆形至卵圆形，长1.4～4cm，宽0.6～1.7cm，顶端圆或钝，有时微尖，基部阔楔形、近截形至近圆形，全缘，或自下部每侧有2～5个不规则远离浅牙齿而中部以上常全缘，上面被稀疏的伏毛或散生细柔毛，下面在脉上疏被细柔毛至疏柔毛，边缘密被短睫毛，几无腺点，侧脉4点，与中脉上面稍凹陷下面隆起。总状花序顶生，长3～10cm；苞片卵圆形或椭圆形，有时倒卵圆形，顶端急尖，基部楔形，长0.3～0.8cm，被长缘毛，常带紫色；小苞片针状，长约0.1cm，具缘毛；花梗长约0.2cm，与序轴密被具腺短柔毛。花萼花开时长约0.25cm，盾片高约0.1cm，密被具腺短柔毛。花冠粉红、淡紫至紫蓝，长1.8～2.2cm，外面被具腺短柔毛，内面无毛；冠筒近基部膝曲，向上渐增大；冠檐二唇形，上唇盔状，先端微缺，下唇中裂片三角状卵圆形，宽大，宽1.1cm，先端微缺。雄蕊4，前对较长，具能育半药，退化半药不明显，后对较短，具全药，花丝丝状，下半部具小疏柔毛。花柱细长，先端锐尖，微裂。花盘环状，前方稍隆起。子房无毛。花期5～8月。产于甘肃、陕西、山西。生于海拔1 300～3 150m山地向阳草坡。

# 第二十节　姜　　黄

## 一、概述

为姜科植物姜黄（*Curcuma longa* L.）的干燥根茎。姜黄辛、苦，性温，具有破血行气、通经止痛、祛风疗痹的功效，主要用于胸胁刺痛、闭经、癥瘕、风湿肩臂疼痛、跌扑肿痛等症。化学成分主要为姜黄素类和挥发油两大类，此外尚有糖类、甾醇等。其根先端膨大的块根，又是中药材"郁金"的来源之一，具有行气解郁、破瘀、止痛等功效。

姜黄主要分布于亚洲热带和亚热带地区，我国产东南至西南部，主要分布于四川、福建、江西等地，广西、广东、湖北、陕西、台湾、云南等地也产。销往全国，并有出口。此外，温郁金（*C. wenyujin* Y. H. Chen et C. Ling）的侧根茎，药材称为片姜黄，在浙江也作姜黄使用，并销往山西、陕西、河南、江苏等地。川郁金（*C. chuanyujin* C. K. Hsieh et H. Zhang）的侧根茎在四川部分地区也作为姜黄使用。

姜黄在我国的种植区域主要集中在四川，主要包括乐山、宜宾等川南的岷江流域，以及双流、崇州、温江、新津等地。近年来，随着社会经济的不断发展，栽种面积逐年减少，目前主要栽培区是四川南部的犍为、沐川两县和位于成都西部边缘的崇州及双流，其余产区已少见栽培。四川犍为、沐川、乐山、井研等地以栽种姜黄为主，收获块根为辅，该区域的姜黄根茎较粗壮，产量也较高，产品多供出口，近年来虽受粮食涨价的影响，但因犍为、沐川地处偏僻、较贫困，而且当地已形成较规范的加工及收购链条，故仍有较大面积的种植；崇州、双流、新津、温江等成都平原的金马河和羊马河流域，以收获块根为主，根茎（即姜黄）为副产物，每 $667m^2$ 产鲜根茎约 $200kg$，一般仅作为第二年的繁殖材料来用。

## 二、药用历史与本草考证

姜黄在我国有 1 000 多年的历史，始载于《唐本草》，苏敬在注解时写道："叶根都似郁金，花春生于根，与苗并出，夏花烂，无子，根有黄、青、白三色。其作之方法与郁金同尔。西戎人谓之潘葀药。其味辛少苦多，与郁金同，惟花生异尔。"由此说明，当时姜黄的原植物应为姜黄属多种植物，包括了根茎断面黄色的温郁金（C. wenyujin Y. H. Chen et C. Ling）、断面灰绿或墨绿色的莪术（C. aeruginosa Roxb.）和断面白色的广西莪术（C. kwangsiensis S. G. Lee et C. F. Liang），而不包括从茎心抽出的姜黄（C. longa L.）（当时称为郁金），同时还说明当时姜黄与莪术有混称现象。

苏颂《本草图经》曰："姜黄旧不载所出州郡，今江、广、蜀多有之。叶青绿，长一二尺许，阔三四寸，有斜纹如红蕉叶而小，花红白色，至中秋渐凋。春末方生。其花先生，次方生叶，不结实。根盘屈，黄色，类生姜而圆有节。"并附"宜州（今宜昌市）姜黄""沣州（今湖南境内）姜黄"图。所述产地、形态特征，应指温郁金、广西莪术、川郁金等。

古代尚有用姜（Zingiber officinale Rosb.）之老者充姜黄使用的，如《本草拾遗》云："姜黄真者，是经种三年以上老姜，能生花，花在根际，一如蘘荷，根节坚硬，气味辛辣，种姜处有之。"《本草图经》亦谓："都下近年多种姜，往往有姜黄生卖，乃是老姜。"说明在唐宋时期有以老姜作为姜黄伪品的情况。

《本草纲目》曰："近时以扁如干形姜者，为片子姜黄，圆如蝉腹者，为蝉腹郁金，并可染黄。"其中的"如蝉腹，可染黄"说明为 Curcuma longa 的根茎，"而为蝉腹郁金"则说明当时 Curcuma longa 尚未作姜黄使用，根茎仍作郁金使用。

清代吴其濬《植物名实图考》载："姜黄，《唐本草》始著录。今江西南城县里鱼都种之成田，以贩他处染黄。其形状全似美人蕉而根如姜，色极黄，气亦微辛。"所述与今之姜黄（C. longa）相符。说明清代 C. longa 的根茎作为姜黄使用，供染色之用，并逐渐成为姜黄的主流品种。

综上所述，明末以前，本草记载中姜黄的原植物为温郁金（C. wenyujin）、断面灰绿或墨绿色的莪术（C. aeruginosa）、断面白色的广西莪术（C. kwangsiensis），而姜黄的根茎一直作为郁金使用。清以后，C. longa 的根茎才发展作为姜黄使用。从记载产地来看，四川自古为姜黄主产区。

### 三、植物形态特征与生物学特性

**1. 形态特征**　多年生草本，高 80～150cm。根茎很发达，成丛，主根茎卵形或陀螺状，侧生根茎指状，断面橙黄色，极香；根粗壮，末端膨大成块根。叶片 7～10，2 列，叶片长圆形或窄椭圆形，长 20～50cm，宽 8～16cm，先端短渐尖，基部楔形或渐狭，下延至叶柄，上面绿色，下面浅绿色，两面均无毛，叶柄与叶片等长或较短。花葶由叶鞘中央抽出，总花梗长 12～20cm；穗状花序圆柱状 12～18cm，直径 4～9cm；苞片卵形或长圆形，长 3～5cm，淡绿色，顶端钝，上部无花的较狭，顶端尖，开展，白色，边缘染淡红晕；冠部苞片粉红色或淡红紫色，长椭圆形，长 4～6cm，宽 1.0～1.5cm，腋内无花，中下部苞片卵形至近圆形，长 3～4cm，先端圆或钝尖，嫩绿色或绿白色，腋内有花数朵；有小苞片数枚，长椭圆形，透明白色；花萼筒绿白色，具 3 齿；花冠管长约 1.5cm，漏斗形，喉部密生柔毛，裂片 3，淡黄色，上方一片较大，椭圆形，先端卷褶略为兜状，两侧裂片长椭圆形，长约 1cm；侧生退化雄蕊花瓣状，黄色；唇瓣近圆形，长约 1.2cm，外折，先端具不明显的 3 浅裂，黄色，中间棕黄色；能育雄蕊一枚，花丝短而扁平，有明显的纵肋，基部宽，与侧生退化雄蕊连生，花丝长圆形，基部有距；子房下位，外被柔毛，花柱细长，基部具 2 棒状体，柱头稍膨大，略呈唇形（图 2-20）。花期 7～9 月。

**2. 生物学特性**　姜黄为亚热带植物，原产于亚洲南部热带和亚热带地区。植物姜黄多生于海拔 800m 以下的低山、丘陵、平坝。喜温暖湿润的气候，一般全年无霜期在 300d 左右，年均气温 14～17.9℃，年降水量在 1 000mm 以上的地区均可栽培。怕严寒霜冻，气温 −3℃ 以下，姜黄根就易冻死，地上部分耐寒能力更差。应选择雨量充沛而且分布较均匀的地区栽培，干旱对植株及块根的生长不利，特别是苗期应使土壤保持一定湿度，否则易造成缺株。喜稍荫蔽的环境，强光，植株生长势弱，栽培多与高秆作物套种，或选稍阴的环境栽培。姜黄对土壤要求不严，除过于黏重的死黄泥或不易保水保肥的冷沙土外，其他土壤都可以种植，但以腐殖质含量较多、肥沃湿润而排水良好的大土泥、潮泥、加沙泥等土壤为最宜。

姜黄植株很少开花，少有种子，且种子多不充实，栽培上用根茎繁殖，称为种姜，种姜栽种下去后就成为母姜，当年生出的新根茎称为子姜或芽姜。子

图 2-20　姜　黄
1. 根茎　2. 花序　3. 叶　4. 花
5. 侧生退化雄蕊及唇瓣　6. 花冠裂片及发育雄蕊

姜长成后的母姜，称为二母姜，再作种称老母姜。子姜及老母姜的生长势差，二母姜繁殖力强，植株生长健壮，萌芽早。在 4 月底至 5 月中旬就会出苗，根茎先于块根而形成，根茎一般于 8 月开始形成，块根于秋分前后开始形成。栽种早，萌芽出苗早，生长期长，植株发育旺，但须根长，致使块根入土很深，难采挖。栽种期迟者，生长期短，株矮，块根入土短，易采挖。姜黄的生长期为 220～240d，枯苗期 11 月下旬至 12 月中下旬。

药材呈不规则卵圆形、圆柱形或纺锤形，常弯曲，有的具短叉状分枝或圆形分枝断痕，长 2～7cm，直径 1～3cm。表面深黄色，粗糙，有皱缩纹理和明显环节，并有少数鳞叶残基和须根痕。质坚实，不易折断，断面棕黄色至金黄色，角质样，有蜡样光泽，内皮层环纹明显，并有点状维管束散在。气香特异，味辛、苦。以质坚实、断面金黄、香气浓厚者为佳。

## 四、野生近缘植物

姜科姜黄属植物全世界约有 50 余种，主产地为东南亚，澳大利亚北部也有分布。我国约有 5 种，除姜黄外，我国仍有其余 4 种：温郁金、广西莪术、蓬莪术、川郁金。

**1. 广西莪术**（*C. kwangsiensis* S. G. Lee et C. F. Liang）　多年生草本，高 50～110cm；主根茎卵圆形至卵形，长 4～5cm，直径 2.5～3.5cm，有或多或少呈横纹状的节，节上有残存的褐色、膜质叶鞘，侧根茎指状，鲜时内部白色或微带淡黄色。须根细长，生根茎周围，末端常膨大成近纺锤形块根；块根直径 1.4～1.8cm，内部乳白色。春季抽叶，叶基生，2～5 片，直立；叶片椭圆状披针形或长椭圆形，长 14～36cm，宽 4.5～7cm，先端短渐尖或渐尖，尖头边缘向腹面微卷，基部渐狭，下延，两面被柔毛；叶舌高约 1.5mm，边缘有长柔毛；叶柄长 2～11cm，被短柔毛；叶鞘长 11～33cm，被短柔毛。穗状花序从根茎抽出，花序圆柱状，和具叶的营养茎分开，先叶或与叶同时开放；总花梗长 7～14cm，花序长约 15cm，直径约 7cm，花序下部的苞片阔卵形，长约 4cm，先端平展，淡绿色，上部的苞片长圆形，斜举，淡红色；花生于下部和中部的苞片腋内；花萼白色，长约 1cm，一侧裂至中部，先端有 3 钝齿；花冠长 2cm，喇叭状，喉部密生头毛，花冠裂片 3，卵形，长约 1cm，后方的 1 枚较宽，宽约 9mm，先端尖，略呈兜状，两侧的稍狭；侧生退化雄蕊长圆形，与花冠裂片近等长；唇瓣近圆形，淡黄色，先端 3 浅圆裂，中部裂片稍长，先端 2 浅裂；花丝扁阔，花药狭长圆形，长约 4mm，药室紧贴，基部有距；花柱丝状，无毛，柱头头状，具缘毛；子房被长柔毛。花期 5～7 月。产于我国广西、云南、广东，广西大量栽培。栽培或野生于山坡草地、林缘及灌丛中。本种的根茎即中药莪术的一种，块根称桂郁金。

**2. 蓬莪术**（*C. phaeocaulis* Val. ）　多年生草本，高 80～140cm。根细长，末端膨大成肉质纺锤状块根，断面黄绿色或近白色。主根茎圆柱状，侧根茎指状，根茎断面淡蓝、淡绿、黄绿色至黄色。叶直立，叶片 4～7，2 列；叶片长圆状椭圆形或长圆状披针形，长 20～50cm，宽 8～20cm，先端渐尖或长渐尖，基部渐狭，上面无毛，下面疏被短柔毛，叶片上面沿中脉两侧有宽 1～2cm 的紫色带直达基部，但中部以下变狭，中脉绿色。穗状花序从根茎上抽出，圆柱状，长 12～20cm，直径 4～7cm；有苞片 20 多枚，冠苞片长卵形或长椭圆形，长 4～6cm，宽 1.5～2cm，先端深红色，其余白色，孕苞片近圆形，长 2～3.5cm，白绿色至白色，先端淡红色，中部以上阔披针形，先端渐尖或急尖；花冠裂片红色；退化雄蕊较唇瓣小，唇瓣黄色，倒卵状，先端微缺；子房被毛。花期 4～6 月。生于山坡、村旁或林下半阴湿地。产四川、广东、广西、云南、江西、福建、台湾等省份。四川崇州、双流等地大量在栽培。根茎和块根入药，分别称莪术和绿丝郁金。

# 第二十一节　金　荞　麦

## 一、概述

为蓼科荞麦属植物金荞麦 [*Fagopyrum dibotrys* (D. Don) Hara] 的干燥根茎。别名野荞麦、苦荞麦、天荞麦等。金荞麦味辛、苦，性凉，有清热解毒、健脾利湿、活血散瘀、消肿排脓、软坚散结等功效。主要化学成分为野荞麦苷、香豆酸、阿魏酸、葡萄糖、缩合原花色苷元化合物、多种氨基酸、微量元素等。

金荞麦的野生资源分布较广，分布于我国陕西、湖北、湖南、江苏、浙江、江西、四川、云南、贵州等地。分布于北纬 21°～32°、东经 97°～129°，海拔 500～2 300m 的山坡田边地角上，温暖平坝、浅丘、半山区、山区最适宜金荞麦生长。金荞麦主要分布于亚热带气候带内，年均温度大多在 13～18℃，无霜期一般 240～280d，年平均降水量 900～1 100mm，温暖湿润的气候条件、气温偏凉更适宜金荞麦的生长。

目前金荞麦的野生资源日趋匮乏，近年来重庆涪陵、南川、武隆及贵州道真、正安已有人工栽培，而且产量高，栽培技术简单。

## 二、药用历史与本草考证

金荞麦是我国著名的传统大宗中药材，应用历史悠久。金荞麦始载于明、清时期的本草学，《本草纲目》载："苦荞麦出南方，春初前后种之，茎青多棱，叶似荞麦而尖，开花带绿色，结实亦似荞麦，稍尖而棱角不峭，其味苦恶……"《本草纲目拾遗》载："金锁银开，百草镜云：俗名铁边箕，处处山野有之，叶似天门冬叶，又似土茯苓叶，但差狭小耳，藤生，或缘石砌树上竹林内亦有之，非海金沙也；其根黑色，两旁有细刺如边箕样，故名，入药用根。"金荞麦历史上用药主要依靠野生资源，目前重庆和贵州等地开始进行人工栽培。

## 三、植物形态特征与生物学特性

**1. 形态特征**　多年生宿根草本，高 0.5～1.5m。根茎粗大，呈结节状，横走，红棕色。茎直立，多分枝，具棱槽，淡绿微带红色，全株微被白色柔毛。单叶互生，有长柄，托叶鞘包茎，叶片戟状三角形，长宽几相等，全缘或微波状，先端突尖或渐尖，基部心状戟形，托叶鞘近筒状膜质，黄褐色，顶端叶狭窄，无柄抱茎。花小，总状花序，花梗细长，集成顶生或腋生稍有分枝的聚伞花序，花被片 5 深裂，裂片椭圆形，白色或淡红色，雄蕊 8，短于花被，子房上位，花柱 3，较短，柱头状，瘦果卵形，具 3 棱，棱上部锐利，下部钝圆，黑褐色（图 2 - 21）。花期 7～9 月，果期 10～11 月。

图 2 - 21　金荞麦
1. 植株上部　2. 花序　3. 花放大　4. 根

**2. 生物学特性**　金荞麦适应性较强，野生于丘陵山区阴湿处。喜温暖气候，在 15～30℃下生长良好，在－15℃左右地区栽培可安全越冬。种子萌发 8～12℃时 20d 出苗，在 12～18℃时 15d 出苗，在 18℃以上时 10d 即可出苗，无性繁殖快，茎在 15～20℃时开始出苗，植株在 25～30℃时生长较快，8℃以下停止生长，地上部分开始倒苗。在－15℃的低温条件下块根能安全越冬。种子吸水低于体重 20％则不萌发，土壤含水量 25％左右，种子能顺利萌发。金荞麦喜光，喜生于湿润山区的阳坡或沟谷光照较好的地方。金荞麦对土壤的适应性较强，各种类型的土壤都能生长，尤以肥沃疏松的冲积土或沙质壤土、半沙半泥的熟化土栽培最好。

金荞麦在长期的生态适应演化中，形成了多个生态类型。主要有贵州 1 号、贵州 2 号、江苏 1 号、江苏 2 号和四川、广东等品种。它们在植物形态和有效成分的含量上有一定区别。其中贵州 1 号 1 年开 2 次花，缩合原花色苷元含量较高；其他类型均 1 年开 1 次花，缩合原花色苷元含量较低。

#### 四、野生近缘植物

荞麦属约有 15 种，广布于亚洲及欧洲。我国有 10 种 1 变种；有两种为栽培种。南北各省份均有。金荞麦野生近缘植物包括硬枝野荞麦、长柄野荞麦、心叶野荞麦、小野荞麦、疏穗小野荞麦、细柄野荞麦、线叶野荞麦、疏穗野荞麦。

**1. 硬枝野荞麦**（*F. mairei* H. Gross）　半灌木。茎近直立，高 60～90cm，多分枝，老枝木质，红褐色，稍开裂，一年生枝草质，绿色，具纵棱。叶箭形或卵状长三角形，长 2～8cm，宽 1.5～4cm，顶端长渐尖或尾状尖，基部宽箭形，两侧裂片顶端圆钝，或急尖，上面绿色，下面淡绿色，两面沿叶脉具短柔毛；叶柄长 2～5cm，沿棱具短柔毛；托叶鞘膜质，褐色，偏斜，长 4～6mm。花序圆锥状，顶生，大型，长 15～20cm，分枝稀疏，开展，花排列稀疏；苞片狭漏斗状，长 2～2.5mm，淡绿色，顶端急尖，每苞内具 3～4 花；花梗细弱，长 3～3.5mm，近顶部具关节，比苞片长；花被 5 深裂，白色，花被片椭圆形，长 2～3mm；雄蕊 8，花柱 3，柱头头状。瘦果宽卵形，具 3 锐棱，长 3～4mm，黑褐色，有光泽，比宿存花被长。花期 7～9 月，果期 9～11 月。产于甘肃（文县、武都）、四川及云南。生于海拔 900～2 800m 的土坡林缘、山谷灌丛。

**2. 长柄野荞麦**［*F. statice*（Lévl.）H. Gross］　多年生草本。根粗壮，木质化；茎直立，高 40～50cm，自基部分枝，具细纵棱，无毛，茎、枝上部无叶；叶宽卵形或三角形，长 2～3cm，宽 1.5～2.5cm，顶端急尖，基部宽心形或近截形，两面无毛，上面平滑，下面叶脉稍突出，叶柄长 4cm；托叶鞘膜质、偏斜，顶端急尖，无缘毛。总状花序呈穗状，由数个总状花序再组成大型、稀疏的圆锥状花序；苞片漏斗状，每苞内具 2～3 花；花被细弱，长 2～2.5mm，顶部具关节，比苞片长；花被 5 深裂；花被片椭圆形，长 1～1.5mm；雄蕊 8，与花被近等长。瘦果卵形，具 3 棱，长 2～2.5mm，有光泽。花期 7～8 月，果期 9～10 月。产于贵州、云南。生于海拔 1 300～2 200m 的山坡草地。

**3. 心叶野荞麦**［*F. gilesii*（Hemsl.）Hedb.］　一年生草本。茎直立，高 10～30cm，自基部分枝，无毛，具细纵棱。叶心形，长 1～3cm，宽 0.8～2.5cm，顶端圆尖，基部心形，上面绿色，无毛，下面淡绿色，沿叶脉具小乳头状突起，下部叶叶柄长 5cm，比叶片长，上部叶较小或无毛；托叶鞘膜质，偏斜，长 3～5mm，无毛，顶端尖。总状花序呈头状，直径 0.6～0.8cm，通常成对；着生于二歧分枝的顶端。苞片漏斗状，顶端尖，无毛，长 2.5～3mm，每苞内含 2～3 花；花梗细弱，长 3～4mm，顶部具关节；花被 5 深裂，淡红色，花被片椭圆形，长 2～2.5mm，雄蕊比花被短；花柱 3，柱头头状。瘦果长卵形，黄褐色，具 3 棱，微有光泽，长 3～4mm，突出宿存花被之外。花期 6～8 月，果期 7～9 月。产于四川、云南及西藏，喜马拉雅山西北部也有。生于海拔 2 200～4 000m 的山谷沟边、山坡草地。

**4. 小野荞麦**［*F. leptopodum*（Diels）Hedb.］　一年生草本。茎通常自下部分枝，高 6～30cm，近无毛，细弱，上部无叶。叶片三角形或三角状卵形，长 1.5～2.5cm，宽 1～1.5cm，顶端尖，基部箭形或近截形，上面粗糙，下面叶脉稍隆起，沿叶脉具乳头状突起；叶柄细弱，长 1～1.5cm；托叶鞘，偏斜，膜质，白色或淡褐色，顶端尖。花序总状，由数个总状花序再组成大型圆锥花序，苞片膜质，偏斜，顶端尖，每苞内具2~3花；花梗细弱，顶部具关节，长约3mm，比苞片长；花被5深裂，白色或淡红色，花被片椭圆形，长1.5~2mm；雄蕊8，花柱3，丝形，自基部分离，柱头头状。瘦果卵形，具3棱，黄褐色，长2~2.5mm，稍长于花被。花期7~9月，果期8~10月。产于云南、四川。生于海拔1 000~3 300m的山坡草地、山谷、路旁。

**5. 疏穗小野荞麦** ［*F. leptopodum* (Diels) Hedb. var. *grossii* (Lévl.) Lauener et Ferguson］ 与小野荞麦的区别是本变种的总状花序极稀疏。产于云南、四川。生于海拔1 000~3 000m的山谷、水边、路旁。

**6. 细柄野荞麦** （*F. gracilipes* Damm. ex Diels） 一年生草本。茎直立，高20~70cm，自基部分枝，具纵棱，疏被短糙伏毛。叶卵状三角形，长2~4cm，宽1.5~3cm，顶端渐尖，基部心形，两面疏生短糙伏毛，下部叶叶柄长1.5~3cm，具短糙伏毛，上部叶叶柄较短或近无梗；托叶鞘膜质，偏斜，具短糙伏毛，长4~5mm，顶端尖。花序总状，腋生或顶生，极稀疏，间断，长2~4cm，花序梗细弱，俯垂；苞片漏斗状，上部近缘膜质，中下部草质，绿色，每苞内具2~3花，花梗细弱，长2~3mm，比苞片长，顶部具关节；花被5深裂，淡红色，花被片椭圆形，长2~2.5mm，背部具绿色脉，果时花被稍增大；雄蕊8，比花被短；花柱3，柱头头状。瘦果宽卵形，长约3mm，具3锐棱，有时沿棱生狭翅，有光泽，突出花被之外。花期6~9月，果期8~10月。产于河南、陕西秦岭、甘肃南部文县和武都，湖北、四川、云南及贵州。生于海拔300~3 400m的山坡草地、山谷湿地、田埂、路旁。全草入药，有清热解毒，活血散瘀，健脾利湿功效；种子入药有开胃，宽肠功效。

**7. 线叶野荞麦** ［*F. lineare* (Sam.) Harald.］ 一年生草本。茎细弱，直立，高30~40cm，具纵细棱，无毛，自基部分枝。叶线形，长1.5~3cm，宽0.2~0.5cm，顶端尖，基部戟形，两侧裂片较小，边缘全缘，微向下反卷，两面无毛，下面中脉突出，侧脉不明显，叶柄长2~4mm；托叶鞘膜质偏斜，顶端尖，长2~3mm。花序总状，紧密，通常由数个总状花序再组成圆锥状；苞片偏斜，长约1.5mm，通常淡紫色，每苞片内具2~3花；花梗细弱，顶部具关节，比苞片长；花被5深裂，白色或淡红色；花被片椭圆形，长约1.5mm；雄蕊8，比花被短；花柱3，柱头头状。瘦果宽椭圆形，具3锐棱，褐色，有光泽，突出宿存花被之外。花期8~9月，果期9~10月。产于云南。生于海拔1 700~2 200m的山坡林缘、山谷、路旁。

**8. 疏穗野荞麦** ［*F. caudatum* (Sam.) A. J. Li］ 一年生草本。茎高30~50cm，自基部分枝；枝外倾或上升，有细纵棱，节间长1.5~3cm，上部的长8cm。叶片三角状箭形或长箭形，长1~3cm，宽0.4~0.6cm，顶端尖，基部裂片披针形，两面无毛，下面中脉微突出；叶柄长0.8~1.2cm；托叶鞘膜质，黄褐色，偏斜，顶端尖，长4~5mm。总状花序呈穗状，顶生或腋生，极稀疏，间断，长3~6cm，由数个总状花序再组成圆锥状；苞片偏斜，膜质，长2~2.5mm，顶端渐尖，黄褐色，每苞内具2~3花；花梗细弱，长3~4mm，顶部具关节；花被5深裂，白色或淡红色，花被片椭圆形，顶端圆，长约1.5mm，果时稍增大；雄蕊8，花药椭圆形；花柱3，柱头头状。瘦果宽卵形，具3锐棱，长4~5mm，稍有光泽，突出花被之外。花期8~9月，果期9~10月。产于四川、云南及甘肃。生于海拔 1 000~2 200m 的山坡草地。

# 第二十二节 桔 梗

## 一、概述

桔梗〔*Platycodon grandiflorum*（Jacq.）A. DC.〕为桔梗科桔梗属植物，以干燥根入药。桔梗是常用中药材，具有宣肺、散寒、祛痰、排脓之功效。现代药理学表明，桔梗具有祛痰、镇咳、松弛肠平滑肌、抗炎、抗溃疡、降血糖、镇静抗惊厥作用。桔梗的提取物具有抗丝裂霉素 C 诱变的保护功能。

桔梗除我国外，在东亚、前苏联远东地区、朝鲜半岛、日本列岛均有分布。桔梗为广布种，在我国大部分省份均有分布，主要分布于安徽、河南、湖北、辽宁、吉林、浙江、河北、江苏、四川、贵州、山东、内蒙古、黑龙江、湖南、陕西、山西、福建、江西、广东、广西、云南也有分布；在西北仅分布于其东部。东北、内蒙古野生产量较大。

桔梗为耐干旱的植物，多生长在沙石质的向阳山坡、草地、稀疏灌丛及林缘。据调查，桔梗常在的群落有稀疏的蒙古栎林、槲栎林、榛灌丛、中华绣线菊灌丛和连翘灌丛等。

桔梗是药食两用植物，需求量大。适应性强，产量高，效益可观，全国各地均可栽培。以安徽、内蒙古、河南、湖北、河北、江苏、四川、浙江、山东栽培产量较大。

## 二、药用历史与本草考证

桔梗始载于《神农本草经》，列为下品，距今已有 2 000 多年的应用历史。《名医别录》曰："利五脏肠胃，补血气，除寒热、风痹，温中消谷，疗喉咽痛。"《药性论》载："消积聚、痰涎，主肺热气促嗽逆。"

《名医别录》载："生嵩高山谷及冤句。二、八月采根，曝干。"《本草经集注》载："桔梗，近道处处有，叶名隐忍，二三月生，可煮食之。俗方用此，乃名荠苨。今别有荠苨，能解药毒，所谓乱人参者便是，非此桔梗，而叶甚相似，但荠苨叶下光明滑泽无毛为异，叶生又不如人参相对者尔。"《新修本草》载："人参苗似五加阔短，茎圆，有三四桠，桠头有五叶，陶引荠苨乱人参，谬矣。且荠苨、桔梗，又有叶差互者，亦有叶三四对者，皆一茎直上，叶既相乱，惟以根有心无心为别尔。"《本草图经》载："今在处有之，根如小指大，黄白色，春生苗，茎高尺余，叶似杏叶而长椭，四叶相对而生，嫩时亦可煮食之，夏开花紫碧色，颇似牵牛子花，秋后结子，八月采根……其根有心，无心者乃荠苨也。"《植物名实图考》载："桔梗处处有之，三四叶攒生一处，花未开时如僧帽，开时有尖瓣，不钝，似牵牛花。"从上看出，在《本草经集注》以前桔梗与荠苨不分，之后《新修本草》、《本草图经》、《本草纲目》及《植物名实图考》等均指出了两者植物形态上的区别，并有附图，所载桔梗与今所用桔梗品种相符。

桔梗适应性较强，全国各地均有栽培。产在东北、华北地区者称北桔梗，生长在华东、华中地区的为南桔梗。改革开放后，就全国而言，通过几年的大力发展，逐步形成了安徽太和李兴镇、山东淄博池上镇、内蒙古赤峰牛家营子镇为中心的三大桔梗基地，这三大基地几乎涵盖了全国 70％的桔梗种植面积。20 世纪 90 年代后又出现了像山东沂蒙山区、安徽亳州等较大的次产区，21 世纪后又涌现了像吉林通化、四川绵阳、陕西汉中等新产区，其面积也均在 667hm$^2$。

## 三、植物形态特征与生物学特性

**1. 形态特征** 多年生草本植物，全株有白色乳汁。主根纺锤形，长 10～15cm，几无侧根；外皮浅黄色，易剥离。茎直立，高 30～120cm，光滑无毛，通常不分枝或上部稍分枝。叶 3～4 片轮生、对生或互生，无柄或柄极短；叶片卵形至披针形，长 2～7cm，宽 0.5～3cm，先端渐尖，边缘具锐锯齿，基部楔形，下面被白粉。花单生于茎顶或几朵集成疏总状花序；花萼钟状，先端 5 裂；花冠阔钟状，蓝色或蓝紫色，直径 4～6cm，裂片 5，三角形；雄蕊 5，花丝基部变宽，密生细毛；子房下位，花柱 5 裂。蒴果倒卵圆形，熟时顶部 5 瓣裂。种子多数，卵形，有 3 棱，褐色（图 2-22）。花期 7～9 月，果期 8～10 月。

**2. 生物学特性** 桔梗喜温，耐寒，喜阳光充足的环境，怕积水，忌大风。适宜生长的温度是 10～20℃，最适温度为 20℃，能忍受－20℃低温。对土质要求不严，但以栽培在土壤深厚、疏松肥沃、排水良好，富含磷、钾的中性类沙土里生长较好。土壤水分过多或积水易引起根部腐烂。桔梗千粒重 0.93～1.4g，在 10～15℃时即可萌发，但需要 10d 以上，如果在温度 20～25℃时，7d 即可萌发。温度对桔梗出苗有较大的影响，一般情况下，桔梗的种子在土壤水分充足，温度在 19～25℃条件下，播种 10～15d 即可出苗；14～18℃时，20～25d 才能出苗。桔梗有较强的耐寒性，幼苗可以忍耐－29℃的低温，而不至于受冻害。桔梗耐旱能力较差，适于在潮湿的土壤中和充足的雨水条件下生长。播种后如果土壤墒情不好，或遇干旱，会影响种子出苗，造成出苗断垄。桔梗是喜光植物，因此应选择向阳的地块进行栽培。在光照不足的情况下，植株生长细弱，发育不良，容易徒长。

图 2-22 桔 梗
1. 花枝 2. 根 3. 雄蕊

桔梗商品多按产地分为南桔梗和北桔梗两种，东北、华北一带所产为北桔梗，安徽、江苏、浙江等地所产为南桔梗。商品药材以东北和华北产量大，以华东地区品质好。《中华人民共和国药典》2000 年版规定，桔梗含总皂苷不得少于 6.0％。来自中国、日本、韩国、朝鲜等地桔梗种质资源总皂苷含量的测定结果表明，紫花桔梗种质资源之间总皂苷含量差异比较大。四川产桔梗总皂苷含量与北桔梗比较，低于山东，高于辽宁；与南桔梗比较，高于安徽，与浙江差异不显著。许传莲用反相高效液相色谱（RP‐HPLC）分析方法，对来自于吉林、辽宁两省的部分桔梗样品的主要有效成分桔梗皂苷 D 的测定结果表明，不同产地的桔梗中桔梗皂苷 D 含量有差异，平均为 0.35%～0.88%，其中以吉林农业大学药园桔梗中桔梗皂苷 D 含量最高为 0.88%，吉林省通化的含量最低，为 0.28%。石俊英等测定了河北、黑龙江、吉林、陕西、安徽、贵州及山东等不同产地桔梗的总皂苷含量，结果表明，山东淄博鲁山产桔梗的总皂苷含量最高，质量最佳。杨志玲等测定了 4个省份 39 份桔梗根茎中营养成分和矿质元素含量，结果显示，各产地桔梗可溶糖含量为 33.11～72.34mg/g，四川产地可溶糖与其他产地存在显著差别；氨基酸含量为 105.19～167.25μg/g，各产地之间无差异；蛋白质含量为 0.27～0.32mg/g，四川、安徽产地蛋白质与山东和内蒙古的存在显著差异；锌铜比值（Zn/Cu）为 2.26～5.28，安徽产地桔梗 Zn/Cu 与其他 3 个产地存在显著差异。桔梗中各营养成分含量与其生长环境的经纬度、温度及降水存在着显著的相关性，而锌、铜的含量则与上述生境因子不存在相关性。李喜凤测定了河南、吉林、安徽、贵州等地 10 个产地、18 个样品桔梗皂苷 D 的含量，结果表明样品之间差异也较大。

20 世纪 90 年代以后，桔梗种质资源的种内变异受到重视。据观察，桔梗种内存在丰富的变异，如质量性状茎色、叶片形状、根形都存在着多个变异类型，株高、茎粗、结实等数量性状变异也比较大。韩国学者从人工自花授粉的野生紫花桔梗后代中，获得一种淡红色用于观赏的新品系。高文远从紫花桔梗中筛选出一个具高产、优质、抗倒伏的桔梗类型。高山林培育出高糖、低纤维的食用型四倍体品系和高产药用型四倍体桔梗品系。至 20 世纪末陆续培育出桔梗新品种，简介如下：

（1）九桔兰花：是吉林市农业科学院经 8 年的研究，于 1997 年经吉林省农作物品种审定委员会审定的野生桔梗优良品种，该品种产量高、品质好，二年作货，公顷产鲜根 20 000～40 000kg；根含皂苷 2.63%，比白花桔梗高近 1 倍，还有 15 种氨基酸和 20 余种微量元素，具抗寒、耐瘠、适应性强特性。

（2）太桔 1 号：安徽省太和县高效农业开发研究所，经过 6 年多时间从众多桔梗品种的变异单株中，系统选育出的药食兼用桔梗新品种（2004）。该品种株高 50～130cm，紫叶、紫秆、紫花，生长势旺、茎秆粗壮、抗倒伏。花期 6～9 月，果期 8～10 月。根圆锥形、色白，粗大肥嫩，直条分权少，肉质脆嫩，口感好，一般长 40cm 以上，出口选条率 80% 以上，抗病力强。一般 667m² 产量 2 000kg 左右，最高可达 2 250kg，比普通品种增产 25%～50%。

（3）鲁梗 1 号：为山东省农业科学院中草药核技术与航天育种研究中心最新育成的桔梗新品种。该品种株高（二年生）65cm 左右，绿茎，分枝数 1.5 个，主茎叶片数 40 片左右，叶片较小，株型中等，抗倒伏能力较强。紫花、花冠中等，始花期 7 月初，偏晚熟类型。种子饱满、黑亮，千粒重为 0.95g 左右。根皮浅黄色或黄褐色，直根型比例 60% 以上，皂苷含量平均为 16.33%。耐寒、抗旱、耐重茬，丰产性能好，适宜的栽培密度每 667m² 为 45 000～55 000 株。

### 四、野生近缘植物

桔梗科桔梗属植物全世界仅 1 种 1 变种，即桔梗及其变种白花桔梗。国内学者发现了新的栽培变种重瓣桔梗。

**白花桔梗**［*P. grandiflorum*（Jacp.）A. DC. var. *album* Hort.］ 白花桔梗的主根圆锥形，肥大、肉质，根下部逐渐细，外皮淡黄褐色，内含白色乳汁，根断面白色或黄白色。茎直立，单一或 3～6 个茎丛生，茎高 40～100cm，仅上部少有分枝；茎上部叶多互生，中、下部叶对生或 3～4 枚轮生，叶卵状披针形或卵形，叶先端急尖，基部渐狭，边缘有尖锐锯齿，叶表面深绿色，叶背面蓝灰色或灰白色，叶几无叶柄。花大型，直径2.5～5cm，单生或数朵生于茎顶端。花萼钟形，绿色，先端 5 裂，花冠钟形，白色或蓝紫色，先端 5 深裂、裂片三角形，间外开展，雄蕊 5 枚，花丝短，雌蕊 1 枚，柱头 5 裂，子房下位 5 室。白花桔梗的果实是蒴果，长卵圆形或近球形，褐色，成熟时上部 5 裂，种子小而数多，一个果有种子 100 粒左右，种子为棕黑色。与桔梗具有相同的药用成分和功效，在我国东北地区有少量栽培。

# 第二十三节  卷丹（百合）

## 一、概述

药用百合为百合科百合属植物卷丹（*Lilium lancifolium* Thunb.）、百合（*L. brownii* F. E. Brown var. *viridulum* Baker）、细叶百合（*L. pumilum* DC.）的干燥肉质鳞叶。富含淀粉、糖、蛋白质、果胶、维生素、生物碱等。味甘、微苦，归心、肺经。具有养阴润肺、清心安神的功效，用于肺病咳嗽咯血、老人慢性气管炎、肺痈、神经衰弱、睡眠不宁、疮痈红肿等症。现代药理学研究表明，百合中的百合苷 A、百合苷 B 等植物碱，对人体细胞的有丝分裂有明显的抑制作用，能抑制癌细胞的增生，对白血病、乳腺癌、宫颈癌、鼻咽癌及急性痛风等均有明显的疗效。

百合原产亚洲东部的温带地区，全世界约有 80 种，中国、日本及朝鲜野生百合分布甚广。我国是野生百合资源分布最广的国家，共有 39 种。从云贵高原到长白山区，都有它的踪迹，遍及全国 26 个省份。野生百合主要分布于云南、贵州、湖南、浙江、湖北、河南、河北、四川、陕西、甘肃等省；野生卷丹主要分布于江苏、浙江、安徽、河北、河南、山西、江西、湖北、湖南、广东、陕西、甘肃、四川、贵州、云南、西藏等省（自治区）；野生细叶百合主要分布于东北及河北、河南、山东、山西、内蒙古、陕西、宁夏、甘肃、青海等省（自治区）。

目前，3 种药用百合的主产区分别为：百合为湖南的隆回、邵阳、洞口、涟源和江西泰和、万载等地，种植面积约 3 333hm²，龙牙百合即为该种的人工驯化品种。太湖流域栽培的宜兴百合为卷丹的优良栽培种，安徽霍山、天长、庐江，湖南龙山等地，已成为卷丹的新兴主产区，种植面积 10 000hm²。细叶百合仅有一些生长发育及引种栽培的试验研究，尚无人工种植。

## 二、药用历史与本草考证

百合始载于《神农本草经》，列为中品。云："生川谷，二月八月，采根，暴干。味甘平。主邪气腹胀，心痛。利大小便，补中益气。"唐代苏敬在《唐本草》中说得很清楚："此有二种，一种细叶，花红白色。一种叶大茎长，根粗花白者入药。"宋代《本草图经》也记有两种百合："四、五月开红白花，如石榴咀而大，……又一种花红黄，有黑斑点，细叶，叶间有黑子者，不堪入药。"宋代《本草衍义》云："百合，茎高 3 尺许，叶如大柳叶，四向攒枝而上，其颠即有淡白黄花四垂向下，覆长蕊，花心有檀色，每一枝颠须五、六花，子紫色圆如梧子，生于枝叶间，每叶一子，不在花中，此又异也，根即百合，色白，其形如松子，四向攒生，中间出苗。"此乃卷丹也。

明代李时珍在《本草纲目》中归纳了过去本草中所记载的百合原植物有 3 种：一种是百合，一种是卷丹，一种是山丹（细叶百合）。同时指出了过去本草中的错误，云："寇氏所说为卷丹，非百合也，苏颂所传不堪入药者，今正其误。"李时珍根据自己的观察，将 3 种百合区分得十分清楚："叶短而阔，微似竹叶，白花四垂者，百合也，叶长而狭，尖如柳叶，红花不四垂者，山丹也，茎叶似山丹而高，红花带黄而四垂，上有黑斑点，其子先结在枝叶间者卷丹也。"《植物名实图考》对百合的 3 种原植物考证得也非常详细，所绘的 3 种植物图中，特别将卷丹的珠芽画了出来，使人一目了然。

综上所述，关于中药材百合的原植物，虽然实际应用中有很多混乱，但是自明代李时珍起，已对其做了明确的区分，吴其濬又做了进一步的考证和说明，其原植物与《中华人民共和国药典》（2005 年版）中规定的完全一致。

早在 1 400 多年前，就有庭院栽培百合。明代农书《花疏》中有"百合宜兴最多，人取其根馈客"的记述。据《沈氏农书》记录，1 000 多年前太湖流域的先民就栽培百合。直至 20 世纪，药用百合的产区主要为江苏宜兴、浙江湖州、湖南邵阳等，随着社会的发展，百合的产区已有了较大的变化。作为传统产区的江苏宜兴、吴江和浙江湖州等太湖流域地区，百合的种植面积日渐萎缩，几近灭绝。百合的种植区已由太湖流域向远山丘陵地区转移。江苏宜兴湖父镇竹海村、浙江长兴县水口乡等地属于由沿湖向山地转移地区，而更远距离的转移则是安徽霍山、天长、庐江，湖南龙山等地，已成为百合的新兴主产区。

## 三、植物形态特征与生物学特性

**1. 形态特征**　卷丹，多年生草本，高 100～150cm。簇生于鳞茎盘底部的称下盘根，肉质，较粗壮；鳞茎之上茎秆基部茎节上长出的根称上盘根，形状纤细，多达 180 条左右。地下鳞茎扁球形，高 4～7cm，直径 5～8cm，3～5 瓣；鳞片宽卵形，长 2.5～3cm，宽 1.4～2.5cm，白色。茎直立，带紫色条纹，具白色绵毛。叶散生，无柄，披针形或矩圆状披针形，长 5～20cm，宽 0.5～2cm，两面近无毛，有 5～7 条脉，上部叶腋有紫黑色珠芽。花 3～6 朵或更多，花梗紫色，有白色绵毛；花被片披针形向外翻卷，内面密生紫黑色斑点，长 6～10cm，宽 1～2cm，蜜腺两边有乳头状突起；雄蕊 6，花丝长 5～7cm，花药紫色，矩圆形；花柱长 4.5～6.5cm，柱头稍膨大，3 裂；子房圆柱形，长约 1.5cm。蒴果狭长卵形，长 3～4cm，种子多数，扁圆形，黄褐色，极轻（图 2 - 23）。花期 7～8

月，果期 9～10 月。

百合，多年生草本，高 70～150cm。根丛生，上盘根形状纤细，下盘根肉质，较粗壮。地下鳞茎球形，直径 2～4.5cm；鳞片披针形，长 1.8～4cm。宽 0.8～1.4cm，白色，无节。茎直立，高 0.7～2m，带紫色条纹，无毛。叶散生，无柄，披针形、窄披针形至条形，长 7～10cm，宽 2～3cm，两面无毛，全缘，具 5～7 脉。花 1～4 朵，喇叭形，白色，有香气，外面稍带紫色，无斑点，顶端向外张开而不卷，内轮花被片宽 3.4～5cm，蜜腺两边具小乳头状突起；雄蕊 6，前弯，花丝长 9.5～11cm，有柔毛，花药椭圆形，花粉粒褐红色；花柱长 8.5～11cm，柱头 3 裂；子房圆柱形，长约 3.5cm。蒴果矩圆形，长 4.5～6cm，宽约 3cm，有棱。种子多数。花果期 6～9 月。

图 2-23　卷　丹
1. 花株　2. 雌蕊及雄蕊放大　3. 鳞茎

**2. 生物学特性**　百合多生长在海拔 2 500m 以下、气候凉爽的平原、山地、丘陵，喜土层深厚、肥沃的坡地。地上部不耐霜冻，地下部能忍耐－10℃的低温，生长适宜温度为 15～25℃，花期日平均温度 24～28℃发育良好。百合耐旱、怕涝，对空气湿度大小不敏感。各生育期对光照要求不同，生长前期和中期喜光照，但怕高温强光直射。

百合主要用子鳞茎繁殖。子鳞茎于秋季播种后，底盘生出下盘根，子鳞茎中心鳞片腋间和地上茎的芽开始缓慢生长，并分化叶片，但不出土。翌年 3 月中下旬，地上茎芽开始出土，茎叶陆续生长，苗高 10cm 以上时，地上茎入土部分开始长出上盘根，地下子鳞茎的茎底盘着生处开始分化新的子鳞茎芽。当地上茎高 30～40cm 时，珠芽开始在叶腋间出现。珠芽期地下新的幼鳞茎迅速膨大，使种鳞茎的鳞片分裂、突出，形成新的鳞茎体。6 月上旬地上部现蕾，7 月上旬始花。7 月下旬，地上茎叶开始枯萎，至 8 月上旬，地上部全部枯萎，鳞茎成熟。

3 种药用百合中，种植面积最广，产量最大的是卷丹，其次为百合，细叶百合基本为野生，市场占有量很少。就卷丹和百合两个不同的种来说，卷丹的皂苷含量略高于百合，就同一种植物来说，百合主产于湖南邵阳、隆回、涟源等地，根据对其药材中的冷水浸出物含量的测定，隆回产品的浸出物的含量略高于涟源产品；卷丹主产于安徽、江苏宜兴、湖南龙山等地，不同产地的冷水浸出物含量测定结果表明，江苏、浙江产品的含量高于安徽、湖南产品。

## 四、野生近缘植物

除了《中华人民共和国药典》所规定的 3 种药用百合外，尚有其他一些种也可药用，作为地方习用药应用，多为野生。

**1. 细叶百合**（*L. pumilum* DC.）　又称山丹，多年生草本，高 20～60cm。下盘根肉

质，较粗壮，上盘根较细，数目较下盘根少。地下鳞茎圆锥形或长卵形，高 2.5～4.5cm，直径 2～3cm；鳞片矩圆形或长卵形，长 2～3.5cm，宽 1～1.5cm，白色。茎直立，高 15～60cm，有的带紫色条纹。叶散生于茎中部，无柄，条形，长 3～10cm，宽 1～3mm，无毛，先端锐尖，基部渐窄，有 1 条明显的脉。花 1 朵至数朵，生于茎顶或茎端叶腋间，鲜红色或紫红色；花被片 6，长 3～4.5cm，宽 5～7mm，内花被片稍宽，向外翻卷，无斑点或有少数斑点，蜜腺两边有乳头状突起；雄蕊 6，短于花被，花丝无毛，花药长椭圆形，黄色；子房圆柱形，长约 9mm，花柱比子房长 1.5～2 倍，柱头膨大，3 裂。蒴果矩圆形，长 2cm，宽 1.2～1.8cm。花期 7～8 月，果期 9～10 月。

**2. 野百合**（*L. brownie* F. E. Brown ex Miellez）　鳞茎球形，直径 2～4.5cm，鳞片披针形，长 1.8～4cm，宽 0.8～1.4cm，白色。地上茎高 0.7～2m，有紫色条纹或下部有小乳头状突起。叶散生，自下而上渐小，披针形、窄披针形至条形，长 7～15cm，宽 0.6～2cm，先端渐尖，基部渐狭，具 5～7 条脉，全缘，无毛。花单生或几朵排成近伞形；花梗长 3～10cm，稍弯；苞片披针形，长 3～9cm，宽 0.6～1.8cm；花喇叭形，长 13～18cm，有香气，乳白色，外面稍带紫色，无斑点，向外张开或先端外弯而不卷；雄蕊向上弯，花丝长 10～13cm，中部以下密被柔毛，少有具稀疏的毛或无毛；花药长椭圆形，长 1.1～1.6cm，花柱长 8.5～11cm，柱头 3 裂；子房圆柱形，长 3.2～3.6cm，宽 4mm。蒴果矩圆形，长 4.5～6cm，宽约 3.5cm，有棱，种子多数。花期 5～6 月，果期 9～10 月。产于广东、广西、湖南、湖北、江西、安徽、福建、浙江、四川、云南、贵州、陕西、甘肃、河南。生于海拔 100～2 150m 的山坡、灌木林下、路边、溪旁或石缝中。

**3. 渥丹**（*L. concolor* Salisb.）　鳞茎卵球形，高 2～3.5cm；鳞片卵形或卵状披针形，长 2～3.5cm，宽 1～3.5cm，白色。地上茎高 30～50cm，有小乳头状突起。叶散生，条形，长 3.5～7cm，宽 3～6mm，叶脉 3～7 条，边缘有小乳头状突起，无毛。花单生或成总状花序；花梗长 1.2～4.5cm；花直立，星状开展，深红色，无斑点，有光泽；花被片矩圆状披针形，长 2.2～4cm，宽 4～7mm，蜜腺两边具乳头状突起；花丝长 1.8～2cm，无毛，花药长矩圆形，长约 7mm；子房圆柱形，长 1～1.2cm，宽 2.5～3mm；花柱稍短于子房，柱头稍膨大。蒴果矩圆形，长 3～3.5cm，宽 2～2.2cm。花期 6～7 月，果期 8～9 月。产于河南、河北、山东、山西、陕西和吉林。生于海拔 350～2 000m 的山坡草丛、路旁、灌木林下，有滋补、强壮、止咳之功效。

**4. 麝香百合**（*L. longiflorum* Thunb.）　鳞茎球形或近球形，高 2.5～5cm，白色。地上茎高 45～90cm，绿色，基部淡红色。叶散生，披针形或矩圆状披针形，长 8～15cm，宽 1～1.8cm，先端渐尖，全缘，无毛。花单生或 2～3 朵；花梗长 3cm；苞片披针形至卵状披针形，长约 8cm，宽 1～1.4cm；花喇叭形，白色，筒外略带绿色，长 19cm；花丝长 15cm，无毛；子房圆柱形，长 4cm，柱头 3 裂。蒴果矩圆形，长 5～7cm。花期 6～7 月，果期 8～9 月。产于我国台湾。含有芳香油，可作香料。

**5. 药百合**（*L. speciosum* Thunb. var. *gloriosoides* Baker）　鳞茎近扁球形，高 2cm，直径 5cm；鳞片白色，宽披针形，长 2cm，宽 1.2cm。地上茎高 60～120cm，无毛。叶散生，宽披针形、矩圆状披针形或卵状披针形，长 2.5～10cm，宽 2.5～4cm，先端渐尖，基部渐狭或近圆形，具 3～5 脉，两面无毛，边缘具小乳头状突起，有短柄，约 5mm。花

1～5 朵，排列成总状花序或近伞形花序；苞片叶状，卵形，长 3.5～4cm，宽 2～2.5cm；花梗长 11cm；花下垂，花被片长 6～7.5cm，反卷，边缘波状，白色，下部 1/3～1/2 有紫红色斑块和斑点，蜜腺两边有红色的流苏状突起和乳头状突起；雄蕊四面张开；花丝绿色，无毛，长 5.5～6cm，花药长 1.5～1.8cm，绛红色，花柱长约 3cm，柱头膨大，稍 3 裂；子房圆柱形，长约 1.5cm。蒴果近球形，宽 3cm，淡褐色，成熟时果梗膨大。花期 7～8 月，果期 10 月。产于安徽、江西、浙江、湖南和广西。生于海拔 650～900m 的阴湿林下及山坡草丛中。

**6. 东北百合**（*L. distichum* Nakai） 鳞茎卵圆形，高 2.5～3cm，直径 3.5～4cm；鳞片披针形，长 1.5～2cm，宽 4～6mm，白色，有节。地上茎高 60～120cm，有小乳头状突起。叶散生或共生，倒卵状披针形至矩圆状披针形，长 8～15cm，宽 2～4cm，先端急尖或渐尖，下部渐狭，无毛。总状花序，2～12 朵；苞片叶状，长 2～2.5cm，宽 3～6mm；花梗长 6～8cm；花淡橙红色，具紫红色斑点；花被片稍反卷，长 3.5～4.5cm，宽 1.3～6mm，蜜腺两边无乳头状突起；雄蕊比花被片短；花丝长 2～2.5cm，无毛，花药条形，长 1cm；子房圆柱形，长 8～9mm，宽 2～3mm；花柱长约为子房的两倍，柱头球形，3 裂。蒴果倒卵形，长 2cm，宽 1.5cm。花期 7～8 月，果期 9 月。产于吉林和辽宁。生于海拔 200～1 800m 山坡林下、林缘、路边或溪旁。

# 第二十四节　雷　公　藤

## 一、概述

药用雷公藤包括雷公藤（*Tripterygium wilfordii* Hook. f.）、昆明山海棠 [*T. hypoglaucum*（Lévl.）Lévl. ex Hutch] 和东北雷公藤（*T. regellii* Sprague et Takeda），为卫矛科雷公藤属植物。雷公藤广泛分布于长江流域以南各地及西南地区，如江西、浙江、安徽、湖南、广东、福建、台湾等地。药用部位为根，具有祛风除湿、活血化瘀、清热解毒、消肿散结、杀虫止血等功效，对肾病综合征、类风湿性关节炎、系统性红斑狼疮、强直性脊柱炎等多种疾病有较好的治疗效果。昆明山海棠分布于四川、云南、贵州海拔 500～800m 以上山地，野生资源比较丰富。东北雷公藤分布中心在吉林和辽宁的长白山。朝鲜和日本也有分布。

## 二、药用历史与本草考证

雷公藤之名始见于《本草纲目拾遗》，言其"阴山脚下，立夏时发苗，独茎蔓生，茎穿叶心，茎上又发叶，叶下圆上尖如犁耙，又类三角风，枝梗有刺……出江西者力大，土人采之毒鱼，凡蚌螺之属亦死，其性最烈"，并引汪连仕方"蒸龙草即震龙根，山人呼为雷公藤，蒸酒服，治风气，合巴山虎为龙虎丹，入水药鱼，人多服即昏"。然根据《本草纲目拾遗》记载的雷公藤植物茎、叶等形态及其生长环境，结合植物图，知其所云之雷公藤包括了蓼科植物杠板归和卫矛科植物雷公藤两种。《植物名实图考长编》载有莽草，并谓："江西、湖南极多，通呼为水莽子，根尤毒，长至尺余。俗曰水莽兜，亦曰黄藤，浸水如雄黄色，气极臭。园圃中溃以杀虫，用之颇及。其叶亦毒。南赣呼为大茶叶，与断肠草无异。"又谓："江右产者，其叶如茶，故俗云大茶叶。湘中用其根以毒虫，根长数尺，故谓之黄藤，而水莽则通呼也。"再参考其附图，特征与本品相符。

## 三、植物形态特征与生物学特性

**1. 形态特征**　蔓生灌木，长达 3m。小枝棕红色，有 4～6 棱，密生瘤状皮孔及锈色短毛。单叶互生，亚革质；叶柄长约 5mm；叶片椭圆形或宽卵形，长 4～9cm，宽 3～6cm，先端短尖，基部近圆形或宽楔形，边缘具细锯齿，上面光滑，下面淡绿色，主、侧脉在上表面均稍突出，脉上疏生锈褐色柔毛。聚伞状圆锥花序顶生或腋生，长 5～7cm，被锈色毛。花杂性，白绿色，直径 5mm；萼为 5 浅裂；花瓣 5，椭圆形；雄蕊 5，花丝近基部较宽，着生在杯状花盘边缘；花柱短，柱头 6 浅裂；子房上位，三棱状。蒴果具 3 片膜质翅，长圆形，长达 14mm，宽约 13mm，翅上有斜生侧脉。种子 1，细柱状，黑色（图 2-24）。花期 7～8 月，果期 9～10 月。生于背阴多湿的山坡、山谷、溪边灌木林中。分布于长江流域以南各地及西南地区。

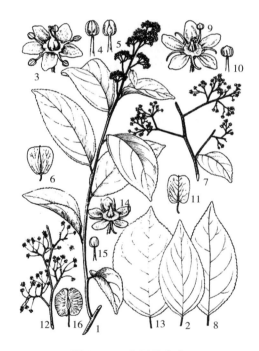

图 2-24　药用雷公藤

雷公藤：1. 花枝；2. 叶；3. 花放大；4、5. 雄蕊；6. 翅果

昆明山海棠：7. 花枝；8. 叶；9. 花放大；10. 雄蕊；11. 翅果

东北雷公藤：12. 花序；13. 叶；14. 花放大；15. 雄蕊；16. 翅果

**2. 生物学特性**　雷公藤喜温暖避风、湿润、雨量充沛的环境，此环境中生长的雷公藤枝条舒展，枝叶茂盛，根茎粗壮。雷公藤抗寒能力较强，产区－5℃下可不加防寒物自然越冬。雷公藤怕霜，霜害可引起雷公藤幼苗顶端和新梢冻伤，影响下年的生长。雷公藤是喜光植物，除一年生小苗在夏季怕烈日曝晒外，均喜充足阳光。光照不足影响正常生

长。适生排水良好、微酸性的类泥沙或红壤，pH 在 5～6。潮湿、荫蔽的泥沙土壤下生长不良。

### 四、野生近缘植物

**1. 昆明山海棠** ［*T. hypoglaucum*（Lévl.）Lévl. ex Hutchins］　落叶蔓生或攀缘状灌木，植株高 2～3m，根圆柱状，红褐色。小枝有棱，红褐色，有圆形疣状突起，疏被短柔毛或近无毛。单叶互生；叶柄长约 1cm；叶片卵形或宽椭圆形，长 6～12cm，宽 3～6cm，先端渐尖，边缘有细锯齿，基部近圆形或宽楔形，上面绿色，下面粉白色。圆锥花序顶生，总花梗长 10～15cm；花小，白色，花萼 5，花瓣 5，雄蕊 5，着生于花盘的边缘；子房上位，三棱形。翅果赤红色，具膜质的 3 翅。花期夏季。生于山野向阳的灌木丛中或疏林下。

**2. 东北雷公藤** （*T. regellii* Sprague et Takeda）　藤状灌木，植株高约 2m。枝褐色，小枝淡红褐色，常呈六棱状，无毛，有小疣状皮孔。叶互生；叶柄长 1～4cm；叶片长圆形至倒卵形，长 5～20m，宽 3～12cm，先端尾状尖或渐尖，边缘有不整齐钝锯齿，基部圆形。顶生聚伞圆锥花序，长 10～30cm，花杂性，白绿色，径约 5mm；花萼 5，花瓣 5，雄蕊 5，着生于浅杯状花盘的边缘靠外部；两性花的子房有 3 棱。蒴果具 3 薄膜质翅，长 1.5～2cm，边缘微波状。种子长柱形，暗红色。花期 7～8 月，果期 8～9 月。

## 第二十五节　麦　　冬

### 一、概述

为百合科沿阶草属植物麦冬［*Ophiopogon japonicus*（L. f.）Ker-Gawl.］的干燥块根。始载于《神农本草经》，列为上品并被称为麦门冬，在《药品化义》中简称为麦冬并沿用至今。本品味甘、微苦，微寒，归心、肺、胃经，能养阴生津，润肺清心，用于肺燥干咳、虚劳咳嗽、津伤口渴、心烦失眠、内热消渴、肠燥便秘、咽白喉等症。主要有效化学组分有多种麦冬甾体皂苷、麦冬黄酮、麦冬多糖、氨基酸、微量元素等。

麦冬野生资源分布较广，多生于海拔 2 000m 以下的平坝、丘陵、山地之路旁、沟边、林荫地阴湿处，植被为多湿性常绿阔叶林，分布于四川、浙江、湖北、重庆、河南、福建、安徽、广西、江西、山东、湖南、江苏、广东、贵州、云南、陕西、河北、台湾等地。栽培麦冬主要分布于海拔 400m 左右、江河两岸的土质肥沃、质地疏松、排水良好的冲积坝区生态，以四川绵阳的涪城麦冬和浙江慈溪、杭州的杭麦冬为我国传统道地产区，为多道地药材。20 世纪 50 年代以后，由于用药量的增加，许多省份进行了引种，经过试验，迄今已经形成了四川、浙江、江苏、湖北、福建、广西、重庆、湖南、河南、安徽、云南等麦冬产区，以川麦冬、杭麦冬、湖北麦冬种植面积最大，其中湖北麦冬的植物来源与麦冬不同，为百合科山麦冬属植物湖北麦冬［*Liriope spicata*（Thunb.）Lour. var. *prolifera* Y. T. Ma］。

## 二、药用历史与本草考证

麦冬为我国传统的大宗常用中药材，应用、栽培历史悠久，在国内外享有盛誉。早在3 000多年前的《尔雅》就有麦冬的记载，被称为"蘪冬"；麦冬的药用最早见载于《神农本草经》，列为上品，主治"心腹结气，伤中伤饱，胃络脉绝，羸瘦短气"，具有"久服轻身不老"等功效。之后的历代本草著作对麦冬均有麦冬药用的记载，认为其甘寒质润，具阴柔之性，滋阴之功，具有养阴生津、润肺清心的作用，既善于清养肺胃之阴，又可清心经之热，是一味滋清兼备的补益良药。现多主治肺胃阴虚之津少口渴、干咳咯血，心阴不足之心悸易惊，并可用于热病后期热伤津液、口渴多饮、心烦失眠、肠燥便秘等症。现代药理研究表明，麦冬还有降低血糖、强心、提高机体免疫力及抑菌抗菌的作用。亦药亦膳两相宜。

麦冬根有须，像麦，叶似韭菜，且冬天并不凋枯，故而得名。麦冬始见于《药品化义》；《吴普本草》称羊韭、马韭、羊荠、爱韭、禹韭、忍陵、不死药、仆垒、随脂；《名医别录》称羊薯、禹葭；《本草纲目》称阶前草；《群芳谱》称书带草、秀墩草等。历代本草及地方志对麦冬的植物形态、产地分布、生产技术、产品质量、产销情况、功能主治等方面均有详细记述。《吴普本草》："麦门冬，生山谷肥地，叶如韭，肥泽丛生，采无时。实青黄。"《名医别录》称："麦门冬，叶如韭，冬夏长生，生函谷及堤坂肥土石间久废处。二月、三月、八月、十月采，阴干。"唐代《本草拾遗》载："出江宁（今江苏南京）者小润，出新安（今浙江淳安）者大白，其苗大者如鹿葱，小者如韭叶，大小有三、四种，功用相似，其子圆碧。"宋代《图经本草》记有："所在有之，叶青似莎草，长及尺余，四季不凋，根黄白色有须，根如连珠形。四月开淡红花，如红蓼花。实碧而圆如珠。江南出者叶大，或云吴地者尤胜。"《增订伪药条辨》称麦冬："出杭州笕桥者"为最优。明代《本草纲目》载："麦须曰门，此草根似麦而有须，其叶如韭，凌冬不凋，故谓之麦门冬。"又云："古人唯用野生者。后世所用多是栽莳而成。其法：四月初采根，于黑壤肥沙地栽之。每年六、九月、十一月三次上粪及耘灌。夏至前一日取根，洗晒收之。其子亦可种，但成迟尔。浙中来者甚良，其叶如韭多纵纹且坚韧为异。"《植物名实图考》收载的麦冬，与《本草纲目》所载相似。《增订伪药条辨》："按麦门冬，出杭州笕桥者，色白有神，体软性糯，细长皮光洁，心细味甜为最佳。安徽宁国、七宝，浙江余姚出者，名花园子，肥短体重，心粗，色白带黄，略次，近时市用，以此种最多。四川出者，色呆白短实，质重性粳，亦次。湖南衡州、耒阳县等处亦出，名采阳子，中匀，形似川子，亦不道地。大者曰提青，中者曰青提，小者曰苏大、曰超级大等名目，以枝头分大小耳。"综上所述，自古麦冬不止一种，且有栽培野生之分。本草所述来自浙中，叶如韭的麦冬，与《中华人民共和国药典》收载的相近。浙麦冬栽培历史悠久，为著名的"浙八味"之一，据唐《本草拾遗》记载，杭麦冬也有1 200多年的产销和400多年的栽培历史。川麦冬栽培历史，以唐宣宗十三年在四川梓州（今四川省三台县）创建的以涪城麦冬为主导品种的我国第一个专业药市——梓州药市，即确立了川麦冬的道地地位，在明弘治三年（1500）《本草品汇精要》即有记载。据清同治十一年（1872）《绵州志》记载："麦冬，绵州城内外皆产，大者长寸许为寸冬，中色白力较薄，小者为米冬，长三四分，中有油润，功效最大。"《三台县志》记载："清嘉庆十九年（1814），已在园河、白衣淹（今三台县花园镇）广为种植。"

麦冬资源分布广泛、适应性强。家种麦冬主产于浙江慈溪、杭州，四川绵阳、三台；其次为福建鲤城、仙游，四川南部、射洪，湖南溆浦。野生麦冬主产于贵州松桃、务川、遵义、紫云、正安、凤冈、江口、沿河、剑河、黄平、三都、绥阳，重庆秀山、酉阳，四川通江、邻水、仪陇，湖南永顺、绥宁、武冈、慈利、花垣、浏阳。地方习用品：阔叶山麦冬（*Liriope platyphylla* Wang et Tang）分布于河南、山东、江苏、安徽、浙江、江西、福建、湖北、湖南、广东、广西、四川、贵州；山麦冬除东北及内蒙古、青海、新疆、西藏外，各地均有分布；间型沿阶草分布于河南、安徽、台湾、湖北、湖南、广东、广西西北部、陕西南部、四川南部、贵州西部、云南、西藏南部；沿阶草分布于河南、台湾、湖北、陕西南部、甘肃南部、四川、贵州、云南；禾叶山麦冬分布于河北、山西、河南、江苏、安徽、浙江、江西、福建、台湾、湖北、广东、陕西、甘肃、四川；湖北麦冬主要分布于湖北襄阳、钟祥、天门、随州等汉江沿岸冲积平原上。均为人工栽培。

综上所述，目前浙江、江苏产区因经济发达、劳动力成本高，栽培麦冬已经主要转向于草坪植物生产，而湖北、福建建立山麦冬商品生产基地历史较短，主要植物来源于百合科山麦冬属植物湖北麦冬［*L. spicata*（Thunb.）Lour. var. *prolifera* Y. T. Ma］或短葶山麦冬［*L. muscari*（Decne.）Baily］的干燥块根，与川麦冬、杭麦冬来源于百合科沿阶草属植物麦冬［*O. japonicus*（Thunb.）Ker-Gawl.］在植物基原和有效化学组分上有着显著的差别，因而国产优质商品麦冬生产主要来源于四川三台的川麦冬 GAP 规模化种植基地。目前国内主流商品麦冬类药材为川麦冬和湖北麦冬，比例约各占 50%，浙麦冬已减产至近乎消失，短葶山麦冬产量少。

### 三、植物形态特征与生物学特性

**1. 形态特征** 多年生常绿草本，植株丛生，高 12～40cm，覆盖面 30～40cm；根状茎粗短，白色，有节，节上被膜质鳞片；须根系，须根着生于粗短的茎基四周，多数，粗壮，坚韧，微白色；先端或中部膨大成纺锤形肉质块根，白色；叶丛生于茎基部，窄长线形，基部有多数纤维状的老叶残基，叶长 15～40cm，宽 1.5～4mm，先端急尖或渐尖，基部绿白色并稍扩大，并在边缘具膜质透明的叶鞘；叶缘有细刺毛，两面光滑无毛，叶面浓绿色或暗绿色，背面粉绿色。叶脉平行；花梃从叶丛中抽出，长 7～15cm，隐于叶丛中；总状花序穗状，顶生，长 3～9cm，花约 10 朵，小苞片膜质，每苞片腋生 1～3 朵花；花梗粗短，长 3～4mm；花形小，微下垂，淡紫色和淡蓝色，偶有白色；花被 6，不展开，披针形，深裂至基部，底部合生；雄蕊 6，着生于花被片的基部；子房半下位，3 室。果实浆果状，球形，成熟后暗紫色；内含球形种子 1 枚，坚硬，呈半透明（图 2 - 25）。生于海拔 2 000m 以下的山坡阴湿处、林下溪旁，分布于我国黄河以南的大部分地区，地道栽培主产区为四川三台、绵阳和浙江慈溪、杭州。

**2. 生物学特性** 麦冬要求气候温暖、雨量充沛、荫蔽度大的生态条件，能耐寒，冬季能抵御 -9～-4℃ 的低温。年平均气温为 16℃，≥10℃ 活动积温 5 212.7℃，无霜期 275d，年均降水量 1 111.4mm，相对湿度 78% 的地区生长正常。

麦冬为常绿植物，生长期较长，一年中休眠期甚短。从移栽到收获，其生长发育大致可分为两个阶段。植株生长发育阶段：夏至大暑前，植株生长最旺，大量产生萌蘖。同时，从老苗基部抽出新根，为营养根，细而长，一般不膨大成块根；块根发育肥大阶段：于三伏后及翌年天气回暖后，又从萌蘖苗或老苗基部抽生出新根，短而粗壮，中部或先端膨大成纺锤形或念珠状肉质块根。每年11~12月块根生长发育迅速，而地上部分生长减慢，一般不再产生萌蘖。1~2月气温低时，植株呈休眠状态，块根发育减慢；3月天气回暖，块根发育膨大较快。

麦冬商品呈纺锤形，两端略尖，不被根毛，长1.5~6.0cm，直径0.4~0.7cm，表面淡黄色或棕黄色，有不规则细纵皱纹，半透明，质柔韧，干后质硬脆，易折断，断面平坦，淡黄色或棕黄色，角质状，中柱细小，习称"木心"，气微，味甜，嚼之发黏。规格标准为统装。干货，呈纺锤形，颗粒饱满，表面黄白色，断面牙白色，味微甜，小粒最粗处直径在3mm以上。

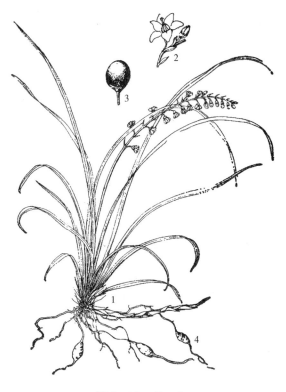

图 2-25 麦冬
1. 植株全形  2. 花序的一部分  3. 果实  4. 块根

中药麦冬的地道产区为：浙江杭州、慈溪；四川绵阳、三台。常见主要的混伪品有：禾本科植物淡竹叶（*Lophantherum gralile* Brongon，华东称禾叶麦冬）的块根，形似麦冬但瘦小，长1.0~3.0cm，直径2.0~5.0mm，表面黄白色，有规则皱纹，质坚硬，断面淡黄色，中央无木质心，气微，味微甜；百合科植物萱草（*Hemerocallis flava* L.）的块根，本品块根呈圆柱形，两端略尖，长2.0~4.0cm，直径8.0mm左右，表面浅灰黄色，有纵皱纹，质柔软，断面疏松，边缘灰白色，中间黑白色，气微，味微苦而涩。主要的地方习用品有：四川各地常用沿阶草（*O. bodinieri* Lévl.）、四川沿阶草（*O. szechuanensis* Wang ex Tang）、间型沿阶草（*O. intermedius* D. Don）和西南沿阶草（*O. marirei* Lévl.）的块根作麦冬用；云南某些地方用狭叶沿阶草［*O. stenophyllus*（Merr.）Rodrgi］、矮小沿阶草（*O. bodinieri* var. *pygmeaus* Wang et Tang）的块根作麦冬用；湖北用湖北麦冬（*Liviope spicata* var. *prodifera*）块根作麦冬用；福建有些地方用短葶山麦冬（*Liviope muscavi*）的块根作麦冬用。

从国产主流麦冬栽培类型（生态型）来看，杭麦冬和湖北麦冬的植株生态型单一，因此栽培类型主要为原植物。川麦冬由于处于沿阶草起源中心，植物来源丰富，因而导致了川麦冬栽培群体株型和叶型的性状分离显著，如有直立型和匍匐型，宽叶型和细叶型，其中，匍匐型川麦冬植株匍匐、块根条棒状纺锤形，为川麦冬传统的主流农家栽培品系，直立型为川麦冬混合种质群体中分离的自然变异优良株系，株型紧凑直立、块根团块状纺锤形。西南交通大学中药研究所经过十多年的选育，2010年育成川麦冬1号（CM-1）新品种（审定编号：川审药2010-003），并在川麦冬主产区进行了应用推广。

川麦冬1号由三台栽培川麦冬混合种质中的自然变异株稳定株系（生态型）经系统选育而成的优良品种。全生育期约305d，植株深绿，花茎较短，紫色间有绿色，花紫白色。株型直立紧凑，平均株高22cm，分蘖数约5个，叶形细长，叶片约63片，叶片长约24cm，叶宽约3mm。分蘖繁殖，发根早、返青快；须根粗壮，块根数约38个，商品块根粗大，寸冬率30.44％。多点试验显示，川麦冬1号块根鲜品和干品平均每667m² 产量分别为1014.94kg和314.58kg，比对照CM-CK品系平均增产17.55％和17.63％；寸冬鲜品和干品平均产量分别为323.71kg和100.27kg，比试验对照CM-CK品系平均增产24.03％和23.94％。品种间差异极显著，块根增产17.37％～17.75％，寸冬增产23.78％～24.20％。多点试验和生产试验中植株长势较好，田间整齐无变异类型，块根个体大，性状稳定，产量居试验第一位，增产点100％。同田对比试验（生产试验），川麦冬1号块根和寸冬分别比对照品系增产17.49％和23.87％。

## 四、野生近缘植物

麦冬类植物来源于百合科沿阶草属和山麦冬属的多种植物。据资料记载，世界百合科沿阶草属植物（*Ophiopogon* Ker-Gawl.）有50多种，主要分布在亚洲东部及南部，我国有35种以上。百合科山麦冬属约9种，主要分布于越南、菲律宾、日本和中国，我国有6种。除百合科沿阶草属植物麦冬和山麦冬属植物湖北麦冬外，我国用作麦冬药材的野生近缘植物主要有14种，均为多年生草本，其中，短葶山麦冬和阔叶山麦冬有小面积的种植生产。

**1. 沿阶草**（*O. bodinieri* Lévl.）　根纤细，有时具纺锤形块根，有地下走茎。叶长20～40cm，宽2～4mm。花梗较叶稍短或几乎等长；花序总状，花常单生或两朵簇生；花被片卵状披针形，白色或略带紫色，花药狭披针形；花柱细，长4～5mm。生于海拔600～3 400m的山坡、山谷潮湿处及沟边，林下。主要分布于西南、中南地区。

**2. 短小沿阶草**（*O. bodinieri* Lévl. var. *pygmaeus* Wang et Dal）　与原变种沿阶草的主要区别在于：植株矮小；叶长5～10cm，宽1～2.5mm，花梗长5～8cm；花补淡黄色或紫色。生于海拔1 500～2 800m的灌木林中。分布于云南大理等地。

**3. 间型沿阶草**（*O. intermedius* D. Don）　根细长，有时具纺锤形小块。根状茎短粗，无地下走茎。叶基部丛生，长15～40cm，宽2～8mm，花梗长20～25cm，等长或稍短于叶，花常2～3朵簇生；花被片矩圆形；花药条状狭卵形，花柱细，长约3.5mm。生长于海拔1 000～3 000m的山谷、林下阴湿处。主要分布于西南地区。

**4. 连药沿阶草**（*O. bockianus* Diels）　根稍粗，直径1～4mm，密被白色根毛，有时末端膨大成长纺锤形块根。茎较短，每年延长，老茎上的叶枯萎，残留膜质叶鞘和部分撕裂成的纤维，并生新根，形如根状茎。叶呈剑形，长20～40cm，宽1.0～2.2mm，基部具膜质的鞘。花梗长18～30cm，总状花序长5～15cm，花2朵对生于苞片腋内；苞片披针形，长者可达1.5cm；花梗长6～9mm；花被片卵形，长6～7mm，先端向外卷曲，淡黄色；花药连合成短圆形；花柱细，长约 5mm。生长于海拔 900～1 300m 的山坡林下。分布于四川、云南等地。

**5. 短药沿阶草**［*O. angustitoliatus*（Wang et Tang）S. C. Chen］　地下走茎细长，叶长 15～25cm，宽 2～7mm，花梃较叶短，花常单生于苞片腋内，苞片长 6～9mm；花被长 4～5mm，先端向外卷；花药长 3～4mm，连合；花柱细长，约为花药的 1 倍，明显超出花被。生境分布同连药沿阶草。

**6. 西南沿阶草**（*O. mairei* Lévl.）　根稍粗，近末端常膨大成纺锤形块根；茎较短或中等长；叶长 20～40cm，宽 7～14mm，基部具膜质鞘；花梃长约 15cm，下部常被嫩叶所包；花序总状，密生许多小花；花被片卵形，花丝明显，花药长 3～5mm；花柱稍短粗，长约 2.5mm。生于海拔 800～1 800m 的山坡林下阴处。分布于四川、云南、贵州等省。

**7. 四川沿阶草**（*O. szchuanensis* Wang et Tang）　根较细软，近末端膨大成纺锤形块根；茎较短或中等长，延长后老茎平卧地面，形如根状茎；叶长 25～60cm，宽 5～11mm；花梃长 13～26cm；花序总状，花单生于苞片腋内；苞片长者可达 1.5cm，花被片卵状披针形，长 8～9mm，先端稍向外卷，紫红色，花丝不明显；花药狭披针形，长 6～7mm，连合成长圆锥形；花柱细，长约 7mm。生于海拔 1 000～2 500m 的山坡疏林下阴湿处。分布于四川、云南等省。

**8. 狭叶沿阶草**［*O. stenocphyllus*（Merr.）Rodrg.］　根粗，密被白色根毛，近末端常膨大成纺锤形块根；茎中等长，逐年延长，形如根状茎；叶长 20～60cm，宽 5～13mm；花梃长 10～32cm，短于叶；花序总状，苞片披针形，花梗长 10～14mm；花被片卵形或披针形，长约 6mm；花丝明显，长约 6mm；花药明显，长约 1mm，卵形，稍连合或后期分离；花柱细长约 5mm。生于海拔 900～1 600m 的山坡密林潮湿处。分布于云南、广西等地。

# 第二十六节　膜荚黄芪（黄芪）

## 一、概述

黄芪为豆科黄芪属植物，以根入药。《中华人民共和国药典》（2010 年版）收载的黄芪包括膜荚黄芪［*Astragalus membranaceus*（Fisch.）Bge.］和蒙古黄芪［*A. membranaceus*（Fisch.）Bge. var. *mongholicus*（Bge.）Hsiao］两种。

黄芪味甘，性温，归肺、脾经，具有益气升阳、固表止汗、利水消肿、托毒生肌的功效，主治气虚血亏之症。中医将黄芪作为扶正补品，与许多中药为伍，发挥其强心壮体、扶正免疫、补血健胃、利尿保肝、消肿解毒、去疲提神、滋阴壮阳、延缓衰老等作用，治疗气血亏、肝炎、肾炎、胃溃疡、神经衰弱、阴冷阳痿及高血压等心血管方面的疾病，应用十分广泛。民间将其浸泡，常饮其水，以便取得滋补效果。

20 世纪 50 年代以来，科学家们发现了黄芪的防癌抗癌作用。黄芪中硒的含量高于大蒜和蘑菇，这是它防癌抗癌的主要原因之一。硒可以防止过氧化氢和氧化脂质对细胞的损害，其抗氧化效力比维生素 E 高 500 倍。

黄芪主产于山西、黑龙江、内蒙古等地，吉林、甘肃、河北、陕西、辽宁等省也产。野生黄芪主要分布在我国北部草原和东北大兴安岭山脉一带，北纬 26°～54°，东经 85°～134°的范围内。膜荚黄芪分布最广，北起大兴安岭、内蒙古高原和新疆一线，南到云南、贵州、湖南、江西、安徽、江苏一线之间的 25 个省、自治区均有分布。蒙古黄芪主要分布于内蒙古（乌兰察布市、锡林郭勒盟、赤峰市及通辽市的科尔沁草原、呼伦贝尔市的满洲里地区）、山西及河北等省。俄罗斯西伯利亚地区和蒙古国也有分布。

栽培的膜荚黄芪主要分布在黑龙江、吉林、辽宁、河北、山东、江苏等省，药农习惯称其为"硬苗黄芪"。蒙古黄芪主要分布于内蒙古、山西、河北、吉林等省、自治区，目前野生资源已近枯竭，很少能找到成片的野生黄芪，药农习惯称其为"软苗黄芪"。

家种黄芪的生产基地主要集中在我国长江以北大部分地区，如河北、山西、内蒙古、黑龙江、吉林、辽宁、河南、山东、甘肃、青海和宁夏等地。全国家种黄芪留存面积约有 5 万 hm²，其中年产黄芪 10 万 kg 以上的有山西浑源、应县、代县、繁峙，内蒙古固阳，河北沽源、安国；10 万 kg 左右的有河北行唐、顺平、张北，内蒙古乌拉特前旗、伊金霍洛旗、准格尔旗、达拉特旗、土默特右旗、土默特左旗、赤峰、翁牛特旗，黑龙江林口，河南灵宝，陕西绥德等。

黄芪的栽培技术、水平各地参差不齐。传统产区技术成熟，各自总结出一整套的栽培技术，而新产区绝大部分地方还处于低水平栽培状态，刚开始摸索栽培方法；有的地方已经在生产上推广优良品种，如山东正在周边地区推广文黄 11；有的地方已经按照中药材（GAP）要求开展规范化种植，并且已经完成操作规程（SOP）的制定工作，如吉林省无公害规范化中药材种植示范基地，已经示范栽培 100hm²，辐射带动 200hm² 的栽培面积。历年每 667m² 产量 400～500kg，而文黄芪干品每 667m² 产量达到 650kg 以上。

## 二、药用历史与本草考证

黄芪始见于《神农本草经》，列为上品，称黄芪为戴糁，有 2 000 多年的药用历史。《名医别录》称戴椹，至《本草纲目》始称黄芪。早在汉代以前，黄芪已用于临床，《五十二病方》中，就有以黄芪为主的组方治疗骨疽等的记述。汉代《神农本草经》载黄芪"主痈疽，久败疮，排脓止痛，大风癞疾，五痔，鼠瘘，补虚，小儿百病"。《金匮要略》用其补气、活血、利水。如书中黄芪建中汤，功能温中补虚，缓急止痛。主治脾胃虚寒所致的脘腹疼痛。应用黄芪补气活血，仲景可谓先例，《金匮要略》黄芪桂枝五物汤，治营卫气血不足之血痹证。仲景还以黄芪配防己，益气利水。如《金匮要略》防己黄芪汤，治汗出恶风，身重浮肿，小便不利，舌淡苔白，脉浮虚者。李时珍谓："耆，长也。黄耆色黄，为补药之长，故名。"

黄芪的植物形态描述，最早见于唐代《新修本草》。苏敬曰："叶似羊齿，或如蒺藜，独茎，或作丛生。"《四声本草》肖炳曰："花黄。"宋代《图经本草》苏颂曰："根长二三尺，独茎，作丛生，枝干去地二三寸。其叶扶疏作羊齿状，又如蒺藜苗，七八月中开黄紫花，其实作荚子长寸许，八月中采根用。其皮折之如绵，谓之绵黄芪。……黄芪质柔韧，皮微黄褐色，肉中白色。"明代《救荒本草》对黄芪的植物描述更详，谓："其叶扶疏作羊齿状，似槐叶微尖小。又似蒺藜叶阔大而青白色；开黄紫花如槐花大。结小尖角，长寸许。"《本草原始》李中立曰："肉白心黄，仿佛人参防风。"通过上述文字描述，再参《重修政和经史证类备用本草》附的"宪州黄芪"所显示的黄芪植物特征来看，与今《中华人民共和国药典》规定的蒙古黄芪及膜荚黄芪植物主要分类特征基本相符，故可认为我国宋代以后所用的黄芪和当今商品黄芪来源类同。

从历代本草有关黄芪产地的记述，可以看出自南北朝《名医别录》起，黄芪的道地产地随朝代的更换而变迁，初始产于四川中部（蜀郡）、北部（白水），陕西西南部（汉中）及甘肃南部（陇西、洮阳）地区，唐代移到甘肃东北部（原州）和宁夏南部（华州），宋代黄芪产地移至山西中部（绵上），至清代后期，黄芪道地产地扩展至内蒙古，直至民国时期才扩展到东北三省。

随着野生黄芪的资源锐减，引种黄芪的规模不断扩大，特别是在黑龙江、山西、内蒙古、河北、宁夏等地，已具相当规模。如黑龙江东宁、海林、林口、宁安，山西浑源、应县、代县、繁峙，内蒙古固阳，河北沽源、安国，宁夏固原等。主要栽培品种为蒙古黄芪、膜荚黄芪，但由于膜荚黄芪在栽培过程中根部形态变异较大，而蒙古黄芪相对较稳定。因此，近年来，栽培及商品黄芪的主流多被蒙古黄芪占据。

## 三、植物形态特征与生物学特性

**1. 形态特征**　多年生草本。主根粗壮，木质化，灰白色，有少数分枝。茎挺直，高50～150cm，上部分枝状，具细棱，被白色柔毛。奇数羽状复叶，小叶 13～31 片，长 5～10cm，叶柄长 0.5～1cm；小叶椭圆形至长圆形或椭圆状卵形至长圆状卵形，长 7～30mm，宽 3～12mm，先端钝、圆或微凹，有时具小刺尖，基部圆形，上面近无毛，下面伏生白色柔毛；托叶卵形至披针状条形，长 5～15mm。总状花序腋生，通常有花 10～20 余朵；总花梗与叶近等长或较长，至果期显著伸长；花萼钟状，长 5～7mm，被黑色或白色短毛，萼齿 5；花冠黄色至淡黄色，或有时稍带淡紫色；子房有柄，被疏柔毛。荚果膜质，膨胀，半卵圆形，荚果长 20～30mm，宽 8～12mm，顶端具刺尖，两面被黑色或黑白相间的短柔毛，种子 3～8 粒（图 2-26）。花期 6～8 月，果期 7～9 月。生于山坡灌丛及旱坡沙质壤土地区。分布于黑龙江、吉林、辽宁、河北、山西、内蒙古、陕西、甘肃、宁夏、青海、山东、四川和西藏等省、自治区。

**2. 生物学特性**　蒙古黄芪和膜荚黄芪是典型草原中旱生多年生草本植物，根深叶茂，喜

图 2-26　膜荚黄芪
1. 花枝　2. 根　3. 雌雄蕊

凉、喜光，耐旱、耐寒，怕涝、怕黏，忌连作（重茬），也不宜与马铃薯、菊花和白术连作。适宜生态环境为海拔 800～1 500m 的高原草地、林缘、山地；年太阳总辐射 460～585kJ/cm²，以 544kJ/cm² 最佳；年均气温 -3～8℃，最好 2～4℃；≥10℃积温 3 000～3 400℃，最佳为 3 200℃；耐寒暑极温，冬季高于 -40℃，夏季低于 38℃；年降水量300～450mm；土地要求土层深厚，有机质多，透水力强的沙质壤土，pH＝7 或稍＞7。草原栗钙土或草原黄沙土均可，以草原黄沙土为最佳。

　　黄芪种子具硬实特性，一般硬实率在 40%～80%。每年的生长期可分为幼苗（或返青）、现蕾开花、结果、枯萎休眠等 4 个时期。当土壤温度达到 5～8℃就能发芽；发芽适温为 15～30℃的变温，一般 3～4d 就发芽。土壤水分以 18%～24% 对出苗最有利。宿存的黄芪根每年春季地温 5～8℃开始萌芽，10℃以上陆续出土，称为返青。7 月初开花，花期为 20～25d。7 月中旬进入结果期，果期约 30d。地上部枯萎至第二年返青前为枯萎休眠期，一般长达 6～7 个月。

　　黄芪幼苗细弱怕强光，成株喜充足阳光。幼苗的根吸收水分和养分能力强，水分多时也能生长良好。随着生长发育进展，吸收功能逐渐减弱，储存能力增强，主根变粗大，此时不耐高湿和积水，水分过多易发生烂根。土壤质地、肥力和土层厚度对产量和品质有很大影响。土壤黏重，根生长缓慢、畸形；土壤沙性大，根纤维木质化，粉质少；土层薄，根多横生、分枝多、质量差。

　　膜荚黄芪和蒙古黄芪为主要栽培种，以山西和内蒙古为道地产区。膜荚黄芪主根深长，条直粗壮，少有分枝；蒙古黄芪主根长而粗壮，根条顺直。传统认为，栽培的以蒙古黄芪质量最好，行销全国并大量出口。黄芪由于产地不同，又有许多不同的名字，产于山西恒山（我国黄芪之乡），条短质柔而富有粉性，称绵黄芪或绵芪，是有名的道地药材；产于山西浑源地区，称为西黄芪或西芪，又称浑源芪，也是黄芪中的佳品；产于黑龙江（宁古塔芪、卜奎芪）、吉林、内蒙古，称北黄芪或北芪，皮松肉紧味甘香，品质也很好，在国际市场上很受欢迎。陈鑫等测定 7 产地药材总黄酮含量，为 3.472～5.511mg/g，相差比较悬殊，由高到低依次为河北、山西、吉林、甘肃、内蒙古、陕西、青海。刘冬连研究了不同产地黄芪浸出物、总灰分、多糖、微量元素，结果表明，山东黄芪中浸出物、总灰分含量均为最高，山西道地产区黄芪中多糖含量高。山西黄芪中微量元素铁、锰、铜、锌含量明显高于其他产地黄芪。

　　黄芪栽培群体是高度混杂的整体，存在丰富的变异。据报道，蒙古黄芪株型有直立型、斜生型和匍匐型。茎蔓颜色绿色、红色、红绿相间。叶片形态有奇数羽状复叶，其小叶有椭圆形、椭圆状卵形等；小叶先端有的圆，有的微凹，有的则具小刺尖；小叶表面有的双面被毛，有的上面被毛，有的下面被毛，还有的两面均无毛。花颜色有的呈黄色，有的呈黄白色，有的呈紫色，还有的呈黄白色略带淡紫色或淡绿色。种皮颜色以黄褐色、黑褐色、棕色为主，中间存在过渡类型。根系大多主根粗长、侧根少而细，且集中在主根的底部，即所谓的"鞭杆芪"；但也有少数植株侧根多而粗，形成所谓的"鸡爪芪"。这些变异为黄芪的选择育种奠定了基础。

　　蒙古黄芪新品系 94-01 和 94-02：甘肃定西地区旱农科研推广中心采用混合选择法，从渭源县地方农家种中先后选育出蒙古黄芪新品系 94-01 和 94-02。其中，94-01 于

2004 年通过甘肃省科技厅成果鉴定。该品系主根圆柱状，长 85～120cm，中下部有 1～3 个分枝，外皮淡褐色，内部黄白色，根断面有明显的豆腥味，其鲜黄芪平均产量 9 274.5kg/hm²，较当地农家品种增产 19.2％，具有高产、稳产、抗病虫能力较强、抗逆性广、农艺性状优良等特点，已经在甘肃省大面积推广。94 - 02 主根圆柱状，长 50～120cm，中下部有侧根 2～5 个，外皮浅褐色，内部黄白色，在定西市黄芪品种区域试验中其鲜黄芪平均产量为 9 091.5kg/hm²，较对照当地农家品种增产 15.8％。94 - 02 特等品出成率 21.5％，一级品出成率 30.6％，分别较对照 94 - 01 提高 4.8％和 5.4％。黄芪新品系 94 - 02 平均产量 10 638kg/hm²，较对照增产 11.8％，特级品出成率 16.1％，一级品出成率 21.6％。该品系抗黄芪根病能力较强。

文黄 11：是由山东省文登市经过多年系统选育出优质高产的多倍体黄芪新品种。株高 50～80cm，主根长 30～80cm，圆柱形，稍带木质化。地上分枝少，地下根系肥大，条直，须毛少，侧根少。奇数羽状复叶，互生，小叶一般为 6～13 对，长 7～30mm，宽 3～12mm，先端钝圆或微凹，有时具小刺尖。种植 1 年产鲜品每 667m² 一般在 700～1 000kg，产种子每 667m² 20kg 左右，比原始群体平均增产 50％～80％；本地大田每 667m² 最高产量达到 1 660kg，产种子每 667m² 41.8kg。在黄河中下游和长江三角洲地区黄芪种植区大面积推广种植。

## 四、野生近缘植物

黄芪属植物全世界共有 11 亚属，2 000 余种，分布于北半球、南美洲及非洲，稀见于北美洲及大洋洲。中国有 8 亚属，278 种，2 亚种，35 变种及 2 变型，南北各地均产。其中簇毛黄芪亚属主产于中国。药用黄芪主要为黄芪亚属、华黄芪亚属、簇毛黄芪亚属、裂萼黄芪亚属和密花黄芪亚属等 5 个亚属。据分析统计，中国黄芪属药用植物，除中药黄芪（膜荚黄芪、蒙古黄芪）外，同属的其他植物在不同地区也做药用，如黑毛果黄芪、多花黄芪、单体蕊黄芪、金翼黄芪、东俄洛黄芪、梭果黄芪、单蕊黄芪、云南黄芪等。多为野生品，极少栽培。

**1. 蒙古黄芪** ［*A. membranaceus*（Fisch.）Bge. var. *mongholicus*（Bge.）Hisao］　多年生草本。主根粗长，顺直，圆柱状，长度一般为 40～100cm，根头部直径 1.5～3cm，表皮淡棕黄色或深棕色，稍木质化。茎直立，高 40～100cm，上部多分枝，有棱，具长柔毛。奇数羽状复叶，互生，小叶 25～37 枚，宽椭圆形或长圆形，长 5～10mm，宽 3～5mm，先端稍钝，有短尖，基部楔形，全缘，上面无毛，下面疏生白色伏毛。托叶披针形，长 6mm 左右。总状花序腋生，有花 10～25 朵，排列疏松；小花梗短，生黑色硬毛；苞片线状披针形；花萼筒状，长约 5mm，萼齿 5 个，有长柔毛；花冠黄色至淡黄色，蝶形，长 18～20mm，旗瓣长圆状倒卵形，无爪，先端微凹，翼瓣及龙骨瓣均有爪；雄蕊 10，二体；子房有柄，光滑无毛，花柱无毛。荚果膜质，无毛，膨鼓充气，卵状长圆形，长 20～25cm，宽 11～15mm，先端有短喙，有明显网纹。种子 5～6 粒，肾形，黑色。花期 6～7 月，果期 7～9 月。生于山坡、沟旁或疏林下。分布于黑龙江、吉林、内蒙古、河北、山西和西藏等地。

蒙古黄芪和膜荚黄芪的主要区别：蒙古黄芪，小叶较多，下面密生短茸毛；托叶披针形；花黄色至淡黄色；子房及荚果均光滑无毛。膜荚黄芪，小叶较少，下面伏生白色柔毛；托叶卵形至披针状线形；花稍带淡紫色；子房和荚果均被柔毛。

**2. 黑毛果黄芪**（白芪）（*A. tongolensis* Ulbr.）　分布于甘肃、青海和四川等省。在甘肃其根称白大芪、马芪，青海称土黄芪，也作黄芪入药。

**3. 金翼黄芪**（*A. chrysopterus* Bunge）　多年生草本，高 30～70cm。根茎粗壮，直径 2cm，黄褐色。茎细弱，有条纹，多少伏贴柔毛。单数羽状复叶，长 4～8cm；叶柄长 1～2cm，向上渐短；托叶狭披针形，离生，长 4～6mm，下面疏被柔毛；小叶 13～19，有短柄，小叶片长圆形或宽卵形，长 7～19mm，宽 3～8mm，先端钝圆或微凹，基部圆形，下面稀生白色伏贴柔毛。总状花序腋生，有花 3～13 朵；总花梗长于叶；苞片小，披针形，被白色柔毛；花萼钟状，被白色柔毛，萼齿 5，长为萼筒的一半；花冠黄色，旗瓣倒卵形，长 8～12mm，宽 4～8mm，基部有爪，翼瓣有特别长的耳，耳长几与爪相等，龙骨瓣比翼瓣、旗瓣为长，先端钝，长 15mm，瓣片半圆形，有短耳；雄蕊成 9 与 1 二体雄蕊，花药同形；子房无毛，有短柄，胚珠多数，花柱内弯，有微柔毛；柱头头状。荚果倒卵形，长 8mm，两侧扁，其下有比荚果长而瘦细果柄，顶端有尖喙，无毛。种子 2～4粒。花期 6～7 月，果期 7～8 月。生于海拔 2 000～3 700m 的山坡、灌丛林下或山沟中。分布于河北、山西、陕西、宁夏、甘肃、青海、四川等地。在河北其根称小黄芪，甘肃南部作小白芪入药。

**4. 多花黄芪**（*A. floridus* Benth.）　多年生草本，被黑色或白色长柔毛。根粗壮，直伸，暗褐色。茎直立，高 30～60cm，有时可达 100cm，下部常无枝叶。羽状复叶有 13～14 片小叶，长 4～12cm；叶柄长 0.5～1cm；托叶离生，披针形或狭三角形，长 8～10mm，下面散生白色和黑色柔毛；小叶线状披针形或长圆形，长 8～22mm，宽 2.5～5mm，上面绿色，近无毛，下面被灰白色、多少伏贴的白色柔毛。总状花序腋生，生 13～40 花，偏向一边；花序轴和总花梗均被黑色伏贴柔毛，花后伸长；总花梗比叶长；苞片膜质，披针形至钻形，长约 5mm；花梗细，长约 5mm，被黑色伏贴柔毛；花萼钟状，长 5～7mm，外面及萼齿里面均被黑色伏贴柔毛，萼齿钻形，较萼筒略短或近等长；花冠白色或淡黄色，旗瓣匙形，长 11～13mm，先端微凹，基部具短瓣柄，翼瓣比旗瓣略短，瓣片线形，宽 1～1.5mm，具短耳，瓣柄与瓣片近等长，龙骨瓣与旗瓣近等长，瓣片半卵形，最宽处 3～3.5mm，具短耳，瓣柄与瓣片近等长；子房线形，密被黑色或混生白色柔毛，具柄。荚果纺锤形，长 12～15mm，宽约 6mm，两端尖，表面被棕色或黑色半开展或倒伏柔毛；果颈与萼筒近等长，1 室；种子 3～5 颗。花期 7～8 月，果期 8～9 月。产于甘肃、青海、四川及西藏。生于海拔 2 600～4 300m 的高山草坡或灌丛下。分布于甘肃南部、四川西部及西藏地区。在四川其根作川绵芪或白绵芪入药。

**5. 单蕊黄芪**（*A. monadelphus* Bunge ex Maxim.）　多年生草本；根圆锥形，直径 5～7mm，黄褐色，有分枝。茎丛生，高 30～70cm，直径 2.5～4mm，无毛，有条棱。羽状复叶有 9～15 片小叶，长 7～9cm，近无毛或叶轴上面具白色疏毛；托叶离生，长圆状披针形，长 10～12mm，先端尖，干膜质，有缘毛；叶柄长 5～20mm；小叶对生，长圆状披针形，或长圆状椭圆形，长 6～24mm，宽 4～11mm，先端圆形，具短尖头，基部圆形或钝圆形，上面无毛，下面疏生柔毛，小叶柄长约 1mm，疏生白色长毛。总状花序疏生 10～16 花，无毛或散生白色毛；总花梗长 4～12cm，较叶长；苞片线形至狭椭圆形，长 8～10mm，宽 2～3mm，具缘毛；花梗长 1～3mm，被白色或褐色开展毛；花萼钟状，长 7～7.5mm，散生伏毛，萼筒长 5～6mm，萼齿披针形，长约 2.5mm，内面及口部被褐色毛；花冠黄色；旗瓣圆匙形，长 12～13mm，瓣片近圆形，长 7～8mm，宽 6～7mm，先端微缺，中部以下渐狭为长柄，翼瓣与旗瓣近等长，瓣片长圆形，长 5～7mm，宽 1.6～2mm，先端圆，基部耳向外展，瓣柄长 6～8mm，龙骨瓣长 10～11mm，瓣片近半圆形，长 4～4.5mm，宽 2.5～3mm，先端钝尖，瓣柄长约 6.5mm；子房密被白色半开展毛，柄长 5～6mm。荚果略膨胀，披针形，长约 2cm，宽 4.5～5mm，先端渐尖，基部狭入果颈，被白色柔毛，1 室，含 4～5 粒种子，果颈露出宿萼很多；种子深褐色，宽肾形，长约 2.5mm，横宽约 3mm，平滑。花期 7～8 月，果期 8～9 月。分布于甘肃中部及西南部（祁连山和岷山及兰州、榆中、夏河、临潭、卓尼、合作）、青海东部至东南部（门源、大通、西宁、贵德、泽库、班玛）、四川西北部（松潘、马尔康、小金、茂县、汶川、康定）。生于海拔 3 000～4 000m 的山谷、山坡和山顶湿处或灌丛下。

**6. 梭果黄芪**（*A. ernestii* Comb.） 多年生草本，根粗壮，直伸，表皮暗褐色，直径 1～2cm。茎直立，高 30～100cm，具条棱，无毛。羽状复叶长 7～12cm，有 9～17 片小叶；叶柄长 0.5～1.5cm；托叶近膜质，离生，卵形或长圆状卵形，长 10～15mm，宽 3～8mm，先端尖，两面无毛，仅边缘散生柔毛，基部常有暗色、膨大的腺体；小叶长圆形，稀为倒卵形，长 10～24mm，宽 4～8mm，先端钝圆，有细尖头，基部宽楔形或近圆形，两面无毛，具短柄。密总状花序有多数花，花后稍疏；总花梗较叶长；苞片膜质，长圆形或倒卵形，长 7～10mm，宽 3～4mm，先端钝或尖，基部渐狭，边缘具黑色毛；花梗长 2～3mm，被黑色伏贴毛；花萼钟状，长 9～10mm，外面无毛，萼齿披针形，长 2.5～3.5mm，内面被黑色伏贴毛；花冠黄色，旗瓣倒卵形，长约 15mm，先端微凹，基部渐狭，翼瓣较旗瓣稍短，瓣片长圆形，宽约 1.5mm，具短耳，瓣柄长约 9mm，龙骨瓣较翼瓣稍短，长 13～14mm，瓣片半卵形，宽约 3mm，瓣柄长约 8mm；子房被柔毛，具柄。荚果梭形，膨胀，长 20～22mm，宽约 5mm，密被黑色柔毛，果颈稍长于萼筒，1 室，有种子 5～6 颗。花期 7 月，果期 8～9 月。产于四川西部、云南西北部及西藏东部。生于海拔 3 900～4 500m 的山坡草地或灌丛中。其根具有膜荚黄芪的利尿降压作用，但强度较弱。本种在四川康定地区代黄芪入药。

**7. 东俄洛黄芪**（*A. tongolensis* Ulbr.） 多年生草本。根粗壮，直伸。茎直立，高 30～70cm。羽状复叶有 9～13 片小叶，长 10～15cm，下部叶柄长 2～3cm，向上逐渐变短；托叶离生，卵形或卵状长圆形，长 1.5～4cm，具缘毛，宿存；小叶卵形或长圆状卵形，长 1.5～4cm，宽 0.5～2cm，先端钝或微凹，基部近圆形，上面散生白色柔毛或近无毛，下面和边缘被白色柔毛。总状花序腋生，生 10～20 花，稍密集；总花梗远较叶为长；苞片线形或线状披针形，长 4～6mm，被白毛或混生黑色缘毛；花梗长约 2mm，连同花序轴密被黑色柔毛；花萼钟状，长约 7mm，外面疏生黑色柔毛或近无毛，内面中部以上被黑色伏贴柔毛，萼齿三角形或三角状披针形，长 1～2mm；花冠黄色，旗瓣匙形，长约 18mm，宽约 7mm，先端微凹，中部以下渐狭，翼瓣、龙骨瓣与旗瓣近等长，具短耳，瓣柄较瓣片约长 1 倍；子房密被黑色茸毛，具长柄。荚果披针形，长约 2.5cm，表面密被黑色柔毛，果颈较萼筒长；种子 5～6 颗，肾形，暗褐色，长 3～4mm。花期 7～8 月，果期 8～9 月。产于四川（西部）。生于海拔 3 000m 以上的山坡草地。

# 第二十七节　木香（云木香）

## 一、概述

云木香为菊科云木香属植物木香（*Aucklandia lappa* Dence.）的干燥根，有健胃、止痛、消肿、调气解郁的作用，能行气化滞、疏肝，治气痛、停食积聚、胸满腹胀、呕吐泻痢等。木香原产印度，梁代因经广州进口，故称广木香。1935 年云南鹤庆商人张相臣从原产地印度获得木香种子，后栽于丽江鲁甸，逐步发展，销售到广州，称"新木香"。新木香因色泽棕黄，根条均匀，不枯心，味浓，油性足，被称为国产真货，1959 年首次出口，被誉为"云木香"。滇西北种植云木香历史悠久，所产云木香已成为云南的道地药材，目前已在丽江、迪庆、大理广泛栽培，并逐步向周围区域扩展。云南滇西北地区已成为国内种植面积最大、质量最优的云木香基地。

## 二、药用历史与本草考证

木香始载于《神农本草经》，被列为上品。《名医别录》称蜜香，青木香。《本草经集注》载："此即青木香也，永昌不复贡。今皆从外国舶上来。"《唐本草》载："此有二种，当以昆仑来者为佳，西湖来者不善，叶为羊蹄而长大，花如菊花，结果黄黑。"《本草图经》云："今惟广州舶上来，他无所出。"可见历史上木香有进口和国产，由印度等地经广州进口的称为"广木香"；原产阿拉伯国家，20 世纪 50 年代我国成功引种云南，故称"云木香"。

## 三、植物形态特征与生物学特性

**1. 形态特征**　多年生草本，高 100～230cm。主根粗壮，圆柱形，稍木质，外皮褐色，有稀疏侧根。茎有细纵棱，疏被短刺状毛。具特殊香气。基生叶具翅状羽裂的长柄，叶片三角状卵形或长三角形，叶缘浅裂或波状；茎生叶阔椭圆形，基部下延成具翅的柄或无柄。头状花序单生或数个丛生于茎端；花筒状、暗紫色；雄蕊 5 枚；子房下位。瘦果条形，有棱，上端生 1 轮黄色直立的羽状冠毛，果熟时脱落，种子长 8.2～9.5mm，平均长 8.7mm；种子直径 2.5～3.7mm，平均为 2.9mm。种子千粒重为 24.27～25.61g，平均重为 24.88g（图 2 - 27）。

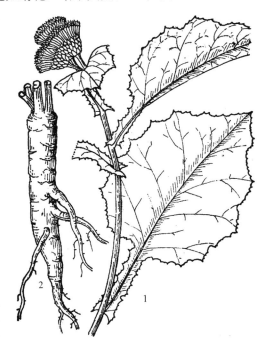

图 2 - 27　木　香
1. 植株　2. 根

**2. 生物学特性**　木香属多年生宿根草本植物，喜冷凉、湿润的气候条件。一般生长于海拔 2 700～3 300m，年均温 5.6℃，年降水量 800～1 000mm 的高寒山区，栽培于海拔 1 500～3 600m 的高山地区，但以 1 600～3 300m 区域为好。温度是影响木香正常生长的主要因子，木香喜冷凉，适宜气温较低，春秋季节生长快，高温多雨季节生长缓慢。在年均气温 5.6～11.1℃、极端最高气温 27℃、极端最低气温－14℃、7～8 月平均温度 20～22℃时，木香生长良好，但夏季超过 30℃时生长受到影响，因此一般应选择阴湿山坡栽种。木香幼苗怕强光，需适当遮阴，或与其他作物间作，否则易死亡。成苗后在荫蔽或裸露环境条件下，均能正常生长发育。播种后当年只长出较大的叶片，第二年开花结实，花期 5～7 月，果期 8～10 月，一般于第三年采收，若栽培条件好的也可于第二年采收，以采收的种子作留种用。

## 四、野生近缘植物

该属仅有木香 1 种，原产自印度。

# 第二十八节　牛膝（怀牛膝）

## 一、概述

牛膝为苋科牛膝属植物牛膝（*Achyranthes bidentata* Blume）的干燥根，性平，味苦。归肝、肾经。具有补肝肾、强筋骨、逐瘀通经、引血下行之功效，主要用于腰膝酸痛、筋骨无力、经闭癥瘕、肝阳眩晕。除东北与内蒙古外，牛膝广布全国，主产于河南黄河以北的沁阳、武陟、孟州、辉县、博爱一带（即古怀庆府），并将产于古怀庆府的牛膝称为怀牛膝，是著名的四大怀药之一。

## 二、药用历史与本草考证

怀牛膝历代记载比较清晰。汉代《吴普本草》牛膝"生河内"。唐代《千金翼方》"怀州出牛膝"；《日华子诸家本草》也有"怀州者长白，近道苏州者色紫"之说。宋代《本草图经》云："牛膝生河内川谷及临朐。今江、淮、闽、粤，关中亦有之，然不及怀州者为真"，并有单州牛膝、怀州牛膝、归州牛膝、滁州牛膝四幅图，其中怀州牛膝图与现今的"怀牛膝"完全吻合。明代《本草品汇精要》言："怀州者为佳。"《本草纲目》则更进一步指出："牛膝处处有之，谓之土牛膝，不堪服，惟北土及川中人家栽莳者为良。"清代《本草从新》谓牛膝"出怀庆府，长大肥润者良"；《本草便读》："更言牛膝，今江淮闽粤等处皆有之，惟以怀庆及川中所产者为良。亦地土之各有异宜，故功用亦有差等耳"；《本草述钩元》亦云，牛膝"根长约三二尺者良，江淮闽粤关中皆有，不及怀庆生者，根极长大而柔润也"。分析以上地名，河内，汉代所置郡名，隋代改为河内县，其后历代相因，清代为怀庆府治，1913 年裁府留县，更名沁阳。怀州，北魏所置州名，金代改为南怀州，后又更名为怀孟路，明代改为怀庆府，清代因之，即今之沁阳。怀庆，春秋时属晋南阳地，战国时属魏，元代改为怀庆路，明清改府，1913 年更名为沁阳县。由此可知，上述本草专著中提及的河内、怀州及怀庆，均指河南沁阳。考虑到行政区域的变更，上述地名大抵指太行山脉与黄河夹角地带，涉及当今河南沁阳、焦作、武陟、修武、博爱等市县。这一地域北靠太行，南临黄河，两合沙壤，土层深厚，疏松肥沃，雨量适中，气候温和。其得天独厚的生长环境，使所产牛膝身条通顺、粗壮，皮色黄鲜，肉质肥厚，质量好，产量大，久负盛名而享誉中外，成为优质道地药材。怀牛膝的道地地位至少在唐宋之际已经确立。虽然山东、江苏、福建、四川等地也有分布，但均不及河南质优。从《名医别录》《图经本草》《证类本草》《救荒本草》《本草纲目》《植物名实图考》等对牛膝原植物形态的描述上看，也证明怀牛膝确是历代沿用牛膝，为传统药用牛膝的正品。综上所述，历代本草所载之牛膝多指怀牛膝，且自唐代以来，大都以怀产者为佳。根据历代用药经验，怀牛膝补肝肾、强筋骨作用好，而川牛膝通利关节、活血通经作用强。

## 三、植物形态特征与生物学特性

**1. 形态特征**　多年生草本，高1.2m。基无毛，节部膝状膨大，有分枝。叶椭圆形或椭圆状披针形，长4.5～12cm，先端锐尖或长渐尖，基部楔形或宽楔形，两面被柔毛；叶柄长0.5～3cm。穗状花序腋生或顶生，花期后反折贴近花序梗；苞片宽卵形，小苞片刺状，基部具卵形膜质苞片。花被片5，绿色；雄蕊5，基部合生，退化雄蕊顶端平圆，具缺刻状细齿。胞果长圆形，长2～2.5mm（图2-28）。花期7～9月，果期9～10月。

**2. 生物学特性**　牛膝的适应性比较强，以温差较大的北方生长较快，根的品质好。年生长期200～300d，人工栽培可控制生长期为130～140d。若生长期太长，植株花果增多，根部纤维多，易木质化而品质差。二年生的植株地下部分已经严重木质化，其应用价值很低。若生长期过短，根部发育不成熟，有效成

图2-28　牛　膝
1. 花枝　2. 根　3. 花

分积累量不足，同样影响品质。植株生长不繁茂，当年开花少，则主根粗壮，产量高，品质好。

怀牛膝主要栽培品种有风筝棵、核桃纹、白牛膝3个类型，其中风筝棵类型包括大疙瘩、小疙瘩2个品种，这4个农家品种在植物学特性上有一定的差异。目前除白牛膝外，其余3个品种均为产区种植的主要品种。

（1）核桃纹：棵型紧凑。根圆柱形，芦头细小，中部粗，侧根少，主根均匀，外皮土黄色，断面白色。茎直立，四方形有棱，紫色有黄红色条纹。单叶对生，有柄，叶片圆

形，全缘，叶脉分布似核桃纹，叶面深绿色，多皱。生长发育较稳，不易出现旺长的情况，产量、等级高，条形好。

（2）小疙瘩风筝棵：棵型较松散。根圆柱形，芦头细小，中部粗，侧根较多，主根粗长，外皮土黄色，断面白色。茎直立，四方形有棱，紫色有黄红色条纹。单叶对生，有柄，叶片椭圆形或卵状披针形，全缘，叶面深绿色，较平。易出现旺长的情况，产量、等级高，条形好。

（3）大疙瘩风筝棵：芦头粗大，主根粗壮，向下逐渐变细，中间不粗，形似猪尾巴。其余特征同小疙瘩。易出现旺长的情况，产量、等级高，条形好。

（4）白牛膝：根圆柱形，芦头细小，中部粗，侧根少，主根均匀，根短，外皮白色，断面白色。茎直立，四方形有棱，青色。单叶对生，有柄。叶片圆形或椭圆形，全缘，叶面深绿色。

## 四、野生近缘植物

**1. 土牛膝**（*A. aspera* L.）　多年生草本，高 1～1.6m。茎直立，四方形，节膨大；叶对生，叶片披针形或狭披针形，长 4.5～15cm，宽 0.5～3.6cm，先端及基部均渐尖，全缘，上面绿色，下面常呈紫红色。穗状花序腋生或顶生；花多数；苞片 1，先端有齿；小苞片 2，刺状，紫红色，基部两侧各有一卵圆形小裂片，长约 0.6mm；花被 5，绿色，线形，具 3 脉；雄蕊 5，花丝下部合生，退化雄蕊方形，先端具不明显的齿；花柱长约 2mm。胞果长卵形。花期 6～8 月，果期 9～11 月。

**2. 红柳叶牛膝**［*A. longifolia*（Makino）Makino f. *rubra* Ho.］　多年生草本，高 1～1.6m。根淡红色至红色。茎直立，四方形，节膨大；叶对生，叶片披针形或狭披针形，长 4.5～15cm，宽 0.5～3.6cm，先端及基部均渐尖，全缘，上面绿色，下面常呈紫红色。穗状花序腋生或顶生；花多数；苞片 1，先端有齿；小苞片 2，刺状，紫红色，基部两侧各有一卵圆形小裂片，长约 0.6mm；花被 5，绿色，线形，具 3 脉；雄蕊 5，花丝下部合生，退化雄蕊方形，先端具不明显的齿；花柱长约 2mm。胞果长卵形。花期 7～9 月，果期 9～11 月。生于阴湿的山坡林下，路边草丛中。分布于湖南、湖北、四川、云南、贵州、江西、安徽、江苏、浙江、福建等地。

# 第二十九节　平　贝　母

## 一、概述

平贝母为百合科植物平贝母（*Fritillaria ussuriensis* Maxim.）的干燥鳞茎，有清热润肺、化痰止咳之功效。主治痰热燥咳、痰多胸闷、咳痰带血等症。除前苏联远东地区有少量分布外，平贝母的主产区为我国东北三省。野生平贝母主要分布于东北地区的长白山脉和小兴安岭南部山区。吉林省通化、吉林、白山、延边为平贝母主产区。

## 二、药用历史与本草考证

中药贝母首载于我国秦汉时期《神农本草经》，列为中品："气味辛、平，无毒，主伤寒烦热，淋沥邪气，病疰，喉痹，乳难。"《名医别录》记载："贝母，苦，微寒，无毒，疗腹中结实，心下满，目眩项直，咳嗽上气，止烦热渴出汗，安五脏，补骨髓。"所述功效与近代有较大差异，且只有记载，并未分种。《新修本草》载："四月蒜熟时采，叶形如大蒜。"与浙贝母形态相近。宋代贝母以"具贝子"为特征，包括土贝母及贝母属植物。《本草纲目》对"贝母"的功效进行比较与归类："贝母，开郁，下气，化痰止咳……以上功用，必以川者为妙。若解痈毒，破症结……又以土者为佳。"可知此时医家已据贝母的功效及产地分出川贝、土贝，至清代已完全将川贝、浙贝分开，也分出土贝母不作贝母用。近年来，由于贝母资源的缺乏，民间有用平贝母代替川贝母使用。

对于平贝母的记载，仅见于《伪药条辨》，书中将其列为川贝母的伪品。其他本草著作中别无记载。《中华人民共和国药典》直到 1977 年才收录平贝母，其功能与主治为清热润肺，化痰止咳。用于肺热燥咳，干咳少痰，阴虚劳嗽，咳痰带血。

### 三、植物形态特征与生物学特性

**1. 形态特征** 平贝母株高 40～60cm，须根系，无主次之分，多数短而细；地下茎圆而扁平，由数片白色肉质的鳞片组成，大鳞茎能分出十几个至数十个小鳞茎。鳞茎基盘下生有多数须根。地下茎通常单一，细长而直立，光滑无毛。叶互生、对生或轮生；无叶柄。叶片剑形或阔线形，上部叶片先端卷曲或呈卷须状；叶全绿。花单生或 2～3 朵生于茎顶，花下垂；花被 6 枚，2 轮，钟状，紫黄色，花被内面有淡黄色方格状斑点；雄蕊 6 枚，2 轮，花丝淡黄色，花药长圆形，黄色；雄蕊 1 枚，蒴果，倒卵形，具有 6 圆棱、3 室，顶裂，内含 100～150 粒种子，千粒重 3g 左右（图 2 - 29）。

**2. 生物学特性** 平贝母的生长习性是喜凉爽、湿润气候，耐寒，怕炎热高温、怕干旱，适宜水分充足，排水方便、疏松肥沃富含腐殖质的沙质土壤，地温在 2～4℃时开始抽茎，13～16℃植株进入生长盛期，低于 4℃或高于 25℃时，植株停止生长，土壤含水量在 35%～45%最适合生长，土壤 pH 以 5.5～7.0 为宜。

平贝母在一年当中 2 次生长，2 次休眠。4 月、5 月为春季生长期，9 月、10 月为秋季生长期，6 月中旬至 8 月中旬为夏眠期，11 月到翌年 3 月为冬眠期。6 月中旬开始栽种，8 月中旬开始发根，9～10 月萌芽，顶芽高 2cm 左右，须根长 3cm 左右，地下鳞茎略有膨大。到翌年 4 月 5 日左右开始出苗，4 月 25 日左右开始展叶，5 月上旬开始现蕾，5 月中旬开始开花，6 月中旬地上部植株开始枯萎，所以说 4 月中旬到 6 月中旬为鳞茎膨大的主要时期。全年从出苗到枯萎只有 60d，即完成一个生长发育过程，6 月中旬开始越夏休眠。

平贝母从种子播种到开花结果成株形成需 4～6 年。幼苗与成株形态有显著不同，可分为几个

图 2 - 29 平贝母
1. 地下鳞茎 2. 地上茎 3. 花 4. 花的剖面

时期：

线形叶期：一年生苗只生 1 片线形叶，小鳞茎直径 2mm，鳞茎 25mg。

鸡舌头叶期：二三年生苗，叶形如鸡舌头，比一年生宽，仍是 1 片叶，鳞茎直径约 4mm，三年生比二年生叶片宽而长，鳞茎如玉米粒大小，鲜重在 0.9g 左右。

四平头期：指四五年生植株，开始形成明显的地下茎，高 8～20cm，3～9 片叶轮生或互生，鳞茎扁平，形态如榛粒大小，直径 1～1.5cm，鲜重 0.8～1.5g。

灯笼竿期：即五六年生后开始开花时期，株高可达 30～60cm，叶腋生出 1～3 朵钟形花，疑似灯笼，故名"灯笼竿"。鳞茎扁圆盘状，直径 1.5～2.5cm，鲜重 3～6g。

七年生鳞茎重量开始减轻。九年生植株不形成新鳞茎，只形成多数子贝。

## 四、野生近缘植物

**1. 伊贝母**（*F. pallidiflora* Schrenk） 多年生草本，高 30～60cm。鳞茎由 2 枚鳞片组成，直径 1.5～3.5cm，鳞片上端延长成膜质物，鳞茎皮较厚。叶通常散生，有时近对生或近轮生；叶片从下向上由狭卵形至披针形，长 7～12cm，宽 2～3.5cm，先端不卷曲。花 1～4 朵，淡黄色，内有暗红色斑点，每花有 1～3 枚叶状苞片，先端不卷曲，花被片 6，匙状长圆形，长 3～4cm，宽 1.2～1.6cm，淡黄色，蜜腺窝在背面明显突出；雄蕊长约为花被片的 2/3，花药近基着生，花丝无乳突，柱头裂片长约 2mm，蒴果棱上有宽翅，花期 5 月。

**2. 新疆贝母**（*F. walujewii* Regel） 草本，高 25～40cm。鳞茎粗 1～1.5cm，由少量肥厚的鳞片组成。叶对生或轮生，叶片披针形或条形，长 5～9cm，宽 3～10cm，最上部具 3 枚轮生的叶状苞片，苞片先端极卷曲。单花顶生，花被钟状，花被片 6，外面灰紫色，内面紫色，具白色或黄色方格斑纹，基部的上方具有凹陷的蜜腺，雄蕊长为花被片的 1/2；花柱略比子房长，柱头 3 裂，裂片长约为花柱的 1/4。蒴果长 1.8～3cm，棱上的翅宽 4～5mm。花期 5～6 月，果期 7～8 月。

**3. 湖北贝母**（*F. hupehensis* Hsiso et K. C. Hsia） 草本。鳞茎粗 1.5～4cm，由 2～3 枚肥厚的鳞瓣组成。茎高 3～90cm，基部具叶。叶条状披针形至条形，长 6～15cm，宽 5～15mm，下部的叶宽，上部的狭并且顶端卷须状，最下部 2 叶对生，其余的 3～5 枚轮生或 2 枚对生，稀互生。花数朵组成总状花序，稀为单花，顶生花具 3～4 枚轮生苞片，侧生花具 2 枚苞片；苞片叶状，条形，顶端卷状；花俯垂，钟状；花被片 6，矩圆状椭圆形，长 2～4cm，宽 1～1.5cm，淡黄色或黄绿色，内面具紫色方格斑纹，蜜腺窝在背面稍凸出；雄蕊 6，长约为花被片 1/2；花柱头比子房稍长，连同子房略长于雄蕊；柱头 3 裂，裂片长约 2mm。蒴果具宽翅。

**4. 太白贝母**（*F. taipaiensis* P. Y. Li） 多年生草本，高 30～40cm。鳞茎直径 1～1.5cm。叶对生，有的中部兼 3～4 枚轮生或散生，条形至条状披针形，长～10cm，宽 3～7（～12）mm，先端有的稍弯曲。花单朵，每花有 3 枚叶状苞片，苞片先端有时稍弯曲，但绝不卷曲；花被片 6，长 3～4cm，绿黄色，无方格斑，通常仅在花被片先端近两侧边缘有紫色斑带；外轮 3 片狭倒卵状矩圆形，宽 9～12mm，先端浑圆；内轮 3 片近匙形，上部宽 12～17mm，基部宽 3～5mm，先端骤凸而钝，蜜腺窝几不凸出或稍凸出；花药近基生，花丝通常具小乳突；花柱分裂部分长 3～4mm。蒴果长 1.8～2.5cm，棱上的狭翅宽 0.5～2mm。花期 5～6 月，果期 6～7 月。

# 第三十节　羌　　活

## 一、概述

为伞形科植物羌活（*Notopterygium incisum* Ting ex H. T. Chang）和宽叶羌活（*N. franchetii* Boissieu）的干燥根茎及根。辛、苦，温，归膀胱、肾经。具解表散寒、祛风除湿、止痛之功效，用于治疗风寒感冒、头痛项强、风湿痹痛、肩背酸痛等。近代药理学研究表明，羌活具有明显的镇痛、抗炎、改善血液循环及增强机体免疫功能的作用，还具有抗休克、抗心律失常和对心肌缺血有保护作用。主要化学成分有羌活醇、紫花前胡苷、异欧前胡素等香豆素类化合物，还含有挥发油、氨基酸、有机酸、甾醇等。

羌活和宽叶羌活为中国特有属羌活属植物，局域分布于青藏高原东南缘川西和川西北、青海、甘南、藏东、滇西北等海拔 2 000m 以上的山地，主要分布在海拔 2 500～4 000m 处。四川阿坝藏族羌族自治州、甘孜藏族自治州各县、凉山彝族自治州西北毗邻甘孜藏族自治州的木里、冕宁等地，及绵阳紧邻阿坝藏族羌族自治州的北川、平武等地，青海玉树藏族自治州、果洛藏族自治州与四川甘孜藏族自治州、阿坝藏族羌族自治州及甘肃接壤区域，及海西蒙古族藏族自治州以外高海拔山地林丛，两个种都有分布；甘肃省的甘南藏族自治州、临夏回族自治州，陇南、定西地区及张掖市的高台县、武威市的天祝藏族自治县等紧邻四川阿坝藏族羌族自治州、青海的高海拔山地，以宽叶羌活分布为主；西藏昌都、江达、林芝等适宜海拔地带也有羌活少量分布。

目前有羌活商品药材产出的主要集中在川西高原和横断山脉地区、甘肃和青海的青藏高原部分的区域以及北部祁连山山地（零星分布）、西藏自治区东部和东北部边缘地带。历史上主要依赖野生采挖，近年来由于持续的过度采挖使野生资源受到严重破坏，产量急剧减少，供求矛盾突出，刺激了价格的持续攀升。四川省中医药科学院、甘肃农业大学等科研院校陆续对羌活、宽叶羌活的野生驯化和人工种植技术进行攻关，已取得了较大进展，相关研究机构、企业及药材种植户相继在四川阿坝藏族羌族自治州、甘孜藏族自治州及甘肃渭源等产地开展了人工种植的试验试点，目前已形成 20～30hm$^2$、年产数十吨的规模。

## 二、药用历史与本草考证

羌活是我国著名的传统常用大宗中药材，应用历史悠久，始载于《神农本草经》，作为异名置独活项下，列为上品，其后历代本草均有收载。但多数本草常承袭本经观点，将羌活与独活混淆不分，如宋代《图经本草》和《证类本草》沿袭《神农本草经》视二者为同物的观点，但又言及当时的应用以"紫色而节密者为羌活，黄色而作块状为独活。……今方既用独活，又用羌活"，说明在实际应用中是区别分开使用的，却又得出"今方既用独活，又用羌活，兹为谬矣"的错误结论，作者记述的使用情况与结论相互矛盾。明代《本草品汇精要》也述"谨按旧本羌、独活不分，混而为一，然其形色功用不同，表里行经亦异，故分为二，则各适其用也"。尤其《本草纲目》中将羌活、独活归为一类，载"独活归为羌中来者良，故有羌活……诸名，乃一物二种也……后人以为二物者，非矣……独活羌活乃一类二种，以他地者为独活，西羌者为羌活……"，导致了明、清医药界的混乱。一些后世本草因之误将两者混为一谈。但早在南北朝时期陶弘景在《名医别录》和《本草经集注》中已明确指出羌活与独活在药材性状及气味上有明显的区别，功效也不尽相同，产地殊异，是两种药材；隋唐时期《药性本草》和《唐本草》也将羌活分列为独立条目，明确两者在功用上有明显区别。清代《本草从新》里言及两者在性味归经上的显著差异，"（独活）理伏风，去湿，辛、苦，微温，气缓善搜，入足少阴气分，以理伏风""（羌活）理游风，发表胜湿，辛、苦，性温。气雄而散，味薄上升，入足太阳膀胱以理游风，兼入足少阳，厥阴气分，搜肝风"。已从传统中医理论上对两者进行了深入研讨，指出了两者在形性、归经、主治功用上的不同，羌活从从属于独活的地位完全分化成一个独立的中药品种。

《图经本草》绘有文州羌活、宁化军羌活、凤翔府独活、茂州独活、文州独活，从描绘图看，其羽状复叶及叶片的分裂及伞形花序诸多特征，可知当时所用羌活与独活均来源于伞形科植物，而文州羌活图所示基生叶的叶形与分裂程度及"紫色而节密"的描述，与今使用的羌活相合。宋代《图经本草》所绘"宁化军羌活"图所示羽状复叶及小叶的叶形，结合"春生苗，叶如青麻，六月开花作丛，或黄或紫"的描述，当是指花为黄色，叶片较宽大，裂浅，具微毛之特征，与今使用的宽叶羌活相合。

我国古代常将羌、胡混称，故《名医别录》中又将羌活称为"胡王使者"，谓"独活……一名胡王使者，一名独摇草。得风不摇，无风自动，生雍州川谷或陇西南安，二月八月采根，暴干"。同时，《神农本草经集注》中言："……此州郡县并是羌地，羌活形细而多节，软润，气息猛烈，生益州北部，西川者为独活……"虽然在本草中羌活作为异名列于独活项下，但文中所提及的产地雍州、陇西南安，均属当时的"西羌胡地"，据现代分布来看，并无野生独活，却正是羌活中的西羌的产地。《图经本草》《证类本草》《本草品汇精要》皆提到独活、羌活"出雍州川谷，或陇西南安"，并称"今用蜀汉出者佳"；《药物出产辨》谓"出川者佳"，这表明四川是羌活的主要道地产区之一。

## 三、植物形态特征与生物学特性

**1. 形态特征**　羌活为多年生草本，开花植株高达1m以上。全株有特殊香气。根茎发达，具浓郁香气，不规则块状，或长圆柱形，节间极度缩短呈蚕形或伸长呈竹节状；主根粗壮，圆柱形。茎直立，中空，表面紫色、淡紫色或绿色，具有纵直的条纹，无毛。基生叶及茎下部叶有柄，叶柄基部扩大成鞘抱茎，长2～7cm；叶片二回至三回三出羽状复叶，纸质或厚纸质，无毛，小叶3～4对，末回裂片卵状披针形至长卵圆形，边缘浅裂至羽状深裂；茎上部的叶近无柄，仅有长卵形的鞘。复伞形花序顶生或腋生；总苞片线形，早落；伞辐7～24（～39），小伞形花序直径1～2cm；小苞片线形，全缘或羽裂；萼片5，裂片三角形。花瓣5，浅黄色或白色，卵形或倒卵形，先端尖，向内折卷；雄蕊5，花丝细，弯曲；子房下位，2室，花柱2，短，花柱基部扁压状圆锥形。分生果卵圆形或长圆形，无毛，背棱及侧棱具扩展的翅，棱槽间有油管3～4，接合面有5～6；胚乳腹面内凹成沟槽（图2-30）。花期6～8月，果期8～10月。$2n=2x=22=12m+10sm$。被红色名录列为易危（VU A2c）物种。

图 2 - 30　羌　活
1. 根与根茎　2. 叶　3. 果序　4. 分生果　5. 分生果横剖面

宽叶羌活多年生草本，高 80～100cm，根和根茎块状或圆柱状；茎无毛．基生叶及下部叶二回至三回三出式羽状复叶，最终裂片卵状披针形，长 2～4cm，宽 1～2cm，边缘成不规则羽状深裂，有尖锐锯齿，下面脉上稍有毛；叶柄长 7～9cm；茎生叶简化成三出叶、单叶或成膨大的紫色叶鞘；复伞形花序顶生和侧生；总苞片条状，早落；伞辐多数；小总苞片多数，条形；花梗多数，长 2～3mm；花淡黄色。双悬果卵形，长 3～4mm，背棱和中棱有翅，侧棱无翅。花期 6 月，果期 8～9 月。$2n=2x=22=22m$。

**2. 生物学特性**　羌活喜阴、湿、冷凉气候，生于阴山或者阴坡，未见阳坡有自然分布。适宜于亚高山至高山各植被带，包括次生阔叶林、针阔叶混交林、针叶林、亚高山灌丛、灌丛草甸等，多分布于林缘或者疏林、林窗、稀疏灌丛草地等阴生或者半阴生生境。海拔高度一般在 2 700m 以上；在气候干燥或者气温较高区域，适生海拔更高，在海拔 3 000～4 000m 及以上的降水丰富、气温冷凉、湿润多雾的高海拔地带。1 月均温 0℃ 以下，7 月均温 15℃ 以下，年均气温以 10℃ 以下为宜；年无霜期大于 90d；年均降水量 600mm 以上，年均相对湿度在 65％ 以上，土壤类型多为亚高山森林土和高山草甸土，结构疏松、营养成分丰富，有机质含量高，土层厚度为 30cm 以上，土质疏松，富含未腐解凋落物与腐殖质（土壤有机质多在 10％ 以上），或有较厚地被层（草本层或者苔藓层），pH 5.0～6.8。

为适应寒冷、强紫外线辐射、低氧、低气压、气温剧变等特殊环境，羌活属植物形成了生长期短、年生长量小、种胚发育不全、种子休眠期长等生物学特性，其种子具有胚形态后熟和生理后熟双重休眠特性，休眠期达 8～10 个月。羌活在野生环境下生长缓慢，需 3～5 年才能开花结实，年生长期 90～110d，越冬芽的萌动发生一般很难见到，通常到 6 月中旬以后才见返青出苗，尔后迅速生长，7 月底至 8 月初开花，在林下荫蔽度较高的生境中，甚至到 8 月中旬还能见到开花期植株；而到 8 月底至 9 月初果实即已陆续成熟开裂（脱落），地上部分尤其花（果）秆随之逐渐干枯，如遇霜冻地上部分很快倒苗枯萎。种子的发育期仅一个多月，种胚小且多发育不全，瘪粒率、败育率均较高，并且自然条件下种子萌发率也极低，仅为 0.52%。四川产区的羌活野生种群以无性繁殖为主，依靠根茎上大量的芽，可以萌发形成新的植株，尤以竹节羌（地下横向生长、类似竹节状的根茎）无性繁殖系数为高。根茎以似竹节横茎形态的羌活无性系种群植株数量最多，扩散范围也最大，无性系植株在地面上成散生分布，形似实生苗，实际上是通过地下横走根茎繁殖的植株；头羌在根茎基部节间短，芽密集，形成的无性系植株在地面上成簇生状态。有报道甘肃的羌活种群以实生苗为主，这可能是羌活在甘肃与青海和四川的土壤和气候环境条件的差异引起的，或者由于严重采挖残留的分散的细小根茎单独萌发而成，并非真正的实生苗。

宽叶羌活生长地区的海拔比羌活的低，多分布在光热较好的河谷山地阔叶林、阔叶次生林、亚高山针阔叶混交林中，一般分布在山谷疏林或灌丛下，积温较高，土壤类型主要为山地森林土、山地黄壤，pH 6.0～7.5，土壤有机质含量低于羌活的，但土壤养分（有效氮 400～650mg/kg、有效磷约有 60% 含量为 4～6mg/kg）平均含量均高于羌活（有效氮 250～650mg/kg，其中 400～500mg/kg 最为集中，有效磷多在 10mg/kg 以下，且 65% 在 3mg/kg 以下）。宽叶羌活生长期一般较羌活长 30～40d，5 月中旬以后宽叶羌活返青苗在野外即可见，6 月中旬已陆续进入开花期，果实成熟过程可持续到 8 月中下旬，海拔较高的居群可到 9 月初，与栽培条件下的物候比较接近；种子发育较羌活好，但是仍然需要后熟处理才能获得较高的发芽率。由于横走根茎（竹节羌）比例很小或根本没有竹节羌，在野外生境中基本上没有发现无性系种群，而是单生的实生苗植株，种群更新以有性繁殖为主。

羌活药材主要依靠野生采挖，人工栽培的研究和生产近十来年才陆续展开。在海拔 2 700～3 400m 的栽培条件下，羌活和宽叶羌活的生长期可延长至 170d 左右，主要体现在发芽时间提前至 5 月初，倒苗时间可延迟至 10 月中旬至 11 月上旬，相应的，对种子的发育也产生了较大影响。宽叶羌活栽培中的施肥管理可显著提高药用部分干重产量，施用尿素 375kg/hm$^2$，过磷酸钙 600kg/hm$^2$ 移栽两年后的产量可达 6 790/hm$^2$，较空白对照增产 20.39%。

商品羌活以药用部位性状分为蚕羌、竹节羌、条羌、大头羌等，其中蚕羌和竹节羌的解剖结构均为地下根状茎，条羌为主根或较粗的支根，大头羌为根茎与根及茎基交界的结节处，常呈不规则膨大。根据产区不同，商品羌活分为"川羌""西羌"两大类，在药材商品规格标准上作为两个品别，分 5 个等级。川羌主产四川阿坝、甘孜，植物来源多取于羌活，药材性状主要为蚕羌、竹节羌、条羌，分为 2 个等级，即一等（蚕羌）和二等（条羌＋竹节羌）；西羌主产青海、甘肃等西北地区，植物来源多取较低海拔分布的宽叶羌活，药材性状多为大头羌、条羌，仅产少量蚕羌（徐国钧等，1996），分为 3 个等级，即一等（蚕羌）、二等（大头羌）和三等（条羌）。羌活药材规格以根茎粗壮、全体环节紧密、形似蚕、断面紫红色、"朱砂"油点明显、气清香纯正为优，蚕羌具所述品质特征，历来认为蚕羌品质最优，有竹节的较次，大头羌、条羌、疙瘩头最次，现行标准均以蚕羌为一等品，并作为唯一外贸出口规格。现代药化分析显示，挥发油和香豆素类化合物是羌活的主要药效成分或指标成分，其含量和成分因药材形态存在差异，蚕羌的挥发油等成分明显高于其他规格药材。通过对壤塘和小金两产地野生羌活不同形态部位药材中 4 个主要化合物羌活醇、异欧前胡素、紫花前胡苷和茴香酸对羟基苯乙酯进行了 HPLC-DAD-MS 定性和定量分析（表 2-4），结果表明不同形态部位中主要化合物的含量存在明显的变化趋势。蚕羌、竹节羌和头羌中化合物含量较高，尾羌中含量较少，这与传统中药材商品认定基本一致。

**表 2-4　两产地不同部位羌活药材中主要化学成分含量（mg/g）比较**

| 产地 | 编号 | 药材部位 | 羌活醇 | 异欧前胡素 | 紫花前胡苷 | 茴香酸对羟基苯乙酯 |
|---|---|---|---|---|---|---|
| 壤塘 | Rsw | 蚕羌 | 14.42 | 6.67 | 2.38 | 1.63 |
| | Rb | 竹节羌 | 15.11 | 6.80 | 1.91 | 1.61 |
| | Ri | 头羌 | 14.54 | 6.08 | 2.04 | 1.38 |
| | Rs | 尾羌 | 13.39 | 4.20 | 1.82 | 0.97 |
| | Rfr | 须根 | 15.56 | 7.00 | 0.97 | 1.26 |
| 小金 | Xsw | 蚕羌 | 8.38 | 0.55 | 1.73 | 微量 |
| | Xb | 竹节羌 | 7.18 | 0.64 | 1.90 | 微量 |
| | Xi | 头羌 | 8.59 | 0.77 | 1.72 | — |
| | Xs | 尾羌 | 6.22 | 0.54 | 1.03 | — |
| | Xfr | 须根 | 11.22 | 1.31 | 2.29 | 0.44 |

对羌活和宽叶羌活主产地的药材样品的化学成分测试表明，不同产地间的羌活药材质量有较大差异（表 2-5、表 2-6）。

**表 2-5　不同产地羌活药材成分含量**

| 产地 | 挥发油（mL/g） | 羌活醇（%） | 异欧前胡素（%） | 紫花前胡苷（%） | 紫花前胡素（%） | 6'-O-反式阿魏酸紫花前胡苷（%） |
|---|---|---|---|---|---|---|
| 青海班玛 | 2.78 | 3.56 | 1.18 | 0.12 | 0.04 | — |
| 青海互助 | 3.66 | 0.78 | 0.60 | 0.21 | 0.02 | 0.09 |
| 甘肃临潭 | 2.98 | 0.79 | 0.55 | 0.01 | 0.01 | — |
| 四川壤塘 | 1.88 | 2.45 | 0.56 | 0.21 | 0.06 | — |
| 四川甘孜 | 2.52 | 3.11 | 0.01 | 1.94 | 0.15 | 0.57 |
| 四川阿坝 | 2.30 | 2.97 | 1.13 | 0.26 | 0.01 | — |

（续）

| 产　地 | 挥发油（mL/g） | 羌活醇（%） | 异欧前胡素（%） | 紫花前胡苷（%） | 紫花前胡素（%） | 6'-O-反式阿魏酸紫花前胡苷（%） |
|---|---|---|---|---|---|---|
| 四川若尔盖 | 2.03 | 2.75 | 1.36 | 0.14 | 0.08 | — |
| 四川黑水 | 1.63 | 1.68 | 0.57 | 0.57 | 0.07 | 0.15 |
| 四川小金 | 2.23 | 2.3 | 0.59 | 0.63 | 0.11 | 0.13 |
| 四川丹巴 | 1.75 | 1.25 | 0.28 | 0.07 | 0.03 | 0.12 |
| 四川雅江 | 1.33 | 3.26 | 1.07 | 0.11 | 0.27 | — |
| 四川九龙 | 1.52 | 0.21 | 0.15 | 0.01 | 0.01 | 0.01 |
| 四川马尔康 | 2.20 | 3.56 | 1.18 | 0.29 | 0.06 | — |
| 四川德格 | 2.15 | 2.61 | 1.19 | 1.39 | 0.12 | 0.15 |
| 四川道孚 | 1.85 | 2.52 | 1.01 | 0.33 | 0.09 | — |
| 四川九寨沟 | 1.23 | 2.02 | 0.94 | 0.29 | 0.35 | — |

**表 2-6　不同产地宽叶羌活药材成分含量**

| 产　地 | 挥发油（mL/g） | 羌活醇（%） | 异欧前胡素（%） | 紫花前胡苷（%） | 紫花前胡素（%） | 6'-O-反式阿魏酸紫花前胡苷（%） | 茴香酸对羟基苯乙酯（%） |
|---|---|---|---|---|---|---|---|
| 青海湟中 | 1.90 | 0.53 | 2.62 | 3.49 | 0.13 | 2.69 | 2.12 |
| 青海互助 | — | 3.18 | 0.47 | 3.84 | 0.88 | 2.60 | — |
| 甘肃迭部 | 2.27 | — | 0.75 | 1.86 | 0.01 | 1.22 | 0.67 |
| 西藏朗县 | 2.00 | 0.52 | 3.50 | 3.54 | 0.27 | 3.37 | 2.90 |
| 西藏米林 | 2.00 | — | 4.07 | 3.92 | 0.07 | 3.80 | 3.23 |
| 四川甘孜 | 1.72 | 0.20 | 1.17 | 2.99 | 0.14 | 1.23 | 0.01 |
| 四川德格 | — | 3.69 | — | 5.50 | 1.51 | 3.13 | — |
| 四川壤塘 | | | 2.27 | 4.23 | 0.21 | 1.53 | 0.01 |
| 四川若尔盖 | 1.83 | — | 5.05 | 4.84 | 0.56 | 4.90 | 5.55 |
| 甘肃临潭 | — | — | 0.41 | 0.63 | 0.17 | 0.20 | 1.45 |
| 西藏八一 | 1.93 | 1.21 | 1.26 | 0.69 | — | 0.37 | 0.23 |

　　据 2000 年版与 2005 年版《中华人民共和国药典》标准规定，羌活药材含挥发油不得少于 2.8%（mL/g）。但自 1981 年以来研究调查，不管是对不同产地、规格药材，还是对市售药材及饮片的挥发油含量报道，均难以达到该指标，2010 年版《中华人民共和国药典》已修订为 1.4%（mL/g）。人工栽培羌活的药用部位在生长到第三年即可达到《中华人民共和国药典》2010 年版一部羌活挥发油的标准［1.4%（mL/g）］，异欧前胡素含量在第二年即可符合《香港中药材标准》中不少于 0.21% 的规定。

## 四、野生近缘植物

　　伞形科羌活属为我国特有属，包含 5 个种 1 个亚种，分为 2 个组，即羌活组的宽叶羌活及其亚种，澜沧羌活细叶组的羌活、细叶羌活、羽苞羌活。除常见的羌活和宽叶羌活两个种外，其余 4 个分类群或已经绝灭，或其性状与常见种表现为过渡，特征不显著，自发表以来，在野外均未采集到自然种群，且均无人工引种栽培和活体种质保存。

# 第三十一节　秦　艽

## 一、概述

秦艽为龙胆科植物秦艽（*Gentiana macrophylla* Pall.）、麻花秦艽（*G. straminea* Maxim.）、粗茎秦艽（*G. crassicaulis* Duthie ex Burk.）或小秦艽（*G. dahurica* Fisch.）的干燥根。秦艽性辛、苦，味平。归胃、肝、胆经。具祛风湿、清湿热、止痹痛之功效，用于风湿痹痛、筋脉拘挛、骨节酸痛、小儿疳积发热等症。现代药理学研究表明，秦艽中含有以龙胆苦苷为代表的环烯醚萜类活性成分，龙胆苦苷对风湿性关节炎有显著的作用，还具有保肝、利胆、抗炎、抗过敏、抗菌、利尿、健胃、镇静镇痛、退热等作用。

秦艽主要分布在蒙古、前苏联西伯利亚和远东地区，在我国的内蒙古、宁夏、河北、山西、陕西、新疆、东北等地也有分布，多生于草甸、河滩、水沟边、林下、山坡草地及林缘。四种原植物中以秦艽最为重要，作为秦艽药用历史悠久，并且处于黄土高原腹地的陕西、甘肃两省是其道地产区，是中药治疗风湿痹痛、关节病必不可少的药物，国家重点保护的药用植物物种中列为国家三级重点保护植物。

## 二、药用历史与本草考证

秦艽作为常用中药，始载于《神农本草经》，列为中品，"秦艽主寒热邪气，寒湿风痹，肢节痛、下水、利小便"。李时珍在《本草纲目》中所述"秦艽出秦中，以根作罗纹交纠者佳，故名秦艽"，以产地及形态特征对秦艽的药名做了解释。《名医别录》记载："秦艽以根作罗纹相交、长大黄白色者为佳"。对秦艽植物形态的描述最早见于《图经本草》"秦艽根土黄色而相交纠，长一尺以外，粗细不等，枝干高五六寸，叶婆婆连茎梗，俱青色，如葛首叶，六月开花，紫色，似葛花，当月结子，春秋采根阴干。"并附秦州秦艽、石州秦艽、齐州秦艽、宁化军秦艽植物图 4 幅。《植物名实图考》曰："秦艽叶如葛芭，梗叶皆青……"。

根据本草植物形态记载，古代所用秦艽为今龙胆属植物秦艽（*G. macrophylla* Pall.）。《中华人民共和国药典》（2010 年版）所规定的秦艽原植物为秦艽（*G. macrophylla* Pall.）、粗茎秦艽（*G. crassicaulis* Duthie）、小秦艽（*G. dahurica* Fisch.）、麻花秦艽（*G. straminea* Maxim）。陕西和甘肃两省的主流秦艽商品均为秦艽的根。李时珍也指出"秦艽出秦中，以根作罗纹相交者为佳，故名秦艽"。所以 4 种正品原植物中以大叶秦艽最为重要，作为秦艽药用历史悠久，并且处于黄土高原腹地的陕西、甘肃两省是其道地产区。

## 三、植物形态特征与生物学特性

**1. 形态特征**　为多年生草本，高 30～60cm，全株光滑无毛，基部被枯存的纤维状叶鞘包裹。须根多条，扭结或黏结成一个圆柱形的根。枝少数丛生，直立或斜升，黄绿色或有时上部带紫红色，近圆形。花多数，无花梗，簇生枝顶呈头状或腋生作轮状；花冠筒部黄绿色，冠檐蓝色或蓝紫色，壶形，长 1.8～2cm，裂片卵形或卵圆形，长 3～4mm，先端钝或钝圆，全缘，褶整齐，三角形，长 1～1.5mm，或截形，全缘；花萼筒膜质，黄绿色或有时带紫色，长 7～9mm，一侧开裂呈佛焰苞状，先端截形或圆形，萼齿 4～5 个，稀 1～3 个；雄蕊着生于冠筒中下部，整齐，花丝线状钻形，长 5～6mm，花药矩圆形，长 2～2.5mm；子房无柄，狭椭圆形或椭圆状披针形，长 9～11mm，先端渐狭，花柱线形，连柱头长 1.5～2mm，柱头 2 裂，裂片矩圆形。莲座丛叶狭椭圆形或卵状椭圆形，长 6～28cm，宽 2.5～6cm，先端钝或急尖，基部渐狭，边缘平滑，叶柄宽，长 3～5cm，包裹于枯存的纤维状叶鞘中，叶脉 5～7 条，在两面均明显，并在下面突起；茎生叶椭圆状披针形或狭椭圆形，长 4.5～15cm，宽 1.2～3.5cm，先端钝或急尖，基部钝，边缘平滑，叶脉 3～5 条，在两面均明显，并在下面突起，无叶柄至叶柄长

图 2-31　秦　艽
1. 植株　2. 花，已剖开

4cm。蒴果内藏或先端外露，卵状椭圆形，长 15～17mm；种子红褐色，有光泽，矩圆形，长 1.2～1.4mm，表面具细网纹（图 2-31）。花果期 7～10 月。

**2. 生物学特性**　秦艽适宜生长在海拔 1 500～3 000m，喜潮湿和冷凉气候，耐寒，忌强光，怕积水。对土壤要求不严，但以疏松、肥沃的腐殖土和沙壤土为好；地下部分可忍受−25℃低温。在干旱季节，易出现灼伤现象，特别是叶片，在烈日直射下易变黄和枯萎。每年从根茎部分生出一个地上茎，生长年限较长的地上茎多簇生。通常每年 5 月下旬返青，6 月下旬开花，8 月种子成熟，年生育期约 100d。在低海拔而较温暖地区，花期、果期一般推迟，生长期相应延长。种子发芽宜在较低温度条件下，适温为 20℃左右，用低浓度赤霉素溶液浸种 24h，可明显促进种子萌发。

　　我国秦艽的分布北自大兴安岭，经内蒙古草原，沿祁连山北麓至天山一线，东界太行山脉，向南到云贵高原西北缘，西达青藏高原东部。位于黄土高原腹地的陕西和甘肃两省是秦艽药材的道地性产区。野生秦艽一般需要 4～5 年才能成材，为保证市场供应，满足用药需求，实现秦艽的可持续利用，秦艽的人工栽培在我国陕西、甘肃、宁夏、青海等地陆续展开。对宁夏六盘山区栽培和野生秦艽的药材性状、显微特征以及其中龙胆苦苷含量等的对比表明：栽培与野生品之间无明显质量差异，且栽培秦艽含量明显高于野生秦艽。对陕西陇县野生和栽培秦艽的质量进行了比较，结果陕西陇县栽培秦艽中龙胆苦苷含量高于野生秦艽，为人工栽培研究提供了科学依据。目前，秦艽在陕西和甘肃等地有较大面积

的人工栽培。

## 四、野生近缘植物

《中国植物志》记载的龙胆科龙胆属秦艽组植物共有 16 种和 2 变种。该组植物主要分布于我国的西北和西南地区，多生长在亚高山或高山草甸、山地草场、山地林草场，以及亚高山灌丛草场、亚高山或高山灌丛和林缘的阳坡等地。《中华人民共和国药典》（2010年版）中规定的秦艽原植物为秦艽、麻花秦艽、粗茎秦艽、小秦艽等 4 种。

**1. 麻花秦艽**（*G. straminea* Maxim.） 为多年生草本，高 10～35cm，全株光滑无毛，基部被枯存的纤维状叶鞘包裹。须根多条，扭结成一个粗大、圆锥形的根。枝多数丛生，斜升，黄绿色，稀带紫红色，近圆形。聚伞花序腋生及顶生，排列成疏松的花序；花梗斜伸，黄绿色，稀带紫红色，不等长，总花梗长达 9cm，小花梗长达 4cm；花冠黄绿色，喉部具多数绿色斑点，有时外面带紫色或蓝灰色，漏斗形，长 3.5～4.5cm，裂片卵形或卵状三角形，长 5～6mm，先端钝，全缘，褶偏斜，三角形，长 2～3mm，先端钝，全缘或边缘啮蚀状；花萼筒膜质，黄绿色，长 1.5～2.8cm，一侧开裂呈佛焰苞状，萼齿 2～5 个，钻形，甚小，长 0.5～1mm，稀线形，不等长，长 3～10mm；雄蕊着生于冠筒中下部，整齐，花丝线状钻形，长 11～15mm，花药狭矩圆形，长 2～3mm；子房披针形或线形，长 12～20mm，先端渐狭，花柱线形，连柱头长 3～5mm，柱头 2 裂。莲座丛叶卵状椭圆形或宽披针形，长 6～20cm，宽 0.8～4cm，两端渐狭，边缘光滑或微粗糙，叶脉 3～5 条，在两面均明显，并在下面突起；叶柄膜质，长 2～4cm，包裹于枯存的纤维状叶鞘中；茎生叶小，线状披针形至线形，长 2.5～8cm，宽 0.5～1cm，两端渐狭，边缘平滑或微粗糙，叶柄宽，长 0.5～2.5cm，越向茎上部叶越小，柄越短。蒴果内藏，椭圆状披针形，长 2.5～3cm，先端渐狭，基部钝，柄长 7～12mm；种子褐色，有光泽，狭矩圆形，长 1.1～1.3mm，表面具细网纹。花果期 7～10 月。

麻花秦艽集中分布于我国的西北地区，分布海拔较高，主要分布在青海通天河、清水河、襄谦、结古镇、甘德、上贡麻、乐都、玉树、大通、贵南、互助；甘肃民乐、山丹、永登、天祝、古浪、舟曲、迭部、夏河、玛曲、卓尼、临潭等县；宁夏南华山；四川茂县、马尔康、若尔盖；新疆博尔塔拉蒙古自治州。生长在土壤较为湿润的环境，海拔 2 000～4 500m 的高原山地。

**2. 粗茎秦艽**（*G. crassicaulis* Duthie ex Burk.） 为多年生草本，高 30～40cm，全株光滑无毛，基部被枯存的纤维状叶鞘包裹。须根多条，扭结或黏结成一个粗的根。枝少数丛生，粗壮，斜升，黄绿色或带紫红色，近圆形。花多数，无花梗，在茎顶簇生呈头状，稀腋生作轮状；花冠筒部黄白色，冠檐蓝紫色或深蓝色，内部有斑点，壶形，长 2～2.2cm，裂片卵状三角形，长 2.5～3.5mm，先端钝，全缘，褶偏斜，三角形，长 1～1.5mm，先端钝，边缘有不整齐细齿；花萼筒膜质，长 4～6mm，一侧开裂呈佛焰苞状；雄蕊着生于冠筒中部，整齐，花丝线状钻形，长 7～8mm，花药狭矩圆形，长 1.5～2.5mm；子房无柄，狭椭圆形，长 8～10mm，先端渐狭，花柱线形，连柱头长 2～2.5mm，柱头 2 裂，裂片矩圆形。莲座丛叶卵状椭圆形或狭椭圆形，长 12～20cm，宽4～6.5cm，先端钝或急尖，基部渐尖，边缘微粗糙，叶脉 5～7 条，在两面均明显，并在下面突起，叶柄长 5～8cm，包裹于枯存的纤维状叶鞘中；茎生叶卵状椭圆形至卵状披针形，长 6～16cm，宽 3～5cm，先端钝至急尖，基部钝，边缘微粗糙，叶脉 3～5 条，在两面均明显，并在下面突起，叶柄宽，近无柄至长 3cm，越向茎上部叶越大，柄越宽，至最上部叶密集呈苞叶状包被花序。蒴果内藏，无柄，椭圆形，长 18～20mm；种子红褐色，有光泽，矩圆形，长 1.2～1.5mm，表面具细网纹。花果期 6～10 月。

粗茎秦艽分布在我国西南地区，主要分布在云南大理、丽江、迪庆、昭通、怒江，贵州威宁、水城、赫章、雷山；四川理塘、若尔盖；西藏左贡、芒康、波密；甘肃碌曲、夏河。生长在海拔 2 000～4 500m 较为湿润的高原山地。

**3. 小秦艽**（*G. dahurica* Fisch.） 也称达乌里秦艽，为多年生草本，高 10～25cm，全株光滑无毛，基部被枯存的纤维状叶鞘包裹。须根多条，向左扭结成一个圆锥形的根。枝多数丛生，斜升，黄绿色或紫红色，光滑，近圆形。聚伞花序顶生及腋生，排列成疏松的花序；花梗斜伸，黄绿色或紫红色，极不等长，总花梗长 5.5cm，小花梗长 3cm；花冠深蓝色，有时喉部具多数黄色斑点，漏斗形或筒形，长 3.5～4.5cm，裂片卵形或卵状椭圆形，长 5～7mm，先端钝，全缘，褶整齐，卵形或三角形，长 1.5～2mm，先端钝，全缘或边缘啮蚀形；花萼筒膜质，黄绿色或带紫红色，筒形，长 7～10mm，不裂，稀一侧浅裂，裂片 5 个，线形，不整齐，绿色，长 3～8mm，先端渐尖，边缘粗糙，背面脉不明显，弯缺宽，圆形或截形；雄蕊着生于冠筒中下部；子房无柄，披针形或线形，长 18～23mm，先端渐狭，花柱线形，连柱头长 2～4mm，柱头 2 裂。莲座丛叶披针形或线状椭圆形，长 5～15cm，宽 0.8～1.4cm，先端渐尖，基部渐狭，边缘粗糙，叶脉 3～5 条，在两面均明显，并在下面突起，叶柄宽，扁平，膜质，长 2～4cm，包裹于枯存的纤维状叶鞘中；茎生叶少数，线状披针形至线形，长 2～5cm，宽 0.2～0.4cm，先端渐尖，基部渐狭，边缘粗糙，叶脉 1～3 条，在两面均明显，中脉在下面突起，叶柄长 0.5～10cm，越向茎上部叶越小，柄越短。蒴果内藏，无柄，狭椭圆形，长 2.5～3cm；种子淡褐色，有光泽，矩圆形，长 1.3～1.5mm，表面具细网纹。染色体 $2n=26$。花果期 7～9 月。

小秦艽在我国分布的范围也比较广泛，主要分布在宁夏，陕西定边、吴起、陇县，甘肃临潭、舟曲、卓尼、武威，新疆阿勒泰至富蕴、塔城、玛纳斯、伊犁、清河、巴里坤、和田，内蒙古赤峰、锡林郭勒、乌兰察布，山西五台、广灵、灵丘、浑源、山阴以及河北涞源。适宜生长在土壤较为干旱的地方，海拔分布为 1 500～3 500m。

# 第三十二节 人 参

## 一、概述

人参（*Panax ginseng* C. A. Mey.） 为五加科人参属多年生草本植物，别名棒槌，以干燥根入药。栽培者为园参，野生者为山参。园参经晒干或烘干，称生晒参；鲜根以针扎孔，用糖水浸后晒干，称糖参；山参经晒干，称生晒山参，蒸制后，干燥，称红参。人参被人们称为"百草之王"，具有大补元气、复脉固脱、补脾益肺、生津止渴、安神益智等功效；主治劳伤虚损、食少、倦怠、反胃吐食、大便滑泄、虚咳喘促、自汗暴脱、惊悸、健忘、眩晕头痛、阳痿、尿频、消渴、妇女崩漏、小儿慢惊及久虚不复，一切气血津液不足之证。现代医学证明，人参含有皂苷、挥发油、酚类、肽类、多糖、单糖、氨基酸、有机酸、维生素、脂肪油、甾醇、胆碱、微量元素等多种成分；人参及其制品对机体代谢具有双向调节作用，对治疗心血管疾病、胃和肝脏疾病、糖尿病、不同类型的神经衰弱症等均有较好疗效，还有增强免疫系统功能、抗辐射损伤和抑制肿瘤生长等作用。

野生人参主要分布在我国，前苏联远东地区及朝鲜半岛北部。我国吉林省长白山脉延伸的各市县是野生人参的主产区，主要分布在通化、集安、柳河、白山、辉南、安图、和龙、汪清、延吉、敦化、蛟河、桦甸等市县。多生长于北纬 40°～48°、东经 117°～134°，昼夜温差较大的海拔 400～1 000m 山地缓坡或斜坡地的针阔混交林或杂木林中。

世界上生产人参的国家主要有中国、韩国和朝鲜。据考证，我国人参已有 2 000 多年栽培史，大规模栽培出现在清代。人参是东北地区的道地药材，主产于东北三省。栽培人参分为园参和林下参，过去栽培人参主要为园参，近年来，由于山参资源逐渐枯竭，林下参栽培逐渐兴起，并且发展迅速。园参以吉林省栽培面积最大，占全国人参产量的 80% 以上，占世界人参产量的 60%。吉林省长白山区生产的人参质量好，闻名中外。人参栽培技术已达到规范化水平，已在 4 个种植基地通过中药材 GAP 基地认证。近年，山东、山西、北京、河北、湖北、云南等地引种成功，但面积很小。林下参在吉林省东部山区及辽宁省山区广为栽培，而目前辽宁省园参面积很小，以林下参栽培为主。

## 二、药用历史与本草考证

人参是珍贵的中药材，在我国药用历史悠久，《神农本草经》记载人参有"补五脏、安精神、定魂魄、止惊悸，除邪气，明目开心益智，久服轻身延年"之功效。据此推断，人参已有 2 000 多年的药用历史。此后，历代本草均有收载。

《本草图经》（1061）载新罗人参："初生小者，三四寸许，一桠五叶。四五年后，生两桠五叶，未有花茎。至十年后生三桠，年深者生四桠各五叶，中心生一茎，俗名百尺杵。"与今天我们药用的人参（*Panax ginseng* C. A. Mey.）为五加科人参属多年生草本植物人参植物学形态相同。

中国人参原出自上党（今山西省长治北）和辽东（今辽阳市）；唐代中国人参主产于太行山、燕山绵延地区；宋代中国人参主产区向我国东部扩展，伸展到黄河以东地带，一直绵延至泰山山区；明代中国人参主产区明显北移，越过燕山而进入东北地区；清代中国人参主产区分布在长白山及其以北，直至锡赫特山区，但是，道光二十年（1840）鸦片战争以后，清政府腐败昏庸，签定一系列不平等条约，咸丰八年（1858），俄国用武力迫使清政府签订了《中俄瑷珲条约》。继之，咸丰十年（1860）俄国又迫使清政府签订了《中俄北京条约》，将乌苏里江以东约 40km² 的中国领土，强行划归俄国。从此，使中国新开辟的人参主产区乌苏里江以东、锡赫特山区丧失殆尽。中国人参资源，随着大面积领土的丧失而骤然减少。清代后期，中国人参的产量及使用情况，也随着丧权辱国条约的签订而进入空前低落时期。为了弥补自然资源之不足，逐渐兴起了人参栽培，逐渐形成了园参栽培技术。有关资料证明，清代园参主产区，在长白山地带业已形成。1949 年前长白山地带也是我国人参主产区，尤以吉林省通化地区产量最大，占全国产量的 70%。新中国成立后至今，长白山区仍然是人参的主产区，而以吉林省人参产量最高，占全国产量的 80%

以上。

### 三、植物形态特征与生物学特性

**1. 形态特征** 多年生草本，高 30～60cm 。根茎短，直立，每年增生一节，通称芦头，有时其上生少数不定根，习称"艼"。主根粗壮，肉质，纺锤形或圆柱形，下部有分枝，外皮淡黄色。茎直立，单一，不分枝，有纵纹，无毛，基部有宿存鳞片。掌状复叶轮生茎顶，通常一年生者（指播种第二年）生 1 片三出复叶，二年生者生 1 片五出复叶，三年生者生 2 片五出复叶，以后每年递增 1 片五出复叶，最多可达 6 片复叶；总叶柄长 3～8cm；小叶 3～5 片，幼株常为 3 片，具短柄，叶片薄膜质，中央小叶片椭圆形至长圆状椭圆形，长 8～12cm，宽 3～5cm，最外一对侧生小叶片卵形或菱状卵形，长 2～4cm，宽 1.5～3cm，先端长渐尖，基部阔楔形，下延，边缘有锯齿，齿有刺尖，表面沿脉有稀疏刚毛，下面无毛，侧脉 5～6 对。伞形花序单一顶生，总花梗通常较叶柄长，长 10～30cm，花 30～50 朵，稀为数朵，小花梗细，长 0.5～1cm，花淡黄绿色；苞片小线状披针形；花萼具 5 枚三角形小齿；花瓣 5，卵状三角形；雄蕊 5，花丝短，花药长圆形；子房下位，2 室，花柱上部 2 裂，花盘环状。核果浆果状，扁球形，直径 5～9mm，熟时鲜红色；种子 2 粒，肾形，乳白色（图 2-32）。花期 6～7 月，果期 7～8 月。

图 2-32 人 参
1. 植株 2. 根 3. 花

**2. 生物学特性** 人参多分布在海拔 400～1 000m 的岗地或各种类型的山地上半部。人参耐寒，喜冷凉、湿润、水分适度的环境，既怕积水，又怕干旱。人参属阴性、长日照植物，喜斜射或散射光，忌强光直射，不耐高温。人参适于生长在年日照时数 2 400h 左右，年平均气温 3℃左右，≥10℃积温为 2 500℃，1 月平均气温−28～−24℃，7 月气温为 20～24℃，无霜期 130d 左右；年降水量 700～1 000mm，主要集中在 6～9 月，年平均湿度 70%，8 月达 80%以上，植被为针叶阔叶混交林，土壤类型为暗棕壤，pH 为 5.5 左右的条件下。

人参出苗期为 5 月上旬，展叶期为 5 月中旬，开花期为 6 月上旬至中旬，结果期（绿果期）为 6 月上旬至 7 月下旬，果实成熟期（红果期）为 7 月中旬至 8 月上旬，枯萎期为 9 月下旬至 10 月上旬，全生育期 100～180d。人参一般地温稳定在 5℃，参籽及越冬芽开始萌动，地温 10℃左右开始出苗，地温稳定在 10～15℃时出苗快，气温过高或过低出苗速度都显著减慢。展叶在 12～20℃，开花期温度为 13～24℃，结果期 16～28℃，气温低于 8℃植株停止生长，生育期间适宜温度为 15～25℃。栽培在棕色森林土上的人参，出苗期含水量为 40%，展叶期为 35%～40%，开花结果期为 45%～50%，果后参根生长期为 40%～50%。高于 60% 易烂根，低于 30% 易干旱。人参出苗展叶期，气温低，光饱和点高，需要供给较高的光照度（不低于 35klx），到 7 月上旬到 8 月中旬，气温较高时光饱和点降低，光照度应控制在 15～22klx，8 月中旬以后，气温逐渐降低，供给光照度应相应增强。

人参茎叶数量有限，通常为单茎，少数为双茎或多茎。越冬芽萌发出土后形成茎叶，出土后的茎叶受损伤，当年不再萌发出新茎叶。根与越冬芽同步生长发育，产区 6 月上旬开始，越冬芽原基先分化成鳞片原基，至地上部枯萎后（9 月底），完成越冬芽的形态建成。人参为直根系、肉质根，主根发达，三年生以后，须根增多。5～7 月参根长度增长快，8～9 月增粗快。我国学者认为天然次生林更新，利用林地栽培最好。因为栽参利用的林地很少有环境污染。土壤以肥沃、有机质丰富，活黄土层厚的腐殖土或油沙土均可，植被以阔叶混交林或针阔混交林适合栽培人参。利用农田栽培人参，多选择土质疏松肥沃、排水良好的沙质壤土或壤土。人参忌连作，前作以玉米、谷子、草木樨、紫穗槐、大豆、紫苏、葱、蒜等为好，不用烟地、麻地、蔬菜地，土壤黏重地块、房基地、路基地等不宜栽参。

人参栽培中由于栽培方法及种源不同，分为不同的产区。以吉林省抚松县为代表产区生产的人参称为普通参（俗称抚松路），采用一次移栽，育苗 2 年或 3 年，再移栽 4 年或 3 年，6 年生收获，即 2.4 制或 3.3 制，多在有机质含量较高、疏松肥沃的腐殖土中培育而成。产品的主要特征为根茎短，主体短粗，支根短，须根多，产量高。主产于吉林省集安参区的人参称为边条参（俗称集安路），采用 2 次移栽，育苗 2 年或 3 年移栽 1 次，生长 2 年或 3 年再移栽 1 次，6～8 年生收获。多在有机质含量低、肥力较差、沙性较大的山地土壤中培育而成。产品的主要特点为根茎长、主体长、支根长、须根少、根型好、产量较高。主产于辽宁省宽甸县的石柱参，采用直接播种（籽趴）或育苗移栽（苗趴），培育 15 年左右收获，多在沙性较大的山地土壤中培育而成，产品主要特点为根茎长，主体小，两条支根，须根少，产量低，总皂苷含量高，不仅形体特征与野山参相媲美，商品价值高，其药用价值也与野山参相近，可以替代野山参使用。

人参种质资源包括野生人参资源和栽培人参资源。栽培参是从山参驯化来的混杂群体，由于长期生态环境和生产者的选择，逐渐分化出一些变异类型。依据人参根及根茎不同有大马牙、二马牙、圆膀圆芦（包括大圆芦、小圆芦）、长脖（包括草芦、线芦、竹节芦）几个农家类型；依据果实颜色有红果、粉果、黄果、橙黄果等类型；依据茎的颜色不同有紫茎、绿茎、青茎 3 种类型；依据果穗类型不同有紧穗、散穗 2 种类型；据复叶柄分枝角度不同有紧凑型、中间型、平展型。20 世纪 70 年代，通过对农家类型进行提纯复壮后收获大马牙类型比混杂种增产 19.2%，比长脖类型增产 34.7%，如今大面积栽培仍然为混杂农家类型，抚松等普通人参产区以大马牙、二马牙为主，集安边条参产区以二马牙为主，辽宁省石柱参产区以长脖类型为主。

人参育种从 20 世纪 50 年代开始，至 90 年代选育出 2 个人参品种，21 世纪初陆续选育出 4 个人参新品种，各品种简介如下：

（1）吉林黄果人参：中国农业科学院特产研究所采用系统选择法选育而成。地上部各年生全生育期全株绿色，成龄植株叶片短宽，花轴较短，果实成熟后黄色；苗田产量高，三年生种苗 2.05kg/m²，本田产量中等，收获参 2.11kg/m² 左右；总皂苷含量 5.82%，其中高活性分组皂苷的二醇型、三醇型及 R₀ 含量分别为 3.16%、1.07%、0.61%，挥发油含量 0.1881%。

（2）吉参 1 号：中国农业科学院特产研究所采用集团选择法选育出高产优质新品种，1998 年通过吉林省农作物品种审定委员会审定。该品种株型合理，茎高适中、茎秆粗壮，叶片较宽；产量 3.07～4.99kg/m²，平均单产比现生产用种提高 16.51%～20.82%，优质参率达 90.17%，比对照提高 17.67%；总皂苷含量 6.0947%。

（3）边条 1 号：中国医学科学院药用植物研究所应用系统选育法通过近 20 年工作，在集安边条人参基础上选育出的新品种。该品种茎绿色，参根粗长，参形优美，对黑斑病具中等抗性，边条参率达 80% 以上，比对照高 15%，产量比对照高 30% 以上，总皂苷及大多数分组皂苷的含量高出对照 1.8%～2.5%。

（4）宝泉山人参：吉林农业大学采用集团选择方法选育而成，2002 年通过吉林省农作物品种审定委员会审定。该品种表现为地上部茎秆粗壮、叶片较宽；地下根大而粗壮、芦头短粗、根形匀称，抗病能力与当地品种相近，一般产量 3.37kg/m²，适宜在吉林省长白山区各市县人参产区种植。

（5）福星 1 号：中国农业科学院特产研究所在抚松大马牙农家类型的基础上，通过集团选育法育成高产新品种，2009 年 1 月吉林省农作物品种审定委员会审定。该品种具有高产、抗病性强的特点，茎为紫色，根形为大马牙类型。经 3 年生产试验，平均产量 2.47kg/m²，比人参混杂种产量提高 15.52%。

（6）集美：吉林农业大学由原来的二马牙农家品种经集团选育而成，2009 年 1 月吉林省农作物品种审定委员会审定。该品种产量高，根形优良，平均产量 2.5kg/m²，比混杂种单产提高 16% 以上。

## 四、野生近缘植物

人参属有 8 种、3 变种，除人参外还有西洋参、三七、姜状三七、假人参、屏边三七、竹节参、狭叶竹节参、珠子参、羽叶三七（疙瘩七）、矮秆人参。

云南植物研究所将人参属划分为两大类群。第一类群是根茎短、直立、具胡萝卜状肉质根、种子较大；化学成分以含四环三萜达玛烷型皂苷元为主；地理分布上表现为狭小或间断分布的特点，被认为是人参属的古老类群，典型植物有人参、三七和西洋参。第二类群是根茎长而常为横卧型根茎，肉质根不发达或无，种子较小、通常呈卵圆形，化学成分以含五环三萜齐墩果烷型皂苷元为主，地理分布上表现为广泛而连续的特点，被认为是人参属的进化类群，典型植物竹节参、姜状三七、屏边三七等。假人参在植物形态上基本属于第一类群，在化学成分上与第二类群相一致，被认为是两大类群间的过渡类群。

**假人参**（*P. pseudoginseng* Wall.）　多年生草本，根状茎短，横生，竹鞭状，有 2 条至数条肉质根，肉质根圆柱形，长 2～4cm；茎单生，无毛，基部有宿存鳞片。掌状复叶 4 枚轮生于茎顶；叶柄长 4～5cm，具披针形小托叶；叶片膜质透明，倒卵状椭圆形至倒卵状长圆形，边缘有重锯齿，齿有刺尖，表面脉上密生刚毛，下面无毛。伞形花序单个顶生，有花 20～50 朵，花黄绿色；总花梗长 12cm，无毛；苞片不明显；萼杯状，有 5 个三角形的齿；花瓣 5，雄蕊 5，子房二室，花柱 2，离生，反曲。具有化瘀止血、消肿定痛的功效。生于常绿阔叶林或常绿、落叶混交林或针阔混交林内，仅分布于喜马拉雅山脉中段的尼泊尔和中国西藏南部的狭窄山地。

<h1 style="text-align:center">第三十三节 肉 苁 蓉</h1>

## 一、概述

为列当科植物肉苁蓉（*Cistanche deserticola* Y. C. Ma）的干燥带鳞叶的肉质茎。性温，味甘、咸，归肾、大肠经，有补肾阳，益精血，润肠通便的功效，用于阳痿、不孕、腰膝酸软、筋骨无力、肠燥便秘等症。肉苁蓉含有丰富的生物碱、结晶性的中性物质、氨基酸、微量元素、维生素等成分。现代医学研究发现肉苁蓉具有提高机体免疫功能，增强体力和抗疲劳，抗肿瘤，改善性功能障碍，润肠通便，保护肝脏，改善记忆功能障碍，防止老年痴呆症，改善脑循环，促进神经细胞生长修复，抗动脉粥样硬化等功效。

肉苁蓉寄生于藜科植物梭梭（*Haloxylon ammodendron* Bunge）的根上，生于湖边、沙地梭梭林中，为国家濒危三级保护物种。野生肉苁蓉濒临灭绝，产量极其稀少。现在内蒙古、甘肃、新疆、青海等地已经成功地进行人工繁育种植，并形成规模种植。

## 二、药用历史与本草考证

肉苁蓉是我国传统的名贵中药材，也是历代补肾壮阳类处方中使用频度最高的补益药物之一。始载于《神农本草经》，列为上品，能补肾阳，益精血，润肠通便等，素有"沙漠人参"之美誉。历代医家对肉苁蓉的药用价值都给予了极高的评价，东汉《神农本草经》谓其"养五脏，强阴，益精气"；李时珍称"此物补而不峻，故有从容之名"。《本草经疏》载："肉苁蓉，滋肾补精血之要药，气本微温，相传以为热者误也。甘能除热补中，酸能入肝，咸能滋肾，肾肝为阴，阴气滋长，则五脏之劳热自退，阴茎中寒痛自愈。肾肝足，则精血日盛，精血盛则多子。妇人癥瘕，病在血分，血盛则行，行则症瘕自消矣。膀胱虚，则邪客之，得补则邪气自散，腰痛自止。久服则肥健而轻身，益肾肝补精血之效也，若曰治痢，岂滑以导滞之意乎，此亦必不能之说也。"《本草正义》载："肉苁蓉，《本经》主治，皆以藏阴言之，主劳伤补中，养五脏，强阴，皆补阴之功也。茎中寒热痛，则肾脏虚寒之病，苁蓉厚重下降，直入肾家，温而能润，无燥烈之害，能温养精血而通阳气，故曰益精气。主癥瘕者，咸能软坚，而入血分，且补益阴精，温养阳气，斯气血流利而否塞通矣。"《别录》载："除膀胱邪气，亦温养而水府寒邪自除。腰者肾之府，肾虚则腰痛，苁蓉益肾，是以治之。"

## 三、植物形态特征与生物学特性

**1. 形态特征** 肉苁蓉为多年生寄生性草本植物，株高 40～160cm。茎肉质，单一或由基部分为 2 或 3 枝，下部宽 5～15cm，上部渐变细，宽 2～5cm。叶多数，鳞片状，螺旋状排列，淡黄白色，无叶柄；下部叶排列紧密，宽卵形，长 0.5～1cm，宽 1～2cm，上部叶稀疏，线状披针形，长 1～4cm，宽 0.5～1cm，两面无毛。穗状花序，长 15～50cm；苞片1，线状披针形或卵状披针形，长 2～4cm，宽 0.5～0.8cm，被疏绵毛或近无毛；小苞片 2，卵状披针形，与花萼等长或稍长，被疏绵毛或无毛；花萼钟状，长1～1.5cm，5 浅裂，裂片近圆珠笔形；花冠筒状钟形，长 3～4cm，裂片 5，展开，近半圆形；花黄白色、淡紫色，干后变棕褐色，管内有 2 条纵向的鲜黄色凸起；雄蕊 4，二强，近内藏，花丝上部稍弯曲，基部被皱曲长柔毛，花药箭形，被长柔毛；子房上位，基部有黄色蜜腺，花柱细长，顶端内折，柱头近球形。蒴果卵形，2 裂，褐色。种子多数，微小，椭圆状卵形，表面网状，有光泽。花期 5～6 月，果期 6～7 月。

**2. 生物学特性** 肉苁蓉与寄主植物的寄生点通常有几个不明显的芽，无自养独立根系，靠吸盘索取寄主的营养维持生长，在地下发育分化。前期生长迟缓，第三年后长势加快，其中一个形成较大的肉质茎。采挖时，如不破坏寄生点及其根部，翌年将生长出新的成年植株。肉苁蓉喜干旱少雨气候。抗逆性强，耐干旱。喜长日照、积温高、昼夜温差大的特性，地下水充足的生长发育良好。肉苁蓉种子在自然条件下保存 3 年仍有活力，在冰箱低温干燥条件下寿命更长，用 25℃湿沙贮存则活力下降。

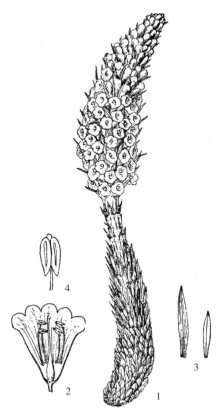

图 2 - 33 肉苁蓉
1. 全草 2. 花冠剖开示雄蕊与子房
3. 苞片 4. 雄蕊

种子吸水力强，可以诱导寄主毛细根向种子延伸接触形成寄生关系。

肉苁蓉野生分布于我国内蒙古、新疆、甘肃和青海等地，主要产地为内蒙古巴彦淖尔市乌拉特前旗和阿拉善盟。肉苁蓉属典型荒漠植物，其生长需要特殊的地理和生态环境条件。目前，肉苁蓉人工种植栽培基地主要分布于我国西北干旱地区，以内蒙古和新疆为主产地，通过人工大面积种植梭梭再进行接种，从而获得稳定的产量，对肉苁蓉的资源开发有重要意义。但人工种植的基础研究还很薄弱，仍存在种子人工处理萌发技术不成熟、环境影响大、质量不稳定等问题。

## 四、野生近缘植物

肉苁蓉属植物分布于北半球温暖的沙漠、荒漠等干燥地带，在我国主要分布于西北地区的内蒙古、甘肃、宁夏、新疆、青海等 5 个省、自治区。除肉苁蓉外，我国肉苁蓉属在《中国植物志》上记载的较明确还有 4 个种：管花肉苁蓉、盐生肉苁蓉、沙苁蓉和兰州肉苁蓉。

**1. 管花肉苁蓉** [*C. tubulosa*（Schrenk）R. Wight.] 为列当科多年生寄生草本植

物，只寄生在柽柳属（*Tamarix* spp.）植物的根端。地下茎黄白色，肉质肥厚，扁圆形，单一，不分枝，高30～80cm，直径5～8cm。寄生根的顶部常膨大成圆锥状，由锥顶向下周边呈放射状排列，边缘有前发点多个，除1～2个长为成年植株外，其他基生芽则于第二、三年依次长出。地下肉质茎密被螺旋状排列之肉质鳞片叶，下部叶三角状卵形，长1.5cm，宽1cm，向上逐渐细长而稀疏，为阔披针形，长2.5cm，宽约1cm，基部平直，先端渐尖，叶脉不显。出土前茎、叶均为黄白色，出土后逐步变为浅绿色。肉质型总状花序顶生，长20～35cm；花多数，两性，每花有大苞片1枚，长卵形，长2.5cm，宽0.5cm，先端渐尖，基部截形，小苞片2枚，生于两侧，长条形，长1.5cm，宽0.3cm，比花序稍短；花萼下位，筒状，5浅裂，近等大，裂片卵形，顶端钝，长约1.5cm，花冠长3.5cm，宽约2cm，漏斗形，先端5浅裂，黄白色，稍呈二唇形，上唇2裂，下唇3裂，花在芽中为覆瓦状排列；雄蕊4，与花冠裂片互生；花药卵形，黄色，常具柔毛，药室基部钝圆，不具小尖头，长0.4～0.5cm，纵裂；花丝细长，白色，基部有长柔毛；雌蕊单一，2室，胚珠倒生；花柱细长，上部内向弯曲，柱头顶部膨大呈鸡冠形，先熟。蒴果长卵形，柱头宿存，具硬木质之外果皮，室瓣开裂。种子多数，黑褐色，细小，近球形；种皮蜂窝状，具胚乳，胚后熟。花期4月，果期5月。

管花肉苁蓉喜冷凉气候，寄生在柽柳属植物多枝柽柳、多花柽柳、长穗柽柳、细穗柽柳、刚毛柽柳、沙生柽柳、莎车柽柳、塔里木柽柳、甘肃柽柳、甘蒙柽柳、中国柽柳、密花柽柳、异花柽柳等的根上。药用不带花序的干燥肉质茎，有沙漠人参之美称，《神农本草经》列为上品。有补肾壮阳、养血润燥、悦色延年之功效，主治阳痿、不孕、血枯便秘等症。人工栽培管花肉苁蓉，必然大量地种植柽柳而减少对野生红柳的采挖破坏，既可防风固沙保护生态环境，还能满足当地居民盖房及薪炭之用，所寄生的管花肉苁蓉又是沙漠植物中经济价值最高的产品。

**2. 盐生肉苁蓉** ［*C. salsa*（C. A. Mey.）Benth. et Hook. f.］　株高10～45cm，偶见具少数海菜状须根，茎不分枝或稀自基部分2～3枝，基部直径3cm，向上逐渐变窄。花冠筒状钟形，顶端5浅裂，裂片近圆形；花冠筒内近基部无一圈长柔毛，仅花丝基部被长柔毛。基部具小尖头。花序全部苞片长度约等于花的1/2。与肉苁蓉的明显区别在于苞片的长度，肉苁蓉的花序下半部或全部苞片较长，与花等长或稍长。分布于内蒙古西部、宁夏、甘肃、青海和新疆北部。生于荒漠盐碱地，寄生于藜科、柽柳科、蒺藜科等半灌木植物的根部，常见的寄主有盐爪爪属（*Kalidium*）、驼绒藜属（*Ceratoides*）、碱蓬属（*Suaeda*）、滨藜属（*Atriplex*）、红沙属（*Reamuria*）植物及珍珠猪毛菜（*Salsola passerine*）、白刺（*Nitraria sibirica*）、四合木（*Tetraena mongolica*）等植物上，生境土壤疏松，通透性良好，中重度盐渍化。全草入药，有温肾壮阳、润肠通便、补血之功效。主治阳痿遗精、腰膝冷痛、血虚便秘等症，近来的研究表明该种尚有防治老年性痴呆症之功效，但药用价值不如肉苁蓉和管花肉苁蓉。

**3. 沙苁蓉**（*C. sinensis* G. Beck）　植株高15～70cm。茎鲜黄色，不分枝或自基部分2～4枝，直径1.5～2.2cm，基部稍增粗，生于茎下部的叶紧密，卵状三角形，长0.6～1cm，宽4～8mm，两面近无毛，上部的较稀疏，卵状披针形，长0.5～2cm，宽5～6mm。穗状花序顶生，长5～15cm，直径4～6cm；苞片卵状披针形或线状披针形，长

1.6～2cm，宽 3～7mm，连同小苞片和花槽裂片外面及边缘被白色或黄白色的蛛丝状长柔毛，边缘甚密，外面毛常脱落；小苞片 2 枚，比花萼稍短，线形或狭长圆状披针形，基部渐狭；花近无梗。具温阳益精、润肠通便之功效。用于肾虚阳衰、肠燥便秘等症。分布于陕西、甘肃、宁夏、青海、内蒙古等地。

**4. 兰州肉苁蓉**（*C. lanzhouensis* Z. Y. Zhang） 株高 50cm。茎常自基部分 2～3 枝，长 34cm，径 1.2～2cm，全部地下生。叶常为淡黄色，干后变褐色，卵形，长 0.5～1.5cm，宽 5～7mm，生于茎下部的较短，顶端钝，上部的渐变狭长，顶端稍尖，边缘稍膜质，两面无毛。穗状花序长 16cm，宽 4～6.5cm，向上渐变狭；苞片长卵形或卵状披针形，长 1.5～2.5cm，宽 4～8mm，生于花序上部的稍长，下部的比花冠短 2 倍，连同小苞片外面及边缘密被白色长柔毛；小苞片 2，线形或线状披针形，基部渐狭，长 1.5～2cm；花近无梗。花萼钟状，长 1.8～2.5cm，不整齐 5 深裂至近基部，裂片不等大，线形或线状披针形，后面 1 枚最小，长 0.7～1cm，顶端长渐尖，侧面的最大，长 1.6～1.8cm，宽 2.5～3.5mm，有时裂片顶端再 2 浅裂或 2 齿裂，远轴面的 2 枚稍小，长1.2～1.4cm，宽 0.2～0.25cm。花冠筒状钟形，近直立，长 3.2～3.8cm，黄色，干后变浅褐黄色，顶端 5 裂，裂片干后有时具墨蓝色的斑点，半圆形或近圆形，长 6～7mm，宽1.1～1.2cm。花丝着生于距筒基部 4～5mm 处，长 1.5～2cm，基部连同着生处密被一圈黄色长柔毛，向上渐变无毛，花药卵形，长 3～3.5mm，外面被长柔毛，基部具小尖头。子房近球形，直径 6～8mm，花柱长 1.5～2cm，柱头球形，2 浅裂。果实和种子未见。花期 5～6 月。产于甘肃兰州，生于山坡。与沙苁蓉的区别是花萼不整齐，5 深裂至近基部，裂片不等大，线形或线状披针形；花冠浅黄色；干后变浅棕色而易于区别。

# 第三十四节　　三　　　七

## 一、概述

三七 [*Panax notoginseng*（Burk.）F. H. Chen] 又称田七、参三七、金不换、盘龙七、山漆等，为五加科人参属植物，是我国传统名贵中药材。其根茎、叶、花及支根均可入药，性温，味甘、微苦。生品能散瘀止血、消肿定痛。用于咯血、吐血、衄血、便血、崩漏、胸腹瘀血刺痛、跌打肿痛、外伤出血及痈肿；熟品能补血活血，用于失血和贫血；近年来用于治疗冠心病、心绞痛，花的冲剂治疗高血压有良好的效果。三七主要化学成分为皂苷，主要为三七皂苷 $R_1$ 和人参皂苷 $Rb_1$、人参皂苷 Rd、人参皂苷 $Rg_1$、人参皂苷 Re，约占总皂苷的 98.0%，另含人参皂苷 Ra、人参皂苷 $Rb_2$ 和黄酮等。

三七主产云南（文山、砚山、丘北、西畴、广南、马关等地）、广西（靖西、德保、那坡等县），在长江流域的湖北、四川也有零星栽培，近年来福建、浙江、江西等省也在试种。三七的种植已有 400 多年的历史，已有 $8×10^3 hm^2$ 的种植规模，其中以云南三七品质最为地道，栽培面积和产量均占全国的 98% 以上。其他地区如广西、湖北、四川等地虽有三七种植，但产量和药效都不如云南种植的三七。

## 二、药用历史与本草考证

三七以"其叶左三右四"或三枝七叶而得名，但恐系"山漆"的谐音。李时珍认为

"其叶左三右四，故名三七，盖恐不然，或云本名山漆，谓其能合金疮，如漆粘物也，此说近之"；"金不换，贵重之称也。"因其植物的形态和功效颇似人参，而又称为三七参、人参三七等。清代的广西田州，既是三七的产地，又是三七的集散地，故三七又名田七。

三七，始载于《本草纲目》，曰："甘，味苦，温，无毒。可止血，散血，定痛。金刃箭伤，跌扑杖疮，血出不止者，嚼烂涂，或为末掺之，其血即止。亦主吐血，衄血，下血，血痢，崩中，经水不止，产后恶血不下，血运，血痛，赤目疝肿处，虎咬蛇伤诸病。"而在《本草纲目》之前，明代异远真人编著的《跌损妙方》中就有"参三七"的记载，用到"参三七"有40条之多，用于跌打损伤、止血祛瘀。以此推断，早在600年前，中国人民已经把三七作为药材使用了。1765年赵学敏的《本草纲目拾遗》对明清两代三七的应用作了重要的总结，他说三七"大如拳者治打伤，有起死回生之功，价与黄金等"。1902年，曲焕章发明了"百宝丹"，即今天的"云南白药"，其主要原药材之一就是三七。

需求量的不断增加及过度采挖，使生长在南亚热带山地季雨林中生性娇嫩本来就不多见的野生三七渐次稀少直至荡然无存。与此同时，当地少数民族则逐步发展了三七的栽培事业。据1848年吴其濬在《植物名实图考》中记载，"余在滇时，以书询广南守，答云，三茎七叶，畏日恶雨，土司利之，亦勤栽培……盖皆种生，非野卉也"。1785年清代乾隆年间《开化府志》中曾记载："开化三七，在市出售，畅销全国。"云南和广西的三七，以田州府为集散地，逐步形成了一个传统的生产和贸易中心。由此看来，三七的栽培，至少也有400年的历史。如今云南文山栽培面积和产量均占全国的98％以上，成为三七药材的道地产区。

## 三、植物形态特征与生物学特性

**1. 形态特征**　三七为多年生直立草本，高20～60cm。主根肉质，1条至多条，呈纺锤形。茎暗绿色，至茎先端变紫色，光滑无毛，具纵向粗条纹。指状复叶3～6个轮生茎顶；托叶多数，簇生，线形，长不足2mm；叶柄长5～11.5cm，具条纹，光滑无毛；小叶柄中央的长1.2～3.5cm，两侧的长0.2～1.2cm，无毛；叶片膜质，中央的最大，长椭圆形至倒卵状长椭圆形，长7～13cm，宽2～5cm，先端渐尖至长渐尖，基部阔楔形至圆形，两侧叶片最小，椭圆形至圆状长卵形，长3.5～7cm，宽1.3～3cm，先端渐尖至长渐尖，基部偏斜，边缘具重细锯齿，齿尖具短尖头，齿间有1刚毛，两面沿脉疏被刚毛，主脉与侧脉在两面凸起，网脉不显。伞形花序单生于茎顶，有花80～100朵或更多；总花梗长7～25cm，有条纹，

图2-34　三　七
1. 植株全形　2. 花　3. 果　4. 生药

无毛或疏被短柔毛；苞片多数簇生于花梗基部，卵状披针形；花梗纤细，长 1～2cm，微被短柔毛；小苞片多数，狭披针形或线形；花小，淡黄绿色；花萼杯形，稍扁，边缘有小齿 5，齿三角形；花瓣 5，长圆形，无毛；雄蕊 5，花丝与花瓣等长；子房下位，2 室，花柱 2，稍内弯，下部合生，结果时柱头向外弯曲。果扁球状肾形，径约 1cm，成熟后为鲜红色，内有种子 2 粒；种子白色，三角状卵形，微具三棱（图 2-34）。花期 7～8 月，果期 8～10 月。

**2. 生物学特性**　为多年生宿根草本植物，适宜冬暖夏凉的气候，喜半阴和潮湿的生态环境。适宜生长在北纬 23°～30°附近，海拔 1 000～2 000m，年均温 14～18℃，最冷月均温 6～8℃，最热月均温 17～23℃，≥10℃年积温 4 200～5 900℃，年降水量 900～1 300mm，无霜期 280d 以上的地区。以碳酸盐红壤为主，pH5.5～7 的中性偏酸性壤土。

三七栽培品种单一，目前各地栽培种均属同一种，但在云南文山产区，在生产中观察到一些特殊的变异类型，如紫茎、绿茎、双茎、三茎、绿三七、紫三七等，但通过对这些栽培群体变异类型的分子鉴定，认为三七虽然在大田中存在一定的表现型差异，但与基因型不相一致，这些变异性状尚未形成稳定的变异类型。如果要选择出可为三七育种所用的材料，必先要使变异基因纯合，可通过套袋自交、花粉培养和染色体加倍等途径来达到此目的。

## 四、野生近缘植物

五加科人参属共 8 种，中国产 7 种，除人参（*P. ginseng* C. A. Meyer）产中国东北外，其他均分布于西部或长江以南，云南东南部至南部最为集中。我国分布的其他 6 种均可作为三七的代用品入药，即屏边三七、姜状三七、竹节参、疙瘩七、珠子参、狭叶竹节参等。

**1. 屏边三七**（*P. stipuleanatus* H. T. Tsai & K. M. Feng）　多年生草本，高 45～55cm。根茎匍匐，有结节，节间极短，有凹陷的茎痕，节上有纤细的须根；根块状纺锤形。茎基鳞片近肉质，宿存；茎圆柱形，具条纹，绿色，无毛。叶为指状复叶，3 枚轮生于茎端；叶柄长 4～7cm，无毛；托叶卵形，长约 2mm，无毛；小叶 5，稀 7，膜质，羽叶状分裂，长 6～12cm，宽 2.5～6cm，裂片不等大，中部的较大，两端的较小，先端尾状渐尖，基部阔楔形至近圆形，偏斜，边缘具锯齿和刚毛，主脉和 7～11 条侧脉在两面均显著，上面脉上疏生刚毛；小叶柄长 3～20mm，无毛。伞形花序单生于茎端，具 50～80 朵花；花梗长 8～10cm，无毛；花小，淡绿色；花萼 5 齿裂，无毛；花瓣 5，覆瓦状排列，长卵形至长椭圆形；雄蕊 5，花丝与花瓣等长或稍长；子房下位，2 室，花柱 2，结合成 1 个，柱头稍膨大而微弯；小花梗长 1～1.6cm，纤细，至基部簇生多数线形小苞片。果近球形至球状肾形，直径约 8mm，成熟后红色，具种子 2；种子近球形，白色，直径 2～3mm。花期 5～6 月，果期 7～8 月。产于云南东南部（马关、麻栗坡、屏边）海拔 1 100～1 700m 山谷潮湿林内，稀见。越南北部老街也有。本种药用，有散瘀定痛、疗伤止血、滋补之效。

**2. 姜状三七**（*P. zingiberensis* C. Y. Wu et K. M. Feng）　多年生草本，高 20～60cm。主根呈姜块状，肉质；根状茎匍匐生长，节间短而增厚。茎不分枝，暗绿色，有时至先端变紫色，具条纹，光滑无毛。掌状复叶 3~7 枚轮生于茎顶；叶柄长 8~15cm，纤细，具条纹，无毛；小叶 3~5，膜质，椭圆形至长椭圆形或倒卵状长椭圆形，先端渐尖至长渐尖，基部楔形，边缘具锯齿或微重锯齿，齿尖有小尖叶脉在两面明显隆起，沿脉被刚毛；中间叶片较大，长 10~18cm，宽 3.5~6cm，两侧小叶片较小，长 6~11.5cm，宽 3~4cm；小叶无柄或近无柄。伞形花序单生于茎顶；花梗长 24~26cm，具条纹，疏被短柔毛，基部无苞片；小苞片数枚，线形或狭披针形，簇生于小花梗基部；花小，绿色，多数；花萼杯状，边缘有 5 齿，齿小呈三角形；花瓣 5。三角状长卵形，长 1.5mm，无毛；雄蕊 5，花丝长出于花瓣，花药卵形；子房 2 室；花柱 2，中部以下合生，果时向外弯曲；小花梗长 4~6mm，果梗长 1~1.8cm，疏被短柔毛。果扁球状肾形，成熟时红色，具种子 2 粒；种子三角状半球形。花期 7~8 月，果期 8~10 月。原产云南东南（思茅、蒙自、马关等地）亚热带常绿阔叶林下；但现在砚山统卡农场及昆明引种栽培。治跌打损伤、劳虚咳嗽、外伤出血及贫血等症。民间通称为野三七，作三七代用品。

**3. 竹节参**（*P. japonicus* C. A. Meyer）　多年生草本，高 50~80（~100）cm。根茎横卧，呈竹鞭状，肉质，结节间具凹陷茎痕；往往生长年代少的或在下部生出肉质的细萝卜状根，白色。茎直立，圆柱形，有条纹，光滑无毛。掌状复叶 3~5 枚轮生于茎端；叶柄长 8~11cm，具条纹，无毛，基部稍扁；小叶通常 5，两侧的较小，薄膜质，倒卵状椭圆形至长椭圆形，长 5~18cm，宽 2~6.5cm，先端渐尖至长渐尖，稀为尾状渐尖，基部阔楔形至近圆形，两侧的稍偏斜，边缘呈细锯齿或重锯齿，两面沿脉上疏被刚毛。伞形花序单生于茎端，有花 50~80 朵或更多；总花梗长 12~21cm，有条纹，无毛或稍被短柔毛；花小，淡绿色；小花梗长 7~12mm，稍被短柔毛；花萼具 5 齿，齿三角状卵形，无毛；花瓣 5，长卵形，覆瓦状排列；雄蕊 5，花丝较花瓣为短；子房下位，2~5 室，花柱 2~5，中部以下连合，果时向外弯。果近球形，成熟时红色，径 5~7mm，具种子 2~5 粒，白色，三角状长卵形，长 4.5mm，厚 3mm。花期 5~6 月，果期 7~9 月。产于云南西部、中部、北部、南部及东北部，生于海拔 1 800~2 600（~3 200）m 的山谷阔叶林中。亦分布于四川、贵州、广西、浙江、安徽。日本、朝鲜也有分布。药用根、有活血去瘀、健脾补虚、祛痰镇痛的功效。竹节参还有另外两个变种，即羽叶三七和珠子参。

**4. 疙瘩七**［*P. japonicus* C. A. Meyer var. *bipinnatifidus*（Seem.）C. Y. Wu et Feng ex C. Chow et al.］　又称羽状三七，根状茎多为串珠疙瘩状，稀竹节状。小叶二回羽状分裂，整齐或不整齐，裂片边缘具锯齿。产于云南西北部。生于海拔 2 750~3 400m 山地云杉或混交林下阴湿的地方，云南东北海拔 1 800~1 900m 杂木林中以及腾冲海拔 3 000m 的山谷常绿阔叶林中；也见于我国甘肃、陕西、湖北、四川、西藏等地。印度北部、尼泊尔及缅甸也有。本变种的根状茎民间作三七代用品，也有疗伤止血的功效。

**5. 珠子参**［*P. japonicus* C. A. Meyer var. *major*（Burkill）C. Y. Wu et Feng ex C. Chow et al.］　又称大叶三七，本变种根状茎串珠状，故名珠子参。小叶倒卵状椭圆形至椭圆形，长为宽的 2~3 倍，上面沿脉疏被刚毛，下面无毛或沿脉稍被刚毛，先端渐尖，稀长渐尖，基部楔形至圆形。产于云南西部及西北部，生于海拔 1 720~3 650m 山坡密林中。也分布于我国四川、贵州、陕西、甘肃、山西、湖北、河南及西藏等地。尼泊尔、缅甸北部及越南北部也有。民间用根茎来代三七，有疗伤、止血、滋补之功效。

**6. 狭叶竹节参** ［*P. japonicus* C. A. Meyer var. *angustifolius*（Burkill）C. Y. Cheng & C. Y. Chu］　根茎具鞭状匍匐枝。小叶狭披针形，长约为宽的 5 倍，先端长尾状渐尖。生于 1 600～3 600m 的林下。分布于贵州、四川、云南；不丹、印度东北部、尼泊尔、泰国东北部也有。

# 第三十五节　珊瑚菜（北沙参）

## 一、概述

北沙参为伞形科珊瑚菜属植物珊瑚菜（*Glehnia littoralis* Fr. Schmidt ex Miq.）的干燥根，别名海沙参、野香菜根、莱阳参等，具有养阴润肺、祛痰止咳等功效。珊瑚菜分布于北太平洋沿岸，在我国分布于辽宁、河北、山东、江苏、浙江、广东、福建、台湾等地。商品北沙参现都为栽培，以山东莱阳为道地产地。近年来，关于北沙参的抗菌、免疫、抗癌等药理方面开展了大量的研究，特别是作为扶正药，能够起到直接抑制癌细胞生长的作用，从而引起人们极大的关注。

北沙参因产地不同，商品药材有不同的别名。例如：山东莱阳产的称莱阳参，莱阳胡城村产的习称莱胡参，最为著名；内蒙古、河北、吉林等地产者叫北沙参；辽宁产的称辽沙参；银川产的叫银沙参；浙江、福建、广东等沿海地区生产的又称海沙参。

## 二、药用历史与本草考证

古代沙参无南、北之分，北沙参的出典现代本草书籍颇有争议。据考证，明代倪朱漠著的《本草汇言》引用了二首方剂：其一引用《林仲先医案》："治切阴虚火炎，似虚似实，逆气不降，清气不升，为烦，为渴，为咳，为胀，为满，不食。用真北沙参五钱，水煎服。"其二引用《卫生易简方》："治阴虚火炎，咳嗽无痰，骨蒸劳热，肌皮枯燥，口苦烦渴等证。用真北沙参、麦冬、知母、怀熟地、地骨皮各 4 两。或作丸，或作膏，每早服 8 钱，白汤下。"根据《本草汇言》的记载判断书中二首含北沙参的方剂都为引用的，因此北沙参之名应该始载于《卫生易简方》或《林仲先医案》。《卫生易简方》也成书于明代，作者姓胡，其版本至今尚存。而《林仲先医案》成书于何年代，具体的尚有待于考证。因此，认为北沙参之名应该首载于《卫生易简方》或《林仲先医案》，而不是《本草汇言》。《药品化义》沙参条后注有："北地沙土所产，故名沙参。皮淡黄、肉中白，条者佳。南产色苍体饱纯苦。"这可能是区分南、北沙参的最早记述。此后，清代《本经逢原》张璐云："沙参有南、北二种，北者质坚性寒，南者体虚力微，功同北沙参而力稍逊。"《本草从新》称："北沙参，甘、苦、微寒，味淡体轻，专补肺阴，清肺火。治久咳肺痿，白实长大者良。南沙参，功同北沙参而力稍逊，色稍黄，形稍瘦小而短。"张秉成《本草便读》曰："清养之功，北逊于南，润降之性，南不及北耳。南北之分，亦各随地土之所出，故大小不同，质坚质松有异也。"这些本草述及了北沙参的性味、功效、性状、质量和南北差异。直到曹炳章的《增订伪药条辨》对北沙参的产地、质量做了较详细的描述："又有南沙参，皮极粗，条大味辣，性味与北产相反。按北沙参，色白条小，而结实，气味苦中带甘。北沙参，山东日照县、故墩县、莱阳县、海南县俱出。海南出者，条细质坚，皮光洁色白，鲜活润泽为最佳。莱阳出者，质略松，皮略糙，白黄色，亦佳。日照、故墩出者，条粗质松，皮糙黄色者次。关东出者，粗松质硬，皮糙呆黄色，更次。其他台湾、福建、湖广出者，粗大松糙，为最次，不入药用。"

1933 年《中国实业志》赞莱阳沙参 "久负盛名"。1935 年《莱阳县志》载 "莱参，邻封所不及也"。以上所述莱阳产北沙参产量大、品质优、疗效佳、驰名中外，与现在的情况基本一致。1956 年谢宗万调查了山东莱阳种植的北沙参，确证为伞形科珊瑚菜属植物珊瑚菜（*Glehnia littoralis* Fr. Schmidt ex Miq.）的根。

## 三、植物形态特征与生物学特性

**1. 形态特征** 为多年生草本，高 5～35cm，主根细长呈圆柱形。茎大部分埋在沙中，一部分露出地面。叶基出，互生，叶柄长，基部鞘状，叶片卵圆形，三出式分裂至二回羽状分裂。复伞形花序顶生，无总苞，小总苞由数个线状披针形的小苞片组成；花白色，花萼 5，花瓣 5，雄蕊 5，与花瓣互生；子房下位，双悬果近圆球形，有翅（图 2-35）。花期 5～7 月，果期 6～8 月。

**2. 生物学特性** 珊瑚菜原为海滩沙生植物群落的建群种之一，海滩的滥用开发和对该植物的过度采挖，其数量日趋减少，已经处于濒临灭绝的境地，被列为中国珍稀濒危保护植物。种子的休眠是导致珊瑚菜为濒危植物的一个重要因素。其种子属于深度休眠类型，败育率较高，胚及胚乳发育完整的珊瑚菜种子只占 60% 或更低，自然条件萌发率很低，只有 12% 左右，其种子必须经过人工处理才能有较高的发芽率。

经过几百年的栽培，人们习惯将北沙参分为野沙参和 2 个栽培类型白条参、大红袍。野沙参外部形态表现为叶柄长，叶片小，叶面带有白色粉状物，芦头较短，日光晒后易死亡，根部粗细不匀，剥皮比较困难，条色黄，粉性差。

经长期的自然选择与人工优选，人工栽培的北沙参植株外部形态产生

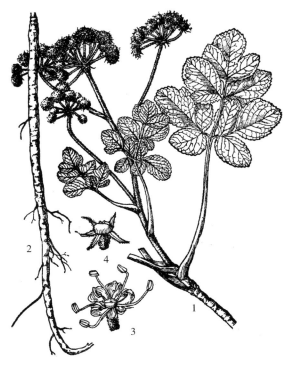

图 2-35 珊瑚菜
1. 植株 2. 根 3. 花 4. 子房

了很大变异，药材产量与质量也有明显区别。主要类型白条参：叶柄为绿色，叶片革质，叶面光亮，根部细长，白色，粉性足，产量高，适于加工出口；大红袍：植株粗壮，叶柄为红色，叶色绿，叶片革质，光亮，叶面无粉状物，根部比较粗大，白色，粉性足，药材

产量最高，较白条参耐干旱，但质量不及白条参。实际上存在许多中间类型，如叶柄颜色，叶缘缺刻等特征变化呈现出连续状态，这与长期采用种子繁殖有密切关系。另外，根据其开花习性，又可分为一年生开花类型和二年生开花类型两种。一年生开花类型在种子发芽后的当年即开花结实，习称花参，此类参根产量低，品质差，生产上不宜采用；二年生开花类型是在种子发芽后当年仅进行营养生长，第二年才开花结实，故较第一年开花类型的根产量高，品质好，药用价值高。

珊瑚菜药用部位为肉质直根，为二原型根，包括表皮、皮层和中柱几部分，其皮层薄壁细胞占主导地位，随着次生生长的进行，其结构发生很大变化，次生结构与大多数双子叶植物相似，但是次生韧皮部发达且分布有分泌道，韧皮部中仍以薄壁细胞为主，这些薄壁细胞中储藏有大量的淀粉粒。分泌道属于次生分泌道，由一圈分泌细胞围成。

## 四、野生近缘植物

按照 Drude 分类系统，珊瑚菜属归属于伞形科芹亚科前胡族当归亚族，珊瑚菜为珊瑚菜属的单种属植物，在伞形科中有着独特及重要的起源与演化地位。珊瑚菜是当归亚族中唯一生长在海边沙地的植物，而且由于其花粉形状为赤道收缩型，叶片草质，果棱具木栓翅，是该亚族中进化程度最高的类群，与该亚族中其他属亲缘关系最远，分类地位非常孤立。

# 第三十六节　芍药（白芍）

## 一、概述

白芍为毛茛科芍药属植物芍药（*Paeonia lactiflora* Pall.）的干燥根，分布于黑龙江、吉林、辽宁、河北、河南、山东、山西、陕西、内蒙古、安徽、四川等地。全国各地均有栽培。

我国的白芍历来有三大传统产区，即安徽亳州的亳白芍，浙江东阳等地的杭白芍，以及四川中江等地的川白芍，另外在山东、陕西、江苏和河南等地也种植白芍。白芍药材产地的种质来源有的为原产地传统品种，有的产地为引进品种，有的产地存在不同品种，有的基本上还是野生种源。

## 二、药用历史与本草考证

芍药始载于《神农本草经》，谓："味苦平，主邪气腹痛，除血痹，破坚积寒热，疝瘕、止痛、利小便、益气，生川谷及丘陵。"陶弘景《本草经集注》谓："芍药、白山、茅山多，白而长尺许，余处亦有而多赤，赤者小利。"说明南北朝时期芍药在浙江、安徽一带就有了赤、白之分，其后《蜀本草》谓："此有赤白两种，其花亦有赤白二色。"宋苏颂《本草图经》谓："芍药一者金芍药，色白多脂肉，二者木芍药，色紫瘦多脉。"宋代《本草衍义》谓："芍药全用根，其品赤多，须用花红而单叶……然其根赤色，或有色白且肥益好。"从几位古代学者所处出生地分析，说明芍药分赤芍、白芍已经被全国范围人士确认，且对二者药材特征描述较详。明代《本草纲目》谓："芍药白者名金芍药，赤者名木芍药，根之赤白，随花色也。"根据文字记载，根色白而多脂肉者为白芍，根之色紫瘦多脉者为赤芍；开白花者为白芍，开红花者为赤芍。《本草品汇精要》彩图记载的白芍就是如此，说明古人是用此标准来判断白芍、赤芍的，殊不知同种植物其花有赤有白，花之赤白有时影响根皮的色泽，况且赤芍、白芍功效《伤寒论》便有"白补而赤泻"之别，以花色泽来判断是赤芍、白芍实无科学性。清代《植物名实图考》是研究植物名称与实物是否一致的最早期的权威典籍，它收载的芍药原植物无赤、白分别，与今人所用毛茛科芍药图谱一致。所以，古时赤芍、白芍是同一种植物的根。汉代张仲景治伤寒用芍药以其主寒热、利小便，此时，芍药没有炮制加工的有关文字记载，与现在的赤芍相当，这是中医药界人士普遍公认的。宋代《本草图经》记载"芍药采净刮去皮，以东流水煮百沸……又于木甑内蒸之"。这样加工法与今人用白芍加工较一致，宋人有"白者止痛"之说，这样加工后的芍药有滋补作用，与今人用白芍柔肝止痛、养血敛阴吻合，所以区别白芍、赤芍的标准是去皮、水煮的加工方法，而非花泽。

通过对历代本草文献的考察，毛茛科芍药属植物是我国古今药用白芍与赤芍的资源植物。其药用品种主要有芍药及其变种毛果芍药 [*P. lactiflora* Pall var. *trichocarpa* (Bunge) Stem]、草芍药 (*P. obovata* Maxim.) 及毛叶草芍药 [*P. obovata* Maxim. var. *willmottiae* (Stapf) Stem] 等。根据本草和现代植物分类资料的考证分析，认为《神农本草经》记载的芍药应是现今芍药属植物，其品种除了芍药外，至少还应包括草芍药。《名医别录》和《本草经集注》注文所载芍药，按分布区域及花色分析，当指草芍药。芍药在魏晋以前无种类的划分。陶弘景始言赤、白两种，但由于其性效、主治区分界线不明显，隋、唐、五代并没有将两药分开应用，故宋以前医药文献中只有芍药之名。芍药分为白芍和赤芍两种，始自于宋《太平圣惠方》并一直沿用至今。从《开宝本草》《本草纲目》《本草崇原》《本草备要》等记载的文字看，清代以前的白芍和赤芍是依花色来区分的，白花者为白芍，赤花者为赤芍。而今天则依据植物种类和产地加工方法来划分赤芍、白芍。按古代以花色分类可知，清代以前作白芍药用的除芍药外，至少还包括有草芍药（白花者）及其变种。作赤芍药用的则可能有芍药（红花、紫花者）、川赤芍药 (*P. veitchii* Lynch) 和美丽芍药 (*P. mairei* Lévl.)。

### 三、植物形态特征与生物学特性

**1. 形态特征** （图 2 - 36）　我国白芍主产地原植物为芍药有稳定的以花色为特征的种内变异类型，如红花、粉红花、白花类型，同时形态上也有较大的差异。

（1）川白芍：主产地为四川中江，有粉红花和白花两个居群。粉红花居群花粉红色，雄蕊部分瓣化成花瓣，经过鉴定为芍药。白花居群植物根较粉红花居群长，花白色，心皮被毛，经过鉴定为毛果芍药。经加工的川白芍药材外表细嫩光滑，粉红或白色，光洁或有纵皱纹及细根痕，偶有残存的棕褐色外皮。质坚实，不易折断，断面较平坦，粉白色，细腻光滑，形成层环明显，射线放射状。

（2）亳州白芍：主产地为安徽亳州，有两个农家品种线条和蒲棒。线条居群花红色，雄蕊无瓣化现象，根圆柱形，较长；蒲棒居群植物的根较线条居群的根稍短而粗，数少。经鉴定两者均为芍药。经加工的亳白芍药材表面类白色至红棕色，外表较粗糙，不光滑，有纵皱纹及细根痕，偶有残存的棕褐色外皮。质坚硬，但较川白芍体轻，不易折断，断面较平坦，类白色或灰白色，细腻。木部具放射状纹理。

（3）杭白芍：主产地为浙江磐安，有红花、白花和粉红花 3 个居群。红花居群植物花红色，心皮被毛，雄蕊多数，无瓣化现象；粉红花和白花居群植物与红花居群的区别仅为花色不同，分别为粉红色和白色，经鉴定 3 个居群均为毛果芍药。经加工的杭白芍药材根粗直而长，两端等大整齐，外表粗糙，淡棕色或红棕色，有顺直纹理，质坚体重，断面粗糙，灰白色。尚有磐安白芍，历史上称为东芍，形美质优，断面菊花纹，又称菊花芍。红花居群的根加工的药材表面常有皱纹。

（4）菏泽白芍：主产地为山东菏泽，原植物形态主要特点为花红色，雄蕊全部瓣化，经鉴定为芍药，经加工的药材白芍呈圆柱形，平直或稍弯曲，粗细均匀，皮厚，表面光滑，粉性足。

图 2-36　芍　药
1. 花枝　2. 根　3. 去花瓣后示子房　4. 雄蕊

（5）东海白芍：主产地江苏东海，原植物形态主要特征与亳白芍的线条居群一致，鉴定为芍药。

（6）韩城白芍：主产地陕西韩城，原植物为药农直接从山上挖取芍药栽种于地里，形态主要特点为花红色、单瓣，与亳白芍的线条居群一致，鉴定为芍药，栽培时间只有两三年，药材根茎粗壮，下部多分枝。

**2. 生物学特性**　芍药为多年生宿根草本植物。就实生植株而言，生命周期可分为 3 个发育时期，实生苗约 4 年开花，开花前为幼年期，播种出苗后第一年，株高 3～4cm，生 1～2 片叶，根长 8～10cm，根上部较粗，直径 0.4～0.5cm；第二年春天，株高 7～8cm，生长较好的植株可达 15～29cm，株幅 30cm 左右；第三年春天，有少数植株即已开花，株高 15～60cm，仅一主根发达；株幅 30～40cm。

芍药是典型的温带植物，喜温耐寒，有较宽的生态适应幅度。在中国北方地区可以露地栽培，耐寒性较强，在黑龙江省北部嫩江县一带，年生长期仅 120d，极端最低温度为 −46.5℃的条件下，仍能正常生长开花，露地越冬。夏天适宜凉爽气候，但也颇耐热，如在安徽亳州，夏季极端最高温度达 42.1℃，也能安全越夏。

芍药生长期光照充足，才能生长繁茂，花色艳丽；但在轻阴下也可正常生长发育，在花期又可适当降低温度、增加湿度，免受强烈日光的灼伤，从而延长观赏期，但若过度荫蔽，则会引起徒长，生长衰弱，不能开花或开花稀疏。芍药是长日照植物，在秋冬短日照季节分化花芽，春天长日照下开花。花蕾发育和开花，均需在长日照下进行。若日照时间过短（8～9h），会导致花蕾发育迟缓，叶片生长加快，开花不良，甚至不能开花。

芍药是深根性植物，所以要求土层深厚，又是粗壮的肉质根，适宜疏松而排水良好的沙质壤土，在黏土和沙土中生长较差，土壤含水量高、排水不畅，容易引起烂根，以中性或微酸性土壤为宜，盐碱地不宜种植；以肥沃的土壤生长较好，但应注意含氮量不可过高，以防枝叶徒长，生长期可适当增施磷钾肥，以促使枝叶生长苗壮，开花美丽。芍药忌连作，在传统的芍药集中产区，在同一地块上，多年连续种植芍药，是很普遍的现象，已造成严重的损失，不只病虫害严重，产量和质量下降，甚至导致大面积死亡。所以，必须进行科学合理的轮作。

芍药性喜地势高敞，较为干燥的环境，不需经常灌溉。芍药因为是肉质根，特别不耐水涝，积水 6～10h，常导致烂根，低湿地区不宜作为我国的芍药产区，每次水灾，对芍药几乎都是毁灭性的，只有在高敞处，未被水淹的芍药留了下来。

## 四、野生近缘植物

**1. 草芍药**（*P. obovata* Maxim.） 分布于安徽、贵州北部、河北、黑龙江、河南东南部、湖南西北部、江西北部、吉林东部、辽宁、内蒙古东南部、四川南部、浙江西北部，生于海拔 200～2 000m 的山坡草地及林缘。其根着生在横走的根茎上，呈圆柱形或纺锤形，多弯曲，有分枝。根作赤芍药用，药材主产于吉林、黑龙江，自产自销。

**2. 拟草芍药**［*P. obovata* subsp. *willmottiae*（Stapf）D. Y. Hong & K. Y. Pan］ 分布于甘肃东南部、河南西部、湖北西部、宁夏南部、青海东部、陕西南部、山西及四川东部北部。生于海拔 800～2 800m 的山坡林下。本种与草芍药的主要区别在于小叶背面密生长柔毛或茸毛，故又称毛叶草芍药。根作赤芍药用，药材主产四川，自产自销。

**3. 美丽芍药**（*P. mairei* Lévl.） 分布甘肃东南部、贵州西北部、湖北西南部、陕西南部、四川中南部及云南东北部。生于海拔 1 500～2 700m 的山坡林缘阴湿处。其根部形状极不规则，多瘤状突起和茎苗残痕，表面具栓皮剥落形成的斑痕。根作赤芍药用，药材主产四川，销全国并出口。

**4. 多花芍药**（*P. emodi* Wall. ex Roy.） 分布西藏南部（吉隆县）。生于海拔2 300～2 800m 的山坡。其根当地作赤芍药用。

**5. 白花芍药**（*P. sterniana* Fletcher） 产于西藏东南部。生于海拔 2 800～3 500m 山地林下。其根在当地作赤芍药用。

**6. 新疆芍药**（*P. anomala* L.） 也称窄叶芍药，产新疆北部，生于 1 200～1 800m 针叶林下。根呈类圆锥形，较粗大，直径 5cm，表面棕褐色，具粗的纵皱纹。本品主要在新疆作赤芍药用，自产自销。

**7. 川赤芍**［*P. anomala* subsp. *veitchii*（Lynch）D. Y. Hong & K. Y. Pan］ 分布甘肃中部和南部、宁夏南部（六盘山）、青海东部、陕西南部（秦岭）、山西北部（五台山）、四川西部、青海东部、西藏东部及云南。生于海拔 1 800～3 900m 的山坡林下草丛中及路旁。根作赤芍药用，药材因加工方法不同，又有刮皮赤芍与原皮赤芍之分。药材主产四川，销全国并出口。

**8. 块根芍药**（*P. intermedia* C. A. Mey.）　分布新疆北部，生于海拔 1 100～3 000m 的山坡草地及林中。根呈纺锤形或近球形，在新疆作赤芍药用，自产自销。

# 第三十七节　射　　干

## 一、概述

为鸢尾科射干属植物射干［*Belamcanda chinensis*（L.）Redouté］的干燥根茎，含射干定、鸢尾苷、鸢尾黄酮苷、鸢尾黄酮，花、叶含芒果苷。具降火解毒、散血消痰之功效。主治喉痹咽痛、咳逆上气、痰涎壅盛、瘰疬结核、妇女经闭、痈肿疮毒等症。春、秋采挖，除去泥土，剪去茎苗及细根，晒至半干，燎净毛须，再晒干。射干生长于山坡、草原、田野旷地，或为栽培。分布全国各地。主产于湖北、河南、江苏、安徽、湖南、浙江、贵州、云南等地。

射干干燥根茎呈不规则的结节状，长 3～10cm，直径 1～1.5cm。表面灰褐色或有黑褐色斑，有斜向或扭曲的环状皱纹，排列甚密，上面有圆盘状茎痕，下面有残留的细根及根痕。质坚硬，断面黄色，颗粒状。气微，味苦。以肥壮、肉色黄、无毛须者为佳。

## 二、药用历史与本草考证

射干始载于《神农本草经》，列为下品。《唐本草》明确了射干与鸢尾二药原植物各异。在这期间所用射干，其主要的一种特性是春生苗，6 月开花黄红色，药用根黄有白……李时珍总结前人及当时应用的情况曰："射干即今扁竹也，今人所种多是紫花者，呼为紫蝴蝶，其花三四月开，六出大如萱花，结房大如拇指，颇似泡桐子。……陶弘景曰：射干鸢尾是一种；苏恭、陈藏器曰：紫碧花者是鸢尾，红花者是射干；韩保升曰：黄花者是射干；苏颂曰：花红黄者是射干，白花者亦其类；朱震亨曰：紫花者是射干，红花者非；各执一说，何以凭依。……据此则鸢尾射干本是一类，但花色不同，但如牡丹、芍药、菊花之类其色各异，皆是同属也。大抵入药功不相远。"历代本草所指花色红黄的即是射干［*Belamcanda chinensis*（L.）Redouté］，而色紫碧者即是鸢尾（*Iris tectorum* Mazim），后者在四川长期以来作射干药用。目前市场认为花红黄色的为好 。

《中药志》记载：射干［*Belancanda chinensis*（L.）Redouté］商品系干燥根茎……四川市售射干，为另一种植物的根茎，全体类圆形而扁，上端膨大向下渐细。形如鸟头……近代市售中药射干，并非出自单一的原植物，除一般所载射干属植物射干外，在川、黔、甘、陕等地，鸢尾属植物鸢尾的根茎，也较广泛使用，"川射干"即此，作为地方法定药物收载。《四川省中药材标准》："经研究鸢尾（*Iris tectorum* Mazim）和射干的化学成分与药理作用相类似，且在四川省作射干使用的历史较长，故收入本标准，以'川射干'为正名，鸢尾为副名。"四川等地，长期以来用鸢尾的根茎作射干用。

## 三、植物形态特征与生物学特性

**1. 形态特征**　射干是鸢尾科多年生草本，株高 50～120cm，根茎鲜黄色，须根多数。

茎直立。叶 2 列，扁平，嵌叠状广剑形，长
25～60cm，宽 2～4cm，绿色，常带白粉，
先端渐尖，基部抱茎，叶脉平行。总状花序
顶生，二叉分歧；花梗基部具膜质苞片，苞
片卵形至卵状披针形，长 1cm 左右；花直径
3～5cm，花被 6，2 轮，内轮 3 片较小，花
被片椭圆形，长 2～2.5cm，宽约 1cm，先端
钝圆，基部狭，橘黄色而具有暗红色斑点；
雄蕊 3，短于花被，花药外向；子房下位，3
室。花柱棒状，柱头浅 3 裂。蒴果椭圆形，
长 2.5～3.5cm，具 3 棱，成熟时 3 瓣裂。
种子黑色，近球形。花期 7～9 月，果期 8～
10 月（图 2-37）。

**2. 生物学特性**　射干喜温暖和阳光，耐
干旱和寒冷，对土壤要求不严，山坡旱地均
能栽培，以肥沃疏松、地势较高、排水良好
的沙质壤土为好。中性壤土或微碱性适宜，
忌低洼地和盐碱地。

图 2-37　射　干
1. 植株下部　2. 花序　3. 根

### 四、野生近缘植物

鸢尾科射干属为单种属。

# 第三十八节　菘蓝（板蓝根）

## 一、概述

菘蓝（*Isatis indigotica* Fort.）属十字花科菘蓝属二年生草本植物，以干燥根或干燥
叶入药。干燥根药材名板蓝根，干燥叶药材名大青叶。板蓝根为常用中药，有悠久的入药
历史。性寒，味苦、咸。清热解毒，凉血利咽，用于温毒发斑、高热头痛、大头瘟疫、发
斑发疹、黄疸、热痢、痄腮、喉痹、丹毒、痈肿等症。菘蓝干燥根中主要成分含靛蓝、靛
玉红、腺苷及多种氨基酸等；干燥叶中含靛蓝、靛玉红、芥子苷、靛苷等。板蓝根是我国
传统常用中药材，由于其药用价值较高，目前我国有千余家制药集团（厂）生产以板蓝根
为主要原料的中西成药、中药饮片、兽药等已超过 2 000 多种。由于菘蓝适应性较强，对
自然环境和土壤要求不严，是农村农业种植结构调整的一个好项目。20 世纪 70～80 年代
起，安徽、河北、河南、江苏、陕西等约 20 多个省份开始发展板蓝根生产，种植面积逐
年扩大，产量连年增加。

## 二、药用历史与本草考证

关于蓝，历史各阶段本草都有记载，其原植物不尽相同。历史的蓝包括：马蓝

（*Strobianthes flaccidifoliu* Nees.）、蓼蓝（*Polygonum tinctorum* Ait.）、木蓝（*Indigofera tinctoria* L.）、菘蓝（*Isatis indigotica* Fort.）、吴蓝等。最早是以蓝实名载于《神农本草经》上品，谓其"味苦，寒，无毒。主解毒，杀蛊蚑。"《名医别录》谓："蓝实生河内平泽，其茎叶可以染青。"苏敬在《唐本草》记载蓝有 3 种：一种名木蓝子，"叶围经二寸许，厚三四分者，堪染青，出岭南"；一种名菘蓝，"其汁枰为淀，甚青者"；一种名蓼蓝，"其苗似蓼而味不辛，不堪为淀，惟作碧色尔"。并指出："本经所用乃蓼蓝实也。"由此说明：三种蓝均能染青碧色，《神农本草经》所载蓝实是蓼蓝的种子，主张蓼蓝为正品。这是蓝有多种植物来源开始，指出了菘蓝和蓼蓝有区别，文中记述植物特征使基本可以肯定古时的蓼蓝与现代的蓼蓝为同一种植物。

宋元祐年间（1082—1094）唐慎微在《经史证类备急本草》记载更详："蓝处处有之，人家蔬作畦种。"说明宋代已开始栽培中药材。宋代苏颂《图经本草》中除了记载的 3 种外，又提出了福州"马蓝"和江宁"吴蓝"两种。并记述："此二种虽不类，而具有蓝名，又古方多用吴蓝者，或恐是此，故并附之"。宋代《本草衍义》中也指出："蓝实非蓼蓝而是菘蓝实，即大蓝实。"

明代《救荒本草》记载："大蓝，生河内平泽，今处处有之……叶类白菜，微厚而狭窄，尖触，淡粉青色，茎叶梢间，开黄花，其子黑色，本草谓之菘蓝，可以染青，以其叶似菘叶，故名菘蓝"，是对菘蓝较详细的记述。李时珍在《本草纲目》中认为："蓝凡五种，各有主治。雌蓝实专取蓼蓝者……菘蓝，叶如白菘。马蓝，叶如苦艾，……俗中所谓板蓝者。吴蓝，长茎如蒿而花白，吴人种之。木蓝，长茎如决明……叶如槐叶，七月开淡红花，结角……如小豆角"从中可以看出，宋时不用的木蓝，到明代又开始应用。板蓝是马蓝的别名，马蓝的根在福建应用，可能就是今板蓝根的最早来源。

由此表明，蓝来源在不同历史时期是不同的，在唐代以前是蓼蓝、菘蓝和木蓝，菘蓝应该为记录较早的蓝。唐到宋时，木蓝逐渐不用，而增加福州马蓝（原植物马蓝）和江宁吴蓝。到明代木蓝又继续使用。而福州马蓝俗称板蓝的记述，可能是板蓝根的最早来源。而菘蓝根称作板蓝根要晚些。青黛最早出现在宋代，从"菘蓝堪淀，蓼蓝不堪淀"的记载看，从五种原料植物中选择含靛蓝、靛玉红高的植物品种作原料才能提高青黛的质量，而菘蓝应作为首先考虑的品种。

20 世纪 70 年代《中华人民共和国药典》以欧洲菘蓝（*I. tinctoria*）为板蓝根的原植物名，由于欧洲菘蓝（*I. tinctoria*）染色体数为 $2n=28$，与菘蓝（*I. indigotica*）在形态特征、染色体数、花粉形态乃至遗传基因方面都存在着显著差异，1985 年版《中华人民共和国药典》收载板蓝根为十字花科植物菘蓝（*I. indigotica*）的干燥根，在 1995 年版《中华人民共和国药典》收载板蓝根为植物菘蓝的干燥根的同时，另增加南板蓝根为爵床科马蓝的根，彻底分清了北板蓝与南板蓝的原植物。

板蓝根为 40 种常用大宗药材之一，历史上菘蓝全国都有栽培，生长适应性较强，对环境要求不严，分布范围较广，其产区遍及河北安国、定州，安徽亳州、阜阳，江苏宿迁、徐州，河南周口，山东泰安，山西临汾等 100 多个县市。1996 年资料表明，安徽主要种植地区为阜阳、泗县、亳州；河北省主要种植地区为安国、邢台，栽培量减少；河南省禹州、柘城、安阳、辉县等地有栽种，面积下降；江苏省射阳县为省内板蓝根的主产地，如皋、泰兴等地也有少量种植，南通、太仓、溧阳等地现已基本停产；山东省临沂、菏泽等地仍有少量种植，栖霞、平度等地已无种植；陕西咸阳、内蒙古赤峰、山西太谷、辽宁沈阳和上海都有少量种植。另外浙江萧山、诸暨，湖北襄阳、松滋、黄陂、随州，甘肃榆中等地原来也是产地，但当地已不种植。

目前主产于江苏南通、如皋、泰州，安徽临泉、阜阳，河北安国，河南信阳、新乡，浙江金华等地，黑龙江大庆、龙江、绥化，甘肃陇西、民乐、民勤、定西、甘谷等地已成为板蓝根新主产区。2010 年全国板蓝根种植面积突破 4 万 $hm^2$。

### 三、植物形态特征与生物学特性

**1. 形态特征**　菘蓝为二年生草本，株高 40～120cm。主根长圆柱形，肉质肥厚，灰黄色，直径 1～2.5cm，支根少，外皮浅黄棕色。茎直立略有棱，上部多分枝，稍带粉霜。基生叶有柄，叶片倒卵形至倒披针形，长 5～30cm，宽 1～10cm，蓝绿色，肥厚，先端钝圆，基部渐狭，全缘或略有锯齿；茎生叶无柄，叶片卵状披针形或披针形，长 3～15cm，宽 1～5cm，有白粉，先端尖，基部耳垂形，半抱茎，近全缘。复总状花序，花黄色，花梗细弱，花后下弯成弧形。短角果矩圆形，扁平，边缘有翅，长约有 1.5cm，宽约 5mm，成熟时黑紫色。种子 1 粒，稀 2～3 粒，呈长圆形，长 3～4mm（图 2 - 38）。

**2. 生物学特性**　菘蓝喜温暖环境，耐寒冷，怕涝，宜选排水良好，疏松肥沃的沙质壤土。菘蓝对气候适应性很强，从黄土高原，华北大平原到长江以北的暖带为最适生长的地区。菘蓝对土壤的物理性状和酸碱度要求不严，一般以内陆及沿海一带微碱性的土壤最为适宜，pH6.5～8 的土壤都能适应，但耐肥性较强，肥沃和深厚的土层是生长发育的必要条件。地势低洼易积水土地不宜种植。菘蓝 3 月上旬为抽茎期，3 月中旬为开花期，4 月下旬至 5 月下旬为结果和果实成熟期，6 月上旬即可收获种子。当然随着地理纬度的差异和气候的变迁，南部产区物候期提早；春季较冷的年份，物候期推迟。菘蓝为越年生长日照型植物，按自然生长规律，秋季种子萌发出苗后，是营养生长阶段。露地越冬经过春化阶段，于翌年早春抽茎，开花，结实而枯死，完成整个生长周期。但生产上为了利用植株的根和叶片，往往要延长营养生长时间，因而多于春季播种，秋季或冬初收根，其间还可收割 1～3 次叶片，以增加经济效益。

临床上板蓝根广泛用于抗病毒、抗菌，并有抗肿瘤、增强机体免疫力的功能、抗内

图 2 - 38　菘　蓝

1. 植株上部　2. 植株下部和根　3. 花
4. 花瓣　5. 去花瓣后示雄蕊

毒素作用。其中的腺苷成分的含量与其抗病毒作用成正相关，目前从板蓝根中分离出 9 种有机酸成分，具有很强的抗内毒素作用。分析河南、安徽临泉、山东、安徽邓庙、安徽阜南、东北、河北、浙江、江苏等产地腺苷含量，结果显示各地腺苷含量 0.061～0.286mg/g，有较大差距，以安徽产地的腺苷含量较高。

## 四、野生近缘植物

十字花科菘蓝属植物世界约 30 种，分布在地中海地区，亚洲西部及中部，我国有 5 种，产于辽宁、内蒙古、甘肃、新疆等地，除菘蓝外，还有 4 种。

**1. 宽翅菘蓝**（*I. violascens* Bunge）　又称宽翅大青、沙漠菘蓝。一年生草本，高 20～40cm，植株呈灰蓝色。茎无毛，直立多分枝，稍被粉霜。基生叶矩圆形，先端钝或锐尖，全缘，具短柄；茎生叶矩圆形、卵形、条形或匙形，先端钝或锐尖，基部箭形，抱茎，全缘；总状花序集成圆锥状，萼片长约 1.5mm，宽约 0.7mm，有宽的膜质边缘，被稀疏柔毛；花瓣白色，长圆状倒披针形，长约 2.5mm，宽约 0.6mm；雌蕊无花柱，柱头鸡冠状。短角果提琴形，长 8～15mm，宽 4～6mm，表面密被柔毛，果周围具翅，翅宽与心室相等，先端截形或微凹，中上部两侧的翅微缢缩；果梗细，长 6～11mm，向下弯曲，先端变粗成头状。种子 1 枚，顶生胎座，椭圆形，长约 4mm，宽约 2mm，微弯，子叶背倚。花期 4～5 月，果期 5～6 月。生于海拔 450m 左右的固定和半固定沙丘。分布于中亚，产于新疆阜康、玛纳斯、莫索湾、乌苏、奎屯等地。

**2. 三肋菘蓝**（*I. costata* C. A. Mey.）　又称为肋果菘蓝。二年生草本，高 30～90cm，无毛，稍被粉霜。茎直立，上部稍分枝。基生叶条形或倒披针形，长 3～17cm，宽 1～1.5cm，全缘，先端钝，基部渐窄，叶片下延与叶柄成翅，几无柄；茎生叶披针形或条状披针形，长 4～6cm，宽 10～15mm，全缘，先端钝，基部箭形，抱茎。总状花序集成圆锥状；萼片矩圆形，长约 2mm，背面几无毛，边缘膜质；花瓣倒卵形，长约 3mm，黄色。短角果倒披针形，长约 10mm，宽 3～5mm；果先端翅最宽，基部的翅稍宽，两侧的翅最窄，其宽约为心室的 1/2；心室具 3 条明显的肋；果梗细，长 5～8mm，下垂。种子长约 3mm，淡棕色，子叶背倚。花果期 5～7 月。生于山前平原、干河床、芨芨草滩。产于新疆阿勒泰、布尔津、和布克赛尔、玛纳斯等地；分布于内蒙古浑善达克沙地边缘（苏尼特左旗）、呼伦贝尔市，新疆有分布。该种有一变种，即毛三肋菘蓝，也称为毛果大青（*I. costata* var. *lasiocarpa* N. Busch），与正种区别在于果实密被短柔毛。生境与正种同。产于新疆阿勒泰、塔城，内蒙古苏尼特右旗等地；分布同正种，但在沙漠地区较广泛。

**3. 小果菘蓝**（*I. minima* Bunge）　一年生草本，高 40～50cm。茎无毛，自下部分枝，无毛。基生叶矩圆形，边缘羽裂至近全缘；茎生叶条状披针形，长 1～4cm，宽 1～10mm，先端锐尖，基部箭形，抱茎，全缘，无毛；在茎上分枝处着生 1 枚较大的矩圆形叶片，长 2～6cm，宽 5～15mm。总状花序，生于叶腋或枝端，花稀疏；萼片长圆形，长约 1.5mm，背面具稀疏柔毛；花瓣长圆状卵形，长约 2mm，淡黄色。短角果椭圆形，常弯曲，长 10～12mm，中间宽 1～3mm，果实先端具翅，心室两侧及基部无翅，先端微凹，基部变窄成圆楔形，有 3 条不规则纵肋，有细柔毛及缘毛。果梗长 4～6cm，顶端粗，向下渐细，有白色细柔毛。种子矩圆形，长约 2.5mm。花果期 4～6 月。生于沙丘间低地、平坦沙地、沙砾质戈壁，产于新疆古尔班通古特沙漠（和布克赛尔）。阿富汗、巴基斯坦、伊朗有分布。

**4. 长圆果菘蓝**（*I. oblongata* DC.） 别名矩叶大青，二年生草本，高 30～80cm，光滑无毛。茎直立，在上部有分枝。基生叶及下部茎生叶卵状披针形，长 2～8cm，宽 1～1.5cm，顶端圆形，基部渐窄，全缘；中上部茎生叶卵状披针形，长 3～14cm，宽 0.7～2.5mm，顶端急尖，基部剑形，抱茎，全缘。圆锥花序，结果时伸长；萼片长圆形，长 1～1.5mm，直立；花瓣黄色，长圆形，长约 2mm。短角果长圆形，长 8～17mm，宽 2～3.5mm，顶端钝圆或短钝尖，中部以下较宽，向下渐窄。果梗细，水平开展或稍下垂，顶端增粗，长 5～8mm。种子长椭圆形，长 2～3mm，深棕色。花果期 5～7 月。生长在草原及荒漠草原带的山坡，分布于我国辽宁、内蒙古、甘肃等地，产于富蕴、额敏、伊宁、新源、昭苏、阜康等地。

# 第三十九节 天 麻

## 一、概述

本品为兰科天麻属植物天麻（*Gastrodia elata* Bl.）的干燥块茎。立冬后至翌年清明前采挖，立即洗净，蒸透，敞开低温干燥。性味甘平，归肝经，有平肝息风止痉之用，用于头痛眩晕、肢体麻木、小儿惊风、癫痫抽搐、破伤风等症；祛风止痛，用于风痰引起的眩晕、偏正头痛、肢体麻木、半身不遂；有镇静、镇痛、抗惊厥作用；能增加脑血流量，降低脑血管阻力，轻度收缩脑血管，增加冠状血管流量；能降低血压，减慢心率，对心肌缺血有保护作用；其多糖还有免疫活性。主要化学成分有天麻苷，即对羟甲基苯-β-D-吡喃葡萄糖苷，其次是对羟基苯甲醇、对羟基苯甲醛、3，4-二羟基苯甲醛、抗真菌蛋白、氨基酸、多糖等。其中天麻素是天麻的主要有效成分，其含量约为 0.025%，天麻多糖也是天麻的有效成分之一。

我国是世界上天麻分布最多的国家，北纬 22°～46°、东经 91°～132°，气候凉爽、湿润、雨水充沛，土壤疏松肥沃，植物种类较多，特别是壳斗科植物为优势种的阔叶林下，野生天麻分布较多。野生天麻主要分布于四川、贵州、云南、陕西、湖北、甘肃、安徽、河南、江西、湖南、广西、吉林、辽宁等地，其中贵州西部、四川南部及云南东北部所产为著名道地药材，质量尤佳。主产于贵州毕节、贵定、都匀、遵义；四川荥经、古蔺、叙永、宜宾、雷波、马边、通江、茂县、乐山、洪雅、雅安、汶川；云南彝良、镇雄、永善、大关、绥江、盐津、鲁甸等地。此外，陕西汉中、安康、商洛；甘肃甘南、陇南；河南西峡、卢氏、桐柏，吉林浑江、抚松、临江、通化及安徽岳西、霍山也产。20 世纪 60年代以前，天麻一直依靠采挖野生资源供药用，自然资源遭到严重破坏；60 年代初，开始采用野生蜜环菌、天麻和木材三者同时种在一穴内的栽培方法，但这种栽培方法产量低、生产周期长；70 年代以后，天麻栽培研究迅速开展，经过栽培技术的不断改进完善，栽培天麻在产量和质量上有了明显提高。现在天麻多为人工栽培。家种天麻主产于湖北麻城，陕西城固、西乡、勉县、宁强、镇安、商州、南郑，安徽霍山、岳西、金寨，四川通江、广元，贵州锦屏、务川、德江、都匀、安顺，湖北鹤峰、恩施、郧西、郧县、竹山、宜昌，河南西峡、桐柏、栾川，吉林抚松，辽宁新宾等地。

## 二、药用历史与本草考证

天麻在我国有悠久的应用历史，始载于《神农本草经》，列为上品，始名赤箭，也叫鬼督邮、离母，是著名的道地药材，《名医别录》又称龙皮，宋代《开宝本草》始收载天麻之名。《药性本草》又曰定风赤箭脂（芝），明代《本草纲目》中又曰白龙皮，别名明天麻。此外，历代本草还称天麻为神草（《吴普本草》）、独摇芝（《抱朴子》）、定风草（《药性论》）、合离草、离母（《图经本草》）等。虽药名不同，但通过研究历代本草对天麻药名的释名、集解、正误，以及历代本草和现代关于天麻形态描述的对比，说明古代天麻与今日所用相同。《神农本草经》仅记载了天麻的性味、功效及药名，并无药用部位的记载。究竟是用块茎，或是用茎（苗），或者块茎和茎（苗）都作为药用部位已无从考证。《名医别录》始有"三月、四月、八月采根曝干"的记载，历代本草都把块茎作为药用部位。《神农本草经》始载天麻的功效："杀鬼精物，蛊毒恶气，久服益气力，长阴肥健。"历代本草记载认为天麻对凡是肝风动风所致的头痛、头晕、目眩、肢体麻木、半身不遂、小儿惊风、动风等症都具有奇效。天麻历来被视为"治风之神药"。古代本草文献记载的"治风"功效与现代药典记载相同。此外，古代本草文献均记载天麻具有补益作用，如唐代《新修小草》（唐本草）载有"可生啖之"。宋代苏颂《图经本草》中有"嵩山、衡山人或取生者蜜煎作果食，甚珍之"，李时珍《本草纲目》："上品五芝之外，补益上药，赤箭为第一，世人惑于天麻之说，遂止用于治风，良可惜哉"；"……人得大者，服之延年，按此乃天麻中一神异者，如参中之神参也"等记载，是对历代本草中天麻的补益作用作了总结归纳。李时珍在《本草纲目》中对历代书籍中关于天麻功效的论述作了总结归纳：天麻"辛，温，无毒。久服益气力，长阴，肥健，轻身，增年。消臃肿，下肢满，寒疝下血。主治风湿，四肢拘挛，瘫痪不遂；小儿风痛，惊气，助阳气，补五襀七伤；风虚眩晕头痛，通血脉，开窍。服食无忌等"。关于天麻道地产区，《神农本草经》并无记载。产地始载于《名医别录》："生陈仓川谷、雍州及太山少室"，陶弘景记载陈仓属雍州扶风郡。陈仓即现今秦岭以北、宝鸡市一带；雍州的行政区域现今包括青海、甘肃、陕西等省相邻的地区；太山即现今山东泰安县东北的泰山；少室即河南省登封县嵩山之一。宋代马志《开宝本草》记载："生郓州、利州、太山、劳山诸处……今多用郓州为佳"，郓州现今辖境在山东省境内；利州即今四川省广元市、旺苍县一带。苏颂《本草图经》记载："今汴京东西、湖南、淮南州皆有之。""汴京"即汴州，现今相当于'河南省开封、封丘、尉氏、杞县等县；"湖南"辖境相当于现今湖南全省，湖北省荆山、大洪山以南，郓州、崇阳以西，巴东、五峰以东及广西越岭以东的湘水、灌江流域；"淮南"辖境相当于今南至长江，东至东海，西至湖北黄陂、河南光山，北逾淮河和河南永城。查阅《中药大辞典》《中国道地药材》《中药志》《山东中药》等著述，山东省并无天麻资源分布，但为何在古代本草文献中却记载山东为天麻主产区，并且列为主要道地产区，如太山、郓州等，尚待进一步考证。至于另外一些省份如吉林、辽宁、云南、贵州、西藏等未列入天麻产区可能与当时的政治、经济、文化、交通和用药习惯有关。根据本草考证，四川为天麻的道地产区是无误的。到近代天麻的道地产区逐渐向西南地区迁移。《药物出产辨》记载"四川、云南、陕西、汉中所产者佳"。一些学者把贵州作为天麻的最主要道地产区约始于20世纪60年代。

## 三、植物形态特征与生物学特性

**1. 形态特征**　天麻茎单一，直立，圆柱形，高30～150cm，有时可达2m，橙黄色、黄色、灰棕色或蓝绿色，下部疏生数枚膜质鞘。无绿叶，叶鳞片状，膜质，互生，下部鞘状抱茎。地下块茎肥厚，长椭圆形、卵状长椭圆形或哑铃形，长约10cm，粗3～5cm，肉质，常平卧；有均匀的环节，节上轮生多数三角状广卵形的膜质鳞片。总状花序顶生，花期显著伸长，长5～30（～50）cm，具花30～50朵；苞片膜质，长圆状披针形，长1～1.5cm，与子房（连花梗）近等长；花扭转，淡绿黄、蓝绿、橙红或黄白色，近直立，花梗长3～5mm；萼片与花瓣合生成花被筒，筒长约1cm，口部偏斜，直径5～7mm，顶端5裂，但前方亦即两枚侧萼片合生处的裂口深5mm，筒的基部向前方突出；萼裂片大于花冠裂片；唇瓣白色，先端3裂；唇瓣藏于筒内，无距，长圆状卵圆形，长约7mm，上部边缘流苏状；合蕊柱长5～6mm，子房下位，倒卵形，子房柄扭转，柱头3裂。蒴果长圆形或倒卵形，长1.2～1.8cm，直径8～9mm。种子呈纺锤形，平均长0.97mm，直径0.15mm，由胚及种皮构成，无胚乳，多而极小，成粉末状（图2-39）。花期6～7月，果期7～8月。

图2-39　天　麻
1. 花序　2. 果实　3. 块茎　4. 种子（放大）

**2. 生物学特性**　在我国西南地区天麻分布在海拔600～2 800m的山区，东北地区分布在200～1 000m的地方。贵州天麻多分布在海拔1 300～1 700m地区，年平均气温11.9～13.5℃，1月平均气温1.7～3.2℃，7月平均气温20.8～22.4℃，年降水量1 157.3～1 125mm，空气相对湿度80％～90％。天麻花茎生长、开花结果需要有散射光才能正常生长发育。天麻是与真菌共生为主要营养来源，天麻种子必须由小菇属（*Mycena*）一类真菌菌丝侵染种胚获得营养而萌发，故称这类真菌为天麻种子萌发菌。天麻和蜜环菌对土壤的要求是：疏松肥沃、腐殖质丰富、透气保湿，pH5.0～5.5，土壤含水量50％左右，植被为针阔混交林、落叶阔叶林、灌丛、蕨类植物等，为天麻和蜜环菌提供荫蔽、凉爽、湿润的环境和丰富的营养。天麻种子发芽后，当蜜环菌侵入原球茎分化出的营养繁殖茎后，萌发菌和蜜环菌可同时存在于营养繁殖茎的不同细胞中，对天麻的营养作用逐渐被蜜环菌代替，直至生长成初生块茎（米麻、白麻）和次生块茎（箭麻）。在贵阳海拔1 280m处观察，天麻花茎于4月中旬至5月上旬生长出土，5月中旬至6月上旬开花，6月上旬至

7月上旬种子成熟。天麻块茎于4月萌发生长，并形成营养繁殖茎，具有同化蜜环菌、输送养分和繁殖功能。6月其顶芽和侧芽开始膨大，7～9月高温季节生长加快，10月随气温降低，生长缓慢，11月上中旬停止生长进行休眠。块茎生长具有多级分枝和顶端优势特性。

天麻共有4个变型，分别为松天麻（*G. elata* Bl. f. *alba* S. Chow）、黄天麻（*G. elata* Bl. f. *flavida* S. Chow）、乌天麻（*G. elata* Bl. f. *elata*）和绿天麻（*G. elata* Bl. f. *viridis* Makino）。其中，常规天麻与乌天麻分布较多，且系天麻优良品种，为主导栽培品种。

（1）松天麻：植株高约1m，根状茎长为梭形或圆柱形，含水量在90%以上。茎黄白色，花白色或淡黄色。花期4～5月。产于云南西北部，常生于松林下。因折干率低，未引种栽培。

（2）黄天麻：植株高1m以上，根状茎卵状长椭圆形，单个最大重量达500g，含水率在80%左右，茎淡黄色，幼时淡黄绿色，花淡黄色，花期4～5月，产于河南、湖北、贵州西部和云南东北部。常生于疏林林缘。在西南地区偶见栽培。

（3）乌天麻：植株高大，高1.5～2m或者更高，根状茎椭圆形至卵状椭圆形，节较密，最长可达15cm以上，单个最大重量达800g，含水量常在70%以内，有时仅为60%。茎灰棕色，带白色纵条纹。花蓝绿色，花期6～7月。产于贵州西部、云南东北部至西北部。此变种根状茎折干率特高，是优良品种，在云南栽培的天麻多为此变型。

（4）绿天麻：植株较高大，一般高1～1.5m，根状茎长椭圆形或倒圆锥形，节较密，节上鳞片状鞘多，单个最大重量达600g，含水量在70%以上，茎淡蓝绿色，花淡蓝绿色至白色。花期6～7月。野外并不多见，偶见栽培。

经过系统调查，四川平武县野生天麻在25个乡镇均有生长，是四川省天麻的道地产区。天麻虽适应性较强，产量高，稳定性也好，但经多代栽培后，天麻会出现退化，减产和质量下降。天麻每个品种中分4个代数，其中产量最高、生活力最强、繁殖系数最大的当属原代和0代种。此外，良种选育是天麻种植和可持续发展的重要手段，可采取低海拔（<1 000m）到高海拔（1 700～1 900m）复壮抚育和杂交选育新品种。

## 四、野生近缘植物

兰科天麻属植物全属共有20种，分布于东亚、东南亚至大洋洲。我国共分布有13种，其中，原天麻、无喙天麻、秋天麻、夏天麻、春天麻、冬天麻、勐海天麻、北插天天麻、疣天麻为我国特有种。

**1. 勐海天麻**（*G. menghaiensis* Z. H. Tsi et S. C. Chen）　植株高13～30cm；根状茎稍肥厚，多为块茎状，近椭圆形，长1～2.5cm，粗5～10mm，具少数根。茎直立，无绿叶，褐色至灰色，中下部有5～7枚圆筒状膜质鞘，总状花序长2～5cm，具3～10朵花；花苞片淡褐色，卵形，长3～4mm，先端急尖，花梗和子房长4～5mm，花近直立，白色，萼片和花瓣合生成的花被筒长8～12mm，顶端5枚裂片的边缘皱波状，外轮裂片（萼片离生部分）三角形，长1.5～2mm，内轮裂片近圆形，明显小于外轮裂片；唇瓣基部有长爪，爪长约4.5mm，宽约1mm，着生于蕊柱足末端并与花被筒内壁合生，唇瓣上部宽卵形，长 2～2.8mm，宽 1.8～2.2mm，略 3 裂，先端钝，边缘有细齿，中央有一条肉质纵脊，蕊柱长 4～5mm，具翅，基部有许多小疣状突起，蕊柱足短或不甚明显，蒴果椭圆形，长 1.5～1.8cm，宽 5～8mm，果梗长 2.2cm，花果期 9～11 月，产于云南南部（勐海），生于海拔 1 200m 林下。

**2. 原天麻**（*G. angusta* S. Chow et S. C. Chen）　根状茎肥厚，块茎状，椭圆状梭形，肉质，灰白色，长 5～10（～15）cm，直径 3～5cm，具较密的节，节上具长约 3mm 的鳞片状鞘，茎直立，无绿叶。总状花序长 15～20cm，通常具 20～30 朵花，花苞片椭圆形，长 7～8mm，花梗和子房长 10～12mm，明显长于花苞片；花近直立，乳白色；萼片和花瓣合生成的花被筒近宽圆筒状，长 1～1.2cm，顶端具 5 枚裂片，但前方即侧萼片和生成的裂口较深，筒的基部向前方突出；外轮裂片（萼片离生部分）中央的 1 枚卵圆形，长约 3mm，两侧的 2 枚（侧萼片离生部分）斜三角形，长 6～7mm，内轮裂片卵圆形，长约 2.5mm，唇瓣长圆状梭形，长 1.5cm，宽 5～6mm，上半部边缘皱波状，内有两条紫黄色稍隆起的纵脊；基部收狭并在两侧具一对新月形胼胝体，蕊柱长 7～8mm，有短的蕊柱足；柱头狭窄，近线形；蒴果倒卵形至狭椭圆状倒卵形，长约 2cm，宽 7～8mm，花果期 3～4 月。产于云南东南部（石屏）。

**3. 春天麻**（*G. fontinalis* T. P. Lin. Nat. Orch）　植株矮小，高 7～12cm；根状茎细长，圆柱状，多少弯曲，横走或有时近直走。茎直立，无绿叶，淡褐色，中下部有 3～4 枚抱茎鞘；鞘长 6～7mm，总状花序具 1～3 朵花，花苞片长 1～3mm，宽约 3mm；花梗和子房长约 1.5cm，暗褐色；花钟形，肉质，长约 1.7cm，直径约 1.8cm，暗褐色；萼片和花瓣合生成的花被筒占花全长的 3/5～2/3，上部较下部为宽，外面被小疣状突起；外轮裂片（萼片离生部分）较大，近宽卵状三角形，长约 6mm，基部宽 7～9mm，中央 1 枚裂片先端微凹，侧面 2 枚裂片先端钝且基部较中央裂片基部宽，内轮裂片（花瓣离生部分）很小，卵形，长约 4mm，基部宽约 3.5mm；唇瓣基部以短爪着生于蕊柱足末端，卵形或椭圆形，肉质，长 5～6.5mm，宽约 6.2mm，先端有 2 个短的稍肥厚的纵向隆起，唇盘上有 8 条带状隆起，蕊柱长约 8mm，白色，下部红褐色，有短的蕊柱足，顶端有 2 个短臂。蒴果长圆柱形，长约 3cm，表面有小疣状突起；果梗延长可达 17cm，花果期 2 月。

**4. 细天麻**（*Gastrodia gracilis* Bl.）　植株高 10～60cm，根状茎略肥厚，多少块状茎，近圆柱形，长 3～10cm，直径 3～20cm，肉质，棕褐色。茎直立，淡黄色，无绿叶，下部疏生数枚鳞片状鞘。总状花序长 6cm 或更长，通常具 5～20 朵花；花苞片卵形或椭圆形，长 2～4mm，花梗和子房长 8～20mm，花后花梗可延长 1 倍；花多少下垂，浅棕色；萼片和花瓣合生成的花被筒近圆筒状钟形，上部略宽于下部，顶端具 5 枚裂片，但前方亦即 2 枚侧萼片合生处的裂口较深，深达筒长度的 1/4～1/3，筒的基部向前方凸出；外轮裂片较大，中央的 1 枚最大；内轮裂片（花瓣离生部分）明显小于外轮裂片；唇瓣基部有爪，上部卵状三角形，边缘波状，上部有纵脊和极小的乳头状突起；蕊柱长约 5mm，两侧有翅，顶端有一对臂状物。花期 5～6 月。产于我国台湾北部，生于海拔 600～1 500m 的林下。日本也有分布。

# 第四十节　天　南　星

## 一、概述

天南星为天南星科天南星属植物天南星［*Arisaema erubescens*（Wall.）Schott］、异叶天南星（*A. heterophyllum* Blume）、东北天南星（*A. amurense* Maxim.）的干燥块茎。其性味苦、辛、温，有毒，具燥湿化痰、祛风定惊、消肿散结之功效，可用于顽痰咳嗽、风疾眩晕、中风、口眼歪斜、半身不遂、癫痫、惊风、破伤风等疾病。

## 二、药用历史与本草考证

天南星始载于唐《本草拾遗》，描述其叶似荷，虽然荷的叶片不裂，但两者均为叶柄顶生一叶，一把伞南星的叶片放射状分裂，而荷叶的粗脉由中心向外放射，粗看起来两者均似伞盖，初考此为一把伞南星（*A. erubescens*）。但须指出的是，唐代的安东在今辽宁省，据文献记载当地不产一把伞南星，至于当时是否有分布，尚需进一步考证确定。

宋代《开宝本草》始立专条记述"天南星"。《图经本草》记载"天南星"是唐、宋时期才出的新药，比"虎掌"的临床应用要晚得多，且对其植物形态特征也进行了较全面而形象的描述："天南星，本经不载所出州土，云生平泽，今处处有之，二月生苗，似荷梗，茎高一尺以来。叶如蒟蒻，两枝相抱。五月开花似蛇头，黄色。七月结子作穗似石榴子，红色。二月、八月采根，似芋而圆扁，与蒟蒻相类，人多误采。但茎斑花紫，南星根小，柔腻肌细，炮之易裂，为可辨尔。"据此，不难确定其应为天南星属植物异叶天南星，与"虎掌"有别。

《证类本草》中记载："天南星，生平泽，处处有之，叶似蒟叶，根如芋，二月、八月采之"。其所附滁州天南星图也是异叶天南星；而江宁府天南星附图则是掌叶半夏的特征；《本草蒙筌》中的江宁府天南星图也是引用了此图。至明代，李时珍把天南星与虎掌视为同种，未将天南星独立为一条。清代《植物名实图考》所绘"天南星"图比较精确，可直接考证到种，是一把伞南星和异叶天南星。可见，历史上的"天南星"至少有 3 种植物来源，即天南星属植物异叶天南星、一把伞南星及混用的半夏属植物掌叶半夏。

图 2-40　天南星

## 三、植物形态特征与生物学特性

**1. 形态特征**　天南星为多年生草本，株高 40～60cm。块茎扁球形，直径 2～5cm，四周常生小块茎。叶近基生，一年生者为单叶，心形，二、三年生者鸟足状分裂，裂片 5～11，披针形，长 6～15cm，宽 2～4cm；叶柄长 20～50cm。梃长 10～40cm，下部筒状，上部渐狭，顶部稍钝；

花单性，雌雄同株，肉穗花序。浆果卵形，绿白色，种子1枚，棕褐色（图2-40）。花期6～7月，果期8～9月。

**2. 生物学特性** 天南星是一种阴性植物，多野生于海拔200～1 200m的山谷或林内阴湿环境中，怕强光，喜水肥，怕旱涝，忌严寒。种子发芽适温为22～24℃，发芽率为90％以上。种子寿命为1年。

## 四、野生近缘植物

**1. 异叶天南星**（*A. heterophyllum* Blume） 多年生宿根草本，高15～30cm。块茎扁球形，直径2～4cm。叶常单1，叶片鸟趾状分裂，裂片13～19，长圆形，倒披针形或长圆状倒卵形，顶端骤狭渐尖，基部楔形，近全缘，侧裂片长7.7～24.2cm，宽2～6.5cm，中央裂片最小。花柄长30～55cm，从叶鞘中抽出；佛焰苞绿色，下部管状，上部下弯近成盔状；肉穗状花序两性和单性，单性花序雄花在下部；两性花序下部为雌花，上部疏生雄花，花序轴顶端的附属体鼠尾状，伸出。浆果熟时红色。花期4～5月，果期7～9月。主要产自湖北、湖南、四川、贵州、云南、安徽等地。

**2. 东北天南星**（*A. amurense* Maxim.） 多年生草本，块茎呈扁圆形。直径1.5～4cm，中心茎痕大而较平坦，环纹少，生多须根。叶基生，1枚，稀为2枚，具长柄，叶柄长18～35cm，下部常具鞘，外面还常被有1～3枚膜质鞘；叶片鸟足状全裂，裂片5枚。花序柄基生，比叶短，长10～20cm；佛焰苞长10～15cm，下部席卷呈筒状，绿白色，喉部平截、张开，花单性，无花被；肉穗花序单生，稍伸出佛焰苞口部；雄花序花疏生，雄花具柄；雌花序圆锥形，子房倒卵形，柱头盘状；肉穗花序顶端的附属体呈棒状，长2.5～3.8cm。浆果红色。花期6～7月，果期7～8月。生于山坡、林缘、林下、灌丛或沟边。主产于黑龙江省、吉林省、辽宁省，朝鲜、俄罗斯也有分布。

# 第四十一节　条叶龙胆（龙胆）

## 一、概述

龙胆为常用中药，原植物有4种，即条叶龙胆（*Gentiana manshurica* Kitag.）（又称东北龙胆）、龙胆（*G. scabra* Bge.）（又称粗糙龙胆）、三花龙胆（*G. triflora* Pall.）或坚龙胆（*G. rigescens* Franch.），前三种习称"龙胆"，后一种习称"坚龙胆"，其中条叶龙胆是栽培面积最大的品种。药用部位为干燥根及根茎。生于海拔200～1 700m的林缘与林间空地、山坡、路旁、草甸、田边及荒草地中。我国分布于黑龙江、吉林、辽宁、山东南部、山西南部、陕西中部、河南南部、湖北中部、湖南、广西、广东、江西、浙江西部、安徽及江苏等地。主产于辽宁、吉林、黑龙江及内蒙古等地，是东北地区名贵中药材之一。

## 二、药用历史与本草考证

《本草图经》谓龙胆叶为"四胜叶似柳叶而细"，花"铃铎形""青碧色"。《救荒本草》云："叶似柳叶而细短""开花如牵牛花，青碧色"等的记述均与条叶龙胆叶披针形或条状披针形，花冠钟形，蓝紫色，以及严龙胆的中部叶披针形或狭披针形，花冠管状钟形等特征符合。结合产区分布的记载，可以确定上述文献所记载的龙胆原植物应为条叶龙胆（*G. manshurica*）或严龙胆（*G. manshurica* var. *yanchowensis*）。另外，粗糙龙胆（*G. scabra* Bge.）狭叶形变种的形状特征也与文献相符，而且它的分布远远超出了东北的范围，故认为粗糙龙胆的狭叶形变种也可能为文献记述的品种。《植物名实图考》所载龙胆的叶似柳微宽，又似橘叶而小，花茄紫色等均与坚龙胆（*G. rigescenes*）的叶片倒卵形至倒卵披针形、花紫红色相符，并从其产地"生云南山中"和附图，可以确定为坚龙胆。

《证类本草》收载的 4 种产地草龙胆，其中信阳军（河南信阳）草龙胆和襄州（湖北襄阳）草龙胆绘图较明显地突出了龙胆属的特征："草本""根细长、簇生""叶对生，无柄，全缘""花管状钟形"，因而可以确定为龙胆科植物。而睦州（浙江淳安）山龙胆与沂州（山东）草龙胆附图的根形不太像龙胆科植物，又没有绘制花和果实，因此较难加以判断，但古时睦州（现在的浙江淳安）为严龙胆的道地产区，其所绘植物是否为严龙胆尚需考证。《本草纲目》将龙胆列入草部山草类，在龙胆形态方面多引前人所述，其附图中龙胆植物的根、叶、花与龙胆科植物较为相似，可以判断属于龙胆科。综上所述，古今文献所载的"龙胆"基本相似，且分布区域也基本一致，但古代使用的龙胆，来源于龙胆科的多种植物。

### 三、植物形态特征与生物学特性

**1. 形态特征**　条叶龙胆茎直立，通常不分枝；叶对生，基叶（原来的芽鳞）小而呈鳞片状，向上逐渐形成线形或线状披针形乃至阔披针形，长 9~10cm，宽 0.35~1.4cm，先端急尖或微急尖，基部常少抱茎，近轴面深绿色，有光泽，远轴面苍白绿色，边缘平滑，反卷，线形叶常具 1 脉，较宽者可具 3 脉。叶片逐年增多、加长、增宽，面积扩大。花无柄，常单花或数朵簇生于茎顶；萼钟形或管状钟形，管缘截形，具萼内膜；花冠蓝紫色，偶见白色变异，管状钟形，长 4.5~5cm，先端 5 裂，裂片三角形至卵状三角形，先端锐尖，基部常具白色斑点，褶短，具不规则细齿或无齿；雄蕊 5，远较花冠短，花丝下部 1/3 贴生于花冠管，中上部扩大，但向上突然变窄，花药狭卵形，先端急尖，中部以下与花丝背着，长约 4mm；雌蕊子房狭卵状菱形或阔披针形，具柄，柄基 5 个隆起腺体，深绿色，花柱短，柱头 2 裂，裂片披针形，外曲。蒴果长圆状披针形或长圆形，2 瓣裂。种子细小，种皮红棕色，外被膜质翅，为有胚乳种子（图 2-41）。花期 8~9 月，果期 9~10 月，年生育期为 135~145d。

东北龙胆的染色体核型公式为 K（2n）=2x=26=2M+24m，核型为"1A"型，核型不对称系数为 54.21%，染色体相对长度组成为 2n=26=8M2+14M1+4S，染色体总长度为 44.50μm。

**2. 生物学特性**　条叶龙胆为多年生草本植物，实生苗第一年不抽茎，呈莲座状叶丛，茎不延长，当年移栽定植一般不形成须根系。实生苗第二年可以形成 3~5 条须根的须根系，地上部分抽茎，水肥条件好时可以开花结实。二年生植株开始分蘖，分蘖数随年龄增加而增加。植株随年龄递增而长高，茎加粗。多年生植株高 25~60cm，全株光滑无毛。根茎短粗，常直立，茎痕较小，茎痕（年节）对侧常只有一条须根，通常由 10 条以下的不定根组成须根系，整齐均一，垂直向下深入土中，黄褐色至暗红褐色，每条须根呈典型的圆柱状，上部具明显环纹，近末端稍分枝。根随年龄增长逐年增多、伸长、加粗。在栽培条件下单株产量随生态条件不同而有很大的差异。在土壤疏松、肥沃、向阳、通风的地段二年实生苗，单株鲜重可达 4.1g；而土壤板结、瘠薄的地段，三年生实生苗的单株平均重只有 2.925g。

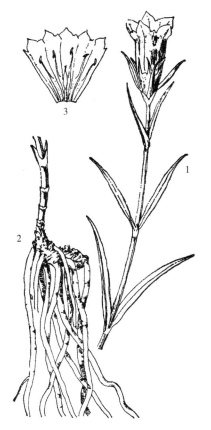

东北龙胆蕾期花冠未露出花萼而现白色时，雄蕊花药中的小孢子母细胞正在进行减数分裂，当露出花萼的花冠由白变绿时已形成花粉。至花冠上部膨大并呈现蓝色时已近 8 月中旬，天气晴朗时 2～3d 即可开放，故 8 月下旬为始花期。其开花顺序为主茎顶端先开花，其次为临近叶腋处花序的顶花，然后为各花序下部的花。每朵花开放时，雄蕊紧贴雌蕊，花药靠近柱头周围，继而雄蕊逐渐离开雌蕊而贴向花冠管，同时花粉囊逐渐开裂，花粉逐渐放出，在雄蕊（特别是开始放粉的花药）离开雌蕊前，雌蕊柱头的两个裂片合拢在一起，内侧接受花粉的柱头面暂不外露，因而此时虽有昆虫来访也不能授粉。当柱头裂片逐渐张开并外曲，柱头面完全暴露时，本花的花粉已几乎全部放出，因此可以认为东北龙胆以异花授粉为主。每朵已开放的花晴天 6:00～7:00 开放，17:00～18:00 关闭，持续 5～6d。未授粉雌蕊则逐渐枯萎，已授粉的

图 2-41　条叶龙胆
1. 花枝　2. 根　3. 花剖开

则在关闭的花冠内生长，子房膨大形成果实，子房柄伸长，种子逐渐成熟，至蒴果由枯萎变色的花冠中伸出变为紫色时，果实内的种子已进入蜡熟时期，此时种子已具备萌发能力，能萌发为幼苗。至种子完全成熟时，蒴果顶端 2 瓣裂，细小而具翅的种子可随风传播。二年生只有少量种子，且种子千粒重低；四年生植株开花多。结果量多，种子千粒重 15～30mg。

条叶龙胆栽培种群中可分为 4 种种质类型，即正常（野生）型、白花型、粗根型、宽叶型。

（1）野生型：叶线形、条形披针形，宽 0.5～1.5cm，长 6～11cm；不定根淡黄色，直径 1～5mm；花蓝色或蓝紫色。

（2）白花型：花白色，蕾期外表有紫色，开花后紫色渐褪去。

（3）粗根型：叶线形、条形披针形，宽 0.5～1.5cm，长 6～11cm；不定根淡黄色，不定根直径 4～8mm；花蓝色或蓝紫色。

（4）宽叶型：叶披针形至宽披针形，宽 1.5～2cm，长 6～7cm，有光泽；不定根白色；花蓝色或蓝紫色。

不同类型之间龙胆苦苷含量差异较大，以粗根型为最高，其他依次为正常（野生）型、宽叶型、白花型。

## 四、野生近缘植物

**1. 三花龙胆**（*G. triflora* Pall.）　多年生草本。高30～80cm，根茎短，簇生数条细长的根。茎直立，不分枝，光滑无毛。叶线状披针形，长5～10cm，宽0.5～1.2cm，先端渐尖，边缘稍反卷，光滑无毛，主脉1条，明显。花无梗，簇生于茎顶及上部叶腋，通常3～5朵，苞片披针形至线状披针形；花萼长2～2.5cm，先端5裂，裂片长短不等，长5～15mm；花冠深蓝色，钟状，先端5裂，花柱短，雄蕊5。蒴果长圆形，种子线形，有纹，边缘有翼。花期8～9月，果期9～10月。三花龙胆多生长于海拔300～1 500m的草甸、山坡草地、灌木丛中或林中空地上，喜阴及潮湿凉爽环境，耐寒性强。在腐殖土上生长良好。

**2. 龙胆**（*G. scabra* Bge.）　多年生草本，高30～60cm。根茎短，其上丛生多数细长的根，长30cm。花茎单生，不分枝。叶对生；无柄；下部叶成鳞片状，基部合生，长5～10mm，中部和上部叶近革质，叶片卵形或卵状披针形，长2.5～7cm，宽0.7～3cm，先端急尖或长渐尖，基部心形或圆形，表面暗绿色，下面色淡，边缘外卷，粗糙；叶脉3～5条。花多数，簇生枝顶和叶腋，无花梗；每花下具2个披针形或线状披针形苞片，长2～2.5cm；花萼钟形，长2.5～3cm，先端5裂，常外翻或开展，不整齐；花冠筒状钟形，蓝紫色，长4～5.5cm，有时喉部具多数黄绿色斑点，花冠先端5裂，裂片卵形，褶三角形；雄蕊5，着生于花筒中部，花丝基部宽；子房狭椭圆形或披针形，长1～1.4cm，子房柄长约1cm，花柱短，柱头2裂。蒴果内藏，长圆形，有柄。种子多数，褐色，有光泽，具网纹，两端具宽翅。花期8～9月，果期9～10月。

**3. 坚龙胆**（*G. rigescens* Franch.）　多年生草本，高30～50cm。须根肉质。主茎粗壮，有分枝，枝多数，丛生，直立，木质化，近圆柱形，中空，幼时具乳突，老时变光滑。无莲座状基生叶丛。花期7～9月，果期10～12月。产于云南中部、西部各县；生于海拔1 000～2 800m山坡草地、林下、灌丛中。分布于四川、贵州、湖南、广西。

# 第四十二节　温郁金（郁金）

## 一、概述

郁金为姜科姜黄属植物温郁金（*Curcuma wenyujin* Y. H. Chen et C. Ling）、姜黄（*Curcuma longa* L.）、广西莪术（*C. kwangsiensis* S. G. Lee et C. F. Liang）或蓬莪术（*C. phaeocaulis* Val.）的干燥块根。这几种植物同时又是中药莪术和姜黄的原植物。所以，中药郁金、姜黄和莪术的原植物基本上是相同的，只是药用部位或加工方法略有不同而已。

郁金味苦、辛，性寒。入肝、心、肺经。具行气化瘀、清心解郁、利胆退黄之功效，用于经闭痛经、胸腹胀痛、刺痛、癫痫发狂等症。现代药理学研究表明郁金具有保肝、利胆、抗癌、抑菌、降低血液黏稠度等作用。主要化学成分有姜黄素类、挥发油、多糖及微量元素。

温郁金（温莪术）主产于浙江温州的瑞安，销江苏、浙江及京津等地区。蓬莪术分布于福建、四川、广东、广西、云南、山东、台湾、浙江、湖南等地，销西南及西北地区。广西莪术（桂莪术）分布于广西的上思、贵港、横县、大新、邕宁及云南等地，销华北、华南和国内其他地区，并有部分出口。目前莪术的主流商品为桂莪术，其次为温郁金及蓬莪术。

郁金、莪术和姜黄，这3种药材均来源于姜科姜黄属多种植物的根茎和块根。由于这些植物亲缘关系十分接近，不同种的根茎或块根在性状上十分相似，而中药收购主要依据形似，于是郁金（用块根）、莪术（主用主根茎）和姜黄（主用侧根茎）的药材都来自相同的数种植物的同一部位。即同一种药材都有数种植物来源，由于种间化学成分不同，同一药材随着植物来源不同，品质就有很大差异。来源于同一植物的郁金、莪术和姜黄却可能有近似的品质（化学成分）。这样不仅药材的质量控制很困难，而且临床疗效也难以保证。

## 二、药用历史与本草考证

郁金早在汉魏南北朝时就从越南输入我国。但未记载在本草古籍上，真正记载郁金的引入是在隋唐五代高宗时从西域大秦等地输入的，收载在《新修本草》中。郁金的原植物，《新修本草》记载："花白质红，末秋出茎心而无实，根黄赤……"据上述花在秋末"出茎心"（即花序从叶丛中抽出）、"黄赤"的根茎等特征，可知唐代所用郁金原植物为姜黄（*Curcuma longa* L.）。《本草衍义》谓："郁金不香，今人将染妇人衣最鲜明，然不耐日炙。染成衣则微有郁金之气。"《本草纲目》谓："其苗似姜，其根大小如指头，长者寸许，体圆有横纹如蝉腹状，外黄内赤。"从上述描述可推断明代以前郁金的来源是植物姜黄（*Curcuma longa* L.）的侧根茎，而非今之块根。但至清代，《植物名实图考》云："郁金，其生蜀地者为川郁金，以根如螳螂肚者为真。其用以染黄者为姜黄也。"另有《本草逢原》中描述"郁金，蜀产者体圆尾尖，如蝉腹状，发苗处有小孔也，皮黄而带黑，通身粗破如梧桐子纹，每枚约重半钱，折开质坚色黄，中带紫黑，嗅之微香而不烈者真川。"由此可见，直至明末清初，郁金的药用部位方由根茎向块根改变。道地性上，川郁金自古以来便占据着极其重要的地位。温郁金和广西莪术的药用历史较晚，温郁金主产于浙江瑞安县，广西莪术主产于广西。

## 三、植物形态特征与生物学特性

**1. 形态特征**　温郁金为姜科姜黄属多年生草本植物，株高80～160cm。块根纺锤状、断面白色。主根茎陀螺状，侧根茎指状、肉质、断面柠檬黄色。叶4～7，2列，叶柄长不及叶片之半；叶片宽椭圆形，无毛，长35～75cm，宽14～22cm，先端渐尖或短尾状渐尖，基部楔形，下延至叶柄。穗状花序圆柱状，先叶于根茎处抽出，长20～30cm，径4～6cm；缨部苞片长椭圆形，长5～7cm，宽1.5～2.5cm，蔷薇红色，腋内无花；中下部苞片宽卵形，长3～5cm，宽2～4cm，绿白色，先端钝或微尖，腋内有花数朵，但通常只有1～2朵花开放；花外侧有小苞片数枚，白膜质；花萼筒白色，先端具不等的3齿；花冠白色，裂片 3，膜质，长椭圆形，上方 1 枚稍大，先端略成兜状，近顶端处具粗糙毛；侧生退化雄蕊花瓣状，黄色；唇瓣倒卵形，外折，黄色，先端微凹；能育雄蕊 1，花丝短而扁，花药基部有距；子房下位，密被长柔毛；花柱细长（图 2 - 42）。花期 4～6 月。

**2. 生物学特性** 温郁金适应阳光充足、温暖湿润的环境中生长。在浙南地区，年平均气温 17℃左右，最低温度不低于－5℃，平均相对湿度 85％左右，年降水量约 1 550mm，年日照时数 1 600～1 800h，无霜期 230d 左右。

## 四、野生近缘植物

**川郁金**（*C. chuanyujin* C. K. Hsieh et H. Zhang） 多年生草本，高 70～140cm。主根茎陀螺形，侧根茎指状，断面淡黄色，稍有香气。根先端膨大成纺锤形块根，外面淡白色，内面淡黄色或白色。叶两列，7～9 片，椭圆状披针形，长 45～80cm，宽 12～20cm，先端急尖，基部楔形并

图 2 - 42 温郁金
1. 花序及块根 2. 叶 3. 花

下延至叶柄，两面均无毛，叶被面有粗糙颗粒感。穗状花序圆锥状，从根茎上抽出，缨部苞片粉红色至淡红色，腋内无花，中下部苞片绿色，上面光滑，背部有柔毛，腋内有花数朵，有小苞片数枚，小苞片白色、透明；花萼筒具 3 齿，外被柔毛，白色，膜质；花冠长约 6.5cm，喉部密生柔毛，裂片 3，略呈粉红色，上方一片较大，先端卷曲；侧生退化雄蕊花瓣状，黄色；唇瓣近圆形，先端明显 3 裂；能育雄蕊 1，花丝短而扁平，花药长圆形，长 5mm，基部有距；花柱细长，从药室中穿过，基部具 2 棒状体，子房下位，外被柔毛。花期 4～6 月。生于土质肥沃、湿润的向阳山坡或田地，该种只偶见混生于姜黄栽培地中，无单独栽培。肖小河等认为其为姜黄的栽培变种。其根茎肉质肥大，干后作姜黄入药；其块根入土较深，收获后作黄白丝郁金。

# 第四十三节 乌头（附子）

## 一、概述

附子为毛茛科乌头属植物乌头（*Aconitum carmichaeli* Debx.）子根的加工品。附子一般不生用，须炮制后方可入药。食用胆巴水加食盐反复浸泡、晒晾至变硬起盐霜者称"盐附子"；食用胆巴水浸泡煮制后去皮、切片、蒸制后再干燥者称"白附片"，不去皮切片，用调色剂将附片染成浓茶色者称"黑顺片"。附子辛、甘、大热；有毒。具有回阳救逆、补火助阳、散寒止痛之功效。临床上常用于亡阳虚脱、气阳两亡等脱证；还可用于肾、脾、心之阳虚证及寒湿偏盛之周身骨节疼痛。附子含总生物碱，其中主要为剧毒的二

萜双酯类生物碱，有乌头碱、次乌头碱、新乌头碱等，加工炮制过程中，双酯类生物碱水解成毒性较小的单酯类生物碱，为苯甲酰乌头原碱、苯甲酰次乌头原碱、苯甲酰新乌头原碱。如继续水解则转变为毒性更小的胺醇类碱。故附子炮制品的毒性较生品为小。尚含强心成分去甲猪毛菜碱、氯化棍掌碱、去甲乌药碱、附子苷。

乌头野生资源分布较广，全国大部分省份均有分布，如辽宁、陕西、山东、江苏、浙江、安徽、江西、河南、湖北、湖南、广东、广西、四川、贵州、云南、西藏等地，生于海拔100~2 150m山地草坡或灌丛中。野生乌头在南方大部分省份和部分北方地区作草乌使用，具有祛风除湿、散寒止痛的功效，临床上主要用于治疗风湿性关节炎、麻木瘫痪及各种疼痛等，本品有大毒，慎用。栽培乌头以四川江油河西、彰明一带为道地产区，现陕西、湖北、山西、河北、河南、云南等地也有一定的栽培面积。在四川道地产区，栽培乌头采挖后摘取子根加工附子，留下的母根晒干即为川乌，具有祛风除湿、温经止痛的功效。

## 二、药用历史与本草考证

附子是中药四雄之一，应用历史悠久，始载于《神农本草经》，列为下品。在此书中，附子、乌头、天雄都是医治风寒湿痹、痿病等疾患之要药，并初步确立其祛风除湿之主要效用。后世在此基础上有所发展，突出强调其温经止痛作用，补充了温化痰湿、消肿溃坚、祛腐等作用。梁代陶弘景《名医别录》谓："消胸上痰冷食，下心腹冷疾，脐间痛，肩肿痛不可挽仰，目中痛不可久视。又堕胎。"在张仲景的《伤寒论》中附子主治厥逆。唐代甄权的《药性论》谓其："气锋锐，通经络，利关节，寻溪达径而直抵病所。"并有治虚寒，治风痰的不同用途，但还没有用做补药。到了宋朝才有人称它有峻补作用，并且已有"贵人"专购附子为服饵之说。

关于附子的基源植物，宋代《图经本草》载："……其苗高三四尺，茎作四棱，叶如艾，其花紫碧色作穗，实小如桑椹，紫黑色。"李时珍曰："初种为乌头……附乌头而生者为附子，如子附母也，乌头如芋魁，附子如芋子，盖同一物也。"并引宋代杨天惠的《彰明附子记》中的描述："春月生苗，其茎类野艾而泽，其叶类地麻而厚，其花紫瓣黄蕤，长苞而圆……"，再参考《证类本草》所载龙州（今四川平武县）乌头及《植物名实图考》中的附子附图，其特征与现今所用毛茛科植物乌头（*Aconitum carmichaeli* Debx.）一致。

附子为著名的川产道地药材。魏李当之曰："附子苦，有毒，大温，或生广汉（今绵阳）。"《名医别录》载："生犍为山谷及广汉。"《新修本草》载："天雄、附子、乌头并以蜀道绵州、龙州者（今平武县一带）佳……江南来者全不堪用。"苏颂谓："三者并出蜀土，都是一种所产，其种出于龙州……绵州彰明县种之，惟赤水一乡（江油河西一带）者最佳。"杨天惠《彰明附子记》载："彰明领乡二十，惟赤水、廉水、会昌（今彰明）、昌明产附子，而赤水为多……取种于龙安府龙州……"《本草纲目》载："出彰明者即附子之母，今人谓之川乌头也……"，并引用了上述杨天惠《彰明附子记》的描述。《药物出产辨》载："附子和川乌头产四川龙安府江油县。"由此可见，附子自古道地产区为现今江油市。

### 三、植物形态特征与生物学特性

**1. 形态特征**　多年生草本，高 60～150cm。块根通常 2 个并连，栽培品的侧根（子根）通常肥大，倒卵形至倒圆锥形，表面深褐色，直径 5cm。茎直立，中部以上被反曲的短柔毛。叶互生，具柄，长 1～2.5cm；叶片卵圆形，革质，长 6～12cm，宽 9～15cm，掌状 3 裂几达基部，中央裂片棱状楔形，先端急尖或短渐尖，近羽状分裂，侧裂片不等 2 裂，各裂片边缘有粗齿或缺刻，上面疏被短伏毛，下面通常只在脉上疏被短柔毛。总状花序顶生，长 6～25cm；花序轴及花梗被反曲而紧贴的短柔毛；下部苞片 3 裂，其他苞片狭卵形至披针形；萼片 5，蓝紫色，花瓣状，上萼片高盔形，高 2～2.5cm，侧萼片长 1.5～2cm；花瓣 2，变态成蜜腺叶，长约 1.1cm，唇长约 6mm，微凹，距长 1～2.5mm，通常拳卷，无毛；雄蕊多数，心皮 3～5，离生，蓇葖果长圆形，长约 2cm。种子多数，三棱形，长 3～3.2mm，两面密生横膜翅（图 2 - 43）。花期 6～7 月，果期 7～8 月。

**2. 生物学特性**　乌头适应性较强，在年降水量为 85～1 450mm，年平均气温 13.7～16.3℃，年日照 900～1 500h 的平原或山区均可栽培。乌头喜凉爽的环境条件，怕高温，有一定的耐寒性。据报道，乌头在地温 9℃ 以上时萌发出苗，气温 13～14℃ 时生长最快，地温 27℃ 左右时块根生长最快。宿存块根在 -10℃ 以下能安全越冬。湿润的环境利于乌头的生长，干旱时块根的生长发育缓慢，湿度过大或积水易引起烂根或诱发病害。特别是高温多湿环境，烂根和病害严重。乌头对土壤适应能力较强，野生乌头在多种类型土壤上都有生长分布。人工栽培宜选择土层深厚，疏松肥沃的壤土或沙壤土，以 pH 中性为好。

乌头为栽培品，生产上均为无性繁殖（子根繁殖），种源习称"乌药"。乌头主要种植于海拔 500m 左右涪江中下游两岸，在产区平原地带（平坝）温度较高，湿度适宜条件下，乌头子根（附子）生长快而大，但因病害较重，若用此类子根作繁殖材料，病害重，保苗率低，严重影响乌头产量和品

图 2 - 43　乌　头
1. 花枝　2. 乌头（子根）

质。所以产区多在 1 000m 以上凉爽的山区繁殖"乌药"。据报道，山区繁殖乌药病害较轻，海拔 660m 以上乌头块根白绢病发病率不超过 3.7%。在平原地区，如果能有效地控制病害的发生，也可就地繁殖乌药移栽。栽培乌头于每年 12 月中旬（冬至前 6～10d）下种，翌年 2 月中旬幼苗出土，4 月上旬以后植株生长旺盛，6 月中旬乌头生长发育成熟。

乌头发育时，自茎基（原顶芽基部）横向或斜向产生一半透明白色锥形体（生长锥），以后逐渐发育成连接"乌药"茎基与今后乌头的"绊"，其解剖学特征类似根茎，实为特殊的地下茎。约至 3 月中旬，这种地下茎的先端逐渐向下隆起，形成一褐色细圆柱形不定根。4 月中旬逐渐膨大成块状，5 月初，不定根逐渐延长，形成一锥形体，5 月底至 6 月中旬，不定根迅速膨大，发育成为中药的乌头。从子根萌发到长成乌头，一般需 100～120d。

据史料记载，四川江油乌头栽培始于唐代前，距今有 1 300 多年的栽培历史，在长期栽种过程中，产区根据其植株叶形的差异，分为南瓜叶、丝瓜叶、大花叶、小花叶、艾叶等类型。现今已选育出的品种主要有川药 1 号、川药 5 号、川药 6 号。川药 1 号，又名南瓜叶乌头，叶大，近圆形，与南瓜叶子相似，块根较大，圆锥形，成品率高、耐肥、晚熟、高产，但抗病力较差，在综合防治白绢病的条件下，产量较稳定。单株乌头产附子平均 6.5 个，平均每 667m$^2$ 产 42 000 个，乌头平均每 667m$^2$ 产量达 490.8kg。川药 5 号，又名艾叶乌头，叶厚，坚纸质，叶面黄绿色，无光泽，叶脉显露而粗糙，叶 3 深裂，基部截形或楔形，深裂片再深裂，末回裂片披针状椭圆形。单株乌头产附子仅 3.2 个，平均每 667m$^2$ 产 27 700 个，乌头平均每 667m$^2$ 产量 368.3kg，产量低，但抗病比较好。川药 6 号，又名丝瓜叶乌头，茎粗壮，节较密，基生叶蓝绿色，茎生叶大，深绿色，薄革质，3 全裂，全裂片的间隙大，末回裂片条状披针形，块根纺锤形。单株乌头产附子 6.3 个，平均每 667m$^2$ 产 51 850 个，乌头平均每 667m$^2$ 产量 456.6kg，比川药 1 号乌头抗病，产量较高而稳定。栽培实践表明，川药 6 号综合质量评价较好，块根倒卵形或纺锤形，顶部大而圆，选其中等大小块根作种，抗病高产性好，平均每 667m$^2$ 产量 700kg，最高产量可达 1 600kg，最大鲜乌头重 100g，可加工多种附片系列产品，片张大，边片小，加工优质商品率高。

目前，除四川江油乌头老产区外，全国十余个省（自治区）引种栽培，不同产地乌头的质量有差异。由于四川江油附子种植和加工技术成熟、规范，产品质优，商品价值较高，而其他产区栽种乌头田间管理时一般不"修根"，长出的乌头多而小，形状不规则，加工的附片等级低，另外有的加工炮制也不规范，如减少"退水"次数，增加胆巴含量，以达到增重的目的；或缩短蒸制时间，造成减毒不够，影响临床用药的安全性。应加强对乌头规范化种植技术的推广应用及加工炮制的规范管理。

## 四、野生近缘植物

据《中国植物志》，毛茛科乌头属乌头有 17 种、11 变种、1 变型。乌头是我国乌头属中分布最广的种，在秦岭西段出现了一个叶多毛的变种毛叶乌头，在江西、安徽、浙江三省交界的山地出现了一个叶的中央裂片狭长，花序轴常缩短的变种黄山乌头，在南京一带低山地区出现了另一个类型深裂乌头，从浙江向北经江苏、山东到辽宁南部出现了第 4 个变种展毛乌头。其次，北乌头与乌头也非常接近，尤其是乌头的变种黄山乌头和北乌头的变种伏毛白乌头，这些类型说明乌头与北乌头的区别不是绝对的。另外，乌头的另一变种展毛乌头也与鸭绿乌头相近缘，而鸭绿乌头的变种光梗鸭绿乌头又与北乌头相联系，也与圆锥乌头相近，而圆锥乌头的变种疏毛圆锥乌头可能是圆锥乌头与北乌头之间的过渡类型。上述近缘种关系错综复杂，在分类学方面是较难处理的一群，均在各自的分布地区作"草乌"药用。

**1. 毛叶乌头**（*A. carmichaeli* var. *pubescens* W. T. Wang et Hsiao）　与乌头的区别为茎和叶背面密被短柔毛。叶的中央全裂片顶端急尖。产于甘肃东南部、陕西西南部秦岭一带。生于山地草坡间。

**2. 黄山乌头**（*A. carmichaeli* var. *hwangshanicum* W. T. Wang et Hsiao）　与乌头的区别为叶质地较薄，草质，中央全裂片顶端渐尖或长渐尖，小裂片较狭；花序轴极短，因此花序常似伞形花序。分布于江西东北部、浙江西北部、安徽南部（黄山）。生于海拔1 000m一带山地。

**3. 深裂乌头**（*A. carmichaeli* var. *tripartitum* W. T. Wang）　与乌头的区别为叶片掌状分裂不达基部，至距基部0.5～1.5cm处。叶的中央全裂片顶端急尖。产于江苏南京和句容一带。生于山地草坡，松林边或灌丛中。

**4. 展毛乌头**〔*A. carmichaeli* var. *truppelianum*（Ulbr.）W. T. Wang et Hsiao〕　与乌头的区别为花序轴和花梗有开展的柔毛。叶的中央裂片菱形，顶端急尖。分布于浙江北部、江苏、山东、辽宁南部。生于山地草坡，林边或灌丛中。

**5. 北乌头**（*A. kusnzoffii* Reicbb.）　多年生草本植物，高70～150cm。块根通常2，圆锥形或胡萝卜形，长2.5～5cm，直径0.7～1.5cm，表面黑褐色。茎直立，无毛。叶互生；具柄；叶片纸质或近革质，轮廓卵圆形，长9～16cm，宽10～20cm，3全裂几达基部，中央全裂片菱形，渐尖，近羽状分裂，小裂片披针形，侧全裂片斜扇形，不等2深裂，两面均无毛或上面疏被短毛。顶生总状花序具9～22朵花，通常与其下的腋生花序形成圆锥花序；花序轴和花梗无毛；下部苞片3裂，其他苞片长圆形或线形；小苞片线形或线状钻形；萼片紫蓝色，外面有疏曲柔毛或几无毛，上萼片盔形或高盔形，高1.5～2.5cm，侧萼片倒卵状圆形，少偏斜，长1.3～1.7cm，下萼片长圆形；花瓣2，变态成蜜腺叶，唇长3～5mm，距长1～4mm，向后弯曲或近拳卷，无毛；雄蕊多数，无毛，花丝全缘或有2小齿；心皮（4～）5枚，无毛。蓇葖果长（0.8～）1.2～2cm；种子扁椭圆球形，沿棱具狭翅，只在一面生横膜翅。花期7～9月，果期8～10月。分布于山西、河北、内蒙古、辽宁、吉林和黑龙江。在山西、河北及内蒙古南部生于海拔1 000～2 400m山地草坡或疏林中，在内蒙古北部、吉林及黑龙江等地生于海拔200～450m山坡或草甸上。朝鲜、俄罗斯西伯利亚地区也有分布。

**6. 伏毛北乌头**（*A. kusnzoffii* Reicbb. var. *crispulum* W. T. Wang）　与北乌头的区别为花梗上部或顶端有反曲的短柔毛。产于河北和东北。

**7. 鸭绿乌头**（*A. jaluense* Kom.）　块根圆锥形，长约3cm。茎高45～100cm，无毛。叶片与北乌头相似，长7～12cm，宽8～16cm，3全裂，中央全裂片菱形，渐尖，3裂，二回裂通常浅裂，表面有少数短伏毛，背部无毛；叶柄长为叶片之半或更短。花序顶生或腋生；花序轴和花梗通常密被伸展的短毛，苞片3裂或线形，小苞片线状钻形，萼片紫蓝色，外面疏被短柔毛，上萼片高盔形，高约2cm，侧萼片长约1.5cm，下萼片长圆形；花瓣2，变态成蜜腺叶，唇长6mm，顶端微凹，距长2～3mm，向内反曲，无毛；雄蕊多数，无毛，花丝全缘或有2小齿；心皮3或4，无毛或被毛。蓇葖果长约2cm；种子长约

2.5mm，只在一面有横膜翅。9 月开花。分布于吉林、黑龙江。生于山地。朝鲜、前苏联远东地区也有分布。本种近似北乌头，但叶的全裂片分裂程度较小，不明显 3 浅裂，花序有开展的毛，可以区别。

**8. 光梗鸭绿乌头**（*A. jaluense* Kom. var. *glabrescens* Nakai） 与鸭绿乌头的区别为花梗只在顶部被开展的柔毛。产于辽宁东南部。生于山地林边。

**9. 圆锥乌头**（*A. paniculigerum* Nakai） 块根倒圆锥形，长 2～3cm。茎高 70～100cm，无毛。叶片形状似北乌头，长 10～15cm，宽 13～16cm，3 全裂，中央全裂片菱形，渐尖，近羽状深裂，深裂片有少数三角形至披针形的小裂片，侧全裂片不等 2 裂近基部，表面有稀疏短伏毛，背部无毛；叶柄长约 6cm，无毛。花序圆锥状；花梗长 3～5.5cm，和花序轴均有开展的短柔毛；小苞片狭线形，长约 5cm；萼片紫蓝色，外面疏被短柔毛，上萼片高盔形，高 1.6～1.8cm，侧萼片宽倒卵形；花瓣无毛，唇长约 4mm，末端 2 浅裂，距长约 2.5mm，向后弯曲，末端稍拳卷；雄蕊多数，无毛，花丝全缘；心皮（3～）5，无毛。蓇葖果长约 1.1cm；种子长约 2mm，有横膜翅。8～9 月开花。分布于辽宁东南部、吉林东部。生于 600～1 200m 山地林边或林中。朝鲜也有分布。本种近似北乌头，但花序有密被的开展柔毛，上萼片较高，常有较长的喙可以区别。

**10. 疏毛圆锥乌头**［*A. paniculigerum* var. *wulingense*（Nakai）W. T. Wang］ 与圆锥乌头的区别为花序轴无毛，花梗只在上部疏被开展的短柔毛，其他部分无毛。产于河北东北部一带。生于海拔 600～1 500m 山地草坡或林中。

# 第四十四节　西　洋　参

## 一、概述

为五加科人参属多年生宿根草本植物西洋参（*Panax quinquefolium* L.）的干燥根。西洋参性凉，味甘微苦。有补气养阴，清热生津的功效。用于治疗肺虚久嗽、咳喘、咯血、热病伤阴、咽干口渴、虚热烦倦、胃火牙痛等症，对高血压、心肌营养性不良、冠心病、心绞痛等均有较好的疗效。西洋参主要有效成分为人参皂苷，到目前共发现约 30 种，按分子结构可分成 3 组：达玛烷型、奥克梯隆型和齐墩果烷型。西洋参的特征成分是属于奥克梯隆型的伪人参皂苷 $F_{11}$，可据此鉴别西洋参和人参属的其他种。此外，西洋参还含有人参多糖、三萜类化合物、挥发油、维生素、蛋白质、多种氨基酸、矿物质及微量元素等成分。

西洋参在自然条件下分布于加拿大及美国的北部地区，即北美洲北部海拔 300～500m 低山区的落叶林或针阔混交林，其生长的典型地理位置是坡度平缓、排水性能良好的坡面。我国自 20 世纪 80 年代初引种成功后，先后在黑龙江、吉林、辽宁、北京、山东、河北、陕西等地推广种植，目前已发展成为继加拿大、美国之后的第三大西洋参生产国。

## 二、药用历史与本草考证

西洋参在我国已有 300 年的应用历史。早在清康熙三十三年《补图本草备要》和清乾隆三十年《本草纲目拾遗》中已有记载。《本草备要》曰："产于佛兰西"，实为法国人首先发现并鉴定，并非法国产，对此应澄清。《药性考》记述："洋参似辽参之白皮泡丁，味类人参，唯性寒，甘苦；补阴退热，姜制有益元扶正气。"入肺胃二经，功能为补肺阴，清火生津液。《医学衷中参西录》谓："西洋参性凉而补，凡用人参而不受人参之温补者，皆可以此代之。"现代医学证明：西洋参具有提高体力和脑力劳动的能力，降低疲劳度和调节中枢神经系统等药理作用；对高血压、心肌营养性不良、冠心病、心绞痛等心脏病均有较好的疗效，尤其适用于改善由心脏病引起的烦躁、闷热、口渴，可减轻癌症患者放射治疗和化学治疗引起的不良反应，如咽干、恶心、消瘦、白细胞减少，胃口不佳、唾液腺萎缩，并能改变机体应激状态、减轻胸腺、淋巴腺组织萎缩等作用。

　　西洋参是生长于北美原始森林中的古老植物，早期的北美印第安人视其为药食同源的植物，并作为发汗退热的药物广泛应用。17世纪，法国人牧雅图斯在我国东北期间，对被当地人视作灵丹妙药、根似人形的人参产生了极大的兴趣。他以"鞑靼植物人参"为题，详细叙述了中国人参的形态特征、药用价值，并附有原植物图，此文在英国皇家协会会刊上发表。而被该文深深地吸引的则是加拿大蒙特利尔地区的法国传教士法朗士·拉费多，他在当地印第安人的帮助下，按图索骥在原始丛林中找到了与中国人参形态极其相似的植物，即西洋参。

　　西洋参原产加拿大的蒙特利尔、魁北克、多伦多，美国威斯康星州、密苏里州和纽约州。我国引种栽培成功后，形成了以东北产区（吉林、黑龙江、辽宁）为主，其他产区（北京、河北、山东、陕西等地）为辅的格局。我国目前东北三省已大面积栽培，北京、山东、陕西等地也有一定面积的种植。

## 三、植物形态特征与生物学特性

**1. 形态特征**　为多年生直立草本。主根呈纺锤形，支根较主根小，支根上的须根有疣状突起。主根的顶端有一短小根茎，俗称"芦头"。芦头上生出的越冬芽，称"芽苞"，白色、脆嫩，呈鹰嘴状，有5～6片半透明的椭圆形鳞片包围着，类似地上部的雏体及翌年芽苞的原始体。茎直立，圆柱形，表面有纵条纹，掌状复叶，小叶5枚，一般一年生苗由3小叶组成一枚复叶，称为三花；二年生苗为5枚小叶组成长掌状复叶，称为巴掌或五叶；3～5年以上有3～5枚掌状复叶，于茎顶端轮生。掌状复叶中间叶片最大，两边叶片次之，基部两片叶最小。叶片深绿色，先端突尖，边缘具不规则的粗锯齿，基部楔形，叶脉处有稀疏的刚毛。叶柄扁平状，长5～7cm，表面有纵条纹，小叶柄较细，长约1.5cm，最下2枚小叶近于无柄或很短。花为伞形花序，生于茎顶端，直径约2cm。总花柄较叶柄稍长或等长。花多数，各具有一细短花梗，其基部有卵形小苞片1枚，萼筒基部也有三角形小苞片1枚，花萼绿色，钟状，先端5齿裂，裂片钝尖，花瓣5枚，绿白色，矩圆形。雄蕊5枚，与花瓣互生，花丝基部稍宽，花药卵形至矩圆形，近于基着。雌蕊1枚，子房下位，2室，各室含1枚倒生胚珠，花柱2，上部分离呈叉状。花盘肉质，环状。果实为浆状小核果，初期绿色，熟时鲜红色，有光泽，内含种子1～4粒，多为2粒，果实形状因内含种子数量而异。果梗短，果穗紧密，呈扁球状至球状（图2-44）。7月开花，8～9月果实成熟。

**2. 生物学特性**　西洋参是典型的喜阴植物，每年春季越冬芽长出新的茎叶，秋季地上部枯萎，主根顶端形成新的越冬芽，翌年再次萌发。西洋参的越冬芽具有休眠的特性，必须经过一定时间的低温方能发芽。西洋参在第三年开花，少数两年生也能开花。花芽在前一年夏季由芽苞开始发育，第二年在茎顶端长出花梗，花梗长度小于叶柄的 1/2。一般一茎一梗，梗顶着生聚伞花。花为完全花。

　　西洋参种子具有形态后熟和生理后熟的休眠特性。果实采收时种胚未发育分化完善，通过种子处理或播种在自然环境下，种胚继续发育。胚分化完成后，随即进入胚的快速生长期，种皮开裂，种胚急剧生长，在此阶段中，胚的形态上不发生任何变化，只是胚体增加。当西洋参种子完成了从种熟到胚熟的形态后熟后，还必须经过一定的低温处理继续发育一段时间，为种子的发芽作积极的物质准备，主要是胚乳的成分进行转化，为幼苗的生长提供营养。

　　西洋参为肉质直根，通常有 2～5 个支根。根的顶端长有多节的根茎（芦头），上有茎痕和

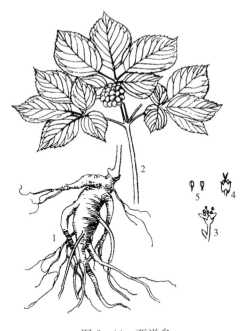

图 2-44　西洋参
1. 根　2. 茎　3. 花的全形放大
4. 去花瓣和雄蕊、示花柱　5. 雄蕊

不定根。主根呈纺锤形，微黄白色。根的形状因年生不同而异，一年、二年、三年生的主根呈圆锥形，四年生以上的主根呈纺锤形，多分枝。根上有深浅粗细不同的横纹，在须根上有瘤状突起，称为珍珠疙瘩。我国引种栽培成功后，因各地土壤质地、肥力、水分、气候、海拔高度等不同而影响西洋参质量。北京、山东等地所选择的土壤、气候各种条件与北美洲西洋参主产区近似，所产西洋参外形及内在质量最佳，与进口西洋参相似，总皂苷含量甚至高于美国、加拿大产的西洋参。

### 四、野生近缘植物

　　五加科人参属除西洋参外，还有人参（*P. ginseng* C. A. Mey.）、三七［*P. notoginseng* (Burk.) F. H. Chen］、假人参（*P. pseudoginseng* Wall.）、珠子参［*P. pseudoginseng* Wall. var. *major*（Burkill）H. L. Li］、竹节参（*P. japonicus* C. A. Mey.）、屏边三七（*P. stipuleanatus* Tsai et Feng）、姜状三七（*P. zingiberensis* C. Y. Wu et K. M. Feng）等种及变种，其中人参、三七及西洋参为名贵中药，其他种类均为民间药。因种类之间变异较大，长期以来人参属植物的分类较为混乱。

## 第四十五节　延　胡　索

### 一、概述

　　延胡索又称元胡，《中华人民共和国药典》（2005 年版一部）所收载的延胡索为罂粟

科紫堇属植物延胡索（*Corydalis yanhusuo* W. T. Wang ex Z. Y. Su et C. Y. Wu）的干燥块茎，应用历史悠久，是中医临床常用的中药材。野生于低海拔的旷野草丛或缓坡林缘，分布于河南南部、陕西南部、江苏、安徽、浙江、湖北等地。浙江中部的磐安、东阳、永康、绪云等县（市）有大量栽培。同属原植物 8 种、1 变种，皆罂粟科紫堇属延胡索亚属实心延胡索组，但含延胡索乙素者仅延胡索与齿瓣延胡索 [*C. remotea* Fisch. et Maxim. (*C. turtschaninovii* Bess.)] 两个种。

## 二、药用历史与本草考证

延胡索始载于唐代《本草拾遗》，曰："生干奚，从安东道来，根如半夏，色黄。"原名玄胡索，后因避宋真宗讳而改为延胡索。明代《本草述》曰："今茅山上龙洞、仁和（今杭州市）、笕桥亦种之，每年寒露后栽种，立春后出苗，高之四寸，延蔓布地，叶必三之，宛为竹叶，片片成个，细小嫩绿，边色微红，作花黄色，亦有紫色者，根丛生，状如半夏，但黄色耳，立夏掘。"以上描述的形态、产地、生态和现今浙江栽培的延胡索基本一致。延胡索在我国栽培历史较悠久，清代《康熙志》载："延胡索生在田中，虽平原亦种。"1932 年《东阳县志》记载："白术、元胡为最多，每年在二千箩以上。"

至于现今正品延胡索的原植物学名百年来颇有争议，首先 Forbes 于 1556 年鉴定为 *C. bulbosa* DC.，此学名对我国影响深远，直至 20 世纪 70 年代，我国著作还在引用。王文采于 1972 年鉴定为新种，周荣汉等以浙江产本品与东北产齿瓣延胡索，从形态和成分加以对比，认为前者是后者的一个变型，并发表学名为 *C. turtschaninovii* Bess. f. *yanhusuo* Y. H. Chou et C. C. Hsu.，苏志云、吴征镒于 1985 年将王文采鉴定的新种发表为 *C. yanhusuo* W. T. Wang ex Z. Y. Su et C. Y. Wu。武建国等就延胡索的产地、栽培史作详细考证，提出恢复齿瓣延胡索为正品与延胡索同列药典。徐昭玺等认为从染色体数目上来看，浙江元胡与齿瓣元胡之间似乎也存在密切关系。连文炎等从本草考证、植物形态、地理分布、化学成分加以对比，认为浙江产延胡索与齿瓣延胡索有明显不同。傅小勇等以化学分类为手段比较了东阳产延胡索与大连产齿瓣延胡索所含异喹啉生物碱的种类和含量，认为"将延胡索作为与齿瓣延胡索近缘的独立种处理较为合适，对该属植物分类、药材的质量控制"都有重要意义。现今王文采的定名受到多数植物学家和生药学家赞同，被药典和有关书籍普遍采用。

## 三、植物形态特征与生物学特性

**1. 形态特征**　为多年生草本，茎高 0～20cm。块茎球形，内部黄色。地茎纤细稍肉质，生叶 3～4 片，叶二三出全裂，末回裂片披针形或狭形。总状花序，苞片卵形，萼片极早期脱落；花瓣紫红色，4 片，排 2 轮，外轮 2 片稍大，最外 1 片基延伸成长矩；内轮 2 片狭小。雄蕊 6 枚，两体。子房上位，由 2 皮组合 1 室。果为蒴果，扁柱形（图 2-45）。花期 3 月，果期 4～5 月。

**2. 生物学特性**　延胡索为典型的阳生植物，生于山地、稀疏林地或树林边缘草中，喜温暖湿润气候，畏强光照。怕干旱，能耐寒。地上部分在 1 月下旬至 2 月上旬出苗，花期一般在 2～3 月，幼苗期一般仅 2～3 枚叶片，以后逐渐增多。植株后期地上茎可达 10

个以上叶片，叶片覆盖整个畦面。4月下旬至5月上旬地上部分枯死。延胡索地下部分有根状茎、块茎和须根。其中根状茎在块茎10月初萌芽后至11月初，就开始伸长，沿水平方向略向上生长。至11月下旬形成根状茎第一个节，以后继续生长，长出第二个节、第三个节。至2月上旬基本形成了整个根状茎。根状茎初期呈肉质，易折断，后期稍带纤维。根状茎的长度因种植深度、土壤质地、母块茎大小而异，一般长度为3～12cm。每个母块茎长出根状茎2～4只，每只具根状茎节2～5个。整个根状茎生长期约100d，其中生长最快的时期是在12月上旬至第二年1月。块茎的形成有两个部分：一个是地下茎节处膨大，形成块茎，俗称"子元胡"；另一个是种用的块茎外部腐烂，在其内部重新形成块茎，俗称"母元胡"。两种块茎形成的时间不同。2月下旬母元胡形成后，子元胡才开始逐渐形成，其形成和发育约需50d。3月下旬为子元胡膨大时期，而3月下旬至4月下旬为块茎重量增长最快期。

图 2-45　延胡索
1. 植株全形　2. 花　3. 去花冠后示雌雄蕊

　　3月1日至4月10日延胡索乙素呈缓慢增加过程，此时正处于地上部分和地下块茎的快速生长期，4月15～30日含量呈快速上升时期，由0.074%上升到0.142%，此时地上部分开始缓慢生长并开始枯萎；5月7日后开始出现下降趋势。初步推断延胡索乙素的变化呈后期积累模式，有可能是地上部分营养向地下茎转移并进行相应合成而使得块茎含量升高。原阿片碱积累快速期略晚于延胡索乙素，但块茎中含量水平明显高于前者，特别在4月与10月相差更为明显。延胡索乙素与原阿片碱代谢积累可能存在某种协同作用。

## 四、野生近缘植物

　　**1. 齿瓣延胡索**（*C. turschaninovii* Bess.）　多年生草本，高8～25cm。茎稍粗，生于鳞片叶腋处，鳞叶较大，长2cm。茎上部生2～3叶；叶片长6～8cm，二回三出全裂，小叶片披针形或狭倒卵形，全缘。总状花序顶生；花瓣4，蓝紫色，上唇顶端2浅裂，有短尖，矩圆筒状，下唇2裂；雄蕊6；雌蕊1，条形。蒴果近念珠状，长1.5cm。花期4～5月，果期6～7月。生于疏林下或林缘灌丛、山坡稍湿地。产于东北。

　　**2. 东北延胡索**（*C. ambigua* Cham. et Schlecht. var. *amurensis* Maxim.）　多年生草本，高10～15cm。茎单一，自鳞片叶腋中伸出。叶互生，有长柄；叶片不完全二回三出

全裂，小裂片狭倒卵形或狭卵状长圆形。总状花序生于枝顶；苞片卵状长圆形；萼片 2，早落。花瓣 4，淡紫红色或蓝色，大小不等，呈唇形，上唇有距与下唇对生；雄蕊 6；雌蕊 1，条形。蒴果梭形，短柱状。花期 4～5 月，果期 6～7 月。

**3. 土元胡**（*C. humosa* Migo）　草本，高 10～20cm。茎生叶 3～4，三出，小叶具柄（2～3cm），椭圆形或卵形，全缘或 2～3 裂。总状花序少花而疏离（1～3 花），苞片披针形、全缘，长 4～7mm，花梗长 5～10mm。花白色，长 1～1.5cm，下花瓣基部小瘤状突起。蒴果椭圆形。产于浙江、江苏、安徽等地，生于阴湿山坡。块茎当土元胡入药。

**4. 全叶延胡索**（*C. repens* Mandl et Muhld.）　总状花序高出叶层，花少而疏离，苞片全缘，花梗毛细丝状，长约 2cm，明显超出苞片，花浅蓝色、蓝紫色或紫红色，长 1.5～1.9cm，外花瓣顶端下凹，无短尖，柱头具 4 乳突。蒴果下垂，长卵形或椭圆形，长 1～1.5cm，宽 0.5cm。产于黑龙江、吉林、辽宁、河北、山东、山西、安徽、江苏、浙江、湖北等省。生于海拔 700～1 000m 的灌木林下、林缘。前苏联远东地区也有分布。块茎含原阿片碱、L-四氢黄连碱、延胡索甲素、黄连碱、巴马亭、药根碱、比枯枯灵碱、别隐品等。块茎味苦、性温，有行气止痛，活血散瘀功效，用于胃腹疼痛，可代延胡索用。

**5. 三裂延胡索**［*C. ternate*（Nakai）Nakai］　叶三出，裂片具短柄，卵圆形或楔状卵圆形，较大，长 2.5～3.5cm，宽 1.5～2.5cm，边缘具不规则锯齿或缺刻。苞片具篦齿状缺刻，花冠淡蓝色或蓝色，长 2～2.5cm，外花瓣全缘，顶端下凹、通常不具短尖，柱头具 8 乳突。蒴果线形，长约 2cm，具 1 列种子。产于辽宁、吉林，生于林下阴湿地或近水边。朝鲜有分布。块茎的药用价值类似延胡索。

**6. 薯根延胡索**（*C. ledebouriana* Kar. et Kir.，对叶元胡）　花紫红色，长 1.6～2.7cm，果椭圆形，直立或斜伸，种子 2 列。产于新疆的伊犁、塔城、霍城、天山等地，生于海拔 800～2 900m 的砾石坡地。前苏联、伊朗、阿富汗、巴基斯坦也有分布。块茎为新疆药用元胡之一，含考列定碱、海罂粟碱、原阿片碱、斯氏紫堇碱、四氢黄连碱、延胡索乙素等。味苦，性温。有行气止痛、活血散瘀的功效。用于行经腹痛、胃痛、神经性疼痛、腰痛和双胁痛。

**7. 新疆元胡**（*C. glaucescens* Regel）　植株高 6～20cm。块茎圆球形，深褐色。叶二回羽状三出，一回裂片 5，二回裂片 3，2 裂至 3 深裂，有时掌状 4～5 裂。花冠紫红色或淡红色，长 2～2.5cm，距约长于瓣片 1.5 倍，蜜腺体长约 1mm，柱头具 8 乳突。产于新疆西北部，生于海拔 1 300～1 700m 的山地灌丛林缘，草原和荒漠地带的低凹处。块茎含生物碱，味苦、性温，有行气止痛、活血散瘀的功效。用于行经腹痛、胃痛、神经性疼痛、腰痛和双胁痛等。

# 第四十六节　葛

## 一、概述

本品为豆科葛属植物葛［*Pueraria lobata*（Willd.）Ohwi］的干燥根，习称野葛，秋、冬二季采挖，趁鲜切成厚片或小块，干燥。性甘、辛，味凉，归脾、胃经，具有解肌退热、生津、透疹、升阳止泻的功效。用于外感发热头痛、项背强痛、口渴、消渴、麻疹不透、热痢、泄泻、高血压颈项强痛等症状。葛根主含异黄酮类、三萜及皂苷类化合物，还含有查尔酮衍生物、香豆素等化学成分，异黄酮类为其主要成分，三萜类和皂苷类是第二类主要成分，含量较低，其他类成分含量很低；其有效成分主要为黄豆苷元、黄豆苷及葛根素等。

野葛资源分布很广，产于我国南北各地，除新疆、青海、西藏外，全国几遍分布。生于山地疏或密林中，山坡、路边草丛中及较阴湿的地方，国外东南亚及澳大利亚亦有分布。目前国内野生葛根最大产区为江西省，而栽培葛根最大产区为浙江省。浙江省野葛传统主产区为磐安、东阳，此外，江山、淳安等地是浙江省新形成的栽培葛根产区。

## 二、药用历史与本草考证

葛根始载于东汉《神农本草经》，列为中品，但只有性味功效，而无形态学描述。之后历代本草均有对葛根的记载，但在葛根品种上却出现分歧。梁代陶弘景《本草经集注》云："即今之葛根，人皆蒸食之，当取入土深大者，破而日干之，生者捣取汁饮之……南康、庐陵间最胜，多肉而少筋，甘美。但为药用之，不及此间尔。"从此段记述可以明确，在当时葛根入药的品种不止一种，一种食之肉多甘美，而另一种药用价值更高。至宋代，才有了葛根具体的形态学描述，苏颂《本草图经》曰："葛根生汶山川谷，今处处有之，江浙尤多，春生苗，引藤蔓长一、二丈，紫色，叶颇似楸叶而青，七月着花似豌豆花，不结实，根形如手臂，紫黑色。五月五日午时采根曝干，以入土深者为佳。今人多以作粉，食之甚益人。下品有葛粉条，即谓此也。"描述了葛根"引藤蔓长一、二丈""叶似楸叶、花似豌豆花"等应是葛属野葛 [*Pueraria lobata* (Willd.) Ohwi] 的形态特征。但提及它的食用性，则是指该属甘葛藤即粉葛 (*P. thomosonii* Benth.) 和食用葛藤 (*P. edulis* Pamp.)。又如北宋寇宗奭《本草衍义》云："葛根澧、鼎之间，冬月取生葛，以水中揉出粉，澄成垛，先煎汤使沸，后擘成块下汤中，良久，色如胶，其体甚韧，以蜜汤中拌食之。擦少生姜尤佳……彼之人，又切入煮茶中以待宾，但甘而无益。又将生葛根煮熟者，作果卖。"这其中描述的葛根无疑是指甘葛藤和食用葛藤块根。由此可见，从古至今，人们习惯上所用的葛根不仅单指豆科植物野葛，还包括同属植物粉葛，至明清以来，甘葛（粉葛）、食用葛及野葛均可作为葛根的入药正品。直至 2005 年，《中华人民共和国药典》才将甘葛作为粉葛、野葛作为葛根分列收载和使用。

从古至今，葛根就因其很好的医疗效果被医家广泛使用。南北朝及以前，《本经》云："主消渴，身大热，呕吐，诸痹，起阴气，解诸毒。"《别录》云："疗伤寒中风头疼，解肌发表出汗，开腠理，疗金疮，止疼，胁风疼。""生根汁，疗消渴，伤寒壮热。"隋唐五代《药性论》云："能治天行上气，呕逆，开胃下食，主解酒毒，止烦渴。熬屑治金疮，治时疾寒热。"《新修本草》云："根末之，主治狗啮，并饮其汁良。"《日华子诸家本草》云："治胸膈热，心烦闷，热狂。止血痢，通小肠，排脓、破血。傅蛇虫啮，解署毒箭。"《本草拾遗》："生者破血，合疮，堕胎。解酒毒，身热赤，酒黄，小便赤涩。可断谷不肌。"明代《滇南本草》云："治胃虚消渴，伤风、伤暑、伤寒、解表邪，发寒热往来，湿疟。解中酒热毒，小儿豆疹初出要药。"清代《本草辨读》云："解阳明肌表之邪。甘凉无毒。

鼓胃气升腾而上。津液资生。若云火郁发之，用其升散。或治痘疹不起。赖以宣疏，治泻则煨熟用之。"《本草害利》云："发汗升阳，生用能堕胎，蒸熟散郁火，化酒毒，止血痢。能舞胃气上行，治虚泻之圣药。鲜葛根汁大寒，治温病火热，吐衄诸血。"从上述历代本草描述可以看出，葛根的药用价值不断提高，从最初的"解肌退热、生津止渴、疗金疮"，到后来的"解酒毒""止血痢""生者堕胎""小儿痘疹""虚泻之圣药"等功用。

## 三、植物形态特征与生物学特性

**1. 形态特征** 粗壮藤本，长可达 8m，全体被黄色长硬毛，茎基部木质，有粗厚的块状根。羽状复叶具 3 小叶；托叶背着，卵状长圆形，具线条；小托叶线状披针形，与小叶柄等长或较长；小叶 3 裂，偶尔全缘，顶生小叶宽卵形或长卵形，长 7～19cm，宽 5～18cm，先端长渐尖，侧生小叶长卵形，稍小，上面被淡黄色、平伏的疏柔毛，下面较密，小叶柄被黄褐色柔毛。总状花序长 15～30cm，中部以上有颇密集的花，苞片线状披针形至线形，远比小苞片长，早落；小苞片卵形，长不及 2cm，花 2～3 朵聚生于花序轴的节上；花萼钟形，长 8～10cm，被黄褐色柔毛，裂片披针形，渐尖，比萼管略长；花冠长 10～12mm，紫色，旗瓣倒卵形，基部有 2 耳及一黄色硬颊状附属体，具短瓣柄，翼瓣镰形，较龙骨瓣为狭，基部有线形、向下的耳，龙骨瓣镰状长圆形，基部有极小、极尖的耳，对旗瓣的 1 枚雄蕊仅上部离生，子房线形，被毛；荚果长椭圆形，长 5～9cm，宽 8～11mm，扁平，被褐色长硬毛（图 2-46）。花期 9～10 月，果期 11～12 月。

图 2-46 葛

**2. 生物学特性** 野葛为豆科多年生落花藤本植物，葛株枝叶繁茂，根系发达。葛藤坚韧，长可达 8m 以上，外被黄棕色粗毛；块根粗壮肥厚，淀粉含量高。野葛具有很强的适应性，在多种土壤和气候条件下都可生长，多分布于海拔 1700m 以下温暖潮湿的坡地，沟谷及灌木丛中，尤其在含有机质的肥沃湿润土壤中，于温暖湿润的气候环境下生长最好，特别喜好在年平均气温 12～16℃，相对湿度 60% 以上的背阴温凉潮湿坡地生长。日均气温达 10℃ 左右，腋芽开始萌发，适宜生长的日均气温 20～30℃，4～9 月为生长旺季，8～9 月为花期，10～11 月为块根膨大期，11月中旬停止生长，在贫瘠的沙石地及黏重的土壤上也能生长。因其有强大的根系，根茎可深入地下 3m 以上，有较强的抗旱能力，土壤含水量在 18% 以上时，葛苗即可正常生长，但不能水淹。其中，江西野葛在 5℃ 以上即可萌发生长，5～7 月为生长盛期，不耐霜冻，地上部分遇霜死亡。野葛根在每年 11 月前后成熟，根的采挖一般在秋季霜降后至翌年清明前这段时间。野葛喜温暖潮湿的自然环境，耐旱，对土壤要求不严，以腐殖质深厚的土壤为佳。它是一种生命力旺盛、易于管理的植物，同样很适合栽培。除药用外，野葛也可用于城市庭院、街道、公园等绿化。根据野葛对生态环境的要求，应选择土层深厚肥沃、利于排水、向阳、pH 为 6～8 的沙质壤土栽培为好。

良种是葛根种植获得高产优质高效的决定性因素，是工业加工获得优质产品的原料基础，在栽培实践中必须选用优良品种，才能达到栽培和加工之目的。若是为食品工业加工提供原料则宜选用葛根淀粉含量较高的品种，若是为医药工业加工制剂提供原料则宜选用总黄酮含量较高的品种。广西 85 - 1 号葛根品种是柳州地区林业科学研究所经 10 多年从 6 个地方品种栽培比较试验中选育出来的优良品种。该品种具有粗放易种、耐干旱、耐瘠薄、含纤维少、产量高、优质、抗性强等特点。种藤不需冬藏，随剪藤随种，当年种植，当年收，每 667m$^2$ 产鲜薯 3 000kg 以上，薯块粗肥，单薯重 1～4kg，引进试种成功，经过几年栽培示范的优质速生丰产品种，是目前葛根产业发展的首选品种。该品种速生、质优、产量高，淀粉含量高达 25%～28%，大大高于本地野生葛根 12%～15% 的含量，葛根素含量达 1.8%～2.25%，优于野生葛根 1.26%～2.01%。两年生葛根每 667m$^2$ 产量一般都能达到 2 500kg 以上。

## 四、野生近缘植物

葛属植物约 35 种，分布于印度至日本，南至马来西亚，我国产 6 种，主要分布于西南部、中南部至东南部，长江以北少见。粉葛从古至今都作为中药材葛根的主要药源之一，直到 2005 年版《中华人民共和国药典》才将野葛及粉葛分开描述。而其同属植物食用葛、三裂叶野葛、苦葛在历代本草中也常作为葛根的药源，食用葛是我国特有物种。

**1. 粉葛**（*P. thomsonii* Benth.）　粗壮藤本。顶生小叶菱状卵形或宽卵形，侧生的斜卵形，长和宽 10～13cm，先端极尖或具长小尖头，基部截平或急尖，全缘或具 2～3 裂片，两面均被黄色粗伏毛；花冠长 16～18mm；旗瓣近圆形，花期 9 月，果期 11 月。产于云南、四川、西藏、江西、广西、广东、海南。生于山野灌丛或疏林中，或栽培。老挝、泰国、缅甸、不丹、印度、菲律宾均有分布。块根含淀粉，供食用，所提取的淀粉称葛粉。其性味甘、辛，凉，归脾、胃经；具有解肌退热、生津、透疹、升阳止泻之功效，用于外感发热头痛、项背强痛，口渴，消渴，麻疹不透，热痢，泄泻；高血压颈项强痛。

**2. 葛麻姆**［*P. montana*（Lour.）Merr.］　粗壮藤本。顶生小叶宽卵形，长大于宽，长 9～18cm，宽 6～12cm，先端渐尖，基部近圆形，通常全缘，侧生小叶略小而偏斜，两面均被长柔毛，下面毛较密；花冠长 12～15mm，旗瓣圆形。花期 7～9 月，果期 10～12 月。产于云南、四川、贵州、湖北、浙江、江西、湖南、福建、广西、广东、海南和台湾。生于旷野灌丛中或山地疏林下。日本、越南、老挝、泰国和菲律宾有分布。其性味归经及药用功效同葛根及粉葛。

**3. 食用葛**（*P. edulis* Pampen）　藤本，具块根，茎被棕色的稀疏长硬毛。羽状复叶具 3 小叶，托叶背着，箭头形，上部裂片长 5～11mm，基部 2 裂片长 3～8mm，具条纹及长缘毛；小托叶披针形，长 5～7mm；顶生小叶卵形，长 9～15cm，宽 6～10cm，3 裂，侧生的斜宽卵形，稍小，多少 2 裂，先端短渐尖，基部截形或圆形，两面被短柔毛。小叶柄及总叶柄均密被长硬毛，总叶柄长 3.5～16cm。总状花序腋生，长达 30cm，不分枝或具 1 分枝，花 3 朵生于花序轴的每节上，苞片卵形，长 4～6mm，无毛或具缘毛，小苞片每花 2 枚，卵形，长 2～3mm，无毛或被很少的长硬毛；花梗长细，长 7mm，无毛；花紫色或粉红色，花萼钟状，内外被毛或外面没毛，萼管长 3～5mm，萼裂片 4，披针形，长 4～7mm，近等长，上方一片较宽；旗瓣近圆形，长 14～18mm，顶端微缺，基部有 2 耳，具长约 3.5mm 的瓣柄，翼瓣倒卵形，长约 16mm，具瓣柄及耳，龙骨瓣偏斜，腹面贴生；雄蕊单体，花药同型，子房被短硬毛，几无柄。荚果带形，长 5.5～6.5（～9）cm，宽约 1cm，被极稀疏的黄色长硬毛，缝线增粗，被稍密的毛，有种子 9～12 颗。种子卵形扁平，长约 4mm，宽约 2.5mm，红棕色。花期 9 月，果期 10 月。产于广西、云南、四川等地。生于海拔 1 000～3 200m 的山沟林中。目前尚未人工引种栽培。其性味归经及药用功效同粉葛。

**4. 三裂叶野葛** ［*P. phaseoloides*（Roxb.）Benth.］ 草质藤本。茎纤细，长 2～4m，被黄褐色开展长硬毛。羽状复叶具 3 小叶，托叶基着，卵状披针形，长 3～5mm，小托叶线形，长 2～3mm，小叶宽卵形、菱形或卵状菱形，顶生小叶较宽，长 6～10cm，宽 4.5～9cm，侧生的较小，偏斜，全缘或 3 裂，上面绿色，被紧贴长硬毛，下面灰绿色，密被白色长硬毛。总状花序单生，长 8～15cm 或更长，中部以上有花，苞片和小苞片线状披针形，长 3～4mm，被长硬毛，花具短梗，聚生于稍离疏的节上，萼钟状，长约 6mm，被紧贴长硬毛，下部裂齿与萼管等长，顶端刚毛状。其余的裂齿三角形，比萼管短。花冠浅蓝色或淡紫色，旗瓣近圆形，长 8～12mm，基部有小片状，直立的附属体及 2 枚内弯的耳，翼瓣倒卵状长椭圆形，稍较子房线形。荚果近圆柱形，种子长椭圆形。两端近截平，长 4mm，花期 8～9 月，果期 10～11 月。产于我国云南、广东、海南、广西和浙江。生于山地、丘陵的灌木丛中。印度、中南半岛及马来半岛也有分布。本种可作覆盖植物、饲料和绿肥作物。性味甘、辛、平，具有解肌退热，生津止渴，透发麻疹，解毒之功效。

**5. 苦葛** ［*P. peduncularis*（Grah. ex Benth.）Benth.］ 又名云南葛藤、白苦葛、红苦葛。该植物为缠绕草本，各部被疏或密的粗硬毛。羽状复叶具 3 小叶，托叶基着，披针形，早落；小托叶小，刚毛状；小叶卵形或斜卵形；长 5～12cm，宽 3～8cm，全缘，先端渐尖，基部急尖至截平，两面均被粗硬毛，稀可上面无毛；叶柄长 4～12cm。总状花序长 20～40cm，纤细，苞片和小苞片早落；花白色，3～5 朵簇生于花序轴的节上；花梗纤细，长 2～6mm，萼钟状，长 5mm，被长柔毛，上方的裂片极宽，下方的稍急尖，较管为短；花冠长约 1.4cm，旗瓣倒卵形，基部渐狭，具 2 个狭耳，无痂状体，翼瓣稍比龙骨瓣长，龙骨瓣顶端内弯扩大，颜色较深；对旗瓣的 1 枚雄蕊稍宽，和其他的雄蕊紧贴但不连合。果瓣近纸质，近无毛或疏被柔毛，花期 8 月，果期 10 月。产于西藏、云南、四川、贵州、广西。生于荒地、杂木林中。尼泊尔、印度及缅甸也有分布。其性味归经及功效主治同葛根，另外苦葛花还有治痔疮、解酒毒之功效。

# 第四十七节 银 柴 胡

## 一、概述

为石竹科繁缕属植物银柴胡（*Stellaria dichotoma* L. var. *lanceolata* Bge.）的干燥

根，味甘、性微寒，归肝、胃经，具退虚热、清干热之功效。野生银柴胡多生于海拔1 200m左右的荒漠草原地带、灌丛及天然林地，伴生植物主要为黄花铁线莲、麻黄、甘草、沙蒿、酸枣、杠柳、冰草、羊草等，土壤多为土层深厚，质地疏松，透水性好的沙质壤土。银柴胡主要分布于内蒙古、宁夏、陕西、甘肃等地，主产于内蒙古阿巴嘎旗、鄂托克前旗、苏尼特左旗；宁夏盐池、灵武。银柴胡喜温暖、冷凉气候，具有耐旱、耐寒、喜光、忌水渍的特性，以沙质土壤最易生长。

## 二、药用历史与本草考证

《本草图经》："柴胡，以银川者为胜。二月生苗，甚香，茎青紫，叶似竹叶而稍紧，亦有似斜蒿，亦有似麦门冬而短者；七月开黄花，生丹州结青子，与他处者不类。根赤色，似前胡而强；芦头有赤毛如鼠尾，独窠长者好。二月、八月采根暴干。"《纲目》："银川，即今延安府神木县，五原城是其废迹。所产柴胡，长尺余而微白且软，不易得也。近有一种根似桔梗、沙参，白色而大，市人以伪充银柴胡，殊无气味，不可不辨。"《百草镜》："银柴胡出陕西宁夏镇。二月采叶，名芸蒿。长尺余微白，力弱于柴胡。"银柴胡的地方习用品有灯心蚤缀，分布于吉林、辽宁、内蒙古、山东、山西、河北；旱麦瓶草，分布于河北、山东、山西、内蒙古；蝇子草和窄叶丝竹，分布于甘肃；丝石竹，分布于甘肃、山西、河南。

## 三、植物形态特征与生物学特性

**1. 形态特征** 银柴胡为石竹科多年生草本植物，株高 20～40cm。主根圆柱形，直径 1～3cm，外皮淡黄色，顶端有许多疣状的残茎痕迹。茎直立，节明显，上部二叉状分枝，密被短毛或腺毛。叶对生；无柄；茎下部叶较大，披针形，长 4～30mm，宽 1.5～4mm，先端锐尖，基部圆形，全缘，上面绿色，疏被短毛或几无毛，下面淡绿色，被短毛。花单生，花梗长 1～4cm；花小，白色；萼片 5，绿色，披针形，外具腺毛，边缘膜质；花瓣 5，较萼片为短，先端 2 深裂，裂片长圆形；雄蕊 10，着生在花瓣的基部，稍长于花瓣；雌蕊 1，子房上位，近于球形，花柱 3，细长。蒴果近球形，成熟时顶端 6 齿裂（图 2 - 47）。花期 6～7 月，果期 8～9 月。生长于干燥的草原、悬岩的石缝或碎石中。

**2. 生物学特性** 银柴胡喜温暖、冷凉气候，具有耐旱、耐寒、喜光、忌水渍的特性。要求年平均气温 7.9～8.8℃，极端最高气温

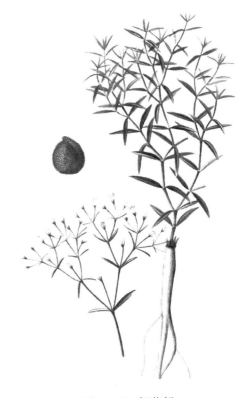

图 2 - 47 银柴胡

37.7℃，极端最低气温−30.3℃，年降水量178～254mm，无霜期153～205d。种子在温度9℃，水分充足的条件下，10d发芽率达83%。出苗、返青期4月上中旬，花期6～8月，果期8～9月，植株枯萎及种子成熟期9月下旬。

## 四、野生近缘植物

**二柱繁缕**（*S. bistyla* Y. Z. Zhao）　为石竹科多年生草本植物，高10～30cm。茎密丛生，铺散，叉状分枝，近圆柱形，带紫色，密被腺毛。叶片长圆状披针形，长1～2cm，宽2～10mm，顶端急尖，基部渐狭，边缘有毛或无毛，中脉明显，上面下凹，下面凸起。二歧聚伞花序顶生，稀疏；苞片披针形，长1.5～3mm，两面被腺毛；花梗长3～20mm；萼片5，长圆状披针形，长4～5mm，宽约1mm，顶端尖，边缘宽膜质，外面被短毛或无毛；花瓣5，白色，倒卵形，长约3mm，宽约2mm，比萼片短，顶端2浅裂至1/4～1/3处，基部楔形；雄蕊10，长约3mm；子房球形，1室，具4～5胚珠；花柱2（极少3），长2～3mm。蒴果倒卵形，长约2.5mm，短于宿存萼，顶端4（稀6）齿裂，含1～2粒种子；种子卵形至倒卵形，长1.5～1.8mm，黑褐色，表面具小瘤状凸起。花期7月，果期8月。为我国特有种，分布于宁夏、内蒙古等地。生长于海拔2 000～2 600m的地区，多生于干沟石缝中，目前尚未由人工引种栽培。

# 第四十八节　玉　　竹

## 一、概述

为百合科黄精属多年生草本植物玉竹［*Polygonatum odoratum*（Mill.）Druce］的根茎，秋季采挖，洗净晒至柔软后，反复揉搓，晾晒至无硬心，晒干，或蒸透后，揉至半透明，晒干，切厚片或段用。玉竹耐寒，耐阴，喜潮湿环境，适宜生长于含腐殖质丰富的疏松土壤。生于海拔500～3 000m的林下或山野阴坡，欧亚大陆温带地区广布。野生分布很广，产于黑龙江、吉林、辽宁、河北、山西、内蒙古、甘肃、青海、山东、河南、湖北、湖南、安徽、江西、江苏、台湾及福建等地。

## 二、药用历史与本草考证

《本草经集注》云："茎干强直，似竹箭杆，有节。"故有玉竹之名。《本草正义》曰："治肺胃燥热，津液枯涸，口渴嗌干等症，而胃火炽盛，燥渴消谷，多食易饥者，尤有捷效。"《本经》曰："主中风暴热，不能动摇，跌筋结肉，诸不足。久服去面黑野，好颜色，润泽，轻身不老。"《滇南本草》曰："补气血，补中健脾。""治男妇虚证，肢体酸软，自汗，盗汗。"玉竹是大宗中药材。湖南邵东产的猪屎尾参产量大、品质优，占全省3/4，出口占全国第一，享誉海内外。该品呈长圆柱形，略扁，少有分枝，长4～18cm，直径0.3～1.6cm。表面黄白色或淡黄棕色，半透明，具纵皱纹及微隆起的环节，有白色圆点状的须根痕和圆盘状茎痕。质硬而脆或稍软，易折断，断面角质样或显颗粒性。气微，味甘，嚼之发黏。

## 三、植物形态特征与生物学特性

**1. 形态特征**　根状茎圆柱形，直径5～14mm。茎高20～50cm，具7～12叶。叶互生，椭圆形至卵状矩圆形，长5～12cm，宽3～16cm，先端尖，下面带灰白色，下面脉上平滑至呈乳头状粗糙。花序具1～4花（栽培情况下可多至8朵），总花梗（单花时为花梗）长1～1.5cm，无苞片或有条状披针形苞片；花被黄绿色至白色，全长13～20mm，花被筒较直，裂片长3～4mm；花*丝*丝状，近平滑至具乳头状突起，花药长约4mm；子房长3～4mm，花柱长10～14mm。浆果蓝黑色，直径7～10mm，具7～9颗种子（图2-48）。花期5～6月，果期7～9月。

**2. 生物学特性**　玉竹宜温暖湿润气候，喜阴湿环境，较耐寒。宜选上层深厚、肥沃、排水良好、微酸性沙质壤土栽培。不宜在黏土、湿度过大的地方种植。忌连作。

图2-48　玉　竹
1. 花枝　2. 花剖开　3. 根茎

## 四、野生近缘植物

**1. 小玉竹**（*P. humile* Fisch. ex Maxim.）百合科黄精属多年生草本植物。根状茎细圆柱形，直径1.5～5mm，匍匐。茎直立，高15～50cm，有棱角。叶7～11（～14）枚，互生，无柄或下部叶有极短的柄，叶片长圆形、长圆状披针形或广披针形，长4～9cm，宽1.5～4cm，先端多少锐尖或钝头，基部钝，表面无毛，背面及边缘具短糙毛。花序通常仅具1花，稀为具2或3花，花梗长7～15mm，显著向下弯曲；花白色，顶端带绿色，筒状，长15～18mm，花被片先端6浅裂，裂片长2mm；雄蕊6，花丝长3mm，插生于花被片2/3处，两侧稍扁，花丝上多少有粒状突起，花药三角状披针形，长3～3.5mm；子房倒卵状长圆形，长约4mm，花柱长11～13mm。浆果球形，蓝黑色，直径约1cm，有5～6粒种子。花期5～6月，果期7～8月。

本种和玉竹很近，区别点仅在于根状茎较细，叶下面具短糙毛和花序通常仅具1花。分布在朝鲜、日本、前苏联西伯利亚和远东地区以及中国的黑龙江、河北、山西、吉林、辽宁等地。生长于海拔800～2 200m的林下或山坡草地。

**2. 热河黄精**（*P. macropodium* Turcz.）　百合科黄精属多年生草本植物，根状茎圆柱形，直径1～2cm。茎高30～100cm。叶互生，卵形至卵状椭圆形，少有卵状矩圆形，长4～8（～10）cm，先端尖。花序具（3～）5～12（～17）花，近伞房状，总花梗长3～5cm，花梗长0.5～1.5cm；苞片无或极微小，位于花梗中部以下；花被白色或带红点，全长 15～20mm，裂片长 4～5mm；花丝长约 5mm，具 3 狭翅呈皮屑状粗糙，花药长约 4mm；子房长 3～4mm，花柱长 10～13mm。浆果深蓝色，直径 7～11mm，具 7～8 粒种子。与玉竹的区别仅在于根状茎较粗壮，花序具较长的总花梗和较多的花。

# 第四十九节　浙 贝 母

## 一、概述

浙贝母为百合科贝母属多年生草本浙贝母（*Fritillaria thunbergii* Miq.）的干燥鳞茎。迄今已有 300 多年的栽培历史，是大宗常用中药材，著名的"浙八味"之一。具清热散结、化痰止咳、开郁之功效。药材来源主要以栽培为主，野生浙贝母数量较少，分布于浙江省宁波一带，家种的主要栽培于浙江，江苏、上海、湖南、安徽、福建也有少量种植。

## 二、药用历史与本草考证

历代主要本草对中药"贝母"均有记载。《神农本草经》云："气味辛、平，无毒，主伤寒烦热，淋沥邪气，病症，喉痹，乳难。"《名医别录》云："贝母苦微寒、无毒，疗腹中结实，心下满，目眩项直，咳嗽上气，止烦热渴出汗，安五脏，补骨髓……生晋地，十月采根，晒干。"《新修本草》云："贝母叶似大蒜，四月蒜熟时采，良，若十月，苗枯，根亦不佳也，出润州、荆州、襄州者最佳，江南诸州亦有；味甘苦，不辛。"《本草图经》云："贝母生晋地，今河中、江陵府、邹、寿、随、郑、莱、滁州皆有之；根有瓣，子黄白色，叶亦青，似荞麦叶，随苗生，七月开花，碧绿色，形如鼓子花；八月采根，晒干，此有数种。"《本草品汇精要》云："荆、襄州产者佳，江南诸州亦有，道地为峡州、越州；其质类半夏而有瓣。"《本草纲目拾遗》云："浙贝（上贝），今名象贝，叶阎斋云：宁波象山所出贝母，亦分为两瓣；味苦而不甘，其顶平而不突，不能如川贝之象荷花蕊也。象贝苦寒解毒，利痰开宣肺气，凡肺家挟风火有痰者宜此，川贝味甘而补肺矣，治风火痰嗽以象贝为佳，若虚寒咳嗽以川贝为宜。"

据以上历代本草对贝母的记载，已无法考证出初期药用贝母的植物来源。《本经》与《名医别录》中所述功效与现今贝母之功效有很大差异，这一时期"贝母"的来源可能是一些形态上相近或同名的植物，汉时贝母主产地为中原地带及江南之地。从《新修本草》其采收期："四月蒜熟时采，良……叶形如大蒜。"与浙贝母类形态上相近，其产地"江南诸州"为今长江以南地区，与今浙贝母产地也相符。宋时所用"贝母"的品种与地区更为纷杂，除"根有瓣，子黄白色，如聚贝子故名贝母"外，其他如"叶亦青，似荞麦叶，随苗出，七月开花，碧绿色"等明显不属当今贝母属植物。《本草图经》又引陆机《疏》云："贝母也，其叶如栝楼而细小，其一子在根下，如芋子，正白，四方，连累相着，而有分解，今近道者正类此。"《重修政和经史证类备用本草》中所收"峡州贝母"为贝母属植物，从叶的数目及着生方式可看出属"浙贝"。宋代时期贝母产地主要为山西西南部、安徽寿州、湖北随州等地。明代《本草汇言》对"贝母"的功效进行了比较与归类："贝母，开郁，下气，化痰之药也，润肺息痰，止咳定喘，则虚寒火结之症，贝母专司首剂。……

以上修用，必以川者为妙。若解痈毒，破症结，消实痰，敷恶疮，又以土者为佳。然川者味淡性优。上者，味苦性劣，二者以分别用。"可见此时医家已据贝母的功效及产地分出"川贝""土贝"，从其效用可知后者包括了除"浙江贝母"以外的土贝母。至清代，《本草述钩元》："贝母七月开花，碧绿，形如百合……上有红脉似人肺，八月采根。"其花期与采收期和川贝类相近，但花碧绿色者未见于贝母属现有植物种。除《本草纲目拾遗》外，《本经逢原》《百草镜》中均明确指出贝母有"川贝""象贝"之分，并总结出"川者味甘最佳，西者味薄次之，象山者微苦又次之"的用药经验。

"贝母"的整个药用历史演进过程可概括为 5 个阶段，即：公元前秦汉时期所用贝母为功效或形态上的贝母类似物；至唐已有贝母属植物，其特征是"叶如大蒜"；到了宋代，贝母以"聚贝子"为特征，包括土贝母及贝母属植物；进入明代则以贝母属植物为主，也包含土贝母，并指出"以川者为妙"；清代已完全将川贝、浙贝分开并分出土贝母不作贝母用。

中药贝母来源于百合科贝母属多种植物的鳞茎，具有清热润肺、化痰止咳之功效。据文献记载贝母属植物有 20 种、2 变种，李萍等通过广泛调查和标本采集鉴定出我国贝母属植物 21 种（包括变种），并对调查收集的 23 种贝母药材性状进行了描述。根据贝母药材法鉴定来源，贝母的原植物来源有川贝母（*F. cirrhosa*）、浙贝母（*F. thuhbergia*）、伊贝母（*F. pallidiflora*）、平贝母（*F. ussuriensis*）、湖北贝母（板贝）（*F. hupehensis*）5 个类别。

## 三、植物形态特征与生物学特性

**1. 形态特征** 浙贝母为多年生草本，高 30～80cm，全株光滑无毛。鳞茎近球形或扁球形，径 2.5～3.5cm，由 2～3 片肉质鳞片组成。叶无柄，叶片线状披针形，长 6～18cm，宽 0.5～1.5cm，顶端渐尖或成卷须状，茎上部叶更卷曲；通常茎下部叶对生，近中部叶轮生，上部叶互生。花 1 朵至数朵生于茎顶或上部叶的叶腋，色条纹，栽培的花多达 10 余朵，排列成总状；花被片 6，内有紫色斑纹，交织成网状，椭圆形，淡黄绿色，长 2～3.5cm，宽约 1cm，钝头，内外轮相似；雄蕊 6，约为花被片长度的1/2。蒴果扁球形，具 6 宽翅。种子多数，扁平，边缘有翅（图 2-49）。花期 3～4 月，果期 5～6 月。生于山坡、草丛、林下较阴处。主要分布于江苏、安徽、浙江、湖南等省。

图 2-49 浙贝母
1. 植株上部 2. 植株下部和鳞茎
3. 去花瓣后示雄蕊和子房 4. 子房和柱头

**2. 生物学特性**　浙贝母有性、无性均能繁殖。农家生产历来用鳞茎进行无性繁殖，一般8月下旬鳞茎生长点开始萌动，9月下旬到10月中旬平均气温15℃以下时翻地下种，并以极慢速度发根长芽，在土中越冬。翌年2月中下旬出苗，在苗高13~16cm时二秆露头，当气温升到18~20℃时植株迅速增长，叶片茂盛。3月下旬开花，二秆增长，花为无限花序，果实为蒴果，新鳞茎也在植株结蕾开花时开始膨大，直至5月中旬茎枯果实成熟，地下鳞茎也膨大结束，全生育期104~108d。有性繁殖是用种子在开春后播种，但幼苗极小，生育极慢，需连续种植6年才会开花结果。贝母性喜温凉湿润气候，怕涝、怕热，生长期间最适温度为20~25℃；在-3℃以下植株受冻，叶片萎缩，-6℃以下鳞茎受冻死亡；在28℃以上植株受影响，32℃以上热逼枯死，地下鳞茎处于休眠状态，故夏天贝母留种地必须种植覆盖作物遮阴保湿。浙贝母适宜在排水良好，又能保湿，pH在5~6.8，肥沃疏松的沙质壤土种植；干旱瘠薄或涝洼黏重、沙性重保肥力差的土壤，都不适宜种植浙贝母。

浙贝的栽培品种有细叶浙贝（狭叶种）、大叶浙贝（宽叶种）、轮叶浙贝、二芽浙贝（小二子）、多籽浙贝（多芽种）等多个农家品种，其中以细叶浙贝种植面积最广。对9个农家品种的特性研究表明，大叶、细叶、多籽和建岱4个农家品种生长旺盛，植株高大，株高均在60cm左右，其中多籽品种多为3秆，即有较高的繁殖率。建岱品种植株矮小，不宜直接利用，但其主秆数较多，平均每株达4.6秆，是较好的高繁殖率材料，可作为杂交育种的亲本利用。9个农家品种的全生育期基本接近，但不同品种的发育进程略有差异，大叶种出苗和枯苗均较迟，而海门和杭贝出苗和枯苗均较早。浙贝母9个农家品种间产量和繁殖率差异较大。大叶、细叶和多籽品种的净增产量均较高，多籽品种每667m²高达714kg。从以上3个品种来看，多籽品种增殖率明显高于大叶和细叶，达145.7%，种用鳞茎重量明显较低，每667m²只有490kg，有效地节约了种用成本。建岱品种的繁殖率很高，达157.9%，但其产量较低，不宜直接在生产上利用。抗病性试验结果表明，浙贝母9个农家品种对黑斑病和灰霉病的抗性均不很强，但品种间有一定差异，其中多籽品种对灰霉病的抗性最强，病情指数为24.8，大叶对黑斑病的抗病性最强，病情指数为28.5。浙贝母农家品种间生物碱含量有较大差异，其中多籽品种和建香品种较高，分别达0.285%和0.290%，其他品种相对比较接近，含量为0.20%~0.24%。

## 四、野生近缘植物

**1. 暗紫贝母**（*F. unibracteata* Hsiao et K. C. Hsia）　多年生草本，高15~23cm。鳞茎直径6~8mm。叶多对生，条形或条状披针形，长3.6~5.5cm，宽3~5mm。花单生，叶状苞片1枚；花被片长2.5~2.7cm，深紫色，有黄褐色小方格，宽6~10mm；雄蕊长约为花被片的一半，花药近基着；柱头裂片很短，长0.5~1mm。蒴果长1~1.5cm，宽1~1.2cm，有棱，棱上具狭翅，宽约1mm。花期6月，果期8月。生于海拔3 200~4 500m的草地上。主产四川、青海、甘肃。

**2. 川贝母**（*F. cirrhosa* D. Don）　多年生草本。鳞茎粗1~1.5cm，由3~4枚肥厚的鳞茎瓣组成。茎高20~45cm，常中部以上具叶。最下部2叶对生，狭长矩圆形至宽条形，钝头，长4~6cm，宽0.4~1.2cm，其余的3~5枚轮生或2枚对生，稀互生。狭披针状条形，渐尖，顶端多少卷曲，长 6～10cm，宽 0.3～0.6cm，最上部具 3 枚轮生的叶状苞片，条形，顶端卷曲，长 5～9cm，宽 2～4mm，单花顶生，俯垂，钟状；花被片 6，长 3.5～4.5cm，内轮的矩圆形，宽 1.1～1.5cm，绿黄色至黄色，具脉纹和紫色方格斑纹，基部上方具内陷的蜜腺；雄蕊长约花被片 1/2；花丝平滑；花柱粗壮；柱头 3 裂，裂片长约 5mm。

**3. 甘肃贝母**（*F. przewalskii* Maxim. ex Batel.）　多年生草本。鳞茎粗 5～8mm，由 3～4 枚肥厚的鳞茎瓣组成。茎高 20～30cm，常中部以上具叶。叶 5～7 枚，条形，长 3.5～7.5cm，最下部 2 叶对生，宽 5mm，其余的互生。向上部叶渐狭，宽约 2cm，上部叶的顶端略卷曲。单花顶生，稀为 2 花，俯垂，花被钟状；花被片 6，矩圆形至倒卵状矩圆形，略钝，长 2.2～3cm，宽 0.6～1cm，外轮的略窄而短，黄色，散生紫色至黑紫色斑点，基部上方具卵形的蜜腺；雄蕊 6，长约为花被片 1/2；花丝除顶端外密被乳头状突起；花柱比子房长 1 倍；连同子房略比雄蕊长，柱头 3 裂，蒴果六棱柱形，长 1.2～1.5cm，宽约 1cm，具窄翅。

**4. 梭砂贝母**（*F. delavayi* Franch.）　多年生草本。鳞茎粗 1.5～2cm，由 3～4 枚肥厚的鳞茎瓣组成。茎高 20～30cm，近中部以上具叶。叶 3～5 枚，下部的互生，最上部 2 枚有时对生，卵形至卵状披针形，顶端钝头，基部抱茎，长 3～6cm，宽 1.5～2cm，上部的比下部的短而窄，有时长 2cm，宽 0.7cm，单花顶生，略俯垂，花被宽钟状；花被片 6，较厚，长倒卵形至倒卵状长矩圆形，长 3～5cm，宽 1～2cm，外轮短而窄，绿黄色，具深色的平行脉纹和紫红色斑点，基部上方具长 6～10mm，宽约 2mm 的蜜腺凹穴；雄蕊 6，长约花被片 1/2；花柱远比子房长，连同子房略比雄蕊长；柱头 3 裂，裂片长约 1mm。

**5. 伊贝母**（*F. pallidiflora* Schrenk）　多年生本草，高 30～60cm。鳞茎由 2 枚鳞片组成，直径 1.5～3.5cm，鳞片上端延伸为长的膜质物，鳞茎皮较厚。叶通常散生，有时近对生或近轮生；叶片从下向上由狭卵形至披针形，长 7～12cm，宽 2～3.5cm，先端不卷曲。花 1～4 朵，淡黄色，内有暗红色斑点，每花有 1～3 枚叶状苞片，先端不卷曲，花被片 6，匙状长圆形，长 3～4cm，宽 1.2～1.6cm，淡黄色，蜜腺窝在背面明显突出；雄蕊长约为花被片的 2/3，花药近基着生，花丝无乳突，柱头裂片长约 2mm，蒴果棱上有宽翅，花期 5 月。

# 第五十节　重齿毛当归（独活）

## 一、概述

独活为伞形科当归属植物重齿毛当归（*Angelica pubescens* Maxim. f. *biserrata* Shan et Yuan）的干燥根。性辛、味苦，归肾、膀胱经。具有祛风除湿、通痹止痛之功效。用于风寒湿痹、腰膝疼痛、风头痛等病症。主产于重庆奉节、巫山、巫溪，四川灌县，湖北巴东、恩施、长阳，陕西镇坪、留坝、佛坪、汉阴、紫阳，甘肃天水、岷县等地，多系栽培品。按传统用药习惯认为，产四川、湖北者，称川独活，质量最佳；产陕西、甘肃者，称西独活，质量略次。

## 二、药用历史与本草考证

独活始载于《神农本草经》，列为上品，记载有："独活味苦平。主风寒所击，金疮止痛，贲肠间痉，女子病癥；久服轻身耐志。一名羌青，一名护羌使者。"因其只有性味、功效及别名的记载，而无药物形态学的描述，且将独活、羌活并述，可见最初便将独活、羌活定为独活的同源植物。尔后，《名医别录》记录独活"生雍州，或陇西南安，二月、八月采根暴干"，描述了当时独活的产地及采收；《本草经集注》云："羌活形细而多节软润，气息极猛烈，出益州北部西川者为独活，色微白形虚大，为用亦相似，而小不如。"从形态及产地简单区分了独活与羌活，并认为两者功效大致相同；《汉华本草》云："独活，羌活之母也。"《图经本草》记载："独活、羌活今出蜀汉者佳，春生苗叶如青麻，六月开花作丛，或黄或紫"，并载有 3 幅图，其中"文州独活"图是 3 小叶及复伞形花序，形态近似于当归属植物，"茂州独活"近似于独活属植物，"凤翔府独活"近似于伞形科植物，说明当时独活来源于数种植物，但均属于伞形科。《品汇精要》载："旧本羌、独不分，混而为一，然其形色，功用不同，表里行径亦异，故分为二则，各适其用也。"《神农本草经》云："二物同一类，今人以紫色节密者为羌活，黄色而作块者为独活。今又有独活亦自蜀中来，类羌活微黄而极大，收时寸解之，气味亦芬烈，小类羌活，又有槐叶气者，今京下多用之，极效验，意此为真者。而世人或择羌活之大者为独活，殊未为当。大抵此物为两种，西陇者黄色，香如蜜；陇西者紫色，秦陇人呼为山前独活。古方但用独活，今方既用独活又用羌活，兹为谬矣。"《本草纲目》仍将羌活列于独活项下，又言"独活、羌活乃一类二种，以他地者为独活，西羌者为羌活，苏颂所说颇明"，以此推看李时珍是赞成《神农本草经》中羌、独合说之论，认为只有产地不同，才有羌、独之分，而非本质上的两种植物。因而他所绘图名为"羌独活"，并附图注"独活大而节疏"。在《本草纲目》还有"江淮山中出一种土当归，用充独活"，可见明代时独活已较混乱的使用。值得注意的是"独活有目如鬼眼者"，有人据此认为《本草纲目》中的独活可能为九眼独活，但也有人认为《本草纲目》中的独活为伞形科当归属植物毛当归（*A. pubescens* Maxim.）。至清代，《植物名实图考》："《图经》独活羌活一类二种，近时多以土当归充之。云南独活叶大，亦似土当归，而花杈无定，粗糙深缘，与《图经》文州产略相仿佛，今图之，存原图五种。"且有人认为《植物名实图考》所绘独活为独活（*Heracleum hemsleya* Diels）。古人对于羌、独的认识上是不一致的，历经了从羌、独合论到羌、独分述漫长的过程。

现代对独活这味古老中药的应用也比较混乱。在《中药材品种论述》中将当时市售的独活分为独活、牛尾独活和九眼独活三大类计 15 种。《全国中草药汇编》记载独活的原植物为伞形科当归属植物毛独活（*A. pubcseens* Maxim.）和疏叶独活（*A. laxifoliata* Diels.）。此外，还记载各地市售独活品种达 12 种之多。《中药大辞典》记载独活的原植物为伞形科植物重齿毛当归、毛当归、兴安白芷、紫茎独活、牛尾独活、软毛独活及五加科楤木属的食用楤木等共计 13 种。《中药志》也有相似记载。

## 三、植物形态特征与生物学特性

**1. 形态特征**　多年生草本。茎直立，带紫色，有纵沟纹。根生叶和茎下部叶的叶柄细长，基部成宽广鞘，边缘膜质。叶片卵圆形，边缘有不整齐锯齿，两边均被短柔毛，茎上部的叶简化成膨大的叶鞘。复伞形花序顶生或侧生，总苞片缺乏。双悬果背部扁平，长圆形，基部凹入，背棱和中棱线形隆起，侧棱翅状，分果棱槽间 1～4 油管，合生面有油管 4～5 个（图 2-50）。

**2. 生物学特性**　喜阴凉潮湿气候，耐寒，宜生长在海拔 1 200～2 000m 的高寒山区。以土层深厚，富含腐殖质的黑色灰泡土、黄沙土栽培，不宜在土层浅、积水地和黏性土壤上种植。

## 四、野生近缘植物

**1. 紫茎独活**（*A. porphyrocaulis* Nakai et Kitag）　多年生草本，高 1～2m。茎深紫色，有纵沟纹，上部有少许分枝，密生短硬毛。叶互生，下部及中部叶二回至三回羽状深裂，最终叶片狭卵形、狭披针形或线状披针形，两面脉上有细毛，边缘有缺刻状尖齿，叶柄基部膨大成鞘。复伞形花序顶生，伞梗有毛，无总苞，伞辐 20～30，密被柔

图 2-50　重齿毛当归
1. 根及茎的基部　2. 叶　3. 花序　4. 花

毛。双悬果宽椭圆形，扁平，有宽翅，背棱细线形。主产于辽宁、河北等省。河北有的地区称雾灵独活，并作独活药用。《中草药汇编》称"兴隆独活"。

**2. 食用楤木**（*A. cordata* Thunb.）　多年生草本，高 1～2m，根茎粗壮，横生，根茎下方散生多数圆柱形的根。茎有纵沟纹，分枝多，老枝近于无毛，幼枝疏生短柔毛。叶互生，二回至三回羽状复叶，长 30～40cm，有托叶；小叶有柄，顶端的小叶柄比较长；小叶片卵形或心脏形，先端渐尖，基部圆形或肾形，边缘有锯齿或重锯齿，两面疏生短柔毛。圆锥形复伞形花序顶生或腋生，总花梗被有短柔毛；总苞片或小苞片有或无；每一小伞形花序有花 20～35 朵；花槽杯形，先端 5 齿裂，裂片三角形；花瓣 5，白色或淡黄色，卵形，先端稍尖。河北、河南、安徽、江苏、浙江、江西、湖北、湖南、四川、云南等地有分布。商品名也称九眼独活。

# 第五十一节　紫　菀

## 一、概述

为菊科紫菀属多年生草本植物紫菀（*Aster tataricus* L. f.），别名青菀、紫蒨、还魂草、山紫菀等。以根入药，具散寒润肺、祛痰止咳的功效。主治风寒外感、痰多咳嗽、肺

虚久咳、痰中带血等症。主产安徽、河北、河南、山西、陕西、甘肃等省，现各地广泛栽培。其药用价值始载于《神农本草经》，为历版《中华人民共和国药典》所收载，是许多常用中药复方制剂的重要组分。

野生紫菀生于山坡、草地、沟边、路旁等处或栽培于丘陵、山地，主要分布于黑龙江、吉林、辽宁、内蒙古、陕西、甘肃、青海、云南、四川、贵州、湖北、湖南等省、自治区，以黑龙江伊春、密山、林甸和吉林临江、汪清等地及内蒙古扎兰屯、额尔古纳、宁城等地资源较丰富，现已日趋紧张。紫菀为常用家种小品种，主产于河北安国、安平、定州、藁城、宁晋，安徽亳州，河南商丘、鹿邑、睢县、虞城。以河北安国及安徽涡阳产量大、质量好，素有"瓣紫菀"之称，销全国并出口。

## 二、药用历史与本草考证

紫菀始见于《神农本草经》，列为中品。明代《本草纲目》载："返魂草，夜牵牛。其根色紫而柔宛，故名。"《本草经集注》："近道处处有，生布地，花亦紫，本有白毛，根甚柔细。"宋代《本草衍义》载："紫菀用根，其根甚柔细，紫色，益肺气。"《名医别录》载："一名紫茜，一名青苑。生房陵（今湖北房县）及真定（今河北正定县）、邯郸（今河北邯郸市），二月三月采根阴干……疗咳唾脓血，止喘悸、五劳体虚，补不足。"可见，古代对紫菀的来源、分布、药用价值等方面早就有了比较充分的认识。《本草图经》云："紫菀，三日内布地生苗叶，其叶三四相连，五月六月内开黄紫白花，结黑子。"每年春、秋季均可采挖，除去茎叶及泥土，将其须根编成小辫，商品称为"辫紫菀"，晒干即可入药。其性温，味苦，入肺经，具有温肺下气、消痰止嗽的功效，常用于治疗风寒咳嗽气喘、虚劳咳吐脓血、喉痹、小便不利等症，为肺金血分之药。

## 三、植物形态特征与生物学特性

**1. 形态特征**　多年生草本，高 1～1.5m。根茎短，簇生多数细根，外皮灰褐色。茎直立，上部分枝，表面有沟槽。根生叶丛生，开花时脱落；叶片箆状长椭圆形至椭圆状披针形，长 20～40cm，宽 6～12cm，先端钝，基部渐狭，延成长翼状的叶柄，边缘具锐齿，两面疏生小刚毛；茎生叶互生，几无柄，叶片狭长椭圆形或披针形，长 18～35cm，宽5～10cm，先端锐尖，常带小尖头，中部以下渐狭缩成一狭长基部。头状花序多数，伞房状排列，直径 2.5～3.5cm，有长梗，梗上密被刚毛；总苞半球形，苞片 3 列，长圆状披针形，绿色微带紫；舌状花带蓝紫色，单性，花冠长 15～18mm，先端 3浅裂，基部呈管状，花柱 1 枚，柱头 2 叉；管状花黄色，长约 6mm，先端 5 齿裂，雄蕊 5，

图 2-51　紫　菀
1. 植株　2. 花序　3. 管状花　4. 舌状花

花药细长，聚合，包围花柱；子房下位，柱头 2 叉，瘦果扁平，一侧弯曲，长 3mm，被短毛；冠毛白色或淡褐色，较瘦果长 3～4 倍（图 2-51）。花期 8 月，果期 9～10 月。

**2. 生物学特性**　喜温暖湿润气候，耐涝、怕干旱，耐寒性较强，冬季气温－20℃时根可以安全越冬。人工栽培以土层深厚、土质疏松、肥沃、排水良好的沙质壤土为好。土质过黏或过沙以及盐碱之地，均不宜种植，以中性至微碱性为宜。

## 四、野生近缘植物

**1. 缘毛紫菀**（*A. souliei* Franch.）　为菊科紫菀属多年生草本植物。根状茎粗壮，木质。茎单生或与莲座状叶丛生，直立，高 5～45cm，纤细，不分枝，有细沟，被疏或密的长粗毛，基部被枯叶残片，下部有密生的叶。莲座状叶与茎基部的叶倒卵圆形，长圆状匙形或倒披针形，长 2～7cm（稀 11cm），下部渐狭成具宽翅而抱茎的柄，顶端钝或尖，全缘；下部及上部叶长圆状线形，长 1.5～3cm，宽 0.1～0.3cm；全部叶两面被疏毛或近无毛，或上面近边缘而下面沿脉被疏毛，有白色长缘毛，中脉在下面凸起，有离基三出脉。头状花序在茎端单生，径 3～4cm（稀达 6cm）。总苞半球形，径 0.8～1.5cm（稀 2cm）；总苞片约 3 层，近等长或外层稍短，长 7～10mm，线状稀匙状长圆形，顶端钝或稍尖，下部革质，上部草质，背面无毛或沿中脉有毛，或有缘毛，顶端有时带紫绿色。舌状花 30～50 个，管部长 1.5～2mm；舌片蓝紫色，长 12～23mm，宽 2～3mm。管状花黄色，长 3.5～5mm，管部长 1.2～2mm，有短毛，裂片长 1.5mm。花柱附片长 1mm。冠毛 1 层，紫褐色，长 0.8～2mm，稍超过花冠管部，有不等糙毛。瘦果卵圆形，稍扁，基部稍狭，长 2.5～3mm，宽 1.5mm，被密粗毛。花期 5～7 月，果期 8 月。

分布于四川西北部、西南部（九龙、雅江、德格、康定、黑水、松潘、马尔康）、甘肃南部（岷县、临潭）、云南西北部（香格里拉等）、西藏东部及南部。西藏中草药记载藏名为"阿恣"，药用根茎及根。有消炎、止咳、平喘等功效。

**2. 三褶脉紫菀**（*A. ageratoides* Turcz.）　为菊科紫菀属多年生草本植物，别名三脉叶马兰，株高 40～100cm。茎直立，有柔毛或粗毛，下部叶宽卵形，急狭成长柄，在花期枯落；中部叶椭圆形或矩圆状披针形，长 5～15cm，宽 1～5cm，顶端渐尖，基部楔形，边缘有 3～7 对浅或深锯齿；上部叶渐小，有浅齿或深锯齿；上部叶渐小，有浅齿；或全缘，全部叶纸质，上部有短糙毛，下面有短柔毛，或两面有短茸毛，下面沿脉有粗毛，有离基三出脉，侧脉 3～4 对。头状花序直径 1.5～2cm，排列成伞房状或圆锥伞房状；总苞倒锥形或半球形，宽 4～10mm；总苞片 3 层，条状矩圆形，上部绿色或紫褐色，下部干膜质；舌状花 10 多个，舌片紫色、浅红色或白色；筒状花黄色。瘦果长 2～2.5mm；冠毛浅红褐色或污白色。广泛分布于全国各地。全草入药，清热解毒，止咳化痰，止血，利尿。

**3. 东风菜**（*A. scaber* Thunb.）　株高 100～150cm。根状茎肥厚，有多数须根。茎直立，坚硬，上部分枝。叶互生，心形，长 9～15cm，宽 6～15cm，基部急狭成长 10～15cm 的叶柄，边缘有具小尖头的齿，两面有糙毛，中部以上的叶常有狭形具宽翅的叶柄；基生叶及茎下部叶花期常枯萎。头状花序多数，排成开展的复伞房花序；总苞半球形，苞片约 3 层，不等长，边缘宽膜质；外围一层雌花约 10 个，舌状，舌片白色，条状矩圆形中央有多数两性花，花冠筒状，上部 5 齿裂，裂片条状披针形。瘦果倒卵圆形或椭圆形，具 5 肋，无毛；冠毛乌黄色，与筒状花冠等长。花期 6～10 月，果期 8～10 月。

生于山坡草地、林间、路旁等处。分布于我国东北、华北及华中。全草入药，具有清热解毒、活血消肿、镇痛之功效。主治跌打损伤、毒蛇咬伤、头痛、关节痛等症。

**4. 女菀**［*A. fastigiatrs* (Fisch.) DC.］  为菊科紫菀属多年生草本植物，株高30～100cm。茎直立，下半部光滑，上半部有细柔毛。叶互生；基部叶线状披针形，长 5～12cm，宽 5～12mm，基部渐狭成短柄，先端渐尖，边缘粗糙，疏生细锯齿，花后凋落；茎上部叶无柄，线状披针形至线形，上面光滑，绿色，下面有细软毛，边缘粗糙，稍反卷。头状花序多数，密集成复伞房状；总苞片 3～4 层，草质，边缘膜质，先端钝；外围有 1 层雌花，雌花舌状，舌片白色，椭圆形；中央多数两性花，花冠筒状，黄色，长约 3.5mm，花药基部钝而全缘；柱头 2 裂，裂片长圆形，先端钝。瘦果，长圆形，长约 1mm，稍扁，全体有毛，边缘有细肋；冠毛 1 层，灰白色或稍红色，有多数糙毛。花期秋季。秋季采根，切段晒干。

生于荒地、山坡湿润处。分布于黑龙江、吉林、辽宁、内蒙古、河北、山西、陕西、江苏、安徽、浙江、江西、河南、湖北、湖南等地。具温肺化痰、健脾利湿之功效。主治咳嗽气喘、泻痢、小便短涩等症。

# 主要参考文献

曹宁 . 2009. 影响大黄在复方中功效发挥方向的多因素研究［D］. 成都：成都中医药大学 .

陈士林，肖培根 . 2006. 中药资源可持续利用导论［M］. 北京：中国医药科技出版社 .

陈鑫，郑美容，詹妮，等 . 2008. 不同产地黄芪中总黄酮含量比较［J］. 天津药学，30 (6)；11 - 12.

陈中坚，孙玉琴，董婷霞，等 . 2003. 不同产地三七的氨基酸含量比较［J］. 中药材，26 (2)；86 - 88.

陈中坚 . 2009. 以"三七"名称命名的药用植物概述［J］. 特产研究 (2)；23 - 24.

陈震，张丽萍 . 1999. 射干栽培技术［J］. 基层中药杂志，13 (2)；28 - 29.

崔贤，郑明军，于惠杰，等 . 2001. 黄芪新品种——文黄 11［J］. 中国农技推广 (3)；32.

董英，徐斌，林琳，等 . 2005. 葛根的化学成分研究［J］. 食品与机械，21 (6)；85 - 99.

范瑞红，栾连航，刘邦，等 . 2010. 黄芪栽培技术［J］. 中国林副特产，105 (2)；44 - 46.

冯学金，刘根科，梁素明，等 . 2010. 蒙古黄芪种质资源研究进展［J］. 山西农业科学，38 (8)；95 - 98.

郭靖，王英平 . 2006. 桔梗种质资源研究进展［J］. 特产研究 (2)；78 - 80.

郭巧生 . 2007. 药用植物资源学［M］. 北京：高等教育出版社 .

郭伟娜，魏朔南 . 2008. 秦艽的生物学研究［J］. 中国野生植物资源，27 (4)；1 - 5.

国家药典委员会 . 2010. 中华人民共和国药典：一部［M］. 北京：化学工业出版社 .

国家中医药管理局 . 1999. 中华本草：第 15 卷［M］. 上海：上海科学技术出版社 .

国家中医药管理局中华本草编辑委员会 . 2004 . 中华本草：第 11 卷 [M] . 上海：上海科学技术出版社 .

黄朝晖，郭靖，孙跃春 . 2002 . 党参黄芪无公害栽培技术 [M] . 北京：金盾出版社 .

黄荣韶，杨海菊，贺紫荆，等 . 2007 . 三七原产地的再考证 [J] . 时珍国医国药，18 (7)：1610 - 1611 .

黄胜白，陈重明 . 1988 . 本草学 [M] . 南京：南京工学院出版社 .

金道哲 . 1984 . 白花桔梗栽培技术 [J] . 特产科学实验 (4)：54 - 56 .

金航，崔秀明，徐珞珊，等 . 2008 . 三七道地与非道地产区药材及土壤微量元素分析 [J] . 云南大学学报，28 (2)：144 - 149 .

柯英，张守宗 . 2009 . 黄芪的栽培及采收加工技术 [J] . 宁夏农林科技 (6)：186 .

李喜凤，杜云峰，谢新年，等 . 2010 . 不同产地桔梗药材 HPLC 指纹图谱及桔梗皂苷 D 含量测定研究 [J] . 中成药，32 (4)：529 - 532 .

林瑞民，李磊，陈华山，等 . 2005 . 不同品种不同产地大黄中五种蒽醌类化合物的 HPLC 测定 [J] . 中药材，28 (3)：197 - 198 .

刘灿坤，李文涛 . 1999 . 柴胡的本草研究 [J] . 时珍国医国药，10 (1)：40 - 41 .

刘冬莲 . 2010 . 黄芪道地产区与非道地产区药材质量比较研究 [J] . 唐山师范学院学报，32 (2)：24 - 26 .

刘效瑞，荆彦明，贾婕楠，等 . 2007 . 甘肃黄芪新品系 94 - 02 选育报告 [J] . 作物研究 (3)：419 - 421 .

龙绮群 . 1989 . 桔梗野生品与家种品总皂甙含量的比较 [J] . 中药材，12 (3)：37 - 38 .

鲁歧，富力，李向高 . 1992 . 人参属植物分类学的研究进展 [J] . 吉林农业大学学报，14 (4)：107 - 111 .

罗琼，郝近大，杨华，等 . 2007 . 葛根的本草考证 [J] . 中国中药杂志，32 (12)：1141 - 1144 .

马琳，程永红，李兰芳，等 . 2008 . 不同产地板蓝根中有机酸和腺苷类成分分析研究 [J] . 中国中药杂志 (5)：47 - 48 .

马蓉，张雪菊 . 2008 . 液相色谱法对不同产地大黄中番泻苷 A 含量比较分析 [J] . 中成药，30 (10)：1489 - 1490 .

么历，程惠珍，杨智，等 . 2006 . 中药材规范化种植（养殖）技术指南 [M] . 北京：中国农业出版社 .

聂盛贤，魏云 . 1997 . 四川与其他产区桔梗总皂甙含量测定的比较 [J] . 华西药学杂志，12 (2)：129 - 130 .

潘安中，谢树莲，张灯，等 . 2007 . 中药黄芪栽培技术研究 [J] . 山西农业科学，35 (1)：51 - 55 .

潘嘉，王家葵 . 2003 . 三七功效本草考证 [J] . 时珍国医国药，14 (5)：293 - 294 .

潘胜利，顺庆生 . 2002 . 中国药用柴胡原色图志 [M] . 上海：上海科学技术文献出版社 .

钱枫，赵宝林，王乐，刘学医 . 2009 . 安徽药用黄精资源及开发利用 [J] . 现代中药研究与实践，23 (4)：33 .

秦雪梅，张丽增，郭小青，等 . 2007 . 柴胡及药材习用名考订 [J] . 中药材，20 (1)：105 - 107 .

任传军，彭继锋 . 2010 . 黄芪高产栽培技术 [J] . 现代化农业，366 (1)：9 - 10 .

徐冬英 . 2000 . 三七名称及其有文字记载时间的考证 [J] . 广西中医学院学报，17 (3)：91 - 92 .

石俊英 . 2006 . 不同产地桔梗中总皂苷成分与质量的相关性研究 [J] . 山东中医药大学学报，30 (3)：247 - 250 .

思茅地区民族传统医药研究所 . 1987 . 拉祜族常用药 [M] . 昆明：云南民族出版社 .

唐慎微 . 1957 . 重修政和经史证类备用本草 [M] . 北京：人民卫生出版社 .

王和平，黄金勇，徐美术，等 . 2005 . 柴胡饮片古今研究概况 [J] . 中医药信息，22 (2)：15 - 19 .

王秋颖，郭顺星 . 2001 . 天麻生长特性及其在栽培中的应用 [J] . 中国中药杂志，26 (5)：353 .

王淑琴，于洪军，官廷荆 . 1993 . 中国三七 [M] . 昆明：云南民族出版社 .

王铁生.2001.中国人参［M］.沈阳：辽宁科学技术出版社.

王文全.2000.甘草生态学特性及生态环境对其药材质量影响的研究［D］.北京：北京林业大学.

王艳.2003.三七质量评价方法研究［D］.沈阳：沈阳药科大学.

王艳红,王英范,郑友兰,等.2006.中药平贝母的研究进展［J］.山东农业大学学报：自然科学版,37（3）：479.

王玉庆,牛颜水,秦雪梅.2007.野生柴胡资源调查［J］.山西农业大学学报,27（1）：103-107.

王跃华,孙雁霞,徐文俊,等.2007.不同产地大黄质量分析研究［J］.成都大学学报：自然科学版,26（3）：177-179.

温学森.1996.桔梗一新栽培变种［J］.BULLETIN OF BOTANICAL RESEARCH,16（3）.

吴佩颖.1996.大青叶、板蓝根和青黛的本草考证［J］.上海中医药大学学报,10（1）：50-51.

肖培根.2001.新编中药志：第1卷［M］.北京：化学工业出版社.

谢宗强.2000.国产大黄属植物的生态地理分布［C］//面向21世纪的中国生物多样性保护：230-238.

薛长松,马秀丽.1994.金不换的本草考证［J］.黑龙江中医药（5）：35-36.

严一字,李美善,何晓梅,等.2008.桔梗不同种质资源间总皂苷含量的差异［J］.安徽农业科学,36（8）：3250-3252.

杨继祥.1993.药用植物栽培学［M］.北京：农业出版社.

杨世海,方阵.1991.我国人参属植物分类研究概况［J］.人参研究（4）：4-7.

杨志玲,杨旭,周彬清,等.2007.不同产地桔梗营养成分、锌/铜比差异及其与生态因子相关性的研究［J］.新疆大学学报：自然科学版,24（3）.

于鹏.2008.三七芦头的化学成分研究［D］.沈阳：沈阳药科大学.

张丽萍.2004.安徽亳州板蓝根种质资源的调查研究［J］.中国中药杂志,29（1）：1127-1129.

张明心.2010.实用中药材新编［M］.上海：第二军医大学出版社.

张绍云.1996.中国拉祜族医药［M］.昆明：云南民族出版社.

张星华.2008.黄芪应用的历史沿革［J］.江西中医药,39（2）：43.

赵明,段金廒,黄文哲.1994.中国黄芪属药用植物资源现状及分析［J］.中国野生植物资源,19（6）：5-9.

中国科学院昆明植物研究所西双版纳热带植物园.1996.西双版纳高等植物名录［M］.昆明：云南民族出版社.

中国科学院中国植物志编辑委员会.1977.中国植物志：第十八卷［M］.北京：科学出版社.

中国科学院中国植物志编辑委员会.1977.中国植物志：第二十五卷第一分册［M］.北京：科学出版社.

中国科学院中国植物志编辑委员会.1977.中国植物志：第三十三卷［M］.北京：科学出版社.

中国科学院中国植物志编辑委员会.1977.中国植物志：第四十一卷［M］.北京：科学出版社.

中国科学院中国植物志编辑委员会.1977.中国植物志：第四十二卷［M］.北京：科学出版社.

中国科学院中国植物志编辑委员会.1978.中国植物志：第五十四卷［M］.北京：科学出版社.

中国医学科学院药用植物研究所云南分所.1991.西双版纳药用植物名录［M］.昆明：云南民族出版社.

周莲.2009.不同产地北柴胡质量的灰色模式识别研究［J］.安徽农业科学,37（16）：7519-7522.

周晓芳,张雄杰.2007.荒漠肉苁蓉生活史研究［J］.生物学通报,42（8）：15-16.

朱强,李小龙.2008.药用植物秦艽的研究概述［J］.农业科学研究,29（3）：62-65.

朱彦威.2009.桔梗新品种鲁梗1号的选育及栽培技术［J］.山东农业科学（1）：115-116.

朱再标.2008.北柴胡药材质量分析与评价［J］.中国中药杂志,33（5）：586-589.

## 第 三 章

# 种子果实类

## 第一节 槟 榔

### 一、概述

槟榔（*Areca catechu* L.），别名槟榔子、青子，为棕榈科槟榔属常绿乔木。以种子（榔玉）、果皮（大腹皮）及花入药。种子主要含槟榔碱及少量槟榔次碱、去甲基槟榔碱、去甲基槟榔次碱、异去甲基槟榔次碱、槟榔副碱、高槟榔碱等。此外，尚含鞣质、脂肪、氨基酸和糖类等。槟榔原产马来西亚，在我国主要分布在海南，云南、台湾、福建、广西等省、自治区也有分布。槟榔栽培历史悠久，以海南省的万宁、陵水、琼海等地种植面积最大，是我国最大的槟榔生产种植基地。此外，云南西双版纳，广东徐闻和电白，广西东兴，福建诏安、厦门等地也有种植。

槟榔味苦、辛，性温。种子有健胃、驱虫、泻下清肠、理脚气、破积等作用，治食积腹痛、疟疾、水肿胀满、脚气肿痛等。是治疗人畜体绦虫的特效药。果皮有行水、下气宽中的功效，治胸腹胀、水肿、脚气肿等症，花有止咳、祛痰、化气、清热暖胃等功效。

### 二、药用历史与本草考证

《南方草木状》云："槟榔，树高十余丈，皮似青桐，节如桂竹，下本不大，上枝不小，调直亭亭，千万若一，森秀无柯。端顶有叶，叶似甘蕉，条派（脉）开破，仰望眇眇，如插丛蕉于竹杪；风至独动，似举羽扇之扫天。叶下系数房，房缀数十实，实大如桃李，天生棘重累其下，所以御卫其实也。味苦涩。剖其皮，鬻其肤，熟如贯之，坚如干枣，以扶留藤、古贲灰并食，则滑美，下气消谷。出林邑。"《雷公炮炙论》云："凡使槟榔，取好存坐稳、心坚、文如流水碎破、内文如锦文者妙。半白半黑并心虚者，不入药用。"陶弘景云："槟榔有三、四种：出交州，形小而味甘；广州以南者，形大而味涩；核亦有大者名猪槟榔；作药皆用之。又小者，俗人呼为槟榔孙，亦可食。"《本草纲目》云："大腹子出岭表、滇南，即槟榔中一种腹大形扁而味涩者，不似槟榔尖长味良耳，所谓猪槟榔者是矣。盖亦土产之异，今人不甚分别。"按刘恂《岭表录》云："交、广生者，非舶上槟榔，皆大腹子也，彼中悉呼为槟榔，白嫩及老，采实啖之，以扶留藤、瓦屋子灰同食之，以祛瘴疠，收其皮入药，皮外黑色，皮内皆筋丝如椰子皮。"又《云南记》云："大腹槟榔每枝有三、二百颗,青时剖之,以一片萎叶及蛤粉卷和食之,即减涩味。"观此一说,则大腹子与槟榔可通用,但力比槟榔稍劣耳。《本草新编》云："槟榔,味辛、苦,气温,降阴中阳也,无毒。入脾、胃、大肠、肺四经。消水谷,除痰癖,止心痛,杀三虫,治后重如神,坠诸气极下,专破滞气下行。若服之过多,反泻胸中至高之气。善消瘴气,两粤人至今噬之如饴。古人疑其耗损真气,劝人调胃,而戒食槟榔。此亦有见之言,然而非通论也。岭南烟瘴之地,其蛇虫毒瓦斯,借炎蒸势氛,吞吐于山巅水溪,而山岚水瘴之气,合而侵入,有立时而饱闷晕眩者。非槟榔口噬,又何以迅解乎。天地之道,有一毒,必生一物以相救。槟榔感天地至正之气,即生于两粤之间,原所以救两粤之人也。"

## 三、植物形态特征与生物学特性

**1. 形态特征** 茎直立,乔木状,高 10 多 m,最高可达 30m,有明显的环状叶痕。叶簇生于茎顶,长 1.3～2m,羽片多数,两面无毛,狭长披针形,长 30～60cm,宽 2.5～4cm,上部的羽片合生,顶端有不规则齿裂。雌雄同株,花序多分枝,花序轴粗壮压扁,分枝曲折,长 25～30cm,上部纤细,着生 1 列或 2 列雄花,雌花单生于分枝基部;雄花小,无梗,通常单生,很少成对着生,萼片卵形,长不到 1mm,花瓣长圆形,长 4～6mm,雄蕊 6 枚,花丝短,退化雌蕊 3 枚,线形;雌花较大,萼片卵形,花瓣近圆形,长 1.2～1.5cm,退化雄蕊 6 枚,合生;子房长圆形。果实长圆形或卵球形,长 3～5cm,橙黄色,中果皮厚,纤维质。种子卵形,基部截平,胚乳嚼烂状,胚基生(图 3-1)。花果期 3～4 月。产于云南、海南及台湾等地。亚洲热带地区广泛栽培。本种是重要的中药材,在南方一些少数民族还有将果实作为一种咀嚼嗜好品。

**2. 生物学特性** 槟榔生长在热带季风雨林中,形成了一种喜温、好肥的习性。最适宜生长温度为 25～20℃,16℃时落叶,5～6℃时落果,3℃时叶色变黄,果实发黑脱落;—10℃以下植株严重死亡。一般在海拔低的地区生长较好。其喜湿而忌积水,雨量充沛且分布均匀则对生长有利。一般年降水量在1 200mm 以上的地区都能生长。空气相对湿度高(80%左右)又长期稳定对生长有利。一

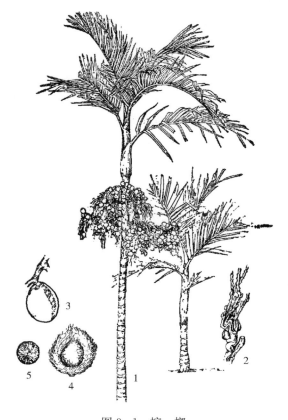

图 3-1 槟 榔
1. 植株 2. 花枝 3. 果实 4. 果实纵剖面 5. 种子横剖面

般幼苗期荫蔽度宜 50%～60%，至成龄树应全光照。槟榔经济生命长短，土壤是关键。喜欢生长于土层厚、表土黑色、有机质丰富的沙质壤土，底土为红壤或黄壤最为理想。其一般定植后 7～8 年开花结果，20～30 年为盛果期，寿命最高可达 100 年以上。果实采收后种子有果内后熟的特性。黄色成熟果实发芽率 64.3%。果实失水即降低发芽率。在室内催芽，日均温 26.41℃，日温变化平均差 1.8℃，发芽率 98%。

## 四、野生近缘植物

我国槟榔科槟榔属只有 1 种。

# 第二节　车　　前

## 一、概述

车前为车前科车前草属植物车前（*Plantago asiatica* L.）的干燥全草或干燥成熟种子。又名车轮草、猪耳草、牛耳朵草、蛤蟆草、凤眼车前、车前仁等。车前草性甘、寒。能清热利尿、祛痰、凉血、解毒。用于水肿尿少，热淋涩痛，暑湿泻痢，痰热咳嗽，吐血衄血，痈肿疮毒。车前草化学成分主要含有环烯醚萜类、黄酮类、苯乙基苷类、多糖类、酚酸类和脂肪酸类等。

车前野生资源分布广泛，全国均有，多生于山野、田边、路旁、河岸、园圃等地，海拔 3 200m 以下。朝鲜、前苏联（远东）、日本、尼泊尔、马来西亚也有分布。车前子主产于江西（大粒车前子，车前）、黑龙江（小粒车前子，平车前）。药材车前子为家种，以车前全草入药为车前草，采自野生。车前子在江西有 300 多年的种植历史，称江车前、凤眼前仁，以粒大均匀、色泽黑白分明、显凤眼而独占鳌头，品质居全国之首。老产区主要在江西吉安、泰和的沿赣江两岸，现樟树市、新干县、丰城市、修水县等不少地方的沿河一带也成为重要产区。

## 二、药用历史与本草考证

车前为一味常用中药，始见于《诗经》，药用始载于《神农本草经》，列为上品。《神农本草经》载曰："车前子味甘，寒，无毒，主气癃，止痛，利水通小便，除湿痹，久服轻身耐老。"《名医别录》记载："车前子的性味为味咸无毒，功效为主男子伤中，女子淋沥，不欲食、养肺、强阴、益精、令人有子，明目，治赤痛。并增加叶及根的性味功效：味甘，寒，主治金疮、止血、衄鼻、瘀血、血瘕、下血、小便赤、止烦、下气、除小虫。"《图经本草》曰："其子治妇人难产是也，其叶今医家生研水解饮之，治衄血甚善。"《滇南本草》曰："车前子，味苦、咸，性微寒，治胃热、利小便、消水肿、通利五淋。"《本草纲目》记载："车前子甘、寒，无毒，去风毒、肝中风热、毒风冲眼、赤痛障翳、脑痛泪出、压丹石毒、去心胸烦热、养肝，治妇人难产、导小肠热、止暑湿泻痢；草及根气味甘、寒，无毒，治尿血，能补五脏，明目，利小便，通五淋。"现代《中药大辞典》记载："车前草利水、清热、明目、祛痰，主治小便不通、淋浊、带下、尿血、黄疸、水肿、热痢、泄泻、鼻衄、目赤肿痛、喉痹乳蛾、咳嗽、皮肤溃疡等。"可见历代与现代用药基本相同，均作为清热利尿、祛痰、凉血解毒的中药。

对车前的形态特征描述较为详细的首见于《图经本草》，曰："春初生苗，叶布地如匙面，累年者长及尺余，如鼠尾。花甚细，青色微赤。结实如葶苈，赤黑色。"《证类本草》《本草品汇精要》《本草纲目》《本草乘雅半偈》等引用了《图经本草》的描述。其他本草著作的描述还有《本草蒙筌》曰："叶中起苗，苗上结子，细类葶苈，采择端阳。"《救荒本草》曰："春初生苗，叶布地如匙面，累年者长及尺余，又似玉簪叶稍大而薄，叶丛中心抽挺，三四茎作长穗，如鼠尾，花甚密，青色微赤，结实如葶苈子，赤黑色，生道旁。"

车前的产地在本草著作中也有记载。《名医别录》曰："生真定（今河北正定）丘陵坂道中。"《图经本草》曰："今江湖、淮甸、近京、北地处处有之，人家园圃种之，蜀中尤尚。"《新修本草》曰："今出开州（今四川开县）者为最。"现在江西省的吉安、吉水、泰和一带是家种的大粒车前子的主产地，黑龙江拜泉、明水、海伦、青冈、望奎等地则是小粒车前子产地。

除车前外，现代文献还将平车前（*P. depressa*）和大车前（*P. major*）作为车前药材的原植物，将车前的种子称为大粒车前子，平车前和大车前的种子称为小粒车前子。但在历代本草中未见有平车前和大车前的记载。在历代本草文献中所记载的车前均为一种，说明车前易于识别，没有其他属植物混入。近代记载车前种类的文献如《中国种子植物科属辞典》，记载车前属有 265 种，分布于全世界，我国有 13 种，全国均产。《中国高等植物图鉴》收载有 6 种车前，其中大车前、车前、平车前入药。康廷国等对全国 18 个省（自治区、直辖市）的车前草作过商品鉴定，主流为车前，而平车前和大车前较少；29 个省（自治区、直辖市）的车前子的主流商品为车前和大车前，而平车前较少。根据现代对车前的形态特征的描述与古代本草著作基本一致，证明历代所用车前原植物为车前。

## 三、植物形态特征与生物学特性

**1. 形态特征**　多年生草本，高 15～40cm，多须根。基生叶卵形或宽卵形，长 4～12cm，宽 3～5cm，先端圆钝，基部宽楔形，渐狭至叶柄，边全缘或波状或有疏钝齿至弯缺，两面无毛或被短柔毛；叶柄长 4～16cm。花葶数个，直立，长 18～40cm，被短柔毛；穗状花序狭长，占花葶的 1/3～1/2，圆柱形，花绿白色；苞片宽三角形，较萼片短，具较宽的绿色龙骨状突起；花萼筒具短柄，萼片倒卵状椭圆形至椭圆形，长约 2mm，有较宽的龙骨状突起，边缘膜质；花冠裂片披针形，长约 1mm；雄蕊伸出花冠外，花丝纤细，花药椭圆形，先端具短尖头；花柱纤细，具长柔毛，子房壶形。蒴果椭圆状锥形，近基部处周裂，每果实有种子5～6 粒，稀 11 粒，种子卵形或椭圆状多角形，长

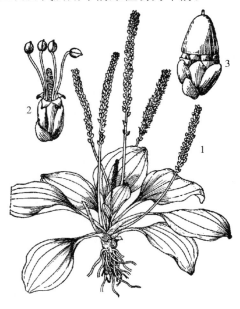

图 3-2　车前子
1. 全植株　2. 花放大　3. 示盖裂蒴果

约 1.5mm，成熟时黑褐色至黑色（图 3-2）。花期 6～7 月，果期 8～9 月。

**2. 生物学特性** 车前喜温暖、阳光充足湿润的生长环境，耐寒、耐旱。在山区、平原、丘陵、路旁均可生长，对土壤均可栽培，但以肥沃、湿润的沙质壤土种植为好。秋季播种育苗栽植，翌年初夏收获。秋分至寒露播种育苗，小雪前后移栽，翌年 3～4 月为生长盛期，4～5 月持续抽穗，5 月上中旬果实逐渐成熟。20～24℃种子发芽较快，5～28℃茎叶正常生长，气温超过 32℃，地上的幼嫩部分首先凋萎枯死，叶片逐渐枯萎。苗期喜潮湿、耐涝，进入抽穗期受涝渍易枯死。

目前，江西省是我国车前子的主要产区，栽培历史长达 300 余年，其生产面积和产量均占全国 5 成以上，主要分布于吉安、修水、泰和、吉水等县，早已成为江西道地药材。江西车前子粒大、均匀，颜色黑白明显，凤眼全仁，在品质、色泽、质地、药性等方面均居全国之首。

## 四、野生近缘植物

车前科车前属有 190 余种，广布世界温带及热带地区，中国有 20 种，其中 2 种为外来入侵杂草，1 种为引种栽培及归化植物。车前属植物除车前外药用功效相似的还有平车前、大车前、疏花车前、海滨车前、盐生车前。

**1. 平车前**（*P. depressa* Willd.） 多年生草本，高 5～20cm，具圆柱状直根。叶基生，直立或平铺，椭圆形、椭圆状披针形或卵状披针形，长 4～12cm，宽 1～4cm，先端钝或短渐尖，基部楔形，渐狭成叶柄，叶面绿色，背面黄绿色，初时两面被白色柔毛，后变无毛或被极疏柔毛；纵脉 5～7 条，于叶面凹陷，背面突出；叶柄长 1.5～4cm，基部有宽叶鞘及叶鞘残余。花葶少数，弧曲，长 4～17cm，疏生柔毛；穗状花序长 4～10cm，顶端花密集，下部花较疏；苞片三角状卵形，长约 2mm，具绿色龙骨状突起；花萼裂片椭圆形，约 2mm，龙骨突起十分突出；花冠裂片椭圆形或卵形，顶端有浅齿；雄蕊稍超出花冠。蒴果圆锥形，长约 3mm，种子 4～5 粒，无棱，长约 1.5mm，黑棕色。花果期 7～9 月。

**2. 大车前**（*P. major* L.） 多年生草本，高 15～20cm。根状茎粗短，下着生多数须根。叶基生，直立，密集，纸质，卵形或宽卵形，长 4～11cm，宽 3～6cm，先端圆钝，基部宽楔形，边缘波状或有不整齐锯齿，两面疏被短柔毛或无毛，纵脉 5～7 条，于叶面凹陷，背面十分凸出；叶柄长 3～10cm，扁宽，无毛，近基部处为宽叶鞘。花葶数条，近直立，长 8～20cm；穗状花序柱状，长 4～15cm，上部花较密集，下部花稍疏；苞片卵形，较萼片短，两者均有绿色龙骨状突起；花萼筒无柄，萼裂椭圆形，长约 2mm；花冠裂片椭圆形或卵形，长约 1mm。蒴果圆锥状，长 3～4mm，从中部周裂，每果实有种子 12～30 粒；种子小，常为卵状。菱状多角形，成熟时褐黄色至黑褐色。花果期 6～9 月。

**3. 疏花车前**［*P. asiatica* L. subsp. *erosa*（Wall.）Z. Y. Li］ 多年生草本，高 15～35cm。根茎短，肥厚，下着生多数须根。叶自根茎丛射出，纸质，干后易脆，椭圆形或卵状椭圆形，长 3～10cm，宽 1.8～5.2cm，先端钝，基部阔楔形或楔形，向下渐狭成叶柄，叶面绿色，背面浅绿色，初时两面被毛，后渐脱落被疏毛或近无毛，边全缘或有不明显的钝齿；叶脉通常 3～5 条，弧形，于叶面压平，背面明显凸出；叶柄长 2～8cm，上面有凹槽，背面圆形，基部扩大成鞘状，初时被白色柔毛，后变无毛。花葶少数，长

15~30cm，四棱形，疏被柔毛；穗状花序长 5~10cm，花排列较稀疏（尤其下部）；苞片卵形，长约 2mm，具绿色龙骨状突起；花萼裂片宽卵形，长约 2mm，先端较宽，龙骨状突起十分明显，直达萼片顶端，边缘膜质；花冠裂片宽三角形，长约 2.5mm，向外反卷；雄蕊 4，与花冠裂片互生，伸出花冠筒外，花丝丝状，长约 6mm，花药白色，椭圆形，顶端有一小尖突；子房卵形，长约 1mm，花柱丝状，长 3~4mm，具长柔毛。蒴果纺锤形，长约 5mm。种子通常 10~15 粒，稀为 7 粒，常为卵形至椭圆状多角形，黄褐色至黑色。花期 6~7 月，果期 8~9 月。

**4. 海滨车前**（*P. camtschatica* Link.）　多年生草本，叶及花序梗和花序轴密被白色长柔毛。直根粗，多少木质化。具多数细侧根。根茎粗短。叶基生呈莲座状，平卧至直立；叶片厚纸质，狭椭圆形或椭圆状卵形，长 2.5~10cm，宽 1~5cm，先端急尖，边缘全缘或有不明显疏齿，基部渐狭，脉 5~7 条；叶柄长 1~4cm，基部鞘状。花序 3~25 个；花序梗长 6~15cm，常弓曲上长，有明显的纵条纹；穗状花序细圆柱状，长 3~9cm，下部间断，直径 5~10mm；苞片卵状椭圆形，长 2~2.5（~4）mm，基部、两侧边缘或龙骨突常有柔毛，龙骨突宽厚，不达顶端。花萼长 2.5~3mm，龙骨突宽厚，不延至萼片顶端，前对萼片椭圆形或倒卵状椭圆形，后对萼片宽椭圆形至近圆形。花冠白色，无毛，冠筒等长或稍长于萼片，裂片卵状椭圆形，长 1~1.5mm，先端急尖，于花后反折。雄蕊着生于冠筒内面近顶端，与花柱明显外伸，花药椭圆形，长 1~1.2mm，先端有钝三角形小突起，干后深红褐色。胚珠 4~5（~7）。蒴果卵状椭圆形或圆锥状卵形，长 2.5~3mm，于基部上方周裂。种子 4~5 粒，长圆形或卵状椭圆形，长 1.5~2.2mm，黑色，腹面平坦；子叶背腹向排列。花期 5~7 月，果期 6~8 月。

**5. 盐生车前**（*P. maritima* L. subsp. *ciliate* Printz）　多年生草本。直根粗长。根茎粗，长可达 5cm，常有分枝，顶端具叶鞘残基及枯叶。叶簇生呈莲座状，平卧、斜展或直立，稍肉质，干后硬革质，线形，长（4~）7~32cm，宽（1~）2~8mm，先端长渐尖，边缘全缘，平展或略反卷，基部渐狭并下延，脉 3~5 条，有时仅 1 条明显；无明显的叶柄，基部扩大成三角形的叶鞘，无毛或疏生短糙毛。花序 1 个至多个；花序梗直立或弓曲上长，长（5~）10~30（~40）cm，无沟槽，贴生白色短糙毛；穗状花序圆柱状，长（2~）5~17cm，紧密或下部间断，穗轴密生短糙毛；苞片三角状卵形或披针状卵形，长 2~2.5mm，先端短渐尖，边缘有短缘毛，背面无毛，龙骨突厚，不达萼片顶端，前对萼片狭椭圆形，稍不对称，后对萼片宽椭圆形。花冠淡黄色，冠筒约与萼片等长，外面散生短毛，裂片宽卵形至长圆状卵形，长约 1.5mm，于花后反折，边缘疏生短缘毛。雄蕊与花柱明显外伸，花药椭圆形，先端具三角状小突起，长 1.8~2mm，干后淡黄色。胚珠 3~4。蒴果圆锥状卵形，长 2.7~3mm。种子 1~2。椭圆形或长卵形，黄褐色至黑褐色，长 1.6~2.3mm，腹面平坦；子叶左右向排列。花期 6~7 月，果期 7~8 月。

# 第三节　栝　楼

## 一、概述

为葫芦科栝楼属植物栝楼（*Trichosanthes kirilowii* Maxim.）或双边栝楼（*T. ros-*

*thornii* Harms) 的干燥成熟果实。秋季果实成熟时，连果梗剪下，置通风处阴干。栝楼成熟、干燥的果实称为瓜蒌，别名全瓜蒌，性寒，味甘、微苦，能清热祛痰、宽胸散结、润燥滑肠，用于治疗肺热咳嗽、痰浊黄稠、胸痹心痛、结胸痞满、乳痈、肺痈、肠痈肿痛、大便秘结等症。成熟干燥的种子称瓜蒌子，性寒味甘，能润肺化痰、滑肠通便，用于燥咳痰黏、肠燥便秘。干燥根称为天花粉，性微寒，味甘、微苦，具清热生津、消肿排脓等功效，用于治疗热病烦渴、肺热燥咳、内热消渴、疮疡肿毒等症。

栝楼在我国分布较为广泛，大部分地区有栽培，主产于河南安阳、淇县、滑县；山东长清、安丘、莱州、肥城、兰陵；河北安国、安平、定州；山西沁源、闻喜；浙江绍兴、平湖、桐乡；福建闽侯；湖南浏阳、耒阳；广东高州；四川仪陇、苍溪、营山；云南绿春、马关；陕西三原。山东肥城、长清、宁阳为栝楼道地产区；河南安阳、河北安国为天花粉道地产区。

目前，栝楼栽培品种大都是野生或处于驯化中的农家品种，后者因缺少必要的提纯复壮，长期栽培后出现有明显的种质退化问题，表现为产量和品质下降、抗病性降低等。栝楼为多年生植物，可通过种子或块根繁殖。用种子繁殖的栝楼当年大多不开花；用块根繁殖的栝楼当年就能开花结果。栝楼雌雄异株，群体中雌株较少，种子繁殖难以满足生产需求。栽培栝楼大多采用分根法繁殖，人为控制雌雄比例，但也存在一些问题，如繁殖系数低、繁育周期长、种质退化严重等。

## 二、药用历史与本草考证

栝楼药用早有记载，汉代《神农本草经》将栝楼列为中品，根入药，名栝楼根，又名地楼。吴普云："栝楼，一名泽巨，一名泽姑。"陶弘景曰："出近道，藤生，状如土瓜而叶有叉"，说明栝楼的形态与土瓜相似。《名医别录》中将栝楼称为天瓜，更加贴切地反映了二者的异同。唐《新修本草》有"用根作粉"的制法，又演变出天花粉。根据《重庆堂随笔》记载："栝楼实名天瓜，故其根名天瓜粉，后世讹瓜为花，然相传已久，不可改矣。"《药性类明》："栝楼仁，昔人谓通肺中郁热，又言其能降气者，总由甘合于寒，能和，能降，能润，故郁热自通。丹溪所谓胸中垢腻，盖亦郁热之所成，热之郁者通，气之痹者降，何垢腻之不涤乎。"《本草汇言》："栝楼仁，润肺消痰，清火止渴之药也。其体油润多脂。专主心肺胸胃，一切燥热郁热逆于气分，食痰积垢滞于中脘。凡属有形无形，在上者可降，在下者可行。其甘寒而润，寒可以下气降痰，润可以通便利结。"《本草正》："瓜蒌仁，性降而润，能降实热痰涎，开郁结气闭，解消渴，定胀喘，润肺止嗽。但其气味悍劣，善动恶心呕吐，中气虚者不宜用，《本草》言其补虚劳，殊为大谬。"《药品化义》："瓜蒌仁，体润能去燥，性滑能利窍。凡薄痰在膈，易消易清，不必用此。若郁痰浊，老痰胶，顽痰韧，食痰黏，皆滞于内，不得升降，致成气逆胸闷、咳嗽，烦渴少津，或有痰声不得出，借其滑润之力，以涤膈间垢腻，则痰消气降，胸宽嗽宁，渴止津生，无不奏效。其油大能润肺滑肠，若邪火燥结大便，以此助苦寒之药，则大肠自润利矣。"《食疗本草》云："下乳汁，又治痈肿。"《日华子诸家本草》云："补虚劳，口干，润心肺。疗手面皱，吐血，肠风泻血，赤白痢。"《本草蒙筌》云："补肺下气，涤垢开郁。治伤寒结胸，虚怯，痨嗽；解消渴，生津；止诸血。"《本草经疏》云："主消痰。"《中药志》云：

"治老年或病后之肠结便秘。"历代本草对栝楼的植物形态有较详细的记载。《毛诗注疏》孔颖达引本草作："栝楼，叶如瓜，叶形两两相值。蔓延，青黑色。六月花，七月实。如瓜瓣是也。"陶弘景曰："出近道，藤生，状如土瓜而叶有叉。"土瓜即指王瓜（*T. cucumeroides* Maxim.）。王瓜叶阔卵形或圆形，而栝楼叶通常3～5浅裂或深裂，因而谓之有叉。《本草图经》曰："三、四月内生苗，引藤蔓。叶如甜瓜叶，作叉，有细毛。七月开花，似葫芦花，浅黄色。实在花下，大如拳，生青，至九月熟，赤黄色。……其实有正圆者，有锐而长者，功用皆同。"《证类本草》转引《图经》文，附图"衡州栝楼"和"均州栝楼"，前者叶五裂而果圆或稍扁，后者叶三裂而果圆略尖。《履巉岩本草》附图叶近卵形不裂，果小梗短。《救荒本草》附图叶浅裂，果宽椭圆形，先端有较长的残柱基。《本草蒙筌》也附图。《本草纲目》曰："其根直下生，年久者长数尺。秋后掘者结实有粉……其实圆长，青时如瓜，黄时如熟柿……内有扁子，大如丝瓜子，壳色褐，仁色绿，多脂，作青气。"其后，《本草原始》《本草汇言》《本草述》《广群芳谱》等也有类似记载。《植物名实图考》附图二幅，相当精细；图一叶三裂，裂片边缘平直，果椭圆形；图二叶浅裂，果先端有柱基。从各本草的形态描述和附图表明，历代所用中药栝楼的原植物为藤本、有卷须、单叶（裂或不裂）、果多圆形等特征，均应为葫芦科植物，并以栝楼（*T. kirilowii* Maxim.）为主流，但药材中也包括双边栝楼和王瓜等。栝楼来源复杂，其主流商品应是栝楼的果实。根据历代本草的记载和附图，自宋代后，栝楼来源逐渐复杂起来，可能是由于宋朝南迁，经济中心改变，产地逐渐南移从而形成复杂的药材来源。

　　《诗经》反映的历史年代为公元前11世纪到公元前6世纪左右，即西周初期到春秋中叶，其中已有"果蓏"的记载。《尔雅》郭璞注云："今齐人呼为天瓜。""齐"即今之山东。可见山东产栝楼有久远的历史。《神农本草经》列栝楼为中品，并记载："生川谷及山阴。"产地大约在陕西、山西、河南、山东等地。《名医别录》曰："栝楼生弘农、川谷及山阴地。"弘农为今之河南灵宝县。《新修本草》曰："今出陕州者，白实最佳。"《千金翼方》载药所出州土曰："栝楼的产地为河南道的陕州及虢州"，陕州相当于今河南的三门峡市、洛宁、灵宝及山西平陆、芮城、运城东北部地区，虢州即当今河南省西部灵宝、栾川以西、伏牛山以北。《本草品汇精要》中栝楼项下，也有："（道地）衡州及均州、陕州者佳。""衡州"即湖南衡阳、衡山、安仁县境内。"均州"即当今湖北郧西、郧县、丹江口市与陕西、河南交界处。《本草汇言》记载："栝楼出弘农，陕州。山谷者最胜。今江南、江北、浙江、河南、山野僻地间亦有。""白实最佳"系指根而言。现今河南安阳、新乡所产天花粉驰名中外。可见山东产栝楼有久远历史，原植物也为此种。《肥城县志》记载肥城栽培栝楼已有300多年的历史，《长清县志》记载长清早在清代以前就栽培栝楼。可见山东是当之无愧的栝楼主产地。

## 三、植物形态特征与生物学特性

**1. 形态特征**　栝楼是多年生草质藤本植物。攀缘藤本，长达10m；块根肥厚肉质、粗长，圆柱状或纺锤形、稍扭曲，可深入土中1～2m，直径3～15cm，个别分枝，外皮灰黄色，疏生横长突起皮孔及细纵纹，富含淀粉，断面白色。茎攀缘，多分枝，有浅纵棱和沟槽，有白色柔毛，藤可长达10m以上。卷须腋生，常2～3分枝。单叶互生，叶片纸质，宽卵状心形或扁心形，常 3～9 浅裂至中裂，稀深裂或不分裂，长和宽均 5～25cm，两面稍被毛；裂片菱状倒卵形、长圆形，先端钝，急尖，边缘常再浅裂，叶基心形，弯缺深 2～4cm，上表面深绿色，粗糙，背面淡绿色，两面沿脉被长柔毛状硬毛，基出掌状脉 5 条，细脉网状；叶柄长 3～10cm，具纵条纹，被长柔毛。卷须 3～7 歧，被柔毛。花雌雄异株，生于叶腋，花冠白色。雄总状花序单生，或与单花并生，或在枝条上部者单生，总状花序长 10～20cm，粗壮，具纵棱与槽，被微柔毛，顶端有 5～8 朵花，单花花梗长约 3cm，小苞片倒卵形或阔卵形，长 1.5～2.5cm，宽 1～2cm，中上部具粗齿，基部具柄，被短柔毛；花萼筒筒状，长 2～4cm，顶端扩大，径约 10mm，中、下部径约 5mm，被短柔毛，裂片披针形，长 10～15mm，宽 3～5mm，全缘；花冠白色，裂片倒卵形，长 20cm，宽 18cm，顶端中央具 1 绿色尖头，两侧具丝状流苏，被柔毛；花药靠合，

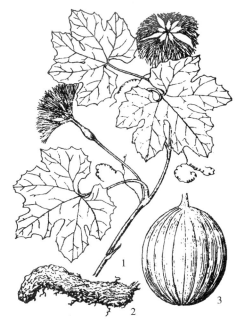

图 3-3　栝　楼
1. 花枝　2. 根　3. 果实

长约 6mm，径约 4mm，花丝分离，粗壮，被长柔毛。雌花单生，花梗长 7.5cm，被短柔毛；花萼筒圆筒形，长 2.5cm，径 1.2cm，裂片和花冠同雄花；子房椭圆形，绿色，长 2cm，直径 1cm，花柱长 2cm，柱头 3。果梗粗壮，长 4～11cm；瓠果，宽椭圆形或近球形，长 8～20cm，直径 6～15cm，干重 50～150 g，幼时绿色，熟时黄褐色或橙黄色。种子多数，60～230 个不等，椭圆形或近圆形扁平，一端微凹，似瓜子，淡黄褐色，近边缘处具棱线，长 1.2～2.0cm，宽 0.8～1.5cm，厚 3～4mm，千粒重 200～250g（图 3-3）。花期 6～8 月，果期 8～10 月。

**2. 生物学特性**　栝楼喜温暖湿润，较耐寒，不耐干旱，怕水涝，在年平均气温为 20℃ 左右，7 月均温在 28℃ 以下，1 月均温在 6℃ 以上，年降水量为 900～1 500mm，相对湿度为 75%～80% 的气候环境中生长发育良好。野生栝楼在半遮阴的大树空隙中也能生长，但光照不足 2h 时挂果极少。光照达 6h 时，栝楼生长基本正常，但果实成熟期稍延后，果皮呈青黄花色，糖化程度低。充足的阳光可促进栝楼果实籽粒饱满、正常成熟，盛花期如遇长期阴雨天气、光照不足时，会大幅减产。栝楼适于在土质肥沃、疏松、细沙含量高于 50% 的沙质土壤中生长，土层深度不低于 50cm，忌黏性较大的土壤。栝楼根系粗壮，须根极少，吸收水分几乎全靠主根，因此需要土壤始终保持潮湿。栝楼一般自 4 月上中旬出苗至 6 月初的生长前期茎叶生长缓慢。6 月初至 8 月底地上部生长加速。8 月底至 11 月茎叶生长趋缓至停止，养分向果实或地下部运转，10 月上旬果实成熟。从茎叶枯死至翌年春天发芽为休眠期，地下部休眠越冬。年生育期为 170～200d。

山东长清、肥城及宁阳为栝楼道地产地。所产栝楼质佳量大，并有很多栽培品种，如

仁栝楼与糖栝楼，种子作栝楼籽入药，籽小仁大，质佳。河南新乡、安阳至河北邯郸、武安一带为天花粉的道地产地，所产花粉质量最佳，驰名中外，称安阳花粉。

## 四、野生近缘植物

**1. 中华栝楼**（*T. rosthornii* Harms）　攀缘藤本；块根条状，肥厚，淡灰黄色，具横瘤状突起。茎具纵棱及槽，疏被长柔毛，有时具鳞片状白色斑点。叶片纸质，阔卵圆形至近圆形，长 8～12cm，宽 7～11cm，3～7 深裂，通常 5 深裂，几达基部，裂片线状披针形、披针形至倒披针形，先端渐尖，边缘具短尖状细齿，或偶尔具 1～2 粗齿，叶基心形，弯缺深 1～2cm，上表面深绿色，疏被短硬毛，背面淡绿色，无毛，密具颗粒状突起，掌状脉 5～7 条，上面凹陷，被短柔毛，背面突起，侧脉弧曲，网结，细脉网状；叶柄长 2.5～4cm，具纵条纹，疏被微茸毛，卷须 2～3 歧。花雌雄异株。雄花或单生，或为总状花序，或两者并生；单花花梗长 7cm，总花梗长 8～10cm，顶端具花 5～10 朵；小苞片菱状倒卵形，长 6～14mm，宽 5～11mm，先端渐尖，中部以上具不规则的钝齿，基部渐狭，被微茸毛；小花梗长 5～8mm；花萼筒狭喇叭形，长 2.5～3cm，顶端径约 7mm，中下部径约 3mm，被短柔毛，裂片线形，长约 10mm，基部宽 1.5～2mm，先端尾状渐尖，全缘，被短柔毛；花冠白色，裂片倒卵形，长约 15mm，宽约 10mm，被短柔毛，顶端具丝状流苏；花药柱长圆形，长 5mm，径 3mm，花丝长 2mm，被柔毛。雌花单生，花梗长 5～8cm，被微茸毛；花萼筒圆筒状，长 2～2.5cm，径 5～8mm，被微茸毛，裂片和花冠同雄花；子房椭圆形，长 1～2cm，径 5～10mm，被微茸毛。果实球形或椭圆形，长 8～11cm，径 7～10cm，光滑无毛，成熟时果皮及果瓤均橙黄色；果梗长 4.5～8cm。种子卵状椭圆形，扁平，长 15～18mm，宽 8～9mm，厚 2～3mm，褐色，距边缘稍远处具一圈明显的棱线。花期 6～8 月，果期 8～10 月。产于甘肃东南部、陕西南部、湖北西南部、四川东部、贵州、云南东北部、江西（寻乌）。生于海拔 400～1 850m 的山谷密林、山坡灌丛及草丛中。果实习称川蒌壳，质量不及山东产品；种子习称双边瓜蒌子，籽大仁小，质量一般；根习称川花粉，筋多，质量一般。

**2. 大籽栝楼**（*T. truncata* C. B. Clarke）　攀缘草质藤本；块根肥大，纺锤形或长条形，径 6～10cm，富含淀粉。茎具纵棱及槽，有淡黄褐色皮孔，无毛或仅节上有毛。叶片革质，卵形、狭卵形或宽卵形，不分裂或 3 浅裂至深裂，长 7～12cm，宽 5～9cm，先端渐尖，边缘具波状齿或疏离的短尖头状细齿，叶基截形，若分裂，裂片三角形、卵形或倒卵状披针形，上面深绿色，背面淡绿色，两面无毛，稍粗糙，基出掌状脉 3～5 条，细脉网状，两面突起，叶柄长 3～4cm，具纵棱及槽。卷须 2～3 歧，具纵条纹。花雌雄异株。雄花组成总状花序，总花梗长 7～20cm，具纵条纹，顶端被微茸毛，中部以上有花 15～20 朵；花梗细，长约 3mm，被微茸毛；苞片革质，近圆形或长圆形，长 2～3cm，先端渐尖或圆形，具突尖，全缘或具波状圆齿，基部渐狭，无毛，具 3～5 脉；萼筒狭漏斗形，长约 2.5cm，顶端径约 1cm，疏被微茸毛，裂片线状披针形，长约 3cm，先端长渐尖，全缘；花冠白色，外面被短柔毛，裂片扇形，长约 2.5cm，宽约 1.8cm，先端具长 1cm 的流苏；花药柱圆柱形，长 6mm，径 4mm，花丝长 3mm，分离。雌花单生，花梗长 2～4cm，被短柔毛；萼筒圆柱形，长约 1.5cm，被短柔毛，裂片较雄花短；花冠同雄花；子房椭圆形，长 2cm，径约 8mm，被棕色短柔毛。果实椭圆形，长 12～18cm，径 5～10cm，光滑，橙黄色；果梗长 4～5cm。种子多数，卵形或长圆状椭圆形，长 18～23mm，宽约 12mm，厚 4～6mm，浅棕色或黄褐色，种脐端钝或偏斜，偶尔微凹，另端钝圆，沿边缘有一圈棱线。花期 4～5 月，果期 7～8 月。产于广西、云南。生于海拔 300～1 600m 的山地密林中或山坡灌丛中。果实作瓜蒌，质量仅次于栝楼，根作天花粉，筋多粉少，质量较差。

**3. 圆籽栝楼**（*T. hylonoma* Hard. - Mazz.） 攀缘藤本；根条形，肥厚。茎细弱，具纵棱及槽，幼时被短柔毛，后除节上外，余变无毛，具白色皮孔。单叶互生，叶片纸质，坚挺，轮廓阔卵形，长 11～17cm，宽 10～16cm，常 3～5 中裂，外侧有 1～2 对不明显裂片或大波状齿，中央裂片卵形，长渐尖，两侧裂片长约为中央裂片的一半，边缘具疏离的短尖头状细齿，基部弯曲近四方形，凹入 2cm，上面绿色，疏被糙伏毛状柔毛，后变无毛，边缘具缘毛，背面无毛，基出掌状脉 3～5 条，侧脉弧形，网结，细脉疏松网状，明显；叶柄长 3～6cm，具纵棱及槽，疏被柔毛，有白色糙点。卷须细，二歧，具纵条纹。花雌雄异株。雄花单生于叶腋，花梗纤细，丝状，长 4～7cm，中下部无毛，上部被平展的柔毛；花萼筒狭钟状，长 12～15mm，径约 4mm，无毛或极疏被柔毛，裂片钻状线形，长 6～7mm，伸展或反折；花冠白色，径约 3cm，外面密被腺状柔毛，裂片宽倒卵形，长 1.5cm，宽 1cm，上部稍 3 裂，中裂片钻形，两侧具线状细裂的流苏，基部窄；花药头状，长约 3mm，花丝长约 2mm。雌花未见。果实卵状椭圆形，长 9cm，径 5～6cm，成熟时橘红色，先端具短喙，基部变狭。种子长圆形，长 10～13mm，宽 9mm，灰褐色，种脐端平截微凹，另端圆形，边缘具细圆齿。花期 5～6 月，果期 9～10 月。产于湖南南部、广西东北部和贵州东南部。生于海拔 800～950m 的山谷灌木林中。

**4. 多卷须栝楼**（*T. multicirrata* C. Y. Cheng et C. H. Yueh） 与中华栝楼特征相近，主要区别在于叶片较厚，裂片较宽大，卷须 4～6 歧，被长柔毛，花萼筒短粗，长约 2cm，顶端径约 1.3cm，密被短柔毛。产于广西、广东北部、贵州和四川。生于海拔 600～1 500m 林下、灌丛或草地。果实、种子、根分别作瓜蒌、瓜蒌子、天花粉入药。

**5. 瓜叶栝楼**（*T. cucumerina* L.） 一年生攀缘藤本；茎细弱，多分枝，具纵棱及槽，被短柔毛及疏长柔毛状硬毛。叶片膜质或薄纸质，肾形或阔卵形，长 7～10cm，宽 8～11cm，5～7 浅至中裂，通常 5 裂，裂片三角形或菱状卵形，先端钝，具短渐尖，边缘具小尖头状细齿或波状齿，基部心形，弯缺深 1～1.5cm，上面绿色，疏被微茸毛及柔毛状长硬毛，背面淡绿色，密被白色短伏毛；主脉 5～7 条，细脉疏松网状；叶柄长 1.5～7cm，具纵条纹，被短柔毛及疏长柔毛状长硬毛。卷须纤细，2～3 歧，被短柔毛及长柔毛。花雌雄同株。雄花排列成总状花序，雌花单生于雄花序的基部，先开放。雄花序梗纤细，长 15～20cm，被短柔毛，花梗长 0.5～1.5cm，丝状，直立伸展，有毛；小苞片缺或极小；花萼筒长 15～20mm，被微茸毛，顶端扩大，径约 2.5mm，裂片狭三角形，伸展，长 1.5～2mm；花冠白色；直径约 1.5cm，裂片长圆形，长约 12mm，宽约 3mm，流苏几与裂片等长；花药柱长圆形，长约 3mm，花丝纤细，长约为花药柱的 1/2；无退化雌蕊。雌花未见。果实卵状圆锥形，长 5～7cm，径约 3cm，顶端具喙，具种子 7～10 枚。种子卵状长圆形，长约 10mm，宽约 5mm，厚 3mm，灰白色，种脐端渐狭，另端平截、微凹，边缘具波状圆齿，两面具网纹。花果期秋季。产于云南、广西。生于海拔 450～1 600m 山谷丛林中或山坡灌丛中，常有栽培。根用于治疗头痛、气管炎，果用于治疗胃病、消渴及气喘。

**6. 王瓜** ［*T. cucumeroides*（Ser.）Maxim.］　多年生攀缘藤本；块根纺锤形，肥大。茎细弱，多分枝，具纵棱及槽，被短柔毛。叶片纸质，轮廓阔卵形或圆形，长 5～13cm，宽 5～12cm，常 3～5 浅裂至深裂，或有时不分裂，裂片三角形、卵形至倒卵状椭圆形，先端钝或渐尖，边缘具细齿或波状齿，叶基深心形，弯缺深 2～5cm，上面深绿色，被短茸毛及疏散短刚毛，背面淡绿色，密被短茸毛，基出掌状脉 5～7 条，细脉网状；叶柄长 3～10cm，具纵条纹，密被短茸毛及稀疏短刚毛状硬毛。卷须二歧，被短柔毛。花雌雄异株。雄花组成总状花序，或 1 单花与之并生，总花梗长 5～10cm，具纵条纹，被短茸毛；花梗短，长约 5mm，被短茸毛；小苞片线状披针形，长 2～3mm，全缘，被短柔毛，稀无小苞片；花萼筒喇叭形，长 6～7cm，基部径约 2mm，顶端径约 7mm，被短茸毛，裂片线状披针形，长 3～6mm，宽约 1.5mm，渐尖，全缘；花冠白色，裂片长圆状卵形，长 14～15mm，宽 6～7mm，具极长的丝状流苏；花药长 3mm，药隔有毛，花丝短，分离；退化雌蕊刚毛状。雌花单生，花梗长 0.5～1cm，子房长圆形，均密被短柔毛，花萼及花冠与雄花相同。果实卵圆形、卵状椭圆形或球形，长 6～7cm，径 4～5.5cm，成熟时橙红色，平滑，两端圆钝，具喙；果柄长 5～20mm，被短柔毛。种子长圆形，长 7～12mm，宽 7～14mm，深褐色，两侧室大，近圆形，径约 4.5mm，表面具瘤状突起。花期 5～8 月，果期 8～11 月。产于华东、华南和西南地区。生于海拔 600～1 700m 山谷密林或山坡疏林、灌丛中。果实曾作为上海、杭州等地瓜蒌的地方习用品，效近栝楼而力较缓。

# 第四节　连　翘

## 一、概述

为木犀科连翘属多年生植物连翘 ［*Forsythia suspensa*（Thunb.）Vahl］ 的干燥果实，果实初熟尚带绿色时采收称青翘，果实熟透颜色发黄时采收称老翘。连翘又名黄花条、连壳、青翘、落翘等，具有清热解毒之功效，有抗菌、强心、利尿、镇吐等药理作用，常用于治疗急性风热感冒、痈肿疮毒、淋巴结结核、咽喉肿痛、急性肾炎、尿路感染等症，为双黄连口服液、双黄连粉针剂、清热解毒口服液、银翘解毒冲剂等中药制剂的主要原料。

## 二、药用历史与本草考证

出自《神农本草经》。陶弘景：“连翘处处有，今用茎连花实也。《唐本草》：连翘有两种，大翘、小翘。大翘叶狭长，如水苏，花黄可爱，生下湿地，著子似椿实之未开者，作房翘出众草。其小翘生岗原之上，叶花实皆似大翘而小细，山南人并用之。今京下惟用大翘子，不用茎花也。”《本草图经》：“连翘，今近京及河中、江宁府、泽、润、淄衮、鼎、岳、利州，南康军皆有之。有大翘、小翘二种。生下湿地或山冈上。叶青黄而狭长，如榆叶、水苏辈。茎赤色，高三、四尺许。花黄可爱，秋结实似莲，作房翘出众草，以此得名。根黄如蒿根，八月采房阴干。其小翘生岗原之上，叶、花、实皆似大翘而细。南方生者，叶狭而小，茎短，才高一、二尺。花亦黄，实房黄黑，内含黑子如粟粒，亦名旱连草，南人用花叶。"

连翘分布于山西、河南、陕西、辽宁、河北、甘肃、江苏、山东、湖北、江西、云南等地。主产于山西、河南、陕西、山东，湖北、甘肃、河北也产。以山西、河南产量大。黄翘销全国，并出口，青翘主销四川、浙江、上海、北京、天津等地。

## 三、植物形态特征与生物学特性

**1. 形态特征** 落叶灌木，高达 3m；枝细长并开展呈拱形，节间中空，节部有斑，皮孔多而显著。单叶或有时三出复叶，对生，叶片卵形或卵状椭圆形，长3～10cm，缘有锯齿。花单生或数朵生于叶腋；花萼绿色，4 裂，裂片矩圆形；花冠黄色，裂片 4，倒卵状椭圆形，雄蕊 2，雄蕊长于或短于雌蕊（图 3-4）。3～4 月展叶前开花。

**2. 生物学特性** 连翘的萌生能力强，平茬后的根桩或干枝都能繁殖萌生，较快地增加分株的数量，增大分布幅度。连翘枝条的连年生长不强，更替比较快，随树龄的增加，萌生枝以及萌生枝上发出的短枝，其生长均逐年减少，并且短枝由斜向生长转为水平生长。4 年萌生枝上的一年生短枝是最多的，以后逐渐减少。连翘枝条更替快，萌生枝长出新枝后，逐渐向外侧弯斜，所以尽管植株不断抽生新的短枝，但是高度基本维持在一个水平上。连翘喜光，有一定程度的耐阴性，耐寒、耐干旱瘠薄，怕涝，不择土壤，抗病虫害能力强。

图 3-4 连 翘
1. 花枝 2. 果枝 3. 果实

连翘商品呈长卵形或卵形，长 1～2.5cm，直径 0.5～1.3cm，表面黄棕色，有纵皱纹及多数突起的小斑点，两面各有 1 条明显的纵沟。顶端锐尖，基部偶有果柄。果皮硬脆，断面平坦。青翘果实完整，表面绿褐色，大多无疣状突起，内有多数种子着生，黄绿色，细长，一侧有翅。青翘以干燥、色黑绿、不裂口者为佳；老翘以色棕黄、壳厚、显光泽者为佳。

## 四、野生近缘植物

**1. 秦连翘**（*F. giraldiana* Lingelsh.）　落叶灌木，高 1～3m。枝直立，圆柱形，灰褐色或灰色，疏生圆形皮孔，外有薄膜状剥裂，小枝略呈四棱形，棕色或淡褐色，无毛，常呈镰刀状弯曲，具片状髓。叶片革质或近革质，长椭圆形、卵形至披针形，或倒卵状椭圆形至倒卵状披针形，长 3.5～12cm，宽 1.5～6cm，先端尾状渐尖或锐尖，基部楔形或近圆形，全缘或疏生小锯齿，上面暗绿色，无毛或被短柔毛，中脉和侧脉凹入，下面淡绿色，被较密柔毛、长柔毛或仅沿叶脉疏被柔毛以至无毛；叶柄长 0.5～1cm，被柔毛或无毛。花通常单生或 2～3 朵着生于叶腋；花萼带紫色，长 4～5mm，裂片卵状三角形，长 3～4mm，先端锐尖，边缘具睫毛；花冠黄色，长 1.5～2.2cm，花冠管长 4～6mm，裂片狭长圆形，长 0.7～1.5cm，宽 3～6mm；在雄蕊长 5～6mm 花中，雌蕊长约 3mm，在雌蕊长 5～7mm 花中，雄蕊长 3～5mm。果卵形或披针状卵形，长 0.8～1.8cm，宽 0.4～1cm，先端喙状短渐尖至渐尖，或锐尖，皮孔不明显或疏生皮孔，开裂时向外反折；果梗长 2～5mm。花期 3～5 月，果期 6～10 月。产于甘肃东南部、陕西、河南西部、四川东北部。生长在海拔 800～3 200m 的山坡或低山坡林中，山谷灌丛或疏林中，山沟、河滩或林边，或山沟石缝中。

**2. 金钟花**（狭叶连翘）（*F. viridissima* Lindl.）　灌木，高 1～3m。枝条直立，小枝近四棱形，微弯拱，淡紫绿色，髓呈薄片状。叶片椭圆形至披针形，很少倒卵状长椭圆形，长 4～12cm，宽 2～3cm，顶端锐尖，基部楔形，上部边缘有细齿或近全缘。花 1～3 朵，腋生，长约 2cm，宽 2～2.5cm；花萼裂片卵形，长为花冠筒的一半；花冠裂片 4，狭长圆形，长约 1.5cm，反卷。蒴果卵圆形，顶端喙状，长约 1.5cm。花期 3～4 月，果期 7～8 月。分布于我国江苏、福建、湖北、四川等地，多生长在海拔 500～1 000m 的沟谷、林缘与灌木丛中。喜光照，又耐半阴；还耐热、耐寒、耐旱、耐湿；在温暖湿润、背风面阳处，生长良好。在黄河以南地区夏季不需遮阴，冬季无需入室。对土壤要求不严，盆栽要求疏松肥沃，排水良好的沙质土。

**3. 丽江连翘**（*F. likiangensis* Ching & Feng ex P. Y. Bai）　落叶灌木，高 1～3m；树皮灰棕褐色。小枝直立，淡棕色或棕色，略呈四棱形，无毛，二年生枝外有薄膜状剥裂，具片状髓。叶片近革质，卵形、卵状椭圆形至长椭圆形，长 2～9cm，宽 1～3.5cm，先端锐尖、渐尖或尾状渐尖，基部楔形或近圆形，全缘，叶缘略反卷，上面深绿色，下面灰绿色，两面无毛；叶柄长 0.5～1cm，无毛。花单生于叶腋；花梗长 1～4mm，无毛；花萼绿色，长 4～5mm，裂片宽卵形，长 1.5～3mm，先端膜质，边缘具睫毛；花冠黄色，长约 1.5cm，花冠管长 5～6mm，裂片长圆形或椭圆形，长约 1cm，宽约 6mm，内有红色条纹，先端钝或具微凸头；雄蕊长于花冠管；雌蕊短于雄蕊。果卵球形，长 0.8～1cm，宽 5～8mm，先端呈喙状，皮孔不明显；果梗长 2～4mm。花期 4～5 月，果期 6～10 月。产于云南西北部、四川木里。生于山坡灌丛、林下，或山地混交林中。

**4. 奇异连翘**（*F. mira* M. C. Chang）　落叶或攀缘灌木，高 1.2～3m。枝圆柱形，棕色，无毛，密生疣状凸起皮孔，小枝淡棕色，四棱形，被微柔毛，节间中空。叶片近革质，卵状椭圆形、椭圆形至披针形，长 3～7.5cm，宽 1～4cm，先端锐尖，基部楔形、宽楔形至近圆形，全缘，叶缘反卷，两面被短柔毛，下面较密，侧脉 3～5 对，在上面不明显，下面明显；叶柄长 0.5～2cm，被微柔毛。花萼深裂，裂片宽披针形，长约 5mm，无毛。果单生，宽卵形，长 1.5～2cm，宽 0.8～1cm，先端呈长喙状，表面疏生皮孔；果梗长 1.2～2cm，无毛。除花萼外，花的其余部分未见。果期 6 月。产于陕西山阳，生山间路旁。

# 第五节　罗　汉　果

## 一、概述

为葫芦科罗汉果属植物罗汉果 [*Siraitia grosvenorii* (Swingle) C. Jeffrey] 的干燥果实。秋季果实由嫩绿色变深绿色时采收，晾数天后，低温干燥。罗汉果味甘、性凉，无毒，有润肺止咳、凉血、润肠通便、降压及增强机体细胞免疫功能等功效，对慢性气管炎、急慢性咽喉炎和急慢性扁桃体炎等疾病疗效显著。

罗汉果主要分布在广西，东起贺州，西至百色，南起防城，北至龙胜县均有罗汉果分布。其中永福县、临桂县、龙胜县为罗汉果的起源中心，种质资源极为丰富。罗汉果在其他省份也有分布，但较为零散，如广东五华、和平、南雄、乳源、连山、信宜等县（市），湖南宁远和道县等，江西的资溪、永新、井冈山、龙南、全南等县（市），贵州黄平、榕江、望谟县等。

## 二、药用历史与本草考证

罗汉果是我国传统的药用植物，在广西民间的药用历史已有 300 多年，作为中药材在我国至少也有百年以上的历史。清朝光绪十一年（1885）重刊《永宁州志》卷三药石类记载："百合……罗汉果……杜仲"等物种（当时的永宁州在今天的永福县境内）。光绪三十一年（1905）重刊《临桂县志》卷八物产中，明确了它的药效："罗汉果大如柿，椭圆中空，味甜性凉，治痨嗽。"现代的《岭南采药录》《全国中草药汇编》《中药大辞典》《实用中药手册》《中草药彩色图谱》《广西中药志》等中医药书籍均对功用主治有所记载。

罗汉果（*S. grosvenorii*），别名拉江果、假苦瓜，植物学名光果木鳖，最早（1941）对罗汉果进行鉴别的美国人 Swingle 将其划入葫芦属，命名为 *Momordica grosvenorii* Swingle；1979 年，英国植物学家 C. Jeffrey 认为应将其归入赤瓟属，并命名 *Thladianthag rosvenorii* (Swingle) C. Jeffrey；1980 年，Jeffrey 同中国学者张志耘等一起讨论认为，根据罗汉果植物形态特征，将其放入赤瓟属和苦瓜属都不恰当，并提出建立罗汉果属（*Siraitia*），将罗汉果学名定为 *S. grosvenorii* (Swingle) C. Jeffrey ex Lu et Z. Y. Zhang。但早期文献中有将罗汉果写为 *Momordica grosvenorii* 或 *Thladiantha grosvenorii*。

广西永福县是正宗的罗汉果发源地和主产地，为溯源历史，在桂林图书馆查阅有关历史资料，先后有广西荔浦、永福、临桂等 7 县 13 部史籍上有罗汉果的记载。罗汉果最早记载于清道光十年（1830）的《修仁县志》（现广西荔浦县），卷一物产中果属有"罗汉果可以入药，清热治嗽，其果每生必十八颗相连，因以为名"。这是对罗汉果药用功效主治及其名称由来的最早记载。清光绪三十一年（1905）《临桂县志》卷八物产中载有"罗汉果大如柿，椭圆中空，味甜性凉，治痨嗽"。这是对罗汉果药材性状、性味的最早记载。民国十六年（1927）修《昭平县志》卷六，物产部，药之属有"罗汉果如桐子大，味甜，润肺，火症用煲猪肺食颇有效"。这是对罗汉果配伍用药以增强疗效的记载。除方志外，民国十九年（1930）陈仁山编《药物出产辨》中有"罗汉果，产于广西桂林府"的记载。

## 三、植物形态特征与生物学特性

**1. 形态特征**　罗汉果为多年生草质攀缘藤本植物，长 3～10m。地下块茎肥大，俗称薯块，近球形，是罗汉果的储藏器官和越冬休眠器官；嫩茎被白色柔毛和红色腺毛，茎呈暗紫色，具数条纵棱。单叶互生，卵形、长卵形或卵状三角形，长 10～24cm，宽 8～19cm，顶端急尖或渐尖，基部心形，边全缘，羽状网脉突出于下面，横脉显著；叶上面绿色，被短茸毛，沿叶脉被毛较密，叶背面暗绿色，嫩叶呈暗棕红色，密布红色腺毛；叶柄长 2～9cm，稍扭曲，被短柔毛；卷须生于腋侧，长 11～30cm，顶端 2 分叉，分叉的上下部均呈螺旋状。雌雄异株，雄花为腋生的总状花序，每一花序有花 1 朵；苞片 1 枚，矩圆形，长约 2mm。花柄长约 1.5cm，与花序柄同被白色柔毛和红色腺毛；花萼轮状，直径约 1.5cm，5 裂，裂片尖端具线状尖尾，长约 1cm，背面中部有一弯曲中肋；花瓣 5 枚，分离，淡黄色，略带红色，卵形，长约 2cm，宽约 1cm，有脉纹 6～8 条，渐尖，先端具尖尾，长约 2.5cm；外面与花萼同被柔毛和红色腺毛；雄蕊 3 枚，药室 S 形，花药分离，绿黄色，1 枚 1 室，其余 2 枚 2 室；花丝粗短，绿黄色或青绿色。雌花单生于叶腋，或 2 朵簇生于总花梗上；花柄长 0.7～1.5cm；萼管长椭圆形，密被短茸毛和红色腺毛，上部略小，长约 1.5cm，横径约 7mm，先端 5 裂，裂片长三角形，长约 8mm；花瓣 5 枚，分离，近倒卵形或长披针形；子房下位，与萼管合生；花柱 3 枚，绿色，柱头 2 分叉，有 3 枚退化的雄蕊，黄色，长者可同花柱等长。瓠果圆形、卵形或矩圆形，长 4～7cm，宽 3～6cm；种子多数，淡黄色，扁平，形状一般有长椭圆形、椭圆形、近圆形、瓜子形等，长 1.5～1.8cm，宽 1～1.2cm，两面中央稍凹入而有放射状沟纹，边缘呈不规则微圆齿状（图 3-5）。盛花期 6～8 月，果期 8～10 月。

罗汉果野生、半野生品种主要有野拉江果、野冬瓜果、野青皮果、大油桐果、野生红毛果、野生穗状白毛果、马铃果和茶山果等类型。具体特征如下：

（1）野长滩果：植株生长健壮。叶片长三角心脏形，叶片长 21.5～24.5cm，宽 14.5～15.6cm。叶面深绿，叶背浅绿膜质，

图 3-5　罗汉果

1. 雌花枝　2. 雄花序　3. 雄花　4. 果实　5. 种子

具灰白色柔毛，花黄色，花期 6～10 月，果实分别于 9～11 月成熟。果实梨形、长圆形，两端略小中间鼓大，果皮具明显不规则隆起，果脉不明显，里面柔毛短而稀，果实中等大，纵径 6.3～6.5cm，横径 4.5～5.0cm。产于广西永福县龙江乡龙隐、保安等地。

（2）野拉江果：植株生长健壮。叶片长三角心脏形，叶基半展半开张，叶尖渐尖，叶片长 24.5cm，宽 15cm，叶柄长 5.4cm。果梨形、椭圆形，略带不明显三棱形，果顶稍平。果实中等大，纵径 6.0～6.5cm，横径 4.7～5.0cm。鲜果重 85.6g，可溶性固形物含量 20.50%～20.58%，每 100g 鲜果含维生素 C 达 160.5～195.4mg。单株产量较高。产于广西龙胜三门镇、临桂茶洞乡、永福龙江乡等地，分布海拔 600～750m。

（3）野冬瓜果：植株生长健壮。叶片心脏三角形，先端渐尖。叶基闭合，长 10～23cm，宽 7～13cm。花黄色，花期 7～10 月。果长圆柱形、圆柱形，大小整齐，果面被白色柔毛，具明显或不明显六棱。果实大或中大，纵径 6.2～6.8cm，横径 4.7～5.7cm，单株产量较高。产于广西龙胜三门镇，永福龙江乡和堡里乡，临桂茶洞乡和黄沙瑶族乡等。分布海拔 300～800m。

（4）野青皮果：植株生长健壮。叶三角心脏形，叶尖渐尖，叶基半开张，叶片长 12.8～26cm，宽 11～14cm。花黄色，花期 6～10 月。果圆形、椭圆形，果面密被细柔毛。果中大或中小，纵径 5.2～5.5cm，横径 4.8～5.0cm。单株产量较高。产于广西县龙胜三门镇，永福县龙江乡，临桂县茶洞乡等。

（5）古曼果：植株生长健壮。叶三角心脏形，叶先端渐尖，叶基开展。花淡黄色，花期 7～8 月，花蕾多，但成果率低。果椭圆形、梨形，果面有不明显的纵沟痕。产于广西临桂茶洞乡。

（6）大油桐果：植株长势强。叶心脏形，长 13～18.5cm，宽 12～16cm。早熟，5 月中旬开花，8 月中旬首批果实成熟，果实近圆形，果顶有乳状突起，果大，中大果占近 70%，最大果纵径 7.1cm，横径 7.0cm，鲜果重 149g，果柄短而粗，长 2.2cm，粗 0.3cm，每节挂 2～3 个果，呈穗状，高产。产于广西龙胜三门镇等。分布海拔约 400m。

（7）白毛果：植株生长势强。叶片三角形，叶尖渐尖，叶面深绿色，叶背浅绿色，密被柔毛，叶片长 18cm，宽 13cm，叶基半开张，叶柄长 5.2cm，粗 0.4cm。4 月上旬萌芽，5 月中旬开花。果圆形，纵径 6.0cm，横径 6.0cm，果面密被白色柔毛，果顶稍平，果柄长 3cm，粗 0.2cm。高产耐寒，单株产果 40～60 个。产于永福县龙江乡等地。

（8）马铃果：植株生长健壮。叶片心脏三角形，长 12～17cm，宽 8～12cm，叶基半开张，叶柄长 4.9cm，粗 0.3cm。花黄色，子房椭圆形，密被红色腺毛，花期 7～10 月。果圆形或扁圆形，具明显或不明显六棱，果实小，纵径 3.8～4.5cm，横径 3.8～5.3cm，果皮密被柔毛，果柄短。单株产量一般 50～60 个，高产的可达 400 多个。产于广西龙胜三门镇，永福龙江乡和罗锦镇，临桂茶洞乡和黄沙瑶族乡等，多分布在海拔 400～700m 山区。

（9）大罗汉：植株长势强。叶片为三角形，叶尖渐尖，叶片 15cm，宽 13.5cm，叶面青绿，柔毛短而稀，叶基半闭合，叶柄长 6.8cm，柄粗 0.3cm，叶缘有稀疏的细锯齿。子房长椭圆形，密被柔毛。花红黄色，长 2.5cm，宽 0.9cm，先端渐尖，花冠直径 3cm，柱头开展。果圆形，大小整齐，纵径 5.5cm，横径 5.5cm，果面密被白色柔毛，果顶宿存花柱尖凸。单株产量 20～30 个。产于广西永福龙江乡等。

（10）野生红毛果：植株生长强壮。叶片心脏形，叶长 20cm，宽 17cm，叶片浓绿，子房密被红腺毛。花期 6～10 月。果圆形，大小整齐，纵径 5.4cm，横径 5.2cm，平均鲜果重 70g，可溶性固形物含量 20.50%，每 100g 鲜果含维生素 C 达 221.8mg。抗逆性强，丰产。产于广西龙胜瓢里镇、永福龙江乡等。

（11）野生穗状白毛果：植株生长健壮。叶片心脏形，长 22cm，宽 18cm，叶尖渐尖。花为穗状花序，每穗有花 2～7 朵，子房圆形，密被白柔毛，花瓣黄色，花蕾极多。果圆球形，中大，纵径 5.7cm，横径 5.6cm，平均鲜果重 87.3g，每 100g 鲜果含维生素 C 达 580.8mg。丰产性强。产于广西龙胜县龙胜镇等。分布海拔约 750m。

（12）地藕果：叶片卵形，叶尖渐尖或急尖，叶面深绿色，叶背浅绿色，叶基开展。果梨形，果顶花柱宿存处略凹，具不明显辐射状沟纹，果实纵径 6cm，横径 5cm，果柄长 1.5cm，粗 0.3cm，单株产果 40 余个。适应性强，味甜。产于广西永福龙江乡、临桂茶洞乡等。分布于海拔 300～400m。

**2. 生物学特性**　在罗汉果产区，3 月下旬至 4 月上旬，旬平均气温回升到 14.6～17℃时，罗汉果块茎顶部的休眠芽开始萌动；4 月上旬至 4 月中旬，旬平均气温在 17～18℃时，开始抽梢；5 月下旬至 8 月中旬气温 25.0～28.4℃，藤蔓迅速生长；6 月上旬至 9 月中旬，旬平均气温达 25.5～28.5℃时，结果蔓陆续现蕾、开花；7 月下旬为盛花期。全花期 105～115d；9 月中旬至 11 月上旬果色变黄，果柄干枯，果实分批成熟，果实生长发育期为 60～75d；11 月下旬至 12 月上中旬，地上部分逐渐枯萎倒苗。

罗汉果为短日照植物，幼苗期耐阴，忌强光，在半荫蔽的环境中生长发育良好，忌强日光照射。罗汉果不耐高温，怕霜冻，生长最适温度为 20～30℃。罗汉果花、果期较长，适于在空气湿度大于 75%，田间持水量 60%～80% 条件下生长。种植罗汉果以土层深厚肥沃，富含腐殖质，排水良好的微酸性黄壤土或黄红壤土为好。沙土或排水不良的黏土，植株发育不良，且容易感染根结线虫病。

罗汉果可通过无性和有性两种方式繁殖，无性繁殖又包括压蔓法、嫁接法和扦插法。压蔓繁殖法技术简易，能保持母本性状，成活率较高，在罗汉果育苗上应用最广，但高产优株繁殖材料少，且易引发品种退化。种子育苗，繁殖系数高，种源丰富，繁殖方法简易经济，可更新世代，提高生活力，活化种性。但实生苗生长慢，结果迟，后代雄性植株较多，幼苗期雌雄株不易鉴别，生产上应用很少。近年，组织培养技术逐步成为罗汉果繁殖的主流。

罗汉果种植已有 300 多年的栽培历史，原来只在桂林市永福县龙江乡和临桂区茶洞乡有种植，20 世纪 50 年代产量约 100 万个，销售范围仅限华南地区和部分东南亚国家。20 世纪 90 年代初，广西罗汉果生产面积已达 1 000hm²，产量 3 000 万个；到 2002 年，罗汉果种植面积已接近 2 300hm²，产量约为 7 500 万个。产地已由永福、临桂两地辐射到周边的兴安、融水、荔浦等地，乃至贵州、广东、云南等周边省份。栽培罗汉果的起源地较狭，栽培罗汉果对气候土壤有特殊要求，20 世纪 70～80 年代曾在各地开展过罗汉果种植研究和引种，从实地调查来看，多数没有推广成功。药用罗汉果主要是广西产品种。根据罗汉果的果实形状和产地的不同，可分为长滩果、拉江果、冬瓜果、青皮果等，传统上认为人工栽培品种的药效较野生品种为好，而栽培品种以产于永福长滩山区的长滩果最好。

## 四、野生近缘植物

**翅子罗汉果** ［S. *siamensis* (Craib) C. Jeffrey ex Zhang et D. Fang］ 草质攀缘藤本，长达 20 余 m；根肥大，多年生，味苦；全体密被黄褐色柔毛和混生红色（干后变黑色）疣状腺鳞，茎枝稍粗壮，具棱沟。叶柄长 3.5～10cm；叶片膜质，卵状心形，长 10～27cm，宽 7～21cm，近全缘或稀稍波状，先端急尖或短渐尖，基部心形，弯缺半圆形或长圆形，深 2～6cm，宽 2～5.5cm，两面被柔毛及密布黑色（干后）疣状腺鳞。老后毛不甚脱落，掌状脉 5～7 条。卷须二歧，在分叉点上下同时旋卷。雌雄异株。雄花 5～15 朵（或更多）排列在 7～20cm 长的总状花序或圆锥花序上，花序轴长 2～12cm；花梗长 1.5～3cm；花萼筒短钟状，上部径 1.2～1.5cm，裂片 5，扁三角形，长 3～5mm，宽 7～9mm，先端钝，具 3 条隆起的脉，密被柔毛和黑色疣状腺鳞；花冠浅黄色，径 3.4～4cm，裂片 5，卵形或长圆形，长 1.5～2cm，宽 0.9～1.3cm，具 5 脉，先端钝，边缘有腺质睫毛，内面具腺毛，外面除被腺毛外还密布黑色疣点，基部具 3 枚、膜质、半圆形或齿状、长达 3mm 的鳞片；雄蕊 5 枚，成对基部靠合，1 枚离生，花丝疏被短腺毛，花药 1 室，药室 S 形折曲。雌花单生或双生，稀 3～4 朵生于长 1～4.5cm 的花序轴顶端成短总状；花萼和花冠通常比雄花稍小；退化雄蕊（3～）5 枚，疏被短腺毛，基部具 3 枚长圆形或线形、长 1～2mm 的鳞片；子房卵球形，长 1.2～1.5cm，径 0.9～1cm，先端截平，基部钝圆，密被短茸毛及黑色腺鳞，花柱长 4～5mm，无毛，顶端 3 浅裂，柱头肾形，2 裂。果实近球形，味甜，径约 6cm，初时被茸毛，后渐脱落。种子多数，淡棕色，近圆形，长 12～14mm，宽 11～13mm，厚 4mm，具 3 层翅，翅木栓质，边缘具不规则齿，居中的翅宽 3～5mm，两侧翅较狭，宽 1～2mm。花期 4～6 月，果期 7～9 月。

# 第六节  单叶蔓荆（蔓荆子）

## 一、概述

蔓荆子为马鞭草科牡荆属植物单叶蔓荆（*Vitex trifolia* L. var. *simplicifolia* Cham.）或三叶蔓荆（*Vitex trifolia* L.）的干燥成熟果实。蔓荆野生于海滨、湖泽、江河的沙滩荒洲上，适应性较强，有防风固沙的作用。分布于山东、江西、浙江、福建、湖北、湖南、广东、广西等地，其中以江西星子、都昌、永修，山东文登、牟平、荣成，云南临沧、双江产量大。蔓荆子具有疏散风热、清利头目等功效，主治风热感冒、齿龈肿痛、目赤多泪、目暗不明、头晕目眩等症。叶具有消肿止痛、凉血止血等功效，常用于治疗跌打损伤、风湿疼痛、刀伤出血等症。

## 二、药用历史与本草考证

《神农本草经》云："味苦，微寒。主治筋骨间寒热，湿痹，拘挛，明目，坚齿，利九窍，去白虫。"《名医别录》云："去长虫，治风头痛，脑鸣，目泪出，益气。久服令人光泽，脂致，长须发。"《药性论》云："臣。治贼风，能长髭发。"《日华子诸家本草》云："利关节，治赤眼，癎疾。"《开宝本草》云："味苦、辛、平、温，无毒。主风头痛，脑鸣，目泪出。令人光泽，脂致，长须发。"《药类法象》云："治太阳经头痛，头昏闷，除头昏目暗。散风邪之药也。若胃气虚之人不可服，恐生痰疾。"《汤液本草》云："治太阳经头痛，头昏闷，除目暗。散风邪药，胃虚人勿服，恐生痰疾。"《珍》云："凉诸经血，止头痛，主目睛内痛。"《本草》云："恶乌头、石膏。"《本草发挥》云："洁古云：气清，味辛温。治太阳头痛，头沉昏闷，除目暗，散风邪之药也。胃气不人可服，恐伤痰疾。"《主治秘诀》云："苦、甘，阳中之阴。凉诸经之血热，止头痛目暗。"《本草经疏》云："蔓荆实禀阳气以生，兼得金化而成。神农味苦微寒无毒。"《别录》云："加辛平温。察其功用应是苦温辛散之性，而寒则甚少也。气清味薄，浮而升，阳也。入足太阳，足厥阴，兼入足阳明经。其主筋骨间寒热，湿痹拘挛，风头痛，脑鸣目泪出者，盖以六淫之邪，风则伤筋，寒则伤骨，而为寒热，甚则或成湿痹，或为拘挛，又足太阳之脉，夹脊循项而络于脑，目为厥阴开窍之位，邪伤二经，则头痛脑鸣自泪出，此药味辛气温，入二脏而散风寒湿之邪，则诸证悉除矣。邪去则九窍自通。痹散则光泽脂致。其主坚齿者，齿虽属肾而床属阳明，阳明客风热则上攻牙齿，为动摇肿痛，散阳明之风热，则齿自坚矣。去白虫、长虫者，假其苦辛之味耳。益气轻身耐老，必非风药所能也。"《本草蒙筌》云："味苦、辛、甘，气温、微寒。阳中之阴。无毒。乃太阳经药，恶乌头石膏。主筋骨寒热，湿痹拘挛；理本经头痛，头沉昏闷。利关节，长发髭。通九窍去虫，散风淫明目。脑鸣乃止，齿动尤坚。令人光泽脂致音雄。胃虚者禁服，恐作祸生痰。"《本草乘雅》云："垂布如蔓，故名蔓；柔枝耐寒，故名荆。主筋骨寒热，湿痹拘挛，柔筋坚齿，耐老轻身者，象形取治法。为剂中之轻剂、通剂也。顾实体轻扬，而炎上作苦，故利九窍，去白虫者，秉风木宣和之用耳。具筋骨关机之象，耐字义深，大有容焉。"《药性解》云："蔓荆子，味苦甘辛，性微寒，无毒，入肝经。主散风寒，疗头风，除目痛，除翳膜，坚齿牙，利九窍，杀白虫。恶石膏、乌头。按：经曰东方青色，入通于肝，开窍于目。又曰：风生木，木生酸，酸生肝。荆实入肝，故专主散风，以疗目疾。"《景岳全书》云："味苦辛，气清，性温，升也，阳也。入足太阳、阳明、厥阴经。主散风邪，利七窍，通关节，祛诸风头痛脑鸣，头沉昏闷，搜肝风，止目睛内痛泪出，明目坚齿，疗筋骨间寒热湿痹拘挛，亦去寸白虫。"《本草备要》云："轻宣，散上部风热。辛苦微寒，轻浮升散。入足太阳、阳明、厥阴经。膀胱、胃、肝。搜风凉，通利九窍。治湿痹拘挛，头痛脑鸣，太阳脉络于脑。目赤齿痛，齿虽属肾，为骨之余，而上龈属足阳明，下龈属手阳明。阳明风热上攻，则动摇肿痛。头面风虚之证。明目固齿，长发泽肌。恶石膏、乌头。"《本经逢原》云："蔓荆子入足太阳，体轻而浮，故治筋骨间寒热，湿痹拘急，上行而散，故能明目坚齿，利九窍，去白虫，及风寒目痛，头面风虚之证。然胃虚人不可服，恐助痰湿为患也。凡头痛目痛不因风邪，而血虚有火者禁用，瞳神散大尤忌。"《本草崇原》云："蔓荆多生水滨，其子黑色，气味苦寒，禀太阳寒水之气化，盖太阳本寒标热，少阴本热标寒。主治筋骨间寒热者，太阳主筋病，少阴主骨病，治太阳、少阴之寒热也。湿痹拘挛，湿伤筋骨也。益水之精，故明目。补骨之余，故坚齿。九窍为水注之气，水精充足，故利九窍。虫乃阴类，太阳有标阳之气，故去白虫。"《本草求真》云："散筋骨间寒湿，除头面风寒。蔓荆子专入膀胱，兼入胃、肝。辛苦微温。书言主治太阳膀胱，兼理足阳明胃、足厥阴肝。缘太阳本属寒水之经，因风邪内客，而致巅顶头痛脑鸣；太阳脉络于脑。肝属风脏，风既内犯，则风必挟肝木上侵，而致泪出不止。目为肝窍。筋借血养，则血亦被风犯，而致筋亦不荣，齿亦不坚矣。齿骨之余，上龈属足阳明胃，下龈属手阳明大肠，风热上攻则痛。有风自必有湿，湿与风搏，则胃亦受湿累，而致肉痹筋挛，由是三气风寒湿交合，则九窍口鼻耳目二阴，蔽塞而病斯剧。蔓荆体轻而浮，故既可治筋骨间寒热，而令湿痹拘急斯去，气升而散，复能祛风除寒，而令头面虚风之症悉治。且使九窍皆利，白虫能杀，是亦风寒湿热俱除之一验耳。但气虚血虚等症，用此祸必旋踵，不可不知。"《得配本草》云："恶乌头、石膏。辛、苦，微温。入足太阳、厥阴经气分。搜肝风，祛寒湿，除头痛，止睛疼，利九窍，杀白虫，治湿痹拘挛，疗脑鸣齿痛。配马蔺，治喉痹口噤；配蒺藜，治皮痹不仁。胃虚，服之恐致痰疾。血虚头痛，二者禁用。"《本草经解》云："气味苦微寒无毒，主治筋骨间寒热湿痹拘挛，明目坚齿，利九窍，去白虫。叶天士曰：蔓荆子气微寒，秉天冬寒之水气，入足少阴肾经、足太阳寒水膀胱经；味苦无毒，得地南方之火味，入手少阴心经。气味俱降，阴也。太阳寒水，主筋所生之病，而骨者肾之合也，蔓荆寒可清热，苦可燥湿，湿热攘，则寒热退而拘挛愈矣。气寒壮水，味苦清火，火清则目明，水壮则齿坚，齿乃肾之余也。九窍者，耳目鼻各二，口大小便各一也，味苦清火，所以九窍皆利也。白虫湿热所化，苦寒入膀胱以泻湿热，所以去白虫也。"《本经疏证》云："筋骨间寒热而为湿痹拘挛，其邪定聚于关节。去关节间寒热与湿，一当使行，一当使散，蔓荆实盖均有焉。柔条似蔓，就旧发新，生必对节，似经脉之周行无间，遇节不停，所谓行也；开花成簇，瓣浅红芷黄白萼青，似关节之流行屈伸泄泽筋骨，所谓散也；两者之所以然，尤在味苦而气微寒，苦主发，寒主泄耳。目者，精神之簇于一处者也；齿者，形质之簇于一处者也。精神混以邪气则昏暗，形质混以邪气则动摇。行其邪，散其邪，精神形质遂复其常。故在目曰明，在齿曰坚，目与齿即九窍之三，既利其三，遂推夫馀，再合以别录之风头痛脑鸣，而利九窍之故并可识矣。虽然，尽蔓荆实所治之证，皆病形不病气，举蔓荆实之性情功用，皆在血不在气，而别录夸之曰益气，其义何居？刘潜江曰，至阴虚则天气绝，蔓荆实成于凉降，故能凉诸经之血，以凑夫阳之所在，使阳得阴以化而阳道行，所谓以阴达阳，由阳彻阴者也。是故气之虚者欲补，而此能清其气以达之；气之戾者欲散，而此能清其气以化之。既于气有造，谓为益气可也，试核之头痛则脑鸣，目暗则泣出，非津不凝于气耶？津得凝于气，气自健于行，不可云与气无涉也。"《本草新编》云："蔓荆子，味苦、辛、甘，气温、微寒，阳中之阴，无毒。入太阳经。主筋骨寒热，湿痹拘挛，本经头痛，头沉昏闷，利关节，长发，通九窍，去虫，散风淫，明目，耳鸣乃止，齿动尤坚。此物散而不补，何能轻身耐老。胃虚因不可用，气血弱衰者，尤不可频用也。或问蔓荆子，止头痛圣药，凡有风邪在头面者，俱可用，而吾子又以为不可频用，谓其攻而不补也。但药取其去病，能去病，又何虑用之频与不频哉。不知蔓荆子体轻而浮，虽散气不至于太甚，似乎有邪者，俱可用之。然而虚弱者少有所损，则气怯神虚，而不胜其狼狈矣。予言不可频用者，为虚者言之也。若形气实，邪塞于上焦，又安在所禁之内哉。蔓荆子佐补药中，以治头痛尤效，因其体轻力薄，藉之易于上升也。倘单恃一味，欲取胜于顷刻，则不能也。或问蔓荆子入太阳经，能散风邪，何仲景张公不用之以表太阳之风邪，得毋非太阳之药乎？不知蔓荆子入太阳之营卫，不能如桂枝单散卫而不散营，麻黄单散营而不散卫，各有专功。伤寒初入之时，邪未深入，在卫不可引入营，在营不可仍散卫。蔓荆子营卫齐散，所以不宜矣。"《本草分经》云："苦、辛，平。升散。搜风，通利九窍，治头面风虚之症。"《本草思辨录》云："蔓荆实，《别录》主风头痛脑鸣，用者往往鲜效。盖人知蔓荆为辛寒之药，而不知其苦温乃过于辛寒也。"《本经》云："味苦微寒，微字本有斟酌。"《别录》云："补出辛平温，则全体具见。便当于此切究其义。"巢氏《病源》云："头面风者，是体虚阳经脉为风所乘也。诸阳经脉上走于头面，运动劳役，阳气发泄，腠理开而受风，谓之首风。夫曰体虚，曰阳气发泄，明系阳虚之受风，非内热之搏风。阳虚之证，其标在上，其本在下，然或宜治标，或宜治本，因虽一而证则殊。宜治本者，阳气弱而不振，根柢将摧；宜治标者，阳气弛而偶倾，轻翳窃据。治本虽天雄可与，治标则蔓荆适宜。试思头痛非阳虚有风，何至脑鸣？风为阳，阳虚脑鸣为阴。蔓荆生于水滨，实色黑斑，宜其入肾。然气味辛寒而兼苦温，又得太阳本寒标热之气化，用能由阴达阳，以阳化阴。其体轻虚上行，虽《本经》所谓筋骨间寒热湿痹拘挛者，亦能化湿以通痹；而搜逐之任，性终不耐，故古方用之者少。惟风头痛脑鸣，则确有专长。其不效者，人自不察耳。愚又思蔓荆知己之少，不自今始也。徐之才谓散阳明风热，竟视与薄荷牛蒡无二。张洁古谓阳中之阴，实则阴中之阳；谓凉诸经之血，实则气药非血药。其尚有知者，则李濒湖之主头面风虚，张石顽之血虚有火禁用，而其所以然仍未之阐发也。药物之难明甚矣哉！"

## 三、植物形态特征与生物学特性

**1. 形态特征**　落叶灌木，高约 3m。幼枝四方形，密被细茸毛；老枝圆形，无毛。叶对生，倒卵形，长 2～5cm，宽 1～3cm，先端圆形，下面密生灰白色茸毛。圆锥花序顶生；萼钟形，5齿裂，外面密生白色短柔毛；花冠淡紫色，先端5裂，二唇形；雄蕊 4；子房 4 室，密生腺点，柱头 2 裂，花期 7 月，果期 9 月。核果球形，熟后黑色，直径 4～6cm。有的表面灰黑色或黑褐色，被灰白色粉霜状茸毛，有纵向浅沟 4 条，顶端微凹，基部有灰白色宿萼及短果梗。萼长为果实的 1/3～2/3，5 齿裂，其中 2 裂较深，密被茸毛。体轻，质坚韧，不易破碎。横切面可见 4室，每室有种子 1 枚（图 3-6）。

**2. 生物学特性**　蔓荆适应性较强，对环境条件要求不严。但喜温暖湿润，土壤以疏松、肥沃的沙质壤土较好。耐盐碱，在酸性土壤上生长不良。栽培技术 可采用播种、扦插、压条、分株等方法，但以扦插繁殖为主。

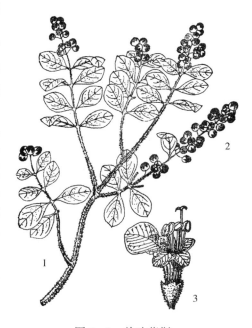

图 3-6　单叶蔓荆
1. 果枝　2. 果序　3. 剖开的花，示雌、雄蕊

### 四、野生近缘植物

**1. 三叶蔓荆**（*Vitex trifolia* L.） 直立灌木，高达 5m，有显著基干，具香味；小枝四棱形，被灰白色平贴微柔毛。小叶 3 枚或在花序下部或新条基部退化为 1 小叶；小叶无柄（稀顶生小叶基部下延成柄），倒卵形至长圆形或披针形，钝或微尖，稀突然短渐尖，基部楔形，稀圆钝，全缘，中间的 1 枚小叶较大，长 4～7cm，宽 1.5～3cm，表面绿色，干时转黑色，无毛或密被微伏柔毛，背面密被灰白色毡状茸毛，中肋表面下陷，背面隆起，侧脉约 8 对，两面均微隆起，略显，网脉极细，背面可见；叶柄长 0.8～2.8cm，表面有沟槽，被毛同小枝。圆锥花序顶生，全部被灰白色毡状茸毛，长 5～15（～20）cm，径 5cm，由小伞形花序组成，下部者长 1～3cm，稀疏，少花，具梗长 5～15mm；萼钟形，顶近平截，5 棱，长（2～）3（～3.5）mm，5 齿极小；花冠蓝紫色，长 8～10mm，喉部具白髯毛，内面在花丝基部被柔毛；雄蕊伸出花冠外；花柱无毛，子房无毛。核果近圆形，红色，干时转黑，具腺点，长 5～6.5mm，径约 5mm，宿萼约为果长的 1/2，密被灰白色毡状茸毛，常在一侧撕裂。

**2. 异叶蔓荆子**［*V. trifolia* L. var. *subtrisecta*（O. Ktze.）Moldenke］ 直立灌木。单叶，有时在同一枝条上有单叶和复叶共存。花期 4～7 月，果期 9～11 月。产于广东、云南西南部至东南部。生于海拔 300～1 700m 的山地路旁或林中。缅甸、泰国、印度尼西亚、菲律宾、日本及太平洋诸岛也有分布。

# 第七节 宁夏枸杞（枸杞子）

## 一、概述

为茄科枸杞属植物宁夏枸杞（*Lycium barbarum* L.）的干燥成熟果实，药材名枸杞子。性平味甘，有滋补肝肾、益精明目的功能。主治肝肾阴虚，精血不足，腰膝酸痛，视力减退，头晕目眩等症。目前已分离得到了枸杞多糖、黄酮类、生物碱类、萜类、甾醇以及莨菪类等多种化合物。

宁夏枸杞原产我国北方，甘肃、宁夏、青海、新疆、内蒙古、山西、陕西、河北等省、自治区都有野生，而中心分布区域是在甘肃河西走廊、青海柴达木盆地以及青海至山西的黄河沿岸地带。常生于土层深厚的沟岸、山坡、田埂和宅旁。以新疆、内蒙古、河北、青海等省、自治区枸杞生产发展最快。我国中部和南部省份都有引种，山西、湖北、山东、河南、安徽、陕西、四川、江苏、浙江等省都先后引种了宁夏枸杞。

## 二、药用历史与本草考证

枸杞是我国著名的传统常用大宗中药材，应用历史悠久。《本草经疏》记载："枸杞子，润而滋补，兼能退热，而专于补肾、润肺、生津、益气，为肝肾真阴不足、劳乏内热补益之要药。……肝开窍于目，黑水神光属肾，二脏之阴气增益，则目自明矣。"陶弘景："补益精气，强盛阴道。"《药性论》云："能补益精诸不足，易颜色，变白，明目，安神。"《食疗本草》云："坚筋耐老，除风，补益筋骨，能益人，去虚劳。"王好古："主心病嗌干，心痛，渴而引饮，肾病消中。"《纲目》云："滋肾，润肺，明目。"《本草述》云："疗肝风血虚，眼赤痛痒昏翳。"

《本草纲目》更是对枸杞的药用历史演进作了详尽的记述："今考《本经》只云枸杞，不指是根、茎、叶、子……西河女子服枸杞法，根、茎、叶、花、实俱采用……后世以枸杞子为滋补药，地骨皮为退热药，始分而二之。窃谓枸杞苗叶，味苦甘而气凉，根味甘淡气寒，子味甘气平，气味既殊，则功用当别，此后人发前人未到之处者也。"《保寿堂方》载地仙丹云："此药性平，常服能除邪热，明目轻身。春采枸杞叶，名天精草；夏采花，名长生草；秋采子，名枸杞子；冬采根，名地骨皮。"

根据历史记载，我国枸杞产地可分为4个地区：一是甘肃省的张掖（古称甘州）一带，产品称"甘枸杞"；一是宁夏回族自治区的中卫、中宁地区，产品称"西枸杞"；一是天津地区，是在清朝庚子年间从宁夏引种发展起来的，称之"津枸杞"；再加上后来的新疆"古城子枸杞"。前三处产品以"西枸杞"品质最优。北宋科学家沈括在《梦溪笔谈》中记载："枸杞，陕西极边生者……甘美异于他处者。"他指的"极边"就是现在的中宁市、中卫县一带。明宣德年间宁夏庆王府编修的《宁夏志》中，物产部分就列有枸杞，《嘉靖宁夏新志》的物产部分也记有枸杞，至今约为450年。清代宁夏《中卫县志》中有"枸杞，宁安一带人家种杞园，各省入药用甘枸杞皆宁产也"的记载，说明宁夏枸杞不仅栽培历史悠久，而且品质好。

我国栽种宁夏枸杞已有悠久的历史。早在2 000多年前春秋时期的《诗经》中就有上山采枸杞的记载。在明代徐光启的《农政全书》中又有"截条长四五指许，掩于湿土中亦生"的新记载，说明当时对枸杞已不再局限于播种繁殖，而已开始采用较先进的无性繁殖法。

## 三、植物形态特征与生物学特性

**1. 形态特征**　宁夏枸杞是落叶灌木，株高1～2 m。树皮幼时灰白色，光滑；老时深褐色，条状纵裂。茎上部分枝细长，果枝顶端通常弯曲下垂或斜生，刺状枝短而细生于叶腋，长1～4 cm。叶在长枝下半部的常2～3枚簇生，型大；在长枝顶端或短枝上互生，形小，狭披针形或长椭圆状披针形，全缘，长2～8 cm，宽0.5～3 cm。花单生或2～8朵簇生于叶腋，花冠粉红色或淡紫红色，漏斗状，先端5裂，裂片卵形，向后反卷。雄蕊5，花丝不等长，着生于花冠筒中部。雌蕊上位子房，2室。果实为肉质浆果，两心皮发育形成的真果，红色，长椭圆状，顶端有短尖或平截，具棱，果表皮附蜡质，皮内肉质，果长8～24 mm，直径5～12 mm，熟时红色或橘红色，内含种子20～25粒，种子扁肾形，黄白色（图3-7）。花期5～9月，果期6～10月。

**2. 生物学特性**　枸杞为浅根系植物，主根由种子的胚芽发育而成，所以只有由实生苗发育的植株才有发达的主根，而扦插苗发育的植株无明显的主根，只有侧根和须根。根系中水平根发育较旺，根系密集区分布在地表20～40cm处，是树冠的3～4倍。

枸杞树的生命活动从上一代个体产生的种子开始，历经种子萌发，形成幼苗，逐渐长成为具有根、茎、叶的植株，然后开花、结果，形成新的种子，植株进入休眠状态；翌年春季又开始返青，生长，开花结实，形成新的种子，如此循环往复，直至死亡。枸杞树一生所经历的生长、结果、更新、衰老和死亡的过程，就是它的生命周期。枸杞的植株生命年限30年以上，根据其生长可分为3个生长龄期。幼龄期：树龄4年以内，此期年株高生长量为20～30 cm，基颈增粗0.7～1cm，树冠增幅20～40cm。壮龄期：树龄5～20年，此期植株的营养生长与生殖生长同时进行，为树体扩张及大量结果期。老龄期：株龄20年以上，此期生长势逐渐减弱，结果量减少，生产价值降低，一般生产中要进行更新。

枸杞为长日照植物，全年日照时数2 600～3 100h，强阳性树种，忌荫蔽。通风透光是枸杞高产的重要因素之一。耐寒，耐旱，耐瘠薄，喜湿润，怕涝，土壤含水量保持在18%～22%为宜。植株主要分布在北纬35°～45°，年平均气温5.4～12.7℃，≥10℃年有效积温2 900～3 500℃，降水量110～180mm的地区内均适宜生长。秋季降霜后地上部停止生长。能在－30℃的低温下安全越冬。花能经受微霜而不致受害。植株生长和分枝孕蕾期需较

图3-7 宁夏枸杞
1. 果枝 2. 花

高的气温，一般12～22℃较为适宜，气温达25℃以上时叶片开始脱落。果熟期以20～25℃为最适。枸杞对土壤盐分的要求不严，在土壤含钙量高、有机质少、含盐量0.3%以上、pH 8.5以上的沙壤、轻壤土和插花白僵土上均能栽植。以中性偏碱富含有机质的壤土最为适宜。

近年来，宁夏回族自治区农林科学院通过长期的良种选育工作，从原主栽品种大麻叶枸杞中选育出宁杞1号枸杞和宁杞2号枸杞两个优良品种，这两个品种除具有其母系的优良性状外，还具有较强的抗病虫害能力，并可增产10%～15%。宁杞1号枸杞是从当地优良品种大麻叶枸杞中选育出的高产、优质、适应性强的枸杞新品种，已在宁夏、新疆、甘肃、内蒙古、湖北、陕西等省、自治区推广种植。宁杞1号枸杞树势健壮，生长快，树冠开张，通风透光好，成花容易，坐果率高，丰产性好，栽后第二年干果产量可达到4 120kg/hm²。而大麻叶枸杞是宁夏栽培历史较长、现在栽培面积较大的当家品种，但丰产性低于宁杞1号枸杞和宁杞2号枸杞。该品种生长快，树冠开张，通风透光好。大麻叶枸杞对土壤的适应性强，可在沙壤、轻壤或黏土上种植。

## 四、野生近缘植物

茄科枸杞属约有80种，我国有7种3变种，多数分布在西北和华北，有传统药用价值的有3种，除宁夏枸杞外还有枸杞、新疆枸杞和黑果枸杞。

**1. 枸杞**（*L. chinense* Mill.）　　多分枝灌木，高 0.5～1m，栽培的可高达 2m；枝条细弱，弓曲或俯垂，淡灰色，有纵条纹，有棘刺，长 0.5～2cm，生叶与花者较长，顶端锐尖。叶纸质或栽培者较厚，单叶互生或 2～4 枚簇生，卵形、卵状菱形、长椭圆形到卵状披针形，顶端急尖，基部楔形，长 1.5～5cm，宽 0.5～2.5cm，栽培者较大，长可达10cm 以上，宽可达 4cm，叶柄长 0.4～1cm。花在长枝上单生或 2 个并生于叶腋，在短枝上的与叶簇生，花梗长 1～2cm，向顶端渐粗；花萼长 3～4mm，通常 3 中裂或 4～5 齿裂，裂片有缘毛；花冠漏斗状，长 9～12mm，淡紫色，筒部向上骤然变粗，稍短于或近等于檐部裂片，5 深裂，裂片卵形，顶端圆钝，平展或向外反曲，边缘有缘毛，基部有显著的耳；雄蕊较花冠稍短，或因花冠反曲而露出花冠；花丝在近基部处密生一圈茸毛；花柱稍伸出雄蕊，上端弓曲柱头绿色。浆果红色，卵状，栽培者可呈长矩圆状或椭圆形，顶端尖或钝，长 7～15mm，栽培者长可达 2cm，直径 5～8mm。种子扁肾形，长 2.5～3mm，黄色。花果期 6～11 月。分布于我国东北、华东、华中、华南、西南各省份及河北、山西、陕西、甘肃的南部。常生于干旱的山坡、荒地、丘陵地、盐碱地、路旁及村边宅旁。

**2. 新疆枸杞**（*L. dasystemum* Pojark.）　　多分枝灌木，高 1.5m；枝条坚硬，稍弯曲，灰白色或灰黄色，嫩枝细长，老枝有棘刺，长 0.6～6cm，裸露或有叶和花。叶形多变，倒披针形、椭圆状倒披针形或宽披针形，顶端钝或急尖，基部楔形，下延于叶柄，长 1.5～4cm，宽 5～15mm。花多 2～3 朵与叶簇生于短枝上或单生于长枝的叶腋；花梗长 1～1.8cm，向顶端渐粗。花萼长约 4mm，常 2～3 中裂；花冠漏斗状，长 9～1.2cm，筒部长为檐部的 2 倍，裂片卵形，边缘有稀疏的缘毛，雄蕊花丝近基部同花冠筒内壁同一水平有极稀疏的茸毛，因花冠外展而稍露出；花柱也伸出花冠。浆果卵圆形或矩圆状，长约7mm，红色，种子约 20 粒，肾脏形，长 1.5～2mm。花期 6～9 月。分布于我国新疆、甘肃和青海。常生于干山坡、干河床、荒漠河岸林或盐碱地。

**3. 黑果枸杞**（*L. ruthenicum* Murr.）　　别名苏枸杞，多棘刺灌木，高 20～50cm，多分枝；分枝斜升或横卧于地面，白色或灰白色，坚硬，常呈之形曲折，有不规则的纵条纹，小枝顶端渐尖成棘刺状，节间短缩；在棘刺的两侧常有短棘刺。叶 2～6 枚簇生于短枝上，在长枝上单生，肉质，近无柄，条形、条状披针形或条状倒披针形，有时呈窄披针形，顶端钝圆，基部渐窄，两侧有时稍外卷，中脉不明显，长 0.5～3cm，宽 2～7mm。花 1～2 朵生于短枝上，花梗细瘦，长 0.5～1cm；花萼窄钟状，长 4～5mm，果时稍膨大成半球形，包于果实的下部，不规则 2～4 浅裂，裂片膜质，边缘有稀疏的缘毛；花冠漏斗状，浅紫色，长约 1.2cm，筒部向檐部稍扩大，5 浅裂，裂片矩圆状卵形，长为筒部的1/3～1/2，无缘毛，耳部不明显；雄蕊伸出花冠，着生于花冠中部；花丝近基部处有疏茸毛，花冠筒同样高度也有稀疏的茸毛；花柱与雄蕊近等长。浆果紫黑色，球状，有时顶端稍凹陷，直径 4～9mm。种子肾形，褐色，长 1.5mm，宽约 2mm。花果期 5～10 月。含生物碱、酚类、还原糖、蛋白质、氨基酸及多种维生素。具有清心热、旧热之功效。主治心热病、妇科病。分布于我国内蒙古西部、陕西北部、宁夏、甘肃、青海、新疆和西藏。常生于盐碱地、盐化沙地、河湖沿岸、干河床和路旁。

# 第八节　酸橙（枳壳）

## 一、概述

酸橙（*Citrus aurantium* L.）为芸香科柑橘属常绿小乔木。主产于江西、四川、湖南。此外，湖北、江苏、浙江、广东、贵州等省也有分布。酸橙以自然脱落的幼果入药者称枳实，以近成熟的果实入药者称枳壳。果皮含挥发油、川陈皮素、柠檬醛、香茅醇、对羟福林、橙皮苷、新橙皮苷、苦橙酸、柠檬苦素、牻牛儿醇、维生素 A、B 族维生素、维生素 C、维生素 P，果肉中含柠檬酸等有机酸。

## 二、药用历史与本草考证

枳壳最早载于《神农本草经》，宋代《开宝本草》别立一条，书云："此与枳实主疗稍别，特立此条。"而其之前已有本草提到过枳壳，在唐《新修本草》（659）曰："谨按枳实，日干乃得，阴便湿烂，用当去中瓤，乃佳；今云用枳壳乃耳，若称枳实需合瓤用，殊不然矣。"由此看来唐初的本草已经将枳壳与枳实分开药用。《吴普本草》云：枳实"九月，十月采，阴干"。《本草经集注》和《唐本草》也如此记载，从采收季节来看，其时间与枳壳采收时间相近，而和枳实的采收时间相距甚远。明代李时珍在《本草纲目》中将枳壳和枳实合并一条称枳，并绘一图。认为："枳乃木名，实乃其子，后人因小者性速，又呼老者为枳壳，熟则壳薄而虚，正如青橘皮和陈橘皮之义。"可知枳壳和枳实为同一植物。

唐代《本草拾遗》云："书曰：江南为橘，江北为枳，今江南枳橘皆有，江北有枳无橘，此自是种别，非变异也。"究其产区的地理位置，商州（陕西）为北纬 33.8°左右，成州（甘肃成县）为北纬 33.7°左右，汝州（河南）为北纬 34.2°左右，而柑橘属植物多分布在秦岭南坡以南，不论古今，只有枸橘属的枸橘的自然分布达到上述纬度。而从宋《图经本草》所绘之图来看，叶片均为三出复叶，且上部枝条扁平光秃，具有较长大的扁刺，这都是枸橘的独特形态和生态特点。枸橘适应性强，南北皆产，不存在受气候制约其分布的问题。究其用途来看，后汉冯衍显志赋："楗六枳而为篱兮。"晋代潘岳闲居赋："长杨映沼，芳枳树篱"。唐代简州刺史雍陶诗云："澧水桥西小径斜，日高犹未到君家，村园门巷多相似，处处春风枳壳花。"宋代陆游诗云："傍篱丛枳寒犹绿，远舍流泉夜有声。"历代本草都提到了枳可以作绿篱，与现代常用作绿篱的枸橘相似。所以从本草记载中可以确定宋代以前，正品枳壳的来源为枸橘。

宋代《图经本草》云："今医家多以皮厚而小者为枳实，完大者为壳，皆以翻肚如盆口唇状，需陈者为胜。"与酸橙形态一致。宋代韩彦直在《橘录》中提到枸橘时说："枸橘又未易多得，取朱栾之小者半破之，曝以为枳，异乡医生不能辨也。"朱栾为酸橙的一变种，说明宋代以前除枸橘作枳壳药用外，还有用柑橘属植物酸橙果实代替作枳壳药用。而且酸橙的药用价值已被人们所认识，为其最终演变为主流品种打下了基础。《本草纲目》云：枸橘"结实大如弹丸，形如枳实而壳薄不香，人家多收种为藩篱，抑或收小实，伪充枳实及青橘皮售之，不可不辨"。从《本草纲目》附图分析枸橘似现代的枸橘（*Poncirus trifoliata* Raf），枳则为单生复叶的柑橘属植物类似于酸橙。在清代吴其濬的著作《植物名实图考》说："园圃中以为樊，刺硬茎坚，愈于杞柳，其橘气臭，乡人云有毒不可食，而市医或以充枳实，亦治跌打，隐其曰铁篱笆。"枸橘在各种本草中都提到可以作绿篱。所附枳图和《本草纲目》基本一致，由此可以推断，在宋代和明代之间正品枳壳的原植物来源发生了变化，宋代以前为枸橘，至明代则为酸橙类植物。

在历代本草著作中，皆以商州、汝州产的枳壳及成州所产的枳实为正品。《神农本草经》、唐《新修本草》曰："枳实产河内。"《开宝本草》曰："枳壳产于商州（陕西商县）。"《图经本草》云："枳壳生于商州川谷，今洛西，江湖州皆有之，以商州者为佳。"并绘有成州枳实和汝州枳壳的原植物图。《商洛特产》上集写道："枳壳是商州历史名产的中药材，是枳树上结的果实……适宜于温暖湿润环境，商洛恰处亚热带向温带过渡地带，又居秦岭之南，所以枳壳生长得天独厚，古时商州枳树颇多，诗人留有'枳花明驿墙'和'土偶人前枳树多'的佳句。"唐诗中已有"采尽商州枳壳花"和"处处春风枳壳花"的描写。《二十六史医学史料汇编》记录了唐、宋时期商州进贡枳壳的史料，更证明了商州枳壳的重要性。

## 三、植物形态特征与生物学特性

**1. 形态特征**　树冠伞形或半圆形。枝三棱形，光滑，有长刺。单身复叶，互生；叶柄有狭长形或倒心脏形的翼；叶片革质，长卵或倒卵形，长 3.5～10cm，宽 1.5～5cm，全缘或有不明显的波状锯齿，两面无毛，下面具半透明油点。花单生或簇生于当年枝顶端或叶腋，白色；花萼杯状，5 裂；柑果近球形而稍扁，橙黄色或橘红色，果皮较粗糙，果汁味酸，种子多数（图 3-8）。

酸橙在长期的栽培过程中形成了许多地方品种，如黄皮酸橙、枸头橙、红皮酸橙等。

（1）黄皮酸橙：又称酸柑子、臭柑子、药橘子。主产于湖北西部、湖南、贵州东部，湖南的主产区在沅江一带及西部各地。本地区内的中药枳实及枳壳即用其果制成。果肉甚酸，瓤囊有苦味；种子多且大。

（2）枸头橙：又称皮头橙、大黄橙。主产区在浙江黄岩一带。根系发达，性耐旱，耐盐碱，嫁接后树形大，树龄长，冬季落叶少，产量高，是嫁接柑橘类的优良砧木。果肉甚酸且有特异气味；种子多，其顶部略弯钩。

（3）红皮酸橙：果皮橙红色，皮较薄，稍粗糙，较易剥离，果较大，果心近于中空，果肉味酸，有时带苦味。

**2. 生物学特性**　根系的再生能力强。在其生长期中，生长的消长常与地上部分交互发生。

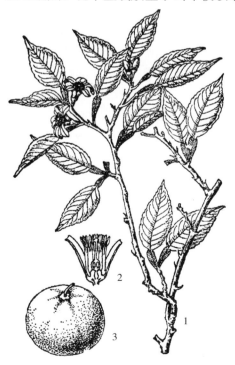

图 3-8　酸　橙
1. 花枝　2. 剖开的花，示子房胚珠　3. 果

20 年生的实生树，根系分布的直径可达 6～8.5m，根深达 2.4～3.0m，但主要根系多分布在 25～90cm 深的表土层。须根则多在 8～30cm 的表土中生长，以 5 月下旬至 8 月生长最快。茎枝上长有长刺，幼茎枝针刺甚多，老枝针刺较少。树冠开张或较直立。枝梢的生长一年可抽生 3～4 次，有春、夏、秋、冬梢之分，其中以春、夏、秋梢抽生为最多，这 3 种枝梢均可发育成为结果母枝。一年四季在新梢上均可发生新叶，发生最多的是春季，其次为夏季，再次为秋季，以冬季为最少。

喜温暖的气候，年平均气温应在 15℃ 以上。生长适温为 20～25℃，发芽的有效温度为 10℃ 以上。但可忍受的最低温度为 −9℃ 左右，可忍受的最高温度，在水分充足的条件下，到 40℃ 左右也不落叶。喜湿润的环境，适宜生长在年降水量 1 000～2 000mm，而且在降雨分布较均匀的地区生长，相对湿度 75% 左右为宜。如果空气湿度太小，果实往往发育不良，果小肉薄，色泽不鲜，影响内含物的含量。较耐阴，但为了利于光合作用，促进生长与结果，以向阳为好。在栽培试验中向阳的果实与叶，其果汁与叶液的浓度，均大于向阴的果实与叶，尤其在开花及幼果期间，如果日照不足，则容易落花落果，不能取得丰产。以排水良好、疏松、湿润、土层深厚的冲积土、砾质土最为理想。此种土壤疏松深厚，通透性好，利于根系向纵深生长。土壤以 pH 6.5 最适。但根据枳壳上山的实践，山坡荒地及不过于黏结的黄壤、红壤也可生长，只要在栽培过程中注意水土保持和种植绿肥，熟化土壤，其生长势也随之茂盛。

### 四、野生近缘植物

**1. 代代酸橙**（*C. aurantium* var. *daidai* Tanaka）　果近圆球形，果顶有浅的放射沟。果萼增厚呈肉质，果皮橙红色，略粗糙，油胞大，凹凸不平，果心充实，果肉味酸，主产地在浙江。花芳香，用以窨制茶叶称为代代花茶，其果经霜不落。若不采收，则在同一树上有不同季节结出的果，故又称代代果。成熟果有时在夏秋季节又转回青绿色，故又名回青橙。是因为果皮的叶绿素在果的成熟过程中逐渐解体，变为黄至朱红色。但遇气温及水分条件发生变化时，足以促进其生理生化活动，又综合出新的叶绿素，从而又变为青绿色。

**2. 虎头柑**（*C. kotokan* Hayatao）　叶质颇厚，叶缘上半段有圆钝齿。少花的总状花序，果皮淡黄，有厚有薄，药用代枳壳，前者称粗皮枳壳，后者称细皮枳壳，果皮绵质而松软，中心柱大而空，瓤囊壁厚而韧、果肉有柚的风味，但味甚酸则又似酸橙；种子有纵肋棱，子叶乳白色，多胚。可能是酸橙与柚的杂交后代。

**3. 南庄橙**（*C. taiwanica* Tanaka et Shimada）　主产于我国台湾（南庄）。是酸橙的一个杂交种或栽培变异型。叶狭长近似柳叶，果扁圆形，果皮甚厚且粗糙，橙黄色，油胞大，果心大，半充实，果肉甚酸；种子多胚。

# 第九节　酸　　枣

## 一、概述

酸枣 [*Ziziphus jujuba* Mill. var. *spinosa*（Bunge）Hu] 为鼠李科植物。落叶灌木，稀为小乔木。分布于辽宁、内蒙古、河北、山东、山西、河南、陕西、甘肃、宁夏、新疆、江苏、安徽等省、自治区，主产于河北、陕西、辽宁、河南等地。以枣仁入药。多生于山崖石缝和向阳山坡、旷野或路旁，对土壤要求不严，在海拔 250～1 000m 低山丘陵、较干旱地带长势好。主产区位于太行山一带，以河北南部的邢台为主，素有"邢台酸枣甲天下"之美誉，是全国最大的酸枣产业基地。

酸枣仁味甘、酸，性平。归肝、胆、心经，有补肝、宁心、敛汗、生津等功效。用于虚烦不眠，惊悸多梦，体虚多汗，津伤口渴。

## 二、药用历史与本草考证

《神农本草经》载有"酸枣"一名，列为上品，"酸枣，味酸，平。主心腹寒热，邪结气聚；四肢酸疼，湿痹。久服安五脏，轻身延年。"由于《神农本草经》中未明言是果实，还是种仁，故后世医家多有争论，入药有用果实，也有单用种仁。至隋唐前后，均渐改用种仁入药，但所论"酸枣仁"药性与《神农本草经》"酸枣"药性基本相合，如《药性论》："酸枣仁主筋骨风，炒末作汤服之"；《新修本草》："本经用实疗不得眠，不言用仁。今方皆用仁，补中益肝，坚筋骨，助阳气，皆酸枣仁之功"；《日华子诸家本草》："酸枣仁治脐下满痛"；《本草汇言》谓："酸枣仁，均补五脏。"陶弘景则根据自己的临床经验在《本草经集注》中提出质疑："东人啖之醒睡，此与疗不得眠反矣。"对此，苏敬在《新修本草》中论道："今注陶云醒睡，而《经》云疗不得眠，盖其子肉味酸，食之使人不思睡，核中仁，服之疗不得眠。"明确指出，陶弘景所述有"醒睡"之功的是酸枣的果肉，而《神农本草经》所载当为酸枣的种仁。另外，结合《金匮要略》中的酸枣仁汤，《雷公炮炙论》中酸枣仁的炮制方法等，也足以说明《神农本草经》所载之"酸枣"，即为后世之"酸枣仁"。酸枣仁，古时也称山枣、野枣、枣仁、酸枣核，《尔雅》则称樲，曰"酸枣。"《孟子·告子》曰："今有场师，舍其梧槚，养其樲棘，则为贱场师焉。"汉代赵歧注曰："樲棘，小棘，所谓酸枣也。"樲，副也。酸枣形小而次于大枣，故名樲，从木，贰声。我国汉代在河南曾置酸枣县（故址在延津县北），即因此地有酸枣山盛产酸枣而得名。《本草经集注》曰："今山东山间，云即是山枣树，子似武昌枣而味极酸。"《新修本草》云："此即樲枣实也，树大如大枣，实无常形，但大枣中味酸者是。"《开宝本草》谓："此乃棘实，更非他物。若谓是大枣味酸者，全非也。酸枣小而圆，其核中仁微扁；大枣仁大而长，不类也。"《本草图经》言："今近京及西北州郡皆有之，野生多在坡坂及城垒间。似枣木而皮细，其木心赤色，茎叶俱青，花似枣花，八月结实，紫红色，似枣而圆小味酸。"

## 三、植物形态特征与生物学特性

**1. 形态特征**　株高 1～3m。树皮灰褐色，有纵裂；幼枝绿色，枝上有直或弯曲的刺。单叶互生；托叶刺状；叶片椭圆形或卵状披针形，长 2～4.5cm，宽 0.6～2cm，先端钝，基部圆形，稍偏斜，边缘具细锯齿，两面光滑无毛，3 支脉出自叶片基部。花小，黄绿色，2～3 朵簇生于叶腋；萼片 5，卵形三角形，花瓣 5 片，与萼互生；雄蕊 5 枚，与花瓣对生；花盘 10 浅裂；子房埋入花盘中，柱头 2 裂。核果近球形或广卵形，长 10～15cm，熟时暗红褐色，果肉薄，有酸味，果核较大（图 3-9）。花期 6～7 月，果熟期 9～10 月。

**2. 生物学特性**　酸枣二年生苗开始开花结果，可连续结果 70～80 年，甚至上百年。

4～5 年进入结果盛期，盛期可达 10 年。10 年后可长成 4～5m 高小乔木。酸枣适应性很强，主要生长在植被不甚茂盛的山地和向阳干燥的山坡、丘陵、山谷、平原及路旁。干燥的荒山僻岭或黄土沙石土壤，酸枣不但能够生存，而且成片生长，甚至可在荒山石缝中生存。

## 四、野生近缘植物

**1. 蜀枣**（Z. xiangchengensis Y. L. Chen et P. K. Chou） 小乔木或灌木，高 2～3m；幼枝红褐色，被密短柔毛，老枝灰褐色，无毛，呈之字形弯曲。叶纸质，互生或 2～3 叶簇生，卵形或卵状矩圆形，长 2～4cm，宽 1.5～3cm，顶端钝或圆形，基部不对称，近圆形，边缘具圆齿状锯齿，上面深绿色，无毛，下面浅绿色，无毛或仅下部脉腋有簇毛，基生三出脉，叶脉在两面凸起，具不明显的

图 3-9 酸 枣

网脉，中脉无明显的次生侧脉；叶柄长 5～8mm，被疏短柔毛；托叶刺 2 个，细长，直立或 1 个下弯，长 1～1.6cm。花黄绿色，两性，5 基数，数个至 10 余个簇生于叶腋，近无总花梗，花梗长 4～5mm，被锈色短柔毛；萼片卵状三角形，顶端尖，外面被锈色密柔毛；花瓣匙形，兜状；雄蕊短于花瓣；子房球形，无毛，2 室，每室具 1 胚珠，花柱 2 浅裂。核果圆球形，黄绿色，直径 12～15mm，顶端具小尖头，基部有宿存的萼筒；果梗长 5～7mm，被疏短柔毛；中果皮薄，木栓质，厚不超过 1mm，内果皮硬骨质，厚约 4mm，2 室，具 2 个种子；种子压扁，另一面凸起，倒卵圆形，长约 8mm，宽 8～9mm。果期 7～8 月。

**2. 山枣**（Z. montana W. W. Smith） 落叶乔木，高 8～20m。树干挺直，树皮灰褐色，纵裂呈片状剥落，小枝粗壮，暗紫褐色，无毛，具皮孔。奇数羽状复叶互生，长 25～40cm，小叶柄长 3～5mm；小叶 7～15 枚，对生，膜质至纸质，卵状椭圆形或长椭圆形，长 4～12cm，宽 2～5cm，先端尾状长渐尖，基部偏斜，全缘，两面无毛或稀叶背脉腋被毛；侧脉 8～10 对。花杂性，异株；雄花和假两性花淡紫红色，排列成顶生或腋生的聚伞状圆锥花序，长 4～10cm；雌花单生于上部叶腋内；萼片、花瓣各 5；雄蕊 10；子房 5 室；花柱 5，分离，长约 0.5mm。核果椭圆形或倒卵形，长 2～3cm，径约 2cm，成熟时黄色，中果皮肉质浆状，果核长 2～2.5cm，径 1.2～1.5cm，先端具 5 小孔。花期 4 月，果实成熟期 8～10 月。

**3. 毛果枣**（Z. attopensis Pierre） 攀缘灌木；小枝近圆形，紫黑色，无毛，老枝树皮红褐色，具明显的皮孔，刺长 1mm，弯曲。叶纸质或近革质，矩圆形或卵状椭圆形，长

7～13cm，宽3.5～7cm，顶端长渐尖或渐尖，具略弯的长5～10mm的钝尖头，基部不对称，近圆形，稀近心形，边缘具细圆锯齿或不明显的细齿，上面深绿色，无毛，下面浅绿色，无毛或脉腋有疏髯毛，基生三稀五出脉，具明显的网脉，而无明显的次生侧脉，叶脉上面下陷，下面明显凸起；叶柄长5～9mm，近无毛或有疏短柔毛；托叶刺1个，下弯，长3～5mm，基部宽。花多数，黄色，在枝顶端排成聚伞总状花序或大聚伞圆锥花序，花序长25cm，分枝长2～11cm，被黄褐色密柔毛；萼片卵状三角形，长约1.5mm，外面被黄褐色密短毛；花瓣倒卵圆形，基部具窄爪，短于萼片；雄蕊略短于花瓣；花盘五边形，5裂，厚，肉质；子房球形，2室，每室有1胚珠，被密柔毛，花柱2半裂。核果扁椭圆形或扁圆球形，长1.9～2.2cm，宽1.3～1.8cm，被橘黄色或黄褐色密短柔毛，顶端有小尖头，基部有宿存的萼筒；果梗长4～7mm，被黄褐色短柔毛；中果皮薄，肉质，内果皮厚约1m，脆壳质，1室，具1种子；果序轴粗壮，长可达30cm，分枝长5～15cm，被黄褐色密短柔毛；种子扁，矩圆状椭圆形，长约1.3cm，宽1.1cm，种皮红褐色，子叶大。花期2～5月，果期4～6月。

# 第十节　吴茱萸

## 一、概述

吴茱萸［*Evodia rutaecarpa*（Juss.）Benth.］，别名吴萸、辣子、臭辣子树、气辣子、曲药子、茶辣等。以果实入药，其根、叶也供药用。主产于湖南怀化，贵州铜仁、镇远，重庆铜梁、彭水，陕西安康、汉中，以及广西、云南等地；湖北、浙江也产。吴茱萸味辛、苦，性热，有小毒；归肝、脾、肾经，有散寒止痛、降逆止呕，助阳止泻等功效，用于厥阴头痛、寒疝腹痛、寒湿脚气、经行腹痛、呕吐吞酸、五更泄泻、高血压等症，外用可治口疮。

## 二、药用历史与本草考证

吴茱萸是古老的传统中药植物。其果早于西汉时已作药用，长沙市马王堆轪侯古墓出土之《五十二病方》中记载用吴萸治痛病一起，治疽病二起（三者均与椒合用）。按原文所治之病症，所用之药显然与今所称之吴茱萸为同物。陶弘景《名医别录》云："吴萸生上谷川谷及冤句……九月九日采，阴干，陈久者良。"宋代《本草图经》记载："今处处有之，江、浙、蜀、汉尤多。木高丈余，皮青绿色，叶似椿而阔厚，紫色，三月开花，红紫色。七月八月结实，似椒子，嫩时微黄，至成熟时则深紫。"据江西省药物研究所调查，现今吴茱萸的产地及形态与上述引文基本符合，只是花是白色，与文献所载花红紫色不同。《本草图经》还附有两幅插图，一幅是临江郡吴茱萸，临江郡为现江西省清江，图中叶片两两对生，伞形花序腋生，与山茱萸科植物山茱萸（*Cornus officinalis* Sieb. et Zucc.）相似，而非芸香科吴茱萸。另一幅是越州吴茱萸，越州即现浙江省绍兴，从图中看出，叶为奇数羽状复叶，对生，小叶5～7片，椭圆形，小叶片相互疏离，小花密集成聚伞状的圆锥花序，与芸香科植物石虎［*Evodia rutaecarpa*（Juss.）Benth. var. *officinalis*（Dode）Huang］相似。宋代《本草图经》记载："食茱萸，旧不载所出州土。云功用与吴茱萸同，或云即茱萸中颗粒大，经久色黄黑，堪啖者是。今南北皆有之。其木亦茂高大，有长及百尺者，枝茎青黄，上有小白点，叶正类油麻。花黄。"并附有蜀州食茱萸插图。蜀州即今四川、重庆。从图中羽状复叶的小叶彼此靠拢，又花朵密集，结合描述，经鉴定即为芸香科植物吴茱萸 [Evodia rutaecarpa（Juss.）Benth.]。明代李时珍《本草纲目》记载："茱萸枝柔而肥，叶长而皱，其实结于梢头，累累成簇而无核，与椒不同。一种粒大，一种粒小，小者入药为胜。"按粒大的可能指吴茱萸，粒小的可能指石虎。与现今商品两种等级相符。清代张志聪《本草崇原》："吴茱萸所在有之，江浙，蜀汉尤多。木高丈余，叶似椿而阔厚，紫色子而无核，嫩时微黄采，阴干，陈久者良三月开红紫细花，七八月结实累累成簇，似椒熟则深紫，多生吴地，故名吴茱萸。九月九日滚水泡一二次，去其毒气用之。"

### 三、植物形态特征与生物学特性

**1. 形态特征** 常绿灌木或小乔木，高 2.5～10m，树皮青灰褐色，小枝紫褐色，幼枝、叶轴及花序轴均被锈色长柔毛。裸芽被紫褐色长茸毛。叶对生，单数羽状复叶，小叶 5～9，对生，椭圆形至卵形，全缘或有不明显的钝锯齿，两面均密被长柔毛，有粗大腺点。花单性，雄雌异株，聚伞状圆锥花序顶生，花白色，5 数。雄花退化，子房略呈三棱形，被毛；雌花的花瓣较雄花的大，内面被长柔毛，退化雄蕊鳞片状；子房上位。果，成熟时紫红色，黑色有光泽（图 3-10）。花期 6～8 月，果期9～10 月。

**2. 生物学特性** 吴茱萸适合生长于海拔 500m 左右的山坡沟边，温暖湿润的山地，疏林下或林缘空旷地。人工栽培在低山及丘陵、平坝向阳较暖和的地方，忌严寒、忌涝、忌阴湿，过于干燥干旱地区，也不宜栽培。土层深厚、肥沃、排水良好的土壤栽培生长良好。

不同产地吴茱萸药材中生物碱的种类差异不大，但是总生物碱的含量却存在明显差异，产于湖南、云南、贵州、陕西等省的吴茱萸碱和吴茱萸次碱含量最高。

### 四、野生近缘植物

**1. 密果吴萸**（E. compacts Hand）小乔木，高约 3m，当年枝暗紫红色，无毛或几无毛，小叶干后暗红褐色，常略显皱折，叶有小叶 5～9 片，小叶纸质，全缘，卵状椭圆形或披针形，位于叶轴

图 3-10 吴茱萸
1. 果枝 2. 小叶片 3. 心皮 4. 果 5. 种子

下部的通常卵形，长 6～16cm，宽 2～6cm，顶部长渐尖，基部宽楔形。位于叶轴较上部的两侧略不对称，嫩叶叶面略被疏毛，沿中脉被甚短细毛，叶背灰绿色，沿中脉被疏柔毛或无毛，侧脉每边 6～12 条，干后在叶面微凸起，散生油点；小叶柄长 1～3mm，顶部小叶的叶柄长达 2cm。花序顶生，雄花序长 5～7cm，宽 6～10cm；雌花序长 4～6cm，花较密集；5 基数；萼片长不及 1mm；花瓣长约 3mm，腹面常被短柔毛；雄花的雄蕊 5 枚，比花瓣稍长，花丝中部以下被长柔毛，退化雌蕊圆锥状，顶部 4 浅裂；雌花的退化雄蕊约为子房长的 1/3～1/2。果序通常长 8cm 以下，果密集成簇，鲜红或紫红色，内果皮比外果皮稍厚，干后近于木质，棕色，每分果瓣有 1 种子；种子长 4～5mm，宽 3.5～4.5mm，蓝黑色，有光泽。花期 5～6 月，果期 8～9 月。产于湖北西南部、湖南、广西东北部，生于海拔 1 000～1 900m 山地杂木林。

**2. 楝叶吴萸** ［*E. glabrifolia* (Champ. ex Benth. ) Huang］　树高达 20m，胸径 80cm，树皮灰白色，不开裂，密生圆或扁圆形、略凸起的皮孔，叶有小叶7～11 片，很少 5 片或更多，小叶斜卵状披针形，通常长 6～10cm，宽 2.5～4cm，少有更大的，两则明显不对称，油点不显或甚稀少且细小，在放大镜下隐约可见，叶背灰绿色，干后略呈苍灰色，叶缘有细钝齿或全缘，无毛；小叶柄长 1～1.5cm，很少短至 6mm 或长 2cm，花序顶生，花甚多；萼片及花瓣均 5 片，很少同时有 4 片；花瓣白色，长约 3mm；雄花的退化雌蕊短棒状，顶部 5～4 浅裂，花丝中部以下被长柔毛；雌花的退化雄蕊鳞片状或仅具痕迹。分果瓣淡紫红色，干后暗灰带紫色，油点疏少但较明显，外果皮的两侧面被短伏毛，内果皮肉质，白色，干后暗蜡黄色，壳质，每分果瓣径约 5mm，有成熟种子 1 粒；种子长约 4mm，宽约 3.5mm，褐黑色。花期 7～9 月，果期 10～12 月。产于台湾、福建、广东、海南、广西及云南南部，生于海拔 500～800m 或平地常绿阔叶林中。

**3. 无腺吴萸** ［*E. fraxinifotia* (D. Don) Hook.］　树高 10～20m，胸径 30～60cm。嫩枝暗紫红色，散生灰黄色皮孔，幼嫩部分及芽密被银灰色或灰棕色微柔毛。叶有小叶7～13 片，很少 5 片，小叶全缘或近于全缘，纸质。卵状椭圆形或长椭圆形，位于基部的常为卵形且细小，两侧叶缘近于平行，长 4～20cm，宽 2～8cm，对称，很少一侧稍偏斜，叶面及叶背中脉均有甚短的伏毛，很少几无毛，叶背的油点干后黑色，或甚细小，稀疏分布于中脉两侧，在扩大镜下可见，叶背灰绿色，花序顶生，花序轴密被灰黄或灰褐色短伏毛，其基部的一对叶有小叶 9～13 片；花萼椭圆形；萼片及花瓣均 5 片，花瓣白色，长约 3mm，腹面被疏毛；雄花的花丝长 6～7mm，花药黑紫色，退化雌蕊 4～5 浅裂。长约为花瓣长的 2/3～3/4，后期变无毛；两性花的雄蕊比雌蕊高，雌蕊倒梨形，花柱极短，柱头早落，子房被稀疏短伏毛。果紫红色，横径 12～14mm，单个分果瓣长 6～8mm，背部开裂至中部或稍下，顶端几无或无芒尖，干后略有皱纹，油点大，凹陷或凸起，内果皮木质，淡棕色至淡褐色，每分果瓣有成熟种子 2 粒；种子卵形，一端短尖，背部略隆起呈脊状，长 4～5mm，厚约 3mm，暗褐色。果期 9～11 月。产云南西北部、西藏东南部。生于海拔 1 700～2 300m 山地阔叶林中、山谷或山坡灌丛中。

**4. 棱子吴萸** (*E. subtrigonosperma* Huang)　乔木，高 10～15m。小枝粗壮，散生皮孔，裸芽密被茸毛，叶连叶柄长 40～50m，有小叶 5～13 片，叶轴浑圆，近顶部的腹面有纵向凸肋，小叶长椭圆形或卵状椭圆形，长 10～20cm，宽 5～8cm，顶部渐尖，基部圆或宽楔形，两侧对称或一侧基部偏斜，边缘有甚浅的圆裂齿，齿缝处有一较大油点，叶背灰绿色，干后苍灰色，沿中脉及侧脉被长柔毛，侧脉每边 16～24 条；小叶柄长 3～6mm，被长柔毛；花序未见；散房状圆锥果序近顶生，果柄长 3～6mm，与果序轴相同，均被长直毛；果有分果瓣 4 个，成熟时各分果瓣分裂约至中部，几成水平张开，径 15mm 或更大，外果皮紫红色，干后暗褐色，有少数油点，无毛，内果皮近木质，顶部明显增厚，干时淡棕色，每分果瓣有 2 种子，毛种子卵形，背部浑圆，腹面略平坦，顶部短尖，上下叠生于增大的种脐上，暗褐色，长 4～4.5mm，厚 3～3.5mm，果期 9～10 月。产云南西部及西南部（保山、景东、临沧等）、西藏东南部（墨脱），生于海拔 1 200～2 300m 山坡杂木林中。

**5. 石山吴萸**（*E. calcicola* Chun ex Huang）　树高达 15m，嫩枝及花序轴均密被灰色微柔毛。叶有小叶 3～7 片，小叶近革质，全缘，阔卵形，卵状椭圆形，很少长椭圆形，长 4～12cm，宽 2～6cm，两侧对称，很少一侧稍偏斜，叶背基部中脉两侧有灰白色（开花期的叶）或淡褐红色（结果期的叶）丛毛，其余无毛，油点不显或稀少，仅在放大镜下可见；小叶柄长 2～4mm，很少无柄，伞房状圆锥花序顶生，花甚多；萼片及花瓣均 5 片；花瓣长 3～4mm，内面被短毛；雄花的退化雌蕊上部密被长柔毛；雌花的退化雄蕊鳞片状或短棒状，心皮腹面及花柱下部密被灰白色短毛。果序有果甚多，分果瓣橙红至紫红色，干后暗褐黑色，两侧面有灰棕或灰白色短伏毛，内果皮干后蜡黄色，内外果皮约等厚，单个分果瓣长 5～6mm，有成熟种子 2 粒；种子长卵形，圆滑无脊棱，一端稍尖，长约 4mm，宽约 3.5mm，种脐线状，延贯种子的腹面。花期 5～6 月，果期 8～9 月。产于广西西部及西南部、贵州西南部、云南东南部，生于海拔 300～1 600m 山地疏林中，多见于石灰岩山地的阳坡。本种的分果瓣幼嫩时顶端有很短的喙状芒尖，分果瓣成熟开裂后，由于其顶端转向旁侧且外果皮在成熟过程中增大，喙状芒尖相应变小。

**6. 四川吴萸**（*E. sutcbuenensis* Dode）　乔木，高约 20m，胸径 60cm。树皮灰色，不开裂，有细小、扁圆形、微凸起、黄灰色皮孔，嫩枝及芽鳞暗紫红色，密被细伏毛，髓部大，花序轴及分枝密被褐或红锈色短伏毛。叶有小叶 7～11 片，小叶边缘有浅裂齿，厚纸质，阔卵形、卵状椭圆形，长 10～20cm，宽 5～9cm，顶部短渐尖或急尖，基部圆或阔楔形，两侧边缘有时近于平行，其底边高低不等齐，嫩叶有时两面被短柔毛，或散生少数细油点，成长叶几无毛，或叶背沿中脉或脉腋被疏毛；小叶柄长 3～8mm。伞房状聚伞花序，宽 10～30cm，花序轴甚粗壮，花蕾近圆球形或阔卵形；萼片及花瓣均 5 片；雄花的退化雌蕊短圆锥状，中部以上 5 浅裂，裂片短线状，被灰白色柔毛；雌花的花瓣比雄花的稍大，长约 4mm，退化雄蕊甚短，鳞片状，花柱甚短，子房密被灰白色短伏毛，分果瓣紫红色，背面被疏短毛，两侧面被毛较密，长 5～6mm，顶端有长 1～2mm 的芒尖，内果皮软骨质、蜡黄色、顶部短尖，内、外果皮约等厚，每分果瓣有种子 2 粒；种子褐黑色，有光泽，长约 3mm，宽约 2.5mm，种脐线状，延贯种子的腹面。花期 6～8 月，果期 9～10 月。产于四川东南部（南川）、西部（灌县等）和东北部（城口），生于海拔 1 500～1 900m 山地林中。

**7. 丽江吴萸**（*E. delavayi* Dode）　树高 10～20m。叶有小叶 7～9 片，小叶长圆形或

卵状椭圆形，长 8～15cm，宽 4～6cm，顶部短尖或渐尖，基部圆或阔楔尖，对称或一侧明显偏斜或两侧高低不等齐，略厚纸质，叶缘有甚细小的钝裂齿或近于全缘，叶背在脉腋上有丛毛，或沿中脉两侧有疏长毛，成长叶的毛通常几全部脱落，油点细小，在扩大镜下可见，有时油点不显；小叶柄长 1～3mm。花序通常宽 6～12cm；雄花花萼椭圆形或近圆球形，长约 4mm，花瓣长约 5mm，退化雌蕊近圆球形，顶部 5 浅裂，裂瓣线状，其长度约与不育子房等长，密被灰白色短毛；雌花的退化雄蕊线状，长至少为子房长的一半，顶端有小箭头状的退化花药，心皮背部无毛，花柱甚短，柱头头状，果序长 7～10cm，果序轴被灰色或褐锈色甚短柔毛；分果瓣紫红色，背部无毛，两侧面被短毛，长 6～7.5mm，顶端有长 2.5～3.5mm 的芒尖，内果皮蜡黄色，干后脆壳质，内、外果皮约等厚，每分果瓣有种子 2 粒；种子褐黑色，有光泽，长约 4mm，宽约 3mm，种脐延贯种子的腹面。花期 7～8 月，果期 10～11 月。产于四川西南部，云南西北部，海拔 2 000～3 000m 杂木林中。

**8. 密序吴萸**（*E. henryi* Dode）　乔木，高达 15m。嫩枝暗紫红色，叶有小叶 5～9 片，小叶薄纸质，披针形或卵状椭圆形，长 7～15cm，宽 2～6cm，顶部长渐尖。基部阔楔形或近圆形，通常一侧略偏斜，散生油点，叶缘有明显的圆或钝裂齿，叶面仅中脉有甚短的疏毛，叶背沿中脉两侧有疏长毛或仅在脉腋上有略卷曲的丛毛。雄花序短小，圆锥状聚伞花序，通常宽不超过 5cm；雌花序略大，宽不过 8cm，花序轴密被灰白色略斜展的短毛；雄花花蕾卵形，长 3.5～4mm，花瓣长约 4.5mm，雄蕊长约 6mm，花丝下半部被白色长柔毛，退化雌蕊近似球形，顶部 5 深裂，线状裂片约与不育子房等长，密被毛；雌花的退化雄蕊甚短，长为子房长的 1/6～1/4，鳞片状，心皮背部密被短毛；果序圆锥形，高 2～5cm，宽 3～5cm，稀较大，分果瓣紫红色，长 7～8mm，背部几无毛，两侧面被疏毛。顶端有长 3～5mm 的芒尖，内果皮软骨质，蜡黄色，顶部渐狭长尖，内、外果皮约等厚，每分果瓣有 2 种子；种子长 3～4mm，宽 2.5～3mm，褐黑色，有光泽，种脐线状，纵贯种子的腹面。花期 6～7 月，果期 9～10 月。产于湖北西部（巴东）、陕西南部（佛坪）、四川（茂县、平武、理县、黑水、马尔康）、重庆（巫山），生于海拔 1 000～2 200m 山地疏或密林中，或灌木丛中，或岩石旁。

# 第十一节　五味子

## 一、概述

为木兰科五味子属植物五味子［*Schisandra chinensis*（Turcz.）Baill.］的干燥成熟果实，习称北五味子。五味子性温，味酸，有敛肺滋肾、止汗涩精、益气生津、补益宁心之功效，用于久咳虚喘、津伤口渴、自汗盗汗、遗精滑精、久泻不止、心悸、失眠多梦等症。现代医学研究证明，五味子还有保肝、滋补强壮、兴奋神经、提高机体抗逆能力、调整血压等作用。

五味子科植物全世界共有 50 种，分布于亚洲东南部和北美东南部。我国约 29 种，主产于西南部和中南部。五味子现主产在我国东北地区长白山和大兴安岭山脉的辽宁东部山区、辽东半岛，吉林通化、白山、延吉，黑龙江五常、铁力、佳木斯、伊春和内蒙古牙克石地区、扎兰屯，华北及华东等地。北五味子在世界分布区域较小，主要分布于朝鲜、韩国、日本、前苏联远东地区的混交林及灌木丛中。

野生五味子在长白山区海拔 100～1 700m 的针阔混交林中均有分布。栽培五味子在我国东北三省主要分布于小兴安岭和东部山地及其边缘丘陵地带。吉林省主要分布在梅河口、集安和抚松。黑龙江省主要分布在铁力、哈尔滨和海林。此外，齐齐哈尔、牡丹江、佳木斯、大庆、黑河、密山及哈尔滨、虎林、伊春等地区也有大面积五味子种植。辽宁地区的五味子主要集中在辽宁中东部及东部山区，辽宁南部五味子种植区主要包括凤城大梨树、青城子乡青台子村等地。另外，五味子在内蒙古、河北、山西、宁夏、甘肃、山东也有分布。

## 二、药用历史与本草考证

五味子始载于《神农本草经》，列为上品。《图经本草》记载："五味皮肉甘甜，核中辛苦，都有咸味，此则五味俱也。"五味子应用久远，而在传统临床上应用也有不同，如明代名医汪机曰："五味子治喘嗽须分南北，生津止渴，润肺补肾，劳嗽宜用北者，风寒在肺宜用南者。"五味子历史上分布较广，据《本草纲目》记载："五味子今有南北之分，南产者红北产者黑，入滋补药，必用北者为良。"陶弘景《本草经集注》云："今第一高丽（今朝鲜），多肉而酸甜者，次出青州（今山东境内），冀州（今河北柏乡县），味过酸，其核并似猪肾；又有建平（今四川巫山县）者少肉，核形不相似，味苦，亦良。"《唐本草》（《新修本草》）曰："蔓生木上，其叶杏而大，子作房如落葵，大如虁子，出蒲州（今属山西省），蓝田山中（今山西省蓝田县）……"《图经本草》（《本草图经》）曰："今河东陕西州郡（今属陕西、甘肃、内蒙古）尤多，杭越间亦有之（即今浙江省杭州和江苏省）。春初生苗，引赤蔓于离木，其长七尺，叶尖圆似杏叶，三四月开黄白花，类莲。"《名医别录》记载的五味子植物形态与上述基本一致，但在产地上又提到齐山山谷及代郡（今属河北蔚县、山西高阳以东），11月采实，阴干。生青熟红紫，入药生曝不去籽。今有数种大抵相近。雷敩言："小颗皮皱泡者，有白扑盐霜，重，其味酸、咸、苦、辛、甘皆全，为真也。"《本草衍义》曰："五味子今华州以西（今属陕西华县），至秦（今属甘肃天水县）多产之。方红熟时，彼人采得，蒸烂研滤汁，熬成稀膏，量酸甘，入蜜炼匀，待冷收器中。肺虚寒入，作汤，时时饮之。"《本草衍义》云："五味子，今华州之西至秦州皆有之（陕西、甘肃一带）。"《兴安州志》说："五味子，兴安（陕西安康）有之。"

五味子原植物为北五味子，主产于黑龙江、辽宁、吉林、内蒙古、河北、山西等地，为传统正品，品质优良；南五味子主要指主产于长江流域及西南地区的华中五味子（*S. sphenanthera*）。1995 年版《中华人民共和国药典》收录了北五味子和华中五味子，2000 年版《中华人民共和国药典》只收录了北五味子。2005 年版《中华人民共和国药典》将二者分开，将华中五味子称为南五味子。根据古代本草书籍记载，五味子主产于汉中及华中地区，以华中五味子为主，后逐渐被五味子取代，主产地由中原转到东北地区的辽宁、黑龙江、吉林三省的山地，统称北五味子。

## 三、植物形态特征与生物学特性

**1. 形态特征**　落叶木质藤本，除幼叶背面被柔毛及芽鳞具缘毛外余无毛。幼枝红褐色，老枝灰褐色，常起皱纹，片状剥落。叶膜质，宽椭圆形、卵形、倒卵形、宽倒卵形或近圆形，长5～10cm，宽3～5cm，先端急尖，基部楔形，上部边缘具胼胝质齿尖的疏浅锯齿，近基部全缘；花单生于新枝基部的叶腋和芽鳞叶内。雌雄同株，雄花常生长在植株较下部枝上，而雌花常生长在较上部枝上。偶尔雌花雄花生长在同一新枝上。雄花花梗长5～25mm，中部以下具狭卵形、长4～8mm的苞片，花被片粉白色或粉红色，6～9片，长圆形或椭圆状长圆形，长6～11mm，宽2～5.5mm，外面的较狭小；雄蕊长约2mm，花药长约1.5mm，无花丝或外3枚雄蕊具极短花丝，药隔凹入或稍突出钝尖头，药室着生于药隔侧外向，雄蕊4～6枚，互相靠贴直立排列于长约0.5mm的柱状花托顶端，形成近倒卵圆形的雄蕊群；雌花，直径稍大于雄花，花梗长17～38mm，花被片和雄花相似，雌蕊群近卵圆形，长2～4mm，心皮17～40，子房卵圆形或卵状椭圆体形，柱头鸡冠状，下端下延成1～3mm的附属体。聚合果长1.5～8.5cm。小浆果红色，近球形或倒卵圆形，直径6～8mm，果皮具不明显腺点。种子1～2粒，肾形，长4～5mm，宽2.5～3mm，淡褐色，种皮光滑，种脐明显凹入成U形（图3-11）。花期5～7月，果期7～10月。

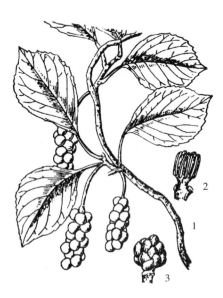

图3-11　五味子
1. 果枝　2. 雄花　3. 雌花

**2. 生物学特性**　新鲜五味子种子经层积处理，5月上旬播种后15～20d可出苗，首先于5月上中旬长出一对子叶，然后长出藤蔓和真叶，幼苗生长缓慢，喜阴、怕暴晒，需遮阴，初生真叶叶柄红色，至秋末9月下旬至10月上旬茎蔓高30～50cm。根系呈圆锥状。木质化程度高的幼苗茎蔓可以安全越冬。二年生五味子春季返青前将茎蔓扒出，引蔓上架，以后茎蔓均可安全越冬。第三、第四年，部分五味子开始开花，第四、第五年大部分植株都能开花结果。5月中下旬至6月上旬开花，雌雄同株异花，雌花多生长在植株上部，雄花多生长在植株下部。6月上旬至7月上旬结果，8月下旬至9月上旬果熟。五年生以后可年年开花结果。地下的根每年萌动早于地上部分，从三年生开始，根茎上便长出横走地下根状茎，在根茎的茎节上可以长出不定根和不定芽，萌生新植株，俗称"串根"，可以利用此特性进行根茎无性繁殖。五味子种子种皮坚硬，光滑有油脂，不易透水，又因其有形态后熟及生理后熟的特性，需经低温湿润的层积处理120d以上播种才能出苗，不经处理直播不出苗。种子空瘪率很高（约30%），发芽率低。

## 四、野生近缘植物

**1. 华中五味子**（*S. sphenanthera* Rehd. et Wils.）　落叶木质藤本，全株无毛。小枝

红褐色，距状短枝或伸长，具明显的皮孔。当年生枝条有长短枝之分。叶倒卵形、宽倒卵形或倒卵状长椭圆形，很少椭圆形，先端短急尖或渐尖，基部楔形或宽楔形，叶中上部边缘有疏离、胼胝质齿尖的波状齿，叶上面中脉略稍凹入，侧脉每边 4～5 条，网脉密致，干时两面不明显凸起，叶柄肉红色或红色，南方或在阴湿的生境中叶片薄而柔嫩，向北或在干燥向阳的生境中叶片渐厚且硬。花单性，雌雄异株或同株，雄花或雌花着生于当年生枝条的叶腋、芽鳞腋，单生或两朵聚生，花梗纤细，长 2～4.5cm，基部具长 3～4mm 膜质苞片，雄花被片 5～7 枚，橙黄色，有时边缘或腹面带粉红色；雄蕊数目多而不定，通常 11～19 枚，离生，有花丝和花药的分化，花丝长约 1mm，上部 1～4 枚雄蕊与花托顶贴生，无花丝，药隔上宽下窄，药室倾斜成倒卵形，药室内侧向开裂。雌花被片 5～7 枚，黄色，有时边缘或腹面粉红色；雌蕊数目多而不定，通常 30～60 枚，离生；子房近镰刀状椭圆形，柱头冠狭窄，位于腹缝线两侧，下延成不规则附属体，子房含胚珠 1～2 枚。聚合果果托长 6～17cm，直径约 4mm。聚合果柄长 3～10cm，成熟小浆果红色，具短柄，在果托上排列紧密或稀疏。种子较大，肾形，种脐斜 V 形；种皮褐色光滑或仅背面微皱。花期 4～7 月，果期 7～9 月。产于山西、陕西、甘肃、山东、江苏、安徽、浙江、江西、福建、河南、湖北、湖南、四川、贵州、云南东北部。生于海拔 600～3 000m 山坡边或灌丛中。果实和根入药，为五味子代用品。另可治疗胃炎、风湿性关节炎和月经不调等症。

**2. 红花五味子**（*S. rubriflora* Rehd. et Wils.） 落叶木质藤本，全株无毛。小枝紫褐色，后变黑，直径 5～10mm，具节间密的距状短枝。叶纸质，倒卵形，椭圆状倒卵形或倒披针形，长 6～15cm，宽 4～7cm，先端渐尖，基部狭楔形，边缘具胼胝质齿尖的锯齿，上面中脉凹入，中脉及侧脉下面带淡红色。花红色。雄花：花梗长 2～5cm，花被片 5～8，外花被片有缘毛，大小近相似，椭圆形或倒卵形，最大的长 10～17mm，宽 6～16mm，最外及最内的较小；雄蕊群椭圆状倒卵圆形或近球形，直径约 1cm；雄蕊 40～69 枚，花药长 1.5～2mm，外向开裂，药隔与药室近等长，有腺点，下部雄蕊花丝长 2～4mm。雌花：花梗及花被片与雄花相似，雌蕊群长圆状椭圆体形，长 8～10mm，心皮 60～100 枚，倒卵圆形，长 1.5～2.3mm，柱头长 3～8mm，具明显鸡冠状突起，基部下延成长 3～8mm 附属体。聚合果轴粗壮；小浆果红色，椭圆体形或近球形，直径 8～10mm，有短柄。种子淡褐色，肾形，长 3～4.5mm，宽 2.5～3mm，厚约 2mm；种皮暗褐色，平滑，微波状，不起皱，种脐尖长，斜 V 形，深达 1/3。花期 5～6 月，果期 7～10 月。产于甘肃南部、湖北、四川、重庆、云南西部及西南部、西藏东南部。生于海拔 1 000～2 500m 的山坡、丛林中。果实和藤茎入药。同五味子，另有活血、除湿等功效。

**3. 翼梗五味子**（*S. henryi* Clarke） 落叶木质藤本。当年生枝淡绿色，小枝紫褐色，具宽近 1～2.5mm 的翅棱，被白粉；内叶鳞紫红色，长圆形或椭圆形，长 8～15mm，宿存于新枝基部。叶宽卵形、长圆状卵形或近圆形，长 6～11cm，宽 3～8cm，叶柄红色，长 2.5～5cm，具叶基下延的薄翅。雄花花柄长 4～6cm，花被片黄色 8～10 片，近圆形，最大的直径 9～12mm，最外与最内的 1～2 片稍较小，雄蕊群倒卵形，直径约 5mm；花托圆柱形，顶端具近圆形的盾状附属物；雄蕊 30～40 枚，花药长 1～2.5mm，内侧向开裂，药隔倒卵形或椭圆形，具凹入的腺点，顶端平或圆，稍长于花药。近基部雄蕊的花丝长 1～2mm，贴生于盾状附属物的雄蕊无花丝；雌花花梗长 7～8cm，花被片与雄蕊的相似；雌蕊群长圆状卵圆形，直径 4～5mm，具长约 2mm 果柄，顶端花柱附属物白色，种子褐黄色，扁球形或扁长圆形，长 3～5mm，宽 2～4mm，高 2～2.5mm，种皮淡褐色，具乳头状凸起或皱凸起，以背面极明显，种脐斜 V 形，长为宽的 1/4～1/3。花期 5～7月，果期 8～9月。产于浙江、江西、福建、湖北、湖南、广东、广西、四川中部（都江堰）、重庆（金佛山）。果实和根入药。同五味子，另有治疗跌打损伤、骨折、风湿骨痛等功效。

**4. 二色五味子** ［*S. bicolo* Cheng var. *tuberculata*（Law.）Law.］　落叶木质藤本，全株无毛。当年生枝淡红色，稍具纵棱，两年生枝褐紫色或褐灰色，老皮不规则片状脱落。叶近圆形，椭圆形或倒卵形，长 5.5～9cm；先端急尖，基部阔楔形，边缘具胼胝质的疏离浅齿。花雌雄同株，稍芳香，直径 1～1.3cm。雄花：花梗长 1～1.5cm，花被片 7～13片，弯凹；外轮的绿色，圆形或椭圆状长圆形，很少倒卵形，长 3.6～6mm，宽 3～4mm，内轮的红色，长圆形或长圆状倒卵形，最大的长 5～7mm，宽 2.8～4mm。雄蕊群红色，扁平五角形，直径约 4mm，雄蕊 5，花丝初合生，开放后分离，药隔顶端楔形或稍凹，宽约 2mm。雌花：雌花梗长 2～6cm，花被片与雄花的相似，雌蕊群宽卵球形，长约4mm；雌蕊 9～16 枚，偏斜椭圆体形，长约 2mm，柱头短小，果序长 3～7cm；小浆果球形，皮具白色点，种皮背部有小瘤点。花期 7 月，果期 9～10 月。产于浙江天目山、江西、安徽黄山。果实、根、茎均可入药。同五味子，另有健胃功效。

**5. 毛叶五味子**（*S. pubescens* Hemsl. et Wils.）　落叶木质藤本，芽鳞、幼枝、叶背、叶柄被褐色短柔毛。当年生枝淡绿色，基部常宿存宽三角状半圆形、宽约 2.5mm 芽鳞，小枝紫褐色，具数纵皱纹；叶纸质，卵形、宽卵形或近圆形，长 8～11cm，宽 5～9cm，先端短急尖，基部宽圆或宽楔形，上部边缘具稀疏胼胝质尖的浅钝齿，具缘毛。雄花花梗长 2～3cm，被淡褐色微毛，花被片淡黄色，6 片或 8 片，雄蕊群扁球形，高 5～7mm，花托圆柱形，长约 4mm，顶端圆钝，无盾状附属物；雄蕊 11～24 枚，雄蕊长 3～4mm，花药长约 2mm，两药室分离，内向，花丝长 0.5～1mm，近上部的雄蕊贴生于花托顶端，几无花丝。雌花花梗长 4～6mm，雌、雄花被片相似，雌蕊群近球形或卵状球形，长 5～7.5mm，心皮 45～55，卵状椭圆体形，长约 2mm，花柱长 0.2～0.4mm，柱头呈啮蚀状短缘毛，末端尖。聚合果柄长 5.5～6cm，聚合果长 6～10cm，聚合果柄、果托、果皮及小浆果柄，被淡褐色微毛；成熟小浆果球形、橘红色。种子长圆形，长 3～3.7mm，宽约 3mm，高 2～2.5mm，暗红褐色；种脐宽 V 形；稍凸出，长宽比 1∶4。花期 5～6 月，果期 7～9 月。产于湖北西部、四川。生于海拔 1 100～2 000m 山坡、丛林中。果实入药，五味子代用品。

**6. 毛脉五味子**（*S. pubescenes* Hemsl. et Wils. var. *pubinervis* A. C. Smith）　与毛叶五味子特征相近，主要区别在于子叶背仅脉上被较长的皱波状毛，叶脉间无毛；雄花梗无毛，花被片多达 10 片，外轮花被片无毛。产于四川（峨眉山、洪雅、宝兴、小金、天全）、重庆（南川）。生于海拔 1 500～2 600m 山坡或林中。果实入药，五味子代用品。

**7. 兴山五味子**（*S. incarnata* Stapf）　落叶木质藤本，全株无毛，幼枝紫色或褐色，老枝灰褐色；芽鳞纸质，长圆形，最大的长 6～10mm。叶纸质，倒卵形或椭圆形，长 6～

12cm，宽 3～6cm，先端渐尖或短急尖，基部楔形，2/3 以上边缘具胼胝质齿尖的稀疏锯齿；叶两面近同色，中脉在上面凹或平，侧脉每边 4～6 条；雄花花梗长 1.6～3.5cm，花被片粉红色，膜质或薄肉质，7～8 片，椭圆形至倒卵形，最大的数片长 1～1.7cm，里面 2～3 片较小；雄蕊群椭圆形或倒卵圆形，雄蕊 24～32 枚，分离，花药长 1.2～2mm，外侧向纵裂，药隔钝，约与花药等长，下部雄蕊的花丝舌状，长 6～8mm，上部雄蕊的花丝短于花药；雌花梗似雄花而较粗，花被片似雄花而较小；雌蕊群长圆状椭圆体形，长 7～8mm，雌蕊约 70 枚，子房椭圆形稍弯，长约 2mm，花柱长 0.2～0.3mm。聚合果长 5～9cm；小浆果深红色，椭圆形，长约 1cm，种子深褐色，扁椭圆形，平滑，长 4～4.5mm，宽 3～3.5mm，种脐斜 V 形，约与边平。种皮光滑。花期 5～6 月，果熟期 9 月。产于湖北西部及西南部。生于海拔 1 500～2 100m 的灌丛或密林中。果实和茎入药。同五味子，可治疗跌打损伤。

**8. 球蕊五味子**（*S. sphaerandra* Stapf f. *sphaerandra*） 落叶木质藤本，全株无毛，具距状的短枝；新枝紫红色，老枝灰褐色。叶纸质，倒披针形、狭椭圆形，长 4～11cm，宽 1.5～3.5cm，先端渐尖，2/3 以下渐狭成楔形；边缘具胼胝质齿尖的浅齿或仅具齿尖，近全缘，上面深绿色，下面灰绿带苍白色，侧脉每边 5～7 条，叶柄长 1～2.5cm，红色，具叶下延的狭膜翅。花深红色。雄花：花梗长 1～2.8cm，花被片 5～8，近相似，倒卵状椭圆形，最大的长 6～14mm，宽 4.5～10mm，雄蕊群卵圆形，长约 8mm，雄蕊 30～50 枚，下部雄蕊具短花丝，上部雄蕊无花丝，花药长 0.7～1.4mm，外侧向开裂，药隔顶端微缺或平。雌花：雌、雄花的花梗和花被片相似，雌蕊群长圆状椭圆体形，长 1cm，雌蕊 80～110 枚；子房倒卵形，长 2mm，鸡冠状柱头面宽约 0.5mm；花柱长约 0.5mm，下延成长约 0.5mm 附属体，聚合果托长 6～15cm，直径约 5mm；聚合果柄长 3～6cm；小浆果椭圆形，种子椭圆形，长 4～4.5mm，内种皮灰白色，背部有细乳头状凸起或皱纹，种脐微凹。花期 5～6 月，果期 8～9 月。产于四川西南部、西藏东北部。生于海拔 2 300～3 900m 阔叶混交林或针叶云杉和冷杉林间。果实、根、茎均可入药。同五味子，另可治疗骨折、关节炎。

**9. 滇藏五味子**（*S. neglecta* A. C. Smith） 落叶木质藤本，全株无毛，当年生枝紫红色，内芽鳞倒卵形或近圆形，径约 1cm。叶纸质，狭椭圆形至卵状椭圆形，长 6～12cm，宽 2.5～6.5cm，先端渐尖，基部阔楔形，下延至叶柄成极狭的膜翅，边缘具胼胝质齿尖的浅齿，或近全缘，上面干时榄褐色，有凸起的树脂点，下面灰绿色或带苍白色，侧脉每边 4～6 条；侧脉和网脉干时叶背面稍凸起；叶柄长 1～2.5cm。花黄色，生于新枝叶腋或苞片腋。雄花：花梗长 3.5～5cm，花被片 6～8，大小近相似，宽椭圆形、倒卵形或近圆形，外面近纸质，中轮最大 1 片直径 7～9mm，最内面的近肉质，较小；雄蕊群倒卵圆形或近球形，直径 3～5mm，花托椭圆状卵形，顶端伸长，柱状，具盾状附属物，雄蕊 20～35 枚，药室长 0.7～1.5mm，内侧向开裂，药隔倒卵形，顶端宽，宽 0.5～1mm，有腺点，花丝长 0.2～0.8mm；上部雄蕊贴生于盾状附属物，无花丝。雌花：花梗长 3～6cm，花被片与雄花相似；雌蕊群近球形，直径 5～6mm，雌蕊 25～40 枚，斜椭圆体形，长 1.5～2.5mm，柱头长 0.3～0.9mm，下延伸长成长圆形、长 0.7mm 的附属体。小浆果红色，长圆状椭圆体形，长 5～8mm，具短梗。聚合果托长 6.5～11.5cm，宽 2～3mm；种子椭圆状肾形，长 3.5～4.5mm，种皮褐色，具明显的皱纹，种脐凹入，长约为种子的 1/2。花期 5～6 月，果期 9～10 月。产于四川南部、云南西部和西北部、西藏南部。生于海拔 1 200～2 500m 山谷丛林或林间。种子、根、茎均可入药。同五味子，另可治疗跌打损伤。

**10. 滇五味子**（*S. henryi* Clarke var. *yunnanensis*）　与原变种区别在于叶背无白粉，两面近同色；小枝的棱翅狭而粗厚，不为薄翅状；最外面的雄蕊几无花丝；种皮明显皱纹近似瘤状凸起。花期 5～7 月，果期 7 月下旬至 9 月。产于云南南部至东南部、西藏东南部。生于海拔 1 000～2 500m 沟谷、山坡林中或丛林中。果实、根、茎均可入药。同五味子，另可治疗跌打损伤、骨折、风湿骨痛。

# 第十二节　香　薷

## 一、概述

香薷（*Elsholtzia splendens* Nakai ex F. Maekawa）为唇形科香薷属一年生草本。香薷在全国大部分地区均有分布，主产于江西、江苏、浙江、湖北、安徽、四川、贵州、陕西、河南等地。其中以江西产香薷品质最佳，为江西道地药材之一，栽培历史悠久，主要分布于江西新余等地，称"江香薷"。以带花地上部分入药。内含香薷二醇、甾醇、黄酮苷和挥发油等。味辛，性微温。有发散解表、和中利湿的功效。

## 二、药用历史与本草考证

香薷首载《名医别录》，云："家家有此，惟供生食，十月中取干之。"此段论述虽没有对植物形态详细描写，但提供了"生长普遍，能做菜食"的信息，并指明了采收季节。《图经本草》云："今所在皆种，但北土差少，似白苏而叶更细，十月中采干之……寿春（今安徽寿县）及新安（今浙江淳安一带）有之。"从附图看，形态偏向于唇形科香薷属植物，又强调了 10 月中采收，符合香薷属草本植物花期、果期大多在 9～11 月间的特征。《本草衍义》载："香薷生山野间，荆湖南北，二川有之，汴洛作圃种之，暑月亦作蔬菜。叶如茵陈，花茸紫，在一边成穗，凡四、五十房为一穗，如荆芥穗，别是一种香气。"从花色及花穗偏向一侧，有香气来看，明显为香薷属植物，且在中原已被家种做蔬菜食用。《食物本草》记载："香薷……人家暑月多煮以代茶，可无热病。一种香菜，味甘可食，三月种之。"此处首先出现了香薷又名香菜的记载，并指出可供食用。观其附图，可见梢头开花，花穗偏向一侧，与《本草衍义》所述一致。《救荒本草》香菜一条载："生伊洛间，人家园圃种之，苗高一尺许，茎方窊麻面四棱。茎色紫稳，叶似薄荷叶，微小，边有细锯齿，亦有细毛，梢头开花作穗，花淡藕褐色，味辛香性温……"结合附图，突出了唇形科植物叶对生，茎四棱的特点。花穗偏向一侧，色淡紫，也证明无疑为香薷属植物。《本草纲目》载："香薷有野生，有家莳，中州人三月种之，呼为香菜，以充蔬品……"强调了可供菜食。《植物名实图考》载："香薷江西亦种以为蔬。"观其附图，也类似香薷属植物。由此可以得出结论，古本草中最早记载的香薷是香薷属植物，为药食兼用。

在历代本草中，常见石香薷一名，或单列，或附于香薷条下。据唐代萧炳所述："今新定、新安有石上者，彼人名石香薷，细而辛更绝佳。"据考证，古新安在江西吉安东南，正为现今江香薷主产地分宜一带。《本草图经》载："寿春，新安……彼间又有一种石上生者，茎叶更细而辛香弥甚，用之尤佳，彼人谓之石香薷。《本经》出草部中品，生蜀郡陵、荣、资、简及南中诸山岩石缝中，二月八月采，苗茎花实俱……今人罕用之，故但附于此。"由此可见，石香薷在宋以前已被认识到效果胜于香薷，但应用还局限江西、四川一带。其原植物究竟为何？仅从文字描述知道类似香薷而叶小，香气浓烈，生山岩石缝中，似为唇形科植物。但观《图经本草》附图及宋代杭州地方本草性质的《履峻岩本草》石香薷一图，均未见唇形科植物特征，而是叶片长条形。《图经本草》石香薷一图有着横走类根茎的根，而《本草品汇精要》中又将条形叶、根状茎清楚描绘出，并载"图经曰：苗叶类萱草，根似石菖蒲，生山岩石缝中"（此句在《证类本草》《本草图经》辑复本中未见），像是百合科某种植物，同时又载其别名"石苏"，是否两药相混或药图代代相袭，有待查证。总之，宋代石香薷始有药图描绘，但直至明代《本草品汇精要》成书，图与文字记载颇多不合，文字描绘也多不详，无法判定为何种植物。至《本草纲目》载"细叶者香烈更甚，今人多用之。方茎，尖叶有刻缺，颇似黄荆叶而小，九月开紫花成穗。有细子细叶者，仅高数寸，叶如落帚叶，即石香安薷也"，此段描述十分细致，结合《植物名实图考》所载："今湖南阴湿处即有，不必山崖，叶尤细瘦，气更芳香"的描述及附图，与今之唇形科石荠苧属植物石香薷（*Mosla chinensis*）非常近似，而根据产地调查，四川、湖南等地普遍使用和主产的药材香薷来源正是（*M. chinensis*）。又据 18 省药材商品鉴定，石荠苧属香薷为当今主流商品，所以《本草纲目》所载石香薷与当今主流是一致的。据调查，商品香薷又分为青香薷和江香薷两种，前者来自唇形科石荠苧属石香薷（*Mosla chinensis* Maxim.），后者有人认为是石香薷的栽培变种 *M. chinensis* Maxim. cv. Jiangxiangru Hu；也有人认为是石香薷的变种江西香薷（*M. chinensis* Maxim. var. *kiangsiensis* G. P. Zhu et J. L. Shi）。青香薷为野生品，产于长江以南各地，江香薷主产于江西分宜等地，其原植物有种植，也有野生。市场调查中未见本草中所载香薷属香薷，究其原因，可能是因为在医疗实践中发现石香薷"功比香薷更胜"而代替了香薷属香薷。近代对它们的化学成分及药理研究结果也证明了这点，这种替代是从何时开始的呢？据现存最早的《袁州府志》（辖今江西宜春、新余）中土产一项就有香薷，这些地方是商品江香薷的盛产地，同时也盛产石香薷，但当地近代不收购，故当地无商品青香薷。也就是说，至少在明朝正德年间（1514 年左右）《袁州府志》成书时，这里出产的石荠苧属的香薷已被当作道地药材外销了，在其后刊行的《本草原始》一书中，附有香薷干形图，绘出了细茎上总状花序密集成的穗状花序，且叶脱落殆尽，节间较长，与今之药材江香薷特点吻合。《本草原始》为我国明代一部出色的药材学专著，所绘药图基本上是当时市售药材，因此可以推测，当时石荠苧属的香薷就已经成为主流商品，代替香薷属香薷入药了。

## 三、植物形态特征与生物学特性

**1. 形态特征** 株高 40～80cm。茎直立多分枝，有强烈香气，通常呈紫红色，密被灰白色柔毛。叶对生，卵状三角形、长圆状披针形或披针形，长 3～6cm，宽 0.8～2.5cm，边缘具疏锯齿，下面密布凹陷腺点。轮伞花序密聚成穗状，顶生，偏向一侧；苞片近圆形或宽卵圆形；花萼具5齿，先端刺毛尖头；花冠唇形，淡红紫色，上唇2裂，下唇3裂，两侧裂片略呈三角形；雄蕊4，二强；雌蕊1，花柱超出雄蕊，柱头两浅裂。小坚果4，藏于宿存花萼内（图3-12）。

**2. 生物学特性**　香薷种子成熟采收后放通风干燥处能保证一年正常发芽，若在低温干燥条件下储藏寿命可延长2～3年。种子发芽适温为18℃左右，在生产上，土壤水分适宜，平均气温15℃左右时，播种后15d出苗，平均气温18℃左右时，播种后10d即可出苗。幼苗生长较为缓慢，尤其是春播地温比较低时，从出苗到苗高10cm需要30d，夏播出苗长到10cm需要20d。在生长过程中，喜阳光、温暖、湿润环境。6～8月是香薷生长旺季，也是需水肥较多时节，种子将要成熟时停止浇水。适应性较强，一般土壤均可种植，但以肥沃的黏土或红壤土、保水力强的土壤生长较好。幼苗怕盐碱，怕积水，怕干旱，成苗水肥过大遇风容易倒伏。

## 四、野生近缘植物

**1. 紫花香薷**（*E. argyi* Lévl.）草本，高0.5～1m。茎四棱形，具槽，紫色，槽内被疏生或密集的白色短柔毛。叶卵形至阔卵形，长2～6cm，宽1～3cm，先端短渐尖，基部圆形至宽

图 3-12　香　薷
1、2. 植株　3. 花及苞片　4. 花萼剖开　5. 雌蕊

楔形，边缘在基部以上具圆齿或圆齿状锯齿，近基部全缘，上面绿色，被疏柔毛，下面淡绿色，沿叶脉被白色短柔毛，满布凹陷的腺点，侧脉5～6对，与中脉在两面微显著；叶柄长0.8～2.5cm，具狭翅，腹凹背凸，被白色短柔毛。穗状花序长2～7cm，生于茎、枝顶端，偏向一侧，由具8花的轮伞花序组成；苞片圆形，长宽约5mm，先端骤然短尖，尖头刺芒状，长2mm，外面被白色柔毛及黄色透明腺点，常带紫色，内面无毛，边缘具缘毛；花梗长约1mm，与序轴被白色柔毛。花萼管状，长约2.5mm，外面被白色柔毛，萼齿5，钻形，近相等，先端具芒刺，边缘具长缘毛。花冠玫瑰红紫色，长约6mm，外面被白色柔毛，在上部具腺点，冠筒向上渐宽，至喉部宽2mm，冠檐二唇形，上唇直立，先端微缺，边缘被长柔毛，下唇稍开展，中裂片长圆形，先端通常具突尖，侧裂片弧形。雄蕊4，前对较长，伸出，花丝无毛，花药黑紫色。花柱纤细，伸出，先端相等2浅裂。

小坚果长圆形，长约 1mm，深棕色，外面具细微疣状凸起。花果期 9～11 月。产于浙江、江苏、安徽、福建、江西、广东、广西、湖南、湖北、四川和贵州。生于海拔 200～1 200m 的山坡灌丛中，林下，溪旁及河边草地。日本也有分布，越南有栽培。

**2. 川滇香薷**（*E. aouliei* Lévl.）　纤细草本，高 10～50cm。茎直立，自基部尖塔形分枝，小枝成 45° 角张开，被白色弯卷的疏柔毛。叶披针形，一般长 0.3～2cm，稀长 4cm，宽 0.2～0.4cm，稀宽 1.3cm，先端渐尖，基部渐狭，边缘具锯齿，上面绿色或常染紫红色，被微柔毛，下面较淡，被柔毛及淡黄色透明的腺点，侧脉约 4 对，与中脉在上面不明显下面隆起。穗状花序顶生，长 1.2～4cm，生于茎、枝顶上，由具多花的轮伞花序组成：苞片近圆形，长 4.5mm，宽 4mm，先端具芒尖，外面被白色柔毛，内面无毛，边缘具缘毛，脉稍带紫色。花萼管状，长约 2.5mm，外面被白色柔毛及腺点，萼齿 5，不相等，前 2 齿较长，先端刺芒状，边缘具缘毛。花冠紫色，长约 6mm，外面被白色短柔毛及腺点，冠筒自基部向上渐扩大，冠檐二唇形，上唇直立，先端微缺，边缘密被紫色具节长柔毛，下唇稍开展，3 裂，中裂片圆形，全缘，先端具小突尖，侧裂小，弧形，被极稀的缘毛。雄蕊 4，前对较长，均伸出，花丝无毛，花药黑紫色。花柱伸出，先端相等 2 浅裂。小坚果长圆形，长约 1.2mm，深棕色。花、果期 9～11 月。产于四川西部、云南。生于海拔 2 800～3 300m 山坡、草丛。

**3. 小头花香薷**（*E. cephalantha* Hand.-Mazz.）　一年生草本，高 5～17cm。茎通常多数，上升，简单或很少分枝，四棱形，被多少呈 2 列的卷曲白色疏柔毛或近无毛，具远离的成对的茎叶，常具腋生小枝或腋生小枝簇。叶宽卵状三角形，长及宽 0.5～4cm 或较狭，先端急尖。基部截形或微心形，少有近圆形，边缘具圆锯齿，草质，上面绿色，疏被小柔毛，下面略与上面同色或稍带紫色，具极不明显的腺点及主沿脉上疏被小疏柔毛，侧脉约 4 对，与中脉两面稍明显；叶柄稍肥厚，长 0.3～1.3cm，被与茎相同的毛。花序球形，顶生或腋生，无梗或具有较叶柄为长的梗，疏花，直径 4～7mm；苞片线形或匙状，基部楔形，长不及花萼，被具节长柔毛，花梗长 1～2mm 或较短。花萼杯状，长 3～4mm，外面被具节长柔毛，内面无毛，果时增大，变无毛，10 脉，萼齿 5，长 1.5～2mm，近等长，线状披针形，先端钝。花冠筒在基部以上近球形，与萼筒近等长，冠檐宽钟形，稍长于萼齿，外面被常为紫色具节串珠状长柔毛，5 裂，裂片整齐，宽卵形或近三角形，先端圆形。雄蕊 4，于花冠筒中部以上着生，近等长，花丝宽线形，基部具疏柔毛，花药球形，有时被疏柔毛，内藏或稍伸出花冠。花柱粗壮，先端浅 2 裂。小坚果球形，直径约 2mm，被贴生的微柔毛。花期 11 月。产于四川西部。生于海拔 3 200～4 100m 的溪河两岸及高山草地上。

**4. 毛穗香薷**（*E. eriostachya* Benth.）　一年生草本，高 15～37cm。茎四棱形，常带紫红色，简单或自基部向上在节处均具短分枝，分枝能育，茎、枝均被微柔毛。叶长圆形至卵状长圆形，长 0.8～4cm，宽 0.4～1.5cm，先端略钝，基部宽楔形至圆形，边缘具细锯齿或锯齿状圆齿，草质，两面黄绿色，但下面较淡，两面被小长柔毛，侧脉约 5 对，与中肋在上面下陷下面隆起；叶柄长 1.5～9mm，腹平背凸，密被小长柔毛。穗状花序圆柱状，长（1～）1.5～5cm，花时径 1cm，于茎及小枝上顶生，由多花密集的轮伞花序所组成，位于下部 1～3 个轮伞花序常疏离而略间断；最下部苞叶与叶近同形但变小，上部苞叶呈苞片状，宽卵圆形，长 1.5mm，先端具小突尖，外被疏柔毛，边缘具缘毛，覆瓦状排列；花梗长 1.5mm，与序轴密被短柔毛。花萼钟形，长约 1.2mm，外面密被淡黄色串珠状长柔毛，萼齿三角形，近相等，具缘毛，果时花萼圆筒状，长 4mm，宽 1.5mm。花冠黄色，长约 2mm，外面被微柔毛，边缘具缘毛，冠筒向上渐扩大，冠檐二唇形，上唇直立，先端微缺，下唇近开展，3 裂，中裂片较大。雄蕊 4，前对稍短，内藏，花丝无毛，花药卵圆形。花柱内藏，先端相等 2 浅裂。小坚果椭圆形，长 1.4mm，褐色。花果期 7～9 月。产于甘肃、四川、西藏、云南。生于海拔 3 500～4 100m 山坡草地。

**5. 异叶香薷**（*E. heterophylla* Diels）　草本，高 0.3～0.8m，具纤细匍匐枝及密集的须根。茎劲直，暗紫色，钝四棱形，具浅槽，疏被白色具节疏柔毛。叶两型，匍匐枝上的叶小，宽椭圆形或近圆形，长 0.2～0.6cm，宽 0.2～0.4cm，边缘疏生钝齿，具短柄；茎上叶披针形或椭圆形，长 1.3～2.6cm，宽 0.3～0.7cm，两端渐尖，边缘具浅锯齿或圆齿状锯齿，干时略向下面反卷，上面沿中脉上被小疏柔毛，下面除中脉及侧脉被疏柔毛外余部密布凹陷腺点，侧脉 4 对，与中脉在上面凹陷下面隆起，叶柄极短或近无柄。穗状花序单生于茎顶，圆柱形，长 2.5～4cm，开花时宽 1.8cm；苞片覆瓦状排列，紧密，宽扇形，宽 6～8mm，先端具短突尖或钝，干膜质，脉纹明显，带紫色，两枚连合成杯状。花萼管状，长 3.5～4mm，外面被疏柔毛及腺点，内面无毛，萼齿披针形，约等于花萼长 1/3。花冠玫瑰红紫色，长 10～12mm，外面疏被柔毛及腺点，内面无毛，冠筒自基部向上逐渐扩大，至喉部宽 2.5mm，冠檐二唇形，上唇直立，先端微缺，下唇开展，3 裂，中裂片边缘啮蚀状，侧裂片全缘。雄蕊 4，伸出，前对较长，花丝无毛，花药卵圆形，2 室。花柱超出雄蕊之上，先端不相等 2 浅裂，裂片钻形。小坚果长圆形，长约 1.5mm，棕黑色，光滑。花果期 10～12 月。产于云南，生于海拔 1 200～2 400m 的村旁、田边、沼泽及河沟附近。

**6. 湖南香薷**（*E. hunanensis* Hand.-Mazz.）　一年生草本。茎直立，高 40～50cm，通常多分枝，稍粗壮，四棱形，与小枝及叶柄密被皱波状疏柔毛及腺点。叶卵圆形或阔卵圆形，长 4～10cm，宽与长近相等或为长的 1/2，先端稍长渐尖，稀近圆形，基部圆形或正中为浅心形，边缘常至最基部为圆齿状牙齿，最下部齿增大，草质，上面被较长及较疏生的短伏毛，下面密被腺点，主沿侧脉上被与上面相同的毛被，侧脉 5～6 对，弧形，长而开展，常带紫色，网脉稀疏，在下面明显；叶柄纤细，长为叶片 1/2，稀为 1/3。穗状花序生于茎及枝顶端，也有腋生，具短梗，长 5～12cm；苞片疏散覆瓦状，近圆形，具突尖，长约 3mm，具艳色，略被腺点，外面被极细的小糙伏毛，边缘密被柔软长纤毛。花萼具短柄，被长柔毛，喉部无毛，萼齿比萼筒长很多，后 2 齿狭披针形，锐尖，前 3 齿较短而宽，先端钝，具极短的短尖。花冠玫瑰红色，长 2～3mm，稍超出花萼，外面疏被疏柔毛，冠筒直伸，自基部渐扩大，具疏柔毛毛环，上唇稍短于冠筒，近四方状圆形，微缺，下唇稍短于上唇，3 裂至本身基部。中裂片较长，微缺，侧裂片较小，圆形。雄蕊微露，花药二强，圆形。花柱相等 2 浅裂。产于海拔 200～2 500m 湖南西部，生于石灰山上、亚热带林内。

**7. 台湾香薷**（*E. oldhami* Hemsl.）　草本，被蛛丝状短柔毛。茎四棱形，稍肥厚，具多数上升的分枝。叶具较长的柄，纸质或近膜质，卵圆状披针形，不连叶柄长 2.5～6.5cm，先端渐尖，几不锐尖，基部圆形或近楔形，边缘具较粗大的锯齿状牙齿，上面略被细刚毛，下面被疏而细的蛛丝状短柔毛，侧脉约 5 对，在上面明显；叶柄纤细，长 1.3～1.9cm。花小或微小（只见到花蕾），排成 4 列穗状，穗状花序腋生，单一，或顶生，近无梗，长约 2.5cm 或较短，极密；苞片被短柔毛，阔匙状圆形，先端骤然渐尖，包被花。花萼被短柔毛，近相等深 5 齿，内面无毛。花冠 4 裂，上唇或上裂片先端微缺。雄蕊 4，无毛，花药明显 2 室。子房无毛。产于我国台湾。

**8. 岩生香薷** ［*E. saxatilis* (Komarov) Nakai ex Kitagawa］　直立草本，高 10～20cm。茎淡紫色，钝四棱形，具槽，密被微柔毛，多分枝。叶披针形至线状披针形，长 1～4.5cm，宽 0.1～1cm，先端渐尖或略钝，基部楔形下延至叶柄，边缘具疏而钝或不明显的锯齿，上面绿色，下面较淡，两面常带紫色，两面极疏被微柔毛，下面密布凹陷腺点；叶柄长 2～5mm，被微柔毛。穗状花序长 1～2（～2.5）cm，生于茎及小枝顶端，不明显偏向一侧，多少呈四面向；苞片阔卵形，长 4mm，宽约 6mm，先端骤然芒尖，尖头长约 1mm，两面无毛，外面疏布腺点，脉纹带紫色，边缘具缘毛；花梗短，序轴被微柔毛。花萼管状，外面被柔毛，萼齿 5，披针形，近等长，先端刺芒状。花冠玫瑰紫色，长约为花萼的 2.5 倍，自基部向上渐扩大，外面被柔毛，冠檐二唇形，上唇先端微缺，下唇开展，3 裂，中裂片较大，近圆形，侧裂片半圆形，均全缘。雄蕊 4，前对较长，伸出，花丝无毛。花柱几与前对雄蕊等长，先端近相等 2 裂。小坚果长圆形，栗色，无毛。花期 9～10 月，果期 10～11 月。产于黑龙江、吉林、辽宁、山东，多生于石缝中。

**9. 白香薷** （*E. winitiana* Ctaib）　直立草本，高 1～1.7m。枝钝四棱形，具浅槽及细条纹，密被白色卷曲长柔毛。叶长圆状披针形，长 4～10cm，宽 1.5～3.5cm，先端渐尖，基部楔形，边缘具圆锯齿，薄纸质，上面灰绿色，极密被灰色柔毛，下面灰白色，极密被灰色柔毛及腺点，侧脉 6～7 对，与中脉在两面微隆起；叶柄长 7～1.5cm，腹平背凸，极密被灰色柔毛。穗状花序顶生及腋生，长 3～9cm，开花时径约 4mm，花后径不过 5～6mm，着生于茎、枝及小枝顶上，多数密集排列成圆锥花序；苞叶位于穗状花序下部者长圆状倒披针形，长 2.5～3mm，先端渐尖，外面被白色短柔毛及腺点，内面无毛，具缘毛，超出于花，向上变小呈苞片状，苞片钻状披针形，但均超出于花；花梗极短，与序轴密被灰色柔毛。花萼钟形，长约 1mm，外面密被白色柔毛，在下部尤为密集，内面在齿上略被微柔毛，萼齿 5，长三角形，近相等，果时花萼略增大，长 2mm，宽 1.2mm，明显具 10 脉。花冠白色，外被柔毛及腺点，内面在花丝基部有斜向小髯毛环，冠筒长约 2mm，基部宽约 0.5mm，至喉部宽达 1mm，冠檐二唇形，上唇直立，长约 0.3mm，全缘，下唇开展，3 裂，中裂片近圆形，侧裂片半圆形。雄蕊 4，伸出花冠外，花丝无毛，花药卵圆形，2 室。花柱短于或等于雄蕊，稍外露，先端近相等 2 浅裂。小坚果小，长圆形，淡棕黄色，顶端圆形，下部稍狭。花期 11～12 月，果期翌年 1～3 月。产于云南南部、广西西部；生于海拔 600～2 200m 林中旷处、草坡或灌丛中。

**10. 密花香薷** （*E. densa* Benth.）　草本，高 20～60cm，密生须根。茎直立，自基部多分枝，分枝细长，茎及枝均四棱形，具槽，被短柔毛。叶长圆状披针形至椭圆形，长 1～4cm，宽 0.5～1.5cm，先端急尖或微钝，基部宽楔形或近圆形，边缘在基部以上具锯齿，草质，上面绿色下面较淡，两面被短柔毛，侧脉 6～9 对；叶柄长 0.3～1.3cm，背腹扁平，被短柔毛。穗状花序长圆形或近圆形，长 2～6cm，宽 1cm，密被紫色串珠状长柔毛，由密集的轮伞花序组成；最下的一对苞叶与叶同形，向上呈苞片状，卵圆状圆形，长约 1.5mm，先端圆，外面及边缘被具节长柔毛。花萼钟状，长约 1mm，外面及边缘密被紫色串珠状长柔毛，萼齿 5，后 3 齿稍长，近三角形，果时花萼膨大，近球形，长 4mm，宽 3mm，外面极密被串珠状紫色长柔毛。花冠小，淡紫色，长约 2.5mm，外面及边缘密被紫色串珠状长柔毛，内面在花丝基部具不明显的小疏柔毛环，冠筒向上渐宽大，冠檐二唇形，上唇直立，先端微缺，下唇稍开展，3 裂，中裂片较侧裂片短。雄蕊 4，前对较长，微露出，花药近圆形。花柱微伸出，先端近相等 2 裂。小坚果卵珠形，长 2mm，宽 1.2mm，暗褐色，被极细微柔毛，腹面略具棱，顶端具小疣突起。花果期 7～10 月。产于河北、山西、陕西、甘肃、青海、四川、云南、西藏及新疆；生于海拔 1 800～4 100m 林缘、高山草甸、林下、河边及山坡荒地。

# 第十三节　阳春砂（砂仁）

## 一、概述

砂仁是我国著名的"四大南药"之一，为姜科豆蔻属阳春砂（*Amomum villosum* Lour.）、绿壳砂（*A. villosum* Lour. var. *xanthioides* T. L. Wu et Senjen）及海南砂（*A. longiligulare* T. L. Wu）的干燥成熟果实。生产上种植主要以阳春砂仁为主，且品质最佳。砂仁性辛、温，归脾、胃、肾经，具有化湿开胃、温脾止泻、理气安胎的功效，用于湿浊中阻，脘痞不饥，脾胃虚寒，呕吐泄泻，妊娠恶阻，胎动不安。主要化学成分有乙酸龙脑酯、樟脑、龙脑-$\beta$-谷甾醇、香草酸等。

国内砂仁种植主要分布于热带亚热带地区，其中产量以云南、广东、广西为主，福建次之，海南甚微。从 20 世纪 50 年代末到 60 年代末期，为了扩大国内砂仁生产、扭转依靠进口的局面，云南、广西、福建等省份积极引种栽培阳春砂。至 80 年代，全国阳春砂生产已具备一定规模，并形成广东、云南、广西三个主产区，提高了我国砂仁的自给能力。20 世纪 90 年代中后期，云南、广西的砂仁生产发展迅速，产量大幅度增加，广东产区产量开始下降。目前云南西双版纳砂仁种植面积及产量占全国的 70% 以上，为我国最重要的砂仁生产基地。除此之外，云南普洱、红河、文山、临沧、德宏等地，广西宁明、隆安、防城港、百色、藤县、容县等地，广东阳春、信宜、高州、广宁等地，以及福建省长泰等地均种植有一定面积的阳春砂。其中以广东阳春所产砂仁最著名，称为道地南药砂仁，但栽培面积及产量极低。

## 二、药用历史与本草考证

砂仁在我国有 1 300 多年的药用历史。自唐代以来，历代本草对砂仁的产地、功能、主治都有记载。砂仁，古称"缩砂蜜"。始载于唐代甄权著《药性论》谓："出波斯国，味苦、辛""主冷气腹痛……消化水谷，温暖脾胃"。李珣《海药本草》谓："缩砂蜜，生西海及西戎诸地。味辛、平、咸。"波斯国即西戎，指我国新疆以西的波斯湾各国；西海，即今印度洋、波斯湾、地中海一带地区，具体产地为越南、泰国、柬埔寨、老挝、缅甸、印度尼西亚等国。这说明我国唐代所用砂仁，除广东有出产外，还从境外东南亚等地进口，二者同期存在。到了宋代，刘翰、马志《开宝本草》则记为"生南地"。苏颂《本草图经》记载为"今唯岭南山泽间有之"，并附有清晰逼真的新洲缩砂图一幅，新洲，即今广东新兴县。元至明、清三代的本草对砂仁产地的描述均无多大变化，同引述为"产波斯国""出岭南"等。陈仁山《药物出产辨》称砂仁"产广东阳春为最，以蟠龙山为第一"。证明这之前所产砂仁，均出于广东阳春县。

古代本草所载砂仁含国产品和进口品。起初记载的砂仁为国外引进品，后出现本国出产品。唐代《药性本草》等仅指出砂仁"味苦辛"，并未对其性状多加描述。宋代刘翰等称砂仁"苗似廉姜，子形如白豆蔻，其皮紧厚而皱，黄赤色，八月采之"，苏颂则描述为："苗似高良姜，高三、四尺。叶青，长八九寸，阔半寸许。三月、四月开花，在根下。五六月成实，五七十枚作一穗，状似益智而圆，皮紧厚而皱，有粟纹，外有刺，黄赤色。皮间细子一团，八隔，可四十余粒，如黍米大，外微黑色，肉白而香，似白豆蔻仁。七、八月采之。"这里所记砂仁均为产"岭南者"即国产品，从其描述及所附插图分析，所指砂仁与今广东阳春砂（*A. villosum*）尤为相似。清代以前，人们都将进口砂仁和国产砂仁习称为"缩砂"，史载国产砂仁为广东阳春砂，后发现绿壳砂和海南砂等品种。现在云南主产区所产为阳春砂，进口砂仁特指绿壳砂。

古代国产砂仁多为野生品，广东阳春、高州、信宜和新兴等县，20 世纪 50 年代前后所产砂仁也多处于半野生状态。自清道光年代起，阳春就有较为详尽的砂仁种植记载。20世纪 50 年代，广东阳东、阳西曾有农民种植阳春砂，但只种不管，产量低下；50 年代起，栽培管理技术逐步成熟，产量也逐年增加，最高产量超过 7 500kg/hm²；从 20 世纪 50 年代末到 60 年代末期，云南、广西、福建等地积极引种栽培阳春砂；到 90 年代末，砂仁产地发生根本变化，主产地由广东转移至云南。

### 三、植物形态特征与生物学特性

**1. 形态特征** 阳春砂株高 1.5～3m，茎散生；根茎匍匐地面，节上被褐色膜质鳞片。中部叶片长披针形，长 37cm，宽 7cm，上部叶片线形，长 25cm，宽 3cm，顶端尾尖，基部近圆形，两面光滑无毛，无柄或近无柄；叶舌半圆形，长 3～5mm；叶鞘上有略凹陷的方格状网纹。穗状花序椭圆形，总花梗长 4～8cm，被褐色短茸毛；鳞片膜质，椭圆形，褐色或绿色；苞片披针形，长 1.8mm，宽 0.5mm，膜质；小苞片管状，长 10mm，一侧有一斜口，膜质，无毛；花萼管长 1.7cm，顶端具 3 浅齿，白色，基部被稀疏柔毛；花冠管长 1.8cm；裂片倒卵状长圆形，长 1.6～2cm，宽 0.5～0.7cm，白色；唇瓣圆匙形，长、宽 1.6～2cm，白色，顶端具 2 裂、反卷、黄色的小尖头，中脉凸起，黄色而染紫红，基部具 2 个紫色的痂状斑，具瓣柄；花丝长 5～6mm，花药长约 6mm；药隔附属体 3 裂，顶端裂片半圆形，高约 3mm，宽约 4mm，两侧耳状，宽约 2mm；腺体 2 枚，圆柱形，长 3.5mm；子房被白色柔毛。蒴果椭圆形，长 1.5～2cm，宽 1.2～2cm，成熟时紫红色，干后褐色，表面被不分裂或分裂的柔刺；种子多角形，有浓郁的香气，味苦凉（图 3 - 13）。

**2. 生物学特性** 阳春砂属热带亚热带季雨林植物，生长适宜温度为 22～28℃，能忍受 0℃的短暂低温，但较长时间的 0℃或有严重霜冻，直立茎受冻死亡。喜湿、怕涝、忌旱，一般要求空气相对湿度在 75%～90%，土壤最适含水量为 25% 左右。阳春砂为半阴生植物，忌阳光直射，1～2年生苗要求荫蔽度70%～80%，3年后植株进入开花结果期，荫蔽度以50%～60%为宜。阳春砂对土壤要求不甚严格，多种类型的土壤，甚至混有石砾的土壤，都能种植，但以底土为黄泥，表土层肥沃、疏松，富含腐殖质，保水保肥力强，并夹有小石砾的森林土壤为好。

图3-13　阳春砂
1、3. 全株　2. 果实

　　阳春砂种子春播后20d出苗，当年长10片叶左右，苗高30～40cm。茎基生出1～2条根状茎，先端膨大，膨大处基部着生支持根。芽向上生长形成笋苗，头状茎产生2～4条根状茎，秋季形成新的笋苗和根状茎，下一年又可继续形成笋苗和新根状茎。根状茎每节上产生不定根。砂仁实生苗3年开花结实，分株苗2年开花结实。每年春、冬季，特别是1～2月，砂仁进行花芽分化，2月下旬开始抽笋苗，2～4月是笋苗、幼苗旺盛生长期。3月中旬现蕾，4～6月开花，6～9月为结果期，5月上旬至6月下旬果实增长较快，6月下旬后

果实大小基本定型，8月中旬果实完全成熟，此时，砂仁又抽新的笋苗，笋苗、幼苗再次进入旺盛生长阶段，11月后生长渐次减缓，进入1～2月后又开始花芽分化。一般情况下，砂仁一年抽笋2次，春季2～4月，秋季8～10月。

　　在广东阳春，砂仁种植具有悠久的历史。产区群众积累了丰富的生产经验。在长期的生产实践中，观察到阳春砂有不同的栽培类型。一般认为有"大青苗（高脚种）"和"黄苗仔（矮脚种）"两个品种。大青苗主要生长在土地肥沃的地方。苗高1.5m以上，果实椭圆形。种子油黑，品质较好，但产量不稳定。"黄苗仔"生长在土质较干瘦、阳光较强的地方。苗高在1.5m以下，果实较小，卵圆形。种子褐色，味道比"大青苗"果稍淡薄，但适应性较强，产量较高而稳定。而从果型上区分，认为阳春砂具有"长果型"和"圆果型"两种类型。两种类型的砂仁在植物形态、果实性状及花粉粒特征等方面存在明显差异。近年来，通过对云南西双版纳产区阳春砂的观察，发现该区阳春砂存在圆果型、长果型、小果型3种不同的生态类型，3种不同类型砂仁的株高、果实形状及大小具有明显差异。其中长果型和圆果型砂仁的植株较高、果实较大；圆果型砂仁果形为卵圆形、类球形，长果型砂仁果形为长圆形、椭圆形；小果型砂仁植物较矮，且果实较小，果形为卵圆形、类球形，3种类型的砂仁，以小果型砂仁产量高且抗病性较强。

## 四、野生近缘植物

　　砂仁类药材的植物种类繁多。《中华人民共和国药典》规定砂仁的正品植物来源除了阳春砂外，还包括绿壳砂和海南砂，地方作砂仁习用的姜科豆蔻属植物还包括红壳砂仁、

九翅豆蔻、疣果豆蔻、香豆蔻、长序砂仁、海南土砂仁、矮砂仁、细砂仁、长柄豆蔻、广西豆蔻等。

**1. 海南砂**（*A. longiligulare* T. L. Wu）　株高 1～1.5m，具匍匐根茎。叶片线形或线状披针形，长 20～30cm，宽 2.5～3cm，顶端具尾状细尖头，基部渐狭，两面均无毛；叶柄长约 5mm；叶舌披针形，长 2～4.5cm，薄膜质，无毛。总花梗长 1～3cm，被长约 5mm 的宿存鳞片；苞片披针形，长 2～2.5cm，褐色，小苞片长约 2cm，包卷住萼管，萼管长 2～2.2cm，白色，顶端 3 齿裂；花冠管较萼管略长，裂片长圆形，长约 1.5cm；唇瓣圆匙形，长和宽约 2cm，白色，顶端具凸出、2 裂的黄色小尖头，中脉隆起，紫色；雄蕊长约 1cm，药隔附属体 3 裂，顶端裂片半圆形，二侧的近圆形。蒴果卵圆形，具钝三棱，长 1.5～2.2cm，宽 0.8～1.2cm，被片状、分裂的短柔刺，刺长不逾 1mm；种子紫褐色，被淡棕色、膜质假种皮。花期 4～6 月，果期 6～9 月。产于广东、海南。生于山谷密林中或栽培。药用功效同阳春砂。

**2. 红壳砂仁**（*A. aurantiacum* H. T. Tsai et S. W. Zhao）　株高 2～2.5m。茎被黄褐色短柔毛。叶片狭披针形，长 28～32cm，宽 5～6.5cm，顶端尾尖，基部楔形，叶面疏被平贴、黄褐色短毛，叶背密被淡绿色柔毛；近无柄或有极短的柄；叶舌长 6～7mm，浅 2 裂，顶端圆形，密被黄色柔毛。穗状花序椭圆形，总花梗长约 3cm，被柔毛；鳞片三角形，紫红色，被毛；花序轴密被淡褐色柔毛；花冠黄红色；苞片长椭圆形，长 1.2cm，宽 5mm，紫红色；萼管长约 1.5cm，顶端 3 裂，裂片狭三角形，长 5mm；花冠管约与花萼管等长，长约 1cm，宽 3mm；唇瓣圆形，白色，直径约 1.8cm，顶端急尖，2 齿裂，中脉黄色，有紫红色斑点；侧生退化雄蕊线形，长约 1cm，顶端略 2 裂；花丝长 1cm，药室长方形，长 8mm，宽 5mm；药隔附属体 3 裂，中裂片半圆形，两侧的线形。蒴果近球形或卵圆形，长 1.3～1.8cm，宽 0.7～1.1cm，橘红色，果皮被平贴、锈色毛及稀疏柔刺；花萼宿存，被毛；种子多粒，方形或多角形，红褐色，具香气，味微苦。花期 5～6 月，果期 8～9 月。产于云南，生于海拔 600m 林下。果实芳香健胃，功效同砂仁。

**3. 九翅豆蔻**（*A. maximum* Roxb.）　株高 2～3m，茎丛生。叶片长椭圆形或长圆形，长 30～90cm，宽 10～20cm，顶端尾尖，基部渐狭，下延，叶面无毛，叶背及叶柄均被白绿色柔毛；植株下部叶无柄或近于无柄，中部和上部叶的叶柄长 1～8cm；叶舌 2 裂，长圆形，长 1.2～2cm，被稀疏的白色柔毛，叶舌边缘干膜质，淡黄绿色。穗状花序近圆球形，直径约 5cm，鳞片卵形；苞片淡褐色，早落，长 2～2.5cm，被短柔毛；花萼管长约 2.3cm，膜质，管内被淡紫红色斑纹，裂齿 3，披针形，长约 5mm；花冠白色，花冠管较萼管稍长，裂片长圆形；唇瓣卵圆形，长约 3.5cm，全缘，顶端稍反卷，白色，中脉两侧黄色，基部两侧有红色条纹；花丝短，花药线形，长 1～1.2cm，药隔附属体半月形，淡黄色，顶端稍向内卷；柱头具缘毛。蒴果卵圆形，长 2.5～3cm，宽 1.8～2.5cm，成熟时紫绿色，3 裂，果皮具明显的九翅，被稀疏的白色短柔毛，翅上更为密集，顶具宿萼，果梗长 7～10mm；种子多数，芳香，干时变微。花期 5～6 月，果期 6～8 月。产西藏南部、云南、广东、广西；生于海拔 350～800m 林中阴湿处。南亚至东南亚也有分布。果实具开胃，消食，行气，止痛功效。

**4. 疣果豆蔻**（*A. muricarpum* Elm.）　植株高大；根茎粗壮。叶片披针形或长圆状披针形，长 26～38cm，宽 6～8cm，顶端尾状渐尖，基部楔形，两面均无毛；叶柄长 0.5～1cm；叶舌长 7～9mm。穗状花序卵形，长 6～8cm；总花梗长 5～7cm，基部被覆瓦状排列的鳞片，下面的鳞片较小，向上渐渐变大；花序轴密被黄色茸毛；小苞片筒状，长 2～2.5cm，褐色，一侧开裂至近基部；花萼管长 2.5cm，顶端 2 裂，红色；花冠管与萼管近等长，裂片长 2～3cm，杏黄色，有显著的红色脉纹；唇瓣倒卵形，长 2.5～3cm，杏黄色，中脉有紫色脉纹及紫斑，顶端 2 裂，边缘皱波状；侧生退化雄蕊钻状；药隔附属体半圆形，高 5mm，宽 10mm，两边伸出呈翅状。蒴果椭圆形或球形，直径约 2.5cm，红色，被黄色茸毛及分枝的柔刺，刺长 3～6mm。花期 5～9 月，果期 6～12 月。产于广东、广西；生于密林中，海拔 300～1 000m。菲律宾也有分布。果实具开胃，消食，行气和中，止痛安胎功效。用于脘腹胀痛，食欲不振，恶心呕吐，胎动不安。民间作砂仁用。

**5. 香豆蔻**（*A. subulatum* Roxb.）　粗壮草本，株高 1～2m。叶片长圆状披针形，长 27～60cm，宽 3.5～11cm，顶端具长尾尖，基部圆形或楔形，两面均无毛；植株下部叶无柄或近无柄，上部叶柄长 1～3cm；叶舌膜质，长 3～4mm，微凹，无毛，顶端浑圆。总花梗长 0.5～4.5cm，鳞片褐色，穗状花序近陀螺形，直径约 5cm；苞片卵形，长约 3cm，淡红色，顶端钻状；小苞片管状，长 3cm，裂至中部，裂片顶端急尖而微凹；花萼管状，无毛，3 裂至中部，裂片钻状；花冠管与萼管等长，裂片黄色，近等长，后方的 1 枚裂片顶端钻状；唇瓣长圆形，长 3cm，顶端向内卷折，有明显的脉纹，中脉黄色，被白色柔毛；侧生退化雄蕊钻状，长 2mm，红色；花丝长 5mm，宽 3mm；花药长 10mm；药隔附属体椭圆形，全缘，长 4mm。蒴果球形，直径 2～2.5cm，紫色或红褐色，不开裂，具 10 余条波状狭翅，顶具宿萼，无梗或近无梗。花期 5～6 月，果期 6～9 月。产于西藏（墨脱）、云南、广西等省、自治区；生于海拔 300～1 300m 阴湿林中。孟加拉国、尼泊尔也有分布。种子味辛，性温。健胃祛风，消肿，止痛。用于胃肠气胀，食滞，咽喉肿痛，咳嗽，肺痨。

**6. 长序砂仁**（*A. thyrsoideum* Gagnep.）　茎丛生；根膨大呈块状。叶片长圆状披针形，长 20～25cm，宽约 6cm，顶端渐尖，基部圆形，叶面光滑，两面均无毛，中脉未达顶部即变细而不明显；叶柄长约 5mm；叶舌圆形，长 4～5mm，无毛；叶鞘无毛，具条纹。总花梗长 30～32cm，鳞片披针状卵形，长 3cm；总状花序圆柱状，长 8～13cm，花排列疏散，长 3～3.5cm，具褐色腺点；小花梗长 3～4mm，密被短茸毛；苞片披针形，长 2～2.3cm，覆瓦状排列，紫红色；小苞片筒状，长 0.9～1.2cm，顶端 2 裂，一侧深裂，基部及花萼同被短茸毛；花萼管近圆柱形，长约 1cm，外被长柔毛，顶端 3 裂，裂齿三角形；花冠管与萼管近等长，被疏柔毛，裂片黄色，长 1.4cm，宽 6mm，后方的 1 枚裂片宽 9mm，顶端兜状；唇瓣扇状匙形，长 1.5cm，上部宽约 1.2cm，中脉黄色，具紫红色脉纹，顶端 2 裂，基部收窄成柄；侧生退化雄蕊齿状，长约 1mm；雄蕊长 1.1cm，花丝长 5mm，宽 2mm；药隔附属体半圆形，长约 1.5mm；花柱上部疏被短柔毛；腺体长 2mm；子房被粗毛。蒴果近圆形或卵形，长 2.5cm，宽 1.2～1.8cm；果皮密被柔刺，刺尖细而弯，刺基增厚，顶有残萼，具果梗；种子具棱，直径 3～4mm。花期 5 月，果期 7 月。产于广西（宁明、龙州）；生于密林中。越南也有分布。根状茎祛风散寒，用于疟疾。果实民间作砂仁用。

**7. 海南土砂仁**（*A. chinense* Chun ex T. L. Wu）  又名海南假砂仁；株高 1～1.5m；根茎延长，匍匐状，节上被鞘状鳞片。叶片长圆形或稀圆形，长 16～30cm，宽 4～8cm，顶端尾状渐尖，基部急尖，两面均无毛；叶柄长 0.5～1cm；叶舌膜质，紫红色，微 2 裂，无毛，长约 3mm；叶鞘有非常明显的凹陷、方格状网纹。总花梗长 5～10cm，果时常有不同程度的延长；鳞片宿存，长 1.2～2cm。穗状花序陀螺状，直径约 3cm，有花约 20 余朵；苞片卵形，长 1～2cm，紫色；小苞片管状，长约 2cm；花萼管长约 1.7cm，顶端具 3 齿，基部被柔毛，染红；花冠管稍凸出，裂片倒披针形，长约 1.5cm，顶端兜状；唇瓣白色，三角状卵形，长 1～5cm，宽约 1cm，中脉黄绿色，两边有紫色的脉纹，瓣柄长 5～6mm；花药长 6mm；药隔附属体半圆形，顶微凹，2 侧前伸，长 8mm，宽 4mm；子房密被黄色柔毛。蒴果椭圆形，长 2～3cm，宽 1.5cm，被短柔毛及片状、分枝柔刺，刺长 2～3mm。花期 4～5 月，果期 6～8 月。产于广东、海南。生于林中。果实行气，消滞。民间作砂仁用。

**8. 细砂仁**（*Amomum microcarpum* C. F. Liang & D. Fang）  株高 2.5m，茎基部稍膨大，根茎匍匐于地上。叶片长圆状披针形，长 21～57cm，宽 2.5～9cm，顶端具长 1.5～3cm 的尾尖，基部楔形，两面疏被长柔毛，无柄；叶舌长 0.4～1cm，顶端圆，稀微凹，被毛；叶鞘有条纹。总花梗和花序轴密被伏毛，鳞片外面被较密的长柔毛；苞片倒披针形至卵形，褐色，长 3cm，除基部外近无毛；小苞片长 1.7cm，管部带红色，顶端 2～3 齿裂，带褐色，被毛；花 14 朵以上，长 3.5～3.7cm；小花梗长 3～5mm，密被伏毛；花萼长 1.7cm，无毛，管部带红色，顶端 3 浅裂，带白色；花冠淡红色，无毛，管部与花萼近等长，裂片长圆形，长 1.1cm，宽 6mm，后方的 1 枚裂片长圆状卵形，宽 8mm，兜状；唇瓣白色，圆匙形，长 1.8cm，宽 1.5cm，顶端有 2 枚突出的浅裂片，中脉黄色，基部狭，有红点和疏短毛；侧生退化雄蕊长 5～6mm，线形，白色，花丝长 6mm，宽 2mm，稍被毛；花药长 5mm，宽 2mm，稍被毛；药隔附属体 3 浅裂，长 2～3mm，中裂片较宽；花柱丝状，上部稍被毛，柱头无毛；子房密被伏毛。蒴果成熟时暗紫色，卵状球形，干时长 1～1.5cm，宽 0.8～1.2cm，表面被稀疏柔刺和疏伏毛，顶端具残存的花被管；果梗长 4～7mm；种子黑色。花期 4～5 月，果期 8～9 月。产于广西。生于海拔 290～500m 的山坡密林中。果实在广西作砂仁用。

**9. 长柄豆蔻**（*A. longipetiolatum* Merr.）  株高 0.5～1m，根茎鞭状，被长约 5cm 的鞘状鳞片。叶片长圆状披针形，长 35～75cm，宽 7～11cm，顶端渐尖，基部急尖，鲜时叶面绿色，干时蓝灰色，无毛，叶背色较淡，被平贴、黄色绢毛；叶柄长 2.5～12cm；叶舌圆形，长约 2mm。穗状花序椭圆形，通常有 3～4 朵花，总花梗短或无；苞片近膜质，长 2～4cm；花大，白色，长约 9cm；花萼管状，膜质，长约 3.5cm，被短柔毛，裂齿 3，长圆形，长约 3mm；花冠管纤细，长 5.5cm，宽 1～1.5mm，裂片 3，膜质，线形，长 2.5cm，宽 4mm，具斑点；唇瓣倒卵形，长约 3.5cm，具斑点，中部红色；侧生退化雄蕊线形，长 4～6mm；花药线形，长 12～15mm；药隔附属体 3 裂，裂片长 3～4mm，宽约 1mm，中部裂片直立，两侧的镰状展开；子房长圆状椭圆形，长 3～4mm，密被平贴短柔毛。蒴果近球形，直径 2cm，果皮被褐色短茸毛；果梗长 1.5～2cm。花期 4～5 月。产于广东、海南、广西，生于海拔 350～550m 林中。果实用于脘腹胀痛，食欲不振，恶心，呕吐，胎动不安。民间作砂仁用。

**10. 广西豆蔻**（*Amomum kwangsiense* D. Fang & X. X. Chen）　又名广西砂仁、砂仁、土草果。茎高约 1m；根茎细长，匍匐。叶片披针形，长 11～73cm，宽 1.5～8.5cm，顶端长渐尖，边缘有短刚毛，基部通常楔形，叶背主脉两侧密被贴伏的短柔毛，几无柄；叶舌长 2～4mm。穗状花序自接近茎基的根茎上斜出；总花梗长 1.5～33cm，生于地下，鳞片长 0.5～5cm，近无毛；苞片披针形，长 3.5～6cm，宽 0.5～1.5cm，白色；小苞片三角状披针形，长 0.9～3.5cm，不呈管状；花萼管长 3.3～4.5cm，一侧浅裂，近无毛，顶端 3 裂，裂片长 8mm；花冠管白色，长 3～4.5cm，内面有毛，裂片披针形，近等大，长 3.5～4cm，宽 0.8～1.2cm，兜状，后方的 1 枚具短尖头；唇瓣扇形或近匙形，长 3.5～4cm，宽 2.5～3cm，爪部紫红色，内面有疏柔毛，顶端淡黄色，基部与花丝连成一长 0.7～1.3cm 的管；侧生退化雄蕊锥状，长 4mm；花丝长 7mm，花药长 1.1～1.4cm，药隔附属体全缘，长 5mm；花柱丝状；子房被短柔毛。蒴果成熟时淡紫色，扁球形或近球形，直径 1～2cm，有 12 条纵线条，有时不明显，表面常有疏短毛和小凸起，顶端具花柱的残迹；种子多数。花期 5～6 月，果期 8～9 月。产于广西、贵州，生于海拔 550m 的山坡林下。果实民间作砂仁用，有理气开胃、消食、安胎功效。

# 第十四节　薏　苡

## 一、概述

薏苡为禾本科薏苡属植物薏苡［*Coix lacryma-jobi* L. var. *ma-yuen*（Roman）Stapf］的种仁。薏苡甘淡、微寒。健脾利湿、清热排脓，对肺脓疡、阑尾炎、慢性肠炎、腹泻、四肢酸痛、白带过多、胃癌、子宫癌、绒毛膜上皮癌有一定的疗效。主要化学成分有薏苡酯、$\beta$-谷甾醇、薏苡素、薏苡醇、棕榈酸、硬脂酸、油酸、亚油酸等。现代药理试验表明，薏苡酯有抑制艾氏腹水癌细胞的作用，薏苡酯和 $\beta$-谷甾醇有抗癌作用，$\beta$-谷甾醇还有降低胆固醇、止咳、抗炎作用，薏苡仁中的矿物质也有直接或间接的防癌和抗癌作用。现代中医已将薏苡广泛应用于宫颈癌、直肠癌、乳腺癌、胃癌、绒毛膜上皮癌的治疗。另外，薏苡可促进新陈代谢，治疗便秘，防治粉刺和皮肤粗糙，是消痔的特效药，对雀斑、"荞麦渣"斑也有显著疗效；薏苡对肾脏疾患、胆石症、肺结核、神经痛、糖尿病、前列腺肥大也有一定治疗效果。

薏苡广泛栽培于南北各地，除青海、甘肃、宁夏未见报道外，全国各省、自治区均有分布，其中广西、贵州、云南、浙江、河北等地产量较大。

## 二、药用历史与本草考证

薏苡是我国著名的传统大宗中药材，应用历史悠久。薏苡仁药用始载于《神农本草经》，"薏苡仁，甘、微寒……久服轻身益气"，列为上品。以后历代本草均有记载。《本草纲目》谓之"有二种：一种黏牙者，尖而壳薄，即薏苡也。其米白色如糯米，可作粥饭及磨面食，亦可同米酿酒。一种圆而壳厚坚硬者，即菩提子也。其米少，即粳也。"前者即现代的药用薏苡。

薏苡的原植物我国薏苡属植物的分类一直说法不一。从历代本草记载看，《雷公炮炙论》云："凡使薏苡仁勿用米，颗大无味，其米时人呼为粳是也。"可见自古薏苡就有不同的品种。《本草图经》描述薏苡："春生苗，茎高三、四尺。叶如黍。开红白花作穗子。五月、六月结实，青白色，形如珠子而稍长。""形如珠子而稍长"这一特征与现今《中国植物志》所载薏苡属植物薏米（*Coix chinensis* Tod.）相似。《本草纲目》记载更为详尽："薏苡人多种之。二三月宿根自生，叶如初生芭茅，五六月抽茎开花结实。有二种：一种黏牙者，尖而壳薄，即薏苡也。其米白色如糯米，可作粥饭及磨面食，亦可同米酿酒。一种圆而壳厚坚硬者，即菩提子也。其米少，即粳也。但可穿作念经数珠，故人亦呼为念珠云。其根白色，大如匙柄，糺结而味甘也。"李时珍所谓的薏苡，与《中国植物志》记载的薏米（*C. chinensis* Tod.）和台湾薏苡 [*C. chinensis* var. *formosana* (Ohwi) L.] 相近似，另一种菩提子含淀粉量少，则与薏苡（*C. lacryma - jobi* L.）等近似。2005 年版《中华人民共和国药典》薏苡的原植物为 *C. lacryma - jobi* var. *ma - yuen* (Roman.) Stapf，即上述植物志中的薏米，因此，无论是古代还是现代，药用或食用薏苡的原植物主要是指薏苡中种壳较薄、淀粉含量高的栽培种。

薏苡在我国有悠久的栽培历史。浙江河姆渡遗址出土过大量薏苡种子，说明薏苡在我国至少有 6 000 年以上的栽培历史。有人猜测薏苡在中国出现的时间可能更早。《山海经 • 海内西经》记载："帝之下都，昆仑之墟……有木禾。"所谓"木禾"即指薏苡。因为薏苡在禾本科植物中茎秆较为粗壮，直径可达 1cm 左右，而且植株较高，现在栽培种高 1～2m，野生种有的高达 3～4m，与木本植物颇为相似。薏苡茎秆的另一特点是它不像稻、麦、粟、黍等禾本科作物那样经秋冬的干燥风化后很容易折断粉碎，而是一直可挺立到来年夏秋，像干枯的灌木一样，因此，古人用"木禾"的特征来命名是正确的。如果木禾确指薏苡的话，那么薏苡在我国的栽培历史可以追溯到远古的黄帝时代。

薏苡是喜温的禾本科作物，又是 $C_4$ 植物，$C_4$ 植物一般认为起源于热带和亚热带。史书记载，东汉初建武十七年，即公元 41 年，汉光武帝刘秀派伏波将军马援南征交趾（相当于今广东、广西大部分地区和越南的北部、中部），士兵患"瘴气"病，食用当地的薏米而愈。在我国广西也曾发现大面积的原始水生薏苡和野生薏苡，因此，中国南方可能是薏苡的起源中心和早期主要产地。《名医别录》载："薏苡仁生真定平泽及田野"，《开宝本草》云："今多用梁汉者，气劣于真定。"真定即今河北正定县，因此可以推断，南北朝时期，薏苡产地已由中国西南逐步传播到华北平原。如今薏苡广泛栽培于南北各省区，除青海、甘肃、宁夏未见报道外，全国各省、自治区均有分布，其中广西、贵州、云南、浙江、河北等地产量较大。薏苡产区的变迁一方面与它的生物学特性有密切关系，薏苡实质上是一种耐旱的水生作物，具有既抗旱又抗涝的双重特性，栽培适应性强；另一方面，薏苡由于籽实较大，比禾本科其他作物易于采集储藏，成为中国远古最早被驯化的作物而得到广泛栽培。

## 三、植物形态特征与生物学特性

**1. 形态特征**　多年生或一年生草本植物，高 150～300cm，茎直立粗壮，有 10～12 节，节间中空，基部节上生根。叶互生，呈纵列排列，叶鞘光滑，与叶间具白色薄膜状的叶舌，叶片长披针形，长 10～40cm，宽 1.5～3cm，先端渐尖，基部稍鞘状包茎，中脉明显。总状花序，由上部叶鞘内成束腋生，小穗单性，花序上部为雄花穗，每节上有2～3个小穗，上有两个雄小花，雄花有雄蕊3枚（雌蕊在发育过程中退化）；花序下部为雌花穗，包藏在骨质总苞中，常2～3小穗生于一节，雌花穗有3个雌小花，其中一花发育，子房有两个红色柱头，伸出包鞘之外，基部有退化雄蕊3。颖果成熟时，外面的总苞坚硬，呈椭圆形。种皮红色或淡黄色，种仁卵形，长约6mm，直径为4～5mm，背面为椭圆形，腹面中央有沟，内部胚和胚乳为白色、糯性，有黏牙之感（图3-14）。

**2. 生物学特性**　薏苡喜生于向阳、湿润的沟边河边。种子在土壤含水量20%～30%，气温9～10℃时，20～25d发芽出苗，气温15℃以上时7～14d出苗。其他生育期，以日均温不超过26℃为宜，特别在抽穗、灌浆期，气温在25℃左右利于薏苡的抽穗扬花和籽粒的灌浆成熟。充足的阳

图3-14　薏苡
1. 植株　2. 雌小穗　3. 二退化雌小穗　4. 第二颖（♀）
5. 第一外稃　6. 第二外稃（♀）　7. 第二内稃（♀）　8. 雌蕊

光有利于薏苡各生育期的生长，可通过调整播种密度满足薏苡对光照的要求。薏苡是喜肥耐肥的作物，分蘖开始时，充足的氮、磷肥对其分蘖产生和健壮生长极为有利；幼穗分化盛期，植株已基本定型，适量施肥对促进穗的分化、增加粒数、提高产量有利；抽穗开花期追施磷、钾肥对授粉后的果实灌浆、营养物质的积累、增加粒重有利。薏苡的种子较大，千粒重70～100g，有坚硬的外壳，种子发芽的最适温度为25～30℃。薏苡的生长物候期一般可分为苗期、拔节期、孕穗期、抽穗灌浆期4个阶段，一生中有16叶片，11节拔节（不包括分枝叶片和茎节），整个发育期历时约129d。

薏苡在我国栽培历史悠久，各地在长期栽培中已形成地方栽培品种，如四川白壳薏苡，辽宁省易于加工脱壳的薄壳早熟薏苡，广西糯性强的薏苡品系，贵州白壳高秆、白壳矮秆、黑壳高秆等薏苡品系，江苏的黑壳矮秆薏苡，浙江的薏苡主要为泰顺种和缙云种两个地方品种，经薏苡过氧化物同工酶和酯酶同工酶的酶谱鉴定，结果表明，浙江缙云、泰顺两产地的薏苡酶谱相同，但两者的农艺性状有较大差异，其中泰顺种较抗病，但产量不及缙云种高。2008年12月，福建省选育出薏苡新品种龙薏1号，该品种株型较紧凑、分蘖力强、丰产性好、品质优；经田间调查，叶枯病、黑穗病的发病程度较当地农家品种轻，综合性状好；比当地农家品种增产15%左右。

## 四、野生近缘植物

禾本科薏苡属植物约有10个种，分布于亚洲热带地区；我国有5种及2变种。薏苡

的野生近缘植物包括水生薏苡、小珠薏苡、念珠薏苡、窄果薏苡。

**1. 水生薏苡**（*C. aquatica* Roxb.）　多年生草本。秆高达 3m，直径约 1cm，具 10 余节，下部横卧，并于节处生根；叶鞘松弛，较短于其节间，平滑无毛或上部者被疣基糙毛；叶舌长约 1mm，顶端具纤毛；叶片线状披针形，长 20～70cm，基部圆形，宽 1～3cm，两面遍布疣基柔毛，边缘粗糙，中脉粗厚，上面稍凹而在下面隆起。总状花序腋生，具较粗的总梗。雌小穗外包以骨质总苞，总苞长 10～14mm，宽约 7mm，先端收窄成喙状；雌小穗约等长于总苞；第一颖质较厚而渐尖；雌蕊之花柱甚长，伸出总苞之外。雄性总状花序之无柄雄小穗长约 1cm，宽 5～6mm；颖草质，具多数脉，第一颖扁平，两侧具宽翼，翼边缘生纤毛，顶端 2 裂；第一外稃与内稃均为膜质；雄蕊 3 枚，花药紫褐色，长约 4mm，狭窄，顶端尖。有柄雄小穗与无柄者相似，但较窄而退化。花果期 8～11月。产于我国云南（六顺乡、小勐养）。生于海拔 800m 以下的地区，生长于水中及水旁。分布于亚洲东南部。

**2. 小珠薏苡**（*C. puellarum* Balansa）　多年生草本。秆直立，高 0.5～1m。叶鞘短于其节间，无毛；叶舌极短；叶片宽大，长 30cm 以上，宽约 3cm，无毛，边缘微粗糙。总状花序簇生于叶腋，长约 2cm，具长 2～3cm 之总梗；总苞小，长约 5mm，宽 3～4mm，灰白色，坚硬。雌小穗与总苞近等长；颖纸质，顶端渐尖，质较厚；花柱细长，褐色，自顶端伸出。雄性总状花序长约 1cm，小穗密集；无柄小穗长约 5mm，宽 2.3mm；第一颖两侧具翼；雄蕊 3 枚，橘黄色，长约 3mm。有柄者与无柄者相似。花果期秋冬季。产于我国云南（西双版纳）。生于海拔 1 400m 左右山谷林地较阴湿的环境下。分布于亚洲东南部、中南半岛及印度尼西亚。

**3. 念珠薏苡**（*C. lacryma-jobi* var. *maxima* Makino）　总苞骨质，坚硬，平滑有光泽，手压不破；其与原变种区别为：总苞大而圆，呈直径约 10mm 之圆球形。产于我国台湾；华东、华南有栽培。

**4. 窄果薏苡**（*C. stenocarpa* Balansa）　植株高约 2m。秆直立，具多节。叶鞘无毛；叶舌截平，紫褐色，高约 1mm；叶片背面光滑无毛，表面稍粗糙，边缘微细锯齿状，长 30～70cm，宽 3～5cm。总状花序腋生成束，直立或稍下垂。雌小穗常位于总状花序的下部，总苞长圆形，长 1.1～1.3cm，宽 2～3mm，珐琅质，白色，坚硬，有光泽；第一颖长圆状卵圆形，顶端尖呈喙状，具多脉；第二颖卵状披针形，先端渐尖；第一外稃稍短于第二颖，卵状披针形，先端渐尖；第二外稃较第一外稃稍狭而短；第二内稃较第二外稃稍短而狭窄；花柱细长；柱头幼时紫红色，后变棕褐色，从总苞的顶端伸出。颖果长圆形。雄小穗通常 5 对着生于总状花序上；无柄雄小穗下常托有 1 针形苞片，通常 2 小花均为雄性，第一颖草质，卵状披针形，先端尖，具多脉，主脉不明显，近边缘 2 脉粗壮呈脊状，脊缘呈翼状，翼由下向上逐渐变宽；第二颖较第一颖狭窄，先端渐尖，主脉明显；外稃与内稃透明膜质，第一外稃稍短于第一颖，第二外稃稍短狭于第一外稃；雄蕊 3 枚；花药橘黄色，长 3～4mm；有柄雄小穗常与无柄小穗相似，但其下常无针形苞片，通常仅第二小花为雄性。染色体 $2n=20$。产于我国南部，常栽培供观赏。亚洲东南部常有分布。

## 第十五节 罂 粟

### 一、概述

为罂粟科罂粟属植物罂粟（*Papaver somniferum* L.），别称鸦片、烟果果、大烟、御米壳、米囊、阿芙蓉。以罂粟壳入药，又名"御米壳"或"罂壳"。罂粟壳性平味酸涩，有毒，内含吗啡、可待因、那可汀、罂粟碱等 30 多种生物碱，有镇痛止咳、止泻药之功效，用于肺虚久咳不止、胸腹筋骨各种疼痛、久痢常泻不止以及肾虚引起的遗精、滑精等症。罂粟是制取鸦片的主要原料，同时其提取物也是多种镇静剂的来源，如吗啡、蒂巴因、可待因、罂粟碱、那可汀。其植物名"somniferum"为"催眠"之意。罂粟的种子是重要的食物产品，含有对健康有益的油脂。

### 二、药用历史与本草考证

公元前 1500 年的古埃及，底比斯盛产的罂粟已经属于高级贡品，专供王公贵族。在《圣经》与荷马的《奥德赛》里，罂粟被描述成为"忘忧药"，上帝也使用它。公元前 2 世纪，古希腊名医加仑记录了罂粟可以治疗的疾病：头痛、目眩、耳聋、癫痫、中风、弱视、支气管炎、气喘、咳嗽、咯血、腹痛、黄疸、肾结石、泌尿疾病、发烧、浮肿、麻风病、月经不调、忧郁症、抗毒以及毒虫叮咬等疾病。公元 973 年北宋，罂粟籽首次入选中国药典《开宝本草》；明代李时珍在《本草纲目》中详细阐述了罂粟籽的作用；2010 年 3 月，罂粟籽油被卫生部正式批准为珍稀新资源食品。

出自《本草纲目》《本草经疏》："阿芙蓉，其气味与粟壳相同，而此则止痢之功尤胜，故小儿痘疮行浆时泄泻不止，用五厘至一分，未有不愈，他药莫逮也。"《唐本草》云："主百病中恶，客忤邪气，心腹积聚。"《本草纲目》云："泻痢脱肛不止，能涩丈夫精气。"王殿翔《生药学》云："用于失眠为催眠药；神经痛、月经痛、胸绞痛、肠绞痛等为镇痛药。"

### 三、植物形态特征与生物学特性

**1. 形态特征** 一年生草本，无毛或稀在植株下部或总花梗上被极少的刚毛，高 30～60（～100）cm，栽培者可达 1.5m。主根近圆锥状，垂直。茎直立，不分枝，无毛，具白粉。叶互生，叶片卵形或长卵形，长 7～25cm，先端渐尖至钝，基部心形，边缘为不规则的波状锯齿，两面无毛，具白粉，叶脉明显，略突起；下部叶具短柄，上部叶无柄、抱茎。花单生；花梗长 25cm，无毛或稀散生刚毛。花蕾卵圆状长圆形或宽卵形，长 1.5～3.5cm，宽 1～3cm，无毛；萼片 2，宽卵形，绿色，边缘膜质；花瓣 4，近圆形或近扇形，长 4～7cm，宽 3～11cm，边缘浅波状或各式分裂，白色、粉红色、红色、紫色或杂色；雄蕊多数，花丝线形，长 1～1.5cm，白色，花药长圆形，长 3～6mm，淡黄色；子房球形，直径 1～2cm，绿色，无毛，柱头（5～）8～12（～18），辐射状，连合成扁平的盘状体，盘边缘深裂，裂片具细圆齿。蒴果球形或长圆状椭圆形，长 4～7cm，直径 4～5cm，无毛，成熟时褐色。种子多数，黑色或深灰色，表面呈蜂窝状（图 3-15）。花果期

3～11月。

**2. 生物学特性** 原产南欧，印度、缅甸、老挝及泰国北部有栽培，中国一些地区有关药物研究单位有栽培。罂粟果实中有乳汁，割取干燥后就是"鸦片"。它含有10%的吗啡等生物碱，能解除平滑肌特别是血管平滑肌的痉挛，并能抑制心肌，主要用于心绞痛、动脉栓塞等症。但长期应用容易成瘾，慢性中毒，严重危害身体，严重的还会因呼吸困难而送命。所以，我国对罂粟种植严加控制，除药用科研外，一律禁植。未成熟果实含乳白色浆液，制干后即为鸦片，果实及果壳均含吗啡、可待因、罂粟碱等多种生物碱，加工入药，有敛肺、涩肠、止咳、止痛和催眠等功效，治久咳、久泻、久痢、脱肛、心腹筋骨诸痛。

## 四、野生近缘植物

**1. 野罂粟**（*P. nudicaule* L.） 为罂粟科罂粟属多年生草本植物，俗称山大烟。植株通常不分枝，茎单一，高 20～60cm，直立。叶片基生，叶柄长 20～

图 3-15 罂 粟

25cm，羽状浅裂、深裂或全裂。花蕾宽卵形或近球形，长 1.5～2.0cm，被伸展刚毛；萼片 2 个，外面绿色，里面白色；花瓣 4 瓣，罕见 5～6 瓣，花黄色或橘红色。蒴果狭倒卵形或卵状长圆形，长 1.0～1.7cm，密被刚毛。花果期 5～9 月。野罂粟分布于河北、山西、内蒙古、黑龙江、陕西、宁夏、新疆等地，生于海拔 600～1 300（～3 200）m 的林下、林缘及山坡草地，喜阳耐干旱不喜水，对土壤要求不严，适应力极强，在疏松、肥沃的土壤中长势更加良好，由于生命力极强，播种出苗率较高，只要适时播种、控制好水分，夏季做好降温工作不过于炎热，便可大面积推广种植。野罂粟全草酸涩，微苦，微寒，归肺、肾、胃经。主要具有镇咳、平喘的作用。

**2. 虞美人**（*P. rhoeas* L.） 为罂粟科罂粟属多年生草本植物，也称田野罂粟，又名丽春花、赛牡丹等，花有红、白、紫、蓝等颜色。一年生草本，全体被伸展的刚毛，稀无毛。茎直立，高25～90cm，具分枝，被淡黄色刚毛。叶互生，叶片轮廓披针形或狭卵形，长 3～15cm，宽 1～6cm，羽状分裂，下部全裂，全裂片披针形和二回羽状浅裂，上部深裂或浅裂，裂片披针形，最上部粗齿状羽状浅裂，顶生裂片通常较大，小裂片先端均渐尖，两面被淡黄色刚毛，叶脉在背面凸起，在表面略凹；下部叶具柄，上部叶无柄。花单生于茎和分枝顶端；花梗长 10～15cm，被淡黄色平展的刚毛。花蕾长圆状倒卵形，下垂；萼片 2，宽椭圆形，长 1～1.8cm，绿色，外面被刚毛；花瓣 4 片或重瓣，圆形、横向宽椭圆形或宽倒卵形，长 2.5～4.5cm，全缘，稀圆齿状或顶端缺刻状，血红色，基部通常具深紫色斑点；雄蕊多数，花丝丝状，长约 8mm，深紫红色，花药长圆形，长约 1mm，黄色；子房倒卵形，长 7～10mm，无毛，柱头5～18，辐射状，连合成扁平、边缘圆齿状的盘状体。蒴果宽倒卵形，长 1～2.2cm，无毛，具不明显的肋。种子多数，肾状长圆形，长约 1mm。花果期 3~8 月。

原产于欧亚温带大陆，我国有大量栽培。虞美人耐寒，怕暑热，喜阳光充足的环境，喜排水良好、肥沃的沙壤土。只能播种繁殖，不耐移栽，能自播。不宜重茬种植，也不宜在低洼潮湿、水肥大及荫蔽地栽培。花和全株入药，含多种生物碱，有镇咳、止泻、镇痛、镇静等功效；种子含油 40% 以上。

**3. 东方罂粟**（*P. orientale* L.）　为罂粟科罂粟属多年生草本植物，又称红花罂粟。罂粟属多年生草本，植株被刚毛，具乳白色液汁。根纺锤状，带白色。茎单一，高 60~90cm（栽培者超过 100cm），直立，圆柱形，被近开展或紧贴的刚毛。基生叶片轮廓卵形至披针形，连叶柄长 20~25cm（栽培者更长），二回羽状深裂，小裂片披针形或长圆形，具疏齿或缺刻状齿，两面绿色，被刚毛；茎生叶多数，互生，同基生叶，但较小，下部叶具长柄，最上部叶无柄。花单生；花梗延长，密被刚毛；花蕾卵形或宽卵形，长 2~3cm，被伸展的刚毛；萼片 2，有时 3，外面绿色，里面白色；花瓣 4~6，宽倒卵形或扇状，长（3~）5~6（~8）cm，基部具短爪，背面有粗脉，红色或深红色，有时在爪上具紫蓝色斑点；雄蕊多数，花丝丝状，下部扩大，深紫色，花药长圆形，紫蓝色。柱头 13~15（~18），辐射状，紫蓝色，连合成平扁、边缘具疏离粗齿的盘状体。蒴果近球形，直径 2~3.5cm，苍白色，无毛。种子圆肾形，褐色，具宽条纹及小孔穴。花期 6~7 月。喜充足的阳光、肥沃和排水良好的沙质壤土。较耐寒，在华北地区多有栽培，具直根，不耐移植。

# 第十六节　掌叶覆盆子（覆盆子）

## 一、概述

覆盆子为蔷薇科悬钩子属植物掌叶覆盆子（*Rubus chingii* Hu）的干燥未成熟果实，夏初果实由绿变绿黄时采收。药用覆盆子尚无大面积人工栽培，生产上所用原料多来自野生。赣东北地区是掌叶覆盆子的主产区，另吉林、辽宁、河北、山西、新疆也有分布。覆盆子的未成熟果实、根、叶均可入药。果实味甘、酸，性温，归肾、膀胱经，具有益肾、固精、缩尿等功能，用于肾虚、小便频繁、阳痿早泄、遗精滑精等症状。

## 二、药用历史与本草考证

覆盆子之名始载于《名医别录》。《本草图经》载："覆盆子旧不著所出州土，今并处处有之而秦吴地尤多，苗短不过尺，茎叶皆有刺，花白，子赤黄，如半弹丸大，而下有茎承如柿蒂状……其实五月采，其苗叶采五时，江南人谓之落，然其地所生差完，三月始有苗，九月开花，十月而完成。功用则同，古方多用。"《本草衍义》载："覆盆子长条，四五月红熟，秦州其多，永兴、华州亦有。及时，山中人采来卖，其味酸甘，外如荔枝、樱桃许大，软红可爱。"《本草蒙筌》载："道旁田侧，处处有生，苗长七八寸余，实结四五颗止，大如半弹而有蒂。微生黑毛而中盛，夏初小儿竞采。江南咸谓莓子。"《本草纲目》载："覆盆子以四五月熟，故谓之插田泡。……一枝五叶，叶小面背皆青，光薄而无毛，开白花，四五月实成，子生则青黄，熟则乌赤，冬月苗凋者，俗名插田泡，即本草所谓覆盆子。"《植物名实图考》载："覆盆子，四月实熟，色赤，《本草纲目》谓之插田泡……土人谓之插田秧，三四月花，五六月熟，然此谓中原节候尔。江湘间覆盆子三四月即熟。"

## 三、植物形态特征与生物学特性

**1. 形态特征**　灌木，高 1～2m；枝褐色或红褐色，幼时被茸毛状短柔毛，疏生皮刺。小叶 3～7 枚，花枝上有时具 3 小叶，不孕枝上常 5～7 小叶，长卵形或椭圆形，顶生小叶常卵形，有时浅裂，长 3～8cm，宽 1.5～4.5cm，顶端短渐尖，基部圆形，顶生小叶基部近心形，上面无毛或疏生柔毛，下面密被灰白色茸毛，边缘有不规则粗锯齿或重锯齿；叶柄长 3～6cm，顶生小叶柄长约 1cm，均被绒毛状短柔毛和稀疏小刺；托叶线形，具短柔毛。花生于侧枝顶端成短总状花序或少花腋生，总花梗和花梗均密被绒毛状短柔毛和疏密不等的针刺；花梗长 1～2cm；苞片线形，具短柔毛；花直径 1～1.5cm；花萼外面密被绒毛状短柔毛和疏密不等的针刺；萼片卵状披针形，顶端尾尖，外面边缘具灰白色茸毛，在花果时均直立；花瓣匙形，被短柔

图 3 - 16　掌叶覆盆子

毛或无毛，白色，基部有宽爪；花丝宽扁，长于花柱；花柱基部和子房密被灰白色茸毛。果实近球形，多汁液，直径 1～1.4cm，红色或橙黄色，密被短茸毛；核具明显洼孔（图 3 - 16）。花期 5～6 月，果期 8～9 月。

**2. 生物学特性**　喜冷凉气候，忌炎热，喜光忌暴晒。一般土壤均可栽种，但以土质疏松、富含腐殖质、排水良好的酸性黄壤土为好。

## 四、野生近缘植物

**1. 拟覆盆子**（*R. idaeopsis* Focke）　灌木，高 1～3m；小枝褐色或灰褐色，具紫褐色宽扁皮刺，密被绒毛状柔毛和疏密不等长 1～2mm 的腺毛或无腺毛。小叶 5～7 枚，稀在花序基部具 3 小叶，长 3～7cm，宽 2～4cm，顶端急尖至短渐尖，顶生小叶椭圆形至卵状披针形，稀卵形，基部楔形至圆形，侧生小叶斜椭圆形至斜卵状披针形，基部楔形至圆形，上面疏生柔毛，下面密被灰白色茸毛，边缘有不整齐粗单锯齿；叶柄长 3～5cm，顶生小叶柄长 1～2cm，侧生小叶几无柄，与叶轴均密被茸毛状柔毛和短腺毛，疏生小皮刺；托叶线形，有柔毛和稀疏短腺毛。花形成较短总状花序或近圆锥状花序；总花梗和花梗均具茸毛状柔毛和短腺毛；花梗长 7～12mm；苞片线形，具柔毛和腺毛；花直径 1～1.5cm；花萼外面密被绒毛状柔毛和短腺毛；萼片卵形，长 5～7mm，顶端急尖，外面边缘具灰白色茸毛，在花果时均直立；花瓣近圆形，紫红色，边缘啮蚀状，基部有短爪，稍

短于萼片；雄蕊排成单列，花丝基部宽扁；花柱无毛，子房具柔毛。果实半球形或近球形，直径约 1cm，红色，无毛或有稀疏柔毛；核有皱纹和小洼孔。花期 5～6 月，果期 7～8 月。产于河南、陕西、甘肃、江西、福建、广西、四川、贵州、云南、西藏，生于海拔1 000～2 600m 的山谷溪边或山坡灌丛中。

**2. 华北覆盆子**（*R. idaeus* L. var. *borealieinensis* Yü et Lu） 本变种枝、叶柄、总花梗、花梗和花槽外面具稀疏针刺或几无刺，枝和叶柄均无腺毛，仅总花梗、花梗和花槽外面具腺毛。产于内蒙古（大青山、凉城）、河北西部、山西东部至西部。生于海拔 1 250～2 500m 的山谷阴处、山坡林间或密林下、白桦林缘或草甸中。

**3. 无毛覆盆子**（*R. idaeus* L. var. *giabratus* Yü et Lu） 本变种枝、叶柄和花梗具极稀疏小刺，均无毛，也无腺毛。产黑龙江南部。生于路边杂木林下，在齐齐哈尔试验场有栽培。

**4. 橘红覆盆子**（*R. aurantiacus* Focke） 灌木，高 1～3m；枝褐色或红褐色，具稀疏钩状皮刺，幼时被柔毛，老时脱落。小叶常 3 枚，卵形或椭圆形，长 2～6（～9）cm，宽 1.5～5（～6）cm，顶端急尖或短渐尖，顶生小叶基部圆形至浅心形，侧生小叶基部楔形，上面具细柔毛或近无毛，下面密被灰白色茸毛，边缘有不规则粗锐锯齿或缺刻状重锯齿；叶柄长 2.5～5cm，顶生小叶柄长 1～2cm，侧生小叶近无柄，均被柔毛，疏生钩状小皮刺；托叶线形，具柔毛。花 5～10 朵，生于侧枝顶端成伞房状或近短总状花序或 1～3 朵腋生；总花梗和花梗均密被茸毛状柔毛和稀疏小皮刺；花梗长 1～2.5cm；苞片线形，具柔毛；花直径 1～2cm；花萼外面密被茸毛状柔毛和茸毛，常无刺，稀具针状小皮刺；萼片宽卵形或三角状披针形，顶端渐尖至尾尖，外面密被茸毛，在花果期均直立；花瓣倒卵形或近圆形，基部有柔毛和短爪，白色稀浅红色二花丝宽扁，几与花柱等长；花柱基部和子房密被灰白色茸毛。果实半球形，长不足 1cm，直径约 1cm，橘黄色或橘红色，密被茸毛，具少数小核果；核有浅网纹。花期 5～6 月，果期 7～8 月。产于四川西部、云南中部至西北部、西藏东南部。生于海拔 1 500～3 300m 的山谷、溪旁或山坡疏密杂木林中及灌丛中。

# 第十七节　栀　子

## 一、概述

本品为茜草科栀子属植物栀子（*Gardenia jasminoides* Ellis）的干燥成熟果实。其味苦，性寒，具泻火除烦、清热利尿、凉血解毒之功能，用于热病心烦、黄疸尿赤、血淋涩痛、血热吐衄、目赤肿痛、火毒疮疡，外治扭挫伤痛。主要活性成分为多种环烯醚萜苷类，有栀子苷（京尼平苷）、京尼平-1-$\beta$-D-龙胆双糖苷、山栀苷和栀子新苷等，另含少量藏红花素及两种色素成分，果皮中含熊果酸。栀子除药用外还是良好的天然色素。栀子黄素、栀子蓝素是安全性高、着色力强的优良天然色素，广泛应用于饮料、酒、糖果、糕点等食品和药品。栀子花可以食用和作香料，籽可提炼油脂。

栀子野生自然分布于我国中南部地区，多生于 1 000m 以下的酸性低山丘陵红黄壤土地，喜温暖湿润自然生态环境，能耐旱，不耐寒。栀子主产于江西、湖南、四川、浙江等省，此外湖北、福建、安徽、江苏、河南、广东、广西、贵州、云南、台湾等省、自治区也产。药材栀子中家种和野生均有。江西栀子生产量大，品质纯正，具有体圆、皮薄、色红、饱满的特点，誉为"小红栀子"。

## 二、药用历史与本草考证

早在 2 000 多年前的《神农本草经》对栀子就有记载，列为中品，曰："卮子，味苦、寒……一名木丹，生川谷……九月采实，暴干。"《本草经集注》曰："解玉支毒，以七棱者为良。"《图经本草》载："木高七八尺，叶似李而厚硬，又似樗蒲子。二三月开白花，花皆六出，甚芳香……夏秋结实，如诃子状，生青熟黄，中仁深红……"《本草纲目》曰："卮子叶如兔耳，厚而深绿，春荣秋瘁……薄皮细子有须……"《植物名实图考长编》也有关于栀子的描述，但从历代本草记载及有关附图表明，所记载的栀子原植物不止一种，其中包含我国分布广泛，被《中华人民共和国药典》2010 年版收录的栀子（*G. jasminoides*），是该药材的主流品种，列为正品。

古本草记载栀子的道地产区为临江郡（今江西樟树）、江陵府（今湖北江陵）、建州（今福建建瓯），迄今，以上地区仍是栀子药材的重要产地。江西新余、宜春、吉安、临川等地建立了大面积的栀子生产基地，药材皮薄而圆，小核，品质较优。

## 三、植物形态特征与生物学特性

**1. 形态特征**　栀子为灌木，高 0.3～3m。嫩枝常被短柔毛。叶对生，稀 3 枚轮生，革质，罕纸质，叶形多样，通常为长圆状披针形、倒卵状长圆形、倒卵形或椭圆形，长 3～25cm，宽 1.5～8cm，先端渐尖、骤然长渐尖或短尖而钝，基部楔形或短尖，两面常无毛，叶面亮绿，背面色较暗，侧脉 8～15 对，在背面凸起，在叶面平；叶柄长 0.2～1cm；托叶膜质。花芳香，通常单朵生于枝顶，花梗长 3～5mm；萼管倒圆锥形或卵形，长 8～25mm，有纵棱，萼檐管形，膨大，顶部 5～8 裂，通常 6 裂，裂片披针形或线状披针形，长 10～30mm，宽 1～4mm，结果时增长，宿存；花冠白色或乳黄色，高脚碟状，冠管喉部有疏柔毛，冠管长 3～5cm，宽 4～6mm，顶部 5～8 裂，通常 6 裂，裂片广展，倒卵形或倒卵状长圆形，长 1.5～4cm，宽 0.6～2.8cm；花丝极短，花药线形，长 1.5～2.2cm，伸出，花柱粗厚，长约 4.5cm，柱头纺锤形，伸出，长 1～1.5cm，宽 3～7mm，子房直径约 3mm，黄色，平滑。果卵形、近球形、椭圆形或长圆形，黄色或橙红色，长 1.5～7cm，直径 1.2～2cm，有翅状纵棱 5～9 条，顶部的宿存萼片长 4cm，宽达 6mm；种子多数，扁，近圆形而稍有角棱，长约 3.5mm，宽约 3mm（图 3 - 17）。

**2. 生物学特性**　栀子生长要求温暖湿润的气候环境。幼苗能耐荫蔽，成年植株要求阳光充足，较耐旱。平原、丘陵、山地均可种植。对土壤要求不严，但以排水良好、疏松、肥沃、酸性至中性的红黄壤土为好。低洼地、盐碱地不宜栽种。宜选疏松肥沃、通透性好且排灌方便的沙壤土作育苗地；种植地宜选土层深厚，土壤疏松肥沃地块。但较耐贫瘠，一般红壤丘陵也可以种植。栀子 3～4 月发新叶抽枝，5 月初陆续开花，花谢期有落花落果，果实至 8 月已经基本膨大，10～11 月成熟。栀子有秋梢、秋花、秋果。扦插繁殖第 2～3 年可开花结实，种子繁殖第 3～4 年开花结实。6～7 年生开始进入结实盛期。

栽培种群有明显的类型分化。从外观形状看，栀子果型上有大、中、小果之分，从叶型上有圆叶、大叶、狭长叶等差别，在分枝上有短、长枝和稀疏、密集之分，在冠型上有宽大、矮小和窄长区别。各地对栀子类型有过研究和划分，其中中叶宽冠型和短枝矮冠型较优，栀子苷含量比一般药材高 19.9％ 以上，其特征如下。中叶宽冠型：树势健壮，树冠宽阔丰满，主枝开阔，呈圆头形；枝条分布均匀，叶片中等大小，叶色淡绿或较深绿；枝条节间中等或者稍短，结果枝多；结果多，果实饱满，色泽鲜艳。短枝矮冠型：树势健壮，树冠矮小丰满，枝密集，呈伞形；枝条分布均匀，叶小、密集，较深绿；枝条节间较短，结果枝多，呈簇状；结果多，果实小而饱满，色泽深红。另外，栀子一变型水

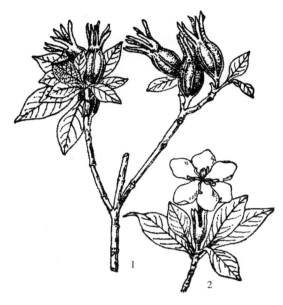

图 3-17　栀　子
1. 果枝　2. 花枝

栀子（*G. jasminoides* f. *logicarpa*），与原变种的区别是果实长椭圆形，一般作燃料使用。近期有研究发现，水栀子的栀子苷含量高于栀子 1 倍，也可作为药用，《中国植物志》已经并入栀子，并不作为变型处理，由于性状稍有差异，应作为栀子的不同品种加以区别。

## 四、野生近缘植物

栀子属共 250 种，分布于东半球热带和亚热带地区。我国有 5 种 1 变种，产于中部以南各省、自治区。除栀子的变种白蟾（重瓣栀子）不作为药用之外，其余各种或变种，均可作为栀子的代用品。分别为匙叶栀子、狭叶栀子、海南栀子和大黄栀子。

**1. 匙叶栀子**（*G. angkorensis* Pitard）　灌木，高 1～3m；小枝圆柱形，无毛，干后灰白色。叶较小，近革质，常聚生于小枝的顶部，倒卵形或匙形，长 1.5～4cm，宽 1～2.5cm，顶端钝圆，基部渐狭，两面均无毛；侧脉纤细，6～8 对，在两面稍明显；叶柄长 1～4mm；托叶膜质，长 2～3mm，顶端短尖或稍钝。花单生于侧枝的顶部，无或近无花梗；萼管倒圆锥形，具棱，长 7～8mm，稍被柔毛，萼檐管形，上部 6 裂，裂片长约 4mm，顶端钝；花冠管长 1.3～1.5cm，由基部向上逐渐扩大，外面无毛，顶部 6 裂，裂片长圆形，长 1.5cm，顶端钝；雄蕊 6 枚，着生在喉部，伸出，无花丝，花药长圆形，长 1cm；花柱和柱头长达 1cm，花柱粗壮，柱头长圆形，胚珠多数，着生于 2 个线状的侧膜胎座上。果近球形，长 1.5～1.8cm，直径 1～1.5cm，有稍微凸起的直线棱，顶部有线形、外弯、长 7～8mm 的宿存萼裂片，果柄长约 3mm；种子长约 5mm，直径 3～4mm。果期 8～11 月。产于海南崖县和东方。生于山坡或山谷的溪边林中或灌丛，少见。国外分布于柬埔寨。

**2. 狭叶栀子**（G. stenophylla Merr.） 灌木，高 0.5m；小枝纤弱。叶薄革质，狭披针形或线状披针形，长 3～12cm，宽 0.4～2.3cm，顶端渐尖而尖端常钝，基部渐狭，常下延，两面无毛；侧脉纤细，9～13 对，在下面略明显；叶柄长 1～5mm；托叶膜质，长 7～10mm，脱落。花单生于叶腋或小枝顶部，芳香，盛开时直径 4～5cm，具长约 5mm 的花梗；萼管倒圆锥形，长约 1cm，萼檐管形，顶部 5～8 裂，裂片狭披针形，长 1～2cm，结果时增长；花冠白色，高脚碟状，冠管长 3.5～6.5cm，宽 3～4mm，顶部 5～8 裂，裂片盛开时外翻，长圆状倒卵形，长 2.5～3.5cm，宽 1～1.5cm，顶端钝；花丝短，花药线形，伸出，长约 1.5cm；花柱长 3.5～4cm，柱头棒形，顶部膨大，长约 1.2cm，伸出。果长圆形，长 1.5～2.5cm，直径 1～1.3cm，有纵棱或有时棱不明显，成熟时黄色或橙红色，顶部有增大的宿存萼裂片。花期 4～8 月，果期 5 月至翌年 1 月。产于安徽、浙江、广东、广西、海南。生于海拔 90～800m 的山谷、溪边林中、灌丛或旷野河边，常见于岩石上。国外分布于越南。果实和根供药用，有凉血、泻火、清热解毒的效用。

**3. 海南栀子**（G. hainanensis Merr.） 乔木，高 3～12m。叶薄革质，倒卵状长圆形，少长圆形或倒披针形，长 5～19.5cm，宽 2～8cm，顶端短尖或短渐尖，尖端常稍钝，基部楔形，少为短尖，两面无毛，上面亮绿，下面色较淡；侧脉 10～15 对，在上面平，下面凸起；叶柄长 0.2～1cm；托叶合生成圆筒形，长 1cm。花芳香，有长 8mm 的花梗，单生于小枝顶端或近顶部的叶腋，盛开时直径 4～5cm；萼管阔倒圆锥形，长 5～6mm，萼檐管形，顶部常 5 裂，裂片长圆状披针形，长 4～5mm，宽约 1.6mm，结果时增大；花冠白色，高脚碟状，冠管长约 1.5cm，顶部 5 裂，裂片广展，倒卵状长圆形，长约 3cm，宽 8～10mm，顶部略钝而具小凸尖；花丝极短，花药线形，伸出，胚珠多数，着生于 2 个线形的侧膜胎座上。果球形或卵状椭圆形，黄色，长 1.6～3.3cm，有纵棱或有时纵棱不明显，顶部有宿存的萼檐，果柄长 1～2cm。花期 4 月，果期 5～10 月。产于广西上思和海南。生于海拔 70～1 200m 的山坡或山谷溪边林中。

**4. 大黄栀子**（G. sootepensis Hutchins） 乔木，高 7～10m，常有胶质分泌物。小枝常具明显的节，密的节间长不及 1cm，被短柔毛，后渐脱落。叶纸质或革质，倒卵形、倒卵状椭圆形、广椭圆或长圆形，长 7～29cm，宽 3～16cm，先端短渐尖，尖头钝，基部钝、楔形或稍短尖，叶面稍有黏液，被短柔毛，背面密被茸毛，侧脉 12～20 对，与中脉均在叶背面凸起；叶柄长 0.6～1.2cm，稍有黏液，有短柔毛；托叶长 0.5～1cm，合生成管状，近膜质，先端截形，有缘毛，后稍变硬和脱落。花大，直径约 7cm，芳香，单生于小枝顶端；花梗长 1～1.5cm，粗壮，稍有黏液，被微柔毛；花萼长 1.3～1.5cm，管状，在顶端一侧分裂，外面稍有黏液，稍被柔毛，内面有紧贴的柔毛；花冠黄色或白色，高脚碟状，花冠裂片 5，阔倒卵形，长 4～5cm，宽约 3cm，有脉，无毛，冠管长 5～7cm，直径 3～5mm，外面稍被微柔毛，内面无毛；雄蕊 5 枚，着生在冠管喉部，花药长 1.5cm，宽 2mm，内藏或伸出；子房 1 室，花柱长约 6cm，有槽，下部稍被近紧贴的柔毛，柱头棒状，胚珠多数，着生在 2 个侧膜胎座上。果绿色，椭圆形或长圆形，被微柔毛，常有 5～6 条纵棱，长 2.5～5.5cm，直径 1.5～3.5cm，果皮硬，革质，厚约 2mm；种子多数，近圆形，扁，直径 3～4mm，有蜂窝状小孔。花期 4～8 月，果期 6 月至翌年 4 月。产于云南的澜沧、孟连、勐腊、景洪、勐海。生于海拔 480～1 530m 的山坡、村边或溪边林中。国外分布于老挝和泰国。果成熟时可吃，有活血消肿的作用，傣族妇女还用于洗头发。

# 主要参考文献

布日额 . 2004. 蒙药材栀子的本草考证［J］. 中药材，27（9）：692 - 694.

陈震，张丽萍 . 1998. 在荒山坡地营造连翘林［J］. 基层中药杂志，12（3）：6 - 51.

戴俊 . 2010. 罗汉果种质资源的 DNA 指纹图谱研究［D］. 桂林：广西师范大学 .

董云发，潘泽惠，庄体德，等 . 2000. 中国薏苡属植物种仁油脂及多糖成分分析［J］. 植物资源与环境学报，9（1）：57.

段崇英 . 2003. 山东道地药材仁瓜蒌的质量考察［D］. 济南：山东中医药大学 .

段立胜，张丽霞，彭建明，等 . 2009. 西双版纳阳春砂仁种质资源调查初报［J］. 时珍国医国药，20（3）：627 - 628.

冯文，梁保河 . 2000. 覆盆子本草考证［J］. 时珍国医国药，11（10）：915.

付小梅，葛菲，赖学文 . 2000. 栀子的本草考证［J］. 江西中医学院学报，12（2）：68 - 69.

高建平 . 2003. 五味子、南五味子基源植物的比较研究［D］. 上海：复旦大学 .

高微微，赵杨景，何春年 . 2006. 我国薏苡属植物种质资源研究概况［J］. 中草药，37（2）：293.

葛菲，周至明 . 2007. 栀子及其近缘类群的随机扩增多态 DNA 分析［J］. 时珍国医国药，18（8）：1917 - 1918.

龚慕辛，朱甘培 . 1996. 香薷的本草考证［J］. 北京中医（5）：39 - 41.

国家药典委员会 . 2005. 中华人民共和国药典：一部［M］. 北京：化学工业出版社 .

国家药典委员会 . 2010. 中华人民共和国药典：一部［M］. 北京：中国医药科技出版社 .

黄亨履，陆平，朱玉兴，等 . 1995. 中国薏苡的生态型、多样性及利用价值［J］. 作物品种资源（4）：4.

黄嘉财 . 2011. 吴茱萸研究简史［D］. 哈尔滨：黑龙江中医药大学 .

黄江 . 2004. 利用 RAPD 分子标记对罗汉果种质资源的遗传分析和鉴定［D］. 南宁：广西大学 .

黄璐琦，乐崇熙，杨滨，等 . 1999. 栝楼属的系统学研究［J］. 江西中医学院学报，11（2）：75 - 78.

黄璐琦，杨滨，乐崇熙 . 1995. 栝楼属药用植物资源调查［J］. 中国中药杂志，20（4）：195 - 196.

靳光乾，刘善新 . 1992. 栝楼的本草整理［J］. 中药材，15（9）：42 - 44.

康廷国，郑太坤，姜咏梅，等 . 1996. 车前子和车前草的商品鉴定［J］. 中国中药杂志，4（21）：202 - 203.

李宝岩 . 2008. 五味子资源调查与品质评价［D］. 沈阳：辽宁中医药大学 .

李刚，唐生斌 . 2002. 砂仁类药材的性状研究［J］. 湖南中医药导报，8（7）：435 - 437.

李继仁，赵汝能 . 1997. 中药覆盆子的本草学考证［J］. 武警医学院学报（3）：159 - 160.

梁兆昌，曾红，郭艳萍 . 2006. 江西车前子产销情况调查［J］. 中国中医药信息杂志，4（13）：107.

林徽，林碧英 . 1998. 沙仁药材及混淆品鉴别初探［J］. 海峡药学，10（2）：53 - 55.

刘军民，刘春玲，徐鸿华 . 2001. 砂仁［M］. 北京：中国中医药出版社 .

刘贤旺，吴祥松，黄慧莲 . 2002. 车前的本草考证［J］. 中药材，25（1）：46 - 48.

刘佑波，吴朋光，徐新春 . 2001. 砂仁产地与品种变迁的研究［J］. 中草药，32（3）：250 - 252.

路安民，张志耘.1984.中国罗汉果属植物 [J].广西植物，4（1）：27-33.

吕峰，姜艳梅，杨彩霞，等.2008.不同产地薏苡仁资源营养成分分析与评价 [J].营养学报，30（1）：102.

么厉，程惠珍，杨智.2006.中药材规范化种植（养殖）技术指南 [M].北京：中国农业出版社.

彭建明，张丽霞，马洁.2006.西双版纳引种栽培阳春砂仁的研究概况 [J].中国中药杂志，31（2）：97-101.

千春录.2007.药用植物栝楼种质资源及多样性研究 [D].杭州：浙江大学.

王谦，唐灿，姚健.2009.各栀子主产区栀子中栀子苷含量的比较研究 [J].泸州医学院学报，32（2）：133-135.

王彦涵.2003.五味子科系统学与五味子药物资源 [D].上海：复旦大学.

吴立明.2005.酸枣仁本草及功用考证 [J].中药材，8（5）：432-434.

谢学建，张俊慧，马爱华.2000.中药栀子研究进展 [J].时珍国医国药，11（10）：943-945.

熊志刚，袁桂平，田晓明.2010.2010年版药典炒栀子质量标准研究 [J].中药研究，41（330）：72-73.

尹健.2006.信阳栝楼的人工栽培及主要害虫的发生、防治技术研究 [D].武汉：华中农业大学.

于占国，刘贤旺，张寿文，等.2004.枳壳的本草考证 [J].现代中药研究与实践，18（2）：23-24.

张丽霞，彭建明，马洁等.2009.沙仁种质资源研究概况 [J].时珍国医国药，20（4）：788-789.

中国科学院昆明植物研究所.2006.云南植物志 [M].北京：科学出版社.

中国科学院昆明植物研究所西双版纳热带植物园.1996.西双版纳高等植物名录 [M].昆明：云南民族出版社.

中国科学院中国植物志编辑委员会.1978.中国植物志：第七十一卷 [M].北京：科学出版社.

中国科学院中国植物志编辑委员会.1997.中国植物志：第十卷第二分册 [M].北京：科学出版社.

中国科学院中国植物志编辑委员会.1981.中国植物志：第十六卷第二分册 [M].北京：科学出版社.

中国医学科学院药用植物研究所云南分所.1991.西双版纳药用植物名录 [M].昆明：云南民族出版社.

中国医学科学院药用植物资源开发研究所.1991.中国药用植物栽培学 [M].北京：农业出版社.

# 全草类

## 第一节  艾 纳 香

### 一、概述

艾纳香〔*Blumea balsamifera*（L.）DC.〕为菊科艾纳香属、多年生木质草本植物，别名：大风艾、冰片艾、家风艾、大毛药、大艾等。药用为枝叶、嫩枝根。具有通诸窍散郁火，消肿止痛等功效。主治感冒、风湿性关节炎、产后风痛、痛经；外用治跌打损伤、疮疖痈肿、湿疹、皮炎。艾纳香主产于广西西南部和云南东南部及贵州、广东等地，作为我国传统中药材和天然冰片的原料药材，是医药工业、香料工业的重要原料，也是许多名中成药产品的原料药。

### 二、药用历史与本草考证

艾纳香在黎族、苗族、壮族等少数民族地区有着悠久的药用历史，是一种重要的民间药物。同时艾纳香也是获取天然冰片（艾片）的重要植物来源之一。艾纳香性温，味苦，无毒；主治寒湿泻痢、腹痛肠鸣、肿胀、筋骨疼痛、跌打损伤、癣疮，在我国有着悠久的药用历史，多数现代中医药典籍均认为，艾纳香最早记载于公元741年（唐开元二十九年）陈藏器所编著《本草拾遗》，此后宋代刘翰等编著《开宝本草》也曾记载。在唐代孙思邈《备急千金要方》中治身体臭令香方之衣香方，云："鸡骨煎香……安息香、艾纳香（各一两）……以微火烧之，以盆水内笼下，以杀火气，不尔，必有焦气也。"用于治疗体臭，也另有复方治疗口臭；公元668年，唐代释道世所著《法苑珠林》第三十六卷中的第三十三篇，即华香篇，其引证部云"广志曰，艾纳香出漂国，乐府歌曰，行胡从何来，列国持何来，氍毹毵登毛，五木香迷迭，艾纳及都梁"；而随后的《本草拾遗》《海药本草》《开宝本草》《本草纲目》《本草求原》《外台秘要》《增订伪药条辨》等典籍也有相应的记载和评述，多仅说明其用途、疗效和用法，偶有描述其植物学分类特征。

在印度、新加坡、泰国、澳大利亚等国的传统医学也有艾纳香入药的记载，用于伤风感冒、风湿性骨痛、关节炎、产后风痛等症的治疗。假东风草是艾纳香属另一种应用较广泛的中草药，据《现代本草纲目》记载，具有清热明目、祛风止痒、解毒消肿等功效，主治目赤肿痛、风疹、疔疮、皮肤瘙痒等症，是妇科良药"妇血康颗粒""妇血康胶囊"等中成药的主要组成成分，艾纳香属植物中被《现代本草纲目》收载的药用植物有11类13种，被《中华人民共和国药典》2010年版收载的有2类3种。

## 三、植物形态特征与生物学特性

**1. 形态特征** 多年生草本或亚灌木。茎粗壮，直立，高1～3m，基部径约1.8cm，或更粗，茎皮灰褐色，有纵条棱，木质部松软，白色，有径约12mm的髓部，节间长2～6cm，上部的节间较短，被黄褐色密柔毛。下部叶宽椭圆形或长圆状披针形，长22～25cm，宽8～10cm，基部渐狭，具柄，柄两侧有3～5对狭线形的附属物，顶端短尖或钝，边缘有细锯齿，上面被柔毛，下面被淡褐色或黄白色密绢状绵毛，中脉在下面凸起，侧脉10～15对，弧状上升，不抵边缘，有不明显的网脉；上部叶长圆状披针形或卵状披针形，长7～12cm，宽1.5～3.5cm，基部略尖，无柄或有短柄，柄的两侧常有1～3对狭线形的附属物，顶端渐尖，全缘、具细锯齿或羽状齿裂，侧脉斜上升，通常与中脉成锐角。头状花序多数，径5～8mm，排列成开展具叶的大圆锥花序，花序梗长5～8mm，被黄褐色密柔毛，总苞钟形，长约7mm，稍长于花盘；总苞片约6层，草质，外层长圆形，长1.5～2.5mm，顶端钝或短尖，背面被密柔毛，中层线形，顶端略尖，背面被疏毛，内层长于外层4倍，花托蜂窝状，径2～3mm，无毛。花黄色，雌花多数，花冠细管状，长约6mm，檐部2～4齿裂，裂片无毛，两性花较少数，与雌花几等长，花冠管状，向上渐宽，檐部5齿裂，裂片卵形，短尖，被短柔毛。瘦果圆柱形，长约1mm，具5条棱，被密柔毛。冠毛红褐

图4-1 艾纳香

色，糙毛状，长4～6mm（图4-1）。花期几乎全年。产于云南、贵州、广西、广东、福建和台湾。生于海拔600～1 000m的林缘、林下、河床谷地或草地上。印度、巴基斯坦、缅甸、泰国、马来西亚、印度尼西亚和菲律宾也有分布。

**2. 生物学特性** 艾纳香从2月萌芽到翌年5月种子成熟，全生育期15个月。花芽出现上溯至花芽分化，至种子成熟，是生殖生长期，约6个月，占总生育天数的40％，营养生长期占60％。翌年2～5月下一生育周期的营养生长与上一生育周期的生殖生长重叠，约4个月，占全生育期的26％。艾纳香花芽分化开始于12月上旬或11月下旬，花芽以叉状分枝方式伸长成花梢，12月底已见花梢伸长，1月至2月中旬花梢生长极缓或停止。如果艾纳香11月不收割，进入12月中旬可见主茎或分枝顶端出现3～5个圆球状花芽，2月下旬至3月上中旬花梢与其他枝上侧芽萌动同时快速伸长，可见到花序和花蕾，

4 月进入开花期，5 月上旬进入结实期，5 月下旬已有大量种子成熟，随风飞离花盘。由于花序发生的先后相差很大，5 月中旬在同一植株上可同时看到花蕾、绽开的花、已谢花和种子已成熟的总苞花盘。

## 四、野生近缘植物

**1. 馥芳艾纳香**（*B. aromatica* DC.）　粗壮草本或亚灌木状。茎直立，高 0.5～3m，基部径约 1cm 或更粗，木质，有分枝，具粗沟纹，被黏茸毛或上部花序轴被开展的密柔毛，杂有腺毛，叶腋常有束生的白色或污白色糙毛，有时茸毛多少脱落，节间长约 5cm，在下部较短。下部叶近无柄，倒卵形、倒披针形或椭圆形，长 20～22cm，宽 6～8cm，基部渐狭，顶端短尖，边缘有不规则粗细相间的锯齿，在两粗齿间有 3～5 个细齿，上面被疏糙毛，下面被糙状毛，脉上的毛较密，杂有多数腺体，侧脉 10～16 对，在下面多少凸起，有明显的网脉；中部叶倒卵状长圆形或长椭圆形，长 12～18cm，宽 4～5cm，基部渐狭，下延，有时多少抱茎；上部叶较小，披针形或卵状披针形。头状花序多数，径 1～1.5cm，无柄或有长 1～1.5cm 的柄，花序柄被柔毛，杂有卷腺毛，腋生和顶生，排列成疏或密的具叶的大圆锥花序，总苞圆柱形或近钟形，长 0.8～10mm，与花盘等长或稍长于花盘；总苞片 5～6 层，绿色，草质或干膜质，外层长圆状披针形，长 2～4mm，顶端钝或稍尖，背面被短柔毛，杂有腺体，中层和内层近干膜质，线形，长 6～10mm，背面被疏毛，有时仅于脊处具腺体，花托平，蜂窝状，径 2.5～3.5mm，流苏状。花黄色，雌花多数，花冠细管状，长 6～7mm，顶端 2～3 齿裂，裂片有腺点，两性花花冠管状，向上渐宽，长约 10mm，裂片三角形，有疏或密腺体，少有疏毛。瘦果圆柱形，有 12 条棱，长约 1mm，被柔毛。冠毛棕红色至淡褐色，糙毛状，长 7～9mm。花期 10 月至翌年 3 月。产于云南、四川、贵州、广西、广东、福建及台湾。生于低山林缘、荒坡或山谷路旁。

**2. 密花艾纳香**（*B. densiflora* DC.）　草本或亚灌木状。茎粗壮，直立，高 1～3m，基部木质，径 1～2cm 或更粗，有分枝，具条棱，被锈褐色腺状密茸毛，幼枝及花序轴上的毛更密，节间长 4～6cm。茎叶宽椭圆形、狭椭圆形或长圆状披针形，长 22～42cm，宽 8～16cm，基部渐狭成狭翅的柄，两侧有时具齿状或三角形的附属物，顶端具小尖头，边缘羽状浅裂或深裂，裂片具向上的细齿，上面被腺状茸毛，下面被密绵毛，中脉在两面明显凸起，上面具 1 条宽沟，下面具 3～4 条棱，侧脉多数，上部叶较小，长椭圆形，长 7～20cm，宽 3～8cm，边缘羽状浅裂或仅有粗齿，头状花序极多数，径 5～7mm，具短柄，在茎和枝顶端排列成具叶的大圆锥花序，总苞钟形，长约 7mm，总苞片约 5 层，绿色，外层长圆形或长圆状披针形，长 1～3mm，顶端尖，背面被密毛，中层和内层线形，长 5～8mm，顶端长细尖，边缘干膜质，背面被疏毛，花托平，蜂窝状，径 1.5～2mm，无毛。花黄色，雌花多数，花冠细管状，长 3.5～4.5mm，檐部 3～4 齿裂，无毛，两性花较少数，花冠管状，约与雌花等长，檐部 5 浅裂，裂片三角形，被多细胞节毛。瘦果圆柱形，长约 1mm，具条棱，被白色柔毛。冠毛淡红褐色，糙毛状，长约 5mm。花期 11 月至翌年 4 月。产云南东南部（泸西、西畴、屏边）经景东至西北部澜沧江一带。生于海拔 1 500～2 800m 密林下或山谷林缘。

**3. 光叶艾纳香** (*B. eherhardtii* Gagnep.) 粗壮草本。茎直立或斜升，高达 3m，基部径 5～7mm，通常有分枝，有沟纹，被开展的多少反折的密柔毛，节间长 3～9cm。下部叶倒披针形、倒卵状长圆形或椭圆形，长 8～13cm，宽 4～5cm，基部长渐狭而具长约 5mm 的柄，顶端有短尖头，边缘下半部有规则的锯齿，上半部有不规则的重细齿，上面稍粗糙，被基部粗肿的短糙毛，下面被较长的柔毛，沿中脉的毛较密，中脉和 10～12 对侧脉在下面明显凸起，小脉结成疏网眼，上部叶小，无柄，倒卵形或长圆状倒卵形，长 4～5cm，宽 1.5～2cm，基部渐狭，顶端渐尖或急尖，最上部的叶几成苞片状。头状花序多数，径约 8mm，近无柄，通常 2～5 个聚生成伞房状，再排列成开展而具叶的大圆锥花序，总苞近钟形，径约 8mm，总苞片 4 层，外层短，卵形或卵状长圆形，长 2～3mm，顶端稍钝，背面被密毛，中层和内层线形，长 5～6mm，顶端尖，背面被疏毛或无毛，花托狭，有密毛。花黄色，雌花多数，细管状，长约 8mm，檐部 4 齿裂或 3 齿裂，裂片卵状长圆形，被多细胞节毛；两性花较少数，花冠管状，长 7～10mm，向上渐扩大，檐部 5 浅裂，裂片顶端圆或几截平，被多细胞节毛。瘦果圆柱形，长约 2mm，被毛，具 10 条棱。冠毛白色，糙毛状，长约 5mm，易脱落。花期 2～5 月。产于云南东南部（泸西、马关、屏边）及中部（太平铺）。生于海拔 1 600m 草坡、灌丛中或路旁。

**4. 尖苞艾纳香** (*B. henryi* Dunn) 多年生草本，基部木质。茎直立，粗壮，有分枝，高 1.2m，或有时达 2m，基部径约 1cm，被紧贴的白色厚绵毛，有棱条，节间长 4～8cm。下部和中部叶近无柄或有短柄，倒卵形至倒卵状长圆形，长 15～38cm，宽 7～14cm，基部渐狭，下延，顶端短尖，边缘有短尖头的疏细齿，上面除脉下半部有时被密绵毛外，其余部分被基部粗肿的疏长毛，稀脱落，下面被白色厚绵毛，中脉在下面凸起，侧脉 12～15 对，自中脉平展或几成锐角发出，弧状上升，不抵边缘，小脉明显网状，上部叶无柄，倒披针形或长圆状倒披针形，长 20～30cm，宽 4～8cm，基部渐狭，下延至茎，顶端渐尖或短尖，顶端的叶渐小，长仅 10cm，宽约 2.5cm。头状花序多数，径 12～15mm，通常 2～4 个簇生，并排成大的圆锥状花序，花序柄被白色密绵毛，长 8～12mm，总苞半球形，长约 10mm，总苞片 4 层，外层长圆形或长圆状披针形，长约 6mm，顶端急尖，边缘干膜质，背面被白色密绵毛，中层和内层线形，长约 10mm，顶端挺直，锐尖或芒尖，仅上半部被绵毛；花托径约 6mm，蜂窝状，无毛，花黄色，雌花 5～6 层，花冠细管状，长约 9mm，檐部 4 齿裂，两性花较少数，花冠管状，连伸出花冠的花药长 12～16mm，向上渐宽，檐部 5 浅裂，裂片卵状三角形，有乳头状突起。瘦果圆柱形，有纵条棱，被毛，长约 1.5cm。冠毛淡黄褐色，糙毛状，不易脱落，长 6～7mm。花期 10 月至翌年 2 月。产于云南南部和东南部（西双版纳、屏边、西畴）、广西西南部（靖西）。生于海拔 600～1 000m 山谷、林缘湿润地或山坡灌丛中。

**5. 千头艾纳香** [*B. lanceolaria* (Roxb.) Druce] 高大草本或亚灌木。茎直立，有分枝，高 1～3m，基部木质，径 5～10mm，有棱条，无毛或被短柔毛，幼枝和花序轴的毛较密，节间长 6～20mm，在上部 5cm 或更长。下部和中部的叶有长 2～3cm 的柄，叶片近革质，倒披针形，狭长圆状披针形或椭圆形，长 15～30cm，宽 5～8cm，基部渐狭，下延，或有时有短的耳状附属物，顶端短渐尖，边缘有细或粗齿，上面有泡状突起，无毛，干时常变黑色，下面无毛或被微柔毛，侧脉 13～20 对，在下面多少凸起，常自中脉发出极细弱、不成对的侧脉，网脉明显；上部叶狭披针形或线状披针形，长 7～15cm，宽 1～2.5cm，基部渐狭，下延成翅状。头状花序多数，径 6～10mm，几无柄或有长 5～10mm 的短柄，常 3～4 个簇生，排列成顶生、塔形的大圆锥花序，总苞圆柱形或近钟形，长 6～8mm，总苞片 5～6 层，绿色或紫红色，弯曲，外层卵状披针形，长约 2mm，顶端钝或稍尖，背面被短柔毛，中层狭披针形或线状披针形，长 3～4mm，顶端锐尖，边缘干膜质，内层线形，长约 8mm，顶端锐尖，被疏毛，花托平，蜂窝状，被白色密柔毛，少有被疏柔毛。花黄色，雌花多数，花冠细管状，长约 7mm，檐部 3 齿裂，无毛，两性花少数，花冠管状，约与雌花等长，向上渐宽，檐部 5 浅裂，裂片卵形，顶端圆或略尖，被疏毛。瘦果圆柱形，长约 1.5mm，有 5 条棱，被毛。冠毛黄白色至黄褐色，糙毛状，长 6～8mm。花期 1～4 月。产于云南、贵州、广西、广东及台湾。生于海拔 420～1 500m 林缘、山坡、路旁、草地或溪边。

**6. 裂苞艾纳香**（*B. marginata* Vaniot）　多年生草本，基部木质。茎直立，粗壮，有分枝，高 1.5～2.5m，基部直径 10～14mm，有棱纹，被白色厚绵毛，节间长 3～6cm。下部叶长 40cm，宽 15cm，叶柄长 5～6cm，中部和上部的叶长圆状倒披针形或椭圆状倒披针形，长 15～21cm，宽 5～7cm，小型的叶仅长 4～10cm，宽 1～3.5cm，全部叶基部渐狭，几不下延，顶端渐尖，稀钝，边缘有点状或具短尖的细齿，上面中脉下半部被密绵毛，其余被基部粗肿的疏长毛，下面被白色厚绵毛，中脉在下面多少凸起，侧脉约 13 对，弧形上升或稍平展，不抵边缘，网脉在上面多少明显。头状花序多数，径 8～10mm，排列成紧密的大圆锥花序，具长约 1cm 的花序柄，被密绵毛，总苞半球形，长约 8mm，总苞片 4 层，带淡红色，外层长圆形或长圆状披针形，长约 4mm，边缘干膜质，背面被疏毛或无毛，顶端钝，呈条裂或撕裂状，内层和最内层线形，长 6～7mm，干膜质或边缘膜质，背面无毛，顶端钝而反折，呈条裂或撕裂状；花托蜂窝状，无毛。花黄色，雌花多数，细管状，长约 6mm，檐部 4 齿裂，两性花花冠与雌花等长，管状，向上渐扩大，檐部 5 齿裂，裂片三角形，被乳头状突起。瘦果圆柱形，有 12 个条棱，长约 2mm，被疏毛，冠毛糙毛状，淡黄褐色或污黄色，长约 4mm。花期 11～12 月。产于云南南部、贵州西部和广西西南部。生于海拔 700～850m 溪流边或空旷草地上。

**7. 长柄艾纳香**（*B. membranacea* DC.）　一年生草本。茎直立，高 0.3～1m，基部径 2～5mm，分枝或稀不分枝，具粗条棱，下部被疏腺状短柔毛；上部和花序轴上的毛较密，节间长 3～5cm。下部叶有长 3～4cm 的细柄，叶片倒卵形至倒披针形，连叶柄长 9～15cm，宽 4～5cm，齿状或琴状分裂，顶裂片大，卵形或椭圆形，侧裂片小，1～2 对，三角形或线状长圆形，基部长楔尖，顶端短尖或稍钝，边缘有锯齿，两面被疏柔毛，中脉在下面稍凸起，侧脉 4～6 对，弧状上升，网脉明显，上部叶小，无柄或有短柄，不分裂，倒卵形或倒卵状披针形，长 2～4cm，宽 1～2cm，基部楔尖，顶端短尖，边缘有不规则的锯齿。头状花序少数，紧密，径 5～7mm，无柄或有长 1～3mm 的短柄，常 3～5 个簇生或在小枝顶端排列成狭圆锥花序，再排成具叶的大圆锥花序；总苞圆柱形，长约 5mm，花后常反折；总苞片约 4 层，全部线形，长 1～4mm，顶端钝或稍尖，背面被疏短柔毛和杂有多数腺体，内层长于外层 5 倍，向基部渐狭，顶端长尖或尾尖，边缘干膜质，上部被疏毛，花托平或稍凸，径 2～3mm，无毛，蜂窝状。花黄色，雌花多数，细管状，长约

5mm，檐部 2～3 齿裂，无毛，两性花少数，约与雌花等长，花冠管状，向上渐扩大，檐部 5 齿裂，裂片三角形，短尖，背面有腺体。瘦果圆柱形，长约 0.7mm，具条棱，被疏毛。冠毛白色，糙毛状，长 4～5mm。花期 1～3 月。产于云南东南部、广西、广东南部和台湾。生于海拔 500～1 400m 密林中或山谷溪流边。

**8. 长圆叶艾纳香**（*B. oblongifolia* Kitam.）　多年生草本，主根粗壮，纺锤状。茎直立，高 0.5～1.5m，基部径 4～6mm，有分枝，具条棱，下部被疏毛或后脱毛，上部被较密且较长的毛，节间长 2～4cm。基部叶花期宿存或凋萎，常小于中部叶，中部叶长圆形或狭椭圆状长圆形，长 9～14cm，宽 3.5～5.5cm，基部楔状渐狭，近无柄，顶端短尖或钝，边缘狭反卷并有不规则的硬重锯齿，上面被短柔毛，下面多少被长柔毛，中脉在两面凸起，侧脉 5～7 对，网脉通常在下面明显，上部叶渐小，无柄，长圆状披针形或长圆形，长 4～5.5cm，宽 1～1.5cm，边缘具尖齿或角状疏齿，稀全缘。头状花序多数，径 8～12mm，排列成顶生开展的疏圆锥花序；花序柄长 2cm，被密长柔毛；总苞球状钟形，长约 1cm，总苞片约 4 层，绿色，外层线状披针形，长 4～5mm，顶端尾状渐尖，背面被密长柔毛，中、内层线形或线状披针形，长 7～7.5mm，顶端尾尖，边缘干膜质，背面被柔毛；花托稍凸，径约 5mm，蜂窝状，被白色粗毛。花黄色，雌花多数，花冠细管状，长 5～5.5mm，檐部 3～4 齿裂，裂片无毛，两性花较少数，花冠管状，长约 6mm，向上部渐扩大，檐部 5 裂，裂片三角形，被白色疏毛和较密的腺体。瘦果圆柱形，长 1～1.1mm，被疏白色粗毛，具条棱。冠毛白色，糙毛状，长 5～6mm。花期 8 月至翌年 4 月。产于浙江西南部（龙泉）、江西东部（玉山）和南部（龙南）、福建中部（南平、沙县）和西南部（永安、连城、南靖）、广东东北部（梅县、龙川、新丰、翁源）和东南部（增城、罗浮山、惠阳）及台湾。生于路旁、田边、草地或山谷溪边。

**9. 高艾纳香**〔*B. repanda*（Roxb.）Hand. - Mazz.〕　高大草本或亚灌木。茎圆柱形，高 1～3.5m，基部径 6～10mm，分枝，有粗沟纹，下部被疏短柔毛，上部或幼枝被密绒毛状长柔毛，花序轴上的毛更密，节间长 5～12cm。下部叶近无柄，倒披针形、倒披针状长圆形或长椭圆形，长 8～16cm，宽 3～7cm，基部狭，有时半抱茎，稀心形，顶端短渐尖，边缘有不规则的粗锯齿或重齿，上面被基部粗肿的糙毛，下面被绒毛状长柔毛，中脉在下面明显凸起，侧脉 5～7 对，弧形上升，小脉常结成网眼；上部叶较小，基部圆钝，边缘有粗重锯齿或仅有粗尖齿。头状花序多数，径 5～9mm，无柄或有长约 2mm 的短柄，在枝顶密集成开展的长圆状的复圆锥花序。总苞圆柱形或近钟状，稍长于花盘；总苞片 4～5 层，花后反折，外层卵状长圆形，长 2～4mm，顶端短尖，背面被密短柔毛，中层线形或线状长圆形，边缘干膜质，背面被密短柔毛，长 5～8mm，内层长于外层 4 倍；花托密被污白色托毛。花黄色，雌花多数，细管状，长约 8mm，檐部 3～4 齿裂，被白色柔毛或多细胞节毛，两性花花冠管状，长约 8mm，管部向上渐扩大，檐部 5 裂，裂片三角形，短尖，被白色柔毛或多细胞节毛。瘦果圆柱形，具多数细条棱，被毛，长约 1mm。冠毛白色，糙毛状，长约 6mm。花期 1～5 月。产于云南南部（西双版纳）和东南部（西畴、屏边、蒙自、个旧、泸西）。生于海拔 1 200～1 700m 路旁、沟谷或灌丛中。

**10. 戟叶艾纳香**（*B. sagittata* Gagnep.）　草本。茎直立，高达 1.5m，通常不分枝，有条棱，被开展的灰褐色密柔毛，节间长 1～4cm。中部叶具长 5～10mm 的柄，近革质，叶片长圆状披针形或披针形，稀椭圆形，连叶柄长 17～26cm，宽 4～8cm，基部略狭，戟形，具三角形的耳，有时在耳下叶柄的两侧具 1～2 对极小的附属物，顶端短渐尖或短尖，边缘有疏生尖细齿，上面粗糙，被具疣状基部的短糙毛，下面的毛较长而密，侧脉 8～12 对，在下面明显凸起，网脉明显。上部叶无柄，卵状披针形至线状披针形，长 5～9cm，宽 1～3cm，基部有不明显的耳，顶端渐尖，最上部的叶苞片状。头状花序多数，径约 10mm，在茎顶端排列成开展的具叶的大圆锥花序，有长 5～10mm 的柄或无柄，总苞近钟形，长约 10mm，总苞片 5 层，外层披针形，长约 1.5mm，顶端渐尖，背面被柔毛，杂有腺体，中层线形，长 3～5mm，背面上半部被柔毛和腺体，内层长于外层的 5 倍，线形，干膜质，近无毛，花托蜂窝状，径 2～3mm，流苏状。花黄色，雌花多数，3～4 层，花冠细管状，长 7～9mm，檐部 4～5 齿裂，裂片不等，近二唇状，边缘有疏毛，两性花花冠管状，连同花药长约 13mm，向上渐宽，檐部 5 齿裂，裂片卵状三角形，背面有白色疏毛，杂有腺体。瘦果纺锤形，长 1～2mm，具 10 条棱，被毛。冠毛淡黄色或黄白色，糙毛状，易脱落，长约 8mm。花期 8～12 月。产于云南东南部（富宁）、广西西部（百色、那坡）、贵州南部（罗甸）。生于山坡、杂木林下及湿润草丛中。越南、老挝也有分布。

**11. 全裂艾纳香**（*B. saussureoides* Chang et Tseng） 粗壮草本。茎直立，圆柱形，高 1.5m，径约 1.2mm，具粗条棱，上部有分枝，被开展的长柔毛，在幼枝和花序轴上的毛更密，节间长 2～3.5cm。中部叶有长 1～3cm 的柄或无柄，近长圆形，连叶柄长 13～18cm，宽 5～7cm，羽状全裂，基部扩大近鞘状，抱茎，顶端钝，两面被开展的疏长柔毛和密短毛，中脉在上面凹入，具宽 1mm 的沟槽，下面明显凸起，侧脉多对，网状脉不明显，侧裂片 3～4 对，远离，不等大，互生或上部近对生，长圆形或倒卵状长圆形，长 1.2～4cm，宽 0.3～2cm，顶端短尖或稍钝，边缘有不规则的细或粗齿，顶裂片大，卵状三角形至卵状长圆形，长 5～7.6cm，宽 2.5～5cm，顶端钝，稀短尖，上部叶较小，羽状全裂，长 4.5～7cm，宽 2～3.5cm，两面被密长柔毛，杂有短柔毛，顶裂片卵状长圆形或椭圆形，短尖，侧裂片小，长圆形，最上部的叶极小，分裂、具齿或有时全缘，近苞片状。头状花序多数，径约 10mm，无或有长 5～10mm 的花序梗，在茎、枝顶端排列成狭圆锥花序；总苞半球形，长约 6mm，总苞片约 5 层，全部线形，基部弯曲，顶端浅红色，外层极狭，长 2～3mm，宽 0.25～0.33mm，顶端尖，背面及边缘被开展的密长柔毛，中、内层几相等，长 4～5mm，短尖，背面被疏毛或杂有具柄腺毛；花托平或稍凸，径 4～5mm，有小窝孔，被毛。花黄色，雌花多数，花冠细管状，长 3～4mm，檐部 3 齿裂，裂片钝或浑圆，无毛；两性花较少数，约与雌花等长，花冠管状，檐部 6 浅裂，裂片长圆形或卵状长圆形，顶端钝，被密短柔毛。未成熟的瘦果圆柱形，长约 0.8mm，具 6 条棱，被微毛。冠毛白色，糙毛状，长约 3mm，易脱落。花期 3～4 月。产于云南中部（双柏），生于海拔 1 600m 河边、路旁。

**12. 无梗艾纳香**（*B. sessiliflora* Decne.） 草本。茎直立，高 0.8～2m，基部径约 5mm，有多数细分枝或少有不分枝，具条棱，基部近无毛，上部被开展的长柔毛或茸毛，节间长 4～7cm。下部叶无柄，倒披针形至倒卵状长圆形，长 10～16cm，宽 4～6cm，基部渐狭，下延，顶端短尖，通常琴状分裂，边缘有不规则的粗或细齿，两面被长柔毛，中脉在下面明显凸起，侧脉多对，网状脉不明显；上部或小枝上的叶小，无柄，倒披针形至长圆形，长 3～6cm，宽 0.5～1.5cm，基部下延成翅，顶端短锐尖，琴状浅裂或仅具不规则的粗或细齿，最上部的叶线形，苞片状，全缘或有极疏的细尖齿。头状花序通常无柄，少有具长约 2mm 的短柄，径 3～5mm，单生或 2～4 个球状簇生，排列成间断或顶端紧密、具叶的穗状花序，又排成开展具叶的大圆锥花序，总苞圆柱形或近钟形，长 4～6mm，花后开展；总苞片近 5 层，禾秆黄色或绿色，外层和中层披针形或线状披针形，长 2～4mm，渐尖，边缘干膜质，背面被密柔毛，内层线形，长 4～6mm，干膜质或边缘干膜质，背面无毛或有疏毛，顶端渐尖，花托稍凸，蜂窝状，无毛。花黄色，雌花多数，花冠细管状，长 3.5～4mm，檐部 3 齿裂，裂片无毛，两性花少数，花冠管状，长 4～5mm，上部稍增大，檐部 5 裂，裂片卵形至三角形，被疏毛和腺体。瘦果圆柱形或近纺锤形，长约 1mm，有 8～10 条棱。冠毛白色，糙毛状，长 4～5mm，宿存。花期 6～10 月。产于江西南部（龙南）、广东（博罗、惠阳）。生于海拔 200～700m 山坡草地。

**13. 绿艾纳香**（*B. virens* DC.）　　草本，具纤维状根状茎。茎直立，高 0.7～1.8m，基部径 3～5mm，有分枝，有明显的沟纹，无毛或上部稀有被疏毛，节间长 1～2.5cm。中部叶无柄或下延成长 1～2cm 具翅的柄，叶片倒披针形，长 5.5～8cm，宽 1.3～2cm，琴状分裂，顶裂片大，卵状披针形至倒卵形，侧裂片宽三角形至长圆形，基部下延，顶端细尖，边缘有尖锯齿，两面无毛，或有时被疏长柔毛，中脉在下面明显凸起，侧脉 5～7 对，细弱，网脉不明显，上部叶渐小，不分裂，倒卵形或倒披针形，长 15～30mm，宽 5～12mm，顶端钝，边缘有细齿，无毛或被疏长柔毛。头状花序多数，径 5～7mm，由平展疏散的小圆锥花序再排列成顶生、具叶的大圆锥花序，花序梗纤细，长 1～3cm，无毛，有叶质、线形的小苞片；总苞圆柱形，长 6～7mm，花后反折，总苞片 5～6 层，叶质，绿色，外层线状披针形或线形，长 1.5～3mm，顶端略尖，无毛或背面被白色疏短柔毛，中、内层线形，长约 3mm，宽与外层约相等，渐尖，边缘干膜质，花托平或多少凸，径 2～2.5mm，无毛，蜂窝状。花黄色，雌花多数，花冠细管状，长 4～5.5mm，檐部 2～3 齿裂，裂片浑圆，无毛，两性花较少数，与雌花近等长，花冠管状，上部稍宽，檐部 5 裂，裂片卵状长圆形至三角形，被毛。瘦果圆柱形，有棱，长约 1mm，有条棱，被疏毛。冠毛白色，糙毛状，长约 5mm，不易脱落。花期 2～4 月。产于云南西南部（景东）和东南部（红河）。生于海拔 1 400m 较干燥的草地上。

# 第二节　白花蛇舌草

## 一、概述

　　本品为茜草科耳草属植物白花蛇舌草（*Hedyotis diffusa* Willd.）的干燥全草，又名羊须草、二叶葎等。性甘寒、微苦。归胃、大肠、小肠经。有清热解毒、利湿通淋、收敛止血的功效，用于黄疸型肝炎、肠炎、肺炎、恶性肿瘤、毒蛇咬伤等症；外用于皮炎湿疹、外伤出血。主要化学成分有齐墩果酸、熊果酸、乌索酸、山柑子酮、异山柑子醇等三萜类；$\beta$-谷甾醇、$\beta$-谷甾醇-D-葡萄糖苷、$\gamma$-谷甾醇、豆甾醇等甾醇类和 $\alpha$-甲基-3 羟基蒽醌、$\alpha$-甲基-3-甲氧基蒽醌、5-羟色胺、土当归酸等蒽醌类成分及环烯醚萜苷类、对香豆酸、乙烯基苯酚、乙烯愈创木酚及免疫多糖等化学成分。

白花蛇舌草主产于江苏、安徽、浙江、江西、福建、湖南、湖北、广东、云南等地。分布于亚热带及热带地区，在气候温暖，雨量充沛，土层肥沃的壤土区域更宜生长，多野生于旷野路旁、田间湿润环境处，尤以肥水充足的田埂地块为甚。近年来，临床上已将该植物广泛用于治疗癌症和肝炎，需求量剧增，仅靠野生已不能满足供应。加之农事过程中除草剂的大量使用，加快了白花蛇舌草野生资源枯竭速度，从 20 世纪末开始，江西、江苏等地开展其野生变家栽研究，并获成功，其中以江西省遂川县栽培面积最大。

## 二、药用历史与本草考证

白花蛇舌草为我国民间常用的草药，文献以《新修本草》第二十卷有名"无用蛇舌"为最早记载，这与福建漳州叫"蛇舌草"相吻合。《千金翼方·卷四》更详细地记载其性味、功能，曰："味酸，平，无毒，主除留血，惊气，蛇痫，生大水之阳，四月采华，八月采根。"近代记载白花蛇舌草的文献如《广州植物志》其名称出处引自《潮州志·物产》，载："茎、叶榨汁饮服，治盲肠炎有特效，又可治一切肠病。"《中药大辞典》、《全国中草药汇编》和《福建药物志》中记载："对恶性肿瘤、阑尾炎、肺炎、肝炎、肺炎咳嗽、扁桃腺炎、喉炎、痢疾、尿道炎、急性肾盂肾炎、盆腔炎和毒蛇咬伤等均有疗效。"《广西中药志》记载："全草入药，内服治肿瘤、蛇咬伤、小儿疳积；外用主治泡疮、刀伤、跌打等症。"《新修本草论文集·唐本草药物、品属及类别的研究》把蛇舌列在草本类。

白花蛇舌草因其叶似蛇舌而得名。中草药的流传在当时没有明确的科属、形态记载，只要叶似蛇舌便应用起来，所以出现许多混用品。草药师为纠正这种偏向，特意交代要"开白花"的，而名白花蛇舌草，成为它的特定名称。此外，正品的蛇舌草还需具有"圆梗、叶对坐、白花结单珠（果实）"等特征。现在市场上还将石竹科植物漆姑草和雀舌草充当白花蛇舌草在使用。

## 三、植物形态特征与生物学特性

**1. 形态特征**　一年生披散纤细无毛草本，高 20～50cm。叶对生，膜质，无柄，线形，长 1～3cm，宽 1～3mm，先端短尖，边缘干后常背卷，叶面光滑，背面有时粗糙，中脉在叶面下陷，在叶背面凸起，侧脉不明显；托叶长 1～2mm，基部合生，顶部芒尖。花 4 数，单生或双生于叶腋，无花梗或具短而粗的花梗，花梗长 2～5mm，稀长 10mm；萼管球形，长 1.5mm，花萼裂片长圆状披针形，长 1.5～2mm，边缘具缘毛；花冠白色，管状，长 3.5～4mm，冠管长 1.5～2mm，冠管喉部无毛，花冠裂片卵状长圆形，长约 2mm；雄蕊着生于冠管喉部，花丝长 0.8～1mm，花药伸出，长圆形，长约 1mm；花柱长 2～3mm，柱头 2 裂，裂片广展，有乳头状凸点。蒴果膜质，扁球形，直径 2～2.5mm，宿存萼裂片长 1.5～2mm，成熟时顶部室背开裂；种子每室约 10 颗，具棱，干后深褐色，有窝孔（图 4-2）。花果期 5～10 月。

**2. 生物学特性**　白花蛇舌草在生长发育过程中对生态条件的要求并不高，喜温暖湿润，不耐干旱，喜湿怕涝。适宜生长温度为 22～28℃，不耐严寒，低于 12.0℃ 则生长不良。野生状态下的白花蛇舌草喜生于水田埂和潮湿的旷地上，幼苗期忌阳光直射，需要有一定的荫蔽，荫蔽度宜控制在 50%～60% 甚至 60% 以上，以后随着植株年龄的增长要求较充足的阳光。排水良好，具有一定肥力的微酸性至中性沙质壤土均可种植，尤以疏松肥沃、富含氮素和腐殖质的稻田土为佳。种植密度对白花蛇舌草的生长和干物质积累均有较大的影响，除苗期外，白花蛇舌草各农艺性状如分枝数、分枝长、叶片数和结果数等在不同生育阶段与种植密度呈负相关关系。密度越小，单株干物质积累量越大。白花蛇舌草较适宜种植密度为 35.7 万～45.45 万株/hm²。

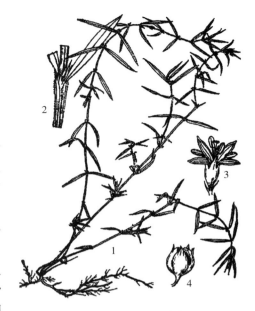

图 4-2　白花蛇舌草
1. 植株　2. 茎节　3. 花　4. 果实

白花蛇舌草生育期为 140～150d（即从 5 月下旬到 10 月上旬），生育期大致可划分为出苗期、展叶期、花期和果期，各期之间有明显重叠现象。5 月下旬播种，播种后 5～12d 开始出苗，出苗不齐，占时 30～45d。营养生长期需 80～100d，此期植株生长迅速，几乎全部的分枝都在此期完成，生长量约占收获时的 81%；根也生长最快，伸长量约为成熟时根长的 76%。大多在 6 月上旬至 7 月上旬开始现花，花期约延续达 65d，但主要集中在 7 月中旬至 8 月中旬。从 6 月底初见结果，果期因受花期的影响，延续 60d。此期对肥水并不敏感，植株生长减慢甚至停止生长，中下部叶片开始发黄，但上部叶片仍为青色。

白花蛇舌草各器官的形成和发育规律主要是：

根：主根明显，侧根茂密，根系发达，白色。果实成熟时，根系枯萎，营养生长期根生长最快，在 7 月中旬至 8 月上旬有一个缓慢生长期。

茎：出苗 15～20d 后，株高 5～6cm 时，开始出现分枝，并逐渐增多至 5～12 个分枝，多为 10～12 个。茎基分枝多，且茎节处易长不定根。分枝数因环境条件不同而不同，如阳光充足，肥水条件好则分枝多而粗壮，反之则分枝少且较瘦弱。因茎基分枝多，主茎不明显，植株松散，匍匐生长。在 6 月至 6 月中旬和 8 月中旬至 9 月上旬茎上分枝最快，植株生长迅速，与此期高温多雨有关。在 7 月中旬至 8 月上旬，植株生长有所减慢。

叶：刚出苗时为 2 片真叶，7～8d 后长成 4 片叶子，以后随着分枝数的增加叶片也随之大幅度增加。植株中部叶片最大，上部叶片长而窄呈线形，下部叶片短而宽呈条形。在花果盛期，叶片数最多，可达 105 片。

花：花期约 25d，初花期约 8% 花开放，多为主茎花。盛花期 15～20d，占总数的 75% 左右，多为上部分枝花及部分下部主茎花。末花期占 17%，多为下部分枝花。植株有效花约占总花的 70%。一般在气温高于 25℃ 开始开花，而开花适温在 30℃ 左右。

果实和种子：果实在花谢后 15d 左右即可成熟，结实率仅为 50% 左右。下部分枝不但结实率低，且种子千粒重也小。蒴果呈球形、略扁，直径 2～3mm，内有种子多数，种子极细小，在解剖镜下可见呈不规则多面体。直径 0.2～0.3mm，千粒重仅为 5mg 左右。种子属光敏种子，在光照保证的情况下，种子易萌发，在苗床日均温 11.5～31.9℃均可萌发，发芽适宜的日均温为 11.5～27.0℃，在此范围内随着温度的增高，发芽率也相应提高。通常情况下，变温处理有助于白花蛇舌草种子萌发。种子经一定浓度的赤霉素溶液浸泡处理可以提高发芽率且促进出苗整齐，且发芽率随赤霉素浓度增高而提高。种子至少有 1～2 年的寿命，但刚采收的种子的发芽率和发芽势均明显低于储存一年后的种子发芽率及发芽势。

## 四、野生近缘植物

入药用的耳草属植物除白花蛇舌草还有伞房花耳草、纤花耳草、耳草、松叶耳草、广花耳草。

**1. 伞房花耳草** ［*H. corymbosa*（L.）Lam.］　一年生柔弱披散草本，高 10～50cm。枝无毛或在棱上被疏短柔毛，分枝多。叶对生，近无柄，膜质，线形或线状披针形，长 1～2.5cm，宽 1～3mm，先端短尖，基部楔形，干时边缘背卷，两面稍粗糙或在叶面的中脉上有极疏的短柔毛，中脉在叶面下陷，在背面平坦或微凸；托叶膜质，鞘状，长 1～1.5mm，顶部有数条短刺。花序腋生，伞房花序式排列，有花 2～5 朵，稀单花，总花梗纤细如丝，长 5～10mm；苞片微小，钻形，长 1～1.2mm；花 4 数，花梗纤细，长 2～5mm；萼管球形，有极疏的柔毛，基部稍狭，直径 1～1.2mm，萼裂片狭三角形，长约 1mm，具缘毛；花冠白色或淡红色，管状，长 2.2～2.5mm，冠管喉部无毛，花冠裂片长圆形，长约 1mm，短于冠管；雄蕊生于冠管内，花丝极短，花药内藏，长圆形，长 0.6mm；花柱长 1.3mm，中部被疏柔毛，柱头 2 裂，裂片稍宽，粗糙。蒴果膜质，球形，直径 1.5～1.8mm，有不明显的纵棱数条，顶部平，宿存萼裂片长 1～1.2mm，成熟时顶部室背开裂；种子每室有 10 颗以上，有棱，干后深褐色。花果期几乎全年。具有清热解毒、活血、利尿、抗癌的功效。用于恶性肿瘤、乳蛾、肝炎、小便淋痛、咽喉痛、肠痈、疟疾、跌打损伤；外用于疮疖痈肿、毒蛇咬伤、烫伤。

**2. 纤花耳草**（*H. tenelliflora* Bl.）　柔弱、披散、多分枝草本。小枝无毛。叶对生，无柄，薄革质，线形或线状披针形，长 2～5cm，宽 2～4mm，先端短尖或渐尖，基部楔形，微下延，边缘干后反卷，叶面变黑褐色，被圆形透明的小鳞片，叶背面光滑，色较淡，中脉在叶面下陷，在叶背面凸起，侧脉不明显；托叶长 3～6mm，基部合生，稍被毛，顶部分裂，裂片刚毛状；花无梗，2～3 朵簇生于叶腋内；小苞片针刺状，长约 1mm，边缘有小齿；萼管倒卵形，长约 1mm，萼裂片 4，线状披针形，长约 1.8mm，具缘毛；花冠白色，漏斗状，长 3～3.5mm，冠管长约 2mm，花冠裂片 4，长圆形，长 1～1.5mm；雄蕊着生于冠管喉部，花丝长约 1.5mm，花药伸出，长圆形，比花丝稍短；花柱长约 4mm，柱头 2 裂。蒴果卵形或近球形，长 2～2.5mm，直径 1.5～2mm，宿存萼裂片长约 1mm，成熟时顶部开裂；种子多数，微小。花期 4～11 月，果期 6～12 月。具有清热解毒，消肿止痛，行气活血的功效。用于癌症、慢性肝炎、肺热咳嗽、肝硬化腹水、肠痈、痢疾、小儿疝气、经闭、风湿关节痛、风火牙痛、跌打损伤、毒蛇咬伤、刀伤出血。

**3. 耳草**（*H. auricularia* L.）　　多年生、近直立或平卧草本，高 0.3～1m。小枝密被短硬毛，稀无毛，嫩枝近四棱柱形，老枝圆柱形，常在节上生根。叶对生，近革质，披针形或椭圆形，稀卵形，长 3～8cm，宽 1～2.5cm，先端短尖或渐尖，基部楔形或微下延，叶面平滑或粗糙，背面常被粉末状短柔毛，侧脉 4～6 对，明显，与中脉成锐角斜向上伸；叶柄长约 2.5mm；托叶膜质，被柔毛，合生成一短鞘，顶部 5～7 裂，裂片线形或刚毛状。聚伞花序腋生，密集成头状，无总花梗；苞片披针形，微小；花梗长约 1mm 或无花梗；花萼被柔毛，萼管长约 1mm，萼裂片 4，披针形，长 1～1.2mm；花冠白色，冠管长 1～1.5mm，外面无毛，仅冠管喉部被毛，花冠裂片 4，广展，长 1.5～2mm；雄蕊生于冠管喉部，花丝极短，花药伸出，长圆形；花柱有柔毛，长约 1mm，柱头 2 裂，裂片棒形，有柔毛。蒴果球形，直径 1.2～1.5mm，疏被短硬毛或近无毛，不开裂，宿存萼裂片长 0.5～1mm；种子每室 2～6 颗，干后黑色，有小窝孔。花期 3～8 月。具有清热解毒，凉血消肿的功效。用于感冒发热、肺热咳嗽、咽喉肿痛、便血、痢疾、小儿疳积、小儿惊风、湿疹、皮肤瘙痒、痈疮肿毒、蛇咬伤、跌打损伤。

**4. 松叶耳草**（*H. pinifolia* Wall. ex G. Don）　　一年生、多分枝、柔弱披散草本，高 10～25cm。枝纤细，锐四棱柱形，干时黑褐色。叶轮生，稀对生，无柄，常坚硬而挺直，线形，长 1.2～4cm，宽 1～2mm，先端短尖，边缘干时背卷，两面粗糙，稀被毛，中脉在叶面下陷，在叶背面凸起，侧脉不明显；托叶下部合生成一短鞘，顶部分裂成长短不等的刺毛数条。团伞花序有花 3～10 朵，顶生和腋生，无总花梗；苞片披针形，长 3～4mm，被疏柔毛和缘毛；花梗长约 1mm；萼管倒圆锥形，长 1～1.5mm，有疏硬毛，萼檐长 2mm，花萼裂片 4，钻形，长约 1mm，有缘毛；花冠白色，管状，长 8～8.5mm，冠管长 4～4.2mm，花冠裂片长圆形，与冠管等长；雄蕊生于冠管喉部，花丝长约 2mm，花药伸出，长圆形，比花丝短；花柱长约 9mm，柱头 2 裂，裂片线形，长约 1mm，广展。蒴果近卵状，长 2.5～3mm，直径 1.5～2mm，被疏硬毛，成熟时仅顶部开裂，宿存萼裂片长 1～1.2mm；种子数颗，有棱，干后浅褐色。花期 5～8 月。具有消肿止痛、消积、止血的功效。用于小儿疳积；外用于跌打损伤，毒蛇咬伤。

**5. 广花耳草**（*H. ampliflora* Hance）　　藤状灌木；老茎光滑无毛；小枝幼时有明显的纵槽，槽内常有短硬毛。叶对生，纸质，披针形或阔披针形，长 3.5～7cm 或过之，宽 1.5～3cm，顶端短尖或短渐尖，基部楔形或阔楔形，上面仅在中脉上有稀疏粗伏毛，下面被毛长而硬，罕无毛；侧脉明显，每边 3～4 条，与中脉成锐角伸出，几乎直伸向上；叶柄略宽，长 2～5mm；托叶被毛或无毛，基部合生，宽阔，顶部撕裂成 3～5 条刚毛状的裂片。花序顶生，为伞房花序式排列的聚伞花序，有长 2～3.5cm 的总花梗；苞片微小或缺；花 4 数，有长 1～3mm 的花梗；萼管半球形或陀螺形，长 1～1.4mm，萼檐裂片披针形，具羽状脉，与萼管等长或略长，顶端短尖，花后外翻；花冠白色或绿白色，管形，长约 3mm，被粉末状柔毛，喉部密被白色硬毛，花冠裂片披针形，长于冠管，顶端内弯；雄蕊生于冠管近基部，花丝长 0.8～1mm，花药伸出，近长圆形，两端钝；花柱微伸出，被白色柔毛，柱头厚，2 裂。蒴果球形，略扁，宽 2～2.5mm，外翻的宿存萼檐裂片，成熟时开裂为 2 果片，果片腹部直裂；种子多数，具棱，干后黑褐色。花期 6～8 月。全草具有祛风湿、强筋骨、补气益胃的功效。

# 第三节　北细辛（细辛）

## 一、概述

细辛为马兜铃科细辛属植物北细辛［*Asarum heterotropoides* Fr. Schmidt var. *mand-shuricum*（Maxim.）Kitag.］、汉城细辛（*A. sieboldii* Miq. var. *seoulense* Nakai）或华细辛（*A. sieboldii* Miq.）的根及根茎。辛温，归心、肺、肾经，具有祛风散寒、通窍止痛、温肺化饮的功效。临床用于治疗阳虚感冒、风寒感冒、头痛、牙痛、鼻塞鼻渊、风湿痹痛、痰饮咳喘、肠梗阻、痛经等症。现代研究表明，细辛属植物挥发油中的甲基丁香酚、榄香脂素和黄樟醚为属的特征性成分，也是主要生理活性成分，这3种成分存在于全部细辛属植物中。细辛具有解热镇痛、抗炎、抗免疫、抗神经传导阻滞、抑菌、局部麻醉、抗衰老、提高机体新陈代谢、抗组胺及抗炎态反应等药理作用。

细辛也是不少中成药（汤剂、丸剂、口服液等）的重要原料药材，如镇脑宁、太极通天液、复方细辛海绵剂、牙痛乐、细辛芎汤等。同时也是我国重要出口原料药材之一，每年向日本等国家出口大批量水洗细辛原料药材。

我国细辛属植物的分布范围较广，长江流域以南占绝大多数，且有2种（尾花细辛、红金耳环）延伸到越南北部，另一种（单叶细辛）经云南和西藏延伸至印度，而华细辛和双叶细辛为中国和日本共有种，但不连续分布。细辛属植物的分布，南起云南屏边、文山，贵州罗甸、荔波，广西龙州、百色等地；向北至陕西、辽宁、吉林和黑龙江南部；西到西藏林芝、波密，四川的西南部和甘肃的康县、天水等地；向东可达东部沿海各省份。其中以四川、湖北两省的种类最多。细辛属植物垂直分布的幅度较大，一般分布在海拔200～1 500m，在1 000m以下气候温暖湿润的盆地、平原和丘陵分布的种类最多，有21种；随着海拔的升高其种类也逐渐减少，如海拔1 500m以上有13种；而2 300m以上仅有单叶细辛1种。现仅就药典收录的3个种做详细介绍：

**1. 北细辛**　主要分布于辽宁、吉林、黑龙江3省。主产于吉林省的珲春、延吉、汪清、长白、浑江、抚松、靖宇、安图、敦化、柳河、通化、集安、桦甸、蛟河、永吉、舒兰、九台、双阳、伊通，辽宁省的新宾、丹东、岫岩、本溪、清原、抚顺、辽阳、西丰，黑龙江省的五常、阿城、尚志、延寿、方正、依兰、宁安、七台河。生于混交林下、繁茂的灌丛间、林缘、山沟湿润地、山坡疏林下湿润地。

**2. 汉城细辛**　主要分布于辽宁省和吉林省东部地带。主产于辽宁宽甸、凤城、桓仁及吉林白山、通化、延边地区。生于林下及山沟阴湿地。

**3. 华细辛**（原变型）　主要分布于陕西、河南、四川、湖北、湖南、安徽，此外，江西、云南、贵州、浙江、山东也有分布。主产于陕西华阴、陇县、镇安、宁陕、岚皋、南郑，河南太行山、大别山、伏牛山一带，四川广元；重庆万州，湖北宜昌、襄阳、十堰、黄冈、咸宁，湖南常宁、武冈、安化、新化、衡阳、平江、龙山，安徽黄山、安庆。

北细辛为东北地区的主要栽培品种，占细辛栽培面积的80％以上，其次是汉城细辛，占栽培面积的15％～20％。北细辛是在用药发展过程中形成的道地药材。

北细辛主要野生于东北长白山及周围地区。自20世纪70年代起，其栽培取得了较全面的成功。主要对辽宁省本溪、抚顺、凤城，吉林省通化、集安、柳河、临江、靖宇、抚松、敦化，黑龙江省七台河等地栽培北细辛进行了调查。北细辛在辽宁的本溪、抚顺、凤城等地均广泛栽培；吉林的通化、集安、柳河、临江和靖宇等地栽培北细辛也很广泛，但多是农户小型栽培；黑龙江省栽培细辛极少。

南方各省主要栽培品种为华细辛，栽培北细辛较少。在陕西省佛坪、华阴、宁强和重庆市城口等地，有药农栽种华细辛，多为野生华细辛移栽，管理简单，缺乏技术指导，产量小。陕西省宁强县二郎坝乡苍坝村建有华细辛GAP种植基地，约有10年历史，共有约$7×10^4 m^2$华细辛，为目前国内华细辛人工栽培规模最大的地区。

## 二、药用历史与本草考证

细辛为我国传统常用中药，用药历史悠久。细辛始载于东汉末年《神农本草经》，且列为上品，为华细辛。距今已2 000多年的栽培历史。之后历代本草书集均记载的为华细辛。《名医别录》记述："细辛生华阴山谷。"苏颂曰："今处处有之，然它处所出者，不及华阴者真。"《本草纲目》也称"华州真细辛"。华州即今陕西华阴县一带所产的华细辛。辽细辛之名见于《本草原始》（1612），而最早使用该名的记载可推之《本草经集注》（502—557），陶弘景云："今用东阳、临海者，形段乃好，而辛烈，不如华阴、高丽者。"所云产于高丽之细辛，当指北细辛和汉城细辛。

关于细辛的产地，最早见载于《名医别录》，谓"生华阴"。《本草经集注》曰："今东阳、临海者，形段乃好，而辛烈不及华阴、高丽者。"《本草图经》曰："今处处有之，然它处所出者不及华州者真。"《本草别说》曰："非华阴者不得为细辛用。"《本草衍义》曰："今惟华州者佳。"《证类本草》、《本草品汇精要》和《本草纲目》均沿用了上述本草记载。《得配本草》曰："细辛，产华阴者良。"《本草害利》曰："北产华阴者，细而香，最佳。"《本草求真》曰："产华阴者真。"《本草便读》曰："细辛产华山之北。"以上历代本草记载细辛的产地主要在"华阴"、"华州"与"华山"，仅《本草经集注》中提到"高丽"。参考以上本草记载的华阴，即今陕西华山的北面；华州，即今陕西华县、华阴、潼关及渭北部分地区；华山，即今陕西华山。再考《本草经集注》中提到的高丽，又称高句骊或高句丽，系古代国名，在今辽宁省新宾县境，后为卫氏朝鲜所并。汉武帝灭卫氏朝鲜后以古高句骊国故地置高句骊县，治所在今辽宁省新宾县西。在陶弘景《本草经集注》之后，唐、宋、金、元等各朝代的本草书均未提及我国东北产的细辛。到了明代，《本草原始》、《本草乘雅半偈》和《药品化义》，以及清代的《本草崇原》、《本经逢原》和《伪药条辨》等又提到东北产细辛（辽细辛），认为与华阴细辛同样为良品。根据以上历代本草记载的细辛主要产地，结合细辛属植物种类在我国分布和药用情况，可以认定历代本草记载的细辛主要产于我国陕西、河南、山东、湖北、四川、安徽、浙江、江西等地的细辛属植物细辛（*Asarum sieboldii* Miq.）为野生品。仅梁代本草和部分明清本草至于在《本草经集注》中提到产于高丽的品种，可能是产于我国辽宁、吉林、黑龙江的辽细辛和汉城细辛，但药用并未普及，仍以华细辛为主。

20世纪50年代始主要以野生辽细辛为主，70年代末到80年代初，辽细辛人工栽培扩大到吉林和黑龙江，东北3省每年种植面积保持在1 000~1 667hm²，已成为细辛商品的主要来源。辽细辛野生资源在近山区已严重不足，远山区虽有资源但难以采收；华细辛野生资源相对集中，易于采收，加之中药市场放开，在价格的影响下收购大幅度上升，成为细辛商品的重要来源，占全国细辛总量的 58%。据调查，除甘肃外，栽培的北细辛是全国各地药材市场、药材公司和药店的主流产品。

## 三、植物形态特征与生物学特性

**1. 形态特征**　为多年生草本植物。根状茎横走，径粗约 3mm，下面着生黄白色须根，有辛香味。叶通常 2（或 1），基生，叶柄长 5～18cm，通常无毛。叶片卵状心形或近肾形，长 4～9cm，宽 5～12cm，先端圆钝或短尖，基部心形或深心形，两侧圆耳状，全缘，两面疏生短柔毛或近无毛。花单一，由两叶间抽出，花梗长 2～5cm，花被筒部壶形，紫褐色，顶端 3 裂，裂片向外反卷，宽卵形或三角状卵形，长 7～9mm，宽约 10mm。雄蕊 12，花药与花丝近等长，子房半下位，近球形，花柱 6，顶端 2 裂。果实为蒴果，浆果状，半球形，长约 10mm，直径约 12mm，熟后呈不规则破裂，果肉呈白色湿粉面状。种子多数，卵状圆锥形，长 2.6～3.6mm，宽 1.2～2.0mm，种皮坚硬，深褐色，或棕黑色，背面隆起成弧形，有突出的脉纹，散在白色瘤状突起。腹面为一浅凹，附有黑色肉质假种皮。胚乳白色，纵剖面呈弯月形，胚细小，在近基部，千粒重干种子 4.89g，鲜种子 15～18g（图 4 - 3）。花期 5 月，果期 6 月。

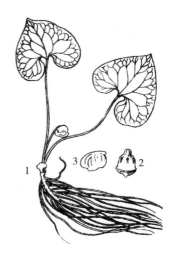

图 4 - 3　北细辛
1. 全株　2. 合蕊柱
3. 花被裂生（示花筒内部）

**2. 生物学特性**　细辛喜冷凉、阴湿环境，耐严寒，宜在富含腐殖质的疏松肥沃的土壤中生长，忌强光与干旱。以土质疏松、肥沃、富含腐殖质的壤土或沙壤土为宜。种子成熟采收后在 20～24℃ 条件下，湿度适宜，46～57d 完成形态后熟，在 17～21℃ 条件下萌发生根，生根后的细辛种子在 1～4℃ 条件下放置 50d 后给予适宜条件即可萌发。细辛是早春植物，可顶凌出土，当气温达 15℃ 以上时，生长迅速，超过 26℃ 或低于 5℃ 时生长受到抑制，最适宜的温度为 20～22℃。成龄植株出苗期可耐短时期 0℃ 低温，一年生刚出土幼苗当气温达到 0℃ 时，裸露则受冻害。细辛出土后叶和花蕾一齐生长，5 月进入花期，地上植株已长成，当年不再生长，6 月果实成熟落果后，地下根系转入迅速生长期。每年 9 月下旬至 10 月上中旬地上植株枯萎，随之进入冬季休眠，冬眠期能耐—40℃ 的低温。细辛虽是喜阴植物，但在生长发育期间仍需要有一定强度的光照，否则生长发育缓慢，产量低，病害多。因此，人工栽培细辛调节光照是主要管理措施。一般 1～2 生细辛小苗抗光力弱，遮阴可稍大些，郁闭度 0.6～0.7 为宜。3 年以上植株抗光力增强，郁闭度 0.5 为宜；林下和山地栽培细辛郁闭度 0.5～0.6 为宜，农田栽培细辛适宜郁闭度为 0.6 左右。光照过弱，植株生长发育缓慢，光照过强，叶片发黄，易发生日灼病，以致全株死亡。细辛属浅根系的药用植物，吸水能力较弱。野生细辛多生长在山中下部林荫湿润处。人工种植细辛应根据不同的生育时期注意调节水分。畦面土壤要经常保持湿润，土壤含水量在 30％～40％为宜。生育期间怕积水，小苗怕干旱，出苗前后遇到干旱，出苗、保苗率低。特别是细辛播种后至出苗前，畦面土壤要始终保持湿润。

通过长时期的生产实践观察和有效成分测定，北细辛从产量、抗逆性及总挥发油含量等方面，均略高于汉城细辛，已成为东北细辛的主要栽培种。许多研究表明，辽细辛有效成分总挥发油、甲基丁香酚、细辛脂素含量高于华细辛，马兜铃酸Ⅰ、黄樟醚含量低于华细辛。同种基源不同产地之间细辛药材的质量也存在显著差异。

细辛栽培种源为野生变家植后的混杂体，目前尚无人工育成的品种。据观察，北细辛栽培群体中存在多个变异类型，如叶片形状有心形、肾形、卵状心形、三角状心形等多个变型，茎色有绿色、紫色、青紫色等变型，花被筒、花被片均存在许多变异。同时植株的数量性状也存在较大的变异，从统计的四年生北细辛主要性状看，地上部鲜重、叶长、根长、须根数、根鲜重等 8 个性状中，除叶柄长，变异幅度均较大，变异系数在 21.5％～58.1％，其中须根数、地上鲜重、根鲜重变异相对较大，分别达到了 36.3％、48.2％和58.1％。中国农业科学院特产研究所培育出北细 01、北细 02、北细 03 三个品系，并对三个品系的产量及挥发油含量进行了观测，证明北细 03 为优良品系。

## 四、野生近缘植物

中国植物志记载细辛属植物约 90 种，分布于较温暖地区，主产于亚洲东部和南部，少数种类分布于亚洲北部、欧洲和北美洲。我国有 30 种，4 个变种，1 个变型，南部各地均有分布，长江流域以南各省份最多。我国细辛属植物资源目前作为药用植物资源研究较多并广泛应用及商品化生产的主要有华细辛、辽细辛和汉城细辛等。作为园艺观赏植物资源研究较多的有青城细辛 [A. splendens (Maekawa) C. Y. Cheng et C. S. Yang]。

**1. 汉城细辛**（A. sieboldii Miq. var. seoulense Nakai）　汉城细辛与北细辛形态特征相似，其不同之点是叶片均为卵状心形，先端急尖，叶柄基部有糙毛，叶背面密生较长的毛。花被筒缢缩不成圆形，表面有明显棱条纹，花浅绿色，微带紫色，花被片由基部开展，裂片三角状不向外翻卷，斜向上伸展。

**2. 华细辛**（A. sieboldii Miq.）　华细辛根状茎直立或横走，直径 2～3mm，节间长1～2cm，有多条须根。叶通常 2 枚，叶片心形或卵状心形，长 4～11cm，宽 4.5～13.5cm，先端渐尖或急尖，基部深心形，两侧裂片长 1.5～4cm，宽 2～5.5cm，顶端圆形，叶面疏生短毛，脉上较密，叶背仅脉上有背毛。叶柄长 8～18cm，光滑无毛；芽苞叶背肾圆形，长与宽各约 13mm，边缘疏被柔毛。花被紫黑色；花梗长 2～4cm；花被管钟状，直径 1～1.5cm，内壁有疏离纵行脊皱，花被裂片三角状卵形，长约 7mm，宽约10mm，直立或近平展。雄蕊着生子房中部，花丝与花药近等长或稍长，药隔突出，短锥形，子房半下位或几近上位，球状 6 室，花柱 6，较短，顶端 2 裂，柱头侧生。果半球形，假浆果，直径约 1.5cm，棕黄色，种子卵状，圆锥形，有硬壳，表面具黑色肉质的假种皮。花期 5 月，果熟期 6 月。

**3. 短尾细辛**（A. caudigerellum C. Y. Cheng et C. S. Yang var. rubellum Xu）　多年生草本。根茎横走，粗约 4mm，节间甚长。地上茎斜升。叶对生；叶柄长 4～18cm；芽

苞叶阔卵形；叶片心形，长 3～7cm，宽 4～10cm，先端渐尖或长渐尖，基部心形，上面深绿色，散生柔毛，脉上较密，下面仅脉上有毛，叶缘两侧在中部常向内弯。花被在子房以上合生成直径约 1cm 的短管，裂片三角状卵形，被长柔毛，先端常具短尖尾，长 3～4mm，通常向内弯曲；雄蕊长于花柱，花丝比花药稍长，药隔伸出成尖舌状；子房下位，近球状，被长柔毛，花柱先端辐射状 6 裂。蒴果肉质，直径约 1.5cm。花期 4～5 月。分布于湖北西部、四川、贵州和云南东北部，四川部分地区称苕叶细辛，生于海拔 1 600～2 100m 林下阴湿处或水边岩石上。具祛风散寒、温肺化痰、止痛功效。

**4. 铜钱细辛**（*A. debile* Franch.）　多年生草本，植株通常矮小。根茎横走。叶 2 片对生于枝顶；叶柄长 5～12cm；芽苞叶卵形，边缘密生睫毛；叶片心形，长 2.5～4cm，宽 3～6cm，先端急尖或钝，基部心形，叶缘在中部常内弯，上面深绿色，散生柔毛，脉上较密，下面浅绿色，光滑或脉上有毛。花紫色；花梗长 1～1.5cm，花被在子房以上合生，裂片宽卵形，被长柔毛；雄蕊 12，稀较少，与花柱近等长，花丝比花药长约 1.5 倍，药隔通常不伸出，稀略伸出；子房下位近球状，初有柔毛，后逐渐脱落，花柱顶端辐射状 6 裂，柱头顶生。花期 5～6 月。分布于安徽、湖北、陕西、四川，在湖北、陕西，四川部分地区称胡椒七或铜钱乌金，生于林下阴湿地或沟边。具发表散寒、温肺化痰、行气止痛、祛风除湿功效。

**5. 单叶细辛**（*A. himalaicum* Hook. f. et Thoms. ex Klotzsch）　多年生草本。根茎细长，节间长 2～3cm。叶互生，疏离；叶柄长 10～25cm，有毛；叶片心形或圆心形，长 4～8cm，宽 6.5～11cm，先端渐尖或短渐尖，基部心形，两面散生柔毛，下面和叶缘的毛较长。花被在子房以上有短管，裂片长圆卵形，上部外折，外折部分三角形，深紫色；雄蕊与花柱等长或稍长，花丝比花药长约 2 倍，药隔伸出，短锥形；子房半下位。花柱先端辐射状 6 裂，柱头顶生。蒴果近球形，直径约 1.2cm。花期 4～6 月。分布于湖北西部、陕西、甘肃、四川、贵州部分地区，称土癫蜘蛛香或水细辛。生于海拔 1 300～3 100m 的溪边林下阴湿地。

**6. 双叶细辛**（*A. caulescens* Maxim.）　多年生草本。根茎横走，节间长 3～5cm。地上茎匍匐。叶柄长 6～12cm；芽苞叶近圆形，边缘密生睫毛；叶片近心形，长 4～9cm，宽 5～10cm，先端常具 1～2cm 的尖头，基部心形，两侧裂片常向内弯接近叶柄，两面散生柔毛，下面毛较密。花紫色；花梗长 1～2cm，被柔毛；花被裂片三角状卵形，开花时上部向下反折；雄蕊和花柱上部常伸出花被之外，花丝比花药长约 2 倍，药隔锥尖；子房近下位，略成球状，花柱先端 6 裂，裂片倒心形，柱头着生于裂缝外侧。蒴果近球状，直径约 1cm，花期 4～5 月。分布于湖北、山西、甘肃、四川、陕西、贵州，湖北、陕西、甘肃、四川部分地区称乌金草或苕细辛。生于林下阴处。具祛风散寒、止痛、温肺化饮的功效。

**7. 川北细辛**（*A. chinense* Franch.）　多年生草本。根茎细长横走，节间长约 2cm。叶柄长 5～15cm；芽苞叶卵形，边缘有睫毛；叶片椭圆形或卵形，稀心形，长 3～7cm，宽 2.5～6cm，先端渐尖，基部耳状心形，上面绿色，或叶脉周围白色，形成白色网纹，稀中脉两旁有白色云斑，疏被短毛，下面浅绿色或紫红色。花紫色或紫绿色；花梗长约 1.5cm；花被管球状或卵球状，喉部缢缩，膜环宽约 1mm，内壁有格状网眼，有时横向皱褶不明显。花被裂片宽卵形，基部有密生细乳突排列成半圆形；花丝极短，药隔不伸出或稍伸出；子房近上位或半下位，花柱离生，柱头着生花柱先端或几近先端。花期 4～5 月。分布于四川东部、东北部，湖北西北部，生于林下或山谷阴湿地。

**8. 福建细辛**（*A. fukiense* C. Y. Cheng et C. S. Yang）　多年生草本，根茎短。叶柄长 7～17cm，被黄色柔毛；芽苞叶卵形，背面和边缘密生柔毛；叶片近革质，三角状卵形或长卵形，长 4.5～10cm，宽 4～7cm，先端急尖或短尖，基部耳状心形，上面深绿色，偶有白色云斑，仅沿中脉散生短毛，下面密生黄棕色柔毛。花绿紫色；花梗长 1～2.5cm，密生棕黄色柔毛；花被管圆筒状，外面被黄色柔毛，喉部不缢缩或稍缢缩，无膜环，内壁有纵行脊状皱褶，花被裂片阔卵形，开花时两侧反折，中部至基部有一半圆形淡黄色垫状斑块；药隔伸出，锥尖；子房下位，花柱离生，先端不裂，有时有一浅凹，柱头卵状，顶生或近顶生。蒴果卵球状，直径 7～17mm。花期 4～11 月。分布于安徽、浙江、江西、福建，江西、安徽部分地区称薯叶细辛或土里开花，生于林下或山谷阴湿地。

**9. 川滇细辛**（*A. delavayi* Franch.）　多年生草本，植株较粗壮。根茎横走。叶柄长可达 21cm，无毛或被疏毛；芽苞叶长卵形或卵形，边缘有睫毛；叶片长卵形、阔卵形或近戟形，长 7～12cm，宽 6～11cm，先端通常长渐尖，基部耳形或耳状心形，通常外展，有时互相接近或覆盖，上面深绿色或具白色云斑，稀时脉周围白色并成白色脉网，疏被短毛，或仅侧脉被毛，下面浅绿色，偶为紫红色。花大，紫绿色，直径 4～6cm，花梗长 1～3.5cm；花被管圆筒状，长约 2cm，中部直径约 1.5cm，向上逐渐扩展，喉部缢缩，膜环宽约 2mm，内壁有格状网眼，花被裂片阔卵形，基部有乳突状皱褶区；药隔伸出，宽卵形或锥尖；子房近上位或半下位，花柱 6，离生，先端 2 裂，柱头侧生。花期 4～6 月。分布于四川、云南东北部，四川峨眉称牛蹄细辛和土细辛，生于林下阴湿岩坡上。

**10. 尾花细辛**（原变种）（*A. caudigerum* Hance）　多年生草本，全株被散生柔毛。根茎粗壮。叶柄长 5～20cm，有毛；芽苞叶卵形或卵状披针形，背面和边缘密生柔毛；叶片阔卵形、三角状卵形或卵状心形，长 4～10cm，宽 3.5～10cm，先端急尖至长渐尖，基部耳状或心形，上面深绿色，疏被长柔毛，下面毛较密。花被绿色，被紫红色圆点状短毛丛；花梗长 1～2cm，有柔毛；花被裂片直立，喉部稍缢缩，内壁有柔毛和纵纹，花被裂片先端骤窄成细长尾尖，尾长可达 1.2cm，外面被柔毛；雄蕊比花柱长，花丝比花药长，药隔伸出，锥尖或舌状；子房下位，花柱先端 6 裂，柱头顶生。蒴果近球形，直径约 1.8cm，具宿存花被。花期 4～5 月，云南、广西可晚至 11 月。分布于云南、贵州部分地区，称土细辛。生于林下阴湿处或溪边。以根入药，具有温经散寒、化痰止咳、消肿止痛的功效。

# 第四节　薄　荷

## 一、概述

为唇形科薄荷属植物薄荷（*Mentha haplocalyx* Briq.）的干燥地上部分。味辛、性凉。具有散风热、清头目、利咽喉、透疹、解郁功效，主治风热表证、头痛目赤、咽喉肿痛、麻疹不透、隐疹瘙痒、肝郁肋痛。主要成分为薄荷醇即薄荷脑，此外，还含有黄酮类、三萜类、有机酸类、氨基酸类成分。

薄荷分布于全国各地并有栽培，野生资源分布于海拔 3 500m 以下潮湿谷地，喜温暖湿润气候，适生于年平均气温 14～18℃和降水量 800～1 500mm 地区。家种薄荷主产于江苏省南通、太仓、东台；浙江省的余杭、镇海、开化；上海市的嘉定、崇明；江西省的吉安、安福、泰和、吉水、永丰、宜春、九江；安徽省的宿州、六安、铜陵、太和；四川省的中江、金堂、三台、仁寿及河北省安国等地。其中江苏是薄荷的栽培中心，所产薄荷为道地药材。随着经济的发展，薄荷在生产区域分布上，经历了一个区域重心北移的过程。原产苏州郊区，后移至太仓；20 世纪 70 年代，生产区北移至南通沿江的特种经济作物区；90 年代又逐渐移至东台市东部一带，现已形成近 2 万 hm² 的生产规模，种植面积长期以来一直稳定在 4 000～4 700hm²，年总产量 750～900t，年总产值约 7 500 万元。在东台市，以原新曹镇（原新曹镇与原弶港镇合并成新的弶港镇）为中心的 2 万 hm² 薄荷油生产基地已经形成，基地年产量达 3 800t，年产值 3.8 亿元。

## 二、药用历史与本草考证

薄荷为我国常用传统中药，应用历史悠久，薄荷入药始见于《唐本草》，以后历代本草均有记载。在历代本草记载中薄荷的主要作用集中在辛能行，凉能清，治疗风热感冒和气血淤滞症。《唐本草》曰："主贼风伤寒发汗，恶气，心腹胀满，霍乱，宿食不消，下气。"《日华子诸家本草》："（薄荷）主中风失音吐痰及头风等。"《药性本草》云："去愤发气毒汗破血止痢通理关节。"《本草备要》云："薄荷，辛能行，凉能清。升浮能发汗，搜肝气而抑肺盛，消散风热，清利头目。治头痛头风，中风失音，痰漱口气，语涩舌苔。"但它们的用法有所不同。唐、宋、明时期，薄荷用于疏散风热，调利气血，但其在耳科中的应用为其特色之一，被记载为"小儿风热尤为要药"，《本草蒙筌》曰："辛，微苦，微凉。入手太阴，足厥阴经气分。散风热，清头目，利咽喉口齿鼻诸病。"《本草求真》曰："专入肝，兼入肾。气味辛凉，功专入肝和肾，故书载辛能发散，而于咽喉口齿眼耳，隐症、疥疮、惊热、骨蒸、血则妙。"薄荷的不良反应，在古代本草中时有记载，论及薄荷就曰："阴虚阳燥，肝阳偏亢，表虚多汗者忌服。"《图经本草》云："新大病差人不可食薄荷，以其能发汗，恐虚人耳。"《本草蒙筌》曰："新病差者忌服，恐致虚汗亡阳。"《本经逢原》云："（薄荷）然所用不过二三分，以其辛香伐气，多服久服，令人虚冷。"在《千金方》中更是有一则因服用薄荷而导致儿童死亡的详细记载。这原因很有可能是由于薄荷发散之力强，容易使人阳气虚弱，故薄荷不可大量食用。

关于薄荷的产地，历代本草也有记载。《证类本草》引《图经本草》记载云："薄荷旧木著所出州土，而今处处有之。"由此可见薄荷在宋朝就在全国各地有着广泛的分布。从现在的调查资料可知：在东北，有东北薄荷，兴安薄荷；在新疆，有灰薄荷，假薄荷（四川、西藏均产）；在南方各省，有南薄荷。品种不胜枚举。在薄荷之中，质量最好的当属江苏苏州的苏薄荷，古代本草记载的薄荷大多数肯定苏薄荷在薄荷品种中的地位。《千金方》载："藩荷，又方音之讹也，今入药多以苏州者为胜，故陈士良谓之吴菝苛以别胡薄荷也。"《本草纲目》曰："苏州所时者，茎小而气芳，江西者稍粗，川蜀者更粗。入药以苏产为胜，物类相感。"在《本草品汇精要》中还记载南京岳州亦为薄荷的道地产地，曰：

"出南京、岳州及苏州郡学者佳。"但此种说法没有得到后世本草的认可。

## 三、植物形态特征与生物学特性

**1. 形态特征** 薄荷为多年生草本植物，株高 30～100cm，全株有清凉香气，根状茎匍匐生长，茎直立或基部外倾，方形，有倒向微毛和腺点，叶对生，披针形，有时卵形或长圆形，长 3～7cm、宽 2～3cm，边缘有锯齿，两面有疏毛及黄色腺点。轮伞花序腋生，萼钟形，外被白色柔毛及腺点，10 脉，5 齿；花冠淡红紫色，二唇形，上唇 2 浅裂，下唇 3 裂；雄蕊 4，子房 4 裂，花柱着生于子房底。小坚果 4 个，卵球形，藏于宿萼内（图 4-4）。

**2. 生物学特性** 薄荷喜生于温和湿润、雨水充足、光照较足、霜期较短、雨热同季、四季分明的气候特征，根茎在 5～6℃萌发出苗，植株生长适宜温度为 15～30℃、气温在－2℃时，茎叶枯萎，要求年平均日照数 2 231.9h，降水量 1 042～1 800mm，生长良好。冬季在－30～－20℃的地区仍可安全越冬。薄荷的地下部分包括根茎和根。根茎发生于薄荷的茎基部，在适宜的温湿条

图 4-4　薄　荷
1. 茎的下部　2. 茎的上部　3. 花　4. 花萼展开
5. 花冠展开示雄蕊及雌蕊

件下，这些新根茎的节上，又会萌发出苗，薄荷苗生长到一定阶段，又长出新的根茎。根茎是没有休眠期的，只要环境条件适宜，一年四季均可发芽，长成植株。生产上用以作繁殖材料。根茎入土很浅，大部分都集中在土壤表层 15cm 左右的范围内，水平分布约 30cm，薄荷的根茎和茎的节上，还发生须根和气生根。须根集中在 15～20cm 的土层内，为薄荷吸收水分和养分的主要器官。薄荷的地上部分有直立茎、匍匐茎和叶片。直立茎上的腋芽萌发成分枝。而茎基部节上的芽能萌发成沿地面横向生长的匍匐茎。当头刀或二刀薄荷收割后，因改变了植株的顶端生长优势，茎节或匍匐茎上的芽均可萌发成新苗，并向上发生分枝，薄荷的叶片上生有油腺，分布在上、下表皮，以下表皮为多，是储藏发油的场所，叶片上油腺的密度关系到含油量的高低，薄荷产量和含油量的高低与品种、环境条件、栽培技术、收割时间等有密切关系。当植株生长到一定时期，在直立茎的茎节部位，开始开花，随着茎顶端的陆续生长，形成轮伞花序，薄荷每年开花一次，由于品种和地区的不同，花期有差异，一般的花期为 8～10 月，果期为 9～11 月。

薄荷既是常用中药，又是特种经济作物，由于长期的选育和培植，形成了许多栽培品种。不同栽培品种可分为紫茎和青茎两大类型。紫茎类型茎为紫色，幼苗期叶片为淡紫色，叶脉与叶缘为紫色或淡紫色，叶缘锯齿较尖而密，花色淡紫。该类型的品种生长势和

分枝能力较弱，抗逆性较差，原油产量不稳定，但质量好，含脑量高。品种有紫茎紫脉、江西 2 号、409、海香 1 号、龙脑薄荷等。青茎类型的茎在幼苗期为紫色，中、后期茎的上部为青色，下部为微紫色。幼苗期叶为圆形，中、后期为椭圆形，绿色；叶脉为青白色。花色淡紫。该类型植株生长势旺，分枝能力强，原油产量较稳定，但质量较差。品种有青茎圆叶、江西 1 号、68 - 7 等。各地栽培的薄荷品种繁多，如江苏栽培的薄荷通常称苏薄荷或仁丹草，主要品种有龙脑薄荷（花紫色，雄蕊超出花冠，茎粗长，扭曲呈螺旋状），红叶臭头（花淡紫色，雄蕊短于花冠，茎紫色，较粗，叶较大，先端锐尖），白叶臭头（花淡紫色，雄蕊超出花冠，茎绿色，叶较大，淡绿色），大叶青种（花期迟，雄蕊超出花冠，茎绿色，叶大，绿色，植株高大），小叶黄种（茎紫色，较细短，叶较小，黄绿色，中脉两侧常有紫色斑迹，花深紫，雄蕊内藏），83 - 1 薄荷（茎淡青色，地下茎粗壮发达，青白色，叶主脉略带紫色，侧脉青色，叶顶圆形，叶缘锯齿细密，花洁白，雄蕊短于花冠），海香 1 号薄荷（茎在苗期为紫色，中后期下部紫色，上部为绿色。叶片有紫色镶边，叶脉微内陷，微紫。匍匐茎长，紫色，不发达，花淡紫色），海选（江苏省海门市农业科学研究所选育，该品种茎在苗期为紫色，特点是生长势旺，需肥量少，品质好，该品种属紫茎类型，出油率高，品质较好，香气纯），7 - 38 薄荷（该品种属青茎类型，为上海香料工业科学研究所培育的一个高产油品种，主要特征是分枝较多，节间短，叶大腺鳞分布较密。现已推广于江苏、安徽、河南等地，种植面积大，抗逆性强，产量高，出油率高）；北京栽培的有平叶留兰香，云南楚雄栽培的有楚薄荷等。

## 四、野生近缘植物

唇形科薄荷属与薄荷药用功效相同或相似的野生近缘种包括东北薄荷、兴安薄荷、假薄荷、灰薄荷、留兰香等。

**1. 东北薄荷** ［*M. sachalinensis* (Briq.) Kudo］多年生草本。茎直立，高 50～100cm，下部数节具纤细的须根及水平匍匐根茎，钝四棱形，微具槽，具条纹，棱上密被倒向柔毛，不分枝或稍分枝。叶片椭圆状披针形，长（2.5～）4～9cm，宽 1～3.5cm，先端变锐尖，基部渐狭，边缘有规则的浅锯齿，侧脉 5～6 对，与中肋在上面略凹陷下面稍凸出，两面沿脉上被微柔毛，余部具腺点，边缘具小纤毛，叶柄长 0.5～1.5cm，上面具槽，下面圆形，被微柔毛；苞叶近于无柄，近披针形。轮伞花序腋生，多花密集，轮廓球形，花时径 1.5cm，具极短的梗；小苞片线形至线状披针形，长 3～4mm，具缘毛；花梗长 2mm，无毛。花萼钟形，花时长 1.5mm，外密被长疏柔毛及黄色腺点，内面在萼口及齿上被长疏柔毛，余部无毛，萼齿长三角形，长 1.5mm，先端锐尖。花冠淡紫或浅紫红色，长 4mm，外略被长疏柔毛，内面在喉部被疏柔毛，冠檐具 4 裂片，裂片卵状长圆形，上裂片微凹。雄蕊 4，前对略长，伸出花冠很多，长约 5mm，花丝丝状，无毛，花药近圆形，2 室，室略叉开。花柱略超出雄蕊，先端相等 2 浅裂。花盘平顶。小坚果长圆形，黄褐色，无毛，无肋。花期 7～8 月，果期 9 月。产于黑龙江、吉林、辽宁、内蒙古。生于海拔 170～1 100m 河旁、湖旁、潮湿草地。前苏联远东地区，日本北部也有。全草入药，味辛，性凉。用于外感风热，头痛，咽喉肿痛，牙痛。

**2. 兴安薄荷**（*M. dahurica* Fisch. et Benth.） 多年生草本。茎直立，高 30～60cm，

单一，稀有分枝，向基部无叶，基部各节有纤细须根及细长的地下枝，沿棱上被倒向微柔毛，四棱形，具槽，淡绿色，有时带紫色。叶片卵形或长圆形，长 3cm，宽 1.3cm，先端锐尖或钝，基部宽楔形至近圆形，边缘在基部以上具浅圆齿状锯齿或近全缘，近膜质，上面绿色，通常沿脉上被微柔毛，余部无毛或疏生微柔毛，下面淡绿色，脉上被微柔毛，余部具腺点；叶柄长 7～10mm，扁平，上面略具槽，被微柔毛。轮伞花序 5～13 花，具长 2～10mm 的梗，通常茎顶 2 个轮伞花序聚集成头状花序，该花序长超过苞叶，而其下 1～2 节的轮伞花序稍远隔；小苞片线形，上弯，被微柔毛；花梗长 1～3mm，被微柔毛。花萼管状钟形，长 2.5mm，外面沿脉上被微柔毛，内面无毛，10～13 脉，明显，萼齿 5，宽三角形，长 0.5mm，具微尖头，果时花萼宽钟形。花冠浅红或粉紫色，长 5mm，外面无毛，内面在喉部被微柔毛，自基部向上逐渐扩大，冠檐 4 裂，裂片长 1mm，圆形，先端钝，上裂片明显 2 浅裂。雄蕊 4，前对较长，等于或稍伸出花冠，花丝丝状，略被须毛，花药卵圆形，紫色，2 室。花柱丝状，长约 5mm，先端扁平，相等 2 浅裂，裂片钻形。花盘平顶。子房褐色，无毛。花期 7～8 月。产黑龙江、吉林、内蒙古东北。生于海拔 650m 草甸上。药用功效同薄荷。

**3. 假薄荷**（*M. asiatica* Boriss.）　又名香薷草。多年生草本，高（30～）50～120（～150）cm；根茎斜行，节上生根；全株被短茸毛，具臭味。茎直立，稍分枝，大多较纤细，钝四棱形，密被短茸毛。叶片长圆形，椭圆形或长圆状披针形，长 3～8cm，宽 1～2.5cm，有时短于节间，有时对折而向下弯，先端急尖，基部常圆形乃至宽楔形，两面为灰蓝色，下面较浅，两面被贴生的短茸毛，由皱波状、短而细、无横缢的少节毛所组成，下面尚被腺点，边缘疏生浅而不相等的牙齿，脉在上面凹陷下面多少明显；叶柄长 0.5mm 至近于无柄，密被短茸毛。轮伞花序在茎及分枝的顶端集合成圆柱状先端急尖的穗状花序，此花序长 3～8cm，宽 1～1.5cm，位于下部的轮伞花序有时较远隔；苞片小，线形或钻形，长 0.5～0.7cm，有时超出轮伞花序，密被短茸毛，小苞片钻形，与花萼近等长；花梗长约 1mm，被短柔毛。花萼钟形或漏斗形，长 1.5～2mm，外面多少带紫红，被贴生的短柔毛，内面无毛，脉不明显，萼齿 5，线形，果时靠合。花冠紫红色，长 4～5mm，外面于伸出萼筒部分被疏柔毛，内面无毛，冠筒向上渐宽大，冠檐 4 裂，上裂片长圆状卵形，长 2mm，宽 1.5mm，先端微凹，其余 3 裂片长约 1mm。雄蕊 4，雄花者伸出，雌花者内藏。花柱伸出花冠很多，先端 2 浅裂。花盘平顶。小坚果褐色，卵珠形，长 1mm，顶端被疏柔毛，具小窝孔。花期 7～8 月，果期 8～10 月。产于新疆、四川西北部及西藏。生于海拔 50～3 100m 河岸、潮湿沟谷、田间及荒地上，常成片生长。药用功效同薄荷。

**4. 灰薄荷**（*M. vagans* Boriss.）　多年生草本，高 40～80cm；根茎斜行，节上生根；植株全体密被灰白茸毛。茎直立，钝四棱形，密被茸毛，老时脱落，带紫红色，基部近圆柱形，撕裂，多分枝，分枝叉开，伸长，密被灰白茸毛。叶片椭圆形或长圆形，长 1～2.5cm，宽 0.5～1.3cm，通常短于节间，有时对折而下弯，先端锐尖或稍钝，基部圆形至浅心形，边缘为锯齿状牙齿，两面密被灰白茸毛，叶脉在上面不明显但在下面明显隆起；叶柄极短，长约 1mm，腹凹背凸，密被灰白茸毛。轮伞花序在茎及分枝顶端密集成圆柱形的穗状花序，此花序长 2～2.5cm，径约 8mm，位于下部的轮伞花序间或稍隔离；

苞片丝状，纤细，外被微柔毛，内面无毛；花梗长约 1mm，纤细，被微柔毛。花萼钟形，花时连齿长 2mm，外被皱曲的疏柔毛，内面无毛，脉 5，不明显，萼齿 5，披针形，长 0.5mm，先端刺尖，果时闭合。花冠长 3～3.5mm，外面在裂片上被疏柔毛，内面无毛，冠檐 4 裂，上裂片长圆状卵形，长 1.5mm，先端微凹，其余 3 裂片卵圆形，较短，近等大。雄蕊 4，伸出，花丝丝状，着生于冠筒中部，无毛，花药卵圆形，2 室。花柱丝状，先端 2 裂。花盘平顶。小坚果卵圆状，长 0.6mm，宽 0.5mm，先端圆，褐色，微被毛，具小窝孔。花期 7～8 月。产于新疆。生于河岸。药用功效同薄荷。

**5. 留兰香**（*M. spicata* L.） 又名绿薄荷、香花菜、香薄荷（广东），青薄荷、血香菜（贵州毕节），狗肉香（贵州都匀、独山），土薄荷（贵州黎平），鱼香菜（贵州独山），鱼香、鱼香草（四川），绿薄荷、狗肉香菜（广西百色），假薄荷（广西德保），土薄荷、香花菜（云南文山）。多年生草本。茎直立，高 40～130cm，无毛或近于无毛，绿色，钝四棱形，具槽及条纹，不育枝仅贴地生。叶无柄或近于无柄，卵状长圆形或长圆状披针形，长 3～7cm，宽 1～2cm，先端锐尖，基部宽楔形至近圆形，边缘具尖锐而不规则的锯齿，草质，上面绿色，下面灰绿色，侧脉 6～7 对，与中脉在上面多少凹陷下面明显隆起且带白色。轮伞花序生于茎及分枝顶端，呈长 4～10cm、间断但向上密集的圆柱形穗状花序；小苞片线形，长过于花萼，长 5～8mm，无毛；花梗长 2mm，无毛。花萼钟形，花时连齿长 2mm，外面无毛，具腺点，内面无毛，5 脉，不显著，萼齿 5，三角状披针形，长 1mm。花冠淡紫色，长 4mm，两面无毛，冠筒长 2mm，冠檐具 4 裂片，裂片近等大，上裂片微凹。雄蕊 4，伸出，近等长，花丝丝状，无毛，花药卵圆形，2 室。花柱伸出花冠很多，先端相等 2 浅裂，裂片钻形。花盘平顶。子房褐色，无毛。花期 7～9 月。原产南欧、加那利群岛、马德拉群岛、前苏联。我国新疆有野生。植株含芳香油，含油率 0.6%～0.7%，其油称留兰香油或绿薄荷油，主要成分为香旱芹子油萜酮（含量为60%～65%），此外也有柠檬烯、水芹香油烃等，主用于糖果、牙膏用香料，也供医药用。叶、嫩枝或全草也入药，治感冒发热、咳嗽、虚劳咳嗽、伤风感冒、头痛、咽痛、神经性头痛、胃肠胀气、跌打瘀痛、目赤辣痛、鼻衄、乌疗、全身麻木及小儿疮疖。嫩枝、叶常作调味香料食用。

# 第五节 草麻黄（麻黄）

## 一、概述

麻黄为麻黄科麻黄属植物草麻黄（*Ephedra sinica* Stapf）、中麻黄（*E. intermedia* Schrenk et C. A. Mey）或木贼麻黄（*E. equisetina* Bge.）的干燥草质茎。麻黄地上部分主要含麻黄生物碱类、噁唑酮类生物碱、挥发油和酮类化合物，以麻黄碱为主，伪麻黄碱含量较少。味辛、微苦，温；归肺、膀胱经。具有发汗散寒、宣肺平喘、利水消肿的功效。用于风寒感冒，胸闷喘咳，风水浮肿，支气管哮喘。

麻黄科仅 1 属，约 40 种，分布于亚洲、美洲、欧洲东南部及非洲北部等干旱、荒漠地区。我国有 12 种、4 变种，分布区较广，除长江下游及珠江流域各省、自治区外，其他各地皆有分布，以西北各省份及云南、四川等地种类较多；常生于干旱山地及荒漠中。

在 20 世纪 90 年代以前，作为临床使用的中药材和提取麻黄碱的工业原料，麻黄的来源都是野生，为了遏制滥采滥挖对麻黄植物资源和生态环境造成的极大破坏，从 20 世纪 90 年代后，麻黄草才逐渐转入人工栽培。目前市场上销售的药材中，野生品和栽培品均有，栽培品主要来自于宁夏、内蒙古、甘肃、新疆，栽培的种以草麻黄和中麻黄为主。到目前为止，我国野生麻黄的驯化栽培技术已基本成熟，全国人工种植面积约 4 000hm²，其中宁夏种植约 1 333.3hm² 左右，内蒙古鄂托克前旗和鄂托克旗、杭锦旗等地共种植约 1 333.3hm²，甘肃、新疆、青海等省零星种植约 1 333.3hm² 左右，这对该地区生态环境的恢复和经济发展起到了积极作用。

## 二、药用历史与本草考证

麻黄始载于《神农本草经》，列为中品。陶弘景云："今出青州、彭城、荥阳，中牟者为胜，色青而多沫。"苏敬云："郑州鹿台及关中沙苑河旁沙洲上太多。其青徐者今不复用，同州沙苑最多也。"段成式《酉阳杂俎》云："麻黄茎端开花，花小而黄，簇生。子如覆盆子，可食。至冬枯死如草，及春却青。"苏颂在《图经本草》中说："生晋地和河东，今近京多有之，以荥阳、中牟者为胜。苗春生，至夏五月则长及一尺以来。梢上有黄花，结实如百合瓣，而小，又似皂荚子，味甜，微有麻黄气，外红皮裹仁子黑，根紫赤色。俗说有雌雄二种，雌者于三月、四月（农历）内开花，六月内结子。雄者无花，不结子。至立秋后采收其茎阴干，令青。"《本草纲目》将其列入草部，除引用上述本草对麻黄的记载外，还对麻黄根的形色作了补充，"其根皮色黄赤，长者近尺。"

从苏颂的描述来看，无论是雌雄异株，还是植株大小，也接近于今之 *Ephedra sinica*。根据上述《酉阳杂俎》对于植物高度以及花、果的形色气味等描述，均与草麻黄一致。又根据本草所载麻黄的产地及生境，结合现今的调查，可见古时所用麻黄主要是草麻黄，可能也包括木贼麻黄及异株矮麻黄。

麻黄属植物在我国分布较广。不同时期本草著作所强调的道地产区颇有不同。《本经》《名医别录》谓："麻黄生晋地（山西境内）及河东（河北境内）。"《范子计然》云："出汉中三辅。"其地在山西、河北、河南、陕西一带。陶弘景、苏敬对麻黄的产区也有较准确的描述，可见初唐麻黄产地集中在河南、陕西两处。据清代所修方志，产出麻黄的省份除河南外，尚有山东、陕西、云南、北京、内蒙古。《伪药条辨》云："麻黄，始出晋地，今荥阳、汴州、彭城诸处皆有之。"曹炳章增订云："麻黄，九十月出新。山西大同府、代州、边城出者肥大，外青黄而内赤色为道地，太原陵县及五台山出者次之，陕西出者较细，四川滑州出者黄嫩，皆略次，山东、河南出者亦次。惟关东出者，细硬芦多不入药。"至此，山西完全取代了河南的位置，成为麻黄道地产区，这基本与现代的情况一致。至于今天内蒙古麻黄产出，最早记载见于《钦定热河志》卷九十四引《元一统志》："（大宁路）大宁、惠和、武平、龙山四县，高州、松州土产麻黄。"

综上所述，南北朝至明代，麻黄以河南开封、郑州所出者为最优，清末民国开始逐渐以山西大同为道地，晚近则以内蒙古产出较多，目前，人工种植品则以宁夏、内蒙古、甘肃为主。

### 三、植物形态特征与生物学特性

**1. 形态特征**　草本状灌木，高 20～40cm；木质茎短或呈匍匐状，小枝直伸或微曲，表面细纵槽纹常不明显，节间长 2.5～5.5cm，多为 3～4cm，径约 2mm。叶 2 裂，鞘占全长 1/3～2/3，裂片锐三角形，先端急尖。雄球花多成复穗状，常具总梗，苞片通常 4 对，雄蕊 7～8，花丝合生，稀先端稍分离；雌球花单生，在幼枝上顶生，在老枝上腋生，常在成熟过程中基部有梗抽出，使雌球花呈侧枝顶生状，卵圆形或矩圆状卵圆形，苞片 4 对，下部 3 对合生部分占 1/4～1/3，最上一对合生部分达 1/2 以上；雌花 2，胚珠的珠被管长 1mm 或稍长，直立或先端微弯，管口隙裂窄长，占全长的 1/4～1/2，裂口边缘不整齐，常被少数茸毛。雌球花成熟时肉质红色，矩圆状卵圆形或近于圆球形，长约 8mm，径 6～7mm；种子通常 2 粒，包于苞片内，不露出或与苞片等长，黑红色或灰褐色，三角状卵圆形或宽卵圆形，长 5～6mm，径 2.5～3.5mm，表面具细皱纹，种脐明显，半圆形（图 4-5）。花期 5～6 月，种子 8～9 月成熟。

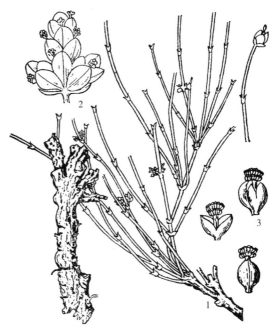

图 4-5　草麻黄
1. 雌球花枝　2. 雄球花　3. 雄花

产于辽宁、吉林、内蒙古、河北、山西、河南西北部及陕西等省、自治区。适应性强，习见于山坡、平原、干燥荒地、河床及草原等处，常组成大面积的单纯群落。

**2. 生物学特性**　麻黄属于多年生植物，雌雄异株，野生麻黄生长于荒漠、沙滩、山坡或草地，具有耐寒、耐旱、耐盐和抗风沙的特性，是一种适中湿、浅水、旱生的灌木植物。它不仅可以忍受40℃的高温及连续长达 100d 30℃以上的日平均气温和十分稀少的年降水量，蒸发量却相当大（相当于降水量的 30 多倍）的极端干旱、炎热，而且可以安全度过 -35℃的寒冷冬季。对土壤基质的要求不严，能在盐土、碱土、沙土等非地带性土壤中成为建群种、亚建群种、伴生种。

麻黄主要以种子繁殖，种子发芽的适宜温度为 25～30℃，发芽期需半个月，发芽率约 63%。苞片内含有抑制发芽的物质，播种时应去掉苞片。在安全水分范围内，常温下种子寿命不超过 2 年。据观察，麻黄有着非常发达的地下横走茎，茎上的节可萌发出苗，形成一个新的植株，因此，也可利用地下横走茎、分株、地上枝条进行无性繁殖。

麻黄属于多年生植物，从种子萌发到开花结实需要 3 年时间。第一年，种子在适宜的温度、水分条件下出土。刚出土的幼苗只有两片针形的子叶，半个月后长出主枝，从主枝的节间叶腋处长出一级侧枝，一级侧枝上又会萌发二级侧枝，以此类推，形成植株。在水肥较好的条件下，当年地上部分可长 20cm，根长 30cm。第二年 3 月中旬，腋芽与越冬芽鳞片分化并膨大，4 月上旬出芽生长，5～7 月为速生期。此期，植株高度不断增加，分枝、分蘖大量出现，一株地上部有 10～20 个分枝，高 20～30cm，根深度 50～100cm。第三年进入生殖生长期。5 月上旬现蕾，5 月中下旬始花，5 月下旬至 6 月上旬为盛花期，花期 30～40d。7 月中旬果实成熟，果期 50～60d。8 月中旬至 10 月中旬为果后营养生长期，10 月中下旬进入休眠期。

药典所规定的 3 种麻黄中，以草麻黄和木贼麻黄的总生物碱含量最高，中麻黄的总生物碱含量较高，3 种麻黄的总生物碱含量均高于 1.0% 的药典标准。

## 四、野生近缘植物

除草麻黄、中麻黄和木贼麻黄外，麻黄属在我国尚有 9 种、2 变种。在西北分布广的还有膜果麻黄、斑子麻黄，但这两者生物碱含量低，不堪入药。单子麻黄以及西藏中麻黄与草麻黄、木贼麻黄的总生物碱含量均较高（其中木贼麻黄和单子麻黄的总生物碱含量均超过 2.0%）；山岭麻黄、藏麻黄、异株矮麻黄的总生物碱含量低于草麻黄，但各生物碱之间的比例与草麻黄的接近，适当增加用量可以作为麻黄入药，丽江麻黄中总生物碱含量与草麻黄相似，但各种生物碱的含量之比随产地不同有所差别，云南丽江产者含伪麻黄碱较多，而四川西南部产者含麻黄碱较多。

**1. 中麻黄**（*E. intermedia* Schrenk et C. A. Mey） 灌木，高 20～100cm；茎直立或匍匐斜上，粗壮，基部多分枝；绿色小枝常被白粉呈灰绿色，径 1～2mm，节间通常长 3～6cm，纵槽纹较细浅。叶 3 裂及 2 裂混见，下部约 2/3 合生成鞘状，上部裂片钝三角形或窄三角披针形。雄球花通常无梗，数个密集与节上成团状，稀 2～3 个对生或轮生于节上，具 5～7 对交叉对生或 5～7 轮（每轮 3 片）苞片，雄花有雄蕊 5～8 枚，花丝全部合生，花药无梗；雌球花 2～3 成簇，对生或轮生于节上，无梗或有短梗，苞片 3～5 轮（每轮 3 片）或 3～5 对交叉对生，通常仅基部合生，边缘常有明显膜质窄边，最上一轮苞片有 2～3 雌花；雌花的珠被管长 3mm，常呈螺旋状弯曲。雌球花成熟时肉质红色，椭圆形、卵圆形或矩圆状卵圆形，长 6～10mm，径 5～8mm；种子包于肉质红色的苞片内，不外露，3 粒或 2 粒，形状变异颇大，常呈卵圆形或长卵圆形，长 5～6mm，径约 3mm。花期 5～6 月，种子 7～8 月成熟。产于辽宁、河北、山东、内蒙古、山西、陕西、甘肃、青海及新疆等省、自治区，以西北各地最为常见。抗旱性强，生于海拔 100～2 000m 的干旱荒漠、沙滩地区及干旱的山坡或草地上。

**2. 木贼麻黄**（*E. equisetina* Bge.） 直立小灌木，高达 1m，木质茎粗长，直立，稀部分匍匐状，基部径 1～1.5cm，中部茎枝一般径 3～4mm；小枝细，径约 1mm，节间短，长 1～3.5cm，多为 1.5～2.5cm，纵槽纹细浅不明显，常被白粉呈蓝绿色或灰绿色。叶 2 裂，长 1.5～2mm，褐色，大部合生，上部约 1/4 分离，裂片短三角形，先端钝。雄球花单生或 3～4 个集生于节上，无梗或开花时有短梗，卵圆形或窄卵圆形，长 3～4mm，宽 2～3mm，苞片 3～4 对，基部约 1/3 合生，假花被近圆形，雄蕊 6～8，花丝全部合生，微外露，花药 2 室，稀 3 室；雌球花常 2 个对生于节上，窄卵圆形或窄菱形，苞片 3 对，菱形或卵状菱形，最上一对苞片约 2/3 合生，雌花 1～2，珠被管长 2mm，稍弯曲。雌球花成熟时肉质红色，长卵圆形或卵圆形，长 8～10mm，径 4～5mm，具短梗，种子通常 1 粒，窄长卵圆形，长约 7mm，径 2.5～3mm，顶端窄缩成颈柱状，基部渐窄圆，具明显的点状种脐与种阜。花期 6～7 月，种子 8～9 月成熟。产于河北、山西、内蒙古、陕西西部、甘肃及新疆等省份。生于干旱地区的山脊、山顶及岩壁等处。

**3. 单子麻黄**（*E. monosperma* Gmel. ex Mey）　草本状矮灌木，高 5～15cm。地下茎发达，分枝，有节，棕红色。木质茎短小，长 1～5cm，多分枝；绿色小枝开展或稍开展，常弯，仅具 2～3 节间，光滑，具浅沟纹。叶 2 枚，连合成 1～2mm 长的筒鞘，上部裂至 1/3，裂片三角形。雄球花具极短梗，生下部节上，对生或单朵，阔卵形，具 2～3 对苞片，每苞片腋部各具 1 朵花；苞片淡黄绿色，阔卵形；假花被与苞片同色，薄膜质，阔卵形，雄蕊柱连合成单体，花粉囊 6～7 枚；雌球花单生或对生，苞片 2～3 对，肉质，淡红褐色。种子 1 粒，外露，狭卵形，褐色，两面微凸，基部具纵纹。花期 6 月，种子 8 月成熟。该植物含微量生物碱，可供药用。单子麻黄产于黑龙江、吉林、辽宁、内蒙古、河北、山西、陕西、甘肃、宁夏、青海、新疆、四川及西藏等地。多生于海拔 400～2 500m 的干旱山坡石缝中或林木稀少的干旱地区，无人工栽培。

**4. 西藏中麻黄**（*E. intermedia* var. *tibetica* Stapf）　中麻黄的一个变种。灌木，高达 1m 以上；茎枝粗壮，常直立或外展；绿色小枝多被白粉，有明显纵沟，直径约 2mm。叶多 2 裂，间有 3 裂，裂片短，占全叶 1/4～1/3。花药常有极短的离生花丝；雌球花苞片 2～3 对，常有较宽的膜质边缘。含微量生物碱，可供药。产于西藏东部至西部、新疆西南部。野生于干燥贫瘠的土壤上。

**5. 山岭麻黄**（*E. gerardiana* Wall.）　矮小灌木，高 5～15cm。木质茎常横卧或倾斜于土中，形如根状茎，茎约 1cm，皮红褐色，纵列为不规则的条状薄片剥落，先端有少数短的分枝，伸出地面成粗大节结状；地上小枝绿色，短，直伸向上，通常仅具 1～3 个节间，纵槽纹明显，节间长 1～1.5cm，径 1.5～2mm。叶 2 裂，长 2～3mm，下部约 2/3 合生，裂片三角形或扁圆形，幼时中央深绿色，后渐变成膜质浅褐色，开花时节上之叶常已干落。雄球花单生于小枝中部的节上，长 2～3mm，径约 2mm，苞片 2～3 对（多为 2 对），雄花具 8 枚雄蕊，花药细小，花丝全部合生，约 1/2 伸于假花被之外；雌球花单生，无梗或有梗，具 2～3 对苞片，苞片 1/4～1/3 合生，基部一对最小，菱形或略呈圆形，上部一对最大，窄椭圆形；雌花 1～2，珠被管短，长不及 1mm，裂口微斜。雌球花成熟时肉质红色，近圆球形，长 5～7mm。种子 1～2 粒，先端外露，矩圆形或倒卵状矩圆形，长 5～6mm，径约 3mm。花期 7 月，种子 8～9 月成熟。在西藏分布较广，野生于海拔 3 900～5 000m 地带之干旱山坡。

**6. 丽江麻黄**（*E. likiangensis* Florin）　灌木，高 50～150cm。茎粗壮，直立；绿色小枝较粗，多直伸向上，稀稍平展，多成轮生状，节间长 2～4cm，径 1.5～2.5mm，纵槽纹粗深明显。叶 2 裂，稀 3 裂，下部 1/2 合生，裂片钝三角形或窄尖，稀较短钝。雄球花密生于节上成圆团状，无梗或有细短梗，苞片通常 4～5 对，稀 6 对，基部合生，假花被倒卵状矩圆形，雄蕊 5～8，花丝全部合生，微外露或不外露；雌球花常单个对生于节上，具短梗，苞片通常 3 对，下面 2 对的合生部分均不及 1/2，最上一对则大部合生，雌花

1～2，珠被管短直，长不及1mm；雌球花成熟时宽椭圆形或近圆形，长8～11mm，径6～10mm；苞片肉质红色，最上一对常大部合生，分离部分约1/5或更少，雌球花成熟过程中基部常抽出长梗，最上一对苞片包围种子，种子1～2粒，椭圆状卵圆形或披针状卵圆形，长6～8mm，径2～4mm。花期5～6月，种子7～9月成熟。产于云南西北部、贵州西部、四川西部及西南部、西藏东部海拔2 400～4 000m之高山及亚高山地带。多生于石灰岩山地上。

# 第六节　草　珊　瑚

## 一、概述

为金粟兰科草珊瑚属植物草珊瑚［*Sarcandra glabra*（Thunb.）Nakai］的全株。草珊瑚产生于山沟、溪谷、林下阴湿地，分布于华东、中南、西南，夏秋季采收。有抗菌消炎、祛风通络、活血散结之功效。可用于治疗肺炎、阑尾炎、蜂窝组织炎、风湿痹痛、跌扑损伤、肿瘤等。

## 二、药用历史与本草考证

本品始载于《汝南圃史》，原名草珊瑚，又名观音茶、接骨木、九节风、九节茶等。苗族人称其为"豆里欧确"。味辛、苦，性平。归肝、大肠经。具有清热解毒、祛风除湿、活血散瘀、接骨等作用。苗医在长期的医疗实践中，总结出用它来治疗风湿痹痛、胶体麻木、跌打损伤、骨折、妇女痛经、肺炎、急性阑尾炎、急性胃肠炎、菌痢、胆囊炎、脓肿等疾病具有良好的疗效。

## 三、植物形态特征与生物学特性

**1. 形态特征**　多年生常绿半灌木，高50～120cm。茎与枝均有膨大的节。叶革质，椭圆形、卵形至卵状披针形，长6～17cm，宽2～6cm，顶端渐尖，基部尖或楔形，边缘具粗锐锯齿，齿尖有一个腺体，两面均无毛；叶柄长0.5～1.5cm，基部合成鞘状。托叶钻形。穗状花序顶生，通常分枝，多少成圆锥花序状，连总花梗长1.5～4cm；苞片三角形；花黄绿色；雄蕊1枚，肉质，棒状至圆柱状，花室2室，生于药隔上部之两侧，侧向或有时内向；子房球形或卵形，无花柱，柱头近头状。核果球形，直径3～4mm，熟时亮红色（图4-6）。花期6月，果期8～10月。草珊瑚产于安徽、浙江、江西、福建、台湾、广东、湖南、四川、贵州和云南。

图4-6　草珊瑚

**2. 生物学特性**　野生草珊瑚常生长于海拔 400～1 500m 的山坡、沟谷常绿阔叶林下阴湿处。适宜温暖湿润气候,喜阴凉环境,忌强光直射和高温干燥。喜腐殖质层深厚、疏松肥沃、微酸性的沙壤土,忌贫瘠、板结、易积水的黏重土壤。草珊瑚多为须根系,常分布于表土层,采收时易连根拔起。根部萌蘖能力强,常从近地面的根颈处发生分枝,而使植株呈丛生状。种子育苗的植株,定植后第二年开始结果。

## 四、野生近缘植物

**海南草珊瑚**［*S. glabra*（Thunb.）Nakai ssp. *brachystachys*（Bl.）Verd.］　常绿半灌木,高 1～1.5m,茎直立,无毛。叶纸质,椭圆形、宽椭圆形至长圆形,长 8～20cm,宽 3～8cm,顶端急尖至短渐尖,基部宽楔形,边缘除近基部外有钝锯齿,齿尖有一腺体;侧脉 5～7 对,两面稍凸起,叶柄长 0.6～2cm,基部合生成一鞘,托叶钻形。穗状花序顶生,分枝少,对生,多少成圆锥花序状;苞片三角形或卵圆形,雄蕊 1 枚,药隔背腹压扁成卵圆形,顶端常微凹,花药 2 室,药室几乎与药隔等长,侧生,子房卵形,无花柱,柱头具小点。核果卵形,长约 4mm,幼时绿色,熟时橙红色。花期 10 月至翌年 5 月,果期 3～8 月。产于广东、广西和云南。生于海拔 400～1 550m 山坡、沟谷林下阴湿处。

# 第七节　穿　心　莲

## 一、概述

本品为爵床科穿心莲属植物穿心莲［*Andrographis paniculata*（Burm. f.）Nees］的干燥地上部分。其性寒,味苦。具有清热解毒、凉血、消肿等作用。用于治疗感冒发热、咽喉肿痛、口舌生疮、顿咳劳嗽、泄泻痢疾、热淋涩痛、痈肿疮疡、毒蛇咬伤等症,治疗扁桃体炎、咽喉炎、流行性腮腺炎、支气管炎、肺炎、百日咳、急性胃肠炎、泌尿系感染等病。主要化学成分为穿心莲内酯（穿心莲乙素）、14-去氧穿心莲内酯（穿心莲甲素）、新穿心莲内酯（穿心莲丙素）等二萜内酯类及木蝴蝶素 A、汉黄芩素等黄酮类,另含穿心莲烷、穿心莲酮、穿心莲甾醇、甾醇皂苷、糖类、酚类等成分,其中二萜内酯类为穿心莲的主要药理作用成分。

穿心莲原产于印度、斯里兰卡、巴基斯坦、缅甸、泰国、越南、印度尼西亚等地,在东亚及东南亚地区使用较为广泛。自引种至我国后,在长江以南的诸多省份广泛种植;现长江流域、山东、北京、西北等地也有引种栽培,但因气候条件影响,达不到诱导其花芽分化及开花的要求,很难形成种子,内酯类成分含量低。目前以广东汕头、潮州、揭阳、湛江、广州、阳春、清远、化州,广西贵港、玉林、靖西,安徽临泉,福建漳浦,四川泸州、宜宾、攀枝花等地栽培面积较大,成为国内穿心莲主要种植生产基地;其余地区如江西、海南、云南、湖南、浙江等地也有栽培,但面积较小。

## 二、药用历史与本草考证

穿心莲在国内无久远的历史资料,20 世纪 60 年代才有应用记载,南方诸省多"栽培"。因此,穿心莲很可能是从印度、东南亚引进的一种植物,后来成为广东、福建等沿海地区的民间草药。一般认为《岭南采药录》中"春莲秋柳"为国内最早记载，并描述其功效为"能解蛇毒，又能理内伤咳嗽"。近代本草中记载穿心莲异名较多，如一见喜（《泉州本草》），榄核莲、苦胆草、斩蛇剑、圆锥须药草（广州部队《常用中草药手册》），日行千里、四方莲、金香草、金耳钩、春莲夏柳、印度草（《广东中草药》），万病仙草、四支邦、苦草（《福建中草药》）等。

在印度草医学中穿心莲主要用于治疗肝脏疾病感染和肠道寄生虫病。在过去，主要用于治疗疟疾。在中国，本品用于多种感染的治疗。《泉州本草》记载其："味苦，性寒，无毒。入心、肺二经。清热解毒，消炎退肿。治咽喉炎症，痢疾，高热。"广州部队《常用中草药手册》中记载："治急性菌痢，胃肠炎，感冒发烧，扁桃体炎，肺炎，疮疖肿毒，外伤感染，肺结核，毒蛇咬伤。"《江西草药》记载："清热凉血，消肿止痛，治胆囊炎，支气管炎，高血压，百日咳。"《广西中草药》记载："止血凉血，拔毒生肌，治肺脓疡，口腔炎。"《福建中草药》记载："清热泻火。治肺结核发热，热淋，鼻窦炎，中耳炎，胃火牙痛，烫火伤。"《常用中草药彩色图谱》记载："清热消炎，止痛止痒，解蛇毒。治腮腺炎，结膜炎，流脑。"

## 三、植物形态特征与生物学特性

**1. 形态特征** 穿心莲在原产地为多年生草本，在我国粤闽北部和其以北地区因不能露地越冬，而变成一年生草本。高 50～100cm，全株味极苦。茎直立，多分枝，具四棱，节稍膨大。叶对生，卵状矩圆形至矩圆形披针形，长 4～8cm，宽 1～2.5cm，顶端略钝。花序轴上叶较小，总状花序顶生和腋生，集成大型圆锥花序；苞片和小苞片微小，长约 1mm；花萼裂片三角状披针形，长约 3mm，有腺毛和微毛；花冠白色而小，下唇带紫色斑纹，长约 12mm，外有腺毛和短柔毛，二唇形，上唇微 2 裂，下唇 3 深裂，花冠筒与唇瓣等长；雄蕊 2，花药 2 室，一室基部和花丝一侧有柔毛。蒴果扁，中有一沟，长约 10mm，疏生腺毛；种子 12 粒，四方形，有皱纹（图 4-7）。

**2. 生物学特性** 穿心莲喜温暖、湿润、向阳的环境。幼苗生长适宜温度为 25～30℃，当气温下降到 15～20℃时，生长缓慢，气温下降到 8℃

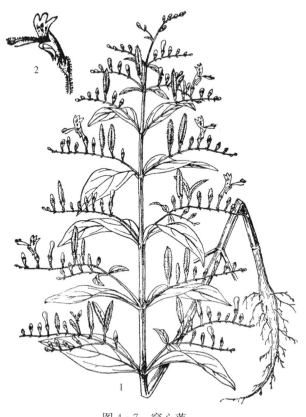

图 4-7 穿心莲
1. 全株 2. 花

时，叶片呈红紫色，生长停止；遇 0℃ 左右低温或霜冻时，植株全部干枯死亡。穿心莲为喜光植物，在荫蔽条件下植株徒长，幼苗发黄，根系发育不好，影响移栽后的成活率，严重时甚至发生猝倒病，幼苗成片死亡。穿心莲栽培以肥沃、疏松、排水良好，pH5.6～7.4 的微酸性或中性沙壤土或壤土为好。穿心莲为喜氮作物，生长期多次追施氮肥，能显著增加产量。穿心莲的种子细小，千粒重仅 0.93～1.52g，最适宜的发芽温度为 28～30℃ 的白昼温度和 22℃ 左右的夜间温度，播后 6d 出苗，15d 小苗盖满畦面。当苗高 10cm 后，生长加快，并长出一级分枝，离地面 15cm 以下的一级分枝又能长出二级分枝。6～8 月为生长旺盛期，从发芽到开花仅需 6 个月。进入冬季，穿心莲地上部分逐渐发黄枯死，以地下根越冬，翌年春天，从根部长出新芽继续生长，所以穿心莲可以种一年收获 2 年。

穿心莲栽培品种单一，目前各地栽培种均属同一种，但在生产中存在两种生态类型，即大叶型和小叶型。其中大叶型穿心莲的分蘖数、生物学产量、药用成分含量都明显高于小叶型，具有中药材生产上的优势。

## 四、野生近缘植物

爵床科穿心莲属植物全世界约 20 种，我国除栽培的穿心莲外，还有一种野生的疏花穿心莲及变种腺毛疏花穿心莲。

**1. 疏花穿心莲** ［*A. laxiflora* （Bl.）Lindau］　一年生草本。茎直立或斜倚地面，嫩枝和花轴均四棱形，棱上被微毛，后脱落，光滑无毛。叶薄纸质或近膜质，稍不等大，通常卵形，长 1.5～9cm，宽 1.5～3（～5.5）mm。总状花序顶生和腋生，花序轴纤细，常波状弯曲，通常不分枝，近无毛；花梗长约 1mm，单生或对生，苞片 1 枚，披针状线形，长约 10mm，小苞片 2 枚钻形；花萼无毛，5 裂，裂片线形，长 1.5mm；花冠白色，长约 10mm，冠管膨大，内弯，冠檐稍呈二唇形，冠檐裂片卵形，后冠檐裂片稍小；雄蕊内藏，花丝阔扁，被柔毛，药室等大。蒴果线状长圆形，两侧呈压扁状，长约 2cm，宽约 2mm。花期初冬。产我国云南（麻栗坡、西畴、屏边、金平、师宗、景洪、勐腊）、海南（保亭）。全草药用，用于感冒，风热咳嗽，泄泻。本种在海南作穿心莲用。

**2. 腺毛疏花穿心莲** ［*A. laxiflora* （Bl.）Lindau var. *glomerulifera* （Bremek.）H. Chu］　本变种与原变种的区别为具 3～7 朵花的聚伞花序腋生，紧缩成假轮伞状，总梗长 3～7mm，被微柔毛；苞片和小苞片密被腺微毛；花梗短，长 1.5mm，被原微毛；花萼小，钟形，长约 4mm，外被腺微毛，里面无毛；花冠白色，上唇带红色或淡黄色，外面疏被腺微毛，里面在冠管前方腹中部有疏柔毛，在下唇下方喉部有腺鳞；蒴果外面被腺毛。花期 1～2 月，果期 2～3 月。产于云南西双版纳，生于竹林中。

# 第八节　短葶飞蓬（灯盏花）

## 一、概述

灯盏花为菊科飞蓬属草本植物短葶飞蓬 ［*Erigeron breviscapus* （Vant.）Hand. - Mazz.］的全草。短葶飞蓬的花似灯盏、根似细辛，故又名灯盏细辛，系云南民间常用中草药。主要分布于我国云南、四川、贵州、广西、西藏、湖南等省、自治区，海拔

1 200～3 500m 的高原开阔山坡、草地或林缘。其中，云南的灯盏花资源占全国资源总量的 95％以上，主要分布在滇南和滇西的红河、文山、玉溪、楚雄、曲靖、大理、丽江、迪庆等地。味甘，性温，有散寒解表、祛风除湿、舒筋活血、消积止痛等功效。

## 二、药用历史与本草考证

历代本草仅《滇南本草》对灯盏细辛有记载："灯盏花，性寒。味苦。治小儿脓耳，捣汁入耳内。左瘫右痪，风湿疼痛，水煎点水酒服。"可见灯盏细辛活血通络的功效古人早已验之。

## 三、植物形态特征与生物学特性

**1. 形态特征**　多年生草本，野生居群的个体植物高矮、叶形、茸毛和花色常有变异。根状茎木质，粗厚或扭曲成块状，斜伸或横走，分枝或不分枝，具纤维状根，根茎部常被残叶的基部。茎数个或单生，高 5～50cm，基部茎直径 1～1.5cm，直立或略弯，绿色或稀紫色，具明显的条纹，不分枝或有时有少数分枝（2～4 个），被疏或密的短硬毛，杂有短贴毛或基部腺毛，上部毛较密。叶主要集中于基部，莲座状，花期倒卵状披针形或宽匙形，长 1.5～11cm，宽 0.5～2.5cm，全缘，顶端钝或圆形，具小尖头，基部渐狭或急狭成具翅的柄，具 3 脉，两面被密或疏的毛，边缘被较密的短硬毛，杂有不明显的腺毛，极少近无毛；茎叶无柄，狭长圆状披针形或狭披针形，长 1～4cm，宽 0.5～1cm，顶端钝或稍尖，基部半抱茎，上部叶渐小，线形。头状花序单生于主茎或分枝的顶端，总苞半球形，总苞片 3 层，线状披针形，长 8mm，宽约 1mm，顶端尖，长于花盘或与花盘等长，外层较短，背面被密或疏的短硬毛，杂有较密的短贴毛和头状具柄腺毛，内层具狭膜质边缘，近无毛。每个花序有花 280～400 朵。外围的雌花舌状，3 层，舌片开展，蓝色或粉紫色，长 10～12mm，宽 0.8～1mm，雌蕊 1 个；中央的两性花管状，雌蕊 1 个，雄蕊 5 个，花柱短于雄蕊，黄色；花药伸出花冠。瘦果狭长圆形，长

图 4-8　短葶飞蓬

1. 植株　2. 雄蕊及子房　3. 花　4. 果实及种子

1.5mm，扁压，背面常具1肋，被短密毛；冠毛淡褐色，2层，刚毛状，外层极短，内层长约4mm。种子千粒重约0.25g。

**2. 生物学特性** 野生短葶飞蓬生长在海拔1 200～3 000m的中山、亚高山开阔山坡草地和林缘。其光合作用在晴天为"双峰"曲线，具明显的"午休"现象。短葶飞蓬在强光下的光抑制现象与空气湿度低、气温高、植物失水有密切关系。因此，短葶飞蓬的最适环境是光照充足、气温不高、空气湿度大的环境，自然生境是空气湿度高的山坡草地。

## 四、野生近缘植物

**1. 一年蓬** ［E. annuus（L.）Pers.］ 一年生或二年生草本。茎直立，高30～100cm，上部有分枝，全株被上曲的短硬毛。叶互生，基生叶矩圆形或宽卵形，长4～17cm，宽1.5～4cm，边缘有粗齿，基部渐狭成具翅的叶柄，中部和上部叶较小，矩圆状披针形或披针形，长1～9cm，宽0.5～2cm，具短柄或无叶柄，边缘有不规则的齿裂，最上部叶通常条形，全缘，具睫毛。头状花序排列成伞房状或圆锥状；总苞半球形；总苞片3层，革质，密被长的直节毛；舌状花2层，白色或淡蓝色，舌片条形；两性花筒状，黄色。瘦果披针形，压扁；冠毛异形，在雌花有一层极短而连接成环状的膜质小冠，在两性花有一层极短的鳞片状和10～15条糙毛。原产美洲，在我国驯化，广布于吉林、河北、河南、山东、江苏、浙江、安徽、江西、福建、湖北、湖南、四川等地。全草入药，有治疟疾的良效。

**2. 阿尔泰飞蓬**（E. altaicus M. Pop.） 多年生草本。茎数个，直立，高15～50cm，上部有分枝，被多细胞的短毛。基生叶常集成莲座状，花后枯萎，倒披针形或匙形，长2～16cm，宽4～12mm，顶端钝，基部狭成叶柄，全缘；中部以上叶披针形，无叶柄，长0.5～7.5cm，宽0.5～10mm。头状花序通常2～5个，排成伞房状，稀单生；总苞片3层，条状披针形，背面被腺毛和疏长毛；舌状花淡紫色，顶端具二小齿；两性花筒状，黄色。瘦果条状披针形，压扁，密被短毛；冠毛2层，外层极短。产于新疆北部。生高山和亚高山草地。

**3. 橙花飞蓬**（E. aurantiacus Regel） 多年生草本。根状茎直立或斜上，被残叶基。茎数个，直立，高5～35cm，不分枝或仅上部有分枝，被密而开展的长节毛，上部常杂有短贴毛。基部叶密集成莲座状，矩圆状披针形或倒披针形，长1～16cm，宽0.4～1.6cm，顶端尖或钝，基部渐狭成长叶柄；下部叶披针形，中部及上部叶渐小，披针形，无叶柄，全缘，两面被密或疏长节毛。头状花序单生或2～4个排成伞房状；总苞半球形，直径达2.2mm；总苞片3层，几等长，条状披针形，稍长于花盘，被密而开展的长节毛；舌状花3层，舌片橙色或红褐色，宽1～1.4mm，顶端有2～3个小齿；筒状花黄色，檐部窄漏斗状，被短微毛，裂片5。瘦果长2～2.5mm，被密短贴毛；冠毛2层刚毛状，外层极短。产于新疆北部。生高山草地或云杉林下。

**4. 异色飞蓬**（E. allochrous Botsch.） 多年生草本，根状茎短，有分枝，茎少数，高7～28cm，直立，基部径1～3mm，不分枝，上部被较密的，下部被较疏的开展的长软节毛，或下部近无毛，杂有短贴毛，通常有较密的叶，节间长0.5～3.5cm，叶具柄，全缘，边缘和下面沿脉，或有时两面被较硬的开展长节毛，基部叶较密集，在花期生存，倒卵形或倒披针形，顶端钝或尖，长 1.2～12cm，宽 3～14mm，下部叶具短柄，倒披针形，中部和上部叶披针形或线状披针形，无柄，长 0.8～7cm，宽 1～8mm，顶端尖或渐尖。头状花序单生于茎顶，长 1.1～1.8cm，宽 2.4～4cm；总苞半球形，总苞片 3 层，绿色或顶端紫色，线状披针形，顶端尖，长 6.5～8mm，宽 0.7～1mm，外层较内层稍短，背面密被较硬、开展的长毛；外围的雌花舌状，3 层，长 9～15mm，管部长 2.5～3mm，上部被贴微毛，舌片开展，平，淡紫色，线形，宽 0.7～1.3mm，顶端具 2 细齿，中间的两性花管状，黄色，长 3.5～4.5mm，管部极短，长约 1mm，檐部漏斗状，中部被疏贴微毛，裂片无毛；花药和花柱伸出花冠；瘦果倒披针形，长 1.8～2.7mm，宽约 0.7mm，扁压，基部稍缩小，密被较硬的短贴毛；冠毛 2 层，外层极短，内层 2.5～5mm。花期 6～9 月。

**5. 飞蓬**（*E. acris* L.） 二年生草本。茎直立，高 5～60cm，上部分枝，带紫色，有棱条，密生粗毛。叶互生，两面被硬毛，基生叶和下部茎生叶倒披针形，长 1.5～10cm，宽 3～12mm，全缘或具少数小尖齿，基部渐狭成叶柄，中部和上部叶披针形，无叶柄，长 0.5～8cm，宽 1～8mm。头状花序密集成伞房状或圆锥状；总苞半球形；总苞片 3 层，条状披针形，短于筒状花，背上密生粗毛；雌花二型：外围小花舌状，淡紫红色，内层小花细筒状，无色；两性花筒状，黄色。瘦果矩圆形，压扁；冠毛 2 层，污白色。广布于新疆、内蒙古、东北、河北、山西、甘肃、陕西、青海、四川、西藏。生山坡草地、牧场或林缘。

# 第九节　广藿香

## 一、概述

广藿香为唇形科刺蕊草属植物广藿香 ［*Pogostemon cablin*（Blanco）Benth.］的干燥地上部分，是我国常用的芳香化湿中药。因主产于广东地区，故习称为广藿香，是《中华人民共和国药典》（2010 年版）收载的品种。其味辛、微温，入脾、胃、肺三经，具有芳香化湿，开胃止呕，发表解暑的功能。临床上多用于湿浊中阻、脘痞呕吐、暑湿倦怠、胸闷不舒、寒湿闭暑、腹痛吐泻、鼻渊头痛等症的治疗。主要化学成分为挥发油类的广藿香醇、广藿香酮等。

广藿香原产于菲律宾、马来西亚、印度等国家，后传入我国，主要以栽培为主。目前在广东省的广州郊区、肇庆、湛江有栽培；海南、广西、福建、台湾、四川、贵州等省（自治区）也有栽培，但面积较小。根据广藿香主产地情况调查分析，广藿香分布地区的地理位置大多处于北纬 22°6′～23°56′、东经 112°57′～114°3′的南亚热带地区，具有温暖多雨、光照充足、霜期短等典型的海洋性季风气候特征。

## 二、药用历史与本草考证

广藿香是世界知名的香料植物，应用历史悠久。广藿香以藿香为名始载于东汉杨孚《异物志》"藿香交趾有之"，之后，关于藿香的原产地诸多本草均有记载。《太平御览》转引吴时《外国传》云："都昆在扶南山，有藿香。"《本草图经》转引《金楼子》及《俞益期笺》皆记载："扶南国人言：五香共是一木……叶是藿香，胶是熏陆。"《本草纲目》转引《交州记》云："藿香似苏合。"晋代稽含在《南方草木状》中记载："藿香出交趾、九真、武平、兴古诸地。"唐书《通典》亦云："顿逊国出藿香，插枝便生。"据查证其后的《嘉韦占本草》转引隋代《南州异物志》谓："藿香出海边国。"查考相关文献可知，"交趾、九真"等均为越南古代地名，"交州"即是越南之河内，而"顿逊"，都昆一名都军，以上诸地均位于今马来半岛之中。"扶南国"即中南半岛古国，位今柬埔寨，而"海边国"，则泛指今东南亚沿海诸国。据此可知，藿香原产地为现今东南亚一带，我国古代最早应用的藿香是从越南、马来西亚等东南亚国家传入的一种插枝繁殖的植物。

《通典》云："藿香，插枝便生。"之后的《本草图经》谓："藿香岭南多有之，人家亦多种。二月生苗，茎梗甚密，作丛，叶似桑而小薄，六月七月采之，须黄色乃可收。"并附有"蒙州藿香"形态图。宋代陈承在《本草别说》中补充记载："藿香，今详枝梗，殊非木类，恐当移入草部尔。"明代《本草蒙筌》又称："岭南郡州，人多种之。"李时珍在《本草纲目》中云："藿香方茎有节中虚，叶微似茄叶。洁古、东垣惟用其叶，不用枝梗，今人并枝梗用之，因叶多伪故耳"，其后的《本草易读》亦曰："藿香，今岭南多有之，亦多种者。"从以上本草的记载来看，宋代以后广藿香在我国岭南一带已普遍种植，且对其形态特征已有准确的认识和描述。结合"插枝繁殖、蒙州藿香图及须黄色后可收"等特点，联系现今广藿香的特性（广藿香在我国主要采用扦插繁殖；广藿香叶片含有较高的黄棕色或橙黄色挥发油，因而叶片成熟时呈现黄绿色，叶干后呈黄绿色或黄棕色），可以证明唐宋时期各本草中所记之藿香应为现今唇形科植物广藿香 [*Pogostemon cablin* (Blanco) Benth.]。

## 三、形态特征与生物学特征

**1. 形态特征** 多年生草本植物，高
30～100cm，有特有的香气。茎直立，
较粗壮，老茎近圆柱形，幼茎长四方
形，密被茸毛。叶为单叶，互生，叶片
阔卵形或卵状椭圆形，基部截形或近心
形，叶缘有粗钝锯齿、粗钝重锯齿或偶
有浅裂，两面均密被茸毛，尤于叶背为
甚；叶脉在叶面明显凹陷，在叶背明显
凸起，故叶片的外形有皱纹且有肥厚
感；叶柄长 2～3.5cm。花排成顶生或
腋生的轮伞花序，萼圆筒形；花冠唇
形，淡紫红色，上唇 3 裂，下唇全缘；
雄蕊 4 枚，伸出花冠外，花丝有髯毛；
子房上位，柱头 2 裂。果为小坚果，
椭圆形（图 4 - 9）。广藿香在原产地菲
律宾能开花结实，但在我国栽培的则

图 4 - 9 广藿香

罕见开花。据广州石牌药农反映，在 20 世纪 40 年代初期曾见过一次开花，此后就完全不见开花。以前一般认为，它长期不开花的原因，是由于栽培技术上长期插枝繁殖，导致有性生殖能力退化的结果。此外，广藿香栽培地区的气温较低，尤其冬季寒潮期间的低温，对原产于热带地区菲律宾的广藿香生长发育有不利之处，因而不能引起花芽分化。然而从 20 世纪 40 年代至今已 60 年左右，人们才于 2002 年 4 月 19 日在广州市罗岗的广州中医药大学药用植物栽培基地上见到广藿香开花，花紫红色，腋生，常5～6 朵簇生，有些则成轮伞花序，萼圆筒状，长 4～5mm，被短茸毛，顶端 5 裂，裂片狭披针形，长约 1mm，花冠管长 4mm，雄蕊 4 枚，2 长 2 短，伸出花冠外，花丝长约 2mm，花丝近基部有多数紫色髯毛；花药圆球形，2 室，黄色，很小；雌蕊的子房圆球形，花柱细长，上部 2 分叉，柱头尖。从上述的开花情况，可以表明广藿香在中国栽培长期不开花的原因，主要是冬春季的低温和干旱所使然。2001 年冬季和 2002 年春季是广东数十年来少遇的高温天气，基本上没有寒冷的象征，也很少下雨，有利于原产在热带菲律宾的广藿香开花。

**2. 生物学特性**　广藿香不耐强烈日光曝晒，尤其在幼苗期更怕强光，因为在强光照射下，蒸腾作用加速，致使叶片萎蔫，甚至使植株干枯，所以种植广藿香，一定要适当荫蔽。随着幼苗的生长，可以增加光照。但成龄植株又要求在全光照下才能生长茂盛，达到茎枝粗壮，分枝多，叶片厚，含油率高，药效佳。

广藿香喜温暖，忌严寒，尤其怕霜冻，要求年平均气温 20～25℃以上，最适宜生长的气温 25～28℃。当气温低于 17℃时，生长缓慢。在广东栽培，冬季应有防寒措施，如盖塑料薄膜或稻草棚来覆盖，才能安全越冬。如低于 0℃或反复出现霜冻，则大部分植株会被冻死。广藿香喜湿润，忌干旱，适宜于年降水量 1 600～2 000mm，分布均匀，相对湿度 80%以上的地区种植。它对水分十分敏感，如遇干旱则生长不良，如遇积水则易引起病虫害。广藿香喜生于排水良好，土质肥沃疏松，土层深厚的沙质壤土，在排水不良的黏土或低洼积水地种植则生长不良。

广藿香是原产于菲律宾的热带植物，在广东省栽培已有 1 000 年以上的历史，在不同地区已培育出一些不同的栽培品种。传统上常分为牌香（广州产）、肇香或枝香（肇庆产）、湛香（湛江产）和南香（海南产）。

## 四、野生近缘植物

**刺蕊草**（*P. glaber* Benth.）　直立草本，高 1～2m。茎四棱形，具四槽，初被柔毛，后渐变为无毛。叶卵圆形，长 6～13cm，宽 3～9cm，先端渐尖，基部楔形、宽楔形或近圆形，边缘具重锯齿，两面均被微柔毛，沿脉更明显或近无毛；叶柄纤细，长 3～7cm，被疏柔毛。轮伞花序多花，组成连续或不连续的穗状花序，穗状花序顶生或腋生，长 2～12（～20）cm，宽 0.7～1.5cm，被柔毛；小苞片卵圆形，长约 1.5mm，约为萼长的 1/2，被缘毛；花萼卵状管形，长约 3mm，外面被短柔毛，内面除齿上被毛外余均无毛，萼齿三角形，相等，长约为萼的 1/3；花冠白色或淡红色，长约 5mm，花冠较长于萼；雄蕊外露，伸出部分约与花冠等长，在伸出部分的中部被髯毛；花柱与雄蕊等长。小坚果圆形，稍压扁。花期 11 月至翌年 3 月。

# 第十节 广州相思子（鸡骨草）

## 一、概述

鸡骨草为豆科相思子属植物广州相思子（*Abrus cantoniensis* Hance）的干燥全株。常见于中国华南地区。鸡骨草性甘、味苦，凉，归肝、胃经。具有清热利湿、益胃健脾的功能。具有清热解毒，舒肝止痛的功效，主治黄疸、胁肋不舒、胃脘胀痛、急慢性肝炎、乳腺炎、瘰疬、跌打伤瘀血疼痛。在春夏潮湿季节可用鸡骨草煲汤作食疗。产于湖南、广东、广西，生于疏林、灌丛或山坡，海拔约 200m。泰国也有分布。

## 二、药用历史与本草考证

两广民间用鸡骨草来治疗黄疸病的历史由来已久，在《岭南采药录》《岭南草药志》《广东中药Ⅱ》《南宁市药物志》《中国药用植物图鉴》等书中均有记载。随着这种民间草药的发掘，自 20 世纪 50 年代以来，临床用来治疗各种类型的肝炎有比较深入的研究，广西玉林、南宁及广东广州等的制药厂已制成各种剂型，广西玉林制药厂生产的复方鸡骨草丸在全国大多数地区有销售。已收载于《中华人民共和国药典》1977 年版一部。

## 三、植物形态特征与生物学特性

**1. 形态特征** 攀缘灌木，高 1～2m，枝细直，平滑，被白色柔毛，老时脱落，羽状复叶互生；小叶 6～11 对，膜质。长圆形或倒卵状长圆形，长 0.5～1.5cm，宽 0.3～0.5cm，先端截形或稍凹缺，具细尖，上面被疏毛，下面被糙状毛，叶腋两面均隆起；小叶柄短。总状花序腋生；花小，长约 6mm，聚生于花序总轴的短枝上，花梗短，花冠紫红色或淡紫色。荚果长圆形，扁平，长约 3cm，宽约 1.3cm，顶端具喙，被稀疏白色糙状毛，成熟时浅褐色，有种子 4～5 粒，种子黑褐色，种皮蜡黄色，明显，中间有孔，边具长圆状环（图 4-10）。花期 8 月。

**2. 生物学特性** 喜温暖、潮湿，怕寒冷，耐旱，忌涝。以疏松、肥沃的壤土、沙质壤土、轻黏土、pH 5～6.5 的环境为适宜。

## 四、野生近缘植物

**1. 毛相思子**（*A. mollis* Hance） 藤本。茎疏被黄色长柔毛。羽状复叶；叶柄和叶轴被黄色长柔毛；托叶钻形；小叶 10～16 对，膜质，长圆形，最上部两枚常为倒卵形，长 1～2.5cm，宽 0.5～1cm，先端截形，具细尖，基部圆或截形，上面被疏柔毛，下面密被白色长柔毛。总状花序腋生；总花梗长 2～4cm，被黄色长柔毛，花长 3～9mm，4～6 朵聚生于花序轴的节上；花

图 4-10 广州相思子

萼钟状，密被灰色长柔毛；花冠粉红色或淡紫色，荚果长圆形，扁平，长 3～5（～6）cm，宽 0.8～1cm，密被白色长柔毛，顶端具喙，有种子 4～9 粒；种子黑色或暗褐色，卵形，扁平，稍有光泽，种阜小，环状，种脐有孔。花期 8 月，果期 9 月。

**2. 相思子**（*A. precatorius* L.） 缠绕藤本；枝细弱，有平伏短粗毛。小叶 16～30，膜质，长椭圆形或上部小叶为长椭圆状倒披针形，长 10～22mm，宽 4～6mm，先端截形，有小尖，基部近圆形，上面无毛，下面疏生平伏短粗毛；顶生小叶变为针刺状。总状花序腋生，长 3～6cm；总花梗短而粗；花小，数朵簇生于序轴的各个短枝上；萼钟状，有平伏短粗毛；花冠淡紫色。荚果菱状长椭圆形，稍膨胀，密生平伏短粗毛；种子 4～6，椭圆形，上部 2/3 鲜红色，下部 1/3 黑色。分布于台湾、广东、广西、云南。生于疏林中或灌木丛中。种子有毒，不能内服，外用治皮肤病。根可清暑解表，作凉茶配料。

**3. 美丽相思子**（*A. pulchellus* Wall. ex Thwaites） 攀缘藤本。茎枝细弱，被稀疏黄色糙伏毛。羽状复叶互生；小叶 5～10 对，膜质，近长圆形，长 0.7～3cm，宽 0.4～1cm，先端截形，具小尖头，基部近圆形，上面无毛，下面被稀疏白色糙伏毛；小叶柄短。总状花序腋生；总花梗长 3～10cm，花序轴粗短；花小，长 0.6～0.8cm，密集成头状；萼钟状，萼齿 4 浅裂，被白色糙伏毛；花冠粉红色或紫色；荚果长圆形，长 5～6.5cm，宽 0.8～1.5cm，成熟时开裂，密被平伏白毛，有种子 6～12 粒；种子椭圆形，黑褐色，具光泽，种阜明显，环状，种脐有孔。

# 第十一节　绞　股　蓝

## 一、概述

本品为葫芦科绞股蓝属植物绞股蓝 [*Gynostemma pentaphyllum*（Thunb.）Makino] 的全株，又名七叶胆、小苦药、遍地生根、五叶参，日本名甘茶蔓植物。绞股蓝性寒、味甘、微苦，归肺、脾、心、肾经，有补气养阴、清肺化痰、养心安神、解毒、止痛、消炎之功效。主要用于治疗咳嗽、痰喘、慢性支气管炎及传染性肝炎等。绞股蓝除含有甾醇、糖分、色素外，还含有 80 多种绞股蓝皂苷，有 4 种皂苷分别与人参皂苷 $Rb_1$、$Rb_3$、Rd 和 F2 的结构完全相同，其中人参皂苷的含量是人参的 8 倍，总皂苷含量是人参的 3 倍。因其含有与人参皂苷相似的四环三萜达玛烷型皂苷，被誉为"南方人参"。现代药理学证明绞股蓝具有抗疲劳、降血脂、降血压、促进细胞新陈代谢以及临床治疗防衰老、气管炎、传染性肝炎、增强免疫、抑制肿瘤、祛痰利尿等作用。

我国绞股蓝资源极为丰富，主要分布在我国秦岭及长江以南地区。生于海拔 300～3 200m 的山谷密林、丘陵、山坡和石山地区的阴湿地带，如湖北神农架山区带、湖南湘西南山区带、广西大瑶山、陕西巴山秦岭、云南、安徽、四川盆地和川西南山地、海南岛等地，现陕西、湖北、浙江、江苏、山东等省有栽培。

## 二、药用历史与本草考证

绞股蓝之名始载于明代朱橚所著的《救荒本草》一书，当时不作药用，只作救荒用的野菜食物。书中写道："生于野中，延蔓而生，叶似小蓝叶，短小软薄，边有锯齿。又似痢见草叶，亦软、浅绿，五叶攒生一处。开小花，黄色，又有开白花者。结子如豌豆大，生则青色，熟则紫黑色。叶味甜，采叶炸熟，水漫去邪味涎沫，淘洗净，油盐调食。"明代李时珍所著《本草纲目》也有对绞股蓝的记载："五叶藤治疮疖、虫咬、凉血解毒、利小便。"明代《野菜博录》及徐光启所著《农政全书》也有记载或引用。清代吴其濬在其所著《植物名实图考》中转引了《救荒本草》中对绞股蓝的描述，但是所附小图将绞股蓝和乌蔹莓〔*Cayratia japonica*（Thunb.）Gagnep〕混淆。古籍本草记载及现代的《全国中草药汇编》（下册）、《中药大辞典》等典籍上均以绞股蓝为药用正品。绞股蓝学名中的种加词 *pentaphyllum*，意为五叶，但根据文献记载及资源调查显示，广布于我国长江以南及陕西南部的绞股蓝，五叶、七叶均有，另外日本名所记载的"甘茶蔓"，其口味较甜，而绞股蓝有多种口味，包括甜味、苦味、淡味绞股蓝。

## 三、植物形态特征与生物学特性

**1. 形态特征**　草质攀缘藤本。茎细弱，多分枝，无毛或疏被短柔毛。鸟足状复叶，具 3～9 小叶；叶柄长 3～7cm，无毛或被短柔毛；小叶片膜质或纸质，卵状长圆形或披针形，两面均疏被短柔毛，中央小叶片长 3～12cm，宽 1.5～4cm，侧生者较小，先端急尖或短渐尖，基部渐狭，边缘具波状齿或圆齿，叶面绿色，背面淡绿色，侧脉 6～8 对，于叶面平坦，背面凸起，细脉网状；小叶柄略叉开，长 1～5mm；卷须二歧，无毛或基部被短柔毛。花雌雄异株；雄花：圆锥花序长 10～15（～30）cm，多广展的分枝，分枝长 3～4（～15）cm，被短柔毛；花梗丝状，长 1～4mm，基部具钻状小苞片；花萼筒极短，5 裂，裂片三角形，长 0.5～0.7mm，先端急尖；花冠淡绿色或白色，5 深裂，裂片卵状披针形，长 2.5～3mm，宽约 1mm，先端长渐尖，具 1 脉，上面具乳突状毛，边缘具缘毛状小齿；雄蕊 5，花丝短，连合成柱，花药着生于柱之顶端；雌花：圆锥花序远较雄花之短小，花萼及花冠同雄花；子房球形，2～3 室，花柱 3，短而叉开，顶端 2 裂；具短小的腺状退化雄蕊 5 枚。果实浆果状，球形，直径 5～6mm，熟时黑色，光滑无毛，有种子 2～3 颗；种子卵状心形，直径约 4mm，压扁，灰褐色或深褐色，顶端钝，基部心形，两面具乳突状凸起（图 4-11）。

**2. 生物学特性**　绞股蓝耐阴喜湿，忌阳光直射，耐旱性差，喜酸性土壤（pH 5～5.6），多野生于海拔 300～3 200m 的山地林下，阴坡山谷和沟旁石塘，为林下草，郁闭度 0.7～0.9，空气湿度较大。在海拔 300～400m 以下的丘陵地区的山间林下阴湿地带和灌木丛中，以及路旁草丛中，也见有绞股蓝生长。绞股蓝

图 4-11　绞股蓝
1. 植株　2. 根状茎　3、4. 雄花

萌发出土和气温有关，例如，广西约在 2 月中下旬，陕南约在 3 月中下旬，山东约在 4 月，北京在 5 月初。5～9 月是地上茎生长旺盛期，7～9 月为开花期，9～10 月为果实成熟期。入秋地上茎生长渐缓，地下根茎迅速生长，增粗。霜冻后地上部枯萎，地下茎可在田间越冬。在广东、海南，绞股蓝可以一年四季生长。绞股蓝无性繁殖能力很强，俗称"遍地生根"。绞股蓝雌雄异株，野生分布的绞股蓝雌雄株比例相差悬殊，一般为 1：21。由于雌少雄多，种植时需合理配置雌雄株。绞股蓝总皂苷含量以根茎较高，约 8%；茎叶较低，仅 3%～4%。不同产地也有差异。

自 20 世纪 70 年代绞股蓝被开发以来，全国迅速掀起了种植绞股蓝热，绞股蓝人工种植面积迅速增加，产量持续上升，目前全国各地绞股蓝人工种植多数仍为农户分散种植，只有在我国部分地区实现了绞股蓝规范化种植。陕西省平利县是全国较早实行人工栽培种植绞股蓝的地区之一，有丰富的人工种植绞股蓝的经验。从 20 世纪 80 年代已经开始推广种植绞股蓝，最多时绞股蓝在全县年种植面积达 2 000hm²，产量达 900 万 kg。主要以当地推广的人工培育出的"中国平利四倍体绞股蓝"为主，辅以野生抚育、野生幼苗移栽和部分种子繁育种苗，整体上栽培类型多样，各有特点。种质资源包括：苦味七叶胆绞股蓝、小叶柄较短的短梗绞股蓝、小叶柄较长的长梗绞股蓝、心籽绞股蓝、叶面多毛的毛绞股蓝、叶面无毛的光叶绞股蓝等野生资源，高产优质的四倍体系列绞股蓝、四元杂交系列绞股蓝、正在进行改进研究的三元杂交系列绞股蓝等培育资源，从日本引进的 201 甜味绞股蓝和从四川引进的绞股蓝等引进资源。这些不同的种质资源各有特点，表现在其口味、产量、叶色、含量等各个方面。平利县绞股蓝研究所因地制宜，率先在全国开展了绞股蓝的品种选育工作，利用当地的几个优质绞股蓝野生类型进行培育研究形成的四倍体系列绞股蓝，四倍体绞股蓝以其生长旺盛、抗性强等优点现已推广至全国进行大面积种植。另外平利县多处建有国家中药绞股蓝生产 GAP 基地，管理规范，药材质量得到保证，已有我国"绞股蓝第一大乡"之称。湖北郑小江选育的恩七叶甜、恩开叶蜜甜味新品种在人参皂苷、总氨基酸、维生素含量等多个指标上超过了苦味的绞股蓝原变种，成为国家种子部门要求推广的具有清凉甜和蜂蜜甜风味的新品种。

## 四、野生近缘植物

中国的葫芦科绞股蓝属植物包括 15 种、2 变种，当前入药用的除绞股蓝外还有长梗绞股蓝、喙果绞股蓝、心籽绞股蓝、毛绞股蓝、缅甸绞股蓝、光叶绞股蓝。

**1. 长梗绞股蓝**（*G. longipes* C. Y. Wu et S. K. Chen） 草质攀缘藤本。茎具纵棱及槽，被短柔毛。鸟足状复叶，具 5～9 小叶，叶柄长 4～8cm，被短柔毛；小叶片纸质，菱状椭圆形或倒卵状披针形，中间小叶片长 5～12cm，宽（2～）3～4.5cm，先端短渐尖，具芒状小尖头，基部渐狭，边缘具大小不等的圆齿状锯齿，侧生小叶片较小，先端钝，基部不等边，叶面绿色，被稀疏短硬毛，沿脉密被短柔毛，背面淡绿色，沿脉被长硬毛状柔毛，余无色；小叶柄长约 1cm，被短柔毛；卷须二歧，无毛或被柔毛。花雌雄异株。雄花：圆锥花序，长 10～20cm，主轴、侧枝及花梗均被短柔毛，侧枝基部具长 2mm 的线状苞片；花梗丝状，长约 4mm；小苞片线形，长约 0.7mm；花萼裂片 5，卵形，长 1mm，宽 0.5mm，急尖；花冠白色，5 深裂，裂片狭卵状披针形，长约 2.5mm，宽 1mm，先端长渐尖，被短柔毛，具 1 脉；雄蕊 5，花丝合生成柱；无退化雌蕊。雌花：圆锥花序或茎上部者为总状花序，花序梗及花梗被短柔毛，花梗长 5～10mm；小苞片及花萼、花冠同雄花，子房球形，直径 1～1.5mm，无毛，花柱 3，离生，顶端 2 裂，叉开。果球形，直径 6～7mm，熟时黑绿色，无毛；果柄丝状，长（8～）15～20mm，无毛；种子心形，径 3mm，厚约 1mm，压扁，浅灰色至深褐色，基部凹，顶端具钝尖，边缘具齿及槽，两面具瘤状条纹。花期 8～10 月，果期 10～11 月。生于海拔 1 600～3 200m 的沟边丛林中。长梗绞股蓝为我国特有种类，主要分布于秦岭南坡、大巴山及川、云、贵等地，生长海拔高度 1 600～3 200m。药用全草。据研究报道，长梗绞股蓝的化学成分，医疗用途与绞股蓝也不同，值得进一步研究开发。其化学成分不同于绞股蓝，味苦性寒，苦如胆汁，故名七叶胆、小苦药。主要用于清热解毒，清咽利喉，除湿利胆，并有增强人体免疫功能，降血脂及降血压的作用。

**2. 喙果绞股蓝** [*G. yixingense*（Z. P. Wang et Q. Z. Xie）C. Y. Wu et S. K. Chen]
多年生攀缘草本，长达 10m；茎纤细，具纵棱及槽，近节处被长柔毛，余无毛。叶膜质，鸟足状，小叶 5 枚或 7 枚，叶柄长 3～6cm，上面被短柔毛；小叶片椭圆形，中央小叶长 4～8cm，侧生小叶较小，先端渐尖或尾状渐尖，边缘具锯齿或有时为重锯齿，基部楔形，上面绿色，近边缘处疏被一行微柔毛，背面淡绿色，两面叶脉被柔毛；小叶柄长约 5mm。卷须丝状，单 1。花雌雄异株。雄花排列成圆锥状披针形，长 1～1.5mm，宽 0.5mm，先端钝；花冠淡绿色，5 深裂，裂片卵状披针形，长 2～2.5mm，尾状渐尖；雄蕊 5，花丝合生，花药长约 0.2mm；无退化雌蕊。雌花簇生于叶腋；花萼与花冠同雄花，子房近球形，直径 1.5～2mm，疏被微柔毛，花柱 3，略叉开，长 2.5～3mm，柱头半月形，外缘具齿；退化雄蕊 5，钻状，与花萼裂片对生。蒴果钟形，直径 8mm，无毛，中部具宿存花被片，顶端略截，具长 5mm 的长喙 3 枚，成熟后沿腹缝线开裂。种子阔心形，长 3mm，宽 4mm，种脐端钝，另端圆形、微凹，两面具小疣状凸起。花期 8～9 月，果期 9～10 月。生于海拔 60～100m 的林下或灌丛中。本种与心籽绞股蓝相似，但叶柄较长，花萼裂片及花冠裂片在果实反曲，果喙明显的较长，种子边缘无沟槽及狭翅。根状茎、全株入药，味苦、寒。具有补气、止咳、平喘、涩精、抗癌功效。本种皂苷含量比绞股蓝含量高，但分布较局限。

**3. 心籽绞股蓝**（*G. cardiospermum* Cogn. ex Oliv.）　草质攀缘植物；茎细弱，具纵棱及沟，无毛。叶片膜质，鸟足状，具小叶 3～7 枚，叶柄长 2.5～5cm；小叶片披针形或长圆状椭圆形，中间小叶长 4～10cm，侧生小叶较短，先端渐尖，基部变狭，边缘具大小不等的圆齿状重锯齿，无毛或有时沿中肋和边缘具小刚毛，微粗糙；小叶柄短。卷须细，上部二歧。花小，雌雄异株。雄花排列成狭圆锥花序，与叶等长，序轴细弱；花萼裂片长圆状披针形，急尖，长为花冠裂片的一半；花冠 5 深裂，裂片披针形，尾状渐尖，具 1 脉；花丝合生成圆柱形，花药卵形，着生于花丝柱的顶端，2 室，纵裂。雌花排列成总状花序，较短；花被同雄花，子房下位，球形，疏被长柔毛，花柱 3，短粗，长约 0.5mm，略叉开，柱头半月形，外缘具不规则的裂齿；胚珠成对，下垂。蒴果球形或近钟状，直径 8mm，无毛或疏被微柔毛，中部具宿存花萼裂片 5 枚，顶端平截，具 3 枚冠状物，成熟后由顶端 3 裂缝开裂，果皮薄壳质。种子阔心形，宽 4.2～5mm，微压扁，表面具皱纹及疣状凸起，边缘具沟及狭翅。花期 6～8 月，果期 8～10 月。生于海拔（1 400～）1 900～2 300m 的山坡林下或灌丛中。分布于陕西南部、湖北西部、四川。根入药，清热利湿，解毒，镇痛。用于发痧、腹痛、吐泻、痢疾、牙痛、疔疮。

**4. 毛绞股蓝** [*G. pubescens* (Gagnep) C. Y. Wu et S. K. Chen] 攀缘藤本。茎密被卷曲短柔毛。鸟足状复叶，具 5 小叶；叶柄长 3～5cm，密被短柔毛；小叶片纸质，两面均密被硬毛状短柔毛，中央小叶片近菱形或菱状椭圆形，长 5.5～10cm，宽 2～3.5cm，侧生小叶较小，先端渐尖，具芒尖，基部楔形或钝，最外一对小叶基部偏斜，近圆形，边缘具疏离粗齿，齿具短尖头，叶面绿色，背面淡绿色，侧脉 8～9 对，直达齿尖，两面凸起；小叶柄长 0.5～0.9cm，密被短柔毛；卷须自基部开始旋转，近顶端二歧，疏被柔毛。花雌雄异株。雄花未见。雌花：狭圆锥花序长约 5cm，密被长柔毛；花萼裂片三角形，长约 1mm；花冠裂片披针形，长约 2mm，先端渐尖，表面有毛；子房球形，径约 2mm，被柔毛，花柱 3，短锥状，顶端二歧。果球形，直径约 5mm，无毛；种子阔心形，直径 3mm，压扁，淡灰褐色，具乳突。花果期 8～10 月。生于海拔 850～2 350m 的山坡林下或灌丛中，分布于云南东南部、南部及西北部，老挝也有分布。根状茎、全草入药，有清热解毒、止咳祛痰的功效。

**5. 缅甸绞股蓝**（*G. burmanicum* King ex Chakr.） 草质攀缘藤本。茎较粗壮，具纵棱及槽，节上密被短柔毛，节间无毛，有时具皮孔。趾状复叶，具 3 小叶，叶柄长 3～6.5cm，密被皱波状短柔毛；小叶片纸质，两面均被坚挺短硬毛，中央小叶片近菱形，长（6～）8～12cm，宽 3～3.5cm，先端短渐尖，基部阔楔形，边缘具疏粗齿，齿具短尖头，侧生小叶长 4～9cm，宽 4cm，两侧极不相等，外侧为半卵形，基部圆形，内侧为半披针形或倒披针形，基部渐狭，侧脉 8～9 条，两面凸起，细脉不明显；中间小叶柄长 5～6mm，两侧小叶近无柄；卷须二歧，具条纹。花雌雄异株。雄花：圆锥花序与叶等长或稍长，被短柔毛；花萼裂片长圆形，长 0.75mm，宽约 0.3mm，先端钝；花冠绿色，5 深裂，裂片多少椭圆形，先端急尖或短渐尖；雄蕊群高约 1mm，无毛。雌花未见。浆果球形，径 5～6mm，绿色，无毛，有种子 3 粒；种子阔卵形，长 3～3.5mm，宽 3mm，厚 2mm，淡褐色，基部近圆形，侧边具沟，两面具乳突状凸起。花期 7～8 月，果期 9～10 月。生于海拔 800～1 200m 的疏林或灌丛中。分布于云南南部。全草味苦、寒。清热解毒，止咳祛痰。用于治疗咳嗽、传染性肝炎、呕吐、腹泻等症。

**6. 光叶绞股蓝** [*G. laxum* (Wall.) Cogn.] 草质藤本，攀缘。茎细弱，多分枝，无毛或疏被微柔毛。鸟足状复叶，具 3 小叶，叶柄长 1.5～4cm，无毛，具纵条纹；小叶片纸质，中央小叶片长圆状披针形，偶略带菱形，长 5～10cm，宽 2～4cm，先端急尖或短渐尖，基部阔楔形，侧生小叶卵形，较小，长 4～7cm，宽 2～3.5cm，稍不对称，边缘具浅波状阔钝齿，两面无毛；小叶柄长（2～）5～7mm，无毛或有时被短柔毛。花雌雄异株。雄花：圆锥花序顶生或腋生，总花梗细弱，长（5～）10～30cm，被短柔毛，侧枝短，基部具钻状披针形苞片，苞片长 1mm，被短柔毛；花梗丝状，长 3～7mm，小苞片钻状，细小；花萼 5 裂，裂片狭三角状卵形，长约 0.5mm；花冠黄绿色，5 深裂，裂片狭卵状披针形，长约 1.5mm，宽约 0.5mm，无毛，先端渐尖，全缘，具 1 脉；雄蕊 5，花丝合生，花药着生其顶端。雌花：圆锥花序，花萼同雄花；花冠裂片狭三角形，子房球形，径约 1mm，花柱 3，离生，顶端 2 裂。浆果球形，径 8～10mm，黄绿色，无毛；种子阔卵形，径约 4mm，淡灰色，先端略尖，基部圆形，两面具乳突。花期 8 月，果期 9～10 月。生于中海拔地区的沟谷密林或石灰山地的混交林中。分布于海南、广西、云南。全草入药，用于蛇咬伤。

# 第十二节　金钗石斛（石斛）

## 一、概述

　　石斛为兰科石斛属多种植物的鲜茎或干燥茎的统称。近代我国植物学、药学文献上记载的石斛主要指著名的金钗石斛（*Dendrobium nobile* Lindl.）。金钗石斛味甘、淡，性微寒。能滋阴清热，生津止渴。主要含生物碱、倍半萜、联苄类、菲类及多糖等多种类型的化学成分，其中石斛碱为金钗石斛特有成分。现代药理研究表明，石斛具有抗肿瘤、抗衰老、抗白内障、抗诱变、抗血小板凝集、抑菌、扩张血管、保肝、促进免疫调节等药理活性，在临床上和中药复方中被广泛应用，是"脉络宁注射液"产品的主药，用于治疗心脑血管及血栓性疾病。也是"石斛夜光丸""清睛粉""石斛明目丸""石斛浸膏溶液""清咽宁"等中药制剂的重要配方，对眼科疾病、慢性咽炎等均具有显著疗效。

　　金钗石斛在我国主要分布于湖北南部（宜昌）、海南（白沙）、广西西部至东北部（百色、平南、兴安、金秀）、四川南部（长宁、峨眉山、乐山）、贵州西南部至北部（赤水、习水、罗甸、兴义、三都）、云南南部至西北部（西双版纳、普洱、沧源、富民、广南、邱北、文山、麻栗坡、马关、贡山、福贡、大理、迪庆、宁蒗等地）、西藏东南部（墨脱）、福建、广东、湖南、台湾、香港等亚热带地区。另据资料记载，我国河南（伏牛山宝天曼国家地质公园内也发现有金钗石斛的分布）、安徽也有分布。生于海拔 480～1 700m 的山地林中树干上或山谷岩石上。此外，印度、尼泊尔、不丹、缅甸、泰国、老挝、越南也有分布。

　　金钗石斛药用、观赏一直依赖于野生资源，由于该物种自然条件下繁殖率很低、生长环境要求较严格，加之长期以来的地毯式掠夺性过度采挖及其生存环境的毁坏和恶化，目前已处于濒危状态。近年来国内学者对其栽培方法进行了广泛研究，如贴树栽培、贴石栽培、石墙栽培、大棚栽培等栽培方式，试图通过人工栽培扩大资源，实现濒危资源的可持续利用，但由于仍存在着种苗严重匮缺、适宜仿野生栽培的小环境较少而大棚栽培成本较高等因素影响，目前我国金钗石斛的栽培仅限于贵州、四川、云南等省，其中，贵州省栽培面积最大，是我国唯一的国家级金钗石斛基地，并于 2006 年 3 月被国家质量监督检验检疫总局批准对贵州赤水金钗石斛实施地理标志产品保护，成为贵州省第一个获得地理标志产品保护的中药材产品，也是国内唯一获得国家地理标志产品保护的石斛类药材品种。至 2008 年，贵州省在赤水市建成了石斛种苗繁育基地 4hm$^2$，金钗石斛 GAP 栽种面积 600hm$^2$。云南省是石斛属植物种类分布最多的地区之一，也是石斛类药材栽培大省之一，但金钗石斛的栽培未形成产业规模，仅为零星种植。此外，四川、重庆、海南、广西也有栽培，但面积较小。

## 二、药用历史与本草考证

石斛一名始载于《神农本草经》，"石斛，味甘平，主伤中，除痹下气，补五脏虚劳羸瘦，强阴。久服厚肠胃，轻身延年，一名林兰"。并将其列为上品。由于对其形态、特征等未有描述，因此无法考证所述为何植物。嗣后，《证类本草》、《四库全书》及《重修政和经史证类备用本草》中除记述石斛外，还有温州石斛及春州石斛的附图。有学者认为，温州石斛可能是铁皮石斛或细茎石斛，春州石斛可能是钩状石斛或束花石斛。

《名医别录》（据《本草纲目转载》）谓："石斛生六安山谷水旁石上……"，是迄今为止对石斛的产地及生境的首次记载。据现代我国石斛属分布资料来看，金钗石斛在该地区没有被发现过，长期以来，商品石斛（金钗石斛）主要来自贵州、广西、四川等省份，历史上也有从越南进口，华东地区仅产于安徽皖南山区，由此推断，该记载的石斛与《神农本草经》记载的石斛可能不是同一类石斛。

明代李时珍《本草纲目》中记载，石斛"今荆州（今湖北江陵一带）、光州（今河南潢川一带）、寿州（今安徽寿县）、庐州（今安徽合肥）、江州（今江西九江）、台州（今浙江临海范围）、温州（今浙江温州所属地区）亦有之，以蜀中为胜"。也曾描述："石斛丛生石上，其根纠结甚繁，下则白软，其茎叶生皆青色，干则黄色，开红花，节上自生根须，人亦折下以砂石栽之，或以物盛挂屋下，频浇以水，经年不死，俗称为千年润。石斛短而中实……"以"开红花"这一特征，现已知我国境内，花被片全部为红色的种类是热带分布的一些种类，我国台湾省有，而四川及湖北、贵州等省未见有分布报道，因而判断李时珍所提及的"开红花"者，当指在我国分布较广的花被片先端带红色的金钗石斛（*D. nobile* Lindl.）而言。再结合《植物名实图考》中记载的 3 种石斛，"今山石上多有之，开花如瓯兰而小，其长者为木斛"及"又有种扁甚有节如竹，叶亦宽大高尺余"，以及"金兰即石斛之一种，花如兰而瓣肥短，色金黄有光灼，灼开足则扁阔口哆中露红纹尤艳。凡斛花皆就茎生柄，此花从梢端发杈生枝，一枝多六七朵，与它斛异，滇南植之屋瓦上，极繁，且卖其花以插鬓"。李恒等考证《新华本草纲要》，认为此 3 种石斛兰分别为细茎石斛、金钗石斛、叠鞘石斛。以至于 20 世纪 30 年代以及后来，国内众多中药文献均以石斛为 *D. nobile* Lindl. 的原因也在于此，同时在 20 世纪相当长的岁月里，市上商品也确实以金钗石斛为主，并且长期以来被《中华人民共和国药典》所收载。

此外《本草纲目》又言："俗方最以补虚……补内绝不足，平胃气，长肌肉。逐皮肤邪热痱气，脚膝疼冷，痹弱，定志除惊，轻身延年。益气除热，治男子腰脚软弱，健阳，逐皮肤风痹，骨中久冷，补肾益力。壮筋骨，暖水脏，益智清气，治发热自汗，痈疽排脓内塞。"说明金钗石斛具有生津、止渴、镇痛、消除水肿的功效，并主治热病阴虚、目暗、胃弱、声音嘶哑等疾病。

过去，金钗石斛多由广西、贵州及四川来货，药材均经整理加工，规格质量较好。仅四川南部各县年产金钗石斛就达 5 万 kg 以上，但到了 20 世纪 70 年代末 80 年代初，药市和药店出售的石斛类药材基本上已无《中华人民共和国药典》规定的品种。目前，上述地区货源稀少，在重庆，真正的金钗石斛鲜品零售价已从过去的几角钱涨到了 100 元/kg 以上。目前，越南的资源也濒临枯竭，现在主要从缅甸、老挝、泰国等进口。

### 三、植物形态特征与生物学特性

**1. 形态特征**　附生。茎直立，丛生，基部圆柱形，从中部开始压扁，呈扁圆柱形，壮实肥厚，长 10～60cm，宽 1.5～2cm；多节，节有时稍膨大，节间长 2～4cm，黄绿色，具纵槽纹，干后金黄色。叶矩圆形或宽线形，近革质，长 6～11cm，宽 1～3cm，先端为不等的 2 圆裂，基部具抱茎的鞘。总状花序长 2～4cm，基部被鞘状苞片，具花 1～4 朵，花大，直径 7～8cm，先端紫红色，基部大部分呈白色，有时全体淡紫红色或除唇盘中央具 1 个紫红大斑块外，其余均为白色；中萼片长圆形，先端钝，侧萼片先端尖锐，基部歪斜，花瓣多少斜宽卵形，唇瓣宽倒卵形，基部两侧具紫红色条纹并且收狭为短爪，中部以下两侧围抱蕊柱，边缘有缘毛，两面密生短柔毛；唇盘中央具 1 个紫红大斑块。蒴果（图 4-12）。花期 4～5 月。

**2. 生物学特性**　金钗石斛喜温暖、阴凉、湿润环境，生长期年均气温在 18～21℃，1 月平均气温在 8℃ 以上，无霜期 250～300d；年降水量 1 000mm以上，生长处的空气相对湿度以 80％ 以上为适宜。金钗石斛种子极小，呈粉末状，长度为 0.75～1.10mm，宽为 0.09～0.20mm。只有在光镜下才能看清它的构造。野生条件下，只有与

图 4-12　金钗石斛
1. 着花植株　2. 叶茎　3. 唇瓣

其他菌共生才能萌发，萌发率极低。人工条件下给予丰富的养分及适应的光、温、水湿条件，则能正常萌发。成熟种子无菌播种 12d 后开始萌芽，60d 后长成约 1cm 高，具有 2～3 片真叶的圆球茎，并开始生根。圆球茎经驯化、增殖培养后，每株小苗可形成 3～7 个侧芽。随着继代次数的增加，小苗形成侧芽的能力增强，数量增多。将增殖苗培养基中高约 2cm 的正常小苗接种于成苗培养基上进行培养。60d 后小苗高约 4cm，叶展，浅绿色，茎增粗，根系发达。此时的苗，由于假鳞茎较嫩，根系较长，出瓶移栽成活率较低，把健壮成苗的较长根系适当剪去后，再转接于壮苗培养基中进行培养，13d 后成苗有新根重新长出。30d 后，成苗叶变为浅黄绿色，假鳞茎韧性增加，根系发达，长 1～2cm，白色或浅绿色，并附有大量的白色根毛。此时可进行移栽。金钗石斛种子从播种到出瓶炼苗，需培养 9～10 个月。此外，用金钗石斛幼嫩茎段作外植体，经诱导可通过愈伤组织形成原球茎，再生出小植株方式或直接诱导侧芽方式增大繁殖系数，来获得大量种苗。

金钗石斛株丛生长良好与否，与其根的长短及多少紧密相关，根系长、健康、旺盛的，其茎粗、长，叶深绿、油亮，反之假鳞茎细，叶子泛黄，植株长势差或叶片脱落。金钗石斛的成活根在一年中有两次明显的生长旺盛期，第一次在 2～4 月，第二次在 9～10 月。根生长旺盛时，生长部位相当明显，为嫩绿色，吸附树上，甚至一些根在表面分生叉

根。当年萌发生长的笋芽，则在 4 月下旬才开始萌发新根；高芽苗的新根比笋芽的萌发快，在高芽苗仅为 2～3cm 时就有大量新根萌发并旺盛生长。2 月中下旬，在三年生假鳞茎的中上部开始有花芽萌发，3 月下旬，花蕾开始膨大，10d 左右，开始开花。即 3 月底进入始花期，4 月初进入盛花期，每序 2～4 朵小花。4 月中下旬，陆续进入末花期。金钗石斛从花芽出现到开始开花，需要约 40d，一个花序从始花到末花，花期为 10～13d。金钗石斛在自然状况下，往往开花多结果少。通过人工授粉（雨天不利于授粉，而晴天或阴天更有利于人工授粉），开花第一天的花发芽力最强，结实率最高；开花后 9d 的花，花粉块虽仍可应用，但结实率已降至很低，10d 以后几乎没有结实率。雌花（母本）最好的授粉时间是在开花后 1～6d。金钗石斛可挂果约 1 年。种子成熟期 11 月至翌年 2 月。未成熟种子白色，成熟种子淡黄色。通常在果皮出现黄色，未开列前采收并播种。金钗石斛种子以随采集随播种为好，高温和高湿的环境中种子的寿命短，只有 60～90d，置于 10℃ 的环境或 0℃ 以下冰箱中保存，在 1 年内保持种子的良好发芽力。第二年发芽力有所下降，第三年基本丧失发芽力。金钗石斛假鳞茎的基部通常备有 2 个储备芽，一般情况下，每年都会从上年的假鳞茎基部抽发笋芽，常以一母带一笋的生长发育方式来形成株丛。少见有 2 个储备芽都同时萌发生长的。每年的 2 月中旬，在上年生的新株基部开始有笋芽萌动，4 月下旬开始有少量新根从其圆球形基部萌发生长，此后，球形基部逐渐变细而消失。金钗石斛笋芽长度生长旺盛期从 4 月下旬开始，即花落根生后，生长明显加快，至 8～9 月，生长缓慢，甚至停止。此时，假鳞茎顶部生长点为圆弧形，有一枚顶生叶。当年生假鳞茎的大小与其母株的健壮、大小程度有一定的关系。翌年，二年生假鳞茎仍保持绿色，主要承担抽发笋芽，进行无性繁殖。入夏后，二年生假鳞茎陆续有叶渐渐黄枯，但落叶不明显。三年生假鳞茎为黄绿色，有残叶或无叶，三年生假鳞茎主要进行有性繁殖：4 月为盛花期，5 月至翌年 2 月，挂果养育种子。此后，不再开花结果，有性生殖结束。偶见开花枝基部有抽发笋芽现象。四年生假鳞茎呈黄绿色，无叶，有明显的花序梗脱落痕。主要从事着养育整株丛及进行高位芽苗的繁育任务：每年 3～4 月，已开过花的假鳞茎的中上部会有 1～2 个高位芽苗萌发生长，悬空的高位芽苗生命力极强，约 3cm 高时，就会有大量的根从其基部萌发并快速生长，成为一株完整小苗，4～5 月是高位芽苗根生长旺盛期，长 1～4cm，此时，可将其剪下进行移栽。二至三年生的假鳞茎也会有高位芽苗萌发生长，特别是当假鳞茎受损或折断时，假鳞茎中上部常会有高位芽苗萌发，利用这一特性，可进行扦插繁殖。有时，已开过花的假鳞茎另一储备芽会萌发抽笋，特别是当其茎秆受损或折断时，另一储备芽会被激活萌发。

金钗石斛的药用成分主要是石斛碱及多糖类物质，文献报道，用酸性染料比色法测定铁皮石斛和金钗石斛中总生物碱的含量分别为 0.02% 和 0.4%，表明生物碱类成分是金钗石斛的一类主要成分，不是铁皮石斛的主要成分。传统经验认为石斛"质重、嚼之黏牙、味甘，无渣者为优"，其多糖含量较高，这更接近于铁皮石斛的特点。从赤水栽培的金钗石斛 12 批次样品测出总生物碱含量为 2.21～4.80μg/mL，均达到了 2～20μg/mL 标准，并且各批次含量稳定可靠，说明了赤水栽培金钗石斛达到了药效要求。以多糖含量为标准，各地区金钗石斛多糖含量各有不同，0.146%～15.1% 不等，参试样品中，贵州产地的多糖含量远较其他产地高，其后依次为四川、重庆、云南、海南、广西。其中，四川、重庆、云南三地的多糖含量较为一致。此外，采用水提醇沉法提取金钗石斛多糖，并用苯酚-硫酸法测定贵州赤水及四川合江产地的金钗石斛的多糖含量分别为 11.456％ 和 9.226％。黔产金钗石斛精油中含有多种有效成分，不同产地金钗石斛精油的成分存在一定差异，赤水产金钗石斛精油中萜类和倍半萜类居多；而兴义、独山、罗甸三地出产的金钗石斛精油中醇类、烯类、烷烃类化合物居多。

不同栽培条件下金钗石斛总生物碱含量略有不同，栽培中施肥与不施肥的金钗石斛生物碱含量有显著差异，施肥有助于提高生物碱含量。石斛叶片的生物碱含量高于茎，可考虑加以药用。不同采收期，金钗石斛总生物碱和多糖质量分数有差异：1～2 月及 5～8 月时总生物碱质量分数比较低，5～8 月生物碱质量分数总体呈下降趋势，生物碱质量分数比较高的阶段分别出现在 3 月和 9～12 月。3 月时多糖质量分数最低，3 月至翌年 1 月总体呈上升趋势，7 月前后金钗石斛多糖的质量分数在一个微小的下降后持续升高，10 月左右质量分数达到最高，11 月略有降低，总体仍相对较高，12 月开始降低。金钗石斛总生物碱和多糖质量分数高峰出现在每年的 10～11 月，这段时间金钗石斛生长速度由快变慢，有效成分不断积累的同时，生物产量也持续增加，综合多糖和总生物碱质量分数的变化以及生物量因素，认为最佳采收期在每年的 10～11 月较为适宜，与传统采收期每年的 11 月吻合。

## 四、野生近缘植物

我国石斛属植物种类有 79 种、2 变种。其中，可供药用的达 45 种之多，因此，2005 年版《中华人民共和国药典》开始在所收录的 3 种植物基源后面加上了"及其近似种"。目前，以金钗石斛和铁皮石斛研究最多，也最具有开发价值。随着石斛类药材研究的不断深入，越来越多的种类也不断被开发、应用，如以含黏液成分为主的多糖类型的齿瓣石斛、兜唇石斛、霍山石斛等；以含复杂生物类型为主的生物碱类型的束花石斛、玫瑰石斛、美花石斛、报春石斛等；以含黏液与生物物质的混合成分类型的流苏石斛、细茎石斛、鼓槌石斛、叠鞘石斛、晶帽石斛、杯鞘石斛等。

**1. 铁皮石斛**（*D. officinale* K. Kimura et Migo）　茎直立，圆柱形；长 9～35cm 或更长，粗 2～4（～7.8）mm；叶两列，长圆状披针形，节间长 1.3～3.7cm，叶纸质，长圆状披针形，长 3～6（～7）cm，宽 9～11（～23）mm，先端钝并且多少钩转，基部下延为抱茎的鞘，边缘和中肋常带淡紫色；叶鞘常具紫斑，老时上缘与茎松离而张开，常在节上留下 1 个环状间隙或无；总状花序具 2～3 朵花；花序柄长 5～10mm，基部具 2～3 枚短鞘；花序轴回折弯曲，长 2～4cm，萼片与花瓣黄绿色，近相似，长圆状披针形，先端锐尖，唇瓣中部以下两侧具紫色条纹，中部以上具 1～2 个紫红色斑块；花期通常 3～6 月。铁皮石斛为我国特有种。产于云南（石屏、文山、麻栗坡、西畴、广南），广西（天峨、永福、西林、宜州、隆林、东兰、南丹、巴马、钟山），贵州（独山、兴义、梵净山、荔波、三都），浙江（天台、仙居、临安、富阳、江山、金华），安徽（大别山），福建（宁化），四川（汉源、甘洛、金阳县），江西（井冈山、庐山），广东（乳源、平远），河南（信阳）。生于海拔 1 600m 的山地半阴湿的岩石上。

**2. 齿瓣石斛**（*D. devonianum* Paxt.）　茎下垂，稍肉质，细圆柱形，长 50～200cm，

粗 2～5mm；干后常淡褐色带污黑。叶纸质，舌形，狭卵状披针形，长 8～13cm，宽 1.2～2.5cm，先端长渐尖，基部具抱茎的鞘；叶鞘常具紫红色斑点，干后纸质。总状花序常数个，每个具 1～2 朵花；花序柄绿色，花质地薄，开展，具香气；萼片白色带紫红色晕，花瓣与萼片同色，唇瓣白色，前部紫红色，中部以下两侧具紫红色条纹，边缘具复式流苏，上面密布短毛；唇盘两侧各具 1 个黄色斑块；蒴果纺锤形，红绿色，长 3.5cm，粗 1.2cm，具长 1.5～2cm 的果柄。花期 4～5 月。产广西北部（隆林），贵州西南部（兴义、罗甸），云南东南部至西部（勐腊、勐海、河口、金平、凤庆、澜沧、镇康、漾濞、盈江），西藏东南部（墨脱），生于海拔 1 850m 山地密林树干上。不丹、印度东北部、缅甸、泰国、越南有分布。作鲜石斛应用时称为紫皮石斛、紫皮兰。更多是混充铁皮石斛，用其嫩茎加工生产的枫斗称为"紫皮芽"，价格不菲。云南主栽品种。

**3. 兜唇石斛** [*D. aphyllum* (Roxb.) C. E. C. Fisch] 茎下垂，肉质，细圆柱形，长 30～110cm，粗 4～10mm，节间长 2～3.5cm。叶纸质，披针形或卵状披针形，长 6～8cm，宽 2～3cm，先端渐尖，基部具鞘；叶鞘纸质，干后浅白色。总状花序几乎无花序轴，每 1～3 朵花为一束，从落了叶或具叶的老茎上发出；萼片和花瓣白色带淡紫红色或浅紫红色的上部或有时全体淡紫红色；唇瓣宽倒卵形或近圆形，两侧向上围抱蕊柱而形成喇叭状，基部两侧具紫红色条纹并且收狭为短爪，中部以上部分为淡黄色，中部以下浅粉红色，边缘具不整齐的细齿，两面密布短柔毛；蒴果狭倒卵形，长约 4cm，粗 1.2cm，具长 1～1.5cm 的柄。花期 3～4 月。产于广西西北部（隆林、西林、乐业），贵州西南部（兴义），云南东南部至西部（勐腊、勐海、富宁、建水、金平、泸水等地），生于海拔 400～1 500m 疏林树干上或山谷岩石上。不丹、印度（东北部、西北部、德干高原）、尼泊尔、缅甸、马来西亚、越南有分布。鲜品可作鲜黄草，也有加工成黄草石斛或粗黄草或马鞭黄草，浙江药农将之加工为"紫皮枫斗"的一种，称"大关节"。云南主栽品种。

**4. 霍山石斛**（*D. huoshanense* C. Z. Tanh et S. J. Cheng） 茎直立，肉质，长 3～9cm，从基部上方向上逐渐变细，淡黄绿色，有时带淡紫红色斑点，干后淡黄色；叶革质，2～3 枚互生于茎上部，斜出，基部具抱茎的鞘；总状花序 1～3 个，具 1～2 朵花；花淡绿色；唇瓣近菱形，花期 5 月。产于安徽西南部（霍山），河南西南部（南召）。生于山地林中树干上和山谷岩石上。药材正名为霍山石斛、霍山石斛枫斗（简称霍斗）、金霍斛，别名霍石斛、米斛。是我国本草中记载的第四种有确切名称、产地来源、植物形态等描述的石斛属植物，其产品加工形式与应用方式，也有明确记载并流传至今基本未变。江苏有栽培。

**5. 束花石斛**（*D. chrysanthum* Wall. ex Lindl.） 茎粗厚，肉质，下垂或弯曲，圆柱形，长 50～200cm，粗 5～15mm；叶 2 列，互生于整个茎上，长圆状披针形，长 13～19cm，宽 1.5～4.5cm，先端渐尖，基部具鞘；叶鞘纸质，干后鞘口常杯状张开，浅白色；总状花近无柄，每 2～6 花为一束；花黄色，质地厚；唇瓣凹，不裂，肾形或横长圆形，唇盘两侧各具 1 个栗色斑块；蒴果长圆柱形，长 7cm，粗 1.5cm。花期 8～9 月。产于广西西南至西北部，贵州南部至西南部，云南东南部至西南部，西藏东南部。生于海拔 700～2 500m 山地密林树干上或山谷阴湿的岩石上。印度西北部、尼泊尔、不丹、缅甸、泰国、老挝、越南有分布。味苦，主要成分古豆碱、顺-反-玫瑰石斛碱，药材正名为黄草石斛，民间习称粗黄草、马鞭石斛等。浙江药农将之加工生产枫斗，称为"长苦草"。云南有零星栽培。《中华人民共和国药典》自 1977 年版起至 2000 年版以石斛名收录本种。

**6. 玫瑰石斛**（*D. crepidatum* Lindl. ex Paxt.）　茎肉质状肥厚，悬垂，圆柱形，青绿色，长 30～40cm，粗约 1cm，被绿色或白色条纹的鞘，干后紫铜色；叶狭披针形，长 5～10cm，宽 1～1.25cm，先端渐尖，基部具抱茎的膜质鞘；总状花很短，具 1～4 朵花；花质地厚，展开，萼片和花瓣白色，中上部淡紫色；唇瓣中部以上淡紫色，中下部以下金黄色，近圆形或宽倒卵形。花期 3～4 月。产于贵州西南部，云南南部至西南部。生于海拔 1 000～1 800m 山地疏林树干上或山谷岩石上。印度、尼泊尔、不丹、缅甸、泰国、老挝、越南有分布。味苦，主要成分玫瑰石斛碱、玫瑰石斛胺、异玫瑰石斛碱等。云南民间习称粗黄草、马鞭草、大黄草、圆石斛、水草等。浙江药农称为"苦草"，并用之加工生产枫斗产品。云南有零星栽培。历代本草没有提供药用记载。

**7. 美花石斛**（*D. loddigesii* Reife.）　茎柔弱，下垂，细圆柱形，长 10～45cm，粗约 3mm，有时分枝，干后金黄色；叶 2 列，互生于整个茎上，舌形，长圆状披针形或稍斜长圆形，长 2～4cm，宽 1～1.3cm，先端尖锐而稍钩转，基部具鞘，干后上表面的叶脉隆起呈网络状；花白色或紫色，每束 1～2 朵；唇瓣上面中央金黄色，周边淡紫色，稍凹，边缘具短流苏。花期 4～5 月。产于广西、广东南部、海南、贵州西南部、云南南部。生于海拔 400～1 500m 山地林中树干上或林下岩石上。老挝、越南有分布。主要成分石斛宁定、石斛宁、石斛酚等。药材正名为环钗，民间习称环钗石斛、环草石斛、环石斛、环草、小环草等。浙江药农将之加工生产为"小环草"枫斗。《中华人民共和国药典》自 1977 年版起至 2000 年版以石斛名收录本种。

**8. 报春石斛**（*D. primulinum* Lindl.）　茎下垂，厚肉质，圆柱形，长 20～35cm，粗 8～13mm；叶披针形或卵状披针形，长 8～10.5cm，宽 2～3cm，先端钝且不等 2 裂，总状花序具 1～3 朵花；花开展，下垂，萼片和花瓣淡玫瑰色；唇瓣淡黄色带淡玫瑰色先端，唇盘具紫红色的脉纹；花期 3～4 月。产于云南东南部至西南部。生于海拔 700～1 800m 山地疏林树干上。印度西北部至东北部、尼泊尔、缅甸、泰国、老挝、越南有分布。含生物碱如古豆碱、玫瑰石斛碱等。加工枫斗或混作黄草用，浙农将之加工生产"平头""红平头"枫斗。云南主栽品种。历代本草没有提供药用记载。

**9. 流苏石斛**（*D. fimbriatum* Hook.）　茎粗壮，斜立或下垂，质地硬，圆柱形或有时基部上方稍呈纺锤形，长 50～100cm，粗 8～12（～20）mm，具多数丛槽；叶 2 列，长圆形或长圆状披针形，长 8～15.5cm，宽 2～3.6cm，先端急尖，基部具紧抱茎的革质鞘；总状花序长 5～15cm，疏生 6～12 朵花；花序柄短，长 2～4cm；花金黄色，开展；唇瓣边缘具复流苏，唇盘具 1 个新月形横生的深紫色斑块。花期 4～6 月。产于广西南部至西北部，贵州南部至西南部，云南东南部至西南部。生于海拔 600～1 700m 密林树干上或山谷阴湿的岩石上。印度、尼泊尔、不丹、缅甸、泰国、老挝、越南有分布。主要成分对羟基顺式肉桂酸直链烷基酯 9 个系列化合物，对羟基反式肉桂酸直链烷基酯 9 个系列化合物的混合物、豆甾醇、谷甾醇等。药材正名为黄草石斛，民间习称马鞭草、马鞭石斛等。云南主栽品种。《中华人民共和国药典》自 1977 年版起至 2000 年版以石斛名收录本种。

**10. 细茎石斛**〔*D. moniliforme*（Linn.）Sw.〕　茎直立，细圆柱形，长 10～20cm 或

更长，粗 3～5mm；干后金黄色或黄色带灰色。叶数枚，2 列，常互生于今，茎的中部以上，披针形或长圆形，长 3～4.5cm，宽 7～9mm，先端钝且稍不等 2 裂，基部下延为抱茎的鞘；总状花序 2 个至数个，每个具 1～3 朵花；花序柄长 3～5mm；花黄绿色、白色或白色带淡紫红色，有时芳香；花瓣与萼片相似，卵状长圆形或卵状披针形，先端锐尖或钝；唇瓣白色、淡黄绿色或绿白色，带淡褐色或紫红色至淡黄色斑块，花期 3～5 月。产于陕西南部（宁陕），甘肃南部（康县），安徽西南部（大别山），浙江北部（武康镇），江西西南部至北部，福建北部，台湾（台北、台中、台东等地），河南，湖南（新宁、安化、浏阳等地），广东北部和西南部，广西西北部至东北部，四川南部，云南东南部至西北部。生于海拔 590～3 000m 阔叶林树干上或山谷岩壁上。印度东北部、朝鲜半岛南部、日本有分布。鲜品作鲜石斛或铁皮石斛应用，干品作黄草及老枫斗。一般加工成吊兰枫斗。浙江药农习称"铜皮石斛""黄铜皮""乌铜皮"。

**11. 鼓槌石斛**（*D. chrysotoxum* Lindl.） 茎直立，肉质，纺锤形，长 6～30cm，中部粗 1.5～5cm，具多条钝圆的条棱，干后金黄色，近顶端具 2～5（～10）枚叶；叶长圆形，长 19cm，宽 2～3.5cm 或更宽，先端急尖而钩转，基部收狭但不下延为抱茎的鞘；总状花序长 20cm，疏生多数花；花质地厚，金黄色，稍带香气；唇瓣颜色比萼片和花瓣深，近肾状圆形，基部多少具红色条纹，边缘波状；唇盘通常呈 Λ 形隆起，有时具 ∪ 形栗色斑块；花期 3～5 月。产于云南南部至西部。生于海拔 520～1 620m 阳光充足的常绿阔叶林中树干上或疏林下岩石上。印度东北部、缅甸、泰国、老挝、越南有分布。主要成分：β-谷甾醇、鼓槌菲、毛兰素、毛兰菲、鼓槌联苄等，其中鼓槌菲、毛兰素、毛兰菲均有不同程度抗肿瘤活性。在商品中作大黄草或小瓜黄草。是金陵药业主要收购品种之一。云南主栽品种。2010 年版《中华人民共和国药典》收录品种。

**12. 叠鞘石斛**（*D. denneanum* Kerr.） 茎直立，圆柱形或基部膨大呈纺锤形，长 25～80cm，粗 2～6mm，干后淡黄色或黄褐色；叶革质，线性或狭长圆形，长 9～11cm，宽 1.7～2.5cm，先端钝且微凹，基部具抱茎的鞘；总状花序具 1～2 朵花，有时 3 朵；花橘黄色，开展；唇瓣近圆形，上面密被短柔毛，边缘具不规则的细齿；唇盘具 1 个红紫色斑块；花期 5～7 月。产于台湾、海南、广西西南部至西北部，贵州南部至西南部，云南东南部至西北部。生于海拔 600～2 500m 山地疏林树干上。印度、尼泊尔、不丹、缅甸、越南、老挝、泰国有分布。药材正名为黄草石斛，别名马鞭石斛、黄草。主要供作黄草石斛应用；浙江药农将之加工为"铁光节"枫斗产品。《植物名实图考》中以"金兰"记载。云南主栽品种。

**13. 晶帽石斛**（*D. crystallinum* Rchb. f.） 茎直立或斜立，圆柱形，长 20～70cm，粗 5～7mm，叶纸质，长圆状披针形，长 9.5～17.5cm，宽 1.5～2.7cm，先端长渐尖，具数条两面隆起的脉，基部具抱茎的鞘，老时叶鞘全部脱落，露出金黄色肉质茎，总状花序具 1～3 朵花；花序柄短，长 6～8mm，花大，开展；萼片和花瓣乳白色，上部紫红色或白色；唇瓣橘黄色，上部紫红色或白色，蒴果长圆柱形，长 6cm，粗 1.7cm。花期 5～7 月，果期 7～8 月。产于云南、广东。生于海拔 540～1 700m 山地林缘或疏林树干上。缅甸、越南、老挝、柬埔寨、泰国有分布。主要用于加工黄草或枫斗。浙江药农将之加工为"刚节草"枫斗产品。云南主栽品种。

**14. 杯鞘石斛**（*D. gratiotisimum* Rchb. f.）　茎悬垂，肉质，圆柱形，长（11～）20～26（～50）cm，宽 5～10mm，具稍肿大的节，上部多少回折状弯曲，节间长 2～2.5cm，干后淡黄色。叶纸质，长圆形，长 8～11cm，宽 15～18mm，先端稍钝并且一侧钩转，基部具抱茎的鞘；叶鞘干后纸质，鞘口杯状张开。总状花序具 1～2 朵花；花白色带淡紫色先端，有香气，开展，纸质；唇瓣近宽倒卵形，其两侧具多数紫红色条纹，边缘具睫毛，上面密生短毛，唇盘中央具有 1 个淡黄色横生的半月形斑块；蒴果卵球形，长约 3cm，粗 1.3～1.6cm。花期 4～5 月。产于云南南部（勐腊、勐海、景洪、思茅、澜沧）。生于海拔 800～1 700m 山地疏林树干上。印度东北部、缅甸、越南、老挝、泰国有分布。

# 第十三节　夏　枯　草

## 一、概述

夏枯草为唇形科夏枯草属夏枯草（*Prunella vulgaris* L.）的干燥果穗。夏枯草在全国大部分地区均有分布，主产于江苏、安徽、浙江、河南等地，其他各省份也产，多野生于山坡、草原、田坎、路旁。现多人工栽培，以湖南省益阳市栽培面积最大。夏枯草性寒，味辛、苦，归肝、胆经，有清火、明目、散结、消肿之功效。用于目赤肿痛、目珠夜痛、头痛眩晕、瘰疬、瘿瘤、乳痈肿痛、甲状腺肿大、淋巴结结核、乳腺增生、高血压等症。

## 二、药用历史与本草考证

朱震亨：《本草》言：“夏枯草大治瘰疬散结气。有补养厥阴血脉之功，而不言及。观其退寒热，虚者可使，若实者以行散之药佐之。外以艾灸，亦渐取效。”《纲目》云：“黎居士《易简方》，夏枯草治目疼，用砂糖水浸一夜用，取其能解内热，缓肝火也。楼全善云，夏枯草治目珠疼至夜则甚者，神效，或用苦寒药点之反甚者，亦神效。盖目珠连目本，肝系也，属厥阴之经。夜甚及点苦寒药反甚者，夜与寒亦阴故也。夏枯禀纯阳之气，补厥阴血脉，故治此如神，以阳治阴也。”《本草通玄》云：“夏枯草，补养厥阴血脉，又能疏通结气。目痛、瘰疬皆系肝症，故建神功。然久用亦防伤胃，与参、术同行，方可久服无弊。”《本草求真》云：“夏枯草，辛苦微寒。按书所论治功，多言散结解热，能愈一切瘰疬湿痹，目珠夜痛等症，似得以寒清热之义矣。何书又言气禀纯阳，及补肝血，虽寒而味则辛，凡结得辛则散，其气虽寒犹温，故云能以补血也。是以一切热郁肝经等证，得此治无不效，以其得藉解散之功耳。若属内火，治不宜用。”《重庆堂随笔》云：“夏枯草，微辛而甘，故散结之中，兼有和阳养阴之功，失血后不寐者服之即寐，其性可见矣。陈久者其味尤甘，入药为胜。”《本草正义》云：“夏枯草之性，《本经》本言苦辛，并无寒字，孙氏问经堂本可证。而自《千金》以后，皆加一寒字于辛字之下，然此草夏至自枯，故得此名。丹溪谓其禀纯阳之气，得阴气而即死，观其主瘰疬，破症散结，脚肿湿痹，皆以宣通泄化见长，必具有温和之气，方能消释坚凝，疏通窒滞，不当有寒凉之作用。石顽《逢原》改为苦辛温，自有至理，苦能泄降，辛能疏化，温能流通，善于宣泄肝胆木火之郁窒，而顺利气血之运行。凡凝痰结气，风寒痹着，皆其专职。"

## 三、植物形态特征与生物学特性

**1. 形态特征**　多年生草本，高 13～40cm。茎直立，常带淡紫色，有细毛。叶卵形或椭圆状披针形，长 1.5～5cm，宽 1～2.5cm，全缘或疏生锯齿。轮伞花序顶生，呈穗状；苞片肾形，基部截形或略呈心脏形，顶端突成长尾状渐尖形，背面有粗毛；花萼唇形，前方有粗毛，后方光滑，上唇长椭圆形，3 裂，两侧扩展成半披针形，下唇 2 裂，裂片三角形，先端渐尖；花冠紫色或白色，唇形，下部管状，上唇作风帽状，2 裂，下唇平展，3 裂；雄蕊 4，二强，花丝顶端分叉，其中一端着生花药；子房 4 裂，花柱丝状。小坚果褐色，长椭圆形，具 3 棱（图 4 - 13）。花期 5～6 月，果期 6～7 月。

**2. 生物学特性**　生长在荒地或路旁草丛中；分布几遍全国各地。喜温暖湿润气候，喜阴湿。以疏松肥沃的夹沙土或腐殖质壤土栽培为宜。

## 四、野生近缘植物

**1. 大花夏枯草**［*P. grandiflora*（L.）Jacq.］多年生草本；根茎匍匐地下，在节上有须根。茎上升，高 15～60cm，钝四棱形，具柔毛状硬毛。叶卵状长圆形，长 3.5～4.5cm，宽 2～2.5cm，先端钝，基部近圆形，全缘，两面疏生硬毛，但下面毛常脱落，边缘具细缘毛，叶柄长 2.5～4cm，背腹扁平，具硬毛，花序下方的一对叶长圆状披针形，无柄。轮伞花序密集组成长 4.5cm 的长圆形顶生花序，其下方不直接承以叶片，每一轮伞花序下承以苞片；苞片宽大，心形，先端具小尖头，向上逐渐细小，膜质，脉纹放射状，在边缘内方网结，外面在脉上疏被柔毛，边缘具缘毛，内面无毛；花梗短，长约 1mm，具柔毛状硬毛。花萼连齿在内长 8mm，外面沿脉上疏生硬毛，内面无毛，筒长 3mm，萼檐二唇形，上唇近圆形，长宽约 5mm，先端近圆形，具 3 齿，齿为宽三角形，具小刺尖头，侧齿稍长，下唇长圆形，长 6mm，宽 3mm，2 裂，裂片达唇片中部，披针形，具刺状尖头。花冠蓝色，长 20～27mm，冠筒长 9mm，弯曲，内面近基部有斜向鳞毛毛环，冠缺二唇形，上唇长圆形，长 1.2cm，宽 0.7cm，向下弯曲，下转宽大，3 裂，中裂片较大，边缘具波齿状小裂片，侧裂片下垂。雄蕊 4，前对较长，均延伸至上唇片之下，花丝分离，扁平，无毛，顶端有不明显的钝齿，花药 2 室，室极叉开。花柱丝状，伸出于雄蕊之上，先端相等 2 浅裂，裂片钻形。花盘近平顶，波状。小坚果近圆形，略具瘤状突起，在边缘及背面明显具沟纹。花期 9 月，果期 9 月以后。我国南京曾引种栽培。原产欧洲经巴尔干半岛及西亚至亚洲中部。

图 4 - 13　夏枯草

**2. 硬毛夏枯草**（*P. hispida* Benth.）　多年生草本，具密生须根的匍匐地下根茎。茎直立上升，基部常伏地，高 15～30cm，钝四棱形，具条纹，密被扁平的具节硬毛。叶卵形至卵状披针形，长 1.5～3cm，宽 1～1.3cm，先端急尖，基部圆形，边缘具浅波状至圆齿状锯齿，两面均密被具节硬毛，间或有时多少脱落，侧脉 2～3 对，不明显，叶柄长 0.5～1.5cm，近于扁平，近叶基处有不明显狭翅，被硬毛。最上一对茎叶直接下承子花序或有一小段距离，近于无柄。轮伞花序通常 6 花，多数密集组成顶生长 2～3cm，宽 2cm 的穗状花序，每一轮伞花序其下承以苞片，苞片宽大，近心脏形，宽 0.8～1cm，先端具长约 2mm 的骤然长渐尖的尖头，外面密被具节硬毛，内面无毛，边缘明显具硬毛，膜质，脉纹放射状，自基部发出，先端网结，多少显著；花梗极短，长不及 1mm，具硬毛。花萼紫色，管状钟形，连齿在内长约 1cm，背腹扁平，脉 10，显著，其间网脉联结，脉上明显有具节硬毛，齿缘具纤毛，萼檐二唇形，上唇扁平，宽大，近圆形，长 6mm，宽近 5mm，先端近楔形，具 3 个短尖齿，中齿宽大，侧齿细小，下唇较窄，宽约 3mm，2 深裂，裂片达唇片的中部，披针形，具刺尖头。花冠深紫至蓝紫色，长 15～18mm，冠筒长 10mm，近基部宽约 1.5mm，向上在前方逐渐膨大，在喉部稍为缢缩，宽 4mm，外面无毛，内面近基部有一略倾斜的鳞毛毛环，冠檐二唇形，上唇长圆形，长约 5mm，宽约 4mm，龙骨状，内凹，先端微缺，外面在脊上有一明显的硬毛带，内面无毛，下唇宽大，长 5mm，宽 6mm，3 裂，中裂片较大，近圆形，边缘具波齿状小裂片，侧裂片长圆形，细小，下垂。雄蕊 4，前对较长，均伸出冠筒，花丝分离，扁平，无毛，前对花丝在顶端明显有长过于花药的钻形裂片，后对者则不甚显著，花药 2 室，室极叉开。花柱丝状，略伸出雄蕊之外，先端相等 2 浅裂。花盘近平顶。子房棕褐色，无毛。小坚果卵珠形，长 1.5mm，宽 1mm，背腹略扁平，顶端浑圆，棕色，无毛。花、果期自 6 月至翌年 1 月。产于云南、四川西南部，生于海拔 1 500～3 800m 路旁，林缘及山坡草地土。印度也有分布。

# 第十四节　萱　　草

## 一、概述

　　为百合科萱草属多年生草本植物萱草（*Hemerocallis fulva* L.），以根入药。萱草别名有金针、黄花菜、忘忧草等，食用时多被称为金针或黄花菜。萱草具有利湿热、宽胸、消食的功效。治胸膈烦热、黄疸、小便赤涩。萱草原产于中国、欧洲南部及东南亚。其叶形为扁平状的长线形，与地下茎有微量的毒，不可直接食用。

## 二、药用历史与本草考证

　　《本草纲目》载："消食，利湿热。"具有清热利尿，凉血止血之功能。主治腮腺炎、膀胱炎、小便不利、乳汁缺乏、月经不调、衄血便血等症，外用治乳腺炎。萱草喜温暖阳光，耐半阴，抗旱，抗病虫能力强，适应性广。喜肥沃、湿润、土层深厚的土壤，也耐贫瘠干燥，管理粗放，有一定耐寒性，根状茎在－20℃低温冻土中安全。对盐碱土壤有特别的耐性。我国南北均可种植，华北地区可露地越冬。

## 三、植物形态特征与生物学特性

**1. 形态特征**　宿根草本，具短根状茎和粗壮的纺锤形肉质根。叶基生、宽线形、对排成两列，宽 2~3cm，长可达 50cm 以上，背面有龙骨突起，嫩绿色。花梃细长坚挺，高 60~100cm，着花 6~10 朵，呈顶生聚伞花序。初夏开花，花大，漏斗形，直径 10cm 左右，花被裂片长圆形，下部合成花被筒，上部开展而反卷，边缘波状，橘红色。花期 6 月上旬至 7 月中旬，每花仅放 1d。蒴果，背裂，内有亮黑色种子数粒（图 4 - 14）。果实很少能发育，制种时常需人工授粉。

**2. 生物学特性**　耐寒性强，耐光线充足，又耐半阴，对土壤要求不严，但以腐殖质含量高、排水良好的湿润土壤为好。喜光照或半阴环境，适宜种植于肥沃湿润、排水良好的土壤中。

图 4 - 14　萱　草

## 四、野生近缘植物

**1. 折叶萱草**（*H. plicata* Stapf）　为百合科萱草属多年生草本，高 30~65cm。根簇生，肉质，根端膨大成纺锤形。叶基生，狭长带状，下端重叠，向上渐平展，长 40~60cm，宽 2~4cm，全缘，中脉于叶下面凸出。花茎自叶腋抽出，茎顶分枝开花，有花数朵，大，橙黄色，漏斗形，花被 6 裂。蒴果，革质，椭圆形。种子黑色光亮。植株一般较高大；根近肉质，中下部常有纺锤状膨大。叶 7~20 枚，长 50~130cm，宽 6~25mm。花梃长短不一，一般稍长于叶，基部三棱形，上部多少圆柱形，有分枝；苞片披针形，下面的长 3~10cm，自下向上渐短，宽 3~6mm；花梗较短，通常长不到 1cm；花多朵，最多可达 100 朵以上；花被淡黄色，有时在花蕾时顶端带黑紫色；花被管长 3~5cm，花被裂片长（6~）7~12cm，内三片宽 2~3cm。蒴果钝三棱状椭圆形，长 3~5cm。种子 20 多个，黑色，有棱，从开花到种子成熟需 40~60d。花果期 5~9 月。性平，味甘。具养血平肝、利尿消肿之功效。可治头晕耳鸣、心悸、吐血衄血、淋病、乳痈等症。生于山坡、草地或栽培。

**2. 小黄花菜**（*H. minor* Mill.）　多年生草本植物。须根粗壮，根一般较细，绳索状，粗 1.5~3mm，不膨大。叶长 20~60cm，宽 3~14mm。叶基生，长 20~50cm。花梃多个，长于叶或近等长，花序不分枝或稀为二歧状分枝，常具 1~2 花，少 3~4 花；花被黄或淡黄色，花梃稍短于叶或近等长，顶端具 1~2 花，少有具 3 花；花梗很短，苞片近披针形，长 8~25mm，宽 3~5mm；花被淡黄色；花被管通常长 1~2.5cm，极少能近 3cm；花被裂片长 4.5~6cm，内三片宽 1.5~2.3cm。蒴果椭圆形或矩圆形，长 2~3cm，宽

1.2～2cm。花期 6～7 月，果期 7～9 月。分布于我国东北、华北及甘肃、陕西。一般生长在海拔 2 300m 以下的山地草原、林缘、丘陵灌木丛草地、草甸、草甸草原和溪流边缘。气味甘、微苦、微寒、无毒。根入药，能清热利尿、凉血止血，外用治乳痈。

# 第十五节　益　母　草

## 一、概述

为唇形科益母草属植物益母草（*Leonurus japonicus* Houtt.）的新鲜或干燥地上部分，原名茺蔚，其种子也作药用，名为茺蔚子，别名益母草子、坤草子、小胡麻。鲜品春季幼苗期至初夏花前期采割；干品夏季茎叶茂盛、花未开或初开时采割，晒干，或切段晒干；在花盛开或果实成熟时采收者，品质较次。味辛、苦，微寒，归肝、心包经，能活血调经、利尿消肿，用于月经不调、痛经、经闭、恶露不尽、水肿尿少、急性肾炎水肿。主要化学成分有益母草碱、水苏碱、益母草定、益母草宁等多种生物碱，苯甲酸、多量氯化钾、月桂酸、亚麻酸、油酸、甾醇、维生素 A、芸香苷等，又含精氨酸、4-胍基-1-丁醇、4-胍基-丁酸、水苏糖等化学成分。

益母草野生资源分布很广，我国各地均产，以长江流域出产较多，以安徽、河南、江苏、山东等地较多。生于山野荒地、田埂、草地、溪边和多石的山坡等处，尤以向阳地带为多，生长地可达海拔 3 000m 以上。因分布广泛，益母草多为野生，20 世纪 50 年代由野生变为家种，栽培品种较少，原只有北京、天津、河北等地有小规模种植，现全国各地均有少量栽培，其中，以浙江义乌的种植面积最大，超过 33.3hm²。

## 二、药用历史与本草考证

益母草，原名茺蔚子，又名范、萑、益鸣、大札、臭秽等，始载于《神农本草经》，列为上品，是常用的中药材。陆玑《诗疏》："萑，似萑。方茎，白花，花生节间。《韩诗》及《三苍说》悉云，萑，益母也。"《经效产宝》返瑰丹注："益母，叶似艾叶，茎类火麻，方梗凹面。四、五、六月，节节开花，红紫色如蓉花，南北随处皆有，白花看不是。于端午、小暑，或六月六日，花正开时，连根收采，阴干，用叶及花、子。"《名医别录》云："茺蔚生海滨池泽，五月采。"陶弘景曰："今处处有之，叶如萑，方茎，子形叶长，具三棱，方用亦稀。"郭璞注《尔雅》云："叶似萑，方茎白华，华生节间。"刘歆亦谓："推臭秽，臭秽及茺蔚也，今园圃及田野见之极多，行色皆如郭说，而苗叶上节节生花，实似鸡冠，子黑色，茎作四棱，五月采，九月采实，医方中稀见用实者。"《本草纲目》云："此草及子皆充盛密蔚，故名茺蔚。其茎方类麻，故谓之野天麻，俗呼为猪麻，猪喜食之也，夏至后即枯，故亦有夏枯之名。茺蔚近水湿处甚繁，春初生苗如嫩蒿，入夏长三、四尺，茎方如黄麻茎，其叶如艾叶而背青。一梗三叶，叶有尖歧。寸许一节，节节生穗，丛簇抱茎，四五月间，穗内开小花，红紫色，亦有微白色者。每萼内有细子四粒，粒大如同蒿子，有三棱，褐色。"益母草自古就有异物同名的情况，"此草有白花、紫花二种，茎叶子穗皆一样也，但白者能入气分，红者能入血分，别而用之可也"。按《闺阁事宜》记述，白花者为益母，紫花者为野天麻。返魂丹注云，紫花者为益母，白花者不是。陈藏器《本草》云："茺蔚生田野间，人呼为臭草；天麻生平泽，似马鞭草，节节生紫花，花中有子，如青葙子。"孙思邈《千金方》云："天麻草，茎如火麻，冬生苗，夏着赤花，如鼠尾花。此皆似以茺蔚、天麻为二物，盖不知其是一物二种。凡物花皆有赤白，如牡丹、芍药、菊花之类是矣。"

　　益母草苦、辛，微寒，归肝、心包经，主治妇科疾病、肾病和心血管病，是历代医家用来治疗妇科疾病之首药。苦泄辛散，主入血分；肝主疏泄而调冲任，储藏血液而调节血量；心主血脉，气行则血行，故能活血祛瘀调经。《神农本草经》记载其功效为："茺蔚子……主明目益精，除水气，久服轻身，茎主瘾痒，可做浴汤。"其中并未涉及妇科病。《本草心言》曰："益母草，行血养血，行血而不伤新血，养血而不滞瘀血，诚为血家圣药。"《本草正义》言："益母草，性滑而利，善调胎产诸证，故有益母之号。"古代医学专著对其功用多论及胎产之用，少言调妇人经水。如《本草衍义》云："治胎前产后诸疾，行血养血，难产作膏服。"《本草蒙筌》曰："去死胎，安生胎，行瘀血，生新血。"纵观历史妇科名集，益母草用于胎产多于调经。《傅青主女科歌括》在调经方中无一方用及益母草，但明确提出"益母草辖死胎"故在"子死产门难产"和"正产胞衣不下"两种情况下，剂量为通用时的5～6倍。以上论述与现用益母草情况基本相符。

## 三、植物形态特征与生物学特性

　　**1. 形态特征**　一年生或二年生草本，高60～100cm。茎直立，四棱形，被微毛。叶对生；叶形多种；叶柄长0.5～8cm。一年生植物基生叶具长柄，叶片略呈圆形，直径4～8cm，5～9浅裂，裂片具2～3钝齿，基部心形；茎中部叶有短柄，3全裂，裂片近披针形，中央裂片常再3裂，两侧裂片再1～2裂，最终片宽度通常在3mm以上，先端渐尖，边缘疏生锯齿或近全缘；最上部叶不分裂，线形，近无柄，上面绿色，被糙伏毛，下面淡绿色，被疏柔毛及腺点。轮伞花序腋生，具花8～15朵；小苞片针刺状，无花梗；花萼钟形，外面贴生微柔毛，先端5齿裂，具刺尖，下方2齿比上方2齿长，宿存；花冠唇形，淡红色或紫红色，长9～12mm，外面被柔毛，上唇与下唇几等长，上唇长圆形，全缘，边缘具纤毛，下唇3裂，中央裂片较大，倒心形；雄蕊4，二强，着生在花冠内面近中部，花丝疏被鳞状毛，花药2室；雌蕊1，子房4裂，花柱丝状，略长于雄蕊，柱头2裂。小坚果褐色，三棱形，先端较宽而平截，基部楔形，长2～2.5mm，直径约1.5mm。花期6～9月，果期7～10月。坚果，长圆状三棱形，长约2mm，顶端截平，淡褐色，光滑（图4-15）。

图4-15　益母草
1. 植株上部示花序　2. 基生叶　3. 花侧面观
4. 花冠纵剖示雄蕊　5. 花萼纵剖内面观

**2. 生物学特性**　益母草喜温暖湿润气候，需要充足的光照。海拔在 1 000m 以下的地区者可栽培，若在较高海拔地区栽培，常因温度低而不能抽薹开花，在过于阴湿的地方种植，病害严重，生长不良。对土壤要求不严，但以向阳、肥沃、排水良好的沙质壤土栽培为宜。其种子在土壤水分充足的条件下，种子发芽出苗随温度的增高而加快，一般情况下，种子在 10℃ 以下则不能发芽。平均温度在 10～15℃ 时，播种后 20～30d 出苗；平均温度在 15～20℃ 时，播种后 7～18d 出苗；平均温度在 20℃ 以上时，播种后 5～7d 后即可出苗。在春夏两季（3 月下旬至 7 月下旬）播种，播种时间越早，出苗所需时间越长；播种越晚，出苗所需时间越短。秋冬两季（9 月上旬至翌年 1 月下旬）播种，播种越早，出苗时间越短；播种越晚，出苗时间越长。益母草必须经过冬季的低温春化作用才能抽薹开花，春季播种当年不抽薹，个别植株春季播种，当年可能会抽薹开花。低温春化对益母草翌年的生长和株型形态建成有很大影响。秋季或冬季播种的益母草种子发芽后，幼苗经冬季低温春化作用，翌年抽薹，表现为植株高大，不分蘖，叶片较少，并进入生殖生长，开花、结实。如避开低温春化作用，当年播种，当年开花前采收，益母草生物学性状发生变化，变成矮化莲座状，植株分蘖数多，叶片多，不抽薹，而且总生物碱含量比开花后的益母草高。

一年内可多季栽培益母草，实现多季收获鲜益母草。春季在 3 月初播种，播种后 1 个月左右出苗，6 月底可收获，生长期约 105d。夏季在 6 月底播种，播种后 6d 左右出苗，9 月底可收获，生长期约 80d。秋季可在 9 月初播种，播种后 8d 左右出苗，12 月中旬可收获，生长期约 100d。夏季高温对鲜益母草产量影响很大，主要是春播的益母草，夏季高温时益母草由于密度高，散热不良，易导致鲜益母草叶片发黄，霉变和发病死亡，导致减产。因此，春播益母草应在越夏前收获。益母草植株内总生物碱含量与益母草生长周期的长短有关。益母草经低温春化处理，翌年抽薹，收获时总生物碱含量比较低。而当年播种，当年收获，不经过低温春化作用，总生物碱含量则比较高。

益母草根系发达，须根较多，入土较深，能吸收土壤深层的水分。因此，在生长期内，除特别干旱需适当浇灌水外一般不需浇水。在苗期，如遇干旱，田间灌溉后短暂积水，不会引起死苗。但积水时间长则会影响幼苗生长，要注意及时排水。秋季播种，如遇干旱，要及时灌溉。益母草对温度的适应范围较广，在 10～35℃ 的范围内均能萌发生长，种子在 10℃ 以上才能正常发芽，最适温度为 25～30℃。益母草是喜光植物，日照时间的长短不仅影响益母草生长，更重要的是影响其有效成分总生物碱的积累。益母草在不同的海拔高度地区栽培，生长发育表现差异较大。高海拔地区种植，益母草生长缓慢，分蘖数少，产量低。不同海拔高度还对益母草植株内的总生物碱含量积累产生较大的影响，总生物碱含量随海拔高度的升高而降低。益母草为喜肥作物，由于其生长周期较短，只需 3 个半月，因此足够的肥料对益母草生长非常重要。微量元素肥料（如锰、铜、锌等）对植物生长具有一定的促进作用，可以增加鲜益母草的生物产量及其有效成分含量。

## 四、野生近缘植物

唇形科益母草属植物除益母草以外还有 14 种分布在我国，其中白花益母草、细叶益母草及其变型白花细叶益母草、大花益母草、突厥益母草、灰白益母草、绵毛益母草、兴安益母草在药用价值上与益母草相似，故常作为益母草替代品使用。

**1. 白花益母草** [*L. artemisia* var. *albiflorus* (Migo) S. Y. Hu] 性状基本上同益母草，区别仅在于花更加偏于暗黄白色，无紫色，产于江苏、福建、江西、广东、广西、贵州、云南及四川。

**2. 细叶益母草**（*L. sibiricus* Linn.） 一年生或二年生草本，有圆锥形的主根，株高80cm。茎直立，钝四棱形，微具槽，有短而贴生的糙伏毛，叶对生。叶柄长 0.5～5cm；茎最下部的叶早落，中部的叶卵形，掌状 3 全裂，长约 5cm，宽约 4cm，裂片长圆状鞭形，再羽状分裂成 3 裂的线状小裂片，宽度通常 1～3mm；最上部叶明显 3 裂，小裂片线形，近无柄，上面绿色，疏伞花序腋生，多花；无花梗；小苞片针刺状，比萼筒短，被糙伏毛，花萼钟形，外面被柔毛，先端 5 齿裂，具尖刺，上方 3 齿比下方 2 齿短，宿存。花冠唇形，淡红色或紫红色，长 15～20mm，外面密被长柔毛，上唇比下唇长 1/4 左右，上唇长圆形，全缘，下唇 3 裂，中央裂片卵形；雄蕊 4，二强，着生在花冠内面近中部，花丝疏被鳞状毛，花药 2 室；雌蕊 1，子房 4 裂，花柱丝状，略长于雄蕊，柱头 2 裂。小坚果褐色，三棱形，上端较宽而平截，基部楔形，长约 2.5mm。花期 6～9 月，果期 7～10 月。

**3. 大花益母草**（*L. macranthus* Maxim.） 多年生草本；根茎木质，斜行，其上密生纤细须根。茎直立，高 60～120cm，单一，不分枝或间有在上部分枝，茎、枝均钝四棱形，具槽，有贴生短而硬的倒向糙伏毛。叶形变化很大，最下部茎叶心状圆形，长 7～12cm，宽 6～9cm，3 裂，裂片上常有深缺刻，先端锐尖，基部心形，草质或坚纸质，上面绿色，下面淡绿色，两面均疏被短硬毛，侧脉 3～6 对，与侧脉在上面下陷，背面明显突出，叶柄长约 2cm；茎中部叶通常卵圆形，先端锐尖；花序上的苞叶变小，卵圆形或卵圆状披针形，先端长渐尖，边缘具不等大的锯齿，或为深裂，或近于全缘。轮伞花序腋生，无梗，具 8～12 花，多数远离而组成长穗状；小苞片刺芒状，长约 1cm，被糙硬毛；花梗近于无。花萼管状钟形，长 7～9mm，外面被糙伏毛，近基部渐无毛，内面无毛，5 脉，明显凸出，齿 5，前 2 齿靠合，钻状三角形，具长刺状尖头，长达 1cm，后 3 齿较短，长 5mm，基部三角形，先端刺尖。花冠淡红或淡红紫色，长 2.5～2.8cm，冠筒逐渐向上增大，长约达花冠之半，外面密被短柔毛，内面近基部 1/3 具近水平向的鳞状毛毛环，近下唇片处具鳞状毛，冠檐二唇形，上唇直伸，长圆形，内凹，长约 1.2cm，宽 0.5cm，全缘，外面密被短柔毛，内而无毛，下唇长 0.8cm，宽 0.5cm，短于上唇片 1/3，外面被短柔毛，内面无毛，3 裂，中裂片大于侧裂片一倍，倒心形，先端明显微缺，边缘薄膜质，基部收缩，侧裂片卵圆形，细小。雄蕊 4，均延伸至上唇片之下，平行，前对较长，花丝丝状，扁平，中部疏被微柔毛，花药卵圆形，二室。花柱丝状，略超出于雄蕊，先端相等 2 浅裂，裂片钻形。花盘平顶。子房褐色，无毛。小坚果长圆状三棱形，长 2.5mm，黑褐色，顶端截平，基部楔形。花期 7～9 月，果期 9 月。产于辽宁、吉林及河北北部。生于海拔 400m 以下草坡及灌丛中。前苏联、朝鲜、日本也有。茎、叶具有接骨止痛，固表止血功效，用于筋骨疼痛、虚弱、痿软、自汗、盗汗、血崩、跌打损伤。本种在河北部分地区作益母草使用。

**4. 突厥益母草**（*L. turkestanicus* V. Krecz et Kupr） 多年生草本；根茎木质，具密

须根的圆锥形主根。茎多数，稀单一，多分枝，高 70～150（～200）cm，钝四棱形，紫红色，无毛。最下部茎叶脱落，开花时不存在；其余茎叶轮廓为圆形或卵状圆形，长 6～10cm，宽 4～6cm，先端钝形，基部宽楔形、截形或微心形，5 裂，裂片深达叶片长 2/3，多少呈宽楔形，其上再分裂成宽披针形小裂片，叶片上面暗绿色，下面淡绿色，两面疏被柔毛，下面尚布腺点，叶脉在上面微下陷，下面突出，叶柄长 2～5cm，通常不及叶片长之半，间或有与叶片等长；花序上的苞叶长菱形，基部楔形，3 裂，裂片披针形，叶柄远较短小。轮伞花序腋生，具 15～20 花，轮廓为圆球形，花时径 2cm，远离而向顶靠近组成长 10～30cm 的穗状花序；小苞片刺状，平展或向下弯，有极细柔毛，长 4～6cm；花梗无。花萼钟形，上部稍为囊状增大，外面贴生极细微柔毛，上部呈灰绿色，下部呈麦秆黄色，内面无毛，5 脉，稍突出，萼筒长 6mm，齿 5，前 2 齿靠合，向外开张，长 5mm，长三角形，先端刺尖，后 3 齿等大，三角形，长 3mm，先端刺尖。花冠粉红色，长约 10mm，外面在中部以上被长柔毛，下部无毛，内面在冠筒中部有斜向柔毛毛环，余部无毛，在毛环上方膨大，冠筒长约 6mm，冠檐二唇形，上唇倒卵圆形，内凹，向前弯曲，下唇 3 裂，裂片卵圆形，中裂片稍大。雄蕊 4，前对较长，花丝丝状，微被柔毛，花药卵圆形，2 室，室平行。花柱丝状，略超出于雄蕊，先端相等 2 浅裂。花盘平顶。子房黑褐色，顶端截平，密被柔毛。小坚果三棱形，长约 2mm，灰褐色，顶端截平，被微柔毛，基部楔形。花期 7～8 月，果期 8～9 月。产于新疆北部。生于海拔 1 000～2 000m 山坡下部、河漫滩及水沟旁等潮湿地。

**5. 灰白益母草**（*L. glaucescens* Bunge） 二年生或多年生草本，全株因被贴生短柔毛而呈灰白色。茎直立，高 50～100cm，少数，稀单一，通常分枝，茎、枝钝四棱形，微具槽。茎下部叶在开花时脱落，茎中上部叶轮廓为圆形，径约 5cm，基部近于截平，5 裂，分裂几达基部，裂片轮廓为楔形或菱形，其上又羽状分裂成线形或线状披针形的小裂片，两面均被短平伏毛，叶脉在上面下陷，下面凸起，叶柄长 1.5cm；花序上的苞叶轮廓为菱形，长约 4cm，基部楔形，深裂成 3 个全缘或略有缺刻的线形裂片，叶柄长 2cm。轮伞花序腋生，轮廓为圆球形，小，开花时径 1.5～1.8cm，多数密集组成长穗状花序；小苞片刺状，略向下弯曲，有贴生短柔毛，比萼筒短。花萼倒圆锥形，外面贴生短柔毛，内面无毛，5 脉，显著，萼筒长约 4mm，齿 5，前 2 齿靠合，开展，长 3～3.5mm，钻形，先端刺尖，后 3 齿等大，钻形，长 2.5mm，先端刺尖。花冠淡红紫色，长 1～1.2cm，冠筒长约 5mm，在毛环上膨大，外面在中部以上被长柔毛，内面在中部稍下处具柔毛环，冠檐二唇形，上唇直伸，内凹，外面被长柔毛，内面无毛，长卵圆形，下唇水平展开，长卵圆形，3 裂，中裂片稍大，卵圆形，侧裂片长圆形。雄蕊 4，前对较长，花丝丝状，扁平，被微柔毛，花药卵圆形，2 室。花柱丝状，超出雄蕊之上，先端相等 2 浅裂。花盘平顶。子房褐色，顶端截平，被微柔毛。花期 7 月。产于内蒙古。生于海拔 350～850m 灌丛、冲刷沟谷及草原上。因功效同益母草，故在内蒙古地区作益母草用。

**6. 绵毛益母草**（*L. panzerioides* M. Pop.） 多年生草本；根茎木质。茎直立，高 50～100cm，少数不分枝或在上部分枝，基部干时多少带紫红色，钝四棱形，微具槽，有时平滑，被贴生微柔毛，其间疏生具节平展的疏柔毛，在花序上被绵状疏柔毛。茎最下部的叶脱落，开花时不存在，茎中部叶轮廓为圆形，径 4～5cm，基部心形，5 裂，裂片几达叶片基部，轮廓为菱形，其上羽状分裂成线状披针形的小裂片，上面深绿色，下面淡绿色，两面疏被微柔毛及腺点，但下面腺点较多，叶脉在上面下陷，下面凸出，叶柄长1.5～2.5cm，腹面具沟，背面圆形，被微柔毛；花序上的苞叶狭菱形，长1～2.5cm，3裂，裂片全缘或偶有齿，叶柄长1～2cm。轮伞花序腋生，轮廓为圆球形，花时径2cm，具12～18花，各部均被绵状疏柔毛，多数紧密靠合组成长5～10cm的穗状花序，有时主茎上花序长15cm以上，小苞片刺状，弯曲向上伸，比萼稍短，长5mm，有长柔毛。花萼倒圆锥形，长6～7mm，外面尤其是在上部被绵状疏柔毛，内面除齿上被微柔毛外余皆无毛，5脉，不明显，萼筒长约5mm，齿5，宽三角形，前2齿稍靠合，开展，长2.5mm，后3齿等大，直伸，长1.5mm，先端均刺尖。花冠粉红或紫红色，长约12mm，冠筒长约6mm，在毛环上膨大，外面除基部1/3无毛外余部被疏柔毛，内面在基部1/3处明显有长柔毛毛环，余部无毛，冠檐二唇形，上唇直伸，内凹，长圆状卵圆形，外面密被疏柔毛，内面无毛，全缘，下唇水平开展，宽大，外被疏柔毛，内面无毛，3裂，裂片均卵圆形，中裂片稍大。雄蕊4，前对较长，向前弯曲，后对上升至上唇片之下，花丝丝状，扁平，被微柔毛，着生于花冠喉部，花药卵圆形，二室，室平行。花柱丝状，超出于雄蕊之上，先端向前弯曲，相等2浅裂。花盘平顶。子房褐色，顶端被长柔毛。未成熟小坚果黄褐色，长圆状三棱形，顶端截平，被柔毛，基部楔形。花期8月。分布于新疆阿尔泰山。生于海拔1 100～1 800m干旱坡地上及山顶上。

**7. 兴安益母草**（*L. tataricus* L.） 二年生或多年生草本。茎直立，高约60cm，钝四棱形，略具槽，全面被贴生短柔毛，但茎下部、节及花序序轴上均混生白色近开展长柔毛，下部常带紫红色，通常在中上部具短分枝。开花时茎下部的叶脱落，茎上的叶片轮廓近圆形，径约4.5cm，基部宽楔形，5裂，分裂几达基部，裂片轮廓为菱形，其上又分裂成线形的小裂片，上面均绿色但下面淡绿色，主沿脉上被极短平伏毛，叶脉在上面凹陷下面凸出，叶柄长1.7～2cm，腹凹背凸；花序上的叶片轮廓为菱形，长2.5～3cm，基部楔形，深裂成3个全缘或略有缺刻的线形裂片，叶柄长约2cm。轮伞花序腋生，小，轮廓圆球形，开花时径约1.2cm，多数于茎上部排列成间断的穗状花序；小苞片刺状，略向下弯曲，有贴生短柔毛及长柔毛，长3～4mm。花萼倒圆锥形，筒长约3mm，外被贴生短柔毛但沿肋上被长柔毛，内面无毛，肋5，显著，齿5，长2～3mm，均三角状钻形，基部宽三角形，先端长刺尖，前2齿稍靠合而开展。花冠淡紫色，长约8mm，冠筒长约4mm，外面中部以上被长柔毛，内面在中部稍下方被疏柔毛环，冠檐二唇形，上唇直伸，外面被长柔毛，内面无毛，长圆形，下唇水平展开，3裂，中裂片稍大。雄蕊4，前对较长，花丝扁平，花药卵圆形，2室。花柱伸出雄蕊之上，先端相等2浅裂。花盘环状。小坚果淡褐色，长圆状三棱形，长约1.5mm，宽1mm，腹面具棱，顶端截平且被微柔毛。花期7月，果期8月。产于内蒙古东北部。生于海拔750～850m山坡林下。

# 第十六节 淫羊藿

## 一、概述

淫羊藿（*Epimedium brevicornum* Maxim.） 为毛茛目小檗科淫羊藿属植物淫羊藿的

干燥地上部分，始载于《神农本草经》。《本经》中有"利小便、益气力、强志"的记载。《本草备要》中亦有"补命门、益精气、坚筋骨、利小便"的记载。《本草纲目》记载："茎、叶入药，辛温无毒，有坚筋骨、益精气、补腰膝、强心力等作用，丈夫久服令人无子，丈夫绝阳无子，老年昏耄，中年健忘，四肢不仁，偏风不遂，真阳不足者宜之。""味甘，气香，性温不寒，能益精气，乃手足阳明三焦命门药也。"淫羊藿作为国内传统补肾中药，在民间沿用已有千年历史，在我国主要集中分布于四川、重庆、贵州、湖北、陕西、湖南、甘肃及东北各省份，其他南方各省份也有少量分布，其垂直分布范围较宽，在海拔200～3 700m均可见淫羊藿属植物。

## 二、药用历史与本草考证

淫羊藿是最早使用并沿用至今的淫羊藿品种之一，其分布甚广，是淫羊藿药材的主要来源。《名医别录》中最早记载的淫羊藿的产地之一"上郡阳"，与其地理分布相符。《唐本草》最初记载的淫羊藿的形态特征"叶似小豆而圆薄"，与其叶形、质地一致。其在本草中记载的许多主产地与现今相同，如"陕西"。其形态与《植物名实图考》《本草从新》二书中的淫羊藿附图基本相符。

本草中不仅记载了心叶淫羊藿1种，尚包括淫羊藿属的其他种植物。《名医别录》记载其产于"西川北部"，但至今当地尚未发现淫羊藿（*E. brevicornum* Maxim.）的存在。《救荒本草》记载的密县淫羊藿"叶颇长，近蒂皆有一缺"，显然不同于心叶淫羊藿。今河南除产此品种外，还产柔毛淫羊藿、粗毛淫羊藿等。《证类本草》中永康军淫羊藿的附图简略，参考意义不大，但永康军即今四川灌县，为现今淫羊藿的主产区之一，调查发现该地有柔毛淫羊藿、粗毛淫羊藿等，但未发现心叶淫羊藿这个品种。《本草纲目》记载其"一茎二桠，一桠三叶"，作者认为是茎生叶二枚，每一枚叶为一回三出复叶，这是淫羊藿属多种植物的共同特征，其附图只绘了一回三出的基生叶3枚，又曰："三、四月开花"，推测不可能还是（心叶）淫羊藿，因为心叶淫羊藿的基生叶、茎生叶多为二回三出复叶，花期六七月。在宋代，淫叶藿就存在混乱品种。《证类本草》沂州淫羊藿图显然不是淫羊藿属植物，据调查沂州尚未发现淫羊藿属植物。现今个别地区确有毛茛科、虎耳草科、姜科植物作淫羊藿用，可见混乱品种有其历史原因。综合历代本草对淫羊藿形态结构和地理分布的描述，古人将其叶型喻为杏叶、豆藿，明确了两类叶型，一类圆薄；另一类颇长，近蒂有一缺。目前国产淫羊藿属植物按叶型笼统分类也是如此，古人记载的产地遍及全国各地，与现今各地均产淫羊藿属植物相符。

## 三、植物形态特征与生物学特性

**1. 形态特征**　多年生草本，高30～40cm。根茎长，横走，质硬，须根多数。叶为二回三出复叶，小叶9片，有长柄，小叶片薄革质，卵形至长卵圆形，长4.5～9cm，宽3.5～7.5cm，先端尖，边缘有锯齿，锯齿先端成刺状毛，基部深心形，侧生小叶基部斜形，上面幼时有疏毛，开花后毛渐脱落，下面有长柔毛。花4～6朵成总状花序，花序轴无毛或偶有毛，花梗长约1cm；基部有苞片，卵状披针形，膜质；花大，直径约2cm，黄白色或乳白色；花萼8片，卵状披针形，2轮，外面4片小，不同形，内面4片较大，同形；花瓣 4，近圆形，具长距；雄蕊 4；雌蕊 1，花柱长。蓇葖果纺锤形，成熟时 2 裂（图 4-16）。花期 4～5 月，果期 5～6 月。

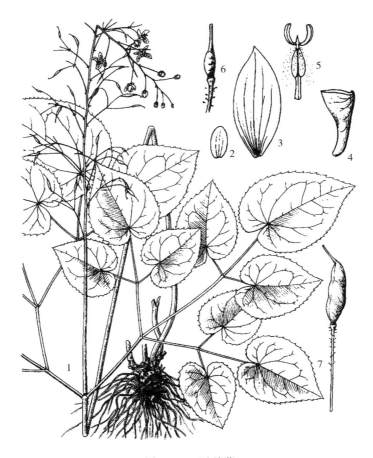

图 4-16 淫羊藿

1. 植株 2. 外萼片 3. 内萼片 4. 花瓣 5. 雄蕊 6. 雌蕊 7. 果实

**2. 生物学特性** 淫羊藿属植物属亚热带和温带林地草本植物，往往为林下草本层的优势种。常生于水青冈、松林、灌木丛、沟谷等荫蔽度较大的地方，且多见于石灰岩发育的黄壤、棕壤或腐殖质较厚的岩石缝，也有少量分布于林缘、路旁、山坡旱地等地方。淫羊藿属于半隐芽植物，横走根茎分布于地面下 10～30cm，可通过地下根茎无性繁殖，但种子繁殖仍是其主要的繁殖传播方式。自然条件下多生在阴坡或半阴半阳坡，阳坡少见，为喜阴湿植物。产于陕西、甘肃、山西、河南、青海、湖北、四川。生于海拔 650～3 500m 林下、沟边灌丛中或山坡阴湿处。

## 四、野生近缘植物

**1. 箭叶淫羊藿** [*E. sagittatum*（Sieb. et Zucc.）Maxim.] 多年生草本，高 30～50cm。根茎匍行呈结节状。根出叶 1～3 枚，三出复叶，小叶卵圆形至卵状披针形，长 4～9cm，宽 2.5～5cm，先端尖或渐尖，边缘有细刺毛，基部心形，侧生小叶基部不对称，外侧裂片形斜而较大，三角形，内侧裂片较小而近于圆形；茎生叶常对生于顶端，形与根出叶相似，基部呈歪箭状心形，外侧裂片特大而先端渐尖。花多数，聚成总状或下部分枝而成圆锥花序，花小，直径仅 6～8mm，花瓣有短距或近于无距。花期 2～3 月，果期 4～5 月。

**2. 柔毛淫羊藿**（*E. pubescens* Maxim） 多年生草木，植株高 20～70cm。根状茎粗短，有时伸长，被褐色鳞片。一回三出复叶基生或茎生；茎生叶 2 枚对生，小叶 3 枚；小叶叶柄长约 2cm，疏被柔毛；小叶片革质，卵形、狭卵形或披针形，长 3～15cm，宽 2～8cm，先端渐尖或短渐尖，基部深心形，有时浅心形，顶生小叶基部裂片圆形，几等大；侧生小叶基部裂片极不等大，急尖或圆形，上面深绿色，有光泽，背面密被茸毛、短柔毛和灰色柔毛，边缘具细密刺齿；花茎具 2 枚对生叶。圆锥花序具 30～100 余朵花，长 10～20cm，通常序轴及花梗被腺毛，有时无总梗；花梗长 1～2cm；花直径约 1cm；萼片 2 轮，外萼片阔卵形，长 2～3mm，带紫色，内萼片披针形或狭披针形，急尖或渐尖，白色，长 5～7mm，宽 1.5～3.5mm；花瓣远较内萼片短，长约 2mm，囊状，淡黄色；雄蕊长约 4mm，外露，花药长约 2mm；雌蕊长约 4mm，花柱长约 2mm。蒴果长圆形，宿存花柱长喙状。花期 4～5 月，果期 5～7 月。

**3. 巫山淫羊藿**（*E. wushanense* Ying） 多年生常绿草本，植株高 50～80cm。根状茎结节状，粗短，质地坚硬，表面被褐色鳞片，多须根。一回三出复叶基生和茎生，具长柄，小叶 3 枚；小叶具柄。叶片革质，披针形至狭披针形，长 9～23cm，宽 1.8～4.5cm，先端渐尖或长渐尖，边缘具刺齿，基部心形，顶生小叶基部具均等的圆形裂片，侧生小叶基部的裂片偏斜，内边裂片小，圆形，外边裂片大，三角形，渐尖，上面无毛，背面被绵毛或秃净，叶缘具刺锯齿；花茎具 2 枚对生叶。圆锥花序顶生，长 15～30cm，偶 50cm，具多数花朵，序轴无毛；花梗长 1～2cm，疏被腺毛或无毛；花淡黄色，直径 3.5cm；萼片 2 轮，外萼片近圆形，长 2～5mm，宽 1.5～3mm，内萼片阔椭圆形，长 3～15mm，花丝长约 7cm，扁平，花药瓣裂，裂片外卷，顶端钝尖；子房圆柱形，长约 5mm，花柱略短于子房。蒴果长 1.5～2cm，宿存花柱长约 5mm，喙状。花期 4～5 月，果期 5～8 月。

**4. 朝鲜淫羊藿**（*E. koreanum* Nakai） 多年生草本植物，植株高 15～40cm。根状茎横走，褐色，质硬，直径 3～5mm，多须根。花茎基部被有鳞片。二回三出复叶基生和茎生，通常小叶 9 枚；小叶纸质，卵形，长 3～13cm，宽 2～8cm，先端急尖或渐尖，基部深心形，基部裂片圆形，侧生小叶基部裂片不等大，上面暗绿色，无毛，背面苍白色，无毛或疏被短柔毛，叶缘具细刺齿；花茎仅 1 枚二回三出复叶。总状花序顶生，具 4～16 朵花，长 10～15cm，无毛或被疏柔毛；花梗长 1～2cm。花大，直径 2～4.5cm，颜色多样，白色、淡黄色、深红色或紫蓝色；萼片 2 轮，外萼片长圆形，长 4～5mm，带红色，内萼片狭卵形至披针形，急尖，扁平，长 8～18mm，宽 3～6mm；花瓣通常远较内萼片长，向先端渐细呈钻状距，长 1～2cm，基部具花瓣状瓣片；雄蕊长约 6mm，花药长约 4.5mm，花丝长约 1.5mm；雌蕊长约 8mm，子房长约 4.5mm，花柱长约 3.5mm。蒴果狭纺锤形，长约 6mm，宿存花柱长约 2mm。种子 6～8 枚。花期 4～5 月，果期 5 月。

# 第十七节  鱼 腥 草

## 一、概述

鱼腥草（*Houttuynia cordata* Thunb.），又名蕺菜、臭猪菜、侧耳根、猪鼻孔等，为三白草科蕺菜属多年生草本植物。因其茎叶搓碎后有鱼腥味，故名鱼腥草。鱼腥草原产我国，以长江流域以南分布最广。分布于我国中部、东南及西南各省份，尤以湖南、湖北、四川、江苏等省居多。全草含挥发油，油中含抗菌成分鱼腥草素，即癸酰乙醛、月桂醛、α-蒎烯和芳樟醇，前两者均有特异臭气。传统中医学认为鱼腥草性凉味辛，入肺经，具有清热解毒、化痰止咳、杀菌消炎、排脓消肿之功效，所以临床上常用鱼腥草治疗呼吸道疾病。而治疗由呼吸道感染引起的各种感染性疾病是鱼腥草的特长，临床上的肺炎、肺脓疡、扁桃体炎、感冒、各种感染性疾病引起的高热，如流感、钩端螺旋体病以及各种细菌或霉菌引起的败血症，都可用鱼腥草退热或缓解症状。除此之外，因为肺与大肠相表里，所以鱼腥草对于大肠经的疾病也有很好的疗效，临床上的肠炎、痢疾、慢性阑尾炎、动物的仔猪白痢、马牛的肠黄泄泻，都可用鱼腥草得到防治。

## 二、药用历史与本草考证

鱼腥草出自《名医别录》。唐苏颂说："生湿地，山谷阴处亦能蔓生，叶如荞麦而肥，茎紫赤色，江左人好生食，关中谓之菹菜，叶有鱼腥气，故俗称鱼草。"宋代苏恭《苏沈良方》："蕺菜生湿地山谷阴处，亦能蔓生。叶似荞麦而肥，茎紫赤色。山南、江左人好生食之。关中谓之菹菜。"鱼腥草的药用价值历代药书和文献都有记载，《吴越春秋》称其为岑草，《唐本草》称其为菹菜，《救急易方》称其为紫蕺，都记载了其清热解毒、治疗疮疡的作用。如《滇南本草》称其能"治肺痈咳嗽带脓血，痰有腥臭，大肠热毒，疗痔疮"；《医林纂要》称其"行水、攻坚、去瘴、解暑。疗蛇虫毒，治脚气，溃痈疽，去瘀血"；而《本草纲目》中描述道："蕺字音戢，菹、蕺音相近，其叶腥气，故俗呼为鱼腥草……散热毒痈肿，断疾解毒……叶似荞，其状三角，一边红，一边青，可以养猪。"不但记载了鱼腥草在人医上的应用价值，还直接介绍了鱼腥草在畜牧上的功用。《猪经大全》中也记载有"治猪喉风气闭症法，以鱼腥草焙干研末、又合牙皂面以吹鼻，其效如神"；《活兽慈舟》中还有"治牛寒呛法，鱼腥草、桑白皮、酒、火酒，煎浓啖服"的记载。种种文献记载都证明了鱼腥草是一种治疗肺疾名药兼治疗其他多种疾病的常用中草药。

2 000多年前，人们就利用鱼腥草防病。中医药学对鱼腥草的认识源于汉代。《吴越春秋》称岑草，南北朝《别录》、唐代《唐草本》、明代《本草纲目》等均有记载，指出鱼腥草具有"清热解毒，利尿消肿"等功效。

## 三、植物形态特征与生物学特性

**1. 形态特征**  多年生草本，高 30～50cm，全株有腥臭味；茎上部直立，常呈紫红色，下部匍匐，节上轮生小根。叶互生，薄纸质，有腺点，背面尤甚，卵形或阔卵形，长

4～10cm，宽2.5～6cm，基部心形，全缘，背面常紫红色，掌状叶脉5～7条，叶柄长1～3.5cm，无毛，托叶膜质长1～2.5cm，下部与叶柄合生成鞘。花小，夏季开，无花被，排成与叶对生、长约2cm的穗状花序，总苞片4片，生于总花梗之顶，白色，花瓣状，长1～2cm，雄蕊3枚，花丝长，下部与子房合生，雌蕊由3个合生心皮所组成。蒴果近球形，直径2～3mm，顶端开裂，具宿存花柱。种子多数，卵形（图4-17）。花期5～6月，果期10～11月。

**2. 生物学特性**　鱼腥草对环境的适应性强，广泛分布在我国南方各省份，西北、华北部分地区及西藏也有分布，常生长在背阴山坡、村边田埂、河畔溪边及湿地草丛中。据初步统计，重庆周边各区县年产鱼腥草为1 000t左右，仅酉阳县年产鱼腥草就达250t，多分布在海拔260～1 900m，且鱼腥草喜温润环境，以年均温度为12～16℃，7月均温21～26℃，1月均温2～6℃为佳；田间持水

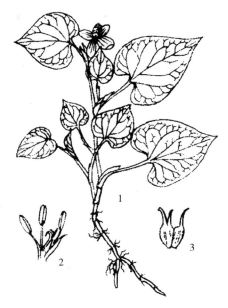

图4-17　鱼腥草
1. 植株　2. 雄蕊　3. 雌蕊

量为70％～80％，空气相对湿度为75％左右，年降水量为1 000～1 500mm。鱼腥草为喜光植物，光照不足时会影响其生长，因此在生长茂密的森林中没有分布。

## 四、野生近缘植物

该属仅鱼腥草一种为药用。

# 第十八节　紫　草

## 一、概述

为紫草科植物紫草（*Lithospermum erythrorhizon* Sieb. et Zucc.）的干燥根。有凉血活血、清热解毒、滑肠通便的作用。紫草喜凉爽、湿润的气候条件，怕涝，怕高温，以地势高燥、土层深厚、富含腐殖质、排水良好和渗水力强的中性或微酸性沙质壤土为宜。紫草生于荒山田野、路边及干燥多石山坡的灌丛中。分布于东北地区及河北、河南、山西、陕西、青海、山东等地。

## 二、药用历史与本草考证

《唐本草》云："紫草所在皆有。苗似兰香，茎赤，节青，花紫白色而实白。"《本草经疏》云："紫草为凉血之要药，故主心腹邪热之气。五疸者，湿热在脾胃所成，去湿除热利窍，其疸自愈。邪热在内，能损中气，邪热散即能补中益气矣。苦寒性滑，故利九窍而通利水道也。腹肿胀满痛者，湿热瘀滞于脾胃，则中焦受邪而为是病，湿热解而从小便

出，则前证自除也。合膏药疗小儿痘疮及面，皆凉血之效也。"

《本草正义》云："紫草，气味苦寒，而色紫入血，故清理血分之热。古以治脏腑之热结，后人则专治痘疡，而兼疗斑疹，皆凉血清热之正旨。杨仁斋以治痈疡之便闭，则凡外疡家血分实热者，皆可用之。且一切血热妄行之实火病，及血痢、血痔、溲血、淋血之气壮邪实者，皆在应用之例。而今人仅以为痘家专药，治血热病者，治外疡者，皆不知有此，疏矣。"

### 三、植物形态特征与生物学特性

**1. 形态特征**　多年生草本，高 50～90cm。根粗大，肥厚，圆锥形，略弯曲，常分枝、不分枝，或上部有分枝，全株密被白色粗硬毛。单叶互生；无柄；叶片长圆状披针形至卵状披针形，长 3～8cm，宽 5～17mm，先端渐尖，基部楔形，全缘，两面均被糙伏毛。聚伞花序总状，顶生或腋生；花小，两性；苞片披针形或狭卵形，长达 3cm，两面有粗毛；花萼 5 深裂近基部，裂片线形，长约 4mm；花冠色，筒状，长 6～8cm，先端 5 裂，裂片宽卵形，开展喉部附属物半球形，先端微凹；雄蕊 5，着生于花冠筒中部稍上，花丝长约 0.4mm，着生花冠筒中部，花药长 1～1.2mm，子房深 4 裂，花柱线形，长 2～2.5mm，柱头球状，2 浅裂。小坚果卵球形，长约 3mm，灰白色或淡黄褐色，平滑，有光泽。种子 4 颗（图 4-18）。花期 6～8 月，果期 8～9 月。

**2. 生物学特性**　喜凉爽、湿润的气候条件，怕涝，怕高温，以地势高燥、土层深厚、富含腐殖质、排水良好和渗水力强的中性或微酸性沙质壤土为宜。盐碱地、低洼地、重黏土地不宜种植。

紫草种子有休眠期，需经低温打破休眠，只要在-1℃的温度条件下经过 24h 就能解除休眠，但休眠解除后还需适宜的发芽温度，属

图 4-18　紫　草
1. 植株下部　2. 植株上部　3. 花剖开

低温萌发类型，8℃以下，20℃以上都抑制种子萌发，发芽适温为 13～17℃。种子发芽率达 80% 以上。种子室温干燥储藏，寿命为 1 年，生产中最好选用当年种子。新疆紫草种子对萌发温度要求不严，在 15～30℃下都能较好萌发，以 20℃ 的萌发率、萌发指数最高。种子萌发出苗需土壤含水量较高，最适含水量为 20% 左右。

在北方紫草从种子萌发出苗到产生新的种子，需要生长 2 年，第一年为营养生长阶段，植株高 10cm 左右，8～10 片叶互生；第二年返青后植株逐渐由营养生长转为生殖生

长阶段，开始抽薹开花结果。地下根随地上植株的增长也随之伸长和增粗。在南方由于无霜期长，年生育期延长，春季播种当年有部分植株可开花结果。生产中多播种后生长 2～3 年收获加工入药。

## 四、野生近缘植物

**1. 新疆紫草** ［*Arnebia euchroma*（Royle）Johnst.］　　多年生草本，株高 15～40cm。全株被白色或淡黄色长硬毛。根粗壮，略呈圆锥形，根部常与数个侧根扭卷在一起，外皮暗红紫色。茎直立，单一或基部分成 2 歧，基部有残存叶基形成的茎鞘。基生叶丛生，线状披针形或线形，长 5～20cm，宽 5～15cm，先端短渐尖，基部无鞘状；无叶柄。镰状聚伞花序密集于茎上叶腋，长 2～6cm；花两性，苞片叶状，披针形，具硬毛；花萼短筒状，5 裂，裂片狭条形，两面均密生淡黄色硬毛；花冠筒状钟形，紫色或淡紫色，长 1～1.5cm，裂片椭圆形，开展；雄蕊 5，花丝短或无，着生于花冠筒中部或喉部；子房 4 深裂，花柱纤细，先端浅 2 裂，柱头 2，倒卵形。小坚果宽卵形，褐色，长 3.5mm，宽约3mm，有粗网纹和少数疣状突起。花期 6～7 月，果期 8～9 月。

软紫草根呈不规则的长圆柱形，多扭曲，长 7～20cm，直径 1～2.5cm。表面紫红色或紫褐色，皮部疏松，呈条形片状，常 10 余层重叠，易剥落。顶端有的可见分歧的茎残基。体软，质松软，易折断，断面不整齐，木质部较小，黄色或黄白色。气特异，苦、涩。分布于新疆、甘肃及西藏西部。生于高山向阳山坡草丛中。

**2. 黄花软紫草**（*A. guttata* Bunge）　又名内蒙古紫草，在内蒙古地区也作紫草入药。多年生草本。根含紫色物质。茎通常 2～4 条，有时 1 条，直立，多分枝，高 10～25cm，密生开展的长硬毛和短伏毛。叶无柄，匙状线形至线形，长 1.5～5.5cm，宽 3～11mm，两面密生具基盘的白色长硬毛，先端钝。镰状聚伞花序长 3～10cm，含多数花；苞片线状披针形。花萼裂片线形，长 6～10mm，果期 15mm，有开展或半贴伏的长伏毛；花冠黄色，筒状钟形，外面有短柔毛，檐部直径 7～12mm，裂片宽卵形或半圆形，开展，常有紫色斑点；雄蕊着生花冠筒中部（长柱花）或喉部（短柱花），花药长圆形，长约1.8mm；子房 4 裂，花柱丝状，稍伸出喉部（长柱花）或仅达花冠筒中部（短柱花），先端浅 2 裂，柱头肾形。小坚果三角状卵形，长 2～3mm，淡黄褐色，有疣状突起。花期6～8 月，果期 8～10 月。

黄花软紫草根呈圆锥形或圆柱形，扭曲，长 6～20cm，直径 0.5～4cm。根头部略粗大，顶端有 1 或多个残茎，被短硬毛。表面紫红色或暗紫色，皮部略薄，常数层相叠，易剥离。质硬而脆，易折断，断面较整齐，皮部紫红色，木部较小，黄白色。气特异，味涩。产于西藏、新疆、甘肃西部、宁夏、内蒙古至河北北部。生于戈壁、石质山坡、湖滨砾石地。

## 第十九节　紫　　苏

## 一、概述

为唇形科紫苏属植物紫苏［*Perilla frutescens*（Linn.）Britt.］的带叶嫩枝。紫苏既可药用，又能食用。入药部位以茎、叶及子实入药，因入药部位不同功效也大不相同。以茎入药，称为"紫苏梗"，秋季果实成熟后采割，除去杂质，稍浸，润透，切厚片，干燥。性味辛温，归肺、脾经；具有理气宽中，止痛，安胎之功效。临床用于胸膈痞闷，胃脘疼痛，嗳气呕吐，胎动不安等症状。以叶（或带嫩枝）入药，习称"紫苏叶"，夏季枝叶茂盛时采收，除去杂质及老梗；或喷淋清水，切碎，干燥。性味辛温，归肺、脾经，具有解表散寒，行气和胃的功效，用于风寒感冒，咳嗽呕恶，妊娠呕吐，鱼蟹中毒。以子实入药，药名为"紫苏子"，秋季果实成熟时采收，除去杂质，晒干；性味辛温，归肺经，具有降气消痰，平喘，润肠之功效，用于痰壅气逆，咳嗽气喘，肠燥便秘。紫苏主要化学成分有紫苏酮、紫苏醛、异白苏烯酮、白苏烯酮、紫苏为然、亚麻酸乙酯、亚麻酸、α-亚麻酸及β-谷甾醇，还含有多种氨基酸、微量矿质元素等多种营养成分。

紫苏原产于喜马拉雅山及中国的中南部地区，现主要分布在印度、缅甸、印度尼西亚、日本、中国、朝鲜、韩国和前苏联等，在我国，紫苏野生资源分布较广，分布于我国华北、华东、华南、西南等地区，主要在长江流域及其以南的年降水量 1 000mm 以上地区，如江苏、湖北、广东、广西、河南、浙江、四川、河北、山西等地均是紫苏生产地，其中以湖北、河南、四川、山东、江苏的产量较大。紫苏是卫生部公布的第一批 64 种既是药品又是食品中的一种植物，在医药和食品、化工等领域有着重要的开发价值的经济植物。因此，紫苏在我国各地广泛栽培，因其对土壤、环境等生态因素的广泛适应性，各地栽培质量差异较小。紫苏在我国已有 2 000 多年的研究历史，主要作药用、蔬菜和香料使用，随着人们生活质量的提高和饮食结构的变化，近几十年来，人们对紫苏的药用价值和营养价值有了新的认识，开始大面积的栽培，现在陕西、江苏、浙江、安徽、湖北、山西、河北、吉林、黑龙江等省都有栽培和利用，种植面积已达 6 670hm²。科研力度也不断加强，相继开发出一系列相关产品，由此可见，紫苏对增强人们体质、改善人们生活水平、发展地方经济等都具有很重要的意义。

## 二、药用历史与本草考证

紫苏，原名苏，始载于梁代陶弘景的《名医别录》，列为中品。陶弘景《本草经集注》谓其"苏叶"，云："叶下紫色，而气甚香。"至甄权《药性论》始名"紫苏叶"。关于紫苏功效，《名医别录》最先载其功用，谓能"下气，除寒中"。唐代开始对紫苏解表功效有所认识，孟洗在《食疗本草》中记载"紫苏，除寒热，治冷气"，成为后世发表功效的先导。但唐宋时期紫苏的功效主要以温中行气为主。

至宋代，对紫苏有了较详细的描述。宋代《日华子诸家本草》谓其"补中益气，治心腹胀满，止霍乱转筋，开胃下食……"所谓"补中益气"，含有寒去气行，中焦健运自复之意。明清以后对紫苏药性及解表功效的认识有了极大的丰富与发展。张景岳（《景岳全书·下册·卷四十八·本草正》）"用其温散，解肌，发汗"认为其"祛风寒甚捷"。《滇南本草》记载："发汗，解伤风头痛。"贺岳《本草要略》记载："紫苏，性热，能散上隔及在表寒邪，以其性轻浮也。"李时珍《本草纲目》封其为"近世要药，同香附、麻黄，则发汗解肌"。倪朱漠认为（《本草汇言》）："紫苏，散寒气，清肺气，宽中气，安胎气，下结气，化痰气，乃治气之神药也。"并且将紫苏叶、紫苏梗、紫苏子效用区别开来，曰："一物有三用，如伤风伤寒，头疼骨痛，恶寒发热，肢节不利，或脚气病气，邪郁在表者，苏叶可以散邪而解表；气郁结而中满痞塞，胸膈不利……苏梗可以顺气而宽中；设或上气喘逆，苏子可以定喘而下气……三者所用不同，法当详之。"此后各医家逐步将紫苏叶的主要功效统一为解表。贾所学《药品化义》称紫苏叶属"阳"，为"发生之物。辛温能散，气薄能通，味薄发泄，专解肌发表，疗伤风伤寒……凡属表证，放邪气出路之要药也"。黄元御《长沙药解》称其："发散风寒，双解中外之药。"张山雷《本草正义》认为其"叶半轻扬，风寒外感用之，疏散肺闭，宣通肌表，泄风化邪，最为敏捷，为风寒外感灵药"。至此中医对紫苏叶解表功效的认识已较为充分。关于紫苏形态描述，《本草图经》中指出："苏，紫苏也，今处处有之，叶下紫色，而气甚香，夏采茎叶，秋果实。"《本草衍义》谓："苏，此紫苏也，背面皆紫色佳……子治肺气喘急"，李时珍《本草纲目》记载："……九月半枯时收子，子细如芥子而色黄赤，亦可取油如荏油。"并载："苏子与叶同功，发散风气宜用叶，清利下气宜用子也。"历代医家除认识到紫苏叶能宽中行气、发表散寒外，对其他功效也作了记载，如《滇南本草》谓其"消痰，定吼喘"。《本草纲目》谓其"和血，定喘，安胎"。此外，《药性论》根据张仲景"煮汁饮之一，治食蟹中毒"及后世经验，提出该药又"杀一切鱼肉毒"。李时珍进而称其"解鱼蟹毒"，善治"蛇犬伤"。

### 三、植物形态特征与生物学特性

**1. 形态特征** 一年生草本，茎高30～200cm，具有特殊芳香。茎直立，多分枝，紫色、绿紫色或绿色，钝四棱形，具四槽，密被长柔毛。叶对生；叶柄长3～5cm，紫红色或绿色，被长节毛；叶片阔卵形、卵状圆形或卵状三角形，长7～13cm，宽4.5～10cm，先端渐尖或突尖，有时呈短尾状，基部圆形或阔楔形，边缘具粗锯齿，膜质或草质，有时锯齿较深或浅裂，两面绿色或紫色或仅下面紫色，上下两面均疏生柔毛，沿叶脉处较密，叶下面有细油腺点；侧脉7～8对，位于下部者稍靠近，斜上升，与中脉在上面微凸起或下面明显凸起，色稍淡，叶柄长3～5cm，背腹扁平，密被长柔毛。轮伞花序，由2花组成偏向一侧成假总状花序，顶生和腋生，花序密被长柔毛；苞片卵形、卵状三角形或披针形，长宽约4mm，先端具短尖，外被红褐色腺点，全缘，具缘毛，边缘膜质；花梗长1～1.5mm，密被柔毛；花萼钟状，长约3mm，10脉，下部密被长柔毛，夹有黄色腺点，内面喉部有疏柔毛环，常顶端5齿，2唇，上唇宽大，有3齿，下唇有2齿，下唇比上唇稍长，齿披针形，结果时增大，长至1.1mm，平面或下垂，基部呈囊状；花冠唇形，长3～4mm，白色或紫红色，花冠筒内有毛环，外面被柔毛，上唇微凹，下唇3裂，裂片近圆形，中裂片较大；雄蕊4，二强，着生于花冠筒内中部，几不伸出花冠外，花药2室；花盘在前边膨大；雌蕊1，子房4裂，花柱基底着生，柱头2室；花盘在前边膨大；雌蕊1，子房4裂，花柱基底着生，柱头2裂。小坚果近球形，灰棕色或褐色，直径1～1.3mm，有网纹，果萼长约10mm（图4-19）。花期8～11月，果期8～12月。

**2. 生物学特性** 紫苏喜温暖湿润的气候，较耐热和耐寒，但对闷热极敏感，栽培时注意通风。种子发芽最适温度为 $18\sim23℃$，开花期适宜温度为 $26\sim28℃$，要求日照充足的日光不直射但明亮地段，苗期生长缓慢，且较耐阴。对土壤要求不严，从微酸性至微碱性土壤均可生长，但以排水良好、肥沃的沙质土壤上生长最好，在重黏性或干燥、瘠薄的沙土上都生长不良。前茬以小麦、蔬菜为好。紫苏需要充足的阳光，因此可在田边地角或垄埂上种植，以充分利用土地和光照。紫苏喜肥，对氮需求量大。紫苏应用较广，根据利用的目的不同而采收期不同。叶多采收嫩茎叶，随时可采。作为商品的苏叶，需达到一定标准，即叶片中间宽处在 12cm 以上、无缺损、无洞孔、无病斑。一般 6 月中旬至 8 月上旬是采收期，$3\sim4d$ 可采摘一次，如采叶蒸馏精油，则在 9 月初开花初期割取地上部分，晾晒 $1\sim2d$ 即可蒸油。药用叶也在此时采收。紫苏种子寿命在自然条件下可保持 1 年的发芽力，低温保存则可达 3 年。紫苏出苗较慢，播种后，低温

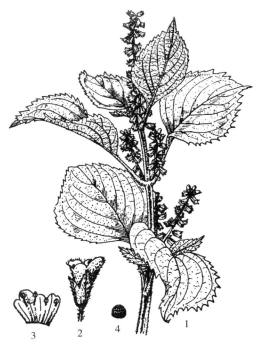

图 4 - 19　紫　苏
1. 果枝　2. 花　3. 花冠剖开　4. 果实

$18\sim19℃$ 时，约 10d 可出苗。幼苗期（6、7 对真叶前）生长缓慢，难与杂草竞争，需要及时除草。$6\sim8$ 月高温时期，是紫苏生长旺盛期，需要较多的养分和水分，应适当灌水，保持土壤湿润，应追施氮肥 2 次，第一次在 6 月初，第二次可在 8 月初，必要时可施加些过磷酸钙以提高产量。当株高 $15\sim20cm$，基部第一对叶子的腋间萌发幼芽，开始了侧枝的生长。紫苏分枝性强，平均每株分枝达 $25\sim30$ 个，叶片达 $300\sim400$ 片。

　　紫苏表型性状变异极大，古文献上称叶全绿的为白苏，称叶两面紫色或面青背紫的为紫苏，但据近代分类学者 E. D. Merrill 的意见，认为两者同属一种植物，其变异只因栽培引起，白苏和紫苏除叶的颜色不同外，其他可作为区别之点的，即白苏的花一般为白色，紫苏花通常为粉红至紫红色，白苏被毛通常稍密（有时也有例外），果萼稍大，香气也稍逊于紫苏，但差别微细，故将两者合并。除白苏、紫苏外，近年来出现了一些紫苏新品种。由重庆市丰都县农业种子站、重庆阿尔康生物工程有限公司从丰都地方长期种植尖叶类紫苏品种中株选选育而成的丰苏 1 号为紫苏栽培品种，该品种主要特征是：中熟类型；从播种到苏籽采收 180d 左右；生长势较强，株型较紧凑，一次分枝 $40\sim50$ 个，叶背面紫色，叶正面绿色，果穗种子多，果实排列较密，单株苏籽 $40\sim50g$，千粒重 $2.0\sim3.5g$；收获物苏籽主要供油用，苏籽出油率达 44.3%。丰都紫苏主要种植区育苗于 4 月上中旬播种，每 $667m^2$ 用种量 $10\sim15g$，5 月中旬至 6 月上旬移栽，宜单行单株栽植，间、套作地每 $667m^2$ 控制在 $1\,000\sim1\,500$ 株；净作地每 $667m^2$ 控制在 $1\,500\sim2\,000$ 株；宜配方施肥，施足底肥，适时追肥；及时中耕除草，注意防治枯萎病，及时

采收。香红四季紫苏是最新选育的、一年四季均可种植的醇香红叶紫苏新品种，它解决了常规紫苏冬季、早春种植不发芽的缺点，特别适合近郊冬春大棚种植，该品种叶片鲜红，是深受市场欢迎的用作调味品的香料作物，率先种植，效益大增；冬季种植时棚内需加光 3～4h，可防止早开花，显著增加产量和商品性，棚内温度宜控制在 15℃以上，每 100m² 用种 20g。新品种出口青紫苏富含维生素及钙、铁等矿物质的香辛类蔬菜，皱纹少，呈圆形的大叶，叶片边缘刻纹较浅，香味浓。用作生鱼片、天妇罗等菜肴的配料，也可用作穗紫苏或直接食用。生长旺盛，有耐暑性，适应性极广。此外，泰州市旱作研究所近年种植的日本引进品种红紫苏、青紫苏，5 月初育苗，6 月中旬移栽，生育期 130～150d，适应性强，对土壤要求一般，在肥力中等，排水良好的壤土、沙壤上生长发育良好。

## 四、野生近缘植物

唇形科紫苏属植物除紫苏本身外，还有共 3 个变种分别是回回苏、野生紫苏、耳齿紫苏。

**1. 野生紫苏**［*P. frutescens* var. *acuta*（Thunb.）Kudo.］ 一年生，直立，被长柔毛草本，高 30～200cm，茎绿色或紫色，圆角四方形。叶阔卵形或圆卵形，长 7～13cm，宽 4.5～10cm，先端短尖或突尖，基部圆形或阔楔形，边缘有粗锯齿，两面绿色或紫色，或仅于背面紫色，叶面被疏柔毛，背面脉上被贴生柔毛；叶柄长 3～5cm，密被长柔毛。总状花序长 1.5～15cm，密被长柔毛；花萼长约 3mm，下部被长柔毛，有黄色腺点，结果时长至 1.1cm；花冠白色至紫色，长 3～4mm；雄蕊几不伸出。小坚果灰褐色，直径约 1.5mm。花期 8～11 月，果期 8～12 月。果萼小，长 4～5.5mm，下部被疏柔毛，具腺点，茎被短疏柔毛；叶较小，卵形，长 4.5～7.5mm，宽 2.8～5mm，两面被疏柔毛，小坚果较小，土黄色，直径 1～1.5mm。产于山西、河北、湖北、江西、浙江、江苏、福建、台湾、广东、广西、云南、贵州及四川，生于山地路旁、村边荒地或栽培于舍旁。可供药用和食用。药用功效同紫苏。

**2. 耳齿紫苏**（*P. frutescens* var. *auriculato-dentata* C. Y. Wu et Hsuan ex H. W. Li）这一变种与野生紫苏极其相似，与之不同之处在于叶基圆形或几心形，具耳状齿缺，雄蕊稍升出于花冠。产于浙江、安徽、江西、湖北、贵州；生于山坡路旁或林内。药用功效同紫苏。

**3. 回回苏**［*P. frutescens* var. *crispa*（Thunb.）Decne］ 一年生，直立，被长柔毛草本，高 30～200cm，茎绿色或紫色，圆角四方形。叶阔卵形或圆卵形，长 7～13cm，宽 4.5～10cm，先端短尖或突尖，基部圆形或阔楔形，边缘有粗锯齿，本植物变异很大，叶齿的变化在狭而深的锯齿至野生紫苏的尖锯齿之间，两面绿色或紫色，或仅于背面紫色，叶面被疏柔毛，背面脉上被贴生柔毛；叶柄长 3～5cm，密被长柔毛。总状花序长 1.5～15cm，密被长柔毛；花萼长约 3mm，下部被长柔毛，有黄色腺点，结果时长 1.1cm；花冠白色至紫色，长 3～4mm；雄蕊几不伸出。小坚果灰褐色，直径约 1.5mm。花期 8～11 月，果期 8～12 月。我国及日本各地栽培。供药用及香料用。药用功效同紫苏。

# 主要参考文献

包雪声 . 2001. 中国药用石斛彩色图谱 [M] . 上海：上海医科大学出版社 .

包雪声 . 2005. 中国药用石斛图志 [M] . 上海：上海科学技术文献出版社 .

蔡晓菡，车镇涛，吴斌，等 . 2006. 益母草的化学成分 [J] . 沈阳药科大学学报，23 (1)：13 - 21.

陈心启，吉占和，罗毅波 . 1999. 中国野生兰科植物彩色图鉴 [M] . 北京：科学出版社 .

陈元生，罗战勇，郭尚志，等 . 2005. 穿心莲种质资源的评价与利用初报 [J] . 广东农业大学 (1)：
　5 - 7.

代龙，杨培民，魏永利 . 2009. 中药白花蛇舌草研究进展 [J] . 现代中药研究与实践，4 (23)：75 - 79.

戴英，金琪漾 . 1982. 福建白花蛇舌草的品种调查与鉴定 [J] . 福建中医药 (1)：56 - 58.

董力，王海洋，马立辉，等 . 2010. 细辛属植物资源开发应用 [J] . 黑龙江农业科学 (1)：55 - 58.

范美华，王健鑫，李鹏，等 . 2006. 益母草的研究进展 [J] . 中国药物与临床，6 (7)：528 - 530.

官玲亮，庞玉新，王丹，等 . 2012. 中国民族特色药材艾纳香研究进展 [J] . 植物遗传资源学报，13
　(4)：695 - 698.

郭巧生，吴传万，杜小凤 . 2001. 白花蛇舌草生物学特性观察 [J] . 中药材，10 (24)：705 - 706.

国家药典委员会 . 2005. 中华人民共和国药典：一部 [M] . 北京：化学工业出版社 .

国家药典委员会 . 2010. 中华人民共和国药典：一部 [M] . 北京：化学工业出版社 .

国家中医药管理局 . 1999. 中华本草：第 8 卷 [M] . 上海：上海科学技术出版社 .

黄洪波 . 2001. 灯盏细辛的生药学研究 [D] . 沈阳：沈阳药科大学 .

黄启飞，德蓉 . 1994. 紫苏的研究进展 [J] . 中国野生植物资源，18 (2)：12 - 15.

黄小燕，乙引，张习敏，等 . 2010. 气相色谱-质谱联用测定黔产金钗石斛精油成分研究 [J] . 时珍国医
　国药，21 (4)：889 - 891.

赖姜琴 . 2006. 夏枯草生物多样性及化学成分研究 [D] . 成都：西南交通大学 .

李利锋 . 2008. 艾纳香的组织培养基挥发油主要化学成分的 GC - MS 分析 [D] . 南宁：广西大学 .

李耀利，俞捷，蔡少青，等 . 2010. 细辛类药材原植物资源和市场品种调查 [J] . 中国中药杂志，35
　(24)：3237 - 3241.

李作洲，徐艳琴，黄宏文，等 . 2005. 淫羊藿属药用植物的研究现状与展望 [J] . 中草药，36 (2)：
　289 - 295.

梁海锐，李家实，阎文玫，等 . 1988. 中药淫羊藿的商品调查和本草考证 [J] . 中药通报，13 (12)：
　7 - 10.

刘娟，唐友红，黄宝康，等 . 2010. 紫苏的化学成分与生物活性研究进展 [J] . 时珍国医国药，21 (7)：
　1768 - 1769.

刘宁，孙志蓉，廖晓康，等 . 2010. 不同采收期金钗石斛总生物碱及多糖质量分数的变化 [J] . 吉林大
　学学报：理学版，48 (3)：511 - 515.

刘雅婧，李春杰，张连学，等 . 2010. 不同产地细辛中有效成分与马兜铃酸Ⅰ含量差异比较 [J] . 中国
　职业药师，7 (12)：29 - 33.

么历，程惠珍，杨智，等 . 2006. 中药材规范化种植（养殖）技术指南 [M] . 北京：中国农业出版社 .

庞敏 . 2006. 药用植物绞股蓝种质资源研究 [D] . 西安：陕西师范大学 .

冉懋雄 . 2002. 石斛 [M] . 北京：科学技术文献出版社 .

宋延杰，宋敏．2004．药用植物良种引种指导［M］．北京：金盾出版社．

苏丹．2002．穿心莲 GAP 标准评价体系的相关研究［D］．广州：广州中医药大学．

唐德英，李荣英，李学兰，等．2007．金钗石斛试管苗炼苗技术研究［J］．中药材，30（7）：767 - 768.

唐德英，李荣英，李学兰，等．2008．金钗石斛试管苗仿野生栽培技术研究［J］．中国中药杂志，33
　　（10）：1208 - 1210.

唐德英，王云强，段立胜．2007．金钗石斛种苗繁育技术［J］．时珍国医国药，18（4）：1020.

唐德英，杨春勇，段立胜，等．2007．金钗石斛生物学特性研究［J］．时珍国医国药，18（10）：
　　2586 -2587.

田耀平．2008．绞股蓝药材的品种来源及资源分布［J］．铜仁职业技术学院学报：自然科学版，12
　　（6）．

王雁．2007．石斛兰资源生产应用［M］．北京：中国林业出版社．

王燕燕，徐红，施松善．2009．不同产地金钗石斛多糖的含量比较研究［J］．中药材，32（4）：
　　493 -495.

王振华，陈伶俐，杜勤．2007．不同生态型穿心莲的农艺性状及其叶中内酯含量的比较［J］．广州中医
　　药大学学报，24（4）：325 - 328.

魏云洁．2007．细辛栽培技术［M］．长春：吉林科学技术出版社．

文纲，赵致，廖晓康，等．2009．不同移栽基质对金钗石斛试管苗成活和生长的影响［J］．安徽农业科
　　学，37（14）：6411 - 6412.

徐程，詹忠根，廖苏梅．2008．8 种不同地域铁皮石斛农艺性状及多糖和纤维素分析［J］．浙江大学学
　　报：理学版，35（5）：576 - 579.

徐良，岑丽华．2003．中草药彩图手册（六）——名贵药材［M］．广州：广东科技出版社．

徐良．2000．中药无公害栽培加工与转基因工程学［M］．北京：中国医药科技出版社．

徐良．2001．中国药材规范化生产［J］．中药材（8）：5 - 7.

徐良．2006．中药栽培学［M］．北京：科学出版社．

徐良．2001．中国名贵药材规范化栽培与产业化开发新技术［M］．北京：中国协和医科大学出版社．

徐作英，严伟，廖晓康，等．2010．栽培金钗石斛形态鉴别和总生物碱含量研究［J］．四川师范大学学
　　报：自然科学版，33（3）：361 - 365.

杨大峰，闫汝南，王兴顺，等．1997．五个不同来源细辛挥发油气相色谱-质谱分析［J］．中国中药杂
　　志，22（7）：426 - 428.

杨艳，徐应淑．2010．川、黔地区金钗石斛多糖的含量测定［J］．中国药房，27（1）：2552 - 2554.

袁媛，庞玉新，王文全，等．2011．中国艾纳香属植物资源调查［J］．热带生物学报，2（1）：78 - 82.

张明，陈仕江，李泉生，等．2001．不同栽培条件下金钗石斛总生物碱含量比较［J］．中药材，20
　　（10）：707 - 708.

张涛，袁弟顺．2009．中国绞股蓝种质资源研究进展［J］．云南农业大学学报，24（3）：459 - 464.

张瑶，宋志永，王林丽．2007．细辛的药理作用及临床应用［J］．中国药业，16（14）：62 - 63.

张治国，俞巧仙，叶智根．2006．名贵中药——铁皮石斛［M］．上海：上海科学技术文献出版社．

赵俊凌，王云强，李学兰，等．2011．"枫斗类"石斛的多糖含量分析［J］．中华中医药杂志，26（9）：
　　2001 - 2005.

中国科学院昆明植物研究所．2006．云南植物志［M］．北京：科学出版社．

中国科学院昆明植物研究所．2003．云南植物志：第十四卷［M］．北京：科学出版社．

中国科学院昆明植物研究所西双版纳热带植物园．1996．西双版纳高等植物名录［M］．昆明：云南民族
　　出版社．

中国科学院中国植物志编辑委员会 . 1977. 中国植物志：第十六卷［M］. 北京：科学出版社 .

中国科学院中国植物志编辑委员会 . 1977. 中国植物志：第六十五卷［M］. 北京：科学出版社 .

中国科学院中国植物志编辑委员会 . 1977. 中国植物志：第六十六卷［M］. 北京：科学出版社 .

中国科学院中国植物志编辑委员会 . 1999. 中国植物志［M］. 北京：科学出版社 .

中国医学科学院药用植物研究所云南分所 . 1991. 西双版纳药用植物名录［M］. 昆明：云南民族
    出版社 .

中国医学科学院药用植物资源开发研究所 . 1991. 中国药用植物栽培学［M］. 北京：农业出版社 .

朱廷春 . 2007. 艾纳香乙酸乙酯萃取部位的化学成分研究［D］. 桂林：广西师范大学 .

## 第五章

# 花　类

## 第一节　番红花（西红花）

### 一、概述

西红花为鸢尾科植物番红花（*Crocus sativus* L.）的干燥柱头。其性味甘平；具活血化瘀、凉血解毒、解郁安神之功效，用于经闭、产后瘀阻、温毒发斑、忧郁痞闷、惊悸发狂等症。主要化学成分有苷类的番红花苷和挥发油类的番红花醛。

番红花原产在中东，后东向克什米尔地区，西向西班牙，沿地中海地区扩散。西班牙、意大利、希腊、德国、奥地利、伊朗、印度等国均产。近年以西班牙、伊朗产量最大，据统计资料显示，仅伊朗年产 150～180t。日本和中国为近代引种，但至今未形成规模，产量不大，我国上海仅年产 2～3t，其他次产区如北京、江苏、山东、浙江、四川、河南等省份产量不大。

### 二、药用历史与本草考证

番红花一词来自阿拉伯，用之为调味品。国外公元前 5 世纪克什米尔的古文献中有记载；公元前 11—前 10 世纪时，在犹太国王所罗门的雅歌中提到作香料。我国始见于《品汇精要》，其名为撒馥兰，其"六月结子，大如黍，花能疗疾，彼土之人最珍重，合香多用之"。《本草纲目》将其列入草部湿草类，名为番红花，曰其"出西番回地面及天国，即彼地红兰花也。元时以入食馔用。主心气郁结，结闷不散，能活血治惊悸，散结活血之功效"。但对红花的部分性状描述误与菊科植物红花相混。《本草拾遗》将其加以澄清，并称其可用来治疗各种痞结。现代《中药大辞典》载其"活血化瘀，解郁开结之功效，主治忧思郁结，胸膈痞闷、吐血、伤寒发狂，惊悸恍惚，妇女经闭，产后瘀血腹痛，跌扑肿痛"。本品虽有藏红花之名，但产地与性状并不相符，实际主产于西班牙，因过去商人多由印度经西藏进，故其名为藏红花。

### 三、植物形态特征与生物学特性

**1. 形态特征**　番红花为多年生草本植物，植株丛生。鳞茎：地下鳞茎呈球状，直径 1～4cm，外被褐色膜质鳞叶，具环节，环节上生芽，每芽被多层塔形膜质鳞叶。主芽顶生，1～4 枚，大而明显，位于球茎的顶端，侧芽数多而小，分布于各节中。叶：每球茎有 2～13 叶丛，每叶丛有 2～15 叶，多则至 17～18 叶，自鳞茎生出，无柄。叶片窄长线形，长 15～20cm，宽 2～3cm，叶缘反卷，具细毛，基部由 4～5 片阔片包围。花：花定生，直径 2.5～3cm。花被 6 片，倒卵圆形，淡紫色，花筒长 4～6cm，细管状喉部具毛。雄蕊 3 枚，花药大，基部箭形。雌蕊 3 枚，心皮合生，子房下位，花柱细长，黄色，顶端 3 深裂，伸出花筒外部，下垂，深红色，柱头顶端略膨大，有一开口呈漏斗状。果、种子：蒴果，长形，具 3 钝棱，长约 3cm，宽约 1.5cm，当果实成熟时始伸达地上。种子多数圆形，种皮革质（图 5-1）。花期 11 月上旬至中旬。

图 5-1 番红花
1. 植株 2. 花剖开 3. 柱头

**2. 生物学特性** 番红花较能耐寒，忌雨涝积水，适宜在冬季温暖、最低温度在 -10～-7℃以上的地区种植。从球茎起土收获至球茎移入大田为室内培育开花阶段，通常分为全休眠期、同化叶分化期、花芽分化期和开花期 4 个生长发育阶段。6 月为全休眠期；6 月底至 7 月下旬为同化叶分化期，室温应保持在 23～28℃，不能超过 30℃，否则同化叶停止分化；8 月至 9 月中旬是花芽分化期，要求室温保持 24～27℃，相对湿度 80％；9 月中旬至 10 月下旬是始生长期，即球茎开始抽芽，室温宜保持 16～23℃，相对湿度 80％；10 月底至 11 月中旬末是开花期，最适温度为 15～18℃，相对湿度 75％，室温超过 20℃，容易产生死花烂花现象。因此，开花期如遇高温高湿天气，应采取相应措施。

番红花具有不孕性，导致有性败育，生产上是靠球茎的无性繁殖繁衍后代的。球茎上的芽萌发生长成叶丛，花芽从叶丛中抽出。每个芽生长后其基部就形成一个新球茎。实际上，芽基部缩短的茎节，就是子代新球茎的原始体。随着叶的不断生长，把养分不断储存在缩短的茎节中，使茎节不断膨大形成新的球茎。在植株的生长期间，每片叶的叶腋中又逐渐形成腋芽，待地上叶枯后，叶的残基即为新球茎的鳞片，腋芽为新球茎上的主芽和侧芽。据观察，入冬后（12 月）新球茎开始膨大，第二年 3～4 月膨大的速度达到顶峰，重量明显增加，5 月地上叶枯萎，新球茎停止生长。随着植株的生长，母球茎的养分不断地被消耗，最后逐渐萎缩成盘状。新球茎收获后经夏季储藏后，又开始下一个生长周期。

番红花球茎上的芽有两种：一种是当年能分化成花的花芽；另一种是当年不能分化成花的叶芽。花芽生在球茎的顶部，比叶芽肥大。一般能开花的球茎有 1～3 个花芽，少数大球茎有 4 个花芽。当番红花的地上部分枯黄后，地下的球茎就进入休眠阶段，这就是夏季球茎储藏阶段。在这一阶段球茎的表面虽然是静止的，但它的内部已悄悄地发生了变化。首先，芽的内部要完成叶原基的分化；其次，在叶原基分化结束后，又要进行花原始体的分化。因此从番红花枯萎的 5 月到芽萌动的 9 月，这一休眠期实际上是番红花生殖生长最活跃的时期。在长江中下游地区，番红花的分化时间为 4～7 月，花的分化时间为 6～8 月，入秋后，随着气温的下降球茎萌芽，出叶开花，这仅仅是叶和花的生长过程。

　　番红花的根分营养根和储藏根。营养根为须根，着生于母球茎第 2～3 叶痕间的根带上。每球茎上的根数与球茎的大小有关，一般 20g 的球茎有须根 150 条左右。须根长约 20cm，分布在 5～20cm 的表土层内，为吸收水分和养分的器官。储藏根是植株生长到一定的阶段，在幼小的新球茎基部伸出的圆锥状白色肉质根，有暂时储藏养料的作用。这种根当年 11 月下旬时生出，第二年 1 月最为肥大，2 月以后新球茎膨大，储藏根不再生长，3 月下旬逐渐萎缩。

　　番红花的开花数量与球茎的重量有着密切的关系。球茎越大，开花数越多，产量越高；球茎越小，开花数越少，产量越低。按球茎重量 20～30g、15～19.9g、10～14.9g、10g 以下的分组开花试验，结果显示，不同重量级别球茎的平均开花数，随着球茎的大小呈现出有规律的变化。22g 以上的球茎平均开花 2.9 朵；20g 左右的为 1.8 朵；16～17g 的为 1.5 朵；15g 的为 1.0 朵；13～14g 为 0.6 朵；10～12g 为 0.4 朵；8～9g 为 0.3 朵；而 8g 以下则不能开花。凡一主叶丛 2 朵花的大球茎先抽出第一朵肥大、展开度好的花，后抽出的第二朵花常有萎花出现，花茎伸展缓慢无力，花瓣不能正常开放，但 3 裂柱头仍能正常生长。

　　番红花球茎的重量和番红花的新植株叶片数呈现正相关关系。球茎越轻，植株的叶片越少；反之，球茎越重，叶片数目也越多。一般 10g 以下的球茎新植株叶片数目小于 8 片，多数为 4～5 片，而 10g 以上的球茎，新株叶片数大都多于 8 片，超过 20g 的球茎其叶片数在 10 片以上。叶片越多，它的光合作用越强，促进了植株各方面的生长，包括营养生长和生殖生长。所以，从小球茎到大球茎，需要一个比较长的过程。

　　番红花属植物，在全世界约有 79 种，番红花为番红花属中唯一可供药用的种。其品种根据产地有以下几种：①东方番红花：产于伊朗、克什米尔地区和埃及。在市场被认为是最好的一种商品。②奥地利番红花：产于奥地利和匈牙利。据史料记载这种番红花是由小亚细亚输入到奥地利的。③法国番红花：产于法国。商品是细长线形的雌蕊，非常珍贵。④巴伐利亚番红花：产于德国巴伐利亚的巴波戈。与法国产品类似，具有同样的优良品质。⑤意大利番红花：与上列几种番红花相比色较淡。⑥西班牙番红花：主产于西班牙。英国剑桥种植的番红花品种与其相同。市场上该品种的商品供应量最多。

　　目前，我国生产上应用的番红花品种是从日本和德国引进的，日本西红花原产于西班牙，可以认为是西班牙种。试验结果显示，日本种球茎比德国种球茎每球茎可多开花 0.4～1 朵，且日本种的球茎花型大、雌蕊柱更长、柱头更宽。此外，日本种球茎的发病率低，就是发病也比德国种球茎轻，而德国种球茎相对而言腐烂病严重，病株多。故生产上应尽量采用日本种球茎。

# 第二节 红 花

## 一、概述

红花（*Carthamus tinctorius* L.）为菊科红花属一年生或二年生草本植物，又名红蓝、黄蓝、红花草等。以干燥的花冠入药，药材名红花，又名红蓝花、刺红花、草红花等。性温、味辛，具有活血通经、散瘀止痛等功效，是重要的活血化瘀中药之一，主治经闭、痛经、恶露不行、癥瘕痞块、跌打损伤、疮疡肿痛等症。现代临床上经常用于治疗冠心病、脑血栓、心肌梗死、高血压等疾病。红花花富含红色素、红花黄色素、山柰素、红花苷、脂肪油（红花油），种子含油量 24.2%，其中亚油酸占 78%，还有硬脂酸、甘油酯等，现已从红花中分离得黄酮类、5-羟色胺、甾族、木脂体、烷基二醇、有机酸和甾醇等类化合物及红花中的主要色素成分 250 余种，其中具有生理效应的成分主要是红花苷、红花醌苷、红花黄色素、红花素、亚油酸、红花多糖等。《中华人民共和国药典》（2005 年版）规定羟基红花黄色素含量不少于 1%，山柰素含量不少于 0.05%。红花除药用外还用于染料、化妆品、食用色素、油料等许多方面。

红花属植物起源于非洲西北的加那利群岛及地中海沿岸国家，目前在很多国家均有栽培。全世界红花年种植面积约 110 万 hm²，籽粒产量约 89 万 t。红花主要生产国为印度，年种植面积约 76 万 hm²，籽粒产量约 46 万 t，占世界总面积和产量的一半以上。其次为墨西哥，约 10 万 hm² 和 11 万 t。我国红花栽培历史悠久，汉代就有关于红花栽培和药用的记载。我国红花栽培面积在 4 万～5 万 hm²，主要是药用，部分油药兼用。

## 二、药用历史与本草考证

红花是一种古老的作物，原产埃及的尼罗河上游等处，扩种至波斯，然后传入西域。公元前 138 年，汉武帝建元三年，张骞受遣出使西域，公元前 126 年回到长安，西晋《博物志》云："张骞得种于西域。今魏地亦种之。"《金匮要略》称"红花为红蓝花，载有红蓝花酒，治妇人六十二种风及腹中刺痛……"。

宋代《开宝重定本草》（974），详细记载红花的性味、功能和主治，列为中品。北宋《经史证类备急本草》（1082）引《开宝本草》云："红蓝花味辛，温，无毒。主治产后血运口噤，腹内恶血不尽绞痛……"《图经本草》曰："红蓝花即红花也，生梁汉及西域，今处有之，人家场圃所种，冬而布子于熟地，至春生苗，夏乃有花，花下样猬多刺，花蕊出棒上，圃人乘露采之，采已复出，至尽而罢。样中结实，白颗如小豆大。其花暴干，以染真红，又作胭脂，主治产后血病为胜。"明代《本草纲目》记载："红花二月、八月、十二月皆可以下种，雨后布子，如种麻法。初生嫩叶，苗亦可食。其叶如小蓟叶，至五月开花，如大蓟花而红色。清晨采花捣熟，水淘，布袋绞去黄汁又捣，以酸粟米泔清又淘，绞袋去汁，以青蒿覆一宿，晒干，或捏成薄饼，阴干收之。入药搓碎用。其子五月收采，淘挣捣碎煎汁，入药拌蔬菜，极肥美，又可为车脂及烛。"

红花在我国栽培历史悠久，明代《本草品汇精要》记载："道地镇江。"陈仁山《药物出产辨》："产四川、河南、安徽为最。"历史产区分为以下几个产区：

（1）怀红花产区：河南辉县、新乡、延津为主产地，沁阳也产，称怀红花。而豫东各县鄢陵、扶沟、太康等地所产在安徽亳州集散，统称怀红花。怀红花短粗，颜色赤红或红黄，质地较软。

（2）川红花产区：包括四川简阳、南充、遂宁为主产区。川红花花短细，颜色橙红或赤红，质较硬。

（3）云红花产区：云南巍山、昭通、永胜、开远等地出产，其中巍山为主产区，集散于大理。花似怀红花，颜色较淡。

（4）浙红花产区：主产于浙江慈溪、余姚、宁波，富阳也产。而江苏南通、淮阴也有生产。花粗长，颜色金黄或红黄，质地柔软，香气浓。

（5）草红花产区：将产于东北及山东、陕西、新疆的红花称为草红花。花长短粗细不一，颜色黄红、赤红兼有，质地较硬。

目前我国红花产区主要集中在新疆，其次为四川、河南等省，主产于新疆吉木萨尔、河南新乡、四川简阳、云南巍山等地。

## 三、植物形态特征与生物学特性

**1. 形态特征**　株高 1～1.5m，全株光滑无毛。茎直立，基部木质化，上部多分枝。单叶互生，质硬，近无柄，基部略抱茎；卵形或卵状披针形，长 3.5～9cm，宽 1～3.5cm，基部渐狭，先端尖锐，边缘具刺齿；叶两面光滑，深绿色，两面的叶脉均隆起；上部叶逐渐变小，成苞片状，围绕头状花序。

头状花序大，又称花球，顶生，每一个分枝的顶端均形成一个花球。花球由苞片及管状花组成，总苞片多列，外面 2～3 列呈叶状，披针形，边缘有针刺；内列呈卵形，边缘无刺而呈白色膜质；花球的基部为花托，花托扁平，上面覆盖许多白色的刺毛，在刺毛间长有管状花，即小花；管状花多数，数目在 15～17 朵不等，通常两性，橘红色，先端 5 裂，裂片线形，花冠连成管状；雄蕊 5，花药聚合，花粉囊连合成管状紧贴于花冠管上部；雌蕊 1，花柱细长，伸出花药管外面，柱头 2 裂，裂片短，舌状，子房下位，1 室。红花籽粒为瘦果，倒卵形，长 6～8mm，宽 3～5mm，略扁，具 4 棱。上端钝圆，具 1 小圆点状花被痕；基部狭窄，稍斜，外生 1 小圆点状果脐。多数品种无冠毛，果皮木质，多为白色，少数灰色或褐色；千粒重因品种不同而异，通常 14～105g。果皮内含种子 1 枚。种子倒卵形，略扁（图 5-2）。其中，白壳型普通红花品种果壳通

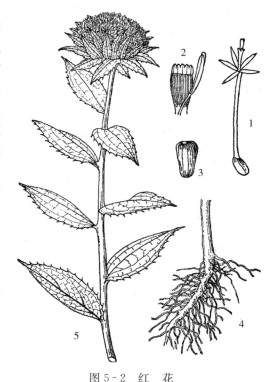

图 5-2　红　花
1. 管状花　2. 花药和花柱　3. 瘦果　4. 根　5. 花枝

常占 33.5%～44.5%，种仁占 55.5%～64.5%。新近育成的薄壳型品种种仁占 66.4%～81.3%，果壳只占 18.4%～30.1%。果壳太厚，籽粒的含油率和饼粕中的蛋白质含量降低，失去栽培价值；而果壳太薄，则可使种子在机械脱粒、运输过程中易受损伤。花期5～6 月，果期 6～7 月。

**2. 生物学特性**　红花喜温暖、干燥气候，抗寒性强，耐盐碱。抗旱怕涝，适宜在排水良好、中等肥沃的沙土壤上种植，以油沙土、紫色夹沙土最为适宜。红花种子在地温4～6℃时即可发芽，10～20℃时 6～7d 可出苗。幼苗能耐−2～−1℃的低温。在营养生长期间，10～20℃时幼苗生长较快。高温能促进红花的发育，花期的适宜温度为21～24℃。红花属于长日照植物，短日照有利于营养生长，长日照有利于生殖生长。对于大多数红花品种来说，在一定范围内，不论生长时间的长短和植株的高矮，只要植株处于长日照条件下，红花就会开花。因此，生产上往往通过调整播种期，延长红花处于低温、短日照条件下的时间，以延长红花的营养生长期，有效地增加红花的一次分枝数和花球数，从而获取高产。红花通常于早晨开花授粉，以 9:00～12:00 开花最盛，花粉最多。温度较高、空气干燥时开花较早较多；低温、空气潮湿时则开花较晚较少。开花时，主茎顶端的花球先开放，而后是一级分枝顶端的花球沿主茎由上而下逐渐开放，即为下降花序。每个分枝的开放也是由接近分枝顶端的二级分枝先开放，由外向内逐渐开放，即同为下降花序。主茎顶花与由上向下的二个分枝顶端花球开放的时间稍长，主茎顶花开放时间为 3d，距主茎顶部的二个分枝顶端的花球开放时间为 2d，其他一级分枝和二级分枝顶端花球开放时间一般为 1d。在盛花期一天内可有 4～5 个相邻分枝不同位置的花球同时开放。每个花球内的小花开花顺序是由边缘向中央依次开放，是向心花序。红花朵花期一般为 2～3d，序花期6～7d，株花期 10～14d。对群体而言，初花期一般为 3～4d，盛花期 10d 左右，终花期5～6d。

红花既可自花授粉，又可异花授粉。绝大多数栽培品种，仍以自花授粉为主。自然异交率的大小，取决于品种和昆虫的活动情况。如在早晨昆虫活动之前就完成受精作用的品种，异交率就低；而部分雄性不育的品种，如薄壳 5 号和薄壳 10 号，若栽培于能产生丰富花粉的父本品种中，则异交率可达 80% 以上。一般小花开放后 5～6d，头状花序内果实便由外向内渐次膨大。初期灰白色，渐渐变白。花后 20d 左右种仁充实饱满，发芽率接近于成熟种子。其后发育主要是果皮加厚。果实成熟期的早晚、长短与品种、播期和密度等条件有关。早熟品种、播期早的、播后气温高、日照时数长的开花早，密植田块的花期较稀植者短。通常情况下，果实成熟期约 30d。根据红花根、茎、叶、分枝的生长及干物质累积动态与生长中心的转移规律，可将红花的生育时期划分为莲座期、伸长期、分枝期、开花期、种子成熟期 5 个时期。

按照形态特征将红花分为无刺红花和有刺红花两大类，无刺红花花色好、产量高，但含油量相对比有刺红花低；按主要使用目的分为药用红花和油用红花两种，药用红花以花为主要生产目标，油用红花以种子为主要生产目标，其油兼有食用、药用价值。近些年来，我国对全世界 50 多个国家和国内 20 多个省份的近 3 000 份红花种质资源（包括品种、农家种、近缘野生种）进行了广泛的研究，各地区根据本地的生态环境特点和各自的生产目的选育出了一批适于本地栽培的品种类型。我国红花一般年收购干花 1 350～

1 890t，就目前种植面积和产量而言，新疆占首位，四川、河南、山东、浙江、云南等省也有一定栽培面积。

## 四、野生近缘植物

红花属植物起源于非洲西北的加那利群岛及地中海沿岸国家。该地区不但具有丰富的地方品种，而且存在大量的红花野生近缘种。Yazdi Samadi 通过对 1 600 多份不同来源材料的鉴定分析发现，来自美洲的品系与伊朗的材料在遗传上非常相似，因此认为美洲的材料可能来自中东地区。Patel 等对来自印度和其他国家的 56 份不同类型的材料分析发现，株高、单株产量、分枝高度、千粒重等体现了全部遗传多样性的 80%。

红花属菊科红花属（*Carthamus* L.），由 20～25 个种组成。Lopez Gonzalez 根据解剖学和生物分类学研究，于 1989 年提出红花属下分 3 个组，即红花组（*Carthamus*）、*Odonthagnathius* 组和 *Atractylis* 组。

红花组主要由染色体 $2n=24$ 的种组成，红花是其中的唯一栽培种。红花组内的 *C. oxyacanthus* Bieb. 分布于印度西北至伊拉克一带，自交结实，具有很强的抗病特性。*C. palaestinus* Eig. 是一种沙漠野生红花，其种子与栽培红花相似，染色体数与栽培红花相同。同工酶研究表明这两种野生红花与栽培红花的亲缘关系最近，并且与栽培红花杂交能产生可育后代。*C. persicus* Willd. 分布于叙利亚、黎巴嫩和土耳其，在当地被看作田间杂草，花浅黄色至橘黄色。研究认为，栽培红花与上述 3 种野生红花有相似的染色体组，说明栽培红花与野生红花之间有可能在不断发生基因相互渗入。

*Odonthagnathius* 组由染色体数 $2n=20$ 或 22 的种组成，全部为野生种，原产于地中海东部，花蓝色或粉红色。

*Atractylis* 组为异源四倍体（$2n=44$）和异源六倍体（$2n=64$），也全部为野生种。*C. creticus* L. 分布于地中海东部、北非和西班牙，花白色，是异源六倍体。*C. turkestanicus* M. Popov 分布于西亚、埃塞俄比亚等地，为异源六倍体。其中毛红花（*C. lanatus*）广泛分布于欧洲，地中海及中亚地区也有分布，染色体数为 $2n=44$，为异源四倍体，染色体组来源被认为是 *C. dentatush* Vabl 和红花组的一个种。欧洲、地中海及中亚地区有分布。

毛红花被认为是红花属的近缘植物，陕西和北京曾引种，毛红花为一年生或二年生草本，植株高 80cm 左右。茎直立，上部伞房状分枝，主茎及分枝为灰绿色，坚硬，被长柔毛。叶片卵形、卵状披针形或披针形，羽状浅裂、半裂或深裂，无柄，基部扩大半抱茎；全部裂片长三角形，边缘有刺齿，齿顶有针刺。上部叶渐小。全部叶质地坚硬，革质，两面被长或短柔毛及夹状具柄的黄色腺点，下面沿脉的毛较稠密。植株生多数或少数头状花序，头状花序在茎枝顶端排列成伞房花序或伞房圆锥花序，为头状花序外围苞叶所围绕；苞叶革质绿色，坚硬，披针形，长约 3cm，宽约 1.2cm，边缘有刺齿。总苞长椭圆形，直径 2～3cm。总苞片约 5 层，外层竖琴状，有收缢，收缢以下黄色或浅褐色，收缢以上绿色，革质，边缘有篦齿状刺齿，齿顶有针刺；中层及内层淡黄色，披针形或长椭圆状倒披针形，长 2.5～2.7cm，宽 3～6mm，顶端渐尖，有针刺。全部苞片被白色柔毛及头状无柄的腺点。全部小花两性，花黄色，花冠长 3.4cm，细管部长 2.5cm，花冠裂片长 6mm。

花丝上部有白色柔毛。瘦果 4 棱，乳白色，无毛，长 2.5mm，宽 4mm，顶部有果喙，果棱在果喙上端短伸出，侧生着生面。冠毛多层，膜片状，边缘锯齿状，外层与内层膜片短，中层长，长 9mm；全部冠毛白色。花果期 6～9 月。

# 第三节　金　莲　花

## 一、概述

为毛茛科金莲花属多年生宿根草本金莲花（*Trollius chinensis* Bge.）的干燥花。含有生物碱、黄酮苷、香豆素、多糖、挥发油及多种甾醇类化合物。金莲花性凉，味苦。有清热解毒、抗菌消炎之功效，治急慢性扁桃腺炎、急性中耳炎、结膜炎、鼓膜炎等。

金莲花野生于海拔 1 000～2 200m 的山地或坝区的草坡、疏林下或沼泽地的草丛中。喜冷凉阴湿气候，较耐寒，耐阴，忌高温。低海拔的北京平原地区引种，夏季高温多雨，植株易烂根死亡。如搭棚遮阴和林下栽种，可减轻植株死亡。金莲花根系浅，怕干旱，忌水涝。主产河北围场、内蒙古南部及山西五台山，目前已经引种栽培成功，一般为小面积栽培，主要依靠野生资源。

## 二、药用历史与本草考证

清代赵学敏《本草纲目拾遗》载："味苦、性寒、无毒。可治口疮、喉肿、浮热牙宣，耳疼、目痛、明目、解岚瘴。金莲花出五台山，又名旱地莲，一名金芙蓉，色深黄，味滑苦，无毒，性寒，治口疮喉肿，浮热牙宣，耳痛目痛，煎此代茗。"《山海草函》谓其"治疗疮大毒诸风"。金莲花性寒，质滑，味苦，无毒。《咽病药谱》谓其能入肺胃二经并能入心、肝、肾诸经。中药之具有清热解毒作用者，多苦寒而不能久用，但金莲花性平和，不伤胃，无不良反应，可以常服。《本草纲目拾遗》："《广群芳谱》：出山西五台山，塞外尤多，七瓣两层……张寿庄云：五台山出金莲花，寺僧采摘干之，作礼物饷客……其考证还可见于《广群芳谱》《山西通志》《入海记》《五台山志》《植物名实图考》等。"

主产于河北北部与内蒙古南部接壤的坝上地区，古称元上都。该地区历史上曾是匈奴、鲜卑、契丹、女真等古代游牧民族活动的地方。辽道宗耶律洪基曾于 1063 年 5 月"消暑曷里浒"……川中长满金莲花，"花色金黄，七瓣环绕其心，一茎数朵，若莲而小。一望遍地，金色烂然"（《口北三厅志•卷五•物产》）。金世宗完颜雍于 1168 年 5 月，以"莲者连也，取其金枝玉叶相连之义"，将曷里浒东川命名为金莲川（《金史》），并从 1172 年开始几乎每年夏季都到此避暑，秋季返回中都（今北京）。《东北草本植物志》、《承德府志》及《北京植物志》均有金莲花的记载：生于海拔 1 000～2 000m 的山顶，山坡草地或疏林下。金莲花自然分布在东北及内蒙古、河北、山西（五台山、庞泉山、芦芽山、中条山）等地。

## 三、植物形态特征与生物学特性

**1. 形态特征**　多年生草本植物。株高 30～75cm，不分枝。须根棕色，根尖白色，大部分集中于 15～20cm 以内的土壤中。基生叶 1～4 片，具长柄；一年生实生苗全为基生时，叶具长柄，掌状全裂。经冬植株发出 6～8 片基生叶，开始抽茎，茎生叶互生，叶无柄，由下往上渐小，花单生顶端或 2～3 朵组成聚伞花序，黄色花干后不变色，不脱落，花茎 5～7（～7.5）cm，单株着花 15～40 朵，多者达百朵（图 5-3）。单花期 6～10d，全株花期 21～30d。群体花期两个月。花期 7 月至 8 月中旬，蓇葖果成熟时果实顶开裂，花后一个月果实成熟。

**2. 生物学特性** 金莲花为多年生宿根草本植物，一年生实生苗地上部分仅生长基生叶，不抽茎，不开花；第二年后主茎继续生长，并从茎基部和主茎的节间抽生新茎，部分植株开花。花茎从早春 4 月气温回升到 10℃时开始生长，夏季高温前花茎生长进入快速生长并陆续开花，进入高温季节生长缓慢，秋冬季地上部枯萎落叶，冬季寒冷，进入休眠状态；一年生植株以主根生长为主，并出现 13～15 条侧根，第二年部分植株即可开花，根部生长早于地上部分，主根继续生长，侧根上又有新的侧根和毛根长出；多年生植株根

图 5-3 金莲花
1. 植株 2. 果实

系发达，三至四年生时根系直径 40cm，毛细根达到 1 000 条以上。用种子繁殖的三至四年生苗，每穴 3 株开花 30～50 朵，在此基础上分根繁殖，以每穴 3 株栽植，当年开花，2～3 年后每穴基部抽 20～30 个新茎，开花 50～100 朵。

金莲花在生长发育过程中对生态条件的要求，喜冷凉阴湿气候，耐寒，耐阴，忌高温，因根系浅，怕干旱，忌水涝。如果夏季高温多雨，植株易烂根死亡。土壤条件以疏松肥沃、排水良好的沙质壤土为佳。用种子繁殖：种子采后一般 -5～5℃经过 60～90d 即可解除休眠。金莲花适应半遮阴和较好的空气湿度，适应群体繁殖。苗期勤施稀薄液肥促壮苗。成苗后管理粗放，生长季节土壤不宜干旱，并中耕除草。秋季或早春施农家肥则开花繁茂。在野生金莲花密度达到 2 株/m² 以上的分布区域内，采取围栏封闭，禁止人为破坏和牲畜践踏，同时对区域内密度小的地方在雨季栽植人工培育的金莲花幼苗，以 5～6 株/m² 为宜，可以明显增加金莲花的产量。

## 四、野生近缘植物

1997 年中国植物志记载毛茛科金莲花属（*Trollius* L.）植物在我国有 16 种、7 变种，分布于西南、西北、华北及东北的高寒山区，除金莲花外，还有长瓣金莲花、短瓣金莲花、宽瓣金莲花（亚洲金莲花）、阿尔泰金莲花、川陕金莲花、矮金莲花和毛茛状金莲花等在民间常作药用，以开水沏当茶，用以治疗急慢性扁桃体炎、急性中耳炎、急性淋巴管炎、急性结膜炎等。

**1. 长瓣金莲花**（*T. macropetalus* Fr. Schmidt） 为多年生草本植物，株高 60～

130cm。须根多数，暗褐色。茎直立，较粗壮，无毛，有纵棱，通常上部分枝，基部被旧叶纤维。基生叶有直立，较粗壮，无毛，有细棱，通常上部分枝。基生叶有长柄，柄长达50cm；叶片近五角形，3 全裂。小裂片具缺刻状尖牙齿，侧裂片 2 深裂至基部，2～3 中裂，小裂片具缺刻状尖牙齿，叶两面无毛；茎生叶 3～7 枚，下部者有柄，上部者无柄，茎上部者叶片渐小，亦渐狭窄，近茎部者小型，呈苞叶状，3 裂至不分裂，裂片先少数尖牙齿或近全缘。花（2～）3～9 朵，生于茎顶或分枝顶端，通常位于茎顶部的花先开放，果期花梗伸长，长 15cm；花橙色，近 3～5cm；萼片 5～8 枚，通常 5 枚，广椭圆形至椭圆形，稀近圆形，长 1.5～2.8cm，宽（0.8～）1～2cm；蜜叶线形，长达 3cm，宽 1～2.5mm，比萼片长 1/3～1/2，基部狭窄，先端渐尖，蜜槽着生于距基部约 3mm 处；雄蕊比萼片短或近等长。蓇葖约 10mm，喙针刺状，长 4～5mm；种子卵状椭圆形，长约1.7mm，宽约 1.2mm。花期 6～8 月，果期 8～9 月。生于草甸、湿草地、林缘、林间草地。分布于辽宁、吉林及黑龙江等地海拔 450～600m 的野生草地；前苏联远东地区和朝鲜北部也有分布。尚无人引种栽培。主要成分为黄酮类（荭草苷及牡荆苷等）及生物碱类。具有明显的抑菌作用，能清热解毒。可治慢性扁桃体炎、急性中耳炎、急性鼓膜炎、急性结膜炎、急性淋巴管炎。

**2. 短瓣金莲花**（*T. ledebourii* Reichb.）　全株无毛。茎高 60～100cm，疏生 3～4 片叶。基生叶 2～3 片，长 15～35cm，有长柄。叶片五角形，长 4.5～6.5cm，宽 8.6～12.5cm，基部心形，3 全裂，全裂片分开，中央全裂片菱形，顶端急尖，3 裂近中部或稍超过中部，边缘有小裂片及三角形小牙齿，侧全裂片斜扇形，不等 2 深裂近基部。叶柄长9～29cm，基部具狭鞘。茎生叶与基生叶相似，上部的较小，变无柄。花单独顶生或 2～3 朵组成稀疏的聚伞花序，直径 3.2～4.8cm；苞片无柄，3 裂；花梗长 5.5～15cm；萼片5～8 片，黄色，干时不变绿色，外层的椭圆状卵形，其他的倒卵形，椭圆形，有时狭椭圆形，顶端圆形，生少数不明显的小齿，长 1.2～2.8cm，宽 1～1.5cm；花瓣 10～20 个，长度超过雄蕊，但比萼片短，线形，顶端变狭，长 1.3～1.6cm，宽约 1mm，雄蕊长9mm，花药长约 3.5mm；心皮 20～28。蓇葖长约 7mm，喙长约 1mm。6～7 月开花，7月结果。分布于黑龙江及内蒙古东北部，海拔 110～900m 高寒山区的湿生草地或疏林间草地或河谷边草丛中。朝鲜、前苏联西伯利亚东部及远东地区也有分布。主要成分为荭草苷、牡荆苷及生物碱类。具有广谱抗菌作用，治急、慢性扁桃体炎、咽炎、急性中耳炎、急性结膜炎及上呼吸道感染等症。尚无人工引种栽培。

**3. 宽瓣金莲花**（亚洲金莲花，*T. asiaticus* L.）　全株无毛。茎高 20～50cm，不分枝或上部分枝。基生叶 3～6，有长柄；叶片五角形，长约 4cm，宽 5.5cm，基部心形，3 全裂，中央全裂片宽菱形，3 中裂或 3 深裂，边缘有尖裂齿，侧全裂片不等的 2 裂达基部；茎生叶 2～3 枚，有短柄或无柄，似基生叶，但较小。花单独生茎或分枝顶端，直径 3～4.5cm，萼片黄色，10～15（～20）枚，宽椭圆形或倒卵形，长（0.7～）1.5～2.3cm，宽（0.5～）1.2～1.7cm，全缘或顶端有不整齐的小齿；花瓣比雄蕊长，比萼片短，窄披针形，中部较宽，向上渐变狭；雄蕊长 10mm，花药长 3mm，心皮约 30 枚。蓇葖长 8～9mm，喙长 0.5～1（～1.5）mm。花期 6 月。生于山地草坡、湿草甸或林间草地。分布于黑龙江（尚志）、新疆（哈密）冷凉湿草甸，林间草地，蒙古和俄罗斯西伯利亚地区也有分布。尚无人引种栽培过。具有清热解毒之功效，用于治疗上感、扁桃体炎、咽炎、急性中耳炎、急性结膜炎、急性淋巴管炎等症。

**4. 阿尔泰金莲花**（*T. altaicus* C. A. Mey. ） 全株无毛。茎高 26～70cm，不分枝或上部分枝，茎疏生 3～5 枚叶，基生 2～5 枚，有长柄，叶长形状五角形，长 3.5～6cm，宽 5～9cm，基部心形，3 全裂，全裂片互相覆压，中央全裂片菱形，3 裂近中部，二回裂片有小裂片和锐牙齿，侧全裂片 2 深裂近基部，上面深裂片与中全裂片相似并等大，叶柄长 7～36cm，基部具狭鞘；下部茎生叶有柄，上部茎生叶无柄，叶分裂似基生叶，花单独顶生，直径 3～5cm；萼片（10～）15～18 枚，橙色或黄色，椭圆形或倒卵形，长 1.6～2.5cm，宽0.9～2cm，顶端圆形，常疏生小齿，有时全缘；花瓣比雄蕊稍短或与雄蕊等长，线形，顶端渐变狭，长 6～13mm，宽约 1mm；雄蕊长 7～13mm，花药长 3～4mm；心皮约 16，花柱紫色。聚合果直径约 1.2cm，宽约 3.5mm，喙长约 1mm；种子长约 1.2mm，椭圆球形，黑色，有不明显纵棱。花果期 6～8 月。分布于天山（西部）、阿尔泰山和准噶尔西部山地。生于海拔 1 200～1 500m 山坡草地及林下。蒙古和俄罗斯西伯利亚地区有分布。

**5. 川陕金莲花**（*T. buddae* Schipcz. ） 全株无毛，茎高 60～70cm，常在中部或中部以上分枝。基生叶 1～3，有长柄；叶片五角形，长 5.5～9cm，宽 9.5～18cm，基部深心形，3 深裂至距基部 2～3.5mm 处，中央深裂片菱形或宽菱形，3 浅裂，具少数小裂片及卵形小牙齿，脉上面下陷，侧深裂片斜扇形，不等 2 深裂；叶柄长 11～30cm，基部具狭鞘。茎生叶 3～4 枚，靠近基部的与基生叶相似，中部以上的变小。花序具 2～3 朵花，萼片黄色，干时不变绿色，5 片，倒卵形或宽倒卵形，稀椭圆形，长 1.2～1.6cm，宽0.9～1.6cm，脱落；花瓣与雄蕊等长或比雄蕊稍短，狭线形，长约 8mm，顶端不变宽或稍变宽；雄蕊长 8～10mm；心皮 20～30。蓇葖长 1～1.4cm，宽约 3mm，顶端稍外弯，具横脉，喙斜展或近水平地展出，长 1mm。分布于四川北部、甘肃南部及陕西南部。生于海拔 1 780～2 400m 的山地草坡。

**6. 矮金莲花**（*T. farreri* Stapf） 全株无毛。根状茎短。茎高 5～17cm，不分枝。叶 3～4 枚，全部基生或近基生，长 3.5～6.5cm，有长柄；叶片五角形，长 0.8～1.1cm，宽 1.4～2.6cm，基部心形，3 全裂达或几达基部，中央全裂片菱状例卵形或楔形，与侧生全裂片通常分开，3 浅裂，小裂片互相分开，生 2～3 不规则三角形牙齿，侧全裂片不等 2 裂稍超过中部，二回裂片生稀疏小裂片及三角形牙齿；叶柄长 1～4cm，基部具宽鞘。花单独顶生，直径 1.8～3.4cm；萼片黄色，外面常带暗紫色，干时通常不变绿色，宽倒卵形，长 1～1.5cm，宽 0.9～1.5cm，顶端圆形或近截形，宿存，偶尔脱落；花瓣匙状线形，比雄蕊稍短，长约 5mm，宽 0.5～0.8mm，顶端稍变宽，圆形；雄蕊长约 7mm；心皮 6～9（～25）。聚合果直径约 8mm；蓇葖长 0.9～1.2cm，喙长约 2mm，直；种子椭圆球形，长约 1mm，具 4 条不明显纵棱，黑褐色，有光泽。6～7 月开花，8 月结果。分布在云南西北部、四川西部、青海南部及东部、甘肃中部以南和陕西南部。生于海拔 3 000～4 200m 的高山草地。

**7. 毛茛状金莲花**（*T. ranunculoides* Hemsl. ） 全株无毛。茎 1～3 条，高 6～18（～30）cm，不分枝。基生叶数枚，茎生叶 1～3 枚，较小，通常生茎下部或近基部处，有时达中部以上；叶片圆五角形或五角形，长 1～1.5（～2.5）cm，宽 1.4～2.8（～4.2）cm，基部深心形，3 全裂，全裂片近邻接或上部多少互相覆压，中央全裂片宽菱形或菱状宽倒卵形，3 深裂至中部或稍超过中部，深裂片倒梯形或斜倒梯形，2 或 3 裂，小裂片近邻接，生 1～2 枚三角形或卵状三角形锐牙齿，侧全裂片斜扇形，比中全裂片宽约 2 倍，不等 2 深裂近基部；叶柄长 3～13cm，基部具鞘。花单独顶生，直径 2.2～3.2（～4）cm；萼片黄色，干时多少变绿色，5（～8）片，倒卵形，长 1～1.5cm，宽 1～1.8cm，顶端圆形或近截形，脱落；花瓣比雄蕊稍短，匙状线形，长 4.5～6mm，上部稍变宽，顶端钝或圆形；雄蕊长 5～7mm，花丝长 4～4.5mm，宽约 1mm，上部稍变宽，顶端钝或圆形；花药狭椭圆形，长 2.5～3mm；心皮 7～9。蓇葖长约 1cm，喙长约 1mm，直；种子椭圆球形，长约 1mm，有光泽。5～7 月开花，8 月结果。分布于云南西北部、西藏东部、四川西部、青海南部和东部、甘肃南部。生于海拔 2 900～4 100m 的山地草坡、水边草地或林中。在四川西北部民间用全草治风湿、淋巴结核等症，用花治化脓创伤等症。

# 第四节　菊　　花

## 一、概述

来源于菊科菊属植物菊花 [*Dendranthema morifolium*（Ramat.）Tzvel.] 的干燥头状花序。药材按产地和加工方法，分为亳菊、滁菊、贡菊、杭菊。具有疏风清热、明目解毒的功效，主要治疗头痛、眩晕、目赤、心胸烦热、疔疮、肿毒等症。现代药理学研究表明，菊花的主要成分为挥发油、黄酮类及氨基酸、微量元素等，具有扩张冠状动脉、降低血压、预防高血脂、抗菌、抗病毒、抗炎、抗衰老等多种生理活性。

## 二、药用历史与本草考证

菊花，始载于《神农本草经》，列为上品，未言产地，但著有生境，谓："生川泽及田野。"最早记载菊花产地的是《名医别录》："菊花，生雍州川泽及田野。"雍州，即今陕西省凤翔县一带。《证类本草》引陶隐居云："南阳郦县最多，今近道处处有。"《本草图经》引《唐天宝单方图》云："菊花，原生南阳山谷及田野中……诸郡皆有。"南阳及南阳郦县，均为今河南省南阳市境。根据以上文献所记载的产地和生境，可以看出，宋以前我国药用菊花应是取之于野生品类。

苏颂《本草图经》载："菊花，生雍州川泽及田野，今处处有之，以南阳菊潭者为佳……然菊之种类颇多，有紫茎而气香，叶厚至柔嫩可食者，其花微小，味甚甘，此为真，有青茎而大，叶细作蒿艾气，味苦者花亦大，名苦薏，非真也。"又云："南阳菊亦有两种；白菊，叶大似艾叶，茎青，根细，花白，蕊黄；其黄菊，叶似茼蒿，花蕊都黄……南京又有一种开小花，花瓣下如小珠子，谓珠子菊，云入药亦佳。"南阳菊潭，即今河南内乡县；南京，即今河南商丘市。寇宗奭《本草衍义》云："近世有二十余种，惟单叶、花小而黄绿，叶色深小而薄，应候而开者是也。"《月令》所谓菊有黄花者也。又邓州白菊，单叶者亦入药，余医经不用。陈嘉谟《本草蒙筌》载："山野间味苦茎青，名苦薏勿用；家园内味甘茎紫，谓甘菊，堪收。"李时珍《本草纲目》云："甘菊始生于山野，今则人皆栽植之。"李中立《本草原始》云："培家园，味甜，茎紫，名甘菊。"

清代尤乘《病后调理服食法》载："蜀人多种菊，以苗可以菜，花可以药，园圃悉能植之。"吴仪洛《本草从新》云："家园所种，杭产者良。"赵学敏《本草纲目拾遗》云："杭州钱塘所属良渚桧葬地方，乡人多种菊为业，秋十月采取花，挑入城市以售。"凌奂《本草害利》云："滁州菊，单瓣色白味甘者为上。杭州黄白茶菊，微苦者次之。"从以上文献记载可见，清代是药菊栽培最盛时期，也是形成道地药菊品种的重要阶段。经过自然和人工选择，一些优良的品种勃然兴起，并形成了固定的产地，如河南的怀菊，安徽的亳菊、滁菊、贡菊，浙江的杭菊，四川的川菊等，就是在这个时期发展起来的，但也有些品种早在清以前就已产生，如怀菊等。正是由于这些药菊的产生与发展，最终使栽培药菊（*D. morifolium*）完全取代了野生菊类。

## 三、植物形态特征与生物学特性

**1. 形态特征**　多年生草本植物，基部木质，全体被白色茸毛。叶片卵形至披针形，叶缘有锯齿或羽裂。头状花序直径 2.5～20cm；总苞片多层，外层绿色，边缘膜质；缘花舌状，雌性，形色多样；盘花冠状，两性，黄色，具托片。瘦果无冠毛（图 5 - 4）。

**2. 生物学特性**　菊花喜温暖、阳光充足的环境，耐寒，稍能耐旱，怕水涝，适应性较强，对土壤条件要求不严格，黄河流域以南大部分地区均可露地栽培。旱地和水田均可栽培，在排水良好、疏松的沙壤土上植株生长旺盛。酸碱度以中性或稍偏酸性为佳。在低洼盐碱地则不宜栽培。忌连作，种植过的土壤不能连用。菊花耐旱怕涝。随着生长发育期不同对水分要求各异。苗期至孕蕾前，是植株发育最旺盛期，适宜较湿润条件，若遇干旱，发育慢、分枝少。尤其是近花期，不能缺水，否则使花蕾数大减，但是水分过多，则易造成烂根死苗。花期则以干旱条件为

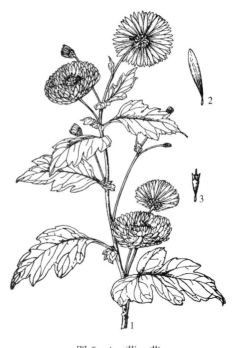

图 5 - 4　菊　花
1. 花枝　2. 舌状花　3. 管状花

好，如遇雨水过多，花序易腐烂，造成减产。菊花喜温暖、耐寒，在 0～10℃能生长，并能忍受霜冻。最适宜生长温度为 20℃左右，但幼苗期，分枝至孕蕾期要求较高气温条件，低温时植株生长不良，地下宿根能忍受－17℃低温，但在－23℃时会受冻害。菊花属短日照植物，对日照长短反应很敏感。在日照 12h 以下及夜间温度 10℃左右时，花序才能分化。每天不超过 10～11h 的光照，才能现蕾开花，人工遮阳减少日照时数后，可提早开花；若长期遮阳可以延长开花，过分遮阳则分枝及花朵减少。菊花为耐贫瘠植物，施肥过多易引起植株旺盛，影响产量。

菊花为多年生宿根草本植物。每年春季气温稳定在 10℃ 以上时，宿根隐芽开始萌发，在 25℃ 时，随着温度的升高，生长速度加速，生长最适温度为 20～25℃。在日照短于 13.5h、夜间温度降 15℃、昼夜温差大于 10℃ 时，开始从营养生长转入生殖生长，即花芽开始分化。当日照短于 12.5h、夜间气温降到 10℃ 左右，花蕾开始形成，此时，茎、叶、花进入旺盛生长期。9～10 月进入花期，花期 40～50d。

菊花营养繁殖能力较强，通常越冬后的菊花，根际周围发出许多蘖芽，形成独立个体；茎、叶再生能力强，扦插均可形成独立个体；菊花的茎压条或嫁接，也能形成新的个体。

头状花序由 300～600 朵小花组成，一朵菊花实际上是由许多无柄的小花聚宿而成的花序，花序被总苞包围，这些小花就着生在托盘上，边缘小花舌状，雌性，中央的盘花管状，两性。从外到内逐层开放，每隔 1～2d 开放一圈，头状花序花期为 15～20d，由于管状花小花开放时雄蕊先熟，故不能自花授粉，杂交时也不用去雄。小花开放后 15h 左右，雄蕊花粉最盛，花粉生命力 1～2d，雄花散粉 2～3d 后，雌蕊开始展羽，一般 9:00 开始展羽，展羽后 2～3d 凋萎。

菊花原植物为一种，但可分为八大主流栽培变种，由于产地、加工方法和商品规格不同，分为杭菊花、亳菊花、滁菊花、贡菊花、怀菊花、济菊花、川菊花、祁菊花。原植物均来自菊花的栽培变种或变型。

（1）怀菊花：主产于河南省焦作市所辖的武陟、温县、沁阳、博爱等地，有 2 000 多年的栽培历史，是我国著名的四大怀药之一，当地农家品种有小白菊、小黄菊、大白菊。

（2）杭菊花：主产于浙江省嘉兴、吴兴等地，是著名的浙八味之一。20 世纪 80 年代后期选育了 3 个优良的农家品种，即湖菊、小洋菊和大洋菊。目前，生产的主流品种为小洋菊，占总栽培面积的 65%；其次为湖菊，占 30%；大洋菊虽然花头大，但产量低，仅占 5% 左右。此外，还有种植少量黄菊花，多产于海宁。

（3）亳菊花：主要产于安徽省亳州一带，有 200～300 年的栽种历史。

（4）祁菊花：主产于河北省安国，有 200 余年的栽种历史。

（5）滁菊花：主产于安徽滁州及和县，有 200 余年的栽种历史。最早主产于滁州，滁州为集散地，故取名为滁菊花。因市场原因，主产地移至西南部华山、石集、狼牙、成椒一带，目前主产又移至全椒的马场、三河、复兴一带。

（6）贡菊花：主产于安徽省黄山（徽菊）、浙江省德清（德菊），有 300 余年的栽培历史。清代为贡品，故名贡菊。贡菊花的农家品种有贡菊花和资菊花。贡菊花为红秆，舌状花层次多，很少管状花；资菊花为青秆，心花多于贡菊花，抗病能力稍强一些，但花瓣零星，影响质量。

（7）济菊花：主产于山东省嘉祥、禹城一带，嘉祥菊花有近千年的种植历史。

（8）川菊花：主产于四川省绵阳、内江等地，原为主产地之一，但近年来由于产销问题，主产区已很少种植。

## 四、野生近缘植物

**1. 野菊花** ［*D. indicum*（L.）Des Moul.］ 多年生草本，高 25～100cm。根茎粗

厚，分枝，有长或短的地下匍匐枝。茎直立或基部铺展。基生叶脱落；茎生叶卵形或长圆状卵形，长 6～7cm，宽 1～2.5cm，羽状分裂或分裂不明显；顶裂片大；侧裂片常 2 对，卵形或长圆形，全部裂片边缘浅裂或有锯齿；上部叶渐小；全部叶上面有腺体及疏柔毛，下面灰绿色，毛较多，基部渐狭成具翅的叶柄；托叶具锯齿。头状花序直径 2.5～4（～5）cm，在茎枝顶端排成伞房状圆锥花序或不规则的伞房花序；总苞直径 8～20mm，长5～6mm；总苞片边缘宽膜质；舌状花黄色，雌性；盘花两性，筒状。瘦果有 5 条极细的纵肋，无冠状冠毛。花期 9～10 月。生于山坡草地、灌丛、河边水湿地、海滨盐渍地及田边、路旁、岩石上。野菊花资源分布于吉林、辽宁、河北、山西、陕西、甘肃、青海、新疆、山东、江苏、浙江、安徽、福建、江西、湖北、四川、云南等地。

**2. 甘菊**［*D. lavandulaefolium*（Fish. ex Trautv.）Ling et Shih］ 为多年生草本，高 0.3～1.5cm，有地下匍匐茎。茎直立，自中部以上多分枝或仅上部伞房状花序分枝。茎枝有稀疏的柔毛，但上部及花序梗上的毛稍多。基部和下部叶花期脱落。中部茎叶卵形、宽卵形或椭圆状卵形，长 2～5cm，宽 1.5～4.5cm。二回羽状分裂，一回全裂或几裂，二回为半裂或浅裂。全部叶两面同色或几同色，被稀疏或稍多的柔毛或上面几无毛。头状花序直径 10～15mm，通常多数在茎顶端排成疏松或稍紧密的复伞房花序。总苞蝶形，直径 5～7mm。总苞片约 5 层。舌状花黄色，舌片椭圆形，长 5～7.5mm，顶端全缘或 2～3 个不明显的齿裂。瘦果长 1.2～1.5mm。花果期 5～11 月。产于吉林、辽宁、河北、山东、山西、陕西、甘肃、青海、新疆（东部）、江西、江苏、浙江、四川、湖北及云南。生于海拔 630～2 800m 的山坡、岩石、河谷、河岸、荒地及黄土丘陵地。

**3. 小红菊**［*D. erubescens*（Stapf）Tzvel.］ 多年生草本，高 10～35cm，匍匐枝纤细而分枝，全株被疏茸毛。茎常单生，直立或基部弯曲，中部以上多分枝或少有不分枝。基部及下部茎生叶掌状或羽状浅裂，少有深裂。全形宽卵形或肾形，长 10cm，宽 5cm，两面有腺点及茸毛，基部截形或稍心形，叶柄长或短，有翅；茎中部叶变小，基部截形或宽楔形。头状花序 2～15 个在茎枝顶端排列成假伞房状，少有一个单生于茎顶；总苞片长 6～10mm，宽 2～4mm；总苞片边缘褐色；边花舌状，粉红色，红紫色或白色。瘦果无齿冠，有 5～8 条不明显的纵肋。甘肃、内蒙古、山西、河北及东北各地均有分布，生于岩石山坡。

# 第五节　款冬（款冬花）

## 一、概述

为菊科款冬属植物款冬（*Tussilago farfara* L.）的干燥花蕾，又称冬花。性温，味辛、微苦，归肺经。能润肺下气，化痰止嗽。用于新久咳嗽，喘咳痰多，劳嗽咳血。主要化学成分有款冬二醇等甾醇类、芸香苷、金丝桃苷、三萜皂苷、鞣质、蜡、挥发油和蒲公英黄质。

款冬品种单一，在我国大部分地区均有分布，家种野生兼有。野生款冬分布于我国河北、河南、湖北、四川、山西、陕西、甘肃、宁夏、内蒙古、新疆、青海、西藏等省、自治区，主产于陕西、甘肃、宁夏、青海、四川等地。在 20 世纪 80 年代之前，主产区野生款冬花资源蕴藏量还有一定的量；进入 90 年代之后，由于各地连年无序地滥采滥摘，只挖不种，野生资源每况愈下；进入 21 世纪后，产区采煤、采金、采油、采气、开矿、修路、毁林造田等一系列行为，严重地破坏了款冬花的生长环境，导致产量呈逐年大幅下滑之势。近年人工栽培品已成为商品主要来源之一，家种款冬产地常因市价变化而增减或转移。目前主要栽培于山西大同地区，如广灵县的加斗乡、阳原县的化稍营镇；河北张家口地区，如蔚县的白乐镇和代王城镇。其中蔚县的下元皂村是最早野生变家种成功之地，也是大面积款冬的栽培地，由于历史原因，下元皂村逐渐形成了款冬的集散地。每年产新时，方圆几百千米的款冬在这里被收购加工出售。第二集散地安国药市的经营户中十有八九是下元皂人。另外四川、陕西、湖北、河南等地也有栽培，但近年为市场提供的商品较少。在陕西、甘肃及内蒙古某些地区有用同科植物蜂斗菜的花蕾充作款冬花入药。款冬种植适宜在海拔 1 000～2 000m，坡度为 10°～25° 的山地，坡度大易造成水土肥流失，易引起款冬露根，前期影响其生长或植株死亡，后期影响花数和产品品质。款冬在低海拔地区（低于 800m）种植，容易遭受高温导致植株死亡，且花数少，粒小，产量低；海拔高于 2 200m 地区，冻土早，解冻迟，款冬生长期短和不利于款冬花采收。

## 二、药用历史与本草考证

款冬花为我国传统中药材，药用历史悠久。始载于东汉《神农本草经》，列为中品，"主咳逆上气善喘，喉痹，诸惊痫，寒热邪气"。《名医别录》载："主消渴，喘息呼吸。"《日华子诸家本草》载："润心肺，益五脏，除烦，补劳累，消痰止咳，肺痿吐血，心虚惊悸，清肝明目及中风。"《药性论》云："主疗肺气心促，急热乏劳，咳连连不绝，涕唾稠黏，治肺痿肺痈吐脓。"《医学启源》云："温肺止嗽。"《本草》述："治痰饮，暗证亦用之。"《长沙药解》云："降逆破塑，宁嗽止喘，疏利咽喉，洗涤心肺而兼长润燥。"充分说明了款冬花润肺下气、化痰止嗽的功效，与今日相同。陶弘景："款冬花，第一出河北，其形如宿莼，未舒者佳，其腹里有丝；次出高丽、百济，其花乃似大菊花。次亦出蜀北部宕昌，而并不如。其冬月在冰下生，十二月、正月旦取之。"《本草图经》云："款冬花，今关中亦有之。根紫色，茎紫，叶似草，十二月开黄花青紫萼，去土一二寸，初出如菊花，萼通直而肥实，无子，则陶弘景所谓出高丽、百济者，近此类也。又有红花者，叶如荷而斗直，大者容一升，小者容数合，俗呼为蜂斗叶，又名水斗叶。则唐注所谓大如葵而丛生者是也。"《本草衍义》云："款冬花，春时，人或采以代蔬，入药须微见花者良。如已芬芳，则都无力也。今人多使如著头者，恐未有花尔。"验证了款冬花的形态、产地及采收时间。

## 三、植物形态特征与生物学特性

**1. 形态特征** 多年生草本，高 10～25cm。基生叶广心形或卵形，长 7～15cm，宽 8～10cm，先端钝，边缘呈波状疏锯齿，锯齿先端往往带红色。基部心形或圆形，质较厚，上面平滑，暗绿色，下面密生白色毛；掌状网脉，主脉 5～9 条；叶柄长 8～20cm，半圆形；近基部的叶脉和叶柄带红色，并有毛茸。花茎长 5～10cm，具毛茸，小叶 10 余片，互生，叶片长椭圆形至三角形。头状花序顶生；总苞片 1～2 层，苞片 20～30，质薄，呈椭圆形，具茸毛；舌状花在周围一轮，鲜黄色，单性，花冠先端凹，雌蕊 1，子房下位，花柱长，柱头 2 裂；筒状花两性，先端 5 裂，裂片披针状，雄蕊 5，花药连合，雌蕊1，花柱细长，柱头球状。瘦果长椭圆形，具纵棱，冠毛淡黄色（图5-5）。花期2～3月，果期4月。

**2. 生物学特性** 款冬喜冷凉潮湿环境，耐严寒，忌高温干旱，在气温9℃以上就能出苗，气温在15～25℃时生长良好，超过35℃时，茎叶萎蔫，甚至会大量死亡。冬、春气温在9～12℃时，花蕾即可出土盛开。喜湿润的环境，怕干旱和积水。在半阴半阳的环境和表土疏松、肥沃、通气性好、湿润的壤土中生长良好。忌连作，根据对款冬花连作试验研究表明，连作土中的款冬长势较弱，植株矮小，根系不发达，在生长后期（8月以后），易罹病害。同样的田间管理，连作款冬的单株结花数明显降低。款冬宜与玉米、马铃薯等轮作，能很好地克服其连作障碍。种植款冬有黄沙土、灰包土和黄灰包土3个主要类型，3种土壤类型中，灰包土是种植款冬适宜的土壤，其次为黄灰包土。

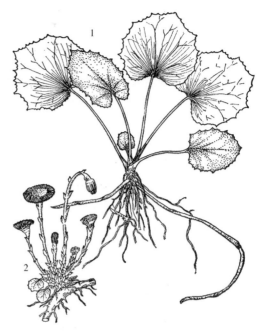

图5-5 款 冬
1. 营养期植株 2. 花期植株

适宜款冬生长的土壤应肥沃，有机质含量高，土层疏松。

款冬自出苗至开花结籽，可分为5个时期，幼苗期：3～5月，从出苗至5片叶时，此时幼苗生长缓慢；盛叶期：6～8月，从6片叶开始至叶丛出齐，直至外叶分散呈平伏状态时，此时根系发达，根横向伸展30～70cm，地上茎叶生长迅速；花芽分化期：9～10月，地上部分逐渐停止生长，除心叶外，一般茎叶下垂平伏，变为黄褐色；孕蕾期：10月至翌年2月，花芽逐渐形成花蕾；开花结果期：2～4月，从茎中央抽出花梗，长出紫红色花蕾，逐渐开放，头状花呈黄色，花谢结籽。

款冬干燥花蕾呈不整齐棍棒状，常2～3个花序连生在一起，习称"连三朵"，长1～2.5cm，直径6～10mm。上端较粗，中部稍丰满，下端渐细或带有短梗。花头外面被有多数鱼鳞状苞片，外表面呈紫红色或淡红色。苞片内表面布满白色絮状毛茸。气清香，味微苦而辛，嚼之呈棉絮状。款冬花商品分两等。一等：单生或2～3基部连生，花蕾肥大，无梗，表面紫红色或粉红色，撕开可见絮状毛茸，无开头，黑头不超过3%，花柄长不超过0.5cm。二等：个头较瘦小，少梗，表面紫褐色或暗紫色，间有绿白色，撕开可见絮状毛茸，开头、黑头不超过10%。花梗长不超过1cm。

款冬花商品常按产地划分为多种，如甘肃冬花（灵台冬花）、陕西冬花、河南冬花、山西冬花、内蒙古冬花等。

## 四、野生近缘植物

为单一种。

# 第六节 玫 瑰

## 一、概述

玫瑰药材为蔷薇科蔷薇属植物玫瑰（*Rosa rugosa* Thunb.）的干燥花蕾，味甘，微苦，性温，有疏肝理气、和血调经的功能，可用于治疗肝胃气痛、食少呕恶、月经不调、跌扑伤痛。另外，玫瑰根也可药用，具有和血、调经、止带之作用，主治月经不调、带下、跌打损伤、风湿痹痛。

玫瑰原产于中国北部，在朝鲜、日本及前苏联远东也有分布。野生玫瑰是我国的二级保护植物，是吉林省一级保护植物。现今野生玫瑰的分布在吉林省珲春市的图们江口；辽宁省东港、大连的沿海沙地及沿海山坡上；黑龙江省伊春市小兴安岭的腹地以及内蒙古呼和浩特市武川县大青山乡阴山山脉中部也有少量分布。玫瑰在全国各地栽培种植，长江下游诸省份是我国主要产区。

## 二、药用历史与本草考证

玫瑰药用始载于姚可成所辑《食物本草》，谓："茎高二三尺……宿根自生，春时抽条，枝条多刺，叶小似蔷薇，边多锯齿，四月开花，大者如盅，小者如杯，色若胭脂，香同兰麝。玫瑰花，味甘，微苦、温无毒，主利肺脾，益肝胆，辟邪恶之气，食之芳香甘美，令人神爽。"清代赵学敏《本草纲目拾遗》云："茎有刺，叶如月季而多锯齿，高者三四尺。"《本草纲目拾遗》引《药性考》曰："玫瑰性温，行血破积，损伤瘀痛，浸酒饮益。"又引《百草镜》曰："玫瑰花，立夏前，采含苞未放者……色香性温，味甘微苦，入脾肝经，和血行血，理气治风痹。""茎有刺""叶小似蔷薇""叶如月季而多锯齿"。从上述记载可以认定古本草记载的玫瑰属蔷薇科植物，从其描述的香味、株高、采收期、药效等与现今的药用玫瑰是一致的。

## 三、植物形态特征与生物学特性

**1. 形态特征** 直立灌木。茎丛生，有茎刺。单数羽状复叶互生，小叶 5～9 片，连叶柄 5～13cm，椭圆形或椭圆状倒卵形，长 1.5～4.5cm，宽 1～2.5cm，先端急尖或圆钝，基部圆形或宽楔形，边缘有尖锐锯齿，上面无毛，深绿色，叶脉下陷，多皱，下面有柔毛和腺体，叶柄和叶轴有茸毛，疏生小茎刺和刺毛；托叶大部附着于叶柄，边缘有腺点；叶柄基部的刺常成对着生。花单生于叶腋或数朵聚生，苞片卵形，边缘有腺毛，花梗长 5～25mm，密被茸毛和腺毛，花直径 4～5.5cm，上有稀疏柔毛，下密被腺毛和柔毛；花冠鲜艳，紫红色，芳香；花梗有茸毛和腺体。蔷薇果扁球形，熟时红色，内有多数小瘦果，萼片宿存（图 5-6）。

**2. 生物学特性** 野生玫瑰耐寒、耐旱，对土壤要求不十分严格。抗寒能力很高，在最低极限温度 −32.5℃ 的年份，也未见有大的冻害发生。野生玫瑰为喜光植物，喜湿润不耐涝，喜凉爽温和气候，在温暖凉爽且通风及排水良好肥沃的沙质土壤中生长最好。

野生玫瑰为落叶灌木，成丛生长，新梢每年生长一次，并随其所处位置生长长度明显不同。由行茎钻出地面形成新梢生长最旺盛，年生长量 25～70cm，二年后随着分级级数的增加，生长速度逐渐放慢；营养枝萌发的新梢次之，年生长量 10～15cm；开花结果新梢的年生长量最小，仅 4～6cm。着生于一年生枝条上的芽除木质化枯死外，其余均萌发。另外，每个枝条上均有一个未开花结果的新梢生长。对于已经结果的枝条，第二年一般不开花结果，仅抽新梢或死亡。因此随时间的推移，结果区逐渐上移，呈明显的顶端优势现象。

野生玫瑰具有 3 种类型的茎，即营养茎、根状茎和行茎。不同的茎行使不同的功能。根状茎是位于土内多年生的固定茎，构成地下部的骨架，其上着生许多须根和少量粗根，分布于 20～30cm 的土层内，呈水平状态，只有在接近营养茎的部分呈斜向上生长，它具有茎的构造，却与根一起行使根的功能。行茎是由根状茎上的潜伏芽萌发形成，萌发的芽一般位于根状茎的先端，粗嫩的新梢在土中沿水平方向

图 5-6　玫　瑰
1. 花枝　2. 花托　3. 花托纵切面　4. 花

伸展，它本身有时也发副梢。行茎的先端像叶芽，有多层褐色的苞片包被，其在土中一个生长季节生长长度为 10～15cm。行茎先端一旦钻出地面，生长方向则立即由水平变为垂直，地下部分开始生根，地上部分长叶。野生玫瑰真正的根并不发达，大部分为须根，粗根量少。

野生玫瑰在当年生枝条顶部的 1～5 个芽形成混合芽，第二年抽新梢，开花结果。混合芽萌发时先展叶，当生长至 3～5 片叶时，顶端形成花蕾。一般于 3 月末树液开始流动，4 月萌芽，5 月开花。花期可持续到 8 月初，7 月中旬果开始成熟，成熟期可持续到 9 月末，10 月初开始落叶，11 月初叶全部落完。

野生玫瑰与蔷薇属其他植物相比，其叶片光合效率更高。与山东平阴的紫枝玫瑰和甘肃苦水的苦水玫瑰相比，吉林珲春野生玫瑰和山东牟平野生玫瑰具有显著的高光合效率。珲春野生玫瑰、紫枝玫瑰和苦水玫瑰都表现出明显的光合"午休"，而牟平野生玫瑰没有"午休"；野生玫瑰比玫瑰栽培品种对高光强敏感，中午光抑制程度较大，但能更有效地利用上午的光能进行光合碳同化，而玫瑰栽培品种对下午的光能利用率比野生玫瑰高。

栽培玫瑰为阳性植物，日照充分则花色浓，香味也浓。生长季节日照少于 8h 则徒长而不开花。对空气湿度要求不甚严格，气温低、湿度大时发生锈病和白粉病。开花季节要求空气有一定的湿度，高温干燥时产率则会降低。玫瑰对土壤的酸碱度要求不严格，微酸性土壤至微碱性土壤均能正常生长。冬季有雪覆盖的地区能忍耐 -40～-38℃ 的低温，无雪覆盖的地区也能耐 -30～-25℃ 的低温，但不耐早春的寒风。土壤尚未解冻而地面风大的地区，枝条往往被风吹干，若土壤已解冻，根部不断向茎输送水分和养分，风不能造成

严重危害。干燥度大于 4 的地区需要有灌溉条件才能正常发育。

## 四、野生近缘植物

**1. 山刺玫**（*R. davurica* Pall.） 落叶灌木，高 1~2m。小枝及叶柄基部常有成对的皮刺，刺弯曲，基部大。羽状复叶，小叶 5~7 枚，矩圆形或长卵圆形，长 1.5~3cm，宽 0.8~1.5cm，边缘近中部以上有锐锯齿，上面无毛，下面灰绿色，有白霜、柔毛和腺体。花单生或数朵聚生，直径约 4cm、深红色。蔷薇果球形或卵形，红色，直径 1~1.5cm。花期 6~7 月，果期 8~9 月。分布在东北、华北；朝鲜、前苏联远东和西伯利亚地区也有。

**2. 多花蔷薇**（*R. multiflora* Thunb.） 落叶蔓性灌木，高达 2~3m，茎枝具扁平皮刺，奇数羽状复叶互生，有小叶 5~9 枚。卵形或椭圆形，缘具锐齿，先端钝圆具小尖，基部宽楔形或圆形，叶表绿色有疏毛，叶背密被灰白茸毛，托叶下常有刺，花多朵呈密集圆锥状伞房花序，单瓣或半重瓣，白色或略带粉晕，花径 2~3cm，微有芳香，花柱伸出花托口外，与雄蕊近等长，子房下位，蔷薇果球形，径约 6mm，熟时褐红色，萼脱落，花期 4~5 月，果熟 9~10 月。分布在华北、华东、华中、华南及西南；朝鲜、日本也有。

**3. 钝叶蔷薇**（*R. sertata* Rolfe.） 灌木，高 1~2m，小枝细弱，无毛，有直立皮刺或无刺。羽状复叶；小叶 7~11，连叶柄长 5~8cm；小叶片宽椭圆形或卵形，长 10~25mm，宽 7~15mm，先端钝或稍急尖，基部近圆形，边缘具锐锯齿，近基部全缘，两面无毛，下面灰绿色；小叶柄和叶轴均有稀疏柔毛、腺毛和小皮刺；托叶大部贴生于叶柄，离生部分耳状，边缘有腺毛。花单生或数朵聚生，有苞片；花梗长 1.5~3cm，无毛或有腺毛；萼裂片 5，卵状披针形，全缘，先端尾状；花直径 4~6cm；花瓣倒卵形，粉红色或玫瑰色；花柱离生，被柔毛。果卵球形，长 1.5~2cm，直径约 1cm，深红色。花期 6 月，果期 8~10 月。分布在山西、陕西、甘肃、湖北、四川、云南、安徽、浙江等地。

# 第七节　忍冬（金银花）

## 一、概述

金银花为忍冬科忍冬属植物忍冬（*Lonicera japonica* Thunb.）的干燥花蕾或带初开的花。夏初花开放前采收，干燥。金银花味甘，性寒。归肺、心、胃经。金银花具有清热解毒，疏散风热之功效，主治痈肿疔疮、喉痹、丹毒、热毒血痢、风热感冒、温病发热。主要化学成分有绿原酸、异绿原酸、环烯醚萜苷、木犀草素、木犀草素-7-O-α-D-葡萄糖苷、金丝桃苷等。《中华人民共和国药典》（2010 年版：一部）规定的指标化学成分有绿原酸和木犀草苷。

忍冬是忍冬属分布最广的种，目前除黑龙江、内蒙古、宁夏、青海、新疆、海南和西藏无自然生长外，全国其他省份均有分布。生于山坡灌丛或疏林中、乱石堆、山路旁及村庄篱笆边，海拔最高达 1 500m 也常见分布。日本和朝鲜也有分布。在北美洲逸生成为难除的杂草。

我国金银花资源在 20 世纪 50 年代时期，野生资源较多，金银花用量相对较少，金银花药材产销基本平衡。此后，因市场需求量的不断增加，而野生金银花采集比较困难，且产量不稳、品质差。从 20 世纪 70 年代初开始，金银花栽培工作得到了广泛开展。目前，金银花多为栽培,已形成了山东、河南、河北三大金银花产区。山东产金银花俗称济银花或东银花,主要分布在平邑县、费县、沂南、苍山等,其中以平邑县金银花栽培面积大,产量高,为道地产区之一,济银花占全国产量的50%以上。河南产金银花俗称密银花或南银花,主要分布在封丘、新密等,为道地产区之一,密银花采用烘干加工技术,其质量优。河北省巨鹿县是全国金银花第三大产区,已形成集约化栽培,目前栽培面积达667hm²,已成为金银花规范化生产的后起之秀。

## 二、药用历史与本草考证

据考证金银花始载于晋代的《肘后备急方》中,名为"忍冬",但未见详细描述。梁代陶弘景在《名医别录》中记载称:"处处有之,藤生,凌冬不凋,故名忍冬。"唐代苏敬等在《新修本草》中对忍冬的植物形态有比较详细的描述,称"藤生,绕覆草木上,苗茎赤紫色,宿者有薄白皮膜之,基嫩茎有毛。叶似胡豆,亦上下有毛,花白蕊紫"。陈藏器在《本草拾遗》中云:"忍冬,主热毒血痢、水痢。"北宋掌禹锡等编著《嘉祐补注神农本草》时,仍沿袭忍冬名,云:"忍冬,亦可单用。"

在宋代的《苏沈良方》中,苏轼、沈括称忍冬:"叶尖圆茎生,茎叶皆有毛,生田野、篱落,处处有之,两叶对生,春夏新叶梢尖而色嫩绿柔薄,秋冬即坚厚色深而圆,得霜则叶卷而色紫,经冬不凋。四月开花极芬芳,香闻数步,初开色白,数日则变黄,多枝黄白相间……花开曳蕊数茎如丝……冬间叶圆厚似薜荔……花气可爱,似茉莉瑞香。"可见,此时人们对忍冬外部形态的认识已经非常深刻,所以才能描写得如此贴切入微。由此,约在北宋以前,本草中无"金银花"一词。

南宋《履巉岩本草》为我国现存最早的彩色本草图谱,该书下卷载有"鹭鸶藤,性温无毒,治筋骨疼痛,名金银花"。从所附彩色图看,与现在入药的植物忍冬无异。因此,南宋《履巉岩本草》是金银花一名的最早出处。此后,"金银花"一名为后世沿用,但最初并非专指忍冬的花,而是指忍冬藤叶或花。明代兰茂所著《滇南本草》载有:"金银花,味苦,性寒,解诸疮,痈疽发背,无名肿毒,丹瘤,瘰疬。"

金银花名称之解始见于明代《本草纲目》忍冬项下,李时珍谓:"其花长瓣垂须,黄白相伴,而藤左缠……三四月开花,长寸许,一蒂而花二瓣,一大一小,如半边状,长蕊。花初开者,蕊瓣俱色白;经二三日,则多变黄。新旧相间,黄白相映,故呼金银花,气甚芬芳。"其附图也较准确。明代弘治十八年(1505)刘文泰等撰《本草品汇精要》,在"忍冬"条项下载有"左缠藤、金银花、鹭鸶藤"等,表明当时所用金银花为植物忍冬的花。到明末时期,张介宾著的《景岳全书》云:"金银花,一名忍冬。"即以金银花为正名,忍冬为别名了。

清代《本经逢源》《本草从新》等医药著作多同时用忍冬和金银花或单用金银花之名,如张璐《本经逢源》云:"金银花芳香而甘";汪昂《本草备要》云:"金银花泻热解毒"等。从清代开始,人们逐渐认识到金银花的产地不同,药材的形态与质量存在着很大差异,也就将不同产地的金银花冠以不同的名称加以区别,如《增订伪药条辨》称:"金银花,产河南淮庆者为淮密……禹州产者曰禹密……济南产者为济银……"

《中华人民共和国药典》(1963年版)将忍冬作为金银花的唯一来源,1977年版、

1985 年版、1990 年版、1995 年版和 2000 年版《中华人民共和国药典》，均选定了忍冬科植物忍冬（*L. japonica* Thunb.）、红腺忍冬（*L. hypoglauca* Miq.）、华南忍冬（*L. confusa* DC.）或毛花柱忍冬（*L. dasystyla* Rehd.）等为金银花药材的原植物。事实上，全国各地所用者远不止于此。全世界忍冬属植物约 200 种，我国有 98 种，广布于全国各地，而以西南部种类最多，其中可供药用的达 47 种。

2005 年版和 2010 年版《中华人民共和国药典》（一部）规定金银花药材的原植物来源为忍冬科植物忍冬（*Lonicera japonica* Thunb.），将金银花与山银花划分开来。《中华人民共和国药典》（2010 年版，一部）规定，山银花为忍冬科植物灰毡毛忍冬（*L. macranthoides* Hand.-Mazz.）、红腺忍冬（*L. hypoglauca* Miq.）、华南忍冬（*L. confusa* DC.）或黄褐毛忍冬（*L. fulvotomentosa* Hsu et S. C. Cheng）的干燥花蕾或带初开的花。

### 三、植物形态特征与生物学特性

**1. 形态特征**　半常绿藤本；幼枝暗红褐色，密被黄褐色、开展的硬直糙毛、腺毛和短柔毛，下部常无毛。叶纸质，卵形至矩圆状卵形，有时卵状披针形，稀圆卵形或倒卵形，极少有 1 个至数个钝缺刻，长 3～5（～9.5）cm，顶端尖或渐尖，少有钝、圆或微凹缺，基部圆或近心形，有糙缘毛，上面深绿色，下面淡绿色，小枝上部叶通常两面均密被短糙毛，下部叶常平滑无毛而下面多少带青灰色；叶柄长 4～8mm，密被短柔毛。总花梗通常单生于小枝上部叶腋，与叶柄等长或稍较短，下方者则长 2～4cm，密被短柔毛，并夹杂腺毛；苞片大，叶状，卵形至椭圆形，长 2～3cm，两面均有短柔毛或有时近无毛；小苞片顶端圆形或截形，长约 1mm，为萼筒的 1/2～4/5，有短糙毛和腺毛；萼筒长约 2mm，无毛，萼齿卵状三角形或长三角形，顶端尖而有长毛，外面和边缘都有密毛；花冠白色，有时基部向阳面呈微红，后变黄色，长（2～）3～4.5（～6）cm，唇形，筒稍长于唇瓣，很少近等长，外被多少倒生的开展或半开展糙毛和长腺毛，上唇裂片顶端钝形，下唇带状而反曲；雄蕊和花柱均高出花冠。果实圆形，直径 6～7mm，熟时蓝黑色，有光泽；种子卵圆形或椭圆形，褐色，长约 3mm，中部有 1 凸起的脊，两侧有浅的横沟纹（图 5 - 7）。花期 4～6 月（秋季也常开花），果期 10～11 月。

忍冬明显的特征是具有大型的叶状苞片，其外貌上有些像华南忍冬，但华南忍冬的苞片狭细而非叶状，萼筒密生短柔毛，小枝密生卷曲的短柔毛，与忍冬有明显不同。此外，忍冬植株的形态变异非常大，无论在枝、叶的毛被、叶的形状和大小以及花冠的长度、毛被和唇瓣与筒部的长度比例等方面，都有很大的变化。但所有这些变化看来较多地同生

图 5 - 7　忍　冬

态环境相联系，并未显示与地理分布之间的相关性。

**2. 生物学特性**　忍冬对环境的适应性较强，喜温暖湿润气候，喜光也耐阴，耐旱、耐寒性强。对土壤要求不严，喜肥沃沙质壤土。耐盐碱，适宜在偏碱性的土壤中生长。根深，能防止水土流失。—10℃条件下叶子不落，—20℃下能安全越冬。一般气温不低于5℃时便可萌芽生长。

忍冬植株侧根发达，生根力强，以4月上旬至8月下旬生长最快。具多次抽梢、多次开花的习性。人工栽培条件下，花期较集中。在山东5月初为现蕾期，5月中旬进入花期，通常年产花4茬。5月中下旬产头茬花，7月上中旬产二茬花，8月中下旬产三茬花，9月中旬至10月初产四茬花。花多着生在植株外围阳光充足的枝条上，光照不足会减少花蕾分化。

在长期种植过程中，形成了许多传统农家品种，大体上可划分为三大品系。①墩花系：枝条较短，直立，整个植株呈矮小丛生灌木状，花芽分化可达枝条顶部，花蕾比较集中。②秧花系：枝条粗壮稀疏，不能直立生长，花蕾稀疏、细长，枝条顶端不着生花蕾。③直立树形：植株呈主干树形，高度达1.7m，花芽分化可达枝条顶部，花蕾比较集中，直立树形通过栽培技术培育而成。山东济银花为前两者，河南密银花和河北巨银花为直立树形。除了传统的农家品种外，还有一些引种或培育的品种，如九丰1号、巨花1号、蒙花2号、蒙花3号、金丰1号、中银1号等。

不同产地和生境对金银花质量的影响较大。试验表明，山东平邑金银花绿原酸含量高，河南新密次之，山西太谷居中，云南大理的含量最低。同一产地不同类型的金银花绿原酸含量也有极显著差异。通过对不同产地和品种类型的金银花中绿原酸含量测定，结果表明，产地对金银花质量的影响远远大于品种类型的影响，这是中药材道地性的表现。此外，同一品种类型的金银花，在同一产地、不同的地形等生长环境下，其质量差异较大，以秦岭金银花为例，对生长在乔山阳坡和劳山阴坡的金银花的花蕾和叶中的绿原酸含量测定表明，生长在阳坡的金银花的花蕾、叶和茎的绿原酸含量均高于阴坡的同类样品。

栽培管理如肥水管理、病虫害防治、整形修剪等显著影响金银花生长、产量和质量。如复合肥和氮肥对忍冬植物的生长有明显的促进作用，并使其叶色浓绿，而磷、钾肥对其影响不大。氮、磷、钾及复合肥均可促进忍冬植物花芽的分化，显著提高花朵数量，从而使金银花产量得到显著提高。磷肥提高金银花绿原酸含量，氮肥使其含量降低。因此，在栽培生产中要在施用氮肥的同时，适当多施磷肥，这样既能促进植株花芽分化的数量，又能促进绿原酸在花蕾中的合成，在增产的同时又保证了药材的质量。

金银花及时适时采摘，能有效保证金银花产量和质量。金银花加工方法不同，不仅影响金银花的外在质量，也影响其内在质量。北京中医药大学研究了晒干、阴干、烤房烘干、蒸汽杀青烘干、滚筒杀青烘干、微波杀青烘干等加工方法对金银花绿原酸和木犀草苷含量的影响，结果表明，杀青烘干法显著提高了绿原酸和木犀草苷的含量，其中蒸汽杀青烘干效果最好，蒸汽杀青3min后烘干的金银花绿原酸含量比晒干样品提高100.4%。

## 四、野生近缘植物

忍冬近缘植物包括灰毡毛忍冬、红腺忍冬、华南忍冬和黄褐毛忍冬，这些种的干燥花蕾或带初开的花为山银花。

**1. 灰毡毛忍冬**（L. macranthoides Hand.-Mazz.） 藤本；幼枝或其顶梢及总花梗有薄绒状短糙伏毛，有时兼具微腺毛，后变栗褐色有光泽而近无毛，很少在幼枝下部有开展长刚毛。叶革质，卵形、卵状披针形、矩圆形至宽披针形，长 6～14cm，顶端尖或渐尖，基部圆形、微心形或渐狭，上面无毛，下面被由短糙毛组成的灰白色或有时带灰黄色毡毛，并散生暗橘黄色微腺毛，网脉凸起而呈明显蜂窝状；叶柄长 6～10mm，有薄绒状短糙毛，有时具开展长糙毛。花有香味，双花常密集于小枝梢成圆锥状花序；总花梗长 0.5～3mm；苞片披针形或条状披针形，长 2～4mm，连同萼齿外面均有细毡毛和短缘毛；小苞片圆卵形或倒卵形，长约为萼筒之半，有短糙缘毛；萼筒常有蓝白色粉，无毛或有时上半部或全部有毛，长近 2mm，萼齿三角形，长 1mm，比萼筒稍短；花冠白色，后变黄色，长 3.5～4.5（～6）cm，外被倒短糙伏毛及橘黄色腺毛，唇形，筒纤细，内面密生短柔毛，与唇瓣等长或略较长，上唇裂片卵形，基部具耳，两侧裂片裂隙深达 1/2，中裂片长为侧裂片之半，下唇条状倒披针形，反卷；雄蕊生于花冠筒顶端，连同花柱均伸出而无毛。果实黑色，常有蓝白色粉，圆形，直径 6～10mm。花期 6 月中旬至 7 月上旬，果熟期 10～11 月。产于安徽南部、浙江、江西、福建西北部、湖北西南部、湖南南部至西部、广东（翁源）、广西东北部、四川东南部及贵州东部和西北部。生于海拔 500～1 800m 山谷溪流旁、山坡或山顶混交林内或灌丛中。目前，灰毡毛忍冬在湖南隆回和重庆秀山有大面积栽培。

**2. 红腺忍冬**（L. hypoglauca Miq.） 又称菰腺忍冬，落叶藤本；幼枝、叶柄、叶下面和上面中脉及总花梗均密被上端弯曲的淡黄褐色短柔毛，有时还有糙毛。叶纸质，卵形至卵状矩圆形，长 6～9（～11.5）cm，顶端渐尖或尖，基部近圆形或带心形，下面有时粉绿色，有无柄或具极短柄的黄色至橘红色蘑菇形腺；叶柄长 5～12mm。双花单生至多朵集生于侧生短枝上，或于小枝顶集合成总状，总花梗比叶柄短或有时较长；苞片条状披针形，与萼筒几等长，外面有短糙毛和缘毛；小苞片圆卵形或卵形，顶端钝，很少卵状披针形而顶渐尖，长约为萼筒的 1/3，有缘毛；萼筒无毛或有时略有毛，萼齿三角状披针形，长为萼筒的 1/2～2/3，有缘毛；花冠白色，有时有淡红晕，后变黄色，长 3.5～4cm，唇形，筒比唇瓣稍长，外面疏生倒微伏毛，并常具无柄或有短柄的腺；雄蕊与花柱均稍伸出，无毛。果实熟时黑色，近圆形，有时具白粉，直径 7～8mm；种子淡黑褐色，椭圆形，中部有凹槽及脊状凸起，两侧有横沟纹，长约 4mm。花期 4～5（～6）月，果熟期 10～11 月。产于安徽南部，浙江，江西，福建，台湾北部和中部，湖北西南部，湖南西部至南部，广东（南部除外），广西，四川东部和东南部，贵州北部、东南部至西南部及云南西北部至南部。生于海拔 200～1 500m 的灌丛或疏林中。日本也有分布。

**3. 华南忍冬**（L. confusa DC.） 半常绿藤本；幼枝、叶柄、总花梗、苞片、小苞片和萼筒均密被灰黄色卷曲短柔毛，并疏生微腺毛；小枝淡红褐色或近褐色。叶纸质，卵形至卵状矩圆形，长 3～6（～7）cm，顶端尖或稍钝而具小短尖头，基部圆形、截形或带心形，幼时两面有短糙毛，老时上面变无毛；叶柄长 5～10mm。花有香味，双花腋生或于小枝或侧生短枝顶集合成具 2～4 节的短总状花序，有明显的总苞叶；总花梗长 2～8mm；苞片披针形，长 1～2mm；小苞片圆卵形或卵形，长约 1mm，顶端钝，有缘毛；萼筒长

1.5～2mm，被短糙毛；萼齿披针形或卵状三角形，长 1mm，外密被短柔毛；花冠白色，后变黄色，长 3.2～5cm，唇形，筒直或有时稍弯曲，外面被多少开展的倒糙毛和长、短两种腺毛，内面有柔毛，唇瓣略短于筒；雄蕊和花柱均伸出，比唇瓣稍长，花丝无毛。果实黑色，椭圆形或近圆形，长 6～10mm。花期 4～5 月，有时 9～10 月开第二次花，果熟期 10 月。华南忍冬产于广东、海南和广西。生于海拔 800m 以下丘陵地的山坡、杂木林和灌丛中及平原旷野路旁或河边。越南北部和尼泊尔也有分布。

**4. 黄褐毛忍冬**（*L. fulvotomentosa* Hsu et S. C. Cheng）　藤本；幼枝、叶柄、叶下面、总花梗、苞片、小苞片和萼齿均密被开展或弯伏的黄褐色毡毛状糙毛，幼枝和叶两面还散生橘红色短腺毛。冬芽约具 4 对鳞片。叶纸质，卵状矩圆形至矩圆状披针形，长 3～8cm，顶端渐尖，基部圆形、浅心形或近截形，上面疏生短糙伏毛，中脉毛较密；叶柄长 5～7mm。双花排列成腋生或顶生的短总状花序，花序梗长 1cm；总花梗长约 2mm，下托以小形叶 1 对；苞片钻形，长 5～7mm；小苞片卵形至条状披针形，长为萼筒的 1/2 至略较长；萼筒倒卵状椭圆形，长约 2mm，无毛，萼齿条状披针形，长 2～3mm；花冠先白色后变黄色，长 3～3.5cm，唇形，筒略短于唇瓣，外面密被黄褐色倒伏毛和开展的短腺毛，上唇裂片长圆形，长约 8mm，下唇长约 1.8cm；雄蕊和花柱均高出花冠，无毛；柱头近圆形，直径约 1mm。果实不详。花期 6～7 月。黄褐毛忍冬产于广西西北部、贵州西南部和云南。生于海拔 850～1 300m 山坡岩旁灌木林或林中。模式标本采自贵州安龙。贵州兴义有大面积黄褐毛忍冬栽培。

# 主要参考文献

丁万隆，陈震，陈君 . 2003. 金莲花属药用植物资源与利用［J］. 中国野生植物资源，22（6）：19 - 21.

国家药典委员会 . 2010. 中华人民共和国药典：一部［M］. 北京．中国医药科技出版社 .

刘旭云，蒋海玉 . 1996. 红花优异种质资源的研究及利用［J］. 云南农业大学学报，11（4）：209 - 215.

王兆木 . 1993. 世界红花种质资源评价与利用［M］. 北京：中国科学技术出版社 .

徐良 . 2000. 中药无公害栽培加工与转基因工程学［M］. 北京：中国医药科技出版社 .

徐良 . 2001. 中国药材规范化生产［J］. 中药材：中药市场与信息版（8）：5 - 7.

徐良 . 2001. 中国名贵药材规范化栽培与产业化开发新技术［M］. 北京：中国协和医科大学出版社 .

徐良 . 2007. 药用植物栽培学［M］. 北京：中国中医药出版社 .

徐良 . 2010. 药用植物创新育种学［M］. 北京：中国医药科技出版社 .

徐良，岑丽华 . 2003. 中草药彩图手册（六）——名贵药材［M］. 广州：广东科技出版社 .

张宗文 . 2000. 红花遗传资源的研究与利用［J］. 植物遗传资源科学，1（1）：7 - 10.

## 第 六 章

# 皮　类

## 第一节　杜　仲

### 一、概述

杜仲为杜仲科杜仲属杜仲（*Eucommia ulmoides* Oliver）的干燥树皮。性温，味甘，能补肝肾、降血压、强筋骨、安胎，是一味传统滋补中药。主要化学成分有木脂素类、环烯醚萜类、苯丙素类、黄酮类、三萜类等。

杜仲在我国自然分布很广，北自甘肃、陕西，南至云南，东抵山东、浙江，西至四川，中经安徽、湖北、湖南、江西、河南、贵州等 13 个省份。从地理位置看，分布于北纬 26°～34°、东经 105°～115°。至于主要产区，当推陕南、鄂（湖北）西、湘（湖南）西、川北大巴山一带、滇（云南）东北及娄山山脉为主的贵州全境。杜仲的垂直分布自然界限，一般在 300～1 500m，个别地区达 2 500m（滇东北）。上述主要产区都属山区和丘陵，现尚能看到残存的次生天然林和半野生状态的散生树，说明这些地区是我国杜仲的原始自然分布区。目前其他地区如北京、安徽、福建、广东、广西、江苏、山东、河北、辽宁及吉林都已进行规模性引种，并取得了成功。

### 二、药用历史与本草考证

杜仲是我国特有树种，经济价值很高，资源稀少，被我国有关部门定为国家二级珍贵保护树种。杜仲始载于《神农本草经》，列为上品，"主治腰脊疼，补中，益精气，坚筋骨，强志，除阴下痒湿，小便余沥。久服轻身不老"。可多服、久服，无毒或微毒，有明显滋补、强壮之功效。明代李时珍《本草纲目》云："杜仲皮色紫，味甘微辛，其性温平，甘温能补；微辛能润，故能入肝而补肾。盖肝主筋，肾主骨，肾充则骨强；肝充则筋健，能使筋骨相著。治腰膝酸痛，安胎等症。"以上记载说明，我国医学家很早便发现杜仲有独特的强筋、壮骨及安胎的功效。宋代《证类本草》云："今商州（陕西商州）、成州（甘肃成县）、峡州（湖北宜昌）近处大山中亦有之。"杜仲出"金州（陕西安康）"。清代《本草求真》又载："出汉中（陕西南郑）厚润者良。"由此可见，陕西是杜仲的原产地之一。

杜仲植物形态及药材性状记载的本草较多，《证类本草》引苏颂云："杜仲树‘木高数丈，叶如辛夷，亦类柘，其皮类厚朴'。"唐代《新修本草》对杜仲药材特征的记载为："状如厚朴，折之多白丝为佳。"明代李时珍《本草纲目》云："其皮中有银丝如绵，故曰术绵。"且杜仲炮制历史悠久，历代本草均有记载，《雷公炮炙论》中云："凡使杜仲，先须削去粗皮，用酥、蜜炙之。"《新修本草》记载：杜仲"用之薄削去上甲皮（粗皮），横理切令丝断也"。

以上本草考证表明，历代所用的杜仲，其原产地、植物形态及药材特征、炮制等，均与现今杜仲相符。因此，历代入药用的杜仲，为杜仲科植物杜仲。

## 三、植物形态特征与生物学特性

**1. 形态特征** 落叶乔木，高可达 20m，枝条斜向上生长，形成圆形树冠。树皮、枝叶折断后均具有白丝。单叶互生，椭圆形，叶片薄革质，表面暗绿色，光滑，幼叶有褐色柔毛；老叶略有皱纹，背面淡绿色，初时有褐毛，以后仅在叶脉上有毛；叶片长 6～8cm，宽 3.5～7.5cm，叶缘有锯齿，叶柄长 1～2cm，上面有槽，无托叶。花小，单性，雌雄异株，无花被，先花后叶或花叶同放，单生于小枝基部。雄花簇生，具有短柄，花梗长约 3mm，雄蕊 4～6 枚，花丝短，花近条形。雌花单生，也有短柄，子房狭长，柱头 2 裂，1 室，胚珠 2，倒生。翅果扁而薄，中间稍突，长椭圆形，长 3～3.5cm，宽 1～1.5cm；先端 2 裂，基部楔形，周围有薄翅。内含种子 1 粒，种子扁平，线形，长 1.4～1.5cm，宽 3mm（图 6-1）。

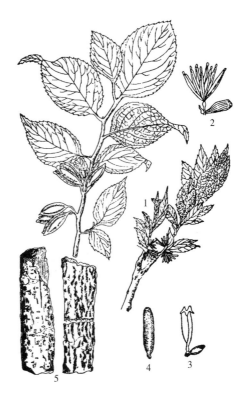

图 6-1 杜 仲
1. 果枝 2. 雄花 3. 雌花 4. 种子 5. 树皮(示胶丝)

杜仲属雌雄异株，在多年自然杂交条件下繁衍后代，容易出现在形态特征方面的杂交变异。另外，由于杜仲分布广，各地生长环境条件差异大，也容易发生趋异适应变异，即地理生态变异，或称地理小种。杜仲树种的以上自然变异，丰富了种质资源，并为选种、育种提供了有利条件。前人对杜仲的研究，主要着眼于杜仲皮方面的各种特征，并划分出不同类型。近年来随着人们对杜仲研究的深入，又分别根据叶、枝等器官的变异划分出不同变异类型。

（1）根据树皮划分类型

①粗皮杜仲（青冈皮）：树皮幼年呈青灰色，不开裂，皮孔显著。成年后树皮为褐色，皮孔部分消失，开始发生裂纹，随年龄的增加，裂纹由下至上发生深裂，呈长条状或龟背状，不脱落，树皮外层（最新形成的木栓形成层以外死组织干皮部分）及内层（形成层以外包括整个生活的韧皮部）分明，外皮粗糙，类似栎类树皮，故称其为"青冈皮"。

②光皮杜仲（白杨皮）：树皮幼年特征同粗皮类型，成年后树皮变为灰白色，皮孔部分消失。20年后，除树干基部1m内渐次发生浅裂、较粗糙外，其余枝、干皮光滑，树皮内外层不明显，类似响叶杨树皮，故称其为"白杨皮"。

以上两种类型杜仲树皮可药用和胶用的内皮重量和厚度具有显著差异，光皮杜仲明显优于粗皮杜仲：粗皮类杜仲内皮重占树皮总重量（鲜重）的63.4%，而光皮类杜仲内皮重占树皮总重量（鲜重）的88.7%；粗皮类杜仲内皮厚度占树皮总厚度的51.7%，光皮类杜仲内皮厚度占树皮总厚度的81.8%。由此可以看出，光皮杜仲具有较高的药用价值和经济价值，是一种优良类型。另外，介于这两种类型之间还有一种中间类型（树皮比光皮类型的稍粗、比粗皮类型的稍光的类型）。

（2）根据叶片划分类型

①长叶柄杜仲：叶柄长度3.1～5.6cm，叶片呈椭圆形。叶基楔形或圆形，长13～24cm，宽5.2～9.5cm。叶片下垂明显，上表面光滑。

②小叶杜仲：叶型小，长6.2～9.0cm，宽3.0～4.5cm，呈椭圆形。叶柄长1～5cm。叶面积大小仅为普通杜仲树的1/4左右。该变异类型最早在洛阳林业科学研究所发现，经扩大繁殖，性状表现稳定。外观具有叶片密集、树冠紧凑的特点，叶片光合强度高，适于矮化密植栽培。

③紫红叶杜仲：该变异类型发现于河南洛阳和湖南慈利。幼苗出土后叶片颜色为浅红色，以后每年春天抽生嫩梢为浅红色，展叶后除叶背及中脉为青绿色外，叶表面及枝条均为紫红色。叶卵形，叶基圆形。该类型可作为庭院观赏树种栽植。

（3）根据枝条类型划分

①短枝杜仲：该变异最早在洛阳市一芽变单株上发现。特点是枝条上叶子生长稠密，节间较普通杜仲短，似果树短枝性状。一般节间长1.0～1.2cm，为普通杜仲枝条节间的1/4～1/2。枝条多生长粗壮，呈菱形。叶型中等大小，长1.2～1.5cm，宽8.0～10.2cm，叶柄长1.5～2.0cm，树冠紧凑，枝条分枝角度小，多为25°～35°。由于树冠窄，抗风力强，适宜建密植丰产园和在农田上进行林粮间作。

②龙拐杜仲：枝条生长弯曲，似龙拐状，左右摆动角度为23°～38°。叶长卵圆形或倒卵形，叶缘处向外反卷，叶色为浅绿色至绿色，叶片下垂明显。该变异类型适合作庭院绿化树种，具有良好的观赏价值。

（4）根据果实类型划分

①大果型杜仲：果实长4.5～5.8cm，宽1.3～1.6cm，果翅宽。种仁长1.3～1.6cm，宽0.32～0.36cm，厚0.12～0.16cm。果实千粒重105～130g，每千克含果实7 692～9 524粒。种仁重量占果实重量的35%～40%。该变异类型适用于榨油及利用外果皮提取杜仲胶。

②小果型杜仲：果实小，长2.4～2.8cm，宽1.0～1.2cm，果翅狭小。种仁长1.0～1.2cm，宽0.28～0.30cm，厚0.10～0.13cm。果实千粒重42～70g，每千克含果实14 286～23 810粒。种仁重量占果实重量的37%～43%。小果型杜仲种子适合培育杜仲苗，可降低生产成本。

**2. 生物学特性** 杜仲喜温暖湿润气候，年平均温度在15℃左右，年降水量1 000mm

的地区种植杜仲是合宜的，杜仲成年树能耐－21℃低温，但春季萌发时易受晚霜危害；杜仲在酸性土、中性土、微碱性土及钙质土上均能生长。但土层深厚、疏松、肥沃、湿润、排水良好、pH 5～7.5 时生长最好。裸露的石灰岩地区的土壤上也生长得好，在强酸性土壤上生长不良；杜仲喜光，不耐荫蔽，散生的或孤立的植株生长良好。所以造林密度要适当，要保持充分的光照；杜仲是雌雄异株树种，实生人工林中，雌雄比例为 6：4，为风媒花，雄株占 20％即可保证授粉；杜仲具有深根性，有明显的主根和侧根须根，而构成强大的根系，主要在土层中深达 1.5m；杜仲萌芽力很强，根际或枝干一旦经受创伤，休眠芽会立即萌动，长出萌条，所以可进行无性更新或矮林作业。物候期，3 月中旬展叶、开花，10 月落叶，10～11 月果实成熟。6～8 年生的植株开花结果，20～30 年为盛果期，30 年以后结果逐渐减少，60 年后产量很少，而 100 年生的结果几乎全为空粒。剥皮的树种子多不饱满。10～25 年生长迅速，25～40 年生长逐渐下降，50 年后生长非常缓慢。

## 四、野生近缘植物

我国该属为单一种。

# 第二节　牡　　丹

## 一、概述

牡丹皮为毛茛科芍药属植物牡丹（*Paeonia suffruticosa* Andr.）的干燥根皮。性微寒，味苦、辛，归心、肝、肾经。能清热凉血，活血化瘀。用于温毒发斑、吐血衄血、夜热早凉、无汗骨蒸、经闭痛经、痈肿疮毒、跌扑伤痛。主要化学成分为酚类及酚苷类、单萜及单萜苷类，其他成分还有三萜、甾醇及其苷类、黄酮、有机酸、香豆素等。

牡丹皮主产于安徽、四川、甘肃、陕西、湖北、湖南、山东、贵州等地。此外，云南、浙江也产。以四川、安徽产量最大。安徽铜陵凤凰山所产的丹皮称为凤丹皮，为正品丹皮药材来源，在全国丹皮中，其质量最好、品质最佳，畅销全国各地；安徽南陵所产称瑶丹皮；四川灌县所产称川丹皮；甘肃、陕西及四川康定、泸定所产称西丹皮；四川西昌所产的称西昌丹皮，质量较次。西丹皮除上述正品丹皮外，在陕西尚用矮牡丹、紫斑牡丹的根皮。西昌丹皮品种复杂，除正品丹皮外，尚用黄牡丹、野牡丹、保氏牡丹、四川牡丹的根皮。此外，四川尚产一种茂丹皮，为茂纹牡丹。云南所产的云南丹皮，则为黄牡丹和云南牡丹的根皮。牡丹皮的采收分为秋冬两季，秋季在农历六月初一开始挖掘起土，称为秋货，主要销往广东、山东及华北等地。冬季在农历十月初一挖掘起土，称为老秋货。老秋货（冬货），肉质厚，肉色粉白，能久藏不变，品质优于秋货。

此外，因为资源有限，出现了一些地方习用品种，如矮牡丹，分布于山西、陕西、甘肃；粉牡丹，分布于四川、陕西一带；黄牡丹，分布于四川、云南、西藏；川牡丹，分布于四川。

## 二、药用历史与本草考证

牡丹始载于《神农本草经》，列为中品。《名医别录》载："牡丹生巴郡山谷及汉中。"

《本草经集注》云："今东间亦有色赤者为好。"《新修本草》载："生汉中。剑南所出者，苗似羊桃，夏生白花，秋实圆绿，冬实赤色，凌冬不凋，根似芍药，肉白皮丹。"《本草图经》载："今丹、延、青、越、滁、和州山中皆有之。花有黄紫红白数色。此当是山牡丹，其茎梗枯燥，黑白色。二月于梗上生苗叶，三月开花，其花叶与人家所种者相似，但花止五六叶耳。五月结子黑色，如鸡头子大。根黄白色，可五七寸长，如笔管大……近世人多贵重，圃人欲其花之诡异，皆秋冬移接，培以壤土，至春盛开，其状百变。"《本草纲目》载："牡丹以色丹者为上，虽结子而根上生苗，故谓之牡丹。唐人谓之木芍药，以其花似芍药，而宿干似木也。"以上对牡丹皮的形态、产地以及采收时间进行了考证。我国对于牡丹皮的药用历史悠久，始载于《神农本草经》："主寒热，中风瘈疭、痉、惊痫邪气，除症坚瘀血留舍肠胃，安五脏，疗痈疮。"《别录》云："除时气头痛，客热五劳，劳气头腰痛，风噤，癫疾。"《药性论》云："治冷气，散诸痛，治女子经脉不通，血沥腰疼。"《日华子诸家本草》云："除邪气，悦色，通关腠血脉，排脓，通月经，消扑损瘀血，续筋骨，除风痹，落胎下胞，产后一切冷热血气。"《珍珠囊》云："治肠胃积血、衄血、吐血，无汗骨蒸。"《滇南本草》云："破血，行（血），消癥瘕之疾，除血分之热。"《医学入门》云："泻伏火，养真血气，破结蓄。"《本草纲目》云："和血，生血，凉血。治血中伏火，除烦热。"综上所述，古今所用之牡丹皮，其原植物品种以及其药效基本一致。

## 三、植物形态特征与生物学特性

**1. 形态特征**　牡丹为多年生落叶小灌木，高 1～1.5m。根茎肥厚，枝短而粗壮。叶互生，通常为二回三出复叶；柄长 6～10cm；小叶卵形或广卵形，顶生小叶片通常为 3裂，侧生小叶也有呈掌状 3 裂者，上面深绿色，无毛，下面略带白色，中脉上疏生白色长毛。花单生于枝端，大型；萼片 5，覆瓦状排列，绿色；花瓣 5 片或多数，一般栽培品种，多为重瓣花，变异很大，通常为倒卵形，顶端有缺刻，玫瑰色，红、紫、白色均有；雄蕊多数，花丝红色，花药黄色；雌蕊 2～5 枚，绿色，密生短毛，花柱短，柱头叶状；花盘杯状。果实为 2～5 个蓇葖的聚生果，卵圆形，绿色，被褐色短毛（图 6-2）。花期4～5月，果期7～8月。

**2. 生物学特性**　牡丹一般生长在气候温和，日照充足，雨量适中，四季分明，海拔50～500m 的丘陵上，以土层深厚、排水良好的中性或微酸性沙质壤土或粉沙土为主。忌盐碱土和黏土。牡丹为宿根植物，一、二年生植株不开花。早春为萌发期，8 月为地下部生长盛期，10 月上旬植株始渐枯萎，进入休眠期。牡丹种子有后熟的特性，上胚轴需经一段低温才

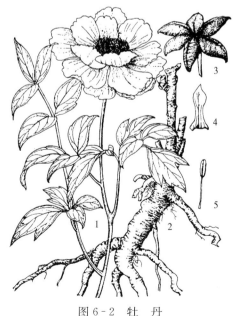

图 6-2　牡　丹

1. 花枝　2. 根　3. 果　4. 苞片　5. 雄蕊

能继续伸长。种子寿命不长，隔年种子发芽率低。

我国中原地区（菏泽）的花农，习惯把牡丹从开春萌发至秋末落叶休眠的生长发育年周期，细分为 13 个时期。萌动期：我国中原地区的农历二月中下旬，在平均气温稳定在 3～5℃时，越冬鳞芽开始膨大，并逐渐绽裂。发芽期：农历三月上旬，气温达 6～8℃，鳞芽尖端胀裂，俗称"蚊子嘴"，露出鳞芽，俗称"马蜂翅"。花芽则可看见花蕾尖，多呈土红、黄绿、暗紫等色。新枝伸长期：农历三月中旬，气温达 10℃左右，花蕾长出鳞片包，茎上叶序基本形成，花蕾直径 1cm 左右，幼枝长 3cm 左右。幼蕾期：农历三月下旬，当年新枝长至 10cm，叶片叶柄紧靠新枝并随茎直立生长，并逐渐展开。花蕾直径一般在 1.5～2.0cm，和"小风铃"大小相似，传统称为"小风铃期"。在此期间，气候常忽冷忽热，变化异常，有些不抗寒的品种，易受冻害，花蕾停止生长或发育不良，出现只长雄、雌蕊而无花瓣的异常现象。展叶期：农历四月上旬，当年新枝长至 15cm 左右，叶柄离开新枝斜伸，叶片平展，由暗红转为绿色带紫晕；花蕾（除短颈品种外）高于叶面之上，直径一般为 2～2.5cm，内部组织器官发育已经完成。圆蕾透色期：大风铃期后 5～7d，花蕾已基本发育成熟，圆满硬实如桃形，萼片下垂，并逐渐完成着色过程，从花蕾顶端可看出花的颜色。这时当年新枝长势极慢，达到 20cm 左右后，一般不再伸长。开花期：农历四月中下旬，谷雨前后，气温稳定在 17～22℃时，花蕾泛暄（发软）绽开，至花瓣的凋谢，称为开花期。在此期间，常会出现一段明显的回暖气候，最高气温可达 25℃左右，促使牡丹花蕾很快开放。叶片放大期：农历五月上旬，花凋谢后，叶片迅速放大，习称"叶片放大期"。此时叶片增大增厚，颜色加深，呈绿或深绿色。鳞芽分化期：随着花的凋谢，叶腋间已孕育着新的鳞芽，农历五月下旬至七月底八月初，鳞芽开始分化。在此期间，营养生长相对变慢。种子成熟期：农历八月初，蓇葖果由绿变黄，呈蟹黄色时种子已经成熟，可进行采收；若收获过晚，果角部分开裂，种子呈褐色或黑色，成熟过度，难于发芽。还有花芽分化期、落叶期、相对休眠期共 13 个时期。

## 四、野生近缘植物

毛茛科芍药属有 30 余种，分布于北温带，大部分产于亚洲，我国有 11 种，产西南、西北、华北和东北。

**1. 矮牡丹**（*P. suffruticosa* var. *spontanea* Rehd.）落叶小灌木，高 60～80cm。花通常单瓣，黄、红、紫或白色，花瓣基部无紫斑。矮牡丹和紫斑牡丹区别在于顶生小叶宽椭圆形或近圆形，3 深裂至中部，裂片再浅裂，下面与连同叶轴、叶柄均被短柔毛，小叶柄长 1～1.5cm；花通常单瓣，黄色、紫色、红色或白色，内面基部无紫色斑块。分布于山西西南部稷山、永济一带及陕西北部，生长于海拔 1 220～1 470m 的灌木丛中，年平均温度 11～13℃，无霜期 170～205d，年降水量 591.7mm，褐色土，pH 5.8～6.2。

**2. 黄牡丹** ［*P. delavayi* Franch. var. *lutea*（Delavay ex Franch.）Finet & Gagnep.］落叶小灌木或亚灌木，高 1～1.5m，全体无毛；茎木质，圆柱形，灰色；嫩枝绿色，基部有宿存倒卵形鳞片。叶互生，纸质，二回三出复叶，长 20～35cm；叶片羽状分裂，裂片披针形，纸质，长 5～10cm，宽 1～3cm，先端锐尖至钝尖，基部下延，全缘或有齿，下面微带白粉；叶柄长 7～15cm，圆柱形。花 2～5 朵生于枝顶或叶腋，直径 5～6cm；苞片 3～4（～6），披针形；萼片 3～4，宽卵形；花瓣 9～12，黄色，倒卵形，有时边缘红色或基部有紫色斑块，长 2.5～3.5cm，宽 2～2.5cm；雄蕊多数；花盘肉质，包住心皮基部，顶端裂片三角状或钝圆；心皮 2～3，锥形，长 1.2cm。蓇葖革质，长3cm，直径 1.5cm，顶端长渐尖，向下弯；种子数粒，黑色。该种主要分布于云南中部、西北部，四川南部和西藏东南部，海拔 2 500～3 500m。昆明年平均温度 14.7℃，年均降水量1 006.5mm。兰州、昆明、北京引种栽培。法国、美国有引种，并已用于杂交育种。

**3. 紫斑牡丹**［P. suffruticosa Andrews var. papaveracea（Andrews）Kerner］　株高 1.5m 左右，二回三出羽状复叶，卵圆形，3～5 裂或不裂。花白色单生枝顶，花瓣约10 枚，基部有紫黑色块斑，花丝、柱头及花盘均为淡黄白色。心皮 5～8 枚。花期在 5月。该种分布区域广泛，其生态条件存在明显差异。一是河南境内秦岭东部的嵩县、栾川、卢氏等地，海拔 1 300～1 650m，年平均温度 12℃，年降水量 821.9mm，无霜期170d，pH 为 6.43；二是陕甘黄土高原子午岭中部，年平均温度 7.7～8.4℃，年降水量500～620mm，无霜期 110～150d，海拔 1 350～1 510m。紫斑牡丹为重要的观赏植物和药用植物，秦岭地区多以本种根皮供药用。

**4. 杨山牡丹**（P. ostii Hong et Zhong）　因在河南嵩县杨山首先发现而得名。株高1.5m，二回羽状五小叶复叶。花白色，单生枝顶，花瓣 11 枚，花径 12.5～13.0cm。雄蕊多数，花丝、柱头及花盘均为暗紫红色，心皮 5 枚。花期 4 月中下旬。该种主要分布于秦岭山脉北部、嵩县杨山，海拔 1 200m 左右，年平均温度 12℃，年降水量821.9mm。在湖北西南部、湖南西北部、安徽南部也有分布，安徽银屏山悬崖上有株老牡丹，据考察为杨山牡丹。郑州珍稀树木园从嵩县杨山引种栽培，生长良好，各地多作药用栽培。

**5. 四川牡丹**（P. szechuanica Fang）　落叶灌木，高 45～160cm，各部无毛；树皮灰黑色，片状剥落；当年生枝紫红色，基部具残存芽鳞。叶多为三回，稀为四回复叶，第一回和第二回为三出，第三回为羽状；叶柄长 3.5～8cm；叶片长 10～20cm，上面深绿色，背面淡绿色；顶生小叶卵形或倒卵形，长 2.5～4.5cm，宽 1.5～2.5cm，3 裂片裂至近基部或全裂，裂片再 3 浅裂；侧生小叶卵形或菱状卵形，3 裂或不裂而具粗齿；小叶柄长1～1.5cm。花单生枝顶，直径 10～15cm；苞片 2～3（～5），大小不等，线状披针形；萼片 3（～5），宽倒卵形，先端具小尖头，绿色，长 2.5cm，宽 1.5～2cm；花瓣 9～12，玫瑰色，倒卵形，顶端通常浅 2 裂并有不规则波状齿，长 4～7cm，宽 3～5cm；花盘白色，纸质，包心皮达 1/2～2/3，顶端三角状齿裂；心皮 4（～6），花柱短，柱头扁，反卷，幼果无毛，褐带绿色。本种主要分布于四川西北部马尔康一带，海拔 2 600～3 100m，年平均温度 8.6℃，平均降水量 753mm，无霜期 120d。

**6. 狭叶牡丹**（P. delavayi Franch. var. angustiloba Rehder & E. H. Wilson）　灌木状，株高 1.0～1.2m，二回三出羽状复叶，小叶 3～5 深裂。花红色或稀白色，花瓣 9～12 枚，花径 5～6cm，雄蕊多数，花丝白色，心皮 2～3 枚。花期 5 月。该种主要分布于四川省西部巴塘、云南昆明及中部丽江、东川一带海拔 2 300～2 800m 的山坡丛林中。

# 第三节 厚 朴

## 一、概述

厚朴为木兰科木兰属植物厚朴（*Magnolia officinalis* Rehd. et Wils.）或凹叶厚朴（*M. officinalis* Rehd. et Wils. var. *biloba* Rehd. et Wils.）的干燥干皮、根皮及枝皮。其性温，味苦、辛，入脾、胃、肺、大肠经，能行气化湿，温中止痛，降逆平喘，治胸腹痞满胀痛、反胃、呕吐、宿食不消、痰饮喘咳、寒湿泻痢等症。厚朴树皮含厚朴酚、四氢厚朴酚、异厚朴酚、和厚朴酚、挥发油；另含木兰箭毒碱。凹叶厚朴树皮含挥发油。

厚朴为我国特有的珍贵树种，在北亚热带地区分布较广。由于过度剥皮和砍伐森林，使这一树种资源急剧减少，分布面积越来越小，野生植株已极少见。目前尚存的小片纯林或零星植株，多系人工栽培。厚朴主要分布于湖北西部、四川南部、陕西南部及甘肃南部；凹叶厚朴主要分布于江西、安徽、浙江、福建、湖南、广西及广东北部。厚朴、凹叶厚朴多有交叉分布，均有大面积人工栽培。目前厚朴商品主要为栽培品，主要分布于四川、重庆、湖北、福建、浙江、湖南。

## 二、药用历史与本草考证

厚朴是木兰属分布较广，而且较原始的种类，对研究东亚和北美的植物区系及木兰科分类有科学意义，又为我国贵重药用树种。叶大浓荫，花大而美丽，又为庭园观赏树及行道树。厚朴入药历史悠久，在出土的《武威汉简治百病方》中已有应用。《神农本草经》列为中品，谓："主中风伤寒，头痛，寒热，惊悸，气血痹，死肌，去三虫。"其后《名医别录》加以补充，言其："主温中，益气，消痰，下气，治霍乱及腹痛，胀满，胃中冷逆，胸中呕逆不止。泻痢，淋露，除惊，止烦满，厚肠胃。"较准确地记录了本品的主要功用。《药性论》则谓："主疗积年冷气，腹内雷鸣，虚吼，宿食不消，除痰饮，去积水，破宿血，消化水谷，止痛。大温胃气，呕吐酸水。主心腹满，病人虚而尿白。"《日华子诸家本草》增入"健脾"。《本草衍义》载："至今此药盛行，既能温脾胃气，又能走冷气，为世所须也。"《本草纲目》引王好古语："主肺气胀满，膨而喘咳。"并引张元素语："厚朴之有三：平胃，一也；去腹胀，二也；孕妇忌之，三也。虽除腹胀，若虚弱人，宜斟酌用之。误服脱人元气。惟寒胀大热药中兼用、乃结者散之神药也。"明清以来本草逐渐总结了本品行气消积，燥湿化痰，下气除满诸功效。

陶弘景云："出建平、宜都（今四川东部、湖北西部），极厚，肉紫色为好。"与现在四川、湖北生产的厚朴紫色而油润是一致的，是厚朴的正品。而《别录》载："厚朴生交趾（今越南）、冤句（今山东菏泽）。"但至今文献及药源调查均未见山东有厚朴的分布和生产。《本草图经》所载："叶如槲叶，红花青实的特征似为武当玉兰。"《本草衍义》又载一种："今西京伊阳县（今河南）及商州（今四川宜宾）亦有，但薄而色淡，不如梓州者厚而紫色有油。"据上述可知古代厚朴的原植物除厚朴外，尚有同科其他植物的树皮也作厚朴药用。明代李时珍在《本草纲目》中记载："朴树肤白肉紫，叶如槲叶……五、六月开细花；结实如冬青子，生青熟赤，有核，七、八月采之，味甘美。"并附图一幅，根据形态描述和图，可确认不是木兰植物之厚朴。《本草明辨》说："厚朴，湖广、四川道地，温州、关东次不可用。"既然说"次不可用"，证明当时天女木兰曾作为厚朴销售输出。从而也证明，在嘉庆年间，辽宁还生长着足够作为充厚朴商品输出的天女木兰，可惜不到200年，辽宁的天女木兰已濒临绝迹。可见历史上所记载及种植的厚朴与今日有些不同。

### 三、植物形态特征与生物学特性

**1. 形态特征** 厚朴落叶乔木，高 5～15m，树皮紫褐色。小枝幼时有细毛，老时无毛，冬芽粗大，圆锥状，芽鳞密被淡黄褐色茸毛。叶互生，椭圆状倒卵形，长 35～45cm，宽12～20cm，先端圆而有短急尖头，基部渐狭成楔形，有时圆形，全缘，上面淡黄绿色，无毛，幼叶下面有密生灰色毛，侧脉上密生长毛；叶柄长 3～4cm。花与叶同时开放，单生枝顶，杯状，白色，芳香，直径约 15cm；花梗粗短，长 2～3.5cm，密生丝状白毛；萼片与花瓣共 9～12 枚，或更多，肉质，几等长；萼片长圆状倒卵形，淡绿白色，常带紫红色；花瓣匙形，白色；雄蕊多数，螺旋状排列；雌蕊心皮多数，分离，子房长圆形。聚合果长椭圆状卵形，长 9～12cm，直径 5～6.5cm，心皮排列紧密，成熟时木质，顶端有弯尖头。种子三角状倒卵形，外种皮红色（图 6-3）。花期 4～5 月，果期 9～10 月。

凹叶厚朴，又名庐山厚朴。与上种的主要不同点，在叶片先端凹陷，钝圆浅裂片，裂深 2～3.5cm。

**2. 生物学特性** 厚朴喜凉爽、潮湿气候，宜生于雾气重、相对湿度大而又阳光充足的地方。分布区年平均气温 14～20℃，1 月平均气温 3～9℃，生长期要求年平均气温16～17℃，最低温度不低于－8℃，年降水量 800～1 400mm，相对湿度 70%以上。厚朴为喜光的中生性树种，幼龄期需荫蔽；喜凉爽、湿润、多云雾、相对湿度大的气候环境。在土层深厚、肥沃、疏松、腐殖质丰富、排水良好的微酸性或中性土壤上生长较好。常混生于落叶阔叶林内，或生于常绿阔叶林缘。根系发达，生长快，萌生力强。种皮厚硬，含油脂、蜡质，水分不易渗入。发芽时间长，发芽率低。3 月初萌芽，3 月下旬叶、花同时生长、开放，花持续3～4d，花期 20d 左右。9 月果实成熟、开裂，10 月开始落叶。厚朴树 5 年生以前生长较慢，20 年生高达 15m，胸径达 20cm，15 年开始结实，20 年后进入盛果期。寿命可长达 100余年。

商品厚朴由于采皮的部位、加工及形状的不同，种类很多，主要有筒朴、靴角朴、根朴、枝朴 4 类。

（1）筒朴：为主干的干皮，经加工后卷成双卷筒状，形似"如意"，故又称为"如意卷厚朴"或"如意朴"，长 15～45cm，厚 2～5mm。表面呈淡棕色至深棕色，较薄的皮，表面裂纹少，有纵纹，可见圆形纵裂皮孔；较厚者，表面粗糙，栓皮鳞状，易剥落。内表面

图 6-3 厚 朴

紫棕色，平滑，有细致的纵走纹理，以指甲划之显油纹。质较润而坚硬，不易折断，断面外侧呈灰棕色纤维性，内侧为紫棕色颗粒状，油润性。气芳香，味微辛，咀嚼之少残渣。

（2）靴角朴：为靠近根部的干皮，经加工后其形如靴，故名。全长 30～40cm，厚 3～10mm。外皮粗糙，灰棕色或灰褐色，栓皮易剥落。上端为单卷筒状，基部展开成喇叭口形，有纵裂纹及横皱纹呈凹沟状。因厚薄不匀而形成紫棕色和灰黄色相间的花纹，并有刀刮痕。内面为深紫色或深红色，有直条纹，下部有凹下的横沟，与外皮的横皱纹相对，以指甲划之，可见油纹，质润而稍坚，但易折断。断面紫棕色，颗粒状。气辛香，味苦而辣，咀嚼无残渣。

（3）根朴：为根皮经加工后卷成单或双卷，多劈破，形弯曲如鸡肠，故又名"鸡肠朴"。长 15～45cm，直径 0.5～2cm，厚 1～3mm。表面粗糙，灰棕色，有横裂纹及纵皱纹，劈破处有纤维状物露出，内表面深紫棕色，有显著的纵纹及枝根痕。质韧，难折断，断面纤维性，油润。气味与干皮同，但咀嚼后遗留的残渣较多。

（4）枝朴：为粗枝上剥下的皮，呈单卷状，长 10～20cm，厚 1～2mm，表面稍粗糙，灰褐色，有纵皱纹及斑痕，有时可见大型孔洞。内表面深紫棕色，平滑，有深直条纹，质脆，易折断。断面纤维性。气味与干皮同，咀嚼后残渣较多。

以上各种厚朴，断面均有点状闪光性结晶。以皮粗肉细、内色深紫、油性大、香味浓、味辛微甜、咀嚼无残渣者为佳。主产于四川、湖北、浙江、贵州、湖南。以四川、湖北所产质量最佳，称紫油厚朴；浙江所产称温朴，质量也好。此外，福建、江西、广东、广西、甘肃、陕西等地也产。

## 四、野生近缘植物

木兰科木兰属植物约 90 种，分布于北美至南美的委内瑞拉东南部和亚洲的热带及温带地区，我国约有 30 种，广布于南北各省份，如白玉兰、长喙厚朴、毛桃木莲、天目木兰、大叶木兰、圆叶玉兰、荷花玉兰等多种，另外还有一些新的变种，如多瓣红花玉兰等。

**1. 白玉兰**（*M. denudate* Desv.） 落叶乔木，高达 20m，胸径 60cm，树冠宽卵形，顶芽卵形与梗密被灰黄色长绢毛。叶纸质，宽倒卵形或倒卵状椭圆形，先端宽圆或平截。具突尖的小尖头，中部以下渐窄成楔形，叶柄被柔毛，有托叶痕。花于叶前开放，顶生，白色有芳香，花被片 9 片，3 片一轮，果穗圆筒形，褐色，花期 3～4 月，果期 8～9 月。原产中国中部山野中，现世界各地庭园常见栽培。

**2. 长喙厚朴**（*M. rostrata* W. W. Smith） 落叶乔木，高 15～25m，树皮灰褐色；小枝粗壮，无毛。叶互生，坚纸质，5～7 集生枝顶，倒卵形或宽倒卵形，长 30～50cm，宽 18～28cm，先端圆钝，有短急尖，或有时 2 浅裂，基部微心形，上面绿色，有光泽，下面苍白色，沿脉被弯曲的锈褐色毛，侧脉 28～30 对；叶柄粗壮，长 4～7cm；托叶与叶柄连生，长约为叶柄的 2/3。花大，芳香，花梗粗壮，长 2～5cm；花被片 9～11，外轮 3 片背面绿色，微带粉红色，长圆状椭圆形，长 8～13cm，反卷，内两轮白色，直立，倒卵状匙形，长 12～14cm；雄蕊紫红色；雌蕊群圆柱形。聚合果圆柱形，直立，长 11～14cm，直径约 4cm；蓇葖先端具向外弯曲、长 6～8mm 的喙，内有种子 2；种子成熟时悬挂于丝状种柄上，外种皮红色。分布于我国云南西北部及西南部和缅甸东北部。生于海拔 2 100～3 000m 的林中。

**3. 天目木兰**（*M. amoena* Cheng）　落叶乔木，高 8～15m；树皮灰色至灰白色，光滑；小枝带紫色；冬芽被浅黄色长柔毛。叶互生，厚纸质，宽倒披针状长圆形或长圆形，长 10～16.5cm，宽 4～8cm，上面具沟。花先叶开放，单生枝顶呈杯状，具芳香，直径约 6cm；花被片 9，倒披针形或近匙形，长 5～5.6cm，淡粉红色至粉红色；雄蕊多数，长 9～10mm，紫红色；离生心皮多数。聚合果圆筒形，长 7.5～12cm；通常少数，木质，先端圆或钝，表面密布瘤状点；种子黑色，光滑，扁平，腹面具纵沟，顶端具短尖头。分布于浙江临安西天目山和顺溪坞、瑞岩寺、安吉孝丰、大溪、泰顺、文成、云和，江苏宜兴，安徽黄山和安庆、宣城、广德及江西铅山等地。生于海拔 200～1 000m 的丘陵低山。

**4. 大叶木兰**（*M. henryi* Dunn）　又名思茅玉兰、大叶玉兰，常绿乔木，高达 20m。叶革质，通常倒卵状长圆形，长 15～65cm，宽 4～22cm，先端突尖，基部宽楔形，上面深绿色，中脉明显凸起，下面灰绿色，侧脉 15～22 对。叶柄长 3～10cm，托叶痕的长度超过叶柄之半或达叶基部。花乳白色，直径 5～10cm，花被 9～12，3 轮，近革质，卵状长圆形，长 5.5～7cm，中、内两轮肉质，倒卵状椭圆形或倒卵状匙形，长 5～7cm；雄蕊多数，长 14～20mm，花药内向开裂；雌蕊群椭圆状卵圆形，长 3～3.5cm；花梗粗壮，向下弯曲。聚合果圆柱形或圆柱状卵圆形，长 2.5～4cm；蓇葖 80～104 枚，具瘤点，顶端具长喙；种子粉红色，内种皮黑褐色，近心形，长宽约 1cm。分布于云南省。

**5. 圆叶玉兰**［*M. sinensis*（Rehd. et Wils.）Stapf］　落叶小乔木，高达 6m；小枝细长，淡褐色，初被灰黄色长毛，二年生枝灰白色或灰黄色。叶纸质，宽倒卵形或倒卵状椭圆形，先端圆，具短尖，基部圆形或宽楔形，有时微心形，上面中脉被短毛，下面密被弯曲淡灰黄色长毛，中脉、侧脉及叶柄被褐色长柔毛；托叶痕长为叶柄的 2/3。花与叶同时开放，下垂，白色，芳香，杯状，幼时密被灰黄色长柔毛；花被片 9，外轮 3 片较短小，椭圆形，内两轮较大，倒卵形或宽卵形，长 6～7.5cm；雄蕊长 9～13mm，花药淡紫色，内向开裂；雌蕊群黄绿色，长约 1.5cm，心皮狭长，柱头长 3～4mm。聚合果长圆状圆柱形，长 4～7cm，直径 2～2.5cm，成熟时红色；果具外弯的喙，背缝开裂；外种皮鲜红色。分布于四川省（天全、芦山、汶川）。

# 第四节　黄皮树（黄柏）

## 一、概述

　　黄柏为芸香料黄柏属植物黄皮树（*Phellodendron chinense* Schneid.）的干燥树皮。其性寒、味苦，具清热燥湿、泻火解毒等功效，常用于湿热泻痢、黄疸、白带以及热痹、热淋等症。主要成分生物碱类化合物，有盐酸小檗碱、盐酸巴马汀、黄柏碱、木兰碱、掌叶防己碱等，另含有柠檬苦素类化合物，如黄柏内酯、黄柏酮等。

　　野生黄皮树生长在四川盆地南部的常绿阔叶林和亚热带常绿阔叶林中，这些地区的山地自然植被多被破坏，群落结构受到人为干扰。川黄柏分布广，但蓄积量有限，经过长期开发，野生资源很少，长期供不应求。主产于四川、湖北、贵州、湖南等南方各省。此外，甘肃、广东、广西也产，以四川、贵州产量最大。关黄柏主要依靠自然资源，主产于辽宁、吉林、河北，以辽宁产量最大。此外，黑龙江、内蒙古也产。

## 二、药用历史与本草考证

黄柏始载于《神农本草经》，列为上品，"檗木主五脏，肠胃中结热，黄疸，肠痔；止泻痢，女子漏下赤白，阴阳蚀创，一名檀桓，生山谷。"《名医别录》云："疗惊气在皮间，肌肤热赤起，目热赤痛，口疮。"《药性论》："主男子阳痿。治下血如鸡鸭肝片；及男子茎上疮，屑末敷之。"《本草拾遗》云："主热疮疱起，虫疮，痢，下血，杀蛀虫；煎服，主消渴。"以上都记载了黄柏的功效，可见我国很久以前就认识到了黄柏作用。

黄柏其名始于《神农本草经》作檗木，《名医别录》作黄檗，《本草纲目》载于木部乔木类，关于黄柏的形态和产地，本草也有记载。《蜀本草》载："《图经》云，黄檗，树高数丈，叶似吴茱萸，亦如紫椿，皮黄，其根如松下茯苓。"所述形性，系芸香科黄柏属植物。至于产地，《名医别录》云："黄檗，生汉中山谷及永昌。"《蜀本草》载："《图经》云，黄檗本出房、商、合等州山谷。"《本草图经》云："檗木，黄檗也，今处处有之，以蜀中者为佳。五月六月采皮，去皱粗暴干用。其根名檀桓。"蜀中即今之荥经、洪雅等地。由此看来从五代《蜀本草》开始，药用黄柏即以川产为优，为正宗品种之一。诸本草对黄柏植物形态、功能、主治、产地质量的描述，与现代应用，基本一致。

## 三、植物形态特征与生物学特性

**1. 形态特征**　为落叶乔木，高 10～12m。树皮外层灰褐色，甚薄，无加厚的木栓层，内层黄色；小枝通常暗红褐色或紫棕色，光滑无毛。叶对生；单数羽状复叶，小叶 7～15 片，有短柄；叶片长圆状披针形至长圆状卵形，长 9～14cm，宽 3～5cm，先端渐尖，基部广楔形或近圆形，通常两侧不等，上面暗绿色，仅中脉被毛，下面淡绿色，被长柔毛。花序圆锥状，花轴及花枝密被短毛；花单性，雌雄异株；萼片 5，卵形；花瓣 6，长圆形；雄花雄蕊 6，超出花瓣之外甚多，花丝甚长，基部有白色长柔毛；雌花退化雄蕊短小，雌蕊 1，子房上位，5室，花柱短；柱头 5 裂。浆果状核果球形，直径 1～1.2cm，密集成团，熟后紫黑色，通常具 5 核（图 6-4）。花期 5～6 月，果期 9～11 月。

**2. 生物学特性**　黄皮树生长在温和湿润的气候环境条件下，多在海拔 100～1 200m 的老林、灌木林中。秃叶黄皮树多在海拔 1 050～1 800m 的山坡。峨眉黄皮树多在海拔 1 000m 以下的低山中。黄皮树为较喜阴的树种，要求

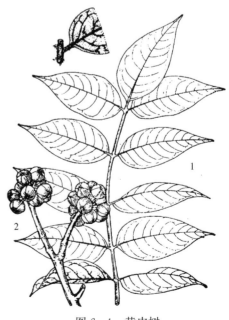

图 6-4　黄皮树
1. 叶　2. 果

避风而稍有荫蔽的山间河谷及溪流附近，喜混生在杂木林中，在强烈日照及空旷环境下则生长不良。但生态幅度较广，高低山地均可生长，在海拔 1 200～1 500m 的山区，气候比较湿润的地方生长快。被伐后的黄皮树桩，萌生能力较弱，多数死亡。但侧枝被伐后，萌生力较强。萌生枝生长迅速，比繁殖枝快，当年可长 70cm，翌春于枝端二歧分枝，如此二歧式分枝下去，3 年可达 135cm，5 年可达 210cm。成年树上的繁殖枝，每年增长 14～22cm，枝端开花结果后，翌年于侧芽对生分枝，3 年枝仅长 52cm。

## 四、野生近缘植物

黄柏属植物共有 4 种，在中国有 2 种，即黄皮树和黄檗，前者黄柏被作为中药的药用黄柏基源载入 2010 年版《中华人民共和国药典》，药名通称为"黄柏"。黄皮树有 4 个变种：秃叶黄皮树分布于湖北、四川、贵州、陕西；峨眉黄皮树分布于四川；云南黄皮树分布云南；镰刀叶黄皮树分布云南等，它们也混同入药。

**1. 黄檗**（*P. amurense* Rupr.） 亦名关黄柏、黄波罗、黄伯栗。落叶乔木，高 10～25m；树皮外层灰色，有甚厚的木栓层，表面有纵向沟裂，内皮鲜黄色。小枝通常灰褐色或淡棕色，罕为红橙色。叶对生，单数羽状复叶，小叶 5～13 片，小叶柄短，小叶片长圆状披针形、卵状披针形或近卵形，长 5～11cm，宽 2～3.8cm，先端长渐尖，基部通常为不等的广楔形或近圆形，边缘有细圆锯齿或近无齿，常被缘毛；上面暗绿色，幼时沿脉被柔毛，老时则光滑无毛。下面苍白色，幼时沿脉被柔毛，老时仅中脉基部被白色长柔毛。花序圆锥状，花轴及花枝幼时被毛；花单性，雌雄异株，较小；花萼 5，卵形；花瓣 5，长圆形，带黄绿色；雄花雄蕊 5，伸出花瓣外。花丝基部被毛；雌花的退化雄蕊呈鳞片状，雌蕊 1，子房上位，花柱甚短，柱头头状，5 裂。浆果状核果圆球形，直径 8～10mm，成熟时紫黑色，有 5 核。花期 5～6 月，果期 9～10 月。

黄檗与黄皮树的主要区别在于其具有厚而软的木栓层；黄皮树树皮颜色稍深，暗灰棕色，叶柄及叶轴均被锈色短毛，叶下面密被长柔毛，花紫色。黄柏的生境地理分布，因种不同，差异较大，黄檗垂直分布可达 700m；黄皮树垂直分布可达 1 500m。黄柏在海拔 600～700m 处的天然混交林中长势较好。

**2. 秃叶黄皮树**（*P. chinense* Schneid. var. *glabrousculum* Schneid.） 形态特征与黄皮树相似，主要的区别在于秃叶黄皮树的叶轴、叶柄和小叶柄无毛，或仅在腹面被稀少的短柔毛，小叶片仅在两面的中脉上被稀疏柔毛。树皮含四氢小檗碱、四氢掌叶防己碱、四氢药根碱、黄柏碱、木兰花碱及 β-谷甾醇等。

**3. 峨眉黄皮树**（*P. chinense* Schneid. var. *omeiense* Huang） 与黄皮树的主要区别在于其叶轴和叶柄无毛，小叶片卵状长圆形至长圆形，先端为渐狭渐尖，基部圆形或宽楔形，长 7～11cm，宽 3～4.5cm，通常两面无毛。花序较大且较疏散。果轴及果枝细瘦，果序上果较多。

**4. 云南黄皮树**（*P. chinense* Schneid. var. *yunnanense* Huang） 与黄皮树的主要区别点在于叶轴和叶柄无毛，小叶片卵状长圆形至长圆形，长 6～8.5cm，宽 3～4.5cm，先端渐尖或短渐尖，基部圆形或斜的宽楔形，两面无毛。花序大而疏散。果柄粗大，结果多。

**5. 镰刀叶黄皮树**（*P. chinense* Schneid. var. *falcatum* Huang） 与黄皮树的不同是其

叶轴和叶柄略被毛，小叶片呈镰刀状披针形，长 7～10cm，宽 2.5～4cm，基部楔尖或短尖，先端渐狭渐尖。叶片表面无毛，背面在中脉和侧脉上被稀疏柔毛。核果倒卵状长圆形。

# 第五节　肉　　桂

## 一、概述

　　肉桂来源于樟科樟属植物肉桂（*Cinnamomum cassia* Presl）的干燥树皮。其味辛、甘，性热，入肾、脾、膀胱经；具有补火助阳、引火归源、散寒止痛、活血通经的功效。临床上主要用于阳痿、宫冷、腰膝冷痛、肾虚作喘、阳虚眩晕、目赤咽痛、心腹冷痛、虚寒吐泻、寒疝、经闭、痛经等的治疗。主要化学成分为挥发油类的桂皮醛。是我国著名经济树种之一，集香料、药材及用材于一体，还具有树形美观，常年浓荫茂密，花果气味芳香的特点，也可作为优良的园林绿化树种。肉桂的利用在我国已有 2 000 多年历史，例如肉桂的药用价值早在《神农本草经》和《本草纲目》中就分别有记载，但多为利用野生资源。人工造林时间较晚，20 世纪 50 年代以后才迅速发展，特别是 80 年代以来，造林面积逐年扩大，经营水平不断提高。我国是世界上出口肉桂产品最多的国家，桂油和桂皮是中国传统的外贸物资，产量占全世界总产量的 80％以上，在国际上享有盛誉。

## 二、药用历史与本草考证

　　肉桂原名菌桂、牡桂，始载于东汉《神农本草经》，列为上品。"肉桂"一词首先出现于《新修本草》，"菌桂，叶似柿叶，中有纵纹三道，表里无毛而光泽"，与现用肉桂相符。

　　《神农本草经》中有菌桂、牡桂两条。至《名医别录》又增加一条桂。陶弘景《本草经集注》并有桂、菌桂、牡桂 3 种，后世本草多持有否定意见者，如明代李时珍的《本草纲目》重新将桂和牡桂并作一条，并云："桂即牡桂之厚而辛烈者，牡桂即桂之薄而味淡者。《名医别录》不当重出。"仍按《新修本草》分为菌桂、牡桂 2 种。

　　《名医别录》云"桂叶如竹叶"；《新修本草》对菌桂及牡桂植物特征进行了一些描述。"菌桂，叶似柿叶，中有纵纹三道，表里无毛而光泽。牡桂叶长尺许。"并在牡桂条下曰："此桂花子与菌桂同，唯叶倍长。"《本草纲目》对牡桂的记载为"牡桂，叶长如枇杷叶，坚硬有毛及锯齿，其花白色，其皮多脂。"从以上记载可看出，桂叶如柏叶，菌桂叶似柿叶，牡桂叶似枇杷叶、有锯齿。三者非为一物。

　　据考证："肉桂"一词首先出现于《新修本草》，认为是牡桂小枝皮。文中记载为牡桂"小枝皮肉多，半卷，叶必皱起，味辛美，一名肉桂，一名桂枝，一名桂心"。苏敬对牡桂的植物特征描述不多，不能确定他所指的"肉桂"是否为今人所谓肉桂。据《本草图经》的经文及附图即可肯定牡桂非今用之肉桂。"牡桂叶获于菌桂而长数倍……与今宜州，韶州者相类。"牡桂（宜州桂）叶顶端下凹，呈锯齿状，极似桂属植物钝叶桂 [*Cinnamomum beologhota* (Buch. Ham.) Sweet]。本种的皮在广东、广西、云南等地以桂皮入药，与今之肉桂的椭圆形全缘叶不相类。至明代，李时珍言牡桂叶有锯齿，其叶也不具三出脉，与肉桂叶片具有离基三出脉的特征不相吻合。进一步证明，牡桂不是今用之肉桂。

《纲目》中的牡桂与《图经》中的附图不同可能是菌桂之变种或是菌桂之误。

肉桂的产地，《南方草木状》说"出合浦"。《别录》说"生交趾、桂林"。陶弘景云"今出广州者好"。以上诸书所指地域都是先在广东西江流域、广西桂江流域一带。肉桂原产我国广东、广西，以及越南、老挝。今广东、广西仍广泛栽培。可见历来广东、广西两地都是肉桂的道地产区。

## 三、植物形态特征与生物学特性

**1. 形态特征**  肉桂是热带、亚热带多年生樟科樟属常绿植物，乔木，高 10～17m。树皮厚，灰褐色，内皮红棕色，芳香而味甜辛，幼枝、芽、花序及叶柄均被褐色柔毛。叶互生，长椭圆形，革质，具离基三出脉。圆锥花序腋生或近顶生；花小，黄绿色，花被裂片 6，雄蕊 9，排成 3 轮，花药 4 室，瓣裂，第三轮外向，花丝基部有 2 腺体，最内有 1 轮退化雄蕊；子房上位，1 室，1 胚珠。核果浆果状，紫黑色，椭圆形，果托浅杯状。

**2. 生物学特性**  肉桂为热带、南亚热带树种，喜温暖、无霜雪、多雾潮湿的气候环境，年降水量在 1 500mm 以上，年均温度超过 20℃，最低温度在 −2.5℃ 以上，水平分布多在北纬 24°30′ 以南，垂直分布高达海拔 1 000m，但以 500m 以下的地区分布较为集中，生长较好，桂皮出油率及主成分肉桂醛含量稳定。肉桂适生于花岗岩、砾岩、砂岩风化的酸性土壤、红褐壤和山地黄红壤，在土层深厚，质地疏松，排水良好，磷、钾含量多，pH 4.5～5.5 的土壤上生长良好。如土层瘠薄，则生长不良，萌芽能力迅速降低，枯枝现象严重，寿命缩短，仅能更新 2～3 代。

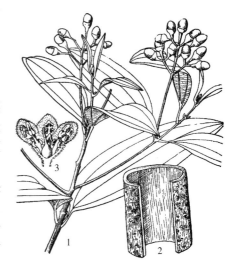

图 6-5  肉  桂
1. 果枝  2. 树皮  3. 花纵剖面

肉桂在我国主要分布于广西、广东，其次是海南、云南、福建，而四川、江西、贵州、湖南、浙江、台湾南部也有少量的栽培。到 2000 年为止，全国肉桂的种植面积约 27 万 hm²，其中，广西约有 14.53 万 hm²，主产于防城、平南、容县、桂平、藤县、岑溪、苍梧等；广东约有 12.33 万 hm²，主产于高要、德庆、罗定、郁南、信宜等；云南是我国肉桂生产理想种植基地之一，近年发展也较快，主要分布在河口、文山、富宁等县（市）。肉桂在国外主要分布于越南、印度、斯里兰卡、印度尼西亚和柬埔寨等国。

目前国内肉桂栽培种类有中国肉桂（*C. cassia* Presl）、清化肉桂（*C. cassia* var. *macrophylla*）和锡兰肉桂（*C. zeylanicium*）。中国肉桂，原产广西南部，又名广西桂，适生性强，分布广，是目前国内主要当家品种。按产地可划分为两大类型：防城桂和西江桂。防城桂主产于防城、上思、龙州、大新等地，品种主要有油桂、糠桂、芒罗桂；西江桂主产于西江流域的平南、桂平、容县、岑溪、藤县、苍梧等地，古称浔桂，后有陈桂之称。

此外，广西桂产区的群众按肉桂新芽颜色又将中国肉桂分为红芽肉桂（黄油桂）、白芽肉桂（黑油桂）和沙皮肉桂3个品种，其中白芽肉桂属于优质品种，而沙皮肉桂品质较差，已处于淘汰阶段。清化肉桂是中国肉桂的一个变种，原产越南，是品质最好的一个肉桂品种，1967年以来，我国从越南广宁省多次引入种子、苗木，分别种植在广东、广西、云南、福建、浙江等省（自治区），清化肉桂无论是桂皮厚度还是桂油含量都高于中国肉桂，适生性又强于锡兰肉桂，是国内较为理想的栽培种，值得推广使用。锡兰肉桂是国际上著名的优质品种，主产于斯里兰卡、印度、马来西亚、马耳他、毛里求斯等热带国家和地区，我国广东、广西、海南、云南等地有引种栽培，目前还处于小规模试种阶段，没有大面积种植。由于该品种需要有较高的热量水平，纬度偏北地区不宜种植，使其种植范围受到一定限制。许勇等对广西、云南的肉桂资源进行调查研究表明，不同品种、产地的桂皮含挥发油及主成分肉桂醛含量有所差异，其含量由高到低依次为越南的清化桂、我国广西的防城桂及西江桂。

## 四、野生近缘植物

肉桂同科属多种植物的树皮在不同的地区被用来当肉桂的替代品和混淆品。主要有阴香、柴桂、野黄桂、天竺桂、香桂、屏边桂、川桂、少花桂、银叶桂。

**1. 阴香** ［*C. burmannii* (Nees) Blume］　乔木，高达14m，胸径达30cm。树皮光滑，灰褐色至黑褐色，内皮红色，味似肉桂。枝条纤细，绿色或褐绿色，具纵向细条纹，无毛。叶互生或近对生，宽2～5cm，先端短渐尖，基部宽楔形，革质，上面绿色，光亮，下面粉绿色，晦暗，两面无毛，中脉及侧脉在上面明显，下面明显凸起，侧脉自叶基3～8mm处生出，向叶端消失，横脉及细脉两面微隆起，多少呈网状；叶柄长0.5～1.2cm，腹平背凸，近无毛。圆锥花序腋生或近顶生，比叶短，长3～6cm，少花，疏散，密被灰白微柔毛，最末分枝为3花的聚伞花序。花绿白色，花梗纤细，被灰白微柔毛，花被内外两面密被灰白微柔毛，花被筒短小，倒锥形，花被裂片长圆状卵圆形，先端锐尖；能育雄蕊9，花药瓣裂，花丝及花药背面被微柔毛，第一、二轮雄蕊的花丝略长于花药，无腺体，花药长圆形，4室，室内向，第三轮雄蕊略长于第一、二轮，花丝中部有一对近无柄的圆形腺体，花药长圆形，4室，室外向；退化雄蕊3，位于最内轮，长三角形，具柄，被微柔毛；子房近球形，略被微柔毛，花柱具棱角，略被微柔毛，柱头盘状。果卵球形，长约8mm，宽5mm；果托长4mm，顶端宽3mm，具齿裂，齿顶端截平。花期主要在秋、冬季，果期在冬末及春季。

**2. 柴桂** (*C. wilsonii* Gamble)　常绿乔木，高达20m。树皮灰褐色，有芳香气。枝条茶褐色，无毛，幼时略被微柔毛，后渐脱落无毛。叶互生或近对生；叶柄长5～13mm，无毛；叶片卵形、长圆形或披针形，长7.5～15cm，宽3～5.5cm，先端长渐尖，基部楔形或宽楔形，全缘，上面绿色，光亮，下面绿白色，两面无毛，离基三出脉，中脉和侧脉在叶上面稍凸起，下面显著凸起，网脉两面略明显，薄革质。圆锥花序腋生和顶生，长5～10cm，疏被灰白色微柔毛，分枝末端具3～5朵花作聚伞状排列；花两性，长约6mm，白绿色，花梗长4～6mm，被灰白色微柔毛；花被筒倒锥形，长约2mm，花被裂片倒卵状长圆形，长约4mm，宽约1.5mm，先端钝；能育雄蕊9，花丝被灰白色柔毛，第一、二轮雄蕊长约 3.8mm，花药卵状长圆形，长 1.3mm，4 室，内向瓣裂，花丝长约 2.5mm，无腺体，第三轮雄蕊长约 4mm，花药长圆形，长 1.5mm，4 室，外向瓣裂，花丝长约 2.5mm，近下部有 1 对卵状心形腺体；退化雄蕊 3，长 1.7mm，被柔毛，箭头形，具柄；子房卵球形，长约 1.2mm，被柔毛，花柱长 3.6mm，柱头不明显。花期 4～5 月。

**3. 野黄桂**（C. jensenianum Hand. - Mazz.）　小乔木，高不过 6m；树皮灰褐色，有桂皮香味。枝条曲折，二年生枝褐色，密布皮孔，一年生枝具棱角，当年生枝与总梗及花梗干时变黑而极无毛。芽纺锤形，芽鳞硬壳质，长 6mm，先端锐尖，外面被极短的绢状毛。叶常近对生，披针形或长圆状披针形，长 5～10（～20）cm，宽 1.5～3（～6）cm，先端尾状渐尖，基部宽楔形至近圆形，厚革质，上面绿色，光亮，无毛，下面幼时被粉状微柔毛但老时常近无毛，晦暗，被蜡粉，但鲜时几不见灰白色，边缘增厚，与中脉和侧脉一样带黄色，离基三出脉，中脉与侧脉两面凸起，最基部一对侧脉自叶基 2～18mm 处伸出，至叶片上部 1/3 向叶缘接近且几贯入叶端，极稀有分出基生的近叶缘的小支脉，横脉多数，弧曲状，上面纤细，下面几不凸起，或两面不明显。花序伞房状，具 2～5 花，通常长 3～4cm，常远离，或在常几不伸长的当年生枝条基部有成对的花或单花，总梗通常长 1.5～2.5cm，纤细，近无毛；苞片及小苞片长约 2mm，早落。花黄色或白色，长约 4（～8）mm；花梗长 5～10（～20）mm，直伸，向上渐增大。花被外面极无毛，内面被丝毛，边缘具乳突小纤毛，花被筒极短，长 1.5（～2）mm，花被裂片 6，倒卵圆形，近等大，长 2.5（～6）mm，宽约 1.75（2～2.2）mm，先端锐尖。能育雄蕊 9，第一、二轮雄蕊花丝宽而扁平，最基部被疏柔毛，无腺体，稍长于花药，花药卵圆状长圆形，无毛，第三轮雄蕊花丝细长，被疏柔毛，近中部有一对盘状腺体，花药长圆形，宽约为第一、二轮者之半，略被柔毛。退化雄蕊 3，位于最内轮，三角形，长约 1.75mm，具柄，柄被柔毛。子房卵球形，花柱长约为子房长之 1 倍，无毛，柱头盘状，具不规则圆裂。果卵球形，长 1（～1.2）cm，直径 6（～7）mm，先端具小突尖，无毛；果托倒卵形，长达 6mm，宽 8mm，具齿裂，齿的顶端截平。花期 4～6 月，果期 7～8 月。

**4. 香桂**（C. subavenium Miq.）　乔木。当年生小枝密被灰黄色或淡黄色平伏短柔毛，近四棱形，二年生小枝毛渐脱落，芽鳞密被灰黄色平伏柔毛。叶对生、近对生或互生，腹面深绿色，有光泽，特别是脉上初被平伏短柔毛，后变为近无毛，背面粉绿色，被平伏短柔毛，长圆形，长圆披针形或披针形，先端长渐尖或短渐尖，基部楔形至宽楔形，长 5.5～11cm，宽 1.5～3cm，三出脉或离基三出脉，直达叶端，腹面凹陷，背面显著凸起，横脉不明显或背面稍明显，细脉不明显，叶柄长 0.6～1.5cm，密被平伏短柔毛，后毛渐脱落。圆锥花序着生当年生小枝下部或腋生，长 5.5～7.5cm，被灰黄色或淡黄色平伏短柔毛，总梗长 2.7～5.5cm，纤细；花梗长 1～5mm，被毛；花被长 3～4mm，两侧密被平伏短柔毛，裂片矩圆形，长 2.5～3mm；雄蕊被毛，外面 2 轮的长约 1.5mm，第三轮的长约 2mm，花丝中部具 2 枚无柄圆肾形腺体，退化雄蕊被毛，长 1mm，三角卵状，雌蕊长约 2.5mm，无毛，子房椭圆状，花柱较子房为长，向上渐增粗，柱头膨大，不规则分裂。果序被灰黄色平伏短柔毛；果近椭圆状，果托杯状，直径 5mm，长约 4.5mm，顶端全缘，果梗向上逐渐增粗，密被灰黄色平伏短柔毛。花期 6 月，果期 8 月。

**5. 屏边桂**（*C. pingbienense* H. W. Li）　乔木，高 5～10m，胸径 10～25cm；树皮灰白色。二年生枝条圆柱形，粗约 5mm，黄褐色，无毛，常有成片的栓质皮孔，无毛；一年生枝条近圆柱形，纤细，粗约 3mm，黄褐色，疏生长圆形皮孔；当年生枝条近四棱形，密被灰白微柔毛。顶芽小，卵球形，芽鳞少数，宽卵形，先端锐尖，近无毛或略被灰白微柔毛。叶近对生或对生，长圆形或长圆状卵圆形，长 12.5～24cm，宽 4.5～8.5（～10.5）cm，先端锐尖，基部宽楔形，薄革质，上面绿色，光亮，下面绿白色，晦暗，幼时两面尤其是下面密被灰白色绢状微柔毛，老时两面变无毛，但下面仍被有在放大镜下可见的灰白绢状微柔毛，离基 3 出脉，中脉直贯叶端，侧脉自叶基（2～）5～10（～15）mm 处生出，斜向上升，在近叶端处消失，向叶缘一侧有附加小脉 4～6 条，附加小脉正如基生侧脉和中脉一样在上面明显凹陷下面十分凸起，横脉近平行，波状，上面隐约可见，下面多少明显，其间由小脉连接；叶柄长 1～1.5cm，腹凹背凸，幼时密被灰白绢状微柔毛，老时无毛。圆锥花序长 4.5～6.5（～10.5）cm，常着生于远离枝端的叶腋内，分枝，分枝末端为 3～5 花的聚伞花序；总梗长（1～）1.5～3cm，与各级序轴两侧压扁，被灰白绢状微柔毛。花淡绿色，长约 4.5mm，花梗纤细，长 2.5～5mm，被灰白绢状微柔毛；花被外面疏被内面密被绢状微柔毛，花被筒倒锥形，短小，长约 1.5mm，花被片长圆形，近等大，长约 3mm，宽 1～1.2mm，先端钝；能育雄蕊 9，花丝被柔毛，第一、二轮雄蕊花丝无腺体，花药略长于花丝，卵状长圆形，先端锐尖，药室 4，内向，第三轮雄蕊花丝基部有一对具短柄的圆状肾形腺体，花药近长方形，与花丝等长，药室 4，外向，退化雄蕊 3，位于最内轮，连柄长 1.5mm，被柔毛，柄长约 0.5mm，先端呈箭头状长三角形；子房卵球形，长约 1mm，近无毛，花柱纤细，与子房近等大，柱头小，不明显。果未见。花期 4～5 月。

# 主要参考文献

方琴 . 2006. 肉桂的规范化种植研究［D］. 广州：广州中医药大学 .

方琴 . 2007. 肉桂的研究进展［J］. 中药新药临床药理，18（3）：249 - 252.

冯岗，张静，曲晓，等 . 2010. 锡兰肉桂的杀螨活性及有效成分［J］. 热带作物学报，31（3）：474 - 479.

国家药典委员会 . 2010. 中华人民共和国药典：一部［M］. 北京：中国医药科技出版社 .

金宏，张丹丹，于慧荣 . 2010. 中药材肉桂的质量标准研究［J］. 中国林副研究（3）：21 - 23.

李翼，张绍峰 . 2008.《中藏经》中"桂"的考证［J］. 中医药消息，25（2）：74 - 75.

么厉．程惠珍，杨智 . 2006. 中药材规范化种植（养殖）技术指南［M］. 北京：中国农业出版社 .

宋立人 . 2001. 桂的考证［J］. 南京中医药大学学报，17（2）：73 - 75.

徐良 . 2000. 中药无公害栽培加工与转基因工程学［M］. 北京：中国医药科技出版社 .

徐良 . 2001. 中国药材规范化生产［J］. 中药材：中药市场与信息版（8）：5 - 7.

徐良 . 2001. 中国名贵药材规范化栽培与产业化开发新技术［M］. 北京：中国协和医科大学出版社 .

徐良 . 2006. 中药栽培学［M］. 北京：科学出版社 .

徐良 . 2007. 药用植物栽培学 [M] . 北京：中国中医药出版社 .

徐良 . 2010. 药用植物创新育种学 [M] . 北京：中国医药科技出版社 .

徐良，岑丽华 . 2003. 中草药彩图手册（六）——名贵药材 [M] . 广州：广东科技出版社 .

徐良，徐鸿华 . 2003. 肉桂规范化栽培技术 [M] . 广州：广东科技出版社 .

中国科学院中国植物志编辑委员会 . 1982. 中国植物志：第三十一卷 [M] . 北京：科学出版社 .

# 附录1 中国主要栽培药用植物名录

## 一、根和根茎类

刺五加 *Acanthopanax senticosus*（Rupr. et Maxim.）Harms

怀牛膝 *Achyranthes bidentata* Blume

附子 *Aconitum carmichaeli* Debx.

泽泻 *Alisma orientale*（Sam.）Juzep.

知母 *Anemarrhena asphodeloides* Bge.

白芷 *Angelica dahurica*（Fisch. ex Hoffm.）Benth. et Hook. f. ex Franch. et Sav.

独活 *Angelica pubescens* Maxim. f. *biserrata* Shan et Yuan

当归 *Angelica sinensis*（Oliv.）Diels

天南星 *Arisaema erubescens*（Wall.）Schott

广防己 *Aristolochia fangchi* Y. C. ex Chow et Hwang

天门冬 *Asparagus cochinchinensis*（Lour.）Merr.

紫菀 *Aster tataricus* L. f.

黄芪 *Astragalus membranaceus*（Fisch.）Bge. var. *mongholicus*（Bge.）Hsiao

白术 *Atractylodes macrocephala* Koidz.

苍术 *Atractylodes lancea*（Thunb.）DC.

云木香 *Aucklandia lappa* Decne.（*Saussurea lappa* C. B. Clarke）

射干 *Belamcanda chinensis* L.

白芨 *Bletilla striata*（Thunb.）Reichb. f.

柴胡 *Bupleurum chinense* DC.

明党参 *Changium smyrnioides* Wolff

川明参 *Chuanminshen violaceum* Shen et Shan

肉苁蓉 *Cistanche deserticola* Y. C. Ma

党参 *Codonopsis pilosula*（Franch.）Nannf.

黄连 *Coptis chinensis* Franch.

延胡索 *Corydalis yanhusuo* W. T. Wang ex Z. Y. Su et C. Y. Wu

番红花 *Crocus sativus* L.

广西莪术 *Curcuma kwangsiensis* S. G. Lee et C. F. Liang

姜黄 *Curcuma longa* L.

川牛膝 *Cyathula officinalis* Kuan

白首乌 *Cynanchum auriculatum* Royle ex Wight

徐长卿 *Cynanchum paniculatum*（Bge.）Kitag.

锁阳 *Cynomorium songaricum* Rupr.

穿龙薯蓣 *Dioscorea nipponica* Makino

山药 *Dioscorea opposita* Thunb.

黄山药 *Dioscorea panthaica* Prain et Burkill

盾叶薯蓣 *Dioscorea zingiberensis* C. H. Wright

续断 *Dipsacus asper* Wall.

川续断 *Dipsacus asperoides* C. Y. Cheng et T. M. Ai

甘遂 *Euphorbia kansui* T. N. Liou ex T. P. Wang

金荞麦 *Fagopyrum dibotrys*（D. Don）Hara

川贝母 *Fritillaria cirrhosa* D. Don

伊贝母 *Fritillaria pallidiflora* Schrek

太白贝母 *Fritillaria taipaiensis* P. Y. Li

浙贝母 *Fritillaria thunbergii* Miq.

暗紫贝母 *Fritillaria unibracteata* Hsiao et K. C. Hsia

平贝母 *Fritillaria ussuriensis* Maxim.

天麻 *Gastrodia elata* Bl.

秦艽 *Gentiana macrophylla* Pall.

龙胆 *Gentiana manshurica* Kitag.

北沙参 *Glehnia littoralis* Fr. Schmidt ex Miq.

甘草 *Glycyrrhiza uralensis* Fisch.

板蓝根 *Isatis indigotica* Fort.

川芎 *Ligusticum chuanxiong* Hort.

百合 *Lilium brownii* F. E. Brown

巴戟天 *Morinda officinalis* How

羌活 *Notopterygium incisum* Ting ex H. T. Chang

麦冬 *Ophiopogon japonicus*（L. f.）Ker-Gawl.

芍药 *Paeonia lactiflora* Pall.

赤芍 *Paeonia obovata* Maxim.

人参 *Panax ginseng* C. A. Mey.

三七 *Panax notoginseng*（Burk.）F. H. Chen

西洋参 *Panax quinquefolium* L.

白花前胡 *Peucedanum praeruptorum* Dunn

胡黄连 *Picrorhiza scrophulariiflora* Pennell

半夏 *Pinellia ternate*（Thunb.）Breit.

桔梗 *Platycodon grandiflorum*（Jacq.）A. DC.

远志 *Polygala tenuifolia* Willd.

多花黄精 *Polygonatum cyrtonema* Hua

玉竹 *Polygonatum odoratum*（Mill.）Druce

何首乌 *Polygonum multiflorum* Thunb.

金铁锁 *Psammosilene tunicoides* W. C. Wu et C. Y. Wu

太子参 *Pseudostellaria heterophylla*（Miq.）Pax ex Pax et Hoffm.

葛 *Pueraria lobata*（Willd.）Ohwi

地黄 *Rehmannia glutinosa* Libosch.

大黄 *Rheum palmatum* L.

丹参 *Salvia miltiorrhiza* Bge.

防风 *Saposhnikovia divaricata*（Turcz.）Schischk.

玄参 *Scrophularianing poensis* Hemsl.

黄芩 *Scutellaria baicalensis* Georgi

苦参 *Sophora flavescens* Ait.

山豆根 *Sophora tonkinensis* Gagnep.

银柴胡 *Stellaria dichotoma* L. var. *lanceolata* Bge.

雷公藤 *Tripterygium wilfordii* Hook. f.

## 二、种子果实类

益智 *Alpinia oxyphylla* Miq.

草果 *Amomum tsao-ko* Crevost et Lemaire

砂仁 *Amomum villosum* Lour.

牛蒡 *Arctium lappa* L.

槟榔 *Areca catechu* L.

沙苑子 *Astragalus complanatus* R. Br.

决明 *Cassia obtusifolia* L.

木瓜 *Chaenomeles speciosa*（Sweet）Nakai

枳壳 *Citrus aurantium* L.

化州柚 *Citrus grandis*（L.）Osbeck var. *tomentosa* Hort.

佛手 *Citrus medica* L. var. *sarcodactylis*（Noot.）Swingle

薏苡 *Coix lacryma-jobi* L. var. *ma-yuen*（Roman）Stapf

山楂 *Crataegus pinnatifida* Bunge

菟丝子 *Cuscuta chinensis* Lam.

龙眼 *Dimocarpus longan* Lour.

吴茱萸 *Evodia rutaecarpa*（Juss.）Benth.

小茴香 *Foeniculum vulgare* Mill.

连翘 *Forsythia suspensa*（Thunb.）Vahl

栀子 *Gardenia jasminoides* Ellis

沙棘 *Hippophae rhamnoides* L.

急性子 *Impatiens balsamina* L.

枸杞 *Lycium barbarum* L.

山茱萸 *Macrocarpium officinale*（Sieb. et Zucc.）Nakai

罗汉果 *Momordica grosvenori* Swingle

肉豆蔻 *Myristica fragrans* Houtt.

月见草 *Oenothera biennis* L.

罂粟 *Papaver somniferum* L.

车前 *Plantago asiatica* L.

郁李 *Prunus japonica* Thunb.

补骨脂 *Psoralea corylifolia* L.

胖大海 *Scaphium lychnophorum* Pierre

五味子 *Schisandra chinensis* (Turcz.) Baill.

苦豆子 *Sophora alopecuroides* L.

栝楼 *Trichosanthes kirilowii* Maxim.

胡卢巴 *Trigonella foenum-graecum* L.

麦蓝菜 *Vaccaria segetalis* (Neck.) Garcke

蔓荆 *Vitex trifolia* L. var. *simplicifolia* Cham.

花椒 *Zanthoxylum bungeanum* Maxim.

## 三、全草类

鸡骨草 *Abrus cantoniensis* Hance

芦荟 *Aloe vera* L. var. *chinensis* (Haw.) Berger

穿心莲 *Andrographis paniculata* (Burm. f.) Nees

金线莲 *Anoectochilus formosanus* Hayata

青蒿 *Artemisia annua* L.

北细辛 *Asarum heterotropoides* Fr. Schmidt var. *mandshuricum* (Maxim.) Kitag.

石斛 *Dendrobium nobile* Lindl.

箭叶淫羊藿 *Epimedium sagittatum* Maxim.

灯盏细辛 *Erigeron breviscapus* (Vant.) Hand. -Mazz.

绞股蓝 *Gynostemma pentaphyllum* (Thunb.) Makino

白花蛇舌草 *Hedyotis diffusa* Willd.

萱草 *Hemerocallis fulva* L.

鱼腥草 *Houttuynia cordata* Thunb.

独一味 *Lamiophlomis rotate* (Benth.) Kudo

紫草 *Lithospermum erythrorhizon* Sieb. et Zucc.

半边莲 *Lobelia chinensis* Lour.

薄荷 *Mentha haplocalyx* Briq.

紫苏 *Perilla frutescens* (L.) Britt.

广藿香 *Pogostemon cablin* (Blanco) Benth.

夏枯草 *Prunella vulgaris* L.

茜草 *Rubia cordifolia* L.

草珊瑚 *Sarcandra glabra*（Thunb.）Nakai

荆芥 *Schizonepeta tenuifolia* Briq.

甜叶菊 *Stevia rebaudianum*（Bertoni）Hemsl.

## 四、花类

红花 *Carthamus tinctorius* L.

菊花 *Chrysanthemum morifolium* Ramat.

金银花 *Lonicera japonica* Thunb.

玫瑰 *Rosa rugosa* Thunb.

金莲花 *Trollius chinensis* Bge.

款冬 *Tussilago farfara* L.

## 五、皮及藤木类

肉桂 *Cinnamomum cassia* Presl

杜仲 *Eucommia ulmoides* Oliver

厚朴 *Magnolia officinalis* Rehd. et Wils.

牡丹 *Paeonia suffruticosa* Andr.

关黄柏 *Phellodendron amurense* Rupr.

黄柏 *Phellodendron chinense* Schneid.

红豆杉 *Taxus chinensis*

钩藤 *Uncaria rhynchophylla*（Miq.）Jacks.

# 附录2 中国药用植物及其野生近缘植物名录

| 拉 丁 名 | 中文名 | 科 名 | 药用部位 | 用 途 |
|---|---|---|---|---|
| *Abelia biflora* Turcz. | 六道木 | 忍冬科 | 果实 | 祛风湿、消肿毒 |
| *Abelmoschus manihot*（L.）Medic. | 黄蜀葵 | 锦葵科 | 全株 | 清热利湿、润燥化肠 |
| *Abrus cantoniensis* Hance | 鸡骨草 | 豆科 | 全草 | 清热利湿、疏肝止痛、活血散瘀 |
| *Abrus precatorius* L. | 相思子 | 豆科 | 种子 | 涌吐杀虫 |
| *Abutilon theophrasti* Medic. | 苘麻 | 锦葵科 | 种子 | 清湿热、解毒、退翳 |
| *Acacia arabica*（L.）Willd. | 阿拉伯胶 | 含羞草科 | 树脂 | 润滑剂，乳化剂、混悬剂的赋形剂，片剂的黏合剂及作丸剂 |
| *Acacia catechu*（L.）Willd. | 儿茶 | 豆科 | 茶心材的水煎干膏 | 止血、镇痛、收敛、生肌、消食、化痰、生津 |
| *Acalypha australis* L. | 铁苋菜 | 大戟科 | 全草 | 清热解毒、消积、止痢、止血、杀虫止痒 |
| *Acanthopanax gracilistylus* W. W. Smith | 细柱五加 | 五加科 | 根皮 | 祛风湿、壮筋骨、活血去瘀 |
| *Acanthopanax senticosus*（Rupr. et Maxim.）Harms | 刺五加 | 五加科 | 根、根茎 | 祛风除湿、强筋骨、扶正固本、益智安神、健脾补肾 |
| *Acanthopanax trifoliatus*（L.）Merr. | 三加 | 五加科 | 根、根皮 | 清热解毒、祛风除湿、散瘀止痛 |
| *Acer sinense* Pax | 中华槭 | 槭树科 | 根 | 接骨、利关节、止疼痛 |
| *Achasma yunnanense* T. L. Wu et Senjen | 茴香砂仁 | 姜科 | 根状茎 | 消瘀、开胃 |
| *Achillea alpine* L. | 蓍草 | 菊科 | 地上部 | 活血祛风、止痛、解毒 |
| *Achyranthes aspera* L. | 倒扣草 | 苋科 | 全草 | 全草：清热解表、利湿活血、利尿通淋、解毒　根：活血散瘀、祛湿利尿、通利关节 |
| *Achyranthes bidentata* Blume | 牛膝 | 苋科 | 根 | 散瘀活血、消痈肿、补肝肾、强筋骨、降血压 |
| *Aconitum carmichaeli* Debx. | 附子 | 毛茛科 | 根 | 回阳救逆、温中止痛、散寒燥湿 |
| *Aconitum kusnezoffii* Reichb. | 北乌头 | 毛茛科 | 块根 | 祛风、除湿、散寒、止痛、去痰、消肿、麻醉 |
| *Acorus gramineus* Soland. | 石菖蒲 | 天南星科 | 根茎 | 开窍、理气、活血、散风 |
| *Actinidia chinenses* Planch. | 中华猕猴桃 | 猕猴桃科 | 根 | 清热解毒、活血消肿、祛风利湿 |
| *Adenophora tetraphylla*（Thunb.）Fisch. | 南沙参 | 桔梗科 | 根 | 养阴清肺、止咳化痰、益气生津 |

（续）

| 拉 丁 名 | 中文名 | 科 名 | 药用部位 | 用 途 |
|---|---|---|---|---|
| *Adina rubella* （Sieb. et Zucc.） Hance | 水杨梅 | 茜草科 | 果序 | 清热解表、利湿 |
| *Aeginetia indica* L. | 野菰 | 列当科 | 全草 | 全草：解毒消肿、清热凉血<br>花：疮疖 |
| *Aeschynanthus acuminatus* Wall. | 芒毛苣苔 | 苦苣苔科 | 全株 | 养阴清热、益血宁神 |
| *Aesculus chinensis* Bge. | 七叶树 | 七叶树科 | 果实 | 理气、宽中、止痛、通络、杀虫 |
| *Agastache rugosa* （Fisch. et Mey.） O. Ktze. | 藿香 | 唇形科 | 全草 | 去暑解表、化湿和中、理气开胃、止呕 |
| *Agave americana* L. | 龙舌兰 | 龙舌兰科 | 叶 | 止血消炎、抑制霉菌生长 |
| *Agave sisalana* Perr. | 剑麻 | 龙舌兰科 | 叶 | 解毒、排脓 |
| *Aglaia odorata* Lour. | 米仔兰 | 楝科 | 枝叶、花 | 枝叶：活血散瘀、消肿止痛<br>花：行气解郁 |
| *Agrimonia pilosa* Ledeb. | 龙牙草 | 蔷薇科 | 全草 | 收敛止血、消炎止痢 |
| *Agriophyllum squarrosum* （L.）Moq. | 沙蓬 | 藜科 | 种子 | 利肠、消食、清热消风、益气 |
| *Agristemma githago* L. | 麦仙翁 | 石竹科 | 全草 | 顿咳、崩漏 |
| *Ailanthus altissima* （Mill.）Swingle. | 臭椿 | 苦木科 | 根皮或树皮 | 清热燥湿、涩肠止带、止泻、止血、杀虫 |
| *Akebia trifoliate* （Thunb.）Koidz. | 三叶木通 | 木通科 | 果实 | 疏肝理气、活血止痛、除烦利尿 |
| *Akebia trifoliate* （Thunb.）Koidz. var. *australis* （Diels）Rehd. | 白木通 | 木通科 | 果实、茎藤、根 | 果实：疏肝理气、活血止痛、除烦、利尿<br>茎藤、根：清热利尿、通经活络、镇痛、排脓、通乳 |
| *Alangium chinense* （Lour.）Harms | 八角枫 | 八角枫科 | 根、叶、花 | 祛风除湿、散瘀止痛 |
| *Albizzia julibrissin* Durazz. | 合欢 | 豆科 | 花 | 安神解郁、和血宁心 |
| *Alchemilla japonica* Nakai et Hara | 羽衣草 | 蔷薇科 | 全草 | 止血收敛、消炎、止痛 |
| *Aletris alpestris* Diels | 高山粉条儿菜 | 百合科 | 全草 | 清热、润肺、止咳 |
| *Aleuritopteris argentea* （Gmel.）Fée | 通经草 | 蕨科 | 全草 | 活血通经、止咳、利湿、补虚利肺 |
| *Alisma orientale* （Sam.）Juzep. | 泽泻 | 泽泻科 | 块茎 | 利小便、清湿热 |
| *Allium chinense* G. Don | 薤头 | 百合科 | 鳞茎、叶 | 鳞茎：温中通阳、理气宽胸<br>叶：用于疔疮、喘急 |
| *Allium fistulosum* L. | 葱 | 百合科 | 种子 | 补肾、明目 |
| *Allium macrostemon* Bge. | 薤白 | 百合科 | 鳞茎 | 温中通阳、理气宽胸 |
| *Allium tuberosum* Rottl. ex Spreng. | 韭菜 | 百合科 | 种子 | 补肝肾、暖膝，助阳、固精 |
| *Allophyllus viridis* Radlk. | 异木患 | 无患子科 | 根茎叶 | 通利关节、散瘀活血 |

(续)

| 拉　丁　名 | 中文名 | 科　名 | 药用部位 | 用　　途 |
|---|---|---|---|---|
| *Alnus cremastogyne* Burk. | 桤木 | 桦木科 | 树皮、嫩枝、叶 | 平肝、清火、利气 |
| *Alocasia macrorrhiza*（L.）Schott | 海芋 | 天南星科 | 根状茎、茎 | 清热解毒、消肿散结 |
| *Aloe vera* L. var. *chinensis*（Haw.）Berger | 芦荟 | 百合科 | 全草 | 清热导积、通便、杀虫、通经 |
| *Alpinia galangal*（L.）Willd. | 大高良姜 | 姜科 | 果实 | 燥湿散寒、醒脾消食、止痛 |
| *Alpinia japonica*（Thunb.）Miq. | 山姜 | 姜科 | 根茎、种子 | 根茎：温中、祛风、活血、理气、通络、止痛<br>种子：祛寒燥湿、温胃止呕 |
| *Alpinia katsumadai* Hayata | 草豆蔻 | 姜科 | 种子团 | 祛寒燥湿、温胃止呕 |
| *Alpinia oxyphylla* Miq. | 益智 | 姜科 | 种子 | 益脾胃、理元气、补心肾、定神、益精、固气 |
| *Alsophila spinulosa*（Wall. ex Hook.）Tryon | 桫椤 | 桫椤科 | 根状茎 | 祛风除湿、强筋骨、活血散瘀、清热解毒、驱虫 |
| *Althaea rosea*（L.）Cavan. | 蜀葵 | 锦葵科 | 全株 | 根、茎叶：清热解毒、止痢<br>花：利尿通便、活血调经、解毒排脓<br>种子：利尿通淋、润肠 |
| *Amaranthus retroflexus* L. | 反枝苋 | 藜科 | 全草 | 泄泻、痢疾、痔疮肿痛出血 |
| *Ammannia baccifera* L. | 水苋菜 | 千屈菜科 | 全草 | 消瘀止血、接骨 |
| *Amomum compactum* Soland ex Maton | 爪哇白豆蔻 | 姜科 | 果实 | 理气宽中、开胃消食、化湿止呕 |
| *Amomum tsao-ko* Crevost et Lemaire | 草果 | 姜科 | 果实 | 燥湿健脾、祛痰、抗疟 |
| *Amomum villosum* Lour. | 砂仁 | 姜科 | 果实 | 行气、温中、健胃、消食、安胎 |
| *Amorphophallus rivieri* Durieu | 魔芋 | 天南星科 | 块茎 | 化痰散积、行瘀消肿 |
| *Ampelopsis brevipedunculata*（Maxim.）Maxim. et Trautv. | 蛇葡萄 | 葡萄科 | 全草 | 清热解毒、消肿止痛、祛风活络、止血 |
| *Ampelopsis japonica*（Thunb.）Makino. | 白蔹 | 葡萄科 | 块根 | 清热解毒、生肌止痛、消肿 |
| *Anacardium occidentale* L. | 腰果 | 漆树科 | 树皮、果壳 | 树皮：截疟、杀虫<br>果壳：治癣疾 |
| *Andrographis paniculata*（Burm. f.）Nees | 穿心莲 | 爵床科 | 地上部分 | 清热解毒、消肿止痛 |
| *Androsace umbellate*（Lour.）Merr. | 点地梅 | 报春花科 | 全草 | 清热解毒、消肿止痛、祛风 |
| *Anemarrhena asphodeloides* Bge. | 知母 | 百合科 | 根茎 | 滋阴降火、润燥滑肠 |
| *Anemone raddeana* Regel. | 多被银莲花 | 毛茛科 | 根茎 | 祛风湿、消痈肿 |
| *Angelica dahurica*（Fisch. ex Hoffm.）Benth. et Hook. f. ex Franch. et Sav. | 白芷 | 伞形科 | 根 | 祛风散湿、消肿、排脓、止痛 |

（续）

| 拉　丁　名 | 中文名 | 科　名 | 药用部位 | 用　途 |
|---|---|---|---|---|
| *Angelica pubescens* Maxim. f. *biser-rata* Shan et Yuan | 独活 | 伞形科 | 根 | 祛风除湿、通痹止痛 |
| *Angelica sinensis*（Oliv.）Diels | 当归 | 伞形科 | 根 | 补血活血、调经止痛、润燥滑肠 |
| *Anisodus acutangulus* C. Y. Wu et C. Chen | 三分三 | 茄科 | 根 | 解痉止痛 |
| *Anisodus tanguticus*（Maxim.）Pasch. | 山莨菪 | 茄科 | 全草 | 对抗乙酰胆碱引起的肠及膀胱平滑肌收缩，对抗或缓解不同有机磷毒剂引起的动物中毒症状，改善微循环 |
| *Annona squamosa* L. | 番荔枝 | 番荔枝科 | 根、叶、果实、种子 | 根：清热解毒、解郁、止血<br>叶：收敛、解毒<br>果实、种子：疮毒、杀虫 |
| *Anoectochilus formosanus* Hayata | 金线莲 | 兰科 | 全草 | 清热、凉血、祛风利湿、强心利尿、固肾平肝、降血压 |
| *Anredera cordifolia*（Tenore）Stee-nis | 落葵薯 | 落葵科 | 藤、珠芽 | 滋补强壮、祛风除湿、活血祛瘀、消肿止痛 |
| *Antenoron filiforme*（Thunb.）Rob. et Vaut. | 金线草 | 蓼科 | 块根、全草 | 凉血止血、祛瘀止痛 |
| *Anthriscus sylvestris*（L.）Hoffm. | 峨参 | 伞形科 | 根 | 补中益气、健脾消食 |
| *Antiaris toxicaria*（Pers.）Leschen. | 见血封喉 | 桑科 | 皮、汁 | 强心、麻醉、催吐 |
| *Aphananthe aspera*（Bl.）Planch. | 糙叶树 | 榆科 | 树皮、根皮 | 根皮、树皮：舒筋活络、止痛 |
| *Apocynum venetum* L. | 罗布麻 | 夹竹桃科 | 叶片 | 清热、平肝、熄风 |
| *Aquilaria sinensis*（Lour.）Gilg. | 土沉香 | 瑞香科 | 树脂 | 降气、调中、暖肾、止痛 |
| *Aquilegia viridiflora* Pall. | 耧斗菜 | 毛茛科 | 全草 | 清热解毒、调经止血<br>种子、花：烧伤 |
| *Aralia chinensis* L. | 楤木 | 五加科 | 根、根皮 | 除风祛湿、利尿消肿 |
| *Archontophoenix alexandrae* Wendl. et Drude | 假槟榔 | 棕榈科 | 叶鞘纤维 | 叶鞘纤维煅炭：止血 |
| *Arctium lappa* L. | 牛蒡 | 菊科 | 种子 | 疏风散热、宣肺透疹、散结解毒 |
| *Ardisia crenata* Sims | 朱砂根 | 紫金牛科 | 根 | 行气祛风、解毒消肿 |
| *Ardisia japonica*（Hornsted）Bl. | 矮地茶 | 紫金牛科 | 全株 | 化痰止咳、利湿、利尿、活血、解毒 |
| *Areca catechu* L. | 槟榔 | 棕榈科 | 种子、花 | 种子：健胃、驱虫、泻下清肠、理脚气、破积<br>果皮：行水、下气宽中<br>花：止咳嗽、祛痰、化气、清热暖胃 |
| *Arenga pinnata*（Wurmb.）Merr. | 桃榔 | 棕榈科 | 树干髓部的淀粉、种子 | 淀粉：补益虚羸损乏<br>种子：破血行瘀 |

（续）

| 拉 丁 名 | 中文名 | 科 名 | 药用部位 | 用 途 |
|---|---|---|---|---|
| *Arisaema sikokianum* Franch. et Sav. var. *serratum* （Makino） Hand.-Mazz. | 灯台莲 | 天南星科 | 块茎 | 燥湿化痰、祛风止痉、散结消肿。外用治蛇虫咬伤、疮疡肿毒、乳痈 |
| *Aristolochia cinnabarina* C. Y. Cheng et J. Wu | 朱砂莲 | 马兜铃科 | 根 | 顺气止痛、清热解毒、活血止血 |
| *Aristolochia contorta* Bge. | 马兜铃 | 马兜铃科 | 果实、地上藤茎 | 果实：清肺祛痰、止咳平喘、清肠消痔<br>藤茎：行气化湿、活血止痛、利水消肿 |
| *Aristolochia fangchi* Y. C. ex Chow et Hwang | 广防己 | 马兜铃科 | 根 | 祛风镇痛、清热利水、消肿 |
| *Aristolochia mollissima* Hance. | 绵毛马兜铃 | 马兜铃科 | 全草 | 祛风、活络、止痛消肿 |
| *Armoracia rusticana* （Lam.）Gaertn., B. Mey. et Scherb. | 辣根 | 十字花科 | 根 | 利尿、兴奋 |
| *Artemisia annua* L. | 青蒿 | 菊科 | 全草 | 抗疟、清热、解暑 |
| *Artemisia anomala* S. Moore | 奇蒿 | 菊科 | 全草 | 破血通经、敛疮消肿、消暑利湿 |
| *Artemisia argyi* Lévl. et Vant. | 艾 | 菊科 | 全草 | 散寒除湿、温经止血 |
| *Artemisia capillaries* Thunb. | 茵陈 | 菊科 | 幼苗 | 清热利湿、平肝、化痰 |
| *Artemisia cina* Berg. | 蛔蒿 | 菊科 | 花蕾 | 驱蛔虫 |
| *Arthraxon hispidus* （Thunb.）Makino | 荩草 | 禾本科 | 全草 | 止咳定喘、杀虫、解毒 |
| *Arundo donax* L. | 芦竹 | 禾本科 | 全草 | 清热泻火、利水除烦 |
| *Asarum forbesii* Maxim. | 杜衡 | 马兜铃科 | 全草 | 散风逐寒、活血、平喘 |
| *Asarum heterotropoides* Fr. Schmidt var. *mandshuricum*（Maxim.）Kitag. | 北细辛 | 马兜铃科 | 全草 | 祛风散寒、开窍止痛 |
| *Asparagus acicularis* Wang et S. C. Chen | 山文竹 | 百合科 | 根、全草 | 凉血、解毒、通淋 |
| *Asparagus cochinchinensis* （Lour.）Merr. | 天门冬 | 百合科 | 块根 | 养阴润燥、清肺生津 |
| *Asparagus schoberioides* Kunth | 龙须菜 | 百合科 | 全草 | 根、根状茎：润肺降气、下痰止咳<br>全草：止血利尿 |
| *Asparagus setaceus* （Kunth）Jessop | 文竹 | 百合科 | 块根、全草 | 块根：润肺止咳<br>全草：凉血解毒、利尿通淋 |
| *Aspidistra elatior* Bl. | 蜘蛛抱蛋 | 百合科 | 根状茎 | 活血通络、泄热利尿 |
| *Aspidistra lurida* Ker-Gawl. | 九龙盘 | 百合科 | 根状茎 | 健胃止痛、接骨生肌 |
| *Aspidocarpa uvifera* Hook f. et Thoms. | 球果藤 | 防己科 | 根 | 理气活血、通淋利湿 |
| *Aster tataricus* L. f. | 紫菀 | 菊科 | 根、根茎 | 润肺下气，化痰止咳 |

（续）

| 拉 丁 名 | 中文名 | 科 名 | 药用部位 | 用 途 |
|---|---|---|---|---|
| *Astilbe chinensis*（Maxim.）Franch. et Sav. | 落新妇 | 虎耳草科 | 全草 | 活血祛瘀、止痛解毒 |
| *Astragalus complanatus* R. Br. | 沙苑子 | 豆科 | 种子 | 补肝益肾、明目固精 |
| *Astragalus membranaceus*（Fisch.）Bge. var. *mongholicus*（Bge.）Hsiao | 蒙古黄芪 | 豆科 | 根 | 补气固表、利尿、托毒、生肌 |
| *Atractylodes macrocephala* Koidz. | 白术 | 菊科 | 根 | 补脾健胃、燥湿利水、止汗安胎 |
| *Atractylodes lancea*（Thunb.）DC. | 苍术 | 菊科 | 根茎 | 健脾燥湿、祛风辟秽 |
| *Atropa belladonna* L. | 颠茄 | 茄科 | 全草 | 镇痛、镇痉、止分泌、放大瞳孔 |
| *Aucklandia lappa* Decne. | 云木香 | 菊科 | 根 | 行气止痛、温中和胃 |
| *Azolla imbricate*（Roxb.）Nakai | 满江红 | 满江红科 | 全草 | 祛风除湿、发汗透疹 |
| *Baeckea frutescens* L. | 岗松 | 桃金娘科 | 全株 | 叶：清利湿热、杀虫止痒<br>全株、根：祛风除湿、解毒利尿 |
| *Bambusa textiles* McClure | 青皮竹 | 禾本科 | 秆内的分泌液 | 清热化痰、凉心定惊 |
| *Bambusa tuldoides* Munro | 青秆竹 | 禾本科 | 干燥中间层 | 清热化痰、除烦止呕 |
| *Baphicacanthus cusia* Bremek. | 马蓝 | 爵床科 | 根 | 清热、凉血、消炎、解毒 |
| *Basella rubra* L. | 落葵 | 落葵科 | 全草 | 清热解毒 |
| *Begonia evansiana* Andr. | 秋海棠 | 秋海棠科 | 块根、果实、茎叶、花 | 块根、果实：活血化瘀、止血清热<br>茎叶：咽喉肿痛、痈疮、跌打损伤<br>花：活血化瘀、清热解毒 |
| *Begonia fimbristipulata* Hance | 紫背天葵 | 秋海棠科 | 块茎、全草 | 清热凉血、止咳化痰、散瘀消肿 |
| *Belamcanda chinensis* L. | 射干 | 鸢尾科 | 根茎 | 清热解毒、祛痰利咽、活血消肿 |
| *Bellis perennis* L. | 雏菊 | 菊科 | 叶、花序 | 叶：止血消肿<br>花序：祛痰镇咳 |
| *Benincasa hispida*（Thunb.）Cogn. | 冬瓜 | 葫芦科 | 种子、外果皮 | 利水、消痰、清热、解毒 |
| *Berberis julianae* Schneid. | 小檗 | 小檗科 | 全草 | 解热、利湿、散瘀、镇痛 |
| *Berberis wilsonae* Hemsl. | 三颗针 | 小檗科 | 根、根皮 | 清热解毒、凉血散瘀、抗癌 |
| *Berneuxia thibetica* Decne. | 岩匙 | 岩梅科 | 全草 | 散寒平喘、消炎镇痛 |
| *Bidens bipinnata* L. | 鬼针草 | 菊科 | 全草 | 清热解毒、祛风活血 |
| *Blastus cochinchinensis* Lour. | 柏拉木 | 野牡丹科 | 全株 | 根：收敛、止血、消肿解毒<br>全株：拔毒生肌 |
| *Bletilla striata*（Thunb.）Reichb. f. | 白芨 | 兰科 | 块根 | 收敛、止血、消肿、生肌 |
| *Blumea balsamifera*（L.）DC. | 大风艾 | 菊科 | 全草 | 祛风消肿、活血散瘀 |
| *Boehmeria nivea*（L.）Gaud. | 苎麻 | 荨麻科 | 根茎、根 | 清热、止血、安胎、解毒 |

（续）

| 拉 丁 名 | 中文名 | 科 名 | 药用部位 | 用 途 |
|---|---|---|---|---|
| *Boenninghausenia sessilicarpa* Lévl. | 石椒草 | 芸香科 | 全草 | 清热解毒、祛风燥湿、理气活血、消炎止痛 |
| *Boerhavia diffusa* L. | 黄细心 | 紫茉莉科 | 根 | 活血散瘀、强筋骨、调经、消疳 |
| *Bolbostemma paniculatum*（Maxim.）Franquet | 土贝母 | 葫芦科 | 鳞茎 | 清热解毒、散结消肿 |
| *Bombax malabarica* L. | 木棉 | 木棉科 | 皮、花 | 皮：祛风除湿<br>花：清热解暑 |
| *Bougainvillea glabra* Choisy | 光叶子花 | 紫茉莉科 | 花 | 调和气血 |
| *Brassica campestris* L. | 油菜 | 十字花科 | 种子 | 行气破血、消肿散结 |
| *Brassica rapa* L. | 芜菁 | 十字花科 | 根、叶、花、种子 | 根、叶：利五脏、益气、消食、止咳<br>花、种子：明目、利尿、清热利湿 |
| *Bretschneidera sinensis* Hemsl. | 伯乐树 | 伯乐树科 | 树皮 | 祛风活血 |
| *Broussonetia papyrifera*（L.）Vent. | 构树 | 桑科 | 果实 | 益肾明目、健脾利水 |
| *Brucea javanica*（L.）Merr. | 鸦胆子 | 苦木科 | 种子 | 清热燥湿、杀虫、止痢 |
| *Bruguiera gymnorhiza*（L.）Savigny | 木榄 | 红树科 | 果、胚轴、叶 | 果、胚轴：腹泻的收敛剂<br>叶：疟疾 |
| *Bryophyllum pinnatum*（L. f.）Oken. | 落地生根 | 景天科 | 全草 | 消肿、活血止痛、拔毒生肌 |
| *Buckleya lanceolata*（Sieb. et Zucc.）Miq. | 米面翁 | 檀香科 | 根 | 清热解毒、止痛驳骨 |
| *Buddleja officinalis* Maxim. | 密蒙花 | 马钱科 | 花蕾 | 祛风、凉血、润肝、明目 |
| *Buddleja lindleyana* Fort. et Lindl. | 醉鱼草 | 马钱科 | 全株 | 祛风散寒、化痰止咳、破气行瘀、杀虫攻毒 |
| *Bupleurum chinense* DC. | 柴胡 | 伞形科 | 根 | 解表和里、升阳、疏肝解郁 |
| *Burmannia disticha* L. | 水玉簪 | 水玉簪科 | 全草 | 水肿 |
| *Butomus umbellatus* L. | 花蔺 | 花蔺科 | 茎叶 | 清热解毒、止咳平喘 |
| *Buxus sinica*（Rehd. et Wils.）M. Cheng | 黄杨 | 黄杨科 | 根、枝叶 | 祛风除湿、理气活血、清热解毒、止痛 |
| *Caesalpinia sappan* L. | 苏木 | 豆科 | 树脂 | 行血通络、祛瘀消肿、散风活血 |
| *Caesalpinia sepiaria* Roxb. | 云实 | 豆科 | 根皮 | 清热除湿、杀虫 |
| *Callicarpa dichotoma*（Lour.）K. Koch. | 紫珠 | 马鞭草科 | 地上部 | 止血镇痛、消肿散瘀、凉血、消炎 |
| *Callithanthemum taipaicum* W. T. Wang | 太白美花草 | 毛茛科 | 全草 | 清热解毒 |
| *Calogyne pilosa* R. Br. | 离根草 | 草海桐科 | 全草 | 祛风散寒、行气止痛、活血化瘀 |
| *Caltha palustris* L. | 驴蹄草 | 毛茛科 | 全草 | 散风除寒 |

（续）

| 拉 丁 名 | 中文名 | 科 名 | 药用部位 | 用 途 |
|---|---|---|---|---|
| *Calycopteris floribunda* （Roxb.）Lam. ex Poir. | 萼翅藤 | 使君子科 | 叶、果实 | 叶：强壮剂、解毒剂<br>果实：兴奋剂 |
| *Camellia oleifera* Abel | 油茶 | 山茶科 | 根、种子、茶油、茶子饼 | 根：和中理气<br>种子：行气疏滞<br>茶油：清热化湿、杀虫解毒<br>茶子饼：燥湿、杀虫 |
| *Campsis grandiflora* Loisel. ex K. Schum. | 凌霄 | 紫葳科 | 花、根 | 凉血去瘀、解毒消肿 |
| *Camptotheca acuminate* Decne. | 喜树 | 蓝果树科 | 根皮、果实、枝叶 | 根皮、果实：抗癌、清热、杀虫、消结<br>叶：治痈疮疖肿 |
| *Canarium album* （Lour.）Raeusch. | 橄榄 | 橄榄科 | 果实 | 清热、利咽、生津、解毒 |
| *Canavalia gladiata* （Jacq.）DC. | 刀豆 | 豆科 | 果实 | 种子：温中降逆、补肾<br>果壳：通经活血、止泻 |
| *Canna edulis* Ker-Gawl. | 蕉芋 | 美人蕉科 | 根、花 | 根：清热利湿、凉血解毒、滋补<br>花：止血 |
| *Canna indica* L. | 美人蕉 | 美人蕉科 | 根状茎、花 | 根状茎：清热利湿、安神降压<br>花：止血 |
| *Cannabis sativa* L. | 大麻 | 桑科 | 果实 | 润燥通便、补虚 |
| *Canscora lucidissima* （Lévl. et Vant.）Hand. -Mazz. | 穿心草 | 龙胆科 | 全草 | 清热解毒、止咳、止痛 |
| *Capsella bursa-pastoris* （L.）Medic. | 荠菜 | 十字花科 | 全草 | 清热平肝、凉血止血、止泻、利尿 |
| *Carallia brachiata* （Lour.）Merr. | 竹节树 | 红树科 | 树皮 | 疟疾 |
| *Cardiocrinum cathayanum* （Wils.）Stearn | 荞麦叶大百合 | 百合科 | 鳞茎、根 | 鳞茎：凉血消肿<br>根：润肺止咳、健脾消积 |
| *Cardiospermum halicacabum* L. | 倒地铃 | 无患子科 | 全草、果实 | 全草：消肿止痛、凉血解毒、利水<br>果实：祛风、解痉、解毒 |
| *Carduus crispus* L. | 飞廉 | 菊科 | 全草 | 祛风、清热、利湿、凉血散瘀 |
| *Carica papaya* L. | 番木瓜 | 番木瓜科 | 果实 | 消食健胃、舒筋活络 |
| *Carpesium abrotanoides* L. | 天名精 | 菊科 | 果实 | 祛痰清热、破血、解毒 |
| *Carpinus cordata* Bl. | 千金榆 | 桦木科 | 果穗、根皮 | 果穗：健胃消食<br>根皮：劳倦疲乏、跌打损伤、痈肿、淋症 |
| *Carthamus tinctorius* L. | 红花 | 菊科 | 不带子房的管状花 | 活血通经、去瘀止痛 |
| *Carya cathayensis* Sarg. | 山核桃 | 胡桃科 | 种仁、根皮、外果皮 | 种仁：滋润补养<br>根皮：脚癣<br>外果皮：皮肤癣症 |

（续）

| 拉　丁　名 | 中文名 | 科　名 | 药用部位 | 用　途 |
|---|---|---|---|---|
| *Caryota ochlandra* Hance | 鱼尾葵 | 棕榈科 | 根、叶鞘纤维 | 根：强筋骨<br>叶鞘纤维炭：收敛止血 |
| *Cassia alata* Linn. | 对叶豆 | 云实科 | 果实 | 杀虫止痒 |
| *Cassia angustifolia* Vahl. | 狭叶番泻叶 | 豆科 | 叶 | 泻积热、通大便 |
| *Cassia obtusifolia* L. | 决明 | 豆科 | 种子 | 清肝、明目、通便 |
| *Cassia occidentalis* L. | 望江南 | 豆科 | 根、种子 | 根：改善消化、消除痉挛、驱虫<br>种子：清肝、明目、健胃润肠 |
| *Cassytha filiformis* L. | 无根藤 | 樟科 | 全草 | 清热利湿、凉血止血 |
| *Castanopsis fargesii* Franch. | 丝栗树 | 壳斗科 | 总苞 | 清热、消肿止痛 |
| *Casuarina equisetifolia* Forst. | 木麻黄 | 木麻黄科 | 树皮、叶 | 祛风除湿、发汗、利尿 |
| *Catalpa ovata* G. Don | 梓树 | 紫葳科 | 根皮、果实 | 根皮：清热解毒、活血、止吐、杀虫<br>果实：利尿、消肿 |
| *Catharanthus roseus*（L.）G. Don | 长春花 | 夹竹桃科 | 全草 | 抗癌、降血压 |
| *Caulophyllum robustum* Maxim. | 红毛七 | 小檗科 | 根 | 祛风通络、活血调经、降压 |
| *Cayratia japonica*（Thunb.）Gagnep. | 乌敛莓 | 葡萄科 | 全草 | 清热解毒、活血散瘀、利湿、消肿、利尿、止血 |
| *Celastrus orbiculatus* Thunb. | 南蛇藤 | 卫矛科 | 藤茎、叶、果 | 藤：祛风活血、消肿止痛<br>叶：解毒、散瘀<br>果：安神镇静 |
| *Celosia argentea* L. | 青葙子 | 苋科 | 种子 | 清肝火、祛风热、明目、降压 |
| *Celosia cristata* L. | 鸡冠花 | 苋科 | 花序 | 清热利湿、凉血、止血、止带 |
| *Centella asiatica*（L.）Urb. | 积雪草 | 伞形科 | 全草 | 清湿热、解毒消肿、活血止血 |
| *Centipeda minima*（L.）Br. et Aschers. | 鹅不食草 | 菊科 | 全草 | 散瘀消肿、通窍散塞 |
| *Cephalanoplos segetum*（Bunge）Kitam. | 小蓟 | 菊科 | 全草 | 凉血、祛瘀、止血 |
| *Cephalanthera erecta*（Thunb.）Bl. | 银兰 | 兰科 | 全草 | 清热利尿、解毒、祛风、活血 |
| *Cephalanthera falcata*（Thunb.）Lindl. | 金兰 | 兰科 | 全草 | 清热泻火、消肿、祛风、健脾、活血 |
| *Cephalotaxus fortunei* Hook. f. | 三尖杉 | 粗榧科 | 全草 | 种子：驱虫、消积、止痛、破血<br>枝、叶：抗癌 |
| *Ceratophyllum demersum* L. | 金鱼藻 | 睡莲科 | 全草 | 止血 |
| *Cercidiphyllum japonicum* Sieb. et Zucc. | 连香树 | 连香树科 | 果实 | 小儿惊风、抽搐肢冷 |
| *Cercis chinensis* Bge. | 紫荆 | 豆科 | 茎皮、根、叶 | 茎皮：活血通经、消肿止痛、解毒<br>叶：止痛、解毒 |

（续）

| 拉 丁 名 | 中文名 | 科　名 | 药用部位 | 用　途 |
|---|---|---|---|---|
| *Chaenomeles sinensis*（Thouin）Koehe | 木瓜 | 蔷薇科 | 果实 | 镇咳镇痉、消暑利尿、舒筋活络、和胃化湿 |
| *Chaenomeles speciosa*（Sweet）Nakai | 皱皮木瓜 | 蔷薇科 | 果实 | 舒筋活络、和胃化湿 |
| *Chamaenerion angustifolium*（L.）Scop. | 柳兰 | 柳叶菜科 | 全草 | 下乳、润肠、调经活血、消肿止痛 |
| *Changium smyrnioides* Wolff | 明党参 | 伞形科 | 根 | 润肺化痰、养阴和胃、平肝解毒 |
| *Changnienia amoena* Chien | 独花兰 | 兰科 | 全草 | 清热、凉血、解毒 |
| *Chelidonium majus* L. | 白屈菜 | 罂粟科 | 全草 | 清热解毒、止痛、止咳 |
| *Chenopodium ambrosioides* L. | 土荆芥 | 藜科 | 全草 | 祛风除湿、杀虫、止痒 |
| *Chloranthus angustifolius* Oliv. | 狭叶金粟兰 | 金粟兰科 | 全草 | 祛风湿、通经 |
| *Chlorophytum comosum*（Thunb.）Baker | 吊兰 | 百合科 | 全草 | 止咳化痰、消肿解毒、活血接骨 |
| *Choerospondias axillaris*（Roxb.）Burtt et Hill | 广枣 | 漆树科 | 果实 | 行气活血、养心安神 |
| *Chrysanthemum indicum* L. | 野菊花 | 菊科 | 全草 | 疏风清热、消肿解毒 |
| *Chrysanthemum morifolium* Ramat. | 菊花 | 菊科 | 花 | 养肝明目、疏风清热 |
| *Chuanminshen violaceum* Shen et Shan | 川明参 | 伞形科 | 根 | 祛风解热、补肺镇咳 |
| *Cibotium barometz*（L.）J. Smith | 金毛狗脊 | 蚌壳蕨科 | 根茎 | 补肝肾、强腰膝、除风湿 |
| *Cichorium glandulosum* Boiss. et Huet. | 毛菊苣 | 菊科 | 全草 | 清热解毒、利尿消肿、健胃 |
| *Cimicifuga acerina*（Sieb. et Zucc.）Tanaka | 金龟草 | 毛茛科 | 根状茎 | 升阳发汗、理气、散瘀活血 |
| *Cimicifuga foetida* L. | 升麻 | 毛茛科 | 根茎 | 升阳、发表、透疹、解毒 |
| *Cinchona ledgeriana* Moens | 金鸡纳树 | 茜草科 | 皮 | 抗疟、退热 |
| *Cinnamomum camphora*（L.）Presl | 樟 | 樟科 | 根、叶、枝干 | 祛风散寒、理气活血 |
| *Cinnamomum cassia* Presl | 肉桂 | 樟科 | 树皮 | 散寒止痛、化瘀活血、健胃、补元气、强壮 |
| *Cinnamomum parthenoxylon*（Jacks.）Nees | 黄樟 | 樟科 | 全株 | 祛风利湿、行气止痛、消食化滞 |
| *Circaea cordata* Royle | 露珠草 | 柳叶菜科 | 全草 | 清热解毒、生肌 |
| *Circaester agrestis* Maxim. | 星叶草 | 毛茛科 | 全草 | 止痛、利痰 |
| *Cirsium japonicum* DC. | 大蓟 | 菊科 | 全草 | 凉血止血、散瘀消肿 |
| *Cissampelos pareira* L. | 锡生藤 | 防己科 | 全草 | 活血散瘀、麻醉止痛、止血生肌 |
| *Cistanche deserticola* Y. C. Ma | 肉苁蓉 | 列当科 | 全草 | 补肾壮阳、益精血、润肠通便、强筋骨 |

（续）

| 拉 丁 名 | 中文名 | 科 名 | 药用部位 | 用 途 |
|---|---|---|---|---|
| *Citrullus lanatus* （Thunb.） Matsumu. et Nakai | 西瓜 | 葫芦科 | 成熟新鲜果实 | 清热泻火、消肿止痛 |
| *Citrus aurantium* L. | 枳壳 | 芸香科 | 果实 | 行气宽中、消食、化痰 |
| *Citrus grandis* （L.） Osbeck var. *tomentosa* Hort. | 化州柚 | 芸香科 | 未成熟或近成熟的外层果皮 | 散寒、燥湿、利气、消痰 |
| *Citrus medica* L. | 香橼 | 芸香科 | 果实 | 理气、舒肝、和胃、化痰 |
| *Citrus medica* L. var. *sarcodactylis* （Noot.） Swingle | 佛手 | 芸香科 | 果实 | 理气止呕和胃健脾、消食化痰 |
| *Citrus reticulata* Blanco | 橘 | 芸香科 | 成熟果实 | 理气、健脾、燥湿、化痰 |
| *Clematis armandii* Franch. | 小木通 | 毛茛科 | 干燥藤茎 | 清热利尿、通经下乳 |
| *Clematis chinensis* Osbeck | 威灵仙 | 毛茛科 | 根、根茎 | 祛风湿、通络、止痛 |
| *Clematis florida* Thunb. | 铁线莲 | 毛茛科 | 全草 | 理气通便、活血止痛 |
| *Cleome gynandra* L. | 白花菜 | 白花菜科 | 种子 | 祛风散寒、活血止痛 |
| *Cleome viscosa* L. | 黄花草 | 罂粟科 | 全草 | 散瘀消肿、祛腐生肌 |
| *Clerodendranthus spicatus* （Thunb.） C. Y. Wu ex H. W. Li | 肾茶 | 唇形科 | 全草 | 清热祛湿、排石利尿 |
| *Clerodendrum bungei* Steud. | 臭牡丹 | 马鞭草科 | 全草 | 活血散瘀、消肿解毒 |
| *Clerodendrum cyrtophyllum* Turcz. | 大青木 | 马鞭草科 | 根、叶 | 清热解毒、消炎镇痛、凉血、止血、祛风除湿 |
| *Clerodendrum japonicum* （Thunb.） Sweet | 祯桐 | 马鞭草科 | 根、叶 | 根：祛风利湿、散瘀消肿 叶：解毒排脓 |
| *Clerodendrum trichotomum* Thunb. | 海州常山 | 马鞭草科 | 叶 | 祛风除湿、止痛、降血压 |
| *Clinopodium chinensis* （Benth.） O. Kuntze. | 风轮菜 | 唇形科 | 地上部 | 清热解毒、凉血止血 |
| *Clivia miniata* Regel | 君子兰 | 石蒜科 | 根 | 咳嗽痰喘 |
| *Cnidium monnieri* （L.） Cuss. | 蛇床 | 伞形科 | 种子 | 散寒、祛风、燥湿、杀虫、止痒、壮阳 |
| *Cocculus trilobus* （Thunb.） DC. | 木防己 | 防己科 | 根 | 祛风止痛、利尿消肿 |
| *Codonopsis lanceolata* （Sieb. et Zucc.） Trautv. | 羊乳 | 桔梗科 | 根 | 补血通乳、养阴润肺、清热解毒、消肿排脓 |
| *Codonopsis pilosula* （Franch.） Nannf. | 党参 | 桔梗科 | 根 | 补气、益血、生津 |
| *Coeloglossum viride* （L.） Hartm. | 凹舌兰 | 兰科 | 块茎 | 补血益气、生津止渴 |
| *Coix lacryma-jobi* L. var. *ma-yuen* （Roman） Stapf | 薏苡 | 禾本科 | 种子 | 健脾利湿、清热排脓 |
| *Colchicum autumnale* | 秋水仙 | 百合科 | 鳞茎 | 治痛风、关节痛 |

（续）

| 拉 丁 名 | 中文名 | 科 名 | 药用部位 | 用 途 |
|---|---|---|---|---|
| *Commelina communis* L. | 鸭趾草 | 鸭趾草科 | 全草 | 清热解毒、利水消肿 |
| *Convallaria majalis* L. | 铃兰 | 百合科 | 根、全草 | 温阳利水、活血祛风 |
| *Coptis chinensis* Franch. | 黄连 | 毛茛科 | 根 | 泻火、燥湿、清热、解毒 |
| *Coptis deltoidea* C. Y. Cheng et Hsiao | 三角叶黄连 | 毛茛科 | 根 | 泻火、解毒、清热燥湿 |
| *Cordyceps sinensis*（Berk.）Sacc. | 冬虫夏草 | 麦角菌科 | 子座与幼虫尸体的复合体 | 益肺肾、补虚损、止喘咳、补精气 |
| *Coriandrum sativum* L. | 胡荽 | 伞形科 | 种子 | 发汗透疹、消食化气 |
| *Cornus controversa* Hemsl. | 灯台树 | 山茱萸科 | 果实 | 清热利湿、止血、驱蛔 |
| *Corydalis amabilis* Migo. | 夏天无 | 罂粟科 | 根 | 降压镇痉，行气止痛，活血去瘀 |
| *Corydalis bungeana* Turcz. | 布氏紫堇 | 罂粟科 | 全草 | 清热解毒、凉血消肿 |
| *Corydalis racemosa*（Thunb.）Pers. | 小花黄堇 | 罂粟科 | 全草 | 清热利湿、止痢、止血、杀虫 |
| *Corydalis yanhusuo* W. T. Wang ex Z. Y. Su et C. Y. Wu | 延胡索 | 罂粟科 | 鳞茎 | 行气活血、散瘀止痛 |
| *Corypha umbraculifera* L. | 贝叶棕 | 棕榈科 | 叶 | 用于头晕、头痛、发热、咳嗽 |
| *Crataegus pinnatifida* Bunge | 山楂 | 蔷薇科 | 果实 | 消食化滞、散瘀止痛 |
| *Crinum asiaticum* L. var. *sinicum*（Roxb. ex Herb.）Baker | 文殊兰 | 石蒜科 | 鳞茎 | 行血散瘀、消肿止痛 |
| *Crocosmia crocosmiflora*（Nichols.）N. E. Br. | 雄黄兰 | 鸢尾科 | 球茎 | 散瘀止痛、消炎、生肌、止血 |
| *Crocus sativus* L. | 番红花 | 鸢尾科 | 花柱头 | 活血化瘀、凉血解毒、解郁安神 |
| *Crotalaria sessiliflora* L. | 农吉利 | 豆科 | 地上部 | 解毒、抗癌 |
| *Croton tiglium* L. | 巴豆 | 大戟科 | 种子 | 泻寒积、通关窍、逐痰、行水、杀虫 |
| *Cryptocoryne sinensis* Merr. | 隐棒花 | 天南星科 | 全草 | 用于肾结石、石淋、附骨疽，跌打损伤，疟疾 |
| *Cucumis melo* L. | 甜瓜 | 葫芦科 | 果柄、种子 | 果柄：催吐、除湿、消食 种子：散结消瘀、清肺润肠 |
| *Cucurbita moschata*（Duch. ex Lam.）Duch. et Poir. | 南瓜 | 葫芦科 | 种子、蒂 | 种子：驱虫、通乳 蒂：安胎、解疮毒 |
| *Cudrania tricuspidata*（Carr.）Bur. | 柘树 | 桑科 | 根、根皮 | 祛风利湿、活血通经、凉血止血 |
| *Curculigo orchioides* Gaertn. | 仙茅 | 石蒜科 | 根 | 补肾壮阳、散寒除湿 |
| *Curcuma kwangsiensis* S. G. Lee et C. F. Liang | 广西莪术 | 姜科 | 根茎 | 破瘀行气、消积止痛 |
| *Curcuma longa* L. | 姜黄 | 姜科 | 根茎 | 破血行气、通经止痛、祛风疗痹 |

（续）

| 拉 丁 名 | 中文名 | 科 名 | 药用部位 | 用 途 |
|---|---|---|---|---|
| *Cuscuta chinensis* Lam. | 菟丝子 | 旋花科 | 种子 | 补肝肾、明目、益精、安胎 |
| *Cyanotis cristata*（L.）D. Don | 四孔草 | 鸭趾草科 | 全草 | 痈疮肿毒 |
| *Cyathula officinalis* Kuan | 川牛膝 | 苋科 | 根 | 逐瘀通经、通利关节、利尿通淋 |
| *Cycas revoluta* Thunb. | 苏铁 | 苏铁科 | 根、叶、花、种子 | 根：祛风活络、补肾<br>叶：收敛止血、解毒止痛<br>花：理气止痛、益肾固精<br>种子：平胆、降血压 |
| *Cydonia oblonga* Mill. | 榅桲 | 蔷薇科 | 果实 | 消食下气、和胃化湿 |
| *Cymbopogon citratus*（DC.）Stapf | 香茅 | 禾本科 | 全草 | 祛风去湿、散寒解表、通经络、消肿止痛、防虫咬 |
| *Cymbopogon distans*（Nees ex Steud.）W. Wats. | 芸香草 | 禾本科 | 全草 | 止咳平喘、祛风利湿 |
| *Cynanchum amplexicaule*（Sieb. et Zucc.）Hemsl. | 合掌消 | 萝藦科 | 全草 | 祛风活血、行气止痛、消肿、解毒 |
| *Cynanchum atratum* Bunge | 白薇 | 萝藦科 | 全草 | 清热、凉血、利尿 |
| *Cynanchum auriculatum* Royle ex Wight | 白首乌 | 萝藦科 | 根 | 安神补血、收敛精气、养阴补虚、健脾益气 |
| *Cynanchum paniculatum*（Bge.）Kitag. | 徐长卿 | 萝藦科 | 全草 | 利水消肿、通经活络 |
| *Cynanchum stauntonii*（Decne.）Sohltr. ex Lévl | 白前 | 萝藦科 | 全草 | 泻肺降气、下痰止咳 |
| *Cynara scolymus* L. | 菜蓟 | 菊科 | 全草 | 利胆、利尿、促胆固醇代谢 |
| *Cynomorium songaricum* Rupr. | 锁阳 | 锁阳科 | 地上部 | 补肾助阳、益精、润肠 |
| *Cyperus alternifolius* L. subsp. *flabelliformis*（Rottb.）Kukenth. | 风车草 | 莎草科 | 茎、叶 | 行气活血、退黄解毒 |
| *Cyperus rotundus* L. | 香附 | 莎草科 | 块茎 | 理气解郁、止痛调经 |
| *Dahlia pinnata* Cav. | 大丽花 | 菊科 | 根 | 清热解毒、消肿 |
| *Dalbergia odorifera* T. Chen | 降香檀 | 豆科 | 干燥心材 | 行气活血、止痛、止血 |
| *Daphne genkwa* Sieb. et Zucc. | 芫花 | 瑞香科 | 花、根皮 | 逐水、涤痰 |
| *Daphne odora* Thunb. | 瑞香 | 瑞香科 | 根、树皮 | 祛风除湿、活血止痛 |
| *Datura metel* L. | 曼陀罗 | 茄科 | 花 | 止咳、平喘、镇痛、解痉 |
| *Daucus carota* L. | 南鹤虱 | 伞形科 | 种子 | 驱虫、消积、化痰 |
| *Davidia involucrata* Baill. | 珙桐 | 珙桐科 | 根、果皮、叶 | 根：收敛止血<br>果皮：清热解毒、消痈<br>叶：抗癌、杀虫 |
| *Debregeasia orientalis* C. J. Chen | 水麻 | 荨麻科 | 茎、叶、皮 | 清热利湿、止血解毒 |
| *Deinanthe caerulea* Stapf | 叉叶蓝 | 虎耳草科 | 根状茎 | 活血散瘀、止痛 |

（续）

| 拉 丁 名 | 中文名 | 科 名 | 药用部位 | 用 途 |
|---|---|---|---|---|
| *Delphinium anthriscifolium* Hance | 还亮草 | 毛茛科 | 全草 | 祛风通络、除湿、解毒、止痛、行气消肿 |
| *Dendrobium nobile* Lindl. | 石斛 | 兰科 | 全草 | 滋阴养胃、清热生津 |
| *Dennstaedtia scabra* （Wall. ex Hook.）S. Moore | 碗蕨 | 碗蕨科 | 全草 | 清热解表 |
| *Dianthus superbus* L. | 瞿麦 | 石竹科 | 全草 | 清热利尿、破血通经、通淋、消痈 |
| *Dichocarpum basilare* W. T. Wang et Hsiao | 基叶人字果 | 毛茛科 | 全草 | 风湿、水肿 |
| *Dichondra repens* Forst. | 马蹄金 | 旋花科 | 全草 | 清热利湿、解毒消肿 |
| *Dichroa febrifuga* Lour. | 黄常山 | 虎耳草科 | 根 | 截疟、解热 |
| *Dicranopteris dichotoma* （Thunb.）Bernh. | 芒萁 | 里白科 | 全草 | 清热利尿、化瘀止血 |
| *Dictamnus dasycarpus* Turcz. | 白鲜 | 芸香科 | 根皮 | 清热解毒、祛风燥湿、止痒 |
| *Didtylium racemosum* Sieb. et Zucc. | 蚊母树 | 金缕梅科 | 根、树皮 | 活血祛瘀、抗肿瘤 |
| *Digitalis lanata* Ehrh. | 毛花洋地黄 | 玄参科 | 全草 | 强心利尿 |
| *Digitaria ischaemum* （Schreb.）Schreb. ex Muhl. | 止血马唐 | 禾本科 | 全草 | 凉血、止血、收敛 |
| *Dimocarpus longan* Lour. | 龙眼 | 无患子科 | 假种皮 | 补益心脾、益气、养血、安神 |
| *Dioscorea bulbifera* L. | 黄独 | 薯蓣科 | 根茎 | 解毒消肿、化痰散结、凉血止血 |
| *Dioscorea cirrhosa* Lour. | 薯莨 | 薯蓣科 | 块茎 | 止血、活血、养血 |
| *Dioscorea hypoglauca* Palib | 粉背薯蓣 | 薯蓣科 | 根茎 | 祛风除痹、利湿去浊 |
| *Dioscorea nipponica* Makino | 穿龙薯蓣 | 薯蓣科 | 根茎 | 活血舒筋、祛风止痛、止咳平喘祛痰 |
| *Dioscorea opposita* Thunb. | 山药 | 薯蓣科 | 根 | 健脾止泻、补肺益肾 |
| *Dioscorea panthaica* Prain et Burkill | 黄山药 | 薯蓣科 | 根茎 | 生产甾体激素类药物的药源植物 |
| *Dioscorea zingiberensis* C. H. Wright | 盾叶薯蓣 | 薯蓣科 | 根茎 | 治疗皮肤急性化脓性感染，软组织损伤，蜂蜇伤和各种外科炎症。是合成避孕药、多种甾体激素药物的原料 |
| *Diospyros kaki* Thunb. | 柿 | 柿树科 | 干燥宿萼 | 降气止呃、夜尿症 |
| *Diospyros lotus* L. | 君迁子 | 柿树科 | 果实 | 止渴、除烦 |
| *Dipelta floribunda* Maxim. | 双盾木 | 忍冬科 | 根 | 散寒解表 |
| *Dipentodon sinicus* Dunn | 十齿花 | 卫矛科 | 全株 | 止痛、消炎 |
| *Diplopterygium chinensis* （Ros.）Devol | 中华里白 | 里白科 | 全草 | 接骨 |
| *Dipsacus asper* Wall. | 续断 | 川续断科 | 根 | 补肝肾、强筋骨、利关节、止崩漏 |

（续）

| 拉 丁 名 | 中文名 | 科 名 | 药用部位 | 用 途 |
|---|---|---|---|---|
| *Dipsacus asperoides* C. Y. Cheng et T. M. Ai | 川续断 | 川续断科 | 根 | 补肝肾、强筋骨、利关节、行血、止血、安胎 |
| *Dobinea delavayl* (Baill.) Baill. | 羊角天麻 | 漆树科 | 根状茎 | 清热解毒、止痛止咳 |
| *Docynia indica* (Wall.) Decne. | 移依 | 蔷薇科 | 果实 | 消食健胃、收敛杀菌 |
| *Dodonaea viscosa* (L.) Jacq. | 车桑子 | 无患子科 | 根、叶、花、果实 | 根：消肿解毒<br>叶：清热渗湿、消肿解毒<br>花、果实：顿咳 |
| *Dolichos lablab* L. | 扁豆 | 豆科 | 花 | 和中、清热消暑、化湿 |
| *Donax canniformis* (Forst.) K. Schum | 竹叶蕉 | 竹芋科 | 块根或茎 | 清热解毒、止咳定喘、消肿 |
| *Dracaena cambodiana* Pierre ex Gagnep. | 柬埔寨龙血树 | 龙舌兰科 | 皮 | 活血、行瘀、止痛、止血、敛疮、生肌 |
| *Dracaena cochinchinensis* (Lour.) S. C. Chen. | 剑叶龙血树 | 百合科 | 含脂茎、枝用乙醇提取而得的树脂 | 活血化瘀、定痛止血、敛疮生肌 |
| *Dracocephalum moldavica* L. | 香青兰 | 唇形科 | 全草 | 清热燥湿、凉肝止血 |
| *Dracontomelon duperreanum* Pierre | 人面子 | 漆树科 | 果实、叶 | 果实：健脾消食、生津止渴<br>叶：烂疮、褥疮 |
| *Dregea sinensis* Hemsl. | 苦绳 | 萝藦科 | 全株 | 解毒、通乳、利尿、除湿、止痛 |
| *Drosera burmannii* Vahl | 锦地罗 | 茅膏菜科 | 全草 | 清热利湿、凉血、化痰止咳、止痢 |
| *Drosera peltata* Smith var. *glabrata* Y. Z. Ruan | 茅膏菜 | 茅膏菜科 | 全草、球茎 | 跌打损伤、外伤出血 |
| *Drynaria fortunei* (Kze) J. Smith | 槲蕨 | 水龙骨科 | 根状茎 | 补肾强骨、续筋止痛 |
| *Duchesnea indica* (Andr.) Focke | 蛇莓 | 蔷薇科 | 全草 | 清热解毒、活血散结 |
| *Dysosma pleiantha* (Hance) Woods | 八角莲 | 小檗科 | 全草 | 祛瘀消肿、化痰散结 |
| *Echinopanax elatus* Nakai | 刺人参 | 五加科 | 根 | 滋补强壮、解热、镇咳 |
| *Eclipta prostrata* L. | 鳢肠 | 菊科 | 全草 | 补益肝肾、凉血止血、消炎止痛 |
| *Ecmecon chionantha* Hance | 血水草 | 罂粟科 | 全草 | 清热解毒、活血止血 |
| *Eichhornia crassipes* (Mart.) Solms | 凤眼莲 | 雨久花科 | 全草 | 清热解暑、利尿消肿、祛风湿 |
| *Elaeagnus angustifolia* L. | 沙枣 | 胡颓子科 | 叶、树皮、果实 | 树皮：清热凉血、收敛止痛、平肝泻火<br>叶：清热解毒、抗菌消炎、活血<br>果实：强壮、镇静、健胃、止泻、调经 |
| *Elaeagnus Pungens* Thunb. | 胡颓子 | 胡颓子科 | 根、叶、果实 | 根：祛风利湿、散瘀解毒、止血<br>叶：敛肺、平喘、止咳<br>果：消食止痢 |

（续）

| 拉 丁 名 | 中文名 | 科 名 | 药用部位 | 用 途 |
|---|---|---|---|---|
| *Eleocharis dulcis*（Burm. f.）Trin. ex Henschel | 荸荠 | 莎草科 | 块茎 | 清热止渴、化痰消积、降血压 |
| *Elephantopus scaber* L. | 地胆草 | 菊科 | 全草 | 清热解毒、利尿消肿 |
| *Eleusine indica*（L.）Gaertn. | 牛筋草 | 禾本科 | 全草 | 清热解毒、祛风利湿、散瘀止血 |
| *Eleutherine Americana* Merr. ex K. Heyne | 红葱 | 鸢尾科 | 鳞茎 | 清热解毒、散瘀消肿、止血 |
| *Elsholtzia splendens* Nakai ex F. Maekawa | 海州香薷 | 唇形科 | 地上部 | 发散解表、和中利湿 |
| *Emilia sonchifolia*（L.）DC. | 一点红 | 菊科 | 全草 | 清热解毒、散瘀消肿 |
| *Ensete glaucum*（Roxb.）Cheesm. | 象腿蕉 | 芭蕉科 | 假茎 | 收敛止血 |
| *Ephedra sinica* Stapf | 草麻黄 | 麻黄科 | 地上部 | 止汗 |
| *Epilobium hirsutum* L. | 柳叶菜 | 柳叶菜科 | 全草、花 | 根：理气、活血、止血<br>花：清热解毒、调经止痛<br>带根全草：骨折、跌打损伤、疔疮痈肿、外伤出血 |
| *Epimedium sagittatum* Maxim. | 箭叶淫羊藿 | 小檗科 | 全草 | 温肾壮阳、祛风除湿 |
| *Epiphyllum oxypetalum*（DC.）Haw. | 昙花 | 仙人掌科 | 茎、花 | 茎：清热解毒<br>花：清肺、止咳、化痰 |
| *Eremurus chinensis* O. Fedtsch. | 独尾草 | 百合科 | 根 | 祛风除湿、补肾强身 |
| *Erigeron breviscapus*（Vant.）Hand. -Mazz. | 灯盏细辛 | 菊科 | 全草 | 散寒解表、祛风除湿、活络止痛 |
| *Eriobotrya japonica* Lindl. | 枇杷 | 蔷薇科 | 叶片 | 清肺止咳、和胃降气 |
| *Eriocaulon buergerianum* Koern. | 谷精草 | 谷精草科 | 头状花序 | 疏散风热、明目、退翳 |
| *Eriolaena spectabilis*（DC.）Planch. ex Mast. | 火绳树 | 梧桐科 | 根内皮 | 收敛止血、续筋接骨 |
| *Erodium stephanianum* Willd. | 老鹳草 | 牻牛儿苗科 | 全草 | 活血通经、祛风清热 |
| *Erycibe obtusifolia* Benth. | 丁公藤 | 旋花科 | 鳞茎 | 祛风除湿、消肿止痛 |
| *Erythrina indica* Lam. | 海桐 | 豆科 | 皮、叶、花 | 皮：祛风湿、通经络、消肿止痛、杀虫<br>花：治金疮、止血<br>叶：小儿疳积、蛔虫 |
| *Erythropalum scandens* Bl. | 赤苍藤 | 铁青树科 | 全株 | 清热利尿 |
| *Erythroxylum caca* Lam. var. novogranatense Berck. | 古柯 | 古柯科 | 全草 | 止痛、健胃、止咳、治疗气喘、发汗 |
| *Eucalyptus globules* Labill. | 蓝桉 | 桃金娘科 | 挥发油 | 疏风解热、祛湿解毒 |
| *Eucommia ulmoides* Oliver | 杜仲 | 杜仲科 | 皮 | 补肝肾、强筋骨、安胎、降血压 |

（续）

| 拉　丁　名 | 中文名 | 科　名 | 药用部位 | 用　途 |
|---|---|---|---|---|
| *Eugenia aromatica* Baill. | 丁香 | 桃金娘科 | 花蕾 | 胃降逆、止痛 |
| *Euonymus alatus*（Thunb.）Sieb. | 卫矛 | 卫矛科 | 枝或翅状物 | 活血、破瘀、杀虫 |
| *Eupatorium fortunei* Turcz. | 佩兰 | 菊科 | 全草 | 化湿、消暑、调经 |
| *Eupatorium lindleyanum* DC. var. *trifoliatum* Makino | 野马追 | 菊科 | 全草 | 清热解毒、祛痰定喘 |
| *Euphorbia helioscopia* L. | 泽漆 | 大戟科 | 全草 | 逐水消肿、化痰散结、杀虫止痒 |
| *Euphorbia hirta* L. | 飞扬草 | 大戟科 | 全草 | 清热解毒、收敛止痒 |
| *Euphorbia humifusa* Willd. | 地锦草 | 大戟科 | 全草 | 清热解毒、活血止血、利湿通乳 |
| *Euphorbia kansui* T. N. Liou ex T. P. Wang | 甘遂 | 大戟科 | 根 | 泻水逐痰、消肿散结 |
| *Euphorbia lathyris* L. | 续随子 | 大戟科 | 种子 | 行水消肿、破血散瘀 |
| *Euphorbia lunulata* Bge. | 猫眼草 | 大戟科 | 全草 | 祛痰、镇咳、散结消肿、拔毒、止痒 |
| *Euphorbia pekinensis* Rupr. | 大戟 | 大戟科 | 根 | 泻水逐饮、消肿散结 |
| *Euplelea pleiospermum* Hook. f. et Thoms. | 领春木 | 领春木科 | 树皮、花 | 清热、泻火、消痈、接骨 |
| *Euryale ferox* Salisb. | 芡 | 睡莲科 | 种子、根、叶 | 种子：益肾固精、补脾止泻<br>根：治疝气、白带<br>叶：行气活血 |
| *Evodia lepta*（Spreng.）Merr. | 三叉苦 | 芸香科 | 根、叶 | 清热解毒、散瘀止痛 |
| *Evodia rutaecarpa*（Juss.）Benth. | 吴茱萸 | 芸香科 | 果实 | 温中散寒、开郁止痛 |
| *Fagopyrum dibotrys*（D. Don）Hara | 金荞麦 | 蓼科 | 根茎 | 清热解毒、消肿排脓、清肺排痰、软坚散结、调经止痛 |
| *Ferula fukanensis* K. M. Shen | 阿魏 | 伞形科 | 树脂 | 消积、散气、杀虫 |
| *Ficus carica* L. | 无花果 | 桑科 | 果实 | 润肺止咳、清热润肠 |
| *Ficus microcarpa* L. | 榕树 | 桑科 | 气生根、叶 | 气生根：祛风除湿、调气通络<br>叶：镇静、消肿、止痛 |
| *Ficus pumila* L. | 薜荔 | 桑科 | 带叶不育枝、薜荔果、根 | 带叶不育枝：祛风通络、凉血消肿<br>薜荔果：补肾固精、通乳、活血、消肿、解毒<br>根：清热解毒、活血利尿 |
| *Ficus simplicissima* var. *hirta*（Vahl.）Migo | 五爪龙 | 桑科 | 根 | 健脾益气、化湿舒筋 |
| *Firmiana simplex*（L.）W. F. Wight | 梧桐 | 梧桐科 | 种子 | 顺气和胃、消食 |
| *Fissistygma oldhamii*（Hemsl.）Merr. | 瓜馥木 | 番荔枝科 | 根 | 祛风活血、镇痛 |
| *Floscopa scandens* Lour. | 聚花草 | 鸭趾草科 | 全草 | 清热解毒、利水消肿 |

（续）

| 拉 丁 名 | 中文名 | 科 名 | 药用部位 | 用 途 |
|---|---|---|---|---|
| *Foeniculum vulgare* Mill. | 小茴香 | 伞形科 | 种子 | 祛寒止痛、理气和胃 |
| *Forsythia suspensa*（Thunb.）Vahl | 连翘 | 木犀科 | 果实 | 清热解毒、散结消肿 |
| *Fraxinus chinensis* Roxb. | 白蜡树 | 木犀科 | 皮 | 清热燥湿、止痢、明目 |
| *Fritillaria cirrhosa* D. Don | 川贝母 | 百合科 | 鳞茎 | 清热润肺、化痰止咳 |
| *Fritillaria hupehensis* Hsiao et K. C. Hsia | 尖贝母 | 百合科 | 鳞茎 | 镇咳、祛痰 |
| *Fritillaria pallidiflora* Schrek | 伊贝母 | 百合科 | 鳞茎 | 清热润肺、止咳化痰 |
| *Fritillaria taipaiensis* P. Y. Li | 太白贝母 | 百合科 | 鳞茎 | 清热润肺、止咳化痰 |
| *Fritillaria thunbergii* Miq. | 浙贝母 | 百合科 | 鳞茎 | 清热润肺、止咳化痰 |
| *Fritillaria unibracteata* Hsiao et K. C. Hsia | 暗紫贝母 | 百合科 | 鳞茎 | 清热润肺、化痰止咳 |
| *Fritillaria ussuriensis* Maxim. | 平贝母 | 百合科 | 鳞茎 | 清热润肺、止咳化痰 |
| *Gagea lutea*（L.）Ker-Gawl. | 顶冰花 | 百合科 | 鳞茎 | 强心利尿 |
| *Gardenia jasminoides* Ellis | 栀子 | 茜草科 | 果实 | 泻火解毒、清热利湿、凉血散血瘀 |
| *Gastrodia elata* Bl. | 天麻 | 兰科 | 根茎 | 益气、定惊、养肝、止晕、祛风湿、强筋骨 |
| *Gentiana macrophylla* Pall. | 秦艽 | 龙胆科 | 根 | 祛风除湿、和血舒筋 |
| *Gentiana manshurica* Kitag. | 条叶龙胆 | 龙胆科 | 根、根茎 | 泻肝胆实火、除下焦湿热和健胃 |
| *Geum japonicum* Thunb. | 水杨梅 | 蔷薇科 | 全草 | 清热解毒、消肿止痛、补虚益肾、活血 |
| *Ginkgo biloba* L. | 银杏 | 银杏科 | 果实 | 敛肺、定喘、止遗尿、白带 |
| *Gladiolus gandavensis* van Houtt | 唐菖蒲 | 鸢尾科 | 球茎 | 解毒散瘀、消肿止痛 |
| *Glechoma longituba*（Nakai）Kupr. | 连钱草 | 唇形科 | 全草 | 清热解毒、散瘀消肿 |
| *Gleditsia sinensis* Lam. | 皂荚 | 豆科 | 果实、棘刺 | 果实：祛风痰、除湿毒、消肿、排胀<br>棘刺：活血消肿、排脓通乳 |
| *Glehnia littoralis*（A. Gray）Fr. Schmidt ex Miq. | 北沙参 | 伞形科 | 根 | 养阴清肺、祛痰止咳 |
| *Gleisostoma scolopendrifolium*（Makino）Garay | 蜈蚣兰 | 兰科 | 全草 | 清热解毒、润肺、止血 |
| *Glochidion puberum*（L.）Hutch. | 算盘子 | 大戟科 | 根、叶 | 消滞止痢、活血散瘀、消肿解毒 |
| *Gloriosa superba* L. | 嘉兰 | 百合科 | 种子、果壳、块茎 | 抗癌 |
| *Glycyrrhiza uralensis* Fisch. | 甘草 | 豆科 | 根 | 补脾益气、清热解毒、止咳祛痰、调和诸药 |
| *Gnetum parvifolium*（Warb.）C. Y. Cheng ex Chun | 小叶买麻藤 | 买麻藤科 | 全草 | 祛风除湿、活血散瘀、行气健胃、接骨 |

（续）

| 拉 丁 名 | 中文名 | 科 名 | 药用部位 | 用　途 |
|---|---|---|---|---|
| *Gomphandra tetrandra*（Wall. et Roxb.）Sleum. | 粗丝木 | 茶茱萸科 | 根 | 清热利湿、解毒 |
| *Gomphrena globosa* L. | 千日红 | 苋科 | 全草 | 止咳平喘、清肝明目 |
| *Gossypium hirsutum* L. | 棉花根 | 锦葵科 | 根、种子 | 根：补气、止咳、平喘<br>种子：补肝肾、强腰膝、暖胃止痛、下乳、止血 |
| *Gouania leptostachya* DC. var. *tonkinensis* Pitard. | 下果藤 | 鼠李科 | 地上部 | 凉血解毒、舒筋活络 |
| *Grevillea rotusta* A. Cunn. | 银桦 | 山龙眼科 | 叶、花 | 清热利气、活血止痛 |
| *Gueldenstaedtia multiflora* Bge. | 米口袋 | 豆科 | 全草 | 清热解毒、凉血消肿 |
| *Gymnadenia conopsea* R. Br. | 手参 | 兰科 | 块茎 | 补血益气、生津止渴、止血、理气止痛 |
| *Gymnotheca chinensis* Decne. | 裸蒴 | 三白草科 | 全草 | 清热利湿、消肿利尿、止带 |
| *Gynostemma pentaphyllum*（Thunb.）Makino | 绞股蓝 | 葫芦科 | 全草 | 清热解毒、止咳祛痰 |
| *Gynura segetum*（Lour.）Merr. | 菊叶三七 | 菊科 | 全草 | 破血散瘀、止血、消肿 |
| *Halogeton glomeratus*（Bieb.）C. A. Mey. | 盐生草 | 藜科 | 地上部 | 发汗解表、止咳平喘、祛湿 |
| *Hamamelis mollis* Oliv. | 金缕梅 | 金缕梅科 | 根 | 劳伤乏力、热毒疮疡 |
| *Hedera nepalensis* K. Koch | 常春藤 | 五加科 | 茎、叶 | 祛风、利湿、平肝、活血 |
| *Hedyotis diffusa* Willd. | 白花蛇舌草 | 茜草科 | 全草 | 清热解毒、利尿消肿、活血止痛 |
| *Hedysarum polybotrys* Hand. -Mazz. | 多序岩黄芪 | 豆科 | 根 | 补气固表、利尿、托毒排脓、生肌 |
| *Helianthus annuus* L. | 向日葵 | 菊科 | 花序托、种子、根、茎髓、叶 | 花序托：养肝补肾、降压、止痛<br>种子：滋阴、止痢、透疹<br>根、茎髓：清热利尿、止咳平喘<br>叶：清热解毒 |
| *Helicteres angustifolia* L. | 山芝麻 | 梧桐科 | 根 | 解表清热、消肿解毒、止咳 |
| *Helixanthera parasitica* Lour. | 离瓣寄生 | 桑寄生科 | 茎叶 | 痢疾、腰痛、虚劳、肺痨、咳嗽 |
| *Hemerocallis citrine* Baroni | 黄花菜 | 百合科 | 根、根状茎 | 利水、凉血 |
| *Hemerocallis fulva* L. | 萱草 | 百合科 | 根 | 清热利水、凉血止血 |
| *Hemsleya amabilis* Diels | 雪胆 | 葫芦科 | 块根 | 清热解毒、健胃止痛 |
| *Heraoleum vicinum* Boiss. | 牛尾独活 | 伞形科 | 根 | 祛风排湿、散寒止痛 |
| *Hibiscus mutabilis* L. | 木芙蓉 | 锦葵科 | 根、叶、花 | 花：清热、解毒、消肿、凉血<br>叶：凉血、解毒、排脓、消肿<br>根：清肺热、补气益血 |
| *Hibiscus rosa-sinensis* L. | 扶桑 | 锦葵科 | 叶、花、根 | 叶：痈肿<br>花：清肺化痰<br>根皮：调经、消炎 |

（续）

| 拉　丁　名 | 中文名 | 科　名 | 药用部位 | 用　途 |
|---|---|---|---|---|
| *Hibiscus sabdariffa* L. | 玫瑰茄 | 锦葵科 | 花 | 降压、利尿、止咳、解毒、促进胆汁分泌 |
| *Hibiscus syriacus* L. | 木槿 | 锦葵科 | 花 | 清热利湿、杀虫止痒 |
| *Hippochaete ramosissimum*（Desf.）Boerner | 节节草 | 木贼科 | 全草 | 清热利尿、明目退翳、祛痰止痛 |
| *Hippophae rhamnoides* L. | 沙棘 | 胡颓子科 | 果实 | 活血散瘀、化痰宽脑、补脾健胃 |
| *Hocquartia manshuriensis*（Kom.）Nakai | 东北木通 | 马兜铃科 | 藤茎 | 清心火、利小便、通经下乳 |
| *Homalomena occulta*（Lour.）Schott. | 千年健 | 天南星科 | 根茎 | 祛风湿、壮筋骨、止痛、消肿 |
| *Hordeum vulgare* L. | 大麦 | 禾本科 | 颖果 | 行气消食、健脾开胃、退乳消胀 |
| *Horsfieldia glabra*（Bl.）Warb. | 风吹楠 | 肉豆蔻科 | 树皮 | 补血 |
| *Hosta plantaginea* Aschers. | 玉簪 | 百合科 | 全草 | 润肺、活血、补虚 |
| *Houttuynia cordata* Thunb. | 鱼腥草 | 三白草科 | 地上部 | 清热解毒、利水消肿 |
| *Hovenia dulcis* Thunb. | 枳椇 | 鼠李科 | 种子 | 清热利尿、止渴除烦、解酒毒 |
| *Humulus lupulus* L. | 啤酒花 | 桑科 | 果实 | 抗菌消炎、清热解毒、健胃消食、抗疲劳、镇静安神、利尿、补虚 |
| *Humulus scandens*（Lour.）Merr. | 葎草 | 桑科 | 全草、果穗 | 全草：清热解毒、利尿消肿、健胃　果穗：健脾止泻 |
| *Hydnocarpus anthelmintica* Pierre | 大风子 | 大风子科 | 种子 | 祛风、攻毒、杀虫 |
| *Hydrochiris dubia*（Bl.）Backer | 水鳖 | 水鳖科 | 全草 | 用于带下病 |
| *Hydrocotyle sibthorpioides* Lam. | 天胡荽 | 伞形科 | 全草 | 清热利湿、祛痰止咳、消肿、解毒 |
| *Hygrophila salicifolia*（Vahl）Nees | 南天仙子 | 爵床科 | 种子 | 解毒消肿 |
| *Hylocereus undatus*（Haw.）Britt. et Rose | 量天尺 | 仙人掌科 | 茎、花 | 茎：舒筋活络、解毒　花：清热润肺、止咳 |
| *Hylomecon japonica*（Thunb.）Prantl et Kundig | 拐枣七 | 罂粟科 | 根状茎 | 祛风除湿、舒筋活络、散瘀消肿、止痛止血 |
| *Hyoscyamus niger* L. | 莨菪 | 茄科 | 果实 | 解痉镇痛、安神 |
| *Hypecoum chinenses* Franch. | 角茴香 | 罂粟科 | 全草 | 清热、消炎、止痛、镇咳 |
| *Hypericum ascyron* L. | 红旱莲 | 藤黄科 | 全草 | 凉血止血、清热解毒、平肝、消肿 |
| *Hypericum chinense* L. | 金丝桃 | 藤黄科 | 全草 | 全株：清热解毒、祛风湿、消肿　果实：化痰止咳 |
| *Hypericum japonicum* Thunb. | 地耳草 | 藤黄科 | 全草 | 清热利湿、消肿解毒 |
| *Hypericum sampsonii* Hance | 元宝草 | 金丝桃科 | 全草 | 通经活络、凉血止血 |
| *Ilex cornuta* Lindl. | 枸骨 | 冬青科 | 叶片 | 清热养阴、平肝、益肾、止咳化痰 |
| *Ilex purpurea* Sassk. | 四季青 | 冬青科 | 叶、根皮 | 清热解毒、凉血、活血止血 |

（续）

| 拉 丁 名 | 中文名 | 科 名 | 药用部位 | 用 途 |
|---|---|---|---|---|
| *Illicium difengpi* L. I. B. et K. I. M. | 地枫皮 | 木兰科 | 树皮 | 祛风除湿、行气止痛 |
| *Illicium verum* Hook. f. | 八角 | 木兰科 | 果实 | 祛寒湿、理气止痛、和胃调中 |
| *Illigera grandiflora* W. W. Smith et J. F. Jeffr. | 大花青藤 | 莲叶桐科 | 根、藤 | 消肿解热、散瘀接骨 |
| *Impatiens balsamina* L. | 急性子 | 凤仙花科 | 种子 | 祛风湿、活血 |
| *Imperata cylindrical* （L.）Beauv. var. *major*（Nees）C. E. Hubb. | 白茅 | 禾本科 | 根茎 | 清热、凉血止血、利尿 |
| *Inula britanica* L. var. *chinensis* Regel | 旋覆花 | 菊科 | 头状花序 | 消痰、下气、软坚、行水 |
| *Inula cappa*（Buch.-Ham.）DC. | 羊耳菊 | 菊科 | 全草 | 散寒解表、祛风消肿、行气止痛 |
| *Inula helenium* L. | 土木香 | 菊科 | 根 | 健脾开胃、行气止痛、开胃驱虫 |
| *Iresine herbstii* Hook. f. ex Lindl. | 血苋 | 苋科 | 全草 | 清热止咳、调经止血 |
| *Iris lacteal* Pall. var. *chinensis* Koidz. | 马蔺 | 鸢尾科 | 种子 | 清热利湿、消肿解毒、止血 |
| *Iris tectorum* Maxim. | 鸢尾 | 鸢尾科 | 根茎 | 清热解毒、消炎利咽 |
| *Isatis indigotica* Fort. | 板蓝根 | 十字花科 | 根 | 清热解毒、凉血 |
| *Ixeris chinensis*（Thunb.）Nakai | 山苦荬 | 菊科 | 全草 | 清热利胆、破瘀活血、止泻、排脓解毒 |
| *Jasminum nudiflorum* Lindl. | 迎春 | 木犀科 | 花 | 清热利尿、解毒消肿 |
| *Jasminum officinale* L. var. *grandiflorum*（L.）Kobuski. | 大花素馨花 | 木犀科 | 花蕾 | 舒肝解郁、行气止痛 |
| *Jeffersonia dubia* Benth. et Hook. | 鲜黄连 | 小檗科 | 根、根茎 | 明目止泪、平肝、清热燥湿、凉血、止血、止泻痢、健胃、杀虫 |
| *Juglans regia* L. | 胡桃 | 胡桃科 | 种子 | 补肾固精、温肺定喘 |
| *Juncus effuses* L. | 灯心草 | 灯心草科 | 全草 | 清心降火、利尿通淋 |
| *Jussiaea repens* L. | 水龙 | 柳叶菜科 | 全草 | 清热解毒、利尿凉血、去腐生肌 |
| *Kadsura longipedunculata* Finet et Gagnep. | 南五味子 | 五味子科 | 根皮、根茎、果实 | 祛风通络、消肿止痛 |
| *Kadsura oblongifolia* Merr. | 冷饭团 | 五味子科 | 根、茎藤 | 行气止痛、活血消肿 |
| *Kaempferia galangal* Linn. | 山奈 | 姜科 | 根 | 温中散寒、化浊、行气、消肿止痛 |
| *Kalanchoe laciniata*（L.）DC. | 伽蓝菜 | 景天科 | 全草 | 清热解毒、散瘀、止血 |
| *Kalimeris indica*（L.）Sch.-Bip. | 马兰 | 菊科 | 全草 | 清热、利湿、解毒、凉血 |
| *Kalopanax septemlobus*（Thunb.）Koidz. | 刺楸 | 五加科 | 皮 | 祛风利湿、活血止痛 |
| *Kingdonia uniflora* Balf. F. et W. W. Smith | 独叶草 | 毛茛科 | 全草 | 活络、健胃、祛风 |

（续）

| 拉 丁 名 | 中文名 | 科 名 | 药用部位 | 用 途 |
|---|---|---|---|---|
| *Knoxia valerianoides* Thorel et Pitard | 红大戟 | 茜草科 | 块根 | 泻水、解毒、消肿散结 |
| *Kochia scoparia* （L.） Schrad. | 地肤子 | 藜科 | 全草 | 利尿通便、清热祛湿 |
| *Kummerowia stipulacea* （Maxim.） Makino | 长萼鸡眼草 | 豆科 | 全草 | 清热解毒、健脾利湿、除火毒 |
| *Kydia calycina* Roxb. | 翅果麻 | 锦葵科 | 叶、花 | 清热解毒 |
| *Kyllinga brevifolia* Rottb. | 水蜈蚣 | 莎草科 | 根状茎或全草 | 疏风解表、清热利湿、止咳化痰、祛瘀消肿 |
| *Lagarosiphon alternifolius* （Roxb.） Druce | 软骨草 | 水鳖科 | 全草 | 利水除烦 |
| *Lagenaria siceraria* （Molina） Standl. | 葫芦 | 葫芦科 | 果皮、种子 | 利尿、消肿、散结 |
| *Lagerstroemia* indica L. | 紫薇 | 千屈菜科 | 全草 | 清热利湿、祛瘀解毒 |
| *Laggera alata* （D. Don） Sch. | 六棱菊 | 菊科 | 全草 | 祛风、除湿、化滞、散瘀、消肿、解毒 |
| *Lagopsis supine* （Steph.） Ik. -Gal. | 夏至草 | 唇形科 | 全草 | 健胃化食、散瘀消结 |
| *Laminaria japonica* Aresch. | 昆布 | 昆布科 | 藻体 | 软坚散结、消肿利水 |
| *Lamiophlomis rotate* （Benth.） Kudo | 独一味 | 唇形科 | 全草 | 活血止血、祛风止痛、干黄水 |
| *Lapsana apogonoides* Maxim. | 稻槎菜 | 菊科 | 全草 | 清热凉血、消痈解毒 |
| *Leibnitzia anandria* （L.） Nakai | 大丁草 | 菊科 | 全草 | 清热利湿、解毒消肿、止咳止血 |
| *Lemna minor* L. | 青萍 | 浮萍科 | 全草 | 宣散风热、透疹、利尿 |
| *Leontopodium leontopodioides* （Willd.） Beauv. | 火绒草 | 菊科 | 全草 | 清热凉血、益肾利水 |
| *Leonurus japonicus* Houtt. | 益母草 | 唇形科 | 全草 | 调经活血、祛瘀生新、利尿消肿 |
| *Lepidium apetalum* Willd. | 葶苈子 | 十字花科 | 种子 | 润肺祛痰、止咳、平喘、行水消肿 |
| *Lespedeza bicolor* Turcz. | 胡枝子 | 豆科 | 种子 | 润肺清热、利水通淋 |
| *Ligusticum chuanxiong* Hort. | 川芎 | 伞形科 | 根茎 | 活血行气、散风止痛 |
| *Ligusticum sinense* Oliv. | 藁本 | 伞形科 | 根茎、根 | 散风、祛寒、定痛、除湿 |
| *Ligustrum lucidum* Ait. | 女贞子 | 木犀科 | 果实 | 滋补肝肾、抑菌 |
| *Lilium brownii* F. E. Brown | 百合 | 百合科 | 鳞茎 | 润肺止咳、清热安神 |
| *Lilium concolor* Salisb. | 山丹 | 百合科 | 花 | 润肺止咳、清热安神 |
| *Limonium sinense* （Girard） O. Kuntze | 补血草 | 白丹花科 | 根 | 清热、祛湿、补血 |
| *Lindera strychnifolia* （Sieb. et Zucc.） Vill. | 乌药 | 樟科 | 根 | 顺气、开郁、散寒、止痛 |
| *Linum usitatissimum* L. | 亚麻 | 亚麻科 | 种子 | 润燥、通便、养血、祛风 |

（续）

| 拉　丁　名 | 中文名 | 科　名 | 药用部位 | 用　途 |
|---|---|---|---|---|
| *Liquidambar formosana* Hance | 枫香树 | 金缕梅科 | 果序、树脂 | 果序：行气宽中、活血通络、下乳、利尿<br>树脂：活血止痛、解毒、生肌、凉血 |
| *Liquidambar orientalis* Mill. | 苏合香树 | 金缕梅科 | 树干渗出的树脂 | 开窍、辟秽、止痛 |
| *Liriodendron chinense* （Hemsl.） Sarg. | 鹅掌楸 | 木兰科 | 根、树皮 | 祛风除湿、止咳 |
| *Litchi chinensis* Sonn. | 荔枝 | 无患子科 | 种子 | 理气、祛寒、止痛 |
| *Lithospermum erythrorhizon* Sieb. et Zucc. | 紫草 | 紫草科 | 根 | 凉血活血、清热解毒、滑肠通便 |
| *Litsea cubeba* （Lour.） Pers. | 山鸡椒 | 樟科 | 果实 | 温脾暖肾、健胃消食、行气止痛 |
| *Litsea pungens* Hemsl. | 木姜子 | 樟科 | 果实 | 健脾、燥湿、调气、消食 |
| *Livistona chinensis* （Jacq.） R. Br. | 蒲葵 | 棕榈科 | 根、叶、种子 | 根：止痛、止喘<br>叶烧炭：外用止汗，内服止盗汗<br>种子：抗癌、凉血、止血、止痛 |
| *Lobelia chinensis* Lour. | 半边莲 | 桔梗科 | 全草 | 利尿消肿、清热解毒 |
| *Lonicera japonica* Thunb. | 忍冬 | 忍冬科 | 茎叶、花蕾、果实 | 茎叶：清热、解毒、通经活络<br>花蕾：清热、解毒<br>果实：清热凉血、化湿热 |
| *Lophatherum gracile* Brongn. | 淡竹叶 | 禾本科 | 全草 | 清热除烦、利尿消渴 |
| *Loropetalum chinense* （R. Rr.） Oliv. | 檵木 | 金缕梅科 | 根、叶、花 | 根：通经络、健脾化湿<br>叶：止血、止痛、生肌<br>花：清热止血 |
| *Lotus corniculatus* L. | 百脉根 | 豆科 | 全草 | 下气止渴、去热补虚 |
| *Luffa cylindrica* （L.） Roem. | 丝瓜 | 葫芦科 | 果实 | 镇咳、祛痰、凉血解毒、通经络、行血脉 |
| *Lycium barbarum* L. | 枸杞 | 茄科 | 果实 | 滋补肝肾、益精明目 |
| *Lycopodium japonicum* Thunb. | 石松 | 石松科 | 全草 | 祛风寒、除湿消肿、舒筋活络 |
| *Lycopus lucidus* Turcz. | 泽兰 | 唇形科 | 全草 | 活血、益气、消水 |
| *Lycoris radiate* （L. Herit.） Herb. | 石蒜 | 石蒜科 | 鳞茎 | 消肿、杀虫 |
| *Lysimachia christinae* Hance | 金钱草 | 报春花科 | 全草 | 清热解毒、利尿排石、活血散瘀 |
| *Lysimachia clethroides* Duby | 珍珠菜 | 报春花科 | 根、全草 | 活血调经、解毒消肿利尿 |
| *Lysimachia foenum-graecum* Hance | 灵香草 | 报春花科 | 全草 | 祛风寒、避瘟疫、行气止痛、驱虫 |
| *Lythrum salicaria* L. | 千屈菜 | 千屈菜科 | 全草 | 清热解毒、凉血止血 |
| *Macleaya cordata* （Willd.） R. Br. | 博落回 | 罂粟科 | 全草 | 杀虫、祛风、散瘀、消肿 |
| *Macrocarpium officinale* （Sieb. et Zucc.） Nakai | 山茱萸 | 山茱萸科 | 果实 | 补益肝肾、涩精止汗 |
| *Magnolia liliflora* Desr. | 辛夷 | 木兰科 | 花 | 祛风散寒、通肺宣窍 |

（续）

| 拉　丁　名 | 中文名 | 科　名 | 药用部位 | 用　途 |
|---|---|---|---|---|
| *Magnolia officinalis* Rehd. et Wils. | 厚朴 | 木兰科 | 皮 | 温中、下气、燥湿、消痰 |
| *Mahonia bealei*（Fort.）Carr. | 十大功劳 | 小檗科 | 全草 | 清热补虚、止咳化痰 |
| *Malachium aquaticum*（L.）Fries | 鹅肠菜 | 石竹科 | 全草 | 清热凉血、消肿止痛、消积通乳 |
| *Mallotus apelta*（Lour.）Muell.-Arg. | 白背叶 | 大戟科 | 根、叶 | 根：柔肝活血、健脾利湿、收敛固脱、解毒<br>叶：消炎止血 |
| *Malva verticillata* L. | 野葵 | 锦葵科 | 果实 | 利水通淋、滑肠通便、下乳 |
| *Mangifera indica* L. | 杧果 | 漆树科 | 果实 | 健胃、行气、解渴、利尿 |
| *Manilkara zapota*（L.）van Royen | 人心果 | 山榄科 | 树皮 | 树皮：胃痛、泄泻、乳蛾<br>果实：胃脘痛 |
| *Mannagettaea labiata* H. Smith | 豆列当 | 列当科 | 全草 | 无名肿痛、痈肿、泄泻 |
| *Maranta bicolor* Ker-Gawl. | 花叶竹芋 | 竹芋科 | 根状茎 | 清热消肿 |
| *Marchantia polymorpha* L. | 地钱 | 地钱科 | 全草 | 清热、生肌、拔毒 |
| *Matricaria recutita* L. | 母菊 | 菊科 | 花序、全草 | 祛风解表 |
| *Matteuccia struthiopteris*（L.）Todaro | 荚果蕨 | 球子蕨科 | 根茎 | 清热解毒、止血、杀虫 |
| *Maytenus hookeri* Loes. | 美登木 | 卫矛科 | 全株 | 活血化瘀 |
| *Meconopsis chelidonifollia* Bur. et Franch. | 椭果绿绒蒿 | 罂粟科 | 根 | 补气、活血行气、止血 |
| *Melastoma dodecandrum* Lour. | 地念 | 野牡丹科 | 全草 | 清热解毒、祛风利湿、补脾益肾、活血止血 |
| *Melia toosendan* Sieb. et Zucc. | 川楝 | 楝科 | 果实 | 清肝火、除湿热、止痛 |
| *Meliosma cuneifolia* Franch. | 泡花树 | 清风藤科 | 根皮 | 清热解毒、利水镇痛 |
| *Menispermum dauricum* DC. | 蝙蝠葛 | 防己科 | 根茎 | 清热解毒、消肿止痛 |
| *Mentha haplocalyx* Briq. | 薄荷 | 唇形科 | 全草 | 散风热、清头目、透疹、镇痛、止痒、防腐、杀菌 |
| *Metaplexis japonica*（Thunb.）Makino | 萝藦 | 萝藦科 | 全草 | 补益精气、通乳、解毒 |
| *Miliusa chunii* W. T. Wang | 野独活 | 番荔枝科 | 根 | 胃脘疼痛、肾虚腰痛 |
| *Mirabilis jalapa* L. | 紫茉莉 | 紫茉莉科 | 全草 | 清热利湿、活血调经、消肿解毒 |
| *Mollugo lotoides*（L.）O. Kuntze | 星毛粟米草 | 粟米草科 | 全草 | 清热解毒、利湿 |
| *Momordica charantia* L. | 苦瓜 | 葫芦科 | 全株 | 果：消暑涤热、解毒明目<br>种子：益气壮阳<br>花：止痢<br>藤、根：清热解毒 |
| *Momordica cochinchinensis*（Lour.）Sprang. | 木鳖子 | 葫芦科 | 果实 | 消肿散结、祛毒 |
| *Momordica grosvenori* Swingle | 罗汉果 | 葫芦科 | 果实 | 清热润肺、止咳、消暑解渴、润肠通便 |

（续）

| 拉　丁　名 | 中文名 | 科　名 | 药用部位 | 用　　途 |
|---|---|---|---|---|
| *Monochoria korsakowii* Regel et Maack | 雨久花 | 雨久花科 | 全草 | 清热解毒、止咳平喘、祛湿消肿 |
| *Monochoria vaginalis*（Burm. f.）Presl | 鸭舌草 | 雨久花科 | 全草 | 清热解毒 |
| *Morina nepalensis* D. Don | 刺续断 | 川续断科 | 根、全草 | 根：补肝益肾、填精续骨<br>全草：健胃、催吐、消肿 |
| *Morinda officinalis* How | 巴戟天 | 茜草科 | 根 | 补肾壮阳、强筋骨、祛风湿 |
| *Morus alba* L. | 桑 | 桑科 | 果实 | 补肝益肾、养血生津、滑肠 |
| *Murraya paniculata*（L.）Jack | 九里香 | 芸香科 | 全草 | 行气活血、祛风除湿 |
| *Musa basjoo* Sieb. et Zucc. | 芭蕉 | 芭蕉科 | 假根、叶、花蕾及花、种子、果仁、茎叶汁 | 假根：清热、止渴、利尿、解毒<br>叶：清热、利尿、解毒<br>种子：止渴润肺<br>果仁：通血脉、填精髓<br>茎叶汁：清热、止渴、解毒 |
| *Musella lasiocarpa*（Franch.）C. Y. Wu et H. W. Li | 地涌金莲 | 芭蕉科 | 根状茎、茎汁、花 | 根状茎：清热通淋<br>茎汁：解乌头中毒、醒酒<br>花：收敛止血 |
| *Mussaenda pubescens* Ait. f. | 玉叶金花 | 茜草科 | 全草 | 清凉解暑、凉血解毒 |
| *Myoporum bontioides*（Sieb. et Zucc.）A. Gray | 苦槛蓝 | 苦槛蓝科 | 根 | 肺痨 |
| *Myristica fragrans* Houtt. | 肉豆蔻 | 肉豆蔻科 | 果实 | 暖脾胃、止泻行气 |
| *Nandina domestica* Thunb. | 南天竹 | 小檗科 | 果实、根、叶 | 果实：止咳平喘<br>根、叶：清热解毒、祛风止痛、活血凉血、止血 |
| *Nanocnide japonica* Bl. | 花点草 | 荨麻科 | 全草 | 化痰止咳、止血 |
| *Nardostachys chinensis* Batal. | 甘松 | 败酱科 | 根、根茎 | 理气止痛、开郁醒脾 |
| *Nelumbo nucifera* Gaertn | 莲 | 睡莲科 | 果实 | 莲子：健脾止泻、养心益肾<br>莲心：清心火、降血压 |
| *Neopallasia pectinata*（Pall.）Poljak. | 栉叶蒿 | 菊科 | 全草 | 清肝利胆、消肿止痛 |
| *Nepenthes mirabilis*（Lour.）Druce | 猪笼草 | 猪笼草科 | 全草 | 清热止咳、利尿、降压 |
| *Nephrolepis cordifolia*（L.）Presl | 肾蕨 | 肾蕨科 | 全草 | 清热利湿、宁肺止咳、软坚消积、消肿解毒 |
| *Nerium indicum* Mill. | 夹竹桃 | 夹竹桃科 | 全草 | 强心利尿、清热祛湿 |
| *Nervilia fordii*（Hance）Schlecht. | 毛唇芋兰 | 兰科 | 全草 | 清肺止咳、健脾消积、镇静止痛、散瘀消肿、清热解毒 |
| *Nigella glandulifera* Freyn. | 黑种草 | 毛茛科 | 种子 | 通经活血、祛风止痛、解毒利尿 |
| *Notopterygium incisum* Ting ex H. T. Chang | 羌活 | 伞形科 | 根茎 | 散表寒、祛风湿、利关节 |

（续）

| 拉　丁　名 | 中文名 | 科　名 | 药用部位 | 用　　途 |
|---|---|---|---|---|
| *Nuphar pumilum*（Hoffm.）DC. | 萍蓬草 | 睡莲科 | 根状茎、种子 | 根：清虚热、止汗、止咳、止血、祛瘀调经<br>种子：滋补强壮、健胃、调经 |
| *Nyctanthes arbor-tristis* L. | 夜花 | 木犀科 | 枝、叶 | 祛风除湿 |
| *Nymphoides peltatum*（Gmel.）O. Kuntze | 荇菜 | 睡菜科 | 全草 | 利尿、消肿、清热、解毒 |
| *Ocimum basilicum* L. var. *pilosum*（Willd.）Benth. | 罗勒 | 唇形科 | 全草 | 发汗解表、祛风利湿、散瘀止痛 |
| *Oenothera biennis* L. | 月见草 | 柳叶菜科 | 种子 | 减少胆固醇、动脉粥样硬化 |
| *Olgaea tangutica* Iljin | 刺疙瘩 | 菊科 | 全草 | 清热解毒、消肿、止血 |
| *Ophiopogon japonicus*（L. f.）Ker-Gawl. | 麦冬 | 百合科 | 块根 | 养阴生津、润肺止咳 |
| *Opuntia dillenii*（Ker-Gawl.）Haw. | 仙人掌 | 仙人掌科 | 全草 | 消肿止痛、行气活血 |
| *Origanum vulgare* L. | 牛至 | 唇形科 | 地上部 | 消暑解表、利水消肿 |
| *Orobanche coerulescens* Steph. | 列当 | 列当科 | 全草 | 补肾壮阳、强筋骨 |
| *Orostachys fimbriatus*（Tuscz.）Berg. | 瓦松 | 景天科 | 全草 | 清热解毒、活血、止血、利湿、消肿 |
| *Oroxylum indicum*（L.）Vent. | 木蝴蝶 | 紫葳科 | 种子 | 清肺利咽、疏肝和胃 |
| *Oryza sativa* L. var. *glutinosa* Matsum | 糯稻 | 禾本科 | 根茎、根 | 养阴、止汗、健胃 |
| *Osmanthus fragrans* Lour. | 桂花子 | 木犀科 | 果实、花、根 | 桂花子：暖胃平肝、散寒止痛<br>花：散寒破结、化痰生津<br>根：健脾益肾、舒筋活络 |
| *Osmunda japonica* Thunb. | 紫萁 | 紫萁科 | 根茎 | 清热解毒、祛湿散瘀、止血、杀虫 |
| *Ottelia acuminate*（Gagnep.）Dandy | 海菜花 | 水鳖科 | 根、叶 | 清热解毒、软坚散结 |
| *Ottelia alismoides*（L.）Pers. | 水车前 | 水鳖科 | 全草 | 清热化痰、解毒利尿 |
| *Oxalis corniculata* L. | 酢浆草 | 酢浆草科 | 全草 | 清热利湿、止咳祛痰、消肿解毒 |
| *Pachyrhizus erosus*（L.）Vrban | 豆薯 | 豆科 | 块根、种子 | 块根：生津止渴、消暑、降压、解毒<br>种子：杀虫止痒 |
| *Pachysandra axillaries* Franch. | 板凳果 | 黄杨科 | 全株 | 祛风除湿、舒筋活络 |
| *Paederia scandens*（Lour.）Merr. | 鸡矢藤 | 茜草科 | 地上部 | 祛风活血、止痛、解毒、消食导滞、除湿消肿 |
| *Paeonia lactiflora* Pall. | 芍药 | 毛茛科 | 根 | 养血、敛阴、柔肝、止痛 |
| *Paeonia obovata* Maxim. | 赤芍 | 毛茛科 | 根 | 行瘀、止痛、凉血、消肿 |
| *Paeonia suffruticosa* Andr. | 牡丹 | 毛茛科 | 根皮 | 清热、凉血、活血行瘀 |

（续）

| 拉 丁 名 | 中文名 | 科 名 | 药用部位 | 用 途 |
|---|---|---|---|---|
| *Paliurus ramosissimus* （Lour.） Poir. | 马甲子 | 鼠李科 | 根 | 祛风湿、散瘀血、解毒 |
| *Panax ginseng* C. A. Mey. | 人参 | 五加科 | 根 | 提高脑、体力活动能力和免疫功能 |
| *Panax japonicum* C. A. Mey. var. *major* （Burk.） C. Y. Wu et K. M. Feng | 珠子参 | 五加科 | 根茎 | 舒筋活络、补血止血 |
| *Panax japonicus* C. A. Mey. | 竹节参 | 五加科 | 根茎 | 滋补强壮、散瘀止痛、止血祛痰 |
| *Panax notoginseng* （Burk.） F. H. Chen | 三七 | 五加科 | 根 | 止血化瘀、消肿止痛 |
| *Panax quinquefolium* L. | 西洋参 | 五加科 | 根 | 滋补强壮、养血生津、宁神益智 |
| *Pandanus tectorius* Soland. | 露兜树 | 露兜树科 | 根、根头、叶芽、花、果实 | 根、根头：清热解毒<br>叶芽：清热、凉血、解毒<br>花：用于疝气、小便不通<br>果实：清热解毒 |
| *Papaver somniferum* L. | 罂粟 | 罂粟科 | 果壳 | 敛肺止咳、涩肠、镇痛 |
| *Paris polyphylla* Smith | 七叶一枝花 | 百合科 | 根茎 | 消肿止痛 |
| *Parthenocissus tricuspidata* （Sieb. et Zucc.） Planch. | 地锦 | 葡萄科 | 全草 | 活血、祛风、止痛 |
| *Passiflora edulis* Sims | 鸡蛋果 | 西番莲科 | 果实 | 清热解毒、镇痛安神 |
| *Patrinia scabiosaefolia* Fisch. ex Trev | 败酱草 | 败酱科 | 全草 | 清热解毒、活血、去瘀排脓、消痈 |
| *Paulownia tomentosa* （Thunb.） Steud. | 泡桐 | 玄参科 | 根、果实、花、叶 | 根：祛风、解毒、消肿、止痛<br>果：化痰止咳 |
| *Pentanema indicum* （L.） Ling | 苇谷草 | 菊科 | 全草 | 清热解毒、止血、利水通淋 |
| *Peracarpa carnosa* （Wall.） Hook. f. et Thoms. | 袋果草 | 桔梗科 | 全草 | 用于筋骨痛、小儿惊风 |
| *Perilla frutescens* （L.） Britt. | 紫苏 | 唇形科 | 果实、全草 | 全草：散寒解表、理气宽胸<br>果实：润肺、消痰 |
| *Periploca sepium* Bge. | 杠柳 | 萝藦科 | 根皮 | 祛风湿、壮筋骨、利小便 |
| *Peristrophe baphica* （Spreng.） Bremek. | 观音草 | 爵床科 | 全草 | 清肺止咳、散瘀止血 |
| *Petasites japonicus* （Sieb. et Zucc.） F. Schmidt | 蜂斗菜 | 菊科 | 根状茎 | 解毒祛瘀、消肿止痛 |
| *Peucedanum praeruptorum* Dunn | 白花前胡 | 伞形科 | 根 | 清热、散风、降气、化痰 |
| *Pharbitis* sp. | 牵牛 | 旋花科 | 种子 | 泻下、利尿、消肿、驱虫 |
| *Phaseolus calcaratus* Roxb. | 赤小豆 | 豆科 | 种子 | 利水除湿、消肿解毒 |
| *Phaseolus radiatus* L. | 绿豆 | 豆科 | 种皮、种子 | 绿豆衣：清热解毒、明目退翳<br>绿豆：清热、消暑、解毒、利尿 |

（续）

| 拉 丁 名 | 中文名 | 科 名 | 药用部位 | 用 途 |
|---|---|---|---|---|
| *Phellodendron amurense* Rupr. | 关黄柏 | 芸香科 | 树皮 | 清热燥湿、泻火除蒸、解毒疗疮 |
| *Phellodendron chinense* Schneid. | 黄柏 | 芸香科 | 皮 | 清热解毒、泻火燥湿 |
| *Philydrum lanuginosum* Banks | 田葱 | 田葱科 | 全草 | 清热利湿 |
| *Phoenix dactylifera* L. | 枣椰子 | 棕榈科 | 果实 | 补中益气、补虚损、消食、止咳 |
| *Photinia serrulata* Lindl. | 石楠 | 蔷薇科 | 叶片 | 祛风、通络、益肾 |
| *Phragmites communis* Trin. | 芦苇 | 禾本科 | 根茎 | 清热生津、止呕、利小便 |
| *Phryma leptostachya* L. | 透骨草 | 透骨草科 | 全草 | 清热解毒、杀虫、生肌 |
| *Phrynium placentarium* （Lour.） Merr. | 尖苞柊叶 | 竹芋科 | 根状茎、叶 | 清热解毒、凉血止血、利尿 |
| *Phyllanthus emblica* L. | 余甘 | 大戟科 | 果实 | 清热凉血、消食健胃、生津止咳 |
| *Phyllanthus urinaria* L. | 叶下珠 | 大戟科 | 全草 | 清热利尿、平肝明目、消积 |
| *Physalis alkekengi* L. var. *francheti* （Mast.） Makino | 酸浆 | 茄科 | 空宿萼或带浆果的宿萼 | 清热、解毒、利咽 |
| *Physalis pubescens* L. | 毛酸浆 | 茄科 | 果实 | 清热解毒、消肿利尿 |
| *Physochlaina infundibularis* Kuang | 漏斗泡囊草 | 茄科 | 全草 | 平喘止咳、安神镇惊 |
| *Phytolacca acinosa* Roxb. | 商陆 | 商陆科 | 根 | 泻水、利尿、散结、消肿 |
| *Picrasma quassioides* （D. Don） Benn. | 苦木 | 苦木科 | 根、树皮、茎枝 | 清热燥湿、解毒、杀虫 |
| *Picris hieracioides* L. subsp. *japonica* （Thunb.） Krylov | 毛连菜 | 菊科 | 全草、花序 | 根：利小便<br>全草：泻火、解毒、祛瘀止痛<br>花序：宣肺止血、化瘀平喘 |
| *Picrorhiza scrophulariiflora* Pennell | 胡黄连 | 玄参科 | 根 | 清热、凉血、燥湿 |
| *Pinellia cordata* N. E. Br. | 滴水珠 | 天南星科 | 块茎 | 消肿、散瘀、解毒、止痛 |
| *Pinellia ternate* （Thunb.） Breit. | 半夏 | 天南星科 | 鳞茎 | 燥湿化痰、降逆止呕、消痞散结 |
| *Pinus massoniana* Lamb. | 松 | 松科 | 花粉、松油脂 | 松花粉：燥湿、润肺、收敛止血<br>松油脂：生肌止痛、燥湿杀虫 |
| *Piper betle* L. | 蒌叶 | 胡椒科 | 全株 | 祛风散寒、行气化痰、消肿止痒 |
| *Piper longum* L. | 荜拔 | 胡椒科 | 种子 | 温中散寒、止痛 |
| *Piper nigrum* L. | 胡椒 | 胡椒科 | 果实 | 温中散寒、健胃止痛 |
| *Piper putbicatulum* C. DC. | 岩参 | 胡椒科 | 茎藤 | 健胃行气、消炎镇痛 |
| *Piper wallichii* （Miq.） Hand.-Mazz. | 石南藤 | 胡椒科 | 藤茎 | 祛风湿、通经络、强腰膝、止痛 |
| *Pittosporum adaphniphylloides* Hu et Wang | 大叶海桐 | 海桐花科 | 根皮、种子 | 退热、通经、活血、敛汗 |
| *Pittosporum illicioides* Makino | 海桐树 | 海桐科 | 种子 | 祛风活络、散瘀止痛、涩肠固精 |
| *Plantago asiatica* L. | 车前 | 车前草科 | 种子、全草 | 种子：清热利尿、渗湿通淋、明目去痰<br>全草：清热利尿、祛痰解毒 |

（续）

| 拉　丁　名 | 中文名 | 科　名 | 药用部位 | 用　途 |
|---|---|---|---|---|
| *Platanus acerifolia* （Ait.）Willd. | 悬铃木 | 悬铃木科 | 叶、果实 | 叶：滋补、退热、发汗<br>果实：解表、发汗、止血 |
| *Platycarya strobilacea* Sieb. et Zucc. | 化香 | 胡桃科 | 全草 | 叶：解毒、止痒、杀虫<br>果序：顺气祛风、消肿止痛、燥湿杀虫 |
| *Platycladus orientalis* （L.）Franco | 侧柏 | 柏科 | 叶、果实、种仁 | 叶：凉血、止血、祛风湿、散肿毒<br>果实：清肺、止血、养心安神<br>种仁：养心安神、润肠通便、滋补强壮 |
| *Platycodon grandiflorum* （Jacq.）A. DC. | 桔梗 | 桔梗科 | 根 | 祛痰止咳、消肿排脓 |
| *Pleione bulbocodioides* （Franch.）Rolfe | 山慈姑 | 兰科 | 假鳞茎 | 消肿散结、化痰解毒 |
| *Plumbago zeylanica* Linn. | 白花丹 | 蓝雪科 | 根、叶 | 祛风止痛、散瘀消肿、清热解毒 |
| *Podophyllum emodi* Wall. ex Royle. | 鬼臼 | 小檗科 | 根、根茎 | 祛风除湿、活血解毒 |
| *Pogonatherum crinitum* （Thunb.）Kunth | 金丝草 | 禾本科 | 全草 | 清热凉血、利尿通淋 |
| *Pogostemon cablin* （Blanco）Benth. | 广藿香 | 唇形科 | 全草 | 发表、和中、行气、化湿、解暑 |
| *Pollia japonica* Thunb. | 杜若 | 鸭跖草科 | 全草 | 根状茎：补肾<br>全草：理气止痛、舒风消肿 |
| *Polygala japonica* Houtt. | 瓜子金 | 远志科 | 全草 | 祛痰止咳、活血消肿、解毒止痛、安神 |
| *Polygala tenuifolia* Willd. | 远志 | 远志科 | 根 | 安神益智、散郁化痰 |
| *Polygonatum cyrtonema* Hua | 多花黄精 | 百合科 | 根茎 | 补脾润肺、养阴生津、益气 |
| *Polygonatum odoratum* （Mill.）Druce | 玉竹 | 百合科 | 鳞茎 | 养阴、润燥、生津止咳 |
| *Polygonum alatum* Buch. -Ham. ex D. Don | 头状蓼 | 蓼科 | 全草 | 清热解毒、收敛固肠 |
| *Polygonum aviculare* L. | 萹蓄 | 蓼科 | 全草 | 清热利尿、解毒驱虫 |
| *Polygonum bistorta* L. | 拳参 | 蓼科 | 根茎 | 清热解毒、消肿、止血 |
| *Polygonum chinense* L. | 火炭母 | 蓼科 | 全草 | 清热解毒、利湿消滞、凉血止痒、明目退翳 |
| *Polygonum cuspidatum* Sieb. et Zucc. | 虎杖 | 蓼科 | 根茎、根 | 祛风、利湿、破瘀、通经 |
| *Polygonum hydropiper* L. | 辣蓼 | 蓼科 | 全草 | 除湿化滞、止痢、解毒 |
| *Polygonum multiflorum* Thunb. | 何首乌 | 蓼科 | 藤茎 | 安神、通络、祛风 |
| *Polygonum orientale* L. | 荭草 | 蓼科 | 全草 | 清热止痛、健脾利湿 |
| *Polygonum perfoliatum* L. | 杠板归 | 蓼科 | 地上部 | 清热解毒、利水消肿、止咳化痰、止痒 |

（续）

| 拉　丁　名 | 中文名 | 科　名 | 药用部位 | 用　途 |
|---|---|---|---|---|
| *Poncirus trifoliata*（L.）Raf. | 枸橘 | 芸香科 | 果实、叶 | 果实：健胃理气、散结止痛<br>叶：行气、散结、止呕 |
| *Populus adenopoda* Maxim. | 响叶杨 | 杨柳科 | 根、树皮、叶 | 祛风通络、散瘀活血、止痛 |
| *Portulaca oteracea* L. | 马齿苋 | 马齿苋科 | 全草 | 清热利湿、凉血解毒 |
| *Potamogeton crispus* L. | 菹草 | 眼子菜科 | 全草 | 清热利水、止血、消肿、驱蛔虫 |
| *Potamogeton distinctus* A. Benn. | 眼子菜 | 眼子菜科 | 全草 | 清热、利水、止血、消肿、驱蛔虫 |
| *Potentilla chinensis* Ser. | 委陵菜 | 蔷薇科 | 全草 | 祛湿、清热、解毒 |
| *Potentilla discolor* Bge. | 翻白草 | 蔷薇科 | 全草、根 | 解毒、消肿、凉血、止血 |
| *Pratia nummularia*（Lam.）A. Br. et Aschers. | 铜锤玉带草 | 桔梗科 | 全草、果实 | 全草：祛风利湿、活血散瘀、解毒<br>果实：固精、顺气、消积散瘀 |
| *Primula malacoides* Franch. | 报春花 | 报春花科 | 全草 | 利水消肿、止血 |
| *Primula maximowiczii* Regel | 胭脂花 | 报春花科 | 全草 | 清热解毒、止痛、祛风 |
| *Prinsepia uniflora* Batal. | 扁核木 | 蔷薇科 | 果核 | 疏风、散热、养肝、明目 |
| *Prunella vulgaris* L. | 夏枯草 | 唇形科 | 花穗、全草 | 清肝明目、解热散结 |
| *Prunus amygdlus* Batsch | 巴旦杏 | 蔷薇科 | 果实 | 润肺、止咳、化痰、下气 |
| *Prunus armeniaca* L. | 杏 | 蔷薇科 | 种子 | 止咳平喘、宣肺润肠 |
| *Prunus japonica* Thunb. | 郁李 | 蔷薇科 | 种子 | 润肠通便、利尿消肿 |
| *Prunus mume*（Sieb.）Sieb. et Zucc. | 梅 | 蔷薇科 | 果实 | 敛肺涩肠、生津止渴、驱蛔止痢 |
| *Prunus persica*（L.）Batsch | 桃 | 蔷薇科 | 种子 | 活血、祛瘀、润肠通便 |
| *Prunus pseudocerasus* Lindl. | 樱桃 | 蔷薇科 | 果核 | 发表、透疹、解毒 |
| *Prunus salicina* Lindl. | 李 | 蔷薇科 | 果实 | 清肺解热、生津利水 |
| *Psammosilene tunicoides* W. C. Wu et C. Y. Wu | 金铁锁 | 石竹科 | 根 | 祛风活血、散瘀止痛 |
| *Pseudolarix kaempferi* Gord. | 金钱松 | 松科 | 根皮、近根树皮 | 除湿止痒、杀虫 |
| *Pseudostellaria heterophylla*（Miq.）Pax ex Pax et Hoffm. | 太子参 | 石竹科 | 块根 | 益气、健脾生津 |
| *Pseudostreblus indica* Bur. | 滑叶跌打 | 桑科 | 树皮 | 止血、止痛 |
| *Psidium guajava* L. | 番石榴 | 桃金娘科 | 叶、果实 | 收敛止泻、创伤出血 |
| *Psoralea corylifolia* L. | 补骨脂 | 豆科 | 种子 | 补阳、固精、缩尿、止泻 |
| *Pteridium aquilinum*（L.）Kuhn var. *latiusculum*（Desv.）Underw. ex Heller | 蕨 | 蕨科 | 嫩苗、根状茎 | 清热解毒、祛风利湿、降气化痰、利水安神 |
| *Pteris multifida* Poir. | 凤尾草 | 凤尾蕨科 | 全草 | 消肿解毒、清热利湿、凉血止血、生肌 |

（续）

| 拉　丁　名 | 中文名 | 科　名 | 药用部位 | 用　　途 |
|---|---|---|---|---|
| *Pteris semipinnata* L. | 半边旗 | 凤尾蕨科 | 全草 | 清热解毒、收敛止泻、祛风消肿、止血 |
| *Pueraria lobata*（Willd.）Ohwi | 葛 | 豆科 | 块根 | 解肌退热、生津止渴 |
| *Pulicaria chrysantha*（Diels）Ling | 金仙草 | 菊科 | 花序 | 消痰、降气、软坚、利水 |
| *Pulicaria prostrate*（Gilib.）Ascher | 蚤草 | 菊科 | 全草 | 痢疾 |
| *Pulsatilla chinensis*（Bge.）Reg. | 白头翁 | 毛茛科 | 全草 | 清热凉血、解毒散瘀 |
| *Punica granatum* L. | 石榴 | 石榴科 | 果实 | 涩肠、止血、驱虫 |
| *Pyrethryum cinerariifolium* Trev. | 除虫菊 | 菊科 | 花 | 杀虫 |
| *Pyrola calliantha* H. Andr. | 鹿蹄草 | 鹿蹄草科 | 全草 | 补虚、益肾、活血调经 |
| *Pyrrosia sheareri*（Bak.）Ching | 庐山石韦 | 水龙骨科 | 地上部 | 利尿通淋、清肺、止血 |
| *Quisqualis indica* L. | 使君子 | 使君子科 | 果实 | 杀虫消积 |
| *Rabdosia lophanthoides*（Buch.-Ham. ex D. Don）Hara var. *gerardiana*（Benth.）Hara | 线纹香茶菜 | 唇形科 | 全草 | 清热利湿、退黄祛湿、凉血散瘀 |
| *Rabdosia rubescens*（Hemsl.）Hara | 碎米桠 | 唇形科 | 地上部 | 清热解毒、消炎止痛、健胃活血、抗肿瘤 |
| *Ranunculus japonicus* Thunb. | 毛茛 | 毛茛科 | 全草 | 清热、燥湿、解毒、退黄、消肿、止痛、退翳、截疟、杀虫 |
| *Raphanus sativus* L. | 莱菔 | 十字花科 | 种子 | 下气定喘、消食化痰 |
| *Rauvolfia serpentine*（Linn.）Benth. ex Kurz | 印度萝芙木 | 夹竹桃科 | 根 | 退热、抗癫痫、治蛇伤 |
| *Rauvolfia verticillata*（Lour.）Baill. | 萝芙木 | 夹竹桃科 | 根 | 镇静、降压、活血止痛、清热解毒 |
| *Rauvolfia verticillata*（Lour.）Baill. var. *hainanensis* Tsiang | 海南萝芙木 | 夹竹桃科 | 根 | 降压、镇静、活血、止痛、解毒 |
| *Rauvolfia vomitoria* Afzel. ex Spreng. | 催吐萝芙木 | 夹竹桃科 | 根 | 镇静、降压、催吐、泻下、清热解毒 |
| *Rauvolfia yunnanensis* Tsiang | 云南萝芙木 | 夹竹桃科 | 根 | 降压 |
| *Reevesia pubescens* Mast. | 梭罗树 | 梧桐科 | 根皮 | 祛风除湿、消肿止痛 |
| *Rehmannia glutinosa* Libosch. | 地黄 | 玄参科 | 块根 | 清热、生津、凉血、润燥、滋阴补肾、调经补血 |
| *Rhamnus dahurica* Pall. | 鼠李 | 鼠李科 | 树皮 | 清热通便 |
| *Rhaponticum uniflorum*（L.）DC. | 漏芦 | 菊科 | 根 | 排脓消肿、清热解毒 |
| *Rheum palmatum* L. | 大黄 | 蓼科 | 根 | 泻水通便、破积滞、行淤血 |
| *Rhodiola crenulata*（Hook. f. et Thoms.）H. Ohba | 大花红景天 | 景天科 | 全草 | 益气活血、通脉平喘 |
| *Rhododendron douricum* L. | 满山红 | 杜鹃花科 | 叶、根 | 祛痰止咳 |

（续）

| 拉 丁 名 | 中文名 | 科 名 | 药用部位 | 用 途 |
|---|---|---|---|---|
| *Rhododendron mieranthum* Turcz. | 照山白 | 杜鹃花科 | 枝叶 | 祛风通络、调经止痛、止咳化痰 |
| *Rhododendron molle* （Bl.） G. Don | 闹羊花 | 杜鹃花科 | 花 | 祛风除湿、散瘀定痛、杀虫 |
| *Rhododendron simsii* Planch | 杜鹃 | 杜鹃花科 | 全草 | 祛风除湿、活血去瘀 |
| *Rhodomyrtus tomentosa* （Ait.） Hassk. | 桃金娘 | 桃金娘科 | 根、叶、果 | 根：祛风活络、收敛止泻、养血<br>叶：收敛止泻、止血<br>果：滋养、补血、安胎 |
| *Ricinus communis* L. | 蓖麻 | 大戟科 | 种子 | 消肿、排脓、拔毒 |
| *Rorippa indica* （L.） Hiern | 蔊菜 | 十字花科 | 全草 | 止咳化痰、清热解毒、消炎止痛、通络活血 |
| *Rosa chinensis* Jacq. | 月季 | 蔷薇科 | 花 | 活血调经、散毒消肿 |
| *Rosa laevigata* Michx. | 金樱子 | 蔷薇科 | 果实 | 补肾固精 |
| *Rosa multiflora* Thunb. | 多花蔷薇 | 蔷薇科 | 全草 | 花：消暑、解渴、止血<br>根：祛风活血、调经固涩<br>叶：清热解毒<br>果：祛风湿、利关节 |
| *Rosa rugosa* Thunb. | 玫瑰 | 蔷薇科 | 花 | 理气行血、调经 |
| *Roscoea yunnanensis* Loes. | 滇象牙参 | 姜科 | 根 | 滋肾润肺 |
| *Rostellularia procumbens* （L.） Nees | 爵床 | 爵床科 | 全草 | 清热利湿、活血止痛 |
| *Rotala indica* （Willd.） Koehne | 节节菜 | 千屈菜科 | 全草 | 清热解毒 |
| *Rubia cordifolia* L. | 茜草 | 茜草科 | 全草 | 凉血止血、通经活络 |
| *Rubus chingii* Hu | 覆盆子 | 蔷薇科 | 果实 | 补肾固精、助阳缩尿 |
| *Rubus parvifolius* L. | 茅莓 | 蔷薇科 | 全草 | 清热凉血、散结、止痛、利尿消肿 |
| *Rumex crispus* L. | 牛耳大黄 | 蓼科 | 根 | 清热、凉血、化痰、止咳、通便、杀虫 |
| *Rumex japonicus* Houtt. | 羊蹄 | 蓼科 | 根 | 清热解毒、止血、通便、杀虫 |
| *Rungia pectinata* （L.） Nees | 孩儿草 | 爵床科 | 全草 | 清热利湿、消积导滞 |
| *Ruta graveolens* L. | 芸香 | 芸香科 | 全草 | 清热解毒、散瘀止痛 |
| *Sabia japonica* Maxim. | 清风藤 | 清风藤科 | 茎藤 | 祛风湿、利小便 |
| *Sagittaria sagittifolia* L. var. *edulis* Sieb. et Zucc. | 慈姑 | 泽泻科 | 球茎、叶、花 | 球茎：行血通淋<br>叶：消肿、解毒<br>花：明目、祛湿 |
| *Salacia prinoides* （Willd.） DC. | 五层龙 | 翅子藤科 | 根 | 通经活络、祛风除湿 |
| *Salicornia europaea* L. | 盐角草 | 藜科 | 全草 | 止血、利尿 |
| *Salix babylonica* L. | 垂柳 | 杨柳科 | 全株 | 清热解毒、祛风利湿 |
| *Salomonia cantoniensis* Lour. | 齿果草 | 远志科 | 全草 | 解毒、消肿、散瘀、镇痛 |
| *Salsola collina* Pall. | 猪毛菜 | 藜科 | 全草 | 平肝 |

（续）

| 拉 丁 名 | 中文名 | 科 名 | 药用部位 | 用 途 |
|---|---|---|---|---|
| *Salvia miltiorrhiza* Bge. | 丹参 | 唇形科 | 根 | 活血祛瘀、消肿止痛、养血安神 |
| *Salvia plebeian* R. Br. | 荔枝草 | 唇形科 | 全草 | 清热、解毒、凉血、利尿 |
| *Sambucus chinensis* Lindl. | 陆英 | 忍冬科 | 全草 | 根：散瘀消肿、祛风活络<br>茎、叶：利尿消肿、活血止痛 |
| *Sambucus williamsii* Hance | 接骨木 | 忍冬科 | 茎枝、根、根皮、叶、花 | 茎枝：祛风、利湿、活血、止痛<br>根、根皮：用于风湿关节痛、痰饮、水肿、黄疸、跌打损伤、烫伤<br>叶：行瘀、止痛<br>花：发汗、利尿 |
| *Sanguisorba officinalis* L. | 地榆 | 蔷薇科 | 全草 | 凉血、止血、清热、收敛 |
| *Sansevieria trifasciata* Prain | 虎尾兰 | 龙舌兰科 | 叶 | 清热解毒、祛腐生肌 |
| *Santalum album* L. | 檀香 | 檀香科 | 树脂 | 理气、温中、和胃、止痛 |
| *Sapindus mukorossi* Gaertn. | 无患子 | 无患子科 | 果实、根 | 果实：清热除痰、利咽止泻<br>根：清热解毒 |
| *Sapium sebiferum* （L.） Roxb. | 乌桕 | 大戟科 | 皮、叶 | 利水、消积、杀虫、解毒 |
| *Saponaria officinalis* L. | 肥皂草 | 石竹科 | 根 | 祛痰、利尿、祛风除湿、抗菌、杀虫 |
| *Saposhnikovia divaricata* （Turcz.） Schischk. | 防风 | 伞形科 | 根 | 解表、祛风除湿 |
| *Sarcandra glabra* （Thunb.） Nakai | 草珊瑚 | 金粟兰科 | 全草 | 清热凉血、活血祛斑、祛风通络 |
| *Sargassum fusiforme* （Harv.） Setch. | 羊栖菜 | 马尾藻科 | 藻体 | 软坚散结、消痰利水 |
| *Sargentodoxa cuneata* （Oliv.） Rehd. et Eils. | 大血藤 | 木通科 | 藤茎 | 活血通经、祛风除湿 |
| *Saurauia napaulensis* DC. var. *montana* C. F. Liang | 山地水东哥 | 猕猴桃科 | 根、树皮 | 根：接骨排脓<br>树皮：止血生肌、散瘀消肿 |
| *Sauropus rostratus* Miq. | 龙利叶 | 大戟科 | 叶 | 清热化痰、润肺通便 |
| *Saururus chinensis* （Lour.） Baill. | 三白草 | 三白草科 | 全草 | 清利湿热、解毒消肿 |
| *Saussurea involucrate* Kar. et Kir. | 新疆雪莲 | 菊科 | 全草 | 抗炎、镇痛、抑制肿瘤 |
| *Saxifraga stolonifera* （L.） Meerb. | 虎耳草 | 虎耳草科 | 全草 | 祛风、清热、凉血解毒 |
| *Scabiosa comosa* Fisch. ex Roem. et Schult. | 窄叶蓝盆花 | 川续断科 | 花 | 清热泻火 |
| *Scaevola sericea* Vahl | 草海桐 | 草海桐科 | 叶 | 扭伤、风湿关节痛 |
| *Scaphium lychnophorum* Pierre | 胖大海 | 梧桐科 | 种子 | 化痰、开声音 |
| *Schima superba* Gardn. et Champ. | 木荷 | 山茶科 | 根皮 | 利水消肿、催吐 |
| *Schisandra chinensis* （Turcz.） Baill. | 五味子 | 木兰科 | 果实 | 益气敛肺、滋肾、涩精、生津、止泻敛汗 |

（续）

| 拉 丁 名 | 中文名 | 科 名 | 药用部位 | 用 途 |
|---|---|---|---|---|
| *Schizaea digitata* （L.） Sw. | 莎草蕨 | 莎草蕨科 | 全草 | 清热解毒、退热 |
| *Schizonepeta tenuifolia* Briq. | 荆芥 | 唇形科 | 全草 | 发表、散风、透疹 |
| *Schnabelia oligophylla* Hand. -Mazz. | 筋骨草 | 唇形科 | 全草 | 祛风除湿、行血活络 |
| *Schoenoplectus tabermaemontani* （C. C. Gmel.） Palla | 水葱 | 莎草科 | 茎 | 渗湿利尿 |
| *Scirpus yagara* Ohwi | 荆三棱 | 莎草科 | 块茎 | 破血行气、消积止痛 |
| *Scorzonera albicaulis* Bunge | 笔管草 | 菊科 | 根 | 祛风除湿、理气活血 |
| *Scorzonera austriaca* Willd. | 鸦葱 | 菊科 | 根 | 消肿解毒 |
| *Scrophularianing poensis* Hemsl. | 玄参 | 玄参科 | 块根 | 滋阴降火、润燥生津、解毒利咽 |
| *Scutellaria baicalensis* Georgi | 黄芩 | 唇形科 | 根 | 清热、燥湿、解毒、止血 |
| *Scutellaria barbata* D. Don. | 半枝莲 | 唇形科 | 全草 | 清热解毒、活血祛瘀、消肿止痛、抗癌 |
| *Securinega suffruticosa* （Pall.） Re-hd. | 一叶萩 | 大戟科 | 嫩枝、叶、根 | 祛风活血、补肾强筋 |
| *Sedum erythrostictum* Miq. | 景天 | 景天科 | 全草 | 祛风清热、止血止痛 |
| *Sedum sarmentosum* Bge. | 垂盆草 | 景天科 | 全草 | 清热、消肿利尿、排脓生肌、降低谷丙转氨酶 |
| *Selaginella tamariscina* （Beauv.） Spring | 卷柏 | 卷柏科 | 全草 | 活血（生用）、止血（炒用） |
| *Semiaquilegia adoxoides* （DC.） Makino | 天葵 | 毛茛科 | 块根 | 利尿、消肿、解毒 |
| *Senecio scandens* Buch. Ham. | 千里光 | 菊科 | 全草 | 清热解毒、明目、杀虫 |
| *Serissa foetida* （L. f.） Comm. | 六月雪 | 茜草科 | 全草 | 清热解毒、祛风除湿、健脾利湿、舒筋活络、止血 |
| *Serratula centauroides* L. | 麻花头 | 菊科 | 全草 | 清热解毒、止血、止泻 |
| *Sesamum indicum* L. | 黑芝麻 | 胡麻科 | 种子 | 滋补肝肾、养血润肠 |
| *Setaria italica* （L.） Beauv. | 粟 | 禾本科 | 发芽颖果 | 健脾开胃、和中消食 |
| *Sheareria nana* S. Moore | 虾须草 | 菊科 | 全草 | 清热解毒、利水消肿、疏风 |
| *Siegesbeckia pubescens* Makino | 豨莶草 | 菊科 | 全草 | 祛风除湿、降低血压 |
| *Silene aprica* Turcz. ex Fisch. et Mey. | 女娄菜 | 石竹科 | 全草 | 健脾利水、活血调经 |
| *Silybum marianum* （L.） Gaertn. | 水飞蓟 | 菊科 | 种子 | 解毒 |
| *Sinapis alba* L. | 白芥 | 十字花科 | 种子 | 散寒、消肿止痛 |
| *Sinia rhodoleuca* Diels | 合柱金莲木 | 金莲木科 | 全株 | 疥疮 |
| *Sinofranchetia chinensis* （Franch.） Hemsl. | 串果藤 | 木通科 | 茎藤 | 祛风除湿 |

（续）

| 拉 丁 名 | 中文名 | 科 名 | 药用部位 | 用 途 |
|---|---|---|---|---|
| *Sinomenium acutum* (Thunb.) Rehd. et Wils. | 青藤 | 防己科 | 藤茎 | 祛风湿、通经络、利小便 |
| *Sinopodophyllum hexandrum* (Royle) Ying | 桃儿七 | 小檗科 | 根、根茎 | 祛风湿、利气活血、止痛、止咳 |
| *Siphonostegia chinensis* Benth. | 阴行草 | 玄参科 | 全草 | 破血通经、痈疮消肿 |
| *Smilax glabra* Roxb. | 土茯苓 | 百合科 | 根茎 | 清热、除湿、解毒 |
| *Solanum aviculare* Forst. | 澳洲茄 | 茄科 | 全草 | 祛风除湿 |
| *Solanum lyratum* Thunb. | 白英 | 茄科 | 根状茎 | 清热解毒、利湿消肿、祛风湿 |
| *Solanum nigrum* L. | 龙葵 | 茄科 | 全草 | 活血消肿、清热解毒 |
| *Solanum verbascifolium* L. | 野茄树 | 茄科 | 根、叶、花 | 消肿解毒、止痛、收敛、杀虫 |
| *Solidago decurrens* Lour. | 一枝黄花 | 菊科 | 全草 | 疏风清热、消肿解毒 |
| *Sonneratia caseolaris* (L.) Engl. - *Rhizophora caseolaris* L. | 海桑 | 海桑科 | 果实 | 扭伤 |
| *Sophora alopecuroides* L. | 苦豆子 | 豆科 | 根、根茎 | 清热解毒、燥湿、止痛、杀虫 |
| *Sophora flavescens* Ait. | 苦参 | 豆科 | 根 | 清热利湿、祛风杀虫 |
| *Sophora japonica* L. | 槐树 | 豆科 | 果实 | 槐花：凉血止血、清肝明目<br>槐角：凉血止血 |
| *Sophora tonkinensis* Gagnep. | 山豆根 | 豆科 | 根茎 | 清火解毒、消肿止痛 |
| *Sparganium stoloniferum* Buch. Ham. | 三棱 | 黑三棱科 | 块茎 | 破血、行气、消积、止痛 |
| *Spatholobus suberectus* Dunn. | 密花豆 | 豆科 | 藤茎 | 补血、活血、通络 |
| *Sphaeranthus africanus* L. | 戴星草 | 菊科 | 全草 | 健胃、利尿 |
| *Sphagnum palustre* L. | 泥炭藓 | 泥炭藓科 | 全草 | 清热、明目、止痒、止血 |
| *Spilanthes paniculata* Wall. ex D. | 金纽扣 | 菊科 | 全草 | 解毒利湿、止咳定喘、消肿止痛 |
| *Spiranthes australis* (R. Brown) Lindl. | 盘龙参 | 兰科 | 全草 | 益阴清热、润肺止咳、消肿散结 |
| *Spirodela polyrhiza* (L.) Schleid. | 紫萍 | 浮萍科 | 全草 | 散风、透疹、发汗、利尿、消肿 |
| *Stachyurus chinensis* Franch. | 中国旌节花 | 旌节花科 | 髓 | 清热、利尿、下乳 |
| *Staphylea bumalda* DC. | 省沽油 | 省沽油科 | 根、果实 | 根：产后瘀血不净<br>果实：干咳 |
| *Stellaria dichotoma* L. var. *lanceolata* Bge. | 银柴胡 | 石竹科 | 根 | 清虚热、除骨蒸 |
| *Stellera chamaejasme* L. | 狼毒 | 瑞香科 | 根 | 逐水祛痰、破积杀虫 |
| *Stemona japonica* (Bl.) Miq. | 蔓生百部 | 百部科 | 根 | 润肺止咳、杀虫、止痒 |
| *Stenoloma chusana* (L.) Ching | 乌韭 | 鳞始蕨科 | 叶 | 清热解毒 |
| *Stephania cepharantha* Hayata ex Yamam. | 白药子 | 防己科 | 块根 | 祛瘀消肿、清热解毒、止痛、凉血止血 |

（续）

| 拉 丁 名 | 中文名 | 科　名 | 药用部位 | 用　途 |
|---|---|---|---|---|
| *Stephania delavayi* Diels | 地不容 | 防己科 | 全草 | 清热解毒、利湿止痛 |
| *Stephania kwangsiensis* H. S. Lo | 广西地不容 | 防己科 | 全草 | 清热解毒、利湿止痛 |
| *Stephania tetrandra* S. Moore | 石蟾蜍 | 防己科 | 块根 | 利水消肿、祛风止痛 |
| *Stevia rebaudianum* （Bertoni）Hemsl. | 甜叶菊 | 菊科 | 全草 | 降血压、促进新陈代谢 |
| *Stewartia sinensis* Rehd. et Wils. | 紫茎 | 山茶科 | 根 皮、茎 皮、果实 | 舒筋活络、解暑 |
| *Strophanthus divaricatus* （Lour.）Hook. et Arn. | 羊角拗 | 夹竹桃科 | 全草 | 强心、消肿、止痛 |
| *Strophanthus hispidus* DC. | 毒箭羊角拗 | 夹竹桃科 | 全草 | 强心、利尿 |
| *Strophanthus sarmentosus* DC. | 西非羊角拗 | 夹竹桃科 | 全草 | 强心 |
| *Strychnos nux-vomica* L. | 印度马钱 | 马钱科 | 种子 | 散血热、消肿止痛 |
| *Strychnos wallichiana* Steud. ex DC. | 长籽马钱 | 马钱科 | 种子 | 通络、止痛、消肿 |
| *Stylidium uliginosum* Sw. | 花柱草 | 花柱草科 | 全草 | 咽喉痛 |
| *Styrax tonkinensis* （Pierre）Craib ex Hartm. | 安息香 | 安息香科 | 树脂 | 开窍清神、行气活血、祛痰、镇痛 |
| *Suaeda glauca* （Bunge）Bunge | 碱蓬 | 藜科 | 全草 | 清热、消积 |
| *Swertia diluta* （Turcz.）Benth. et Hook. F. | 当药 | 龙胆科 | 全草 | 清热利湿、健胃 |
| *Swertia mileensis* T. N. Ho et W. L. Shih | 青叶胆 | 龙胆科 | 全草 | 清肝利胆、清热利湿 |
| *Symplocos chinensis* （Lour.）Druce | 华山矾 | 山矾科 | 根、叶 | 解表退热、利湿、除烦 |
| *Syneilesis aconitifolia* Maxim. | 兔儿伞 | 菊科 | 全草 | 祛风湿、舒筋活血、止痛消肿 |
| *Syringa reticulate* （Blume）Hara var. *mandshurica* （Maxim.）Hara | 暴马子 | 木犀科 | 树干、枝条 | 清肺祛痰、止咳平喘 |
| *Tacca chantrieri* Andre | 老虎须 | 箭根薯科 | 根状茎 | 清热解毒、理气止痛 |
| *Tagetes erecta* L. | 万寿菊 | 菊科 | 花 | 平肝清热、祛风化痰 |
| *Talinum paniculatum* （Jacq.）Gaertn. | 土人参 | 马齿苋科 | 根 | 健脾润肺、止咳、调经 |
| *Tamarix chinensis* Lour. | 柽柳 | 柽柳科 | 细嫩枝叶 | 疏风、解表、发汗透疹 |
| *Taraxacum mongolicum* Hand.-Mazz. | 蒲公英 | 菊科 | 带根全草 | 清热解毒、消肿散结 |
| *Taxillus chinensis* （DC.）Danser | 桑寄生 | 桑寄生科 | 带叶茎枝 | 补肝肾、强筋骨、祛风湿、安胎 |
| *Taxus chinensis* | 红豆杉 | 红豆杉科 | 树皮 | 抗癌 |
| *Terminalia chebula* Retz. | 诃子 | 使君子科 | 果实 | 涩肠、敛肺 |
| *Ternstroemia gymnanthera* （Wight et Arn.）Sprague | 厚皮香 | 山茶科 | 叶、花、果实 | 清热解毒、消痈肿 |

（续）

| 拉 丁 名 | 中文名 | 科 名 | 药用部位 | 用 途 |
|---|---|---|---|---|
| *Tetracera asiatica*（Lour.）Hoogl. | 锡叶藤 | 五桠果科 | 根、茎叶 | 收敛止泻、消肿止痛 |
| *Tetragonia tetragonioides*（Pall.）O. Kuntze | 番杏 | 番杏科 | 全草 | 清热解毒、祛风消肿 |
| *Tetrapanax papyriferus*（Hook.）K. Koch | 通脱木 | 五加科 | 茎髓 | 清热利尿、通气下乳 |
| *Tetrastigma hemsleyanum* Diels et Gilg. | 三叶青 | 葡萄科 | 块根 | 清热解毒、祛风化痰、活血止痛 |
| *Thalictrum aquilegifolium* L. var. *sibiricum* Regel et Tiling | 唐松草 | 毛茛科 | 全草 | 清热解毒 |
| *Theobroma cacao* L. | 可可 | 梧桐科 | 种子 | 温阳、利尿、提神 |
| *Thesium chinense* Turcz. | 百蕊草 | 檀香科 | 全草 | 清热解毒、补肾涩精、解暑利湿 |
| *Thlaspi arvense* L. | 苏败酱 | 十字花科 | 带果全草 | 清热解毒、消肿排脓、化瘀 |
| *Thymus serpyllum* L. | 地椒 | 唇形科 | 全草 | 温中散寒、祛风止痛 |
| *Tinospora sagittata*（Oliv.）Gagnep. | 青牛胆 | 防己科 | 块根 | 清热解毒、利咽、散结消肿 |
| *Toona sinensis*（A. Juss.）Roem. | 香椿 | 楝科 | 根皮、树皮 | 祛风利湿、镇痛止血 |
| *Torreya grandis* Fort. ex Lindl. | 榧 | 紫杉科 | 种子 | 驱虫消积、润燥 |
| *Toxicodendron verniciflum*（Stokes）F. A. Barkl. | 漆树 | 漆树科 | 树脂经加工后的干燥品 | 行血散瘀、消积、杀虫 |
| *Trachelospermum jasminoides*（Lindl.）Lem. | 络石藤 | 夹竹桃科 | 地上部 | 祛风通络、活血止痛 |
| *Trachycarpus fortunei*（Hook. f.）Wendl. | 棕榈 | 棕榈科 | 叶鞘、果实 | 收敛止血 |
| *Tragescantia virginiana* L. | 紫露草 | 鸭趾草科 | 全草 | 活血、利水、消肿、解毒、散结 |
| *Trapa bicornis* Osbeck | 红菱 | 菱科 | 果实、叶柄、果柄、果壳 | 健胃止痢、抗癌 |
| *Tribulus terrestris* L. | 刺蒺藜 | 蒺藜科 | 果实 | 平肝明目、祛风止痒 |
| *Trichosanthes kirilowii* Maxim. | 栝楼 | 葫芦科 | 果实 | 润燥滑肠、清热化痰 |
| *Tricyrtis macropoda* Miq. | 油点草 | 百合科 | 全草、根 | 补虚止咳 |
| *Triglochin maritimum* L. | 海韭菜 | 水麦冬科 | 全草 | 全草：清热养阴、生津止渴<br>果实：滋补、止泻、镇静 |
| *Triglochin palustre* L. | 水麦冬 | 水麦冬科 | 全草、果实 | 清热利湿、消肿止泻 |
| *Trigonella foenum-graecum* L. | 胡卢巴 | 豆科 | 种子 | 补肾阳、祛寒止痛 |
| *Trillium tschonoskii* Maxim. | 延龄草 | 百合科 | 根、根状茎 | 祛风、舒肝、活血、止血、解毒 |
| *Triplostegia glandulifera* Wall. ex DC. | 双参 | 川续断科 | 全草 | 根：健脾益肾、活血调经、止崩漏、解毒、止血<br>全草：补气壮阳、养心止血 |

（续）

| 拉 丁 名 | 中文名 | 科 名 | 药用部位 | 用 途 |
|---|---|---|---|---|
| *Tripterospermum chinense* （Migo） H. Smith | 肺形草 | 龙胆科 | 全草 | 清热解毒、清肺止咳、止血、利尿 |
| *Tripterygium wilfordii* Hook. f. | 雷公藤 | 卫矛科 | 全株 | 祛风除湿、清热解毒、消积消肿、祛瘀、杀虫、消炎 |
| *Triticum aestivum* L. | 小麦 | 禾本科 | 颖果 | 益气养心、除虚热、止汗 |
| *Trollius chinensis* Bge. | 金莲花 | 毛茛科 | 花 | 清热解毒、抗菌消炎 |
| *Tupistra chinensis* Baker | 开口箭 | 百合科 | 根状茎 | 滋阴泻火、活血调经、散瘀止痛 |
| *Tupistra ensifolia* Wang et Tang | 岩七 | 百合科 | 全草 | 活血止痛、利水消肿 |
| *Tussilago farfara* L. | 款冬 | 菊科 | 花蕾 | 润肺、化痰、止咳 |
| *Typha angustifolia* L. | 蒲黄 | 香蒲科 | 花粉 | 止血、化瘀、通淋 |
| *Typhonium blumei* Nicolson et Siva-dasan | 犁头尖 | 天南星科 | 块茎 | 解毒消肿、止痛、止血、接骨、止吐 |
| *Typhonium giganteum* Engl. | 独脚莲 | 天南星科 | 块茎 | 祛风除痰、逐寒湿、镇痉、止痛 |
| *Uncaria rhynchophylla* （Miq.） Jacks. | 钩藤 | 茜草科 | 带钩枝条 | 清热平肝、息风定惊 |
| *Urena lobata* L. var. *chinensis* （Os-beck） S. Y. Hu | 中华地桃花 | 锦葵科 | 全株 | 痢疾、疮疖 |
| *Urophysa henryi* （Oliv.） Ulbr. | 尾囊草 | 毛茛科 | 根 | 跌打损伤、消肿、疟疾、吐泻 |
| *Usnea diffracta* Vain. | 松萝 | 松萝科 | 丝状体 | 清热解毒、止咳化痰、清肝、止血 |
| *Utricularia aurea* Lour. | 黄花狸藻 | 狸藻科 | 全草 | 目赤红肿 |
| *Utricularia bifida* L. | 挖耳草 | 狸藻科 | 全草 | 中耳炎 |
| *Vaccaria segetalis* （Neck.） Garcke | 麦蓝菜 | 石竹科 | 全草 | 行血调经、下乳消肿 |
| *Valeriana jatamansi* Jones | 心叶缬草 | 败酱科 | 全草 | 消食健胃、理气止痛 |
| *Valeriana officinalis* L. | 缬草 | 败酱科 | 根 | 安神、理气、止痛 |
| *Vallisneria natans* Lour. | 苦草 | 水鳖科 | 全草 | 用于带下病、恶露 |
| *Veratrum nigrum* L. | 藜芦 | 百合科 | 根、根茎 | 祛痰、催吐、杀虫 |
| *Verbena officinatis* L. | 马鞭草 | 马鞭草科 | 全草 | 活血散瘀、利水消肿 |
| *Vernicia fordii* （Hemsl.） Airy | 油桐 | 大戟科 | 根、叶、花、果壳、种子 | 根：消食利水、化痰、杀虫 叶：解毒、杀虫 花：清热解毒、生肌 果实：催吐、消肿毒、利大小便 |
| *Vernonia anthelmintica* （L.） Willd. | 驱虫斑鸠菊 | 菊科 | 果实 | 清热消炎、活血化瘀、杀虫去斑 |
| *Vinca minor* Linn. | 小蔓长春花 | 夹竹桃科 | 全草 | 改善脑供氧和脑血管扩张 |
| *Viola prionantha* Bge. | 早开堇菜 | 堇菜科 | 全草 | 清热解毒、凉血消肿 |
| *Viola yedoensis* Makino | 地丁 | 堇菜科 | 全草 | 清热利湿、解毒消肿 |
| *Viscus coloratum* （Kom.） Nakai | 槲寄生 | 桑寄生科 | 带叶茎枝 | 祛风湿、补肝肾、强筋骨、安胎 |
| *Vitex negundo* L. var. *cannabifolia* （Sieb. et Zucc.） Hand. -Mazz. | 牡荆 | 马鞭草科 | 叶、根、果实 | 解表、除湿、止痢、止痛 |

（续）

| 拉　丁　名 | 中文名 | 科　名 | 药用部位 | 用　途 |
|---|---|---|---|---|
| *Vitex rotundifolia* L. | 蔓荆 | 马鞭草科 | 种子 | 疏散风热、清利头目、平肝凉血 |
| *Vladimiria souliei*（Franch.）Ling | 川木香 | 菊科 | 根 | 行气、止痛、消胀 |
| *Wedelia chinensis*（Osb.）Merr. | 蟛蜞菊 | 菊科 | 全草 | 清热解毒、化痰止咳、散瘀止痛 |
| *Wikstroemia indica*（L.）C. A. Mey. | 了哥王 | 瑞香科 | 根 | 消肿散结、化痰止痛 |
| *Woodwardia unigemmata*（Makino）Nakai | 狗脊蕨 | 乌毛蕨科 | 带叶柄基的根茎 | 清热解毒、散瘀、杀虫 |
| *Xanthium sibiricum* Patr. | 苍耳 | 菊科 | 种子 | 散风止痛、发汗通窍 |
| *Xyris pauciflora* Willd. | 葱草 | 黄眼草科 | 全草 | 癣疥 |
| *Yucca gloriosa* L. | 凤尾兰 | 龙舌兰科 | 花 | 配紫苏叶煮水：咳嗽痰喘 |
| *Zanthoxylum armatum* DC. | 竹叶椒 | 芸香科 | 果实 | 温中理气、祛风除湿、活血止痛 |
| *Zanthoxylum bungeanum* Maxim. | 花椒 | 芸香科 | 果皮 | 温中散寒、行气止痛 |
| *Zanthoxylum nitidum*（Roxb.）DC. | 两面针 | 芸香科 | 根 | 活血、行气、祛风、麻醉、止痛、解毒、散瘀、消肿 |
| *Zea mays* L. | 玉米须 | 禾本科 | 花柱、柱头 | 利尿泄热、平肝利胆、降压 |
| *Zebrina pendula* Schnizl. | 吊竹梅 | 鸭趾草科 | 全草 | 清热解毒、凉血、利尿 |
| *Zephryanthes grandiflora* Lindl. | 韭莲 | 石蒜科 | 全草、鳞茎 | 清热解毒、活血凉血 |
| *Zingiber corallinum* Hance | 珊瑚姜 | 姜科 | 根状茎 | 消肿、散瘀、解毒 |
| *Zingiber officinale* Rosc. | 姜 | 姜科 | 根茎 | 鲜姜：解表散寒、温中止呕、化痰止咳<br>干姜：温中散寒、回阳通脉、燥湿消痰 |
| *Zingiber striolatum* Diels | 阳荷 | 姜科 | 根状茎 | 用于泄泻、痢疾 |
| *Ziziphus jujuba* Mill. | 枣 | 鼠李科 | 成熟果实 | 补脾和胃、益气生津、养血安神 |
| *Ziziphus jujuba* Mill. var. *spinosa*（Bunge）Hu | 酸枣 | 鼠李科 | 果实 | 养心安神、补肝、益胆、敛汗 |
| *Zygocactus truncates*（Haw.）Schum. | 蟹爪兰 | 仙人掌科 | 全株 | 清热解毒、消肿 |